电力工程设计手册

U0643103

电力工程设计手册

火力发电厂消防设计

中国电力工程顾问集团有限公司　编著

Power
Engineering
Design Manual

中国电力出版社

内 容 提 要

本书是《电力工程设计手册》系列手册中的一个分册，是按火力发电厂相关专业的设计要求编写的实用性工具书，可以满足火力发电厂各设计阶段消防系统设计的内容深度要求。本书共分 13 章，主要包括综述，厂区总平面布置，建筑防火，锅炉、汽轮机及其辅助系统防火，运煤系统防火，电气系统防火、防爆，供暖、通风及空气调节系统防火与建筑防烟排烟，灭火系统与火灾自动报警系统的配置，消防给水、排水，灭火设施，火灾自动报警系统，消防供电与应急照明，消防站等。

本书是依据最新标准的内容要求编写的，充分吸纳了 21 世纪新型火力发电厂建设的先进理念和成熟技术，广泛收集了火力发电厂消防设计的成熟案例，全面反映了近年来消防领域的新技术、新设备、新工艺，列入了大量成熟可靠的设计基础资料、技术数据和技术指标。其内容充实，简明扼要，直观实用。

本书可作为火力发电厂防火、灭火及火灾自动报警等系统设计人员的工具书，可供火力发电厂防火管理、监督、施工、运行人员参考，也可供高等院校相关专业的教师和学生参考使用。

图书在版编目（CIP）数据

电力工程设计手册. 火力发电厂消防设计 / 中国电力工程顾问集团有限公司编著. —北京：中国电力出版社，2017.6（2020.9重印）

ISBN 978-7-5198-0467-1

Ⅰ. ①电…　Ⅱ. ①中…　Ⅲ. ①火电厂–消防设备–建筑设计–手册

Ⅳ. ①TM7-62②TM621.9-62

中国版本图书馆 CIP 数据核字（2017）第 044919 号

出版发行：中国电力出版社

地　　址：北京市东城区北京站西街 19 号（邮政编码 100005）

网　　址：http://www.cepp.sgcc.com.cn

印　　刷：三河市万龙印装有限公司

版　　次：2017 年 6 月第一版

印　　次：2020 年 9 月北京第二次印刷

开　　本：787 毫米×1092 毫米　16 开本

印　　张：36.25

字　　数：1284 千字　2 插页

印　　数：1501—3000 册

定　　价：195.00 元

《电力工程设计手册》
编辑委员会

《电力工程设计手册》
秘书组

《火力发电厂消防设计》
编 写 组

主　　编　李向东

参编人员　（按姓氏笔画排序）

王　刚	王英楠	王爱东	龙国庆	丛佩生	冯　璟
吕　震	刘向明	闫永跃	孙向阳	孙宇翀	李　超
李慢忆	杨卓颖	何文洁	宋　莉	张　彬	季　宏
郑培钢	赵秀娟	胡华强	钱　序	徐　坤	殷海洋
郭兆君	曾剑辉	薛惠敏			

《火力发电厂消防设计》
编辑出版人员

编审人员　孙建英　　曹　慧　　董艳荣　　杨伟国　　胡顺增　　周　娟

出版人员　王建华　　李东梅　　邹树群　　黄　蓓　　王开云　　陈丽梅

　　　　　李　娟　　王红柳　　张　娟

改革开放以来，我国电力建设开启了新篇章，经过 30 多年的快速发展，电网规模、发电装机容量和发电量均居世界首位，电力工业技术水平跻身世界先进行列，新技术、新方法、新工艺和新材料的应用取得明显进步，信息化水平得到显著提升。广大电力工程技术人员在 30 多年的工程实践中，解决了许多关键性的技术难题，积累了大量成功的经验，电力工程设计能力有了质的飞跃。

党的十八大以来，中央提出了"创新、协调、绿色、开放、共享"的发展理念。习近平总书记提出了关于保障国家能源安全，推动能源生产和消费革命的重要论述。电力勘察设计领域的广大工程技术人员必须增强创新意识，大力推进科技创新，推动能源供给革命。

电力工程设计是电力工程建设的龙头，为响应国家号召，传播节能、环保和可持续发展的电力工程设计理念，推广电力工程领域技术创新成果，推动电力行业结构优化和转型升级，中国电力工程顾问集团有限公司编撰了《电力工程设计手册》系列手册。这是一项光荣的事业，也是一项重大的文化工程，对于培养优秀电力勘察设计人才，规范指导电力工程设计，进一步提高电力工程建设水平，助力电力工业又好又快发展，具有重要意义。

中国电力工程顾问集团有限公司作为中国电力工程服务行业的"排头兵"和"国家队"，在电力勘察设计技术上处于国际先进和国内领先地位。在百万千瓦级超超临界燃煤机组、核电常规岛、洁净煤发电、空冷机组、特高压交直流输变电、新能源发电等领域的勘察设计方面具有技术领先优势。中国电力工程顾问集团有限公司还在中国电力勘察设计行业的科研、标准化工作中发挥着主导作用，承担着电力新技术的研究、推广和国外先进技术的引进、消化和创新等工作。

这套设计手册获得了国家出版基金资助，是一套全面反映我国电力工程设计领域自有知识产权和重大创新成果的出版物，代表了我国电力勘察设计行业的水平和发展方向，希望这套设计手册能为我国电力工业的发展作出贡献，成为电力行业从业人员的良师益友。

汪建平

2017 年 3 月 18 日

总前言

电力工业是国民经济和社会发展的基础产业和公用事业。电力工程勘察设计是带动电力工业发展的龙头，是电力工程项目建设不可或缺的重要环节，是科学技术转化为生产力的纽带。新中国成立以来，尤其是改革开放以来，我国电力工业发展迅速，电网规模、发电装机容量和发电量已跃居世界首位，电力工程勘察设计能力和水平跻身世界先进行列。

随着科学技术的发展，电力工程勘察设计的理念、技术和手段有了全面的变化和进步，信息化和现代化水平显著提升，极大地提高了工程设计中处理复杂问题的效率和能力，特别是在特高压交直流输变电工程设计、超超临界机组设计、洁净煤发电设计等领域取得了一系列创新成果。"创新、协调、绿色、开放、共享"的发展理念和实现全面建设小康社会奋斗目标，对电力工程勘察设计工作提出了新要求。作为电力建设的龙头，电力工程勘察设计应积极践行创新和可持续发展思路，更加关注生态和环境保护问题，更加注重电力工程全寿命周期的综合效益。

作为电力工程服务行业的"排头兵"和"国家队"，中国电力工程顾问集团有限公司是我国特高压输变电工程勘察设计的主要承担者，包括世界第一个商业运行的 1000kV 特高压交流输变电工程、世界第一个 ±800kV 特高压直流输电工程等；是我国百万千瓦级超超临界燃煤机组工程建设的主力军，完成了我国 70%以上的百万千瓦级超超临界燃煤机组的勘察设计工作，创造了多项"国内第一"，包括第一台百万千瓦级超超临界燃煤机组、第一台百万千瓦级超超临界空冷燃煤机组、第一台百万千瓦级超超临界二次再热燃煤机组等。

在电力工业发展过程中，电力工程勘察设计工作者攻克了许多关键技术难题，积累了大量的先进设计理念和成熟设计经验。编撰《电力工程设计手册》系列手册可以将这些成果以文字的形式传承下来，进行全面总结、充实和完善，引导电力工程勘察设计工作规范、健康发展，推动电力工程勘察设计行业技术水平提升，助力勘察设计从业人员提高业务水平和设计能力，以适应新时期我国电力工业发展的需要。

2014年12月，中国电力工程顾问集团有限公司正式启动了《电力工程设计手册》系列手册的编撰工作。《电力工程设计手册》的编撰是一项光荣的事业，也是一项艰巨和富有挑战性的任务。为此，中国电力工程顾问集团有限公司和中国电力出版社抽调专人成立了编辑委员会和秘书组，投入专项资金，为系列手册编撰工作的顺利开展提供强有力的保障。在手册编辑委员会的统一组织和领导下，700多位电力勘察设计行业的专家学者和技术骨干，以高度的责任心和历史使命感，坚持充分讨论、深入研究、博采众长、集思广益、达成共识的原则，以内容完整实用、资料翔实准确、体例规范合理、表达简明扼要、使用方便快捷、经得起实践检验为目标，参阅大量的国内外资料，归纳和总结了勘察设计经验，经过几年的反复斟酌和锤炼，终于编撰完成《电力工程设计手册》。

《电力工程设计手册》依托大型电力工程设计实践，以国家和行业设计标准、规程规范为准绳，反映了我国在特高压交直流输变电、百万千瓦级超超临界燃煤机组、洁净煤发电、空冷机组等领域的最新设计技术和科研成果。手册分为火力发电工程、输变电工程和通用三类，共31个分册，3000多万字。其中，火力发电工程类包括19个分册，内容分别涉及火力发电厂总图运输、热机通用部分、锅炉及辅助系统、汽轮机及辅助系统、燃气-蒸汽联合循环机组及附属系统、循环流化床锅炉附属系统、电气一次、电气二次、仪表与控制、结构、建筑、运煤、除灰、水工、化学、供暖通风与空气调节、消防、节能、烟气治理等领域；输变电工程类包括4个分册，内容分别涉及变电站、架空输电线路、换流站、电缆输电线路等领域；通用类包括8个分册，内容分别涉及电力系统规划、岩土工程勘察、工程测绘、工程水文气象、集中供热、技术经济、环境保护与水土保持和职业安全与职业卫生等领域。目前新能源发电蓬勃发展，中国电力工程顾问集团有限公司将适时总结相关勘察设计经验，编撰新能源等系列设计手册。

《电力工程设计手册》全面总结了现代电力工程设计的理论和实践成果，系统介绍了近年来电力工程设计的新理念、新技术、新材料、新方法，充分反映了当前国内外电力工程设计领域的重要科研成果，汇集了相关的基础理论、专业知识、常用算法和设计方法。全套书注重科学性、体现时代性、增强针对性、突出实用性，可供从事电力工程投资、建设、设计、制造、施工、监理、调试、运行、科研等工作者使用，也可供相关教学及管理工作者参考。

《电力工程设计手册》的编撰和出版，是电力工程设计工作者集体智慧的结晶，展现了当今我国电力勘察设计行业的先进设计理念和深厚技术底蕴。《电力工程设计手册》是我国第一部全面反映电力工程勘察设计的系列手册，难免存在疏漏与不足之处，诚恳希望广大读者和专家批评指正，如有问题请向编写人员反馈，以期再版时修订完善。

在此，向所有关心、支持、参与编撰的领导、专家、学者、编辑出版人员表示衷心的感谢！

《电力工程设计手册》编辑委员会

2017 年 3 月 10 日

前言

《火力发电厂消防设计》是《电力工程设计手册》系列手册之一。

本书是在总结新中国成立以来，特别是 2000 年以后火力发电厂消防设计、施工、运行管理经验的基础上，充分吸收 21 世纪火力发电厂建设、成熟的消防技术，广泛收集火力发电厂消防设计的先进案例，对提高火力发电厂消防设计质量，提升设计水平，保证火力发电厂人身和财产安全，消防设计标准化、规范化将起到指导作用。

本书以实用性为主，按照现行相关规范、标准的内容规定，结合火力发电厂自身特点，以工艺系统或建筑物为基本单元，分别论述了各个系统的防火、灭火、火灾探测设计的原则、设计要点、设计计算方法、系统确定原则、设备选型及其布置、相关设计图纸内容、设计内外接口等。为使消防等有关专业技术人员了解火力发电厂相关生产工艺，科学合理地确定消防系统设计方案，本书相关章节中简明扼要地介绍了火力发电厂消防设计相关生产工艺过程。

本书主编单位为中国电力工程顾问集团东北电力设计院有限公司，参加编写的单位有中国电力工程顾问集团华东电力设计院有限公司、中国电力工程顾问集团中南电力设计院有限公司、中国电力工程顾问集团西南电力设计院有限公司、中国电力工程顾问集团华北电力设计院有限公司等。本书由李向东担任主编，负责总体框架设计和校稿，并编写前言；李向东、李超编写第一章、参考文献等；殷海洋、丛佩生编写第二章；张彬、王英楠编写第三章；郭兆君、刘向明、何文洁编写第四章；吕震、赵秀娟编写第五章；钱序、王刚编写第六章；徐坤、李慢忆编写第七章；王爱东、季宏编写第八章；宋莉、郑培钢、冯璟、杨卓颖、曾剑辉编写第九章；孙宇翀、胡华强编写第十章；季宏、王爱东、闫永跃编写第十一章；钱序、薛惠敏、孙向阳编写第十二章；龙国庆、殷海洋、李向东编写第十三章；王爱东、季宏、殷海洋、王刚整理附录。

　　本书是从事火力发电厂防火、灭火及火灾自动报警等系统设计人员的工具书，可以满足火力发电厂消防设计前期工作、初步设计、施工图设计等阶段的要求。本书也可作为其他相关行业从事消防专业设计人员的参考工具书，也可供高等院校相关专业教师和学生参考使用。

《火力发电厂消防设计》编写组

2017 年 2 月

目录

第一章

综　　述

进入 21 世纪以来，随着国民经济的持续快速增长和电力技术的不断提高，我国电力工业得到快速发展。据 2016 年 5 月统计，我国装机容量为 600MW 以上火力发电设备容量占全国各类发电设备总容量的 67%，火力发电量占全国发电量的 71.2%。火力发电在电力工业中占有非常重要的地位。

火力发电厂是利用煤、石油、天然气等作为燃料生产电能的工厂，它的基本生产过程是：燃料在锅炉中燃烧把水加热成蒸汽，将燃料的化学能转变成热能；蒸汽压力推动汽轮机旋转，将热能转换成机械能；汽轮机带动发电机旋转，再将机械能转变成电能。

火力发电厂根据燃料、原动机、装机容量等的不同，有多种类型。在我国，习惯上按以下条件进行分类：

（1）按使用的燃料种类，可分为燃煤发电厂、燃油发电厂、燃气发电厂、余热发电厂、以垃圾及工业废料为燃料的发电厂。

（2）按发电原动机，可分为凝汽式汽轮机发电厂、燃气轮机发电厂、内燃机发电厂、燃气-蒸汽轮机联合循环发电厂、IGCC（整体煤气化联合循环电站）等。

（3）按输出的能源种类，可分为凝汽式发电厂（单纯发电）、热电厂（发电兼供热供冷等）。

（4）按蒸汽参数，还可分为低温低压发电厂（1.4MPa，350℃）、中温中压发电厂（3.92MPa，450℃）、高温高压发电厂（9.9MPa，535℃）、超高压发电厂（13.24MPa，535℃/535℃）、亚临界压力发电厂（16.7～17.8MPa，538℃/538℃）、超临界压力发电厂（24.2MPa，566℃/566℃）、超超临界压力发电厂（25～28MPa，600℃/600℃）和高参数超超临界发电厂（28～35MPa，600℃/600～620℃）。

（5）按服务对象和范围，可分为区域性发电厂、孤立式发电厂、自备电厂、分布式能源站等。

此外，火力发电厂按凝汽冷却方式可分为湿冷电厂与空冷电厂。

由于火力发电的系统庞大，生产工艺复杂，生产

过程中使用大量的燃煤、燃油和燃气等可燃原料，火灾危险性大，一旦发生火灾，危害会很严重，往往会烧毁发电设备和变配电装置，可能造成人身伤亡，而且会引起停电事故，造成重大的经济损失和恶劣的社会影响。我国发电厂在电力系统中的火灾比例高达 80%以上，因此，火力发电厂的防火必须受到高度重视。

第一节　火力发电厂的火灾危险及火灾特点

火力发电厂的火灾隐患存在于各个工艺系统、建（构）筑物，其中尤以燃料系统、锅炉制粉系统、汽轮发电机系统、电气系统最为重要。

一、燃料系统

我国火力发电厂主要采用煤和天然气作为燃料。

（一）运煤系统

火力发电厂常用的煤种：烟煤—含碳较少，挥发物较多，易燃烧；无烟煤—含碳多，挥发物少，不易燃烧；褐煤—挥发物及水分较多，不易燃烧，自燃点仅为 250～350℃，更容易引起自燃，火灾危险性最大。

煤由铁路、公路、水运等方式运入火力发电厂。通过接卸设施，煤被贮存在贮煤场，再由带式输送机，通过电磁铁、碎煤机，送到煤仓间的煤斗内，再经过给煤机进入磨煤机进行磨粉，磨好的煤粉通过空气预热器的热风经一次风机或给粉机将煤粉打入燃烧器送到锅炉进行燃烧。

1. 火灾危险性

煤本身是可燃物质。

由于煤种、贮存时间、湿度等原因，在露天煤场、室内贮煤场、筒仓、栈桥及转运站等煤贮存、转运建筑物均可能发生自燃、燃烧；输煤胶带的机械设备摩擦发热，产生静电和高温，也易引起胶带附近粉尘爆炸燃烧，造成煤的转运建筑（卸煤装置、转运站、栈

桥、碎煤机室等）发生火灾事故。

2. 火灾特点

国内燃煤电厂的煤贮存、运输系统的火灾事故屡见不鲜。一旦发生火灾，往往发展迅速，波及面大，导致停机，造成很大直接和间接损失。

（二）可燃气体接收、输送系统

火力发电厂可采用的可燃气体主要是天然气，少数为焦炉煤气、高炉煤气等，均极易燃烧。防火重点在可燃气体接收、输送系统。

燃气电厂的燃料大多由外界供应，电厂厂区一般不单独设置贮存设施。对于燃天然气的火力发电厂，电厂厂区的燃料贮运系统通常包括供气末站、天然气调压站及配套的设备、管道等供应设施，属于厂区重点防火区域，如果使用管理不严，极易发生天然气泄漏而达到爆炸极限，引起火灾事故。

虽然以燃油和天然气为燃料的电厂设备比燃煤电厂的相对简单，投资和运行维护费用较低，但由于发电成本较高及各方面条件的限制，目前，我国燃煤的火力发电仍然占整个火力发电的绝大部分。

二、锅炉制粉系统

制粉系统是燃煤电厂不可或缺的，原煤必须处理成煤粉才可进入锅炉燃烧。制粉系统主要包括运煤皮带输送机、原煤斗、磨煤机、煤粉中贮仓等。这些设备可能因原煤的自燃、煤粉的挥发，发生爆炸。

1. 火灾危险性

煤粉的火灾危险性要比原煤大得多，主要表现在：

（1）煤粉比煤块更容易燃烧。煤粉是煤的微小颗粒，它的表面积与同量的煤块相比要大得多，接触空气后比煤块更易氧化，也更容易自燃。

（2）煤粉悬浮在空气中，达到一定爆炸极限时，就会形成爆炸性的混合物。据测定，各种煤粉尘的爆炸极限，下限最低的为 $45g/m^3$，上限最高的可达 $2000g/m^3$，爆炸极限范围相当大。爆炸的强度在 $300\sim400g/m^3$ 时为最高。达到爆炸极限的煤粉，无论在封闭的空间（如煤粉制备系统内），或在敞开的空间（如锅炉房内），遇到明火都会发生爆炸燃烧。

（3）在封闭的煤粉制备系统内，当煤粉燃烧时，压力迅速提高，将造成整个系统的破坏，并使火焰外喷，烧伤人员，烧坏其他设备。

锅炉则主要存在燃烧器、空气预热器的火灾风险。

2. 火灾特点

制粉系统布置在主厂房区域。制粉系统设备主要存在爆炸危险并引发火灾事故，灾害的发生是瞬间的，难以控制，除了可能造成更大范围火灾外，还可能造成人员伤亡。

三、汽轮机系统

汽轮机是电厂的重要设备，它利用具有一定的温度和压力的过热蒸汽推动叶轮带动机轴旋转，将锅炉供给的过热蒸汽的热能转变为机械能，再带动发电机进行发电，是火力发电厂的主要原动重型机械。

汽轮机组的设备包括汽轮机本体、调速系统、油系统、凝汽设备、回流回热设备、控制和保护系统等。

1. 火灾危险性

统计资料表明，在国内外发电厂发生过的重大火灾事故中，汽轮机油系统的火灾事故居多。汽轮机油系统的火灾中由喷油、漏油引起的占 90%以上。

汽轮机油系统管路长、分布广，且与高温蒸汽管路纵横交错敷设，而管路的阀门、法兰多，焊口多，潜在的油泄漏点较多。汽轮机组容易发生火灾的部位，主要有：

（1）机头下方。汽轮机机头下方布置纵横交错的压力油和回油管路，并与高温蒸汽管道及裸露热体交织在一起，很容易发生火灾。

（2）机组各轴承部位。汽轮机各轴承处是最容易发生漏油的部位，特别是高中压缸的前后轴承，机头前轴承，发电机前后轴承，励磁机前后轴承的挡油板处等。

（3）油管和油压表管部位。油压表管在运行中剧烈振动，油管之间、油管与固定附件之间相互摩擦，造成表管断裂或接头松动而漏油、喷油。

（4）主油箱。氢冷机组氢压过高，油封遭到破坏，氢气易窜入主油箱。

（5）汽动油泵出油管部位。当出现误操作，汽动油泵超速时，出油管在冲走和振动作用下容易产生破裂，使压力油高速喷出。

燃气轮机机组设有罩壳，罩壳内分设辅机室和轮机室。同汽轮机一样，燃气轮机设备同样因调节和润滑的需要，配备错综复杂的油系统，并充有大量的汽轮机油。燃气轮机油系统的火灾危险性也很高，其主要火灾危险性也包括油系统喷油、漏油。

此外，燃气轮机采用的燃料为天然气或其他类型气体燃料时，由于可燃气体的特殊性，潜在地存在供气系统泄漏危险。

2. 火灾特点

汽轮机油起火后，火势猛烈、蔓延迅速，难以控制，火焰温度可达 1700℃，可窜到 30m 以上的高度。一台汽轮机组喷油起火，火势将迅速扩大到整个厂房。钢架结构的厂房屋顶，在起火 15min 后会被烧塌。

（1）有多处油泄漏口燃烧，放热量大，燃烧速度快。一旦发生火灾，在高温的作用下，油系统的其他管道法兰被烧坏，又增加新的喷油口，形成火上浇油。

（2）造成二次燃烧，扩大火势。油在燃烧的最初阶段，温度不高，形成大量不完全燃烧产物，浓烟中含有许多细小的油粒和受热分解出来的碳氢化合物、一氧化碳等易燃物质，一旦氧气供应充足，立即再次燃烧，使火势蔓延到其他机组。

（3）形成流淌扩散燃烧，造成更大的危害。油系统发生火灾，带火的油流入电缆沟，火焰烧着外露的电缆，引起电缆着火，火会沿着电缆线路蔓延到电气系统。

氢冷式汽轮发电机组使用氢气进行冷却。氢气是一种可燃气体，爆炸极限为 4.1%～75%，爆炸范围较广，遇明火或高温极易燃烧爆炸。因此，氢冷式汽轮发电机组的任何部位发生漏气，都有很大的火灾危险。所以，对氢冷式汽轮发电机组需要提出特殊的防火要求。

四、电气系统

（一）电力电缆

火力发电厂的电力电缆和控制电缆的数量非常大。电缆隧道、电缆沟、电缆竖井、电缆支架等遍布全厂，布置形式多样化，如隧道、沟道、竖井、悬挂及越墙穿孔等。

1. 火灾危险性

电缆起火的原因主要是过负荷、短路、接触电阻过大及外部热源作用。

1）电缆防护层损伤；

2）电缆敷设位差太大；

3）电缆接头施工不良；

4）电缆过热；

5）外部热源影响；

6）终端头闪络起火。

2. 火灾特点

当电缆起火时，火势会沿着线路迅速蔓延，扩大到控制室或汽机房，引起严重的火灾和停电事故。同时，多数电缆着火后都会产生大量的浓烟和有毒气体，不仅能腐蚀物件、污染周围环境，而且烟雾的弥漫使逃生人员辨不清方向而导致惊惶失措，威胁生命安全。

（二）大型电力变压器

大型电力变压器是发电厂和变电站的重要设备，随着电力工业的不断发展，变压器的容量越来越大。变压器按额定容量等级可分为小型（630kV·A 以下）、中型（800～6300kV·A）、大型（8000～63000kV·A）、特大型（90000kV·A）4 个等级。

1. 火灾危险性

在电力生产中，发电厂和变电站内设置的大型油浸式变压器作为核心设备之一，在运行中一般均较为安全可靠，变压器的总体火灾事故率也一直较低。但在电力生产火灾事故中，特别是在重、特大火灾事故中，变压器火灾事故占有一定的比例。全国发电厂及变电站近 20 年间发生的 63 起火灾事故中，变压器火灾事故共有 16 起，约占 25%，其中发电厂 5 起，变电站 11 起。

近年来，虽然由于设备制造质量及运行水平的提高，变压器火灾事故不断减少，但在单机容量为 60 万 kW 的发电厂和 500kV 的开关站中，还是发生过主变压器烧毁的重大事故。大型电力变压器的火灾不仅会造成重大的直接财产损失甚至人员伤亡，给人民群众生活带来严重影响，大型枢纽变电站的变压器火灾有时还会造成大面积停电，给工农业生产带来巨大的间接损失，危害极大。

通过对多起变压器火灾事故的分析，发现变压器起火爆炸主要是由以下几点原因造成的：

1）变压器制造质量差，或检修失误，或长期过负荷运行，使内部绕组绝缘损坏，发生短路。

2）绕组接头处连接不良产生高温，在松动或断开时，造成接触电阻过大，导致局部高温起火。

3）铁芯绝缘损坏，涡流增大，温度升高，引起内部可燃物燃烧。

4）套管损坏爆裂起火。套管发生漏水、渗油或长期积满油垢而闪络，或套管绝缘层损坏、老化，绝缘击穿引起爆炸起火。

5）变压器的油质劣化，或油箱漏油、缺油等，影响油的热循环，使油的散热能力下降，导致过热起火。

2. 火灾特点

油浸式变压器一旦起火，如果扑救不及时，火灾持续时间通常较长，造成损失严重，使得机组跳闸而影响区域供电。

五、集中控制楼及其他建筑物

集中控制楼是火力发电厂的指挥、控制、信息中心，是电厂的"大脑"，其安全对整个电厂的运行至关重要。通常，火力发电厂集中控制楼是由集中控制室、电子设备间、电缆夹层、蓄电池室、交接班室及辅助用房等组成的综合性建筑。

（1）集中控制楼集中有大量的不耐火的电缆和电线，且大部分位于电缆夹层的正上方，如果电缆孔洞的封堵不严，就存在火灾隐患。

（2）为保持集中控制楼的恒温和洁净，建筑物内常用大量的装饰性材料，使建筑物耐火性能降低。

（3）集中控制楼一般设置中央空调系统，其通风管的保温材料长时间受热就可能被引燃。

（4）集中控制楼内部大量的电气设备、仪器仪表、电线电缆等选型、配置、安装不符合安全技术要求时，容易发热，产生火灾隐患。

柴油发电机房、仓库、办公楼等也是电厂的火灾危险场所。

第二节　火力发电厂防火设计内容与主要原则

一、火力发电厂防火设计目的

1. 预防火灾发生

随着我国现代化建设的全面展开，科学技术的不断进步，火力发电厂基本建设规模空前扩大，电厂内用火、用电、用油、用气剧增，火险因素随之日趋增多，如果疏于防火管理，极易引发火灾事故。通过建筑防火设计工作，合理确定与建筑使用功能相匹配的建筑耐火等级，严格控制建筑内可燃、易燃物和内装修材料，设计安全可靠的供电、供气、供油、供热系统，可以提高建筑本身的安全性，有效地预防建筑火灾发生。

2. 防控火灾蔓延

通过在建筑防火设计工作中，应用防火间距和防火分区分隔技术，合理确定建筑防火间距，严格划分防火分区，设置避难空间，充分利用防火墙、防火门窗、防火卷帘、防火阀、防火封堵材料等防火分隔设施，可以将火灾控制在一定范围，严防火势蔓延甚至"火烧连营"，从而最大限度地减少火灾损失。

3. 畅通生命通道

建筑一旦起火并失控，其产生的火焰和高温、有毒烟气将对建筑内生命造成严重危害。在此情况下，如果电厂内缺乏必要的安全疏散设施，建筑内的人员将来不及疏散逃生，极易造成死伤，给家庭和社会带来不可挽回的损失。因此，通过在建筑及设施的防火设计工作，运用安全疏散和烟气控制技术，合理设置安全出口、疏散通道、应急照明装置、疏散指示标志等安全疏散设施和防烟排烟系统，可以保障人员安全疏散，最大限度地减少火灾人员伤亡。

4. 启动灭火设施、创造扑救条件

建筑起火且扩大成灾后，需要消防力量及时、有效处置。因此，通过在建筑防火设计阶段，应用平面布置技术，合理设置消防水源、火灾自动报警、火灾扑救、消防车通道、消防登高场地等建筑灭火救援设施，可以确保发生火灾时消防灭火设施及时启动灭火，消防人员及各类消防车辆和装备能够顺利靠近或进入建筑实施灭火救援，及时有效地扑灭火灾，抢救遇险人员。

5. 避免资源浪费

对于火力发电厂工程，如果在设计阶段就留下先天性火灾隐患，等到施工或使用过程中发现时再采取整改、加强管理等措施，无论对建设使用单位还是对整个社会都会造成资源的浪费。因此，必须在设计阶段就落实消防安全措施，真正做到防患于未然。

综上所述，遵循火灾发生和经济社会发展的客观规律，依照"预防为主，防消结合"的方针以及有关法律法规，通过应用防火技术，从源头上预防和控制火灾，减少和控制火灾的危害，保护火力发电厂财产和人员安全，是火力发电厂防火设计的根本目标。

二、火力发电厂防火设计基本原则和依据

（一）基本原则

防火设计是依据国家、行业和地方的消防技术标准、规范和其他有关标准、规范，针对火力发电厂建筑、设备的使用性质和火灾防控特点，从消防安全角度进行的综合性、系统性的设计活动。

1. 以人为本的原则

以人为本是科学发展观的本质和核心。防火设计工作遵循以人为本的原则，首先要牢固树立生命至上的理念，提高建筑的消防安全系数，满足人对生命安全的根本需求；其次要牢固树立功能首位的理念，推动建筑功能的充分发挥和各类资源的充分利用，满足人对生产效率和经济利益的客观需求；再次，支持设计人员在满足消防安全的前提下，摆脱束缚，张扬个性，充分发挥聪明才智和创新精神，满足人对自身全面发展的内在需求。

2. 依法设计的原则

在火力发电厂防火设计工作中的依法设计，其基本内涵就是在现行法律法规和技术规范、标准的框架内进行防火设计，避免设计活动受人为因素和偶然因素的干预、影响，实现防火设计工作的制度化、规范化。设计人员必须要增强守法遵规意识，严格落实有关法律法规和技术规范、标准，使防火设计做到有法必依、有章必循。

3. 安全经济的原则

防火设计工作必须正确处理建设成本投入、资源节约和消防安全之间的关系，推动和实现火力发电厂建设和消防工作的可持续发展。首先，防火设计工作要坚持安全第一，充分考虑建筑的安全可靠性，有效规避和降低火灾风险，保障人员的生命财产安全。其次，防火设计工作要坚持实事求是，充分考虑防火设计的经济合理性，因地制宜、科学合理地控制建设成本和资源投入，谋求设计安全可靠与经济适用二者的平衡，力争以最小的投入获取最大的经济、安全和社会效益，从而使防火设计工作更好地服务于电力建设和社会发展。

4. 统筹兼顾的原则

防火设计工作遵循统筹兼顾的原则，就是充分考虑、运用和平衡各个方面、各个环节的功能和作用，实现各个方面、各个环节之间的互补、互通、互动。

首先，防火设计工作要统筹安全需求与功能需求之间的关系，既要满足功能需求，又要保障消防安全，做到安全为了使用、使用必须安全。其次，防火设计工作要统筹建筑防火设计各个子系统之间的关系，通过设定总体设计目标，把握重点设计环节，整体评判安全性能，使建筑防火间距、防火分隔、安全疏散、灭火设施、防烟排烟等子系统相互协调，增强其整体功效。其次，建筑防火设计工作要统筹动态防火与静态防火之间的关系，将自动喷水灭火系统等消防设施与防火墙等防火分隔设施有机结合，科学设计和全面评估建筑防火性能。最后，建筑防火设计工作要统筹主动防火技术与被动防火技术之间的关系，争取预防和处置建筑火灾的主动权。

（二）防火设计的依据

火力发电厂消防设计应当遵循我们国家现行消防法律、行政法规和技术标准。对于我国消防技术标准尚未规定的消防设计内容和新材料、新技术、新工艺带来的有关消防安全的新问题，一般由省一级公安消防监督机构或者公安部消防局会同同级建设主管部门组织设计、施工、科研等部门的专家论证，提出意见，作为建筑工程消防设计的依据。

（三）防火设计的主要内容

防火设计内容主要包括总平面布置、防火间距、建筑结构和耐火等级、建筑材料防火、防火分区分隔、安全疏散、工艺系统的防火、火灾自动报警、消防给水与自动灭火设施、防烟排烟、防爆等。

1. 总平面布置

总平面布置要满足城市规划和消防安全的要求。一是要根据建筑物的使用性质、生产规模、建筑高度、建筑体积及火灾危险性等，从周围环境、地势条件、主导风向等方面综合考虑，合理选择建筑位置。二是要根据实际需要，合理划分生产、贮存（包括露天贮存）、生产辅助设施、行政办公和生活福利等区域。对于同一电厂，若有不同火灾危险的生产建筑，尽量将火灾危险性相同的或相近的建筑集中布置，以利于采取防火防爆措施，便于安全管理。三是为了防止火灾时因辐射热影响导致火势向相邻建筑蔓延扩大，并为火灾扑救创造有利的条件，在总平面布置中，应合理确定各类建（构）筑物、堆场、储罐、电力设施及电力线路之间的防火安全距离。四是应根据建筑物的使用性质、规模、火灾危险性，考虑扑救火灾时所必需的消防车通道、消防水源和消防扑救面。

2. 建筑结构防火设计

建筑结构的安全是整个建筑的生命线，也是建筑防火设计的基础。建筑物的耐火等级是研究建筑防火措施、规定不同用途建筑物需采取相应建筑防火措施的基本依据。在建筑防火设计中，正确选择和确定建筑物的耐火等级，是防止建筑火灾发生和阻止火势蔓延扩大的一项治本措施。对于建筑物的设计应选择哪一级耐火等级，应由建筑物使用的性质和规模以及贮存使用中的火灾危险性来确定。

3. 建筑材料防火设计

建筑材料防火设计就是要根据国家的消防技术标准、规范，针对建筑的使用性质和不同部位，合理地选用建筑的防火材料，这是保护火灾中受困人员免受或少受高温、有毒烟气侵害，争取更多可用疏散时间的重要措施。建筑材料防火设计应当遵循的原则主要是，控制建筑材料中可燃物数量，受条件限制或装修特殊要求，必须使用可燃材料的，应当对材料进行阻燃处理。

4. 防火分区分隔设计

如果建筑内空间面积过大，火灾时则燃烧面积大，蔓延扩展快，因此在建筑内实行防火分区和防火分隔，可有效地控制火势的蔓延，既利于人员疏散和扑火救灾，也能达到减少火灾损失的目的。防火分区包括水平防火分区和竖向防火分区。水平防火分区是指在同一水平面内，利用防火隔墙、防火卷帘、防火门及防火水幕等分隔物，将建筑平面分为若干个防火分区、防火单元；竖向防火分区指上、下层分别用耐火的楼板等构件进行分隔。

5. 安全疏散设计

人身安全是消防安全的重中之重，以人为本的消防工作理念必须始终贯彻于整个消防工作。从特定的角度上说，安全疏散设计是建筑防火设计中最根本、最关键的技术，也是建筑消防安全的核心内容。保证建筑内的人员在火灾情况下的安全是一个涉及建筑结构、火灾发展过程、建筑消防设施配置和人员行为等多种基本因素的复杂问题。安全疏散设计的目标就是要保证建筑物内人员疏散完毕的时间必须小于火灾发展到危险状态的时间。

建筑安全疏散设计的重点是安全出口、疏散出口、紧急出口以及安全疏散通道的数量、宽度、位置和疏散距离。

6. 防烟排烟设计

烟气是导致建筑火灾人员伤亡的最主要原因，有效地控制火灾时烟气的流动，对保证人员安全疏散以及灭火救援行动的展开起着重要作用。发生火灾时，能合理地排烟排热，对防止建筑物的轰燃、保护建筑也是十分有效的技术措施。

烟气控制的方法包括合理划分防烟分区和选择合适的防烟、排烟方式。划分防烟分区是为了在火灾初期阶段将烟气控制在一定范围内，以便有组织地将烟气排出室外，使人员疏散、避难空间的烟气层高度和烟气浓度处在安全允许值之内。防烟、排烟系统可分为排烟系统和防烟系统。排烟系统是指采用机械排烟方式或自然通风方式，将烟气排至建筑外，控制建筑内的有烟区域保持一定能见度的系统。防烟系统是指采用机械加压送风方式或自然通风方式，防止烟气进入疏散通道的系统。防烟、排烟是烟气控制的两个方面，是一个有机的整体，在建筑防火设计中，应合理设计防烟、排烟系统。

7. 建筑防爆和电气设计

生产、使用、贮存易燃易爆物质的厂（库）房，当爆炸性混合物达到爆炸浓度时，遇到火源就能引起爆炸。爆炸能够在瞬间释放出巨大的能量，产生高温高压的气体，使周围空气强烈震荡，在离爆炸中心一定范围内，建筑（或人）会受到冲击波的影响而遭到破坏（或造成伤害）。因此在进行火力发电厂防火设计时，应根据爆炸规律与爆炸效应，对有爆炸可能的建筑提出相应的防止爆炸和减少爆炸危害的技术措施，重点是合理划分爆炸危险区域，合理设计防爆结构和泄压面积，准确选用防爆设备。

8. 火灾自动报警系统设计

火灾自动报警系统，即火灾探测报警与消防联动控制系统，是以实现火灾早期探测和报警、向各类消防设备发出控制信号，进而实现预定消防功能的一种自动消防设施。它是同火灾斗争的有力武器，在现代建筑防火中具有极其重要的作用。

在火力发电厂中，火灾自动报警系统是不可缺少的消防设施。在设计阶段，需要根据火力发电厂的规模、类型，选择适宜的火灾自动报警系统，确定报警控制器的功能要求，进行探测器的选择、布置，与各自动灭火系统及防火门、防排烟系统联动控制。

9. 灭火设施设计

灭火设施是火力发电厂安全的最后屏障，在火灾扑救中承担关键角色。

灭火设施是多种多样的，在火力发电厂中，主要涉及消防给水系统、室内外消火栓系统、泡沫灭火系统、自动喷水系统、水喷雾灭火系统、固定水炮灭火系统、气体灭火系统、移动灭火器等。在工程设计中，必须根据火力发电厂的规模、燃料、工艺系统合理确定配备灭火设施，并依据工程条件进行系统的选型计算、设备与管路的布置等。

10. 生产工艺系统防火设计

火力发电厂是工业企业，厂内分布较多的是生产类的厂房建筑，只有少量必需的生活建筑，因而火力发电厂的防火设计注定与民用建筑的防火设计不同。除了要类同民用建筑采取常规防火措施外，还要采取很多生产流程的防火措施，以贯彻"预防为主，防消结合"的方针。

火力发电厂的防火设计几乎牵涉各个专业、各个

工艺系统。在工艺系统和建筑设计中，首先要有防火意识；在设备选择、系统设计、设备布置中，均应有针对性地提出防火要求，实施防火设计。例如，在氢系统的设计中，就要根据氢的特点，采取一系列的防止氢气泄漏、爆炸的措施，仅此一项，就涉及热机、热控、暖通、化学等专业。在煤场设计中，运煤专业要考虑煤的贮存时间不能太长，要设置推煤机械的运行通道，合理确定煤场的高度、间距等。

（四）设计阶段的任务

火力发电厂设计一般分为初步可行性研究、可行性研究、初步设计、施工图设计四个主要阶段。每个阶段的设计任务和参与专业见表1-1。

表 1-1 设计阶段的设计任务

设计阶段	防火设计的主要任务	参与专业	备注
初步可行性研究	本阶段基本不涉防火方案		
可行性研究	根据现行消防设计规范，提出消防设计原则，投资估算	给排水、建筑、热机、电气、暖通等	
初步设计	制订防火、灭火、火灾自动报警系统的方案，提出主要措施	热机、运煤、电气、总图、建筑结构、暖通、给排水等	提出设备清册
施工图设计	各相关专业按初步设计的原则进行详细施工图设计、接口设计		建设单位以此报送消防部门审核或备案

初步设计阶段各专业的主要任务：

1. 总平面布置及交通

（1）电厂总平面布置。

提出电厂总平面布置格局，厂区各建（构）筑物的设置情况。对于扩建厂提出原有电厂的厂区总平面布置情况。

（2）建（构）筑物的防火间距。

提出电厂各建（构）筑物的防火间距。对于不满足防火间距要求的建（构）筑物，应说明采取的防火措施。

（3）消防车道。

提出厂区消防车道的布置情况及设计标准。

2. 建筑

（1）建（构）筑物火灾危险性分类及最低耐火等级。

应根据防火规范和生产过程中的火灾危险性对电厂各建（构）筑物进行分类，并提出最低耐火等级要求。

（2）主厂房的安全疏散。

应根据防火规范要求，提出主厂房各车间的安全疏散的布置、楼梯间布置、电梯布置等。

（3）其他厂房的安全疏散。

应根据防火规范要求，提出其他厂房的安全疏散的布置、楼梯间布置等。

（4）建筑构造。

应根据防火规范要求，提出设置的防火墙、建筑构件、安全通道和出口、管道竖井及电缆竖井和电缆隧道或电缆沟防火分隔、消防梯和防火门等。

3. 运煤

（1）应根据煤种的挥发性情况，提出煤场、筒仓等贮煤设施防止自燃及消防措施。

（2）提出燃料输送系统的通风、除尘设备设置情况及电气设备的防护等级。

（3）提出带式输送机系统（如胶带机、落煤管）防止撒煤、积煤的措施。

（4）确定胶带是否选用难燃胶带。

（5）提出大型移动设备（如斗轮机）的自身消防设备配置。

（6）提出火灾检测与控制要求。

4. 热机

（1）锅炉制粉系统的消防措施。

1）提出消防范围及锅炉燃烧器等的消防措施。

2）提出火灾监测及控制要求。

（2）油系统的消防措施。

1）提出主油箱、氢密封油箱、给水泵汽轮机油箱、油管道、磨煤机润滑油、电动给水泵润滑油、柴油发电机、点火油卸油及储油设备的消防措施。

2）提出火灾监测及控制要求。

5. 电气与照明

（1）提出变压器的防火措施，并根据防火措施的要求简述其消防设施及火灾检测设计的原则。

（2）提出防止电缆火灾蔓延、阻燃及分隔措施，并提出电缆着火的消防措施。

（3）提出其他电气设施如各级电压配电装置、电容器室、蓄电池室、网络继电器室、通信室等的消防措施。

（4）提出高压给水消防系统的供电负荷等级、生活消防供水系统的供电负荷标准。

（5）提出水泵连锁要求。

（6）提出事故照明采用的形式。

（7）提出照明电源的供电控制，事故照明电源的防火措施。

6. 水工

（1）消火栓消防系统。

1）提出消防给水系统划分原则、系统配置。

2）提出室外消火栓保护范围、设置原则。

3）提出室内消火栓保护范围、设置原则。

（2）自动喷水消防系统（包括水喷雾灭火系统）。

提出自动喷水消防系统的系统配置、系统保护对象、所采用的自动喷水灭火系统形式、数量等。

（3）消防水量及水压计算。

列表计算电厂最不利点消防所需的水量、水压、一次消防水量等。

（4）消防水泵及消防水池。

1）提出消防泵、稳压泵、稳压罐的数量、配置、容量选择、选型等，进行消防水泵房布置。

2）计算落实消防水池容积、数量、水源、补水措施。

（5）气体消防系统。

1）提出气体消防防护区位置、防护对象、防护区大小、所采用气体消防的形式。

2）提出气体消防系统的设置、备用量等。

3）提出气体灭火设备间的布置。

（6）泡沫灭火系统。

根据油罐数量、容量、尺寸、油品性质，确定泡沫灭火系统形式、设计参数、设备选型和布置等。

（7）提出灭火器材的配置原则、消防车的选用原则。

（8）提出消防排水的措施。

7. 热控（或其他负责专业）

（1）提出火灾报警及消防控制系统功能要求。

（2）提出全厂火灾报警及消防控制系统设置基本原则（包括脱硫、脱硝系统火灾报警及消防控制系统）。

（3）规划火灾报警及消防控制系统主盘布置位置。

（4）落实火灾报警区域盘设置及气体灭火控制盘的设置。

（5）规划具体火灾报警探测设置区域。

（6）提出火灾探测形式。

（7）提出发生火灾报警后的联动项目。

（8）提出火灾报警及消防系统设备和材料选型要求。

（9）提出火灾报警及消防控制系统设备选型意见。

（10）提出火灾报警及消防控制系统电缆选择要求。

8. 供暖通风与空气调节

（1）供暖。

提出用于具有可燃物质的车间的供暖热媒温度的限制要求。

（2）空气调节。

1）提出集中控制室、电子设备间空气调节系统与消防自控系统的连锁要求，以及排烟系统的设置及操作要求。

2）提出空调系统防火阀设置的原则及选择要求。

3）提出空调系统的风道及其附件材料的选择要求。

4）提出空调系统的电加热器与送风机连锁要求

和超温断电保护措施。

5）提出空调系统的新风口的位置要求。

6）提出蓄电池室等房间的空调设备的防爆要求。

（3）通风。

1）提出通风系统的风道设置防火阀的原则。

2）提出蓄电池室、燃油泵房等房间通风系统电机的防爆要求以及风机与电机的直连要求。

3）提出具有火灾危险的房间的通风系统管道材料的选择要求。

（4）除尘。

提出煤仓间、转运站、碎料机室、地下输料道通风除尘系统的设置。

（5）防烟排烟。

提出有关建（构）筑物的防烟排烟设置。

第三节　防火基本概念

一、燃烧

燃烧是指可燃物和氧化剂发生激烈的放热化学反应的过程。燃烧的本质：燃烧是一种放热发光的化学反应。燃烧过程中的化学反应十分复杂，有化合反应，也有分解反应。有的复杂物质燃烧，先是物质受热分解，然后发生氧化反应。燃烧是可燃物质与氧或其他氧化剂反应的结果，但是这种氧化反应速率不同，或成为燃烧，或成为一般氧化反应。剧烈的氧化反应，瞬时放出大量的热和光。

（一）燃烧的必要条件

任何物质发生燃烧，都有一个由未燃状态转向燃烧状态的过程。这一过程的发生必须具备三个条件，即可燃物、助燃物（氧化剂）、着火源。

1. 可燃物

凡是能与空气中的氧或其他氧化剂发生化学反应的物质称为可燃物。可燃物按其物理状态分为气体、液体和固体三类，列举见图 1-1。

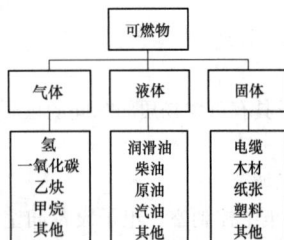

图 1-1　可燃物

（1）气体可燃物。凡是在空气中能燃烧的气体都称为气体可燃物。可燃气体在空气中燃烧，要求与空气的混合比在一定范围——燃烧（爆炸）范围，并需

要一定的温度（着火温度）引发反应。

（2）液体可燃物。凡在空气中能燃烧的液体都称为液体可燃物。液体可燃物大多数是有机化合物，分子中都含有碳、氢原子。

（3）固体可燃物。凡遇明火、热源能在空气中燃烧的固体物质称为固体可燃物，如木材、纸张、谷物等。在固体物质中，有一些燃点较低、燃烧剧烈的，称为易燃固体。

2. 助燃物（氧化剂）

能帮助支持可燃物燃烧的物质，即能与可燃物发生反应的物质称为助燃物（氧化剂）。

3. 着火源

着火源是指供给给可燃物与氧或助燃物发生燃烧反应的能量，常见的是热能。其他还有化学能、电能、机械能和核能等转变成的热能。根据着火的能量来源不同，着火源可分为：①明火；②高温物体；③化学热能；④电热能；⑤机械热能；⑥生物能；⑦光能。

（二）燃烧过程

1. 气体物质的燃烧

（1）扩散燃烧。

扩散燃烧是指可燃气体从喷口（管口或容器泄漏口）喷出，在喷口处与空气中的氧边扩散混合、边燃烧的现象。其燃烧速度取决于可燃气体的喷出速度，一般为稳定燃烧。管路、容器泄漏口发生的燃烧，天然气井口发生的井喷燃烧均属扩散燃烧。

（2）预混燃烧。

预混燃烧是指可燃气体与氧在燃烧前混合，并形成一定浓度的可燃混合气体，被火源点燃所引起的燃烧。这类燃烧往往是爆炸式的燃烧，也叫动力燃烧，即通常所说的气体爆炸。爆炸式燃烧后火焰返至漏气处，然后转变为稳定式的扩散燃烧。

2. 液体物质的燃烧

易燃和可燃液体在燃烧过程中，并不是液体本身在燃烧，而是液体受热时蒸发出来的气体被分解、氧化达到燃点而燃烧。故液体接受热量越多，气体蒸发量越大，燃烧速度越快。可燃、易燃液体的蒸发与可燃气体的燃烧特点相同，也分为扩散燃烧和预混燃烧。

3. 固体物质的燃烧

（1）蒸发燃烧。

蒸发燃烧是指熔点较低的可燃固体，受热后熔融，然后像可燃液体一样蒸发成蒸汽而燃烧。

（2）分解燃烧。

分子结构复杂的固体可燃物，在受热时分解出其组成成分及与加热温度相应的热分解产物，这些分解产物再氧化燃烧，称为分解燃烧。如天然高分子材料

中的木材、纸等。

（3）表面燃烧。

有些固体可燃物的蒸气压非常小或者难于发生热分解，不能发生蒸发燃烧或分解燃烧，当氧气包围物质的表层时，呈炽热状态发生无火焰燃烧，称为表面燃烧。

（4）阴燃。

阴燃是指某些固体可燃物在空气不流通、加热温度较低或可燃物含水分较多等条件下发生的只冒烟、无火焰的燃烧现象。如成捆堆放的棉、麻、纸张及大量堆放的煤、杂草、湿木材等，受热后易发生阴燃。

二、着火与熄火

（一）着火

着火是可燃物燃烧过程中的重要阶段，它通常指燃烧系统从缓慢、基本无化学反应到稳定、强烈放热反应的过渡状态。着火过程是燃烧过程中的预备阶段，其特点是具有极高的反应加速度，整个过程在极短的时间内完成。

着火有两种方式：一是自燃着火（常简称为自燃），包括化学自燃和热自燃；二是强迫着火（简称点燃或点火）。

1. 自燃着火

把一定体积的可燃混合气预热到某一温度，在该温度下，混合物反应自动加速，反应速率急剧增大直到着火，这种现象称为自燃。着火以后，可燃混合气燃烧释放的能量已能够使燃烧过程自行继续下去，而不需要外部再供给能量。自燃着火参数主要有自燃温度、点火延迟期和点火极限浓度。使可燃物发生自燃的最低温度即为自燃点。通常，自燃点取为在标准的测试装置中，使可燃物着火的最低器壁温度。

2. 强迫着火

在可燃混合气中某处用点火热源点着与其相邻的一层可燃物，而后燃烧自动地传播到可燃混合气其余部分，这种由外加点火热源引发局部火焰并相继发生火焰传播的现象称为强迫着火。点火热源可以是电热线圈、电火花、炽热体和点火火焰等。强迫着火仅是在局部可燃物（点火热源附近）内进行；而自燃着火则是在全部可燃物内同时进行，并且各处温度、反应物浓度、反应速率均相等。强迫着火与自燃着火类似，亦有点火温度、点火延迟期和点火极限浓度，但它们的影响因素要比自燃着火更为复杂。除了可燃混合气的化学性质、浓度、温度、压力外，点火方法、点火能和混合气流动的性质亦可影响点火，而且后者的影响更为显著。

（二）熄火

可燃系统从强烈的放热反应转变为缓慢的、基本无化学反应状态的现象。通过隔离可燃物与氧气、洒水降温等途径可以实现熄火的目的。

三、爆炸

爆炸是物质从一种状态通过物理或化学变化突然变成另一种状态，并放出巨大能量而做机械功的过程。

爆炸可分为物理爆炸、化学爆炸和核爆炸三种形式。

物理爆炸是由于压力增加超过容器或设备所能承受的极限压力而引起的爆炸。例如，压力超过设备所能承受的强度而产生的爆炸；装有压缩气体的钢瓶受热增压，超出承受强度而引起的爆炸等。高压消防瓶就有爆炸的危险。

化学爆炸是物质急剧氧化或分解等化学反应，使温度、压力增加或使二者同时增加而引起的爆炸。化学爆炸可以是可燃气体遇火源而引起的；也可以是粉末或粉尘与空气的混合物遇点火源而引起的；但更多的是炸药及爆炸性药品所引起的爆炸。化学爆炸的主要特点是反应速度极快，放出大量的热和产生大量的气体。只有上述三者都同时具备的化学反应才称作化学爆炸。凡是在外界作用下（如摩擦、撞击、震动、高温或其他外界因素的激发），能发生剧烈的化学反应，瞬时产生大量的气体和热量，使周围的压力急剧上升，发生爆炸，对周围环境造成破坏的，同时伴有光、声、烟雾等效应的物品，均为爆炸物品。爆炸物品具有化学不稳定性，在一定外因的作用下，能以极快的速度发生猛烈的化学反应，瞬间产生的大量气体和热量在短时间内无法逸散开去，致使周围温度迅速升高和产生巨大的压力而引起爆炸。

在火力发电厂中存在煤粉、氢气和液氨的爆炸危险。

（一）液氨

氨（NH_3）是无色、有刺激性恶臭的气体。在适当压力下可液化成液氨，同时放出大量的热；当压力减低时，则气化而逸出，同时吸收周围大量的热。其有毒，空气中的最高容许浓度为 $30mg/m^3$。易溶于水、乙醇和乙醚，水溶液呈碱性。爆炸极限为 15.7%～27.4%。

储氨钢瓶受到损伤时，气体外逸会危及人畜健康与生命。遇水则变为有腐蚀性的氨水。受热后瓶内压力增大，有爆炸的危险。空气中氨蒸气浓度达 15.7%～27.4%时，遇火星会引起燃烧爆炸。有油类存在时，更增加燃烧的危险。

（二）氢气

氢气是无色无臭气体，极易燃烧，燃烧时火焰呈蓝色。氢氧混合燃烧时，火焰温度可达2000℃。爆炸极限为4.1%～74.2%。

当有氢气泄漏时，氢气上升滞留屋顶，不易自然排出，遇到火星时就会引起爆炸。

（三）粉尘爆炸

1. 粉尘的定义

粉尘是固体物质的微小颗粒。粉尘本身是可燃的，可燃粉尘包括有机粉尘和无机粉尘两大类。当条件具备时，可燃粉尘会爆炸。常见可爆粉尘有以下几类：第一类是金属粉尘，主要有铝粉、镁粉、钛粉和铁粉等；第二类是化学物质粉尘，主要有硫矿粉、煤粉、醋酸纤维素、酚醛树脂和聚苯乙烯等；第三类是食品和木材等物质颗粒粉尘。

在一般条件下，并非所有的可燃粉尘都能发生爆炸。爆炸极限范围内的混合物累积的粉尘是不能爆炸的；只有悬浮的粉尘才可能发生爆炸。粉尘在空气中能否悬浮及悬浮时间长短取决于粉尘的动力稳定性，而它主要与粉尘粒径、密度和环境温度、湿度等有关。悬浮粉尘只有当其浓度处于一定的范围内才能爆炸。这是因为粉尘浓度太小，燃烧放热太少，难以形成持续燃烧而无法爆炸；而粉尘浓度太大，混合物中氧气浓度就太小，也不会发生爆炸。

粉尘爆炸通常会引发火灾。

2. 粉尘爆炸的过程

悬浮于空气中的可燃粉尘之所以能发生爆炸，原因之一是粉尘具有较大的表面积和化学活性，许多固体物质处于块状时不易燃烧，但成为粉尘状就很容易燃烧；原因之二是由于氧化表面的增加，强化了粉尘的热过程，加速了气体产物的释放；发生粉尘爆炸的一个原因，就是它受热后能放出大量的可燃气体，如挥发分为20%～26%的焦煤，在高温下可以放出290～350L的气体。

粉尘的爆炸可视为由以下三步发展形成：

第一步是悬浮的粉尘在热源作用下迅速地气化而产生出可燃气体。

第二步是可燃气体与空气混合而燃烧。

第三步是粉尘燃烧放出的热量以热传导和火焰辐射的方式传给附近原来悬浮的或被吹扬起来的粉尘，这些粉尘受热汽化后使燃烧循环地进行下去。随着每个循环的逐次进行，其反应速度逐渐加快，通过剧烈的燃烧，最后形成爆炸。这种爆炸反应以及爆炸火焰速度、爆炸波速度、爆炸压力等将持续加快和升高，并呈跳跃式的发展。

3. 影响粉尘的爆炸性能的因素

（1）颗粒度。粉尘的颗粒度越小，相对表面积越大，燃烧速度越快，爆炸极限越大。颗粒度大于10^{-3}cm的粉尘，一般无爆炸危险性。

（2）挥发分。粉尘含挥发性物质越多，爆炸危险性越大。

（3）水分。粉尘中的水分有减弱和阻碍爆炸的性能，所以增加水分其爆炸危险性便会降低。

（4）灰分。粉尘中含灰分增加，其爆炸性随之减小。因为灰分有吸收粉尘、加速粉尘的沉降、降温等作用。

（5）火源强度。火源的温度越高，释放的热量越多，与混合物接触时间越长，爆炸极限就扩大。每一种粉尘都有一个最低点火能量，低于这个能量，粉尘与空气的混合物就不能起爆。

四、火灾的分类

（一）按燃烧对象分类

（1）A类火灾。普通固体可燃物燃烧而引起的火灾。

固体物质是火灾中最常见的燃烧对象。木材及木制品、纤维板、胶合板、纸张、纸板、家具，合成橡胶、合成纤维、合成塑料，电工产品、建筑材料、装饰材料等，种类极其繁杂。固体物质火灾危险性差别很大，评定时要从多方面进行综合考虑。其主要理化参数有熔点、自燃点、比表面积、氧化特性、密度、导热性、热惯性等。

（2）B类火灾。油脂及一切可燃液体燃烧引起的火灾。

1）油脂包括原油、汽油、煤油、柴油、重油、动植物油；可燃液体主要有酒精、苯、乙醚、丙酮等各种有机溶剂。原油罐、汽油罐是B类火灾的重点保护对象。

2）液体燃烧是液体蒸气与空气进行的燃烧。液体在火灾中受热首先变成蒸气，蒸气与空气燃烧变成产物。轻质液体的蒸发纯属相变过程，重质液体蒸发时还伴随热分解过程。原油罐火灾中的喷溅和可燃液体的蒸气云爆炸，是B类火灾中的两种特殊燃烧现象，破坏极其严重。

3）评定可燃液体火灾危险性的理化参数是闪点。闪点小于28℃的可燃液体属甲类火险物质，如汽油。闪点大于或等于28℃，小于60℃的可燃液体属乙类火险物质，如煤油。闪点大于或等于60℃的可燃液体属丙类火险物质，如柴油、植物油。

（3）C类火灾。可燃气体燃烧引起的火灾。按可燃气体与空气混合时间，可燃气体燃烧分为预混燃烧和扩散燃烧。可燃气体与空气预先混合好后的燃烧称为预混燃烧。可燃气体与空气边混合、边燃烧称为扩散燃烧。预混燃烧由于混合均匀，燃烧充分、完全，不产生碳粒子，燃烧速度快。失去控制的预混燃烧会产生爆炸，这是C类火灾最危险的燃烧方式。扩散燃烧由于是边混合边燃烧，混合不均匀，燃烧不充分、不完全，会产生碳粒子，火焰呈黄色，燃烧速度受混合快慢及混合比控制。

（4）D类火灾。可燃金属燃烧引起的火灾，如锂、钠、钾、钙、锶、镁、铝、钛、锆、锌、铪、钚、钍和铀火灾。

（5）带电火灾。指带电的电气设备及其他物体燃烧的火灾。

不同类型的火灾，具有不同的特点，应采取不同的灭火措施。

（二）按火灾损失严重程度分类

（1）特大火灾。死亡10人以上，重伤20人以上，死亡、重伤20人以上，烧毁财物损失100万元以上。

（2）重大火灾。死亡3人以上，受伤10人以上，死亡、重伤10人以上，烧毁财物损失30万元以上。

五、火灾的发展

1. 热的传播

火灾发生、发展的整个过程始终伴随着热传播过程，热传播是影响火灾发展的决定性因素。热传播除了火焰直接接触外，还有三个途径，即传导、对流、辐射。

2. 火灾的发展过程

（1）室内火灾的发展过程。室内火灾发展过程一般用温度表示。不同结构的建筑，火灾时其温度变化情况是不一样的。一般建筑火灾，温度变化过程如图1-2所示。

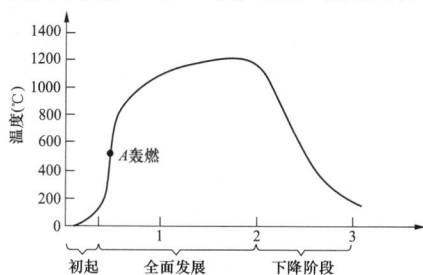

图1-2　火灾温度变化

图1-2中的轰燃，目前对它尚无通用的定义，但一般认为，它是由局部可燃物燃烧迅速转变为系统内所有可燃物表面同时燃烧的火灾特性。实验结果表明，在室内的上层温度达到400～600℃时会引起轰燃。

1）火灾初起阶段。火灾初起时，随着火苗的发展，燃烧产物中有水汽、二氧化碳、还产生少量的一氧化碳和其他气体，有热量散发，火焰温度可能在500℃以上，室温略有增加。这一阶段火势发展的快慢随着引起火灾的火源、可燃物的特点不同而呈现不同

的趋势。

2）火灾发展阶段。火灾发展阶段，也称为自由燃烧阶段，当温度升至A点附近，辐射热急剧增加，辐射面积增大，燃烧会扩大到整个室内，并有可能出现轰燃。火灾发生后，周围环境温度逐步上升，物质分解生成烟和毒性气体，并随热气流上升到顶部；热的烟粒子向四周辐射热量，引起室内可燃物热分解，产生大量可燃气体。室内的上层气温达400～600℃即发生轰燃，火灾达到全面发展阶段，系统处于高温状态。火焰包围所有可燃物，燃烧速度最快，环境温度明显上升，温度可达700℃以上。

3）火灾下降阶段。随着燃烧的进行，可燃物减少；如果通风不良，有限空间内氧气被渐渐耗尽，则可燃物不再发出火焰，已燃烧的可燃物呈阴燃状态，室内温度降至500℃左右。但是，这样的高温仍能使可燃物分解出较轻的气体，如氢气、甲烷等。这时，如因不合理的通风，突然引入较多的新鲜空气，则仍有发生爆燃的危险。如果火灾烧穿门窗、屋顶，则在可燃物全部燃尽后，才进入下降阶段。

（2）室外火灾的发展过程。室外火灾一般无明显发展阶段之分。室外火灾由于供氧充足，起火后很快便会发展到猛烈阶段。

（3）影响火灾变化的因素。①可燃物数量及空气流量。②可燃物的蒸发潜热。③爆炸。④气象条件（气温、相对湿度及风）。⑤扩散。

六、燃烧产物

物质在燃烧时生成的气体、蒸汽和固体物质称为燃烧产物。其中，散发在空气中能被人们看见的燃烧产物称为烟雾，它实际上是由燃烧产生的悬浮固体、液体粒子和气体的混合物。其粒径一般在0.01～10μm之间。

燃烧产物对灭火工作的影响。燃烧产物与灭火工作有密切的关系，它对灭火工作既有有利的方面，也有不利的方面。

1. 有利方面

（1）在一定条件下有阻燃作用。完全燃烧的燃烧产物都是不燃的惰性气体，如水蒸气。

（2）燃烧产物为火情侦察提供依据。

2. 不利方面

（1）引起人员中毒、窒息。燃烧产物中有不少为毒性气体，对人体有麻醉、窒息、刺激作用。

（2）会使人员受伤。燃烧产物的烟气中载有大量的热，人在这种高温、湿热环境中极易被烫伤。

（3）影响视线。燃烧产生大量烟雾，影响人的视线，使能见度大大降低，人在浓烟中往往辨不清方向，

给灭火、人员疏散工作带来困难。

（4）成为火势发展、蔓延的因素。燃烧产物有很高的热能，极易造成轰燃或因对流或热辐射而引起新的火点。

第四节　消防工程监督管理与产品管理

一、消防工程监督管理

《消防法》规定，大型人员密集场所和其他特殊建设工程，建设单位应当将消防设计文件报送公安机关消防机构审核。公安机关消防机构依法对审核的结果负责；其他建设工程应将消防设计文件报公安机关消防机构备案，公安机关消防机构按照设定的比例进行抽查。建设工程竣工后，建设单位还应当向公安机关消防机构申请消防验收或备案抽查。依法应当进行消防验收的建设工程，未经消防验收或者消防验收不合格的，禁止投入使用；其他建设工程经依法抽查不合格的，应当停止使用。

（一）消防设计审核

消防设计审核是公安机关消防机构依法对建设工程的消防设计图纸及资料进行技术审核的一项重要工作。各级公安机关消防机构按照国家现行消防技术标准、规范对建设工程的消防设计图纸和资料进行审核。

1. 建设工程消防监督管理的分级和分工

《建设工程消防监督管理规定》指出，直辖市、地级市、县级公安机关消防机构分工承担辖区建设工程的消防设计审核、消防验收和备案抽查工作。具体分工由省级公安机关消防机构确定，对外公布并报公安部消防局备案。省、自治区公安机关消防机构虽不直接承担审核、验收和备案抽查任务，但应负责监督、检查和指导下级公安机关消防机构开展建设工程消防监督管理工作，负责组织建设工程消防设计专家评审工作。县（市、区、旗）公安机关消防机构主要负责备案抽查工作，确需承担建设工程的消防设计审核、消防验收工作的，应当配备相应人员，同时要严格落实审验分离，主责承办、技术复核等执法工作制度。

2. 消防设计审核的内容

公安机关消防机构根据建设工程项目的性质、规模和特点，可对方案编制与初步设计、施工图与内装修图分别进行消防设计审核。

（1）方案与初步设计审核。公安机关消防机构一般是与政府其他职能部门相互配合，共同对建设工程的方案设计和初步设计进行审核。审核的主要内容是：规划选址是否符合城市消防安全布局，与周围建筑的防火间距、消防水源、消防下通道等是否符合要求。

（2）施工图与装修图设计审核。公安机关消防机构对建设工程施工图与装修图的以下内容进行审核：总平面布局和平面布置中涉及消防安全的防火间距，消防车道、消防水源，建筑的火灾危险性类别和耐火等级，消防给水和自动灭火系统等。

（3）消防设计审核的实施步骤如图1-3所示。

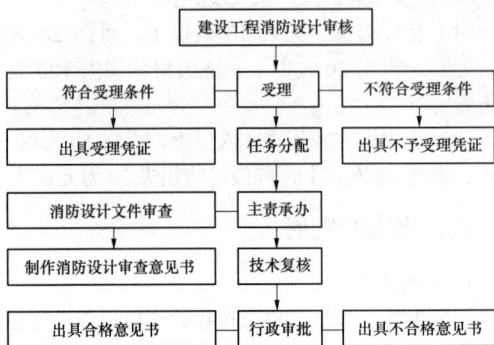

图1-3　消防设计审核的实施步骤

（4）消防设计审核的范围。大型发电、变配电工程属于特殊建设工程，在消防设计审核范围内。

（5）特殊的消防设计审核——专家论证。建设工程的消防设计必须符合国家工程建设消防技术标准，但建设工程功能的复杂性、多样性造成了一些建设工程消防设计中出现超越现行国家工程建设消防技术标准的情况。另外，还有一些建设工程采用了新技术、新工艺、新材料或者没有现行国家工程建设消防技术标准规定可以参照，因此，为了解决这些工程实际中的问题就必须组织专家论证。

需组织消防技术论证的建设工程，由建设单位向公安机关消防机构提出对消防技术方案进行技术审定申请，并提交下列相关材料：

1）建筑工程项目概况。

2）消防设计说明及其图纸。

3）需要技术论证的主要问题及理由。

4）拟参考采用的国内地方标准、国外有关技术标准（中英文文本）。

5）拟采用的新技术、新材料、新工艺、新设备的技术说明和应用情况。

省级人民政府公安机关消防机构应当在收到申请材料之日起30日内会同同级住房和城乡建设行政主管部门召开专家评审会，对建设单位提交的消防技术方案进行评审。国家、省一级公安机关消防机构收到建设单位申请及相关资料后，对建设工程消防设计进行初步技术分析，并做出是否组织专家论证的决定。对不需要组织专家论证的，在初步技术分析后通报不予受理专家论证理由，并退还报送材料；对确需要组织专家论证的，在初步技术分析后，组织开展建设工程消防技术论证和审定。

（二）消防验收

消防验收是指对具备法律法规规定的竣工验收条件的建设工程是否符合消防技术标准要求进行查验、测试。消防验收合格，是大型人员密集场所和其他特殊建设工程投入使用的前提条件。

1. 申报验收的条件

建筑工程中申报消防验收应具备以下条件：

（1）建筑消防设计已经通过消防部门审核同意，取得结论为合格的"建设工程消防设计审核意见书"，且按原设计施工，变更部分内容、程序符合法规及技术规范。

（2）申报工程现场已施工完毕，具备法定竣工条件，建设单位已依法组织建筑消防自检自验。

（3）取得消防设施技术服务机构对申报建筑的消防设施的检测报告，结论为合格。

（4）申报表上填写的各种消防产品（含防火阻燃材料和防火建筑相关产品）的规格型号并附检测报告，结论符合消防安全规定和法规要求。

（5）符合其他有关法律法规及相关文件、规范对竣工建筑消防安全的要求。

2. 消防验收的组织

消防验收由公安机关消防机构组织实施，建设、设计、施工、监理、消防技术服务等单位予以配合。对大型建设工程进行验收，应当成立验收工作小组，由公安机关消防机构的领导或者部门领导任组长，消防验收、设计审核、消防监督、产品管理和灭火救援等专业技术人员参加。所有人员分为工程资料审查、消防设施功能测试、建筑防火检查等若干验收小组，每个验收小组的消防专业技术人员不少于 2 人。

消防验收步骤如图 1-4 所示。

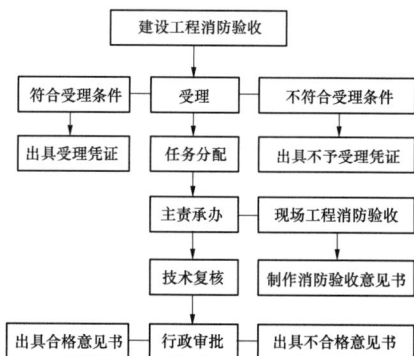

图 1-4 消防验收步骤

二、消防产品管理

消防产品实行市场准入管理制度。消防产品的市场准入管理是指为保证消防产品的质量合格，只允许具备规定条件的生产者才能进行生产经营活动、具备规定条件的产品才能进行生产销售的监督活动。根据《消防法》第二十四条规定，消防产品应经强制性产品认证合格或者技术鉴定合格，由国务院公安部门消防机构予以发布，才可生产、销售。但由于目前处于过渡阶段，现行消防产品的市场准入管理仍根据产品的不同分为四种，即强制性产品认证、型式认可、强制检验和阻燃制品标识。

1. 强制性产品认证

强制性产品认证是指通过制定强制性产品认证的产品目录和实施强制性产品认证程序，对列入目录中的产品实施强制性的检测和审核。强制性认证又称 3C 认证。消防产品强制性认证的实施范围和规则是由国家认证认可监督管理委员会会同公安部消防局制定、调整，由国家认证认可监督管理委员会发布并共同实施。实施强制性认证的消防产品主要是以下四大类：火灾报警类产品、消防水带类产品、自动喷水灭火系统类产品、消防车类产品。

2. 型式认可

型式认可是指对产品的设计图纸、技术标准、型式试验和样品质量的认可。型式认可与 3C 认证类似，根本目的是对消防产品生产企业的产品质量和质量保证能力进行评价。其实施范围和规则是根据《消防法》制定，由国家认证认可监督管理委员会会同公安部消防局制定、调整，由公安部消防局发布并实施。实施型式认可的消防产品主要是以下九大类：灭火剂类产品，防火门产品，消火栓产品，灭火器产品，消防接口产品，消防枪、炮产品，建筑防火构配件，火灾报警设备，防火阻燃材料。

3. 强制检验

强制检验是指消防产品进入市场前，由生产者将产品送国家消防产品质量监督检验中心完成产品的型式检验。以取得合格的型式检验报告作为进行全国销售的市场准入依据。强制检验的实施范围是除产品质量认证制度和型式认可制度所包含的产品以外的其他所有消防产品。实施强制检验的消防产品有：消火栓箱及内配器材，防火卷帘及配套设施，消防供水设备，防烟、排烟设备，气体灭火系统，消防员救生及防护设备，防火板等耐火隔热产品。

4. 阻燃制品标识

阻燃制品是指由阻燃材料制成的产品及多种产品的组合，包括阻燃建筑制品、阻燃织物、阻燃塑料/橡胶、阻燃泡沫塑料、阻燃家具及组件和阻燃电线电缆等。

阻燃制品标识（简称标识）是指表明阻燃制品及组件的燃烧性能，已按照公安部消防局制定的《阻燃制品标识管理办法（试行）》等有关规定经检验合格的标志。

所有消防产品的认证、认可或强制检验市场准入情况均由公安部消防局在中国消防产品信息网（www.cccf.com.cn）上公布。在中国消防产品信息网上无法查实的认证、认可证书或型式检验报告均不得作为消防产品市场准入的依据。任何企业不得生产、销售未取得认证、认可证书，型式检验报告或认证、认可证书，型式检验报告到期、暂停、注销、撤销的消防产品，也不得以任何形式伪造认证、认可证书或型式检验报告，否则将受到法律的严惩。

第二章

厂区总平面布置

电厂建（构）筑物一旦发生火灾，火灾除了在建筑内部扩大外，有时还会通过一定的途径蔓延到邻近的建（构）筑物上，造成难以估量的火灾损失。同时，人员、物资需要疏散，消防车需要靠近建（构）筑物实施灭火、救人，这就要求在进行厂区总平面布置时，必须合理确定不同使用性质、不同火灾危险性和耐火等级建（构）筑物的位置，合理确定建（构）筑物之间的防火间距，设置足够的消防车道和消防救援场地，最大限度地防止火灾的蔓延，防止造成严重损失事故的发生。

第一节　重点防火区域划分及布置

一、重点防火区域划分及区域内主要建（构）筑物

（一）重点防火区域划分的原则

发电厂厂区的用地面积较大，建（构）物的数量较多，而且建（构）筑物的重要程度、生产操作方式、火灾危险性等方面的差别也较大，为了突出防火重点，做到火灾时能有效控制火灾范围，控制易燃、易爆建（构）筑物的相互影响，保证电厂关键部位的建（构）筑物及设备和工作人员的安全，最大限度地减少电厂发生火灾带来的损失，需要将厂区划分为不同的重点防火区域。

所谓"重点防火区域"是指在设计、建设、生产过程中应特别注意防火问题的区域，通常电厂的重点防火区域按如下划分：

（1）主厂房区：按重要程度，主厂房是电厂生产的核心，按生产过程中的火灾危险性划为丁类，围绕主厂房，包括脱硫建筑物应划分为一个重点防火区域。

（2）配电装置区：室外配电装置区内多为带油电器设备，且母线与隔离开关处时常闪火花。其安全运行是电厂及电网安全运行的重要保证，按生产过程中的火灾危险性划为丙类，应划分为一个重点防火区域。

（3）油罐区：油罐区一般储存可燃油品，包括卸油、储油、输油和含油污水处理设施，火灾概率较大，

按生产过程中的火灾危险性划为乙类，应划分为一个重点防火区域。

（4）贮煤场区：电厂的贮煤场常有自燃现象，尤其是褐煤，自燃现象严重，而其中的干煤棚、转运站等建筑物，按生产过程中的火灾危险性划为丙类，应划分为一个重点防火区域。

（5）制氢站或供氢站区：按生产过程中的火灾危险性划为甲类，应划分为一个重点防火区域。

（6）液氨区：液氨的储存和输送按火灾危险性划为乙类，从防火、防爆的要求出发，应划分为一个重点防火区域。

（7）消防水泵房区：消防水泵房是全厂的消防中枢，其重要性不容忽视，按生产过程中的火灾危险性划为戊类，应划分为一个重点防火区域。

（8）材料库区：电厂的材料库及棚库是储存物品的场所，同生产车间有所区别，按生产过程中的火灾危险性，分别为丙和戊类，应划分为一个重点防火区域。

（9）天然气调压站：天然气的主要成分是甲烷，比空气轻，是一种易燃易爆气体。调压站按火灾危险性划为甲类，且站内设备阀件多，易泄漏，应划分为一个重点防火区域。

重点防火区域的划分不是一成不变的，可能随着我国技术经济政策、设备及工艺水平、生产管理水平及火灾扑救能力等而变化。

（二）重点防火区域内主要建（构）筑物

发电厂各重点防火区域内的主要建（构）筑物见表 2-1。

表 2-1　　　　　重点防火区域内的主要建（构）筑物

重点防火区域	区域内主要建（构）筑物
主厂房区	主厂房、除尘器、引风机室、烟囱、脱硫装置、靠近汽机房的各类油浸式变压器、汽轮机事故油池、变压器事故油池
配电装置区	配电装置的带油电气设备、网络控制楼或继电器室
油罐区	供卸油泵房、储油罐、含油污水处理站

续表

重点防火区域	区域内主要建（构）筑物
贮煤场区	贮煤场、转运站、卸煤装置、运煤隧道、运煤栈桥、筒仓
制氢站、供氢站区	制氢间、氢气罐
液氨区	液氨储罐、液氨输送泵、液氨蒸发器、废水池、配电间
消防水泵房区	消防水泵房、蓄水池
材料库区	一般材料库、特种材料库、材料棚库
天然气调压站	调压器

二、厂区总平面布置要求

（一）一般要求

（1）厂区总平面布置（包括厂区铁路、道路）应考虑防火、防爆等因素，建（构）筑物的布置设计应符合现行的国家和行业标准的要求。

（2）为了防止火灾和爆炸事故的蔓延和扩大，在总平面布置中，应本着预防为主的原则，采取必要的措施。应全面了解全厂各建（构）筑物在生产或储存物品的过程中各自的火灾危险性及其应达到的耐火等级，保证建（构）筑物、仓库和其他设施之间的防火距离。

（3）厂区应按功能要求分区，合理划分为主厂房区、配电装置区、燃料设施区、辅助及附属生产设施区（包括供水、化学水处理、污水处理、油罐区、氨区、检修、材料、车库等）、生产行政管理和生活服务设施区等。电厂内有不同火灾危险的生产建筑，应尽量将火灾危险性相同的或相近的建筑集中布置，以利采取防火防爆措施，便于安全管理。

（4）生产过程中有易燃或爆炸危险的建（构）筑物和储存易燃、可燃材料的仓库等，宜布置在厂区的边缘地带，同时考虑上述设施对厂区外部的影响；如电厂与具有发生严重火灾、爆炸危险及危险化学品泄漏的其他生产或储存的企业毗邻，上述建（构）筑物及设施应布置在远离危险源的厂区边缘地带。

（5）对重点防火区域之间、重点防火区域与其他建（构）筑物之间的电缆沟（电缆隧道）、运煤栈桥、运煤隧道及油管沟应采用防火墙或水幕等防火分隔措施。

（6）厂区采用阶梯式竖向布置时，为了防止可能泄漏的可燃液体会扩散或漫流至下一个阶梯，发生火灾事故，因此可燃液体储罐区不应毗邻布置在高于全厂重要设施或人员集中场所的台阶上。确需毗邻布置在高于上述场所的台阶上时，应在可燃液体储罐四周设置防火堤，或在储罐区四周采用路堤式道路，防止火灾蔓延和可燃液体流散。

（7）消防设施宜布置在最容易发生火灾危险的建（构）筑物附近；合理布置消防车道，使消防车畅通无阻，便于在规定时间内迅速到达厂区最远处；厂区的出入口不应少于两个，其位置应便于消防车出入。

（8）要合理地确定建（构）筑物间的距离。建（构）筑物的防火间距与建（构）筑物的火灾危险性和耐火等级有关，各建（构）筑物的防火间距不相同。厂区围墙内的建（构）筑物与围墙外其他工业与民用建（构）筑物的间距，应符合 GB 50016《建筑设计防火规范》的有关规定。

（二）主厂房区的布置要求

（1）主厂房是发电厂中最重要的生产车间，主厂房区一般由汽机房、锅炉房、除氧间、煤仓间、除尘器、引风机室、烟囱及烟道等各部分组成。其他生产车间均与主厂房有密切的联系，应在满足防火、防护间距要求的条件下，均力求接近主厂房布置。

（2）应根据全厂总体规划，合理考虑扩建条件，使高压输电线进出线方便，固定端宜朝向发电厂主要出入口方向。

（3）应适应发电厂生产工艺流程特点，以主厂房区为中心，使燃料输送便利，交通运输通畅，厂内外管线连接距离短。

（4）脱硫设施一般布置在炉后烟囱附近，汽机房外侧布置主变压器、启动/备用变压器和厂用高压变压器等。

（三）配电装置区的布置要求

（1）高压配电装置有室外布置和室内布置两种方式，一般位于汽机房外侧，当技术经济论证合理时，也可布置在厂区固定端，特殊情况下可布置在锅炉房外侧。

（2）网络控制楼宜靠近配电装置布置。

（3）进出线方便，与城镇规划相协调，宜避免相互交叉和跨越永久性建筑物。

（4）宜布置在湿式循环水冷却设施冬季盛行风向的上风侧，并位于产生有腐蚀性气体及粉尘的建（构）筑物常年最小频率风向的下风侧。

（5）不同电压等级的配电装置都需扩建时，最高一级电压配电装置的扩建方向，宜与主厂房扩建方向相一致。

（6）配电装置在汽机房外侧布置时，配电装置与汽机房之间的距离应满足最小防火间距要求，同时还应按规划容量留出足够的管线走廊。

（四）贮煤场区的布置要求

（1）宜单独布置在烟囱的外侧或厂区固定端。贮煤场一般布置在烟囱的外侧，其优点是工艺流程合理，输煤栈桥短捷；扩建方向可与主厂房取得一致，比较容易适应规划容量或单机容量的变化；与烟囱、除尘设备、灰浆泵房等卫生条件相近的建筑物集中在一起，可减少煤灰对厂区的污染。当厂区宽度受到限制或为了缩短供排水管线长度时，贮煤场也可布置在厂区固定端；水路来煤时，有时会将贮煤场布置在码头与主厂房固定端之间，以便于上煤。

（2）应便于铁路、公路、皮带的引接和燃料输送，缩短输送距离，减少转运，降低升提高度。

（3）宜尽量远离实验室、室外配电装置、集中控制室、汽机房及厂前建筑，并应布置在厂区主要建（构）筑物最小频率风向的上风侧，且使贮煤场的长边避免垂直于盛行风向。

（五）燃油设施的布置要求

电厂燃油设施主要包括储油罐、燃油泵房、含油废水处理设施等，燃机电厂用油、燃煤电厂所需点火及助燃用油多为轻油和重油，属于乙类或丙类油品，且用量较多，故电厂燃油设施的布置应按照 GB 50074《石油库设计规范》中有关规定执行。

（1）应单独布置，结合电厂内主要建（构）筑物和设施统一考虑，并符合环境保护和防火安全的要求。

（2）储油罐应集中布置，宜布置在靠近锅炉房侧、地势较低的边缘地带，如有安全防护设施，也可布置在地势较高处。

（3）油罐区四周，应设置 1.8m 高的实体围墙，尽可能与一般火种隔绝，有利于安全管理和防火，同时也不妨碍消防作业。当利用厂区围墙作为油罐区的围墙时，该段厂区围墙应为 2.5m 高的实体围墙。

（4）燃油泵房、含油废水处理站和泡沫站应布置在罐组防火堤外。燃油泵房可与泡沫消防设备间、含油废水处理站联合布置，中间应用防火墙隔开。泡沫消防设备间与储罐的防火间距不应小于 20m。

（5）大多数电厂燃油采用汽车运输，公路装卸区应布置在油罐区临近区外道路的一侧，并宜设围墙与油罐区隔开。

（6）地上储油罐的布置要求：

1）电厂燃用的轻油、重油属于乙类或丙类油品，危险性较低，一般采用固定顶储罐和卧式储罐。

2）乙和丙 A 类油品储罐可布置在同一罐组内，而丙 B 类液体储罐宜独立设置罐组，目的是便于火灾危险性相近且消防要求相同的储罐之间互相调配和统一考虑消防设施，也可节省消防管道。

3）立式储罐不宜与卧式储罐布置在同一个油罐组内。

4）同一个油罐组内，固定顶油罐组总容量不应大于 120000m³。

5）同一个油罐组内，当最大单罐容量大于或等于 10000m³ 时，储罐数量不应多于 12 座；当最大单罐容量大于或等于 1000m³ 时，储罐数量不应多于 16 座；单罐容量小于 1000m³ 的油罐组和储存丙 B 类油品的油罐组，可不限储罐数量。

6）地上储罐组内，单罐容量小于 1000m³ 的储存丙 B 类液体的储罐不应超过 4 排，其他储罐不应超过 2 排。主要是考虑储罐失火时便于扑救。

7）地上立式储罐的基础面标高，应高于储罐周围设计地坪 0.5m 及以上。

（7）地上储罐组应设防火堤。地上储罐进料时冒罐或储罐发生爆炸破裂事故，液体会流出储罐外，如果没有防火堤，液体就会到处流淌。如果发生火灾，还会形成大面积流淌火。为防范罐体在特殊情况下破裂，造成满罐液体全部流出的情况，防火堤内有效容量不应小于最大储罐的容量。防火堤内的有效容量应按式（2-1）和图 2-1 计算。

$$V = AH_j - (V_1 + V_2 + V_3 + V_4) \qquad (2-1)$$

式中　V——防火堤有效容积，m^3；

　　　A——由防火堤中心线围成的水平投影面积，m^2；

　　　H_j——设计液面高度，m；

　　　V_1——防火堤内设计液面高度内的一个最大油罐的基础露出地面的体积，m^3；

　　　V_2——防火堤内除一个最大油罐以外的其他油罐在防火堤设计液面高度内的体积和油罐基础露出地面的体积之和，m^3；

　　　V_3——防火堤中心线以内设计液面高度内的防火堤体积和内培土体积之和，m^3；

　　　V_4——防火堤内设计液面高度内的隔堤、配管、设备及其他构筑物体积之和，m^3。

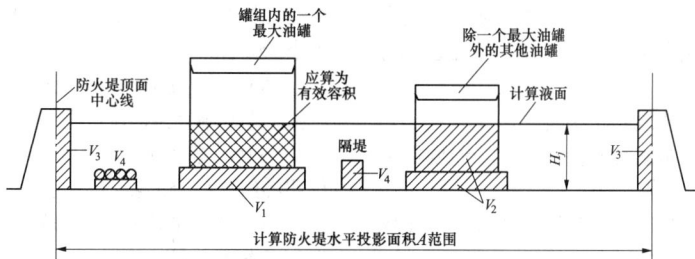

图 2-1　防火堤有效容积计算示意

地上立式储罐的罐壁至防火堤内堤脚线的距离，不应小于罐壁高度的一半。卧式储罐的罐壁至防火堤内堤脚线的距离，不应小于 3m。依山建设的储罐，可利用山体兼作防火堤，储罐的罐壁至山体的距离最小可为 1.5m。

为了防止燃油漫溢，地上储罐组的防火堤实高应高于计算高度 0.2m；防火堤内燃油着火时用泡沫消防枪灭火易冲击造成喷洒，因此防火堤高于堤内设计地坪不应小于 1.0m；高于堤外设计地坪或消防车道路面（按较低者计）不应大于 3.2m，主要是考虑当防火堤内储罐数量少，单罐容量大的情况，在满足消防车辆实施灭火的前提下，尽量节约用地，同时地上卧式储罐的防火堤应高于堤内设计地坪不小于 0.5m。

防火堤宜采用钢筋混凝土防火堤，其堤身厚度不应小于 250mm。

为了防止事故状态下燃油到处散流，管道穿越防火堤处应采用不燃烧材料严密填实。在雨水沟（管）穿越防火堤处，应采取排水控制措施，包括采用安装有切断阀的排水井，也可采用自动排水阻油装置。

防火堤每一个隔堤区域内均应设置对外人行台阶或坡道，供工作人员和检修车辆进出防火堤时使用。相邻台阶或坡道之间的距离不宜大于 60m。

（8）地上立式储罐组设置隔堤的要求：①甲 B、乙 A 类液体储罐与其他类可燃液体储罐之间。②对于非沸溢性甲 B、乙、丙 A 类储罐组，如果单罐公称容积小于 5000m³，且储罐总数量大于 6 座时，应设隔堤；一个隔堤内的储罐数量最大为 6 座。③隔堤应是采用不燃烧材料建造的实体墙，隔堤高度宜为 0.5~0.8m。

（9）厂区内燃油管线布置要求：①燃油管线宜采用地上敷设或采用敞口管沟敷设；根据需要局部地段可埋地敷设或采用充沙封闭管沟敷设。②地上敷设的燃油管线不应环绕罐组布置，且不应妨碍消防车的通行。设置在防火堤与消防车道之间的管道不应妨碍消防人员通行及作业。③地上敷设的燃油管线不宜靠近消防泵房、专用消防站、变电站和独立变配电间、办公室、控制室，以及宿舍、食堂等人员集中场所敷设。当地上燃油管线与这些建筑物之间的距离小于 15m 时，朝向燃油管线一侧的外墙应采用无门窗的不燃烧体实体墙。④燃油管道不得穿越或跨越与其无关的易燃和可燃液体的储罐组、装卸设施及泵站等建（构）筑物。

（六）制氢站或供氢站区的布置要求

（1）为确保电厂的生产安全，制氢站或供氢站宜布置在工厂常年最小频率风向的下风侧，并应远离有明火或散发火花的地点。

（2）宜布置为独立建筑物、构筑物。

（3）不得布置在人员密集地段和主要交通要道邻近处。

（4）制氢站或供氢站区，宜设置不燃烧体的实体围墙，其高度不应小于 2.5m。

（5）厂区内氢气管道的布置要求：

1）厂区内氢气管道架空敷设时，应敷设在不燃烧体的支架上；寒冷地区，湿氢管道应采取防冻措施。

2）氢气管道直接埋地敷设时，管顶距地面不宜小于 0.7m；湿氢管道应敷设在冻土层以下，当敷设在冻土层内时，应采取防冻措施；不得敷设在露天堆场下面或穿过热力沟，当必须穿过热力沟时，应设套管，套管和套管内的管段不应有焊缝；敷设在铁路或不便开挖的道路下面时，应加设套管。

3）氢气管道明沟敷设时，管道支架应采用不燃烧体；在寒冷地区，湿氢管道应采取防冻措施；不应与其他管道共沟敷设。

（七）液氨区的布置要求

（1）液氨区布置应满足全厂总体规划的要求，宜统一集中布置，分期实施，且宜布置在厂区边缘和场地地势较低的区域。

（2）液氨区宜位于邻近居住区或村镇和学校、公共建筑全年最小频率风向的上风侧，并应远离人员密集场所和国家重要设施。

（3）液氨区应独立布置，满足防火、防爆要求；宜布置在通风条件良好的、人员活动较少且运输方便的安全地带；不宜布置在厂前建筑区和主厂房区内。

（4）液氨区应避开人员集中活动场所，并应布置在该场所及其他主要生产设备区全年最小频率风向的上风侧。液氨区宜布置在明火或散发火花地点的全年最小频率风向的上风侧，对于在山区或丘陵地区的电厂，液氨区不应布置在窝风地段。

（5）液氨区储罐场地高程应满足生产、运输的要求，宜与其他相邻区域的场地高程相协调，且有利于交通联系、场地排水和减少土石方工程量，液氨区内地坪竖向高程和排污系统的设计应能满足减少泄漏的氨液在工艺设备附近的滞留时间和扩散范围的要求，并应满足火灾事故状态下受污染消防水的有效收集和排放要求。

（6）当厂区采用阶梯式布置时，液氨区应尽量布置在较低的同一台阶上，台阶间应有防止泄漏的可燃液体漫流的措施。在加强防火堤或另外增设其他可靠的防护措施后，也可布置在较高的台阶上；当受地形限制时，应将液氨区内的辅助区布置在较高台阶上，生产区布置在较低台阶上。

（7）位于液氨储罐周围 15~30m 范围内的辅助区建（构）筑物室内地坪应高于室外地坪，且高差不应小于 0.6m。

（8）位于发电厂内的液氨区，其场地雨水的排放宜单独考虑，不宜直接排放至主体工程的雨水排放系统。

（9）液氨区在厂外独立布置时，应根据其生产流程和各组成部分的特点及火灾危险性，结合自然地形、风向等条件，按功能分区布置；生产区和辅助区应至少各设置 1 个对外出入口。

（10）生产区宜布置在液氨区全年最小频率风向的上风侧，辅助区宜布置在液氨区外，并宜全厂性或区域性统一布置。液氨区内控制室与其他建筑物合建时，应设置独立的防火分区。

（11）生产区宜设围墙使之独立成区，宜分设进、出口，以保证火灾危险情况下生产运行人员的安全疏散。当进、出口合用时，生产区应设置回车道。

（12）位于发电厂外独立布置的液氨区，其生产区四周应设高度不低于 2.5m 的不燃烧体实体围墙。位于发电厂内的液氨区，其生产区四周应设高度不低于 2.2m 的不燃烧体实体围墙；当位于发电厂内的液氨区围墙利用厂区围墙时，应采用高度不低于 2.5m 的不燃烧体实体围墙。

（13）辅助区控制室、值班室不得与生产区各设施或房间布置在同一建筑物内，应布置在液氨储罐的同一侧，并应位于爆炸危险区范围以外，且宜位于生产区全年最小频率风向的下风侧。

（14）卸氨区应采用现浇混凝土地面。

（15）液氨储罐应设置防火堤，防火堤及隔堤的设置要求如下：

1）液氨储罐四周应设高度为 1.0m 的不燃烧体实体防火堤（以堤内设计地坪标高为准）。

2）防火堤必须采用不燃烧材料建造，且必须密实、闭合，应能承受所容纳液体的静压及温度变化的影响，且不应渗漏，储罐基础应采用不燃烧材料。

3）防火堤应采取在堤内喷涂隔热防火涂料等保护措施。

4）沿防火堤修建排水沟时，沟壁的外侧与防火堤内堤脚线的距离不应小于 0.5m。

5）防火堤内地面应采用现浇混凝土地面，并应坡向四周，设置坡度不宜小于 0.5%；当储罐泄漏物有可能污染地下水和附近环境时，防火堤内地面应采取防渗漏措施。

6）每一储罐组的防火堤应设置不少于 2 处越堤人行踏步或坡道，并应设置在不同方位上。

7）防火堤的选型与构造应符合 GB 50351《储罐区防火堤设计规范》的有关规定。

8）液氨储罐分组布置时，组与组之间相邻储罐的净距不应小于 20m，相邻罐组防火堤外堤脚线之间，应留有宽度不小于 7m 的消防空地。

（16）液氨区的管线布置要求：

1）液氨区四周不应环绕布置沿地面或低支架敷设的厂区管道，并不应妨碍消防车的通行。

2）与液氨区的生产区无关的管线、输电线路严禁穿越该生产区。

3）氨气管道不得穿越或跨越与其无关的建（构）筑物、生产工艺装置或设施；除使用氨气管道的建（构）筑物外，均不得采用建筑物支撑式敷设。

4）氨气管道宜架空或沿地敷设，必须采用管沟敷设时，应采取防止氨气在管沟内积聚的措施，并在进、出装置及厂房处密封隔断；氨气管道不应和电力电缆、热力管道敷设在同一管沟内。氨气管道埋地敷设时，穿越厂

内铁路和道路处，其交角不宜小于 60°，并应采取管涵、套管或其他防护措施。套管的端部伸出路基边坡不应小于 2.0m，道路边缘（城市型道路路缘石，公路型道路路肩）不应小于 1.0m，路边有排水沟时，伸出排水沟边不应小于 1.0m。套管顶距铁路轨底不应小于 1.2m。当套管埋在机动车道（机动车以正常行驶速度通行的道路）下面时，套管顶距机动车道路面不得小于 0.9m；当套管埋在非机动车车道（含人行道，机动车缓行进入或停放的，可视为非机动车道）下面时，套管顶距非机动车道路面不得小于 0.6m。氨气管道应埋设在土壤冰冻线以下。

5）氨气管道跨越电气化铁路时，轨面以上的净空高度不应小于 6.6m；跨越非电气化铁路时，轨面以上的净空高度不应小于 5.5m。氨气管道跨越厂区道路时，路面以上的净空高度不应小于 5.0m；跨越氨区内道路时，路面以上的净空高度不应小于 4.5m，跨越人行道时，道面以上的净空高度不应小于 2.5m。有大件运输要求或在检修时有大型起吊设备以及有大型消防车通过的道路，应根据需要确定其净空高度。管架立柱边缘距铁路中心线不应小于 3.75m，距道路边缘不应小于 1.0m。在跨越铁路或道路时，氨气管道上不应设置阀门及易发生泄漏的管道附件。

6）氨气管道与厂区电力电缆、氢气管、油管等共架多层敷设时，应将氨气管道分开布置在管架的两侧或不同标高层中的上层，其间宜用其他公用工程管道隔开。

（八）天然气调压站的布置要求

（1）调压站位置应符合天然气系统设计要求，并结合厂外长输管线位置确定。宜布置在电厂边缘地带，常年最小频率风向的下风侧，并远离有明火或散发火花的地点。

（2）调压站宜独立布置，站内布置应便于管线安装，并设置必要的检修场地与消防通道。

（3）由于天然气易爆，调压站内设备阀件多，气体易泄漏，故只要设备（主要是自力式调压阀和增压机）工作条件许可，应尽量采用露天布置或半露天布置（加防雨设施的敞开式布置）。在严寒和风沙地区，为了防冻防沙，也可采用室内布置，但建筑物必须具有良好的通风条件和足够的防爆泄压面积。

（4）调压站区宜设置不燃烧体的实体围墙或围栅，其高度不应小于 1.8m。

（5）厂区内天然气管道的布置要求：

1）厂内天然气管道的敷设方式可根据实际情况选择，地下布置采用埋地敷设，地上布置采用高支架架空敷设或低支架沿地面敷设，但不应采用沟道敷设，避免泄漏气体可能在管沟内积聚而影响安全。

2）直埋管线穿越铁路和车行道路时应采用外套管保护，套管端部距铁路路堤坡脚外的距离不应小于 2.0m，距道路边缘不应小于 1.0m。

3）地下燃气管道不得从建（构）筑物的下面穿越，不得在堆积易燃、易爆材料和具有腐蚀性液体的

场地下面穿越。

4）地下燃气管道埋设的最小覆土厚度（路面至管顶，如果加套管，应至套管顶）：在铁路下不小于1.2m，在车行道下不小于 0.9m，在人行道下不小于0.6m，在机动车不可能到达的地方不小于0.3m。

5）厂区内架空燃气管线，管线至道路路面的垂直净距为5.0m，至铁路轨顶垂直净距为6.0m。在困难条件下，可分别取 4.5m 和 5.5m。在车辆和人行道以外的地方，可在从地面到管底高度不小于 0.35m 的低支墩上敷设燃气管道。

（九）消防站的布置要求

（1）消防站应布置在厂区的适中位置，避开主要人流道路，保证消防车能方便、快速地到达火灾现场。

（2）消防站车库正门应朝向厂区道路，距厂区道路边缘不宜小于15.0m。

第二节 主要建（构）筑物的防火间距

一、确定防火间距的原则

为了防止着火建筑在一定时间内引燃相邻建筑，建（构）筑物之间留出一定的安全距离是非常必要的，这样能够减少辐射热的影响，并可为人员疏散和灭火救援提供必要场地。防火间距是不同建筑间的空间间隔，既是防止火灾在建筑之间发生蔓延的间隔，也是保证灭火救援行动既方便又安全的空间。

影响防火间距的因素很多，如热辐射、热对流、外墙上材料的燃烧性能及开口面积大小、室内可燃物的种类及数量、风向、风速、相邻建筑物的高度、室内消防设施情况、着火时的气温和湿度等，对防火间距的设置都有一定影响。

一般情况下，防火间距主要是根据建（构）筑物的使用性质、火灾危险性及耐火等级、灭火救援的需要和节约用地等因素来确定，其设置的基本原则是：

（1）防止或减少火灾的发生及降低发生火灾时工艺装置或设间的相互影响。

（2）考虑热辐射的作用。在确定防火间距时，主要考虑飞火、热对流和热辐射等的作用。其中，火灾的热辐射作用是主要方式。热辐射强度与灭火救援力量、火灾延续时间、可燃物的性质和数量、相对外墙开口面积的大小、建筑物的长度和高度以及气象条件等有关。对于周围存在露天可燃物堆放场所时，还应考虑飞火的影响。

（3）考虑火灾概率及其影响范围。电厂内容易发生火灾的主要部位是电气设备、电缆和油系统。据调查，按火力发电厂所发生的火灾分析，汽轮机火灾占5.9%，油系统占29.4%，储油罐及燃油系统占5.9%，变压器占13.7%，电缆15.6%，煤粉自燃占5.9%，

锅炉部分火灾占 13.8%，其他占 9.8%。

（4）重要设施重点保护。对发生火灾可能造成全厂停产或重大人身伤亡的设施，均应重点保护。全厂重要设施可分为两类：发生火灾时可能造成重大人身伤亡的设施为第一类重要设施，如行政办公楼、生产办公楼、集中控制室、消防站、油区、氨区等；发生火灾时影响全厂生产的设施为第二类重要设施，如主厂房、变压器、配电装置、空压机室等。

（5）考虑消防能力及水平。我国火力发电厂在长期生产实践过程中，总结了丰富的消防经验，扑救火灾的措施得力，消防设备也更加先进，整体消防能力和水平较高。防火间距的确定应符合目前的消防能力和水平，并为扑救火灾创造条件。

（6）考虑扑救火灾的难易程度。一般情况下，汽轮机、储油罐、液氨罐、制氢站或供氢站的火灾事故扑救较困难，其他设施的火灾则相对容易扑救。

（7）坚持节约用地的原则。在满足防火安全要求的前提下，尽可能减少工程占地。

（8）与国际接轨。在结合我国国情、满足安全生产要求的基础上，参考国外有关标准，吸收先进技术和成功经验。

二、防火间距起算点的规定

防火间距起算点应按照表 2-2 的规定。

表2-2　防火间距的起算点

序号	建（构）筑物、设施和设备	计算间距的起算点
1	建（构）筑物	外墙。当外墙有凸出的可燃或难燃构件时，应从其凸出部分外缘算起
2	地上储罐	罐外壁
3	露天煤场	煤堆边缘
4	变压器	外壁
5	道路	路边
6	铁路	中心线
7	室外配电装置	构架上部边缘
8	设在露天（包括棚下）的各种设备	最突出的外缘

注　本表根据 GB 50016—2014《建筑设计防火规范》附录 B 整理。

三、厂区内建（构）筑物的防火间距要求

（一）厂区内建（构）筑物、设备之间的防火间距

（1）厂区内建（构）筑物、设备之间的防火间距不应小于表 2-3 的规定。

（2）燃气轮机（房）或联合循环发电机组房、余热锅炉、天然气调压站及燃油处理室与其他建（构）筑物之间的防火间距，应符合表 2-4 的规定。

表 2-3　　燃煤电厂建（构）筑物之间的防火间距　　　　　　　　　　　　　　　　　　　　　　　（m）

建（构）筑物、设备名称	乙类建筑 一、二级	丙、丁、戊类建筑 一、二级	丙、丁、戊类建筑 三级	屋外配电装置	露天卸煤装置或贮煤场	制氢站或供氢站	氢气罐 V≤1000	氢气罐 1000<V≤10000	油区储油罐 V≤1000	油区储油罐 1000<V≤5000	办公、生活建筑(单层或多层) 一、二级	办公、生活建筑(单层或多层) 三级	铁路中心线 厂外	铁路中心线 厂内	厂外道路(路边)	厂内道路(路边) 主要	厂内道路(路边) 次要
乙类建筑 耐火等级 一、二级	10	10	12	25	8	12	12	15	15(20)	20(25)	25	25	—	—	—	—	—
丙、丁、戊类建筑 耐火等级 一、二级	10	10	12	10	8	12	12	15	15(20)	20(25)	10	12	—	—	—	—	—
丙、丁、戊类建筑 耐火等级 三级	12	12	14	12	10	14	15	20	20(25)	25(30)	12	14	—	—	—	—	—
屋外配电装置	25	10	12	—	15	25	25	25	25	25(30)	10	12	—	—	—	—	—
主变压器或屋外厂用变压器 单台油量(t) ≥5,≤10	25	12	15	—	15	25	20	30	25	25	15	15	—	—	—	—	—
主变压器或屋外厂用变压器 单台油量(t) >10,≤50	25	15	20	—	20	25	25	30	25	25	20	20	—	—	—	—	—
主变压器或屋外厂用变压器 单台油量(t) >50	25	20	25	—	25	25	25	30	25	25	25	25	—	—	—	—	—
露天卸煤装置或贮煤场	8	8	10	15	—	25(褐煤)	15	20	25(30)	30(40)	25(褐煤)	25(褐煤)	30	20	15	10	5
制氢站或供氢站	12	12	14	25	25(褐煤)	—	15	25	20(25)	25(30)	25	25	25	20	15	10	5
氢气罐 总容量(m³) V≤1000	12	12	15	25	15	15	—	—	15	15	20	20	20		15		
氢气罐 总容量(m³) 1000<V≤10000	15	15	20	25	20	25	—	—	25	25	25	25	25	20	25		25
油区储油罐 罐区总容量V(m³) V≤1000	15(20)	15(20)	20(25)	25	25(30)	20(25)	15	15	—	—	20(25)	25(32)	30(35)	20(25)	15(20)	10(15)	5(10)
油区储油罐 罐区总容量V(m³) 1000<V≤5000	20(25)	20(25)	25(30)	30	30(40)	25(30)	15		—	—	25(32)	32(38)			15(20)	15	10

续表

建（构）筑物、设备名称	乙类建筑 耐火等级	丙、丁、戊类建筑 耐火等级		屋外配电装置	露天卸煤装置或贮煤场	制氢站或供氢站	氢气罐 总容积（m³）		油罐区储油罐 罐区总容量V（m³）		办公、生活建筑（单层或多层）耐火等级		铁路中心线		厂外道路（路边）	厂内道路（路边）	
	二级	一、二级	三级				V≤1000	1000<V≤10000	V≤1000	1000<V≤5000	一、二级	三级	厂外	厂内		主要	次要
液氨罐 单罐容积 V（m³） V≤50	30	24（丙、丁类）／14	17	34	25	30	24	30	24（30）		30		25	20	20	15	10
50<V≤200	34	27（丙、丁类）／15	19	38	25	34	27	30	27（34）		34		25	20	20	15	10
200<V≤500	38	30（丙、丁类）／17	21	42	27	38	30	30	30（38）		38		30	25	20	15	10
500<V≤1000	42	34（丙、丁类）／19	23	45	30	42	34	30	34（42）		42		35	30	20	15	10
办公、生活建筑（单层或多层）耐火等级 一、二级	25	10	12	10	8（25 褐煤）	25	25	30	20（25）	25（32）	6	7	—	—	—	—	—
三级	25	12	14	12	10	25	25	30	25（32）	32（38）	7	8	—	—	—	—	—

注：
1. 防火间距应按相邻建（构）筑物外墙的最近距离计算，当外墙有凸出的燃烧构件时，应从凸出部分外缘算起；建（构）筑物与屋外配电装置的防火间距应从构架算起；屋外油浸变压器之间的间距由工艺确定。
2. 表中油浸变压器间丙、丁、戊类建（构）筑物防火间距，不包括汽机房、屋内配电装置楼、集中控制楼及网络控制楼。
3. 氢气罐与氢气罐之间的防火间距，不应小于相邻较大氢气罐的直径。
4. 氢气罐总容积系其容积（m³）和工作压力（绝对压力）的乘积计算。
5. 油罐之间、油罐与建筑物之间的防火间距应符合 GB 50074《石油库设计规范》的规定。油罐与建筑物的防火间距按丙类可燃液体储罐总容量不大于 5000m³ 确定；如油罐储存乙类可燃液体，其防火间距按本表丙类储罐容量和单罐容积较大者确定。
6. 液氨储罐之间、液氨储罐与建筑物的防火间距按本表液氨储罐总容积和单罐容积较大者确定。
7. 液氨储罐与厂外铁路和厂外道路的防火间距，厂外铁路系指企业专用线，厂外道路系指三级、四级公路。

表2-4

燃机电厂建（构）筑物之间的防火间距　　　　　　　　　　　　　　　　　　　　　　　　　　（m）

建（构）筑物、设备名称		丙、丁、戊类建筑 耐火等级		燃气轮机（房）或联合循环发电机组房、余热锅炉（房）	天然气调压站	燃油处理室		主变压器或屋外厂用变压器 单台油量（t）			屋外配电装置	制氢站或供氢站	氢气罐 总容积（m³）		办公、生活建筑（单层或多层）耐火等级		铁路中心线		厂外道路（路边）	厂内道路（路边）	
		一、二级	三级			原油	重油	>5,≤10	>10,≤50	>50			V≤1000	1000<V≤10000	一、二级	三级	厂外	厂内		主要	次要
燃气轮机（房）或联合循环发电机组房、余热锅炉（房）		10	12	—	30	30	10	10	10	10	10	12	12	15	10	12	5	5	—	—	—
天然气调压站		14	14	30	—	12	12	25	25	25	12	12	15	25	25	25	30	20	15	10	5
燃油处理室	原油	12	14	30	12	—	—	25	25	25	12	12	15	25	25	25	30	20	15	10	5
	重油	10	12	10	12	—	—	12	15	20	10	12	12	15	10	12	5	5	—	—	—

注　1. 燃油燃机电厂的油罐的防火间距应符合 GB 50074《石油库设计规范》的规定。

　　2. 氢气罐的相关规定见表 2-3 中注 3、注 4。

　　3. 油变压器与燃气轮机（房）或联合循环发电机组房、余热锅炉（房）的间距不应小于 10m；当符合本手册中关于汽机房与变压器防火间距的要求（见图 2-10）时，其间距可适当减小。

（3）厂区内建（构）筑物、设备之间的防火间距除应执行表 2-3 和表 2-4 的规定外，还应符合下列规定：

1）甲类、乙类厂房与重要公共建筑的防火间距不应小于 50m，与明火或散发火花地点的防火间距不应小于 30m。

2）高层厂房之间及与其他厂房之间的防火间距，应在表 2-3 规定的基础上增加 3m。

3）单、多层戊类厂房之间及与戊类仓库的防火间距可按表 2-3 的规定减少 2m，与民用建筑的防火间距可将戊类厂房等同民用建筑执行。

4）两座厂房相邻较高一面外墙为防火墙，或相邻两座高度相同的一、二级耐火等级建筑中相邻任一侧外墙为防火墙且屋顶的耐火极限不低于 1.0h 时，其防火间距不限，但甲类厂房之间不应小于 4m。其防火间距的特殊要求见图 2-2。

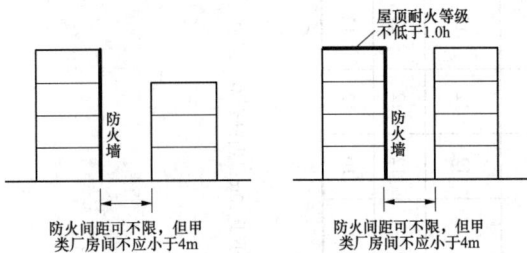

图 2-2　厂房之间防火间距的特殊要求（一）

5）两座丙、丁、戊类厂房相邻两面外墙均为不燃性墙体，当无外露的可燃性屋檐，每面外墙上的门、窗、洞口面积之和各不大于外墙面积的 5%，且门、窗、洞口不正对开设时，其防火间距可按表 2-3 和表 2-4 的规定减少 25%。其防火间距的特殊要求见图 2-3。

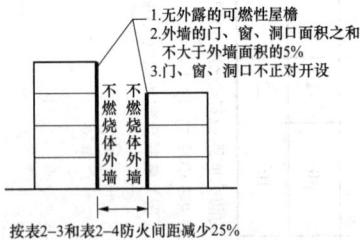

图 2-3　厂房之间防火间距的特殊要求（二）

6）两座一、二级耐火等级的厂房，当相邻较低一面外墙为防火墙，且较低一座厂房的屋顶无天窗，屋顶的耐火极限不低于 1.0h，或相邻较高一面外墙的门、窗等开口部位设置甲级防火门、窗或防火分隔水幕或设置防火卷帘时，甲、乙类厂房之间的防火间距不应小于 6m；丙、丁、戊类厂房之间的防火间距不应

小于 4m。其防火间距的特殊要求见图 2-4。

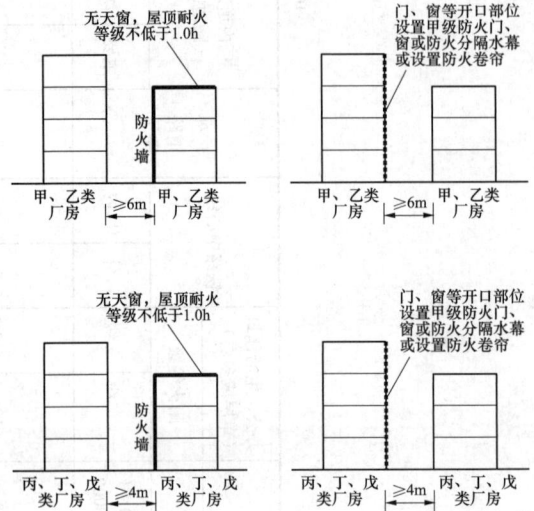

图 2-4　厂房之间防火间距的特殊要求（三）

7）数座耐火等级不低于二级的厂房，其火灾危险性为丙类，占地面积总和不超过 8000m²（单层）或 4000m²（多层），或丁、戊类不超过 10000m²（单、多层）的建筑物，可成组布置。当厂房建筑高度不大于 7m 时，组内厂房之间的防火间距不应小于 4m；当厂房建筑高度大于 7m 时，组内厂房之间的防火间距不应小于 6m。组与组或组与相邻建筑的防火间距，应根据相邻两座中耐火等级较低的建筑，按表 2-3 的规定确定。其防火间距的特殊要求见图 2-5。

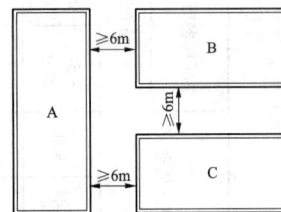

1. 厂房建筑高度大于 7m
2. 丙类(单层)：A、B、C 占地面积之和不超过 8000m²
3. 丙类(多层)：A、B、C 占地面积之和不超过 4000m²
4. 丁、戊类(单、多层)：A、B、C 占地面积之和不超过 10000m²

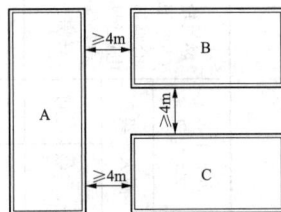

1. 厂房建筑高度不大于 7m
2. 丙类(单层)：A、B、C 占地面积之和不超过 8000m²
3. 丙类(多层)：A、B、C 占地面积之和不超过 4000m²
4. 丁、戊类(单、多层)：A、B、C 占地面积之和不超过 10000m²

图 2-5　成组布置厂房之间防火间距的特殊要求

8）丙、丁、戊类厂房与民用建筑的耐火等级均为一、二级时，丙、丁、戊类厂房与民用建筑的防火间距可适当减小，但应符合下列规定：

a. 当较高一面外墙为无门、窗、洞口的防火墙，或比相邻较低一座建筑屋面高15m及以下范围内的外墙为无门、窗、洞口的防火墙时，其防火间距不限。其防火间距的特殊要求见图2-6。

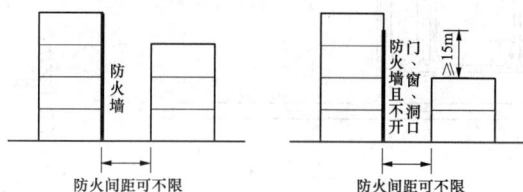

图2-6 丙、丁、戊类厂房与民用
建筑防火间距的特殊要求（一）

b. 相邻较低一面外墙为防火墙，且屋顶无天窗或洞口、屋顶的耐火极限不低于1.0h，或相邻较高一面外墙为防火墙，且墙上开口部位采取了防火措施，其防火间距可适当减小，但不应小于4m。其防火间距的特殊要求见图2-7。

9）总事故储油池至火灾危险性为丙、丁、戊类生产建（构）筑物（一、二级耐火等级）的距离不应小于5m，至生活建筑物（一、二级耐火等级）的距离不应小于10m。

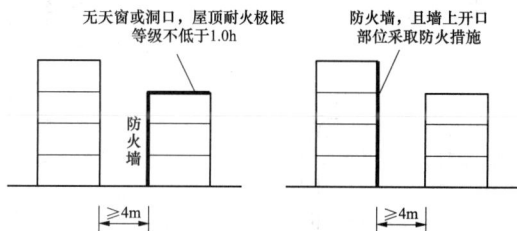

图2-7 丙、丁、戊类厂房与民用
建筑防火间距的特殊要求（二）

10）主厂房A列柱外储油箱防火间距按变压器防火间距考虑。

11）厂区围墙与厂区内建筑的间距不宜小于5m，围墙两侧建筑的间距应满足相应建筑的防火间距要求。

（4）设计举例。

例1 某电厂建设规模为2×660MW，已投运。厂区总平面布置采用三列式布置格局，依次布置配电装置、冷却塔和主厂房，辅助及附属生产设施大部分布置在厂区的固定端侧。厂区总平面布置图详见图2-8。

例2 某燃机电厂建设2套S109E（2×180MW）燃气-蒸汽联合循环发电机组，并预留第三台机组的扩建场地。厂区包括动力岛主设备区、气体绝缘金属封闭设备区（GIS）、GIS室外配电装置区、化学水处理区及水务设施区、冷却塔、天然气调压站、辅助及附属设施区等。厂区总平面布置图详见图2-9。

（二）配电装置及变压器的防火间距要求

（1）室外配电装置及变压器与厂内其他建（构）筑物的防火间距应符合表2-3和表2-4的规定。

（2）汽机房或燃气轮机（房）、联合循环发电机组（房）、余热锅炉（房）外布置油浸式变压器时，其最小间距不宜小于10m；当在靠近变压器的外墙上于变压器外廓两侧各3m、变压器总高度以上3m的水平线以下的范围内设有防火门和非燃烧性固定窗时，与变压器外廓之间的距离可为5～10m；当在上述范围内的外墙上无门窗或无通风洞时，与变压器外廓之间的距离可在5m之内。防火间距的要求见图2-10。

室外油浸式变压器之间的间距由安装工艺确定。

（3）架空高压电力线边导线应在最大计算风偏影响下，边导线与丙、丁、戊类建（构）筑物的最小净空距离，110kV为4m，220kV为5m，330kV为6m，500kV为8.5m，750kV为11m，1000kV为15m。高压输电线不宜跨越永久性建筑物，当必须跨越时，架空高压电力线在最大计算弧垂情况下，导线与建筑物的最小垂直距离，110kV为5m，220kV为6m，330k应为7m，500kV为9m，750kV为11.5m，1000kV为15.5m。还应对建筑物屋顶采取相应的防火措施。

（4）架空高压电力线与甲类厂房，甲类仓库，可燃材料堆垛，甲、乙类液体储罐，可燃、助燃气体储罐的最小水平距离不应小于杆塔高度的1.5倍，与丙类液体储罐的最小水平距离不应小于杆塔高度的1.2倍。

（三）制氢站或供氢站的防火间距要求

制氢站或供氢站与厂内其他建（构）筑物的防火间距应符合表2-3和表2-4的规定，同时还应符合GB 50177—2005《氢气站设计规范》规定的要求：

（1）制氢站、供氢站、氢气罐与建（构）筑物的防火间距不应小于表2-5中的规定。

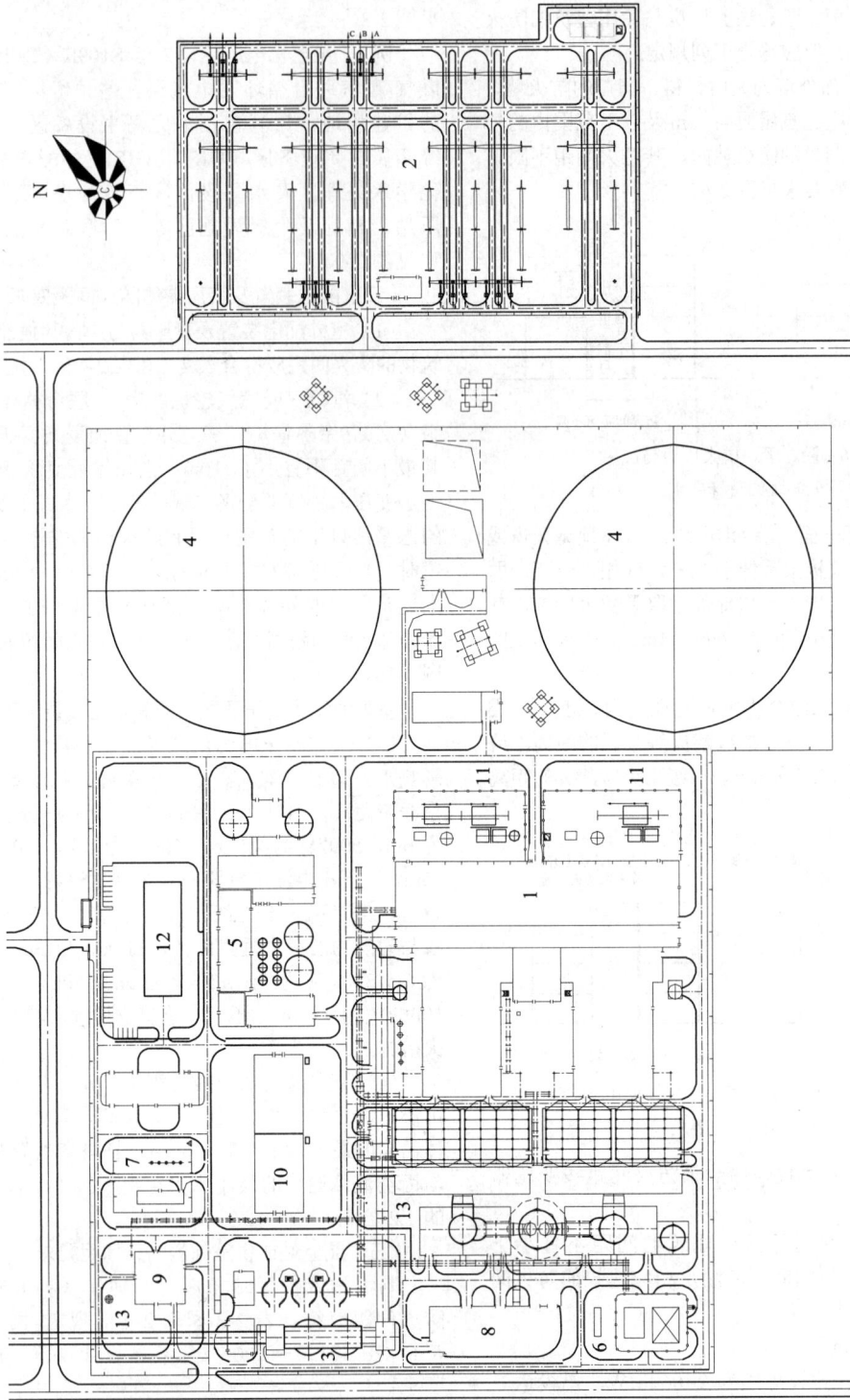

图 2-8　某燃煤电厂厂区总平面布置图

1—主厂房；2—配电装置；3—贮煤筒仓；4—间接空冷塔；5—化学水处理区；6—氨区；7—制氢站；8—脱硫工艺楼；
9—启动锅炉；10—辅机空冷平台；11—变压器；12—生产行政综合楼；13—输煤栈桥

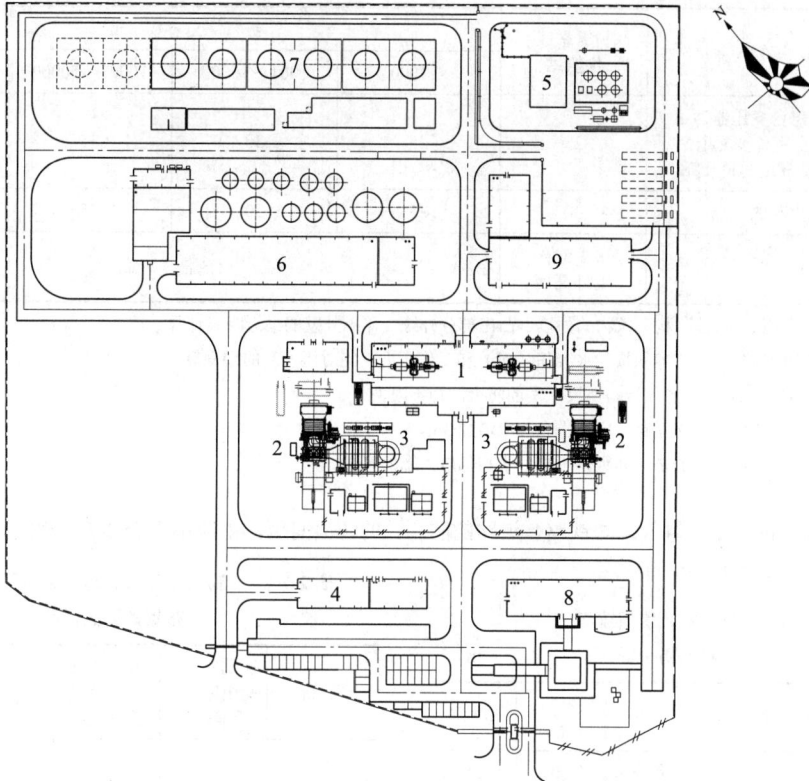

图 2-9　某燃机电厂厂区总平面布置图

1—汽机房；2—燃气轮机；3—余热锅炉；4—GIS 配电装置；5—天然气调压站；6—化学水处理区；

7—冷却塔；8—生产行政综合楼；9—材料库及检修间

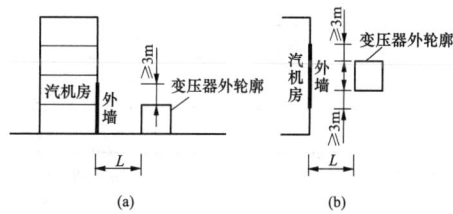

图 2-10　汽机房与变压器防火间距的特殊要求

（a）立面图；（b）平面图

注：1. 图中所示范围内外墙无门、窗、洞口时，$L \leqslant 5m$；

2. 图中所示范围内外墙有防火门和非燃烧性固定窗时，$5m < L \leqslant 10m$。

表 2-5　　　　　　　　　制氢站、供氢站、氢气罐与建（构）筑物的防火间距　　　　　　　　　（m）

建（构）筑物		制氢站或供氢站	氢气罐总容积（m³）			
			≤1000	1001～10000	10001～50000	＞50000
其他建筑物耐火等级	一、二级	12	12	15	20	25
	三级	14	15	20	25	30
	四级	16	20	25	30	35
民用建筑		25	25	30	35	40
重要公共建筑		50	50			

续表

建（构）筑物	制氢站或供氢站	氢气罐总容积（m³）			
		≤1000	1001～10000	10001～50000	＞50000
35～500kV且每台变压器为10000kV·A以上室外变配电站以及总油量超过5t的总降压站	25	25	30	35	40
明火或散发火花的地点	30	25	30	35	40
架空电力线	≥1.5倍电杆高度	≥1.5倍电杆高度			

注 1. 防火间距应按相邻建（构）筑物的外墙、凸出部分外缘、储罐外壁的最近距离计算。

2. 固定容积的氢气罐，总容积按其水容积（m³）和工作压力（绝对压力）的乘积算。

3. 总容积不超过20m³的氢气罐与所属厂房的防火间距不限。

4. 与高层厂房之间的防火间距，应按本表相应增加3m。

5. 氢气罐与氢气罐之间的防火间距，不应小于相邻较大罐的直径。

（2）制氢站、供氢站、氢气罐与铁路、道路的防火间距要求，应不小于表2-6的规定。

表2-6　制氢站、供氢站、氢气罐与
铁路、道路的防火间距　　（m）

铁路、道路		制氢站、供氢站	氢气罐
厂外铁路线（中心线）	非电力牵引机车	30	25
	电力牵引机车	20	20
厂内铁路线（中心线）	非电力牵引机车	20	20
	电力牵引机车		15
厂外道路（相邻侧路边）		15	15
厂内道路（相邻侧路边）	主要道路	10	10
	次要道路	5	5
围墙		5	5

注 防火间距应从制氢站、供氢站的建（构）筑物的外墙、凸出部分外缘及氢气罐外壁算起。

（3）氢气罐或罐区之间的防火间距要求：

1）湿式氢气罐之间的防火间距，不应小于相邻较大罐（罐径较大者）的半径。

2）卧式氢气罐之间的防火间距，不应小于相邻较大罐直径的2/3；立式罐之间、球形罐之间的防火间距，不应小于相邻较大罐的直径。

3）卧式、立式、球形氢气罐与湿式氢气罐之间的防火间距，应按其中较大者确定。

4）一组卧式或立式或球形氢气罐的总容积，不应超过30000m³。组与组的防火间距，卧式氢气罐不应小于相邻较大罐长度的一半；立式、球形罐不应小于相邻较大罐的直径，并不应小于10m。

（4）制氢站工艺装置内的设备、建筑物平面布置

的防火间距，不应小于表2-7的规定。

表2-7　制氢站设备、建筑物平面
布置的防火间距　　　（m）

项目	控制室、变配电室、生活辅助间	氢气压缩机或氢气压缩机间	装置内氢气罐	氢灌瓶间、氢实（空）瓶间
控制室、变配电室、生活辅助间	—	15	15	15
氢气压缩机或氢气压缩机间	15	—	9	9
装置内氢气罐	15	9	—	9
氢灌瓶间、氢实（空）瓶间	15	9	9	—

注 制氢站内的氢气罐总容积小于5000m³时，可按本表装置内氢气罐的规定进行布置。

（5）设计举例。

某电厂设制氢站，包括一套10m³/h、3.2MPa电解水制氢设备和4台 V=13.9m³、3.2MPa的氢气罐，电解制氢设备布置在单独的建筑物内，氢气罐露天布置，详见图2-11。

（四）油区的防火间距要求

油区与厂内其他建（构）筑物的防火间距应符合表2-3和表2-4的规定，同时还应符合GB 50074—2014《石油库设计规范》规定的下列要求：

（1）石油库的等级和油品的火灾危险性类别是确定燃油设施的防火间距的重要依据。石油库的等级划分应符合表2-8的规定，对于新建电厂的储罐区内油罐总储油量一般不超过5000m³。石油库储存液化烃、

易燃和可燃液体的火灾危险性分类应符合表 2-9 的规定，电厂燃油以轻柴油、重油居多，轻柴油依据闪点不同，属于乙 B 或丙 A 类，重油属于丙类。

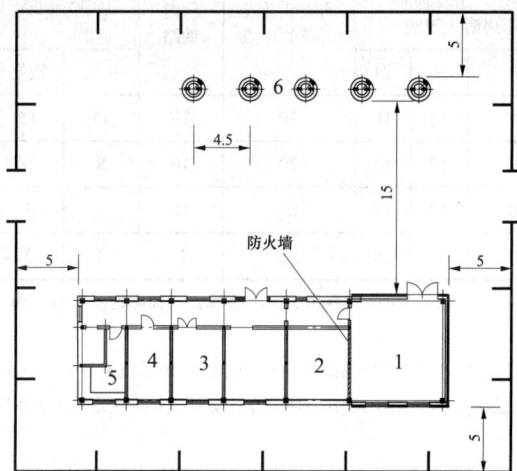

图 2-11　制氢站平面布置图（单位：m）

1—制氢间；2—辅助间；3—配电室；

4—控制室；5—化验室；6—氢气罐

表 2-8　　　石油库的等级划分

等级	石油库储罐计算总容量 TV（m³）
特级	1200000≤TV≤3600000
一级	100000≤TV<1200000
二级	30000≤TV<100000

续表

等级	石油库储罐计算总容量 TV（m³）
三级	10000≤TV<30000
四级	1000≤TV<10000
五级	TV<1000

注　1. 表中 TV 不包括零位罐、中继罐和放空罐的容量。

2. 甲 A 类液体储罐容量、I 级和 II 级毒性液体储罐容量应乘以系数 2 计入储罐计算总容量，丙 A 类液体储罐容量可乘以系数 0.5 计入储罐计算总容量，丙 B 类液体储罐容量可乘以系数 0.25 计入储罐计算总容量。

表 2-9　　石油库储存液化烃、易燃和可燃液体的火灾危险性分类

类别		特征或液体闪点 F_t（℃）
甲	A	15℃时的蒸气压力大于 0.1MPa 的烃类液体及其他类似的液体
	B	甲 A 类以外，F_t<28
乙	A	28≤F_t<45
	B	45≤F_t<60
丙	A	60≤F_t≤120
	B	F_t>120

（2）企业附属石油库与本企业建（构）筑物、交通线等的安全距离，不得小于表 2-10 的规定。

表 2-10　　　　　　　企业附属石油库与本企业建（构）筑物、交通线等的安全距离　　　　　　　　（m）

库内建（构）筑物和设施		液体类别	企业建（构）筑物等							
			甲类生产厂房	甲类物品库房	乙、丙、丁、戊类生产厂房及物品库房耐火等级			明火或散发火花的地点	厂内铁路	厂区道路	
					一、二	三	四			主要	次要
储罐（TV 为罐区总容量，m³）	TV≤50	甲 B、乙	25	25	12	15	20	25	25	15	10
	50<TV≤200		25	25	15	20	25	30	25	15	10
	200<TV≤1000		25	25	20	25	30	35	25	15	10
	1000<TV≤5000		30	30	25	30	40	40	25	15	10
	TV≤250	丙	15	15	12	15	20	20	20	10	5
	250<TV≤1000		20	20	15	20	25	25	20	10	5
	1000<TV≤5000		25	25	20	25	30	30	20	15	10
	5000<TV≤25000		30	30	25	30	40	40	20	15	10
燃油泵房、灌油间		甲 B、乙	12	15	12	14	16	30	20	10	5
		丙	12	12	10	12	14	15	12	8	5
桶装液体库房		甲 B、乙	15	20	15	20	25	30	30	10	5
		丙	12	15	10	12	14	20	15	8	5

续表

库内建（构）筑物和设施	液体类别	企业建（构）筑物等							
		甲类生产厂房	甲类物品库房	乙、丙、丁、戊类生产厂房及物品库房耐火等级			明火或散发火花的地点	厂内铁路	厂区道路	
				一、二	三	四			主要	次要
汽车罐车装卸设施	甲B、乙	14	14	15	16	18	30	20	15	15
	丙	10	10	10	12	14	20	10	8	5
其他生产性建筑物	甲B、乙	12	12	10	12	14	25	10	3	3
	丙	9	9	8	9	10	15	8	3	3

注 1. 当甲B、乙类易燃和可燃液体与丙类可燃液体混存时，丙A类可燃液体可按其容量的50%折算计入储罐区总容量，丙B类可燃液体可按其容量25%折算计入储罐区总容量。

2. 对于埋地卧式储罐和储存丙B类可燃液体的储罐，本表距离（与厂内次要道路的距离除外）可减少50%，但不得小于10m。

3. 表中未注明的企业建（构）筑物与库内建（构）筑物的安全距离，应按GB 50016《建筑设计防火规范》规定的防火距离执行。

4. 企业附属石油库的甲B、乙类易燃和可燃液体储罐总容量大于5000m³，丙A类可燃液体储罐总容量大于25000m³时，企业附属石油库与本企业建（构）筑物、交通线等的安全距离，应符合GB 50074《石油库设计规范》中关于石油库与库外居住区、公共建筑物、工矿企业、交通线的安全距离的规定。

5. 企业附属石油库仅储存丙B类可燃液体时，可不受本表限制。

（3）油区内建（构）筑物、设施之间的防火距离（储罐与储罐之间的距离除外），不应小于表2-11的规定。

（4）地上储罐组内相邻储罐之间的防火距离不应小于表2-12的规定。

表2-11　　　　　　　　　　油区内建（构）筑物、设施之间的防火距离　　　　　　　　　　　（m）

序号	建（构）筑物和设施名称		燃油泵房		汽车罐车装卸设置		铁路装卸设施		消防泵房	铁路机车走行线	库区围墙
			乙类油品	丙类油品	乙类油品	丙类油品	乙类油品	丙类油品			
1	丙类液体	5000<V<50000	15	11	20	15	15	15	26	19	11
2		1000<V≤5000	11	9	15	11	11	11	23	19	7.5
3		V≤1000	9	7.5	11	9	11	11	19	19	6
4	乙类液体	V>5000	20	15	25	20	20	20	35	25	15
5		1000<V≤5000	15	11	20	15	15	15	30	25	10
6		V≤1000	12	10	15	12	15	15	25	25	8
7	燃油泵房	乙类液体	12	12	15	11	8	6	30	15	10
8		丙类液体	12	9	15	8	6	6	15	12	5
9	汽车罐车装卸设施	乙类液体	15	15	—	—	11	11	15	20	15
10		丙类液体	11	8	—	—	6	6	12	15	5
11	铁路装卸设施	乙类液体	8	6	15	15	—	—	15	15	11
12		丙类液体	6	6	15	11			12	15	5

注　表中燃油均采用立式固定顶储罐，V指储罐单罐容量，单位为m³。

表 2-12　　　　　　　　　　地上储罐组内相邻储罐之间的防火距离

储存液体类别	单罐容积不大于 300m³，且总容量不大于 1500m³ 的立式储罐组	固定顶储罐（单罐容量）			外浮顶、内浮顶储罐	卧式储罐
		≤1000m³	>1000m³	≥5000m³		
甲 B、乙类	2m	0.75D	0.6D		0.4D	0.8m
丙 A 类	2m	0.4D			0.4D	0.8m
丙 B 类	2m	2m	5m	0.4D	0.4D 与 15m 的较小值	0.8m

注　1. 表中 D 为相邻储罐中较大储罐的直径。

　　2. 储存不同类别液体的储罐、不同形式的储罐之间的防火距离，应采用较大值。

（5）设计举例

某电厂燃油为丙类重油，设 2 座容量为 400m³ 的日用油罐，采用立式油罐，罐体外直径为 8.73m，高度为 8.917m。油区平面布置详见图 2-12。

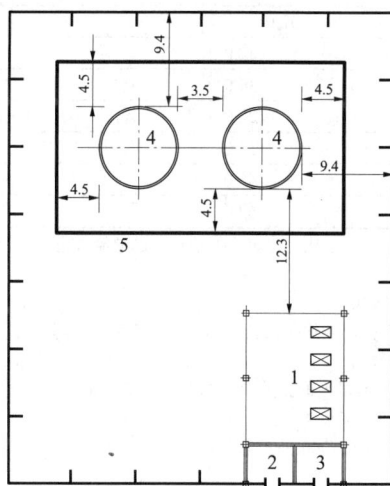

图 2-12　油区平面布置图（单位：m）

1—油泵棚；2—配电室；3—控制室；4—油罐；5—防火堤

（五）氨区的防火间距要求

（1）液氨储罐与厂内其他建（构）物的防火间距应符合表 2-3 和表 2-4 的规定。

（2）尿素区内建（构）筑物的火灾危险性分类及其耐火等级应按丙类二级，防火间距应符合表 2-3 和表 2-4 的规定。

（3）氨水区氨水储罐的火灾危险性分类宜按丙类液体，防火间距应符合 GB 50016《建筑设计防火规范》的相关规定。

（4）液氨区与邻近居住区或村镇和学校、公共建筑、相邻工业企业或设施、交通线、临近江河湖泊岸边以及临近明火、散发火花地点和液氨区外建（构）筑物或设施等之间的防火间距不应小于表 2-13 的规定。

（5）液氨区内各设施与围墙、道路之间的防火间距不应小于表 2-14 的规定。

（6）液氨系统设备布置的防火间距应符合表 2-15 的规定。

表 2-13　　　　　　　液氨区域相邻建（构）筑物或设施等之间的防火间距　　　　　　　　　（m）

项　　目		总几何容积 V（m³）	液氨储罐				卸氨区
			30<V≤50	50<V≤200	200<V≤500	500<V≤1000	
		单罐几何容积 V（m³）	V≤20	V≤50	V≤100	V≤200	
居住区、村镇和学校、影剧院、体育馆等重要公共建筑（最外侧建筑物外墙）			34.0	37.0	52.0	67.0	30.0
工业企业（最外侧建筑物外墙）			20.0	22.0	26.0	30.0	15.0
明火或散发火花地点、室外变、配电站（围墙）			34.0	37.0	41.0	45.0	25.0
民用建筑，甲、乙类液体储罐，甲、乙类仓库（厂房），稻草、麦秸、芦苇、打包废纸等材料堆场			30.0	34.0	37.0	41.0	25.0
丙类液体储罐、可燃气体储罐，丙、丁类厂房（仓库）			24.0	26.0	30.0	34.0	15.0
助燃气体储罐、木材等材料堆场			20.0	22.0	26.0	30.0	15.0
其他建筑	耐火等级	一、二级	13.0	15.0	16.0	19.0	10.0
		三级	16.0	19.0	20.0	22.0	12.0
		四级	20.0	22.0	26.0	30.0	14.0

续表

总几何容积 V（m³） 单罐几何容积 V（m³） 项　　目		液氨储罐				卸氨区
		30<V≤50 V≤20	50<V≤200 V≤50	200<V≤500 V≤100	500<V≤1000 V≤200	
厂外公路 道路（路边）	高速公路，Ⅰ、Ⅱ级，城市快速路	20.0		25.0		15.0
	Ⅲ、Ⅳ级	20.0				15.0
架空电力线（中心线）		1.5 倍杆高				
架空通信 线（中心线）	Ⅰ、Ⅱ级	22.0		30.0		15.0
	Ⅲ、Ⅳ级	1.5 倍杆高				
厂外铁路 （中心线）	国家铁路线	45.0	52.0	60.0		40.0
	厂外企业铁路专用线	25.0	30.0	35.0		25.0
国家或工业区铁路编组站（铁路中心线或建筑物）		45.0	52.0	60.0		40.0
通航江、河、海岸边		25.0				20.0
装卸油品码头（码头前沿）		52.0				45.0
地区输气管道 （管道中心线）	埋地	22.0				
	地面	34.0				
地区输油管道	原油及成品 油（管道中心）	埋地	22.0			
		地面	34.0			
	液化烃 （管道中心）	埋地	45.0			
		地面	67.0			

注　1. 防火间距应按本表液氨储罐总几何容积或单罐几何容积较大者确定，并应从距建筑物外墙最近的储罐外壁、堆垛外缘算，括号内指防火间距起止点。

2. 居住区、村镇系指1000人或300户以上者，以下者按本表民用建筑执行。

3. 当相邻设施为港区陆域、重要物品仓库和堆场、军事设施、机场、火药或炸药及其制品厂房（仓库）、花炮厂房（仓库）等，对电厂液氨区的安全距离有特殊要求时，应按有关规定执行。

4. 室外变、配电站指电压为35～500kV且每台变压器容量在10MV·A以上的室外变、配电站以及工业企业的变压器总油量大于5t的室外降压变电站。

5. 表中甲、乙类液体储罐（固定容积）按总储量大于或等于200m³、小于1000m³考虑，丙类液体储罐按总储量大于或等于1000m³、小于5000m³考虑。

6. 表中可燃气体储罐（固定容积）按总储量小于1000m³考虑，助燃气体储罐（固定容积）按总储量小于或等于1000m³考虑，总储量等于储罐实际几何容积（m³）和设计储存压力（绝对压力，10⁵Pa）乘积。

7. 表中稻草、麦秸、芦苇打包废纸等材料堆场按总储量小于或等于10000t考虑，木材等材料堆场按总储量小于或等于10000m³考虑。

8. 高层厂房（仓库）与电厂液氨区的防火间距应符合本表规定，且不应小于13m。

9. 液氨区与厂内铁路专用线的防火间距可按本表中规定的液氨区与厂外企业铁路专用线的防火间距相应减少5m。

10. 本表摘自DL/T 5480—2013《火力发电厂烟气脱硝设计技术规程》。

表2-14　　　　　　　　　　液氨区内各设施与围墙、道路之间的防火间距　　　　　　　　　　（m）

项　　目			液氨区内各设施					
			汽车卸氨鹤管	卸氨压缩机	液氨储罐	液氨输送泵	液氨蒸发器	氨气缓冲罐
围墙	液氨区围墙		10	10	10	5	5	5
	厂区围墙（中心线）或用地边界线		15	15	20	15	15	15
道路 （路边）	液氨区内道路		—	—	12	5	5	5
	液氨区外道路	主要	15	15	15	15	15	10
		次要	10	10	10	10	10	5

注　1. 防火间距应从距建筑物外墙最近的储罐外壁算，括号内指防火间距止点。

2. 液氨区外道路特指位于发电厂内的道路。当液氨区外道路指位于发电厂外的道路时，其内生产区与区外道路的防火间距不应小于表2-13的规定。

3. 液氨储罐总几何容积小于或等于1000m³，按本表规定执行；当液氨储罐总几何容积大于1000m³时，防火间距按GB 50160《石油化工企业设计防火规范》的相关规定执行。

4. 本表摘自DL/T 5480—2013《火力发电厂烟气脱硝设计技术规程》。

表 2-15　　　　　　　　　　　　　　　　液氨系统设备布置防火间距　　　　　　　　　　　　　　　　（m）

项目	控制室、值班室	汽车卸氨鹤管	卸氨压缩机	液氨储罐	液氨输送泵	液氨蒸发器	氨气缓冲罐
控制室、值班室	—	15.0	9.0	15.0	9.0	15.0	9.0
汽车卸氨鹤管	15.0	—	—	9.0	—	9.0	9.0
卸氨压缩机	9.0	—	—	7.5	—	—	—
液氨储罐	15.0	9.0	7.5	注1	—	—	—
液氨输送泵	9.0	—	—	—	—	—	—
液氨蒸发器	15.0	9.0	—	—	—	—	—
氨气缓冲罐	9.0	9.0	—	—	—	—	—

注　1. 液氨储罐的间距不应小于相邻较大罐的直径，单罐容积不大于 200m³ 的储罐的间距超过 1.5m 时，可取 1.5m。

　　2. 系统设备的防火间距基于半露天布置，且是指设备外壁。

　　3. 液氨储罐总几何容积小于或等于 1000m³ 时，按本表规定执行；当液氨储罐总几何容积大于 1000m³ 时，防火间距按 GB 50160《石油化工企业设计防火规范》的相关规定执行。

　　4. 本表摘自 DL/T 5480—2013《火力发电厂烟气脱硝设计技术规程》。

（7）设计举例。

某电厂液氨区包括液氨储罐、卸氨压缩机、蒸发器及氨气缓冲罐、废气收集及废液排放设施、控制室等。液氨储罐采用 2 座 70m³ 卧式储罐，满足两台机组烟气脱硝在锅炉最大连续出力工况下 5 天液氨用量。液氨区平面布置详见图 2-13。

四、厂区内管线的最小间距要求

（1）厂区地下管线之间的最小水平间距见表 2-16。

（2）厂区地下管线与建（构）筑物之间的最小水平间距见表 2-17。

（3）厂区架空管线之间的最小水平净距，见表 2-18。厂区架空管线互相交叉时的垂直净距不宜小于 0.25m。电力电缆与热力管、可燃或易燃易爆管道交叉时的垂直净距不应小于 0.5m，当有隔板防护时可适当缩小。

（4）厂区架空管架（管线）跨越铁路、道路的最小垂直净距，不应小于表 2-19 的要求。架空输电线路跨越架空可燃或易燃、易爆液（气）体管线时的最小垂直净距（应考虑导线的最大垂度）：110kV 为 4m，220kV 为 5m，330kV 为 6m，500kV 为 7.5m，750kV 为 9.5m，1000kV 为 18m。

（5）厂区架空管架（管线）与建（构）筑物之间的最小水平净距见表 2-20，架空天然气管与建（构）筑物之间的最小水平净距见表 2-21。

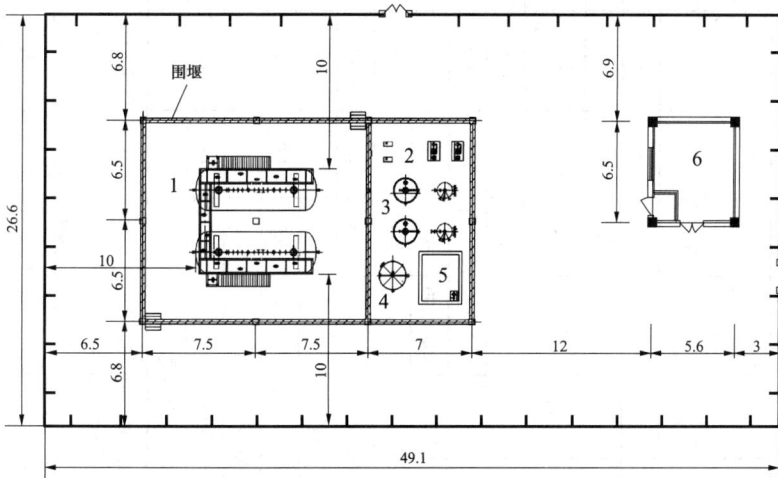

图 2-13　液氨区平面布置图（单位：m）

1—液氨储罐；2—卸氨压缩机；3—蒸发槽；4—稀释槽；5—废水池；6—电控设备间

表 2-16　　　　　　　　　　　　　　　　厂区地下管线之间的最小水平间距　　　　　　　　　　　　　　　　(m)

项目	给水管 (mm)				排水管 (mm)						热力管 (沟)	天然气管	氢气管	电缆沟 (管)	直埋电力电缆	直埋通信电缆 (m)
					雨水管			污水管								
	＜75	75~150	200~400	＞400	＜800	800~1500	＞1500	＜300	400~600	＞600						
给水管 (mm) ＜75	—	—	—	—	0.7	0.8	1.0	0.7	0.8	1.0	0.8	1.5	0.8	0.8	1.0	0.5
给水管 (mm) 75~150	—	—	—	—	0.8	1.0	1.2	0.8	1.0	1.2	1.0	1.5	1.0	1.0	1.0	0.5
给水管 (mm) 200~400	—	—	—	—	1.0	1.2	1.5	1.0	1.2	1.5	1.2	1.5	1.2	1.2	1.0	1.0
给水管 (mm) ＞400	—	—	—	—	1.0	1.2	1.5	1.2	1.5	2.0	1.5	1.5	1.5	1.5	1.0	1.2
排水管 (mm) 雨水管 ＜800	0.7	0.8	1.0	1.0	—	—	—	—	—	—	1.0	2.0	0.8	1.0	1.0	0.8
排水管 (mm) 雨水管 800~1500	0.8	1.0	1.2	1.2	—	—	—	—	—	—	1.2	2.0	1.0	1.2	1.0	1.0
排水管 (mm) 雨水管 ＞1500	1.0	1.2	1.5	1.5	—	—	—	—	—	—	1.5	2.0	1.2	1.5	1.0	1.0
排水管 (mm) 污水管 ＜300	0.7	0.8	1.0	1.2	—	—	—	—	—	—	1.0	2.0	0.8	1.0	1.0	0.8
排水管 (mm) 污水管 400~600	0.8	1.0	1.2	1.5	—	—	—	—	—	—	1.2	2.0	1.0	1.2	1.0	1.0
排水管 (mm) 污水管 ＞600	1.0	1.2	1.5	2.0	—	—	—	—	—	—	1.5	2.0	1.2	1.5	1.0	1.0
热力管 (沟)	0.8	1.0	1.2	1.5	1.0	1.2	1.5	1.0	1.2	1.5	—	2.0 (4.0)	1.5	2.0	1.0	0.8
天然气管	1.5	1.5	1.5	1.5	2.0	2.0	2.0	2.0	2.0	2.0	2.0 (4.0)	—	2.5	1.5	1.5	1.5
氢气管	0.8	1.0	1.2	1.5	0.8	1.0	1.2	0.8	1.0	1.2	1.5	2.5	—	1.5	1.0	0.8
电缆沟 (管)	0.8	1.0	1.2	1.5	1.0	1.2	1.5	1.0	1.2	1.5	2.0	1.5	1.5	—	0.5	0.5
直埋电力电缆	1.0	1.0	1.0	1.0	1.0	1.0	1.0	1.0	1.0	1.0	1.0	1.5	1.0	0.5	—	0.5
直埋通信电缆	0.5	0.5	1.0	1.2	0.8	1.0	1.0	0.8	1.0	1.0	0.8	1.5	0.8	0.5	0.5	—

注:
1. 表列间距均自管、沟壁或防护设施、沟壁的外缘算起,沟壁或建筑物最外一根管的外缘或沟壁算起;管径系指公称直径;括号内为距管沟外壁的距离。
2. 特殊情况下,当热力管(沟)与直埋电力电缆、通信电缆之间的间距可减少20%;电力电缆、通信电缆及电缆沟用隔板分隔后可酌减少到0.5m;当采取隔热措施后满足不了本表规定时,任采取隔热措施后可酌减少50%;当热力管为工艺管道伴热时,间距不限;仅供采暖用的热力沟与电力电缆、通信电缆的间距可减少20%,但不得小于0.5m。
3. 局部地段直埋电缆用隔板分隔或穿管,排水管的间距可减少到0.5m。
4. 表列数据系按给水管在污水管上方制定。生活饮用水给水管与生产、生活污水管的间距应按本表数据增加50%;雨水管、生活污水管之间的间距按本表数据增加50%;雨水管、污水管的间距可减少20%,但应不小于0.5m。
5. 110kV及以上的直埋电力电缆之间的间距可减少20%,但不应小于0.5m。
6. 表中天然气管指设计压力大于0.8MPa的天然气管,设计压力小于等于0.8MPa的天然气管与其他管线之间的距离按GB 50028《城镇燃气设计规范》的有关规定执行。
7. 表中"—"表示间距由工艺根据施工、运行检修等因素确定。

表2-17　厂区地下管线与建(构)筑物之间的最小水平间距 (m)

项目	给水管(mm)			排水管(mm)						热力管(沟)	天然气管	氢气管	电缆沟(管)	电力电缆	通信电缆
				雨水管			污水管								
	<150	200~400	>400	<800	800~1500	>1500	<300	400~600	>600						
建(构)筑物基础外缘	1.0	2.5	3.0	1.5	2.0	2.5	1.5	2.0	2.5	1.5	13.50①	3.0(2.0)④	1.5	0.6⑥	0.5
铁路(中心线)	3.3	3.8	3.8	3.8	4.3	4.8	3.8	4.3	4.8	3.8	5.0②	2.5⑤	2.5	3.0(10.0)②	2.5
道路	0.8	1.0	1.0	0.8	1.0	1.0	0.8	0.8	1.0	0.8	1.5	0.8	0.8	0.8⑥	0.8
管架基础外缘	0.8	1.0	1.0	0.8	0.8	1.2	0.8	1.0	1.2	0.8	1.5	0.8	0.8	0.5	0.5
通信、照明杆柱(中心)	0.5	1.0	1.0	0.8	1.0	1.2	0.8	1.0	1.2	0.8	1.0	1.0	0.8	0.5	0.5
围墙基础外缘	1.0	0.8	1.0	0.8	0.8	1.0	1.0	1.0	1.0	1.0	1.0	1.0	1.0	0.5	0.5
排水沟外缘	0.8	0.8	1.0	0.8	0.8	1.0	0.8	0.8	1.0	0.8	1.0	0.8	1.0	1.0⑥	0.8
高压电力杆柱或铁塔基础外缘	0.8	1.5	1.5	1.2	1.5	1.8	1.2	1.5	1.8	1.2	1.0(5.0)③	2.0	1.2	1.0(4.0)③⑥	0.8

注：
1. 表列间距除注明者外，管线均自管壁、沟壁或防护设施的外缘或最外一根电缆起；道路为城市型时，自路面边缘起，为公路型时，自路肩边缘算起。
2. 表列埋地管道与建(构)筑物基础外缘的间距，均指埋地管道与建(构)筑物的间距；筑物的基础在同一标高或高其以上；当埋地管道深度大于建(构)筑物的基础深度时，应按土壤性质计算确定，但不得小于本表列数值。
3. 表中天然气管指设计压力大于0.8MPa的天然气管，其与建(构)筑物的净距除了符合GB 50028《城镇燃气设计规范》的有关规定外，管道的安全设计还应满足GB 50251《输气管道工程设计规范》的有关规定执行。

① 指建筑物外墙面(出地面处)的距离。当压力小于0.8MPa等于0.8MPa的天然气管要求按GB 50251《输气管道工程设计规范》的要求。当建筑物外墙壁厚不小于11.9mm时，距建(构)筑物基础外缘不应小于3.0m。

② 天然气管与铁路坡脚的最小水平净距为：设计压力≤1.6MPa时，为5m；1.6MPa<设计压力≤2.5MPa时，为6m；设计压力>2.5MPa时，为8m。

③ 括号内为与大于35kV电杆(塔)基础外缘的距离。

④ 氢气管与有地下室的建筑物基础和通行沟道外缘的最小水平净距为3.0m，与无地下室的建筑物基础外缘的最小水平净距为2.0m。

⑤ 指氢气管与铁路轨外缘的距离。

⑥ 指与铁路路轨外缘的距离；括号内数字为与直流电气化铁路轨的距离。特殊情况下，可酌减且最多减少50%。

表 2-18　厂区架空管线之间的最小水平净距　（m）

名称	热力管	氢气管	氨气管	天然气管	燃油管	电缆
热力管	—	0.25	0.25	0.25	0.25	1.0①
氢气管	0.25	—	0.5	0.5	0.5	1.0
氨气管	0.25	0.5	—	0.5	0.5	1.0
天然气管	0.25	0.5	0.5	—	0.5	1.0
燃油管	0.25	0.5	0.5	0.5	—	0.5
电缆	1.0①	1.0	1.0	1.0	0.5	—

注　1. 表中净距，管线自防护层外缘算起。

2. 表所列管道与给水管、排水管、不燃气体管、物料管等其他非可燃或易燃易爆管道之间的水平净距不宜小于 0.25m，但当相邻两管道直径均较小，且满足管道安装维修的操作安全时可适缩小距离，但不应小于 0.1m。

3. 当热力管的蒸汽压力超过 1.3MPa 时，其与表内除电缆外其他管道的净距增至 0.5m；当热力管道为工艺管道伴热时，净距不限。

① 电力电缆与热力管净距不小于 1.0m，控制电缆与热力管净距不小于 0.5m。

表 2-19　厂区架空管架（管线）跨越铁路、道路的最小垂直净距　（m）

名　称		最小垂直净距
铁路轨顶	可燃或易燃、易爆液（气）体管线	6.0
	其他一般管线	5.5
道路		5.0①
人行道		2.5

注　1. 表中净距，管线自最凸出部分算起；管架自最低部分算起；道路与人行道均从路面算起。

2. 架空管架（管线）跨越电气化铁路的最小垂直净距为 6.6m。

① 有大件运输要求或在检修期间有大型起吊设施通过的道路，应根据需要确定；在困难地段，可采用 4.5m。

表 2-20　厂区架空管架（管线）与建（构）筑物之间的最小水平净距　（m）

名　称	最小水平净距
建筑物有门窗的墙壁外缘或凸出部分外缘	3.0
建筑物无门窗的墙壁外缘或凸出部分外缘	1.5
铁路（中心线）	3.8

续表

名　称	最小水平净距
架空输电线路①	
道路	1.0
人行道外缘	0.5②
厂区围墙（中心线）	1.0
通信照明杆柱（中心）	1.0

注　1. 表中净距，管架（管线）从最外边缘算起；道路为城市型时，自路面边缘算起，为公路型时，自路肩边缘算起。

2. 表中数据不适用于低支架及建筑物支撑式，不适用于天然气管。

① 架空输电线路与架空管架（管线）的最小净空距离应满足最大风偏情况下，110kV 为 3.5m，220kV 为 4.3m，330kV 为 5m，500kV 为 7.5m，750kV 为 7.5m，1000kV 为 10m。架空输电线路与可燃或易燃、易爆液（气）体管线的管架（管线）的最小水平净距则为：开阔地区为最高杆（塔）高；当路径受限制时，在最大风偏情况下，110kV 为 4m，220kV 为 5m，330kV 为 6m，500kV 为 7.5m，750kV 为 9.5m，1000kV 为 13m。

② 架空氢气管线与人行道外沿平行净距不小于 1.5m。

表 2-21　厂区架空天然气管与建（构）筑物之间的最小水平净距　（m）

名　称	天然气管
甲、乙类生产厂房或散发火花设施	10
丙、丁、戊类生产厂房	6.0①
铁路（中心线）	6.0
架空输电线路	最高杆（塔）高②
道路	1.5
人行道外缘	0.5
厂区围墙（中心线）	1.5
通信照明杆柱（中心）	1.0

注　当天然气管在管架上敷设时，水平净距应从管架最外边缘算起；道路为城市型时，自路面边缘算起，为公路型时，自路肩边缘算起。

① 困难情况时，架空天然气管在按照 GB 50251《输气管道工程设计规范》的规定采取了有效的安全防护措施或增加管道壁厚后，可适当缩短与丙、丁、戊类生产厂房之间的水平净距，但不得小于 3m。

② 指开阔地区。当路径受限制时，在最大风偏情况下，厂区架空天然气管线与架空电力线路边导线的最小水平净距：110kV 为 4m，220kV 为 5m，330kV 为 6m，500kV 为 7.5m，750kV 为 9.5m，1000kV 为 13m。

第三节　厂区消防车道和救援场地

厂区内建筑物起火后，除利用各种设施灭火和疏散以外，还须依靠消防队伍来扑灭火灾和抢救遇险人员。为了使各种消防车辆能靠拢建筑，仅有空地或缺口是不够的，还要在建筑周围布置必要的消防车道。如果对此考虑不周，往往会造成更大的损失。

消防车道是供消防车灭火时通行的道路。设置消防车道的目的在于，一旦发生火灾时确保消防车畅通无阻，迅速到达火场，及时扑灭火灾。设计需要考虑当地消防部队使用的消防车辆的外形尺寸、载重、转弯半径等消防车技术性能，建筑物的体量大小、周围通行条件等因素。

一、消防车道设置的原则

（1）主厂房区周围应设置环形消防车道。对单机容量为300MW及以上的机组，在炉后和除尘器之间应设置单车道。

（2）储量大于1500m³的油罐区周围，宜设置环形消防车道。消防车道与防火堤外堤脚线之间的距离，不应小于3m。

（3）储量大于500m³的液氨储罐区周围，宜设置环形消防车道。经常运输液氨及氨水的道路，其最大纵坡不应大于6%，氨区内的汽车运输卸停车位路段纵坡应为平坡。当道路路面高出附近地面2.5m以上，且在距道路边缘15m范围内有液氨储罐及管道时，应在该段道路的边缘设护墩、矮墙等防护设施。氨区内道路应采用现浇混凝土地面，并宜采用不产生火花的路面材料。

（4）煤场区周围宜设置环形消防车道，消防车道的边缘距离煤堆不应小于5m。

（5）其他重点防火区域周围，包括氢站、配电装置区、消防水泵房及水池、材料库等，宜设置消防车道。

（6）供消防车取水的天然水源和消防水池应设置消防车道。消防车道的边缘距离取水点不宜大于2m。

（7）厂区主要出入口不应少于两个，并宜位于不同方位。

（8）消防车道可利用厂区道路，但该道路应满足消防车通行、转弯和停靠的要求。

（9）消防车道与建筑之间不应设置妨碍消防车操作的树木、架空管线等障碍物。

二、消防车道的设计要求

1. 车道的净宽和净高

消防车道的净宽度不应小于4.0m，坡度不宜大于8%。道路上空遇有管架、栈桥等障碍物时，其净高不宜小于5.0m，在困难地段不应小于4.5m。消防车道靠建筑外墙一侧的边缘距离建筑外墙不宜小于5m。对于需要通行特种消防车辆的车道，还应根据消防车的实际情况增加消防车道的净宽度与净空高度。

2. 道路的荷载

消防车按其通用底盘的载重分为轻系列、中系列和重系列消防车。从火场经验以及消防车的常用情况所知，厂内建筑物一般使用的是轻、中系列的消防车，而油罐、液氨储罐、氢气站和煤场等使用的是中、重系列的消防车。

消防车道的路面、救援操作场地、消防车道和救援操作场地下面的管道和暗沟等，应能承受重型消防车的压力。各种消防车的满载（不包括消防员）总质量见表2-22，可供设计消防车道时参考。

表2-22　　　　　　　　　　　　各种消防车的满载总质量　　　　　　　　　　　　（kg）

名　　称	型　　号	满载质量	名　　称	型　　号	满载质量
水罐车	SG65、SG65A	17286	水罐车	SG85	18525
	SHX5350 GXFSG160	35300		SG70	13260
	CG60	17000		SP30	9210
	SG120	26000		EQ144	5000
	SG40	13320		SG36	9700
	SG55	14500		EQ153A-F	5500
	SG60	14100		SG110	26450
	SG170	31200		SG35GD	11000
	SG35ZP	9365		SH5140GXFSG55GD	4000
	SG80	19000			

名　称	型　号	满载质量	名　称	型　号	满载质量
泡沫车	PM40ZP	11500	干粉-泡沫联用消防车	PF45	17286
	PM55	14100		PF110	2600
	PM60ZP	1900	登高平台车、举高喷射消防车、抢险救援车	CDZ53	33000
	PM80、PM85	18525		CDZ40	2630
	PM120	26000		CDZ32	2700
	PM35ZP	9210		CDZ20	9600
	PM55GD	14500		CJQ25	11095
	PP30	9410		SHX5110TTXFQJ73	14500
	EQ140	3000	消防通信指挥车	CX10	3230
	CPP181	2900		FXZ25	2160
	PM35GD	11000		FXZ25A	2470
	PM50ZD	12500		FXZ10	2200
供水车	GS140ZP	26325	火场供给消防车	XXFZM10	3864
	GS150ZP	31500		XXFZM12	5300
	GS150P	14100		TQXZ20	5020
	东风144	5500		QXZ16	4095
	GS70	13315	供水车	GS1802P	31500
干粉车	GF30	1800			
	GF60	2600			

注　本表摘自 GB 50016—2014《建筑设计防火规范》。

3. 车道的最小转弯半径

车道转弯处应考虑消防车的最小转弯半径，以便于消防车顺利通行。消防车的最小转弯半径是指消防车转弯时，消防车的前轮外侧循圆曲线行走轨迹的半径，轻系列消防车不小于 7m，中系列消防车不小于 9m，重系列消防车不小于 12m。

4. 车道的回车场地

环形消防车道至少应有两处与其他车道连通。

当采用尽端式消防道路时，为使车辆调头方便，一般应在道路的末端设置回车道或回车场。目前，我国普通消防车的转弯半径为 9m，登高车的转弯半径为 12m，一些特种车辆的转弯半径为 16～20m。因此根据一般消防车的最小转弯半径，回车场地不应小于 12m×12m，对于重型消防车的回车场则还要根据实际情况增大。例如，有些重型消防车和特种消防车，由于车身长度和最小转弯半径已有 12m 左右，就需设置更大面积的回车场才能满足使用要求；少数消防车的车身全长为 15.7m，而 15m×15m 的回车场可能也满足不了使用要求。因此，设计还需根据当地的具体建设情况确定回车场的大小，但最小不应小于 12m×12m，供重型消防车使用时不宜小于 18m×18m。

回车场的各种形式见图 2-14。图中尺寸适用于一般载重汽车，当采用其他形式车辆时，可根据其性能需要，适当调整。

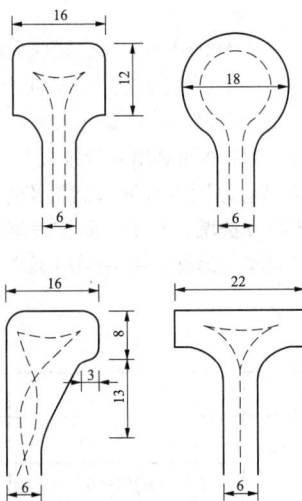

图 2-14　尽头式回车场（m）

三、消防车登高操作场地

消防车登高操作场地即消防救援场地，也就是在火灾发生时使用登高消防车作业进行救人和灭火，需要提供给登高消防车停车和作业的场地。

消防扑救面又叫高层建筑消防登高面、消防平台，是登高消防车靠近高层主体建筑，开展消防车登高作业及消防队员进入高层建筑内部，抢救被困人员、扑救火灾的建筑立面。

电厂内主厂房为高层建筑，沿着汽机房 A 列柱长边应布置消防车登高操作场地，但由于工艺要求，A 列柱外布置了变压器，直接空冷机组 A 列柱外还要布置空冷平台，救援场地难以布置；在主厂房固定端侧，一般布置输煤栈桥和厂区综合管架，管架外侧与主厂房外墙间距一般大于 10m，难以满足救援场地布置要求；主厂房和除尘器之间留有消防通道，但消防通道上方有烟道和管线通过，且通道与主厂房间距小于 5m，布置救援场地也不合适。因此在主厂房四周，

若按照 GB 50016《建筑设计防火规范》的要求布置救援场地是非常困难的。由于电厂主厂房面积大，操作人员较少，且大部分人员集中在集中控制楼，因此应根据实际情况，在汽机房 A 列柱外侧的厂房引道周围，集中控制楼附近的空地，主厂房固定端或扩建端的空地以及锅炉房之间的空地设置消防车登高操作场地，便于消防员扑救建筑火灾和救助高层建筑中遇困人员。主厂房四周消防救援场地的位置见图 2-15～图 2-17。

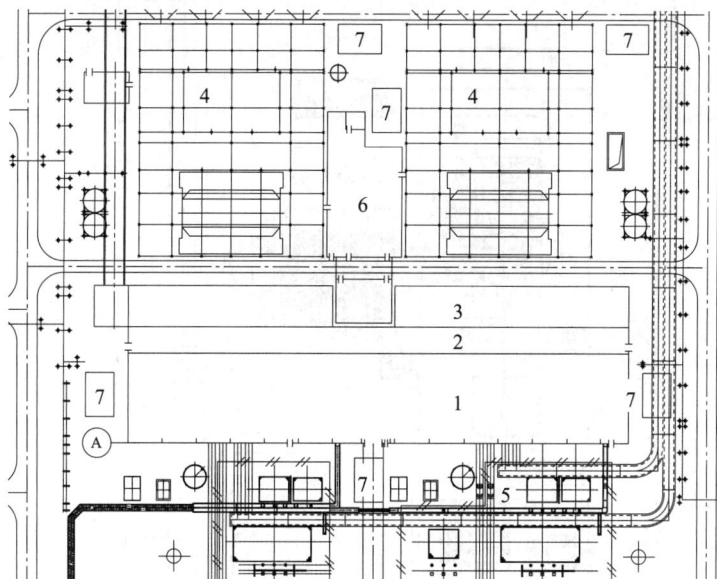

图 2-15 主厂房（前煤仓）四周消防救援场地位置

1—汽机房；2—除氧间；3—煤仓间；4—锅炉房；5—变压器；6—集中控制楼；7—消防车登高操作场地

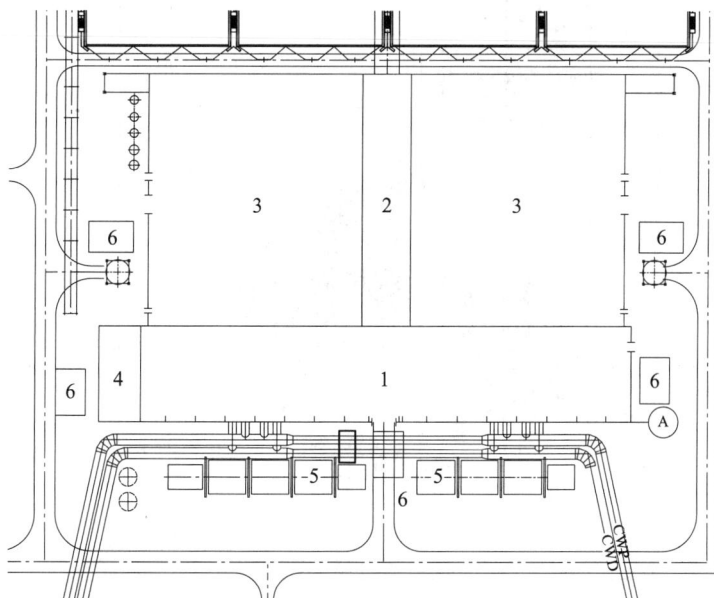

图 2-16 主厂房（侧煤仓）四周消防救援场地位置

1—汽机房；2—煤仓间；3—锅炉房；4—集中控制楼；5—变压器；6—消防车登高操作场地

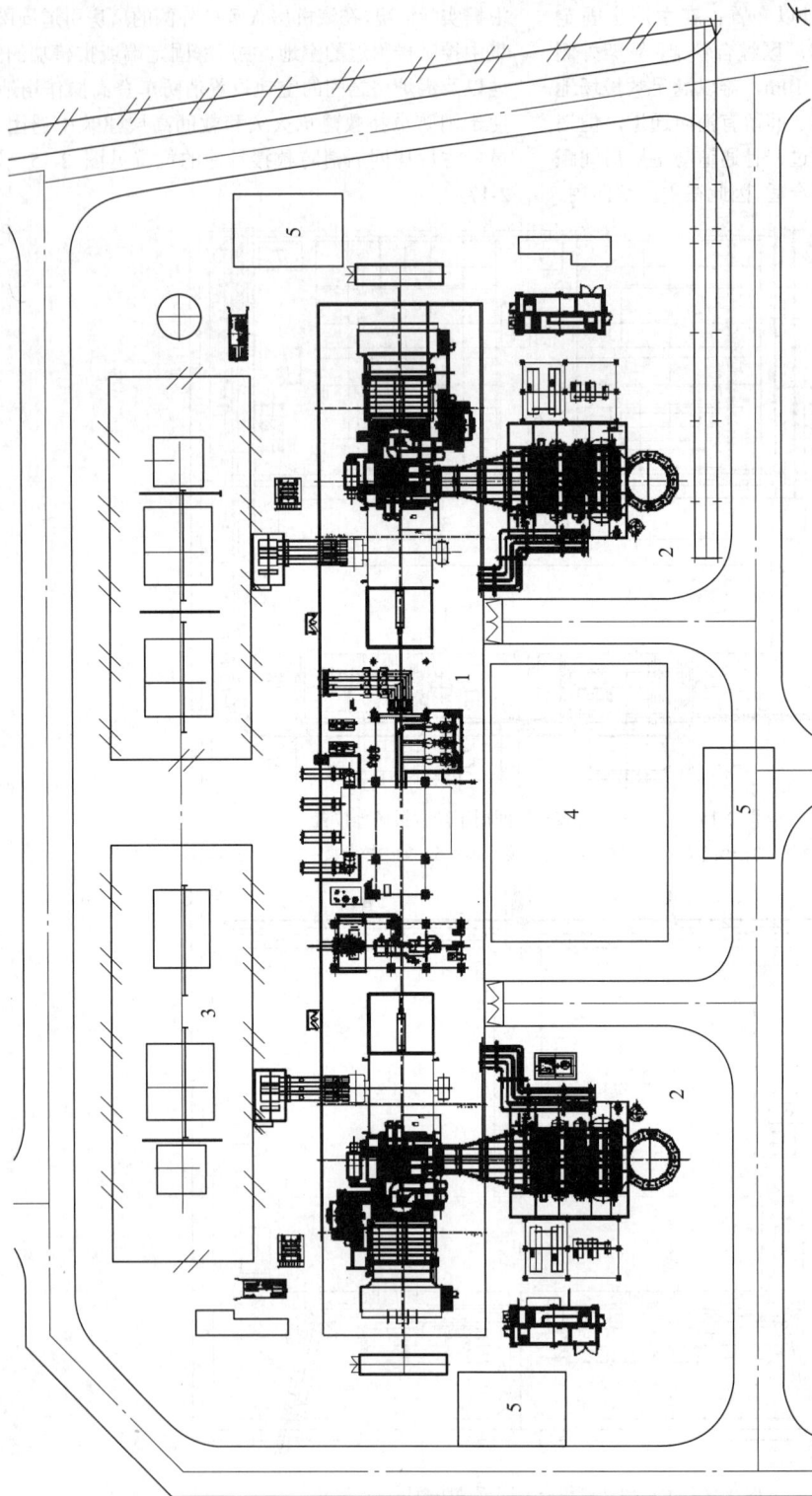

图 2-17　燃机主厂房四周消防救援场地位置

1—主厂房；2—余热锅炉；3—变压器；4—集中控制楼；5—消防车登高操作场地

厂区内脱硫工艺楼和碎煤机室的四周也需要各布置一处消防救援场地。

厂房在操作场地对应的范围内，应设置直通室外的楼梯、直通楼梯间的入口或供消防救援人员进出的窗口。消防车登高操作场地应符合下列要求：

（1）场地与高层厂房之间不应设置妨碍消防车操作的树木、架空管线等障碍物和车库出入口。

（2）场地的长度和宽度分别不应小于15m和10m；对于高度大于50m的厂房，场地的长度和宽度分别不应小于20m和10m。

（3）场地及其下面的建筑结构、管道和暗沟等，应能承受重型消防车的压力。

（4）场地应与消防车道连通，场地靠建筑外墙一侧的边缘距离建筑外墙不宜小于5m，且不应大于10m，场地的坡度不宜大于3%。

第三章

建 筑 防 火

火力发电厂建筑防火设计应根据电厂生产工艺和设备布置的特点，针对不同的火灾危险性，采取不同的防火措施。火力发电厂建筑防火设计的内容包括建筑耐火等级的确定、防火分区和防火分隔的设置、安全疏散设计、消防救援、室内外装修材料的选择和建筑防爆泄爆设计。

火力发电厂建筑与其他类型的工业建筑相比，有其特殊性，生产设备较多，工艺复杂，运行生产人员少，自动化水平高，设置了灭火系统和火灾自动报警系统。因此，在进行火力发电厂建筑防火设计时，应按照 GB 50229《火力发电厂与变电站设计防火规范》规定执行，若该规范未做规定的，应按照 GB 50016《建筑设计防火规范》规定的相关内容执行。同时，还应符合其他防火类标准规定的要求，如 GB 50222《建筑内部装修设计防火规范》、GB 50067《汽车库、修车厂、停车场设计防火规范》、GB 50030《氧气站设计规范》、GB 50031《乙炔站设计规范》、GB 50177《氢气站设计规范》、GB 12955《防火门》、GB 16809《防火窗》、GB 12441《饰面型防火涂料》、GB 14907《钢结构防火涂料》等。

本章节内容中引用的有关规范主要是 GB 50016—2014《建筑设计防火规范》和 GB 50229—2006《火力发电厂与变电站设计防火规范》的相关条款，并根据以上规范内容整理所得。当使用本手册时，应首先执行上述规范的最新版本。

第一节 建（构）筑物的
耐火等级、耐火极限及防火分区

一、耐火等级的划分

耐火等级是衡量建（构）筑物耐火能力的分级标度。它由组成建筑的墙、柱、楼板、屋面板和吊顶等主要建（构）筑物构件的燃烧性能和耐火极限来确定的。按照我国建筑结构及建筑材料的实际情况等将厂房和仓库的耐火等级划分为一、二、三、四级，主要构件的燃烧

性能和耐火等级不应低于表 3-1 的数值。

同一类构件在不同施工工艺和不同截面、不同组分、不同受力条件以及不同升温曲线等情况下的耐火极限是不一样的，设计时可以根据附录 D 所列的试验数据进行选择不同耐火极限的构件和材料。

表 3-1　厂房和仓库建筑构件的燃烧
性能和耐火极限　　　　　　（h）

构件名称		耐火等级			
		一级	二级	三级	四级
墙	防火墙	不燃性 3.00	不燃性 3.00	不燃性 3.00	不燃性 3.00
	承重墙	不燃性 3.00	不燃性 2.50	不燃性 2.00	难燃性 0.50
	楼梯间和前室的墙、电梯井的墙	不燃性 2.00	不燃性 2.00	不燃性 1.50	难燃性 0.50
	疏散走道两侧的隔墙	不燃性 1.00	不燃性 1.00	不燃性 0.50	难燃性 0.25
	非承重外墙、房间的隔墙	不燃性 0.75	不燃性 0.50	难燃性 0.50	难燃性 0.25
柱		不燃性 3.00	不燃性 2.50	不燃性 2.00	难燃性 0.50
梁		不燃性 2.00	不燃性 1.50	不燃性 1.00	难燃性 0.50
楼板		不燃性 1.50	不燃性 1.00	不燃性 0.75	难燃性 0.50
屋顶承重构件		不燃性 1.50	不燃性 1.00	难燃性 0.50	可燃性
疏散楼梯		不燃性 1.50	不燃性 1.00	不燃性 0.75	可燃性
吊顶（包括吊顶搁栅）		不燃性 0.25	难燃性 0.25	难燃性 0.15	可燃性

注　1. 二级耐火等级建筑内采用不燃性的吊顶，其耐火极限不限。

　　2. 本表摘自 GB 50016—2014《建筑设计防火规范》。

二、耐火等级的选择

耐火等级的选择主要考虑建筑物的重要程度、火

灾危险性的大小、室内可燃物品的多少、建筑物的高度、火灾扑救及人员疏散等因素。

（一）火灾危险性分类

火灾危险性类别是以生产过程中使用或产生的物质以及储存物品的火灾危险性类别确定的。因此，物质的火灾危险性是确定厂房和仓库的火灾危险性类别的基础。

1. 厂房

厂房的火灾危险性分类要看整个生产过程中的每个环节是否有引起火灾的可能性，并按其中最危险的物质确定，主要考虑以下几个方面：生产中使用的原材料的性质；生产中操作条件的变化是否会改变物质的性质；生产中产生的全部中间产物的性质；生产中最终产品及副产物的性质。许多产品可能有若干种工艺生产方法，其中使用的原材料各不相同，所以火灾危险性也各不相同。厂房的火灾危险性根据生产中使用或产生的物质性质及其数量等因素，分为甲、乙、丙、丁、戊五个类别，如表 3-2 所示。

表 3-2 　　　生产的火灾危险性分类

生产的火灾危险性类别	使用或产生下列物质生产的火灾危险性特征
甲	1. 闪点小于 28℃的液体； 2. 爆炸下限小于 10%的气体； 3. 常温下能自行分解或在空气中氧化能导致迅速自燃或爆炸的物质； 4. 常温下受到水或空气中水蒸气的作用，能产生可燃气体并引起燃烧或爆炸的物质； 5. 遇酸、受热、撞击、摩擦、催化以及遇有机物或硫磺等易燃的无机物，极易引起燃烧或爆炸的强氧化剂； 6. 受撞击、摩擦或与氧化剂、有机物接触时能引起燃烧或爆炸的物质； 7. 在密闭设备内操作温度不小于物质本身自燃点的生产
乙	1. 闪点不小于 28℃，但小于 60℃的液体； 2. 爆炸下限不小于 10%的气体； 3. 不属于甲类的氧化剂； 4. 不属于甲类的易燃固体； 5. 助燃气体； 6. 能与空气形成爆炸性混合物的浮游状态的粉尘、纤维、闪点不小于 60℃的液体雾滴
丙	1. 闪点不小于 60℃的液体； 2. 可燃固体
丁	1. 对不燃烧物质进行加工，并在高温或熔化状态下经常产生强辐射热、火花或火焰的生产； 2. 利用气体、液体、固体作为燃料或将气体、液体进行燃烧作其他用的各种生产； 3. 常温下使用或加工难燃烧物质的生产
戊	常温下使用或加工不燃烧物质的生产

注 本表摘自 GB 50016—2014《建筑设计防火规范》。

同一座厂房或厂房的任一防火分区内有不同火灾危险性生产时，该厂房或防火分区内的生产火灾危险性分类应按火灾危险性较大的部分确定。当生产过程中使用或产生易燃、可燃物的量较少，不足以构成爆炸或火灾危险时，可按实际情况确定；当火灾危险性较大的生产部分占本层或本防火分区建筑面积的比例小于 5%，且发生火灾事故时不足以蔓延到其他部位或火灾危险性较大的生产部分采取了相应的工艺保护和防火防爆分隔措施将其生产部位与其他区域完全隔开，即使发生火灾也不会蔓延到其他区域时，该厂房可按火灾危险性较小的部分确定。

2. 仓库

仓库根据储存物品的性质和储存物品中的可燃物数量等因素，分为甲、乙、丙、丁、戊类五个类别，如表 3-3 所示。

表 3-3 　　储存物品的火灾危险性分类

储存物品的火灾危险性类别	储存物品的火灾危险性特征
甲	1. 闪点小于 28℃的液体； 2. 爆炸下限小于 10%的气体，受到水或空气中水蒸气的作用能产生爆炸下限小于 10%气体的固体物质； 3. 常温下能自行分解或在空气中氧化能导致迅速自燃或爆炸的物质； 4. 常温下受到水或空气中水蒸气的作用，能产生可燃气体并引起燃烧或爆炸的物质； 5. 遇酸、受热、撞击、摩擦以及遇有机物或硫磺等易燃的无机物，极易引起燃烧或爆炸的强氧化剂； 6. 受撞击、摩擦或与氧化剂、有机物接触时能引起燃烧或爆炸的物质
乙	1. 闪点不小于 28℃，但小于 60℃的液体； 2. 爆炸下限不小于 10%的气体； 3. 不属于甲类的氧化剂； 4. 不属于甲类的易燃固体； 5. 助燃气体； 6. 常温下与空气接触能缓慢氧化，积热不散引起自燃的物品
丙	1. 闪点不小于 60℃的液体； 2. 可燃固体
丁	难燃烧物品
戊	不燃烧物品

注 本表摘自 GB 50016—2014《建筑设计防火规范》。

同一座仓库或仓库的任一防火分区内储存不同火灾危险性物品时，仓库或防火分区的火灾危险性应按火灾危险性最大的物品确定；建筑的耐火等级、允许层数和允许面积均要求按最危险者的要求确定。例如，同一座仓库存放甲、乙、丙三类物品，仓库就需要按甲类储存物品仓库的要求设计。此外，甲、乙类物品和一般物品以及容易相互发生化学反应或者灭火方法不同的物品，必须分间、分库储存，如有困难需将数种物品存放在一座仓库或同一个防火分区内时，存储过程中要采取分区域布置，但性质相互抵触或灭火方法不同的物品不允许存放在一起。

（二）发电厂建（构）筑物的火灾危险性和耐火等级

GB 50229—2006《火力发电厂与变电站设计防火规范》根据生产中使用或产生的物质性质及其数量等因素，对火力发电厂的火灾危险性及耐火等级按表 3-4、表 3-5 进行了分类。

表 3-4   燃煤电厂建（构）筑物的火灾危险性分类及其耐火等级

建（构）筑物名称	火灾危险性分类	耐火等级	建（构）筑物名称	火灾危险性分类	耐火等级
主厂房（汽机房、除氧间、集中控制楼、煤仓间、锅炉房）	丁	二级	稳定剂室、加药设备室	戊	二级
引风机室	丁	二级	取水建（构）筑物	戊	二级
除尘构筑物	丁	二级	冷却塔	戊	三级
烟囱	丁	二级	化学水处理室、循环水处理室	戊	二级
空冷平台	戊	二级	供氢站、制氢站	甲	二级
脱硫工艺楼、石灰石制浆楼、石灰石制粉楼、石膏库	戊	二级	启动锅炉房	丁	二级
脱硫控制楼	丁	二级	空压机室（无润滑油或不喷油螺杆式）	戊	二级
吸收塔	戊	三级	空压机室（有润滑油）	丁	二级
增压风机室	戊	二级	热工、电气、金属试验室	丁	二级
室内卸煤装置	丙	二级	天桥	戊	二级
碎煤机室、运煤转运站及配煤楼	丙	二级	变压器检修间	丙	二级
封闭式运煤栈桥、运煤隧道	丙	二级	雨水、污（废）水泵房	戊	二级
筒仓、干煤棚、解冻室、室内贮煤场	丙	二级	检修维护间	戊	二级
输送不燃烧材料的转运站	戊	二级	污（废）水处理构筑物	戊	二级
输送不燃烧材料的栈桥	戊	二级	给水处理构筑物	戊	二级
供、卸燃油泵房及栈台（柴油、重油、渣油）	丙	二级	电缆隧道	丙	二级
油处理室	丙	二级	柴油发电机房	丙	二级
主控制楼、网络控制楼、微波楼、继电器室	丁	二级	尿素制备及储存间	丙	二级
室内配电装置楼（内有每台充油量＞60kg的设备）	丙	二级	氨区控制室	丁	二级
室内配电装置楼（内有每台充油量≤60kg的设备）	丁	二级	卸氨压缩机室	乙	二级
油浸式变压器室	丙	一级	氨气化间	乙	二级
岸边水泵房、循环水泵房	戊	二级	特种材料库	丙	二级
灰浆、灰渣泵房	戊	二级	一般材料库	戊	二级
灰库	戊	三级	材料棚库	戊	二级
生活、消防水泵房、综合水泵房	戊	二级	推煤机库	丁	二级

注   1. 本表根据 GB 50229—2006《火力发电厂与变电站设计防火规范》整理。

      2. 除本表规定的建（构）筑物外，其他建（构）筑物的火灾危险性及耐火等级应符合 GB 50016《建筑设计防火规范》的规定，火灾危险性应按火灾危险性较大的物品确定。

      3. 当控制楼、网络控制楼、微波楼、天桥、继电器室未采取防止电缆着火延燃的措施时，火灾危险性应为丙类。

      4. 当特种材料库储存氢、氧、乙炔等气瓶时，火灾危险性应按储存火灾危险性较大的物品确定。

表 3-5 燃机电厂建（构）筑物的火灾危险性分类及其耐火等级

建（构）筑物名称	火灾危险性分类	耐火等级	建（构）筑物名称	火灾危险性分类	耐火等级
主厂房（汽机房、燃机厂房、余热锅炉、集中控制室）	丁	二级	天然气调压站	甲	二级
网络控制楼、微波楼、继电器室	丁	二级	空压机室（无润滑油或不喷油螺杆式）	戊	二级
室内配电装置楼（内有每台充油量>60kg的设备）	丙	二级	空压机室（有润滑油）	丁	二级
室内配电装置楼（内有每台充油量≤60kg的设备）	丁	二级	天桥	戊	二级
室内配电装置楼（无油）	丁	二级	天桥（下面设置电缆夹层时）	丙	二级
室外配电装置（内有含油设备）	丙	二级	变压器检修间	丙	二级
油浸式变压器室	丙	一级	排水、污水泵房	戊	二级
柴油发电机房	丙	二级	检修维护间	戊	二级
岸边水泵房、中央水泵房	戊	二级	取水建（构）筑物	戊	二级
生活、消防水泵房	戊	二级	给水处理构筑物	戊	二级
冷却塔	戊	三级	污水处理构筑物	戊	二级
稳定剂室、加药设备室	戊	二级	电缆隧道	丙	二级
油处理室	丙	二级	特种材料库	丙	二级
化学水处理室、循环水处理室	戊	二级	一般材料库	戊	二级
供氢站	甲	二级	材料棚库	戊	三级

注 1. 本表根据 GB 50229—2006《火力发电厂与变电站设计防火规范》整理。
  2. 除本表规定的建（构）筑物外，其他建（构）筑物的火灾危险性及耐火等级应符合 GB 50016《建筑设计防火规范》的有关规定。
  3. 当油处理室处理重油及柴油时，火灾危险性应为丙类；当处理原油时，火灾危险性应为甲类。
  4. 当特种材料库储存氢、氧、乙炔等气瓶时，火灾危险性应按储存火灾危险性较大的物品确定。

（三）建筑构件的耐火极限

1. 非承重外墙、房间隔墙和屋面板

（1）承重构件为不燃性材料的主厂房、运煤建筑、化学建筑、除灰建筑、一般材料库和检修维护间等，其非承重外墙为轻型砌体、金属墙板、砂浆面钢丝夹芯板、钢龙骨水泥刨花板等不燃性墙体时，其耐火极限不应小于 0.25h；为难燃性墙体时，其耐火极限不应小于 0.50h。

甲、乙类的供氢站、制氢站、氨气化间、特种材料库及天然气调压站等建筑的非承重外墙应采用不燃性墙体，耐火极限不应小于 0.50h。以上建筑物当采用金属夹芯板材时，夹芯材料应为 A 级，构件的耐火极限不应小于 0.50h。

（2）火力发电厂建筑物的屋面板应采用不燃性材料。为降低屋顶的火灾荷载，其防水、保温材料要尽量采用不燃、难燃性材料，但考虑到现有防水材料多为沥青、高分子等可燃材料，有必要根据防水材料铺

设的构造做法采取相应的防火保护措施。该类防水材料厚度一般为 3～5mm，火灾荷载相对较小，如果铺设在不燃性材料表面，可不做防护层。

当采用金属夹芯板材时，其夹芯材料的燃烧性能等级也要为 A 级。对于上人屋面板，其屋面板的耐火极限不应低于 1.00h，由于夹芯板材受其自身构造和承载力的限制，无法达到规范相应耐火极限要求，因此此屋面不能采用金属夹芯板材。

（3）建筑物防火墙、承重墙、楼梯间的墙、疏散走道隔墙、电梯井的内墙以及楼板等构件，均要求具有较高的燃烧性能和耐火极限，而不燃性金属夹芯板材的耐火极限受其夹芯材料的容重、填塞的密实度、金属板的厚度及其构造等影响，不同生产商的金属夹芯板材的耐火极限差异较大且通常均较低，难以满足相应建筑构件的耐火性能、结构承载力及其自身稳定性能的要求，因此不能采用金属夹芯板材。对于房间隔墙，其燃烧性能为不燃性，且

耐火极限不低于0.50h,因此也不宜采用金属夹芯板材。当确需采用时,夹芯材料应为A级,且耐火极限应不低于0.50h。

2. 梁、柱及防火隔墙

(1)火力发电厂钢结构厂房和仓库的梁与柱应按照GB 50016《建筑设计防火规范》和GB 50229《火力发电厂与变电站设计防火规范》的有关要求,采取防火保护措施。

(2)火力发电厂建筑中二级耐火等级的丙类厂(库)房,如运煤系统建筑物、变压器检修间、室内配电装置楼、油浸式变压器室、柴油发电机房、油处理室、特种材料库等按照GB 50016—2014《建筑设计防火规范》规定,柱、梁的耐火极限分别不低于2.50h和1.50h。

由于火力发电厂的封闭式运煤栈桥普遍采用钢结构,为了达到耐火极限的要求,做法是涂刷防火涂料,这样的结果是造价甚高,防火效果也不好。从电厂全局出发,为降低防火措施的造价,采取主动灭火措施(自动喷水或水喷雾的系统),其钢结构可不采取防火保护措施。对于大跨度的翻车机室、

卸煤沟和碎煤机室,当在结构上采用混凝土框(排)架体系,楼层采用钢梁时,消防并不采用自动喷水或水喷雾的系统,这时钢梁的耐火极限不低于1.50h。

(3)火力发电厂建筑中二级耐火等级的甲、乙类厂(库)房,如供氢站、制氢站、氨气化间及天然气调压站等建筑按照GB 50016—2014《建筑设计防火规范》规定,柱、梁的耐火极限分别不低于2.50h和1.50h。

(4)虽然整个主厂房为一个防火分区,但对于主厂房的各车间,煤仓间、运煤皮带层和锅炉房的火灾危险性相对于汽机房、除氧间较高,集中控制楼在电厂中的作用重大,所以除氧间与煤仓间或锅炉房之间的隔墙应采用不燃性墙体,汽机房与合并的除氧煤仓间或锅炉房之间的隔墙应采用不燃性墙体。隔墙的耐火极限不应小于1.00h,见图3-1和图3-2。当集中控制楼布置在两炉之间或布置在汽机房固定端时,与之相邻的墙应是耐火极限不小于1.00h的隔墙,见图3-3和图3-4。

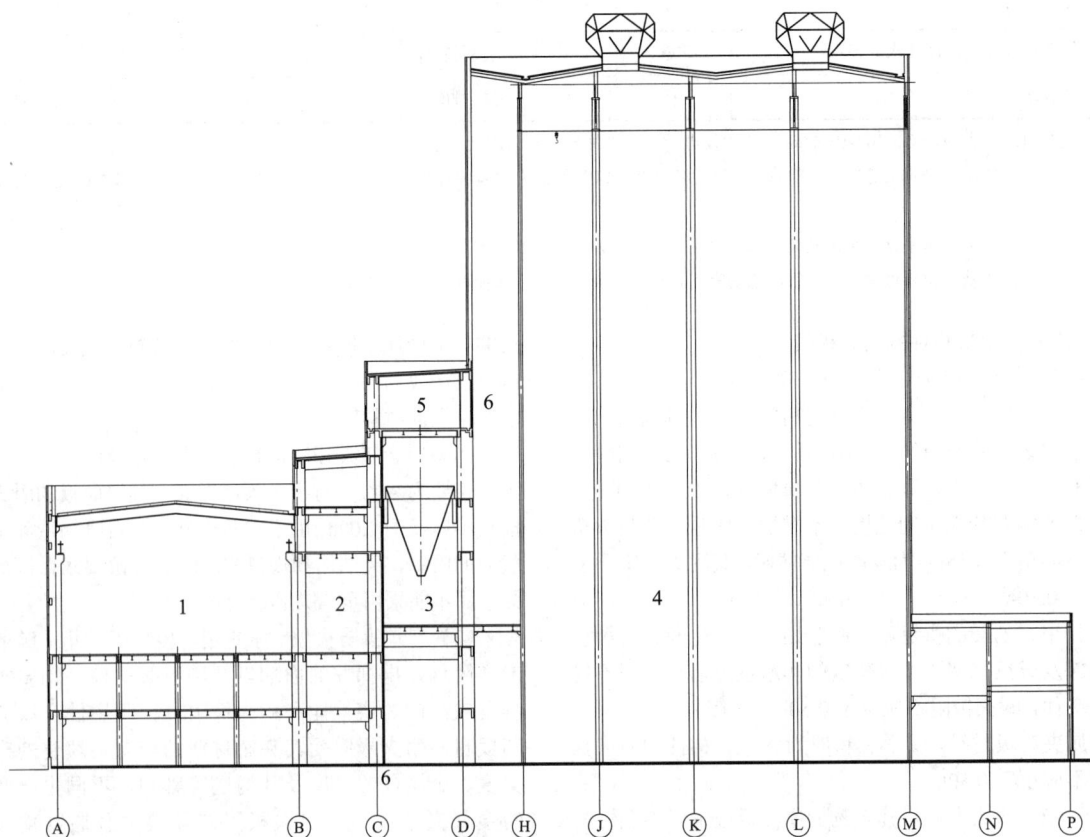

图3-1 主厂房(前煤仓)防火隔墙位置

1—汽机房;2—除氧间;3—煤仓间;4—锅炉房;5—运煤皮带层;6—防火隔墙

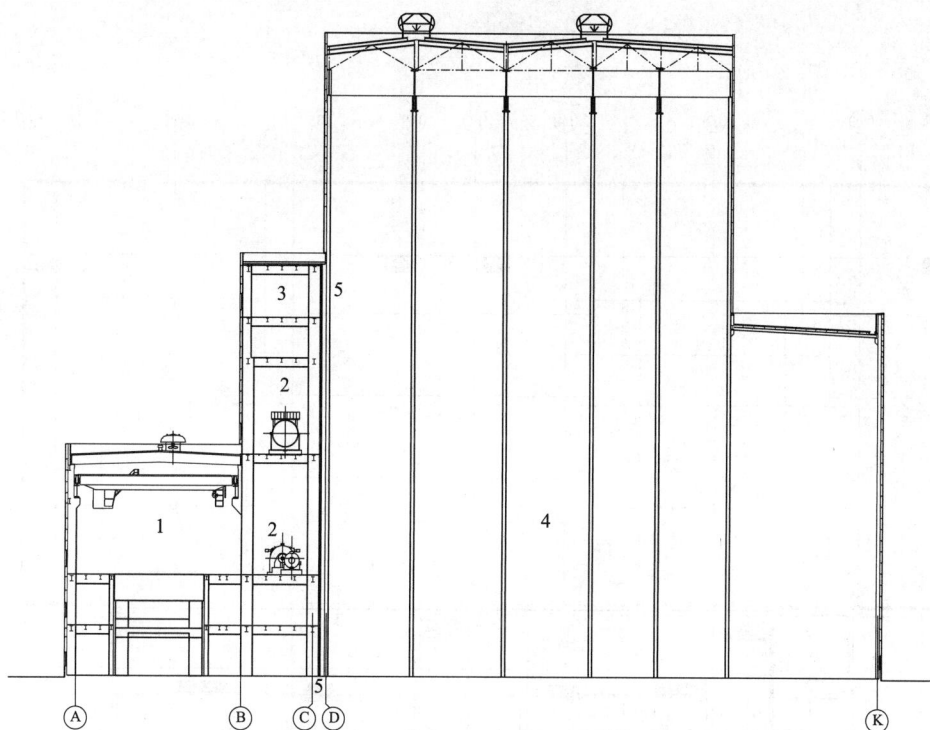

图 3-2 主厂房（侧煤仓）防火隔墙位置

1—汽机房；2—除氧器、加热器层；3—运煤皮带层；4—锅炉房；5—防火隔墙

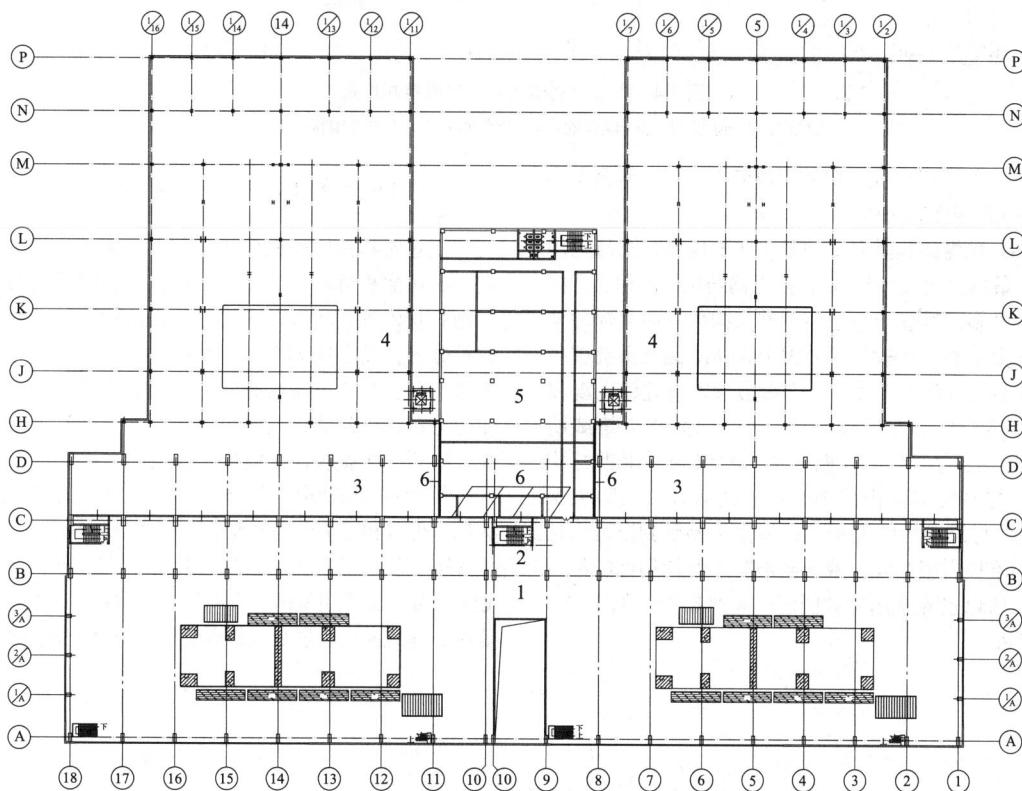

图 3-3 集中控制楼在两炉之间位置

1—汽机房；2—除氧间；3—煤仓间；4—锅炉房；5—集中控制楼；6—防火隔墙

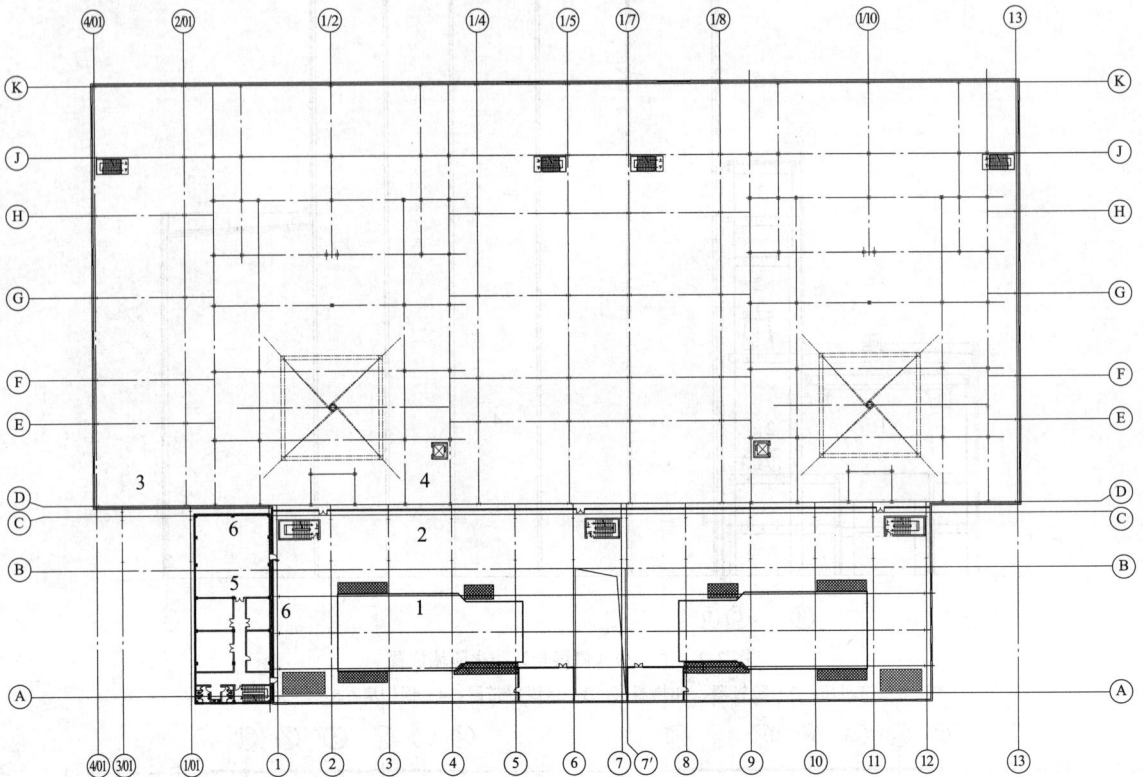

图 3-4　集中控制楼在主厂房固定端位置

1—汽机房；2—除氧间；3—煤仓间；4—锅炉房；5—集中控制楼；6—防火隔墙

（5）主厂房电缆夹层的内墙应采用耐火极限不小于 1.00h 的不燃性墙体。

（6）贮煤建筑具有多种形式（干煤棚、圆形封闭煤场、条形封闭煤场等），且多为钢结构，面积大，钢结构构件多。堆煤一般远离钢结构构件，而且煤即使自燃其火焰高度一般也不会大于 3.0m，因此不会威胁到钢结构构件的结构安全；室内圆形贮煤建筑，混凝土墙体结构上部宜悬挑混凝土平台以阻挡火焰威胁到上部钢结构。当干煤棚或室内贮煤场采用钢结构时，堆煤高度范围内的钢结构应采取有效的防火保护措施。与煤接触的混凝土挡墙由于易受到煤堆内长时间的堆煤自燃影响，威胁到混凝土结构构件的结构安全，所以也应采用有效的耐火隔热措施，见图 3-5 和图 3-6。

三、防火分区和平面布置

当建筑物占地面积或建筑面积过大时，如发生火灾，火场面积可能蔓延过大。这样，一则损失较大，二则扑救困难。所以，应把整个建筑物用防火分隔物进行分区，使之成为面积较小的若干个防火单元。如果某一分区失火，防火分隔物将阻滞火势不会蔓延到相邻分区或建筑物，控制了火势发展，减小了成灾面积，既可减少损失，又能便于扑救。

用于划分防火分区的分隔物，在平面上主要依靠防火墙，也可利用防火水幕或防火卷帘加水幕，在竖向则依靠耐火楼板（主要是钢筋混凝土楼板）。防火分区的划分主要考虑人员疏散、火灾危险性类别、建筑物耐火等级、建筑高度、层数及是否装有消防设施等因素。

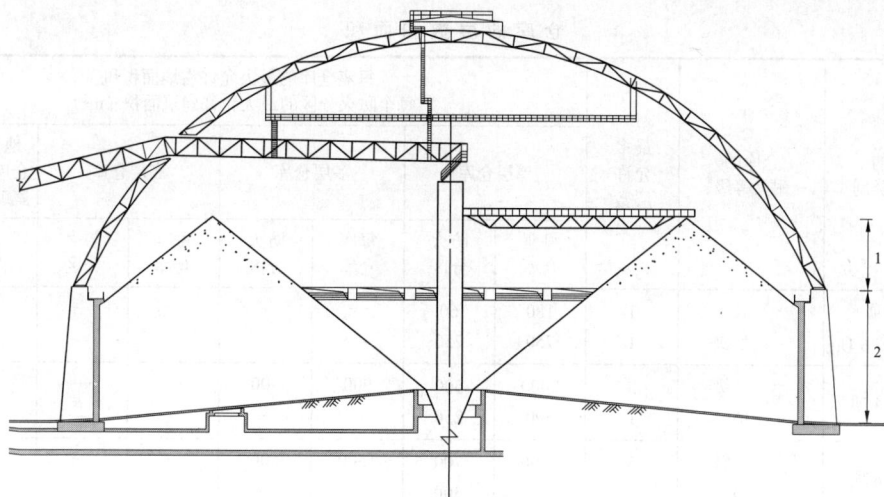

图 3-5　圆形封闭煤场示意
1—防火保护高度范围；2—挡煤墙高度

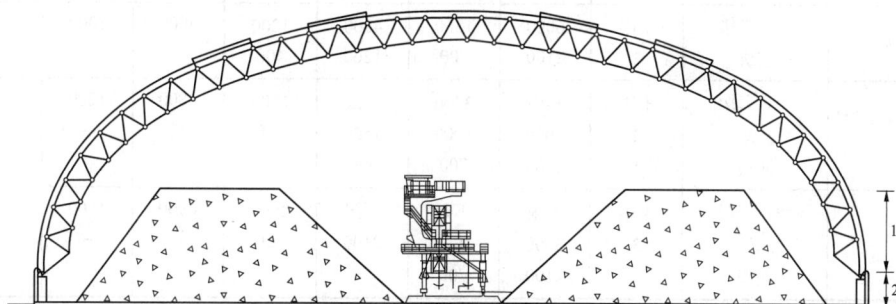

图 3-6　条形封闭煤场示意
1—防火保护高度范围；2—挡煤墙高度

（一）基本要求

（1）GB 50016—2014《建筑设计防火规范》中对

厂房和仓库的防火分区的最大允许建筑面积要求如表
3-6 和表 3-7 所示。

表 3-6　　　　　　　　　　厂房的层数和每个防火分区的最大允许建筑面积

| 生产的火灾危险性类别 | 厂房的耐火等级 | 最多允许层数 | 每个防火分区的最大允许建筑面积（m²） | | | | 生产的火灾危险性类别 | 厂房的耐火等级 | 最多允许层数 | 每个防火分区的最大允许建筑面积（m²） | | | |
			单层厂房	多层厂房	高层厂房	地下或半地下厂房（包括地下室或半地下室）				单层厂房	多层厂房	高层厂房	地下或半地下厂房（包括地下室或半地下室）
甲	一级	宜采用单层	4000	3000	—	—	丁	一、二级	不限	不限	不限	4000	1000
	二级		3000	2000	—	—		三级	3	4000	2000	—	—
								四级	1	1000	—	—	—
乙	一级	不限	5000	4000	2000	—	戊	一、二级	不限	不限	不限	6000	1000
	二级	6	4000	3000	1500	—		三级	3	5000	3000	—	—
								四级	1	1500	—	—	—
丙	一级	不限	不限	6000	3000	500							
	二级	不限	8000	4000	2000	500							
	三级	2	3000	2000	—	—							

注　"—"表示不允许。

表 3-7　　　　　　　　　　　　　仓 库 的 层 数 和 面 积

储存物品的火灾危险性类别		仓库的耐火等级	最多允许层数	每座仓库的最大允许占地面积和每个防火分区的最大允许建筑面积（m²）						
				单层仓库		多层仓库		高层仓库		地下或半地下仓库（包括地下室或半地下室）
				每座仓库	防火分区	每座仓库	防火分区	每座仓库	防火分区	防火分区
甲	3、4项	一级	1	180	60	—	—			—
	1、2、5、6项	一、二级	1	750	250	—	—			—
乙	1、3、4项	一、二级	3	2000	500	900	300			—
		三级	1	500	250	—	—			—
	2、5、6项	一、二级	5	2800	700	1500	500			—
		三级	1	900	300	—	—			—
丙	1项	一、二级	5	4000	1000	2800	700			150
		三级	1	1200	400	—	—			—
	2项	一、二级	不限	6000	1500	4800	1200	4000	1000	300
		三级	3	2100	700	1200	400			—
丁		一、二级	不限	不限	3000	不限	1500	4800	1200	500
		三级	3	3000	1000	1500	500			—
		四级	1	2100	700	—	—			—
戊		一、二级	不限	不限	不限	不限	2000	6000	1500	1000
		三级	3	3000	1000	2100	700			—
		四级	1	2100	700	—	—			—

注　1. 仓库内的防火分区之间必须采用防火墙分隔，甲、乙类仓库内防火分区之间的防火墙不应开设门、窗、洞口；地下或半地下仓库（包括地下或半地室）的最大允许占地面积，不应大于相应类别地上仓库的最大允许占地面积。

　　2. 一、二级耐火等级的煤均化库，每个防火分区的最大允许建筑面积不应大于 12000m²。

　　3. "—"表示不允许。

（2）防火分区之间应采用防火墙分隔。除甲类厂房外的一、二级耐火等级厂房，当其防火分区的建筑面积大于表 3-6 规定，且设置防火墙确有困难时，可采用防火卷帘或防火水幕分隔。采用防火卷帘时，应符合 GB 50016《建筑设计防火规范》的规定；当采用防火水幕分隔时，应符合 GB 50084《自动喷水灭火系统设计规范》的规定。

（3）厂房内的操作平台、检修平台主要布置在高大的生产装置周围，在车间内多为局部或全部镂空，面积较小、操作人员或检修人员较少，且主要为生产服务的工艺设备而设置，当使用人数少于 10 人时，这些平台可不计入防火分区的建筑面积。

（4）厂房内设置自动灭火系统时，每个防火分区的最大允许建筑面积可按规定增加 1.0 倍。当丁、戊类的地上厂房内设置自动灭火系统时，每个防火分区的最大允许建筑面积不限。厂房内局部设置自动灭火系统时，其防火分区的增加面积可按该局部面积的 1.0 倍计算。仓库内设置自动灭火系统时，每座仓库的最大允许占地面积和每个防火分区的最大允许建筑面积可按规定增加 1.0 倍。

（二）厂房、仓库要求

1. 防火分区

（1）主厂房面积较大，目前大型电厂一期工程机组容量即达 4×300MW、2×600MW 或 2×1000MW，其占地面积多达 10000m² 以上，工艺要求不能再分隔；主厂房高度虽然较高，但一般汽机房主要楼层只有 3 层，除氧间、煤仓间主要楼层也只有 5～6 层，在正常运行情况下，有些层没有人，运转层也只有十多人，另外，汽机房、锅炉房里各处都有工作梯可供疏散用。目前还没有因主厂房未设防火隔墙而造成火灾蔓延的案例。根据电厂建设的实践经验及生产工艺要求，常常是将主厂房建筑看作一个防火分区。

（2）汽机房往往设（局部）地下室，根据工艺要求，一般每台机之间可设置一个防火隔墙。在地下室中有各种管道、电缆和废油箱（闪点大于 60℃）等，正常运行情况下地下室无人值班，因此地下室占地面积有所放宽，其地下部分不应大于 1 台机组的建筑面积。

（3）当室内卸煤装置的地下部分与地下转运站或运煤隧道连通时，其防火分区的允许建筑面积不应大于 3000m²。

（4）室内圆形封闭煤场、条形封闭煤场面积较大，生产工艺不允许防火墙分隔，正常情况下工作人员很少，建筑内设有消防设施，运行时会采取煤的分堆和碾压惰化措施，具有安全疏散体系和通风设施，参照 GB 50016—2014《建筑设计防火规范》中对于煤均化库的要求，该建筑物的每个防火分区不应大于 12000m²。

（5）当特种材料库与一般材料库毗邻时，考虑到特种材料库存放润滑油、易燃和易爆等危险物品，特种材料库应作为独立的防火分区，设置耐火极限不低于 4.00h 的防火防爆墙与一般材料库分隔，设置独立的安全出口；当特种材料库与一般材料库必须合并设置时，二者之间应设置防火墙。

（6）燃机电厂主厂房应根据工艺布置要求，进行防火设计，墙体、构件的耐火等级应相匹配。燃机电厂各车间可组成一个防火分区。

（7）当天然气调压站与配电装置室等房间毗邻建设时，采用耐火极限不低于 3.00h 的防火防爆墙分隔。

2. 平面布置

（1）甲、乙类生产场所（仓库）不应设置在地下或半地下。

（2）办公室、休息室等不应设置在甲、乙类厂房内，确需贴邻本厂房时，其耐火等级不应低于二级，并应采用耐火极限不低于 3.00h 的防爆墙与厂房分隔，且应设置独立的安全出口。办公室、休息室设置在丙类厂房（碎煤机室、转运站等）内时，应采用耐火极限不低于 2.50h 的防火隔墙和 1.00h 的楼板与其他部位分隔，并应至少设置 1 个独立的安全出口。如隔墙上需开设相互连通的门时，应采用乙级防火门。

（3）办公室、休息室等严禁设置在甲、乙类仓库内，也不应贴邻。办公室、休息室设置在丙、丁类仓库内时，应采用耐火极限不低于 2.50h 的防火隔墙和 1.00h 的楼板与其他部位分隔，应设置独立的安全出口。隔墙上需开设相互连通的门时，应采用乙级防火门。

（4）附设在建筑内的消防控制室、灭火设备室、消防水泵房和通风空气调节机房、配电装置室等，应采用耐火极限不低于 2.00h 的防火隔墙和 1.50h 的楼板与其他部位分隔。设置在丁、戊类厂房内的通风机房，应采用耐火极限不低于 1.00h 的防火隔墙和 0.50h 的楼板与其他部位分隔。通风、空气调节机房和配电装置室开向建筑内的门应采用甲级防火门，消防控制室和其他设备房开向建筑内的门应采用乙级防火门。

（5）厂房内设置中间仓库时，应符合下列规定：

甲、乙类中间仓库应靠外墙布置，其储量不宜超过 1 昼夜的需要量；甲、乙、丙类中间仓库应采用防火墙和耐火极限不低于 1.50h 的不燃性楼板与其他部位分隔；丁、戊类中间仓库应采用耐火极限不低于 2.00h 的防火隔墙和 1.00h 的楼板与其他部位分隔。

（6）当柴油发电机室与其他建筑物合建时，应符合下列要求：应采用耐火极限不低于 3.00h 的防火隔墙和 1.50h 的楼板与其他部位隔开，并应设置单独出口。储油箱应设置在单独房间内，其房间应采用耐火极限不低于 3.00h 的防火隔墙和不低于 1.50h 的楼板与其他部位分隔，房间的门应采用甲级防火门。

第二节 安 全 疏 散

人身和生命安全是消防安全的重点，以人为本的理念应该始终贯穿于整个消防工作。从特定的角度上说，安全疏散设计是建筑防火设计中最根本、最关键的要求，也是建筑消防安全的核心内容。保证建筑内的人员在火灾情况下的安全是一个涉及建筑结构、火灾发展过程、建筑消防设施配置和人员行为等多种基本因素的复杂问题。安全疏散设计的目标就是要保证建筑内人员疏散完毕的时间必须小于火灾发展到危险状态的时间。

建筑安全疏散设计的重点是安全出口、疏散出口以及安全疏散通道的数量、宽度、位置和疏散距离等。

建筑安全疏散设计的主要原则如下：

（1）每个防火分区必须设有至少两个安全出口。

（2）疏散路线必须满足室内最远点到房门，房门到最近楼梯或楼梯间的最长行走距离要求；疏散方向应尽量为双向疏散，疏散出口应分散布置，尽量减少袋形走道的设置。

（3）选用合理的疏散楼梯形式，楼梯间应为安全的区域，不受烟火的侵袭，楼梯间出入口应设置可自行关闭的防火门进行保护和隔离。

（4）通向地下室的楼梯间不得与地上楼梯相连，应采用防火墙分隔，并通过防火门出入。

（5）疏散宽度应保证不出现拥堵现象，并采取有效措施，在清晰的空气高度内为人员疏散提供引导。

一、基本要求

1. 厂房的安全疏散

（1）建筑物内的任一楼层或任一防火分区着火时，部分安全出口被烟火阻挡，仍要保证有其他出口可供安全疏散和救援使用。厂房的安全出口应分散布置。每个防火分区或一个防火分区的每个楼层，其相邻 2 个安全出口最近边缘之间的水平距离不应小于 5m。

（2）安全出口的数量。安全出口数量既是对一座厂房而言，也是对厂房内任一个防火分区或某一使用房间的设置要求。厂房的每个防火分区、一个防火分区内的每个楼层，其安全出口的数量应经计算确定，且不应少于 2 个。对面积小、人员少、火灾危险性小的厂房，当符合下列条件时，可设置 1 个安全出口：

1）甲类厂房，每层建筑面积不大于 100m²，且同一时间的生产人数不超过 5 人；

2）乙类厂房，每层建筑面积不大于 150m²，且同一时间的生产人数不超过 10 人；

3）丙类厂房，每层建筑面积不大于 250m²，且同一时间的生产人数不超过 20 人；

4）丁、戊类厂房，每层建筑面积不大于 400m²，且同一时间的生产人数不超过 30 人；

5）地下或半地下厂房（包括地下、半地下室），每层建筑面积不大于 50m²，且同一时间的作业人数不超过 15 人。

（3）地下或半地下厂房的安全出口。地下或半地下厂房（包括地下、半地下室）难以直接天然采光和自然通风，排烟困难，疏散只能通过楼梯间进行。为保证安全，避免出现出口被堵住无法疏散的情况，要求至少设置 2 个安全出口。建筑面积较大的地下、半地下生产场所，如果要求每个防火分区均设置至少 2 个直通室外的出口，可能有很大困难，因此当有多个防火分区相邻布置并采用防火墙分隔时，每个防火分区可利用防火墙上通向相邻防火分区的甲级防火门作为第二安全出口，但每个防火分区必须至少有 1 个直通室外的独立安全出口。

（4）安全疏散距离。疏散距离均为直线距离，即室内最远点至最近安全出口的直线距离，未考虑因布置设备而产生的阻挡，但有通道连接或墙体遮挡时，要按其中的折线距离计算。厂房内任一点到最近安全出口的距离不应大于表 3-8 的规定。

表 3-8　　厂房内任一点到最近安全出口的距离　　（m）

生产的火灾危险性类别	耐火等级	单层厂房	多层厂房	高层厂房	地下或半地下厂房（包括地下或半地下室）
甲	一、二级	30	25	—	—
乙	一、二级	75	50	30	—
丙	一、二级	80	60	40	30
	三级	60	40	—	—
丁	一、二级	不限	不限	50	45
	三级	60	50	—	—
	四级	50	—	—	—

续表

生产的火灾危险性类别	耐火等级	单层厂房	多层厂房	高层厂房	地下或半地下厂房（包括地下或半地下室）
戊	一、二级	不限	不限	75	60
	三级	100	75	—	—
	四级	60	—	—	—

注　本表摘自 GB 50016—2014《建筑设计防火规范》。

（5）疏散宽度。厂房的疏散宽度按百人疏散宽度指标计算疏散总净宽度和最小净宽度。厂房内的疏散楼梯、走道、门的各自总净宽度应根据疏散人数，按表 3-9 的规定经计算确定。疏散楼梯的最小净宽度不宜小于 1.1m，疏散走道的最小净宽度不宜小于 1.4m，门的最小净宽度不宜小于 0.9m。当每层人数不相等时，疏散楼梯的总净宽度应分层计算，下层楼梯总净宽度应按该层或该层以上人数最多的一层计算。

地下室地下部分上一层楼梯、楼梯出口和入口的宽度要按照这一层下部各层中设计疏散人数最多一层的人数计算。

首层外门的总净宽度应按该层或该层以上人数最多的一层计算，且该门的最小净宽度不应小于 1.2m。

表 3-9　　厂房疏散楼梯、走道和门的净宽度指标（按每百人计）

厂房层数	一、二层	三层	四层及以上
宽度指标（m）	0.6	0.8	1.0

注　本表摘自 GB 50016—2014《建筑设计防火规范》。

（6）高层厂房和甲、乙、丙类多层厂房应设置封闭楼梯间或室外楼梯。建筑高度大于 32m 且任一层人数超过 10 人的高层厂房，应设置防烟楼梯间或室外楼梯。

（7）电梯的设置。建筑高度大于 32.0m 且设置电梯的高层厂房，每个防火分区内宜设置一部消防电梯。消防电梯可与客、货梯兼用。符合下列条件的建筑可不设置消防电梯：高度大于 32.0m 且设置电梯，任一层工作平台人数不超过 2 人的高层塔架；局部建筑高度大于 32.0m，且升起部分的每层建筑面积小于或等于 50m² 的丁、戊类厂房。

2. 仓库的安全疏散

（1）建筑物内的任一楼层或任一防火分区着火时，其中一个或多个安全出口被烟火阻拦，仍要保证有其他出口可供安全疏散和救援使用。仓库的安全出口布置原则要求是：仓库的安全出口应分散布置。每个防火分区或一个防火分区的每个楼层，其相邻 2 个安全出口最近边缘之间的水平距离不应小于 5m。

（2）安全出口的数量：安全出口数量既是对一座仓库而言，也是对仓库内任一个防火分区或某一使用房间的设置要求。每座仓库的安全出口不应少于 2 个，当一座仓库的占地面积小于或等于 300m² 时，可设置 1 个安全出口。仓库内每个防火分区通向疏散走道、楼梯或室外的出口不宜少于 2 个，当防火分区的建筑面积不大于 100m² 时，可设置 1 个出口。通向疏散走道或楼梯的门应为乙级防火门。

（3）地下或半地下仓库（包括地下、半地下室）：地下、半地下仓库（包括地下或半地下室）难以直接天然采光和自然通风，排烟困难，疏散只能通过楼梯间进行。为保证安全，避免出现出口被堵住无法疏散的情况，要求至少设置 2 个安全出口。当建筑面积小于或等于 100m² 时，可设置 1 个安全出口。

建筑面积较大的地下、半地下仓库（包括地下、半地下室），如果要求每个防火分区均设置至少 2 个直通室外的出口，可能有很大困难，因此当有多个防火分区相邻布置，并采用防火墙分隔时，每个防火分区可利用防火墙上通向相邻防火分区的甲级防火门作为第二安全出口，但每个防火分区必须至少有 1 个直通室外的安全出口。

（4）仓库、筒仓的室外金属梯，当符合规范规定时可作为疏散楼梯，但筒仓室外楼梯平台的耐火极限不应低于 0.25h。

（5）高层仓库的疏散楼梯应采用封闭楼梯间。

（6）除一、二级耐火等级的多层戊类仓库外，其他仓库中供垂直运输物品的提升设施宜设置在仓库外，确需设置在仓库内时，应设置在井壁的耐火极限不低于 2.00h 的井筒内。室内外提升设施通向仓库入口上的门应采用乙级防火门或防火卷帘。

二、主厂房的安全疏散

（1）汽机房、除氧间、煤仓间、锅炉房、集中控制楼的安全出口均不应少于 2 个。上述安全出口可利用通向相邻车间的门作为第二安全出口，但每个车间地面层至少必须有一个直通室外的出口，见图 3-7～图 3-10。

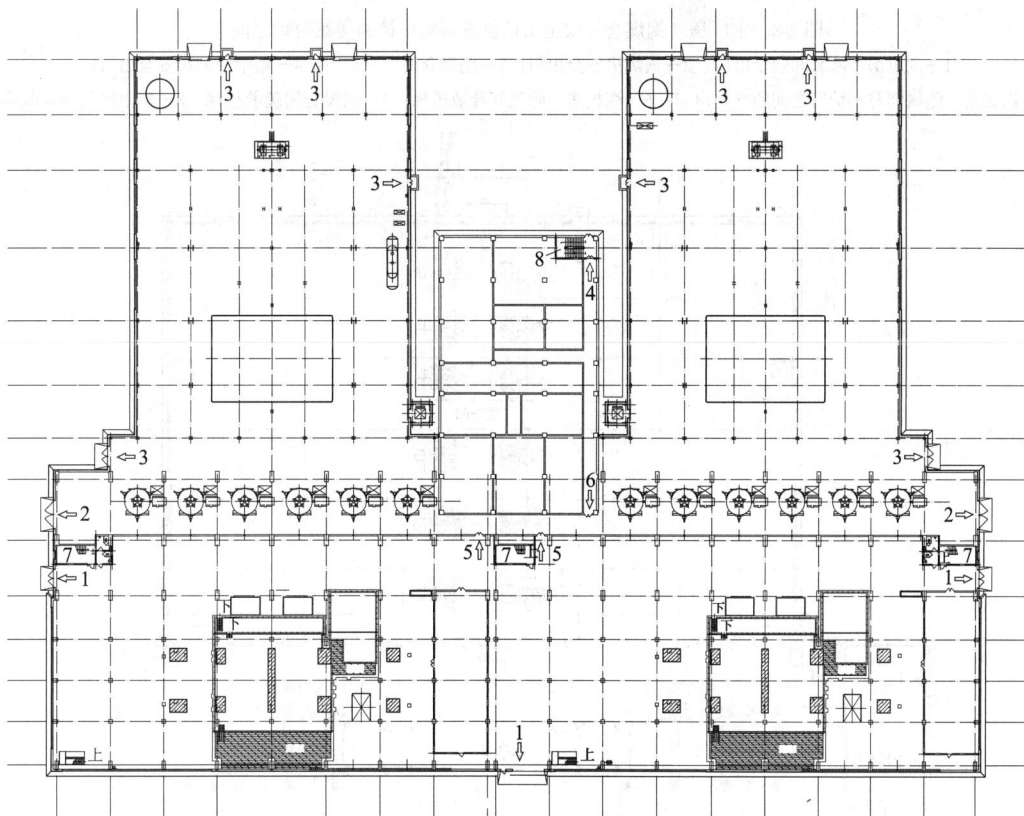

图 3-7　主厂房（前煤仓）安全出口位置

1—汽机房、除氧间安全出口；2—煤仓间安全出口；3—锅炉房安全出口；4—集中控制楼安全出口；

5—汽机房、除氧间与煤仓间之间的安全出口；6—集中控制楼与煤仓间之间的安全出口；

7—汽机房、除氧间和煤仓间共用疏散楼梯；8—集中控制楼疏散楼梯

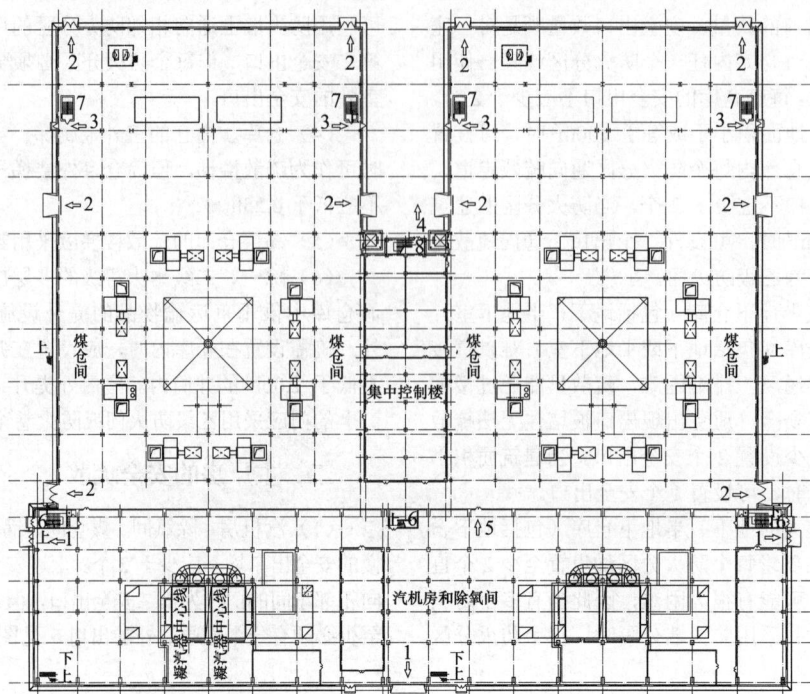

图 3-8　主厂房（侧煤仓）安全出口位置（集中控制楼在两炉之间）

1—汽机房、除氧间安全出口；2—锅炉房安全出口；3—侧煤仓间安全出口；4—集中控制楼安全出口；

5—汽机房、除氧间与锅炉房之间的安全出口；6—汽机房、除氧间疏散楼梯；7—侧煤仓间疏散楼梯；8—集中控制楼疏散楼梯

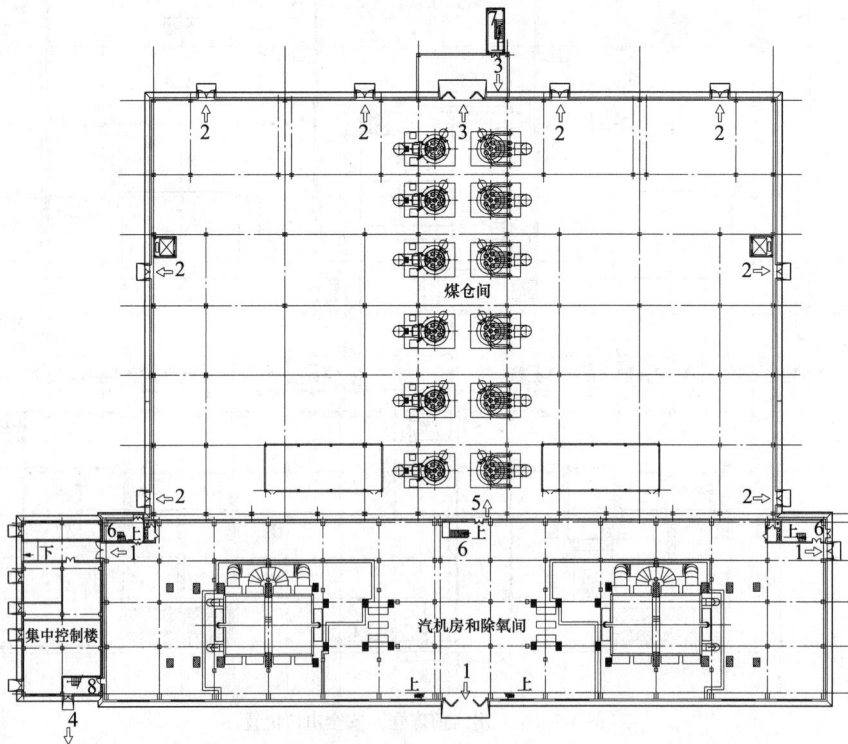

图 3-9　主厂房（侧煤仓）安全出口位置（集中控制楼在汽机房固定端）

1—汽机房、除氧间安全出口；2—锅炉房安全出口；3—侧煤仓间安全出口；4—集中控制楼安全出口；

5—汽机房、除氧间与锅炉房之间的安全出口；6—汽机房、除氧间疏散楼梯；7—侧煤仓间疏散楼梯；8—集中控制楼疏散楼梯

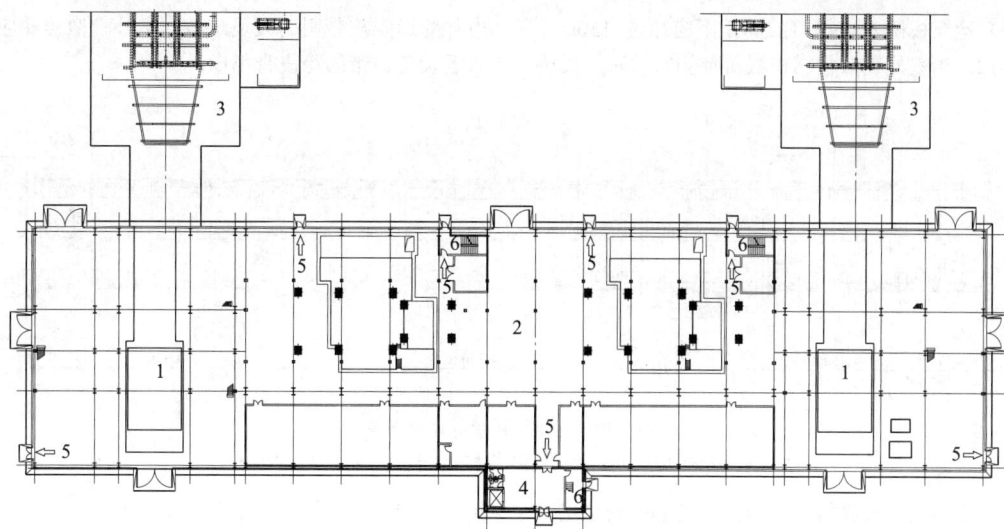

图 3-10 燃机厂房安全出口位置

1—燃机；2—汽轮机；3—余热锅炉；4—集中控制楼；5—安全出口；6—疏散楼梯

（2）汽机房、除氧间、煤仓间、锅炉房最远工作地点到直通室外的安全出口或疏散楼梯的距离不应大于 50m；集中控制楼最远工作地点到直通室外的安全出口或楼梯间的距离不应大于 50m。

（3）主厂房至少应有 1 个能通至各层和屋面且能直接通向室外的封闭楼梯间，其他疏散楼梯可为敞开式楼梯；集中控制楼至少应设置 1 个通至各层的封闭楼梯间。

（4）主厂房室外疏散楼梯的净宽不应小于 0.9m，楼梯坡度不应大于 45°，楼梯栏杆高度不应低于 1.1m。主厂房室内疏散楼梯净宽不宜小于 1.1m，疏散走道的净宽不宜小于 1.4m，疏散门的净宽不宜小于 0.9m。

（5）集中控制楼内控制室的疏散出口不应少于两个，当建筑面积小于 60m² 时可设 1 个。

（6）主厂房的带式输送机层应设置通向汽机房、除氧间屋面或锅炉平台的疏散出口。

三、电厂其他建（构）物的安全疏散

（1）碎煤机室和运煤转运站每层面积都不大，在正常运行情况下，只有一两个人值班，运煤栈桥可以作为安全出口利用，所以碎煤机室和运煤转运站至少应设置 1 个通至主要各层的楼梯，该楼梯应采用不燃性隔墙与其他部分隔开，楼梯可采用净宽不小于 0.9m、坡度不大于 45° 的钢楼梯，见图 3-11。

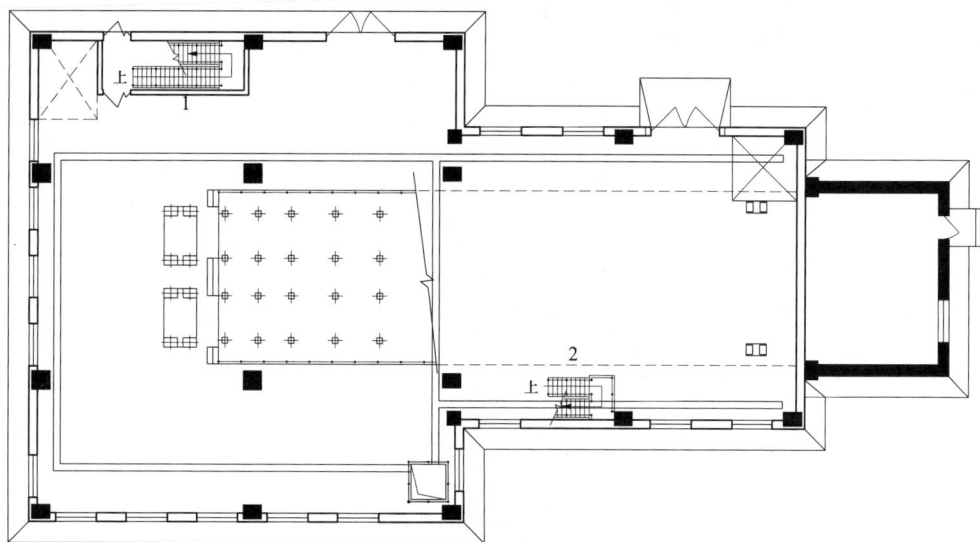

图 3-11 碎煤机室疏散楼梯布置

1—疏散钢楼梯（到达各层）；2—局部平台钢梯

（2）运煤栈桥安全出口的间距不应超过 150m，见图 3-12。当室外疏散楼梯在栈桥单侧布置时，栈桥内部的运煤皮带阻碍人员疏散，室外疏散楼梯应尽量靠近设备自带的跨皮带小梯。

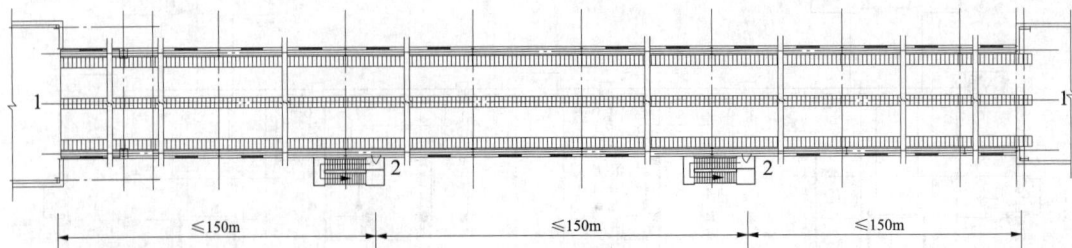

图 3-12　运煤栈桥疏散楼梯布置

1—栈桥端部的主厂房、碎煤机室、转运站等；2—室外疏散钢楼梯

（3）室内配电装置楼各层及电缆夹层的安全出口不应少于 2 个，其中 1 个安全出口可通往室外楼梯。室内配电装置楼内任一点到最近安全出口的最大距离或直接通向疏散走道的房间疏散门至最近安全出口的距离不应超过 30m。

（4）电缆隧道两端均应设通往地面的安全出口；当其长度超过 100m 时，安全出口的间距不应超过 75m。

（5）卸煤装置的地下室两端及运煤系统的地下建筑物尽端，应设置通至地面的安全出口。

（6）控制室的疏散出口不应少于 2 个，当建筑面积小于 60m² 时可设置 1 个疏散出口。

（7）配电装置室内最远点到疏散出口的直线距离不应大于 15m。

（8）空冷平台作为露天塔架结构，安全出口可采用室外楼梯，通常做室外敞开钢梯，每座空冷平台的安全出口不宜少于 2 个，并宜相对布置，见图 3-13。

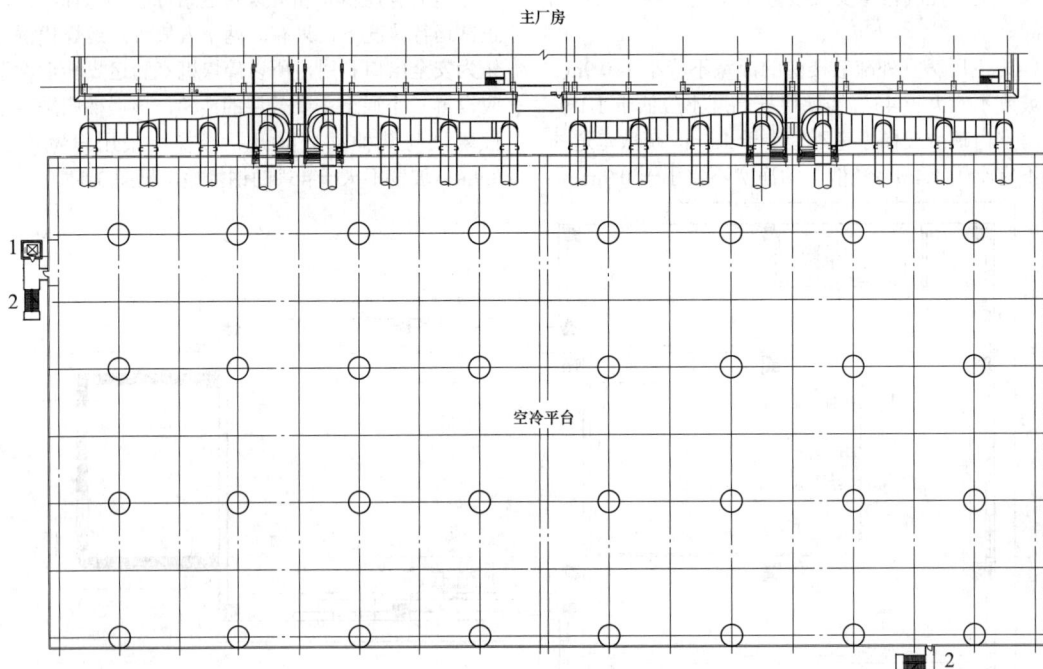

图 3-13　空冷平台疏散楼梯布置

1—电梯；2—室外疏散钢梯

第三节 建 筑 构 造

一、防火墙

防火墙是指由非燃材料组成，直接砌筑在基础上或钢筋混凝土框架梁上，到梁、楼板或屋面板的底层基面，其耐火极限不小于3.00h的不燃性墙体。

1. 基本要求

防火墙上尽量不开洞口，必须开设时，应设甲级防火门窗，并能自行关闭。

可燃气体管道和甲、乙、丙类液体管道严禁穿过防火墙。其他管道不宜穿过防火墙，必须穿过时，应用非燃材料把缝隙填塞密实。

防火墙不宜设在转角处，必须设在转角处时，内转角两侧门、窗、洞口之间的水平距离不应小于4.0m。紧靠防火墙两侧的门、窗、洞口的最近边缘距防火墙不应小于2.0m；采取设置乙级防火窗等防止火灾水平蔓延的措施时，该距离不限。

2. 防火墙的设置

除按照防火分区规定的建筑面积设置防火墙外，电厂中下列部位或区域应设置防火墙：

（1）当汽机房侧墙外10.0m以内布置变压器时，在变压器外轮廓投影范围外侧各3.0m内的汽机房外墙上设置防火墙。

（2）电缆沟及电缆隧道在进出主厂房、控制楼、配电装置室时，在建筑物外墙处应设置防火墙。

（3）当柴油发电机布置在其他建筑物内时，应采用防火墙分隔，并应设置单独出口。

（4）特种材料库与一般材料库合并设置时，二者之间应设置防火墙。

（5）有爆炸危险的氢站、氢区建筑的控制室宜独立设置，当贴邻外墙设置时，应采用防火墙与其他部位分隔。

（6）当建筑物之间的间距小于GB 50229《火力发电厂与变电站设计防火规范》所规定的最小防火间距时，按规定在外墙处设置防火墙。

二、建筑构件、管道井及电梯

1. 建筑构件

（1）变压器室、配电装置室、空调机房、通风机房室内疏散门应为甲级防火门。电子设备间、发电机出线小室、蓄电池室、电缆夹层等室内疏散门应为乙级防火门。

（2）主厂房各车间隔墙上的门均应采用乙级防火门。

（3）主厂房疏散楼梯间内部不应穿越可燃气体管

道、蒸汽管道和甲、乙、丙类液体的管道。

（4）主厂房与天桥连接处的门应采用不燃性材料制作。

（5）电缆沟及电缆隧道在进出主厂房、控制楼、配电装置室时，在建筑物外墙处应设置防火墙。电缆隧道的防火墙上应采用甲级防火门。

（6）当管道穿过防火墙时，管道与防火墙之间的缝隙应采用防火材料填塞。当直径大于或等于32mm的可燃或难燃管道穿过防火墙时，除填塞防火材料外，还应采取阻火措施。

2. 管道井

管道井、排烟道、排气道等竖向井道，应分别独立设置。井壁的耐火极限不应低于1.00h，井壁上的检查门应采用丙级防火门；建筑内的电缆井、管道井应在每层楼板处采用不低于楼板耐火极限的不燃性材料或防火封堵材料封堵。建筑内的电缆井、管道井与房间、走道等相连通的孔隙应采用防火封堵材料封堵。

3. 电梯

（1）主厂房电梯。主厂房电梯的基本功能是客货两用，但除了满足客货电梯的设计要求外，还应能供消防人员使用，须符合下列要求：

1）在首层的电梯井外壁上应设置供消防人员专用的操作按钮。电梯轿厢的内装修应采用不燃性材料，且其内部应设置专用消防对讲电话。

2）电梯的载重量不应小于800kg。

3）电梯的动力与控制电缆、电线应采取防水措施。

4）电梯井和电梯机房的墙应采用不燃性材料。

5）电梯的供电应符合消防供电的有关规定。

6）电梯的行驶速度，应按从首层到顶层的运行时间不超过60s计算确定。

7）电梯的井底应设置排水设施，排水井的容量不应小于2m³，排水泵的排水量不应小于10L/s。

8）电梯井应独立设置，井内严禁敷设可燃气体管道和甲、乙、丙类液体管道，不应敷设与电梯无关的电缆、电线等。电梯井的井壁除设置电梯门、安全逃生门和通气孔洞外，不应设置其他开口。

9）电梯层门的耐火极限不应低于1.00h，并应符合GB/T 27903《电梯层门耐火试验 完整性、隔热性和热通量测定法》规定的完整性和隔热性要求。

10）根据GB 7588—2003《电梯制造与安装安全规范》的规定，当相邻两层门地坎间的距离大于11.0m时，其间应设置井道安全门。井道安全门的高度不小于1.8m，宽度不小于0.35m，并不应向井道内开启。

（2）其他建（构）筑物电梯。火力发电厂其他建

（构）筑物，包括空冷平台、烟囱、脱硫岛等建（构）筑物根据工艺运行和设备检修的需要，有时设有电梯，可以按普通货梯设计。

三、疏散楼梯

（1）主厂房室外疏散楼梯的净宽不应小于0.9m，楼梯坡度不应大于45°，楼梯栏杆高度不应低于1.1m。主厂房室内疏散楼梯净宽不宜小于1.1m，疏散走道的净宽不宜小于1.4m，疏散门的净宽不宜小于0.9m。

（2）其他建（构）物的室外疏散楼梯应按照下列规定执行：栏杆扶手的高度不应小于1.10m，楼梯的净宽度不应小于0.90m，倾斜角度不应大于45°。

（3）主厂房及辅助厂房的室外疏散楼梯和每层出口平台，均应采用不燃性材料制作，其耐火极限不应小于0.25h，在楼梯周围2m范围内的墙面上，除疏散门外，不应开设其他门窗洞口。

四、防火门、防火窗和防火卷帘

（一）防火门、防火窗的分类及耐火极限

1. 防火门

防火门通常用于防火墙的开口、楼梯间出入口、疏散通道、管道井开口等部位，对防火分隔和人员疏散起到重要的作用。防火门分类见表3-10。

表3-10　　　　防火门分类

根据门框、门扇骨架或门扇面板使用的材料			
类型	木质防火门	钢质防火门	钢木质防火门	其他材质防火门
代号	MFMO	GFM	GMFM	FM
根据门扇数量			
类型	单扇防火门	双扇防火门	多扇防火门（含有两个以上门扇）
代号	1	2	门扇数量用数字表示

防火门标记为：

续表

	根据结构形式		
类型	门扇上带防火玻璃的防火门	无玻璃防火门	带亮窗防火门	带玻璃带亮窗防火门
代号	b	略	l	bl

注　本表摘自 GB 12955—2008《防火门》。

防火门按耐火性能分为隔热防火门（A类）、部分隔热防火门（B类）和非隔热防火门（C类），见表3-11。

表3-11　　　　防火门按耐火性能分类

名称	耐火性能	代号
隔热防火门（A类）	耐火隔热性≥0.50h 耐火完整性≥0.50h	A0.50（丙级）
	耐火隔热性≥1.00h 耐火完整性≥1.00h	A1.00（乙级）
	耐火隔热性≥1.50h 耐火完整性≥1.50h	A1.50（甲级）
	耐火隔热性≥2.00h 耐火完整性≥2.00h	A2.00
	耐火隔热性≥3.00h 耐火完整性≥3.00h	A3.00
部分隔热防火门（B类）	耐火隔热性≥0.50h	耐火完整性≥1.00h	B1.00
		耐火完整性≥1.50h	B1.50
		耐火完整性≥2.00h	B2.00
		耐火完整性≥3.00h	B3.00
非隔热防火门（C类）	耐火完整性≥1.00h	C1.00
	耐火完整性≥1.50h	C1.50
	耐火完整性≥2.00h	C2.00
	耐火完整性≥3.00h	C3.00

注　本表摘自 GB 12955—2008《防火门》。

ХХХ—ХХ ХХ—□□□□□□ □□

材质及名称代号

洞口尺寸标志（宽度）

洞口尺寸标志（高度）

镶玻璃代号（无玻璃代号略）

企业自定义代号

门扇数量代号

耐火性能代号

平开门门扇关闭方向代号

下框代号（无下框代号略）

亮窗代号（无亮窗代号略）

门框双槽口代号为s，单槽口代号为d

例1 GFM-0924-bslk5 A1.50（甲级）-1。表示隔热（A类）钢质防火门，其洞口宽度为900mm，洞口高度为2400mm，门扇镶玻璃、门框双槽口、带亮窗、有下框，门扇顺时针方向关闭，耐火完整性和耐火隔热性的时间均不小于1.50h的甲级单扇防火门。

例2 MFM-1221-d6B1.00-2。表示半隔热（B类）木质防火门，其洞口宽度为1200mm，洞口高度为2100mm，门扇无玻璃、门框单槽口、无亮窗、无下框，门扇逆时针方向关闭，其耐火完整性的时间不小于1.00h、耐火隔热性的时间不小于0.50h的双扇防火门。

2. 防火窗

当防火墙或防火隔墙上必须开设洞口，但并不用于疏散，有采光或换气要求时，应设置耐火极限符合相应要求的防火窗。

防火窗按其材质分为钢质、木质等，但采用的玻璃均为防火玻璃；防火窗按耐火性能可分为隔热防火窗（A类）、非隔热防火窗（C类），见表3-12。

表3-12 防火窗按耐火性能分类

名称	耐火性能	代号
隔热防火窗（A类）	耐火隔热性＞1.00h 且耐火完整性＞1.00h	A1.00（乙级）
	耐火隔热性＞1.50h 且耐火完整性＞1.50h	A1.50（甲级）
	耐火隔热性≥2.00h 耐火完整性≥2.00h	A2.00
非隔热防火窗（C类）	耐火完整性≥1.00h	C1.00
	耐火完整性≥1.50h	C1.50
	耐火完整性≥2.00h	C2.00

注 本表摘自GB 16809《防火窗》。

（二）防火门、防火窗的技术要求与应用

1. 防火门

（1）以下防火门应为甲级防火门：

1）当汽机房侧墙外5.0～10.0m范围内布置变压器时，在上述外墙上所设的防火门；

2）电缆隧道的防火墙上所设的防火门；

3）柴油机房内储油间的防火墙上所设的防火门；

4）有爆炸危险的区域与相邻区域连通处的门斗上的隔墙上的门；

5）变压器室、配电装置室、空调机房、通风机房室内疏散门。

（2）以下防火门可为乙级防火门：

1）电子设备间、发电机出线小室、蓄电池室、电缆夹层等室内疏散门；

2）主厂房各车间之间隔墙上的门；

3）丙、丁类材料库内设置的休息室的隔墙上的门；

4）碎煤机室等丙类厂房内设置的值班室的隔墙上的门；

5）封闭楼梯间的室内疏散门。

（3）以下防火门可为丙级防火门：

管道井、排烟道、排气道等竖向井道的井壁上的检查门。

2. 防火窗

（1）当汽机房侧墙外5.0～10.0m范围内布置变压器时，变压器高度以上设置的防火窗，其耐火极限不应小于0.9h。

（2）当汽机房与控制楼之间的隔墙上设置观察窗时，应采用耐火极限不小于1.0h的防火窗。

（三）防火卷帘

当设置防火墙有困难时，可采用防火卷帘或防火分隔水幕分隔。采用防火卷帘时，应符合GB 14102《防火卷帘》的规定；采用防火分隔水幕时，应符合GB 50084《自动喷水灭火系统设计规范》的规定。

五、救援入口

为了便于消防员灭火救援的需要，建筑外墙要设置可供专业消防员使用的入口。救援入口既要结合楼层走道、楼梯间，还要结合救援场地等在外墙合适的位置进行设置。GB 50016—2014《建筑设计防火规范》对救援入口做了规定。

（1）建筑物与消防车登高操作场地相对应的范围内，应设置直通室外的楼梯或直通楼梯间的入口。

（2）厂房、仓库的外墙应在每层的适当位置设置可供消防救援人员进入的窗口。

（3）供消防人员进入的窗口净高度和净宽度均不应小于1.0m，下沿距室内地面不宜大于1.2m，每个防火分区不应少于2个，设置的位置与消防车登高操作场地相对应。窗口的玻璃应易于破碎，并应设置在室外易于识别的明显标志。

第四节 建筑内部装修设计防火

一、建筑装修材料分类

在火力发电厂建筑中，装修材料按其使用部位和功能，可划分为顶棚装修材料、墙面装修材料、地面装修材料、隔断装修材料、其他装修材料五类。其他装修材料是指楼梯扶手、挂镜线、踢脚板、窗帘盒、暖气罩等。

1. 顶棚装修材料

顶棚是室内空间垂直划分的主要界面，它的形式有两种：一种是在楼板或屋顶的底部用各种不同的材料与结构框架连接，或与结构框架吊挂做成吊顶；另一种是让结构暴露出来，作为顶棚。

顶棚装修材料指应用在建筑物空间内具有装饰功能的材料。通常建筑物顶棚装修材料包括不燃材料、可燃材料两个大类。不燃材料包括：玻璃、石膏板、氯氧镁不燃无机板材、硅酸钙板、水泥纤维板、玻璃棉吸声板、铝天花板等；可燃材料多为塑料制品和复合材料，如 PVC 吊顶板、泡沫吸声板、木质吊顶板、PC 聚碳酸酯板（阳光板）、膜材等。

2. 地面装修材料

地面是室内空间垂直划分的另一个主要界面，是与顶棚相对的面。

地面装修材料是室内空间地板结构装修使用的材料。地面装修材料分为地坪涂料和铺地材料，其中地坪涂料因为树脂的不同而不同，如环氧地坪涂料、PU 地坪涂料等；铺地材料指通过不同的方式铺装在地板表面的装修材料，主要分为木质地板、橡胶地板、塑料地板、特殊功能地板等。铺地材料可根据软硬分类，硬质的如地砖、木质地板，软质的如各类纺织地毯、柔性塑胶地板等。

3. 墙面装修材料

墙面是室内空间面积最大的一个界面，墙面装修材料指采用各种方式覆盖在墙体表面、起装饰作用的材料。

墙面装修材料种类繁多，按使用部位可分为内墙材料和外墙材料；从结构上可分为涂料和板材两大类。通常在建筑物中使用的墙面装修材料有各种类型的涂料和油漆、墙纸、墙布、墙裙装饰板（木板、塑料板、金属板等）、墙砖、幕墙材料及保温隔热材料等，常见的保温隔热材料有橡塑泡沫、发泡塑料（聚乙烯、聚苯乙烯、聚氯乙烯等）、玻璃棉、石棉等。

4. 隔断装修材料

隔断装修材料指在建筑物内用于空间分隔的材料，有隔墙和隔板之分。

轻质隔墙在框架结构的建筑物和大空间建筑物内大量使用，用于分隔出不同的独立空间，有较高耐火等级的轻质隔墙还可以将建筑物分隔为不同的防火分区。轻质隔墙材料一般都为不燃类材料，常见的有彩钢板、泡沫夹芯水泥板、石膏板、硅酸钙板、玻镁板、玻璃等。作为轻质隔墙使用的材料，一般芯料为轻质材料，除了燃烧性能需要满足 A 级要求外，根据建筑物的需要还必须具有一定的耐火极限时间。

隔板是指将同一空间划分为不同功能区域的材料，如饰面刨花板、透明的 PC 聚碳酸酯板、木质隔板、玻镁板等，其燃烧性能应达到难燃 B1 级以上。

二、建筑装修材料分级

1. 基本要求

建筑材料燃烧性能等级的衡量主要指在一个房间或防火分区内是否会发生轰燃或起火后多长时间发生轰燃，这与材料的特性、数量、形状和布置方式有关。

GB 8624《建筑材料及制品燃烧性能分级》针对建筑装修材料制定了一个燃烧性能分析方法，可作为基准方法。GB 50222—1995（2001 年修订版）《建筑内部装修设计防火规范》将材料按燃烧性能划分为四级，见表 3-13。

表 3-13　　　装修材料燃烧性能等级

等级	装修材料燃烧性能	试验方法标准
A	不燃性	GB/T 5464《建筑材料不燃性试验方法》
B1	难燃性	顶棚、墙面、隔断装修材料应符合 GB/T 8625《建筑材料难燃性试验方法》的规定；地面装修材料应符合 GB/T 11785《铺地材料的燃烧性能测定　辐射热源法》的规定
B2	可燃性	地面装修材料应符合 GB/T 11785《铺地材料的燃烧性能测定　辐射热源法》的规定；顶棚、墙面、隔断装修材料应符合 GB/T 8626《建筑材料可燃性试验方法》的规定
B3	易燃性	不检测

2. 特殊要求

（1）安装在钢龙骨上燃烧性能达到 B1 级的纸面石膏板、矿棉吸声板，可作为 A 级装修材料使用。

（2）当胶合板表面涂覆一级饰面型防火涂料时，可作为 B1 级装修材料使用。当胶合板用于顶棚和墙面装修并且不内含电器、电线等物体时，可仅在胶合板外表面涂覆防火涂料；当胶合板用于顶棚和墙面装修并且内含有电器、电线等物体时，胶合板的内、外表面以及相应的木龙骨应涂覆防火涂料，或采用阻燃浸渍处理达到 B1 级。

（3）单位质量小于 300g/m² 的纸质、布质壁纸，当直接粘贴在 A 级基材上时，可作为 B1 级装修材料使用。

（4）施涂于 A 级基材上的无机装修涂料，可作为 A 级装修材料使用；施涂于 A 级基材上，湿涂覆比小于 1.5kg/m² 的有机装修涂料，可作为 B1 级装修材料使用。涂料施涂于 B1、B2 级基材上时，应将涂料连同基材一起确定其燃烧性能等级。

（5）当采用不同装修材料进行分层装修时，各层装修材料的燃烧性能等级均应满足上述要求。复合型装修材料应由专业检测机构进行整体测试并划分其燃烧性能等级。

（6）常用建筑内部装修材料燃烧性能等级划分，可按表 3-14 的举例确定。

表 3-14　常用建筑内部装修材料燃烧性能等级划分举例

材料类别	级别	材料举例
各部位材料	A	花岗石、大理石、水磨石、水泥制品、混凝土制品、石膏板、石灰制品、黏土制品、玻璃、瓷砖、马赛克、钢铁、铝、铜合金等
顶棚材料	B1	纸面石膏板、纤维石膏板、水泥刨花板、矿棉装饰吸声板、玻璃棉装饰吸声板、珍珠岩装饰吸声板、难燃胶合板、难燃中密度纤维板、岩棉装饰板、难燃木材、铝箔复合材料、难燃酚醛胶合板、铝箔玻璃钢复合材料等
墙面材料	B1	纸面石膏板、纤维石膏板、水泥刨花板、矿棉板、玻璃棉板、珍珠岩板、难燃胶合板、难燃中密度纤维板、防火塑料装饰板、难燃双面刨花板、多彩涂料、难燃墙纸、难燃墙布、难燃仿花岗岩装饰板、氯氧镁水泥装配式墙板、难燃玻璃钢平板、PVC塑料护墙板、轻质高强复合墙板、阻燃模压木质复合板材、彩色阻燃人造板、难燃玻璃钢等
	B2	各类天然木材、木制人造板、竹材、纸制装饰板、装饰微薄木贴面板、印刷木纹人造板、塑料贴面装饰板、聚酯装饰板、复塑装饰板、塑纤板、胶合板、塑料壁纸、无纺贴墙布、墙布、复合壁纸、天然材料壁纸、人造革等
地面材料	B1	硬 PVC 塑料地板、水泥刨花板、水泥木丝板、氯丁橡胶地板等
	B2	半硬质 PVC 塑料地板、PVC 卷材地板、木地板氯纶地毯等
装饰织物	B1	经阻燃处理的各类难燃织物等
	B2	纯毛装饰布、纯麻装饰布、经阻燃处理的其他织物等
其他装饰材料	B1	聚氯乙烯塑料、酚醛塑料、聚碳酸酯塑料、聚四氟乙烯塑料、三聚氰胺、脲醛塑料、硅树脂塑料装饰型材、经阻燃处理的各类织物等；另见顶棚材料和墙面材料中的有关材料
	B2	经组燃处理的聚乙烯、聚丙烯、聚氨酯、聚苯乙烯、玻璃钢、化纤织物、木制品等

注　本表摘自 GB 50222—1995（2001 年修订版）《建筑内部装修设计防火规范》。

三、室内装修设计防火要求

建筑内部装修设计应妥善处理装修效果和使用安全的矛盾，积极采用不燃性材料和难燃性材料，尽量避免采用在燃烧时产生大量浓烟或有毒气体的材料，做到安全适用、技术先进、经济合理。

建筑内部装修设计，在工业厂房中包括顶棚、墙面、地面和隔断的装修（隔断是指不到顶的隔断，到顶的固定隔断装修应与墙面规定相同）。

1. 基本要求

（1）当顶棚或墙面表面局部采用多孔或泡沫状塑料时，其厚度不应大于 15mm，且面积不得超过该房间顶棚或墙面面积的 10%。

（2）除地下建筑外，无窗房间的内部装修材料的燃烧性能等级，除 A 级外，应在规定的基础上提高一级。

（3）控制室等放置特殊贵重设备的房间，其顶棚和墙面应采用 A 级装修材料，地面及其他装修应采用不低于 B1 级的装修材料。

（4）消防水泵房、排烟机房、固定灭火系统钢瓶间、配电装置室、变压器室、通风和空调机房等，其内部所有装修均应采用 A 级装修材料。

（5）无自然采光楼梯间、封闭楼梯间、防烟楼梯间及前室的顶棚、墙面和地面均应采用 A 级装修材料。

（6）防烟分区的挡烟垂壁，其装修材料应采用 A 级装修材料。

（7）建筑内部的变形缝（包括沉降缝、伸缩缝、抗震缝等）两侧的基层应采用 A 级材料，表面装修应采用不低于 B1 级的装修材料。

（8）地上建筑的水平疏散走道和安全出口的门厅，顶棚装饰材料应采用 A 级装修材料，其他部位应采用不低于 B1 级的装修材料。

（9）建筑内部消火栓的门不应被装饰物遮掩，消火栓门四周的装修材料颜色应与消火栓门的颜色有明显区别。

（10）建筑内部装修不应遮挡消防设施、疏散指示标志及安全出口，并不应妨碍消防设施和疏散走道的正常使用。因特殊要求做改动时，应符合国家有关消防规范和法规的规定。

（11）建筑内部装修不应减少安全出口、疏散出口和疏散走道设计所需的净宽度和数量。

2. 厂房要求

（1）火力发电厂厂房装修本身的要求一般并不是很高，但由于厂房本身生产的特殊性，有些厂房内的生产材料本身已是易燃或可燃材料，因此在进行装修时，应尽量减少或避免使用易燃、可燃材料。内部各部位装修材料的燃烧性能等级，应按表 3-15 选用装修材料。

表 3-15　　厂房内部各部位装修材料的燃烧性能等级

厂房分类	建筑规模	装修材料燃烧性能等级			
		顶棚	墙面	地面	隔断
甲、乙类厂房，有明火的丁类厂房		A	A	A	A
丙类厂房	地下厂房	A	A	A	B1
	高层厂房	A	B1	B1	B2
	高度>24m 的单层厂房高度≤24m 的单层、多层厂房	B1	B1	B2	B2
无明火的丁类厂房、戊类厂房	地下厂房	B1	A	B1	B2
	高层厂房	B1	B1	B2	B2
	高度>24m 的单层厂房高度≤24m 的单层、多层厂房	B1	B2	B2	B2

注　本表摘自 GB 50222—1995（2001 年修订版）《建筑内部装修设计防火规范》。

（2）当厂房中房间的地面为架空地板时，其地面装修材料的燃烧性能等级不应低于 B1 级。

（3）厂房附设的办公室、休息室等的内部装修材料的燃烧性能等级，应符合表 3-15 的规定。

（4）集中控制室、主控制室、网络控制室、汽机控制室、锅炉控制室和计算机房的其顶棚和墙面应采用 A 级装修材料，地面及其他装修应采用不低于 B1 级的装修材料。

3. 建筑钢结构防火保护

（1）钢结构防火保护方法。钢结构防火保护的基本原理是用绝热或吸热材料阻隔火焰和热量，推迟钢结构的升温速度，延长火灾情况下达到临界温度的时间，减少火灾损失及人员伤亡。常用的防火保护方法大致有三种：

1）不燃性材料包覆防火——用不燃性材料板材（石膏板、水泥蛭石板、硅酸钙板和岩棉板等防火板）把钢构件包覆起来，见图 3-14 和图 3-15。此法预制性好，完整性优，性能稳定，防火与装修相结合，安装简便，特别适用于交叉作业和不允许湿法施工的场合，但占去较多的有效空间，特别是对电厂内较为复杂的以及震动较大钢结构厂房效果不理想。

2）设置阻火屏障——把钢构件置于墙体、吊顶内，或在边柱、外柱的迎火面用不燃性板材进行遮挡。此方法笨重，经济性和实用性不理想，只能用于建筑物的某些特殊部位，主要适用于屋盖系统的保护，见图 3-16。

3）充水冷却防火——将空心钢柱（或钢梁）连成管网，其内充满含抗冻剂、防锈剂的水溶液，通过泵或火灾时的温差作用，使水溶液循环流动，见图 3-17；

也可以设置自动水喷淋装置，一旦火灾发生，灵敏的传感元件动作，将水喷洒在钢构件表面上。此方法仅用于特殊的构件，并要增加蓄水池、管道，要专门管理冷却系统，因此实际应用很少。

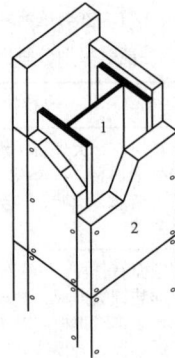

图 3-14　不燃性材料包覆钢柱防火示意图
1—钢柱；2—防火板

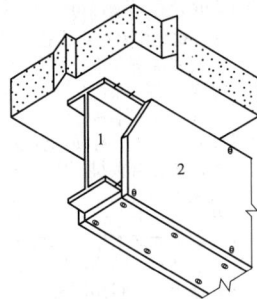

图 3-15　不燃性材料包覆钢梁防火示意图
1—钢梁；2—防火板

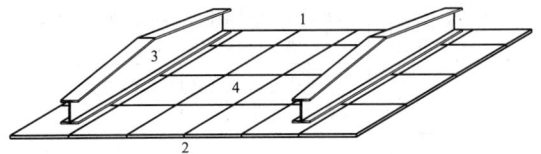

图 3-16　阻火屏障防火示意图
1—背火面；2—迎火面；3—屋面钢梁；4—防火板

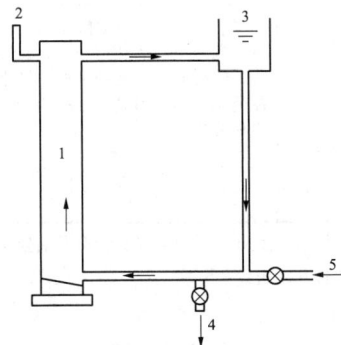

图 3-17　充水冷却防火示意图
1—钢柱；2—通风口；3—水箱；4—排水口；5—进水口

现代防火保护技术在运用包覆法的基础上，采用建筑钢结构防火涂料，此材料和方法具有质量轻，施工简便，适用于任何形状、任何部位的构件，技术成熟，应用广泛，但对涂敷的基底和环境条件要求严格，装修效果一般，见图3-18～图3-22。

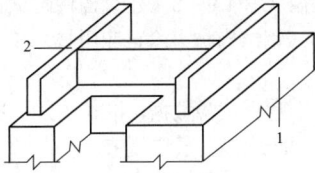

图 3-18 型钢防火涂料保护示意图
1—防火涂料；2—型钢

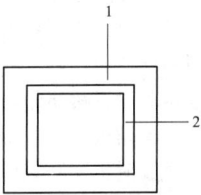

图 3-19 方钢防火涂料保护示意图
1—防火涂料；2—方钢

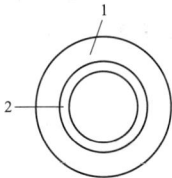

图 3-20 圆钢防火涂料保护示意图
1—防火涂料；2—圆钢

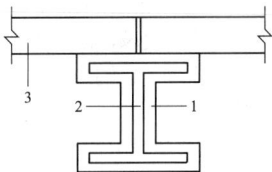

图 3-21 钢梁防火涂料保护示意图
1—防火涂料；2—钢梁；3—楼板

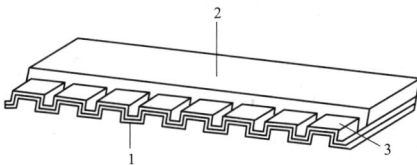

图 3-22 压型钢板底模楼板防火涂料保护示意图
1—防火涂料；2—混凝土楼板面；3—压型钢板底模

（2）防火涂料的分类。建筑防火涂料可有多种分类法。按使用地方划分，可分为钢结构防火涂料、木结构防火涂料、钢筋混凝土板防火涂料、预应力板防火涂料等；按使用材料划分，可分为有机、无机及复合防火涂料；按可溶性划分，可分为水性防火涂料、油性防火涂料。人们最常用的是按其阻燃作用原理分类，分为膨胀型防火涂料与非膨胀型防火涂料；室内和室外用的钢结构防火涂料包括厚涂型防火隔热涂料和薄涂型膨胀防火涂料。

1）膨胀型防火涂料（又称薄涂型防火涂料）。涂层厚度一般为 2～7mm，有一定装饰效果，耐火极限可达 0.5～1.5h。涂层厚度 2mm 左右，标准梁耐火时间 0.5h 以上时为超薄型；涂层厚度 7mm 以下，标准梁耐火时间 1.5h 时为普通型。膨胀型防火涂料的特点是当涂料受热达到一定温度后，涂层中产生气体发泡，使涂层膨胀，以形成一个泡状绝缘层，它使火焰与底层隔离，从而推迟了底层达到燃点温度及破坏温度的时间。

2）非膨胀型防火涂料（又称厚涂型防火涂料）。涂层厚度一般为 8～50mm，粒状表面，密度较小，导热系数低，耐火极限可达 0.5～3.0h。可分为干法喷涂（以矿物纤维为主要隔热骨料）和湿法喷涂（蛭石、珍珠岩为主要隔热骨料）。

膨胀型防火涂料与非膨胀型防火涂料相比，两者都对火焰传播有抑制作用，但仅从隔热性能看，膨胀型防火涂料优于非膨胀型防火涂料。膨胀涂料在受热后，可膨胀为原厚度的 5～10 倍，最大可达 100～200 倍，而且导热系数 λ 也因此比固态涂层小 10 倍左右。总的结果是，膨胀后涂层的导热量可为膨胀前的 1/1000～1/2000。由此可见，膨胀型防火涂料的防火性能在某种程度上优于非膨胀型防火涂料。

（3）钢结构防火涂料技术性能。GB 14907—2002《钢结构防火涂料》规定了室内钢结构防火涂料的技术要求、试验方法、检测规则、包装标志和储存运输等，适用于建筑物室内使用的各类钢结构防火涂料。对钢结构防火涂料的主要要求是不含有害人体健康的石棉、苯类溶剂等物质；不腐蚀钢材，呈碱性，且氯离子含量不能过大；能在自然条件下干燥固化。

对于承受冲击、振动的梁，腹板高度不小于 1.5m 的梁，涂层厚度不小于 40mm 的梁，室外喷涂以及黏结强度小于 0.05MPa 的钢结构防火涂料宜在涂层内埋设钢丝网，并使网与钢构件表面的净距保持在 6mm 左右。

4. 钢结构防火涂料在电厂中的应用

（1）电缆夹层的承重构件，其耐火极限不应小于 1.0h。电缆夹层是电缆比较集中的地方。发电厂电缆夹层经常位于控制室下面，又常常采用钢结构，如发生火灾将直接影响控制室地面或钢结构构件。

（2）当栈桥、转运站等运煤建筑设置自动喷水灭火系统或水喷雾灭火系统时，其钢结构可不采取防火保护措施。

钢结构输煤栈桥涂刷的防火涂料由于涂料的老化、脱落、涂刷不均等，问题较多，难以满足防火规范的要求；自动喷水灭火系统能较好地扑灭运煤系统的火灾；运煤系统普遍采用钢结构形式又是必然的趋势，所以采用主动灭火措施——自动喷水灭火系统，既能提高运煤系统建筑的消防标准，又能解决复杂结构构件的防火保护问题。

（3）当干煤棚或封闭煤场采用钢结构时，堆煤高度范围内的钢结构应采取有效的防火保护措施。

5. 选用防火涂料需注意的问题

（1）不要把饰面型防火涂料用于保护钢结构。饰面型防火涂料是保护木结构等可燃基材的阻燃涂料，薄薄的涂膜达不到提高钢结构耐火极限的目的。钢结构防火涂料和饰面型防火涂料在配方工艺、原料构成、质量标准、检验方法和施工技术等方面均不同，是两种不同类型的产品，不能合二为一。

（2）不应把薄涂型钢结构膨胀防火涂料用于保护 2.0h 以上的钢结构。通常薄型钢结构膨胀防火涂料，其耐火极限在 1.5h 以内，仅个别品种的耐火极限达到了 2.0h。薄涂型膨胀防火涂料之所以耐火极限不太长，是由自身的原材料和防火原理决定的。这类涂料含较多的有机成分，涂层在高温下发生物理、化学变化，形成炭质泡膜后起到隔热作用，膨胀泡膜强度有限，易开裂、脱落，炭质在 1000℃ 高温下会逐渐灰化掉。要求耐火极限达 2.0h 以上的钢结构，通常选用厚涂型钢结构防火隔热涂料。

（3）不得将室内钢结构未加改进和未采取有效的防水措施的防火涂料直接喷涂保护室外的钢结构。露天钢结构环境条件比室内苛刻得多，完全暴露于阳光与大气之中，日晒雨淋，风吹雪盖，昼热夜冷，夏暑冬寒，甚至有酸、碱、盐等化学性腐蚀，露天钢结构必须选用耐水、耐冻融循环、耐老化，并能经受酸、碱、盐等化学腐蚀的室外钢结构防火涂料进行喷涂保护。

（4）在一般情况下，室内钢结构防火保护不选用室外钢结构防火涂料。为了确保室外钢结构防火涂料优异的性能，其原材料要求严格，并需应用一些特殊材料，因而其价格要比室内用的钢结构防火涂料贵得多。但对于半露天或某些潮湿环境的钢结构，则宜选用室外钢结构防火涂料保护。

（5）厚涂型防火涂料基本上由无机质材料构成，涂层稳定，老化速度慢，只要涂层不脱落，防火性能就有保障。从耐久性和防火性考虑，宜选用厚涂型涂料。

6. 防火保护层厚度的确定

防火保护材料选定以后，保护层厚度的确定十分重要。厚度小了达不到国家规定的钢结构建筑物的耐火等级要求，厚度大了又会造成浪费。

保护层厚度的大小受许多因素的影响，如隔热材料的种类、钢构件的类型（柱/梁，截面系数 H_p/A）、荷载大小及要求达到的耐火极限等。确定保护层厚度的最好办法是进行构件耐火试验。试验时可采用实际构件，也可采用标准构件。构件的尺寸、试验条件与方法等应遵循 GB/T 9978《建筑构件耐火试验方法》和 CECS 24《钢结构防火涂料应用技术规范》等有关标准的规定。

根据标准耐火试验数据，按式（3-1）推算不同截面实际构件的防火保护层厚度值

$$T_1 = \frac{W_2/D_2}{W_1/D_1} \times T_2 \times K \qquad (3-1)$$

式中　T_1——待喷防火涂层厚度，mm；

　　　T_2——标准试验时的涂层厚度，mm；

　　　W_1——待喷钢梁质量，kg/m；

　　　W_2——标准试验时钢梁质量，kg/m；

　　　D_1——待喷钢梁防火涂层接触面周长，mm；

　　　D_2——标准试验时钢梁防火涂层接触面周长，mm；

　　　K——系数，对钢梁 $K=1$；相对应楼层钢柱的保护层厚度，宜乘以系数 K，设 $K=1.25$。

式（3-1）限定条件：$W/D \geqslant 22$，$T \geqslant 9mm$，耐火极限不低于 1h。

第五节　建　筑　防　爆

生产、使用、储存易燃易爆物品的厂（库）房，当爆炸性混合物达到爆炸浓度时，遇到火源就能引起爆炸。爆炸能够在瞬间释放出巨大的能量，产生高温高压的气体，使周围空气强烈震荡，在离爆炸中心一定范围内，建筑或人会因冲击波的影响而遭到破坏或受伤害。

在进行建筑防火设计时，应根据爆炸规律与爆炸效应，对有爆炸可能的建筑提出相应的防止爆炸和减少爆炸危害的技术措施，重点是合理划分爆炸危险区域、合理设计防爆结构和泄压面积。

一、火灾危险性分类

（1）生产的火灾危险性分类。生产的火灾危险性应根据生产中使用或产生的物质性质及其数量等因素，分为甲、乙、丙、丁、戊类，具有爆炸危险的为甲类和乙类，见表 3-2 的规定。

（2）厂房内可不按危险物质火灾危险特性确定生产火灾危险性类别的最大允许量。

在生产过程中虽然使用或产生易燃、可燃物质，但是数量少，当气体全部逸出或可燃液体全部气化也不会在同一时间内使厂房内任何部位的混合气体处于爆炸极限范围内，即使局部存在爆炸危险、可燃物全然燃烧

也不可能使建筑物着火而造成灾害。该场所的火灾危险性类别可以按照其他占主要部分的火灾危险性确定。

一般情况下可不按物质危险特性确定生产火灾危险性类别的最大允许量，见表 3-16。

表 3-16　可不按物质危险特性确定生产火灾危险性类别的最大允许量

火灾危险性分类	火灾危险性的特征		物质名称举例	最大允许量	
				与房间容积的比值	总量
甲类	1	闪点小于28℃的液体	汽油、丙酮、乙醚	0.004L/m³	100L
	2	爆炸下限小于10%的气体	乙炔、氢、甲烷、乙烯、硫化氢	1L/m³（标准状态）	25m³（标准状态）
乙类	1	爆炸下限大于或等于10%的气体	氨	5L/m³（标准状态）	50m³（标准状态）
	2	助燃气体	氧	5L/m³（标准状态）	50m³（标准状态）

注　本表摘自 GB 50016—2014《建筑设计防火规范》。

表 3-17 列出了部分生产中常见的甲、乙类火灾危险性物品的最大允许量。单位容积的最大允许量是实验室或非甲、乙类厂房内使用甲、乙类火灾危险性物品的两个控制指标之一。实验室或非甲、乙类厂房内使用甲、乙类火灾危险性物品的总量同其室内容积之比应小于此值，即：

$$\frac{甲、乙类物品的总量（kg）}{厂房或实验室的容积（m^3）} < 单位容积的最大允许量$$

（3）储存物品的火灾危险性应根据储存物品的性质和储存物品中的可燃物数量等因素划分，可分为甲、乙、丙、丁、戊类，具有爆炸危险的为甲类和乙类，见表 3-3。

二、火力发电厂中具有爆炸危险性的甲、乙类厂房和仓库

1. 火灾危险性分类的确定

火力发电厂中具有爆炸危险性的甲、乙类厂房和仓库见表 3-17。

表 3-17　建（构）筑物的火灾危险性分类及其耐火等级

建（构）筑物名称	火灾危险性分类	耐火等级
供氢站	甲	二级
制氢站	甲	二级

续表

建（构）筑物名称	火灾危险性分类	耐火等级
氧气站	乙	二级
卸氨压缩机室	乙	二级
氨气化间	乙	二级
天然气调压站	乙	二级
特种材料库	当特种材料库储存氢、氧、乙炔等气瓶时，火灾危险性应按储存火灾危险性较大的物品确定	

2. 特殊建筑物火灾危险特性的确定

一般情况下，厂房的火灾危险性按生产中使用或产生物质的火灾危险性较大的确定。但当火力发电厂中一些特殊建筑物中含有少量具有较高火灾危险性的物质，如厂房中含有少量的试验用氧气瓶、氢气瓶以及汽油、柴油和润滑油时，该厂房的火灾危险性可通过计算确定。当气体全部逸出或可燃液体的总量以及在同一时间内全部气化的混合气体体积与房间容积的比值不超过表 3-16 所规定的最大允许量时，该场所的火灾危险性类别可以按照其他占主要部分的火灾危险性确定。

三、平面布置要求

（1）有爆炸危险的甲、乙类厂房宜独立设置，并宜采用敞开或半敞开式。其承重结构宜采用钢筋混凝土或钢框架、排架结构。

有爆炸危险的厂房设置足够的泄压面积，可大大减轻爆炸时的破坏强度，避免因主体结构遭受破坏而造成重大人员伤亡和经济损失。因此，有爆炸危险的厂房的围护结构应有相适应的泄压面积，厂房的承重结构和重要部位的分隔墙体应具备足够的抗爆性能。

采用框架或排架结构形式的建筑，便于在外墙面开设大面积的门窗洞口或采用轻质墙体作为泄压面积，能为厂房设计成敞开或半敞开式的建筑形式提供有利条件。

（2）有爆炸危险的甲、乙类生产部位，宜布置在单层厂房靠外墙的泄压设施或多层厂房顶层靠外墙的泄压设施附近。有爆炸危险的设备宜避开厂房的梁、柱等主要承重构件布置，尽量减小爆炸产生的破坏性作用。

单层厂房中如某一部分为有爆炸危险的甲、乙类生产部位，为防止或减少爆炸对其他生产部分的破坏、减少人员伤亡，甲、乙类生产部位应靠建筑的外墙布置，以便直接向外泄压。多层厂房中某一部分或某一层为有爆炸危险的甲、乙类生产时，为避免爆炸时导致结构破坏严重而影响上层建筑结构和周边的安全，这些甲、乙

类生产部位尽量设置在建筑的最上一层靠外墙的部位。

（3）有爆炸危险的甲、乙类厂房的总控制室应独立设置。有爆炸危险的甲、乙类厂房的分控制室宜独立设置，当贴邻外墙设置时，应采用耐火极限不低于3.00h的防火隔墙与其他部位分隔。

对于贴邻建造且可能受到爆炸作用的控制室，除分隔墙体的耐火性能要求外，还需要考虑其抗爆要求，即墙体还需采用抗爆墙。

有爆炸危险区域内的楼梯间、室外楼梯或有爆炸危险的区域与相邻区域连通处，应设置门斗等防护措施。门斗的隔墙应为耐火极限不应低于2.00h的防火隔墙，门应采用甲级防火门并应与楼梯间的门错位设置。例如，氢站和电解间的布置见图3-23和图3-24。

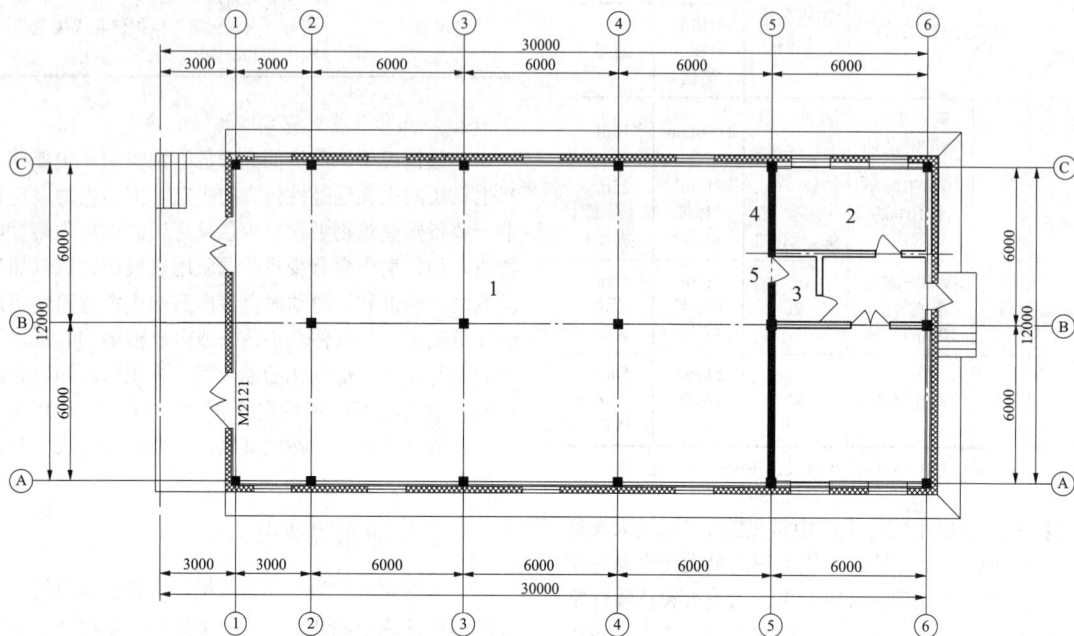

图 3-23 氢站的布置

1—氢站（甲类）；2—控制室；3—门斗；4—抗爆墙（钢筋混凝土或配筋轻体）；5—甲级防火门

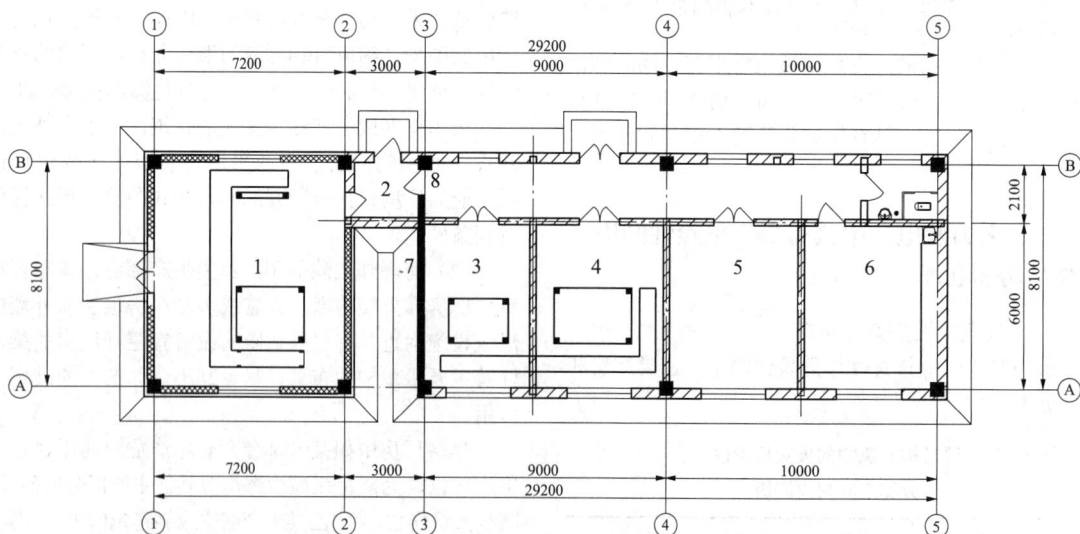

图 3-24 电解间的布置

1—电解间（甲类）；2—门斗；3—辅助设备间；4—冷却水泵间；5—控制室；
6—化验室；7—抗爆墙（钢筋混凝土或配筋轻体）；8—甲级防火门

四、建筑构造

（1）有爆炸危险的厂房或厂房内有爆炸危险的部位应设置泄压设施。

1）泄压设施宜采用轻质屋面板、轻质墙体和易于泄压的门、窗等，应采用安全玻璃等在爆炸时不产生尖锐碎片的材料。易于泄压的门窗、轻质屋盖是指门窗的单位质量轻，玻璃受压宜破碎，墙体屋盖材料容重较小，门窗选用的小五金断面较小，构造节点连接受到爆炸力作用易断裂或脱落。

2）泄压设施的设置应避开人员密集场所和主要交通道路，并宜靠近有爆炸危险的部位。作为泄压设施的轻质屋面板和墙体的质量不宜大于 $60kg/m^2$。对于我国严寒或寒冷地区，由于积雪和冰冻时间长，易增加屋面上泄压面积的单位面积荷载而使其产生较大静力惯性，导致泄压受到影响，因此屋顶上的泄压设施应采取防冰雪积聚措施。

3）散发较空气轻的可燃气体、可燃蒸气的甲类厂房，宜采用轻质屋面板作为泄压面积。为防止气流向上在死角处积聚而不易排除，导致气体达到爆炸浓度，顶棚应尽量平整、无死角，厂房上部空间应通风良好，见图 3-25。

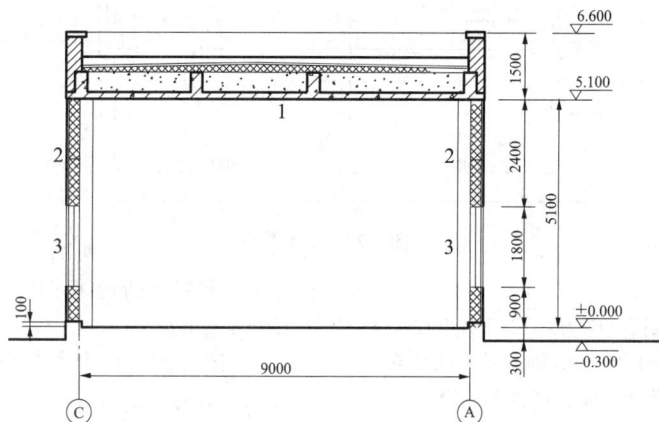

图 3-25　泄压设施的设置

1—上反梁（屋面平整、无死角）；2—金属墙板（轻质墙体）；3—泄压的门或窗

（2）散发较空气重的可燃气体、可燃蒸气的甲类厂房和有粉尘、纤维爆炸危险的乙类厂房，应符合下列规定：①应采用不发生火花的地面。采用绝缘材料作整体面层时，应采取防静电措施。②散发可燃粉尘、纤维的厂房，其内表面应平整、光滑，并易于清扫。③厂房内不宜设置地沟，确需设置时，其盖板应严密，地沟应采取防止可燃气体、可燃蒸气和粉尘、纤维在积聚的有效措施，且应在与相邻厂房连通处采用防火材料密封。

（3）使用和生产甲、乙、丙类液体的厂房，其管、沟不应与相邻厂房的管、沟相通，下水道应设置隔油设施。

甲、乙、丙类液体仓库应设置防止液体流散的设施。遇湿会发生燃烧爆炸的物品仓库应采取防止水浸渍的措施。有爆炸危险的仓库或仓库内有爆炸危险的部位，宜采取防爆措施、设置泄压设施。

五、泄压面积的计算

（1）有爆炸危险的甲、乙类厂房，其泄压面积按式（3-2）计算，但当厂房的长径比大于 3 时，宜将该建筑划分为长径比小于或等于 3 的多个计算段，各计算段中的公共截面不得作为泄压面积：

$$A = 10CV^{\frac{2}{3}} \tag{3-2}$$

式中　A——泄压面积，m^2；

$\quad\quad V$——厂房的容积，m^3；

$\quad\quad C$——泄压比，可按表 3-18 选取，m^2/m^3。

表 3-18　厂房内爆炸性危险物质的
类别与泄压比值　（m^2/m^3）

厂房内爆炸性危险物质的类别	C 值
氨以及粮食、纸、皮革、铅、铬、铜等 $K<$ $10MPa \cdot m \cdot s^{-1}$ 的粉尘	≥0.030
木屑、炭屑、煤粉、锑、锡等 $10MPa \cdot m \cdot s^{-1}$ $\leq K \leq 30MPa \cdot m \cdot s^{-1}$ 的粉尘	≥0.055
丙酮、汽油、甲醇、液化石油气、甲烷、喷漆间或干燥室以及苯酚树脂、铝、镁、锆等 $K>$ $30MPa \cdot m \cdot s^{-1}$ 的粉尘	≥0.110
乙烯	≥0.16
乙炔	≥0.20
氢	≥0.25

注　1. 本表摘自 GB 50016—2014《建筑设计防火规范》。

2. 长径比为建筑平面几何外形尺寸中的最长尺寸与其横截面周长的积和 4.0 倍的建筑横截面积之比。

3. K 是指粉尘爆炸指数。

（2）设计举例。

火力发电厂制氢站为钢筋混凝土框架结构，金属墙板外包框架柱封闭，轴线尺寸 12m（长，L）×6m（宽，W），见图 3-26，室内净高 5m（H），框架柱尺寸为 400mm×400mm，计算外墙最小泄压面积。

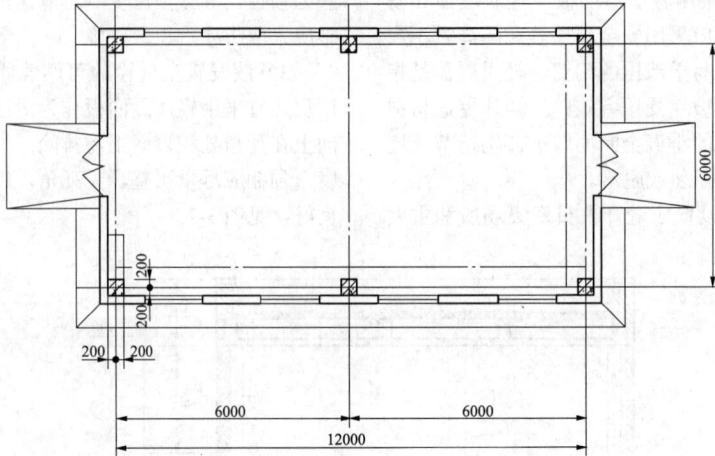

图 3-26　平面图

1）计算厂房的长径比：

长径比=$L×[(W+H)×2]/(4×W×H)$=(12+0.4)×[(12+0.4+5)×2]/[4×(12+0.4)×5)]=1.74<3（满足长径比要求）

2）按表 3-19，选择氢的最小 C 值为 0.25

3）计算厂房的容积（V），V=(12+0.4)×(6+0.4)×5=396.8（m³）

4）按式（3-2），计算最小泄压面积（A）：

$$A=10CV^{\frac{2}{3}}=10×0.25×396.8^{\frac{2}{3}}≈135（m^3）$$

第四章

锅炉、汽轮机及其辅助系统防火

锅炉和汽轮机是火力发电厂中两大主要设备，锅炉通过燃烧煤、石油、天然气等燃料产生合格的蒸汽作为驱动汽轮机的动力源。保证锅炉和汽轮机安全稳定运行至关重要，辅助系统能否安全稳定运行直接影响到两大主机的运行安全性。在设计过程中，对于辅助系统中易产生着火爆炸的设备、部件及管道均应考虑防火及灭火措施。

第一节　锅炉煤和制粉系统

一、煤粉爆炸特性

（一）煤质的成分分析

在工程设计中由业主提供的设计煤质资料一般包括煤的工业分析、元素分析及灰成分分析等。其中挥发分、硫分、水分等可以初步判断煤的爆炸性。对常用的煤种可根据这些特性确定制粉系统防爆设计的基本原则，但更合理进行防爆设计和确保系统运行的安全可靠，仅依据这些特性资料是不够的，尤其对特殊的煤种需要更多的特性数据作为设计的依据。

（二）煤自燃倾向性

煤自燃倾向性是表征煤自燃难易的特性。煤自燃倾向性与煤的吸氧量、全硫含量以及粒度等特性有关。根据 DL/T 5203—2005《火力发电厂煤和制粉系统防爆设计技术规程》中的规定，煤自燃倾向性根据煤的吸氧量和全硫含量不同可分为如表4-1所示的三个等级。

表 4-1　　　　　　　　　　　　　煤自燃倾向性分类表

自燃倾向性等级	自燃倾向性	煤的吸氧量（干煤）（cm³/g）		全硫含量（仅用于高硫煤、无烟煤类）（%）
		褐煤、烟煤类	干燥无灰基挥发分不大于18.0%的高硫煤、无烟煤类	
Ⅰ	易自燃	≥0.71	>1.00	>2.00
Ⅱ	自燃	0.41～0.70	≤1.00	≥2.00
Ⅲ	不易自燃	≤0.40	≥0.80	<2.00

（三）影响煤粉爆炸特性的因素

1. 煤中挥发分

煤粉爆炸是由于煤粉含有并释放出的可燃性挥发分聚集于煤粒的周围，在一定温度下放出大量的可燃性气体，在点火能的作用下发生爆炸。煤粉的爆炸性由其所含可燃性挥发分的大小而决定。挥发分对煤尘爆炸的发生、发展起着关键作用。试验表明，挥发分越高的煤，其煤粉越易爆炸。

2. 煤粉粒度及分布

一般细微的尘粒容易燃烧或爆炸，其原因之一是尘粒具有较大的表面积。表面积急剧增加的结果，大大增加了尘粒和氧的接触面积，促进了氧化，同时也增大了受热面积，加速了可燃气体的释放，所以，煤粉的粒度对爆炸性的影响极大。总的来说，煤粉粒度越小，爆炸性越强。

国内外的实验结果表明，从极微细的煤粉到直径为 0.75～1mm 的煤粉都能参与爆炸，但是参与爆炸的主体是 0.075mm 以下的煤粉粒子。这种粒子的含量越高，煤粉爆炸性越强，但并不是直接关系，而是当 0.075mm 以下的煤粉粒子含量达 70%～80%后，爆炸性就基本上不再增强了。

我国的实验结果表明：小于 0.75mm 的煤粉，其爆炸性与粒度的关系，总的趋势是随着粒度的变细爆炸性逐渐增强，但 0.03mm 以下的粒子，其爆炸性增强的局势就比较平缓了。

从爆炸性与表面积的关系也可以得到同样的结果。煤粉粒子比表面积从 $2000cm^2/g$ 增加到 $5000cm^2/g$ 时爆炸性有很大的增强，而粒度再细，如比表面积从 $5000cm^2/g$ 增到 $15000cm^2/g$ 时（即相当于 0.03mm 以下的粒子），煤尘爆炸性的变化便不显著。国外认为粒度小于 0.01mm 时，爆炸性反而会随着粒度的变细而降低。其原因是：①煤粉太细时，就会分裂成化学成分不同的小分子；②很细的煤粉有凝结成屑片的趋势；③煤粉太细时，很快就被氧化，反而减弱了爆炸力。

3. 含氧浓度

氧气浓度直接影响煤粉爆炸反应的生热速度、反应能否进行。氧气浓度增加，煤粉云容易着火、爆炸，反之变得困难。

4. 温度和压力

煤粉温度的升高有利于可燃物（挥发分）的析出，加大了爆炸的可能性。系统运行压力增加使燃烧的最初氧化反应和反应的发展更为容易，因而，运行压力增加使爆炸的可能性加大，且最大爆炸压力也将升高。

根据美国消防协会的 NFPA 68—2007《爆炸过程的通风指南》标准，在给定的初始温度下，燃料/氧化剂混合物初始绝对压力的任何变化引起封闭容器内混合物爆燃的最大压力发生成比例的变化。相反，在给定的初始压力下，初始绝对温度的任何变化引起最大压力相反的变化。

5. 煤粉水分

煤粉中含有的水分有减弱和阻碍爆炸的性质，水被蒸发要吸收大量的热量，起了附加不燃物质的作用。水分越大，对爆炸的影响越大，水分大于 5%～6% 后，煤粉着火能量增高，着火困难。

水在煤尘中具有黏结作用，可以阻碍生成易爆的煤粉云。煤粉的水分只是在爆炸前对起爆有抑制作用，能阻碍煤粉的燃烧，但是当爆炸发生后，煤粉本身含有的水分所起的作用就微不足道了。

6. 煤粉灰分

煤粉中含有的灰为煤粉中的不燃物质，它能吸收煤粉燃烧时放出的热量，起到冷却和阻止热量扩散的作用。

实验表明，20% 以下的灰分对煤粉的爆炸性没有很大的影响，只有达到 30%～40% 时爆炸性才急剧下降，灰分含量超过 45% 后，着火极其困难。

7. 煤粉的爆炸性等级

煤粉的爆炸指数 K_d 综合了煤的易燃性和灰分的影响，可代表煤在水分、煤粉细度、浓度、温度、气粉混合中含氧量相同的情况下的爆炸特性。爆炸指数 K_d 可按下式计算：

$$K_d = \frac{V_d}{V_{vol,que}} \quad (4-1)$$

$$V_{vol,que} = \frac{V_{vol}\left(1 + \frac{100 - V_d}{V_d}\right)}{100 + V_{vol}\dfrac{100 - V_d}{V_d}} \times 100 \quad (4-2)$$

$$V_{vol} = (1260 / Q_{vol}) \times 100 \quad (4-3)$$

$$Q_{vol} = (Q_{net,daf} - 7850 \times 4.18 FC_{daf}) / V_{daf} \quad (4-4)$$

$$FC_{daf} = 1 - V_{daf} \quad (4-5)$$

式中　V_{daf}——煤的干燥无灰基挥发分，%；

V_d——煤的干燥基挥发分，%；

$V_{vol,que}$——考虑灰和固定碳时燃烧所需可燃挥发分的下限，%，按式（4-2）计算；

V_{vol}——不考虑灰和固定碳时燃烧所需可燃挥发分的下限，%，按式（4-3）计算；

Q_{vol}——挥发分的热值，kJ/kg，按式（4-4）计算；

$Q_{net,daf}$——煤的干燥无灰基低位发热量，kJ/kg；

FC_{daf}——煤的干燥无灰基固定碳含量，按式（4-5）计算。

煤粉的爆炸性等级宜按爆炸指数 K_d 划分，其分级按表 4-2 规定：

表 4-2　　煤粉的爆炸性等级分级表

爆炸性等级	爆炸指数
极难爆炸	$K_d \leqslant 1.0$
难爆炸	$1.0 < K_d \leqslant 3.0$
较难爆炸	$3.0 < K_d \leqslant 7.0$
中等爆炸	$7.0 < K_d \leqslant 12.0$
易爆炸	$12.0 < K_d < 17.0$
极易爆炸	$K_d \geqslant 17.0$

二、制粉系统

（一）制粉系统类型

火力发电厂制粉系统根据煤质特性主要划分如下几种类型：

（1）中间贮仓式钢球磨煤机热风送粉制粉系统，见图 4-1。

（2）中间贮仓式钢球磨煤机乏气送粉制粉系统，见图 4-2。

（3）双进双出钢球磨煤机直吹式制粉系统，见图 4-3。

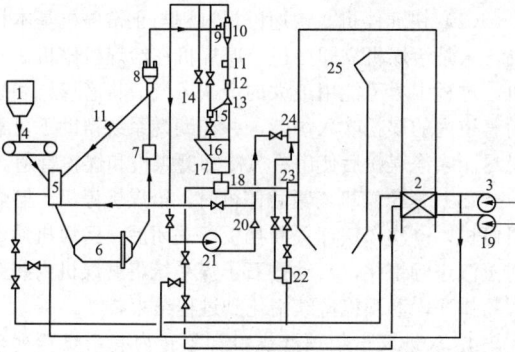

图 4-1　中间贮仓式钢球磨煤机热风送粉制粉系统

1—原煤仓；2—空气预热器；3—送风机；4—给煤机；5—下降干燥管；6—磨煤机；7—木块分离机器；8—粗粉分离器；9—防爆门；10—细粉分离器；11—锁气器；12—木屑分离器；13—换向器；14—吸潮管；15—螺旋输粉机；16—煤粉仓；17—给粉机；18—风粉混合器；19—一次风机；20—乏气风箱；21—排粉风机；22—二次风箱；23—喷燃器；24—乏气喷口；25—锅炉

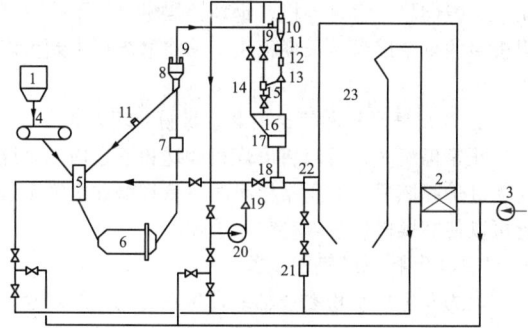

图 4-2　中间贮仓式钢球磨煤机乏气送粉制粉系统

1—原煤仓；2—空气预热器；3—送风机；4—给煤机；5—下降干燥管；6—磨煤机；7—木块分离机器；8—粗粉分离器；9—防爆门；10—细粉分离器；11—锁气器；12—木屑分离器；13—换向器；14—吸潮管；15—螺旋输粉机；16—煤粉仓；17—给粉机；18—风粉混合器；19—一次风箱；20—排粉风机；21—二次风箱；22—喷燃器；23—锅炉

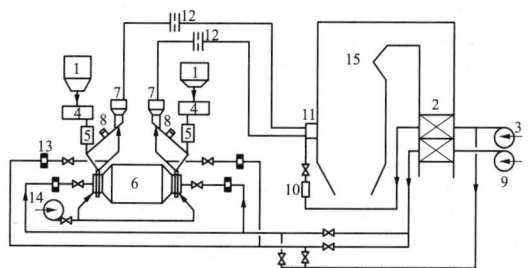

图 4-3　双进双出钢球磨煤机直吹式制粉系统

1—原煤仓；2—空气预热器；3—送风机；4—给煤机；5—下降干燥管；6—磨煤机；7—粗粉分离器；8—锁气器；9—一次风机；10—二次风箱；11—喷燃器；12—隔绝门；13—风量测量装置；14—密封风机；15—锅炉

（4）中速磨煤机正压直吹式热一次风机制粉系统，见图 4-4。

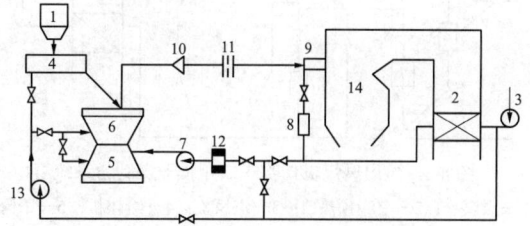

图 4-4　中速磨煤机正压直吹式热一次风机制粉系统

1—原煤仓；2—空气预热器；3—送风机；4—给煤机；5—磨煤机；6—粗粉分离器；7—一次风机；8—二次风箱；9—喷燃器；10—煤粉分配器；11—隔绝门；12—风量测量装置；13—密封风机；14—锅炉

（5）中速磨煤机正压直吹式冷一次风机制粉系统，见图 4-5。

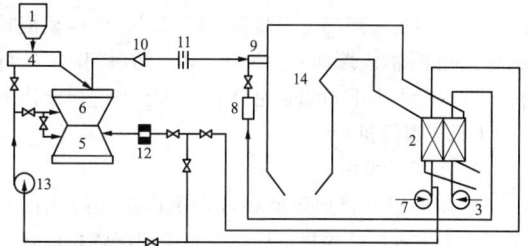

图 4-5　中速磨煤机正压直吹式冷一次风机制粉系统

1—原煤仓；2—空气预热器；3—送风机；4—给煤机；5—磨煤机；6—粗粉分离器；7—一次风机；8—二次风箱；9—喷燃器；10—煤粉分配器；11—隔绝门；12—风量测量装置；13—密封风机；14—锅炉

（6）风扇磨煤机直吹式三介质干燥制粉系统，见图 4-6。

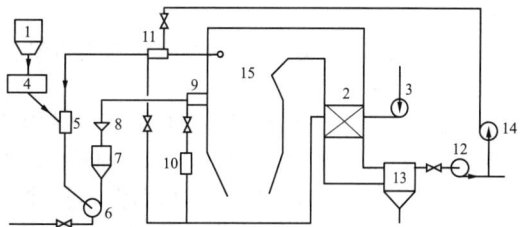

图 4-6　风扇磨煤机直吹式三介质干燥制粉系统

1—原煤仓；2—空气预热器；3—送风机；4—给煤机；5—下降干燥管；6—磨煤机；7—粗粉分离器；8—煤粉分配器；9—喷燃器；10—二次风箱；11—烟风混合器；12—吸风机；13—除尘器；14—冷烟风机；15—原煤仓

（7）风扇磨煤机直吹式二介质干燥制粉系统，见图 4-7。

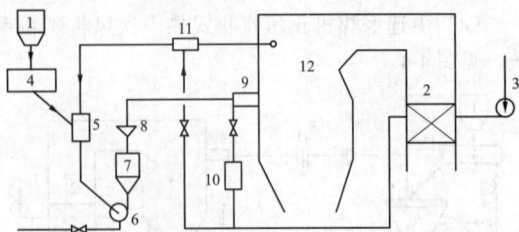

图 4-7 风扇磨煤机直吹式二介质干燥制粉系统
1—原煤仓；2—空气预热器；3—送风机；4—给煤机；5—下降干燥管；6—磨煤机；7—粗粉分离器；8—煤粉分配器；9—喷燃器；10—二次风箱；11—烟风混合器；12—锅炉

（二）给煤机

1. 给煤机类型

火力发电厂常用给煤机类型有耐压称重式皮带给煤机和可计量的刮板式给煤机。

2. 给煤机防火措施

给煤机入口应设置电动或手动煤闸门，给煤机出口应设置电动煤闸门。不装设防爆门时，给煤机应按承受 350kPa 的内爆炸压力设计；装设防爆门时，给煤机应按承受不小于 40kPa 的内部爆炸压力进行设计。

（三）磨煤机

1. 磨煤机类型

磨煤机用于将原煤磨制成满足锅炉燃烧用的煤粉。火力发电厂磨煤机常用类型有中速磨煤机、风扇磨煤机、钢球磨煤机及双进双出钢球磨煤机。

2. 磨煤机防火措施

中速磨煤机、风扇磨煤机、钢球磨煤机及双进双出钢球磨煤机均可采用蒸汽消防的方式。蒸汽汽源可以采用电厂的辅助蒸汽。磨煤机消防蒸汽参数应满足制造厂的相关要求，通常消防蒸汽的压力和温度参数有如下几种：

（1）消防蒸汽压力：0.6MPa；消防蒸汽温度：160℃。

（2）消防蒸汽压力：0.8～1.0MPa；消防蒸汽温度：250℃。

消防蒸汽母管管径宜按除备用磨煤机之外的所有磨煤机用蒸汽量计算，蒸汽流速宜取 35～60m/s 上限。

对于没有惰性介质作为干燥剂的制粉系统，磨制干燥无灰基挥发分较高的煤质时磨煤机宜设 CO 监测装置。

3. 中速磨煤机和管道内剩余煤粉处理方式

（1）正常停机。正常停机时，给煤机转速先减到最小再停机，磨煤机在给煤机停机后停机，过程中尽可能用最大的一次风气流将磨煤机和煤粉管道内的煤粉吹入炉膛，并在助燃系统帮助下可靠燃尽。吹净煤粉后使用冷风冷却磨煤机和煤粉管道。密封风机一直运行并在一次风机停机后停机。

（2）快速停机。快速停机过程与正常停机基本相同，只是给煤机立即停机，磨煤机在给煤机停机后停机，过程中尽可能用最大的一次风气流将磨煤机和煤粉管道内的煤粉吹入炉膛，并在助燃系统帮助下可靠燃尽。吹净煤粉后使用冷风冷却磨煤机和煤粉管道。

（3）紧急停机。紧急停机时，给煤机停机、磨煤机停机，一次风快速关断挡板门关闭后，磨煤机通消防蒸汽进行惰化，启动排石子煤系统将磨煤机内剩余煤粉排净，磨煤机持续惰化到过程结束。

4. 双进双出钢球磨煤机和管道内剩余煤粉处理方式

双进双出钢球磨煤机和管道内剩余煤粉处理方式与中速磨煤机基本相同，不同的是，短时停机时双进双出钢球磨煤机可以不排空磨煤机中的剩余煤粉。

5. 钢球磨煤机和管道内剩余煤粉处理方式

由于钢球磨煤机用于中贮式制粉系统，正常停机时可以将剩余煤粉吹入煤粉仓，送粉管道内剩余煤粉吹入炉膛燃尽。短时停机，钢球磨煤机可以不排空磨煤机中的剩余煤粉。长期停机，需将磨煤机中剩余煤粉排出。

6. 风扇磨煤机和管道内剩余煤粉处理方式

正常停机时，可以将磨煤机和送粉管道内剩余煤粉吹进炉膛燃尽。非正常停机时，依靠磨煤机惰走装置可以使磨煤机剩余煤粉吹入炉膛。

（四）制粉系统辅助设备

火力发电厂制粉系统辅助设备主要包括原煤仓、煤粉仓、排粉机、粗粉分离器、细粉分离器等。

1. 原煤仓

原煤仓用于储存原煤，根据 GB 50660—2011《大中型火力发电厂设计规范》的相关规定：原煤仓宜采用钢结构的圆筒仓形，也可以采用双曲线形原煤仓和矩形原煤仓。矩形原煤仓相邻壁交角的内侧应做成圆弧形，原煤仓内壁应光滑耐磨。对易堵的煤在原煤仓的出口段宜采用不锈钢复合钢板、内衬不锈钢板或其他光滑阻燃型耐磨材料。

原煤仓宜设置防堵装置。机械式疏通装置或振打装置适用于储存各种煤质的原煤仓；空气炮适用于储存干燥无灰基挥发分 V_{daf} 小于 37%煤质的原煤仓；对于储存干燥无灰基挥发分 V_{daf} 大于或等于 37%煤质的原煤仓，不宜采用空气炮，可以采用惰性介质的防堵装置，如氮气炮。

2. 煤粉仓

钢球磨煤机中间贮仓式制粉系统中除有原煤仓外，还有煤粉仓用于储存磨制好的煤粉。由于煤粉仓储存时间短、容积小，通常采用圆筒仓形式。

3. 排粉风机

中间贮仓式钢球磨煤机乏气送粉制粉系统中，排粉风机用于将细粉分离器出口的乏气送入炉膛；中间贮仓式钢球磨煤机热风送粉制粉系统中，排粉风机用于将煤粉仓中的合格煤粉送入炉膛。排粉风机采用离心式风机。

4. 粗、细粉分离器

中间贮仓式钢球磨煤机制粉系统中，采用粗粉分离器将钢球磨煤机出口的煤粉进行初步分离，再用细粉分离器将粗粉分离器出口的煤粉进行二次分离，将合格的煤粉排入煤粉仓，不合格的煤粉送至炉膛乏气喷口或送回磨煤机进一步碾磨。粗、细粉分离器的外形见图4-8和图4-9。

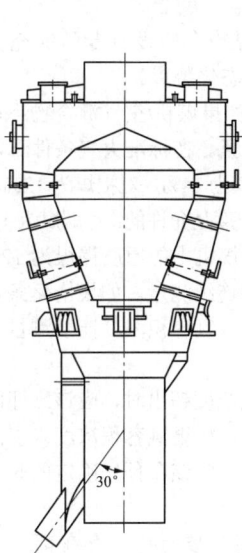

图 4-8　粗粉分离器　　　图 4-9　细粉分离器

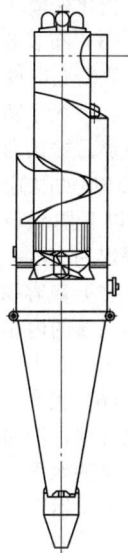

5. 输粉机

在中间贮仓式制粉系统中可设置输粉机，用于相邻两台锅炉间的煤粉仓的煤粉倒运。对于高挥发分和自燃倾向性高的烟煤和褐煤，不宜设置输粉机。输粉机见图4-10。

图 4-10　输粉机

6. 管道

煤和制粉系统中的主要管道有原煤管道、送粉管道和风道。原煤管道、送粉管道均采用耐磨型圆管道，风道既可以采用方形风道也可以采用圆形风道。圆形风道比方形风道阻力小、质量小。送粉管道上的主要附件有耐磨补偿器、耐磨可调缩孔等。风道上的补偿器主要采用金属波纹补偿器和非金属补偿器两种形式。风道上的主要附件有风门、补偿器和防爆门。

工程设计中送粉管道布置实例见图4-11，该图用来表示送粉管道的布置格局和附件位置。不同工程送粉管道布置需根据工程实际情况确定设计方案。

7. 风门

风道上的风门主要有挡板风门和插板风门两种形式。挡板风门可以用于起关断和调节作用，插板风门只起关断作用。对于需要快速关断的风门宜采用插板风门，断面较大的关断风门宜采用挡板风门。

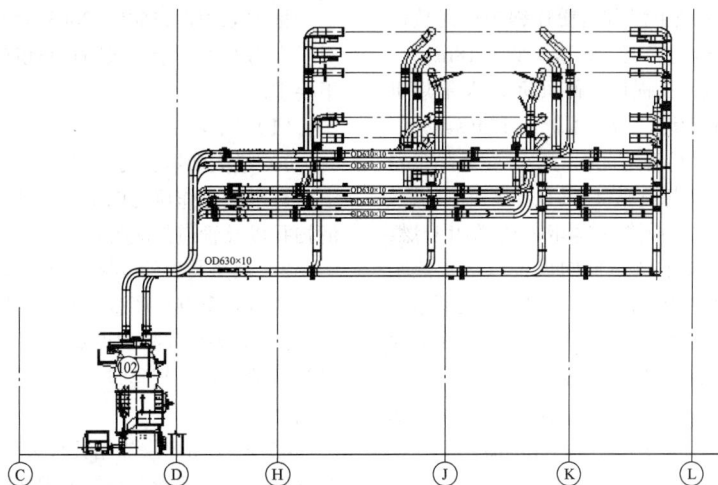

图 4-11　送粉管道布置实例图

三、制粉系统的安全措施

（一）防止着火的措施

1. 防止煤粉自燃

（1）煤粉仓及煤粉管路内壁应光滑；相邻两壁间交线与水平面夹角应不小于 60°，且壁面与水平面夹角不小于 65°。相邻两壁交角内侧应做圆弧处理。

（2）对于不能竖直布置的煤粉管道，其与水平面夹角应不小于 45°。

（3）煤粉管道宜采用焊接连接，不宜采用法兰连接。

（4）煤粉管道流速应按 DL/T 5121—2000《火力发电厂烟风煤粉管道设计技术规程》的相关规定选取（见表 4-3），此外还应满足以下要求：

送粉管道的配置和布置应防止煤粉沉积和燃烧器回火，不应有停滞区和死端。满足下列条件的送粉管道（无烟煤除外）可水平布置，否则与水平面的夹角应不小于 45°：

表 4-3　煤粉管道的推荐设计流速

管　道　名　称	流速（m/s）
磨煤机至粗粉分离器或粗粉分离器至排粉机的制粉管道	15～18
粗粉分离器至细粉分离器的制粉管道	14～17
细粉分离器至排粉机的制粉管道	12～16
贮仓式系统干燥剂送粉的送粉管道	22～28
贮仓式系统热风送粉的送粉管道	28～32
直吹式制粉系统的送粉管道	22～28

1）贮仓式制粉系统热风送粉在锅炉任何负荷下，从一次风箱至燃烧器和从排粉机至乏气燃烧器之间的管道，流速不低于 25m/s；

2）贮仓式制粉系统干燥剂送粉在锅炉任何负荷下，从排粉机至燃烧器的管道，流速不低于 18m/s；

3）直吹式制粉系统在锅炉任何负荷下，从磨煤机（分离器）至燃烧器的管道，流速不低于 18m/s。

（5）在煤粉仓、煤粉管道的拐弯处、布袋除尘器灰斗处，积存煤粉容易引起自燃，应设置温度监测装置，一旦发现温度异常时，自动报警，并采取措施，防止自燃。

（6）在煤仓内应该维持最低的煤位以防止热空气/烟气进入煤仓或者抽吸泄漏的空气进入制粉系统。

（7）与浮游煤粉直接接触的电气设备，其表面允许温度应低于相应煤尘层的最低着火温度。

（8）制粉系统设备的轴承应防尘密封；如有过热可能，应安装能连续监测轴承温度的探测器。

2. 防止静电引燃

（1）布袋收尘器应采用抗静电滤袋。

（2）所有煤粉管道应采用金属或抗静电材料制成。

（3）布袋收尘器外壳、煤粉管道等，应直接接地。直接静电接地电阻应不大于 100Ω，煤粉管道的接头之间应用导体跨接。

3. 防止撞击火花引燃

在原煤仓前的输煤系统中，应安装能除去混入煤中铁质杂物的除铁器，防止铁质杂物与设备碰撞产生火花引燃煤粉。

4. 惰化

（1）制粉系统干燥煤粉时，宜采用惰性气体为干燥介质。

（2）制粉系统宜采用自动监控的 N_2 或 CO_2 系统进行惰化处理。

（3）布袋收尘器和煤粉仓应设有专门的充氮装置；煤粉仓应设有氮气流态化装置。

（4）为了防止爆炸，如果煤粉/空气混合物不可能被点燃，被认为是惰化气氛。在标准大气条件下，氧容积浓度的限制为：对硬煤为 14%，对褐煤为 12%。由此，以下湿态氧容积标准浓度是允许的：对烟煤为 12%；对褐煤为 10%；对风扇磨煤机中的原质褐煤为 12%。

（5）氧容积浓度应该连续测量。如果惰化条件可以由系统的内在条件保证，氧容积浓度连续测量可以不强求。

（6）当允许的氧容积浓度超出时，应该立即降低到允许值，例如喷入蒸汽，如果氧容积浓度未能降低到许可的水平，火力发电厂应该在预先确定的时间内自动停止运行。

（7）在启动和停运时只要有煤粉存在都应该维持惰性气体保护。

（8）如果用烟气或蒸汽作为惰化运行的介质，介质温度宜维持在露点以上。

5. 泄爆

根据 GB/T 15605—2008《粉尘爆炸泄压指南》，对于火力发电厂仓储式制粉系统的爆炸泄压应遵循以下要求：

（1）原煤斗、煤粉仓、筒仓与设备的爆炸泄压。

1）最大泄爆压力不应超过设备的设计压力。设备上所有承受爆炸压力的部件，如阀门、视镜、人孔、清扫孔以及管道都应具备此设计强度。

2）泄压装置的安装应避免人员受到泄爆危害，且不应使对安全有重要意义的设备操作受到影响。

3）如果被保护的设备位于建筑物内，应采用泄压导管将泄压口引到建筑物外，或采用不产生火焰或火星的泄压装置。

4）对于粉尘爆炸指数很大，原煤斗、煤粉仓、筒仓与设备上无法设置足够的泄压面积的情况，可考虑综合应用爆炸泄压和其他爆炸控制技术，例如抑爆和抗爆性设计。

（2）管道爆炸泄压。

1）管道各段应进行径向泄压，泄压面积应不小于管道的横截面积。

2）管道如安装在建筑物内，则管道应设计为靠近外墙，并安装通向建筑物外的泄压导管。

3）管道泄压装置的静开启压力不应大于与管道相连设备的泄压装置的静开启压力。

4）宜每隔 6m 设置一个径向泄压口。对于竖直管道，可每楼层设置一个泄压口。

6. 预防二次爆炸

（1）生产系统设备的接头、检查门、挡板、泄爆口盖等均应封闭严密，不得向外泄漏煤粉。

（2）布袋收尘器宜设计成负压操作方式，以防止煤粉外泄。

（3）必须定期对厂房和设备表面的积尘进行清扫。不允许使用压缩空气进行吹扫。

（4）防爆门宜采用带真空保护的防爆门。

7. 抗爆

制粉系统管道不装设防爆门时，应按承受 350kPa 的内部爆炸压力进行设计。

中速磨煤机直吹式制粉系统、钢球磨煤机制粉系统和双进双出钢球磨煤机制粉系统，干燥介质均是空气，属于非惰性介质，因此中速磨煤机、钢球磨煤机和双进双出钢球磨煤机及其送粉管道均采用抗爆设计，均按承受 350kPa 的内部爆炸压力进行设计。

8. 防爆门的设置要求

（1）制粉系统管道上的防爆门总有效泄压面积应按系统泄压比不小于 0.025m²/m³ 计算，计算系统容积不包括煤粉仓容积；各处防爆门有效泄压面积不应小于该处煤粉管道截面积的 70%。

（2）防爆门应设置在靠近被保护设备或管道上，其安装位置应防止爆炸气体喷射到工作地点、人行通道及电缆、油/汽管道上，当不能满足这些要求时，应采用引出管引至室内安全场所或室外。当条件限制无法引出时，在避免防爆门动作时喷射气流危及附近的电缆、油/汽管道和人行通道的前提下，必要时可设置隔火墙、棚盖、隔板等措施；凡防爆门排出口附近上下方的维修平台应采用无孔平台。

（3）装设引出管的防爆门，入口接管的长度不应大于 2 倍防爆门当量直径，且不大于 2m，引出管的截面积不得小于防爆门的截面积，长度不应超过 10 倍接管直径。

（4）防爆门入口管倾斜布置时，室内布置的与水平面的倾角不应小于 45°，室外布置的与水平面的倾角不应小于 60°。

（5）防爆门引出管尽可能不转弯，其当量直径应不小于防爆门入口接管直径。引出管长度，对于设计压力为 150kPa 的制粉系统应不大于 30 倍接管当量直径；对于设计压力为 40kPa 的制粉系统及煤粉仓应不

大于 10 倍接管当量直径。当引出管的长度超过规定值时应加大其直径，直至二者阻力相当。

（6）采用引出管时，防爆门仍应装在入口接管上，不应装在引出管上。在靠近防爆门的引出管上，应有便于检查防爆门的手孔和引出管活动短管或闸板门。

（7）引出室外的引出管排出口处，应采用挡雨板、棚及伞形罩等防止雨、雪落入的措施，并不应对爆炸物质的流出造成阻碍。布袋收尘器和煤粉仓排出的爆炸气体应引至室外。

（8）装在室外的防爆门短管，应涂以防锈涂料并保温。

9. 防爆门形式

火力发电厂常用防爆门形式有平面模板式、斜面模板式、重力式和自启闭式。模板式和自启闭式防爆门多用于一次风管道或烟道上，重力式防爆门多用于煤粉仓。几种形式的防爆门外形见图 4-12～图 4-15。

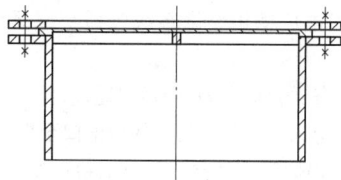

图 4-12　平面模板式防爆门

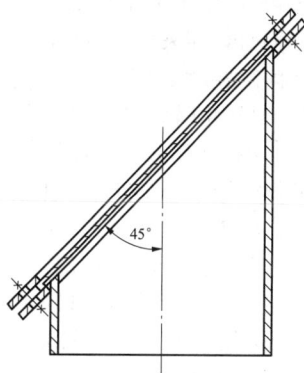

图 4-13　斜面模板式防爆门

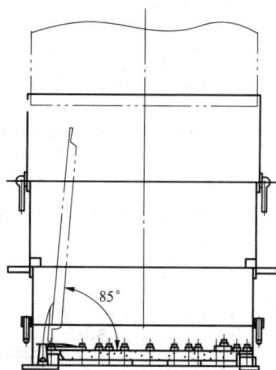

图 4-14　煤粉仓用重力式防爆门

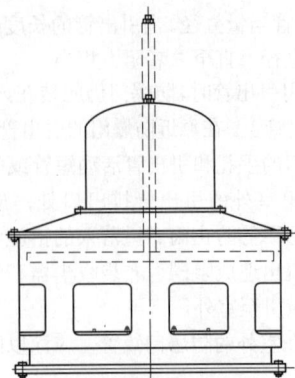

图 4-15 自启闭式防爆门

第二节 锅炉燃烧系统

一、燃烧系统范围

火力发电厂锅炉燃烧系统包括空气系统和烟气系统。

空气系统：冷风系统从吸风口通过送风机到空气预热器入口，热风系统从空气预热器出口至燃烧器入口，其间留有与锅炉厂空气预热器及制粉系统一次风机和密封风管道的接口。当有必要时还应考虑烟气脱硝、节油点火等工艺用气的接口。对于严寒地区及燃用高硫煤的工程宜采用暖风器，用来加热风机入口冷空气，从而保证空气预热器不被腐蚀、不堵灰。对于循环流化床锅炉，空气系统一部分用于输送流化床料用风，另一部分用于输送流化石灰石用风，还有一部分用于输送炉膛助燃用风。炉膛火焰检测设备的冷却风由火检风机输送。

烟气系统：烟气从锅炉炉膛出口经尾部受热面到省煤器出口后进入脱硝装置，经脱硝后的烟气进入空气预热器加热空气，空气预热器出口烟气经除尘器除尘后由引风机送入脱硫装置，经脱硫后烟气通过烟囱排入大气。当需要时，烟气系统中还设有烟气换热器、湿式除尘器和烟气换热器（GGH）等。

二、燃烧系统种类

锅炉燃烧方式主要有四角切圆燃烧、墙式切圆燃烧、对冲式燃烧等。对于采用风扇磨煤机制粉系统的机组，燃烧方式为多角切圆燃烧。对于1000MW等级超（超）临界机组，锅炉也有采用双炉膛双切圆燃烧方式的。

三、燃烧系统主要防火设备

1. 空气预热器

（1）空气预热器是利用烟气将空气加热，加热后的空气用于助燃或制粉。空气预热器布置在锅炉省煤器后尾部烟道上。空气预热器形式分为管式和回转式，管式又分为立式和卧式，回转式又分为两分仓、三分仓和四分仓三种。管式空气预热器适用于小型煤粉锅炉或循环流化床锅炉，125MW及以上煤粉锅炉一般采用回转式空气预热器。锅炉不同形式的空气预热器外形见图4-16～图4-19。

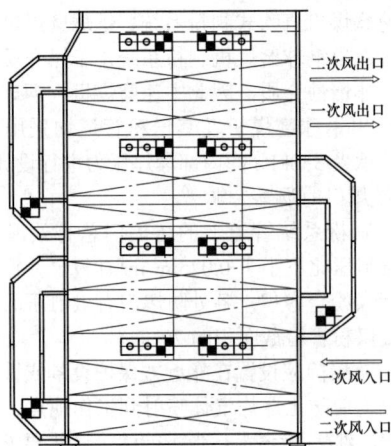

图 4-16 管式空气预热器外形图

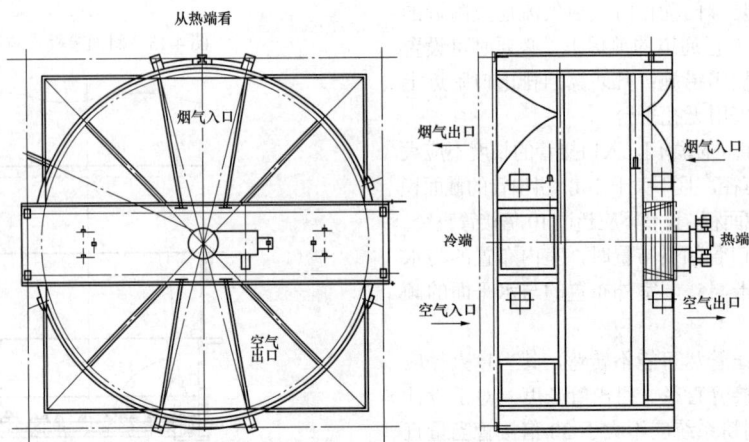

图 4-17 两分仓回转式空气预热器外形图

从热端看

烟气入口

一次风出口

二次风出口

烟气出口

烟气入口

冷端

热端

空气入口

空气出口

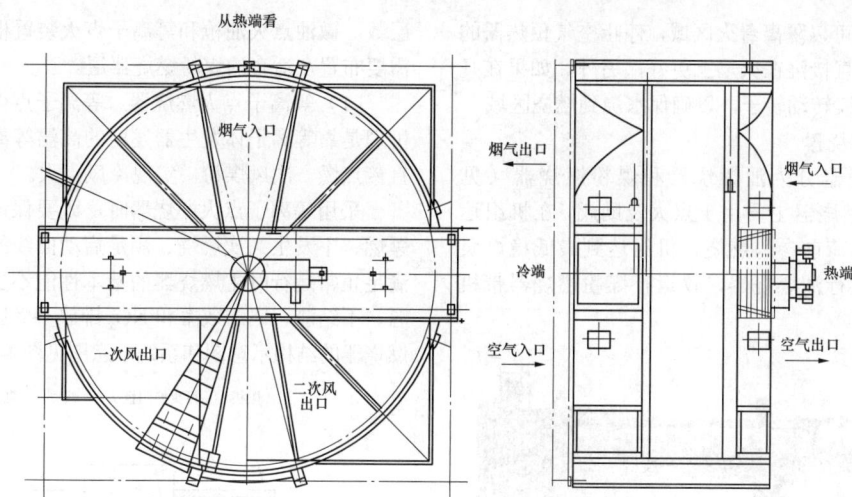

图 4-18 三分仓回转式空气预热器外形图

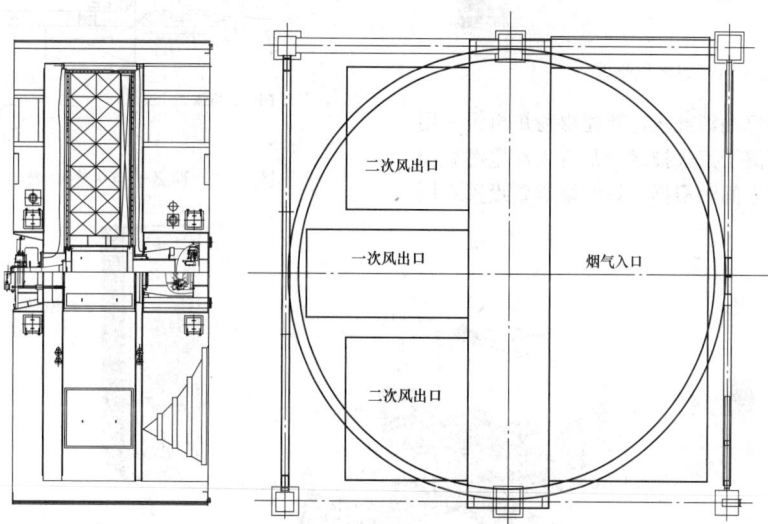

二次风出口

一次风出口

烟气入口

二次风出口

图 4-19 四分仓回转式空气预热器外形图

（2）空气预热器装有固定喷水灭火装置（兼水清洗），喷水管路末端安装喷嘴。喷水管设两根，一根布置在热端烟气入口处，一根布置在冷端烟气出口处。喷嘴的尺寸和安装位置要保证使消防水均匀地分布在受热面上。着火时灭火装置启动投入灭火，同时检查并保证所有疏水管道是打开的，要求有足够的水进入空气预热器以灭火。该装置一般由空气预热器制造厂成套提供，平时用来冲洗空气预热器内部。灭火与冲洗采用不同的水源。固定式喷水管道见图 4-20。

（3）空气预热器的轴承箱和减速箱均需要润滑油，需要油润滑的部件设置油位指示器，确保油位不超过指示最高油位，以防油溢出并引发火灾。

（4）设置吹灰装置，防止可燃积灰在传热元件上堆积，有利于防止着火。

（5）空气预热器设有火灾探测系统。通过监视空气预热器的进、出口烟气和空气的温度，监控是否着火。进、出口温度中任一点或更多点的温度不正常上升，能够更早一些发现空气预热器着火，以便采取措施避免或减少空气预热器的损坏。

图 4-20 固定式喷水管道

（6）假如可以隔离着火区域，停止空气预热器的转动，水可以直接浇在火焰上更好，另外，如果在几处燃烧，要连续转动转子，以确保水浇到燃烧区域。

2. 锅炉燃烧器

锅炉燃烧器分为油燃烧器和煤粉燃烧器（见图4-21），油燃烧器主要用于点火及助燃，在机组达到最低稳燃负荷前参与燃烧，机组达到最低稳燃负荷后将停止运行油燃烧器，仅运行煤粉燃烧器带机组负荷。

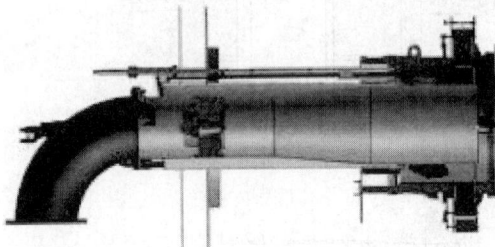

图 4-21　煤粉燃烧器

为减少投资和燃油消耗量，新建煤粉炉机组采用微油点火技术或等离子点火技术。常规大油枪燃烧器布置在煤粉燃烧器之间，根据锅炉燃烧需要设置不同层数。微油点火油枪和等离子点火装置根据锅炉燃烧需要布置在适合的煤粉燃烧器层。

（1）等离子点火燃烧器。等离子点火技术的点火机理是靠等离子体发生器发射的高温等离子体射流，直接点燃一次风煤粉，实现冷风点火。

采用等离子点火燃烧器时，既要保证启动过程不爆燃、不发生二次燃烧、满足启动曲线的要求，还要满足正常运行时主燃烧器的基本性能不受影响、不超温、不结渣、锅炉效率和NO_x排放不受影响。等离子燃烧器的结构示意图和系统示意图见图4-22和图4-23。

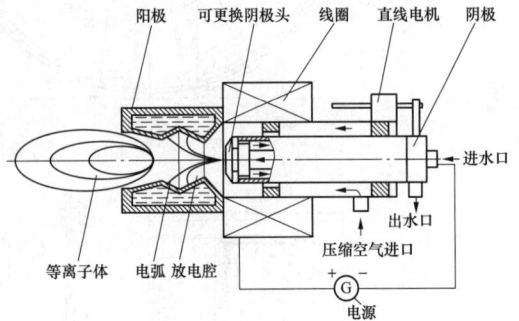

图 4-22　等离子点火燃烧器结构示意图

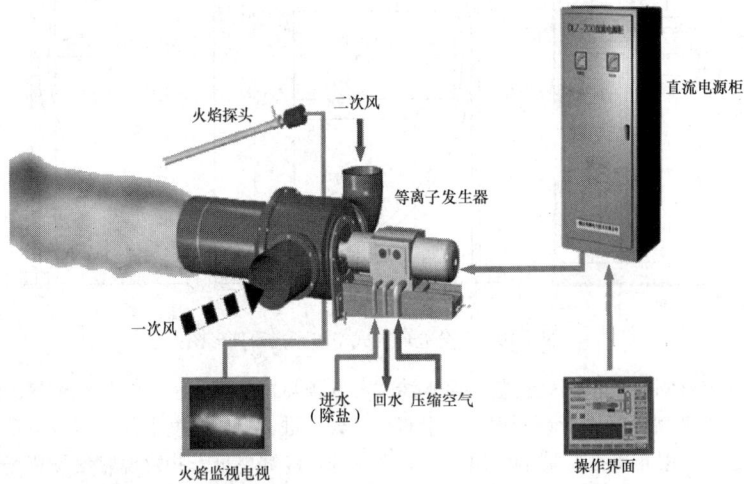

图 4-23　等离子点火燃烧器系统示意图

（2）微油点火燃烧器。微油点火技术是采用微油点火燃烧器在特殊设计燃烧室内高强度燃烧，产生高温油火焰。高温油火焰将通过煤粉燃烧器的一次风粉加热到煤粉的燃烧温度，并将通过煤粉燃烧器的所有煤粉点燃后送入炉膛，达到点火启炉和低负荷稳燃的目的。

微油点火系统的设计必须保证：在机组整体启停过程的安全可靠，即要求微油点火系统能安全稳定地点燃煤粉，不发生爆燃和二次燃烧；在运行中不影响主燃烧器的正常工作，不影响炉内的燃烧组织；点火投入功率能满足锅炉点火启动曲线的要求；满足低负荷稳燃的要求；满足检修周期的要求。

微油点火燃烧器结构示意图和系统示意图见图4-24和图4-25。

四、烟风道

燃烧系统中的主要管道有二次风道和烟道。风道和烟道均可以采用方形管道，也可以采用圆形管道。二次风道和烟道均设有关断风门，采用电动执行机构，事故状态可以快速关断。

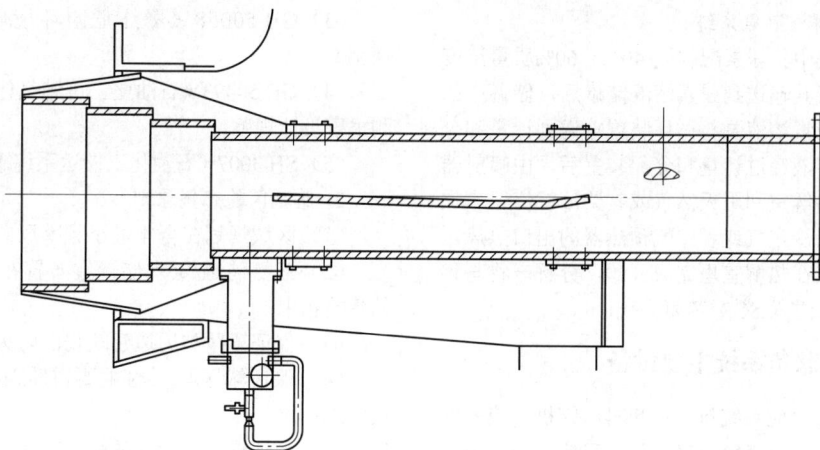

图 4-24　微油点火燃烧器结构示意图

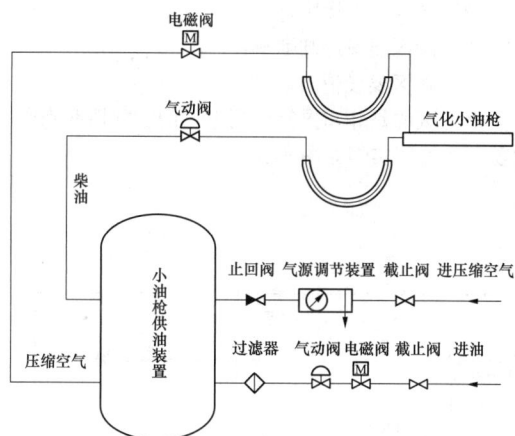

图 4-25　微油点火系统示意图

五、燃烧系统防火要求

（1）当送风机和引风机有润滑油站时，润滑油站内的油箱和油泵需考虑防火和消防。

（2）在空气预热器进出口烟道和风道上应设温度传感器，控制室应设有温度报警。

（3）除尘器的进出口烟道上，应设置烟温测量和超温报警装置。

（4）布袋除尘器进口烟道的每个流道上宜设置关断门，避免事故时高温烟气烧坏布袋。

第三节　烟气脱硝系统

一、烟气脱硝系统种类

火力发电厂烟气脱硝技术工艺主要有选择性非催化还原法（SNCR）、选择性催化还原法（SCR）、SNCR/SCR 联合脱硝技术等。

二、还原剂制备区

氨的制备一般采用以下三种方法：尿素法、纯氨法、氨水法。氨水制氨法通常是用 25%的氨水溶液，将其置于存储罐中，然后通过加热装置使其蒸发，形成氨气和水蒸气。氨水为液体，不需压力容器储存，较无水液氨相对安全。目前，火力发电厂常用制氨方法为纯氨法和尿素制氨法。

1. 纯氨法储氨系统

液氨储备系统中，用于脱硝还原剂的纯氨（液态氨）的浓度一般为 99.6%以上，液氨的储存和供应是一个封闭系统：在卸料压缩机的作用下，液氨由槽车输入液氨储罐内；在压差作用下，液氨由储罐输送到液氨蒸发器内蒸发为氨气（在环境温度低于−20℃的地区，液氨需由液氨泵升压后输送到液氨汽化器）。在氨气缓冲罐内，氨气蓄积到一定的压力，由流量阀调节炉前喷氨流量；在混合器中，氨气与稀释空气混合均匀，再经由喷嘴喷入烟道；由排污口、安全阀动作等因素产生的废氨气经过封闭管道系统首先排入氨稀释槽中，在稀释槽内经水吸收后排入废水池；若阀门泄漏或事故泄漏出氨，将需要采用大量喷淋水冲洗稀释，废液排入废水池。

2. 尿素水解法制氨系统

水解法尿素制氨工艺是将浓度约 40%～60%的尿素溶液被输送到水解器内，高温饱和蒸汽直接从水解器底部喷入尿素溶液里，尿素溶液被加热分解成 NH_3 与 CO_2，水解器内形成气液两相平衡体系；平衡体系的压力为 1.5～3.0MPa，温度为 180～250℃；水解器内液面维持平衡，多余的液体通过溢流装置返回到热交换器，热交换器可加热来流尿素溶液；溢流液体通过闪蒸的方式，将所含的氨释放出来进入氨气供应管道，其余的液体则返回尿素溶液储罐。

3. 尿素热解法制氨系统

在溶解系统中将尿素配制成 40%～60%质量浓度的尿素溶液，将其输送到尿素溶液储罐后，储罐中的尿素溶液经过尿素溶液泵与循环装置输送到计量和分配装置。尿素溶液经过计量和分配装置后，由喷射器喷入热解室。热解室利用天然气或者柴油燃烧器来加热，助燃空气为冷空气或者空气预热器的出口热风。雾化的尿素溶液在热解室里完成分解，分解产物与稀释空气混合后，进入 SCR 喷氨系统。

三、液氨储备系统主要设备

氨的储存与供应系统包括：卸料压缩机、液氨储罐、液氨蒸发槽、氨气缓冲罐、氨稀释槽、废水泵、废水池、稀释风机以及混合器等。

四、储氨区布置

1. 储氨区设计应遵循的标准和规范

（1）GB 50016《建筑设计防火规范》；

（2）GB 50160《石油化工企业设计防火规范》；

（3）GB 50058《爆炸危险环境电力装置设计规范》；

（4）GB 50493《石油化工可燃气体和有毒气体检测报警设计规范》；

（5）SH 3007《石油化工储运系统罐区设计规范》。

2. 储氨区的布置原则

（1）区域规划在全年最小频率风向的上风侧；

（2）液氨储罐/氨水储罐宜布置在敞开式带顶棚的建筑物中；

（3）保证罐区与周边建筑物的防火间距；

（4）保证罐区与厂内主要道路及次要道路的防火间距；

（5）保证罐区内设备的防火间距；

（6）罐区要设防火堤；

（7）罐区要设遮阳篷；

（8）罐区要设冷却喷淋；

（9）罐区要设消防通道。

储氨区的具体布置需根据电厂的实际情况确定，储氨区布置图实例如图 4-26 所示。

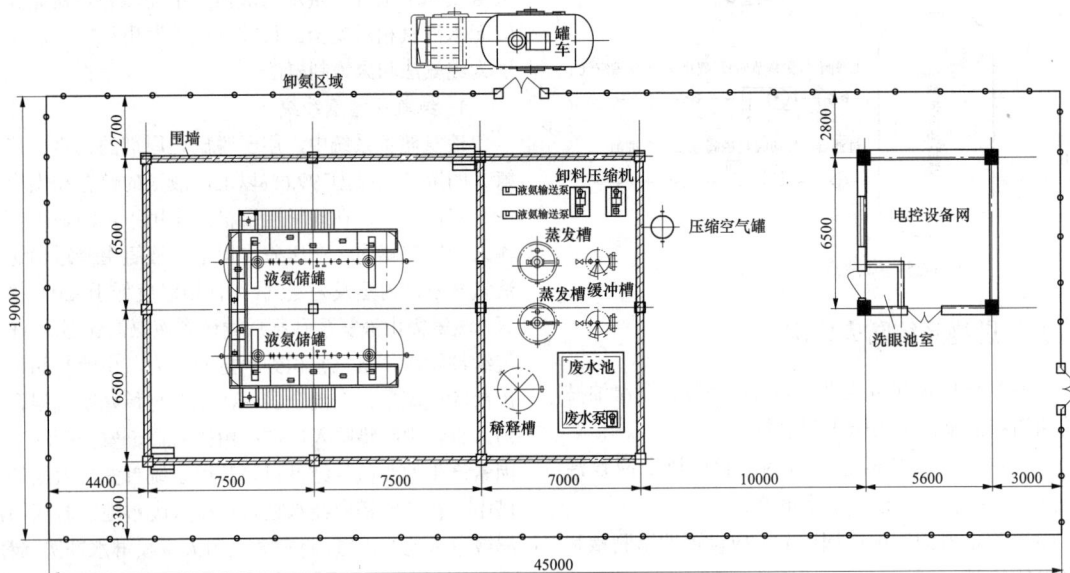

图 4-26 储氨区布置图

3. 氨管道布置

（1）所有接触液氨、氨水、氨气的材质不应采用铜质材料，液氨、氨气管道可采用碳钢或不锈钢，氨水管道宜采用不锈钢。

（2）氨管道应采用无缝钢管，除必须用法兰与设备和其他部件相连接外，氨管道管段应采用焊接连接。

（3）氨管道应有防静电的接地措施。

（4）氨管道宜采用架空布置，不应地沟敷设。氨气管道与其他管道共架敷设时，氨气管道应布置在外侧并在上层。

（5）氨管道上的电动阀门采用防爆型电机。

五、尿素法制氨区

尿素水解法制氨区布置图实例如图 4-27 所示。

尿素热解法制氨由于没有氨储存在闪蒸槽或水解器内，因而不会有任何的氨气储存及氨气泄漏；系统不含压力容器，安全性较高；没有水解反应器及可能产生的氨气金属腐蚀、泄漏。尿素热解法制氨区布置图实例如图 4-28 所示。

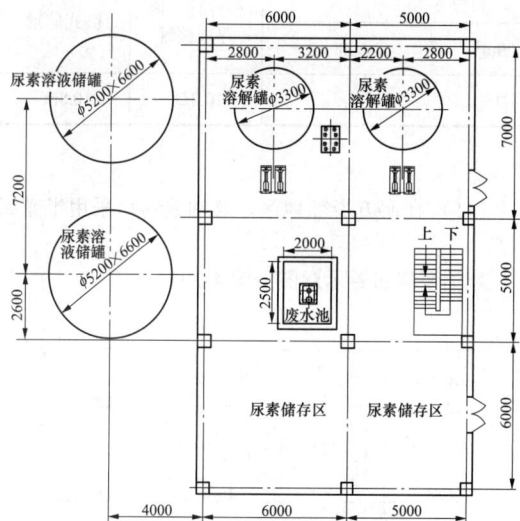

图 4-27　尿素水解法制氨区布置图

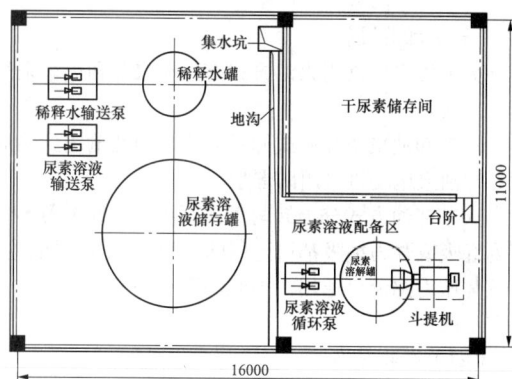

图 4-28　尿素热解法制氨区布置图

第四节　燃　油　系　统

一、火力发电厂常用油品

火力发电厂大多设置有供锅炉点火用油的点火储油罐，是电厂的重点防火部位，应采取严格的防火措施。

火力发电厂点火及助燃油使用油品以轻柴油、重油居多，均属可燃油品。根据 GB 50016—2014《建筑设计防火规范》的相关规定，轻柴油和重油均属于丙类液体。

二、燃油设施

（一）油罐区

1. 油罐类型

油罐按材质分为钢质和钢筋混凝土两类。钢质油罐通常地上布置，钢筋混凝土油罐分地下布置和半地下布置。钢制油罐的优点是：施工方便、加热温度不受限制、不易泄漏、占地面积小、投资小；缺点是：备战条件差、需通过保温减少热损失、钢板用量大。钢筋混凝土油罐的优点是：省钢板、热损失少、备战条件好；缺点是：施工麻烦、加热温度不允许超过 80℃、投资大、一旦着火灭火较为困难。

轻油和重油均可用钢质油罐储存。钢筋混凝土油罐多用来储存重油。目前，电厂采用钢质油罐较多。

火力发电厂钢质燃油储罐宜采用固定顶储罐。

2. 厂区油罐数量及储量

（1）燃用轻油的机组宜设 2 个油罐，燃用重油的机组宜设 3 个油罐。

（2）对于新建电厂，采用节油点火方式时，油罐容量选取如下：

1）200MW 级及以下机组为 2×200m³；

2）300MW 级机组为 2×（200～300m³）；

3）600MW 级机组为 2×（300～500m³）；

4）1000MW 级机组为 2×（500～800m³）。

（3）对于新建电厂，采用常规点火方式时，油罐容量选取如下：

1）125MW 级机组为 2×500m³ 或 3×200m³；

2）200MW 级机组为 2×1000m³ 或 3×500m³；

3）300MW 级机组为 2×（1000～1500m³）或 3×1000m³；

4）600MW 级机组为 2×（1500～2000m³）或 3×（1000～1500m³）；

5）1000MW 级机组为 2×2000m³ 或 3×1500m³。

（4）对于循环流化床锅炉机组，油罐容量选取如下：

1）200MW 及以下机组为 2×500m³；

2）300MW 级机组为 2×800m³。

3. 油罐区布置

（1）油罐可单一布置，也可数个一起布置，单独布置或数个一起布置的地上或半地下油罐，其四周应设置防火堤（墙）。防火堤（墙）应能承受油罐事故时的液柱压力，其外侧四周应有排水措施。油罐布置宜排成一排或两排。地上油罐的基础宜略高出防火堤内地面的标高。

（2）一个油罐区内油罐壁间的防火间距应不小于表 4-4 的要求。

（3）防火堤（墙）内空间容积不应小于储罐地上部分总储量的一半，且不小于最大罐的地上部分的储量。防火堤内侧基脚线至相邻燃油罐外壁的距离，不应小于油罐的半径。

表 4-4 　　　　　　　　　　　　　　　油罐之间的防火间距

储存液体类别	单罐容积不大于 300m³，且总容量不大于 1500m³ 的立式储罐组	固定顶储罐（单罐容量）			外浮顶、内浮顶储罐	卧式储罐
		≤1000m³	>1000m³	≥5000m³		
丙 A 类	2m	0.4D			0.4D	0.8m

注　D 指两相邻油罐中较大油罐的直径。

（4）整个油罐区周围应设宽度不小于 3.5m 的消防车道。防火堤（墙）外侧与消防车道之间不宜设有管道通廊和其他建筑物，如设有低支墩管道通廊，则管道上应设有便于消防人员工作的不燃烧材料的过桥。

4. 油罐的保温

（1）油罐的保温设计应符合 DL/T 5072《火力发电厂保温油漆设计规程》的有关规定。

（2）油罐的保温设计应根据燃油品种和当地气候条件确定。当燃油的凝点高于当地多年极端最低气温时，应对油罐进行保温。

（3）油罐的保温材料，应采用不燃烧材料。

（4）当受环境温度影响，容易引起油罐温度升高的机组，金属油罐应设置油罐降温措施。对于未设保温的油罐可以采用外部喷淋方式，对于设置保温的油罐可以采用向油罐加热器中通冷却水的方式。

（二）燃油泵房

（1）地下燃油泵房与地下油罐连接的管道宜采用直埋的方式，在罐前的阀门井应有通风装置，井下阀门应用传动杆引到地面。

（2）地下或半地下燃油泵房的控制室、配电间和通风机室等均应布置在地面上。

（3）为了防止渗油、漏水，所有的燃油泵房低于地面标高的地下穿墙管道和电缆均应采取严密密封措施。

（4）燃油泵房应满足有关照明防爆规定。燃油泵房应设置有必要的消防措施。

（5）泵房内应有电话直通调度室和锅炉房，并有必要的通信设备与消防和有关部门联络。

（6）泵房附近应有火警信号，当发生火警时可通告全厂。

（7）供油泵、再循环油泵应集中布置在燃油泵房内，卸油泵可布置在卸油栈台附近或燃油泵房内。

（8）燃油泵房应设在油罐防火堤外，并与防火堤有足够的防火间距。

（9）燃油泵房按功能分区，应设置油泵区、电气控制室和辅助间。燃油泵房内应设油泵和电机的检修起吊设施，电动葫芦应采用防爆型电机。

（10）燃油泵房应设置必要的泄压设施，安装通风设备和可燃气体报警器，及时排除可燃气体。

（11）在南方炎热地区，燃油泵房可采用半露天布置。

燃油泵房布置示意图见图 4-29。

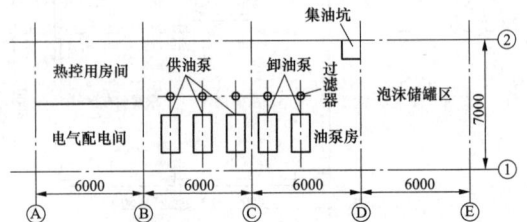

图 4-29　燃油泵房布置示意图

（三）卸油设施

火力发电厂常用来油方式有汽车来油和火车来油两种方式。

汽车卸油采用离心式卸油泵将燃用油输送到储油罐。卸油泵电动机采用防爆型。

火车卸油方式分上卸与下卸两种。上卸装置不论其为虹吸或强力抽吸都可通用同一鹤管；下卸导油管、自流与压力憋流可通用，但强制下卸因其要求密封，略有不同。

（四）供油设施

1. 供油系统

（1）系统选择。电厂的供油系统是指从油罐经过滤器、供油泵、加热器直到锅炉的管道连接方式。它基本上由油罐母管、加热回路及加热器出口母管三部分组成。

当电厂采用轻油作为点火及助燃油时，供油系统宜采用一级泵系统，原则系统如图 4-30 所示。

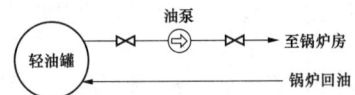

图 4-30　轻油一级供油泵原则系统图

当采用重油作为点火及助燃油时，供油系统宜采用二级泵系统，原则系统如图 4-31 所示。

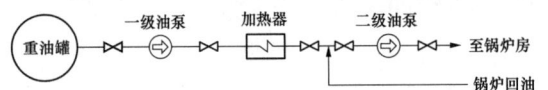

图 4-31　重油二级供油泵原则系统图

当重油的供油系统采用一级泵系统时，回油管路需增加回油冷却器，原则系统如图 4-32 所示。

（2）工程应用中的系统图。轻油一级泵供油系统如图 4-33 所示，重油二级泵供油系统如图 4-34 所示。

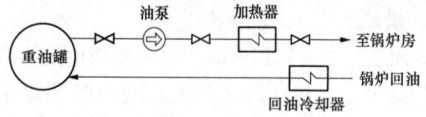

图 4-32　重油一级供油泵原则系统图

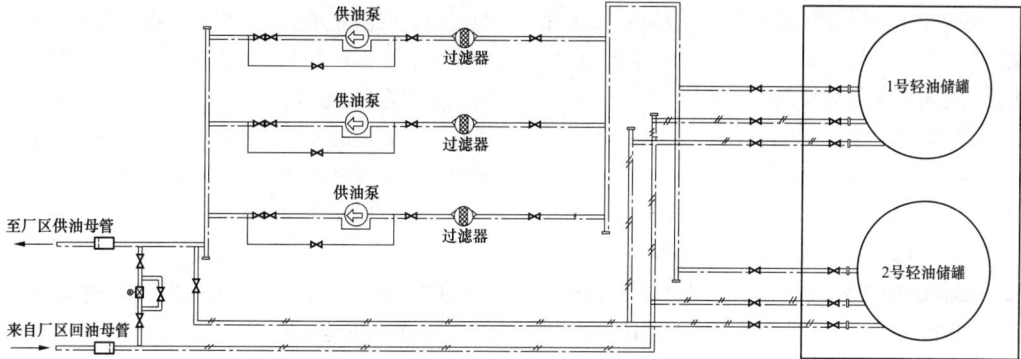

图 4-33　轻油一级泵供油系统

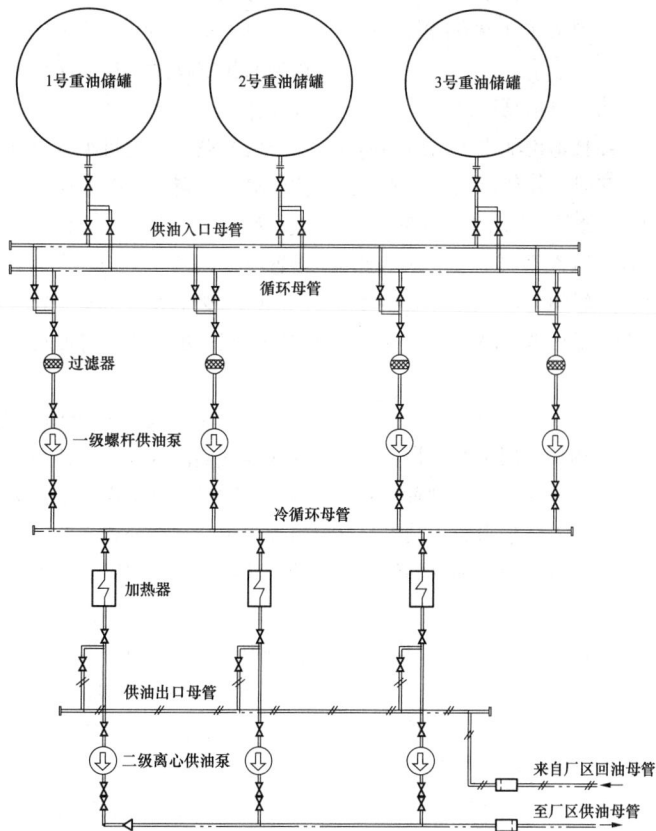

图 4-34　重油二级泵供油系统

2. 供油泵

供油泵类型应根据油品和供油参数确定。当输送的油品黏度小，压头较低且流量较大时，宜采用离心泵；当输送的油品黏度大，压头较高且流量较小时，宜采用往复泵、螺杆泵或齿轮泵。供油泵可采用定速电机或变频电机驱动。当电厂燃用奥里乳化油时，应采用螺杆泵输送，变频调节。对于二级泵系统，一级供油泵宜选择螺杆泵，二级油泵宜选择离心泵。

供油泵电机采用防爆型。

（五）燃油管道

1. 燃油管道伴热和保温

（1）燃油管道的保温设计应符合 DL/T 5072《火力发电厂保温油漆设计规程》的有关规定。

（2）燃油管道的保温材料，应采用不燃烧材料。

（3）燃油管道应根据燃油品种、环境温度采用不同的伴热保温方式：

1）重油、原油管道应设伴热保温。

2）当柴油的凝点低于电厂历年最冷月平均气温时，柴油管道可不设保温，否则柴油管道应保温，对北方寒冷地区还应伴热。

（4）燃油管道伴热保温时，可根据实际情况选用蒸汽外伴热或电伴热方式，经技术论证也可采用其他伴热方式。当采用蒸汽外伴热时，伴热蒸汽温度应根据燃油特性确定，伴热蒸汽温度应低于油品的自燃点，且不应超过 250°C，并应保证管内燃油不发生碳化变质。对于黏度较低的油品，如轻油，根据电厂实际情况如有多余的热水，也可以采用热水伴热。

2. 燃油管道布置

（1）燃油管道应架空布置。

（2）当受条件限制时，厂内可采用地沟敷设，但应分段封堵；厂外可采用短距离直埋，但须设置检漏设施，并对管道进行防腐处理。当燃油管道埋地穿越道路时应加装套管，且套管内应设支撑，使燃油管道能自由膨胀。

（3）油罐区卸油总管（母管）和供油总管（母管）应布置在油罐防火堤之外。

（4）进出油罐防火堤的各类管线、电缆宜从防火堤顶跨越；当必须穿过防火堤时，与防火堤间的缝隙应采用防火堵料紧密填塞，当管道周边有可燃物时，还应在堤体两侧 1m 范围内的管道上采取防火保护

措施；当直径大于或等于 32mm 的燃油管道穿过防火堤时，除填塞防火封堵材料外，还应设置阻火圈或阻火带。

（5）防火堤内所有管道不得贴地布置，管子外壁（若保温时指保护层外壁）离地净空应不小于 200mm。

（6）燃油管道不得安装在蒸汽管道附近；当必须安装在蒸汽管道附近时，应在燃油管道和蒸汽管道之间应设置保温隔热垫层，燃油管道应布置在蒸汽管道的下方。当不符合上述要求时，应在蒸汽管道保温材料上设置金属密封保护层。燃油管道阀门和法兰应布置在高温管道的下方，若布置在高温管道的上方时，高温管道应保温良好，且采用密闭的金属保护层，并在燃油管阀门和法兰的下方设收油盘，把漏油及时排到安全的地方。

（7）火力发电厂中的架空管道应每隔 20～25m 接地 1 次，接地电阻不大于 30Ω。不能保持良好电气接触的阀门、法兰、弯头等管道连接处应用导体跨接。

（六）柴油发电机组油系统

（1）火力发电厂保安用柴油发电机组宜布置在单独的建筑物内，其供油系统应按制造厂家的要求进行设计。

（2）柴油发电机组宜设高位油箱，也可同时设低位油箱。油箱不应布置在柴油机的正上方。油箱的有效容积宜满足机组连续满载运行 8h 的用油量。油箱宜设置隔墙。

（3）柴油发电机室外宜设置事故油坑，事故油坑的容积应满足事故时将油箱、油管道及柴油机中油排净的要求。

（4）柴油发电机组油箱供油方式可采用管道供油或独立供油方式。当柴油发电机组用油与锅炉点火用油一致时，宜采用锅炉点火供油母管向柴油发电机组油箱供油。供油管道和回油管道应设置紧急切断用的快关阀。油箱应设油位指示器。

（5）柴油发电机组排气管上应装设消声器，排气管室内部分应采用不燃烧材料保温。

（6）柴油机曲轴箱宜采用正压排气或离心排气；当采用负压排气时，连接通风管的导管应设置钢丝网阻火器。

（7）柴油发电机室布置实例见图 4-35。

排气管

油沟200×200

油箱

K4　K6

新风摆叶

柴油发电机

排风摆叶

排风管道

新风摆叶

输出柜

排风软连接

油箱

油箱

油沟

输出柜

柴油发电机

KJ　KH　KG

K4　K6

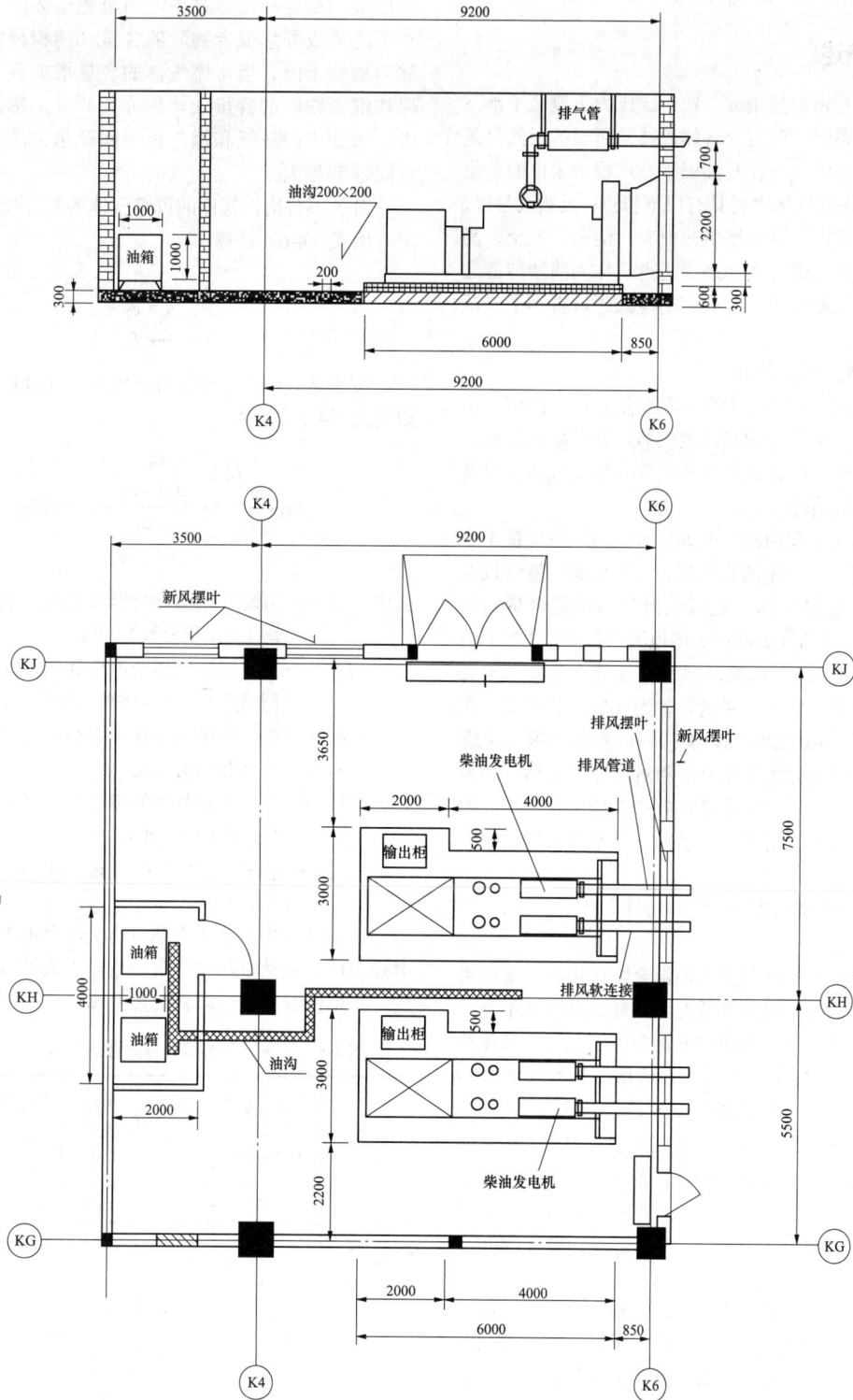

图4-35　柴油发电机室布置

第五节 天然气系统

一、概述

天然气是指自然生成，在一定压力下蕴藏于地下岩层孔隙或裂缝中的混合气体，通常所说的天然气是指从气田采出的气，以及油田采油过程中采出的伴生气。天然气作为气体燃料具有以下特点：天然气与煤、石油等能源相比，具有燃烧热值高、清洁、安全、易于运输和储存、燃烧效率高等优点，作为清洁能源之一，在以燃气轮机电厂为代表的能源领域得到了广泛应用。

（一）天然气的组成

天然气的主要成分为甲烷及少量乙烷、丙烷、丁烷等低相对分子质量饱和烃类气体，并可能含有氮、氢、二氧化碳、硫化氢和水蒸气等非烃类气体，以及少量氦、氩等惰性气体。

气田气（如我国四川的天然气）的甲烷含量不少于90%，还含有少量的硫化氢、二氧化碳、氮气以及微量的氦、氩等气体；凝析气田气的甲烷含量约为75%；石油伴生气（如我国大港地区的石油伴生气）的甲烷含量约为80%，乙烷、丙烷、丁烷等含量约为5%。

单位体积天然气的质量，称为天然气的密度。在标准状态下（101.325kPa，0℃），天然气密度与干燥空气密度的比值称为天然气的相对密度。天然气的相对密度一般小于1，通常在0.5～0.7范围内变化。因此，天然气比空气密度小，易挥发，不易聚积，安全性能较好。

（二）天然气的燃烧、爆炸特性

1. 着火温度

着火温度指燃气与空气的混合物在没有火源作用下被加热而引起自燃的最低温度。着火温度并不是一个固定值，它和空气与燃料的混合浓度和混合气体的压力有关。在1个大气压下，纯甲烷的着火温度为537℃。如果混合气体的温度高于着火温度，则在很短的时间后，气体将会自动点燃。天然气的着火温度会随着组分的变化而变化，例如，若天然气中碳氢化合物的重组分比例增加，则着火温度降低。天然气中可燃气体的自燃点除硫化氢（270℃）外，都在400～700℃之间。

除了受热点火外，天然气还能被火花点燃，如衣服上的静电，也能产生足够的能量点燃天然气。因此，工作人员不能穿化纤类的衣服操作天然气，化纤布比天然纤维更容易产生静电。

2. 爆炸极限

可燃气体的火灾与爆炸危险性的大小，主要取决于爆炸极限。可燃气体和空气的混合物遇明火而引起爆炸时的可燃气体含量（体积分数）范围称为爆炸极限。在这种混合物中，当可燃气体的含量减少到不能形成爆炸混合物时的含量（体积分数）时，称为爆炸下限。当可燃气体的含量增加到不能形成爆炸混合物时的含量（体积分数）时，称为爆炸上限。爆炸下限越低和爆炸极限间距越大的气体，其危险性就越大。

对于不含惰性气体的可燃气体的混合物，爆炸极限可用式（4-6）计算：

$$L = \frac{100}{\sum \frac{\phi_i}{L_i}} \tag{4-6}$$

对于含有惰性气体的可燃气体的混合物，爆炸极限用式（4-7）计算：

$$L_D = \frac{L\left(1 + \frac{\phi_D}{100 - \phi_D}\right)}{100 + L\left(\frac{\phi_D}{100 - \phi_D}\right)} \times 100\% \tag{4-7}$$

式中　L——可燃气体混合物爆炸极限（上限或者下限）（体积分数），%；

　　　L_D——含有惰性气体的混合燃气爆炸极限（上限或者下限）（体积分数），%；

　　　ϕ_i——单一可燃气体在不含惰性气体的燃气中的体积分数，%；

　　　L_i——单一可燃气体的爆炸极限（上限或者下限）（体积分数），%；

　　　ϕ_D——惰性气体在混合燃气所占的体积分数，%。

在表4-5中列出了天然气有关组分的爆炸下限和爆炸上限。天然气与空气混合后，当天然气的浓度达到一定范围时，遇火源就会发生爆炸。

表4-5　天然气各组分燃烧爆炸参数

名称	最大爆炸压力（×10⁵Pa）	爆炸下限（%）	爆炸上限（%）	蒸汽相对密度（空气为1）	自燃点（℃）
甲烷	7.2	5.0	15.0	0.55	595
乙烷	—	3.0	12.5	1.04	515
丙烷	8.6	2.1	9.5	1.56	470
丁烷	8.6	1.5	8.5	2.05	365
戊烷	8.7	1.4	7.8	2.49	285
氢	7.4	4.0	75.6	0.07	560
一氧化碳	7.3	12.57	4.0	0.97	605
硫化氢	5.0	4.3	45.5	1.19	270

天然气中的主要成分是甲烷，其爆炸极限接近甲烷的爆炸极限 5%～15%，按照 GB 50160—2008《石油化工企业设计防火规范》的规定，其火灾危险性为甲类可燃气体，因此，使用天然气的场合发生漏气有很大的火灾危险，必须采取特别的防火防爆措施。

3. 天然气在火力发电厂中的应用

近年来，随着燃气-蒸汽联合循环渐趋成熟以及分布式能源的推广，使得燃用天然气的燃气轮机电站得到了非常迅速的发展。此外，为抑制因燃煤污染而造成的大气质量严重恶化，大城市开始将燃煤锅炉改为燃气或燃油的"蓝天工程"，燃用天然气的燃气锅炉将得到进一步推广。

二、燃气轮机

燃气轮机是将气体压缩、加热后送入透平中膨胀做功，把一部分热能转变为机械能的旋转原动机。燃气轮机由压气机、加热工质的设备（如燃烧室）、燃气透平、控制系统和辅助设备组成。燃气轮机的主要辅助设备有燃料系统、润滑油系统和液压油系统、进排气系统、启动装置等。

1. 燃气轮机的火灾危险性

（1）燃气轮机本体火灾危险性。燃气轮机机组设有罩壳，罩壳内分设辅机间和轮机间。在辅机间和轮机间中，由于运行时机间内温度很高，存在润滑油、燃油的挥发气体或油气，或者气体燃料的泄漏，很容易发生火灾。一般采用高压二氧化碳灭火系统，用于辅机间及轮机间的灭火。

（2）天然气供应系统火灾危险性。燃气轮机采用的燃料为天然气或其他类型气体燃料时，由于可燃气体的特殊性，就潜在地存在供气系统泄漏危险，可能导致火灾甚至爆炸。图 4-36 给出了某燃气轮机的天然气供应系统图。

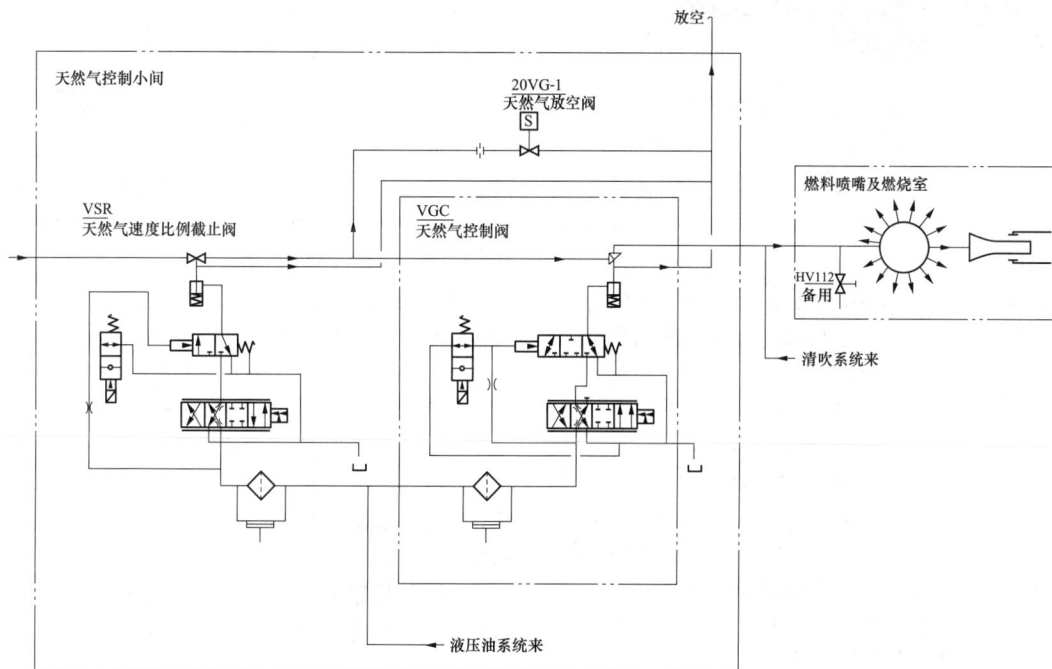

图 4-36　某燃气轮机的天然气供应系统图

从图 4-40 可以看出天然气供应系统由快速关断的速度比例截止阀、控制阀以及放空阀组成，一旦遇到紧急情况，快速关断的速度比例截止阀及控制阀关断，放空阀开启，排除比例截止阀与控制阀之间以及控制阀与燃烧室间内的管道中的剩余天然气。

2. 燃气轮机的防火措施

（1）燃气轮机采用的燃料为天然气或其他类型气体燃料时，外壳应装设可燃气体探测器。

（2）当发生熄火时，燃气轮机入口燃料快速关断阀宜在 1s 内关闭，厂内天然气管道上应设置放空管、放空阀及取样管。

（3）燃气轮机罩壳内应设置通风机，以排出可燃气体。

（4）燃气轮机罩壳内应设置自动气体灭火系统。

（5）燃气轮机着火时，应使用高压二氧化碳系统或者干粉灭火器、二氧化碳灭火器等进行扑救。未断电时，不得使用泡沫灭火器和用消防水喷射灭火。

（6）燃气泄漏量达到测量爆炸下限的 20%时，不允许启动燃气轮机。

（7）点火失败后，重新点火前必须进行足够时间的清吹，防止燃气轮机和余热锅炉通道内的燃气浓度在爆炸极限内而发生爆燃事故。

（8）严禁在运行中的燃气轮机周围进行燃气管系燃气排放与置换作业。

三、天然气调压站

天然气调压站是用来调节、降低和稳定控制管网下游及其燃气用户前压力工况的关键设备，是燃气轮机和燃气锅炉稳定运行所必需的设备，见图4-37。

图 4-37　天然气调压站

1. 天然气调压站分类及组成

根据上游来气压力的不同以及燃气轮机或燃气锅炉对天然气压力的要求，天然气处理系统一般分为天然气调压站和天然气增压站。天然气调压站是将较高的入口压力降至较低的出口压力，并随着天然气的需用工况的变化自动控制出口压力在一定范围内保持稳定。天然气增压站是将较低的入口压力提升至较高的出口压力，并随着天然气的需用工况的变化自动控制出口压力在一定范围内保持稳定。

图4-38是调压站调压阀系统示意图，适用于来气压力高的电厂，配置减压稳压装置来满足燃气轮机要求。经压力调整后的天然气被送至燃气轮机天然气前置模块性能加热器、过滤器等设备进行加热过滤，最后进入燃气轮机燃烧室进行预混或扩散燃烧，生成高温高压烟气推动透平发电。

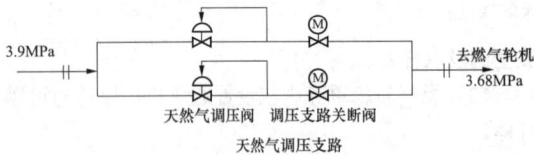

图 4-38　调压站调压阀系统示意图

图4-39是增压站调压阀系统示意图，在增压机出力不变的情况下，天然气来气压力被减压至一个固定值，然后经增压机增压至要求的压力。为了达到节能的效果，一般为增压机设置变频，随天然气压力的变化进行调整运行方式，以达到增压机节约电能的目的。

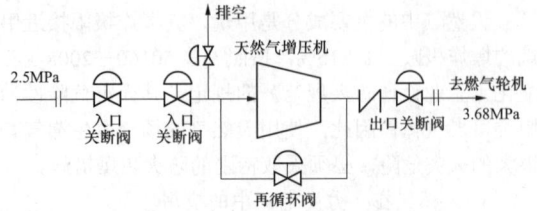

图 4-39　增压站调压阀系统示意图

天然气调压站除了配置调压系统外，一般还配置进口单元、分离过滤单元、计量单元、可选加热单元及出口单元等，见图4-40。

2. 天然气调压站的火灾危险性及防火措施

（1）按照 DL/T 5174—2003《燃气-蒸汽联合循环电厂设计规定》，天然气调压站在生产过程中的火灾危险性为甲类。

（2）天然气调压站与其他辅助建筑需分开布置，且需要布置在有明火、散发火花地点的常年最小频率风向的下风侧。

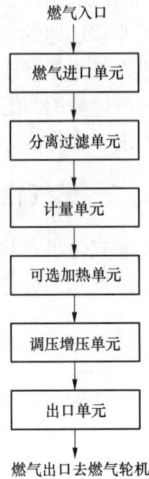

图 4-40　天然气调压站组成框图

（3）天然气调压站应设置避雷设施，站内管道及设备应有防静电接地设施。

（4）进厂天然气气源紧急关断阀前总管和厂内天然气供应系统管道上应设置放空管。

（5）为隔离天然气输送管道的电化学腐蚀对调压站的影响，在调压站的进口单元要设置绝缘接头。同时在进口单元设置有紧急关断阀以及温度、压力传感器，以实现在紧急情况下对系统的隔离。

（6）调压器进、出口联络管或总管上和增压机出口管上均应装设安全阀。调压站内的受压设备和容器，也应设置安全阀。安全阀泄放的气体可引入同级压力的放空管线。

四、天然气管道及附件的防火设计

天然气属易燃易爆气体，在管道设计及附件选择上应遵循以下原则。

（1）设计压力和设计温度应满足如下要求：

1）应按各管段内天然气最高工作压力和最高温度确定；

2）对于气源压力波动大或运行过程中会产生局部高压者，其管道设计压力可按最高工作压力对应的压力等级高一级确定；

3）调压器后的管道设计压力与调压器前管道设计压力相同。

（2）管道输送天然气的流速不宜大于25m/s。

（3）天然气管道及附件材料应选用符合国家标准和石油天然气行业标准的优质钢材，且具有良好的韧性和焊接性能，并在设计上对材料提出韧性要求，预防管道脆性破裂。

（4）除必须用法兰与设备和阀门连接外，天然气管段应采用焊接连接。

（5）为清除施工中管道内存留的杂质和生产运行过程中的凝析液体，天然气管道应设置清管设施，清除杂质和凝析液体。有条件的地方，天然气管道内壁应喷涂环氧基涂料，以保证输送介质纯度。

（6）天然气管道的布置要求：

1）厂内天然气管道宜采用架空布置或直埋敷设，不应采用地沟敷设，防止天然气泄漏时，在密闭的地沟中积聚，达到爆炸极限时发生爆炸。

2）天然气系统应设置置换气体的接口，以供系统启停及检修时使用。置换介质可采用氮气。

3）在主燃料天然气上宜设置成分色谱分析仪，在运行时连续分析天然气成分及其摩尔百分比。色谱分析仪配有2个标准气瓶，其中一个为氮气，另一个是标准校验气体。

4）在锅炉或燃气轮机燃烧器前的输气管道上应设置快速关断阀，阀门的布置应尽量靠近燃烧器，以减少管内存气，引起回火燃烧。

5）直埋天然气管道应进行防腐处理，并设置检漏措施。直埋管道埋深不低于1m，通过车辆地段应加套管，地面上应设置警示标志。直埋天然气管道还应考虑绝缘。

6）天然气管道的始端、末端、分支处及间隔50m处设防静电接地，对于静距小于100mm的平行或交叉管道，应每隔20m用金属线跨接。

（7）天然气管道的安全泄放要求：

1）为防止系统超压或者存留在管道内的天然气漏入炉膛，发生爆炸，天然气管道的下列部位应设放空管（排放管），放空管上应设置快开阀：①天然气母管；②燃烧器前快速关断阀与闸阀之间的管道；③燃烧器前集气母管（应设两点）；④调压阀前的快速关断阀之间的管道；⑤进调压站关断阀之前的管道和出调压站关断阀之后的管道；⑥两个关断阀（同时关闭）之间的管道；⑦其他防爆部位。

2）调压站内的安全阀泄放气体可接入同级压力的放散管。

3）管道排气放空管、安全阀泄放管应接至放空竖管排入大气，不得就地排放，以保护环境，避免火灾发生。

4）放空管的出口高度应比附件建筑物屋面高出2m以上，且总高度不小于10m，以防止排放出去的天然气不被吸入附近建筑物室内和通风装置内；调压站放空管应设在围墙外，距离围墙应不小于10m。

5）放空管的设置应满足下列规定：①放空竖管的通流能力应满足快速排出管内最大排气要求；②严禁在放空管顶端装设弯管；③放空管应采取稳管加固措施。

（8）天然气管道附件。

1）天然气管道附件严禁使用铸铁件，应采用锻钢件。当管道附件与管道采用焊接连接时，两者材质应相同或相近。

2）天然气输气管道上的阀门设置应符合下列要求：①输气管道干线上应设置关断阀，并具有紧急关闭功能；②输气管道上的安全阀宜选用先导式安全阀、泄压阀；③在防火区内关键部位使用的阀门，应具有耐火性能；④在燃气轮机天然气供气管道靠燃气轮机侧应设管道阻火器。

第六节　润滑油和辅助油系统

一、概述

火力发电厂的润滑油和辅助油系统主要包括汽轮机润滑油系统、给水泵汽轮机润滑油系统、电动给水泵组调速及润滑油系统，中速磨煤机的润滑油系统和液压油系统，轴流式风机的润滑油系统以及汽轮机和给水泵汽轮机的控制油（EH油）系统。

润滑油的闪点为180～200℃，燃点为240～250℃，自燃点为300～350℃。火力发电厂中的高温蒸汽及风道的温度在400℃以上，尤其是汽轮机配套有许多口径不同的蒸汽管道和加热器，而且与油管纵横交错敷设。一旦润滑油泄漏，会喷溅到高温蒸汽管道或相邻高温表面上而造成火灾。润滑油的蒸汽也会与空气形成爆炸性混合气体，遇火源引起爆炸。

二、汽轮机润滑油系统

（一）汽轮机润滑油特性

汽轮机油的品质要满足GB 11120—2011《涡轮机油》中对汽轮机油的要求，见表4-6。

运行中的汽轮机油的品质要满足GB/T 7596—2008《电厂运行中汽轮机油质量》的要求，见表4-7。

表 4-6　　　　　　　　　　　　汽 轮 机 油 特 性 表

项　目		质　量　指　标							试验方法
		A 级			B 级				
黏度等级（GB/T 3141）		32	46	68	32	46	68	100	
外观		透明			透明				目测
色度（号）		报告			报告				GB/T 6540
运动黏度（40℃）（mm²/s）		28.8~35.2	41.4~50.6	61.2~74.8	28.8~35.2	41.4~50.6	61.2~74.8	90.0~110.0	GB/T 265
黏度指数	不小于	90			85				GB/T 1995[①]
倾点[②]（℃）	不高于	−6			−6				GB/T 3535
密度（20℃）（kg/m³）		报告			报告				GB/T 1884 和 GB/T 1885[③]
闪点（开口）（℃）	不低于	186	195		186		195		GB/T 3536
酸值（以 KOH 计）（mg/g）	不大于	0.2			0.2				GB/T 4945[④]
水分（质量分数）（%）	不大于	0.02			0.02				GB/T 11133[⑤]
泡沫性（泡沫倾向/泡沫稳定性）[⑥]（mL/mL）　不大于　　程序Ⅰ（24℃）　程序Ⅱ（93.5℃）　程序Ⅲ（后24℃）		450/0　50/0　450/0			450/0　100/0　450/0				GB/T 12579
空气释放值（50℃）（min）	不大于	5	6		5	6	8	—	SH/T 0308
铜片腐蚀（100℃，3h）（级）	不大于	1			1				GB/T 5096
液相锈蚀（24h）		无锈			无锈				GB/T 11143（B 法）
抗乳化性（乳化液达到 3mL 的时间）（min）　不大于　　54℃　82℃		15　—	30　—		15　—	30　—	—　30		GB/T 7305
旋转氧弹[⑦]（min）		报告			报告				SH/T 0193
氧化安定性　1000h 后总酸值（以 KOH 计）（mg/g）　　　　　　　　　　不大于		0.3	0.3	0.3	报告	报告	报告	—	GB/T 12581
总酸值达 2.0（以 KOH 计）（mg/g）的时间（h）　不小于		3500	3000	2500	2000	2000	1500	1000	GB/T 12581
1000h 后油泥（mg）　不大于		200	200	200	报告	报告	报告	—	SH/T 0565
承载能力[⑧]　齿轮机试验/失效级　不小于		8	9	10	—				GB/T 19936.1
过滤性　干法（%）　不小于　湿法		85 通过			报告 报告				SH/T 0805
清洁度[⑨]（级）　不大于		—/18/15			报告				GB/T 14039

注　L-TSA 类分 A 级和 B 级，B 级不适用于 L-TSE 类。

① 测定方法也包括 GB/T 2541，结果有争议时，以 GB/T 1995 为仲裁方法。

② 可与供应商协商较低的温度。

③ 测定方法也包括 SH/T 0604。

④ 测定方法也包括 GB/T 7304 和 SH/T 0163，结果有争议时，以 GB/T 4945 为仲裁方法。

⑤ 测定方法也包括 GB/T 7600 和 SH/T 0207，结果有争议时，以 GB/T 11133 为仲裁方法。

⑥ 对于程序Ⅰ和程序Ⅲ，泡沫稳定性在 300s 时记录，对于程序Ⅱ，在 60s 时记录。

⑦ 该数值对使用中油品监控是有用的，低于 250min 属不正常。

⑧ 仅适用于 TSE。测定方法也包括 SH/T 0306，结果有争议时，以 GB/T 19936.1 为仲裁方法。

⑨ 按 GB/T 18854 校正自动粒子计数器（推荐采用 DL/T 432 方法计算和测量粒子）。

表 4-7　　　　　　　　　　　　　　　　　　运行中汽轮机油质量

序号	项　目		设备规范	质量指标	检验方法
1	外状			透明	DL/T 429.1
2	运动黏度（40℃）（mm²/s）	32①		28.8~35.2	GB/T 265
		46①		41.4~50.6	
3	闪点（开口杯）（℃）			≥180，且比前次测定值不低于 10℃	GB/T 267 GB/T 3536
4	机械杂质		200MW 以下	无	GB/T 511
5	洁净度②（NAS 1638）（级）		200MW 及以上	≤8	GB/T 432
6	酸值（以 KOH 计）（mg/g）	未加防锈剂		≤0.2	GB/T 264
		加防锈剂		≤0.3	
7	液相锈蚀			无锈	GB/T 11143
8	破乳化度（54℃）（min）			≤30	GB/T 7605
9	水分（mg/L）			≤100	GB/T 7600 或 GB/T 7601
10	起泡沫试验（mL）	24℃		500/10	GB/T 12579
		93.5℃		50/10	
		后 24℃		500/10	
11	空气释放值（50℃）（min）			≤010	SH/T 0308
12	旋转氧弹值（min）			报告	SH/T 0193

① 32、46 为汽轮机油的黏度等级。

② 对于润滑系统和调速系统共用一个油箱，也用矿物汽轮机油的设备，此时油中洁净度指标应参考设备制造厂提出的控制指标执行。

（二）汽轮机润滑油系统主要设备

1. 系统功能

汽轮机润滑油系统为汽轮机和发电机的轴承、盘车装置、顶轴油泵提供润滑油，为汽轮机控制油（EH油）系统提供手动和机械超速脱扣装置控制用压力油，可作为发电机氢密封备用油源，在供给汽轮发电机轴承提供润滑油之前对润滑油进行冷却。

2. 润滑油系统主要设备

（1）主油箱，其功能是存放汽轮机润滑油，供汽轮机保安和润滑用油，排除油系统中从油中分离出来的气体，用滤网过滤掉油中的机械杂质，使润滑油得到初步净化。随着机组容量的增大，油系统中用油量随之增加，油箱的容积也越来越大，为了使油系统设备布置紧凑和安装、运行、维护方便，主油箱采用集装形式，增加了机组供油系统运行的安全可靠性。

主油箱一般有卧式圆筒形和卧式矩形两种。主油箱上安装有交流润滑油泵、直流事故润滑油泵、排烟风机及油位传感器、压力传感器等。图 4-41 给出了卧式圆筒形油箱的外形图。

（2）主油泵，是主轴驱动离心泵，水平地安装在汽轮机的前轴承箱内，泵轴与汽轮机的高压转子刚性

连接。在汽轮机接近额定转速时，主油泵提供润滑油系统和汽轮机电液保护系统全部所需要的润滑油。

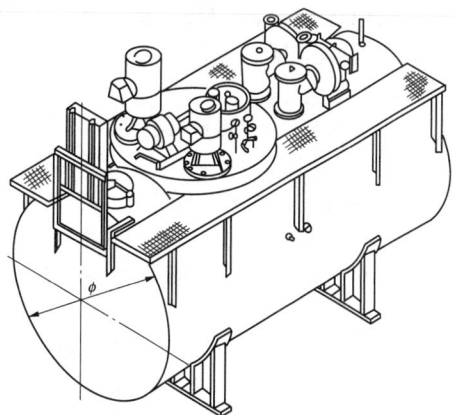

图 4-41　主油箱外形图

（3）冷油器，使通向汽轮发电机轴承的润滑油保持一个适合的温度。冷油器有管式和板式两种。一般润滑油系统中配置 2 台冷油器，在正常运行时，冷油器一台运行一台备用。如果需要，2 台冷油器可以同时运行。

（4）套装油管道（见图 4-42），是将高压油管路布置在低压回油管内的汽轮机供油回油组合式油管路，将各种压力油从集装油箱输往轴承箱及其他用油设备和系统，将轴承回油及其他用油设备和系统的排油输回到集装油箱。套装油管道为一根大管内套若干根小管道的结构，小管道输送高压油、润滑油、主油泵吸入油，大、小管子之间的空间则作为回油管道。这样，既能防止高压油泄漏，增加机组运行的安全性，又能减少管道所占的空间，使管道布置简单、整齐。

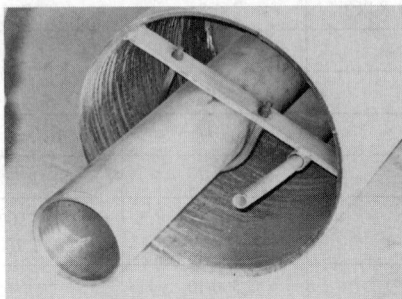

图 4-42　套装油管道

（三）润滑油储存及净化系统

1. 系统功能

润滑油储存及净化系统提供维持部件正常运行所必须的润滑油的油量、压头、温度和合格油品。汽轮机及给水泵汽轮机的润滑油分别通过油净化装置进行部分循环净化，以保证油品质量。设有储存油箱，以便在机组检修时存放润滑油箱及系统内的润滑油，并为系统提供补充油。设有事故储油箱或事故坑，以便在油系统着火或汽机房内其他地方着火威胁油系统安全时，把主机润滑油箱、储油箱及油系统内的润滑油通过事故放油管，排至厂外事故放油坑（箱），以防火灾事故扩大。

2. 润滑油储存及净化系统主要设备

（1）储油箱，其容积按能满足一台机组总油量来选择。将其分隔成容积相等的两部分，一侧储存净油，一侧储存污油。净油侧必须有足够的容积，以满足储存一台机组润滑油量的需要（包括给水泵汽轮机）。储油箱外形见图 4-43。

（2）油净化装置（见图 4-44）。在正常运行中，汽轮机和给水泵汽轮机润滑油箱里的油被分别、连续地进行净化。汽轮机和给水泵汽轮机润滑油箱里的油分别流到汽轮机油净化装置、给水泵汽轮机油净化装置，在进口管上装有闸阀，以控制进入润滑油处理装置的油量。在润滑油处理装置中经过净化处理的油经油泵分别送入汽轮机和给水泵汽轮机的润滑油箱。通过对润滑油连续地进行部分净化，以达到提高全部润滑油品质的目的。

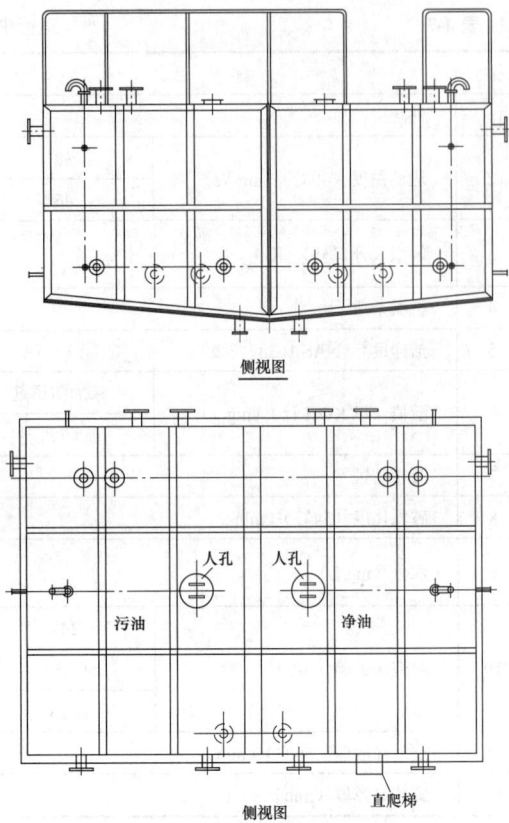

图 4-43　储油箱外形图

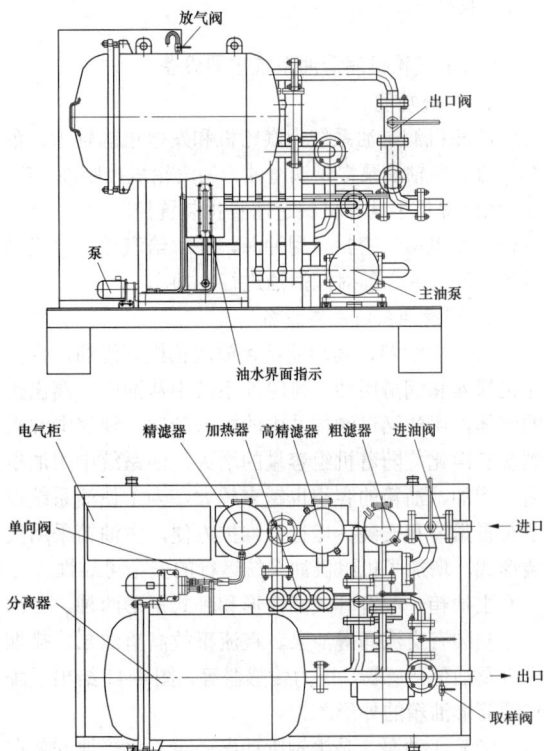

图 4-44　油净化装置外形图

汽轮机（或给水泵汽轮机）润滑油箱中被严重污染的润滑油，可以通过输送油泵排入储存油箱的污油侧，以便净化后重新使用。

储存油箱内的污油，通过油净化装置入口油泵将油分别送至汽轮机油净化装置或给水泵汽轮机油净化装置，净化合格后可以送至汽轮机润滑油箱、给水泵汽轮机润滑油箱或者储存油箱的净油侧。

（3）润滑油输送泵（见图 4-45），输送油泵可以将润滑油箱中放油送入储油箱的净油侧或污油侧，也可以将储油箱的净油输送到主油箱或给水泵汽轮机油箱。输送油泵一般为容积泵，在出口管上装有安全泄压阀，当压力高时，泄压阀开启，泄油至转送油泵入口管道。

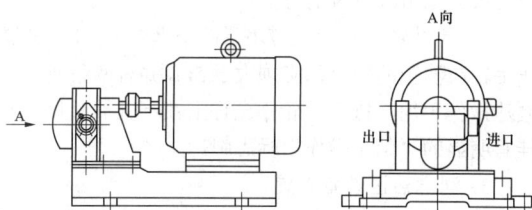

图 4-45　润滑油泵外形图

（四）润滑油系统火灾危险性

统计资料表明，在国内外火力发电厂发生过的重大火灾事故中，汽轮机油系统的火灾事故居多，汽轮机润滑油系统的火灾中由喷油、漏油引起的占 90%以上。

1. 常出现渗油、喷油、漏油

（1）润滑油管道附近特别是法兰、阀门、弯头、焊口等相接处引发的渗油、喷油、漏油事故。

（2）操作不当引发的润滑油泄漏事故。

（3）油管线断裂引发的泄漏事故。

2. 存在点火源

（1）高温表面点火源。润滑油系统附近铺设有高温蒸汽管道、热水管道和运转摩擦的高热部件，有的不便加以保温，有的属于保温不良，致使裸露部位的表面温度达 200～300℃或更高。

（2）静电火花点火源。润滑油在流动和喷射过程中极易产生静电火花，各种摩擦也可能产生静电火花。较高能量的静电火花可直接点燃油蒸气与空气的爆炸性混合气体。

（3）电火花点火源。电气设备在运行中发生短路、接触不良等现象时，均可产生点燃润滑油能量的电火花。

（4）明火点火源。明火点火源包括生产用火和非生产用火两类。生产用火是指生产使用的锅炉明火和检修电气焊动火，非生产用火是指违章违规动用的各种明火，如取暖、照明、吸烟等使用的明火。

（五）润滑油系统易发生火灾的部位

汽轮机润滑油系统管路长、分布广，且与高温蒸汽管路纵横交错敷设，而管路的阀门、法兰多，焊口多，潜在的油泄漏点较多。汽轮机组容易发生火灾的部位，主要有：

（1）汽轮机机头的前轴封箱处。这是高温蒸汽管道与汽轮机油管道布置较为集中的区域，也是最容易因漏油而发生火灾的地方。

（2）机组各轴承部位。汽轮机各轴承处是最容易发生漏油的部位，特别是高、中压缸的前后轴承，机头前轴承，发电机前后轴承，励磁机前后轴承的挡油板处等。

（3）油管和油压表管部位。油压表管在运行中剧烈振动，油管之间、油管与固定附件之间相互摩擦，易造成表管断裂或接头松动而漏油、喷油。

（4）主油箱。氢冷机组氢压过高，油封遭到破坏，氢气易窜入主油箱。

（5）每个低压缸两端的轴承座、排气锥和汽缸底部所形成的凹穴内，通常存有油污。

（六）润滑油系统的防火措施

润滑油系统的火灾探测及灭火见第八章，此处仅从工艺设计角度介绍润滑油系统的防火措施。

润滑油系统的设备、管道及附件的设计、选择过程中还应注意以下问题：

1. 润滑油管道及附件

（1）因为润滑油系统防火等级要求高，输送过程中不得产生杂质，禁止使用铸铁阀门，应采用锻钢或铸钢阀门。

（2）润滑油管道上的阀门及法兰附件、管件（三通、弯头等）按比管道设计压力高一级压力等级选用，以保证系统安全。

（3）润滑油管道上的阀门选择和布置应符合下列要求：

润滑油管道阀门应选用明杆阀门，不得选用反向阀门。

润滑油管道上的阀门门杆应平放或向下布置，防止运行中阀芯（瓣）脱落而切断油路。

（4）为减少泄漏部位，润滑油管道应尽量减少法兰连接，润滑油管道安装酸洗装置应考虑设置分段法兰，但应少设。

（5）油管道应尽可能避开高温管道，或将其布置在高温管道的下方。若布置在高温管道的上方时，高温管道应保温良好，且采用镀锌铁皮做保护层，并在油管阀门、法兰及其他可能漏油处的下方设收油盘，把漏油及时排到安全的地方。高温管道保温应坚固完整，如有油渗入保温层应及时更换。

（6）为了法兰与油管的严密性，防止漏油、渗油，润滑油管道法兰应采用内外双面焊接。汽轮机机头下部和正对高温管道的润滑油管道法兰应采用止口法兰，防止油管法兰泄漏喷到高温管道上引起着火。在高温物体附近的法兰应装设金属罩壳。

（7）润滑油管道及阀门的法兰垫片不得选塑料垫、橡皮垫和石棉纸垫，应使用耐油耐热垫片。油管法兰泄漏容易喷到高温蒸汽管上引起着火，法兰上使用的塑料垫、橡皮垫，会迅速烧毁，造成喷油酿成大火。长期使用的塑料垫、橡皮垫会硬化，失去密封弹性，所以不能使用。润滑油垫片的厚度不应超过 1mm。

（8）油管道长时间振动会使油管法兰紧固件松弛而漏油，细小的支管，其根部的强度较低，容易产生裂纹而汇漏。因此，油管道应防止振动，其支架必须牢固可靠，支管根部应加强，并能适应热膨胀的要求。

（9）靠近汽轮机的油管道由于经常处于振动状态，容易发生与其他物体接触摩擦而破裂，因此油管道应布置在振动较小的地方，并用支架固定，防止油管道与其他物体之间、油管道与铁板等发生碰撞摩擦。

（10）润滑油管路应采用套装式油管，供油管套在回油管内。发电机和励磁机轴承的进油管可不采用套装式油管。回油油量按套管截面充满一半设计，即使供油管破裂，也不会有油液喷出。

2. 润滑油主油箱

（1）主油箱上面的人孔门、连接法兰、透气孔、盖板等的结合面应平整，法兰垫片应使用耐油耐热垫片。连接法兰的紧固件应齐全、无损，螺钉孔不能穿透到油箱内。

（2）主油箱上应安装排油烟机，在排烟管道出口处可装油烟分离器。排烟管道应引至厂房外无火源处且避开高压电气设施。

（3）主油箱应设置事故排油装置，便于在汽轮机油系统发生火灾时，迅速排出主箱中的油，以防火灾扩大。事故排油装置应符合以下要求：

1）事故放油管径应根据允许放油时间和放油距离进行计算，事故放油时间应比汽轮机转子的惰走时间（破坏真空紧急停机的惰走时间）长约 1min。事故放油管道内径可按式（4-8）和式（4-9）计算，即

$$d = 0.845[V\eta L/(Ht)]^{0.25} \tag{4-8}$$

式中　V——主油箱排油容积（正常油位至排油口上边缘之间），m^3；

　　　η——润滑油运动黏度系数，m^2/s；

　　　H——主油箱的平均油位与事故油箱底部的标高差，m；

　　　L——事故排油管长度，m；

　　　d——事故排油管内径，m；

　　　t——事故排油时间（按照汽轮机破坏真空惰走时间+60s），s。

最终选取的事故放油管道内径需考虑修正，见式（4-9）。

$$D_i = Kd \tag{4-9}$$

式中　D_i——选用的事故排油管道内径，m；

　　　K——修正系数，1.3。

2）事故放油管道布置应短而直，且设有坡度，坡度不宜小于 0.01，满足放油要求。

3）在汽机房外，应设密封的事故排油箱（坑），其布置高程和排油管道的设计，应满足事故发生时排油畅通的需要。事故排油箱（坑）的容积，不应小于一台最大机组油系统的总油量。

4）事故放油管道上应串联两个钢质截止阀，其操作手轮与油箱的距离都必须大于 5m，并有两条通道可到达操作手轮。操作手轮不允许上锁，宜加铅封，并挂有明显的"禁止操作"标志牌。

3. 润滑油区设备布置

（1）对大容量汽轮机纵向布置的汽机房而言，因为纵向布置的汽机房零米靠 A 列柱处，距汽轮机本体高温管道区较远，汽轮机的主油箱、油泵、冷油器及油净化装置等油系统设备，宜集中布置在汽机房零米层机头靠 A 列柱侧处并远离高温管道。

（2）润滑油区应采取防火隔离措施，如设防火隔离墙、封闭房间布置等。在油区地面设不低于 300mm 高的围堰，以防止火灾蔓延。

三、汽轮机控制油系统

1. 汽轮机控制油特性

为防止汽轮机油系统火灾发生，提高机组运行的安全性，从 20 世纪 70 年代开始，我国陆续投产以及正在设计和施工的（包括国产和引进的）300MW 及以上容量的汽轮机调速系统，大部分都采用了高压抗燃油作为控制油。

抗燃油与以往使用的普通矿物质汽轮机润滑油相比，其最突出的优点是：油的闪点和自燃点较高，闪点一般大于 235℃，自燃点大于 530℃（热板试验大于 700℃），而汽轮机润滑油的自燃点只有 300℃ 左右。同时，抗燃油的挥发性低，仅为同黏度汽轮机润滑油的 1/10～1/5，所以抗燃油的防火性能大大优于汽轮机润滑油，目前，汽轮机控制油普遍采用三芬基磷酸酯型合成油。

磷酸酯抗燃油外观透明、均匀，新油略呈淡黄色，无沉淀物，挥发性低，抗磨性好，安定性好，物理性稳定，但有毒，具体油特性见表 4-8 和表 4-9。

表 4-8　新磷酸酯抗燃油的质量标准

序号	项目		指标	试验方法
1	外观		无色或淡黄，透明	DL/T 429.1
2	密度（20℃）（g/cm³）		1.13～1.17	GB/T 1884
3	运动黏度（40℃）（mm²/s）		41.4～50.6	GB/T 265
4	倾点（℃）		≤-18	GB/T 3535
5	闪点（℃）		≥240	GB/T 3536
6	自燃点（℃）		≥530	GB/T 3536
7	颗粒污染度（NAS 1638）（级）		≤6	DL/T 432
8	水分（mg/L）		≤600	GB/T 7600
9	酸值（以 KOH 计）（mg/g）		≤0.05	GB/T 264
10	氯含量（mg/kg）		≤50	DL/T 433
11	泡沫特性（mL/mL）	24℃	≤50/0	GB/T 12579
		93.5℃	≤10/0	
		24℃	≤50/0	
12	电阻率（20℃）（Ω·cm）		≥1×10¹⁰	DL/T 421
13	空气释放值（50℃）（min）		≤3	SH/T 0308
14	水解安定性	油层酸值增加（以 KOH 计）（mg/g）	≤0.02	SH/T 0301
		水层酸度（以 KOH 计）（mg/g）	≤0.05	
		铜试片失重（mg/cm²）	≤0.008	

表 4-9　运行中磷酸酯抗燃油的质量标准

序号	项目	指标	试验方法
1	外观	透明	DL/T 429.1
2	密度（20℃）（g/cm³）	1.13～1.17	GB/T 1884
3	运动黏度（40℃）（mm²/s）	39.1～52.9	GB/T 265

序号	项目		指标	试验方法
4	倾点（℃）		≤-18	GB/T 3535
5	闪点（℃）		≥235	GB/T 3536
6	自燃点（℃）		≥530	GB/T 3536
7	颗粒污染度（NAS 1638）（级）		≤6	DL/T 432
8	水分（mg/L）		≤1000	GB/T 7600
9	酸值（以 KOH 计）（mg/g）		≤0.15	GB/T 264
10	氯含量（mg/kg）		≤100	DL/T 433
11	泡沫特性（mL/mL）	24℃	≤200/0	GB/T 12579
		93.5℃	≤40/0	
		24℃	≤200/0	
12	电阻率（20℃）（Ω·cm）		≥6×10⁹	DL/T 421
13	矿物油含量（%）		≤4	DL/T 571
14	空气释放值（50℃）（min）		≤10	SH/T 0308

磷酸酯抗燃油的抗燃性可通过自燃点来衡量，一般≥530℃，而且已燃着的抗燃油切断火源后会自动熄灭不再继续燃烧。磷酸酯抗燃油的自燃点在油的使用过程中一般不会降低，除非是受到了低自燃点成分污染（如汽轮机油等）或发生分解，运行中的磷酸酯抗燃油应定期进行自燃点监测分析。

2. 汽轮机控制油系统及功能

汽轮机控制油系统的功能是实现汽轮机发电机组的转速、负荷控制以及超速保护。早期的小容量机组的汽轮机控制油系统采用机械式液压控制系统，随着机组容量的增大，自动化水平的提高，已普遍采用电液（EH, electric-hydraulic）控制系统。汽轮机控制油系统一般也称为 EH 油系统。

EH 油系统按其功能分为三大部分，即 EH 供油系统、由若干套控制阀门运动的执行机构和一套危急遮断系统组成。

3. 汽轮机控制油系统主要设备

EH 组合油箱一般由主机配套供货，组合油箱中集成了高压抗燃油泵、冷油器、再生装置、蓄能器及相应管路阀门等，外形见图 4-46。

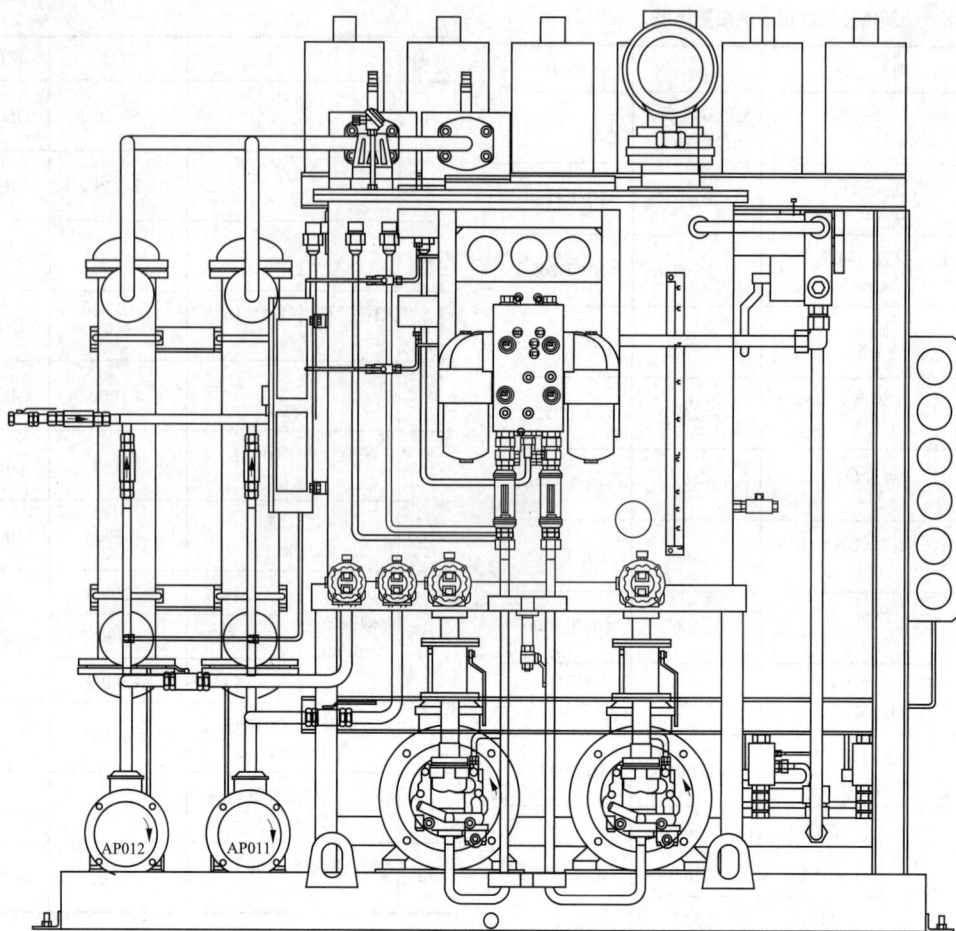

图 4-46　EH 组合油箱外形图

4. 火灾危险性

EH 油具有良好的抗燃性，自燃点较高，但不等于不燃烧，其燃烧后产生的烟气比重大，压盖着火焰，使火焰不会扩张蔓延，最后导致火焰熄灭。抗燃油燃烧时会产生有刺激性的气体，除产生二氧化碳、水蒸气外，还可能产生一氧化碳、五氧化二磷等有毒气体。抗燃油泄漏着火，不但对系统安全运行有较大的影响，燃烧产生的气体对人体还有害。因此，一定要保证抗燃油系统严密不漏。

5. 防火措施

抗燃油系统的安装布置应尽量远离过热蒸汽管道。避免对抗燃油系统部件产生热辐射，引起局部过热，加速油的老化。

EH 供油装置应设置防泄漏和防火隔离措施，如设防火隔离墙、隔离栅栏，在油区地面设 300mm 高的围堰，以防意外火灾蔓延。特别是磷酸酯抗燃油具有毒性，应加强防泄漏。

磷酸酯抗燃油对许多有机化合物和聚合材料有很强的溶解能力，对一般耐油橡胶有溶胀作用，为防止磷酸酯抗燃油泄漏，对衬垫密封件应仔细选择。表 4-10 给出了磷酸醋抗燃油与密封材料的相容性。

表 4-10　磷酸醋抗燃油与密封材料的相容性

材料名	相容性
氧丁橡胶	不适应
丁腈橡胶（耐油橡胶）	不适应
皮革	不适应
橡胶石棉垫	不适应
硅橡胶	适应
乙丙橡胶	适应
氟橡胶	适应
聚四氟乙烯	适应
聚乙烯	适应
聚丙烯	适应

四、发电机密封油系统

发电机密封油系统的油来自于汽轮机润滑油系统。

1. 发电机密封油系统功能

发电机密封油系统为发电机轴两端的密封瓦提供压力油,既防止氢气泄漏,也能防止空气和湿汽通过密封油进入发电机内部,保持发电绕组干燥,并维持氢气的高纯度。

密封油系统是根据密封瓦的形式而决定的,最常见的有双流环式密封油系统和单流环式密封油系统。单流环系统相对简单,双流环系统复杂,空侧和氢侧供回油是分开的,能避免漏氢的问题,运行安全性高。

2. 发电机密封油系统主要设备

(1)密封油集装装置。发电机密封油集装装置由发电机制造厂供货,装置上集成了空侧交流泵、空侧直流泵、氢侧交流泵、氢侧直流泵、空侧过滤器、氢侧过滤器、密封油箱、油—水冷却器、压差阀、平衡阀、截止阀、止回阀、蝶阀、压力表、温度计、变送器及连接管路等。

(2)空侧回油分离箱。空侧回油分离箱用于分离润滑油中的氢气及烟气等,见图4-47。

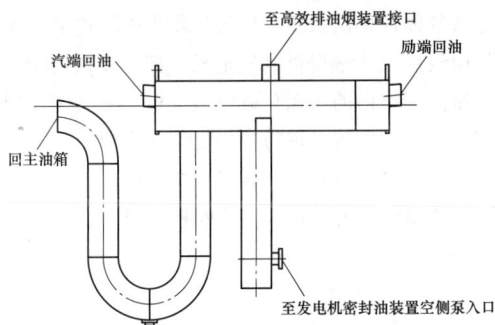

图 4-47 空侧回油分离箱

3. 火灾危险性

发电机密封油系统所采用的润滑油与汽轮机润滑油相同,系统的渗油、喷油、漏油等如接触到汽轮机厂房内的高温管道,容易发生火灾。

发电机密封油系统依靠密封油来密封发电机内的氢气,油压过高或者氢压过低,都有可能造成密封油流入发电机内部,造成发电机定子绕组的绝缘下降;进入发电机内部的油烟、油雾及空气会造成氢气纯度下降;氢气携带的油进入氢系统吸附式干燥器内,会使干燥剂(活性铝等)失效,影响氢气干燥器的除水效果。

由于在密封瓦中空、氢侧油压做不到绝对的平衡,故空、氢侧仍有少量的油相互窜动,造成空侧

的密封油中含有氢气,氢气的爆炸范围较宽,要注意防爆。

4. 防火、防爆措施

(1)双流环式密封油系统的空侧密封油箱应通过U形管与主机润滑油回油管道连接,U形管的作用还可防止从发电机逸出的氢气进入汽轮机润滑油系统的主油箱。空侧回油箱顶部相连的是一套排油烟装置,保证密封油中溶入的氢气不随轴承回油一起进入润滑油系统主油箱。排油烟机共有两台,实现电气连锁自动控制投运,也可手动投运,并互为备用。

(2)密封油集装装置应采取防泄漏和防火隔离措施,如设置围堰,围堰高度应根据润滑油系统的最大充油量确定。

五、辅助设备润滑油系统

火力发电厂中,除了汽轮机发电机组外,还有很多大型辅助转动机械:汽动给水泵(包括汽轮机)、电动(调速)给水泵、磨煤机、一次风机、送风机及引风机等,这些转动机械都需要配置润滑、冷却以及调节用的润滑油。

1. 给水泵汽轮机润滑油和控制油系统

(1)给水泵汽轮机润滑油系统。给水泵汽轮机润滑油系统提供给水泵汽轮机本体轴承和被驱动的给水泵轴承润滑用油。当给水泵汽轮机的润滑油与主汽轮机润滑油使用同一油品并且油压相同时,给水泵汽轮机润滑油油箱可与主汽轮机润滑油油箱合并,否则,给水泵汽轮机润滑油系统应单独设置,单独设置比较常见。

给水泵汽轮机润滑油系统的火灾危险性及防火措施,同本节"汽轮机润滑油系统"。另外,给水泵汽轮机润滑油油箱应设置至汽轮机事故油坑的事故放油管道。

(2)给水泵汽轮机控制油系统。给水泵汽轮机控制油系统的功能是实现给水泵汽轮机的转速、负荷控制以及超速保护。当给水泵汽轮机控制油系统与主汽轮机控制油系统使用同一油品并且油压相同时,给水泵汽轮机控制油油箱可与主汽轮机控制油油箱合并,否则,给水泵汽轮机控制油系统应单独设置。也有的给水泵汽轮机控制油系统采用润滑油,来自给水泵汽轮机润滑油系统。

给水泵汽轮机控制油系统的火灾危险性及防火措施,同本节"汽轮机润滑油系统"和"汽轮机控制油系统"。

2. 电动给水泵组润滑油系统

电动给水泵组有定速和调速给水泵两种,调速给水泵配置液力偶合器。

定速给水泵设有润滑油站，用于电动给水泵轴承的润滑及冷却。调速给水泵设有液力偶合器，液力系统包括工作油泵、润滑油泵、辅助交流油泵、工作油冷却器、润滑油冷却器、油过滤器及有关监控仪表。调速给水泵的润滑油来自于液力偶合器。

电动给水泵的润滑油采用矿物质润滑油，其特性与汽轮机润滑油相似。电动给水泵润滑油系统的火灾危险性及防火措施，同本节"汽轮机润滑油系统"。

3. 磨煤机润滑和液压油系统

中速磨煤机的润滑油系统和液压油系统一般分开设置。润滑油系统的功能是润滑减速机内的齿轮、轴承和推力轴承。液压油系统提供碾磨压力及检修时升起和落下磨辊。

磨煤机的润滑油和液压油采用工业齿轮油及抗磨液压油，其闪点等特性与汽轮机润滑油相似。磨煤机润滑油和液压油系统的火灾危险性及防火措施，同本节"汽轮机润滑油系统"。

4. 风机润滑油系统

GB 50660—2011《大中型火力发电厂设计规范》推荐 300MW 以上的大容量机组的一次风机、送风机以及引风机采用轴流风机。

通常轴流式动叶可调风机和静叶可调风机都设有润滑油站，向风机提供动叶（或静叶）调节装置用液压油和轴承支承润滑油。油站中油泵、压力调节阀、滤油器、冷油器和其他调节元件宜配置两套，一套运行一套备用。

润滑油油站一般采用组合式结构，宜靠近主设备布置。

风机的润滑油采用矿物质润滑油，其特性与汽轮机润滑油相似。风机润滑油系统的火灾危险性及防火措施，同本节"汽轮机润滑油系统"。

第七节　发电机氢系统

一、概述

在火力发电厂中，氢主要用于氢冷发电机的冷却，300MW 容量以下的发电机一般采用空冷，300MW 级的发电机采用氢冷和空冷两种方式均可，600MW 及以上容量的发电机普遍采用氢冷。氢气（H_2）是一种可燃气体，爆炸极限为 4%～75%，爆炸范围广，遇明火或高温极易燃烧爆炸。在 GB 50160—2008《石油化工企业设计防火规范》中规定其火灾危险性为甲类可燃气体。氢冷发电机及其氢系统的任何部位发生漏氢都有很大的火灾危险。

二、发电机氢系统及主要设备

（一）发电机氢系统

氢冷发电机一般采用水氢氢冷却方式，定子绕组采用水内冷，转子绕组为氢气内冷，定子铁芯及端部结构件为氢气外部冷却。在机组的启停和运行的工况下，发电机内的气体置换、自动维持氢压的稳定以及监测发电机内部气体的压力，均由氢气控制系统中的气体控制站来实现和保证，气体控制站一般为集装形式。另外，氢气控制系统中还设有氢气干燥器、氢气纯度分析仪、氢气温湿度仪等主要设备以监测和控制机内氢气的纯度、温湿度等指标，确保发电机安全、满发运行。

（二）发电机氢系统主要设备

发电机氢系统的主要设备有：氢气汇流排、二氧化碳汇流排、氢气控制装置（含氢气过滤器、氢气减压阀、置换阀门、压力开关等）、氢气干燥器、氢气纯度分析仪、发电机绝缘过热监测装置、发电机漏液检测装置、发电机漏氢检测装置。

1. 氢气控制装置

在发电机内部，氢气被用作冷却介质。在向发电机充氢和排氢的过程中，为防止空气与氢气混合，形成爆炸气体，使用二氧化碳气体作为中间置换气体。氢气由气瓶或气罐提供到发电机内部。二氧化碳气体由气瓶储存室内的二氧化碳气瓶提供。在氢气控制站中装有氢气减压器，保持机内氢气压力恒定，氢气减压器安装在供氢管路上，相当于减压阀，使用时将氢气减压器出口压力整定在 0.50MPa。氢气控制装置见图 4-48。

2. 氢气干燥器

在机组的运行过程中，机内的氢气由于与密封油的接触或其他原因，氢气湿度将会增高。氢气系统设有氢气干燥器，氢气干燥器的进口与发电机的高压区相连，氢气干燥器的出口与发电机的低压区相连。通过氢气干燥器的运行，可以连续排出机内氢气所含有的水分，从而达到降低氢气湿度的作用。图 4-49 给出了氢气干燥器的外形图。

3. 氢气纯度分析仪

在机组的运行过程中，机内的氢气由于与密封油的接触或其他原因，氢气纯度将会降低，而氢气纯度的降低将直接影响发电机的运行效率，因此氢气系统中设有氢气纯度分析仪以监测发电机内的氢气纯度，另外还可以监测气体置换过程中间气体的纯度。

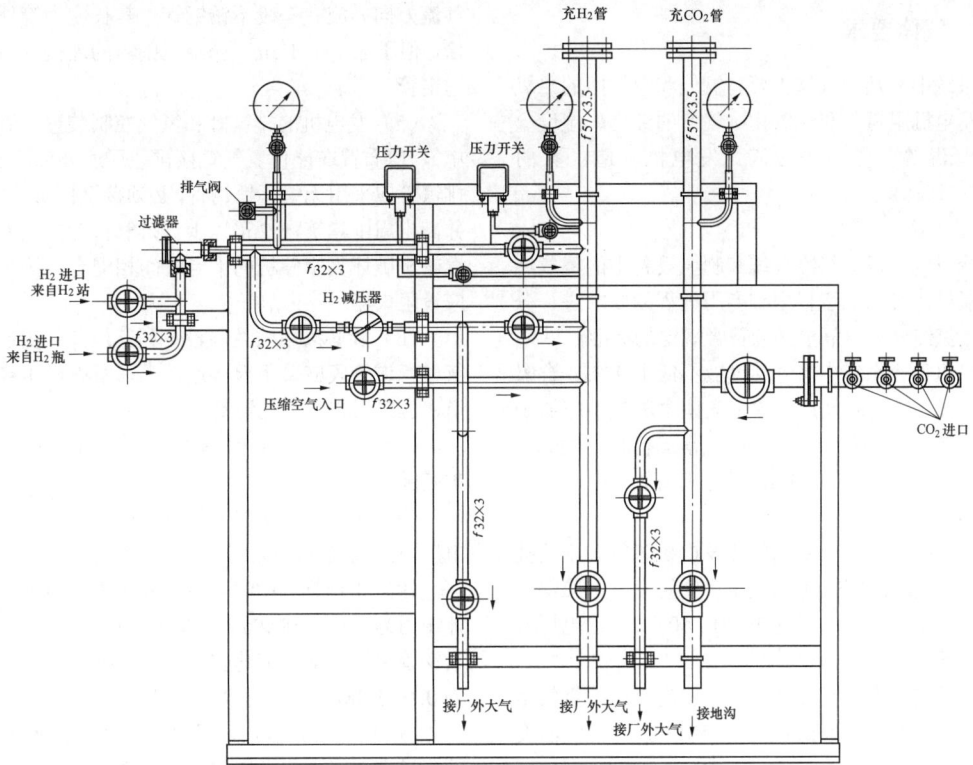

图 4-48 氢气控制装置

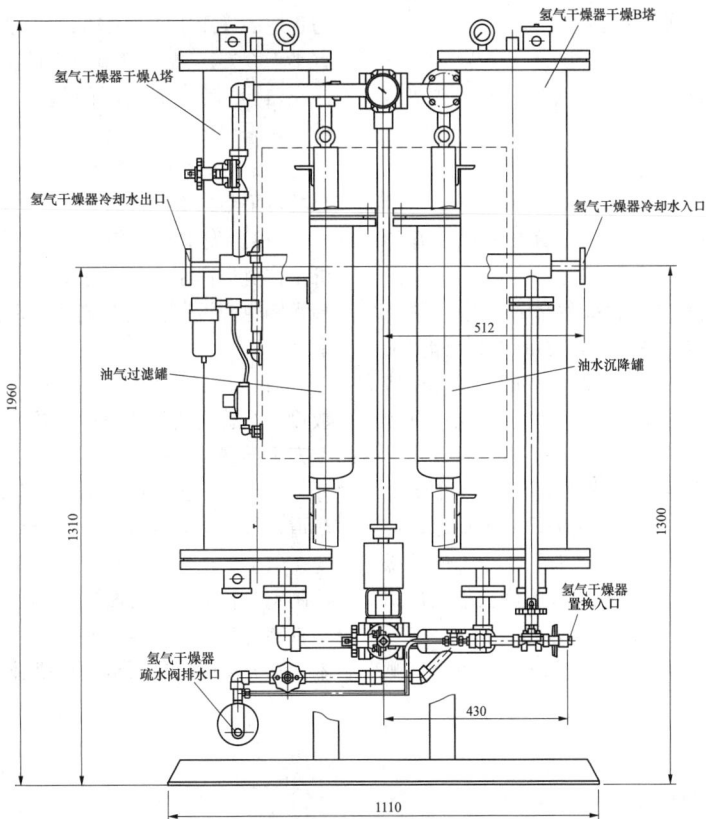

图 4-49 氢气干燥器外形

三、气体要求

氢系统中涉及的气体主要有氢气和置换用的二氧化碳。发电机用氢气和二氧化碳气体的纯度、湿度、气压和氢温等参数首先应满足发电机制造厂家的要求。

1. 氢气品质

氢冷发电机及其氢冷系统和制氢设备中的氢气纯度和含氧量，必须在运行中按专用规程的要求进行分析化验，氢纯度和含氧量必须符合规定的标准。

发电机氢冷系统中氢气纯度应不低于 95%，含氧量不应超过 2%；制氢设备中，气体含氢量不应低于 99.5%，含氧量不应超过 0.5%。正常运行时，供氢设备氢气纯度至少应达到 99%，发电机内氢气纯度至少应达到 98%。

根据 DL/T 651—1998《氢冷发电机氢气湿度的技术要求》，正常情况下，输入发电机的氢气湿度应保证露点温度不高于 -25℃（已建电厂）/-50℃（新建电厂），机内循环的氢气露点不超过 0℃。

为了获得更有效的冷却效果，发电机中的氢气是加压的，额定氢压一般在 0.35～0.5MPa。冷氢气温度不超过 46℃。

发电机的氢气供给应有可靠的氢气来源，一般由氢气瓶通过氢气汇流排或制氢站提供氢气。

2. 二氧化碳品质

发电机内二氧化碳的纯度应不低于 95%，含氧量不应超过 2%。

四、氢系统设计防火要求

（1）汽机房内的氢管道，应布置在通风良好的区域。

（2）发电厂氢气和二氧化碳气体宜设置气体汇流排集中供气。汇流排中高压气瓶实瓶的气体储量应满足运行或检修用气量的需要，减压阀的工作范围应满足用气点压力需要。汇流排应设置角阀、高压截止阀、低压截止阀，控制气体的开闭。

（3）气体汇流排的布置应根据用气点分布情况确定，宜沿墙布置在具有耐火等级的厂房外墙边，高压气瓶距墙壁不小于 1m，汇流排应有不小于 1m² 的操作地面。氢气的汇流排宜用高度 2.5m 的耐火墙与厂房隔开。

（4）氢气汇流排减压阀（调节器）后的下游侧（顺气流方向）应有一段不锈钢管，其长度为管外径的 5 倍，但不应小于 1.5m，阀组范围内的连接管应采用不锈钢管。

（5）发电机的排氢阀和氢气控制装置（氢置换设施），应布置在能使氢气直接排往厂房外部的安全处，排氢管应采用无缝不锈钢管，必须接至厂房外安全处，并高出周围建筑物 2m 以上。排氢管的排氢能力应与汽轮机破坏真空停机的惰走时间相配合，排氢管管口应设阻火器。

（6）除必须用法兰与设备和其他部件相连接外，氢气管道管段应采用焊接连接。与发电机相接的氢管道，应采用带法兰的短管连接。

（7）氢管道应有防静电的接地措施并在避雷保护范围内。

（8）因氢冷发电机对氢气纯度要求高，故火力发电厂内的氢气管道应采用无缝不锈钢管。

（9）不锈钢管中氢气流速宜不大于 15m/s，当设计压力为 0.1～3.0MPa 时，最大流速不大于 25m/s。碳素钢管中氢气最大流速宜不大于 10m/s，当设计压力为 0.1～3.0MPa 时，最大流速不大于 15m/s。

（10）氢气管道宜采用架空布置，不应地沟敷设，且管道支架应为非燃烧体。氢气管道与其他管道共架敷设时，氢气管道应布置在外侧并在上层；与其他热力管道的净距不小于 250mm。埋地敷设的管道埋深不宜小于 0.7m，氢气管道应敷设在冰冻层以下。

（11）氢气管道上的阀门和附件应保证其严密性，宜采用球阀、截止阀，严禁使用闸阀。

（12）发电机氢气管道应设置换气体系统，置换介质可采用二氧化碳气体。

（13）发电机氢气管道应设置检漏装置。在发电机工作氢压高于冷却水压时，发电机氢气冷却器的冷却水侧也应设置氢气监测器和报警器，以及安全放氢措施。

（14）氢气管道穿过墙壁或楼板时，应采用套管敷设，套管内的管段不应有焊缝，并且在套管的缝隙填充不燃烧保温材料。

（15）管道应避免穿过地沟、下水道、铁路及汽车道路等，必须穿过时应设套管。

（16）管道不得穿过生活间、办公室、配电室、控制室、仪表室、楼梯间和其他不使用氢气的房间，不宜穿过吊顶、技术（夹）层。当必须穿过吊顶或技术（夹）层时，应采取安全措施。

第五章

运煤系统防火

运煤系统是燃煤电厂的重要组成部分,其功能是将铁路、水运、公路、带式输送机等方式运入厂内的燃煤,通过接卸、贮存、运输、混合、筛碎等工艺,制备成合适粒径和品质的煤,然后输送到锅炉房原煤斗供机组燃用。运煤系统按功能划分主要分为卸煤设施、贮煤设施、输送处理系统及辅助设施。典型的运煤系统平面布置图如图 5-1 所示。

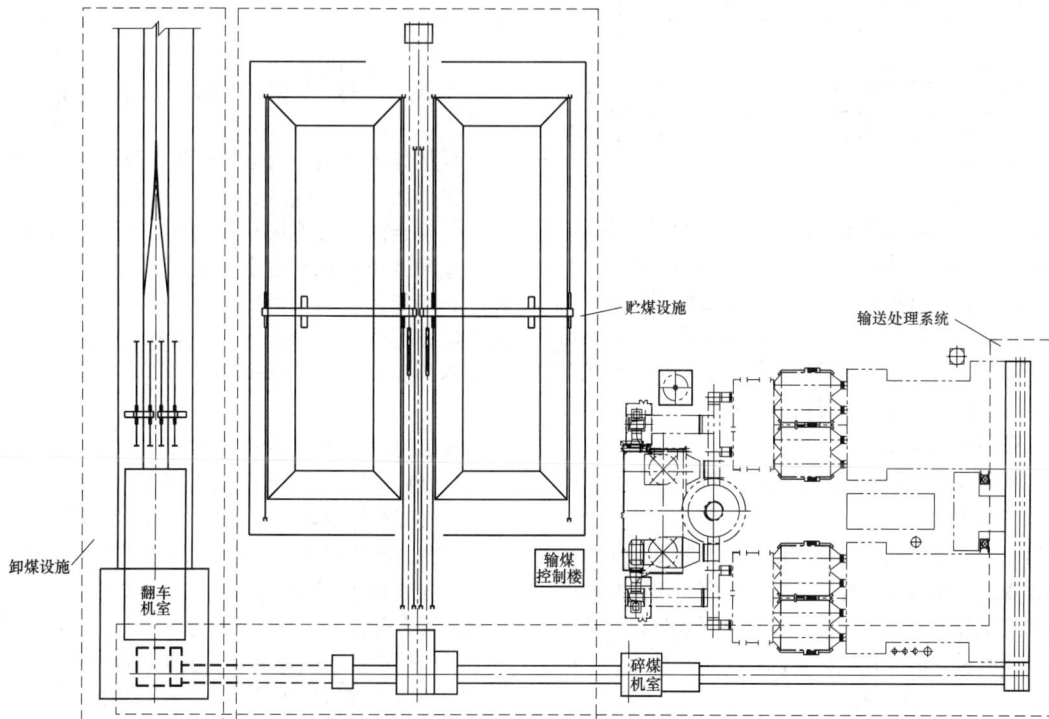

图 5-1 典型的运煤系统平面布置图

煤是一种活性物质,堆在大气环境中,会持续吸附空气中的氧发生氧化反应,氧化反应会释放出一定的热量,若热量不能及时扩散出去,煤的温度就会不断升高,最终导致自燃。实验表明,煤的氧化速度在 30~100℃时每增高 1℃,氧化速度就提高 2.2 倍。当煤堆温度超过 60℃时,会加速煤的氧化,煤堆平均温度快速上升,当煤堆温度达到 100℃时,1~2 天即可达到自燃着火温度(煤的着火点在 260~350℃左右),煤就开始自燃。

煤发生自燃要同时具备 4 个条件,具有自燃倾向性、有连续的通风供氧条件、热量容易积聚及持续一定的时间,煤的自燃倾向性是指煤在常温下氧化能力的内在属性,其等级分为三类:Ⅰ类容易自燃、Ⅱ类自燃和Ⅲ类不易自燃。以每克干煤在常温(30℃)、常压(1.013×10⁵Pa)下吸氧量作为分类的主要指标,煤的自燃倾向性等级分类指标如表 5-1 和表 5-2 所示。

表 5-1　　　煤样干燥无灰基挥发分
$V_{daf} > 18\%$ 时自燃倾向性分类

自燃倾向性等级	自燃倾向性	煤的吸氧量 V_d（cm³/g）
I 类	容易自燃	$V_d > 0.70$
II 类	自燃	$0.40 < V_d \leq 0.70$
III 类	不易自燃	$V_d \leq 0.40$

注　本表摘自 GB/T 20104—2006《煤自燃倾向性色谱吸氧鉴定法》。

表 5-2　　　煤样干燥无灰基挥发分
$V_{daf} \leq 18\%$ 时自燃倾向性分类

自燃倾向性等级	自燃倾向性	煤的吸氧量 V_d（cm³/g）	全硫 S_q（%）
I 类	容易自燃	$V_d \geq 1.00$	$S_q \geq 2.00$
II 类	自燃	$V_d < 1.00$	
III 类	不易自燃		$S_q < 2.00$

注　本表摘自 GB/T 20104—2006《煤自燃倾向性色谱吸氧鉴定法》。

运煤系统通常包括卸煤、贮煤、破碎筛分、输送、混配煤等主系统以及除铁、除杂物、取样、计量及其他辅助设备和附属建筑。运煤系统工艺流程复杂、设备种类及建筑物众多，且由于工作环境恶劣、普遍监管水平低下、长期连续运行后清理不及时，易造成煤粉堆积引发火灾。运煤系统是火力发电厂火灾的易发区域，必须重点设防。

为预防火灾的发生，运煤系统的设计及运行需要遵循以下基本原则：

（1）运煤系统的消防设计通常由消防专业负责，可根据煤质及运煤建（构）筑物的布置情况，按照有关标准对运煤设施及建（构）筑物设置水炮、水幕、喷淋、水喷雾及消火栓等装置，并在重点防火部位配备移动式灭火器等设施。

（2）在运煤系统建（构）筑物内设置火灾自动报警装置。

（3）运煤系统在工艺设计上应注意设备选型合理，保证煤流顺畅，最大可能减少燃煤在设备中的黏附及存留，防止存煤发生氧化、温度升高从而引发火灾。

（4）在工艺系统的设计中采取必要的防火措施，尽量避免或减少煤粉的泄漏。

（5）消防通信设备属国家消防产品强制认证产品范畴，为了满足日常生产管理需要，运煤系统的消防通信设备宜与运煤系统配置的通信设备共用，但产品的选择应满足消防产品准入制度的要求。

（6）运煤系统建（构）筑物室内净空应满足设备安装、拆卸、检查、维修和清扫要求。室内应设置必要的运行通道和检修通道，其中运行通道净宽应不小于 1m，检修通道净宽不应小于 0.70m。

（7）设备应有良好的表面几何形状，使粉尘难以堆积，便于清扫。

（8）液压系统及部件在组装前必须进行清洗，组装后应密封良好、无冲击和漏油现象。油箱温升一般不高于环境温度 30℃，但油箱油温一定不得超过 60℃，一般应控制在 30～50℃ 范围内。

（9）润滑部分密封良好，不得有油脂渗漏现象。轴承温升不大于 35℃，轴承温度不得超过 80℃。

（10）加强运行管理，及时发现并清除煤尘及隐患，避免煤尘长时间积聚引发火灾事故，防患于未然。

第一节　卸　煤　设　施

煤从煤矿到电厂的运输过程，称为外部运输。目前我国通常采用水路、铁路、公路、带式输送机或以上组合的方式将煤从产地运到电厂。外部运输的管理通常由煤炭运输企业承担，但到达电厂的运煤车、船等的接卸由电厂负责，因此，运煤系统中通常应设置煤炭接卸设施，通常把完成这一功能的设施称为卸煤设施，它包括卸煤设备及与其配套的建筑物等。

常用的卸煤设施有码头卸船装置（包括自卸船装置、散货船卸船装置等）、铁路卸煤装置（包括翻车机装置、底开车缝式煤槽装置、敞车缝式煤槽装置、装卸桥、桥式抓斗起重机、链斗卸车机、卸煤站台等）、公路卸煤装置（包括自卸车缝式煤槽装置、卡车缝式煤槽装置、浅缝式煤槽装置和受煤斗等）。其中码头卸煤装置一般由业主委托有资质的航运设计单位设计，铁路、公路卸煤装置中缝式煤槽和翻车机系统最具代表性，其他形式的卸煤装置可参照上述两种卸煤装置设计。

一、缝式煤槽卸煤装置

缝式煤槽卸煤装置为底部一侧或两侧有纵向缝隙的长条形煤槽，缝式煤槽由地上部分和地下部分组成。地上部分为卸车、取样区域，卸车设备通常采用螺旋卸车机。煤槽出口通常采用叶轮给煤机将煤槽中的煤定量均匀地卸至带式输送机上，缝式煤槽既可用于铁路来煤又可用汽车来煤的接卸。典型的缝式煤槽卸煤装置如图 5-2 所示。

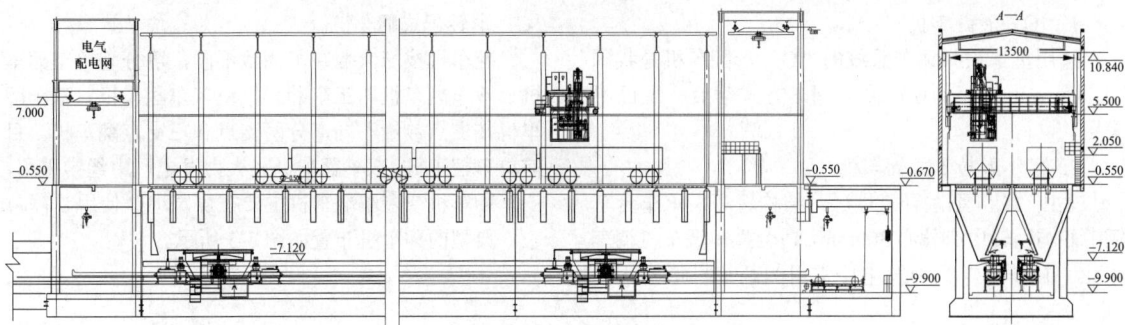

图 5-2 典型的缝式煤槽卸煤装置示意图

防火设计要点：

（1）叶轮给煤机上设置自动喷雾抑尘系统，水箱容积至少能满足 3h 的供水量。

（2）有司机室的设备应设置单独的登车平台及扶梯通往司机室，确保发生火灾时，操作人员可及时逃生。司机室内应设置干粉灭火器，登车平台宜采用栅格板制作，防止煤尘堆积。

（3）煤槽内壁对水平面的倾角不应小于 60°，内壁与承台面应衬砌耐磨衬板，衬板材料应不可燃烧且表面光滑以利于物料流动，通常选用耐磨铸石板。煤（槽）斗内壁交角呈圆角状，避免有突出或凹陷部位。煤槽内的横梁顶部应呈三角形（顶角不大于 60°），纵梁上部应抹角，防止煤粉在梁顶堆积。煤槽两端壁的下部应向槽内倾斜，承台面应伸出煤槽端壁下沿约 1m，以防止煤块从煤槽端部撒落至地面，缝式煤槽沟口截面及煤槽内横梁做法如图 5-3 所示。

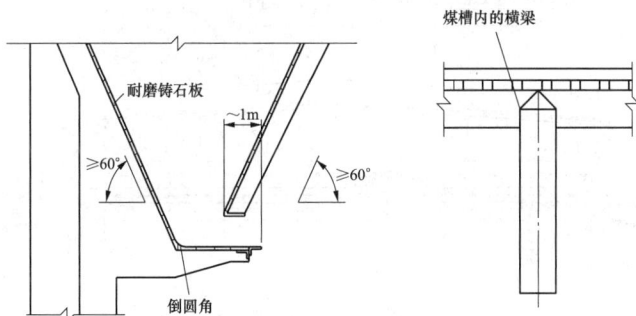

图 5-3 缝式煤槽沟口截面及煤槽内横梁做法示意图

（4）为防止煤块从缝式煤槽排料口撒落至地面，排料口宜设置重力式煤沟挡板，挡板下部在重力作用下自然搭合于沟口下沿，若干块挡板依次排列将整条排料口封住，防止煤块撒落。当叶轮给煤机工作时，安装在给煤机上的启门架随着给煤机行进，依次将挡板托起、落下，始终保持叶轮给煤机工作区域的挡板打开，非工作区域的挡板关闭，在不影响叶轮给煤机正常工作的同时封闭排料口。重力式煤沟挡板的布置如图 5-4 所示。

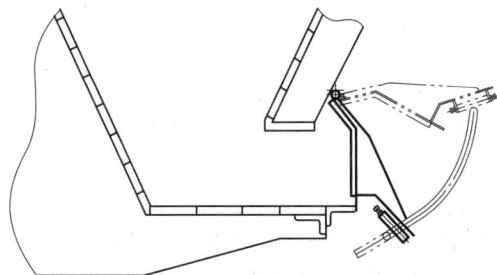

图 5-4 重力式煤沟挡板布置示意图

（5）设计缝式煤槽时，其容积应考虑留有 6%～8% 的封底煤，以免空斗造成煤尘飞扬，卸煤装置地下部分应设置机械通风设施。

二、翻车机

翻车机是一种用来翻卸铁路敞车散料的大型机械设备，可将有轨车辆翻转或倾斜使之卸料。翻车机卸煤具有卸车效率高、卸车能力大、卸大块煤及冻煤适应能力强、工作环境好、自动化程度高、劳动强度小、卸后车厢余煤少等诸多特点，目前已被广泛应用在大、中型容量的电厂中，成为首选的卸煤装置。

翻车机按承车台车辆中心相对于回转中心位置的不同，主要有侧倾式翻车机和转子式翻车机。转子式翻车机因端环形式的不同，分为"O"形翻车机和"C"形翻车机。

随着国内地下基础施工水平的提高，目前国内火力发电厂已基本不采用侧倾式翻车机。

1. "O" 形翻车机

采用重车铁牛调车系统的 "O" 形翻车机是我国 20 世纪 60 年代初期产品，调车方式落后，现已不采用。

2. "C" 形转子式翻车机

采用 "C" 形敞开式端环，结构轻巧，承车台车辆中心与回转中心偏心 300mm，适合重车调车机调车作业。目前燃煤火力发电厂常用的翻车机形式均为 "C" 形转子式翻车机。

翻车机按一次翻卸车辆数不同，可分为单车翻车机、双车翻车机、三车翻车机或多车翻车机。双车翻车机按支点数量不同，分两支点和三支点翻车机。目前单车翻车机、双车翻车机在火力发电厂中经常采用，三车翻车机或多车翻车机主要在煤炭港口使用。

典型的翻车机布置如图 5-5 所示。

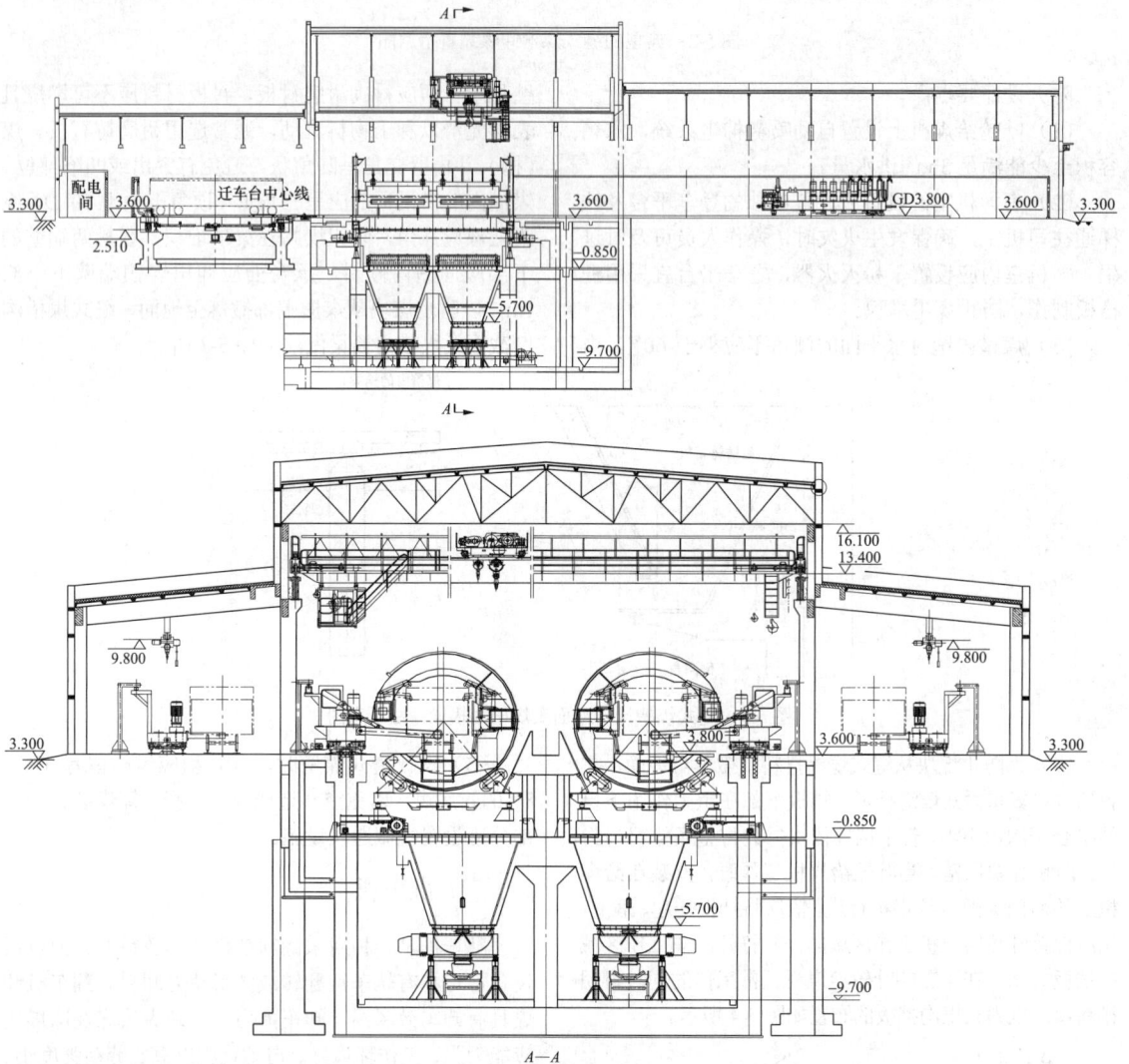

图 5-5 典型的翻车机布置示意图

防火设计要点：

（1）翻车机系统中所有扬尘点均应设置喷水抑尘装置或干雾抑尘装置，条件允许时，宜优先选用干雾抑尘装置。抑尘装置宜由翻车机供货商整体设计及供货，设计院应根据抑尘装置用水量及供水压力向其供水，抑尘装置由电磁阀控制，电磁阀与翻车机翻转角度连锁，当翻车机翻转至 30° 时，除尘装置开始喷水（雾），回转至 140° 时停止，且抑尘装置应有提前和滞后功能，抑尘装置及翻车机由翻车机控制系统控制。

（2）为防止物料在翻卸过程中溢出坑外或撒落在托辊上，在翻车机的两端环内侧宜设置导料装置。

（3）翻车机下受煤（槽）斗斗壁对水平面的倾角不应小于 60°，受煤斗内衬应采用不燃烧材料，如铸石板、耐磨钢板、不锈钢板、耐磨陶瓷等，内壁应光滑，交角呈圆角状；避免有突出或凹陷部位。当来煤黏结性强、容易蓬堵时，可适当加大煤（槽）斗斗壁倾角，必要时还可加装防堵设施。

（4）在翻车机下受煤（槽）斗的地面水平设置挡板，在保证翻车机安全运行的前提下，尽可能地减少翻车机两侧的间隙，减少粉尘的扩散。

（5）翻车机室地下部分应设置机械通风设施。

第二节 贮 煤 设 施

贮煤设施的主要用途是通过堆料设备贮存一定数量的来煤，并根据锅炉需要及时通过取料设备送入主厂房，保证电厂安全运行，同时对厂外来煤的不均衡和锅炉的均衡燃烧，起到调节和缓冲作用。部分贮煤设施也具备混煤功能。

火力发电厂采用的贮煤设施形式较多，常见的贮煤设施有条形煤场、圆形煤场和筒仓。方形煤场、方仓等形式的煤场目前在电厂中应用较少。

贮煤系统的防火设计及运行基本原则：

（1）燃用容易自燃的煤种时，从贮煤设施取煤的第一条带式输送机上应设置明火煤监测装置，对于斗轮机煤场，第一条带式输送机是指斗轮机的取料带式输送机；对于圆形煤场和筒仓，第一条带式输送机是指运煤系统中第一个接收到来自贮煤设施的煤的带式输送机。明火煤监测装置应包括红外探测装置、喷淋灭火装置和电控系统，当红外探测装置发现带式输送机上燃煤温度超过系统预警值时，喷淋灭火系统启动喷水灭火，防止着火的煤进入系统，明火煤监测装置布置如图5-6所示。

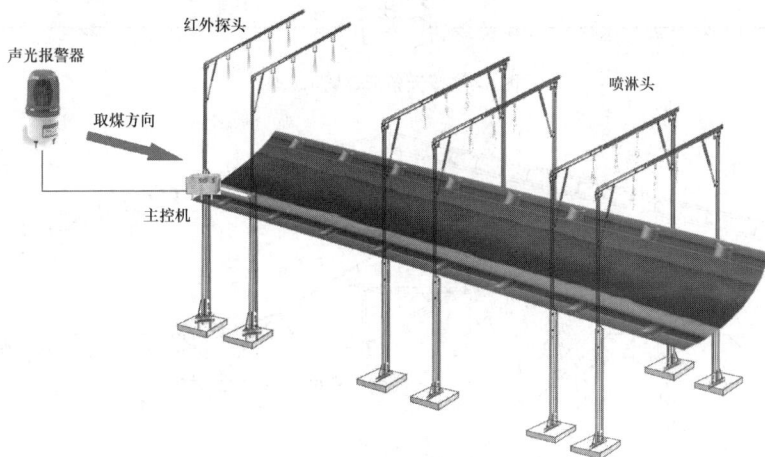

图 5-6　明火煤监测装置布置示意图

（2）不同种类的煤应分类堆放，相邻煤堆底边之间应留有不小于 5m 的距离。煤的种类按大类划分为褐煤、烟煤和无烟煤。在贮煤场容量计算上，应按分堆堆放的条件确定贮煤场的面积。

（3）煤场区域地下禁止敷设电缆、蒸汽管道、易燃、可燃液体及可燃气体管道。

（4）煤场堆取料设备设有司机室时，司机室应采用隔热密封结构，内设空调、采暖器、灭火器、电话、无线对讲机等设施；并设置通往司机室的平台及扶梯，确保发生火灾时，操作人员可快速逃生。

（5）堆取料机司机室、低压电气室、高压电气室应配备干粉灭火器。

（6）对于煤场设备经常操作、检查或维修的位置，均应设置大小合适的永久性钢制平台，其负载能力不应小于 4000N/m²。平台台面采用格栅式材料，防止粉尘堆积。

（7）煤场堆取料机上所有漏斗、溜槽的冲刷面均应衬砌耐磨衬板，衬板材料应不可燃烧且表面光滑利于物料流动。所有漏斗、溜槽的倾斜面与水平面的夹角不应小于60°。漏斗、溜槽之间应有良好的密封性。

（8）贮存容易自燃煤种的煤场，贮煤场应定期翻烧，翻烧周期应根据燃煤的种类来确定；根据火力发电厂的实际运行经验，褐煤一般不宜超过20天，容易自燃的烟煤一般不宜超过45天，设计时应考虑定期翻烧的条件，方便定期翻烧。

（9）为方便现场及时、有效地处理已自燃的煤，室内贮煤场可用装载机、推土机或其他设备将燃烧的煤或运离煤堆、或就地扑灭，设计时应考虑方便这些设备作业。

一、条形煤场

条形煤场一般指露天、带干煤棚或全封闭的长方形煤场，煤场设备一般为悬臂斗轮堆取料机、门式斗轮堆取料机、扒料机、装卸桥、桥式抓斗起重机等，其中悬臂斗轮堆取料机和门式斗轮堆取料机应用较为广泛，本章将以悬臂斗轮堆取料机为例进行详细说明，其他形式的条形煤场堆取料机设备可参照上述两种设备。

条形煤场的封闭形式应根据气象条件、厂区地形条件、周边环境的要求并兼顾造价等因素确定，可采用露天布置配置挡风抑尘网、半封闭式布置及封闭式布置方案。

1. 露天条形煤场

条形煤堆的上部和侧面没有结构封闭，或侧面只是部分具有挡煤墙或挡风抑尘墙，如图5-7所示。

2. 半封闭式条形煤场

煤堆上部具有封闭结构，煤堆侧面部分或全部未封闭的条形煤场，如图5-8所示。

3. 封闭式条形煤场

条形煤堆周围和上部均有封闭结构，结构上留有必要的开口和维护设施，如图5-9所示。

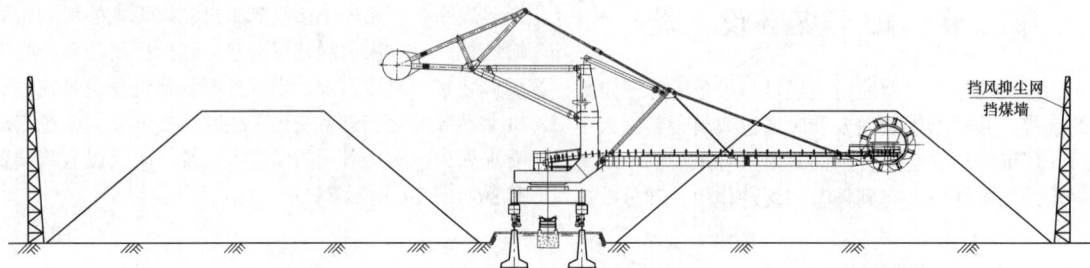

图5-7　露天条形煤场示意图

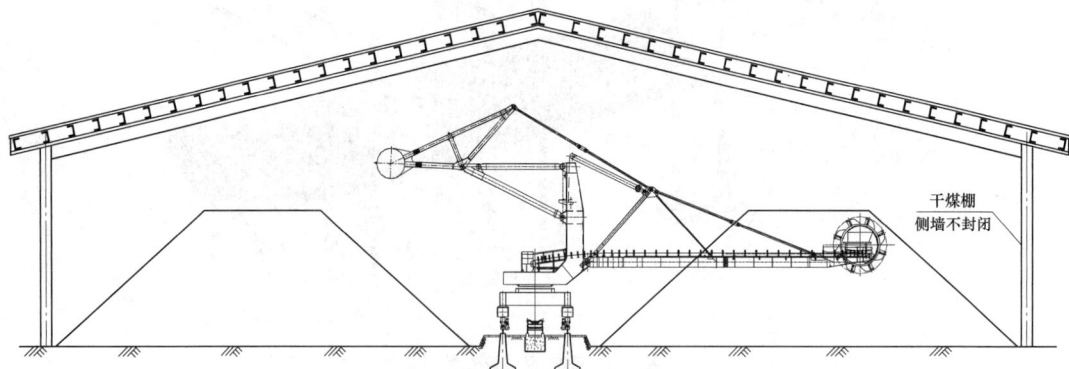

图5-8　半封闭式条形煤场示意图

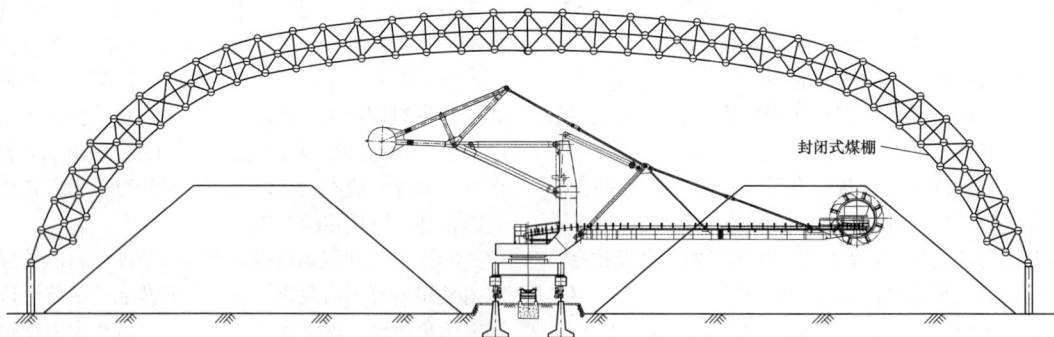

图5-9　封闭式条形煤场示意图

防火设计要点：

（1）条形露天煤场应与其他建筑物如铁路、卸煤设施保持一定的防火间距，煤场四周应设置推煤机等地面移动设备的通道和消防通道。

（2）贮煤场区域应根据贮存煤种特性设置适当的消防设施，条形煤场的布置应为煤场的消防设计预留条件。消防设施的设置见第八章。

（3）贮存容易自燃煤种的条形煤场，当采用悬臂斗轮堆取料机时，回取率不宜低于70%，煤场的布置和设备选型应有利于减少死煤堆，如图5-10所示。

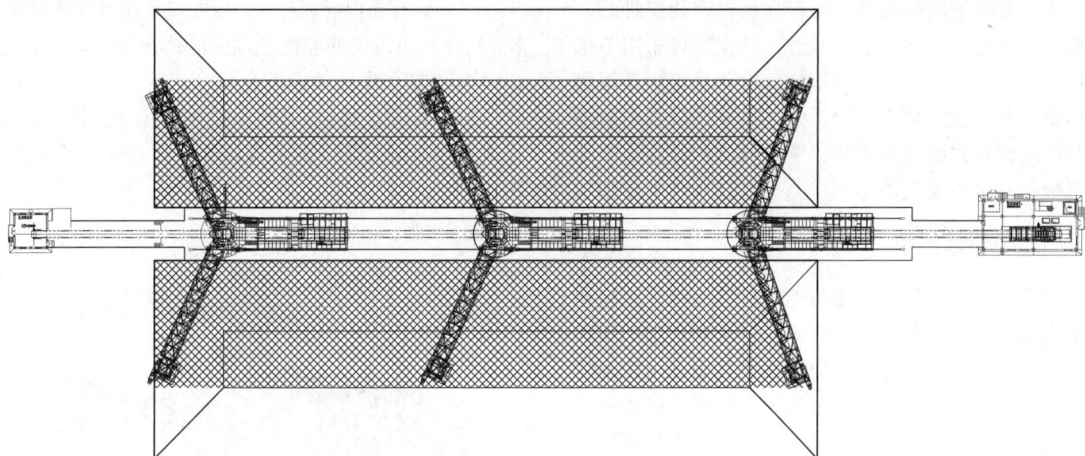

图 5-10　煤场回取率示意图

（4）条形煤堆堆放时宜分层压实；减少煤层中的空气含量，减缓煤堆的氧化速度，延长煤的自燃周期。

（5）煤场周边应设置喷水设施，以便定期为煤堆降温，预防自燃。可利用煤场周边的喷水降尘设施，条件合适时也可与消防设施共用。

（6）分类堆放的贮煤场，相邻煤堆底边之间应留有不小于 10m 的距离；为了方便平整、压实作业，煤堆顶部宽度不宜小于 10m（如图 5-11 所示）。

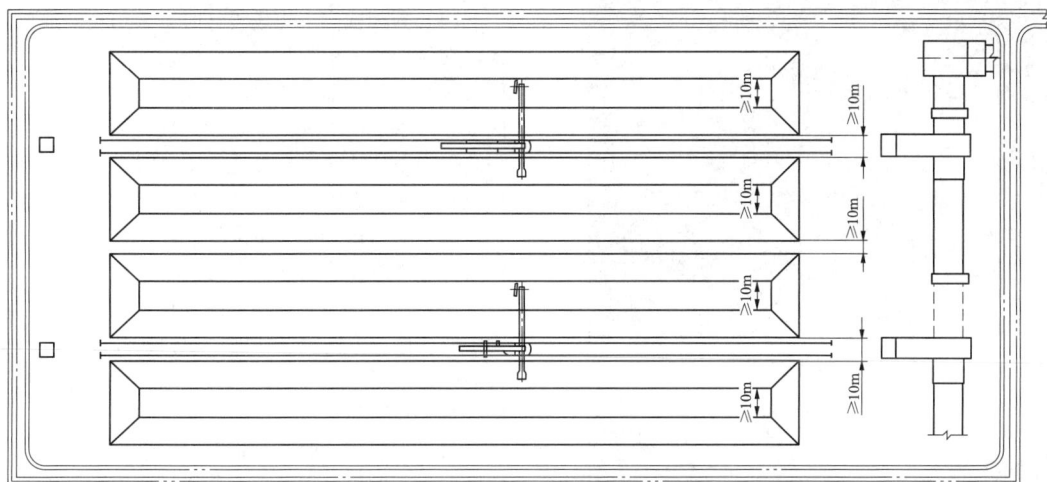

图 5-11　条形煤场相邻煤堆间距及煤堆顶部宽度示意图

（7）贮存容易自燃煤种的条形煤场，可在煤场设置红外热成像仪，红外热成像仪的监测范围应能覆盖整个煤场区域，适时监控整个煤场的温度变化。当温度升高到 60℃时，应立即喷水降温并尽快取出供锅炉机组燃用，防止火灾事故的发生。红外热成像仪的布置如图 5-12 所示。

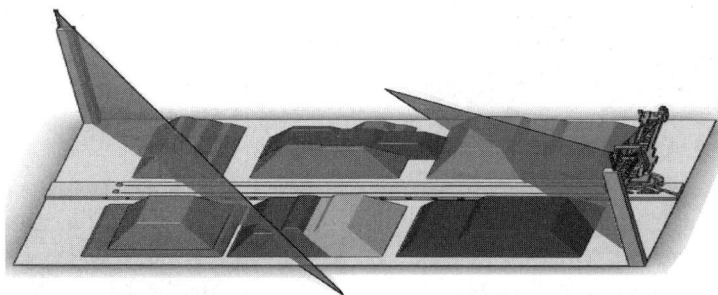

图 5-12　红外热成像仪布置示意图

（8）采用条形封闭煤场贮存容易自燃的煤种时，根据目前各电厂的实际运行经验，贮煤场可采用下部进风、顶部排风的自然通风措施，以防止粉尘及可燃气体聚集发生爆燃危险。但当条件特殊，自然通风不良时，应设置强制通风设施。通风设施的设置见第七章"供暖、通风及空气调节系统防火与建筑防烟排烟"。

二、圆形煤场

圆形煤场是指圆形挡煤墙加双层球面网壳结构屋面的煤场，其煤场机械为回转堆取料设备。圆形煤场是近年来国内大型燃煤电厂应环保要求而应用较多的煤场形式。具有占地省、外形美观、环保指标先进、自动化程度高、运行安全可靠、不受天气影响等优点。圆形煤场的外形及堆取料设备如图5-13和图5-14所示。

圆形煤场主要组成部分为：中心柱及下部的圆锥形煤斗、堆料机、取料机、电气和控制设备、土建结构及其他相关辅助设施等。

图5-13　圆形煤场外形

图5-14　圆形煤场堆取料机

防火设计要点：

（1）在堆料机的头部落料点和尾部受料点均应设置喷雾除尘装置，尽量减少煤尘飞扬。

（2）在煤场四周顶盖设置摄像头，以便输煤控制室内随时监视煤场的设备运行情况及火警情况。

（3）贮存易自燃煤种时，宜在煤场设置红外热成像仪，红外热成像仪的监测范围应能覆盖整个煤场区域，适时监控整个煤场的温度变化。当温度升高到60℃时，应立即喷水降温并尽快取出供锅炉机组燃用，防止火灾事故的发生。圆形煤场红外热成像仪的布置如图5-15所示。

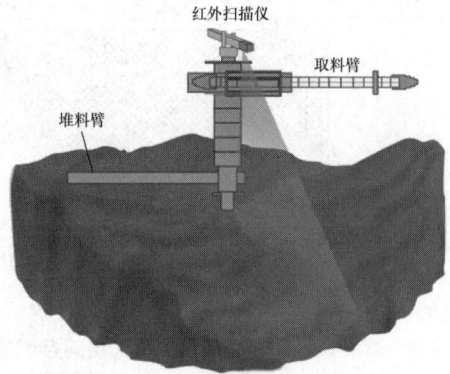

图5-15　圆形煤场红外热成像仪布置示意图

（4）封闭式圆形煤场设计时宜采用自然通风的方式，在网架屋盖根部与环形侧墙顶部之间设置环形进风口，在屋盖顶部中央设置排风口，形成良好的"烟囱效应"，保持通风顺畅，防止可燃气体和煤尘浓度过高。但当条件特殊，自然通风不良时，应设置强制通风设施。通风设施的设置见第七章。

（5）圆形煤场的布置应为煤场消防设施的设计预留条件，消防设施的设置见第八章。

（6）圆形煤场堆取料机的堆料和取料均以中心柱为中心朝同一方向旋转作业，取料机在前、堆料机在其后，以实现存煤"先进先出"的循环运行方式，确保存煤更新的周期小于自燃周期。

（7）取料作业时，刮板取料机沿煤堆表面俯仰、回转取料，应将存煤取尽，并将挡墙根部的煤清除干净，无死角余煤，创造防自燃的良好条件。

三、筒仓

筒仓是指混凝土封闭式筒式煤仓，是散装物料的贮存方式之一。大型贮煤筒仓具有缓冲、混煤的功能，造价较高，适用于场地狭窄、环保要求高的场合，贮煤筒仓也是火力发电厂贮煤方式之一。

筒仓的平面形状有正方形、矩形、多边形和圆形等，其中，圆形筒仓的仓壁受力合理，用料经济，应用最广。筒仓可节约仓储用地，有利于实行装卸机械化和自动化，降低劳动强度，提高劳动生产率，减少物料的损耗和粉尘对环境的污染。

常见贮煤的圆形筒仓有锥底筒仓和平底筒仓两种。筒仓上部配仓设备通常有犁式卸料器、卸料小车、布料器等；筒仓下部给料设备通常有环式给煤机、活化给煤机或叶轮给煤机等。常见的筒仓规格见表5-3。典型的锥底筒仓布置如图5-16所示。

表5-3　　　　　筒 仓 规 格 表

序号	直径（m）	贮煤量（t）
1	φ15	2500～3500
2	φ18	4500～6000
3	φ22	9000～12000
4	φ30	18000～25000
5	φ36	28000～36000

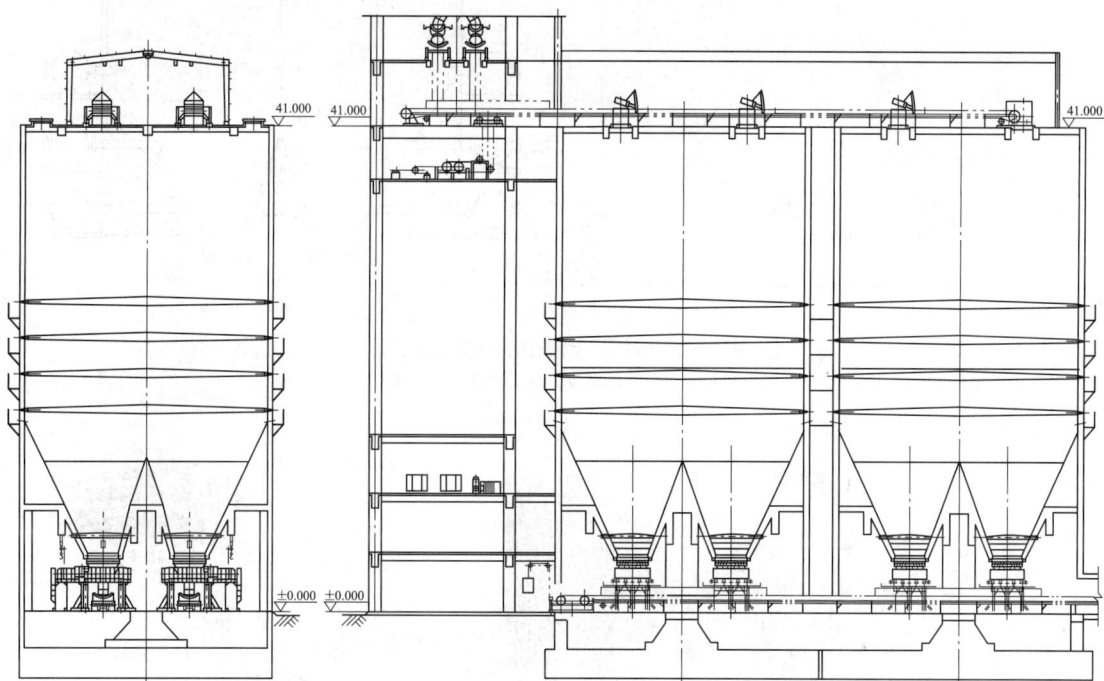

图5-16　典型的锥底筒仓布置图

防火设计要点：

（1）筒仓的设计应保证燃煤先进先出，尽量缩短贮存时间，降低燃煤自燃的风险。

（2）筒仓内表面应光滑，其几何形状和结构应使煤整体流动顺畅，而且能使煤全部自流排出。防止有存煤死角，减少燃煤长时间贮存时自燃的风险。

（3）筒仓煤斗斗壁应光滑耐磨、交角呈圆角状，避免有凸出或凹陷，壁面与水平面的交角不应小于60°，料口部位为等截面收缩或双曲线斗形。

（4）对黏性大、有悬挂结拱倾向的煤，在筒仓的出口段宜采用内衬不锈钢衬板或光滑不燃烧型耐磨衬板。宜装设预防和破除堵塞的装置，包括在金属煤斗侧壁装设电动或气动破拱装置（空气炮），这些装置宜远方控制。电动、气动破拱装置安装示意如图5-17所示。对爆炸感度高（高挥发分）和自燃倾向性高的烟煤和褐煤采用气动破拱时，其气源宜采用惰性气体。

（5）筒仓上部宜设置排除可燃气体和煤粉混合物的排气装置，防止空气和煤粉混合物及可燃气体在筒仓内积聚。

（6）筒仓应设置性能可靠的连续测量的料位计，并应在输煤程控室有显示。

（7）筒仓设计应根据煤种特性，结合筒仓的功能和结构形式，设置防爆、温度、可燃气体（包括 CH_4 和 CO）、烟气、粉尘浓度检测报警装置。检测装置的显示器应集中安装于输煤程控室或筒仓控制室。如图5-18所示。

（8）筒仓应设置自动启闭式（如重力式和超导磁预紧式）防爆门，防爆门总有效泄压面积可按泄压比不小于0.001计算。

（9）贮存容易自燃煤种的筒仓应符合下列规定：

1）宜通过式布置，不宜设置筒仓旁路系统。

2）采用先进先出形式。当不能实现先进先出时，应设置定期清仓或排空设施。

3）应设置防爆、温度监测、烟气监测和可燃气体浓度监测装置［按（7）、（8）设置］。

4）贮存耗煤量7d及以上的褐煤或10d及以上的

容易自燃烟煤时，宜采取惰化保护措施［按（10）设置］。

（10）筒仓的惰化系统可采用氮气、二氧化碳气体或洁净烟气作为惰化介质。采用氮气惰化系统时，须保证在规定的时间内以设定的流量满足筒仓惰化要求。惰化系统通常分为三个部分，即制氮系统、控制系统、喷放系统，氮气惰化系统的布置如图 5-19 所示。

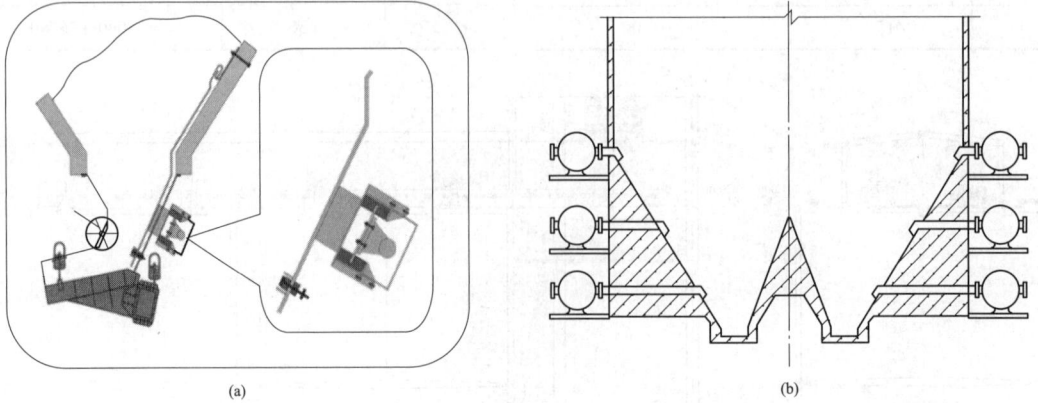

(a)　　　　　　　　　　　　　　(b)

图 5-17　电动、气动破拱装置安装示意图

（a）电动破拱装置；（b）气动破拱装置

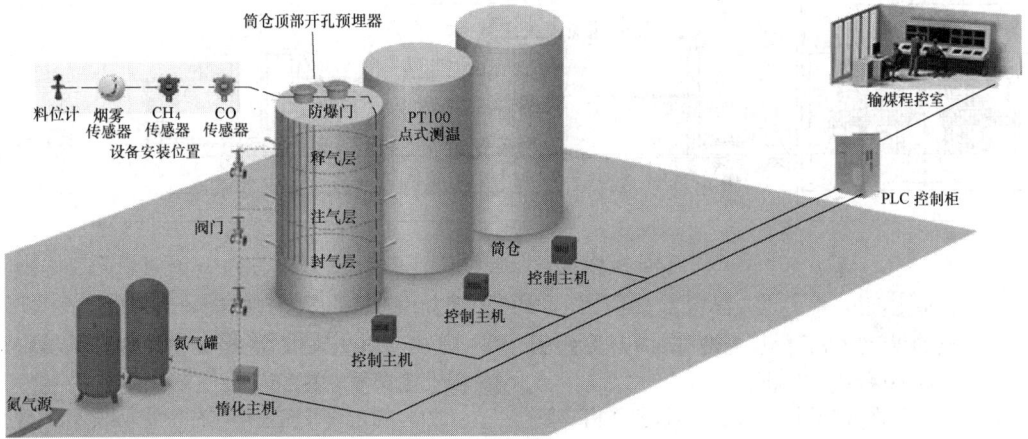

图 5-18　贮煤筒仓安全监测装置布置示意图

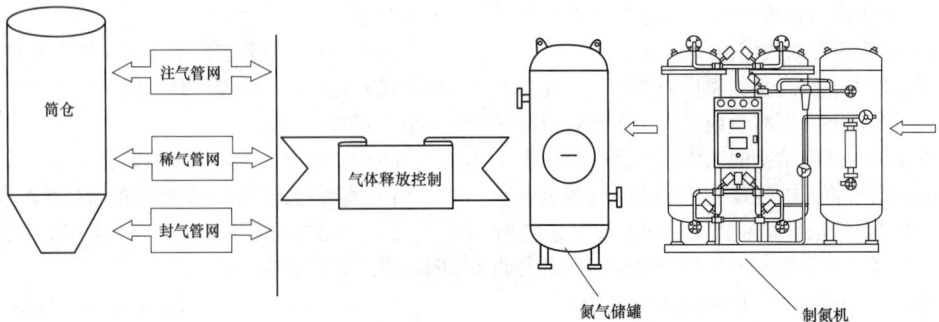

图 5-19　筒仓氮气惰化保护系统布置示意图

1）制氮系统应包括氮气的储存和输送，并保证氮气纯度及氮气出力。

2）控制系统应采用 PLC 程序控制，对系统制氮设备的工作状态、累计运行时间、工作压力、工作流量、释放阀门状态（开或关）以及氮气的各项指标参数进行不间断监控，实现全自动运行。

3）喷放系统：筒仓仓壁的上部、中部以及底部均应安装注气管网。从筒仓上部注入的惰性气体，用于稀释筒仓内的可燃气体和空气；从筒仓中部注入的惰性气体，用于排除煤层中的可燃气体和空气；从筒仓底部注入的惰性气体，用于封住卸煤口，防止外界空气进入筒仓。

（11）安全监控装置和报警信号需引至输煤程控室。这些装置和声、光报警信号包括（但不限于）：

1）煤位测量装置和高、低煤位报警信号，并与进煤和出煤的带式输送机连锁。

2）温度测量装置和温度高于预定值的声、光报警信号。

3）烟雾监测装置和报警信号。

4）可燃气体监测装置和可燃气体值高于预定值的报警信号，并与排气系统连锁。

5）温度高或烟雾监测装置报警和可燃气体值高报警信号，出现时连锁启动惰化系统。

第三节 输送处理系统

运煤系统的最终目的就是要把煤送入锅炉煤仓间。将卸煤设施、贮煤设施、筛碎设施、混煤设施等相互按一定的规则串起来就构成了完整的运煤工艺主系统，用来联结这些装置或设施并最终将煤送入锅炉

原煤仓的设备，目前最经济、可靠、安全、适用的就是带式输送机类产品。由于需要将多种功能串为一体，带式输送机通常需要多段设置，并需配备合适的给料和卸料设备，这些带式输送机和给、卸料设备共同组成运煤系统的输送系统。

进入锅炉进行燃烧的煤需要有合适的粒度才能保证锅炉燃烧效率。通常煤粉炉磨煤机入口煤最大粒度一般要求为 30～50mm，循环流化床锅炉入炉煤粒度通常要求不大于 10mm。通常在运煤系统中设置筛碎设施对原煤进行处理以满足磨煤机或锅炉的粒度要求。

输送系统及筛碎设施统称为输送处理系统。

一、带式输送机

带式输送机是一种摩擦驱动以连续方式运输物料的机械设备。常见的带式输送机种类有通用固定带式输送机和圆管带式输送机。

1. 通用固定带式输送机

主要由胶带、驱动装置、传动滚筒、改向滚筒、上托辊组、下托辊组、拉紧装置、清扫器、导料槽、头架、尾架等部分组成，如图 5-20 所示。

2. 圆管带式输送机

由多个托辊形成的正多边形托辊组强制将输送带裹成边缘互相搭接成圆管状来输送散装物料的连续输送设备。圆管带式输送机由输送带、驱动装置、传动滚筒、托辊组、拉紧装置和机架等部分组成，圆管带式输送机与通用固定带式输送机的主要区别在于输送带和托辊组结构。圆管带式输送机如图 5-21 所示。

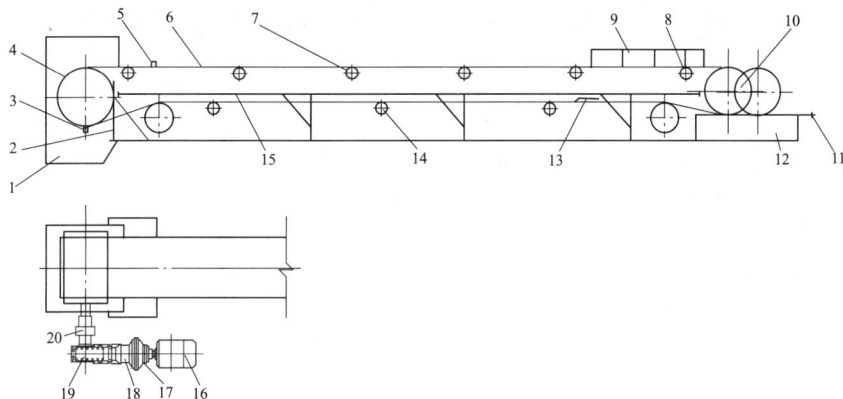

图 5-20 通用固定带式输送机整机结构

1—头部漏斗；2—头架；3—头部清扫器；4—传动滚筒；5—安全保护装置；6—输送带；7—承载托辊；8—缓冲托辊；
9—导料槽；10—改向滚筒；11—螺旋拉紧装置；12—尾架；13—空段清扫器；14—回程托辊；15—中间架；
16—电动机；17—液力偶合器；18—制动器；19—减速器；20—联轴器

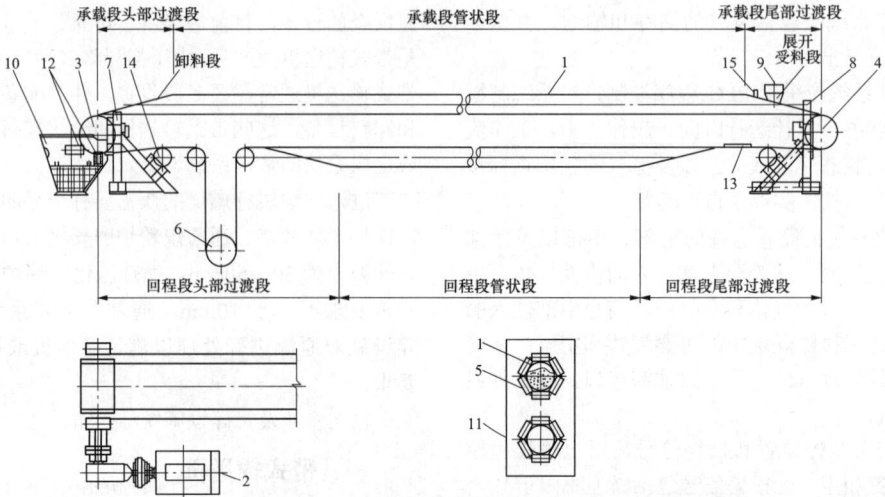

图 5-21　圆管带式输送机整机结构

1—管状输送带；2—驱动装置（电机、减速器、液力偶合器、制动器、联轴器、逆止器）；3—头部滚筒；4—尾部滚筒；
5—托辊；6—拉紧装置；7—头架；8—尾架；9—导料槽；10—头部漏斗；11—中部支撑构架；12—头部清扫器；
13—空段清扫器；14—改向滚筒；15—限流等辅助设备及保护装置

防火设计要点：

（1）带式输送机防火宜从防撒料、防跑偏、带面清洁等方面考虑。

（2）防止带式输送机运行中撒料的措施：

1）输送机的倾斜角 δ，向上运煤不宜大于 16°（寒冷地区露天布置为 14°）；碎煤机室后，当布置受限制时，不应大于 18°，下运不应大于 12°。

2）带式输送机固定受料点应采用缓冲托辊或缓冲床，在邻近头、尾滚筒处，宜选用槽形为 20° 的过渡托辊，在 20° 槽形托辊与滚筒之间宜设 1 组 10° 过渡托辊。

3）带式输送机受料点的导料槽长度 L 应与输送带速度 v 相适应，并满足除尘要求。一般情况下可分别按下式计算并取其较大值：

$$L \geqslant vt \qquad (5-1)$$
$$L \geqslant (4\sim6)B \qquad (5-2)$$

式中　L——带式输送机受料点的导料槽长度，m；

　　　v——输送带速度，m/s；

　　　t——物料从进入导料槽起的时间，t 一般取 2s；

　　　B——输送带宽度，m。

（3）防止带式输送机在运行中跑偏的措施：

1）带式输送机中部直线段和半径大于 240m 的凹弧段的承载分支，每 10 组普通托辊可安装一组自动调心装置。可逆带式输送机应设可逆式调心装置。单向运行的带式输送机可部分或全部采用槽形前倾托辊，也可采取部分槽形前倾托辊和调心装置兼用的方式，防止输送带跑偏。

2）凸弧段及半径小于 240m 的凹弧段不宜采用调心装置。

3）带式输送机回程分支宜兼用平行下托辊和 V 形托辊，也可每 5 组下托辊安装 1 组下调心装置，或适当配套使用 V 形和反 V 形托辊，单向运行的带式输送机，也可适当选用 V 形前倾下托辊，以防止输送带跑偏。

（4）防止带式输送机上下带面黏煤的措施：

1）带式输送机卸料滚筒处应安装输送带承载面清扫器，通常宜设置两组，在尾部滚筒前和垂直重锤拉紧装置第一个改向滚筒前均应安装输送带非承载面清扫器。

2）从回程胶带起始点开始连续设置 5 组清扫托辊，清扫托辊采用螺旋形式的托辊。

（5）用于输送容易自燃煤种的输送带和导料槽的防尘密封条应采用阻燃型。

（6）运煤系统的带式输送机应设置速度信号、输送带跑偏信号、落煤管（斗）堵煤信号和紧急拉绳开关等安全保护措施。

（7）带式输送机各部件严禁采用高分子聚乙烯及亚克力等易燃材料作为主、辅材，所有电动机防护等级为 IP 型，防止煤尘或水冲洗造成电动机短路故障，除尘系统的风道及部件均采用难燃材料制作。

（8）带式输送机地下廊道出地面处应设采光室和安全出口。

（9）当带式输送机栈桥和通廊较长时，宜在采光室或其他有足够通行高度的适当地点设置跨越梯和安全出口。

（10）带式输送机栈桥宜采用封闭式结构，南方地区也可采用半敞开式或敞开式结构，半敞开式通廊应设防雨罩。采用敞开式通廊时，带式输送机应有防雨罩。带式输送机栈桥和通廊净空尺寸可按表 5-4 和图 5-22 选取。

表 5-4 带式输送机通廊尺寸表 （mm）

通廊尺寸	单　路				双　路				
带宽 B	A	C	C_1	H_1	A	C	M	C_1	H_1
500	2800 (3100)	1330 (1340)	1740 (1760)	≥2200	4400 (4600)	1310 (1300)	2000	1090 (1300)	≥2200
650	3000 (3200)	1440 (1390)	1560 (1810)	≥2200	4700 (4800)	1430 (1350)	2100	1170 (1350)	≥2200
800	3200 (3600)	1550 (1610)	1650 (1990)	≥2200	5200 (5400)	1540 (1500)	2400	1260 (1500)	≥2200
1000	3500 (3800)	1670 (1650)	1830 (2150)	2500	5800 (6100)	1650 (1650)	2800	1350 (1650)	2500
1200	3800 (4100)	1810 (1830)	1990 (2270)	2500	6600 (6800)	1830 (1800)	3200	1570 (1800)	2500
1400	4200 (4500)	1960 (1970)	2440 (2530)	2500	7100 (7400)	1930 (1950)	3500	1670 (1950)	2500
1600	4500 (4800)	2060 (2080)	2440 (2720)	2800	7500 (7800)	2050 (2050)	3700	1750 (2050)	2800
1800	4710 (5000)	2160 (2170)	2550 (2830)	2800	7900 (8200)	2190 (2150)	3900	1910 (2150)	2800
2000	4900 (5300)	2270 (2130)	2630 (2990)	2800	8400 (8600)	2300 (2250)	4100	2000 (2250)	2800

注 1. 表中带括号的数字适用于采暖地区。
 2. 当人行通道上方设置电缆桥架、消防水管、照明等设施时，其 H_1 值应满足人行通道高度的要求，此时人行通道的净高宜为 2200mm，最小不得小于 2000mm。

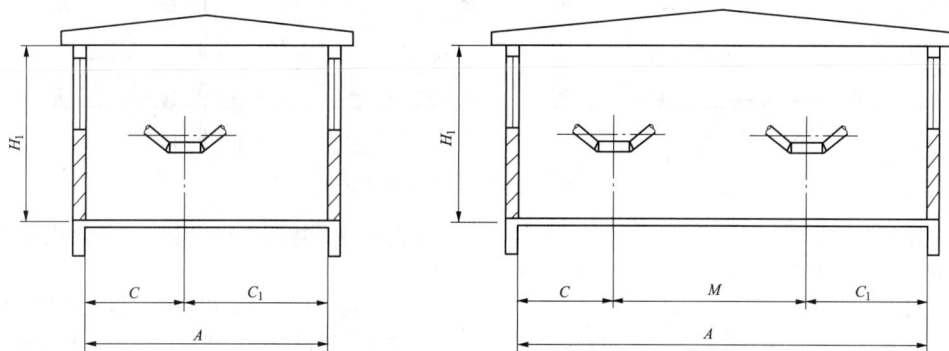

图 5-22 带式输送机通廊截面

二、转运站

在燃煤发电厂中，运煤系统中设置的转运站，其主要功能是实现运煤系统的转运。直观上看，转运站是连接各级带式输送机、实现燃煤逐级转送的建筑物。

转运站中的转运设备，通常指的是从上级带式输送机的头部漏斗（含头部漏斗及其护罩）开始至下级带式输送机导料槽（含导料槽）为止的运煤设备。转运站中运煤设备主要包括：头部漏斗护罩、头部漏斗、倒流挡板、三（四）通管、落煤管、弯头、锁气器、导料槽，以及检修、起吊、清堵辅助设备等。在有些转运站中，还设置有缓冲滚筒、缓冲煤斗、犁式卸料器、给煤机、带式输送机头部伸缩装置、双向转运带式输送机等设备。

典型的转运站布置如图 5-23 所示。

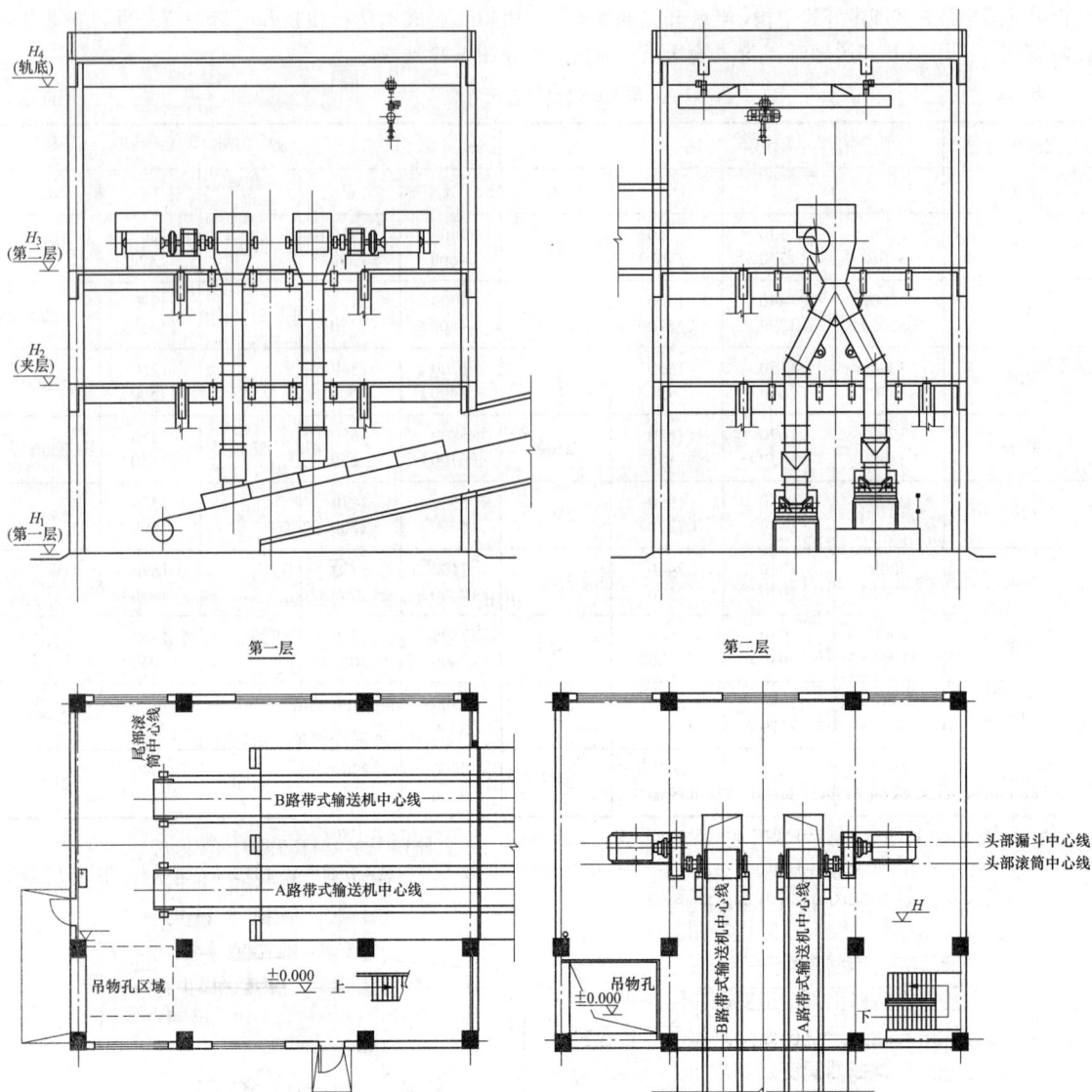

第一层　　　　　　　　　　　　　第二层

图 5-23　典型的转运站布置图

防火设计要点：

（1）转运站各设备严禁采用高分子聚乙烯及亚克力等易燃材料作为主辅材。

（2）落煤管（斗）应采取防撒和防积措施，其布置应符合以下要求：

1）与水平面的倾斜角不宜小于 60°，布置困难时允许不小于 55°；

2）避免反向转折；

3）使煤流进入带式输送机时具有与胶带上分支运动方向一致的分速度，并对准输送机中心线，必要时应采取导流措施；

4）当转运点落差大于 4m 时，落煤管宜加设锁气挡板和密封性能较好的导料槽。

（3）落煤管（斗）的接头法兰应采取密封措施。

落煤管（斗）排料口尺寸不宜小于燃煤最大粒度的 2.5 倍。

（4）落煤管（斗）在运行维修人员易于接近的适当位置应设置检查门，检查门应做好密封措施，防止粉尘外泄。

（5）落煤管（斗）容易堵煤的部位应设置助流装置或防堵塞装置。

三、筛碎设施

常用的筛分设备有如下类型：固定筛、圆筒回转筛、振动筛、弛张筛、滚轴筛、梳式摆动筛。常用的破碎设备主要有如下几类：鄂式破碎机、圆锥破碎机、反（锤）击式破碎机、辊式破碎机、环锤式破碎机等。典型的碎煤机室布置如图 5-24 所示。

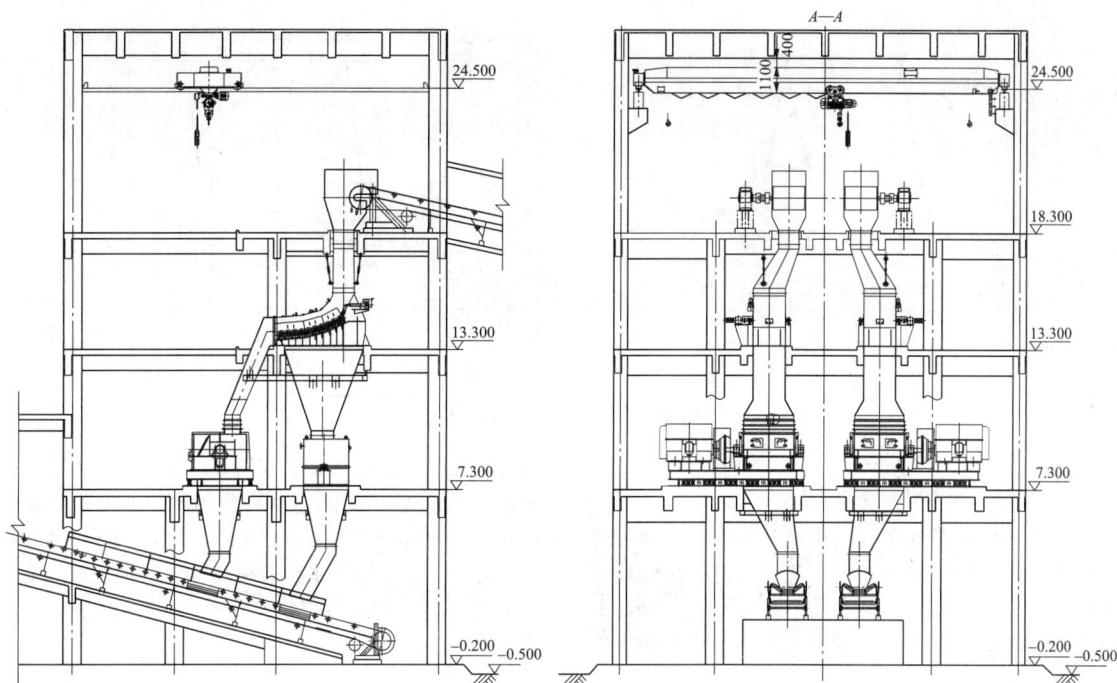

图 5-24 典型的碎煤机室布置图

防火设计要点：

（1）煤筛应设置自清扫装置，用于清扫黏在筛轴和筛片上的煤及缠绕的杂物，减少发生堵塞的可能性。

（2）煤筛上部防尘罩应设置密封检查门，防尘罩两侧应根据情况设置操作平台。

（3）煤筛应设有堵煤信号，当发生堵煤或出现其他故障时应能够及时报警并自动停机。

（4）当破碎表面水分较高、黏结性较强的煤时，碎煤机能满足防堵要求。

（5）碎煤机应具有减少鼓风量的调节设施，宜设置振动和轴承温度监测装置。

（6）碎煤机本体应是坚固的重型钢板焊接结构，各接合面及连接处均应密封良好，不漏粉尘。

（7）采用大、中型碎煤机时，宜在碎煤机与楼板面之间设置减振装置。减振装置应带有密封装置，保证碎煤机和减振装置间无粉尘溢出。碎煤机入料口处均应带有软连接管。

（8）碎煤机室落煤管或给料设备的布置应满足以下要求：

1）应具有使煤流不以较大落差垂直冲击筛网的措施；

2）煤流沿筛面宽度和碎煤机转子全长均匀分布；

3）减小碎煤机前后的煤流落差；

4）防止堵煤。

（9）煤筛及碎煤机前后的落煤管和钢煤斗应采取密封措施。在碎煤机出口处应设置吸气除尘装置，除尘系统的风道及部件应采用不燃烧材料制作。

（10）在碎煤机室应设置通风除尘装置，宜设置水力清扫系统，水力清扫系统按班制运行，减少煤粉存留时间。

第四节 运煤辅助设施

运煤辅助设施是指入厂、入炉煤的计量及取样、除铁、除杂物、除尘、清扫、起吊等设备，用于发电成本核算、数值分析，运煤系统的安全保护、检修维护等。

一、除铁设备

除铁设备用于将磁性铁件与煤分离，防止损坏运煤系统中的碎煤机、带式输送机及锅炉制粉系统的磨煤机。除铁设备按磁源类型分为永磁除铁器及电磁除铁器，电磁除铁器按弃铁方式可分为盘式电磁除铁器及带式电磁除铁器。典型的除铁间布置如图 5-25 所示。

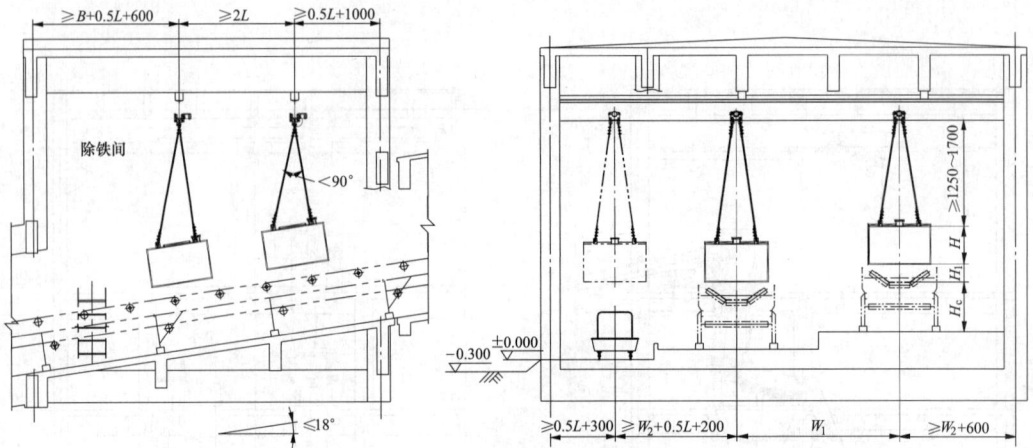

图 5-25 典型的除铁间布置图

二、除杂物设备

电厂来煤中经常含有大块煤、冻煤、木块、绳子及袋子等杂物，影响运煤系统设备及锅炉制粉系统的安全运行，为此，在燃用小型煤矿、煤种较多的电厂，常配备除杂物设备。为防止大块煤或者冻煤进入系统，卸煤装置下方设有煤箅子，若来煤中含有较多大块煤或冻煤，一般在煤箅子上方设置清箅破碎机或振动煤箅子。为防止木块、绳子及袋子等杂物进入系统，宜在输送系统前端设置除杂物装置，除杂物装置一般分为滚轴式和钩齿式。典型的除杂物装置如图 5-26 所示。

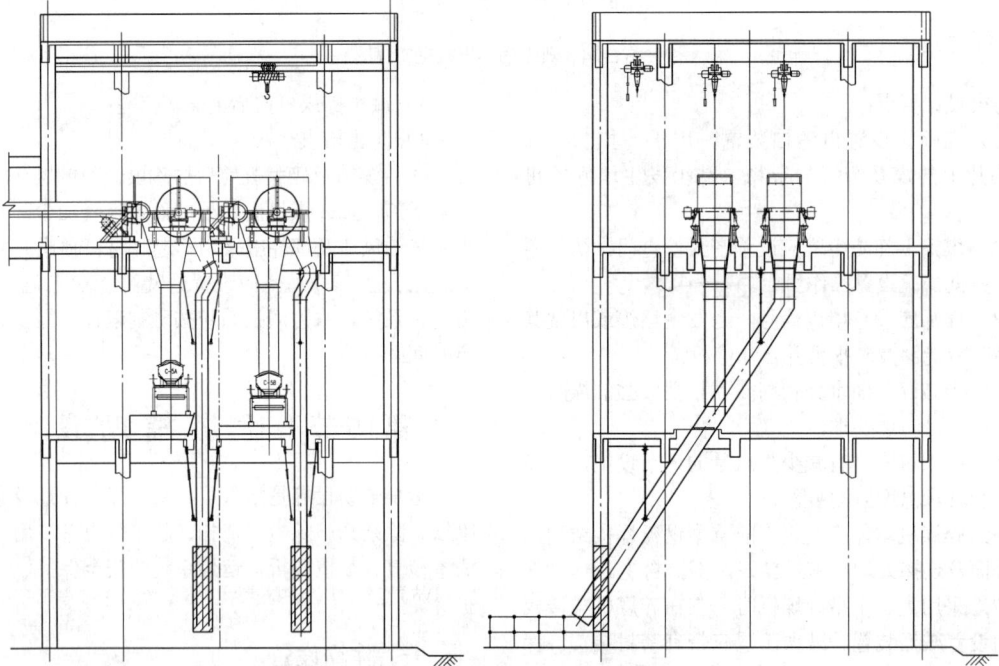

图 5-26 典型的除杂物装置布置图

三、计量设备

运煤系统计量设备分为入厂煤及入炉煤计量。入厂煤计量主要采用轨道衡（翻车机衡）、汽车衡、电子皮带秤；入炉煤计量采用电子皮带秤。轨道衡及汽车衡通常采用标准砝码进行校验，皮带秤采用实物校验装置或循环链码模拟实物校验装置进行校验。典型的计量设备如图 5-27～图 5-30 所示。

四、取样设备

取样设备按功能分为入厂煤取样装置、入炉煤取样装置。入厂煤取样装置用于对入厂煤进行取样，以检验煤的水分、灰分、发热量等煤质特性，作为对外商业结算的依据。入炉煤取样装置用于对进入锅炉房的燃煤进行取样，以检验煤的水分、灰分、发热

量等项目，计算电厂运行的经济性及掌握设备的运行情况。

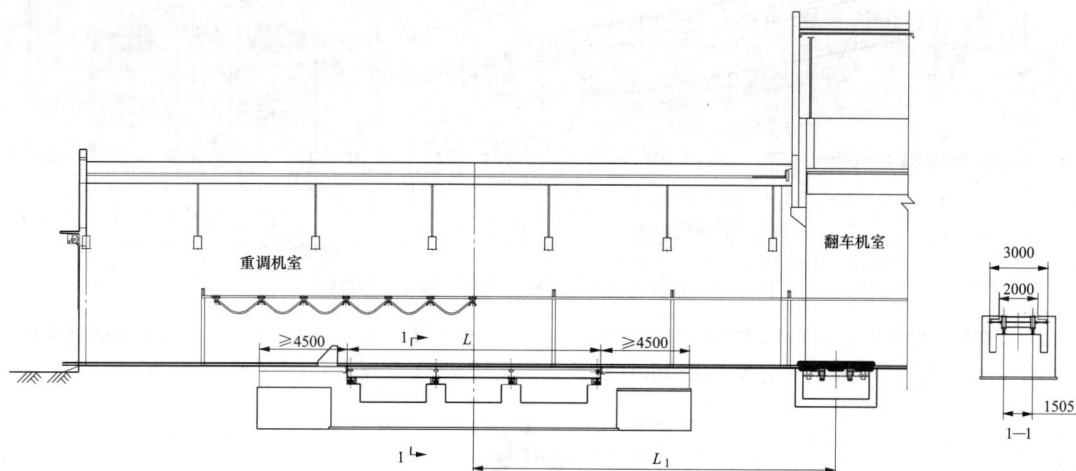

图 5-27 典型的静态轨道衡布置图

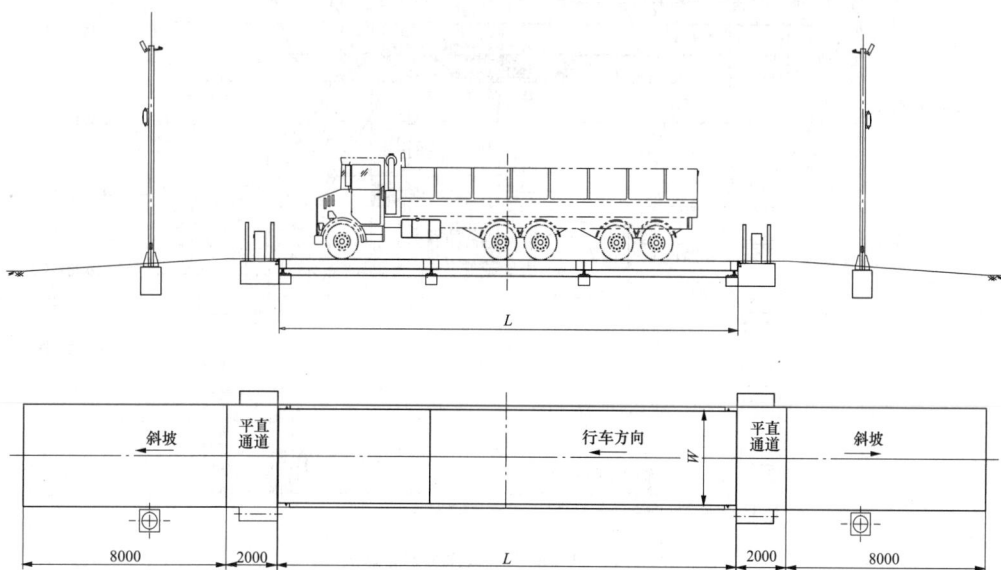

图 5-28 典型的汽车衡布置图

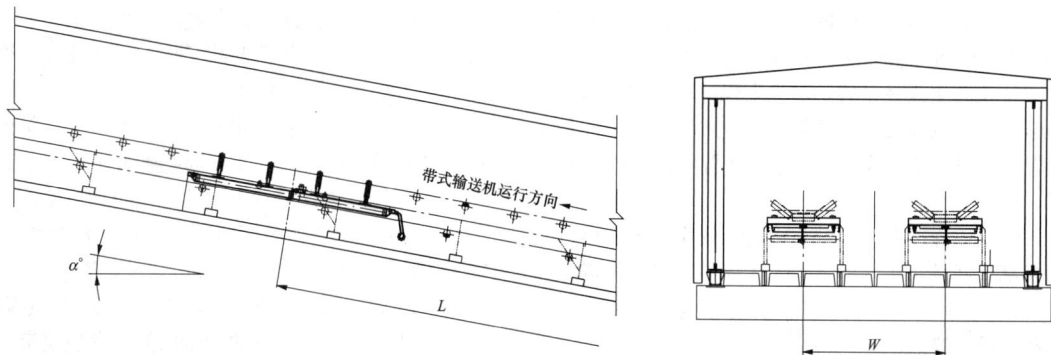

图 5-29 典型的电子皮带秤布置图

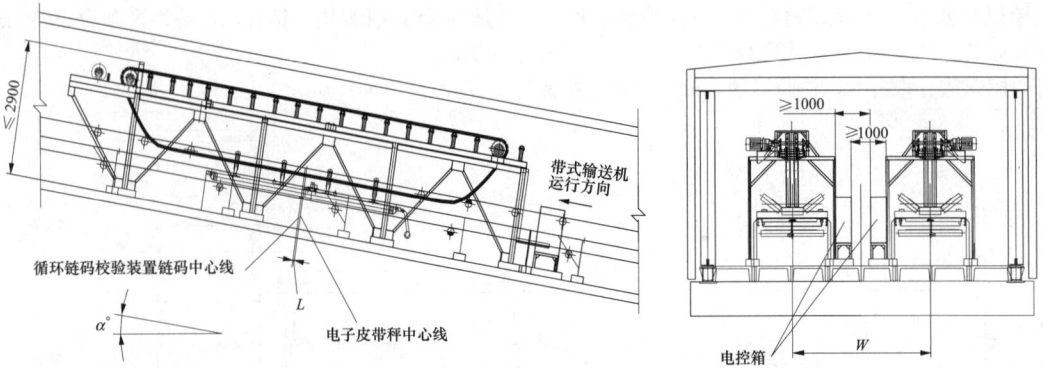

图 5-30 典型的循环链码模拟实物校验装置布置图

入厂煤取样装置按来煤方式及安装形式分类如下：

（1）铁路来煤——火车取样装置。火车取样装置

按取样设备的安装形式分门式、π 形、桥式及悬臂式；典型的火车取样装置布置如图 5-31 所示。

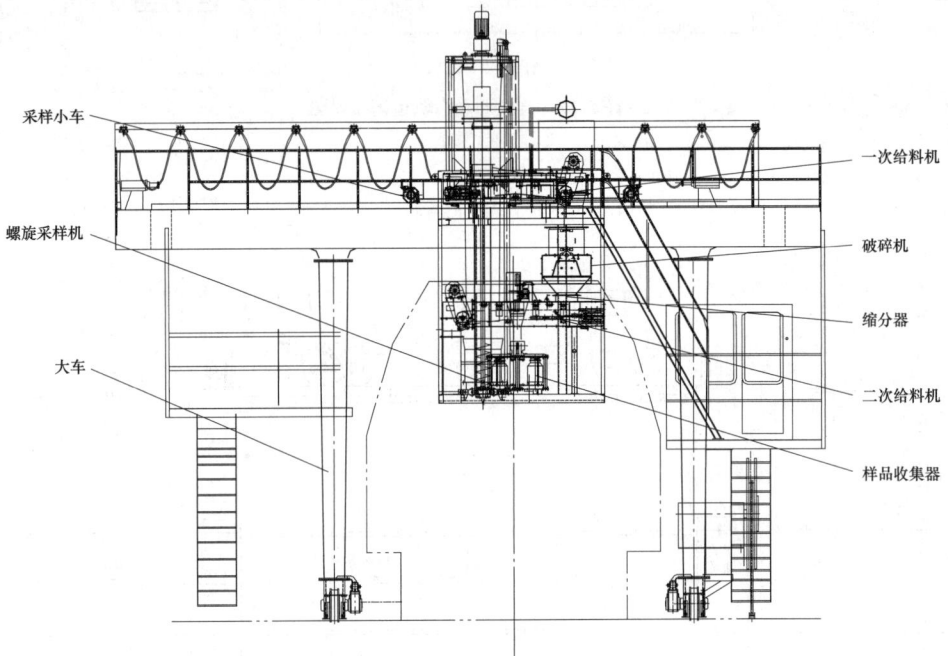

图 5-31 典型的火车取样装置布置图

（2）公路来煤——汽车取样装置。汽车取样装置按取样设备的安装形式分桥式、门式及悬臂式；典型的汽车取样装置布置如图 5-32 所示。

（3）水路来煤及带式输送机来煤——带式输送机取样装置。按取样头安装的位置分带式输送机中部及头部取样。典型的带式输送机取样装置布置如图 5-33 所示。

入炉煤取样一般采用带式输送机取样装置，亦可分为中部取样及头部取样，与入厂煤带式输送机取样装置类似。

防火设计要点：

（1）所有外露的部件、电气设备及元件在特定工作环境下均应考虑防水、防晒、防雨、防尘、防潮等措施。

（2）除铁器应采用全封闭结构，以保证在多粉尘及湿度较大的环境下长期连续工作，设备应便于检修及维护。

（3）电磁除铁装置采用适当的冷却方式，保证良好的散热效果。绕组极限允许温升不得超过 110℃。

（4）电磁除铁器应有下列的安全防护措施：

1）当电磁除铁器温度超过 90℃时自动报警；

2）当电磁除铁器出现卡涩时自动报警；

3）电动机过负荷、短路、断相等必要的电气保护。

（5）带式电磁除铁器的胶带应为阻燃型胶带。

（6）采用油冷式电磁除铁器时，应保证设备良好的密封性，防止冷却用油发生泄漏，引发火灾。

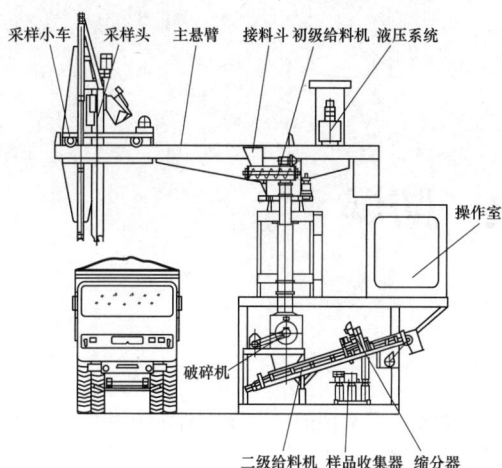

图 5-32　典型的汽车取样装置布置图

（7）滚轴式除杂物装置应设置自清扫装置，用于清扫黏在筛轴和筛片上的煤及缠绕的杂物，减少发生堵塞的可能性。

（8）除杂物装置上部防尘罩应设置密封检查门，防尘罩两侧应根据情况设置操作平台。

（9）轨道衡、汽车衡宜布置在室外，轨道衡、汽车衡控制室内应设置干粉灭火器。

（10）电子皮带秤电子传感器应采用全密封结构，具有防水、防尘的功能。

（11）循环链码模拟实物校验装置砝码应采用特殊材质制作，表面必须经过精加工和特殊工艺处理。砝码应具有很强的耐磨性及耐腐蚀性。砝码之间应采用链板连接、油密封，应保证整套砝码转动灵活工作可靠。

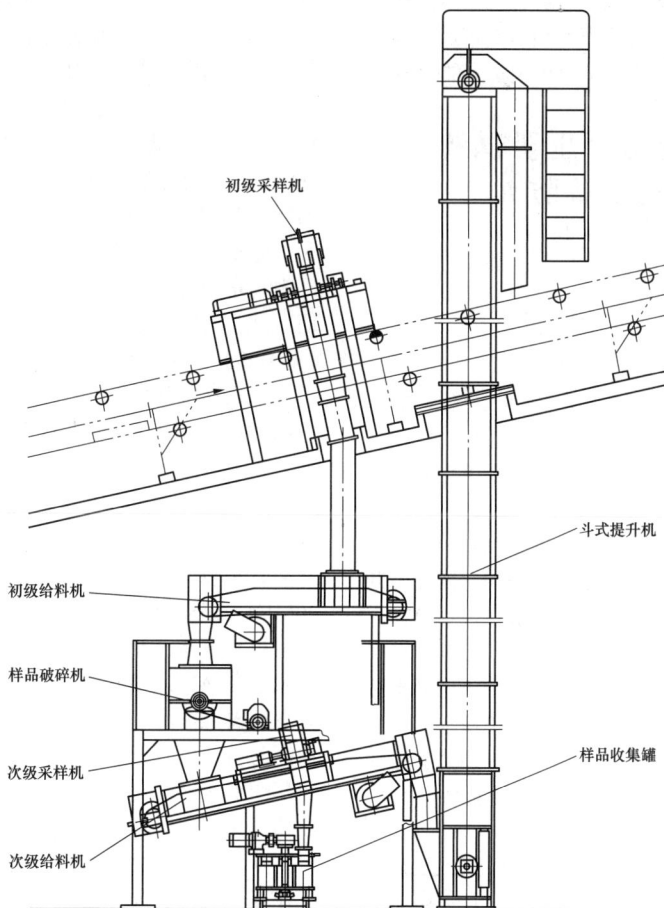

图 5-33　典型的带式输送机取样装置布置图

（12）取样设备落煤管应采取防撒和防积措施，其布置应符合以下要求：

1）与水平面的倾斜角不宜小于 60°，布置困难时允许不小于 55°；

2）避免反向转折；

3）各处落煤管密封良好。

第六章

电气系统防火、防爆

火力发电厂中的电气系统主要由电气设备与导体组成。电气系统作为电能的传输路径，一旦发生故障，会在故障点产生巨大的能量。因此，正确的选择电气设备和导体是避免电气系统发生火灾的最基本工作。另外，由于电气设备的绝缘介质有很多是可燃、易燃物，正确处置这些可燃物则是避免火灾扩大的手段。

第一节　电力变压器以及带油电气设备防火

一、电力变压器

（一）电力变压器的火灾风险

1. 火力发电厂常见电力变压器

电力变压器是火力发电厂的重要电气设备，承担着电压变换和电能传输的功能。电力变压器通过一次、二次绕组匝数的不同，利用电磁感应实现了交流电能传输电压变换。

通过表 6-1 可见，发电机出口电压比较低，如果不经过升压就向电网输送是非常不经济的，需要用升压变压器将电压提升到较高的电压水平，如 220、500kV。在配电系统中，如果电压过高，配电所采用的电气元件会十分昂贵而且体积巨大，产生诸多不必要的浪费和施工困难。因此，根据不同的需求，火力发电厂的电气系统会设置多个电压等级，通过变压器使不同电压等级的系统连接起来并传递电能。

火力发电厂常用的电力变压器按绝缘介质可分为油浸式变压器和干式变压器。

油浸式变压器采用变压器油作为绝缘介质和冷却介质，变压器的主油箱内充满绝缘油，绕组和铁芯浸没在变压器油中。变压器油通过油箱内温度场的驱动或者油泵的驱动产生循环，将变压器绕组和铁芯产生的热量通过散热器释放到变压器外。油浸式变压器的常见冷却方式可分为自然油循环自然风冷（ONAN）、自然油循环强迫风冷（ONAF）和导向油循环强迫风冷（ODAF）等。由于散热性能较好，大容量的变压器均设计为油浸式。因此，火力发电厂中容量较大的主变压器、高压厂用变压器、高压启动/备用变压器和脱硫变压器等均为油浸式变压器（见图 6-1 和图 6-2）。

干式变压器则是以环氧树脂、NOMEX 纸等固体绝缘材料作为绝缘介质，以空气作为冷却介质的变压器。干式变压器的造价相比油浸式变压器要高，主要应用于低压配电网络，电压等级一般在 35kV 以下，容量则受到低压侧 400V 开断设备的限制通常在 2500kVA 以下。据了解，已经有制造商制造了 110kV 20MVA 的干式变压器，但应用较少。干式变压器通常采用自然风冷（AN）和强迫风冷（AF）结合的冷却方式，在 AF 冷却的情况下，可以过载运行。由于干式变压器维护简便，可安装在外形规整的变压器外壳内，且符合电力设施无油化的趋势。火力发电厂的低压厂用变压器及发电机的励磁变压器大多采用干式变压器（见图 6-3）。

从相数上分类，变压器可分为单相变压器和三相变压器。绝大多数情况下，采用三相变压器无论在变压器的体积还是造价上都具有较大的优势。当变压器由于容量太大，电压等级太高等原因导致三相变压器体积过于庞大以至于无法运输的时候，则可采用单相变压器以减小运输尺寸和质量。对于火力发电厂来说，600MW 及以上发电机组的主变压器，根据大件运输条件可能会采用单相变压器。干式变压器则由于体积较小通常采用三相设计。

表 6-1　常见规格发电机的额定值

序号	额定功率（MW）	额定电压（kV）	额定功率因数（$\cos\phi$）	额定电流（A）
1	100～135	13.8	0.85	4922～6645
2	200	15.75	0.85	8625
3	300	20	0.85	10189
4	600	20	0.9	19245
5	1000	27	0.9	23759

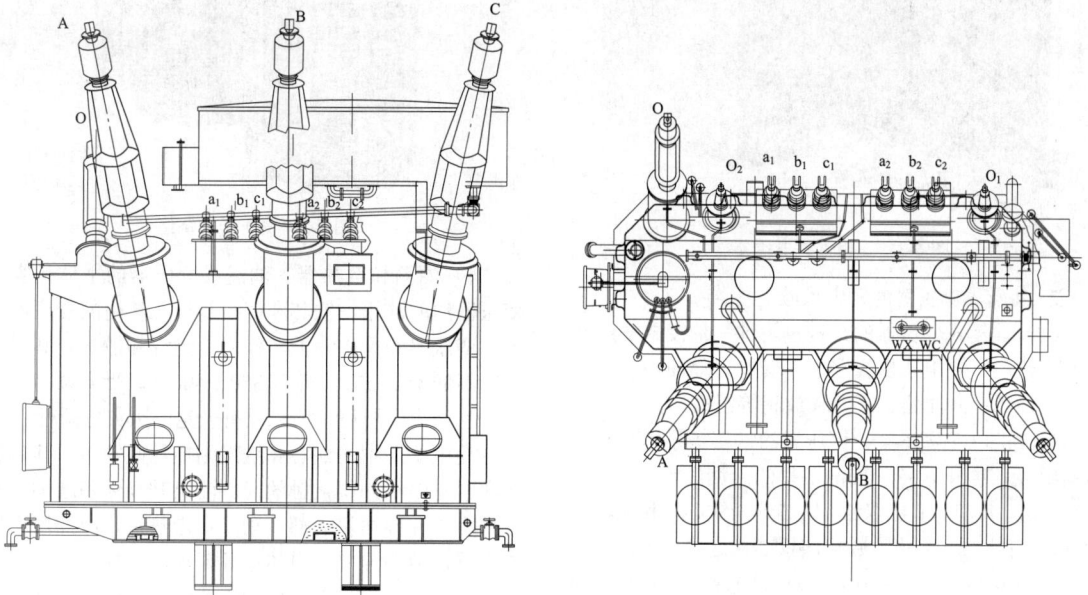

图 6-1 三相油浸式变压器示意图

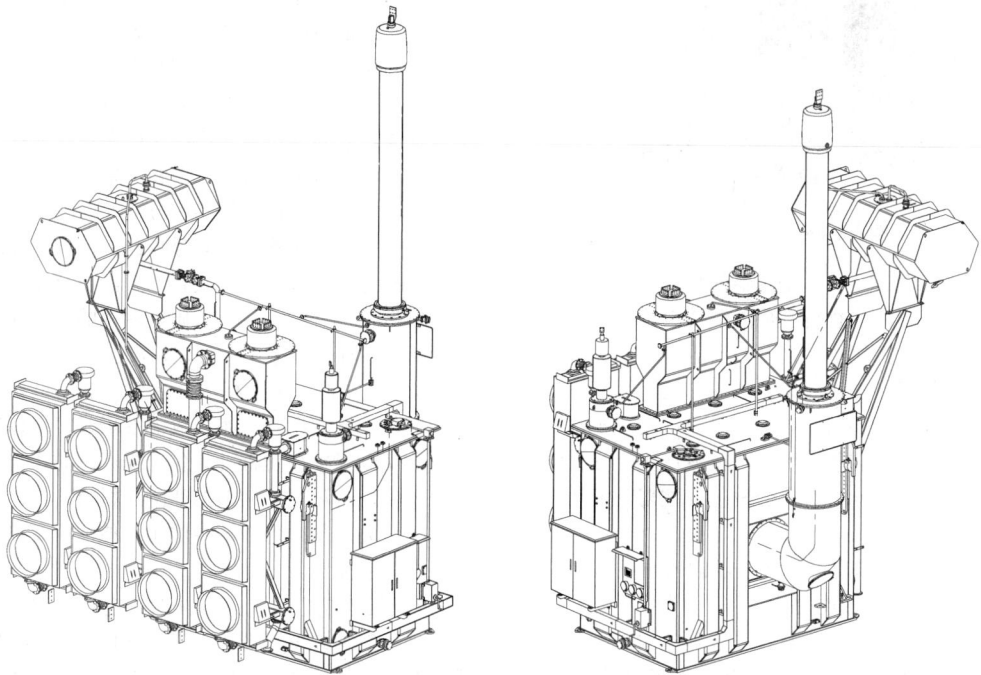

图 6-2 单相油浸式变压器示意图

图 6-3　三相干式变压器

2. 油浸式变压器的火灾风险

（1）油浸式变压器的结构及附件。油浸式变压器主要由铁芯、绕组、出线端子、套管、储油柜、散热器、放油阀、净油器、压力释放阀等组成。

1）铁芯（见图 6-4）。变压器的铁芯需采用高导磁材料组成。常用 0.35～0.5mm 厚的硅钢片叠成，为了减小涡流，片间涂有绝缘漆。铁芯分为铁芯柱和铁轭两部分，铁芯柱上套绕组，铁轭将铁芯柱连接起来构成了变压器的闭合磁路，使电能得以通过电磁感应在绕组间传递。铁芯在交变磁场中产生涡流和磁滞损耗，导致发热。这部分发热产生的损耗被称为变压器的基本铁耗。

图 6-4　变压器的铁芯

2）绕组（见图 6-5）。变压器的绕组是变压器的电路部分，一般用绝缘材料包覆的铜线或铝线绕成。绕组根据连接电压等级的区别分为高压和低压绕组。在铁芯、高压绕组和低压绕组之间，都用绝缘套筒或纸板隔开，浸放在变压器油中。绕组要承受变压器的额定电流，在故障时应能耐受故障电流产生的强大电动力。绕组在变压器运行时也会发热，这部分损耗被称为变压器的基本铜耗。

3）出线端子和套管。变压器的引出线从油箱内引出油箱时，必须利用绝缘套管以使带电引线和接地的油箱绝缘并固定引线。套管一般是瓷质的，根据电压等级不同，结构也不尽相同。例如：1kV 电压水平可以采用实心瓷质，10～35kV 可采用充油式套管，110kV 及以上采用电容式套管等。变压器套管是变压器的载流元件之一，长期通过负载电流并耐受短时故障电流。

图 6-5　变压器的绕组

4）油箱和散热器。油浸式变压器的主体是容纳变压器油的油箱，铁芯和绕组装设在箱内的变压器油中。变压器油是矿物油，作用是绝缘和散热。其闪点一般不低于 135℃，燃点 350～400℃。受高温易于分解，遇明火会燃烧，所以具有一定的火灾危险性。

变压器油中的铁芯和绕组因损耗而发热，其热量传递给与绝缘外层接触的油。油温升高体积增加，密度减小，并向油箱上部运动，带走热量，冷油填充原来位置，故在温差下自然循环流动，这样把变压器铁芯和绕组产生的热量，由变压器油传递到油箱外壳和散热器，然后散发到空气中去。变压器油是主要的冷却介质。

5）储油柜。储油柜通常称为变压器油枕。油枕位于油箱的顶部，与油箱内的变压器油用连接管相接，油枕上装有呼吸器和油位指示器。大型变压器密封困难，变压器油热胀冷缩体积变化时，难免有水分进入油箱，油枕的作用就是避免或减小油箱中的油与空气大面积接触，防止变压器油氧化变质和受潮，降低其绝缘性能。有的变压器采用油枕内充氮或油枕口密封的方法，尽量减少油与空气接触。采用波纹管油枕的变压器，也可以确保变压器油与空气隔绝。

一般大型变压器都装有呼吸器，油枕需经呼吸器与空气相通。呼吸器管口装有油封，内装氯化钙、硅胶，以吸收空气中水分和杂质。油枕的一侧面装有油位指示器，便于观察油位变化情况。

6）释放阀。压力释放阀是变压器上重要的安全防爆部件，当变压器内发生较大故障时，用以减小内部压力从而保护变压器油箱免受损坏。防爆口可以用弹簧压住，也可以安装薄的非金属材料，使之在一定压力下破裂，从而可以避免油箱、储油柜变形和破裂而引起大的火灾。

7）气体继电器。又称瓦斯继电器，它是变压器安全保护装置。变压器内部发生任何电气故障的同时都会产生气体。在故障发展到一般的电磁保护设备能够检测到的程度之前，已经有相当多的气体析出。气体继电器装在变压器油箱和储油柜之间。它由两部分组成：浮子，用作报警装置，当变压器内产生气体时报警；油浪涌元件。当出现较大的内部故障时，产生大量气体和油迅速涌出，此元件将使变压器跳闸。气体继电器可对变压器内部故障提供较灵敏的保护。

（2）油浸式变压器的火灾风险。根据不完全统计，从 2002 年到 2003 年，国家电网公司 110～500kV 变压器发生事故 60 台·次，按损毁部位统计，列于表 6-2。

表 6-2　　变 压 器 事 故 统 计 表

损坏部位	项　　目	
	事故台数 （台·次）	占总事故台次百分数 （%）
绕组	48	80
主绝缘及引线	2	3.3
套管	1	1.7
分接开关	6	10
其他	3	5
合计	60	100

1）油浸式变压器内部的绝缘油和绝缘材料为可燃物质。

油浸式变压器内部支架及绝缘材料，如纸、纸板、棉纱、布等大多是可燃的有机物，油箱内又装有大量的变压器油。如 300MW 发电机组主变压器内可装 40t 以上的变压器油；300MW 发电机组高压厂用变压器内可装 10t 以上的变压器油。

变压器油为可燃液体，其蒸汽与空气混合形成爆炸性气体，遇明火可以发生爆炸。变压器油是以石油润滑油馏分为原料，经酸、碱（或溶剂）精制和白土处理并加入抗氧剂制得的产品，用于变压器和其他油渍设备。对变压器油的质量要求是绝缘性能好、绝缘强度高、介质损失角小；黏度小、流动性能好、散热快、冷却性能好、抗氧化安定性好；凝点低，有较好的低温流动性；闪点高、蒸发少等，以保证变压器长期安全运行。

变压器油按最低冷态投运温度可分为 0、–10、–20、–30、–40℃，通用技术要求见表 6-3。

变压器的其他绝缘材料，如电缆纸、漆布、木材、黄蜡绸带、棉布、棉纱、浸渍纸等均为易燃和可燃物质，特性见表 6-4。这些易燃和可燃物质在变压器过载、故障或其他异常情况下，均可能发生燃烧着火事故。

表 6-3　　　　　　　　　　　　　　　　变压器油通用技术要求

项　　目			质　量　指　标				
最低冷态投运温度（LCSET）			0℃	–10℃	–20℃	–30℃	–40℃
功能特性	倾点（℃）		≤–10	≤–20	≤–30	≤–40	≤–50
	黏度（mm²/s）	40℃	≤12	≤12	≤12	≤12	≤12
		0℃	≤1800	—	—	—	—
		–10℃	—	≤1800	—	—	—
		–20℃			≤1800		
		–30℃				≤1800	
		–40℃					≤2500
	含量（mg/kg）		≤30/40				
	击穿电压 （kV）	未处理油	≥30				
		经处理油	≥70				
	密度（20℃）（kg/m³）		≤895				
	介质损耗因数（90℃）		0.005				
安全特性	闭口闪点（℃）		≥135℃				

注　本表数据自 GB 2536—2011《电工流体　变压器和开关用的未使用过的矿物绝缘油》整理。

表 6-4　　　　　　　　　　　　　　　　变压器常用绝缘材料的燃烧特性

特性材料	燃点（℃）	自燃点（℃）	闪点（℃）	使用温度（℃）	备注	特性材料	燃点（℃）	自燃点（℃）	闪点（℃）	使用温度（℃）	备注
变压器油	165～180	332	135～140	95℃		木材	250～295	350		90（105*）	
纸	130	333		90（105*）		胶木板	300	350		120	
漆布	165			105		浸渍用漆				105	

续表

特性材料	燃点(℃)	自燃点(℃)	闪点(℃)	使用温度(℃)	备注	特性材料	燃点(℃)	自燃点(℃)	闪点(℃)	使用温度(℃)	备注
棉布	200			105		玻璃漆布				155	
棉纱	150	407		90（105*）		聚酯薄膜青壳纸				120	
浸渍纸	130			105							

* 经浸渍处理后的使用温度。

变压器油的火灾危险性在于易燃烧，油中放电可能产生高温或电弧，分解出可燃气体，受潮和老化后会出现沉淀、酸和水，降低绝缘强度。变压器内部一旦发生严重过载、短路等事故，可燃的绝缘材料和变压器油在高温和电弧的作用下被分解（变压器油的闪点为140℃，燃点为165~180℃左右，自燃点为332℃），放出大量的气体，致使变压器油体积膨胀，内部压力剧增，有可能造成外壳爆裂，大量的油和可燃气体喷出燃烧，而燃烧的油流会进一步扩大火灾。

根据变压器容量和电压等级的不同，变压器油箱内的油量从几吨到几十吨不等。火力发电厂常见变压器参考油量见表6-5。

表6-5　　　常见变压器参考油量

变压器种类	电压等级（kV）	容量（MVA）	油量（t）	备注
主变压器	500	720~810	80~90	三相双绕组
			35~55	单相双绕组
	220	370~450	35~45	三相双绕组
启动备用变压器	500	50~65	50~65	三相分裂变
	220	40~65	30~40	三相分裂变
高压厂用变压器	20	40~65	13~16	三相分裂变
	20	25~45	9~16	三相双绕组

2）油浸式变压器为电路元件，发生电气故障时可能产生足够的能量。

变压器是电路中的负责功率传输和电压变换的电气设备，变压器在运行时，导体中将持续通过额定电流。一旦变压器发生内、外部故障，流经变压器的电流会达到额定电流的几倍甚至十几倍。如果故障不能被及时排除，绕组温度在大电流的持续作用下会迅速升高到损坏绝缘的程度，使变压器油箱内的可燃液体存在被引燃的风险。

3）油浸式变压器具有封闭的外壳，在内部故障时可能引起壳内压力升高，导致外壳破裂，引发可燃物飞溅。

在正常情况下，变压器油箱内无火源和空气，一般不易起火。但在变压器内部发生故障时，变压器油在电弧的作用下，便可分解出氢气、乙炔气等可燃性气体，并产生大量的热，使油箱内的变压器油及因故障析出的气体体积膨胀，引起油箱内部压力增大。当压力超过油箱的机械强度时，就会发生喷油或油箱爆裂，可燃性气体燃烧。

凡变压器内部事故较为严重时，都会引起油箱内压力增加，外部原因引起的内部事故也在其中。

图6-6　因绝缘故障烧毁的变压器绕组

一般引起油箱内压力上升事故的原因有：

a. 变压器内部短路。绕组绝缘损坏或老化，变压器长期过载运行发热使绝缘老化，造成匝间、相间、层间和对地短路。当内部短路时，变压器的保护装置或油开关拒动。

铁芯绝缘下降或检修变压器时损坏绕组和瓷套管。

绕组的接头、连接点，套管导体的连接点，分接头开关的触头由于焊接不良、损坏、螺栓松动等原因，出现接触不良，而产生局部过热、高温。

变压器油由于受潮等原因，油质劣化或变压器油量过少，可引起内部短路放电，击穿绝缘。

从图 6-6 中可见某厂高压厂用变压器因绝缘故障导致的绕组烧损程度。

b. 变压器遭雷击，过电压击穿绝缘，使变压器爆燃。

c. 压力释放阀事故。当变压器内部出现故障，油箱内压力增大，压力释放阀动作，将起到泄压和防止事故进一步扩大的作用。但是，当变压器内压增大到泄压值，而由于压力释放阀本身原因或现场处理不当，事故状态持续过久时，则可能引起油箱爆燃。

压力释放阀在变压器内部事故时，虽及时动作喷油，同时起火也有发生。

d. 变压器出线发生短路，但变压器保护装置失灵，烧毁变压器而发生火灾。

4）变压器套管故障导致爆炸或起火。

绝缘套管是变压器的薄弱环节，在变压器火灾事故中占很大的比例。例如，主要有以下情况：

a. 高压电容套管存在着制造上的缺陷或在运输中的损伤等内部隐患，在运行中又长期受高电压的作用，使得隐患暴露并不断扩大而酿成火灾事故。这种隐患故障若不能及早发现，一经受电气事故的冲击，便可爆发并伴随高压套管破裂，引起喷油起火。

b. 户外变压器的绝缘套管由于上部密封不严，雨水浸入或受潮，使其绝缘下降而爆炸起火。

c. 变压器发生出线短路、雷击过电压，内部发生长时间、严重的绝缘破坏事故，如果防爆管不能及时泄压或泄压能力不足，也可能造成绝缘套管爆炸起火。

d. 瓷套管出现裂纹，出现渗油、漏油表面脏污，致使绝缘降低，易引起瓷套管沿表面闪络局部放电，使瓷质发热受损，发生绝缘击穿事故。

e. 瓷套管中心导体脱落，造成绕组出线端接地，或套管在油箱内部破裂，与油箱引起短路接地，产生电弧，发生变压器油的内部燃烧。

f. 套管接线柱由于螺栓松动，或安装时未采取铜铝过渡措施，产生局部过热或火花、电弧、电化学腐蚀，出现接触不良，引起套管破裂漏油燃烧，进而引起衬垫、油箱顶部油污起火。

j. 检修变压器时绕组和套管受损，未发现而投入运行，发生事故。

h. 套管受机械拉力受损导致绝缘损坏。

5）大量的液体可燃物排放时产生溢流，引起火灾扩散。

变压器油箱内的大量可燃变压器油在事故时可能从压力释放阀释放，或者从油箱及套管的破损处向外喷射，由于变压器油本身为可燃物，一旦得到了充分的氧气和引燃能量会燃烧。因此，燃烧的变压器油如果发生溢流和飞溅，将引起火势的蔓延，使火灾风险

进一步扩大。

6）设备剧烈燃烧的热辐射导致周边建（构）筑物和设备受损或起火。

由于变压器内的燃油量十分巨大，长时间的剧烈燃烧会产生剧烈的空气对流和热辐射，对临近的设备和建构筑物形成火灾风险。比如某厂主变压器发生火灾事故时，与之连接的封闭母线全部烧毁。

3. 干式变压器的火灾风险

（1）干式变压器的结构及附件。干式变压器主要由铁芯、绕组、外壳、冷却风机、温度控制器组成。相比油浸式变压器，主要在绕组及附件上有明显区别。

1）绕组。干式变压器的绕组依靠固体绝缘材料绝缘，常见绕组绝缘工艺有环氧树脂浇注，NOMEX 纸绝缘配合 VPI 真空压力浸漆技术。绝缘等级可以达到 F 级和 H 级。

2）冷却风机。干式变压器采用空气冷却，其额定容量一般是基于自然风冷（AN）工况下的，当变压器运行温度较高时，可启动冷却风机，在强迫风冷（AF）工况下，干式变压器可过载运行，但是也将产生更高的损耗。

3）温度控制器。温度控制器是依靠预设在变压器绕组中的测温元件来检测干式变压器绕组温度的。可以根据变压器绕组的运行温度，自动控制冷却风机的启停，并实现超温报警。超高温跳闸等功能。

（2）干式变压器的火灾风险。相比油浸式变压器，干式变压器没有变压器油等易燃物，火灾风险较低，因此，被广泛应用于配电领域。但是在运行中，起火的情况仍然很多，只是相对容易控制在小范围内，火情不易扩散。

1）变压器绝缘材料老化，导致局部绝缘失效。

绝缘老化被击穿是干式变压器烧毁的一个主要因素。由于干式变压器绝缘为固体绝缘，与油绝缘相比，不具有自恢复性。一旦受损就会形成绝缘的薄弱点，并在今后的故障中被不断放大，直至绝缘击穿导致电气故障。

2）变压器承受外部故障不能及时切除，导致设备过热。当变压器遭受外部故障时，流经变压器的故障电流会产生巨大热量，导致绕组及绝缘的温度迅速提升。而干式变压器的绝缘材料虽然为难燃材料，但并非不可燃。能量积聚到一定程度仍然具有一定的火灾风险。

（二）油浸式变压器的防火措施

1. 变压器容量的选择

变压器的容量应能满足长期连续运行的需求，避免长时间过载运行，引起设备温升过高加速变压器绝

缘的老化。油浸式变压器顶层油温一般限值见表6-6。

表6-6   油浸式变压器顶层油温一般限值

冷却方式	冷却介质最高温度（℃）	最高顶层油温（℃）
自然循环自冷、风冷	40	95
强迫油循环风冷	40	85
强迫油循环水冷	30	70

（1）主变压器容量宜按发电机的最大连续容量扣除不能被高压厂用启动/备用变压器替代的高压厂用工作变压器计算负荷后进行选择。变压器在正常使用条件下连续输送额定容量时绕组的平均温升不超过65K。

（2）高压厂用变压器的容量宜按高压电动机厂用计算负荷与低压厂用电的计算负荷之和选择。

（3）对于低压厂用变压器，明备用的低压厂用工作变压器的容量宜留10%的裕度，暗备用的低压厂用工作变压器可不再设置裕度。

（4）当低压变压器采用明备用方式时，低压厂用备用变压器的容量应与最大一台低压厂用工作变压器的容量相等。

2. 油浸式变压器的布置

（1）户外油浸式变压器的布置。当油浸式变压器在户外布置时，应与邻近建筑物保持一定的防火距离，避免设备起火时对建筑物产生危害。当无法保证防火距离时，则需要采取必要措施来提高建筑物的耐火能力。

当变压器布置在直接空冷机组的空冷平台下时，应考虑变压器起火时对空冷平台的影响，如果不便于采取隔热措施，变压器宜布置在空冷平台以外。

油浸式变压器与汽机房、室内配电装置楼、主控制楼、集中控制楼及网络控制楼的间距不应小于10m；当符合下列规定时，其间距可适当减小：

1）当汽机房墙外5m以内布置变压器时，在变压器外轮廓投影范围外侧各3m内的汽机房外墙上不应设置门、窗、洞口和通风孔，且该区域外墙应为防火墙；

2）当汽机房墙外5～10m范围内布置变压器时，在上述外墙上可设置甲级防火门，变压器高度以上可设防火窗，其耐火极限不应小于0.9h。

油浸式变压器与上述建筑物之外的建筑物间距应满足表2-3的要求。

（2）户内油浸式变压器的布置。

1）总油量超过100kg的户内油浸式变压器，应设置单独的变压器室。

2）变压器室的通风，应使室温满足变压器的技术条件要求。当自然通风不满足要求时，可采用机械通风。

3. 户外油浸式变压器的防火间距

（1）当油量在2500kg及以上的油浸式变压器和油浸式电抗器在户外布置时，其设备间距应满足表6-7的要求。

表6-7   户外油浸式变压器和油浸式电抗器之间的最小间距

电压等级	最小间距（m）
35kV 及以下	5
66kV	6
110kV	8
220kV 及 330kV	10
500kV 及以上	15

（2）单相变压器之间以及单相电抗器之间，均应满足防火间距的要求。

（3）油量为2500kg及以上的户外油浸式变压器或电抗器与本回路油量为600kg以上且2500kg以下的带油电气设备之间的防火间距不应小于5m。

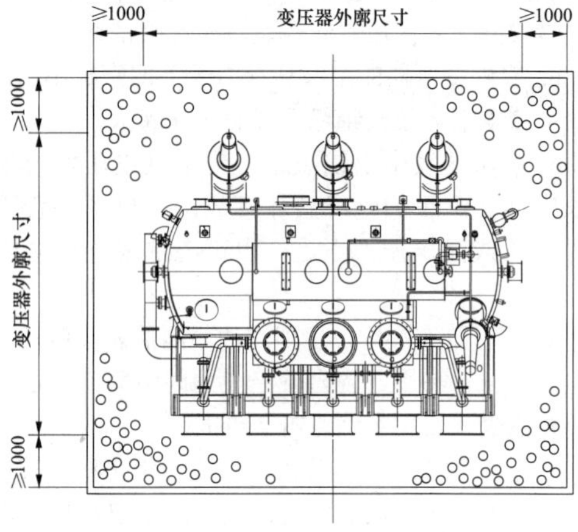

图6-7　变压器的油池平面示意图

4. 油浸式变压器的储油及挡油设施

（1）户外油浸式变压器的储油及挡油设施的设置。户外油浸式变压器应根据变压器外形及油量设置适当的储油或挡油设施，通常称为变压器油池或油坑。其设置应满足下列要求：

1）户外单台油量为1000kg以上的电气设备，应设置储油或挡油设施，其容积宜按设备油量的20%设计，并能将事故油排至总事故储油池。总事故储油池的容量应按其接入的油量最大的一台设备确定，并设置油水分离装置。当不能满足上述要求时，应设置能容纳相应电气设备全部油量的储油设施，并设置油水分离装置。

2）当设置电气用的总事故储油池时，其容量应按油量最大的一台设备确定。总事故储油池应设有油水分离设施。

3）储油或挡油设施应大于变压器外廓每边各 1m。

4）储油设施内应铺设卵石层，其厚度不应小于 250mm，卵石直径宜为 50～80mm。

5）油池外沿宜高于周围地面 100mm 以上。

变压器油池平面图参考图 6-7。

储油池内铺设鹅卵石一方面可以对泄漏的变压器油起到冷却作用，另一方面还可以起到使收集到油池内的变压器油与空气隔绝，避免发生燃烧。储油池常见形式可参考图 6-8。两种油池都是常见的油池做法，区别在于图（b）是利用鹅卵石的缝隙贮存变压器油，图（a）是利用钢格栅下的空间来贮存变压器油。无论哪一种形式，油面均不应高于鹅卵石。图（b）所示的油池还需考虑鹅卵石缝隙在缺少维护的情况下被泥土垃圾淤塞的情况。

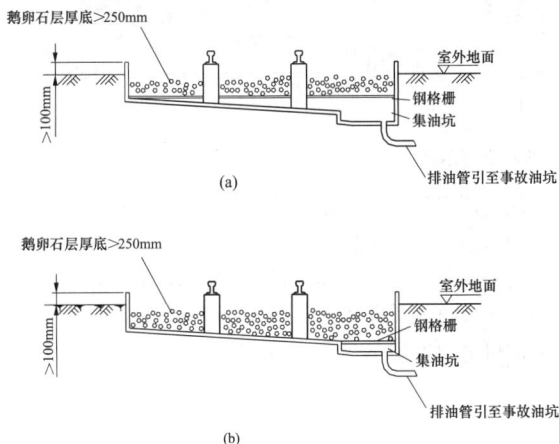

(a)

(b)

图 6-8　户外变压器油池断面示意图
（a）利用钢格栅 F 的空间贮存变压器油；
（b）利用鹅卵石的缝隙贮存变压器油

（2）户内油浸式变压器的储油及挡油设施的设置。户内单台总油量为 100kg 以上的电气设备，应设置储油或挡油设施，挡油设施的容积宜按 20% 的油量设计，并应设置能将事故油排至安全处的设施。当不能满足时，应设置能容纳全部油量的储油设施。

户内油浸式变压器室的布置和挡油设施可参考图 6-9。

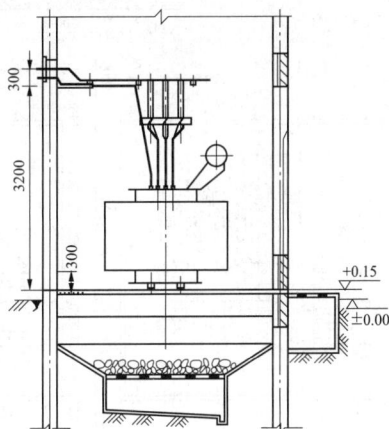

图 6-9　户内变压器油池示意图

5. 油浸式变压器的防火隔离

当油浸式变压器等设备间的防火间距不满足要求时，需要设置防火墙对设备进行隔离。当设备起火时，可以防止高温和喷射的变压器油危害相邻设备。

（1）当油量为 2500kg 及以上的户外油浸式变压器之间的防火间距不能满足表 6-7 的要求时，应设置防火墙。

（2）防火墙的高度应高于变压器的储油柜，长度不应小于变压器储油池两侧各 1m。

常见防火墙的设置见图 6-10 和图 6-11。

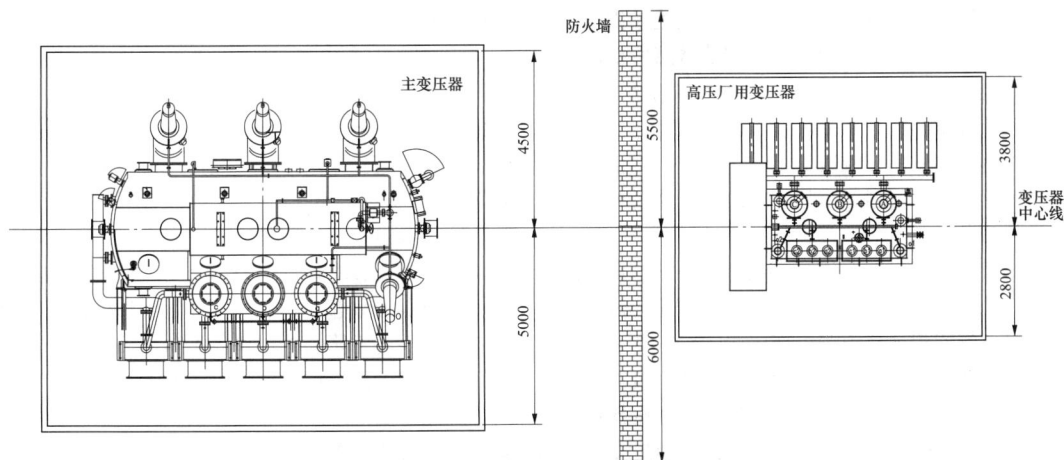

图 6-10　油浸式变压器的防火墙示意图

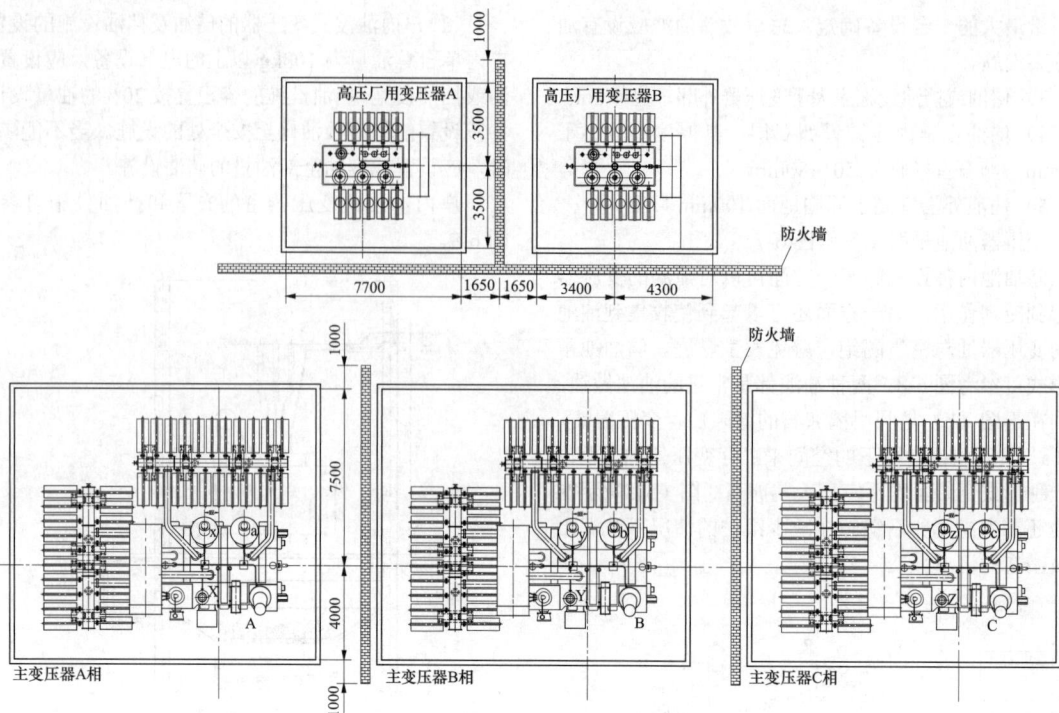

图 6-11　单相主变压器的防火墙示意图

6. 变压器的在线监测

随着技术水平的不断提高，变压器的保护设备也得到了日新月异的发展。变压器在线监测设备在市场需求中得到了快速的发展和应用。通过变压器在线监测设备，可以对变压器的绝缘、变压油、套管、铁芯等各个部件的性能和状态进行实时监控，有利于设备运行人员掌握变压器的工作状态，并可以通过采集的数据进行分析，对可能的故障隐患进行提前预判。指导设备的检修维护，避免因变压器自身故障而引起火灾。

变压器的在线监测主要包含以下几个方面：

（1）变压器油中气体分析。变压器在运行中若产生如局部过热、放电等内部故障，会导致绝缘劣化并产生一定量的气体溶解于油中，不同的故障所析出的气体成分也不一样。从而可通过分析油中气体组分的含量来判断变压器的内部故障或潜伏性故障。对变压器油中溶解气体采用在线监测方法，能准确地反映变压器绝缘的状态，为运行人员及时做出决策提供信息，预防事故的发生。

（2）绕组变形在线监测。变压器发生突然短路故障时，在变压器绕组内流过很大的短路电流，短路电流在与漏磁场的相互作用下，产生很大的电动力，虽然这种暂态持续时间很短，但是变压器还是可能会遭到损坏，其绕组很可能发生变形或位移。变压器绕组发生变形后，有的会立即发生损坏事故，但更多的是仍能继续运行。这样可能会造成某些已经发生绕组变形的变压器仍当作是正常的变压器在电网中运行。由于变压器绕组变形属于不可自恢复损伤，如果不及时发现和修复变形，就埋藏了事故隐患，遇到过电压等情况，就可能引发较大的事故。因此，绕组变形在线监测可以更好地掌握变压器绕组的运行状况，提早发现故障隐患。

（3）铁芯接地在线监测。变压器运行的时候，铁芯周围存在着交变磁场，在磁场的作用下，铁芯带电绕组受到寄生电容的耦合作用，对地产生悬浮电位。悬浮电位过高会击穿变压器各组件之间的绝缘层，产生局部放电，对变压器造成损害，也会威胁现场人员的人身安全。

为消除悬浮电位的影响，一般将变压器铁芯通过外壳接地，使其与大地等电位，但仅允许一点接地，如果有两点或者两点以上同时接地，则铁芯与大地之间将形成电流回路，产生环流，电流最大能达到几十安培。

铁芯多点接地造成的危害主要有：①使铁芯损耗增加，铁芯局部过热，甚至烧坏；②过热造成的温升，将使变压器油分解，产生的气体溶于油中，可能会引起绝缘油性能下降；油中气体不断增加并析出，可能导致气体继电器动作而使变压器跳闸。

因此，及早地发现和处理铁芯接地问题对系统的安全运行有非常重要的意义。

（4）变压器振动频谱在线监测。电力变压器油箱表面的振动与其内部构件的状态密切相关，如变压器绕组及铁芯的压紧状况、绕组位移及变形状态等，因此在线监测油箱表面振动，可以反映有载调压开关、绕组和铁芯的机械性缺陷，也可对内部局部放电进行检测和定位。

（5）变压器局部放电在线监测技术。通过对运行中的电力变压器局部放电的监测，在线分析处理相关数据，以及对变压器进行绝缘诊断，必要时提供报警。

局部放电在线监测技术，是根据超声波原理将高频声波传感器放在油箱外部，测取局部放电或电弧放电所产生的暂态声波信号。

根据变压器局部放电过程中产生的电脉冲、电磁辐射、超声波、光等现象，相应出现了超声波检测法、光检测法、电脉冲检测法、射频检测法和 UHF 超高频检测法。

7. 排油注氮

变压器火灾多数是由于变压器内部发生故障或者长时间承受外部故障电流而引发的。排油注氮技术正是为解决变压器内部火灾风险而出现的。

当变压器内部发生故障，油箱内部产生大量可燃气体，引起气体继电器动作，发出重瓦斯信号，断路器跳闸；若此后变压器油箱压力持续升高，超过压力释放阀和压力控制器设定值，则应打开排油阀，排油泄压，防止变压器爆炸起火。同时，储油柜下面的断流阀自动关闭，切断储油柜向变压器油箱供油，变压器油箱油位降低。一定延时后（一般为 3～20s），氮气释放阀开启，氮气通过注氮管从变压器箱体底部注入，搅拌冷却变压器油并隔离空气，达到防火灭火的目的。

一般来说，排油注氮系统由以下系统组成：①排油系统；②断流系统；③注氮系统；④控制系统。

排油注氮技术可以在事故变压器发生小局部胀裂至大面积明火燃烧之间启动排油泄压并通过注入氮气对油箱内存油进行搅拌冷却，能阻止变压器事故进一步扩大或剧烈爆炸，对变压器的安全防护是十分有利的。

二、带油电气设备

（一）带油电气设备的火灾风险

1. 油浸式电抗器

（1）油浸式电抗器的结构及功能。

油浸式电抗器主要由铁芯、绕组及其绝缘、油箱、套管、冷却装置和保护装置等组成，油浸式电抗器的结构与油浸式变压器十分相似。单相电抗器铁芯结构为单心柱两旁柱结构，三相电抗器铁芯结构为品字形芯柱、卷铁扼结构。电抗器芯柱由铁芯饼和气隙垫块组成。铁芯饼采用优质冷轧硅钢片叠装而成。芯饼采

用径向辐射状叠片，使磁通向硅钢片侧进入，并选择硅钢片纵向择优磁化方向与芯柱的轴心平行，以减少磁力线在离开和进入铁芯饼时因边缘效应而产生的涡流损失。

串联电抗器主要用来限制短路电流，也有在滤波器中与电容器串联或并联用来限制电网中的高次谐波。并联电抗器用来吸收电网中的容性无功，如 500kV 电网中的高压或者低压电抗器，都是用来吸收线路充电电容无功的，可以通过调整并联电抗器的数量来调整运行电压。超高压并联电抗器有改善电力系统无功功率有关运行状况的多种功能。

火力发电厂中主要在 500kV 及以上电压等级的配电装置中，根据电网需求装设并联电抗器。高压并联电抗器通常为油浸式，外形见图 6-12。

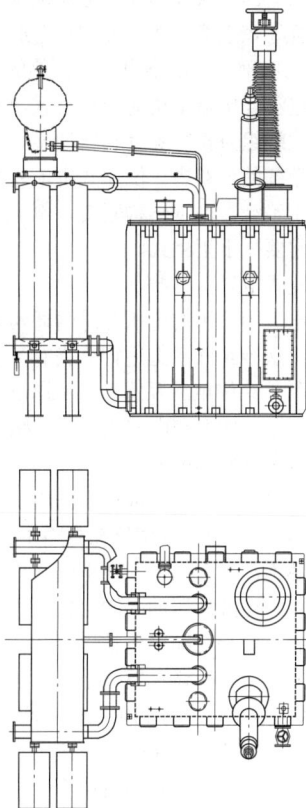

图 6-12　油浸式高压并联电抗器

（2）油浸式电抗器的火灾风险。

油浸式电抗器的设备结构和形式与油浸式变压器十分相似，因此两种设备存在的火灾风险也是类似的：

1）油浸式电抗器内部的绝缘油和绝缘材料为可燃物质。

2）油浸式电抗器为电路元件，发生电气故障时可能产生足够的能量。

3）封闭的外壳，在内部故障时可能引起壳内压

力升高，导致外壳破裂，引发可燃物飞溅。

4）电抗器套管故障导致爆炸或起火。

5）大量的液体可燃物排放时产生溢流，引起火灾扩散。

6）设备剧烈燃烧的热辐射导致周边建（构）筑物和设备受损或起火。

2. 油浸式电流互感器和电压互感器

（1）油浸式电流互感器。

火力发电厂中应用的电流互感器通常安装在高压配电装置中。从绝缘介质上进行分类，除了油浸式电流互感器，还有 SF_6 气体绝缘电流互感器和干式电流互感器。根据二次绕组所在位置的不同，油浸式电流互感器还可以分为正立式和倒立式。

正立式电流互感器通常由油箱、套管和膨胀节组成。电流互感器的一次导体经互感器顶部端子进出设备，导体在互感器套管中为一个"U"形，二次绕组安装在 U 形的底部。一次绕组承担主绝缘。

倒立式电流互感器是相对于正立式电流互感器而言的，其一次绕组直接贯穿互感器顶部，二次绕组安装在互感器顶部的油箱内。倒立式电流互感器由二次绕组来承担主绝缘。由于结构紧凑，倒立式电流互感器的油量通常要少于正立式。

（2）油浸式电压互感器。

火力发电厂中应用的电压互感器通常安装在高压配电装置中。从绝缘介质上进行分类有油浸式电压互感器和 SF_6 气体绝缘电压互感器。从原理上分类，可分为电磁式电压互感器和电容式电压互感器。

电磁式电压互感器的原理与一般的变压器相似，通过电磁感应将高电压转换成标准低电压供计量及保护使用。由于电磁式电压互感器在电路中呈感性元件，且工作在铁磁饱和拐点以下，在电网出现过电压的过程中，电磁式电压互感器的入端阻抗随之变化，可能会与电网的容抗值相等而产生铁磁谐振，因此在运行中存在谐振的风险。为避免发生谐振，可以通过对铁芯和绕组的特殊处理，充分利用结构空间的杂散电容，使电磁式电压互感器的入端阻抗呈容性。

电容式电压互感器则是通过电容分压的原理来设计的，电气原理图见图 6-13。

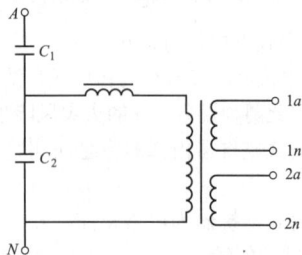

图 6-13　电容式电压互感器原理图

（3）油浸式电流互感器和电压互感器的火灾风险。

油浸式互感器属于带油电气设备，但是油量较少，根据其运行特性依然存在一定的火灾风险。表 6-8 列举了油浸式电流、电压互感器的大概充油量，根据套管的外形、爬电距离的要求以及不同的参数设计，都会使其充油量发生一定的变化。整体来说，油浸式互感器的充油量基本上少于 1000kg。

表 6-8　油浸式电流互感器和电压互感器的参考油量

序号	电压等级（kV）	电流互感器油量（kg）		电压互感器油量（kg）	
		正立式	倒立式	电磁式	电容式
1	72.5	70～110	40～90	55	110
2	126	100～120	40～90	60～180	50～110
3	252	180～230	90～180	170～200	50～110
4	550		400～600		95～150

基于油浸式互感器的特点，其火灾风险如下：

1）油浸式互感器内部的绝缘油和绝缘材料为可燃物质。

2）油浸式互感器为电路元件，当通过的故障电流产生的热量超过设备的耐受能力时，会损坏设备。

3）封闭的外壳，在内部故障时可能引起壳内压力升高，导致外壳破裂，引发可燃物飞溅。

4）电磁式电压互感器易发生铁磁谐振，烧毁互感器甚至爆炸。

3. 油断路器

（1）油断路器发展和现状。油断路器可以分为多油断路器和少油断路器。20 世纪 60 年代以后以 SF_6 作为灭弧介质的气体绝缘断路器成为主流设备，少油断路器也逐步退出了市场。

图 6-14　220kV 少油断路器

油断路器曾经广泛应用于火力发电厂的 6～220kV 系统中。在多油断路器中，油既是灭弧介质又是主绝缘介质，因此用油量很大，220kV 级别多油断路器，油量近 50t。少油断路器中，油则仅用于灭弧，交流断路器触头浸入油中能有效地熄灭电弧。电弧的能量使环绕在电弧周围的碳氢化合物油分解成为气体，其中 80%为氢，12%为乙炔，5%为甲烷，3%为乙烯。电弧处于被绝缘油包围的气泡之中。用油作为熄灭电弧的介质具有很多优点，其作用是绝缘、灭弧和散热。油的主要缺点是它的可燃性，可能生成空气—瓦斯混合气体，发生火灾爆炸事故。

由于油断路器靠绝缘油来灭弧，每次断路器操作都会产生电弧，使绝缘油内的杂质增多，油量减少，绝缘性能迅速劣化。检修人员需要经常对绝缘油进行检验和更换，维护工作量很大。除了早期安装的少油断路器之外，火力发电厂的配电装置中，几乎不会采用油断路器了。

（2）油断路器的火灾风险。

1）油断路器是电路操作和保护元件，不仅承担电路的工作电流，还需要实现对工作电流和故障电流的接通和分断。在操作过程中，会产生高温电弧，使绝缘油气化分解。

2）油断路器需要及时的保养和维护，当油内杂质和水分超过允许值，油量不足或者油面过低时，可能发生灭弧失败的情况，导致内部故障。

3）油断路器灭弧室是密封结构，当发生故障时内部压力升高，超出允许范围时可能发生爆炸。爆炸使油箱内绝缘油加热喷溅以至于着火，形成大面积燃烧，引起相间短路或相对地的接地短路，不仅破坏了正常运行，使事故扩大，而且还可能造成重大火灾或人身伤亡事故。

（二）带油电气设备防火措施

1. 带油电气设备的选择

（1）断路器的选择。断路器是电气回路中的操作电器，根据电路工作参数选择满足要求的断路器是避免断路器设备以及电气回路中其他电气设备起火的先决条件。

1）断路器的额定电压应不低于系统的最高电压；额定电流应大于运行中可能出现的任何负荷电流。

2）断路器的额定短路开断电流应大于可能出现的短路电流；断路器的额定短时耐受电流不小于额定短路开断电流。

3）在校核断路器的断流能力时，宜取断路器实际开断时间（主保护动作时间与断路器分闸时间之和）的短路电流作为校验条件。

4）断路器的额定短路开断电流由短路电流的交流分量有效值和直流分量百分数来表征。当短路电流的直流分量不超过断路器额定短路开断电流幅值的 20%时，额定开断电流仅由交流分量来表征。如果短路电流的直流分量超过 20%时，应与制造厂协商，并

在技术协议中明确所要求的直流分量百分数。

5）当系统单相短路电流计算值在一定条件下有可能大于三相短路电流值时，所选择断路器的额定短路开断电流值应不小于所计算的单相短路电流值。

（2）油浸式电流互感器和电压互感器的选择。

1）互感器的额定电压应不低于系统的最高电压。

2）电流互感器的额定电流应大于运行中可能出现的任何负荷电流。

3）电流互感器的热稳定电流倍数应与可能发生的短路电流相适应。

4）电压互感器应根据接地方式不同选择合适的电压因数。

5）选择电容式电压互感器或呈容性的电磁式电压互感器，以避免发生铁磁谐振。

6）对电磁式电压互感器的开口三角或互感器中性点与地之间接专用的消谐器。

2. 带油电气设备的布置

（1）油量在 600～2500kg 的油浸式电流互感器或电压互感器与本回路油量为 2500kg 及以上的户外油浸式变压器或电抗器防火间距不应小于 5m。

（2）油浸式电抗器与建筑物的防火距离与油浸式变压器相同。

（3）油浸式电抗器之间的防火间距与油浸式变压器相同。

3. 储油及挡油设施

（1）户外单台油量为 1000kg 以上的电气设备，应设置储油或挡油设施。挡油设施的容积宜按油量的 20%设计，并应设置将事故油排至安全处的设施；当不能满足上述要求且变压器未设置水喷雾灭火系统时，应设置能容纳全部油量的储油设施。

（2）户内单台总油量为 100kg 以上的电气设备，应设置储油或挡油设施，挡油设施的容积宜按 20%油量设计，并应设置能将事故油排至安全处的设施。当不能满足时，应设置能容纳全部油量的储油设施。

4. 带油设备的防火隔离

（1）35kV 及以下户内配电装置当未采用金属封闭开关设备时，其油断路器、油浸式电流互感器和电压互感器，应设置在两侧有不燃烧实体墙的间隔内。

（2）35kV 以上户内配电装置应安装在有不燃烧实体墙的间隔内，不燃烧实体墙的高度不应低于配电装置中带油设备的高度。

（3）当油浸式电抗器之间的防火间距不满足要求时，应设置防火墙。

（4）防火墙的高度应高于电抗器的储油柜，其长度不应小于电抗器储油池两侧各 1m。

（5）当油浸式电抗器邻近建筑物布置时，对相邻建筑物的防火要求与油浸式变压器相同。

三、其他电气设备

1. 发电机

（1）发电机的火灾风险。发电机采用的冷却方式有很多种，如空气冷却、双水内冷和应用最为广泛的"水氢氢"冷却方式。水氢氢冷却时，定子采用水冷，转子绕组采用氢冷，铁芯采用氢冷。发电机运行时，内部充满一定压力的高纯度氢气用于发电机组的降温冷却。因此，发电机的火灾风险主要是由氢气引起。例如：

1）氢气泄漏，导致周边空气中氢气含量达到爆炸危险浓度。

2）发电机内氢气纯度降低，气体中氧含量上升，产生爆炸危险。

3）发电机检修时，充氢产生爆炸风险。

（2）发电机的防火措施。

1）装设漏氢监测装置。为监测发电机漏氢情况，应装设发电机漏氢监测装置。漏氢监测装置可接收多个通道的监测信号。通常在发电机出线端（ABC 三相及中性点），发电机励端和汽端的密封处，内冷水箱等位置装设测点，以实时监测发电机的漏氢状况。

2）装设氢气压力监测装置。发电机在额定工况运行时，对氢气压力是有要求的。如果氢气压力不足，一方面说明存在氢气泄漏的问题，另一方面也会使发电机冷却条件下降，绕组温度提高。

3）装设氢气纯度监测装置。当氢气纯度在 95%以上时，发电机应能在额定运行条件下发出额定功率，但是计算和测定效率时，氢气纯度应高于 98%。氢气纯度过低时，一方面使发电机出力降低，另一方面一旦氢气内氧含量过高，也会产生爆炸风险。

4）气体置换。由于氢气与空气混合比例达到 4%时即达到爆炸下限，且引燃能量极低。因此当需要停机检修或充氢运行时，不可直接向发电机中注入氢气，而是需要通过惰性气体 CO_2 进行置换。

2. 柴油发电机组

（1）柴油发电机组的火灾风险。柴油发电机组由柴油机以及发电机组成，柴油机的燃料是柴油，具有可燃性。其燃油蒸气具有爆炸危险性。柴油发电机本身有燃油管路、储油箱等组件，柴油发电机房有储油间。柴油发电机组的火灾风险主要来自柴油。

（2）柴油发电机组的防火措施。

1）柴油发电机房内的电气设备应按爆炸危险区域划分的结果，选择符合防爆要求的电器。

2）柴油发电机房内的电缆，宜采用电缆沟道，在电缆沟内充砂并设置排水设施。

3. 蓄电池组

（1）蓄电池组的火灾风险。火力发电厂常用的

蓄电池为铅酸蓄电池，在运行中会析出氢气。因此，蓄电池组的火灾风险主要源自氢气的防火和防爆。

（2）蓄电池组的防火措施。

1）蓄电池室应有良好的通风设施，并应协调建筑结构，尽量不留窝气死角。

2）蓄电池室应采用防爆灯具。

3）同层同台的蓄电池宜采用绝缘的导体连接，不同层或不同台的蓄电池间宜采用电缆连接。

4）蓄电池室不应有与蓄电池无关的设备和通道。与蓄电池室相邻的直流配电间、电气配电间、气体继电器室的隔墙不应留有门窗及孔洞。

5）蓄电池组的电缆引出线应采用穿管敷设，且穿管引出端应靠近蓄电池的引出端。电缆弯曲半径应符合电缆敷设要求。金属管外应涂防酸（碱）油漆，封口处应用防酸（碱）材料封堵。

第二节　电缆系统的防火阻燃措施

电缆是火力发电厂电气系统中一个重要的组成部分，连接着各个用电设备和配电装置。电缆通道则连通着整个厂区的各个建筑。电缆系统一旦发生火情，蔓延十分迅速。尤其是某些重要的供电回路，如果因火灾发生了供电故障，还可能导致大面积的次生灾害，使故障进一步扩大。因此，必须采取各种措施，以预防电缆火灾、确保电缆系统的火情可以在经济允许条件下控制在有限区域内。

一、火灾风险

（一）电缆的结构和分类

1. 电缆的基本结构

电缆的主要结构包含导体、绝缘层、填充层、内护层、外护层和铠装层等，结构示意图见图 6-15。

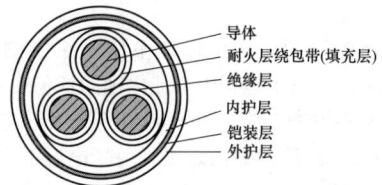

图 6-15　电缆结构示意图

（1）导体。其作用是用于传导电流，有实心导体和绞合导体。

（2）绝缘层。包覆在导体外，主要作用是隔绝导体与其他导体接触并承受相应的电压，防止电流泄漏。绝缘材料根据需求不同，有的介电常数小，有的具有阻燃性能或耐高温，有的则耐油耐腐蚀。

（3）填充层。填充层的作用是让电缆圆整，结构

稳定,有些电缆的填充物还起到阻燃、阻水的效果。主要材料有聚丙烯绳、玻璃纤维绳、石棉绳、橡皮等。

(4)内护层。内护层的主要作用是保护绝缘线芯不被铠装层或者屏蔽层损伤。

(5)外护层。在电缆最外层起保护作用的材料。常用的有三种材料:塑料类、橡皮类和金属类。其中最常用的塑料类材料是聚氯乙烯、聚乙烯。

(6)铠装层。铠装层的作用是保护电缆不受外部机械应力损坏,常用的有钢带铠装和钢丝铠装。用于抵抗如挖掘、碾压等受力的电缆应采用钢带铠装,用于增加电缆抗拉能力则需要采用钢丝铠装。

2. 按电缆导体材料分类

(1)铜芯。

铜材作为主要的电工材料,电气、机械和化学性能十分优越,主要体现在以下方面:

1)电阻率低,铜芯电缆的载流量大约为铝芯电缆的1.29倍,电缆的发热损耗、电压降都比较低。

2)强度高,铜材的允许应力较铝材高,在电缆敷设的时候,可以承受更大的拉力。

3)延展性好,铜材的延展性和弹性较好,因此铜芯电缆在最小弯曲半径和反复弯折的机械疲劳性上都要优于铝芯电缆。

4)化学性质稳定,抗氧化耐腐蚀性比铝芯电缆优越。因此铜芯电缆的接头不会因为时间长了产生氧化膜而增加接触电阻。

(2)铝芯。

1)价格低廉,铝材单价低,自重轻,铝芯电缆的造价要远低于铜芯电缆。

2)自重轻,铜材的密度是铝材的3.3倍,单位长度铝芯电缆的自重远低于铜芯电缆。对敷设施工、电缆设施都有有利的一面。

(3)铝合金。

1)价格较低,价格介于铜芯电缆和铝芯电缆之间。

2)延展性好,铝合金电缆的延展性和弹性超过铜材,可以具有较铜芯电缆更小的弯曲半径。

3)自重轻,与铝材密度相当。

3. 按绝缘材料分类

(1)聚氯乙烯。聚氯乙烯,英文简称PVC。作为电缆绝缘材料时,允许导体的长期运行温度为70℃。聚氯乙烯在燃烧过程中会释放出氯化氢和其他有毒气体。PVC也存在热稳定性差、燃烧时烟密度大等缺点。在所有通用塑料及工程塑料当中,PVC是燃烧生烟量最大的塑料品种之一。

(2)交联聚乙烯。交联聚乙烯,(XLPE)作为电缆绝缘材料时,允许导体长期运行温度为90℃。XLPE具有十分优异的耐热性能。在300℃以下不会分解及碳化,长期工作温度可达90℃,热寿命可达40年。

XLPE保持了聚乙烯(PE)原有的良好绝缘特性,且绝缘电阻进一步增大。其介质损耗角正切值很小,且受温度影响不大。由于在大分子间建立了新的化学键,XLPE的硬度、刚度、耐磨性和抗冲击性均有提高,在环境应力中不易龟裂。XLPE具有较强的耐酸碱和耐油性,其燃烧产物主要为水和二氧化碳,对环境的危害较小,满足现代消防安全的要求。

(3)乙丙橡胶。乙丙橡胶,英文简称EPR,全称是交联乙烯—丙烯橡胶。作为电缆绝缘材料时,允许导体长期运行温度为90℃。具有耐氧、耐臭氧的稳定性和局部放电的稳定性,也具有优异的耐寒特性,即使在−50℃时,仍保持良好的柔韧性。

此外,它还有优良的抗风化和光照的稳定性。特别是它不含卤素,又有阻燃特性,采用氯磺化聚乙烯护套的乙丙橡胶绝缘电缆,适用于要求阻燃的场所。乙丙橡胶绝缘电缆在我国尚未广泛应用,但在国外特别是欧洲早已有较多应用。它有较优异的电气、机械特性,即使在潮湿环境下也具有良好的耐高温性能。

4. 按防火特性分类

(1)阻燃电缆。阻燃电缆要求电缆具有防止火焰延燃,阻止火情扩散的性能。

阻燃电缆分为A、B、C、D共四类。分类方法是,在不同试验条件下,向试样提供一定时间的试验火源。撤去试验火源1h之后,残焰或残灼使电缆的碳化损坏长度在限定范围内的电缆为符合相应分类的阻燃电缆。阻燃电缆在火灾情况下有可能被烧坏而不能运行,但可阻止火势的蔓延。成束燃烧性能要求见表6-9。

表6-9　　成束燃烧性能要求

代号	供火时间(min)	试样非金属材料体积(L/m)	合格指标
A	40	7	(1)试样上碳化长度最大不应超过喷嘴底边向上2.5m;
B	40	3.5	
C	20	1.5	(2)停止供火后试样上有焰燃烧时间不应超过1h
D	20	0.5	

(2)耐火电缆。耐火电缆要求电缆具有在火焰燃烧情况下仍能保持一段时间正常供电的性能。

耐火电缆的代码是NH,分为耐火电缆和耐火A类电缆,试验时电缆处于带电工作状态,对试样提供750~1000℃的火焰90min,并冷却15min。试样应保持正常电气性能及外观完整。耐火电缆主要应用于在火灾情况下需要继续维持工作的电气回路中。耐火电缆性能要求见表6-10。

表6-10　　耐火电缆耐火性能要求

代号	适用范围	供火时间+冷却时间（min）	试验电压（V）	合格指标
NH	0.6/1.0kV及以下电缆	90+15	额定值	（1）2A熔断器不断；（2）指示灯不熄灭
	数据电缆	90+15	相对地：110±10	（1）2A熔断器不断；（2）指示灯不熄灭

注　耐火电缆的供火温度为750~800℃，耐火A类电缆的供火温度为950~1000℃。

（二）电缆的火灾风险

1. 电缆火灾的危害

火力发电厂的电缆用量是相当大的，根据电厂规模的不同，电缆用量从几十千米到几百千米，大型电厂所使用动力和控制电缆的总长度则超过1000千米。如2台1000MW的火力发电厂，其电缆总量大约为2800km。电缆通过电缆沟（隧）道、电缆桥架和电缆竖井等多种敷设形式，连接全厂各处设备，遍布全厂。电缆的绝缘材料多是可燃物质，一处起火就会沿着电缆线路迅速蔓延，并进一步将周围的电缆绝缘烧毁，发生新的绝缘击穿和短路点，扩大起火范围。如不能及时发现并采取灭火措施，大火蔓延到集中控制室或汽机房，会使事故更为严重。不仅控制室很快被烧毁，指挥、控制处于瘫痪，发电中断，危及全厂，甚至使电网解列，影响面会更大。电缆着火后，会产生大量浓烟和有毒气体，既腐蚀破坏电气设备的绝缘，又对人体十分有害，威胁人的生命安全。

综上所述，电缆一旦起火，将会引起严重的火灾和停电事故，后果十分严重，修复工作也很困难。因此，电缆防火是安全工作中的重要环节，绝不能疏忽大意。

2. 电缆的主要火灾风险

（1）绝缘损坏。绝缘损坏是电缆的主要故障类型，施工安装时的机械损伤、运行时的持续摩擦、小动物的啃咬都可能造成电缆的绝缘损坏，继而引发短路故障，产生火源。

（2）电缆发热。电缆发热可以分为以下两种原因：

首先是电缆过载。如果电缆通过的电流超过了设计条件下的允许电流，则会引起电缆导体的运行温度持续提高，超过了绝缘材料允许的长期运行温度，经

过长时间的积累使绝缘老化，引发绝缘损坏。

其次是电缆承受了故障电流。当电路某处发生了对地故障时，故障回路的电缆导体会承受短时故障电流。如果电缆的热稳定截面选择不够，可能使电缆绝缘温度超过其允许值，引发绝缘故障。

（3）接头故障。电缆接头是电缆线路故障中十分常见的，电缆接头处由于施工工艺或者运行环境的影响，使接触电阻提高，致使电缆连接头发热，损坏绝缘。

（4）临近火灾危险源。由于电缆绝缘及护套为可燃物，因此，当电缆路径附近有动火作业时，容易引发火灾。多个电厂的火灾案例均为在电缆通道附近操作电焊火花引起的电缆起火，火势沿电缆通道迅速蔓延造成重大损失。

（5）临近高温管道。高温管道附近环境温度高，超出了电缆设计时的额定环境温度，易导致该段电缆绝缘长期超过允许温度，导致绝缘损坏。

（6）易燃物堆积被引燃。如输煤系统的电缆通道，电缆上易堆积煤粉等易燃物。当电缆发生故障时，发热使易燃物着火，进而引起电缆起火。

（7）高温防爆门喷溅燃烧物。磨煤机防爆门可能会喷射出高温气体和一些未燃尽的可燃物。如果电缆处于防爆门喷射方向上，且距离较近，易被引燃。

（8）火势沿电缆路径蔓延。由于火力发电厂内电缆量巨大，一旦电缆发生火情，火势会沿电缆桥架快速蔓延，沿着电缆穿越墙壁、楼板的孔洞向其他区域扩散，使火情难以控制。

（9）有害烟气的风险。由于电缆的护套和绝缘材料在燃烧中会产生大量的烟雾和有害气体，如果电缆通道的孔洞密封不好，会使烟雾和气体快速向其他区域扩散，使人员疏散和火灾救援变得更加困难。

（10）供电失效引起故障扩大。在火力发电厂中，向设备提供电源需要电缆，向各种仪表仪器采集信号需要电缆，向各种装置发送指令也需要电缆。电缆就像是神经和血管一样维持着整个电厂的正确运行。因此，一旦电缆火灾的火情失去控制，会引起设备断电、控制失灵及信息无法传递等一系列问题。

二、电缆的防火措施

（一）电缆的选择要求

1. 按载流量选择电缆

（1）10kV及以下常用电缆按100%持续工作电流确定导体允许最小截面，并应考虑以下条件对电缆载流量的修正。

1）环境温度差异。

2）直埋敷设时土壤热阻差异系数。

3）电缆多根多层敷设的影响。

4）户外架空电缆敷设无遮阳时的日照影响。

（2）电缆按 100%持续工作电流确定电缆导体允许最小截面时，应经计算或测试验证，计算内容和参数选择应符合下列要求：

1）含有高次谐波负荷的供电回路电缆或中频负荷回路使用的非同轴电缆，应计入集肤效应和临近效应增大等附加发热影响。

2）交叉互联接地的单芯高压电缆，单元系统中三个区段不等长时，应计入金属层的附加损耗发热影响。

3）敷设于保护管中的电缆，应计入热阻影响；排管中不同孔位的电缆还应分别计入互热因素的影响。

（3）电缆导体工作温度大于 70℃ 的电缆，如果大量敷设于未装机械通风的隧道、竖井时，应计入对环境温升的影响。

（4）敷设于封闭、半封闭或透气式耐火槽盒中的电缆，应计入包含该型材质及其盒体厚度、尺寸等因素对热阻增大的影响。

（5）施加在电缆上的防火涂料、包带等覆盖层厚度大于 1.5mm 时，应计入其热阻影响。

（6）沟内电缆埋砂且无经常性水分补充时，应按砂质情况选取大于 2.0K·m/W 的热阻系数计入对电缆热阻增大的影响。

（7）电缆直埋敷设在干燥或潮湿土壤中，除实施换土处理等能避免水分迁移的情况外，土壤热阻系数不宜小于 2.0K·m/W。

当没有制造商给出的电缆数据时，电缆允许持续载流量可参考表 6-11～表 6-17（均引自 GB 50217—2007《电力工程电缆设计规范》）。

电缆载流量的相关修正系数，可参考表 6-18～表 6-23。

表 6-11　　　　　　　1～3kV 油纸、聚氯乙烯绝缘电缆空气中敷设时允许载流量　　　　　　　（A）

绝缘类型						
绝缘类型	不滴流纸			聚氯乙烯		
护套	有钢铠护套			无钢铠护套		
电缆导体最高工作温度（℃）	80			70		
电缆芯数	单芯	二芯	三芯或四芯	单芯	二芯	三芯或四芯
电缆导体截面（mm²）　2.5	—	—	—	18		15
4	—	30	26	24		21
6	—	40	35	31		27
10	—	52	44	44		38
16	—	69	59	60		52
25	116	93	79	95	79	69
35	142	111	98	115	95	82
50	174	138	116	147	121	104
70	218	174	151	179	147	129
95	267	214	182	221	181	155
120	312	245	214	257	211	181
150	356	280	250	294	242	211
185	414	—	285	340	—	246
240	495	—	338	410	—	294
300	570	—	383	473	—	328
环境温度（℃）	40					

注　1. 适用于铝芯电缆，铜芯电缆的允许持续载流量值可乘以 1.29。

　　2. 单芯只适用于直流。

表 6-12   1～3kV 油纸、聚氯乙烯绝缘电缆直埋敷设时允许载流量   （A）

绝缘类型	不滴流纸			聚氯乙烯					
护套	有钢铠护套			无钢铠护套			有钢铠护套		
电缆导体最高工作温度（℃）	80			70					
电缆芯数	单芯	二芯	三芯或四芯	单芯	二芯	三芯或四芯	单芯	二芯	三芯或四芯
电缆导体截面（mm²） 4	—	34	29	47	36	31	—	34	30
6	—	45	38	58	45	38	—	43	37
10	—	58	50	81	62	53	77	59	50
16	—	76	66	110	83	70	105	79	68
25	143	105	88	138	105	90	134	100	87
35	172	126	105	172	136	110	162	131	105
50	198	146	126	203	157	134	194	152	129
70	247	182	154	244	184	157	235	180	152
95	300	219	186	295	226	189	281	217	180
120	344	251	211	332	254	212	319	249	207
150	389	284	240	374	287	242	365	273	237
185	441	—	275	424	—	273	410	—	264
240	512	—	320	502	—	319	483	—	310
300	584	—	356	561	—	347	543	—	347
400	676	—	—	639	—	—	625	—	—
500	776	—	—	729	—	—	715	—	—
630	904	—	—	846	—	—	819	—	—
800	1032	—	—	981	—	—	963	—	—
土壤热阻系数（K·m/W）	1.5			1.2					
环境温度（℃）	25								

注   1. 适用于铝芯电缆，铜芯电缆的允许持续载流量值可乘以 1.29。

     2. 单芯只适用于直流。

表 6-13   1～3kV 交联聚乙烯绝缘电缆空气中敷设时允许载流量   （A）

电缆芯数	三芯		单芯							
单芯电缆排列方式			品字形				水平形			
金属层接地点			单侧		两侧		单侧		两侧	
电缆导体材质	铝	铜	铝	铜	铝	铜	铝	铜	铝	铜
电缆导体截面（mm²） 25	91	118	100	132	100	132	114	150	114	150
35	114	150	127	164	127	164	146	182	141	178
50	146	182	155	196	155	196	173	228	168	209
70	178	228	196	255	196	251	228	292	214	264
95	214	273	241	310	241	305	278	356	260	310
120	246	314	283	360	278	351	319	410	292	351
150	278	360	328	419	319	401	365	479	337	392

电缆芯数	三芯		单　芯							
单芯电缆排列方式			品字形				水平形			
金属层接地点			单侧		两侧		单侧		两侧	
电缆导体材质	铝	铜	铝	铜	铝	铜	铝	铜	铝	铜
电缆导体截面（mm²）185	319	410	372	479	365	461	424	546	369	438
240	378	483	442	565	424	546	502	643	424	502
300	419	552	506	643	493	611	588	738	479	552
400	—	—	611	771	579	716	707	908	546	625
500	—	—	712	885	661	803	830	1026	611	693
630	—	—	826	1008	734	894	963	1177	680	757
环境温度（℃）	40									
电缆导体最高工作温度（℃）	90									

注　水平形排列电缆相互间中心距为电缆外径的 2 倍。

表 6-14　1～3kV 交联聚乙烯绝缘电缆直埋敷设时允许载流量　（A）

电缆芯数	三芯		单　芯			
单芯电缆排列方式			品字形		水平形	
金属层接地点			单侧		单侧	
电缆导体材质	铝	铜	铝	铜	铝	铜
电缆导体截面（mm²）25	91	117	104	130	113	143
35	113	143	117	169	134	169
50	134	169	139	187	160	200
70	165	208	174	226	195	247
95	195	247	208	269	230	295
120	221	282	239	300	261	334
150	247	321	269	339	295	374
185	278	356	300	382	330	426
240	321	408	348	435	378	478
300	365	469	391	495	430	543
400	—	—	456	574	500	635
500	—	—	517	635	565	713
630	—	—	582	704	635	796
电缆导体最高工作温度（℃）	90					
土壤热阻系数（K·m/W）	2.0					
环境温度（℃）	25					

注　水平形排列电缆相互间中心距为电缆外径的 2 倍。

表 6-15　6kV 三芯电力电缆空气中敷设时允许载流量　（A）

绝缘类型	不滴流纸	聚氯乙烯		交联聚乙烯	
钢铠护套	有	无	有	无	有
电缆导体最高工作温度（℃）	80	70		90	
电缆导体截面（mm²）10	—	40	—	—	—
16	58	54	—	—	—
25	79	71	—	—	—
35	92	85	—	114	—
50	116	108	—	141	—
70	147	129	—	173	—
95	183	160	—	209	—
120	213	185	—	246	—
150	245	212	—	277	—
185	280	246	—	323	—
240	334	293	—	378	—
300	374	323	—	432	—
400	—	—	—	505	—
500	—	—	—	584	—
环境温度（℃）	40				

注　适用于铝芯电缆，铜芯电缆的允许持续载流量值可乘以 1.29。

表 6-16　6kV 三芯电力电缆直埋敷设时允许载流量　（A）

绝缘类型	不滴流纸	聚氯乙烯		交联聚乙烯	
钢铠护套	有	无	有	无	有
电缆导体最高工作温度（℃）	80	70		90	
10	—	51	50	—	—
16	63	67	65	—	—
25	84	86	83	87	87
35	101	105	100	105	102
50	119	126	126	123	118
70	148	149	149	148	148
95	180	181	177	178	178
120	209	209	205	200	200
150	232	232	228	232	222
185	264	264	255	262	252
240	308	309	300	300	295
300	344	346	332	343	333
400	—	—	—	380	370
500	—	—	—	432	422
土壤热阻系数（K·m/W）	1.5	1.2		2.0	
环境温度（℃）	25				

（电缆导体截面（mm²）为左侧竖列标题）

注　适用于铝芯电缆,铜芯电缆的允许持续载流量值可乘以 1.29。

表 6-17　10kV 三芯电力电缆允许载流量　（A）

绝缘类型	不滴流纸		交联聚乙烯			
钢铠护套			无		有	
电缆导体最高工作温度（℃）	65		90			
敷设方式	空气中	直埋	空气中	直埋	空气中	直埋
16	47	59	—	—	—	—
25	63	79	100	90	100	90
35	77	95	123	110	123	105
50	92	111	146	125	141	120
70	118	138	178	152	173	152
95	143	169	219	182	214	182
120	168	196	251	205	246	205
150	189	220	283	223	278	219
185	218	246	324	252	320	247
240	261	290	378	292	373	292
300	295	325	433	332	428	328
400	—	—	506	378	501	374
500	—	—	579	428	574	424
环境温度（℃）	40	25	40	25	40	25
土壤热阻系数（K·m/W）	—	1.2	—	2.0	—	2.0

（电缆导体截面（mm²）为左侧竖列标题）

注　适用于铝芯电缆,铜芯电缆的允许持续载流量值可乘以 1.29。

表 6-18　35kV 及以下电缆在不同环境温度时的载流量校正系数

敷设位置		空 气 中				土 壤 中			
环境温度（℃）		30	35	40	45	20	25	30	35
电缆导体最高工作温度（℃）	60	1.22	1.11	1.0	0.86	1.07	1.0	0.93	0.85
	65	1.18	1.09	1.0	0.89	1.06	1.0	0.94	0.87
	70	1.15	1.08	1.0	0.91	1.05	1.0	0.94	0.88
	80	1.11	1.06	1.0	0.93	1.04	1.0	0.95	0.90
	90	1.09	1.05	1.0	0.94	1.04	1.0	0.96	0.92

除表 6-18 以外的其他环境温度下载流量的校正系数 K 可按下式计算：

$$K = \sqrt{\frac{\theta_m - \theta_2}{\theta_m - \theta_1}} \qquad (6\text{-}1)$$

式中　θ_m——电缆导体最高工作温度，℃；

θ_1——对应于额定载流量的基准环境温度，℃；

θ_2——实际环境温度，℃。

表 6-19 不同土壤热阻系数时电缆载流量的校正系数

土壤热阻系数（K·m/W）	分类特征（土壤特性和雨量）	校正系数
0.8	土壤很潮湿，经常下雨。如湿度大于 9%的沙土；湿度大于 10%的沙-泥土等	1.05
1.2	土壤潮湿，规律性下雨。如湿度大于 7%但小于 9%的沙土；湿度为 12%～14%的沙-泥土等	1.0
1.5	土壤较干燥，雨量不大。如湿度为 8%～12%的沙-泥土等	0.93

续表

土壤热阻系数（K·m/W）	分类特征（土壤特性和雨量）	校正系数
2.0	土壤干燥，少雨。如湿度大于 4%但小于 7%的沙土；湿度为 4%～8%的沙-泥土等	0.87
3.0	多石地层，非常干燥。如湿度小于 4%的沙土等	0.75

注 1. 适用于缺乏实测土壤热阻系数时的粗略分类，对 110kV 及以上电缆线路工程，宜以实测方式确定土壤热阻系数。

2. 校正系数适用于表 6-12～表 6-17 中采取土壤热阻系数为 1.2K·m/W 的情况，不适用于三相交流系统的高压单芯电缆。

表 6-20 土中直埋多根并行敷设时电缆载流量的校正系数

并列根数		1	2	3	4	5	6
电缆之间净距（mm）	100	1	0.9	0.85	0.8	0.78	0.75
	200	1	0.92	0.87	0.84	0.82	0.81
	300	1	0.93	0.90	0.87	0.86	0.85

表 6-21 空气中单层多根并行敷设时电缆载流量的校正系数

并列根数		1	2	3	4	5	6
电缆中心距	$S=d$	1.00	0.90	0.85	0.82	0.81	0.80
	$S=2d$	1.00	1.00	0.98	0.95	0.93	0.90
	$S=3d$	1.00	1.00	1.00	0.98	0.97	0.96

注 1. S 为电缆中心间距离，d 为电缆外径。

2. 按全部电缆具有相同外径条件制订，当并列敷设的电缆外径不同时，d 值可近似地取电缆外径的平均值。

3. 不适用于交流系统中使用的单芯电力电缆。

表 6-22 电缆桥架上无间距配置多层并列电缆时载流量的校正系数

叠置电缆层数		一	二	三	四
桥架类别	梯架	0.8	0.65	0.55	0.5
	托盘	0.7	0.55	0.5	0.45

注 呈水平状并列电缆数不少于 7 根。

表 6-23 1～6kV 电缆户外明敷无遮阳时载流量的校正系数

电缆截面（mm²）			35	50	70	95	120	150	185	240
电压（kV）	1	芯数	三	—	—	—	0.90	0.98	0.97	0.96	0.94
	6		三	0.96	0.95	0.94	0.93	0.92	0.91	0.90	0.88
			单	—	—	—	0.99	0.99	0.99	0.99	0.98

注 运用本表系数校正对应的载流量基础值，是采取户外环境温度的户内空气中电缆载流量。

确定电缆持续允许载流量的环境温度，应按使用地区的气象温度多年平均值，并计入实际环境的温升影响，宜符合表 6-24 的要求。

表 6-24　　电缆持续允许载流量的环境温度

电缆敷设场所	有无机械通风	选取的环境温度
土中直埋	—	埋深处的最热月平均地温
水下	—	最热月的日最高水温平均值
户外空气中、电缆沟	—	最热月的日最高温度平均值
有热源设备的厂房	有	通风设计温度
	无	最热月的日最高温度平均值另加 5℃
一般性厂房、室内	有	通风设计温度
	无	最热月的日最高温度平均值
户内电缆沟	无	最热月的日最高温度平均值另加 5℃
隧道		
隧道	有	通风设计温度

常用电力电缆最高允许工作温度见表 6-25。

表 6-25　　常用电力电缆的最高允许温度

电　缆			最高允许温度（℃）	
绝缘类型	型式特征	电压（kV）	持续工作	短路暂态
聚氯乙烯绝缘	普通	≤6	70	160
交联聚乙烯	普通	≤500	90	250
自容式充油	普通牛皮纸	≤500	80	160
	半合成纸	≤500	85	160

2. 按热稳定截面选择电缆

按短路热稳定条件计算缆芯允许最小截面积，按照下列公式确定：

$$S \geqslant \frac{\sqrt{Q}}{C} \times 10^2 \tag{6-2}$$

$$C = \frac{1}{\eta} \sqrt{\frac{Jq}{ak\rho} \ln \frac{1 + a(\theta_m - 20)}{1 + a(\theta_p - 20)}} \tag{6-3}$$

$$\theta_p = \theta_0 + (\theta_H - \theta_0)\left(\frac{I_p}{I_H}\right)^2 \tag{6-4}$$

除电动机馈线回路外，均可取 $\theta_p = \theta_H$。

Q 值确定方式如下：

对火力发电厂 3～6kV 厂用电动机馈线回路，当机组容量为 100MW 及以下时：

$$Q = I^2(t + T_b) \tag{6-5}$$

对火力发电厂 3～6kV 厂用电动机馈线回路，当机组容量大于 100MW 时，Q 的表达式见表 6-26。

表 6-26　　机组容量大于 100MW 时电动机馈线回路的 Q 值表达式

t（s）	T_b（s）	T_d（s）	Q 值（A^2S）
0.15	0.045	0.062	$0.195I^2 + 0.22II_d + 0.09I_d^2$
	0.06		$0.21I^2 + 0.23II_d + 0.09I_d^2$
0.2	0.045	0.062	$0.245I^2 + 0.22II_d + 0.09I_d^2$
	0.05		$0.26I^2 + 0.247II_d + 0.09I_d^2$

注　1. 对于电抗器或 $U_d\%$（阻抗电压百分数）小于 10.5 的双绕组变压器，取 $T_b = 0.045$，其他情况 $T_b = 0.06$。

2. 对于中速断路器，t 可取 0.15s，对慢速断路器 t 取 0.2s。

3. I_d 为电动机供给反馈电流的周期分量起始有效值之和，A。

4. I_d 为电动机反馈电流的衰减时间常数，s。

除火力发电厂 3～6kV 厂用电动机馈线外的情况：

$$Q = I^2 \cdot t \tag{6-6}$$

以上式中　S——电缆导体截面，mm²；

J——热功当量系数，取 1.0；

q——电缆导体的单位体积热容量，J/（cm³·C），铝芯取 2.48，铜芯取 3.4；

θ_m——短路作用时间内电缆导体允许最高温度，℃；

θ_p——短路发生前的电缆导体最高工作温度，℃；

θ_H——电缆额定负荷的电缆导体允许最高工作温度，℃；

θ_0——电缆所处的环境温度最高值，℃；

I_H——电缆的额定负荷电流，A；

I_p——电缆实际最大工作电流，A；

I——系统电源供给短路电流的周期分量起始有效值，A；

t——短路切除时间，s；

T_b——系统电源非周期分量的衰减时间常数，s；

a——20℃时电缆导体的电阻温度系数，℃⁻¹，铜芯为 0.00393，铝芯为 0.00403；

ρ——20℃时电缆导体的电阻率，Ωcm²/cm，铜芯为 0.0184×10⁻⁴，铝芯为 0.031×10⁻⁴；

η——计入包含电缆导体充填物热容影响的校正系数，对 3～6kV 电动机馈线回路，宜取 $\eta=0.93$，其他情况可按 $\eta=1$；

k——电缆导体的交流电阻与直流电阻之比值，可由表 6-27 选取。

表 6-27　　　　　　　　　　　　　　k 值选择用表

电缆类型	6～35kV挤塑型					自容充油		
导体截面（mm²）	95	120	150	185	240	240	400	600
芯数　单芯	1.002	1.003	1.004	1.006	1.010	1.003	1.011	1.029
芯数　多芯	1.003	1.006	1.008	1.009	1.021	—	—	—

3. 按导体选择电缆

以下情况应选用铜导体电缆：

（1）控制电缆应选用铜导体。

（2）电动机励磁、重要电源、移动式电气设备等需要保持连接具有高度可靠性的回路。

（3）振动剧烈、有爆炸危险或者对铝有腐蚀等场所。

（4）耐火电缆。

（5）紧靠高温设备布置的电缆。

（6）电流较大，采用铜导体可以减少同回路电缆根数时。

4. 按绝缘及护层选择电缆

（1）电缆绝缘类型的选择要求。

1）电缆绝缘特性应在设计使用电压、工作温度等条件下满足预期的使用寿命。

2）根据运行可靠、施工和维护的便利性以及电缆性能等多方因素综合考虑绝缘选择。

3）应符合敷设区域的防火需求。

4）满足环境保护方面的特殊需求。

（2）火力发电厂常用电缆绝缘类型的选择。

1）低压电缆宜选择聚氯乙烯绝缘或交联聚乙烯绝缘。中压电缆宜选择交联聚乙烯绝缘。当明确要与环境保护协调时，不应选用聚氯乙烯绝缘电缆。

2）高压交流系统中的电缆线路，宜选用交联聚乙烯绝缘电缆。

3）移动式电气设备等需要经常移动、弯曲或对电缆柔软性有较高要求的电缆宜选用橡胶绝缘。

4）放射线作用的场所，应按绝缘类型的要求，选用交联聚乙烯或乙丙橡胶绝缘等耐射线辐照强度的电缆。

5）60℃以上的高温场所，应按经受高温及其持续时间和绝缘类型要求，选用耐热聚氯乙烯、交联聚乙烯或乙丙橡胶绝缘等耐热型电缆；100℃以上高温环境，宜选用矿物绝缘电缆。

普通聚氯乙烯电缆不宜应用于高温场所。

6）−15℃以下的低温环境，应按低温条件和绝缘类型的要求，选用交联聚乙烯、聚乙烯或耐寒橡胶绝缘电缆。

低温环境不宜选用聚氯乙烯绝缘电缆。

7）在人员密集的公共设施以及有低毒阻燃防火要求的场所，可选用交联聚乙烯或乙丙橡胶等不含卤素的绝缘电缆。

防火有低毒或者无卤要求时，不宜选用聚氯乙烯绝缘电缆。

（3）电缆护层的选择。

1）在人员密集的公共设施以及有低毒阻燃性防火要求的场所可选用聚乙烯或乙丙橡胶等不含卤素的外护层。

防火有低毒或者无卤要求时，不宜选用聚氯乙烯外护层。

2）除−15℃以下低温环境或化学液体浸泡场所以及有低毒难燃特性要求的电缆外护层宜选用聚乙烯外，其他可选用聚氯乙烯外护套。

3）除 60℃以上的高温场所，宜选用聚乙烯等耐热外护层之外，其他宜选用聚氯乙烯外护层。

4）移动式电气设备等需要经常移动、弯曲或对电缆柔软性有较高要求的电缆宜选用橡胶外护层。

5）放射线作用的场所，应具有适合耐受放射线照射强度的聚氯乙烯、氯丁橡胶、氯磺化聚乙烯等外护层。

5. 按防火性能选择电缆

容量为 300MW 及以上机组的主厂房、运煤、燃油及其他易燃易爆场所应选用不低于 C 类的阻燃电缆。

事故保安电源及消防系统等需要在火灾情况下维持运行的电力电缆和控制电缆应选用耐火电缆。由于火力发电厂中电缆量较大，尤其是保安段和消防系统，往往安装于电缆密集的集中控制楼中，电缆在通道中存在大量的堆叠。一旦起火，火焰温度将接近 1000℃，因此在火力发电厂中应选用耐火 A 类电缆。

（二）电缆敷设及防火封堵

对于发生火灾可能造成严重事故或火灾蔓延的电缆区段，易受外部事故波及而引起电缆火灾的电缆集中的场所，应结合工程情况通过选择具有阻燃耐火性能的电缆、合理设定电缆敷设路径、可靠的防火分隔等措施使电缆火灾的概率和影响降到较低程度。

1. 电缆敷设

（1）对直流电源、应急照明、双重化保护装置、水泵房、化学水处理及运煤系统公用重要回路的双回路电缆，宜将双回路分别布置在两个相互独立或有防火分隔的通道中。当不能满足上述要求时，应对其中一回路采取防火措施。

（2）主厂房到网络控制楼或主控制楼的每条电缆隧道或沟道所容纳的电缆回路，应满足下列要求：

1）单机容量为 200MW 及以上时，不应超过 1 台机组的电缆；

2）单机容量为 100MW 及以上且 200MW 以下时，不宜超过 2 台机组的电缆；

3）单机容量为 100MW 以下时，不宜超过 3 台机组的电缆。

当不能满足上述要求时，应采取防火分隔措施。

（3）对主厂房内易受外部火灾影响的汽轮机头部、汽轮机油系统、锅炉防爆门、煤粉系统防爆门、排渣孔朝向的邻近部位的电缆区段，应采取防火措施。

（4）当电缆明敷时，在电缆中间接头两侧各 2～3m 长的区段以及沿该电缆并行敷设的其他电缆同一长度范围内，应采取防火措施。

（5）靠近带油设备的电缆沟盖板应密封。

（6）对明敷的 35kV 以上的高压电缆，应采取防止火焰延燃的措施，并应符合下列要求：

1）单机容量大于 200MW 时，全部主电源回路的电缆不宜明敷在同一条电缆通道中。当不能满足上述要求时，应对部分主电源回路的电缆采取防火措施。

2）充油电缆的供油系统，宜设置由火灾自动报警系统控制的闭锁装置。

（7）两个相对独立的电缆通道，可以是具有防火分隔的两层电缆通道或一个电缆沟道的两侧。如无法实现，也可对其中一路电缆选用耐火 A 级电缆。

（8）在电缆隧道和电缆沟道中，严禁有可燃气、油管路穿越。

（9）在敷设电缆的电缆夹层内，不得布置热力管道、油气管以及其他可能引起着火的管道和设备。

（10）架空敷设的电缆与热力管路应保持足够的距离，控制电缆、动力电缆与热力管道平行时，两者距离分别不应小于 0.5m 及 1m；控制电缆、动力电缆与热力管道交叉时，两者距离分别不应小于 0.25m 及 0.5m。当不能满足要求时，应采取有效的防火隔热措施。

2. 防火封堵

（1）建（构）筑物中电缆引至电气柜、盘或控制屏、台的开孔部位，电缆贯穿隔墙、楼板的孔洞应采用电缆防火封堵材料进行封堵，其防火封堵组件的耐

火极限不应低于被贯穿物的耐火极限，且不应低于 1.00h。

（2）当电缆竖井中敷设阻燃电缆时，宜每隔约 7m 设置防火封堵，其他电缆应每隔 7m 设置防火封堵。在电缆隧道或电缆沟中的下列部位，应设置防火墙：

1）单机容量为 100MW 及以上的发电厂，对应于厂用母线分段处；

2）单机容量为 100MW 以下的发电厂，对应于全厂一半容量的厂用配电装置划分处；

3）公用主隧道或沟内引接的分支处；

4）电缆沟内每间距 100m 处；

5）通向建筑物的入口处；

6）厂区围墙处。

（3）当电缆采用架空敷设时，应在下列部位设置防火封堵：

1）穿越汽机房、锅炉房和集中控制楼之间的隔墙处；

2）穿越汽机房、锅炉房和集中控制楼外墙处；

3）穿越建筑物的外墙及隔墙处；

4）架空敷设每间距 100m 处；

5）两台机组连接处；

6）电缆桥架分支处。

防火封堵平面示意图可参考图 6-16。

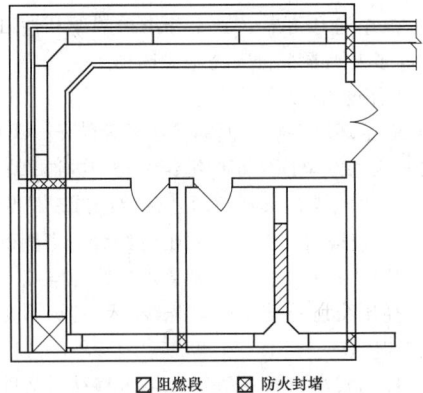

□ 阻燃段　　☒ 防火封堵

图 6-16　防火封堵示意图

（4）防火墙上的电缆孔洞应采用耐火极限为 3.00h 的电缆防火封堵材料或防火封堵组件进行封堵。电缆沟和电缆隧道内的防火墙（阻火墙）的耐火极限根据需要按不小于 1.00h 考虑。

当不能满足上述要求时，应采取防火分隔措施。

（三）电缆设施常用防火材料及封堵措施

1. 防火材料

火力发电厂电缆设施的防火分隔主要由防火封堵材料、电缆防火涂料及阻燃电缆槽盒来完成。

（1）防火封堵材料。防火封堵材料是具有防火、防烟功能，用于填塞和密封建（构）筑物及各类设施中的贯穿孔洞、缝隙，且便于更换并满足相关性能要求的材料。

防火封堵材料按产品组成与形状特征分类可分为以下形式：

1）柔性有机堵料：以有机材料为黏结剂，使用时具有一定柔韧性和可塑性，产品为胶泥状物体。

2）无机堵料：以无机材料为主要成分的粉末状固体，与外加剂调和使用时，具有适当的和易性。

3）阻火包：将防火材料包装制成的包状物体，适用于较大孔洞的防火封堵或电缆桥架的防火分隔（也称为耐火包或防火包）。

4）阻火模块：用防火材料制成，具有一定形状和规格尺寸的固体，可以方便地切割和钻孔，适用于孔洞和电缆桥架的防火封堵。常见阻火模块有耐火砖、自黏型阻火模块及柔韧自黏型阻火模块。

5）防火封堵板材：用防火材料制成的板材，可方便地切割和钻孔，适用于大型孔洞的防火封堵。

6）泡沫封堵材料：注入孔洞后可自行膨胀发泡并使孔洞密封的防火材料。

7）缝隙封堵材料：置于缝隙内，用于封堵固定或移动缝隙的固体防火材料。

8）防火密封胶：具有防火密封功能的液态防火材料。

9）阻火包带：用防火材料制成的柔性可缠绕卷曲的带状产品，并用钢带包覆和其他适当方式固定，遇火膨胀后挤压软化的管道，封堵塑料管道因燃烧软化而留下的孔洞。

（2）电缆防火涂料。电缆防火涂料是指涂覆于电缆表面，具有防火阻燃保护及一定装饰作用的防火涂料。

（3）阻燃槽盒。阻燃槽盒是指由复合材料制成的具有阻燃特性和防火功能的、代替金属桥架的电缆槽盒。有以下几种类型：

1）有机难燃型槽盒，由难燃玻璃纤维增强塑料制成。其拉伸、弯曲、压缩强度好，耐腐性、耐候性好，适用于户内外各种环境条件。

2）无机不燃型槽盒，由无机不燃材料制成。刚性好，适用于户内环境条件。

3）复合难燃型槽盒，以无机不燃材料为基体，外表面或内外表面由复合有机高分子难燃材料制成。其氧指数高，拉伸、弯曲、压缩强度好，刚性好，耐腐性、耐候性较好，适用于户内外各种环境条件。

2. 电缆的封堵措施

（1）防火墙（阻火墙）。防火墙（阻火墙）主要应用于电缆沟、电缆隧道中的防火分隔，目的是防止火焰沿电缆延燃、窜燃。

防火墙可采用防火包、无机堵料或阻火模块砌成，与电缆接触的缝隙用有机堵料封堵。防火墙应为沟道排水预留排水孔。电缆隧道中的防火墙如果未设防火门，可在防火墙两侧设置耐火隔板以防止火焰延燃。防火墙两侧各 1.5m 范围内的电缆应刷防火涂料。

防火墙可参考图 6-17 和图 6-18。

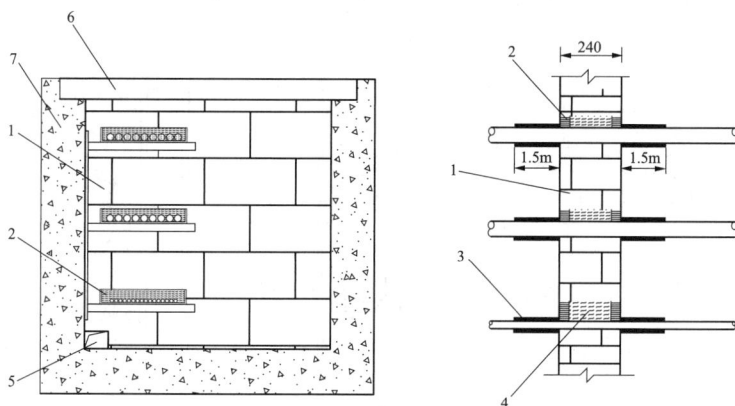

图 6-17　电缆沟防火墙

1—无机堵料或阻火模块；2—有机堵料或防火密封胶；3—防火涂料；4—矿棉；

5—排水孔；6—沟盖板；7—电缆沟

（2）阻火段。阻火段是防止火焰沿电缆延燃的一种措施，如图 6-19 所示，耐火槽盒端头用防火封堵材料进行封堵，从槽盒内引出电缆的孔洞用有机堵料封堵严密。足够长度的阻火段可以有效阻止火焰延燃。

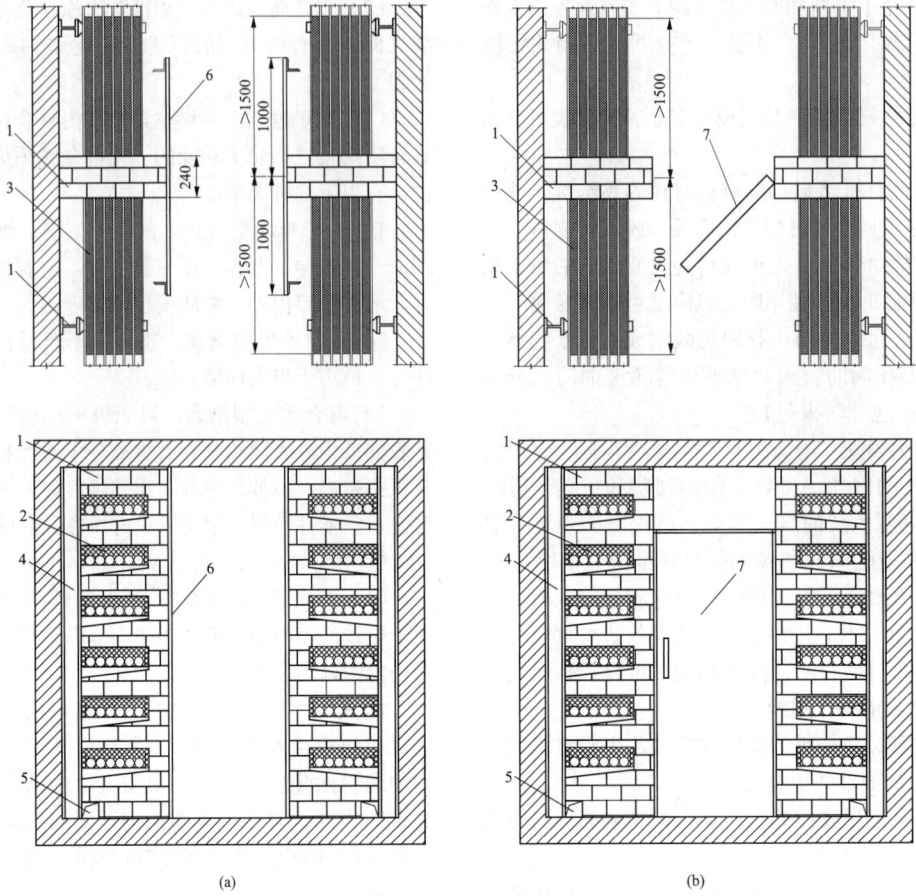

图 6-18　电缆隧道的防火墙

（a）无防火门的防火墙；（b）有防火门的防火墙

1—阻火模块或无机堵料；2—有机堵料或防火密封胶；3—防火涂料；4—工字钢立柱；
5—排水孔；6—耐火隔板（可选）；7—防火门

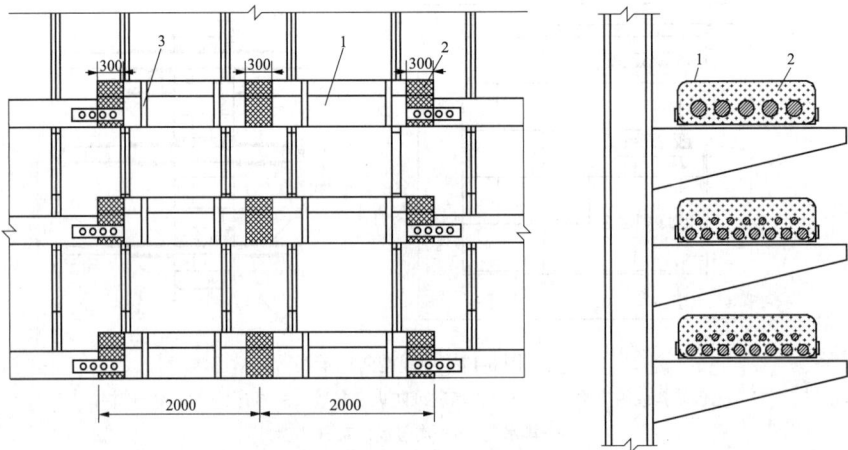

图 6-19　由耐火槽盒构成的阻火段

1—耐火槽盒；2—防火堵料；3—槽盒扎带

（3）电缆桥架穿墙封堵。桥架穿墙处应进行防火封堵，防火封堵可采用阻火模块结合有机堵料的方式，也可在孔洞中用不同尺寸的防火包进行填充，缝隙处用有机堵料或防火密封胶密封，并在孔洞两侧加防火板进行遮盖。穿墙两侧各 1.5m 范围内的电缆应刷防火涂料，如图 6-20 所示。

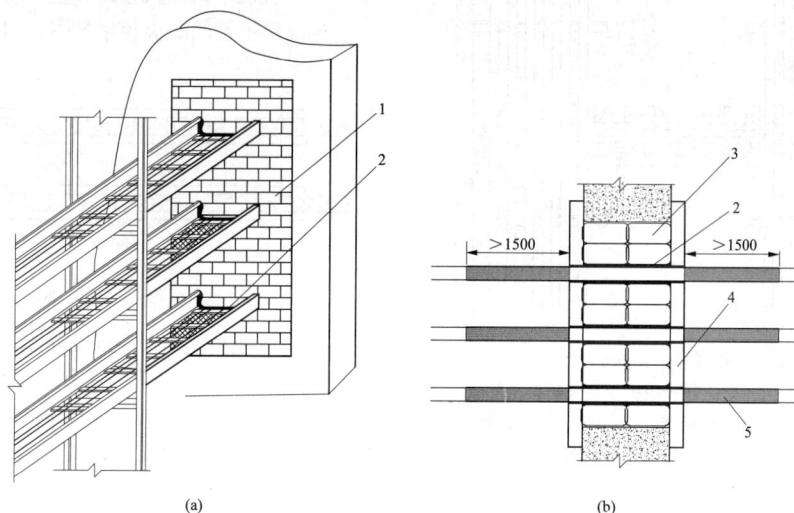

图 6-20　电缆桥架穿墙孔的封堵

（a）阻火模块封堵；（b）防火包封堵

1—阻火模块；2—有机堵料；3—防火包；4—防火板；5—防火涂料

（4）电缆穿楼板封堵。电缆进入电气盘柜或电缆桥架竖直穿越楼板时，均需要对被穿越孔洞进行封堵，将封堵处两端各 1.5m 以上的电缆涂刷防火涂料。封堵可采用阻火模块结合有机堵料的方法，也可采用无机堵料与有机堵料的方法。封堵方法可参考图 6-21。

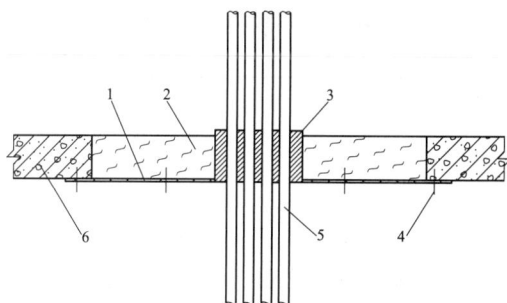

图 6-21　电缆穿楼板防火封堵（无机堵料）

1—防火封堵板；2—无机堵料；3—柔性有机堵料或防火密封胶；

4—膨胀螺栓；5—电缆及防火涂料；6—楼板

（5）电缆与盘柜的封堵。当电气盘柜采用上进线的时候，电缆接入盘柜的位置也需要进行防火封堵，根据进盘孔和进盘桥架尺寸及电缆束外形，剪切并固定防火封堵板材，板与盘之间及板间接缝采用柔性有机堵料或防火密封胶黏结、密封；按照防火封堵板材拼接后的尺寸，将柔性有机堵料做成规则几何形状，密封封堵桥架内部和周围。上进线盘柜还需注意水密以保证柜体的防护等级。

电气盘柜防火封堵参考图 6-22。

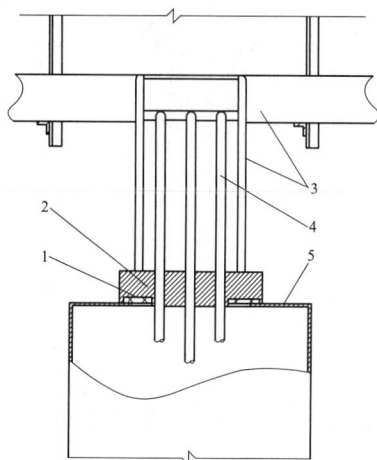

图 6-22　电气盘柜防火封堵

1—防火封堵板材；2—柔性有机堵料；

3—桥架；4—电缆；5—盘柜

（6）电缆竖井中的防火封堵。电缆竖井中每隔 7m 需要做一层防火封堵，防火封堵可采用耐火隔板+柔性有机堵料+无机堵料、耐火隔板+柔性有机堵料+阻火包等组件。电缆竖井内的防火封堵参考图 6-23。

电缆桥架进、出竖井口的防火封堵宜采用阻火包、柔性有机堵料组合封堵。竖井孔与桥架间的缝隙应封堵严密，阻火包封堵长度宜不小于 300mm，向外延伸涂刷防火涂料，涂刷长度不小于 1.5m。

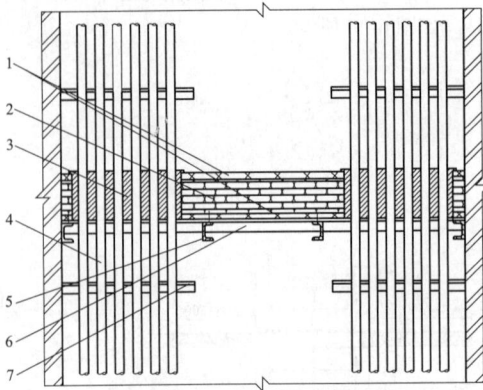

图 6-23　电缆竖井防火封堵
1—防火封堵板材；2—阻火包、阻火模块或防火涂层板；
3—柔性有机堵料或防火密封胶；4—电缆、防火涂料；
5—槽钢；6—角钢；7—电缆撑

（7）电缆保护管的防火封堵。电缆经保护管进设备，应用柔性有机防火堵料封堵管口；电缆裸露穿出保护管时，也应用柔性有机防火堵料封堵管口。

柔性有机堵料嵌入管口深度不应小于 40mm。

电缆保护管的防火封堵见图 6-24。

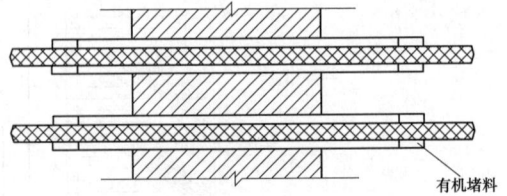

图 6-24　电缆保护管的防火封堵

（8）电缆桥架与热力管道的隔离。当电缆桥架与热力管道平行或交叉且不满足规范允许的间隔距离时，应采取隔热措施，如图 6-25 所示。隔热板延伸的长度以管道对电缆的热辐射满足距离要求为宜。

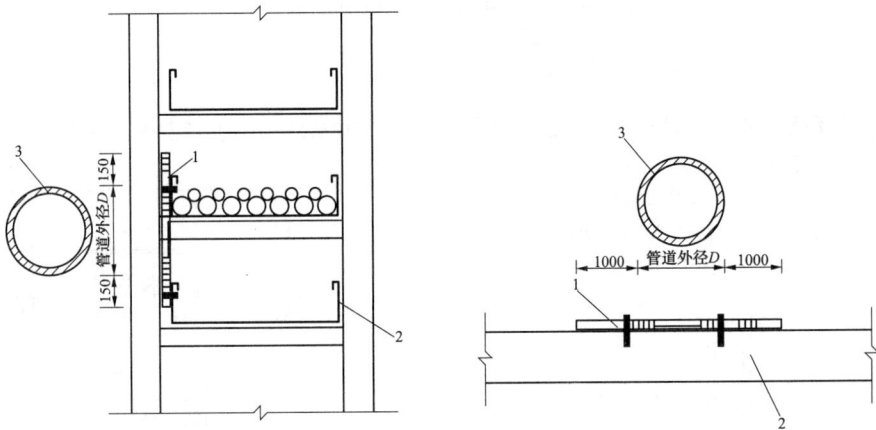

图 6-25　电缆桥架与热力管道交叉的隔热措施
1—隔热板；2—电缆桥架；3—热力管道

第三节　电气系统的防爆

一、爆炸性气体环境

（一）爆炸性气体环境辨识

1. 爆炸性气体环境定义

爆炸性气体环境是在大气条件下，气体或蒸气等可燃物质与空气的混合物引燃后，能够保持燃烧自行传播的环境。

爆炸性气体混合物包括：在大气条件下，易燃气体、易燃液体的蒸气或薄雾等易燃物质与空气混合物形成爆炸性气体混合物；闪点低于或等于环境温度的可燃液体的蒸气或薄雾与空气混合物形成爆炸性气体混合物；在物料操作温度高于可燃液体闪点的情况下，可燃液体有可能泄漏时，其蒸气与空气混合物形成爆炸性气体混合物。

如果闪点明显高于可燃物质的最高操作温度，就不会形成爆炸性气体混合物。闪点越低，爆炸危险区域的范围可能越大。常见的爆炸性气体有一氧化碳、甲烷、乙烷、氢气及燃料油挥发气体等。

根据气体介质本身固有特性和实际经验，可将相对密度大于 1.2 的气体或蒸气视为比空气重的物质；将相对密度小于 0.8 的气体或蒸气视为比空气轻的物质。对于相对密度在 0.8~1.2 之间的气体或蒸气应酌情考虑。

2. 爆炸产生的条件

爆炸性气体环境产生爆炸需要同时具备三个条件：释放源、引燃源和空气（氧气）。其中，释放源表征危险介质的性质，直接决定了危险区域的范围及等级；空气（氧气）表征危险区域的通风情况，判定爆炸能否产生及能否降低危险区域等级；引燃源表征引起爆炸的外在温度条件，主要用于选择防爆设备的温度组别和爆炸环境内设备设施的防护措施。当且仅当上述三个条件同时具备，并且可燃性介质与空气混合物浓度处于介质爆炸极限范围内的情况下，才会发生爆炸。

对于生产、加工、处理、转运或储存过程中出现或可能出现爆炸性气体混合物环境时，应进行爆炸性气体环境的电力装置防爆设计。

可燃气体、蒸气与空气混合形成的这种爆炸性气体混合物，并不是在任何浓度之下都能发生爆炸的。可燃性气体或蒸气与助燃性气体的均匀混合在标准测试条件下引起爆炸的浓度极限值，称为爆炸极限。助燃性气体主要是空气、氧气或辅助性气体。一般情况下提及的爆炸极限是指可燃气体或蒸气在空气中的浓度极限，能够引起爆炸的可燃气体的最低浓度称为爆炸下限，最高浓度称为爆炸上限。爆炸极限一般是用可燃气体或蒸气在混合物中占有的体积百分比来表示的。

爆炸极限可作为确定可燃气体火灾危险性类别的标准，爆炸下限小于10%的可燃气体，其火灾危险为甲类；爆炸下限不小于10%的可燃气体，其火灾危险为乙类。爆炸极限的数值不是固定不变的，而是受混合物的温度、压力、杂质或惰性气体的含量、火源性质、容器大小等因素影响。各种气体混合物在正常条件下的爆炸压力，都不超过10个大气压。一般地，在没有明确说明的情况下，爆炸极限指的是在标准状态下的值。

3. 释放源辨识

释放源指释放出能形成爆炸性混合物的物质所在的部位或地点。按照可燃物质的释放频繁程度和持续时间长短，可将释放源分为三个等级：

（1）连续级释放源指连续释放或预计长期释放的释放源；

（2）一级释放源指在正常运行时，预计可能周期性或偶尔释放的释放源；

（3）二级释放源指在正常运行时，预计不可能释放，当出现释放时，仅是偶尔和短期释放的释放源。

根据释放源等级的定义，常见的一些释放源等级识别示例见表6-28。

表 6-28　常见爆炸性物质环境释放源等级识别示例

释放源等级	气体/液体环境
连续级	未用惰性气体覆盖的固定顶盖贮藏罐中的可燃液体的表面；经常或长期向空间释放可燃气体或可燃液体的蒸气的排气孔
一级	正常运行时会释放可燃物质的泵、压缩机、取样点和阀门；储有可燃液体容器的排水口处，当水排掉时可能会向空中释放可燃物质
二级	正常运行时，不能出现释放可燃物质的泵、压缩机、阀门、连接件、管道接头、安全阀和取样点

根据表6-28中列出的常见释放源的等级，可大致对该释放源存在的区域进行爆炸性危险区域等级划分，详见表6-29。

表 6-29　爆炸性危险区域等级划分

释放源等级	气体/液体爆炸性危险区域等级划分
连续级	0 区
一级	1 区
二级	2 区

注　表中所示的危险等级划分是依据 IEC 标准和我国国家标准的划分体系，与 NEC 标准体系不同。

一般地，爆炸性危险区域划分是根据释放源等级和通风条件共同确定的，表6-29中的等级划分方法并不是绝对的。良好的通风情况可以将危险区域等级降一个级别，通风不良的环境应将危险区域等级提高一个级别。

根据释放源等级的定义，对于爆炸性气体环境，亦可以通过释放源出现的频率来确定危险区域等级，见表6-30。

表 6-30　区域划分和爆炸性释放源出现频率的典型关系

区域	爆炸性释放源出现频率
0 区	1000h/a 及以上：10%
1 区	大于 10h/a，且小于 1000 h/a：0.1%～10%
2 区	大于 1h/a，且小于 10 h/a：0.01%～0.1%
非危险区	小于 1h/a：0.01%

表6-30中百分数为爆炸性释放源出现时间的近似百分比（一年 8760h，按 10000h 计算）。

4. 通风等级确定

控制爆炸性环境扩散和持续时间的通风效果取决

于通风等级和有效性以及通风系统的设计。

一般地，对于爆炸性气体环境，当爆炸危险区域内通风的空气流量能使可燃物质很快稀释到爆炸下限值的 25%以下时，可定为通风良好。其中通风良好的场所主要有露天场所、敞开式建筑物内部通风效果等效于露天场所、非敞开建筑物有永久性自然通风条件的场所和封闭区域每平方米每分钟至少提供 $0.3m^2$ 的空气或至少 1h 换气 6 次的场所。对于燃油、燃气锅炉房应设有良好的自然通风或机械通风设施。燃气锅炉房应选用防爆型的事故排风机。当设置机械通风设施时，该机械通风设施设置防静电的接地装置，通风量一般满足下列要求：

燃油锅炉房的正常通风量按换气次数不少于 3 次/h 确定；

燃气锅炉房的正常通风量按换气次数不少于 6 次/h 确定；

燃气锅炉房的事故通风量按换气次数不少于 12 次/h 确定。

当锅炉房达到上述单位时间的换气次数时，可认为是通风良好的场所。此时可将与锅炉设备相连接的管线上的阀门等可能有可燃物质存在处按照独立的释放源考虑危险区域，并可根据通风良好的场所适当降低危险区域的等级。

当确定不了爆炸性气体环境可燃物质浓度或者整个空间的换气次数时，可采用 IEC 标准中给出的算法进行通风等级估算。

可燃性物质的释放达到低于爆炸下限规定浓度的最小通风速率，可通过式（6-7）计算，即

$$\left(\frac{dV}{dt}\right)_{min} = \frac{(dG/dt)_{max}}{k \times LEL} \times \frac{T}{293} \qquad (6-7)$$

式中 $\left(\dfrac{dV}{dt}\right)_{min}$ ——新鲜空气的最小体积流速，m^3/s；

$(dG/dt)_{max}$ ——释放源的最大释放速率，kg/s；

LEL ——爆炸下限，kg/m^3；

k ——适用于爆炸下限的安全因数，其典型值为：k=0.25（连续级和一级释放源），k=0.5（二级释放源）；

T ——环境温度，K。

释放源周围潜在爆炸性环境的假设体积 V_z 可用式（6-8）估算，即

$$V_z = \frac{f \times (dV/dt)_{min}}{C} \qquad (6-8)$$

式中 C ——单位时间内新鲜空气置换（充入）的次数；

f ——有效稀释爆炸性环境程度的系数，表示通风效率，取值范围从 f=1（理想状态）

到典型值 f=5（空气流动受阻碍）。

对封闭的场所，由式（6-9）给出 C 值，即

$$C = \frac{dV_{totn}/dt}{V_0} \qquad (6-9)$$

式中 dV_{totn}/dt ——新鲜空气的总的流动速率；

V_0 ——总的被通风的体积。

对露天场所，可取 C=0.03 次/s。

释放源停止释放后，要求平均浓度从初始值 X_0 下降到 k 倍 LEL 的时间（t）可用公式（6-10）估算，即

$$t = \frac{-f}{C} \ln \frac{LEL \times k}{X_0} \qquad (6-10)$$

式中：X_0 表示与 LEL 相同的单位所测量的可燃物质的初始浓度，单位为%（体积比）或 kg/m^3，对于大多数实际情况，X_0 取浓度大于 LEL 更合理；C 表示单位时间内的换气次数；t 的单位与 C 相同，即若 C 为每秒换气次数，则 t 为 s；f 表示为允许的不完全混合系数 [见式（6-8）]；k 表示与爆炸下限（LEL）有关的安全系数，见式（6-7）。

体积 V_z 可用来衡量通风等级为高、中、低的尺度。持续时间 t 是确定一个场所符合 0 区、1 区或 2 区定义要求的通风等级。当 V_z 值很小或甚至可以忽略不计时，通风可划为高级。正在进行通风时，可将释放源看作不产生爆炸性环境，也就是说，周围场所是非危险场所。但是，即使达到可忽略的程度，在靠近释放源处，仍为爆炸性环境。

5. 火力发电厂常见的爆炸性气体环境

根据火力发电厂工艺系统自身的特点，易出现的爆炸性气体环境主要有以下几个方面，详见表 6-31。

表 6-31　　火力发电厂常见爆炸性气体环境

序号	爆炸危险场所	释放源等级	危险介质	比重（空气为1）	危险区域划分
1	蓄电池	二级	氢气	<1	参见附录 E 中图 E-5 及第（18）条说明
2	制氢系统	连续级/一级/二级	氢气	<1	参见附录 E 中图 E-5、图 E-11、图 E-13、图 E-14、图 E-15 及第（17）条说明
3	燃气系统	连续级/一级/二级	混合气	—	参见附录 E 中图 E-1、图 E-2、图 E-5、图 E-9、图 E-10、图 E-11、图 E-13、图 E-14、图 E-15 及第（16）、（17）条说明

续表

序号	爆炸危险场所	释放源等级	危险介质	比重（空气为1）	危险区域划分
4	燃油系统	连续级/一级/二级	燃油	<1	参见附录 E 中图 E-1、图 E-2、图 E-3、图 E-5、图 E-8、图 E-12 及第（16）条说明
5	柴油系统	连续级/一级/二级	柴油	—	参见附录 E 中图 E-1、图 E-2、图 E-3 及第（16）条说明
6	氨系统	连续级/一级/二级	氨气	<1	参见附录 E 中图 E-5、图 E-6、图 E-7、图 E-15 及第（17）条说明

爆炸性环境的防爆设计流程及火力发电厂制氢站的典型设计分别见图 6-26 和图 6-27。

（二）爆炸性气体环境的防爆措施

根据爆炸产生的三个必要条件，有效地防止爆炸产生从根本上应为避免三个条件同时出现。在爆炸性气体环境中防止爆炸的主要措施：

（1）尽量减小产生爆炸的条件同时出现的可能性。

（2）工艺系统设计中尽量采取以下措施抑制可燃物质的释放及积聚：

1）在满足正常运行的前提下，工艺系统尽量采用较低的压力和温度，并将可燃物质限制在密闭容器内；

2）工艺设备布置时尽量限制爆炸危险区域的范围，并将不同等级的爆炸危险区，或爆炸危险区与非爆炸危险区分隔在各自的厂房或区域内；

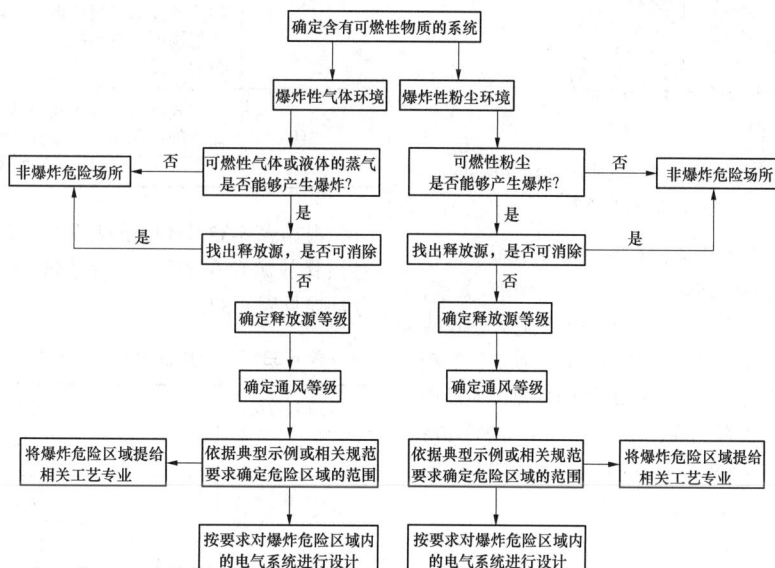

图 6-26　爆炸性环境的防爆设计流程

3）在设备内和系统中可采用以氮气或其他惰性气体调节以降低危险介质浓度；

4）系统设计时可采取安全连锁或事故时加入聚合反应阻聚剂等化学药品。

（3）预防爆炸性气体混合物的形成，或缩短爆炸性气体混合物滞留时间，宜采取下列措施：

1）含有危险介质的工艺装置尽量采取露天或敞开式布置；

2）封闭布置时考虑设置机械通风装置；

3）在爆炸危险环境内可根据实际情况考虑设置正压室；

4）对区域内易形成和积聚爆炸性气体混合物的地点应设置自动检测装置，当气体或蒸气浓度接近爆炸下限值的一半时，应能可靠地发出报警信号或自动

连锁切断电源。

（4）在区域内尽量消除或控制设备线路产生火花、电弧或高温。

二、爆炸性粉尘环境

（一）爆炸性粉尘环境辨识

1. 爆炸性粉尘环境定义

爆炸性粉尘环境是在大气条件下，可燃性固体微粒接触到火焰（明火）或电火花等点火源时可发生爆炸危险的环境。

粉尘爆炸往往将沉积的大量粉尘抛向空中，所以粉尘爆炸往往容易引起连锁反应，造成更严重的二次爆炸。此外，粉尘爆炸中常伴随着不完全燃烧，燃烧气体中含有大量的 CO 气体，容易引起人员中毒。一

般地，爆炸性粉尘环境含有爆炸性粉尘、可燃性导电粉尘、可燃性非导电粉尘和可燃纤维。

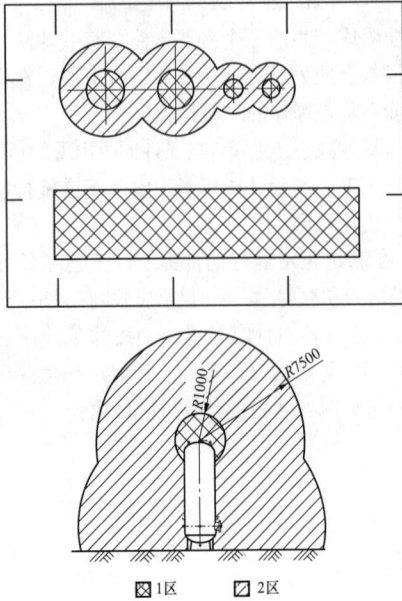

图 6-27 火力发电厂制氢站爆炸危险区域划分示意
注：示意图中氢气储罐内为液氢。

爆炸性粉尘：这种粉尘即使在空气中氧气很少的环境下也能着火，呈悬浮状态时能产生剧烈的爆炸，如镁、铝等粉尘；可燃性导电粉尘：与空气中的氧起发热反应而燃烧的导电性粉尘，如石墨、炭黑、煤、铁、锌等粉尘；可燃性非导电粉尘：与空气中的氧起发热反应而燃烧的非导电性粉尘，如聚乙烯、木质等粉尘；可燃纤维：与空气中的氧起发热反应而燃烧的纤维，如棉纤维、麻纤维、丝纤维、毛纤维、人造纤维等。

2. 爆炸产生的条件

爆炸性粉尘环境产生爆炸也需要同时具备三个条件：释放源、引燃源和空气（氧气）。当爆炸性粉尘混合物的浓度在爆炸极限以内，同时存在足以点燃爆炸性粉尘混合物的火花、电弧或高温时就会发生爆炸。可燃粉尘的爆炸极限范围越大（爆炸上限越高，爆炸下限越低），爆炸危险度越大。

3. 释放源辨识

粉尘释放源按爆炸粉尘释放频繁程度和持续时间长短，可将释放源分为三个等级：

（1）连续级释放源：指连续释放或预计长期释放的释放源；

（2）一级释放源：指在正常运行时，预计可能周期性或偶尔释放的释放源；

（3）二级释放源：指在正常运行时，预计不可能释放，当出现释放时，仅是偶尔和短期释放的释放源。

其中，下列三项可不被视为释放源：

（1）压力容器外壳主体结构及其密封的管口和人孔；

（2）全部焊接的输送管和溜槽；

（3）在设计和结构方面对防粉尘泄漏进行适当考虑的阀门压盖和法兰结合面。

根据粉尘释放源等级的定义，常见的一些释放源等级识别示例见表 6-32。

表 6-32   常见爆炸性粉尘环境
释放源等级识别示例

释放源等级	粉 尘 环 境
连续级	粉尘容器；筒仓；搅拌机；研磨机；粉料传送系统等
一级	未采取通风等措施的皮带、送料机、粉尘容器装料和卸料点附近的外部场所、取样点等；粉尘堆积且由于工艺操作，粉尘层可能被扰动而形成爆炸性粉尘环境时的粉尘容器外部场所；自清扫间隔长的粉仓和过滤器污秽的一侧
二级	袋式过滤器通风孔的排气口；袋装粉料的储存间；偶尔打开且打开时间很短的人孔，存在粉尘沉淀的粉尘处理设备

根据表 6-32 中列出的常见释放源的等级，可大致对该释放源存在的区域进行爆炸性危险区域等级划分，详见表 6-33。

表 6-33   爆炸性危险区域等级划分

释放源等级	粉尘爆炸性危险区域等级划分
连续级	20 区
一级	21 区
二级	22 区

注 表中所示的危险等级划分是依据 IEC 标准和我国国家标准的划分体系，与 NEC 标准体系不同。

4. 火力发电厂常见的爆炸性粉尘环境

根据火力发电厂工艺系统自身的特点，易出现的爆炸性粉尘环境主要是煤粉环境。一般除褐煤外，煤粉的高温表面堆积粉尘层（5mm）的引燃温度低于煤粉的粉尘云引燃温度，这表明前者引起爆炸危险的可能性要比后者高。由于煤粉的高温表面堆积粉尘层（5mm）的引燃温度远高于其周围系统的运行温度（照明灯具除外），因此对于含有煤粉场所的照明设计宜考虑防爆措施。

对于褐煤，由于其挥发分高，并且粉尘云的引燃温度低于煤粉的高温表面堆积粉尘层（5mm）的引燃温度，发生爆燃的可能性很大，尤其是对于干燥后的褐煤粉。因此，含有褐煤的系统除了宜对照明设计考虑防爆措施之外，还应根据褐煤本身的具体特性对爆炸危险区域进行分析。

（二）爆炸性粉尘环境的防爆措施

在爆炸性粉尘环境中应采取下列防止爆炸的措施：

（1）使产生爆炸的条件同时出现的可能性减小到最低程度。

（2）防止爆炸危险，应按照爆炸性粉尘混合物的特征采取相应的措施。

（3）优先采取下列消除或减少爆炸性粉尘产生和积聚的措施：

1）工艺设备宜将危险物料密封在防止粉尘泄漏的容器内。

2）宜采用露天或敞开式布置，或采用机械除尘措施。

3）宜限制和缩小爆炸危险区域的范围，并将可能释放爆炸性粉尘的设备单独集中布置。

4）提高自动化水平，可采用必要的安全连锁。

5）爆炸危险区域应设有两个以上的出入口，其中至少有一个通向非爆炸危险区域，出入口的门应向爆炸危险性较小的区域侧开启。

6）应对沉积的粉尘进行有效的清除。

7）应限制产生危险温度及火花，特别是由电气设备或线路产生的过热及火花；应防止粉尘进入产生电火花或高温部件的外壳内；应选用粉尘防爆类型的电气设备及线路。

8）适当增加物料的湿度，降低空气中的粉尘的悬浮量。

三、爆炸性环境的电气系统设计

在爆炸危险环境中，由于电气设备本身运行时存在发热、电火花、电弧和摩擦火花等特点，这些都是容易引起爆炸的引燃源。因此，电气设计必须根据爆炸危险场所环境的特点，依据相关规范和规定进行，确保所有这类电气设备得到足够的保护，以减少点燃外部爆炸性环境的可能性。

一般在条件允许的情况下，电力系统中的设备和线路，特别是正常运行时能发生电火花的设备应尽可能地布置在爆炸危险环境之外。当需设在爆炸性环境内时，应尽可能地布置在爆炸危险性较小的地点，并应合理优化工艺系统，在满足生产及安全的前提下，尽量减少防爆电气设备的数量。

（一）爆炸性环境电气设备分类

根据电气设备在不同的爆炸性环境中应用的不同，可将电气设备分为三类：

（1）Ⅰ类电气设备：用于煤矿瓦斯气体环境。

（2）Ⅱ类电气设备：用于除煤矿甲烷气体之外的其他爆炸性气体环境。其中根据爆炸性气体混合物按其最大试验安全间隙（MESG）或最小点燃电流比（MICR），Ⅱ类电气设备又可分为ⅡA、ⅡB和ⅡC三级。爆炸性气体混合物分级详见表6-34。

表6-34　　爆炸性气体混合物分级

级别	最大试验安全间隙MESG（mm）	最小点燃电流比MICR
ⅡA	≥0.9	>0.8
ⅡB	0.5（不含）～0.9（不含）	0.45（含）～0.8（含）
ⅡC	≤0.5	<0.45

（3）Ⅲ类电气设备：用于除煤矿以外的爆炸性粉尘环境。其中Ⅲ类电气设备又可分为ⅢA、ⅢB和ⅢC三种，ⅢA级为可燃性飞絮，ⅢB级为非导电性粉尘，ⅢC级为导电性粉尘。

爆炸性气体混合物可按照引燃温度进行分组，详见表6-35。

表6-35　　引燃温度组别

组别	引燃温度t（℃）
T1	450<t
T2	300<t≤450
T3	200<t≤300
T4	135<t≤200
T5	100<t≤135
T6	85<t≤100

（二）爆炸性环境电气设备的选择

在爆炸危险环境中使用防爆电气设备，目的是防止电气设备成为引燃源。

对于爆炸环境内电气设备的选择，需根据爆炸危险区域的等级、可燃性物质和可燃性粉尘的分级、可燃性物质的引燃温度和可燃性粉尘云/可燃性粉尘层的最低引燃温度综合确定。此外，如果同一爆炸危险区域出现两种或两种以上的可燃性物质形成的爆炸性混合物时，应按照混合后的爆炸性混合物的级别和组别选用防爆设备，当无据可查又不可能进行试验时，可按危险程度较高的级别和组别选用防爆电气设备。对于设备厂家明确标有适用于特定气体、蒸气环境的防爆设备，没有经过鉴定者不能在其他的气体环境内使用。

1. 防爆设备标志

防爆电气设备的标志一般为：

字母Ex+防爆类型+设备类别+温度组别。

其中：符号Ex表示防爆。防爆类型由电气设备保护级别（EPL）和电气设备防爆结构确定。设备类别由可燃性气体或粉尘的级别确定。温度组别由可燃性气体或粉尘的温度组别确定，对于Ⅱ类电气设备的温度组别，既可以只标注温度组别，也可以标注最高表面温度，或两者都标出；对于Ⅲ类电气设备，将直接标出设备的最高表面温度，不再划分温度组别。

2. 防爆电气设备保护级别与防爆结构

对于爆炸性环境内电气设备保护级别的选择，详见表6-36。

表 6-36　爆炸性环境内电气设备保护级别的选择

危险区域	设备保护级别（EPL）
0 区	Ga
1 区	Ga 或 Gb
2 区	Ga 或 Gb 或 Gc
20 区	Da
21 区	Da 或 Db
22 区	Da 或 Db 或 Dc

注　表中所示的危险等级划分是依据 IEC 标准和我国国家标准的划分体系，与 NEC 标准体系不同。

其中，电气设备保护级别（EPL）与电气设备防爆结构的关系详见表6-37。

（三）爆炸性环境电气设备的安装

爆炸性环境内电气设备的安装，除了满足非危险场所安装的相应要求之外，还应满足爆炸性环境内的安装要求，必须确保安装后的电气设备在出现爆炸性危险环境时不会因断电、元件过热等发生爆炸。油浸型设备应在没有震动、不倾斜和固定安装的条件下运行。

在采用非防爆型设备作隔墙机械传动时，应满足下列要求：

（1）安装电气设备的房间应用非燃烧体的实体墙与爆炸危险区域隔开。

（2）传动轴传动通过隔墙处，应采用填料函密封或有同等效果的密封措施。

（3）安装电气设备房间的出口应通向非爆炸危险区域的环境；当安装设备的房间必须与爆炸性环境相通时，应对爆炸性环境保持相对的正压。

表 6-37　电气设备保护级别（EPL）与电气设备防爆结构的关系

设备保护级别（EPL）	电气设备防爆结构	防爆类型	设备保护级别（EPL）	电气设备防爆结构	防爆类型
Ga	本质安全型	ia	Gc	限能	nL
	浇封型	ma		火花保护	nC
	由两种独立的防爆类型组成的设备，且每种均为Gb	—		正压型	pz
	光辐射式设备和传输系统的保护	op is		本质安全现场总线概念（FISCO）	—
Gb	隔爆型	d		光辐射式设备和传输系统的保护	op sh
	增安型	e	Da	本质安全型	iD
	本质安全型	ib		浇封型	mD
	浇封型	mb		外壳保护型	tD
	油浸型	o	Db	本质安全型	iD
	正压型	px/py		浇封型	mD
	充砂型	q		外壳保护型	tD
	本质安全现场总线概念（FISCO）	—		正压型	pD
	光辐射式设备和传输系统的保护	op pr	Dc	本质安全型	iD
Gc	本质安全型	ic		浇封型	mD
	浇封型	mc		外壳保护型	tD
	无火花	n/nA		正压型	pD
	限制呼吸	nR			

在电力系统中的配电室和控制室应布置在爆炸性环境以外，当为正压室时，可布置在 1 区、2 区内。对于可燃物质比空气重的爆炸性气体环境，位于爆炸危险区附加 2 区的电气设备和仪表的地面应高出室外地面 0.6m。

（四）爆炸性环境电气线路的设计

1. 电缆的设计

在爆炸性环境内，低压电力、照明线路采用的绝缘导线和电缆的额定电压应高于或等于工作电压，且导体和绝缘屏蔽之间的电压（U_0）以及相导体间的电压（U）均不应低于电缆的工作电压。中性线的额定电压应与相线电压相等，并应在同一护套或保护管内敷设。爆炸危险环境内的供配电线路不能采用无护套直接敷设。

除本质安全系统的电路外，对于爆炸性环境内电缆配线的技术要求详见表 6-38。

表 6-38　爆炸性环境电缆配线的技术要求

爆炸危险区域	电缆明设或在沟内敷设时的最小截面积			移动电缆
	电力	照明	控制	
1 区、20区、21 区	铜芯 2.5mm²及以上	铜芯2.5mm²及以上	铜芯1.0mm²及以上	重型
2 区、22 区	铜芯 1.5mm²及以上，铝芯16mm²及以上	铜芯1.5mm²及以上	铜芯1.0mm²及以上	中型

除本质安全系统的电路外，对于爆炸性环境内电压为 1kV 以下的钢管配线的技术要求详见表 6-39。

表 6-39　爆炸性环境内电压为 1kV 以下的钢管配线的技术要求

爆炸危险区域	钢管配线用绝缘导线的最小截面积			管子连接要求
	电力	照明	控制	
1 区、20区、21 区	铜芯2.5mm²及以上	铜芯2.5mm²及以上	铜芯1.0mm²及以上	钢管螺纹旋合不应少于 5 扣
2 区、22 区	铜芯1.5mm²及以上	铜芯1.5mm²及以上	铜芯1.0mm²及以上	钢管螺纹旋合不应少于 5 扣

在爆炸性环境中，绝缘导线和电缆截面的选择除了满足表 6-38 和表 6-39 之外，导体的载流量还应满足不小于熔断器熔体额定电流的 1.25 倍及断路器长延时过电流脱扣器整定电流的 1.25 倍，其中 1kV 以下鼠笼型感应电动机回路导线允许载流量不应小于额定电流的 1.25 倍。

2. 线路敷设的设计

敷设在架空桥架内的电缆应采用阻燃电缆。当敷设方式采用能防止机械损伤的桥架方式时，塑料护套电缆可采用非铠装电缆。当不存在受鼠、虫等损害情形时，在 2 区、22 区电缆沟内敷设的电缆可采用非铠装电缆。

对于爆炸性环境内电气线路的安装，应在爆炸危险性较小的环境或远离释放源的地方敷设，当可燃物质重于空气时，电气线路应敷设在较高处或直埋地下；架空敷设时宜采用电缆桥架；电缆沟敷设时沟内应充砂，并宜设置排水措施。在爆炸性粉尘环境中，电缆应沿着粉尘不易堆积并且易于粉尘清除的位置敷设。敷设的电气线路的沟道、电缆桥架或保护管穿过不同的区域之间墙或楼板处的孔洞应采用非燃性材料严密堵塞。敷设的电气线路应避开受到机械损伤、振动、腐蚀、紫外线照射以及可能受热的地方，如果无法避开，应采取一定的预防措施防止电缆受损。

在 1 区内电缆线路中间不应有接头，在 2 区、20区、21 区内不应有中间接头。当电缆或导线的终端连接时，电缆内部的导线如果为绞线，其终端应采用定型端子或接线鼻子进行连接。

当电缆保护管内含有三根或多根导线时，导线包括绝缘层的总截面积最好不超过保护管截面积的40%。保护管应采用低压流体输送用镀锌焊接钢管。保护管连接的螺纹部分应涂以铅油或磷化膏。在可能凝结冷凝水的地方，管线上应装设排除冷凝水的密封接头。

爆炸性气体环境内有保护管的线路应做好隔离密封。在正常运行时，所有点燃源外壳的 450mm 范围内应做隔离密封。直径 50mm 以上的保护管距引入的接线箱 450mm 以内处应做隔离密封。相邻的爆炸性环境之间以及爆炸性环境与相邻的其他危险环境或非危险环境之间应进行隔离密封。进行密封时，密封内部应用纤维做填充层的底层或隔层，填充层的有效厚度不应小于保护管的内径，且不得小于 16mm。

（五）爆炸性环境防雷接地设计

爆炸性环境中的防雷接地设计，除了满足非爆炸危险环境的要求之外，还应符合爆炸性环境的特殊要求。

1. 等电位系统的设计

在爆炸性环境中，除设备制造厂的特殊要求和本质安全型设备之外，对于接零保护系统（TN）、保护接地系统（TT）、中性点不接地系统（IT），所有裸露的装置外部可导电部件均应接到等电位系统中。该接地系统可以包括保护线、金属管、电缆金属外皮、钢丝铠装和结构的金属部件等，但不包括中性线。除了专门为阴极保护设计的接地系统之外，具有阴极保护的设备不应与等电位系统连接。爆炸性环境中的 0 区、20 区场所的金属部件不宜采用阴极保护，当采用阴极保护时，应采取特殊的设计。阴极保护所要求的绝缘元件应安装在爆炸性环境之外。

对于正常情况下设计为 TN 型电源系统，在爆炸危险环境中应调整为工作零线（N）和保护线（PE）严格分开的系统（TNS），即具有单独的中性线（N 线）和保护线（PE 线），中性线和保护线不应连在一起或合并成一根导线，保护线应在非危险场所与等电位系统相连。

2. 设备接地的设计

在非爆炸危险区不做保护接地要求的设备，在爆炸性环境中均需要进行接地。例如：在不良导电地面处，交流额定电压为 1kV 以下和直流额定电压为 1.5kV 及以下的设备正常不带电的金属外壳；在干燥环境中，交流额定电压为 127V 及以下，直流电压为 110V 及以下的设备正常不带电的金属外壳；安装在已接地的金属结构上的设备等。

在爆炸危险环境 1 区、20 区、21 区内的所有设备以及 2 区、22 区内除照明灯具以外的其他设备应采用专用的接地线。接地线若与相线敷设在同一保护管内时，应具有与相线相等的绝缘。爆炸危险环境 2 区、22 区内的照明灯具，可利用有可靠电气连接的金属管线系统作为接地线，但不得利用输送可燃物质的管道。所有的爆炸危险环境的不同方向，接地干线应不少于两处与接地体连接。

设备的接地装置与防止直接雷击的独立避雷针的接地装置应分开设置，与装设在建筑物上防止直接雷击的避雷针的接地装置可合并设置，与防雷电感应的接地装置亦可合并设置。接地电阻值取其中最低值。

3. 电缆接地的设计

每个布线的电缆终端均应通过电缆引入装置或同类物将电缆的铠装连接在等电位系统上。在中间有接线盒或其他电气设备时，通常在这些中间点将铠装通过类似的导体连接在等电位系统上。如果铠装电缆不能在中间位置连接等电位系统，应注意确保所有敷设电缆铠装自始至终的连续性。

如果在电缆引入点处连接铠装不可行，或设计要求不允许这样，应注意避免在铠装与等电位系统间存在电位差而产生点燃火花。无论任何情况，铠装与等电位系统应至少有一个电气连接。用于将铠装对地隔离的电缆引入装置应安装在非危险区域或 2 区。

4. 防雷设计

一般地，含有 0 区、1 区（20 区、21 区）的建筑物，因爆炸能造成巨大破坏及人身伤亡，可按第一类防雷建筑物设防；含有 2 区（22 区）的建筑物，正常

不易引起爆炸或爆炸不致造成巨大破坏和人身伤亡，可按第二类防雷建筑物设防。

对于爆炸性危险环境，均应采用防止直击雷和静电感应的保护措施。对于露天储罐周围应设置闭合环形接地装置，接地电阻一般不超过 30Ω，接地点不少于 2 处，接地点间距不大于 30m。排放爆炸危险气体、蒸气或粉尘的放散管、呼吸阀、排风管等的管口外的以下空间应处于接闪器的保护范围内：当有管帽时可按表 6-40 确定；当无管帽时，应为管口上方半径 5m 的半球体。

表 6-40　有管帽的管口处设置接闪器的保护范围

装置内的压力与周围空气压力的压力差（kPa）	排放物对比于空气	管帽以上的垂直距离（m）	距管口处的水平距离（m）
<5	重于空气	1	2
5～25	重于空气	2.5	5
≤25	轻于空气	2.5	5
>25	重或轻于空气	5	5

（六）爆炸危险区域照明设计

1. 防爆灯具选型要求

防爆灯具的选用应根据爆炸危险场所的类别和区域等级以及在该场所中存在的爆炸性混合物的级别、组别来选择。选用防爆灯具要满足以下条件：

（1）要根据危险场所划分的危险区域来选用相应的防爆类型灯具。

（2）要根据危险环境可能存在的易燃易爆气体或者粉尘的种类来选择防爆照明灯具的级别和温度组别，无论在正常工作还是在灯具发生故障时，防爆灯具的最高表面温度必须低于爆炸性环境中介质（危险气体或者粉尘）的引燃温度，温度组别划分见附录 F。

（3）要考虑其他环境条件对防爆性能的影响（如化学腐蚀、盐雾、高温高湿、沙尘雨水或振动的影响）。

（4）要保证安装、使用和维护的特殊性。

（5）要选用具有国家相应认证以及防爆合格证的产品。

根据上述要求，选择防爆灯具的防爆类型，要根据爆炸性气体环境的区域等级及范围决定，如在 1 区范围内必须采用隔爆型灯具，在 2 区内的固定灯具可采用隔爆型和增安型，移动式灯具必须采用隔爆型。所选防爆灯具的级别或组别不应低于爆炸危险环境中爆炸混合物级别和组别。同时要考虑环境对防爆灯具的影响，应满足环境温度、空气湿度、腐蚀或污染性

物质等各种不同环境的要求。要根据不同的环境要求选择灯具的防护等级和防腐等级。尤其是在爆炸性气体环境中存在腐蚀气体时，选择具有相应防腐性能的灯具是至关重要的。常见爆炸性气体环境中使用的灯具防爆结构选型见表6-41。

表 6-41　　　　灯具防爆结构的选型

爆炸性危险区域	1 区		2 区	
防爆结构　　　　灯具类型	隔爆型 d	增安型 e	隔爆型 d	增安型 e
固定式灯具	适用	不适用	适用	适用
移动式灯具	慎用		适用	
携带式蓄电池灯	适用		适用	
指示类灯具	适用	不适用	适用	适用
镇流器	适用	慎用	适用	适用

2. 照明设计要求

在爆炸危险区域中安装的防爆灯具宜安装在较低处，并不得装在释放源的正上方，防爆接线盒应随防爆灯具成套提供，镇流器盒也应满足防爆要求。

在有爆炸危险环境内的电缆及导线敷设时，照明线路应采用三根（其中一根为专用接地线）耐火铜芯绝缘导线或三芯耐火铜芯电缆穿厚壁钢管敷设。敷设导线或电缆用的保护钢管，必须在下列各处做隔离密封：

（1）导线或电缆引向电气设备接头部件前。

（2）相邻的环境之间。

在有爆炸和火灾危险的场所不宜装设开关及插座，当需要装设时，应选用防爆型开关及插座或装设在爆炸危险建筑物外面非危险区域，以防止火花引起火灾或爆炸事故。

在有爆炸危险的场所不应装设照明配电箱、检修电源箱、小动力配电箱等，应将其装设在附近正常环境的场所。照明配电箱为爆炸危险提供照明电源的馈线回路应为单相2级断路器。

第七章

供暖、通风及空气调节系统防火与建筑防烟排烟

第一节　概　　述

一、供暖

供暖是指向建筑物供给热量，保持室内一定温度。火力发电厂位于集中供暖地区的生产厂房和辅助、附属生产建筑物应设计集中供暖；供暖过渡地区可根据生产工艺要求，对可能发生冻结而影响生产的厂房和辅助、附属生产建筑物设计供暖。

集中供暖地区的供暖热媒宜采用热水，也可以采用蒸汽作为供暖系统的热媒，对于不允许热水进入的电气房间可以采用热风供暖或电热供暖。

供暖系统防火一般原则：

（1）甲、乙类厂房或甲、乙类仓库严禁采用明火和电热散热器取暖。

（2）产生易燃易爆气体或物料的建筑物或房间，严禁采用明火取暖。

（3）室内供暖系统的管道、管件及保温材料应采用不燃烧材料。

（4）当供暖管道的表面温度大于100℃时，与可燃物之间应保持不小于100mm的距离或采用不燃材料隔热；当供暖管道的表面温度不大于100℃时，与可燃物之间应保持不小于50mm的距离或采用不燃材料隔热。

（5）供暖系统的管道、管件及保温材料应采用不燃烧材料，火力发电厂供暖系统常用管材见表7-1。

表7-1　火力发电厂供暖系统管材选用表

介质种类	介质工作参数		管道材料	管道种类
	压力（MPa）	温度（℃）		
饱和蒸汽、热水	≤1.0	≤150	Q215A、Q235-AF	焊接钢管
	≤1.6	≤300	Q235-A	螺旋缝电焊钢管
	≤2.5	≤425	10号、20号	无缝钢管

续表

介质种类	介质工作参数		管道材料	管道种类
	压力（MPa）	温度（℃）		
热水管道	≤1.6	≤200	Q215A、Q235-AF	水煤气管
过热蒸汽管道	≤2.5	250～425	10号、20号	无缝钢管
	≤4.0	300～450	16Mn	无缝钢管

弯头：一般采用热压弯头，弯管采用煨弯。弯头材质、壁厚应与管材一致。

三通：一般采用热挤压三通或焊制三通。

大小头：一般采用钢板焊制。材质应与管材一致。

保温材料：可选用超细玻璃棉、岩棉等材质制品。

（6）冬季有供暖要求的电气设备间，允许使用不产生明火的电暖器，例如油汀式电暖器。

油汀式电暖器通常具有如下功能：

1）过热保护。内部设置有限温器过热保护和熔断器过热保护措施，起到过热安全保护作用。

2）倾倒断电。内置倾倒断电保护设备，可防止由于倾倒造成的事故。

3）防止导热油外泄、漏油、爆片。

目前油汀式电暖器可以做到防水防爆，适用范围如下：

1）1区、2区危险气体场所。

2）ⅡA、ⅡB类T1～T4组爆炸性气体或蒸气环境。

可以根据建筑物防火防爆要求，选择满足要求的合格产品。

二、通风与空气调节

1. 通风

通风是利用室外空气来置换建筑物内的空气，以改善室内空气品质。

火力发电厂工艺复杂，建筑物众多，各类建筑物

及车间的通风系统可以分为以下几类：

（1）排除余热余湿的通风系统。

（2）排除有毒、有害气体或可燃、爆炸性气体的通风系统。

（3）排除和净化工作场所粉尘的通风系统。

（4）事故通风。

2. 空气调节

空气调节是对某一房间或空间内的温度、湿度、洁净度和空气流动速度等进行调节与控制，并提供一定的新鲜空气。火力发电厂空气调节系统按照集中程度可以分为集中式（或半集中式）空气调节系统和分散式空气调节系统。

集中式（或半集中式）空气调节系统一般设有空气调节机房，空气集中于机房内进行冷却、加热、去湿、加湿等处理后，采用风道送入各空气调节房间，例如火力发电厂的集中控制室、电子设备间，大型火力发电厂的主控制室、网络控制室常采用集中式（或半集中式）空气调节系统。

分散式空气调节系统是对室内进行热、湿处理的设备全部分散于房间内，这种系统在建筑内不需要机房，不需要进行空气分配的风道，例如火力发电厂的一些相对独立的工艺控制系统，包括化学、水工、除灰等的就地控制室，通风不能满足工艺要求的厂用配电间等。

3. 通风与空气调节系统防火一般原则

（1）通风与空气调节系统横向宜按防火分区设置，竖向不宜超过 5 层。当管道设置防止回流设施或防火阀时，管道布置可不受此限制。竖向风管应设置在管井内。

（2）甲、乙类厂房内的空气不应循环使用。

（3）为甲、乙类厂房服务的送风设备与排风设备应分别布置在不同通风机房内，且排风设备不应和其他房间的送、排风设备布置在同一通风机房内。

（4）当空气中含有比空气轻的可燃气体时，水平排风管全长应顺气流方向向上坡度敷设。

（5）可燃气体管道和甲、乙、丙类液体管道不应穿过通风机房和通风管道，且不应紧贴通风管道的外壁敷设。

（6）厂房内有爆炸危险场所的排风管道，严禁穿过防火墙和有爆炸危险的房间隔墙。

（7）空气中含有易燃、易爆危险物质的房间，其送、排风系统应采用防爆型的通风设备。当送风机布置在单独分隔的通风机房内且送风干管上设置防止回流设施时，可采用普通型的通风设备。

（8）排除有燃烧或爆炸危险气体、蒸气和粉尘的排风系统，应符合下列规定：

1）排风系统应设置导除静电的接地装置。

2）排风设备不应布置在地下或半地下建筑内。

3）排风管应采用金属管道，并应直接通向室外安全地点，不应暗设。

（9）生产过程中可能突然放散大量有害气体或有爆炸危险气体的场所应设置事故通风。

（10）集中空气调节系统的送风机、回风机应与消防系统连锁，当出现火警时，应能立即停运。

（11）空气调节系统的新风口应远离其他火灾危险区的烟气排气口。

（12）空气调节系统的电加热器应与风机连锁，并应设置欠风超温断电保护措施。

（13）通风与空气调节系统的风管应采用不燃材料制作；接触腐蚀性介质的风管及挠性接头，可采用难燃材料制作。

（14）通风与空气调节系统风管的绝热材料应采用不燃材料。

（15）通风与空气调节系统中冷水管道、加湿器的加湿材料、消声材料及其黏结剂宜采用不燃材料。当确有困难时，可采用燃烧产物毒性较小且烟密度等级不大于 50 的难燃材料。

（16）风管内设置电加热器时，电加热器的开关应与风机的启停连锁控制。电加热器前后各 0.8m 范围内的风管和穿过高温、火源等容易起火房间的风管，均应采用不燃材料。

4. 防火阀

（1）防火阀设置部位。通风与空气调节系统的风管在下列部位应设置公称动作温度为 70℃ 的防火阀：

1）穿越防火分区处。

2）穿越通风与空气调节机房的房间隔墙和楼板处。

3）穿越重要或火灾危险性大的场所的房间隔墙和楼板处。

4）穿越防火分隔处的变形缝两侧。

5）竖向风管与每层水平风管交接处的水平管段上。当建筑内每个防火分区的通风与空气调节系统均独立设置时，水平风管与竖向总管的交接处可不设置防火阀。

（2）防火阀设置要求。通风与空气调节系统设置的防火阀应符合下列要求：

1）防火阀宜靠近防火分隔处设置。

2）防火阀暗装时，应在安装部位设置方便维护的检修门。

3）在防火阀两侧各 2m 范围内的风道及其绝热材料应采用不燃材料。

4）防火阀应符合 GB 15930《建筑通风和排烟系统用防火阀门》的规定。

5）设置烟感探测器区域的防火阀应选用防烟防

火阀，并与消防信号连锁。

防火阀楼板上安装图见图 7-1，防火阀墙上安装图见图 7-2。为了保证防火阀能在火灾条件下正常发挥作用，防火阀要设置单独的支吊架，防火阀两侧风管应具备足够的刚性和抗变形能力，图示采用 2mm 厚的钢板，穿越处的空隙应采用不燃材料或防火封堵材料严密填实，防火阀暗装时，需要在设置的部位开设检修门。

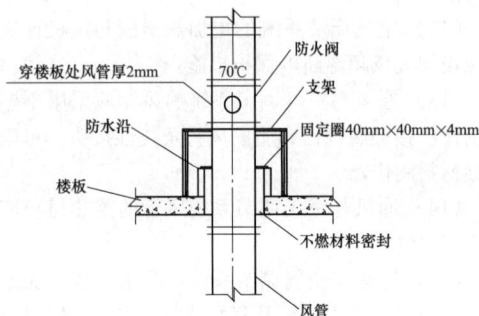

图 7-1　防火阀楼板上安装图

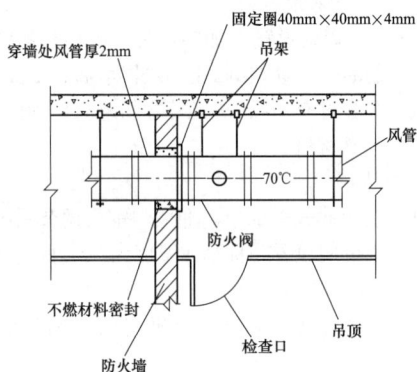

图 7-2　防火阀墙上安装图

5. 事故通风要求

由于操作事故和设备故障而突然产生大量有毒气体或有燃烧、爆炸危险的气体、粉尘，为了防止对工作人员造成伤害和防止事故进一步扩大，必须设有事故通风系统。事故排风量可以由房间中设计的排风系统和专门的事故通风系统共同承担。

事故通风应符合下列要求：

（1）事故通风量宜根据放散物的种类、安全及卫生浓度要求，按全面排风计算确定，且换气次数不应小于每小时 12 次。

（2）事故通风的手动控制装置应在室内外便于操作的地点分别设置。

（3）排除易燃、易爆危险气体的风机应选择防爆型风机。

（4）事故通风机应与爆炸危险气体检测报警装置

连锁，室内爆炸危险气体浓度达到爆炸下限值 25% 时应能自动启动。

6. 火力发电厂甲、乙、丙类厂房

火力发电厂内甲、乙、丙类厂房按照建筑物分类见表 7-2。

表 7-2　火力发电厂甲乙丙类厂房一览表

序号	厂房危险性分类	建筑物名称
1	甲类厂房	制氢站（或供氢站）、乙炔站、天然气调压站、储存甲类物品的库房等
2	乙类厂房	供氧站、卸氨压缩机室、氨气化间、储存乙类物品的库房等
3	丙类厂房	室内卸煤装置、碎煤机室、运煤转运站、配煤楼、封闭式运煤栈桥、运煤地道、供（卸）燃油泵房、室内配电装置室（每台充油量＞60kg）、油浸式变压器室、变压器检修间、电缆隧道、柴油发电机室、尿素制备及储存间、储存丙类物品的库房等

当特种材料库储存氢、氧、乙炔等物品时，火灾危险性应按照储存火灾危险性较大的物品确定。

7. 配备全淹没气体灭火系统的房间

配备全淹没气体灭火系统房间的通风与空气调节系统，应符合下列要求：

（1）应与消防控制系统连锁，当发生火灾时，在消防系统喷放灭火气体前，通风与空气调节设备的防火阀、防火风口、电动风阀及百叶窗应能自动关闭。

（2）灭火后的防护区应通风换气。当无可开启的外窗时，应设置灭火后机械通风装置，排风口宜设在防护区的下部并应直通室外，通风换气次数应不少于每小时 6 次。当有可开启的外窗时，可采用自然通风方式。

火力发电厂内有可能采用气体灭火系统的防护区域见表 8-3。设计时应与相关专业确认是否采用气体灭火系统。

8. 通风及空气调节系统与火灾自动报警系统的联动控制

配备火灾自动报警系统的房间，通风及空气调节系统应与火灾自动报警系统连锁，其联动控制要求如下：

（1）火灾自动报警系统防护区域内的通风及空气调节系统应与火灾自动报警系统连锁，当发生火灾时，应能自动关闭通风及空气调节系统。通风及空气调节系统的启停状态反馈给火灾自动报警系统。

（2）电动防火阀应与火灾自动报警系统连锁，当发生火灾时，防火阀自动关闭，并设有 70℃ 自动熔断功能。

（3）配备全淹没气体灭火系统房间的通风及空气调节系统应与火灾自动报警系统连锁，当发生火灾时，在消防系统喷放灭火气体前，通风及空气调节设备的防火阀、防火风口、电动风阀和百叶窗应能自动关闭，启闭状态反馈给火灾自动报警系统。

三、建筑防烟排烟

火灾烟气是导致建筑火灾人员伤亡的最主要原因，主要有毒害性、减光性和恐怖性。

毒害性表现在缺氧、中毒、尘害、高温四个方面；减光性会使火场中疏散人员的疏散速度大大降低；恐怖性使人们产生恐怖感，常常给疏散过程造成混乱局面。

如何有效地控制火灾时烟气的流动，对保证人员安全疏散以及灭火救援行动的展开起着重要作用，而且火灾时，如能合理地排烟排热，对防止建筑物的轰燃、保护建筑也是十分有效的一种技术措施。

防烟系统是指采用机械加压送风方式或自然通风方式，防止烟气进入疏散通道的系统。排烟系统是指采用机械排烟方式或自然通风方式，将烟气排至建筑外，控制建筑物内的有烟区域保持一定能见度的系统。防烟、排烟是烟气控制的两个方面，是一个有机的整体，在建筑防火设计中，应合理设计防烟、排烟系统。

第二节 供暖、通风与空气调节系统防火

一、集中控制室、电子设备间

1. 工艺简介及火灾危险性

火力发电厂控制系统一般采用机、炉、电单元控制，或全厂集中控制系统，通常设置成"多机一控""两机一控"等运行模式，集中控制室布置有显示设备和操作设备，电子设备间主要布置控制系统的主机和电控柜，是火力发电厂运行控制和管理中心。集中控制室、电子设备间集中布置时，可设置在集中控制楼内，分散布置时，可设置在离控制对象相对近的区域。

300MW 级及以上机组的集中控制室和电子设备间应设计定风量全空气集中空气调节系统，空气处理设备配置不应少于 2 台，其中 1 台备用。

根据布置情况一般将集中控制室（或单元控制室）和辅助房间（值长室、交接班室、会议室、休息室）设计成同一集中空气调节系统，宜按舒适性空气调节

设计；电子设备间、电气继电保护室及工程师室等房间，设计成同一集中空气调节系统，按工艺性空气调节设计。

集中控制室、电子设备间其建筑物耐火等级为二级，火灾危险性属于丁类，火灾类别 E 类，指带电燃烧的火灾。

2. 通风与空气调节防火设计要求

集中控制室、电子设备间通风与空气调节应采取防火安全措施，其防火设计要求如下：

（1）集中空气调节系统的送风机、回风机应与消防系统连锁，当出现火警时，应能自动停运。

（2）空气调节系统的电加热器应与风机连锁，并应设置欠风超温断电保护措施。

（3）通风与空气调节系统的风道及附件应采用不燃材料制作，挠性接头可采用难燃材料制作。

（4）空气调节系统风道的保温材料、冷水管道的保温材料、消声材料及黏结剂，应采用不燃烧材料。

（5）当集中控制室、电子设备间不具备自然排烟条件时，应设置火灾后的机械排风系统，通风量应按房间换气次数不少于每小时 6 次计算，排风机宜采用钢制轴流风机。

（6）当电子设备间配备全淹没气体灭火系统时，通风与空气调节系统应符合下列规定：

1）应与消防控制系统连锁，当发生火灾时，在消防系统喷放灭火气体前，通风与空气调节设备的防火阀、防火风口、电动风阀及百叶窗应能自动关闭。

2）应设置灭火后机械通风装置，排风口宜设在防护区的下部并应直通室外，通风换气次数应不少于每小时 6 次。

（7）空气调节系统的送、回风管防火阀的设置条件及设置部位应符合本章第一节中防火阀的要求。

集中控制室、电子设备间空气调节平面布置图见图 7-3。图中所示的集中控制室、电子设备间、工程师室、会议室等房间布置在同一层，集中控制室、交接班室、会议室等合用一套集中空气调节系统，电子设备间、电气继电器室等合用一套集中空气调节系统，其中电子设备间、电气继电器室和工程师室布置了全淹没气体灭火系统，单个房间为一个气体灭火防护区。空气调节机房布置在上一层，通过风道把处理过的空气送入各房间，风道穿过各重要房间和楼板时，设置了防火阀，风道穿过气体灭火防护房间时，设置了具有自动关闭功能的电动风阀，也可以看作是穿过重要房间，设置防火阀，同时集中控制室、气体灭火防护房间设置了火灾后的机械排风系统。

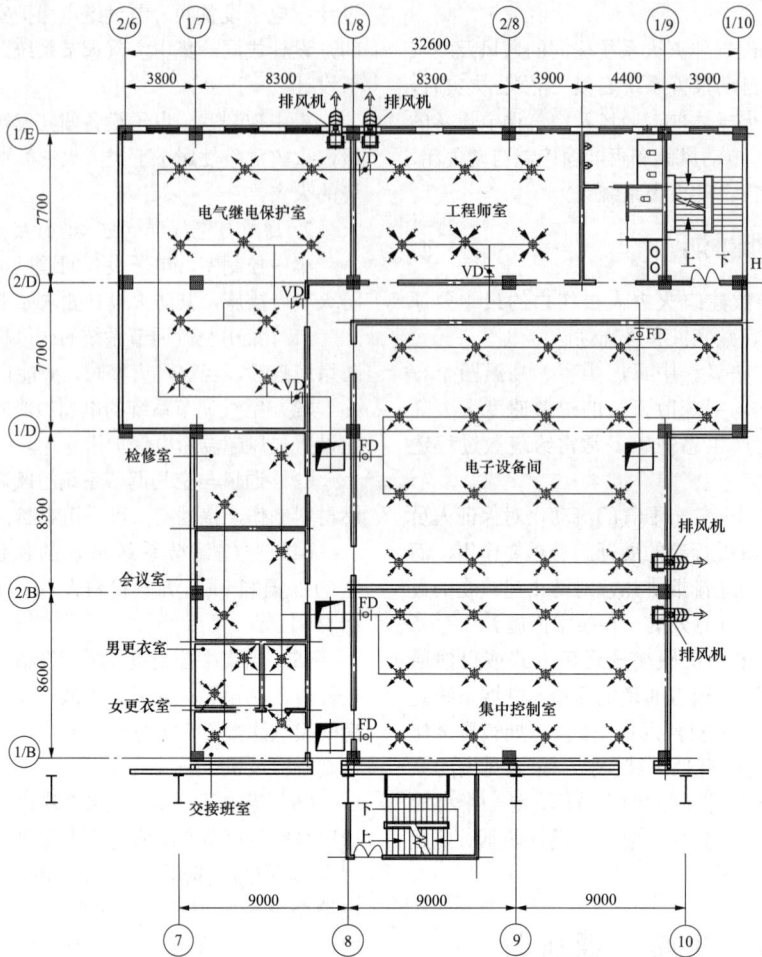

图 7-3　集中控制室、电子设备间空气调节平面布置图

二、变压器室

1. 工艺简介及火灾危险性

变压器是利用电磁感应的原理,将某一等级的交流电压和电流转换成同频率的另一等级电压和电流的设备。按照结构形式可分为油浸式变压器和干式变压器。

变压器工作时,散发热量较大,设备温度很高,温度过高会加速设备绝缘老化,缩短使用寿命,环境温度是影响变压器温升的主要因素,所以变压器室需要设置通风降温系统,变压器对湿度无严格要求。

升压变压器和高压厂用变压器通常采用油浸式变压器,室外露天布置,不需要通风。

低压厂用变压器可以采用油浸式变压器或干式变压器,干式变压器因为不采用油作为绝缘冷却介质,火灾、爆炸危险相对较小,故不要求干式变压器置于单独房间内,可与低压配电屏置于同一配电室内。

干式变压器室火灾危险源于电气火灾,主要有短路、过负荷、接触不良、接地故障、放电等引起的火灾。

油浸式变压器室火灾危险除了电气火灾外,还存在绝缘油着火、爆炸引发的火灾。油浸式变压器依靠油作绝缘冷却介质,变压器内部一旦严重过载、短路,可燃的绝缘材料和绝缘油就会受高温或电弧作用,分解燃烧,并产生大量气体,使变压器内部的压力急剧增加,造成外壳爆裂,绝缘油泄漏,进一步扩大火灾危险,所以要求单台单独布置,有防火要求,设置在单独的变压器室内。

由于干式变压器通常布置在配电装置室内,供暖、通风应与配电装置室统一考虑,其要求见本节"厂用配电装置室"。变压器室通常指的是油浸式变压器室。

2. 油浸式变压器供暖防火要求

油浸式变压器室一般不需要供暖,其他房间的供暖管道不应穿过变压器室。

3. 油浸式变压器室通风防火要求

(1) 通风系统应单独设置,不能合并使用。

(2) 油浸式变压器室不能与其他房间合用一个通风系统。

（3）进风口应设在空气洁净区。

（4）布置在灰尘较多或风沙较大地区的变压器室，应采用正压通风方式。

（5）变压器室进出风口应有防止灰尘、雨水、汽、小动物进入室内的设施。

（6）具有火灾探测器的变压器室，当发生火灾时，火灾自动报警系统应能自动切断通风机的电源。

三、厂用配电装置室

1. 工艺简介及火灾危险性

厂用配电装置室分为高压厂用配电装置室和低压厂用配电装置室。

高压厂用配电装置室的电压通常为3、6、10kV，室内布置有高压开关柜、电抗器、母线等。低压配电装置室的电压一般为380V/220V，室内布置有低压开关柜、低压配电屏、干式变压器等。

中小机组的厂用配电装置室一般布置在汽机房和锅炉房之间的除氧间框架内。大容量机组的高压厂用配电装置室一般靠近高压厂用变压器，布置在汽机房中间层发电机出线端，低压配电装置室则分别布置在汽机房中间层和锅炉房或附近的集中控制楼。

此外，电除尘配电室、化学楼、输煤综合楼、翻车机室、循环水泵房等也有低压配电装置室，供暖、通风防火设计要求可参照本节内容。

厂用配电装置室的火灾危险源于电气火灾，主要有短路、过负荷、接触不良、接地故障、放电等引起的火灾。

2. 供暖防火设计要求

（1）供暖管道不宜穿过厂用配电装置室。

（2）不允许采用以蒸汽或热水为热媒的散热器供暖。在严寒或寒冷地区，如果室内温度过低，不能满足工艺要求，可设置供暖设备，供暖设备可采用电热供暖或热风供暖。

3. 通风防火设计要求

（1）当设有火灾自动报警系统时，通风设备应与其连锁，当出现火警时，应能立即停运。

（2）当几个室内配电装置室共设一个通风系统时，应在每个房间的送风支风道上设置防火阀。

（3）当厂用配电装置室采用全淹没气体灭火系统时，灭火后通风系统的设置应符合下列要求：

1）当用于排除室内设备散热的通风系统兼作灭火后通风换气用时，宜设置可自动切换的上、下部室内吸风口，排风应直通室外。当灭火后排风系统独立设置时，室内吸风口宜设置在下部，排风应直通室外。

2）通风管道穿越气体防护房间处应设置电动风阀。通风系统送风口、排风口应采用具有电动关闭功能的防火风口。

3）电动风阀及电动关闭功能的防火风口的控制电缆应实施耐火防护或选用具有耐火性能的电缆。

4）当发生火灾时，在消防系统喷放灭火气体前，防火阀、防火风口、电动风阀及百叶窗应能自动关闭。

四、油断路器室

1. 工艺简介及火灾危险性

断路器能够关合、承载和开断正常回路条件下的电流，并能关合、在规定的时间内承载和开断异常回路条件（包括短路条件）下的电流的开关装置。

断路器按使用范围可分为高压断路器和低压断路器，按灭弧原理可分为油断路器（多油断路器、少油断路器）、六氟化硫断路器（SF_6断路器）、真空断路器等。

按照工艺要求，火力发电厂出线小室房间内也布置有油断路器，通风防火设计要求与油断路器室相同。

油断路器火灾危险性除了电气火灾外，还有源于绝缘油着火、爆炸引发的火灾。

2. 通风防火设计要求

（1）油断路器室应设置事故排风系统，通风量应按换气次数不少于每小时12次计算。

（2）火灾时，通风系统电源开关应能自动切断。

五、蓄电池室

1. 工艺简介及火灾危险性

蓄电池是一种具有可逆的电化学能量转换功能并可以进行充电、放电多次循环使用的直流电源设备。在供电系统发生故障用电中断的情况下，蓄电池发挥独立电源的作用，向电气二次的控制操作与保护、直流油泵、事故照明网络、其他直流用电设备等装置提供工作用电。火力发电厂的蓄电池一般布置在主厂房、集中控制楼、主控制楼、网络控制楼的底层房间内。

火力发电厂常用的蓄电池分为两类，见表7-3。

表7-3　火力发电厂常用的蓄电池分类

分类		火灾危险性
铅酸性蓄电池	防酸隔爆式	充放电时会析出少量氢气，不产生酸气，设置在蓄电池室。火灾危险来源于氢气引起的着火、爆炸
	阀控密封式	外壳采用密封结构，正常工作时保持气密和液密状态，基本上没有氢气和酸气逸出，过冲电时会有极少量氢气逸出，设置在蓄电池室。火灾危险来源于累积的氢气或事故时产生的氢气引起的着火、爆炸
碱性蓄电池	铁镍蓄电池镉镍蓄电池氢镍蓄电池	具有寿命长、体积小、充放电维护相对简单、污染小、使用方便等特点，设置在直流电源成套装置室内，无需设专用房间

2. 供暖防火设计要求

（1）蓄电池室严禁采用明火供暖。

（2）蓄电池室的散热器应采用耐腐蚀承压高的散热器，管道应采用焊接，室内不应设置法兰、丝扣接头和阀门。

（3）供暖管道不宜穿过蓄电池室楼板。

（4）蓄电池室内不允许敷设供暖沟道。

（5）室内供暖系统的管道、管件及保温材料应采用不燃烧材料。

（6）散热器与蓄电池之间的距离不应小于 0.75m。

（7）当采用电暖器供热时，电暖器应防爆。

3. 通风防火设计要求

（1）防酸隔爆式蓄电池室通风防火设计要求：

1）室内空气不应再循环。

2）排风系统不应与其他通风系统合并设置，排风应引至室外。

3）设置在蓄电池室内的通风机及其电动机应为防爆型，并应直接连接。防爆等级不应低于氢气爆炸混合物的类别、级别、组别（ⅡCT1），通风机及电动机应直接连接。

4）蓄电池室不允许吊顶，蓄电池室排风系统的吸风口应设在上部，当蓄电池室的顶棚被梁分隔时，每个分隔处均应设吸风口，吸风口上缘距顶棚平面或屋顶的距离不应大于 0.1m。

5）蓄电池室的送风机和排风机不应布置在同一通风机房内。当送风设备为整体箱式时，可与排风设备布置在同一个房间。

6）蓄电池室通风系统的进风宜过滤，室内应保持负压。当采用机械进风、机械排风系统时，排风量至少应比送风量大 10%。

7）为保证通风系统的可靠性，蓄电池室的排风机不应少于 2 台。

8）室内不应装设开关和插座。通风系统的设备、风管及附件，应采取防腐措施。

9）蓄电池室通风换气量按室内空气最大含氢量的体积浓度不超过 1% 计算，且换气次数不少于每小时 6 次。

（2）阀控密封式蓄电池室通风防火设计要求：

1）当室内设置有氢气浓度检测仪时，通风系统应符合下列规定：

a. 事故通风系统排风量应按换气次数不少于每小时 6 次计算，事故排风机应与氢气浓度检测仪连锁，空气中氢气体积浓度达到 1% 时，事故排风机应能自动投入运行。

b. 排风系统不应与其他通风系统合并设置，排风应排至室外。

c. 当室内需要采取降温措施时，降温设备可采用防爆型空气调节装置，并应与氢气浓度检测仪连锁，空气中氢气体积浓度达到 1% 时应能自动停止运行。

d. 设置在蓄电池室内的通风机及电动机应采用防爆型，并应直接连接，防爆等级不应低于氢气爆炸混合物的类别、级别、组别（ⅡCT1）。

e. 蓄电池室不允许吊顶，蓄电池室排风系统的吸风口应设在上部，当蓄电池室的顶棚被梁分隔时，每个分隔处均应设吸风口，吸风口上缘距顶棚平面或屋顶的距离不应大于 0.1m。

f. 室内不应装设开关和插座。通风系统的设备、风管及附件，应采取防腐措施。

2）当室内未设置氢气浓度检测仪时，通风系统应按照连续排氢要求设计，蓄电池通风防火要求与防酸隔爆式蓄电池室要求相同。当室内需要采取降温措施时，应采用直流式降温通风系统，室内空气不允许再循环。

蓄电池室通风平断面见图 7-4。图中所示为机械进风、机械排风系统。进入蓄电池室的送风道设有防火阀，70℃熔断；顶棚被梁分隔成三部分，每个分隔处均设有吸风口，吸风口上缘距顶棚平面或屋顶的距离不应大于 0.1m；室内空气不应再循环，室内应保持负压，排风管的出口接至室外；设置在蓄电池室内的通风机及电动机应为防爆型，并应直接连接。

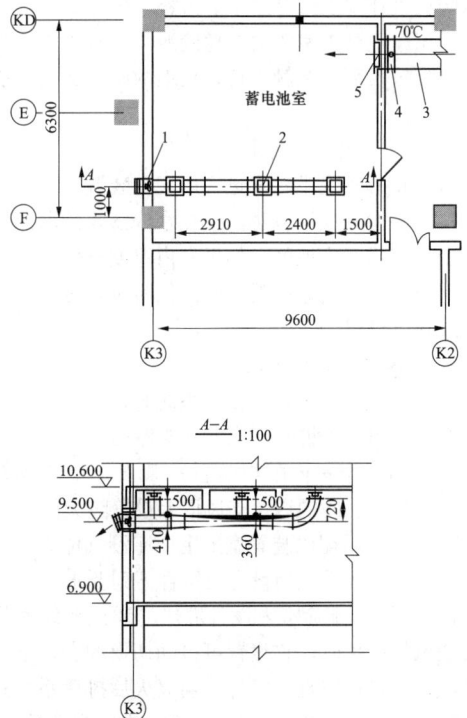

图 7-4 蓄电池室通风平断面图
1—轴流风机；2—排风口；3—送风道；
4—防火阀；5—送风口

4. 空气调节防火设计要求

对于阀控密封式蓄电池室，夏季室内温度宜不超过30℃，冬季室内温度不宜低于20℃。当夏季采用正常通风系统仍不能满足设备对室内温度的要求，可设置空气调节装置。

当室内未设置氢气浓度检测仪时，正常通风系统须连续运行，宜设置直流式空气调节系统。当室内设有带报警功能的氢气浓度检测仪，正常通风系统可间断运行时，可采用非直流空气调节系统，空气调节装置可布置在室内。空气调节设备的防爆等级应为Ⅱ CT1（即为Ⅱ类，C级，T1组）。

防酸式铅酸蓄电池室采用连续运行的通风系统即可满足夏季室内设计温度要求，一般不设置空气调节系统。

六、电缆隧道和电缆夹层

1. 工艺简介及火灾危险性

（1）工艺简介。

1）电缆夹层。火力发电厂中电缆夹层主要分布在汽机房B、C跨之间，集中控制楼，网络保护小室以及一些电缆比较集中的其他建筑物电气设备间下方。

6kV配电室和380V配电室下方的电缆夹层内主要是动力电缆和控制电缆；电子设备间及网络保护小室下方的电缆夹层内主要是控制电缆、计算机电缆及少部分动力电缆；其他建筑物电气设备间下方电缆夹层内主要是动力电缆。

室内环境温度大于40℃的电缆夹层应设置通风设施，宜采用自然通风；当自然通风不能满足工艺要求时，应采用机械通风。

电缆夹层一般配备全淹没气体灭火系统。

2）电缆隧道。电缆隧道是电缆敷设最常用的一种方式，它一般采用混凝土浇筑，横断面高度一般2.0m，电缆隧道内布置有各种电压等级的动力、照明、控制电缆。

在各种电缆中，低压动力电缆发热量较大。一般来讲，在电缆隧道中，以电气楼和主厂房B、C排敷设的电缆隧道的发热量最大，其余处的电缆发热量相对较小。如果环境温度过高，将导致电缆载流量下降。

对于火力发电厂的电缆隧道的通风应根据工艺要求进行设计，宜优先采用自然通风。

（2）火灾危险性。火灾危险源于电缆绝缘老化、绝缘层机械损伤、高温或积水致绝缘下降等原因引起电缆着火。

2. 通风防火设计要求

（1）采用机械通风系统的电缆隧道和电缆夹层，通风系统的风机应与火灾自动报警系统连锁，当发生火灾时应立即切断通风机电源。

（2）电缆隧道内设有防火隔断并有通风要求时，

每个隔断内应独立设置通风设施。

（3）配备全淹没气体灭火系统的电缆夹层应与消防控制系统连锁，当发生火灾时，在消防系统喷放灭火气体前，通风设备的防火阀、防火风口、电动风阀及百叶窗应能自动关闭；应设置灭火后机械通风装置。

七、燃油泵房

1. 工艺简介及火灾危险性

燃油泵房是布置燃料油卸载、转运、供油设备的建筑，一般为独立单层建筑，建筑物内布置有卸油泵、供油泵等设备。

燃油泵房内设备和管道等的不严密处会产生油质挥发，生成有害可燃气体，需要进行通风。燃油泵房通风需要将室内散发的热量及易燃的油蒸气排出。不同产地原油所含成分不同，油蒸气对人体的影响也不同。含芳香烃的硫化物，油蒸气具有麻醉和痉挛作用，尤其是硫化氢可使人造成急性或慢性中毒。油蒸气的烃态气体在一定浓度下与空气混合，会发生爆炸。

燃油泵房火灾种类是B类，指油脂及可燃液体引起的火灾。建筑物火灾危险性丙类，耐火等级二级。

2. 通风防火设计要求

（1）室内空气严禁再循环。

（2）风机及电动机应为防爆型，并应直接连接。排风系统应设置导除静电的接地装置；排风管应采用金属管道，并应直接通向室外安全地点，不应暗设；排风设备不应布置在地下或半地下建筑内。

（3）通风系统的风道及附件应采用不燃烧材料。排风管道不应设于墙体内，不应穿过防火墙和有爆炸危险的房间隔墙。

（4）通行和半通行的油管沟应设置通风设施，并应设置可靠的接地装置。

（5）当采用机械进风、机械排风时，排风量应比进风量大10%～20%。排风系统的吸风口应设在房间的下部和上部，下部的吸风口应接近地面。排风机不宜少于2台。

（6）机械通风量取以下几项计算结果的较大值：

1）换气次数不小于每小时12次的事故通风量；

2）室内空气中油气的含量不超过350mg/m³；

3）室内空气中油气的体积浓度不超过0.2%。

燃油泵房的通风平面如图7-5所示，燃油泵房的通风断面如图7-6所示。燃油泵房采用机械送风、机械排风方案。新风机组设在通风机房内，通过送风管道送入室内，在进入燃油泵房时，送风管上设置防火阀。通过3台轴流风机排风，其中两台轴流风机接风道，在燃油泵房底部吸风，风口下缘与地面距离不大于0.3m。总排风量应比送风量大10%～20%。电动机应为防爆型，并应直接连接。

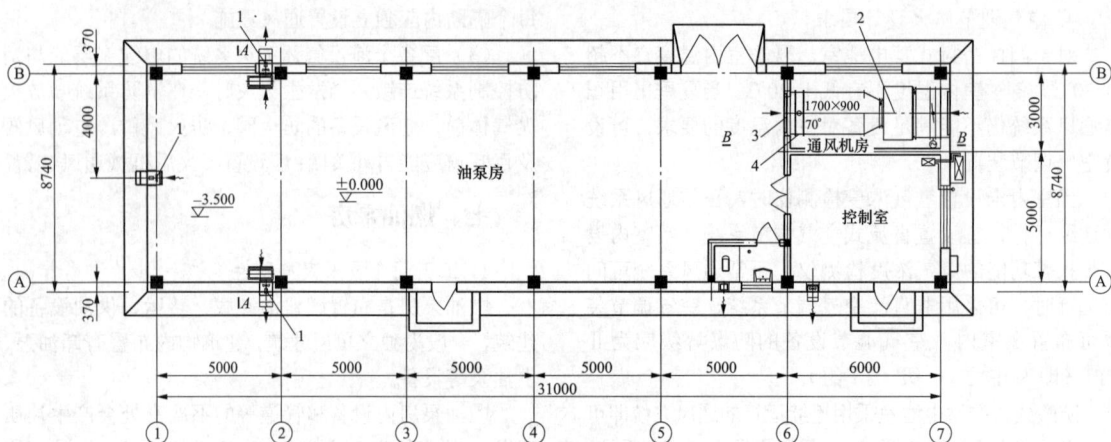

图 7-5　燃油泵房的通风平面图

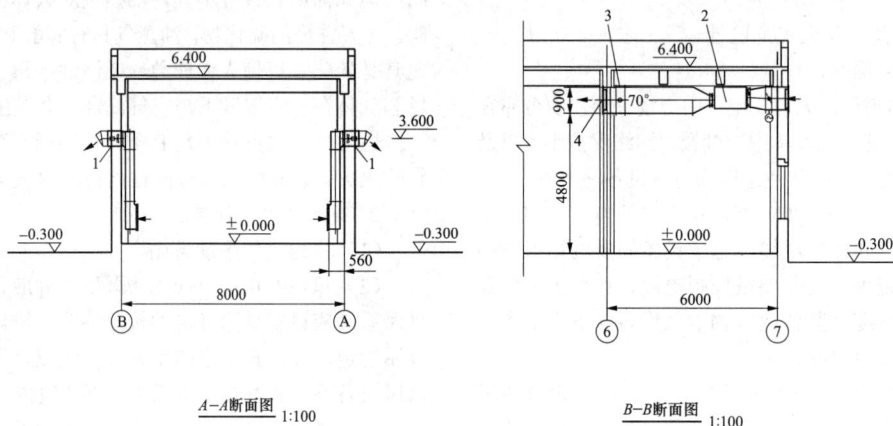

A-A断面图　1:100

B-B断面图　1:100

图 7-6　燃油泵房的通风断面图
1—轴流风机；2—新风机组；3—防火阀；4—送风口

八、含油污水处理站

1. 工艺简介及火灾危险性

含油污水处理是将含油污水中的油分去除，使水质达到排放标准的工艺。含油污水处理过程中会产生油质挥发，生成有害气体，需要进行通风。

2. 通风防火设计要求

（1）应设换气次数不少于每小时 6 次的机械排风装置，通风机和电动机应为防爆型，并应直接连接。

（2）室内空气不应再循环。

九、运煤系统

1. 工艺简介

运煤系统是燃煤电厂的重要组成部分，是从卸煤点到煤场及煤场到锅炉房原煤斗的整个生产工艺流程，运煤系统按功能划分主要分为卸煤设施、贮煤设施、输送处理系统及辅助设施。

（1）卸煤设施：常用的卸煤设施有码头、铁路、

公路卸煤装置。

（2）贮煤设施：按封闭方式可以分为露天堆场和封闭式贮煤场两类。

（3）输送处理系统：包括带式输送机及驱动装置、转运、筛碎设施。布置在转运站、碎煤机室及栈桥中。

（4）辅助设施：指入厂、入炉煤的计量及取样、除铁、除杂物、起吊等设备。

2. 火灾危险性

（1）煤自燃性。煤自燃是煤不经点燃而自行着火的现象，是有自燃倾向性的煤在遇到空气中的氧气时，氧化产生热量，发生了热量聚集，使煤温升高达到燃点而着火的过程。

煤在常温下的氧化能力主要取决于挥发分的含量，挥发分含量越高，自燃倾向性越强，而且自燃时间也会相应缩短。另外，煤粉越细，氧化面积增大，也越容易自燃。

通常干燥无灰基挥发分大于 37% 的煤属于高挥发分易自燃煤种，干燥无灰基挥发分为 28%~37% 的煤

种，在实际使用中也视作高挥发分易自燃煤种。

火力发电厂煤的自燃多发生在贮煤场，以及运煤过程中煤粉掉落在皮带缝隙、拉紧装置处、地面、平台、机架等部位，或漂浮的煤粉自然沉降积聚到物体表面，未能及时清扫，所积聚的煤粉与空气中的氧长期接触氧化，发热并使温度升高，而温度的升高又会加剧煤粉的进一步氧化，最后温度达到煤的燃点而引发煤粉的自燃。

此外除尘设备、除尘风管积尘较多，停运时未及时清理，也极易形成煤粉自燃。

（2）煤尘爆炸性。发生煤尘爆炸的条件有以下几点：

1）达到爆炸所需的浓度。实践证实，最危险的浓度在 $1.2\sim2.0kg/m^3$。

2）一定浓度的氧气。煤尘爆炸还需要一定浓度的氧气，要求氧气的浓度不低于 18%。

3）存在引爆火源。煤尘爆炸的引燃温度随煤中可燃挥发分不同有差异。

4）处于悬浮状态，即粉尘云状态。

当煤尘在空气中达到一定浓度，在外界高温、碰撞、摩擦、明火、电火花等的作用下会引起爆炸，爆炸后产生的气浪会使沉积的粉尘飞扬，极易造成二次爆炸事故。煤尘爆炸不仅产生冲击波伤人、破坏设备和建筑设施，同时产生大量有毒烟雾，造成人员中毒、窒息等人身伤亡事故。

运煤系统火灾危险性来自煤粉自燃、爆炸。运煤建筑物火灾危险性属于丙类，耐火等级二级。

3. 供暖防火设计要求

（1）运煤系统建筑物严禁采用明火取暖。

（2）运煤建筑供暖热媒的供水宜采用温度不高于 130℃的热水。

（3）当采用蒸汽作为热媒时，其散热器入口处蒸汽温度不应超过 160℃。

（4）应选用表面光洁易清扫的散热器。

（5）供暖系统的管道、管件及保温材料应采用不燃烧材料。

4. 通风除尘防火设计要求

（1）运煤系统的卸煤装置、封闭贮煤场、转运站、碎煤机室、筒仓和煤仓间应设通风除尘装置。

（2）通风除尘设备的电动机应采用防爆型，室内通风除尘设备配套电气设施的外壳防护等级应达到 IP54 级。

（3）通风除尘装置应设置导除静电的接地装置。

（4）除尘器本体或风管负压段应设置泄压装置。

（5）排风管道应引到室外安全处。

（6）通风除尘系统的风管和部件均应采用不燃烧材料制作，风机进出口处的挠性接头可采用难燃烧材料制作。

封闭贮煤场通风断面如图 7-7 所示，采用自然通风方式，沿网架底侧与侧墙间设置进风百叶窗，在网架屋面顶部设置排气天窗，通风量每小时 1～1.5 次，排气天窗具有防雨雪、防渗漏、防风倒灌功能。

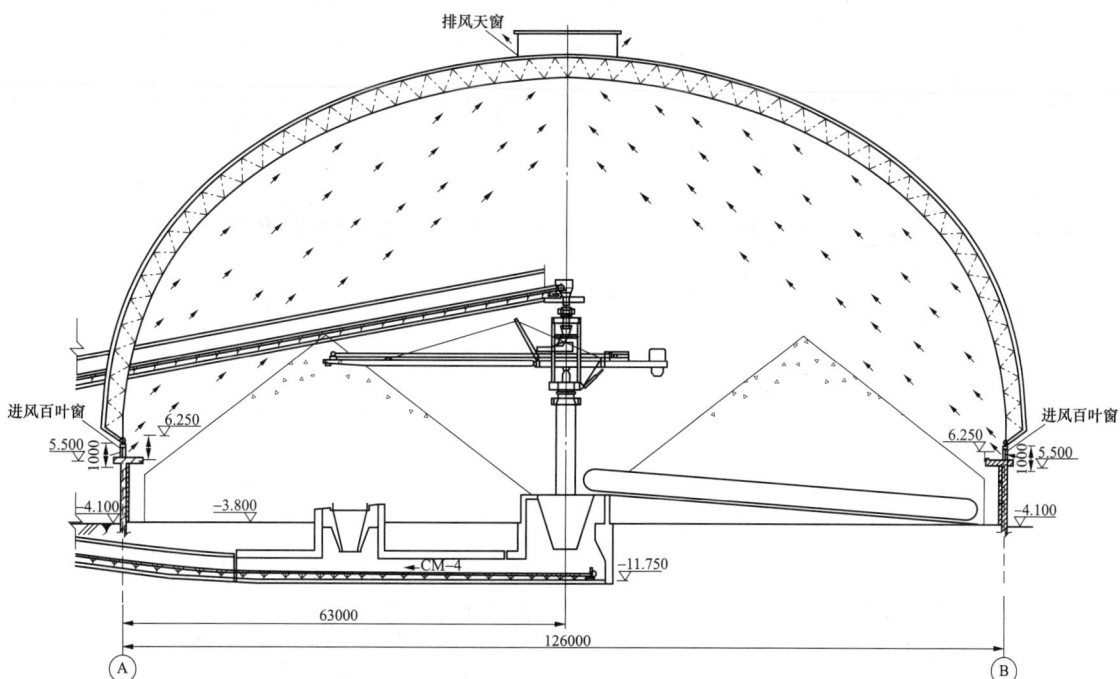

图 7-7　封闭贮煤场通风断面图

十、氢冷式发电机组的汽机房

1. 工艺简介及火灾危险性

发电机运转时产生热量，高温会造成发电机绕组绝缘老化，出力降低，甚至烧坏，影响发电机的正常运行。氢气冷却是发电机常用的冷却方式之一。

氢冷汽轮发电机在运行或检修过程中会有氢气泄漏，火灾危险性源于泄漏的氢气。

2. 汽机房通风防火设计要求

火力发电厂的汽机房由于在运行过程中，散发出大量的余热、余湿，需要排到室外，所以均设计有通风装置，通风装置需要满足以下要求：

（1）采用屋顶通风器自然排风且通风器布置在最高点时，可以不另设排氢装置。

（2）采用屋顶风机机械排风时，屋面应设置独立的自然排氢风帽，其筒体直径不应小于300mm，且每台机组不少于4个。

（3）排氢风帽应设置于发电机组上方屋面的最高点。

（4）氢冷发电机组的汽机房排风装置的电动机应为防爆型。

汽机房通风断面见图7-8，汽机房采用自然进风、自然排风方案。室外风通过进风百叶窗进入室内，通过热压作用，消除余热、余湿后，通过设在屋脊的屋顶通风器排到室外。由于通风器布置在最高点时，可以不另设排氢装置，正常运行时，屋顶通风器全开，冬季仅在氢冷发电机正上部的屋顶通风器的阀板小角度开启，以便排除氢气，屋顶通风器的电动机应为防爆型。需要说明的是如果屋顶通风器没有布置在汽机房屋面最高点，应在屋面最高点处设置排氢风帽。

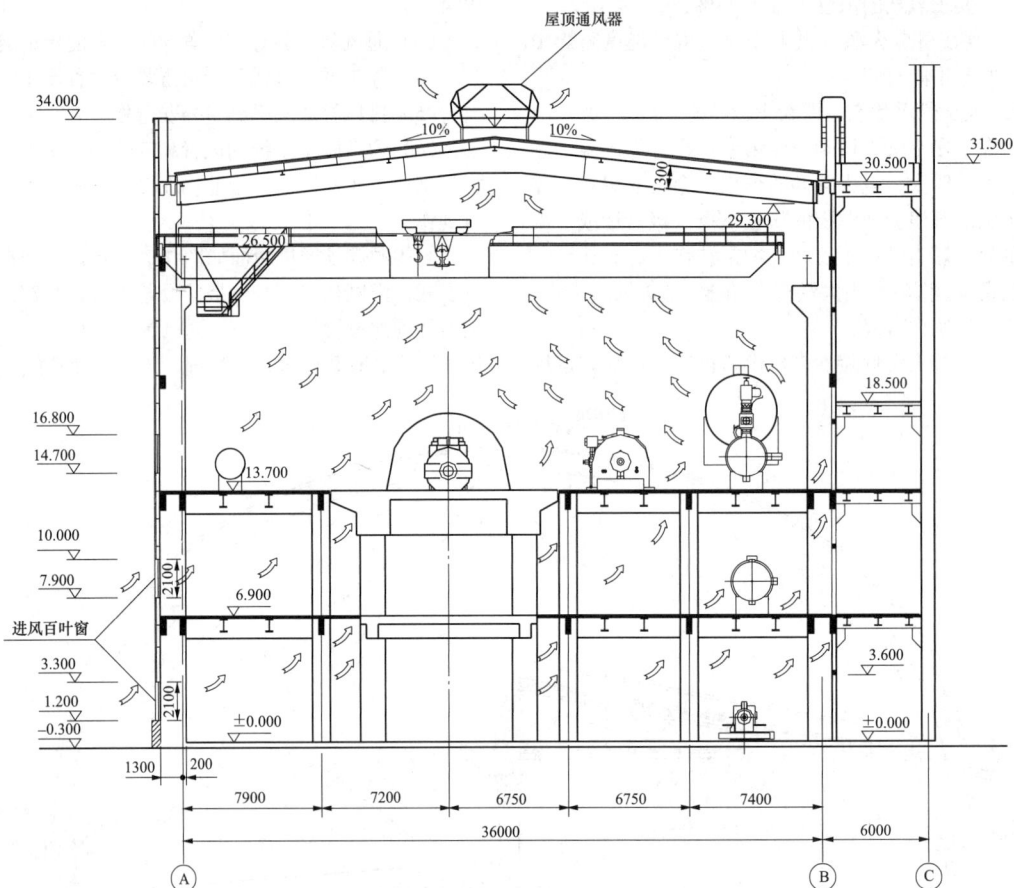

图7-8 汽机房通风断面图

十一、制氢站及供氢站

1. 工艺简介及火灾危险性

制氢站和供氢站是向氢冷发电机提供氢气的设施。有可靠的氢气源时，火力发电厂生产用氢气采用外购，厂内只设置供氢站；无法利用外购解决氢气源时，电厂内设制氢站。

制氢站是用电解水法来制取高纯度的氢气和氧气，电解过程在氢氧化钠或氢氧化钾水溶液中进行。

制氢站及供氢站属于有爆炸危险的厂房，其相关建筑火灾危险性属于甲类，按单层独立建筑设计，建筑物及所有配套的电气、供暖、通风、控制仪表等设备均需要严格按照防火、防爆要求设置，应满足 GB 50177《氢气站设计规范》的规定。

2. 供暖防火要求

（1）严禁采用明火和电热散热器供暖。

（2）供暖管道采用焊接连接，不允许丝扣连接，以防漏水、漏气。

（3）室内供暖系统的管道、管件及保温材料采用不燃烧材料。

（4）有爆炸危险房间与无爆炸危险房间之间，当必须穿过供热管线时，应采用不燃烧体材料填塞空隙。

（5）应选用易于消除灰尘的散热器。

（6）供暖管道及散热器与各种储气罐的距离不宜小于 1m，不能满足要求时应采取隔热措施。

制氢站供暖平面图见图 7-9，采用热水供热系统，供暖管道穿越电解间时，采用不燃烧材料填塞空隙密封，供暖管道采用焊接连接，不允许丝扣连接，以防漏水、漏气。供暖入口尽可能设置在远离有爆炸危险房间。

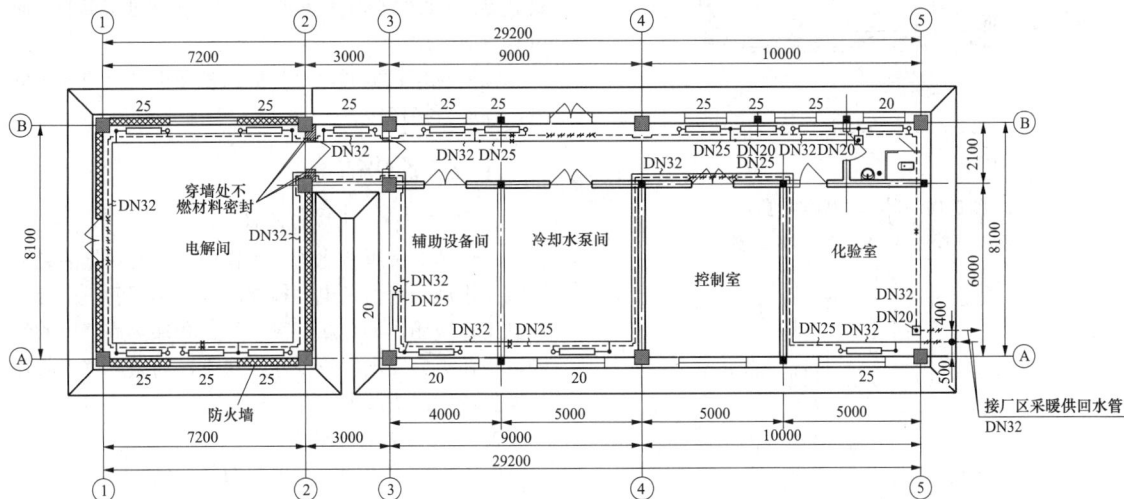

图 7-9　制氢站供暖平面图

3. 通风防火设计要求

（1）制氢站及供氢站内的电解间、氢气干燥间、氢气压缩机间、氢气储瓶间的自然通风换气次数不应小于每小时 3 次，并应设置换气次数不少于每小时 12 次的事故通风系统。

（2）自然通风系统的排风帽应设在顶棚的最高点，当顶棚被梁分隔时，每个分隔均应设置排风帽，排风帽应设有防止凝结水滴落的设施和风阀。排风帽一般选用筒形风帽。

（3）事故通风系统的排风机与电动机应为防爆型，并应直接连接。

（4）室内吸风口上缘距顶棚平面或屋顶的距离不得大于 0.1m。

（5）所有吸风口、进风口均采用固定式。通风系统上的各类活动部件及阀件均应满足防爆要求。采用固定式风口，以及通风系统上的活动部件及阀件采取防爆措施，主要是防止活动部件在转动过程中产生静电、火花等。

（6）事故排风机应与氢气浓度检测报警装置连锁。当空气中氢气体积浓度达到 0.4% 时，事故通风系统应自动投入运行。事故排风机宜在制氢或供氢控制

系统中设置运行状态显示及故障报警。

（7）在爆炸危险区域 4.5m 的范围内的相邻房间不能有门窗和风管的孔洞，如有，则需要设置事故排风机。

（8）室内空气不允许再循环。

（9）制氢站、供氢站具有爆炸危险区域内的供暖、通风及空气调节系统的用电设备及仪表的防爆级别、组别不低于 II CT1。

制氢站电解间通风见图 7-10，制氢站电解间屋面设有 3 台排氢风帽，用于正常时自然通风换气，排氢风帽下部设有滴水盘，用管道引至地漏，以免冷凝水滴落到工艺设备上，引发事故，并设有一台防爆屋顶风机，防爆级别、组别不低于 II CT1，用于事故通风。

排氢风帽屋面安装详图见图 7-11。排氢风帽一般选用筒形风帽，土建预先在屋面开孔，四周做防水沿，防水沿高度不小于 250mm，沿上预埋钢板，安装时，排氢风帽与钢板连接，再做泛水板，滴水盘屋面生根，吊在屋面下。

防爆屋顶风机安装详图见图 7-12。土建预先在屋面开孔，四周做防水沿，防水沿高度不小于 350mm，沿上预埋钢板，安装时，防爆屋顶风机与钢板连接，再做泛水板。

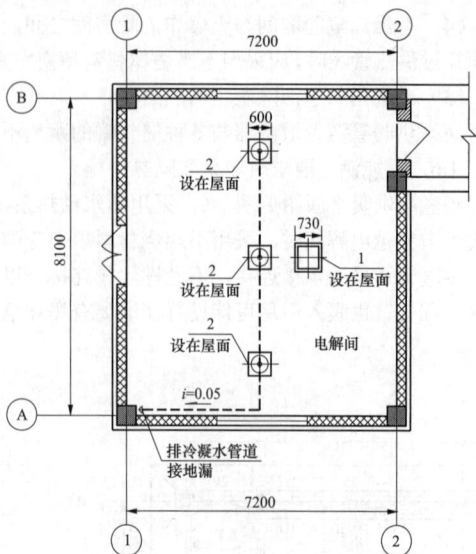

图 7-10　制氢站电解间通风
1—防爆屋顶风机；2—排氢风帽

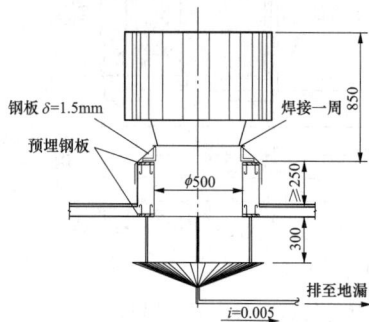

图 7-11　排氢风帽屋面安装详图

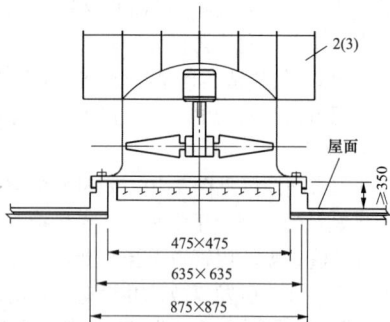

图 7-12　防爆屋顶风机安装详图

十二、供氧站

1. 工艺简介及火灾危险性

火力发电厂生产和建设需用的氧气一般采用外购形式，厂内只建供氧站或储氧气瓶间。

氧气是易燃物、可燃物燃烧爆炸的基本要素之一，能氧化大多数活性物质，与易燃物形成爆炸性混合物。

2. 供暖防火设计要求

（1）严禁采用明火和电热散热器供暖。

（2）室内供暖系统的管道、管件及保温材料采用不燃烧材料。

（3）应选用易于消除灰尘的散热器。

（4）供暖管道及散热器与各种储气罐的距离不宜小于 1m，不能满足要求时应采取隔热措施。

3. 通风防火设计要求

（1）供氧站和氧气瓶间宜设置换气次数不少于每小时 3 次的自然通风系统，自然排风口应设在顶棚的最高点；应设每小时不小于 12 次的事故通风装置，通风装置应防爆。

（2）选用机械通风时，通风机及电动机应为防爆型，并应直接连接。

十三、乙炔站

1. 工艺简介及火灾危险性

乙炔站是利用碳化钙和水作用产生乙炔气的装置及有关设施。火力发电厂检修时，常利用管道引接乙炔到工作现场作为金属切割、焊接和加热后淬火的气源，现在火力发电厂较少建乙炔站，而采用移动式乙炔发生器或乙炔瓶供气。

2. 供暖防火设计要求

（1）严禁采用明火和电热散热器供暖。

（2）供暖管道采用焊接连接，不允许丝扣连接，以防漏水、漏气。

（3）室内供暖系统的管道、管件及保温材料采用不燃烧材料。

（4）电石库严禁装设供暖设备和管道。

（5）供暖管道及散热器与各种储气罐的距离不宜小于 1m，不能满足要求时应采取隔热措施。

3. 通风防火设计要求

（1）自然通风系统的排风帽应设在顶棚的最高点，当顶棚被梁分隔时，每个分隔均应设置排风帽，排风帽应设有防止凝结水滴落的设施。

（2）乙炔站所有的生产车间和仓库内，均要全面通风，排风量不应少于每小时 3 次，事故通风的排风量不应少于每小时 7 次。

十四、氨间

1. 工艺简介及火灾危险性

氨间包括加氨间、加联氨间及储存氨和联氨的药品储存间。作用是控制锅炉内水的化学性质，以减少系统结构和腐蚀，保证给水质量。

加氨处理是向锅炉给水加入一定浓度的氨，调节 pH 值，以防止设备金属腐蚀。在向搅拌箱充液操作及计量泵运行中，会造成氨液泄漏。因此加氨间、加联氨间及储存氨和联氨的药品储存间需要设置全面通风换气。

2. 供暖防火设计要求

（1）严禁采用明火和电热散热器供暖。

（2）室内供暖系统的管道、管件及保温材料应采用不燃烧材料。

（3）供暖系统的散热器和室内管网系统应防腐。

设计供暖系统时，还应减少过门沟或穿越化学药品沟道，避免化学药品渗入沟内造成腐蚀。供暖入口检查井不宜设在加氨间、加联氨间和药品库内。

3. 通风防火设计要求

（1）机械排风系统排出的气体应直接排至室外。

（2）通风机及电动机应为防爆型，并应直接连接。

（3）通风设备、管道及附件应采取防腐措施。

（4）氨仓库及加药间应设置换气次数不少于每小时 15 次的机械排风装置，室内吸风口应设置在房间的上部；联氨仓库及加药间应设置换气次数不少于每小时 15 次的机械排风装置，联胺仓库及其加药间室内吸风口应设置在房间的下部，风口下缘与地面距离不应大于 0.3m。

十五、制氯电解间

制氯电解间主要工作原理是通过电解含有一定浓度氯离子的海水或食盐产生次氯酸钠溶液，次氯酸钠溶液具有较强的杀菌能力，能够防止微生物的繁殖和生长。

制氯电解间工艺生产过程会产生氢气，因此制氯电解间的供暖、通风设计要求与制氢站要求相同，应符合制氢站的防止氢气爆炸的防火设计要求。

十六、柴油发电机房

1. 工艺简介及火灾危险性

在火力发电厂中普遍用专用的柴油发电机组作为交流事故保安电源，为了便于维护管理，一般设置在一个专用单体建筑中，称作柴油发电机房，柴油发电机房应根据生产厂家的要求设计通风。柴油发电机房内通常设置储油间，储油间应采用防火墙与发电机间隔开，在日常维护及运行过程中将有少量油气及废气渗入室内，需设排风装置。

2. 通风防火设计要求

（1）柴油发电机房通风系统的通风机及电动机应为防爆型，并应直接连接。

（2）设有柴油发电机消防泵组的消防水泵房应设置机械通风系统。通风系统的通风机和电动机应为防爆型，并应直接连接。

十七、燃油、燃气锅炉房

1. 工艺简介及火灾危险性

新建火力发电厂需要建设启动锅炉房，提供启动

辅助蒸汽系统的汽源。热电联产机组有时也需要建设锅炉房，作为调峰和备用汽源，锅炉的形式有燃煤锅炉、燃油锅炉及燃气锅炉等。

燃油、燃气锅炉房在使用过程中存在逸漏或挥发的可燃性气体，具有爆炸危险性。

2. 供暖防火设计要求

严禁采用明火供暖。

3. 燃油、燃气锅炉房通风防火设计要求

（1）应设置自然通风或机械通风设施。

（2）室内空气不允许再循环。

（3）应选用防爆型的事故排风机。

（4）当采用机械通风时，机械通风设施应设置导除静电的接地装置，通风量应符合下列规定：

1）燃油锅炉房的正常通风量应按换气次数不少于每小时 3 次确定，事故排风量应按换气次数不少于每小时 6 次确定。

2）燃气锅炉房的正常通风量应按换气次数不少于每小时 6 次确定，事故排风量应按换气次数不少于每小时 12 次确定。

十八、燃机电厂建筑物

燃机电厂是燃气轮机发电厂的简称，通常分为简单循环燃气轮机电厂和燃气-蒸汽联合循环电厂两类。燃料可采用气体燃料（包括天然气、液化天然气 LNG、液化石油气 LPG 等）或液体燃料（包括轻油、重油和原油等）。

燃机电厂厂区内集中控制室、电子设备间、蓄电池室、厂用配电装置室等建筑物的供暖、通风与空气调节系统防火设计要求与燃煤电厂相同，燃油泵房、油处理室的通风与空气调节系统防火设计要求可按照本节"燃油泵房"的要求设计。

1. 燃机厂房

（1）工艺简介及火灾危险性。燃气轮机可采用室内或室外布置。对环境条件差、严寒地区或对设备噪声有特殊要求的燃机电厂，燃气轮机宜采用室内布置；燃气轮机采用外置式燃烧器，也宜采用室内布置；汽轮机应室内布置。室内布置时，燃气轮机与汽机房通常合并布置。

燃机厂房（联合厂房）火灾危险源于使用过程中存在逸漏或挥发的可燃性气体。如果是氢冷汽轮机，会有氢气泄漏爆炸的危险。

（2）供暖防火设计要求。供暖热媒宜采用热水，严禁采用明火供暖。

（3）燃机厂房（联合厂房）通风防火设计要求。燃机厂房或燃气轮机与汽机房联合厂房，其通风防火设计要求如下：

1）通风系统宜设置避免空气再循环的高位排风设施，并考虑冬季排风设施关闭后排除有害气体的措施。

2）通风机和电动机均应直接连接，通风机和电动机应为防爆型。

3）应设事故排风。通风可兼作事故排风。

4）当设有消防系统时，通风系统应与其连锁。

此外，对于燃机厂房或联合循环发电机组厂房的排风口宜设在高位点，并应考虑冬季排风设施关闭后排除有害气体的措施，比如设置通风风帽。

2. 天然气调压站

（1）工艺简介及火灾危险性。天然气调压站是燃气输送管道的关键设备，主要作用是调节和稳定系统压力，并且控制输气系统燃气流量，避免系统出口压力过高或过低。

天然气的主要成分是甲烷，比空气轻，是一种易燃易爆气体，所以天然气调压站属于甲类厂房，天然气调压站应通风良好。

（2）供暖防火设计要求。

1）供暖热媒宜采用热水，供暖温度不得大于115℃。

2）调压站采用电供暖时应采用防爆型电气供暖设备，电气供暖设备的外壳温度不得大于 115℃。电气供暖设备与调压设备应绝缘。

3）供暖设备、管道及附件应采取防腐措施。

4）当采用燃气供暖锅炉作为热源时，锅炉烟囱排烟温度严禁大于 300℃，烟囱出口与燃气安全放散管的水平距离应大于 5m；燃气供暖锅炉应有熄火保护装置或设专人值班管理；调压站的门、窗与锅炉室的门窗不应设置在建筑的同一侧。

（3）天然气调压站通风防火设计要求。

1）室内布置的天然气调压站及站内仪表间的通

风量，应满足下列计算结果的较大值：

a. 室内空气中含天然气的体积浓度不超过 1%。

b. 通风换气次数调压站在运行时不小于每小时 8 次，调压站在不运行时不小于每小时 3 次。

2）当调压站采用机械通风时，排风口应设在室内最高点，通风机、电动机以及电力开关均应为防爆型，电动机与风机应直接连接，室内空气严禁再循环。通风机应全年连续运行，通风机不应少于 2 台。

3）当天然气调压站设有可燃气体浓度检测监控装置时，通风系统应与该装置连锁。

4）通风设备及管道应采取防腐措施。

5）应设每小时不小于 12 次的事故通风装置，通风装置应为防爆型。

第三节　建筑防烟排烟

防烟和排烟目的是将火灾现场的烟和热量及时排除，减弱火势的蔓延，阻止烟气向防烟分区外扩散，确保建筑物内人员的顺利疏散和安全避难，并为消防救援创造有利条件。建筑物内的防烟排烟是保证建筑内人员安全疏散的必要条件。

一、火力发电厂防烟和排烟设施

（一）对 GB 50016—2014《建筑设计防火规范》防烟和排烟设施规定的解读

GB 50016—2014《建筑设计防火规范》中 8.5.1～8.5.4 条强制条文对需要设置防烟或排烟的建筑场所或部位做了明确规定，针对火力发电厂建筑的工艺特点及使用性质，将这些规定在火力发电厂建筑的应用做了解读，见表 7-4。

表 7-4　　　　　对 GB 50016—2014《建筑设计防火规范》防烟和排烟设施
规定在火力发电厂建筑的应用解读

序号		GB 50016—2014《建筑设计防火规范》条文内容	图解条文及对应火力发电厂建筑场所或部位
1	防烟	8.5.1　建筑的下列场所或部位应设置防烟设施： 1　防烟楼梯间及其前室	 防烟楼梯间自然和机械两种防烟形式

序号	GB 50016—2014《建筑设计防火规范》条文内容	图解条文及对应火力发电厂建筑场所或部位
1　防烟	2　消防电梯间前室或合用前室	消防楼梯间前室自然和机械两种防烟形式 合用前室自然和机械两种防烟形式
	建筑高度不大于 50m 的公共建筑、厂房、仓库和建筑高度不大于100m 的住宅建筑，当其防烟楼梯间的前室或合用前室符合下列条件之一时，楼梯间可不设置防烟系统： 　1　前室或合用前室采用敞开的阳台、凹廊	建筑高度≤50m 的公共建筑、厂房、仓库和建筑高度≤100m 的住宅建筑： 注：敞开的阳台、凹廊做前室时，其面积要满足防烟楼梯间前室的面积要求（公共建筑≥6m²；住宅建筑≥4.5m²）。 防烟楼梯间前室采用敞开的阳台或凹廊。

序号	GB 50016—2014 《建筑设计防火规范》条文内容	图解条文及对应火力发电厂建筑场所或部位
1 防烟	2 前室或合用前室具有不同朝向的可开启外窗，且可开启外窗的面积满足自然排烟口的面积要求	注：敞开的阳台、凹廊做合用前室时，要满足防烟楼梯间合用前室的使用面积要求（公共建筑、高层厂房仓库≥10m²；住宅建筑≥6m²）。 合用前室采用敞开的阳台、凹廊 注：防烟楼梯间前室、消防电梯前室自然通风的有效面积≥2.0m²；合用前室≥1.0m²。 防烟楼梯间前室不同朝向可开启窗满足自然排烟面积要求。 合用前室不同朝向可开启窗满足自然排烟面积要求
2 厂房或仓库排烟	8.5.2 厂房或仓库的下列场所或部位应设置排烟设施： 1 人员或可燃物较多的丙类生产场所，丙类厂房内建筑面积大于300m²且经常有人停留或可燃物较多的地上房间	 火力发电厂属于丙类厂房的建筑有运煤建筑、油处理建筑、柴油机房、尿素车间及储备间等。这些丙类厂房均具备人员少的特点。 运煤建筑的煤属于可燃物，之前数十年来并没有设计排烟系统，实际运行中运煤建筑也没有由于煤尘自燃或火灾造成重大人员伤害的事故发生。其原因有如下几点： （1）根据DL 5027—2015《电力设备典型消防规程》的要求，对长期停运的原煤斗、输煤皮带系统，包括煤斗、落煤管和除尘用的通风管的积尘、积粉应清理干净，皮带上不得有存煤，以防集煤、积粉自燃。燃用褐煤或易自燃的高挥发分煤种的燃煤电厂采用难燃胶带。导料槽的防尘密封条应采用难燃型。卸煤装置、筒仓、混凝土或者金属煤斗、落煤管的内衬应采用不燃材料。因此，运煤系统从工艺设计上避免了煤自燃和火灾事故的发生。 （2）运煤系统转运站、碎煤机室等处设有除尘装置，室内设有水力清扫或真空清扫装置，对洒落在室内的煤块、粉尘等及时清扫，在维持室内良好的工作环境的同时，客观上也避免了煤粉堆积、自燃现象的产生。 （3）运煤建筑地下部分设有机械排风装置，通风气次数夏季按换气次数不小于15次/h计算，冬季按换气次数不小于5次/h计算，通风良好，无易燃、易爆气体和粉尘的聚集。 （4）煤在适宜温度和湿度下会自燃，煤燃烧的特点是闷燃而不是轰燃，起火速度较慢，烟气量少。输煤建筑构件耐火等级为二级，根据GB 50016—2014《建筑设计防火规范》表3.7.4，二级丙类厂房内任一点至安全出口的直线距离不超过80m（单层）和60m（多层），也就是说，按照人疏散的速度1m/s估算，运煤建筑人员一旦发现煤燃烧，至多1.5min（单层）和1min（多层）即可到达安全地点。因此认为煤的燃烧不会殃及人员安全。 （5）根据GB 50229《火力发电厂与变电站设计防火规范》要求，当感温火灾探测器探测到火情时，运煤建筑的水幕、水喷雾或自动喷水灭火系统会投入运行。 上述（1）、（2）、（3）从工艺设计、通风设计及运行管理上避免了火灾事故的发生，（4）、（5）从消防安全角度说明了即使发生火灾也可以保证人员安全疏散，并有效控制火情。因此运煤建筑可不设置排烟系统

序号	GB 50016—2014《建筑设计防火规范》条文内容	图解条文及对应火力发电厂建筑场所或部位
2 厂房或仓库排烟	2 建筑面积大于 5000m² 的丁类生产车间	建筑面积>5000m² 的丁类生产车间 火力发电厂属于丁类的建筑，有主厂房、引风机室、主控制楼、脱硫控制楼、启动锅炉房、金属试验室、推煤机库等。其中主厂房属于建筑面积大于 5000m² 的丁类厂房。主厂房属于大空间高热厂房，运行人员的活动区域基本在运转层以下。发生火灾时烟气在厂房上部聚积，屋架下是个巨型的蓄烟池，不影响各层人员撤离火灾现场。屋面的排风窗或通风器还可以作为排除烟气的设施，降低屋面下空气温度，以减少高温对厂房结构造成的危害。必要时主厂房各层的建筑外窗或百叶窗均可作为自然排烟窗。因此主厂房可不设置排烟系统。
	3 占地面积大于 1000m² 的丙类仓库	占地面积>1000m² 的丙类仓库 火力发电厂室内贮煤场属于占地面积大于 1000m² 的丙类仓库。贮煤场具有完善的自然通风系统，发生火灾时，烟气可以随着自然通风的气流组织顺利排至室外。同时室内贮煤场设有火灾报警系统和固定灭火水炮，安全出口不少于 2 个，周围设有环形消防车道，可以保证人员安全疏散。因此贮煤场可不设置排烟系统。
	4 高度大于 32m 的高层厂房（仓库）内长度大于 20m 的疏散走道，其他厂房（仓库）内长度大于 40m 的疏散走道	H>32m，L>20m的高层厂房(仓库)内的疏散走道 H≤32m，L>40m的其他厂房(仓库)内的疏散走道 火力发电厂运行人员较多的建筑为集中控制楼、输煤综合楼、化学实验楼和检修办公楼等，这些建筑高度一般都在 32m 以下，其中若有超过 40m 长的疏散走道，应设置排烟设施
3 民用建筑排烟	8.5.3 民用建筑的下列场所或部位应设置排烟设施： 2 中庭	火力发电厂建筑基本不涉及。厂前办公楼等建筑如涉及，应按照规范要求设置排烟设施
	3 公共建筑内建筑面积大于 100m² 且经常有人停留的地上房间	公共建筑内建筑面积>100m²且经常有人停留的地上房间 中庭 建筑面积大于300m²且可燃物较多的地上房间 火力发电厂厂前建筑中的行政办公楼、宿舍、食堂等按此规定执行。虽然根据 GB 50019—2015《工业建筑供暖通风与空气调节设计规范》的划分，"生产厂房、仓库、公用辅助建筑以及生活、行政辅助建筑"称为工业建筑，但是厂前建筑中的行政办公楼、宿舍、食堂是人员聚集的办公及生活区域，其性质与民用建筑相同，因此建筑排烟系统设计按照此规定执行是合理的。如果按照厂房等工业建筑执行，其实是降低了对排烟系统的要求，存在安全隐患

序号	GB 50016—2014《建筑设计防火规范》条文内容	图解条文及对应火力发电厂建筑场所或部位
3 民用建筑排烟	5 建筑内长度大于20m的疏散走道	疏 散 走 道 建筑内长度>20m的疏散走道 火力发电厂厂前建筑中的行政办公楼、宿舍、食堂等按照此规定执行
4 地下或地上无窗建筑排烟	8.5.4 地下或半地下建筑（室）、地上建筑内的无窗房间，当总建筑面积大于 200m² 或一个房间建筑面积大于 50m²，且经常有人停留或可燃物较多时，应设置排烟设施	总建筑面积＞200m²且经常有人停留或可燃物较多时　　一个房间建筑面积＞50m²且经常有人停留或可燃物较多时 地下或半地下建筑（室）平面示意图　　地下或半地下建筑（室）平面示意图 一个房间建筑面积＞50m²且经常有人停留或可燃物较多时 地上建筑平面示意图 注：地上建筑中无窗房间的通风与自然排烟条件与地下建筑类似，因此其相关要求也与地下建筑的要求一致。 火力发电厂地下或半地下输煤建筑，同 8.5.2 条中 1 款的解读一样，可不设排烟系统。 当集中控制室无外窗时按照此规定执行。控制室是采用消火栓或灭火器等消防措施，火灾初期的可控阶段，工作人员可以利用消防设施进行扑救。当火灾不可控时，工作人员需要从疏散走道撤离至安全区域，而疏散走道符合 8.5.2 条中 4 款的要求时将设置排烟设施。但控制室需要设置灭火后通风系统

（二）火力发电厂设置防烟设施的场所

根据对 GB 50016—2014《建筑设计防火规范》防烟设施场所的解读的规定，火力发电厂建筑的下列场所需设置防烟设施：

（1）防烟楼梯间及其前室。

（2）消防电梯间前室或合用前室。

（3）封闭楼梯间。

建筑防烟系统的设计应根据建筑高度、使用性质等因素采用自然通风系统或机械加压送风系统。

（三）火力发电厂设置排烟设施的场所

根据对 GB 50016—2014《建筑设计防火规范》排烟设施场所的解读的规定，下列场所需设置排烟设施：

（1）火力发电厂生产建筑和生产辅助建筑：

1）高度超过32m的厂房内长度大于20m的疏散走道；

2）集中控制楼、输煤综合楼、化学试验楼、检修办公楼等建筑内长度大于40m的疏散走道。

（2）火力发电厂厂前公共建筑：

1）行政办公楼、宿舍或食堂等厂前公共建筑长度大于20m的疏散走道；

2）行政办公楼、宿舍或食堂等厂前公共建筑面积大于100m²且经常有人停留的地上房间；

3）行政办公楼、宿舍或食堂等厂前区公共建筑总建筑面积大于 200m² 或一个房间面积大于 50m² 且经常有人停留的地下或地上无窗房间。

建筑排烟系统设计应根据使用性质、平面布局等因素，优先采用自然排烟系统，确有困难时可采用机械排烟系统。

二、火力发电厂建筑防烟设计

火力发电厂建筑防烟设计及风量选择计算应符合现行国家标准。

（一）自然通风方式的防烟系统

火力发电厂应设置防烟设施的场所若具备自然通风条件，宜设置自然通风方式作为防烟手段。

1. 可采用自然通风方式的区域

（1）建筑高度小于或等于50m的办公楼、厂房及仓库等建筑，其防烟楼梯间、独立前室、合用前室及消防电梯前室应采用自然通风方式的防烟系统。当确有困难时，应采用机械加压送风系统。

（2）当独立前室、合用前室及消防电梯前室符合下列要求之一时，可采用仅前室设置防烟设施的自然通风系统。

1）前室为敞开的阳台或凹廊；

2）前室设有不同朝向的可开启外窗，且独立前室两个不同朝向的可开启外窗面积分别不小于 $2.0m^2$，合用前室的分别不小于 $3.0m^2$。

（3）当加压送风口设置在独立前室、合用前室及消防电梯前室顶部或正对前室入口的墙面时，楼梯间可采用自然通风方式。当加压送风口未设置在前室的顶部或正对前室入口的墙面时，楼梯间应采用机械加压送风系统。

（4）封闭楼梯间应采用自然通风系统，不能满足自然通风条件时应设置机械加压送风系统。当地下、半地下建筑（室）的封闭楼梯间不与地上楼梯间共用，可不设置机械加压送风系统，但首层应设置有效面积不小于 $1.2m^2$ 的可开启外窗或直通室外的疏散门。

2. 自然通风设施

（1）防烟楼梯间前室、消防电梯前室可开启外窗或开口的有效面积不应小于 $2.0m^2$，合用前室的不应小于 $3.0m^2$。

（2）封闭楼梯间和防烟楼梯间应在最高部位设置面积不小于 $1.0m^2$ 的可开启外窗或开口。当建筑高度大于 10m 时，还应在楼梯间的外墙上每 5 层内设置总面积不小于 $2.0m^2$ 可开启外窗或开口，且宜每隔 2~3 层布置。

3. 可开启外窗或开口的设置要求

作为自然通风口的窗口宜设置在区域的外墙或屋顶上，并应有方便开启的装置。设在高处的可开启外窗应设置距地面高度为 1.3~1.5m 的开启装置。

（二）机械加压送风的防烟系统

1. 设置机械加压送风防烟措施的场所

（1）火力发电厂下列场所应设置机械加压送风防烟设施：

1）不具备自然排烟条件的防烟楼梯间；

2）不具备自然排烟条件的消防电梯间前室或合用前室；

3）设置自然排烟设施的防烟楼梯间，其不具备自然排烟条件的前室；

4）不能满足自然通风条件的封闭楼梯间。

（2）防烟楼梯间地下部分。当防烟楼梯间在裙房高度以上部分采用自然通风时，不具备自然通风条件的裙房的独立前室、合用前室及消防电梯前室应采用机械加压送风系统。

（3）不能满足自然通风条件的封闭楼梯间应设置机械加压送风系统。当封闭楼梯间位于地下且不与地上楼梯间共用时，可不设置机械加压送风系统，但

应在首层设置不小于 $1.2m^2$ 的可开启外窗或直通室外的门。

2. 机械加压送风量

机械加压送风系统的风压和风量应经计算确定，并保证设计需要的余压值。设计风量不应小于计算风量的 1.2 倍。

（1）机械加压送风量的计算。防烟楼梯间、独立前室、合用前室以及消防电梯前室的机械加压送风的风量应由式（7-1）～式（7-5）计算确定。

1）防烟楼梯间或前室、合用前室的机械加压送风量应按下列公式计算，即

$$L_j = L_1 + L_2 \qquad (7-1)$$

$$L_s = L_1 + L_3 \qquad (7-2)$$

式中　L_j——楼梯间的机械加压送风量，m^3/s；

　　　L_s——前室或合用前室的机械加压送风量，m^3/s；

　　　L_1——门开启时，达到规定风速值所需的送风量，m^3/s；

　　　L_2——门开启时，规定风速值下其他门缝漏风总量，m^3/s；

　　　L_3——未开启的常闭送风阀的漏风总量，m^3/s。

2）门开启时，达到规定风速值所需的送风量应按以下公式计算，即

$$L_1 = A_k v N_1 \qquad (7-3)$$

式中　A_k——开启门的截面积，m^2。

　　　v——门洞断面风速，m/s。楼梯间机械加压送风、合用前室机械加压送风时，通向合用前室疏散门和通向楼梯间疏散门的门洞断面风速均不应小于 0.7m/s；当楼梯间机械加压送风、独立前室不送风时，通向楼梯间疏散门的门洞断面风速不应小于 1.0m/s；当消防电梯前室机械加压送风时，通向消防电梯前室疏散门的门洞断面风速不应小于 1.0m/s；当独立前室或合用前室机械加压送风且楼梯间采用可开启外窗的自然通风系统时，通向独立前室或合用前室疏散门的门洞风速不应小于 1.2m/s。

　　　N_1——设计层数内的疏散门开启的数量。

楼梯间采用常开风口，当地上楼梯间为 15 层以下时，设计 2 层内的疏散门开启，取 $N_1 = 2$；当地上楼梯间为 15 层及以上时，设计 3 层内的疏散门开启，取 $N_1 = 3$；当为地下楼梯间时，设计 1 层内的疏散门开启，取 $N_1 = 1$；当防火分区跨越楼层时，设计跨越楼层内的疏散门开启，取 N_1 为跨越楼层数，最大值为 3。

前室或合用前室采用常闭风口，当防火分区不跨越楼层时，取 N_1 为系统中开向前室门最多的一层门数

量；当防火分区跨越楼层时，取 N_1 为跨越楼层数所对应的疏散门数，最大值为 3。

3）门开启时，规定风速值下的其他门漏风总量 L_2 应按以下公式计算，即

$$L_2 = 0.827 \times A \times \Delta p^{1/n} \times 1.25 \times N_2 \quad (7\text{-}4)$$

式中　A ——每个疏散门的有效漏风面积（疏散门的门缝宽度取 $0.002\sim0.004\text{m}$），m^2。

　　　Δp ——计算漏风量的平均压力差，Pa。当开启门洞处风速为 0.7m/s 时取 6.0Pa；当开启门洞处风速为 1.0m/s 时取 12.0Pa；当开启门洞处风速为 1.2m/s 时取 17.0Pa。

　　　n ——指数，一般取 $n=2$。

　　　1.25 ——不严密处附加系数。

　　　N_2 ——漏风疏散门的数量，楼梯间采用常开风口，取加压楼梯间门的总数减去 N_1。

4）未开启的常闭送风阀的漏风总量 L_3 应按以下公式计算，即

$$L_3 = 0.083 \times A_\text{f} N_3 \quad (7\text{-}5)$$

式中　A_f ——每个送风阀门的面积，m^2；

　　　0.083 ——阀门单位面积的漏风量，$\text{m}^3/(\text{s}\cdot\text{m}^2)$；

　　　N_3 ——漏风阀门的数量。

合用前室、消防电梯前室：采用常闭风口，当防火分区不跨越楼层时，取 N_3 为楼层数−1；当防火分区跨越楼层时，取 N_3 为楼层数−开启送风阀的楼层数，其中开启送风阀的楼层数为跨越楼层数，最多为 3。

（2）系统负担建筑高度大于 24m 时的加压送风量。当系统负担建筑高度大于 24m 时，应按式（7-1）～式（7-5）的计算值与表 7-5～表 7-8 中的较大值确定。

表 7-5　消防电梯前室的加压送风量

系统负担高度 h（m）	加压送风量（m^3/h）
$24\leqslant h<50$	12700～14200
$50\leqslant h<100$	14400～17500

表 7-6　楼梯间自然通风，前室、合用前室的加压送风量

系统负担高度 h（m）	加压送风量（m^3/h）
$24<h\leqslant50$	15200～17100
$50<h\leqslant100$	17300～21000

表 7-7　前室不送风，封闭楼梯间、防烟楼梯间的加压送风量

系统负担高度 h（m）	加压送风量（m^3/h）
$24<h\leqslant50$	25000～28100
$50<h\leqslant100$	39600～45800

表 7-8　防烟楼梯间的楼梯间及合用前室的分别加压送风量

系统负担高度 h（m）	送风部位	加压送风量（m^3/h）
$24<h\leqslant50$	楼梯间	17500～19700
	合用前室	8900～10000
$50<h\leqslant100$	楼梯间	27800～32200
	合用前室	10100～12300

注　1. 表 7-5～表 7-8 的风量按开启 2.0m×1.6m 的双扇门确定。当采用单扇门时，其风量可乘以 0.75 系数计算，当设有多个疏散门时，其风量应乘以开启疏散门的数量，最多按 3 扇疏散门开启计算。

　　2. 表 7-5～表 7-8 中未考虑防火分区跨越楼层时的情况；当防火分区跨越楼层时应按照式（7-1）～式（7-5）重新计算。

　　3. 表 7-5～表 7-8 中风量的选取应按建筑高度或层数、风道材料、防火门漏风量等因素综合确定。

（3）防烟区的余压值。机械加压送风量应满足走廊至前室及楼梯间的压力呈递增分布，余压值应符合下列要求：

1）前室、合用前室及消防电梯前室与走道之间的压差应为 25～30Pa；

2）防烟楼梯间、封闭楼梯间与走道之间的压差应为 40～50Pa；

3）当系统余压值超过最大允许压力差时应采取泄压措施，疏散门最大允许压力差应按以下公式计算，即

$$p = 2(F' - F_\text{dc})(W_\text{m} - d_\text{m})/(W_\text{m} \times A_\text{m}) \quad (7\text{-}6)$$

$$F_\text{dc} = M/(W_\text{m} - d_\text{m}) \quad (7\text{-}7)$$

式中　p ——疏散门的最大允许压力差，Pa；

　　　F' ——门的总推力，N，一般取 110N；

　　　F_dc ——门把手处克服闭门器所需的力，N；

　　　W_m ——单扇门的宽度，m；

　　　d_m ——门的把手到门闩的距离，m；

　　　A_m ——门的面积，m^2；

　　　M ——闭门器的开启力矩，$\text{N}\cdot\text{m}$。

3. 加压送风系统的设计

（1）加压送风系统的设置。

1）当防烟楼梯间采用独立前室时，可仅在楼梯间设置机械加压送风系统；当采用合用前室时，楼梯间、合用前室应分别设置机械加压送风系统；剪刀楼梯的两个楼梯间、独立前室、共用前室、合用前室的机械加压送风系统应分别独立设置。

2）建筑高度小于或等于 50m 的建筑，当楼梯间设置加压送风井（管）道确有困难时，楼梯间可采用直灌式加压送风系统，并应符合下列规定：

a. 建筑高度大于32m的高层建筑，应采用楼梯间两点部位送风的方式，送风口之间距离不宜小于建筑高度的1/2；

b. 直灌式加压送风系统的风量应将送风量增加20%；

c. 加压送风口不宜设在影响人员疏散的部位。

3）采用机械加压送风系统的防烟楼梯间，其楼梯间、独立前室、合用前室及消防电梯前室，除直灌式加压送风系统外，应分别设置送风井（管）道、送风口（阀）和送风机。

4）楼梯间的地上部分与地下部分，其机械加压送风系统应分别独立设置。当受建筑条件限制，且地下部分为汽车库或设备用房时，可共用机械加压送风系统，其送风量为地上和地下部分的加压送风量之和。

5）采用机械加压送风的场所不应设置百叶窗，且不宜设置可开启外窗。

6）设置机械加压送风系统的封闭楼梯间、防烟楼梯间，还应在其楼梯间顶部设置不小于1m²的固定窗。靠外墙的防烟楼梯间，其外墙上还应每5层内设置总面积不小于2m²的固定窗。

（2）加压送风口的设置。加压送风口设置应符合下列要求：

1）除直灌式加压送风方式外，楼梯间宜每隔2～3层设一个常开式百叶送风口。

2）独立前室、合用前室应每层设一个常闭式加压送风口，并应设手动开启装置。

3）送风口的风速不宜大于7m/s。

4）送风口不宜设置在被门挡住的部位。

（3）加压送风机的选择。机械加压送风机可采用轴流风机或中、低压离心风机，其设置应符合下列要求：

1）送风机的进风口宜直通室外。

2）送风机的进风口宜设在机械加压送风系统的下部，且应采取防止烟气侵袭的措施。

3）送风机的进风口不应与排烟风机的出风口设在同一层面，当必须设在同一层面时，送风机的进风口与排烟风机的出风口应分开布置。竖向布置时，送风机的进风口应设置在排烟机出风口的下方，其两者边缘最小垂直距离不应小于3.0m；水平布置时，两者边缘最小水平距离不应小于10.0m。

4）送风机应设置在专用机房内。

5）当送风机出风管或进风管上安装单向风阀或电动风阀时，应采取火灾时阀门自动开启的措施。

（4）加压送风管道的设置。送风管道应采用光滑的不燃烧材料制作，且不应采用土建井道。当采用金属管道时，管道设计风速不应大于20m/s；当采用非金属材料管道时，管道设计风速不应大于15m/s；送风管道的厚度应按GB 50243《通风与空调工程施工质量验收规范》的高压系统矩形风管板材厚度选取。

竖向设置的机械加压送风管道应设置在独立的管道井内，当独立设置确有困难时，送风管道的耐火极限不应小于1.0h。水平设置的送风管道，当设置在吊顶内时，其耐火极限不应小于0.5h；当未设置在吊顶内时，其耐火极限不应小于1.0h。

机械加压送风系统的管道井应采用耐火极限不小于1.0h的隔墙与相邻部位分隔，当墙上必须设置检修门时应采用乙级防火门。

（5）防烟系统的自动控制。

1）采用机械加压送风方式的防烟系统应与火灾自动报警系统连锁。

2）加压送风机的启动应符合下列要求：

a. 送风机现场手动启动；

b. 通过火灾自动报警系统自动启动；

c. 消防控制室手动启动；

d. 系统中任一常闭加压送风口开启时，加压风机应能自动启动。

3）当防火分区内火灾确认后，控制系统应能在15s内联动开启常闭加压送风口和加压送风机，并应符合下列要求：

a. 应开启该防火分区楼梯间的全部加压送风机；

b. 当防火分区不跨越楼层时，应开启该防火分区内前室及合用前室的常闭加压送风口及其加压送风机；

c. 当防火分区跨越楼层时，应开启该防火分区内全部楼层的前室及合用前室的常闭加压送风口及其加压送风机；

d. 机械加压送风系统宜设有测压装置及风压调节措施；

e. 消防控制设备应显示防烟系统的送风机、阀门等设施启闭状态。

三、火力发电厂建筑排烟设计

火力发电厂建筑排烟设计及风量选择计算应符合现行国家标准。

建筑排烟系统应根据使用性质、平面布局等因素，优先采用自然排烟系统，确有困难时可采用机械排烟系统。同一个防烟分区应采用同一种排烟方式。在同一个防烟分区内不应同时采用自然排烟方式或机械排烟方式，因为这两种方式相互之间对气流造成干扰，影响排烟效果。尤其是在排烟时，自然排烟口还可能会在机械排烟系统动作后变成进风口，失去排烟作用。

（一）防烟分区的划分

（1）设置排烟系统的场所或部位应采用挡烟垂壁、结构梁及隔墙等划分防烟分区。挡烟垂壁是指采用不燃材料制成，垂直安装在建筑顶棚、梁或吊顶下，能在火灾时形成一定的蓄烟空间的挡烟分隔设施。防烟分区不应跨越防火分区。

（2）挡烟垂壁等挡烟分隔设施的深度不应小于储烟仓厚度。当采用自然排烟方式时，储烟仓的厚度不应小于空间净高的20%；当采用机械排烟方式时，不应小于空间净高的10%，且不应小于500mm。同时，储烟仓底部距地面的高度应大于疏散安全所需的最小清晰高度，走道、室内空间净高不大于3m的区域，其最小清晰高度不应小于其净高的1/2，其他区域最小清晰高度应按以下公式计算，即

$$H_q = 1.6 + 0.1H \qquad (7-8)$$

式中　H_q——最小清晰高度，m；

　　　H——排烟空间的建筑净高度，m。

（3）设置排烟设施的建筑内，敞开楼梯和自动扶梯穿越楼板的开口部应设置挡烟垂壁等设施。

（4）防烟分区的最大允许面积及其长边最大允许长度应符合表7-9的规定。

表7-9　防烟分区的最大允许面积及其长边最大允许长度

空间净高 H	最大允许面积（m²）	长边最大允许长度
$H \leqslant 3.0m$	500	24m
$3.0m < H \leqslant 6.0m$	1000	36m
$6.0m < H \leqslant 9.0m$	2000	60m；具有自然对流条件时，不应大于75m
$H > 9.0m$	防火分区允许的面积	

注　1. 走道宽度不大于2.5m时，其防烟分区的长边长度不应大于60m。

　　2. 汽车库防烟分区的划分及其排烟量应符合GB 50067《汽车库、修车库、停车场设计防火规范》的规定。

（二）自然排烟

（1）采用自然排烟系统的场所应设置排烟窗或开口。

（2）防烟分区内任一点与最近的排烟窗或开口之间的水平距离不应大于30m。当工业建筑采用自然排烟方式时，其水平距离尚不应大于建筑内空间净高的2.8倍；当公共建筑空间净高大于或等于6m，且具有自然对流条件时，其水平距离不应大于37.5m。

（3）当疏散走道、会议室、多功能厅或餐厅等需排烟区域的自然排烟窗开口的面积、数量、位置满足以下要求时，排烟区域可采用自然排烟的形式，否则采用机械排烟形式：

1）建筑面积小于或等于500m²的房间，排烟窗有效面积不应小于该房间建筑面积的2%；

2）建筑面积大于500m²的公共建筑，其排烟量不应小于表7-10中的数值，所需自然排烟的有效排烟面积应根据表7-10中的风量及排烟口风速计算；

表7-10　办公建筑、厂房及其他公共建筑的计算排烟量及排烟口风速

空间净高（m）	办公建筑（×10⁴m³/h）		厂房及其他公共建筑（×10⁴m³/h）	
	无喷淋	有喷淋	无喷淋	有喷淋
3.0	7.8	3.0	9.9	3.9
4.0	9.3	3.4	11.6	4.8
5.0	10.7	4.3	13.3	5.9
6.0	12.2	5.2	15.0	7.0
7.0	13.9	6.3	16.8	8.2
8.0	15.8	7.4	18.9	9.6
9.0	17.8	8.7	21.1	11.1
自然排烟侧窗口部风速（m/s）	0.94	0.64	1.01	0.74

注　表中建筑空间净高低于3.0m的，按3.0m取值；建筑空间净高高于9.0m的，按9.0m取值；建筑空间净高位于表中两个高度之间的，按线性插值法取值。自然排烟的储烟仓厚度应大于房间净高的0.2倍；排烟面积=计算排烟量/排烟窗口部风速；当采用顶开窗排烟时，其自然排烟口的风速可按侧窗口部风速的1.4倍计。

3）当公共建筑仅需在走道或回廊设置排烟时，在走道两端（侧）均设置面积不小于2m²的排烟窗，且两侧排烟窗的距离不应小于走道长度的2/3；

4）当公共建筑室内与走道或回廊均需设置排烟时，排烟窗有效面积分别不小于走道、回廊建筑面积的2%。

（4）排烟窗或开口应设置在排烟区域的顶部或外墙，并应符合下列要求：

1）当设置在外墙上时，排烟窗或开口应在储烟仓以内，但走道、室内空间净高不大于3m的区域的排烟窗或开口可设置在室内净高度的1/2以上；

2）排烟窗应沿火灾烟气的气流方向开启；

3）当房间面积不大于200m²时，排烟窗或开口的设置高度及开启方向可不限；

4）排烟窗或开口宜分散均匀布置，且每组的长度不宜大于3.0m；

5）设置在防火墙两侧的排烟窗或开口之间水平距离不应小于2.0m。

（5）排烟窗开启的有效面积尚应符合下列要求：

1）当采用开窗角大于70°的悬窗时，其面积应按窗的面积计算；当开窗角小于70°时，其面积应按窗最大开启时的水平投影面积计算。

2）当采用开窗角大于70°的平开窗时，其面积应按窗的面积计算；当开窗角小于70°时，其面积应按

窗最大开启时的竖向投影面积计算。

3）当采用推拉窗时，其面积应按开启的最大窗口面积计算。

4）当采用百叶窗时，其面积应按窗的有效开口面积计算。

5）当采用平推窗并设置在顶部时，其面积应按窗的 1/2 周长与平推距离乘积计算，且不应大于窗面积。

6）当平推窗设置在外墙时，其面积应按窗的 1/4 周长与平推距离乘积计算，且不应大于窗面积。

（6）自然排烟窗应设置手动开启装置，设置在高位不便于直接开启的自然排烟窗，应设置距地面高度 1.3～1.5m 的手动开启装置。

（三）机械排烟

1. 机械排烟系统的设置

当需要设置排烟设施的疏散走道或房间不具备自然排烟条件时，应设置机械排烟设施。

（1）建筑排烟设计当采用水平方向布置机械排烟方式时，每个防火分区应独立设置机械排烟系统。

（2）建筑高度超过 50m 的公共建筑应竖向分段独立设置，且每段高度不宜超过 50m。

（3）排烟系统与通风、空气调节系统应分开设置；除带回风循环管道的节能系统外，当确有困难时可以合用，但应符合排烟系统的要求，且当排烟口打开时，每台排烟风机承担的合用系统的管道上，需联动关闭的通风和空气调节系统的控制阀门不应大于 15 个。

（4）下列部位应设置排烟防火阀，排烟防火阀应符合 GB 15930《建筑通风和排烟系统用防火阀门》的相关规定：

1）垂直风管与每层水平风管交接处的水平管段上；

2）一个排烟系统负担多个防烟分区的排烟支管上；

3）排烟风机入口处。

2. 机械排烟系统的排烟量

火力发电厂公共建筑中的疏散走道、会议室、多功能厅或餐厅的每个防烟分区的机械排烟量可按以下要求确定：

（1）建筑面积小于或等于 500m² 的房间，其排烟量不应小于 60m³/（h·m²）。

（2）建筑面积大于 500m² 的公共建筑和工业建筑，其排烟量不应小于表 7-10 中的数值。

（3）当公共建筑仅需在走道或回廊设置排烟时，机械排烟量不应小于 13000m³/h。

（4）当公共建筑室内与走道或回廊均需设置排烟时，其走道或回廊的机械排烟量可按 60m³/（h·m²）计算。

3. 机械排烟系统的补风

对于地上建筑的机械排烟的走道或面积小于 500m² 的房间，由于这些场所的面积较小，排烟量也较小，可以利用建筑的各种缝隙，满足排烟系统所需的补风，为了简化系统管理和减少工程投入，可以不专门为这些场所设置补风系统。

在地下建筑的疏散走道或地上面积不小于 500m² 的房间设置机械排烟系统时，应同时设置补风系统。补风系统应直接从室外引入空气，且补风量不应小于排烟量的 50%。补风系统可采用疏散外门、手动或自动可开启外窗等自然进风方式以及机械送风方式。风机应设置在专用机房内。

补风口与排烟口设置在同一空间内相邻的防烟分区时，补风口位置不限；当补风口与排烟口设置在同一防烟分区时，补风口应设在储烟仓下沿以下；补风口与排烟口水平距离不应少于 5m。机械补风口的风速不宜大于 10m/s，人员密集场所补风口的风速不宜大于 5m/s；自然补风口的风速不宜大于 3m/s。

补风管道耐火极限不应低于 0.5h，当补风管道跨越防火分区时，管道的耐火极限不应小于 1.5h。

补风系统应与排烟系统联动开闭。

4. 排烟风机的设置

排烟风机的设置应符合下列要求：

（1）排烟风机的设计风压、风量应经计算确定，且设计风量不应小于计算量的 1.2 倍。

（2）排烟风机宜设置在排烟系统的顶部，烟气出口宜朝上，并应高于加压送风机和补风机的进风口。排烟风机的出风口不应与加压送风机和补风机的进风口设在同一层面，当必须设在同一层面时，送风机和补风机的进风口与排烟风机的出风口应分开布置。竖向布置时，排烟机出风口应设置在送风机和补风机进风口的上方，两者边缘最小垂直距离不应小于 3.0m；水平布置时，两者边缘最小水平距离不应小于 10.0m。

（3）排烟风机应设置在专用机房内，且风机两侧应有 600mm 以上的空间。对于排烟系统与通风、空气调节系统共用的系统，其排烟风机与排风风机的合用机房应符合下列要求：

1）机房内应设有自动喷水灭火系统；

2）机房内不得设有用于机械加压送风的风机与管道；

3）排烟风机与排烟管道上不宜设有软接管。当排烟风机及系统中设置有软接头时，该软接头应能在 280℃ 的环境条件下连续工作不少于 30min。

（4）排烟风机可采用离心式或轴流排烟风机，且风机应满足 280℃ 时连续工作 30min 的要求，排烟风机应与风机入口处的排烟防火阀连锁，当该阀关闭时，排烟风机应能停止运转。

5. 排烟系统管道及配件设置

（1）排烟管道。

1）排烟管道应采用光滑的不燃材料制作，且不应采用土建井道。当采用金属风道时，管道设计风速不应大于 20m/s；当采用非金属材料管道时，管道设计风速不应大于 15m/s；排烟管道的厚度应按 GB 50243《通风与空调工程施工质量验收规范》高压系统矩形风管板材厚度选取。

2）排烟管道的设置和耐火极限应符合下列要求：

a. 竖向设置的排烟管道应设置在独立的管道井内，排烟管道的耐火极限不应低于 0.5h。

b. 水平设置的排烟管道应设置在吊顶内，排烟管道的耐火极限不应低于 0.5h；当确有困难时，可直接设置在室内，但管道的耐火极限不应小于 1.0h。

c. 设置在走道部位吊顶内的排烟管道，以及穿越防火分区的排烟管道，其管道的耐火极限不应小于 1.0h，但设备用房和汽车库的排烟管道耐火极限可不低于 0.5h。

3）当吊顶内有可燃物时，吊顶内的排烟管道应采用不燃材料进行隔热，并应与可燃物保持不小于 150mm 的距离。

4）设置排烟管道的管道井应采用耐火极限不小于 1.0h 的隔墙与相邻区域分隔；当墙上必须设置检修门时，应采用乙级防火门。

（2）排烟管道配件。

1）当排烟口设在吊顶内，通过吊顶上部空间进行排烟时，应符合下列要求：

a. 吊顶应采用不燃材料，且吊顶内不应有可燃物；

b. 封闭式吊顶的吊平顶上设置的烟气流入口的颈部烟气速度不宜大于 1.5m/s；

c. 非封闭吊顶的开孔率不应小于吊顶净面积的 25%，且排烟口应均匀布置。

2）排烟口的设置尚应符合下列要求：

a. 排烟口宜设置在顶棚或靠近顶棚的墙面上。

b. 排烟口应设在防烟分区所形成的储烟仓内，但走道、室内空间净高不大于 3m 区域，其排烟口可设置在其净空高度的 1/2 以上；当设置在侧墙时，吊顶与其最近的边缘的距离不应大于 0.5m。

c. 对于需要设置机械排烟系统的房间，当其建筑面积小于 50m² 时，可通过走道排烟，排烟口可设置在疏散走道；排烟量应按 60m³/（h·m²）计算。

d. 火灾时由火灾自动报警系统联动开启排烟区域的排烟阀或排烟口，应在现场设置手动开启装置。

e. 排烟口的设置宜使烟流方向与人员疏散方向相反，排烟口与附近安全出口相邻边缘之间的水平距离不应小于 1.5m。

f. 排烟口的风速不宜大于 10m/s。

g. 每个排烟口的排烟量不应大于最大允许排烟量，最大允许排烟量 V_{max} 应按式（7-9）计算，即

$$V_{max} = 4.16\gamma d_b^{5/2}\left(\frac{T - T_o}{T_o}\right)^{1/2} \quad (7-9)$$

式中　V_{max}——排烟口最大允许排烟量，m³/s。

　　　γ——排烟位置系数；当风口中心点到最近墙体的距离大于或等于 2 倍的吸入口当量直径时，γ 取 1.0；当风口中心点到最近墙体的距离小于 2 倍的吸入口当量直径时，γ 取 0.5；当吸入口位于墙体上时，γ 取 0.5。

　　　d_b——排烟系统吸入口最低点之下烟气层厚度，m。

　　　T——烟层的平均绝对温度，K。

　　　T_o——环境的绝对温度，K。

3）排烟口或排烟阀平时为关闭时，应设置手动和自动开启装置，手动开启装置应便于操作。

4）机械排烟系统中的风口、阀门、密封垫料、支吊架等必须采用不燃材料制作。

6. 排烟系统联动控制

（1）除手动自然排烟窗外，排烟系统应与火灾自动报警系统连锁。

（2）排烟风机、补风机的控制方式，应符合下列要求：

1）现场手动启动；

2）消防控制室手动启动；

3）火灾自动报警系统自动启动；

4）系统中任一排烟阀或排烟口开启时，排烟风机、补风机自动启动；

5）排烟防火阀在 280℃时应自行关闭，并应连锁关闭排烟风机。

（3）机械排烟系统中的常闭排烟阀或排烟口应具有火灾自动报警系统自动开启、消防控制室手动开启和现场手动开启功能，其开启信号应与排烟风机联动。当火灾确认后，火灾自动报警系统应在 15s 内联动开启同一排烟区域的全部排烟阀、排烟口、排烟风机和补风设施，并应在 30s 内自动关闭与排烟无关的通风与空气调节系统。

（4）当火灾确认后，担负两个及以上防烟分区的排烟系统，应仅打开着火防烟分区的排烟阀或排烟口，其他防烟分区的排烟阀或排烟口应呈关闭状态。

（5）活动挡烟垂壁应具有火灾自动报警系统自动启动和现场手动启动功能，当火灾确认后，火灾自动报警系统应在 15s 内联动相应防烟分区的全部活动挡烟垂壁。

（6）自动排烟窗可采用与火灾自动系统联动或温度释放装置联动的控制方式。当采用与火灾自动报警系

统自动启动时，自动排烟窗应在 60s 内或小于烟气充满储烟仓时间内开启完毕。带有温控功能的自动排烟窗，其温控释放温度应大于环境温度 30℃ 且小于 100℃。

（7）消防控制设备应显示排烟系统的排烟风机、补风机、阀门等设施启闭状态。

（四）汽车库排烟

除敞开式汽车库、建筑面积小于 1000m² 的地下一层汽车库外，汽车库应设排烟系统，并应划分防烟分区。防烟分区的面积不宜超过 2000 m²。排烟系统可采用自然排烟和机械排烟两种方式。机械排烟系统可与人防、卫生、排气或通风系统合用。

当采用自然排烟时，可采用手动排烟窗、自动排烟窗、空洞等作为自然排烟口，总面积不应小于室内地面面积的 2%。排烟口应设置在外墙上方或屋顶上，并应设置方便开启的装置。房间外墙上的排烟口（窗）宜沿外墙方向均匀分布，排烟口（窗）的下沿不应低于室内净高的 1/2，并应沿气流方向开启。

每个防烟分区的机械排烟量不应小于 30000m³/h 且不应小于表 7-11 中的数值。

表 7-11　　汽车库的排烟量

汽车库的净高（m）	汽车库的排烟量（m³/h）	汽车库的净高（m）	汽车库的排烟量（m³/h）
3.0 及以下	30 000	6.1～7.0	36 000
3.1～4.0	31 500	7.1～8.0	37 500
4.1～5.0	33 000	8.1～9.0	39 000
5.1～6.0	34 500	9.1 及以上	40 500

汽车库内无直接通向室外的汽车疏散出口的防火分区，当设置机械排烟系统时，应同时设置补风系统，且补风量不宜小于排烟量的 50%。

四、防烟和排烟系统的设备及阀门选择

（一）建筑通风和排烟系统用防火阀

1. 建筑通风和排烟系统用防火阀的分类

防火阀可以按照控制方式、功能和外形分别分类。防火阀的名称符号为 FHF，排烟防火阀的名称符号为 PFHF，排烟阀的名称符号为 PYF。防火阀的标记如下：

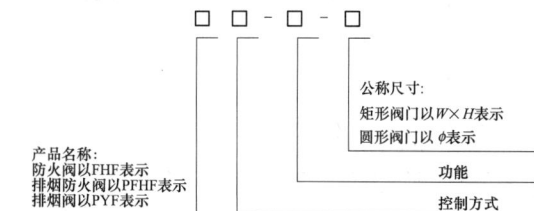

标记示例：

示例 1：FHF WSDj-F-630×500 表示具有温感器自动关闭、手动关闭、电控电动机关闭方式和风量调节功能，公称尺寸为 630mm×500mm 的防火阀。

示例 2：PFHF WSDc-Y-φ1000 表示具有温感器自动关闭、手动关闭、电控电磁铁关闭方式和远距离复位功能，公称直径为 1000mm 的排烟防火阀。

示例 3：PYF SDc-K-400×400 表示具有手动开启、电控电磁铁开启方式和阀门开启位置信号反馈功能，公称尺寸为 400mm×400mm 的排烟阀。

防火阀按控制方式及功能分类分别见表 7-12 和表 7-13。

表 7-12　　按阀门控制方式分类

代　　号		控　制　方　式
W		温感器控制自动关闭
S		手动控制关闭或开启
D	Dc	电控电磁铁关闭或开启
	Dj	电控电动机关闭或开启
	Dq	电控气动机构关闭或开启

注　排烟阀没有温感器控制方式。

表 7-13　　按阀门功能分类

代　　号	功　　能
F	具有风量调节功能
Y	具有远距离复位功能
K	具有阀门关闭或开启后阀门位置信号反馈功能

注　排烟防火阀和排烟阀不要求风量调节功能。

2. 防火排烟阀及风口的功能

防火阀安装在通风、空气调节系统的送、回风管道上，平时呈开启状态，火灾时当管内烟气温度达到 70℃ 时关闭，并在一定时间内能满足漏烟量和耐火完整性要求，起隔烟阻火作用。防火阀一般由阀体、叶片、执行机构和温感器等部件组成。

排烟防火阀安装在机械排烟系统的管道上，平时呈开启状态，火灾时当排烟管道内烟气温度达到 280℃ 时关闭，并在一定时间内能满足漏烟量和耐火完整性要求，起隔烟阻火作用。排烟防火阀一般由阀体、叶片、执行机构和温感器等部件组成。

排烟阀安装在机械排烟系统各支管端部的烟气吸入口处，平时呈关闭状态并满足漏风量要求，火灾或需要排烟时手动和电动打开，起排烟作用。带有装饰口或进行装饰处理的阀门称为排烟口。排烟阀一般由阀体、叶片、执行机构等部件组成。

防火防排烟系统常用的阀门及风口性能和用途见表 7-14。

表 7-14   **防火阀及排烟阀的性能及用途**

类别	名称	性能及用途	外 形
防火类	防火阀	采用 70℃温度熔断器自动关闭（防火），可输出联动信号。用于通风与空气调节系统风管内，防止火势沿风管蔓延	
防火类	防烟防火阀	靠感烟火灾探测器控制动作，用电信号通过电磁阀关闭（防烟），还可采用 70℃温度熔断器自动关闭（防火）。用于通风空气调节系统风管内，防止烟火蔓延	
防火类	防火调节阀	70℃时自动关闭，手动复位，0°～90°无级调节，可以输出关闭电信号	
防烟类	加压送风口	靠感烟火灾探测器控制，电信号开启，也可手动（或远距离缆绳开启），可设 70℃温度熔断器重新关闭装置，输出电信号联动送风机开启。用于加压送风系统的风口，防止外部烟气进入	 远控多叶排烟口/多叶送风口
排烟类	排烟阀	电信号开启或手动开启，输出开启电信号联动排烟机开启，用于排烟系统风管上	
排烟类	排烟防火阀	电信号开启，手动开启，输出动作电信号，用于排烟风机吸入口管道或排烟支管上。采用 280℃温度熔断器重新关闭	
排烟类	排烟口	电信号开启，手动（或远距离缆绳）开启，输出电信号联动排烟机，用于排烟房间的顶棚或墙壁上。采用 280℃重新关闭装置	

（二）消防高温排烟风机

消防高温排烟风机基本形式为轴流式结构，采用耐高温电动机，配设专门的电动机冷却系统，在介质温度 300℃高温条件下连续运转 60min 以上，100℃温度条件下连续运转 20h 不损坏，可用于通风和排烟两用。

　　消防高温排烟风机按照安装方式可分为卧式和屋顶式，按照风量风压可分为常压型、中压型和低压型，按照调速方式还可分成单速、双速和变频风机。为适应不同场所噪声要求，风机还可配不同长度消声器，

也可做成包覆式。

　　火力发电厂需要排烟的疏散走道、房间等场所的排烟系统可选用常压型单速消防高温排烟轴流风机。汽车库通风系统可采用双速高温排烟风机，正常通风采用低转速，排烟时采用高转速。

第八章

灭火系统与火灾自动报警系统的配置

第一节 各 种 油 箱

一、保护对象描述

1. 汽轮机主油箱

汽轮机主油箱的功能是存放汽轮机油，供汽轮机保安和润滑用油，排除油系统中从油中分离出来的气体，用滤网过滤掉油中的机械杂质，使汽轮机油得到初步净化。汽轮机油的闪点为 $180\sim200°C$，燃点为 $240\sim250°C$，自燃点为 $300\sim350°C$。

2. 磨煤机润滑油站

为保证磨煤机长期连续运行，磨煤机设有润滑油站，用于轴承润滑。润滑油站通常采用整体集装式，油站的密封满足防水、防尘和防盐雾要求。油系统（油站）采用独立的蒸汽加热装置，使润滑油在磨煤机启动前达到运行油温，又不产生局部过热而引起油质劣化。油站内有油箱、油泵、油冷却器以及与设备连接的管道、阀门、仪表等。

3. 给水泵油箱

给水泵油箱用于储存给水泵汽轮机本体轴承和被驱动的给水泵轴承润滑用油。当给水泵汽轮机润滑油与主汽轮机润滑油使用同一油品并且油压相同时，给水泵汽轮机润滑油箱可与主汽轮机润滑油箱合并，否则，给水泵汽轮机润滑油系统应单独设置，且单独设置比较常见。

4. 氢密封油装置

氢密封油装置为发电机轴两端的密封瓦提供压力油，既能防止氢气泄漏，也能防止空气和湿汽通过密封油进入发电机内部，保持发电机绕组干燥，并维持氢气的高纯度。

氢密封油装置所采用的润滑油与汽轮机润滑油相同，装置的渗油、喷油、漏油等如接触到汽轮机厂房内的高温管道，容易发生火灾。

5. 电液装置

电液装置即汽轮机控制油（EH 油）系统，其功能是实现汽轮机发电机组的转速、负荷控制以及超速保护。

EH 油系统按其功能分为三大部分，即 EH 供油系统、执行机构及危急遮断系统。

EH 供油系统是由油箱、滤油器、高压蓄压器、低压蓄压器、各种压力控制阀、油泵及电动机所组成的独立供油系统，其功能是向控制系统管路提供高压油、驱动油动机及控制阀门开度。

6. 柴油发电机及油箱

电厂中的柴油发电机主要用于事故保安电源或黑启动电源。柴油发电机组由内燃机和发电机组成，以柴油为燃料驱动柴油机并带动发电机向厂用电系统提供电能。

柴油属于易燃物，其存放和输送都有很多要求。柴油发电机组宜设高位油箱，也可同时设低位油箱。油箱的有效容积宜满足机组连续满载运行 8h 的用油量。

二、火灾探测器的配置

1. 火灾特点

上述几种油箱火灾具有如下特点：

（1）燃烧速度快，蔓延迅速；

（2）燃烧面积大，易形成立体火灾；

（3）燃烧时可产生大量的热和火焰辐射；

（4）可能产生蒸汽和油雾。

2. 火灾探测器的选择

根据上述几种油箱的火灾特点，可以选择感温型或火焰型探测器。鉴于这些油箱均布置在厂房中，周围没有封闭，而且其顶部距屋面有一定的空间，不适合布置点式感温探测器，故通常采用缆式线型感温火灾探测器、线型光纤感温火灾探测器、空气管式线型感温火灾探测器或者火焰探测器。

当上述油箱设置自动水灭火系统时，需要火灾自动报警系统联动控制消防设备，其联动触发信号应采用两个独立的报警触发装置报警信号的"与"逻辑组合。此时，上述几种油箱火灾探测器的布置可采用如下方式之一：

（1）缆式线型感温火灾探测器+火焰探测器；

（2）线型光纤感温+火焰探测器；

（3）空气管式线型感温+火焰探测器。

三、灭火系统的选择

机组容量为 300MW 及以上的燃煤电厂中，汽轮机主油箱、磨煤机润滑油站、给水泵油箱、氢密封油装置、电液装置、柴油发电机及油箱等均采用自动水灭火系统，可以采用自动水喷雾灭火系统、细水雾灭火系统或自动喷水灭火系统。

第二节　汽轮发电机组轴承

一、保护对象描述

汽轮发电机组的轴承有支持轴承和推力轴承两种类型。

支持轴承的作用是承担转子的重量及转子不平衡质量产生的离心力，并确定转子的径向位置，保证转子中心与汽缸中心一致，以保持转子与静止部分间正确的径向间隙。推力轴承的作用是承受转子上未平衡的轴向推力，并确定转子的轴向位置，以保证动、静部分间正确的轴向间隙。

二、火灾探测器的配置

1. 火灾特点

汽轮机各轴承处，尤其是机头前轴承，高压、中压缸前后轴承，发电机前后轴承，励磁机前后轴承的挡油板发生大量漏油时，遇汽封漏汽严重或集电环电刷冒火便可引起火灾。

汽轮发电机组轴承火灾具有如下特点：

（1）燃烧速度快；

（2）可能产生蒸汽和油雾。

2. 火灾探测器的选择

根据上述火灾特点，可以选择感温型火灾探测器、火焰探测器或空气管式线型感温火灾探测器。

三、灭火系统的选择

由于汽轮机轴承正常运转时温度很高，因此即使发生火灾也不宜立即喷水灭火，否则转子骤冷可能引起变形，所造成的损失将很严重；宜优先考虑切断润滑油供给，同时辅以手提式灭火器进行灭火。

第三节　汽机房油管道

一、保护对象描述

汽机房油管道系输送润滑油的管道。

润滑油的闪点为 180～200℃，燃点为 240～250℃，自燃点为 300～350℃。火力发电厂中的高温蒸汽及风道的温度在 400℃以上，尤其是汽轮机配套有许多口径不同的蒸汽管道和加热器，而且与油管纵横交错敷设。一旦润滑油泄漏，会喷溅到高温蒸汽管道或相邻高温表面上而造成火灾。润滑油的蒸气也会与空气形成爆炸性混合气体，遇火源易引起爆炸。

二、火灾探测器的配置

1. 火灾特点

汽机房油管道火灾具有如下特点：

（1）燃烧速度快，蔓延迅速；

（2）燃烧面积大，易形成立体火灾；

（3）燃烧时可产生大量的热和火焰辐射；

（4）可能产生蒸汽和油雾。

2. 火灾探测器的选择

根据上述火灾特点及油管道的布置情况，可以选择缆式线型感温火灾探测器、线型光纤感温火灾探测器或者空气管式线型感温火灾探测器。

当汽机房油管道设置自动水灭火系统时，需要火灾自动报警系统联动控制消防设备，其联动触发信号应采用两个独立的报警触发装置报警信号的"与"逻辑组合。此时，油管道火灾探测器的布置可采用如下几种方案之一：

（1）设置两路缆式线型感温火灾探测器，缠绕在油管道上；

（2）设置光纤感温火灾探测器，缠绕在油管道上；

（3）设置一路缆式线型感温火灾探测器或一路光纤感温火灾探测器加一路空气管式线型感温火灾探测器，缠绕在油管道上。

三、灭火系统的选择

机组容量为 300MW 及以上的燃煤电厂中，汽轮机运转层下及中间层油管道需设置自动水喷雾或自动喷水灭火系统。

第四节　锅炉燃烧器

一、保护对象描述

锅炉燃烧器分为油燃烧器和煤粉燃烧器两种类型。油燃烧器主要用于点火及助燃，在机组达到最低稳燃负荷前参与燃烧。机组达到最低稳燃负荷后将停止运行油燃烧器，仅运行煤粉燃烧器带机组负荷。煤粉燃烧器是锅炉正常运行时投送煤粉的装置。

为减少投资和燃油消耗量，新建煤粉锅炉机组采用微油点火技术或等离子点火技术。

常规大油枪燃烧器布置在煤粉燃烧器之间，根据锅炉燃烧需要设置不同层数。微油点火油枪和等离子点火装置根据锅炉燃烧需要布置在适合的煤粉燃烧器层。

锅炉燃烧方式主要有多角切圆燃烧、墙式切圆燃烧和对冲式燃烧三种。对于采用风扇磨制粉系统的机组，燃烧方式为多角切圆燃烧。对于 1000MW 等级超（超）临界机组，锅炉也有采用双炉膛双切圆燃烧方式的。

燃烧器中的点火油或煤粉泄漏均能引发火灾，并可迅速延燃燃料输送管道。

二、火灾探测器的配置

1. 火灾特点

锅炉燃烧器火灾具有如下特点：

（1）燃烧速度快，蔓延迅速；

（2）燃烧面积大，易形成立体火灾；

（3）燃烧时可产生大量的热和火焰辐射；

（4）可能产生蒸汽和油雾。

2. 火灾探测器的选择

根据锅炉燃烧器的火灾特点及布置特点，可选择缆式线型感温火灾探测器或线型光纤感温火灾探测器。

当锅炉燃烧器设置自动水灭火系统时，需要火灾自动报警系统联动控制消防设备，其联动触发信号应采用两个独立的报警触发装置报警信号的"与"逻辑组合。此时，锅炉燃烧器火灾探测器的布置方案为：

（1）设置两路缆式线型感温火灾探测器，缠绕在锅炉燃烧器周围的水消防管道上；

（2）设置两路线型光纤感温火灾探测器，缠绕在锅炉燃烧器周围的水消防管道上。

三、灭火系统的选择

机组容量为 300MW 及以上的燃煤电厂中，锅炉燃烧器（采用等离子点火装置除外）应设置自动水喷雾灭火系统或自动喷水灭火系统。

第五节 回转式空气预热器

一、保护对象描述

空气预热器是利用烟气将空气加热，加热后的空气用于助燃或制粉。空气预热器布置在锅炉省煤器后的尾部烟道上。回转式空气预热器一般用于 125MW 及以上煤粉锅炉，又分为两分仓、三分仓和四分仓三种形式。

二、火灾探测器的配置

1. 火灾特点

锅炉在启动、低负荷、变负荷或从燃油转到燃煤的过渡燃烧过程中，在正常运行中的不稳定燃烧时，均会有固态和液态的未燃尽可燃物，这些未燃烧产物会随烟气被带入尾部受热面和烟道中。未燃烧产物在空气预热器中积聚会导致起火燃烧，工程实践中也发生过多起空气预热器的着火事故。因此，预防空气预热器的着火和为其提供灭火措施是非常必要的。

2. 火灾探测器的选择

空气预热器系统的设计应符合如下要求：

（1）在空气预热器进出口烟道和风道上应有温度传感器，控制室应设有温度报警装置。空气预热器应有专门的火灾探测系统。

（2）回转式空气预热器应设有停转报警装置和灭火系统。

三、灭火系统的选择

机组容量为 300MW 及以上的燃煤电厂中，由设备厂家配套提供回转式空气预热器内的水喷雾喷头及消防给水管道接口，设计人员负责设计消防给水管道和控制阀门。

灭火系统控制方式通常为接到火灾报警信号以后，手动启动消防阀门。

第六节 集中控制楼与网络继电器室

一、保护对象描述

1. 集中控制楼

集中控制楼内一般设有集中控制室、电子设备间、热控配电间、工程师站、更衣室、交接班室、会议室、电气配电间、蓄电池室及电缆夹层等房间。

集中控制室主要布置如下设备：

（1）机组运行员操作站；

（2）数字化显示墙；

（3）消防盘；

（4）值长站。

2. 网络继电器室

网络继电器室内主要有继电器室、配电间及蓄电池室等房间。

除了蓄电池室根据蓄电池种类的不同，可能有防爆需求之外，其余房间设备均为无油设备。

二、火灾探测器的配置

1. 火灾特点

集中控制楼与网络继电器室内除电缆夹层外，其余房间内均布置了大量的电气/电子设备，其火灾特点是火灾初期有阴燃阶段，产生大量的烟和少量的热，很少或没有火焰辐射。

2. 火灾探测器的选择

根据集中控制楼与网络继电器室内各防护对象的火灾特点，可以选择感烟型火灾探测器（电缆夹层还可以选择缆式线型感温火灾探测器）。

当上述房间设置自动灭火系统时，需要火灾自动报警系统联动控制消防设备，其联动触发信号应采用两个独立的报警触发装置报警信号的"与"逻辑组合。此时，上述房间火灾探测器的布置可采用如下方案：

（1）控制室：吸气式感烟或点型感烟。

（2）电缆夹层：吸气式感烟或缆式线型感温和点型感烟组合。

（3）采用铅酸蓄电池的蓄电池室：氢气探测器或防爆型感烟火灾探测器。

（4）其他房间：吸气式感烟或点型感烟和点型感烟组合。

三、灭火系统的选择

机组容量为 300MW 及以上的燃煤电厂，集中控制楼和网络继电器室应设置自动灭火系统（控制室除外）。其中，电缆夹层可采用水喷雾、细水雾、水喷淋或气体（就灭火效果而言，宜首选水介质灭火）灭火系统，其他房间采用气体或其他介质灭火系统。实际工程中，上述房间大多采用气体灭火系统。可供选择的气体灭火系统主要为 IG541 灭火系统、七氟丙烷灭火系统及热气溶胶预制灭火系统。

各种气体灭火系统及装置的比较见表 8-1。

表 8-1 　　　　　　　　　　各种气体灭火系统及装置的比较

灭火系统 比较项目	七氟丙烷 灭火系统	IG541 灭火系统	二氧化碳 灭火系统	热气溶胶预制 灭火系统	火探管式自动 探火灭火装置	超细干粉 灭火装置
灭火剂介质	七氟丙烷	52%氮气、40%氩气、8%二氧化碳	二氧化碳	60%氮气/30%二氧化碳和小于1μm的固体微粒，分S型和K型	七氟丙烷、二氧化碳、IG541 等	超细干粉，微粒小于 5μm
灭火设计 浓度 C	>7%	>35%	>34%	100~140g/m³	根据灭火剂种类确定	50~70g/m³
灭火剂喷放 时间 t（s）	<10	≤60	<60	<90	根据灭火剂种类确定	≤30
储存容器（增压）压力 p（MPa）	2.5、4.2、5.6	15、20	高压：15；低压：2.0~2.2	常压储存	根据灭火剂种类确定	1.6
储存（环境） 温度 T（℃）	0~50	0~50	高压：0~49；低压：−18~−20	−10~50	根据灭火剂种类确定	−20~55
灭火剂储存 方式	液态储存	混合气体	高压：气、液两相储存；低压：液态储存	一体化装置，固态储存	利用自身储压，根据灭火剂种类确定	超细干粉灭火剂，固态储存
启动形式	外储压式或高压氮气瓶组启动	高压氮气瓶组启动	高压：高压氮气瓶组启动；低压：靠自身一系列控制、执行机构启动	电子汽化启动器	依靠一根充压的火探管启动	启动器中的产气剂瞬间膨胀产生高压气体
对人体的 影响	低毒	无毒	低毒	无毒	极小	无毒
灭火性能	七氟丙烷是洁净气体灭火剂，具有物理、化学双重灭火机理，灭火速度快，效率高，喷放后不留痕迹；技术成熟，适宜的灭火浓度可用于有人场所	IG541 是一种无色、无味、无毒的惰性不导电的纯绿色压缩气体；以物理方式对燃烧产生窒息作用而灭火，喷放后不留痕迹，适用于有人场所	绝缘性好、不污染设备、毒性低；价格低廉，以窒息作用灭火，冷却降温和隔热对灭火也起重要作用	必须靠自身燃烧后将灭火剂释放，喷射时出口温度较高，集物理、化学、水雾三者灭火于一体	依靠一根经充压的火探管与一套火探瓶组快速、准确、有效地探测及扑灭火源，是集报警和灭火于一体的灭火装置	适用于各种大、小保护区的灭火；有柜式、悬挂式、壁装式自动灭火装置，适用于配电机室、电缆隧道等

续表

灭火系统 比较项目	七氟丙烷 灭火系统	IG541 灭火系统	二氧化碳 灭火系统	热气溶胶预制 灭火系统	火探管式自动 探火灭火装置	超细干粉 灭火装置
优缺点	优点：采用外储压式，灭火剂输送距离可达200m；输送管径较小，减少了投资；适合远距离、大面积空间防护区灭火。 缺点：含氢氟酸	优点：纯天然洁净的、无腐蚀性的灭火剂，消耗臭氧潜能值（ODP）为0，技术成熟的气体系统。 缺点：灭火浓度较大，灭火剂瓶组较多	优点：低压储存装置占地面积小，成本低，安装维护方便，可随时充装灭火剂，不需更换储存装置，节约投资。 缺点：有人工作场所的适用性受限，高压灭火瓶组较多	优点：灭火性能可靠，无污染、无公害，绝缘性好的惰性气体，成本低，常压储存，工作压力低。 缺点：灭火装置出口温度较高	优点：安装简便，无需储瓶间，无电源全自动操作，无需专门的烟、温感探测器，适用于较大空间内有封闭外壳及体积较小的设备，灭火剂用量少，造价低。 缺点：在每个防护区内均需设置灭火剂容器	优点：灭火速度快、效果好、范围广，常压储存安全可靠，无泄漏和爆炸问题，造价低，灭火剂单位体积的灭火效率是哈龙的3～5倍、普通干粉的6～10倍、七氟丙烷的10倍、二氧化碳的15倍，无需封闭空间，消耗臭氧潜能值（ODP）及全球变暖潜能值（GWP）均为0。 缺点：有管网系统时应用受限

注　表中按全淹没灭火系统考虑。

第七节　电缆桥架、竖井及电缆隧道

一、保护对象描述

电缆桥架和电缆竖井是发电厂中常用的电缆设施，用于构建电缆通道。电缆桥架和竖井中通行大量的动力和控制电缆。

电缆隧道是电缆设施的一种，用于在地下通过大量的电缆。通常隧道高度允许工作人员站立行走，具有相应的照明和通风装置，单侧或双侧敷设电缆。

由于电缆的绝缘材料属于可燃物，因此当导体因故障过热或受到外部高温影响时，都有可能引起绝缘材料燃烧并产生火焰的延燃，同时产生大量的烟雾和有毒气体。

电缆隧道的平、剖面图见图8-1、图8-2。

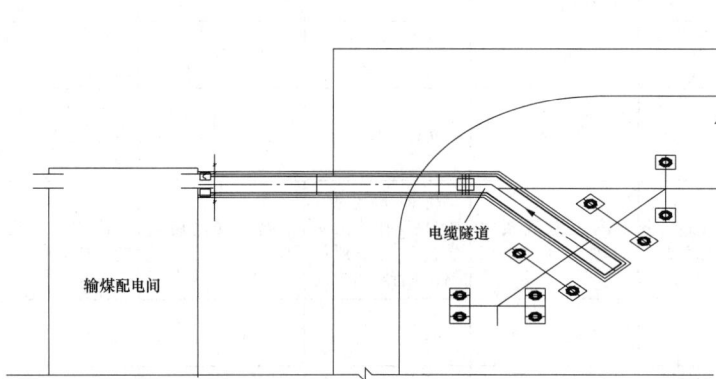

图 8-1　电缆隧道平面布置图

二、火灾探测器的配置

1. 火灾特点

电缆火灾事故不论是由于外界火源引起，还是由于电缆本身故障引起，在着火后，都具有蔓延快、火势猛、抢救难、损失大、抢修恢复困难的特点。

2. 火灾探测器的选择

根据上述火灾特点及电缆桥架、竖井与电缆隧道的布置情况，选择缆式线型感温火灾探测器。

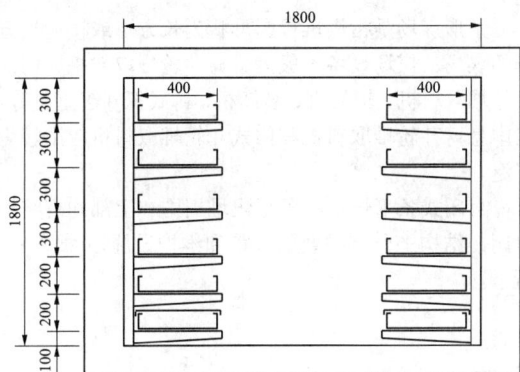

图8-2 电缆隧道剖面图

三、灭火系统的选择

机组容量为 300MW 及以上的燃煤电厂中，电缆竖井消防可采用超细干粉灭火装置、热气溶胶或火探管式灭火装置。电缆隧道消防可采用水喷雾灭火系统或细水雾灭火系统。

细水雾灭火系统与水喷雾灭火系统相比，其优点是：用水量小，仅为后者用水量的 1/10，适合在缺水地区使用；灭火速度快；水渍损失小，火灾后的清理工作量小；对防护对象的损害小。其缺点是：对水质要求较高，至少要符合生活饮用水标准，设备的日常维护工作量大。

设计人员可根据上述特点合理选用灭火系统。

第八节 大型油浸式变压器

一、保护对象描述

变压器是火力发电厂的重要电气设备，分为三相和单相两种，利用电磁感应实现电能的传输和电压的变换。

发电厂中应用的大容量变压器多为油浸式变压器，变压器油箱内充满成吨的变压器油。当变压器运行过程中发生内部故障或承受外部故障电流时，都会在绕组中产生大量的热，使变压器油分解气化。严重时，可能导致变压器油箱或套管炸裂，高温绝缘油喷射燃烧，形成变压器火灾。

变压器的主要性能参数有容量、绕组电压、冷却方式、联结组别、绝缘水平等。

变压器绝缘材料中用量最大的是绝缘油（变压器油），变压器正常运行时，绕组和铁芯磁件外壳产生大量的热量，变压器油温最高可达 90℃ 以上。如果变压器过负荷运行，油温将会更高。变压器里的绝缘材料，如电缆纸、棉纱、布料、木块等在较高温度作用下将逐步发生老化，使绝缘强度降低，这样当变

压器发生穿越性故障、过电压冲击、检修质量不良使局部绝缘受伤、变压器油质劣化或者变压器进水受潮时，都会引起变压器绝缘击穿，造成短路，产生电弧。在电弧的高温作用下，油迅速分解气化、闪燃并着火（变压器油的闪点为 140℃，燃点为 165～180℃，自燃点为 332℃），从而使变压器内部压力急剧增加，造成外壳爆裂，大量喷油着火，最终将导致全厂停电，影响正常生产和生活供电，甚至造成巨大的经济损失。

变压器的外形见图 8-3。

图8-3 变压器外形图

二、火灾探测器的配置

1. 火灾特点

变压器火灾具有如下特点：

（1）燃烧速度快；

（2）燃烧时可产生大量的热和火焰辐射；

（3）可能产生蒸汽和油雾。

2. 火灾探测器的选择

根据上述变压器的火灾特点，可以选择感温型或火焰型火灾探测器。

当变压器采用自动灭火系统时，需要火灾自动报警系统联动控制消防设备，其联动触发信号应采用两个独立的报警触发装置报警信号的"与"逻辑组合。因此，变压器火灾探测器的布置可采用如下方案：

（1）设置两路缆式线型感温火灾探测器，缠绕在变压器本体或其周围的水喷雾管道上；

（2）设置一路缆式线型感温火灾探测器，再设置一组火焰探测器。

三、灭火系统的选择

容量为 $9 \times 10^4 kV \cdot A$ 的油浸式变压器、机组容量为 300MW 及以上的燃煤电厂的油浸式变压器，可采用自动水喷雾灭火系统或其他灭火形式［主要指排油注氮灭火系统（应用较少）］。

第九节　室内贮煤场

一、保护对象描述

基于环保的原因，近年来，在城市乃至沿海地区的火力发电厂建设了大量室内贮煤场。室内贮煤场分为条形、圆形两种。

条形煤场是指煤堆投影形状为长方形或接近长方形的煤场。煤场设备一般为悬臂斗轮堆取料机、门式斗轮堆取料机、耙料机、装卸桥、桥式抓斗起重机等，其中悬臂斗轮堆取料机和门式斗轮堆取料机应用较为广泛。

封闭式条形煤场：条形煤堆周围和上部均有结构封闭，结构上留有必要的开口和维护设施，如图 8-4 所示。

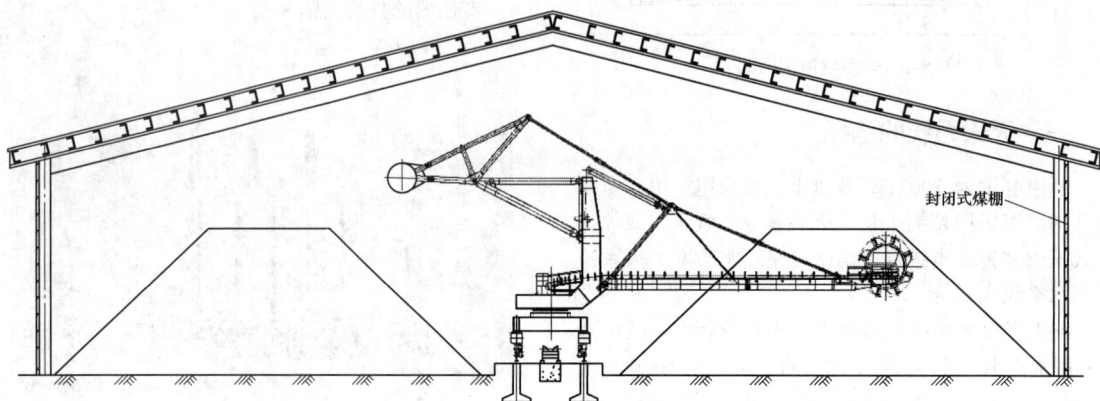

图 8-4　封闭式条形煤场示意图

圆形煤场是指煤堆投影形状为圆环形或接近圆环形的煤场。圆形煤场通常采用封闭式布置，具有占地省、外形美观、环保指标先进、自动化程度高、运行安全可靠、不受天气影响等优点，目前已在国内沿海经济发达地区及环保要求高的发电厂中得到迅速推广和应用，如图 8-5 所示。

图 8-5　圆形煤场及堆取料机

以上煤场的突出特点是体积大、面积大、煤储量多、造价高。如何保护它们，是大空间消防问题。煤场内虽然储存有大量可燃烧煤，然而煤场与大空间的仓库又很不相同：①煤场的煤，可能会自燃，但是不会形成不能控制的大火，仅仅是褐煤或高挥发分煤在水分、温度及储存时间均适宜的情况下自燃；②自燃一般在煤堆的一定深度中进行，外在表现形式以烟为主；③煤燃烧的部位通常在煤堆的外缘。可以看出，大型室内煤场存在火险，但基本可控，不足以产生严重后果。

二、火灾探测器的配置

1. 火灾特点

室内贮煤场的火灾具有如下特点：

（1）燃烧缓慢；

（2）烟雾较多；

（3）煤场边缘处常见；

（4）多阴燃，少明火。

2. 火灾探测器的选择

由于室内贮煤场的穹顶高度多在 30～50m，属于大空间场所，因此可采用双波段图像型火灾探测器、感温火灾探测器（通常为手持式或固定在挡煤墙内）或者光截面感烟火灾探测器。

当室内贮煤场采用自动消防炮时，应与火灾自动报警系统联动。需要火灾自动报警系统联动控制的消防设备，其联动触发信号应采用两个独立的报警触发装置报警信号的"与"逻辑组合。

实际工程中也有设置手动固定水炮系统的案例。

三、灭火系统的选择

室内贮煤场属于大空间场所，工程中大多采用

固定消防炮灭火系统。矩形室内贮煤场消防炮剖面见图 8-6，圆形室内贮煤场消防炮布置见图 8-7。

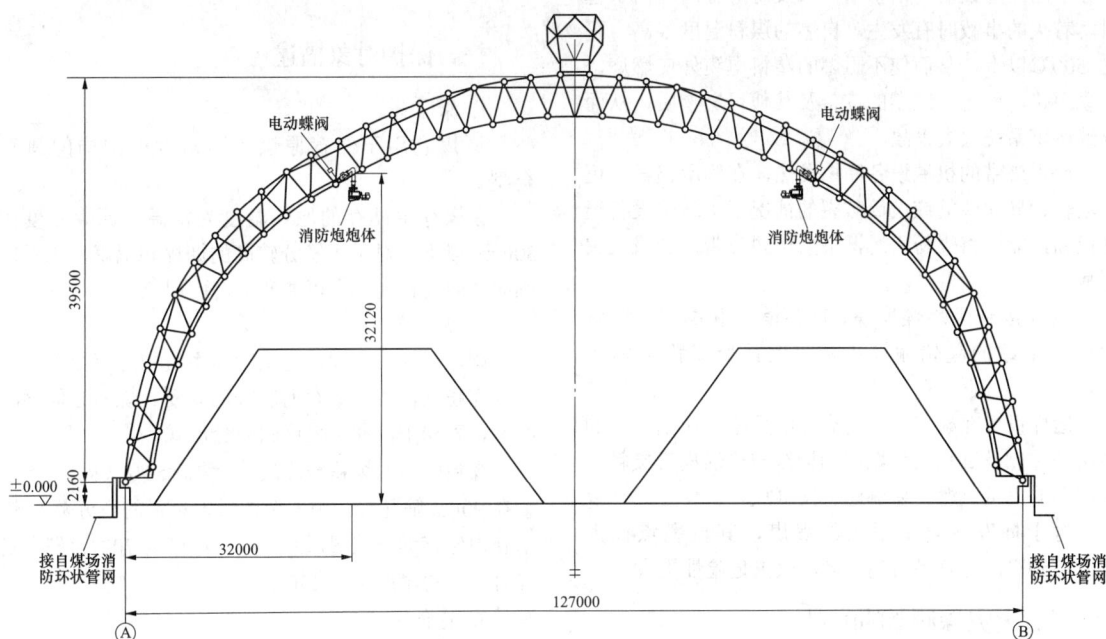

图 8-6　矩形室内贮煤场消防炮剖面图

图 8-7　圆形室内贮煤场消防炮布置图

第十节　运煤栈桥、转运站及碎煤机室

一、保护对象描述

运煤系统的任务是将煤场和储煤槽（罐）的原煤连续不断地输送至锅炉的原煤仓。

运煤系统通常采用带式输送机将卸煤设施、贮煤设

施、筛碎设施等按一定的规则串起来构成完整的运煤工艺系统。其中，带式输送机通廊通常称为栈桥（多为封闭式），燃煤中转站称为转运站，用于布置筛碎设施的建筑称为碎煤机室。

运煤系统在运转过程中，皮带运行速度一般为 2m/s 左右，在皮带抖动过程中有煤粉扬起。煤料在皮带转换过程中落差较大，易引起煤粉飞扬。原煤在经过碎煤机破碎时，密封不严，煤粉飞扬更严重。扬起的煤粉若无除尘设备收集，将会在空中荡扬之后，落

在皮带间地面上、设备外壳上、皮带上、皮带支架上、电动机上、电缆上、门窗上。这些煤粉如不及时清理，将会逐步氧化、温度升高，最后引起自燃甚至爆炸。实际中因除尘设备内部积粉，未及时进行清理而引起自燃着火的事故时有发生。自燃的煤粉温度很高，可达 500℃以上，从而使不阻燃的塑料电缆外皮燃烧、电缆短路，引燃不阻燃的皮带及其他可燃物质，从而导致运煤系统火灾事故。

运煤皮带的机械设备摩擦发热，在轴承损毁、机械堵转、导向滚筒或滚筒破裂的情况下，这些设备温度很高，能够将煤粉引燃，最后烧毁皮带，造成火灾事故。

运煤皮带因堵煤摩擦，产生静电和高温，将引起坑口电站的起始输煤皮带附近瓦斯或粉尘爆炸燃烧。

运煤设备在检修中，电火焊的焊渣、切割下来的高温铁件以及酒精喷灯燃着的棉纱与输煤皮带接触，将可燃的皮带点燃，易引起火灾事故。

对于挥发分含量很大的褐煤，其自燃点仅为250～350℃，更容易引起自燃，火灾危险性更大。

二、火灾探测器的配置

1. 火灾特点

运煤栈桥、转运站及碎煤机室的火灾具有如下特点：

（1）易自燃；

（2）燃烧速度快，蔓延迅速；

（3）燃烧时可产生大量的热和火焰辐射。

2. 火灾探测器的选择

运煤栈桥、转运站及碎煤机室采用缆式线型感温火灾探测器，运煤栈桥还可采用火焰探测器。

当运煤栈桥、转运站及碎煤机室的接口处设置水幕系统时，需要火灾自动报警系统联动控制消防设备，其联动触发信号应采用两个独立的报警触发装置报警信号的"与"逻辑组合。因此，在上述接口处设置两路缆式线型感温火灾探测器，或者一路缆式线型感温火灾探测器加一路火焰探测器。

三、灭火系统的选择

机组容量为 300MW 及以上的燃煤电厂，或封闭式运煤栈桥为钢结构的电厂，封闭式运煤栈桥消防可采用水喷雾或自动喷水灭火系统，在运煤栈桥、转运站及碎煤机室的接口处设置水幕系统。

当冬季运煤栈桥内温度始终处于 0℃以上时，栈桥消防通常采用湿式自动喷水灭火系统；当运煤栈桥温度不能保证始终处于 0℃以上时，则应采用干式自动喷水灭火系统、雨淋系统或水喷雾灭火系统。

第十一节　原煤仓、煤粉仓、筒仓

一、保护对象描述

1. 原煤仓

原煤仓用于储存原煤，通常为钢结构的圆筒仓型。

原煤仓中储存的原煤温度为常温，原煤粒度在30mm 以下。对于挥发分较高的烟煤和褐煤，由于自燃的倾向性较高，有可能产生自燃现象。

2. 煤粉仓

钢球磨煤机中间储仓式制粉系统中除有原煤仓外还有煤粉仓，用于储存磨制好的煤粉。煤粉仓储存时间短、容积小，通常采用圆筒仓形式。

煤粉仓中的煤粉粒度较小，$R_{90}<50\%$（R_{90} 是指煤粉在 90μm 筛孔筛子中的余留量占总量的百分数）。煤粉仓内储存烟煤或褐煤时，煤粉温度为 70℃；储存贫煤时，煤粉温度可达 130℃。

3. 筒仓

筒仓是指用来储存燃煤的封闭式仓库。筒仓的平面形状有正方形、矩形、多边形和圆形等，因圆形筒仓的仓壁受力最合理、投资较省，故贮煤筒仓通常设计为圆形。

近年来，随着大型筒仓及其存取设备技术的逐步成熟，筒仓作为贮煤设施已被广泛应用于燃煤发电厂。筒仓具有堆煤高度高、占地面积小、单位面积贮煤量大、全封闭结构、环保指标先进等优点。常见的贮煤筒仓有锥底筒仓和平底筒仓两种，本手册以锥底筒仓为例进行详细说明，平底筒仓可参照执行。

当原煤仓较长时间储存挥发分较高的煤种时，具有发生火灾甚至爆炸的危险性。

由于环境保护条件的提高，近年来筒仓贮煤的方案在发电厂建设中已占有相当的比重。大型筒仓的单仓储量已由初期的 500t 发展到 30000t 级。对于储存褐煤或高挥发分易自燃煤种的筒仓，应对仓内温度、可燃气体和烟气进行必要的监测并采取相应的措施，以利安全运行。

二、火灾探测器的配置

1. 火灾特点

原煤仓、煤粉仓及筒仓的火灾具有如下特点：

（1）燃烧缓慢；

（2）烟雾较多；

（3）易发生爆炸；

（4）多阴燃，少明火。

2. 火灾探测器的选择

原煤仓、煤粉仓及筒仓可选择感温火灾探测器及一氧化碳探测器。

煤的自燃是一个缓慢的过程，自燃的显著标志是一氧化碳浓度的升高和温度的升高。前者更为敏感，易于探测，对于早期报警具有积极意义；后者若以缠绕在原煤仓外的线型感温火灾探测器探测，其报警信号的发出可能会滞后于一氧化碳浓度信号，这对于早期惰化是不利的。当一氧化碳浓度达到报警值时，宜有人员到现场查看情况，确认发生自燃后，采取手动启动的方式实施惰化。当一氧化碳浓度和温度同时达到报警值时，可认定发生了自燃，应立即自动启动惰化。

感温火灾探测器可选择缆式线型感温火灾探测器或热点感温火灾探测器。

原煤仓内部某厂家热点感温火灾探测器的布置见图8-8，热点感温火灾探测器设备详图见图8-9。

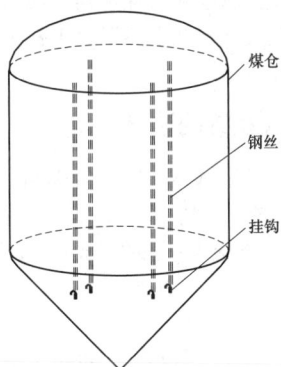

图 8-8 热点感温火灾探测器布置示意图

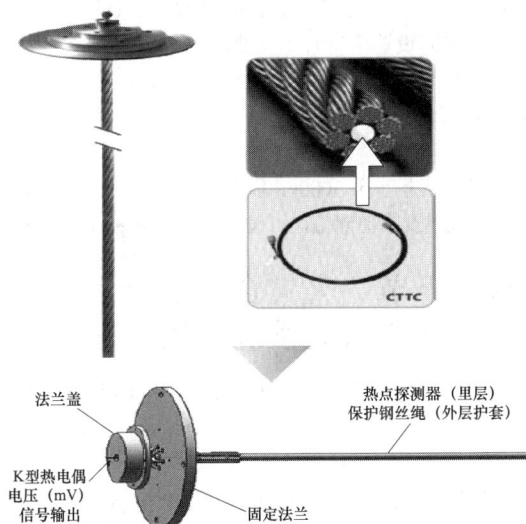

图 8-9 热点感温火灾探测器设备详图

三、灭火系统的选择

1. 灭火系统的选型

机组容量为 300MW 及以上的燃煤电厂中，出于安全考虑，原煤仓配置惰化系统是必要的。参考美国消防协会 NFPA 850—2015《电厂和高压直流换流站消防推荐标准》，惰化限定在 8h 内完成并据此确定气体的流量。二氧化碳作为惰化介质具有一定的经济性，宜优先选用。

惰化的实施曾有多种模式，如设置两套管路系统，分别喷放液态和气态。惰化总体上是均匀流量喷放，但也不排除早期自燃现象严重需要大流量压制的可能，因此系统应考虑能够对流量进行控制调节。煤粉系统的火灾与普通的气体火灾和固体火灾不同，它往往有很隐蔽的阴燃过程，也有进一步形成爆炸的可能；破坏煤粉系统稳定性的行为具有引起爆炸的风险，因此常规的低压二氧化碳系统应设置汽化器和稳压装置，旨在保证惰化介质长时间的稳定持续供给，避免过高压力破坏系统的稳定性。

2. 设计参数

原煤仓采用低压二氧化碳系统进行惰化时，气体用量可按照单个煤斗容积的 3 倍计算。

第十二节 氨 区

一、保护对象描述

NO_x 是一种主要的大气污染物，排放到大气中的 NO_x 是形成酸雨的主要原因，对生态环境具有严重危害。目前国内 65% 左右的 NO_x 是由煤燃烧所产生的，因此，为了去除烟气中的 NO_x，很多火力发电厂均安装了脱硝装置。烟气脱硝技术工艺主要有选择性非催化还原法（SNCR）、选择性催化还原法（SCR）及 SHCR/SCR 联合脱硝技术等。其中，氨系统用来制备脱硝用的还原剂，是脱硝装置中必不可少的组成部分。火力发电厂常用的制氨方法有纯氨法和尿素制氨法。氨区是纯氨法中液氨储存与供应系统设备安装区域的通称。

液氨的储存与供应系统包括卸料压缩机、液氨储罐、液氨蒸发槽、氨气缓冲罐、氨稀释槽、废水泵、废水池、稀释风机以及混合器等。

二、火灾探测器的配置

1. 火灾特点

氨区主要存在爆炸危险。

2. 火灾探测器的选择

电厂中氨区一般设置液氨储罐，通过管道向脱硝装置输送氨气。根据其布置特点，选择缆式线型感温火灾探测器或者火焰探测器，同时应设置氨气泄漏检测器。

液氨储罐、液氨蒸发设备及管道应设置水喷雾灭火系统，并与火灾自动报警系统联动。需要火灾自动报警系统联动控制的消防设备，其联动触发信号应采用两个独立的报警触发装置报警信号的"与"逻辑组合。因此，氨区火灾探测器的布置可采用如下方案：

（1）设置两路缆式线型感温火灾探测器，缠绕在液氨储罐周围的水喷雾管道上；

（2）设置一路缆式线型感温火灾探测器，再设置一组火焰探测器。

三、灭火系统的选择

液氨储罐、液氨蒸发设备及管道应设置水喷雾灭火系统。

第十三节　供氢站、制氢站

一、保护对象描述

大型发电机的冷却方式主要有水冷和氢冷两种，一般是定子用水冷，转子用氢冷。

火力发电厂中最常用的氢气制取方式为水电解制氢。制氢设备由制氢处理器单元、供氢单元、加水配碱单元、氢贮罐单元、整流柜、配电柜、控制柜、漏氢监测及报警装置、在线氢气纯度仪、在线氢气湿度仪，以及在线氧中氢、在线氢中氧分析仪和相关控制设备等组成。

氢气为易燃易爆气体，与空气混合有爆炸的危险，爆炸极限为4%～75%，按GB 50016—2014《建筑设计防火规范》的规定，火灾危险性属于甲类。

二、火灾探测器的配置

1. 火灾特点
氢站主要存在爆炸危险。
2. 火灾探测器的选择
制氢站和供氢站设置氢气探测器。

三、灭火系统的选择

制氢站和供氢站灭火采用二氧化碳或干粉灭火器。

第十四节　点　火　油　罐

一、保护对象描述

火力发电厂大多设置有供锅炉点火用油、稳燃的

点火油罐。油罐为钢质，通常为地上布置，是发电厂的重点防火部位，应采取严格的防火措施。火力发电厂常用点火用油为轻油（以轻柴油居多）和重油，均属可燃油品。轻柴油和重油均属于丙类液体。

根据油系统对于黏度的要求，轻油储罐内的轻油需加热到50℃，重油储罐内的重油需加热到80℃。新建电厂的储罐区内油罐总储油量不超过5000m³。

二、火灾探测器的配置

1. 火灾特点
点火油罐的火灾特点如下：
（1）燃烧速度快，蔓延迅速；
（2）燃烧面积大，易形成立体火灾；
（3）燃烧时可产生大量的热和火焰辐射；
（4）可能产生蒸汽和油雾；
（5）如有防火堤，其影响范围可以控制。
2. 火灾探测器的选择

根据上述火灾特点及点火油罐的布置情况，可以选择缆式线型感温火灾探测器、线型光纤感温火灾探测器、空气管式线型感温火灾探测器或者火焰探测器。

三、灭火系统的选择

机组容量为300MW及以上的燃煤电厂，点火油罐区宜采用低倍数或中倍数泡沫灭火系统。

点火油罐泡沫灭火系统的型式应符合下列要求：

（1）单罐容量大于200m³的油罐，应采用固定式泡沫灭火系统；

（2）单罐容量小于或等于200m³的油罐，可采用移动式泡沫灭火系统。

另外，点火油罐应设置消防冷却水系统。消防冷却水系统的设置应符合下列要求：

（1）容量大于或等于3000m³或罐壁高度大于或等于15m的地上立式储罐，应设置固定式消防冷却水系统。

（2）容量小于3000m³且罐壁高度小于15m的地上立式储罐以及其他储罐，可设移动式消防冷却水系统。

第十五节　火灾自动报警系统与固定灭火系统配置汇总

（1）机组容量为50～150MW的燃煤电厂，在电缆夹层、控制室、电缆隧道、电缆竖井及屋内配电装置处应设置火灾自动报警系统。

（2）机组容量为200MW及以上但小于300MW的燃煤电厂，其主要建（构）物、设置场所和设备的火灾探测器的选型应符合表8-2的要求。

表 8-2　200MW 及以上但小于 300MW 的燃煤电厂主要建（构）物、设置场所和设备的火灾探测器选型

建（构）筑物、设置场所和设备		火灾探测器类型
集中控制楼 （单元控制室）、 网络控制楼	电缆夹层	缆式线型感温
	电子设备间	高灵敏型管路采样吸气式感烟（以下简称吸气）/点型感烟
	控制室	吸气/点型感烟
	工程师室	吸气/点型感烟
	继电器室	吸气/点型感烟
	配电装置室	感烟
微波楼和通信楼		感烟
脱硫控制楼	控制室	感烟
	配电装置室	感烟
	电缆夹层	缆式线型感温
汽机房	汽轮机油箱	缆式线型感温/火焰/光纤/空气管
	汽轮机调节油系统（抗燃油除外）	缆式线型感温/火焰/光纤/空气管
	氢密封油装置	缆式线型感温/火焰/光纤/空气管
	汽轮机轴承	感温/火焰/空气管
	汽轮机运转层下及中间层油管道	缆式线型感温/光纤/空气管
	给水泵油箱	缆式线型感温/光纤/空气管
	配电装置室	感烟
	氢冷发电机漏氢检测	可燃气体
锅炉房及煤仓间	锅炉本体燃烧器区	缆式线型感温/光纤/空气管
	磨煤机润滑油箱	缆式线型感温/光纤/空气管
	原煤仓、煤粉仓（易自燃煤）	缆式线型感温
	煤仓间带式输送机层	缆式线型感温
运煤系统	控制室与配电间	感烟
	转运站	缆式线型感温
	碎煤机室	缆式线型感温
	运煤栈桥	缆式线型感温
	室内贮煤场	感温
其他	柴油发电机室	感烟
	点火油罐	光纤/缆式线型感温/空气管/火焰
	汽机房架空电缆处	缆式线型感温
	锅炉房零米以上架空电缆处	缆式线型感温
	汽机房至主控制楼电缆通道	缆式线型感温
	电缆竖井	缆式线型感温
	主厂房内主蒸汽管道与油管道交叉处	缆式线型感温
	氨区液氨储罐	氨气泄漏检测器
	柴油机驱动消防泵泵组及油箱	感温+火焰
	供氢站、制氢站	可燃气体

（3）机组容量为 300MW 及以上的燃煤电厂，其主要建（构）物、设置场所和设备的火灾探测器和固定灭火系统的选型应符合表 8-3 的要求。

表 8-3   300MW 及以上燃煤电厂主要建（构）物、设置场所和设备的火灾探测器和固定灭火系统选型

建（构）筑物、设置场所和设备		火灾探测器类型	固定灭火系统类型
集中控制楼、网络控制楼	电缆夹层	缆式线型感温	水喷雾/细水雾/水喷淋/气体
	电子设备间	（吸气+点型感温）/（点型感烟+点型感温）	气体
	控制室	吸气/点型感烟	—
	工程师室	（吸气+点型感温）/（点型感烟+点型感温）	气体
	继电器室	（吸气+点型感温）/（点型感烟+点型感温）	气体
	配电装置室	感烟+感温	气体/干粉（灭火装置）
微波楼		感烟/感温	—
汽机房	汽轮机油箱	（缆式线型感温+火焰）/（点型感烟+火焰）/（光纤+火焰）/（空气管+火焰）	水喷雾/细水雾/水喷淋
	汽轮机调节油系统（抗燃油除外）	（缆式线型感温+火焰）/（点型感烟+火焰）/（光纤+火焰）/（空气管+火焰）	水喷雾/细水雾/水喷淋
	氢密封油装置	（缆式线型感温+火焰）/（点型感烟+火焰）/（光纤+火焰）/（空气管+火焰）	水喷雾/细水雾/水喷淋
	汽轮机轴承	感温/火焰/空气管	—
	汽轮机运转层下及中间层油管道	缆式线型感温/光纤/空气管	水喷淋/水喷雾
	汽动给水泵油箱（抗燃油除外）	（缆式线型感温+火焰）/（点型感烟+火焰）/（光纤+火焰）/（空气管+火焰）	水喷雾/细水雾/水喷淋
	配电装置室	感烟	—
	电缆夹层	缆式线型感温	水喷雾/细水雾/水喷淋/气体
	汽轮机贮油箱（主厂房内）	（缆式线型感温+火焰）/（点型感烟+火焰）/（光纤+火焰）/（空气管+火焰）	水喷雾/细水雾/水喷淋
	电子设备间	（吸气+点型感温）/（点型感烟+点型感温）	气体
	汽机房架空电缆处	缆式线型感温	
锅炉房及煤仓间	锅炉本体燃烧器	缆式线型感温/空气管	水喷雾/水喷淋
	磨煤机润滑油箱	缆式线型感温/空气管	水喷雾/细水雾/水喷淋
	回转式空气预热器	温度	水
	原煤仓、煤粉仓（易自燃煤）	缆式线型感温+一氧化碳探测器	惰性气体
	锅炉房零米以上架空电缆处	缆式线型感温	—
脱硫系统	脱硫控制楼控制室	感烟	—
	脱硫控制楼配电装置室	感烟	—
	脱硫控制楼电缆夹层	缆式线型感温	—
变压器	主变压器	（感温+火焰）/（感温+感温）	水喷雾/其他介质
	启动/备用变压器	（感温+火焰）/（感温+感温）	水喷雾/其他介质
	联络变压器	（感温+火焰）/（感温+感温）	水喷雾/其他介质
	高压厂用变压器	（感温+火焰）/（感温+感温）	水喷雾/其他介质
	其他油浸式变压器（≥90000kV·A）	（感温+火焰）/（感温+感温）	水喷雾/其他介质
运煤系统	控制室	感烟或感温	—
	配电装置室	感烟或感温	—

建（构）筑物、设置场所和设备		火灾探测器类型	固定灭火系统类型
运煤系统	电缆夹层	缆式线型感温	—
	转运站及筒仓	缆式线型感温	水幕
	碎煤机室	缆式线型感温	水幕
	易自燃煤种：封闭式运煤栈桥、运煤隧道、皮带头部及尾部	缆式线型感温+火焰	水喷雾/自动喷水
	煤仓间或筒仓带式输送机层	缆式线型感温+火焰	（水幕+水喷雾）/（水幕+自动喷水）
	室内贮煤场	感温	水炮
其他	柴油发电机室及油箱	感温+火焰	水喷雾/细水雾/自动喷水
	露天柴油发电机集成装置	感温+火焰	气体
	屋内高压配电装置	感烟	—
	汽机房至主控制楼电缆通道	缆式线型感温	—
	主厂房电缆竖井	缆式线型感温	细水雾/自动喷水/干粉（灭火装置）
	主厂房内主蒸汽管道与油管道（在蒸汽管道上方）交叉处	感温+火焰	水喷雾/细水雾/水喷淋
	电除尘控制室	感烟	—
	供氢站、制氢站	可燃气体	—
	点火油罐	缆式线型感温/光纤/空气管/火焰	泡沫
	油处理室	感温	—
	电缆隧道	缆式线型感温	水喷雾/细水雾
	柴油机驱动消防泵泵组及油箱	感温+火焰	水喷雾/细水雾/水喷淋
	液氨区液氨储罐	氨气泄漏检测器	水喷雾

第九章

消防给水、排水

第一节 概　述

一、消防给水系统的分类

消防给水系统是各类自动喷水灭火系统和各类泡沫灭火系统用水的主要来源。在进行电厂规划和建筑设计时，应同时考虑设计消防给水系统。

消防给水系统按其供水压力、设置场所、用途、灭火方式、管网形式进行分类，见表9-1。

表9-1　　　　　消防给水系统分类

分类方式	系统名称	系统描述
按供水压力分	高压消防给水系统	能始终保持满足水灭火设施所需的工作压力和流量，火灾时无须消防水泵直接加压的供水系统
	临时高压消防给水系统	平时不能满足水灭火设施所需的工作压力和流量，火灾时能自动启动消防水泵，以满足水灭火设施所需的工作压力和流量的供水系统
	低压消防给水系统	能满足车载或手抬移动消防水泵等取水所需的工作压力和流量的供水系统
	稳高压消防给水系统	平时能满足水灭火设施所需的工作压力，火灾时能自动启动消防水泵，以满足水灭火设施所需的工作压力和流量的供水系统
按设置场所分	室外消防给水系统	在建筑物室外进行灭火并向室内消防给水系统供水的消防给水系统，由进水管、室外消防给水管网、室外消火栓构成
	室内消防给水系统	在建筑物内部进行灭火的消防给水系统
按用途分	独立消防给水系统	消防给水管网与生活、生产给水系统互不关联，各成系统的消防给水系统
	生活、消防合用给水系统	生活给水管网与消防给水管网共用
	生产、消防合用给水系统	生产给水管网与消防给水管网共用
	生活、生产、消防合用给水系统	生活给水、生产给水管网与消防给水管网共用
按灭火方式分	消火栓灭火系统	以消火栓、水带、水枪等灭火设施构成的灭火系统
	自动水灭火系统	以自动水灭火系统的各类消防阀门及喷头等灭火设施构成的灭火系统
按管网形式分	环状管网消防给水系统	消防给水管网构成闭合环，双向供水
	枝状管网消防给水系统	消防给水管网为枝状，单向供水
	环状管网＋枝状管网	部分消防给水管网构成闭合环，双向供水；部分消防给水管网为枝状

注　电厂消防给水系统多为稳高压消防给水系统。

二、消防给水系统的组成及选择

电厂消防给水系统通常由消防水源、消防给水设施、给水管网、阀门及灭火设施组成，其中，给水设施主要包括消防水泵、稳压泵、稳压罐。

机组单机容量100MW及以下的发电厂消防给水宜采用与生活用水合并的给水系统；机组单机容量125MW及以上的发电厂消防给水应采用独立的给水系统，室内外消火栓系统可与水喷雾灭火系统、自动喷水灭火系统、固定水炮灭火系统及泡沫灭火系统合并设置，并严禁与其他用水系统相连。

大型火力发电厂消防水系统图见图9-1。

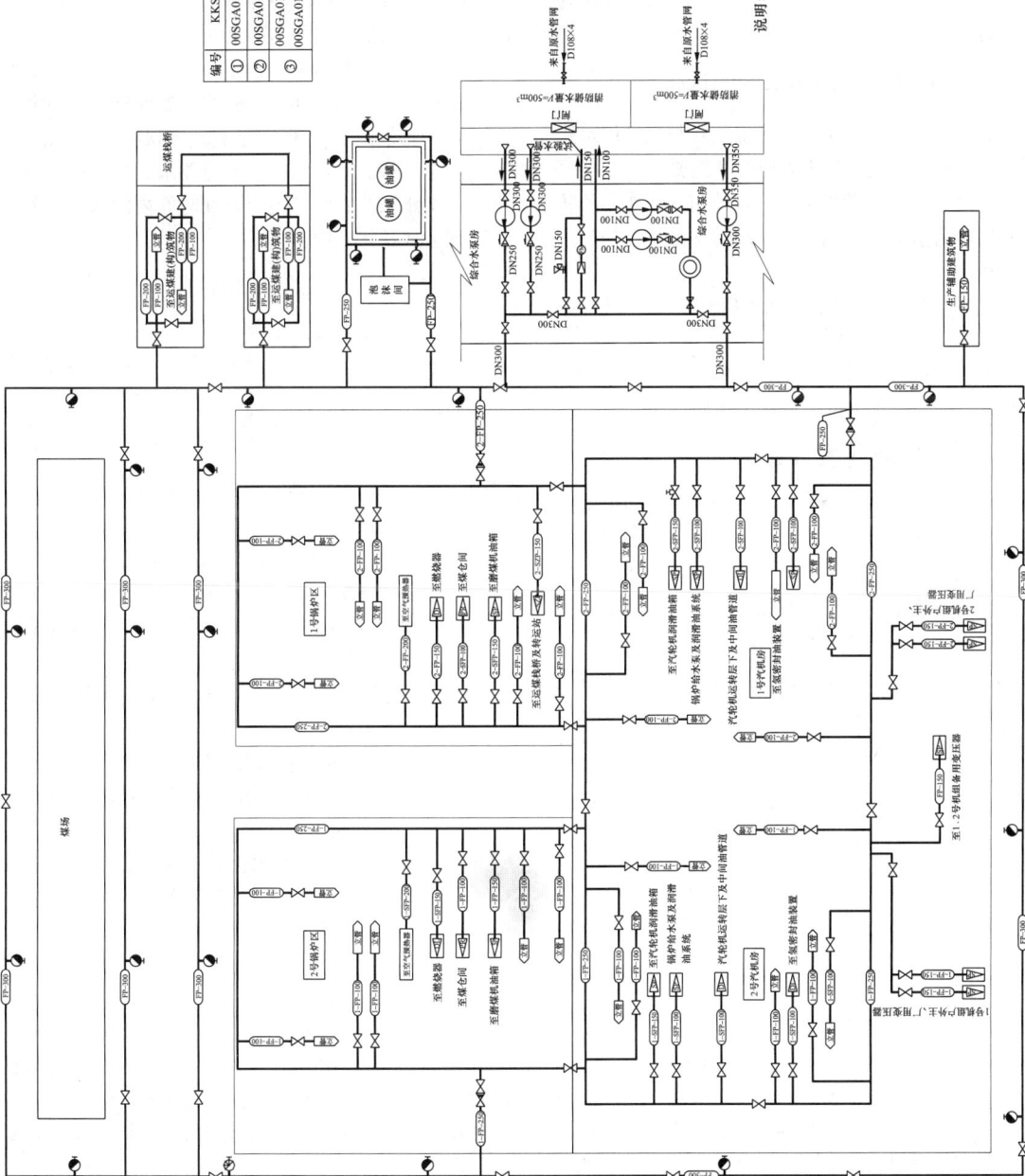

图 9-1　大型火力发电厂消防水系统图

第二节 消 防 水 源

一、消防水源的分类

向水灭火设施、车载或手抬等移动水泵、固定消防水泵等提供消防用水的水源为消防水源。消防水源分可为人工水源和天然水源两大类。人工水源包括市政供水管网、消防水池和冷却塔池、经过处理后的再生水及疏干水。天然水源包括地表水源和地下水源。其中，地表水源主要有江河湖海、水库、池塘等，地下水源主要有泉水及井水。在电厂中，海水可以作为备用水源。

二、火力发电厂消防水源的选择

（1）消防水源要有可靠的保证，宜与电厂用水统一规划，水质须满足水灭火设施的功能要求。

（2）燃煤电厂、燃机电厂应以消防水池作为消防水源。雨水清水池、中水水池、冷却水池可作为备用消防水源。

（3）消防水源的 pH 值应为 6.0～9.0，且不能被油或其他可燃、易燃液体污染。

（4）位于严寒、寒冷等冬季结冰地区的消防水池、水塔和高位消防水池等应采取防冻措施。

三、消防水池主要设计原则

（1）消防水池的容积不小于火灾延续时间内电厂的全部消防用水量。

（2）消防水池的补水时间一般不超过 48h，当消防水池的有效总容积大于 2000m³ 时，不超过 96h。消防水池进水管最小管径为 DN100。

（3）当消防水池采用两路消防给水且在火灾情况下连续补水能满足消防要求时，消防水池的最小有效容积为 100m³；当仅设有消火栓系统时，最小有效容积为 50m³。

发生火灾时，消防水池连续补水应符合下列规定：

1）消防水池应采用两路消防给水。

2）火灾延续时间内的连续补水流量应按消防水池最不利进水管供水量计算，并可按式（9-1）计算，即

$$Q_y = 3600Av \qquad (9\text{-}1)$$

式中 Q_y——火灾时消防水池的补水流量，m³/h；

$\quad A$——消防水池进水管断面面积，m²；

$\quad v$——管道内水的平均流速，m/s。

（4）消防水池的总蓄水容积大于 500m³ 时，宜设两格能独立使用的消防水池；当容积大于 1000m³ 时，

应设置能独立使用的两座消防水池。每格（或座）消防水池应设置独立的出水管，并应设置满足最低有效水位的连通管，且其管径应能满足消防给水设计流量的要求。

（5）储存室外消防用水的消防水池或供消防车取水的消防水池，应设置取水口（井），且吸水高度不应大于 6.0m；取水口（井）与建筑物（水泵房除外）的距离不宜小于 15m；取水口（井）与甲、乙、丙类液体储罐等构筑物的距离不宜小于 40m。

（6）消防用水与其他用水共用的水池，应采取确保消防用水量不作他用的技术措施。

（7）当冷却塔数量为两座及以上且供水有保证时，冷却塔池可兼作消防水池。

（8）消防水池容积的确定。消防水池容积包括有效容积和无效容积两部分，应按有效容积考虑确定。

1）有效容积。消防水池有效容积应经计算确定，且满足全厂最大一次灭火用水量要求。它包括同时作用的各类水灭火系统在规定延续时间内的水量，并可按下列公式计算，即

$$V = V_1 + V_2 \qquad (9\text{-}2)$$

$$V_1 = 3.6\sum_{i=1}^{n} q_{1i}t_{1i} \qquad (9\text{-}3)$$

$$V_2 = 3.6\sum_{i=1}^{m} q_{2i}t_{2i} \qquad (9\text{-}4)$$

式中 V——建筑消防给水一起火灾灭火用水总量，m³；

$\quad V_1$——室外消防给水一起火灾灭火用水量，m³；

$\quad V_2$——室内消防给水一起火灾灭火用水量，m³；

$\quad q_{1i}$——室外第 i 种水灭火系统的设计流量，L/s；

$\quad t_{1i}$——室外第 i 种水灭火系统的火灾延续时间，h；

$\quad n$——建筑需要同时作用的室外水灭火系统数量；

$\quad q_{2i}$——室内第 i 种水灭火系统的设计流量，L/s；

$\quad t_{2i}$——室内第 i 种水灭火系统的火灾延续时间，h；

$\quad m$——建筑需要同时作用的室内水灭火系统数量。

2）无效容积。无效容积主要包括以下几部分：

a. 水池上部在溢流管管内底标高或溢流喇叭口顶标高以上（其高度一般为 200～300mm），被空气所占有的保护容积，或浮球阀正常工作所需要的容积。

b. 水池下部无法被消防水泵所取用的那部分水容积；

c. 水池中部立柱隔墙、梁等承重构建和导流装置所占用的容积。

（9）火灾延续时间。不同场所的消火栓、固定冷却水系统及固定水灭火系统的火灾延续时间不应小于表 9-2～表 9-4 的规定。

表 9-2 不同场所的消火栓及固定冷却水系统火灾延续时间

建筑	场所及火灾危险性	火灾延续时间（h）
建筑物	仓库 甲、乙、丙类	3.0
	仓库 丁、戊类	2.0
	厂房 甲、乙、丙类	3.0
	厂房 丁、戊类	2.0
	公共建筑 高度大于 24m 的综合建筑	3.0
	公共建筑 其他公共建筑	2.0
构筑物	甲、乙、丙类可燃液体储罐 直径大于 20m 的固定顶罐	6.0
	甲、乙、丙类可燃液体储罐 其他储罐	4.0
	液化烃储罐，沸点低于 45℃ 的甲类液体、液氨储罐	6.0
	可燃液体、液化烃的火车和汽车装卸栈台	3.0
	易燃、可燃材料露天、半露天堆场，可燃气体罐区 可燃气体储罐	3.0
	易燃、可燃材料露天、半露天堆场，可燃气体罐区 露天或半露天堆放煤和焦炭	3.0

注 1. 本表引自 GB 50974—2014《消防给水及消火栓系统技术规范》。
2. GB 50074—2014《石油库设计规范》第 12.2.11 条规定，直径大于 20m 的地上式固定顶储罐不应少于 9h，其他地上立式储罐不应少于 6h。

表 9-3 自动水灭火系统及水喷雾灭火系统火灾延续时间

灭火系统	场所名称	火灾延续时间（h）	备注
自动喷水灭火系统		1.0	仓库除外
水喷雾灭火系统	运煤皮带	1.0	
	变压器、电缆	0.4	
	油类	0.5	
	液氨储罐	6.0	

续表

灭火系统	场所名称	火灾延续时间（h）	备注
固定消防炮灭火系统	建筑室内	1.0	
	建筑室外	2.0	

表 9-4 泡沫灭火系统火灾延续时间

系统形式		泡沫液种类	连续供给时间（min）	
			甲、乙类液体	丙类液体
固定式	液上式	蛋白	40	30
		氟蛋白、成膜氟蛋白、水成膜	45	30
	液下式	氟蛋白、成膜氟蛋白、水成膜	40	40
移动式		蛋白、氟蛋白	60	45
		水成膜、成膜氟蛋白	60	45

注 本表引自 GB 50151—2010《泡沫灭火系统设计规范》。

四、高位消防水箱主要设计原则

1. 高位消防水箱的设置

火力发电厂既可采用稳高压消防给水系统，也可以采用带高位水箱的临时高压系统，二者皆属于临时高压给水系统。

2. 电厂消防水箱设置要求

（1）高位消防水箱的设置位置应高于其所服务的水灭火设施，且最低有效水位应满足水灭火设施最不利点处的静水压力，并应按下列规定确定：

1）电厂工业建筑不应低于 0.10MPa，当建筑体积小于 20000m³ 时，不宜低于 0.07MPa。

2）自动喷水灭火系统等自动水灭火系统应根据喷头灭火需求压力确定，但最小不应小于 0.10MPa。

3）当高位消防水箱不能满足上述 1）～2）的静压要求时，应设稳压泵。

（2）电厂高位消防水箱通常设置在主厂房煤仓间最高处，且为重力自流水箱。

（3）消防水箱应储存 10min 的消防用水量。当室内消防用水量不超过 25L/s，经过计算消防储水量超过 12m³ 时，可采用 12m³；当室内消防用水量超过 25L/s，经计算水箱消防出水量超过 18m³ 时，可采用 18m³。

（4）消防用水与其他用水合并的水箱，应采取消防用水不作他用的技术措施。

（5）火灾发生时由消防水泵供给的消防用水，不应进入消防水箱。

（6）高位消防水箱可采用热浸锌镀锌钢板、不锈钢板等制造。

（7）电厂常用定型消防水箱主要技术参数见表9-5。

表9-5　　　　　　　　　　　　　　　　电厂常用定型水箱主要技术参数

序号	装配式钢板矩形给水箱					组合式不锈钢板肋板矩形给水箱				
	公称容积（m³）	主要尺寸（mm）			质量（kg）	公称容积（m³）	主要尺寸（mm）			质量（kg）
		长（L）	宽（B）	高（H）			长（L）	宽（B）	高（H）	
1	8.0	3000	2000	2000	936	9.6	2400	2000	2000	728
2	10	2500	2000	2000	1101	11.6	2410	2410	2000	994
3	12	3000	2000	2000	1221	13.5	2800	2410	3000	1080
4	15	3000	2000	2500	1559	17.6	3000	2400	2440	1463
5	18	3000	2000	2500	1575	20.1	3300	2500	2440	1682
6	20	4000	2000	2500	1977	22.8	3900	2900	2440	1892
7	22.5	3000	2000	2500	2065	27.6	3900	2900	2440	2270
8	24	4000	3000	2000	1930	33.3	4700	2900	2440	2637
9	30	4000	3000	2500	2528	36.5	5000	3000	2440	2790

（8）严寒、寒冷等冬季冰冻地区的消防水箱应设置在消防水箱间内，其他地区宜设置在室内。高位消防水箱间应通风良好，不应结冰，当必须设置在严寒、寒冷等冬季结冰地区的非采暖房间时，应采取防冻措施，环境温度或水温不应低于5℃。

（9）当高位消防水箱露天设置时，应采取防冻隔热等安全措施。水箱的入孔以及进出水管的阀门等应采取锁具或阀门箱等保护措施。

（10）高位消防水箱外壁与建筑本体结构墙面或其他池壁之间的净距，应满足施工或装配的需要，无管道的侧面，净距不宜小于0.7m；安装有管道的侧面，净距不宜小于1.0m，且管道外壁与建筑本体墙面之间的通道宽度不宜小于0.6m，设有人孔的水箱顶，其顶面与其上面的建筑物本体板底的净空不应小于0.8m。

（11）高位消防水箱与基础应牢固连接。

（12）高位消防水箱的有效容积、出水、排水和水位、通气管、呼吸管等要求，与消防水池相关设置要求一致。

（13）高位消防水箱的最低有效水位应根据出水管喇叭口和防止旋流器的淹没深度确定。当采用出水管喇叭口时，消防水泵吸水口的淹没深度应满足消防水泵在最低水位运行安全的要求，吸水管喇叭口在消防水池最低有效水位下的淹没深度应根据吸水管喇叭口的水流速度和水力条件确定，但不应小于600mm；当采用防止旋流器时，淹没深度不应小于200mm。

（14）进水管的管径应满足消防水箱8h充满水的要求，但管径不应小于DN32。进水管宜设置液位阀或浮球阀。

（15）进水管应在溢流水位以上接入。进水管口的最低点高出溢流边缘的高度应等于进水管管径，但最小不应小于100mm，最大不应大于150mm。

（16）当进水管为淹没出流时，应在进水管上设置防止倒流的措施，或在管道上设置虹吸破坏孔和真空破坏器。虹吸破坏孔的孔径不宜小于管径的1/5，且不应小于25mm。但当采用生活给水系统补水时，进水管不应淹没出流。

（17）溢流管的直径不应小于进水管直径的2倍，且不应小于DN100；溢流管的喇叭口直径不应小于溢流管直径的1.5～2.5倍。

（18）高位消防水箱出水管管径应满足消防给水设计流量的出水要求，且不应小于DN100。

（19）高位消防水箱出水管应位于高位消防水箱最低水位以下，并应设置防止消防用水进入高位消防水箱的止回阀。

（20）高位消防水箱的进、出水管应设置带有指示启闭装置的阀门。

第三节　消　防　水　量

一、消防总设计流量计算

厂区内消防总设计流量按同一时间内发生火灾的次数及一次最大灭火用水量计算。火灾次数见表9-6。建筑物一次火灾灭火所需消防用水的设计流量由电厂的室外消火栓系统、室内消火栓系统、自动喷水灭火系统、泡沫灭火系统、水喷雾灭火系统、固定消防炮灭火系统、固定冷却水系统等需要同时作用的各种水灭火系统的设计流量组成，同时应符合下列要求：

（1）按最大一次火灾发生时需要同时作用的各种水灭火系统设计流量之和确定。

（2）当消防给水与生活、生产给水合用时，合用系统的给水设计流量应为消防给水设计流量与生活、生产用水最大小时流量之和。计算生活用水最大小时流量时，淋浴用水量宜按 15% 计，浇洒及洗刷等火灾时能停用的用水量可不计。

消防用水总流量计算公式如下

$$Q_t = Q_o + Q_i \qquad (9\text{-}5)$$

$$Q_o = \sum_{i=1}^{n} q_{1i} \qquad (9\text{-}6)$$

$$Q_i = \sum_{i=1}^{n} q_{2i} \qquad (9\text{-}7)$$

式中　Q_t ——消防总设计流量，L/s；

Q_o ——室外消防设计流量，L/s；

Q_i ——室内消防设计流量，L/s。

q_{1i} ——室外第 i 种水灭火系统的设计流量，L/s；

q_{2i} ——室内第 i 种水灭火系统的设计流量，L/s；

n ——建筑需要同时作用的室外水灭火系统数量。

表 9-6　　　　　　　　　工厂、仓库和民用建筑在同一时间内的火灾次数

建筑物名称	占地面积（hm²）	居住区人数（万人）	同一时间内的火灾次数	备　　注
火力发电厂厂区	≤100	≤1.5	1	按需要水量最大的一座建筑物或堆场计算
		>1.5	2	按工厂、居住区各一次计算
	>1×100	不限	2	按需要水量最大的两座建筑物或堆场计算

二、室外消防水设计流量

1. 室外消火栓设计流量

建（构）筑物室外消火栓设计流量不应小于表 9-7 的规定。

2. 贮煤场的室外消火栓用水量

贮煤场的室外消火栓用水量不应小于 20L/s。

表 9-7　　　　　　　　　　建（构）筑物室外消火栓设计流量　　　　　　　　　　（L/s）

耐火等级	建筑物名称、类别		一次火灾用水量 V（m³）					
			≤1500	1500<V≤3000	3000<V≤5000	5000<V≤20000	20000<V≤50000	V>50000
二级	主厂房		15					20
	特种材料库		15	15	25	25	35	—
	一般材料库		15					
	其他建筑	甲、乙类	15	15	20	25	30	35
		丙类	15	15	20	25	30	40
		丁、戊类	15					20
三级	其他建筑	乙、丙类	15	20	30	40	45	—
		丁、戊类	15			20	25	35

注　1. 成组布置的建筑物应按消火栓设计流量较大的相邻两座建筑体积之和计算。

2. 变压器室外消火栓用水量不应小于 20L/s。

3. 空气预热器的一次灭火用水量不应小于设备内固定灭火系统的用水量。

4. 具体要求详见 GB 50229《火力发电厂与变电站设计防火规范》。

3. 点火油罐（区）消防用水量

（1）火灾危险性分类。易燃、可燃液体的火灾危险性分类见表 9-8。

表9-8 易燃、可燃液体的火灾
危险性分类

类别		特征或液体闪点 F_t（℃）
甲	A	15℃时的蒸气压力大于 0.1MPa 的烃类液体及其他类似的液体
	B	甲A类以外，$F_t < 28$
乙	A	$28 \leqslant F_t < 45$
	B	$45 \leqslant F_t < 60$
丙	A	$60 \leqslant F_t \leqslant 120$
	B	$F_t > 120$

注 本表引自 GB 50974—2014《消防给水及消火栓系统技术规范》。

（2）冷却方式的确定。甲、乙、丙类液体储罐区内的储罐应设置移动式水枪或固定水冷却设施。高度大于 15m 或单罐容积大于 2000m³ 的甲、乙、丙类液体地上储罐，宜采用固定水冷却设施。

（3）储罐冷却用水量：

1）储罐区的冷却水量，应按一次灭火最大水量计算，其冷却水的供给强度不应小于表 9-9 的规定。

表9-9 地上立式储罐消防冷却
水保护范围和喷水强度

项目	储罐形式		保护范围	喷水强度
移动式冷却	着火罐	固定顶罐	罐周全长	0.80L/（s•m）
	邻近罐		罐周半长	0.70L/（s•m）
固定式冷却	着火罐	固定顶罐	罐壁表面积	2.5L/（min•m²）
	邻近罐		不应小于罐表面积的 1/2	2.5L/（min•m²）

注 1. 固定冷却水系统邻近罐应按实际冷却面积计算，但不应小于罐壁表面积的 1/2。

2. 距着火固定罐罐壁 1.5 倍着火罐直径范围内的邻近罐应设置冷却水系统，当邻近罐超过 3 个时，冷却水系统可按 3 个罐的设计流量计算。

3. 移动式冷却宜为室外消火栓或消防炮。

4. 本表引自 GB 50974—2014《消防给水及消火栓系统技术规范》。

2）当储罐采用固定式冷却水系统时，室外消火栓设计流量不小于表 9-9 的规定；当采用移动式冷却水系统时，室外消火栓设计流量可按表 9-10 规定的设计参数经计算确定，且不小于 15L/s。

表9-10 甲、乙、丙类可燃液体地上
立式储罐区的室外消火栓设计流量

单罐储存容积 V（m³）	室外消火栓设计流量（L/s）
$V \leqslant 5000$	15
$5000 < V \leqslant 30000$	30

注 本表引自 GB 50974—2014《消防给水及消火栓系统技术规范》。

（4）泡沫灭火用水量。目前火力发电厂点火油罐常采用低倍数泡沫灭火系统。当单罐容积大于 200m³ 时，油罐常采用液上喷射的固定式泡沫灭火系统；当单罐容积小于或等于 200m³ 时，油罐可采用移动式泡沫灭火系统。

1）低倍数泡沫灭火系统主要设计参数见表 9-11。

表9-11 低倍数泡沫灭火系统
主要设计参数

系统形式	泡沫液种类	供给强度[L/（min•m²）]	连续供给时间（min）	
			甲乙、类液体	丙类液体
固定式、半固定式系统	蛋白	6.0	40	30
	蛋白、氟蛋白、水成膜	5.0	45	30
移动式	蛋白、氟蛋白	8.0	60	45
	水成膜、成膜氟蛋白	6.5	60	45

注 1. 保护面积为储罐的横截面面积。

2. 如果采用大于本表规定的混合液供给强度，混合液连续供给时间可按相应比例缩短，但不应小于本表规定时间的 80%。

3. 沸点低于 45℃的非水溶性液体，设置泡沫灭火系统的适应性及其泡沫混合液供给强度应由试验确定。

4. 本表引自 GB 50151—2010《泡沫灭火系统设计规范》。

2）设置固定式泡沫灭火系统的储罐区，需配置用于扑救液体流散火灾的辅助泡沫枪，供给强度和连续供给时间见表 9-12。每支泡沫枪的泡沫混合液流量不小于 240L/min。

表9-12 泡沫枪的供给强度和
连续供给时间

储罐直径 D（m）	配备的泡沫枪数（支）	连续供给时间（min）
$D \leqslant 10$	1	10

续表

储罐直径 D（m）	配备的泡沫枪数（支）	连续供给时间（min）
$10<D\leq20$	1	20
$20<D\leq30$	2	20
$30<D\leq40$	2	30
$D>40$	3	30

注　本表引自 GB 50151—2010《泡沫灭火系统设计规范》。

3）移动式泡沫灭火系统泡沫混合液流量可按式（9-8）确定，即

$$Q_3 = n_3 \times q_3 \times 60 \qquad (9\text{-}8)$$

式中　Q_3——辅助灭火泡沫混合液流量，L/min；

n_3——配备的空气泡沫枪（常为 PQ8 型）支数；

q_3——每支泡沫枪或泡沫炮的泡沫混合液流量，L/s。

4. 液氨储罐消防水设计流量

1）液氨储罐的固定式水喷雾冷却供给强度为 $6L/(\min \cdot m^2)$。

2）液氨储罐的室外消火栓设计流量应按表 9-13 确定。

5. 空气预热器的消防水设计流量

空气预热器的消防水设计流量应由空气预热器厂家根据其工艺设计情况提出。根据机组容量大小，其设计流量可参考表 9-14。

表 9-13　　液氨储罐的室外消火栓设计流量

单罐储存容积 V（m³）	室外消火栓设计流量（L/s）
$V\leq100$	15
$100<V\leq400$	30

注　1. 罐区的室外消火栓设计流量应按罐组内最大单罐计。

2. 当储罐区四周设固定消防炮作为辅助冷却设施时，辅助冷却水设计流量不应小于室外消火栓设计流量。此时可用消防炮的消防设计流量替代室外消火栓水量。

3. 本表引自 GB 50974—2014《消防给水及消火栓系统技术规范》。

表 9-14　　空气预热器的消防水设计流量

单台机组容量 W（MW）	每台空气预热器的消防水设计流量（m³/h）
$W\leq300$	300
$300<W\leq600$	350
$600<W\leq1000$	600

三、室内消防水设计流量

1. 室内消火栓设计流量

电厂建筑物室内消火栓设计流量应根据同时使用的水枪数量和充实水柱长度由计算确定，但不应小于表 9-15 的规定。

表 9-15　　　　　　　电厂建筑物室内消火栓设计流量

建筑物名称	建筑高度 H、体积 V、火灾危险性			消火栓用水量（L/s）	同时使用的水枪数量（支）	每根竖管的最小流量（L/s）
主厂房	$H\leq24m$			10	2	10
	$H>50m$			20	4	15
其他生产类建筑	$H\leq24m$	甲、乙、丁、戊		10	2	10
		丙	$V\leq5000m^3$	10	2	10
			$V>5000m^3$	20	4	15
	$24m<H\leq50m$	乙、丁、戊		15	3	15
		丙		30	6	15
	$H>50m$	丁、戊		20	4	15
		丙		40	8	15
一般材料库、特殊材料库	甲、乙、丁、戊			10	2	10
	丙	$V\leq5000m^3$		15	3	15
		$V>5000m^3$		25	5	15

注　具体要求详见 GB 50229《火力发电厂与变电站设计防火规范》。

电厂采用同一型号的配有自救式消防水喉的消火栓箱,消火栓水带直径宜为65mm,长度不应超过25m,水枪喷嘴口径不应小于19mm。室内消火栓实际流量和充实水柱长度见表9-16。

表9-16 室内消火栓实际流量和充实水柱长度

水带直径 (mm)	水枪喷嘴口径 (mm)	充实水柱长度 (m)	实际流量 (L/s)
65	19	13	5.4
		10	4.6

2. 自动水灭火系统设计流量

(1)水喷雾灭火系统的供给强度。电厂常用水喷雾灭火系统的供给强度见表9-17。

表9-17 电厂常用水喷雾灭火系统的供给强度

防护目的	保护对象		供给强度 [L/(min·m²)]
灭火	输煤皮带		15
	液体火灾	闪点为60~120℃的液体	20
		闪点高于120℃的液体	13
	电气火灾	油浸式变压器	20
		油浸式变压器的集油坑	6
		电缆	13

注 本表引自GB 50219—2014《水喷雾灭火系统技术规范》。

(2)自动喷水灭火系统消防用水量。自动喷水灭火系统最大消防用水量要求参见表9-18。

表9-18 自动喷水灭火系统最大消防用水量要求

火灾危险等级		净空高度 (m)	设计喷水强度 [L/(min·m²)]	作用面积 (m²)
轻危险级		≤8.0	4	160
中危险级	Ⅰ级		6	
	Ⅱ级		8	
严重危险级	Ⅰ级		12	260
	Ⅱ级		16	

注 本表引自GB 50084—2001《自动喷水灭火系统设计规范》(2005年版)。

(3)水幕系统设计流量参数。水幕系统设计流量参数见表9-19。

表9-19 水幕系统设计流量参数

水幕类别	喷水点高度(m)	喷水强度 [L/(s·m)]
防火分隔水幕	≤12	2
防护冷却水幕	≤4	0.5

注 1. 防护冷却水幕的喷水点高度每增加1m,喷水强度应增加0.1L/(s·m),但超过9m时喷水强度仍采用1.0L/(s·m)。

2. 本表引自GB 50084—2001《自动喷水灭火系统设计规范》(2005年版)。

第四节 消 防 水 压

一、消防水压的设计要点

消防给水系统应保证能满足任一建(构)筑物或设备的最大灭火水量及最不利点消防设施的压力需求。对于高层建筑、主厂房和材料库,消火栓栓口的动压不应小于0.35MPa,消防水枪的充实水柱长度应按13m计算;对于其他建筑,消火栓栓口的动压不应小于0.25MPa,消防水枪的充实水柱长度应按10m计算。

二、室内消防给水系统分区供水选择原则

符合下列条件时,消防给水系统应分区供水:

(1)系统工作压力大于2.40MPa。

(2)消火栓栓口处静压大于1.0MPa。

(3)消防给水系统的静压不应大于1.2MPa;当超过1.2MPa时,应采用分区供水。

(4)自动水灭火系统报警阀处的工作压力大于1.60MPa或喷头处的工作压力大于1.20MPa。

三、最不利点确定

电厂消防最不利点应根据计算确定。燃煤电厂内的最不利点可以从以下部位选择:

(1)煤仓间皮带头部。

(2)空气预热器。

(3)变压器。

(4)封闭煤场。

四、水压计算要求

1. 水压计算步骤

(1)确定消防给水系统。

(2)确定电厂选定建筑物场所或部位的灭火设施

及其设计流量。

（3）初步布置消防水管网，选定消防水管管径、管道材质。

（4）计算可能的最不利点所需水头。

2. 水力计算原则

（1）室外消火栓系统的管网在水力计算时不应简化，而应根据枝状或事故状态下环状管网进行水力计算；室内消火栓系统管网在水力计算时，可简化为枝状管网。

（2）供水管网水力计算可按供水管道布置图和最大用水量计算各管段的直径、沿程阻力损失和局部阻力损失，由此确定消防水泵的扬程和流量。消防给水系统的设计压力应满足所服务的各种水灭火系统最不利点处水灭火设施的压力要求。

（3）消防给水干管的设计流速不宜大于 2.5m/s，自动水灭火系统管道设计流速应符合 GB 50084《自动喷水灭火系统设计规范》、GB 50151《泡沫灭火系统设计规范》、GB 50219《水喷雾灭火系统技术规范》、GB 50898《细水雾灭火系统技术规范》和 GB 50338《固定消防炮灭火系统设计规范》的有关规定，但任何消防管道的给水流速均不应大于 7m/s。

3. 水力计算公式

消防给水管道单位长度管道沿程水头损失应根据管材、水力条件等因素确定。室内外输配水管道可按下列公式计算：

（1）消防给水管道或室外塑料管计算公式如下

$$i = 10^{-6} \times \frac{\lambda}{d_i} \frac{\rho v^2}{2} \qquad (9\text{-}9)$$

$$\frac{1}{\sqrt{\lambda}} = -2.0 \log\left(\frac{2.51}{Re\sqrt{\lambda}} + \frac{\varepsilon}{3.71 d_i} \right) \qquad (9\text{-}10)$$

$$Re = \frac{v d_i \rho}{\mu} \qquad (9\text{-}11)$$

$$\mu = \rho v \qquad (9\text{-}12)$$

$$v = \frac{1.775 \times 10^{-6}}{1 + 0.0337 t + 0.000221 t^2} \qquad (9\text{-}13)$$

式中　i——单位长度管道沿程水头损失，MPa/m；

d_i——管道的内径，m；

ρ——水的密度，kg/m³；

v——管道内水的平均流速，m/s；

λ——沿程阻力系数；

ε——当量粗糙度，可按表 9-20 取值，m；

Re——雷诺数，无量纲；

μ——水的动力黏度，Pa·s；

ν——水的运动黏度，m²/s；

t——水的温度，宜取 10℃。

（2）内衬水泥砂浆球墨铸铁管计算公式如下

$$i = 10^{-6} \times \frac{v^2}{C_v^2} \qquad (9\text{-}14)$$

$$C_v = \frac{1}{n_g} R^y \qquad (9\text{-}15)$$

当 $0.1 \leqslant R \leqslant 3.0$ 且 $0.011 \leqslant n_g \leqslant 0.040$ 时，有

$$y = 2.5\sqrt{n_g} - 0.13 - 0.75\sqrt{R}(\sqrt{n_g} - 0.1) \qquad (9\text{-}16)$$

式中　i——单位长度管道沿程水头损失，MPa/m；

v——管道内水的平均流速，m/s；

C_v——流速系数；

n_g——管道粗糙系数，可按表 9-20 取值；

R——水力半径，m；

y——系数，管道计算时可取 $\frac{1}{6}$。

（3）室内外输配水管道可按下式计算，即

$$i = 2.9660 \times 10^{-7} \times \frac{q^{1.852}}{C^{1.852} d_i^{4.87}} \qquad (9\text{-}17)$$

式中　i——单位长度管道沿程水头损失，MPa/m；

q——管段消防给水设计流量，L/s；

C——海澄-威廉系数，可按表 9-20 取值；

d_i——管道内径，m。

表 9-20　各种管道水头损失计算参数 ε、n_g、C 取值

管材名称	当量粗糙度 ε（m）	管道粗糙系数 n_g	海澄-威廉系数 C
球墨铸铁管（内衬水泥）	0.0001	0.011～0.012	130
钢管（旧）	0.0005～0.001	0.014～0.018	100
镀锌钢管	0.00015	0.014	120
铜管/不锈钢管	0.00001	—	140
钢丝网骨架PE 塑料管	0.00001～0.00003	—	140

注　本表引自 GB 50974—2014《消防给水及消火栓系统技术规范》。

（4）管道沿程水头损失宜按式（9-18）计算，即

$$p_f = iL \qquad (9\text{-}18)$$

式中　p_f——管道沿程水头损失，MPa；

i——单位长度管道沿程水头损失，MPa/m；

L——管道直线段的长度，m。

（5）管道局部水头损失宜按式（9-19）计算。当

资料不全时，局部水头损失可根据管道沿程水头损失的 10%～30%估算，消防给水干管和室内消火栓可按10%～20%计，自动喷水等支管较多时可按30%计。

$$p_p = iL_p \qquad (9\text{-}19)$$

式中　p_p ——管件和阀门等局部水头损失，MPa；
　　　i ——单位长度管道沿程水头损失，MPa/m；
　　　L_p ——管件和阀门等当量长度，可按表 9-21 取值，m。

表 9-21　　　　　　　局部水头损失当量长度表（海澄–威廉系数 $C=120$）　　　　　　（m）

管件名称	管件直径 DN（mm）											
	25	32	40	50	70	80	100	125	150	200	250	300
45°弯头	0.3	0.3	0.6	0.6	0.9	0.9	1.2	1.5	2.1	2.7	3.3	4.0
90°标准弯头	0.6	0.9	1.2	1.5	1.8	2.1	3.1	3.7	4.3	5.5	6.7	8.2
90°长弯头	0.6	0.6	0.6	0.9	1.2	1.5	1.8	2.4	2.7	4.0	4.9	5.5
三通、四通	1.5	1.8	2.4	3.1	3.7	4.6	6.1	7.6	9.2	10.7	15.3	18.3
蝶阀	—	—	1.8	2.1	3.1	3.7	2.7	3.1	3.7	5.9	6.4	
闸阀	—	—	—	0.3	0.3	0.3	0.6	0.6	0.9	1.2	1.5	1.8
止回阀	1.5	2.1	2.7	3.4	4.3	4.9	6.7	8.3	9.8	13.7	16.8	19.8
异径弯头	32	40	50	70	80	100	125	150	200			
	25	32	40	50	70	80	100	125	150			
	0.2	0.3	0.3	0.5	0.6	0.8	1.1	1.3	1.6	—	—	—
U 形过滤器	12.3	15.4	18.5	24.5	30.8	36.8	49	61.2	73.5	98	122.5	
Y 形过滤器	11.2	14	16.8	22.4	28.0	33.6	46.2	57.4	68.6	91	113.4	—

注　1. 当异径接头的出口直径不变而入口直径提高 1 级时，其当量长度应增大 0.5 倍；提高 2 级或 2 级以上时，其当量长度应增加 1.0 倍。

　　2. 表中当量长度是在海澄-威廉系数 $C=120$ 的条件下测得的，当选择的管材不同时，当量长度应根据下列系数 k_1 作调整：$C=100$，$k_1=0.713$；$C=120$，$k_1=1$；$C=130$，$k_1=1.16$；$C=140$，$k_1=1.33$；$C=150$，$k_1=1.51$。

　　3. 表中 90°标准弯头是指丝扣连接的弯头；表中 90°长弯头是指沟槽式管连接（卡箍）、法兰连接、焊接的弯头。

　　4. 表中三通、四通的局部水头损失是指水流转弯 90°段的损失；水流直接通过三通、四通的直行段，不计局部水头损失。表中三通、四通的直径是指管件各不同方向中的最小管径。

　　5. 与喷头直接相连的变径、配件不计局部水头损失。

　　6. 表中没有提供的管件和阀门当量长度，可按表 9-22 提供的参数经计算确定。

　　7. 本表引自 GB 50974—2014《消防给水及消火栓系统技术规范》。

表 9-22　　　　　　　各管件和阀门的当量长度折算系数

管件或阀门名称	当量长度折算系数（L_p/d_i）	管件或阀门名称	当量长度折算系数（L_p/d_i）
45°弯头	16	止回阀	70～140
90°弯头	30	异径接头	10
三通、四通	60	U 形过滤器	500
蝶阀	30	Y 形过滤器	410
闸阀	13		

注　本表引自 GB 50974—2014《消防给水及消火栓系统技术规范》。

（6）消防水泵或消防给水系统所需要的设计扬程　　或设计压力宜按式（9-20）计算，即

$$p = k_2(\Sigma p_f + \Sigma p_p) + 0.01H + p_0 \qquad (9\text{-}20)$$

式中　p——消防水泵或消防给水系统所需要的设计扬程或设计压力，MPa；

k_2——安全系数，可取 1.20～1.40，宜根据管道的复杂程度和不可预见发生的管道变更确定；

p_f——管道沿程水头损失，MPa；

p_p——管件和阀门等局部水头损失，MPa；

H——当消防水泵从消防水池吸水时，H 为最低有效水位至最不利水灭火设施的几何高差；

p_0——最不利点水灭火设施所需的设计压力，MPa。

第五节　消防水泵房设备的类型及选择

消防水泵房内设备包括消防水泵、消防气压稳压装置、阀门、排水泵和起重设备等。

消防水泵属于叶片泵，一般采用离心式水泵。消防水泵按驱动装置可分为电动机消防水泵和柴油机消防水泵。

消防气压稳压装置由气压罐、稳压泵、补气泵等组成。稳压装置平时维持消防系统压力，当消防管网压力降低时，联动启动电动机消防水泵或柴油机消防水泵。

其他附属设施主要是承担辅助功能。

一、消防水泵

（一）消防水泵的类型和结构特点

离心式水泵是一种通过叶轮高速转动产生离心力而使液体的压能、位能和动能得到增加的机械设备，水在涡型泵壳内被甩成与泵轴成切向流动，使叶轮中心形成真空，在大气压的作用下，水被吸入泵内，在叶轮流道内动能增加，使出水产生升压效应。

消防用离心泵按布置形式分，可分为卧式离心泵、立式离心泵、深井消防水泵；按吸入口形式分，可分为单吸和双吸两种形式；按叶轮布置分，可分为单级和多级两类；按驱动方式分，可分为电动机驱动和柴油机驱动两种。

消防水泵应符合 GB 6245—2006《消防泵》的规定。消防水泵应按 CNCA-C18-03：2014《强制性产品认证实施规则　灭火设备产品》的规定实施强制性产品认证。

（二）消防水泵的主要技术参数

1. XD 型卧式多级节段式离心消防水泵

XD 型卧式多级节段式离心消防水泵主要用于输送清水或物理、化学性质类似于水的液体，适用于各种消防给水系统。XD 型卧式多级节段式离心消防水泵性能参数见表 9-23，外形与安装尺寸见图 9-2 和表 9-24。

表 9-23　　　　　　　　　XD 型卧式多级节段式离心消防水泵性能参数

型号	级数	流量		总扬程（m）	转速（r/min）	功率（kW）		效率（%）	最大许可吸上真空高度（m）	压力控制器调整值（m）
		m³/h	L/s			轴功率	电动机功率			
XD-80	2	25.2	7	25.6	2920	2.52	3	64	7.5	0.20
		32.4	9	22.7		2.68		72		
		39.6	11	17.6		2.72		67		
	3	25.2	7	38.4	2920	3.76	5.5	64	7.5	0.30
		32.4	9	34.0		4.02		72		
		39.6	11	26.4		4.08		67		
	4	25.2	7	51.2	2920	5.04	7.5	64	7.5	0.40
		32.4	9	45.4		5.36		72		
		39.6	11	35.2		5.44		67		
	5	25.2	7	64.0	2920	6.3	7.5	64	7.5	0.50
		32.4	9	56.7		6.7		72		
		39.6	11	44.0		6.8		67		
	6	25.2	7	76.8	2920	7.56	11	64	7.5	0.65
		32.4	9	67.1		8.04		72		
		39.6	11	52.8		8.16		67		
	7	25.2	7	89.6	2920	8.82	11	64	7.5	0.80
		32.4	9	79.4		9.38		72		
		39.6	11	61.6		9.52		67		

续表

型号	级数	流量		总扬程（m）	转速（r/min）	功率（kW）		效率（%）	最大许可吸上真空高度（m）	压力控制器调整值（m）
		m³/h	L/s			轴功率	电动机功率			
XD-80	8	25.2 32.4 39.6	7 9 11	102.4 90.8 70.4	2920	10.1 10.7 10.9	15	64 72 67	7.5	0.90
	9	25.2 32.4 39.6	7 9 11	115.2 102.1 79.2	2920	11.3 12.2 12.2	15	64 72 67	7.5	1.00
	10	25.2 32.4 39.6	7 9 11	128 113.5 88	2920	12.6 13.4 13.6	18.5	64 72 67	7.5	1.10
	11	25.2 32.4 39.6	7 9 11	140.8 124.8 96.8	2920	13.9 14.7 15.0	18.5	64 72 67	7.5	1.20
XD-100	3	36 54 72	10 15 20	58.2 52.8 42.6	2940	9.9 10.8 11.4	15	58 71.5 73.5	7	0.50
	4	36 54 72	10 15 20	77.6 70.4 56.8	2940	13.2 14.4 15.3	18.5	58 71.5 73.5	7	0.70
	5	36 54 72	10 15 20	98 88 71	2940	16.5 18.0 19.1	22	58 71.5 73.5	7	0.85
	6	36 54 72	10 15 20	116.4 106.6 85.2	2940	19.8 21.6 23.9	30	58 71.5 73.5	7	1.00
	7	36 54 72	10 15 20	135.8 123.2 99.4	2940	23.1 25.2 26.7	30	58 71.5 73.5	7	1.20
	8	36 54 72	10 15 20	155.2 140.8 113.6	2940	26.4 28.8 30.5	37	58 71.5 73.5	7	1.40
XD-125	3	90 108 126	25 30 35	69 60 45	2950	22.6 23.2 21.2	30	75 76 73	6.7 6.3 5	0.6
	4	90 108 126	25 30 35	92 80 62	2950	30.0 31.0 28.2	37	75 76 73	6.7 6.3 5	0.8
	5	90 108 126	25 30 35	115 100 75	2950	37.6 38.7 35.3	45	75 76 73	6.7 6.3 5	1.0
	6	90 108 126	25 30 35	138 120 90	2950	45.1 46.4 42.4	55	75 76 73	6.7 6.3 5	1.2
	7	90 108 126	25 30 35	161 140 105	2950	52.6 54.2 49.4	75	75 76 73	6.7 6.3 5	1.4
XD-125A	3	54 72 90	15 20 25	69 60 45	2950	9.15 18.4 16.2	22	53 64 68	6.7 6.3 5	0.6
	4	54 72 90	15 20 25	92 80 62	2950	25.5 24.5 22.4	30	53 64 68	6.7 6.3 5	0.8

续表

型号	级数	流量		总扬程（m）	转速（r/min）	功率（kW）		效率（%）	最大许可吸上真空高度（m）	压力控制器调整值（m）
		m³/h	L/s			轴功率	电动机功率			
XD-125A	5	54	15	115	2950	31.9	37	53	6.7	1.0
		72	20	100		30.6		64	6.3	
		90	25	75		27.0		68	5	
	6	54	15	138	2950	38.3	45	53	6.7	1.2
		72	20	120		36.2		64	6.3	
		90	25	90		32.4		68	5	
	7	54	15	161	2950	44.7	55	53	6.7	1.4
		72	20	140		42.9		64	6.3	
		90	25	105		37.8		68	5	
XD-150	3	126	35	90.9	2950	45.6	55	68.6	6.5	0.80
		144	40	86.7		46.8		72.7	6.4	
		162	45	81.9		47.2		76.6	6.2	
		180	50	73.8		47.2		76.8	6.0	
		198	55	63.6		46.2		74.2	5.5	
	4	126	35	121.2	2950	60.8	75	68.6	6.5	1.10
		144	40	115.6		62.4		72.7	6.4	
		162	45	109.2		62.9		76.6	6.2	
		180	50	98.4		62.9		76.8	6.0	
		198	55	84.8		61.6		74.2	5.5	
	5	126	35	151.5	2950	76.0	90	68.6	6.5	1.35
		144	40	144.5		78.0		72.7	6.4	
		162	45	136.5		78.6		76.6	6.2	
		180	50	123		78.6		76.8	6.0	
		198	55	106		77.0		74.2	5.5	

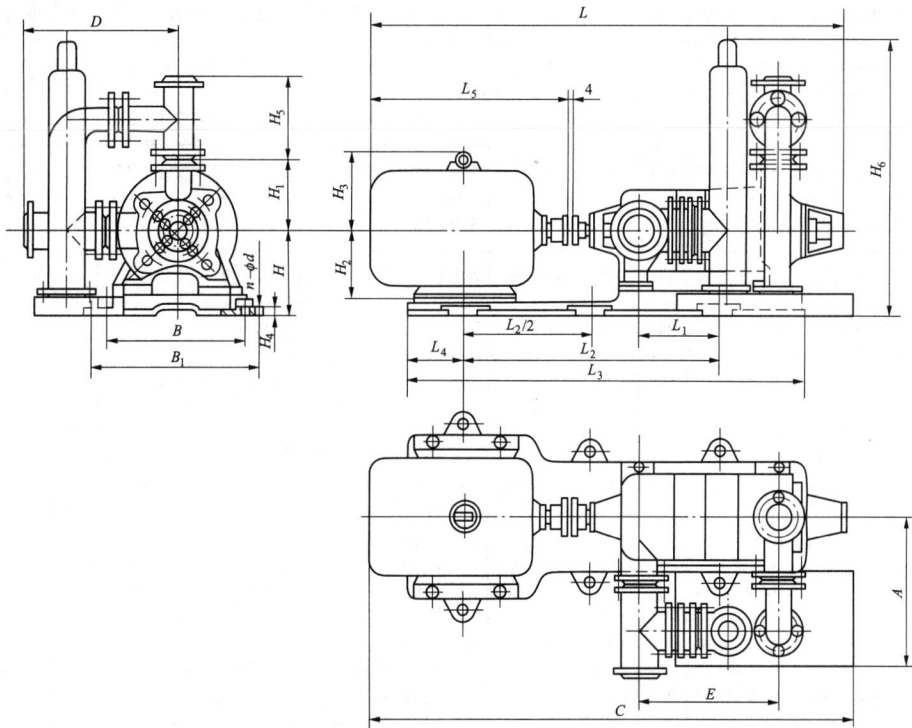

图 9-2　XD 型卧式多级节段式离心消防水泵外形与尺寸

表 9-24   **XD 型卧式多级节段式离心消防水泵外形与安装尺寸**

型号	级数	L	L_1	L_2	L_3	L_4	L_5	A	B	B_1	C	D	E	H	H_1	H_2	H_3	H_4	H_5	H_6	$n\text{-}\phi d$
XD-80	2	1166	118	613	876	121	380	510	412	341	1270	413	192	245	210	100	145	25	243	723	4-ϕ15
	3	1301	154	688	999	136	475	510	412	367	1365	413	262	245	210	132	183	25	243	723	4-ϕ15
	4	1372	243	777	1141	137	475	510	412	367	1365	413	332	245	210	132	183	25	243	723	4-ϕ15
	5	1441	243	777	1141	137	475	510	412	367	1365	413	402	245	210	132	183	25	243	723	4-ϕ15
	6	1636	248	866	1385	159	600	510	412	412	1490	413	472	260	210	160	225	25	243	738	4-ϕ15
	7	1706	248	866	1385	159	600	510	412	412	1490	413	542	260	210	160	225	25	243	738	4-ϕ16
	8	1776	341	959	1525	159	600	510	412	412	1490	413	612	275	210	160	225	25	243	753	4-ϕ16
	9	1846	341	959	1525	159	600	510	412	412	1490	413	682	275	210	160	225	25	243	753	4-ϕ16
	10	1961	577	1089	1615	109	645	510	346	346	1536	413	752	290	210	160	225	25	243	768	4-ϕ16
	11	2031	647	1159	1685	74	645	510	346	346	1536	413	822	290	210	160	225	25	243	768	4-ϕ16
XD-100	3	1457	147	754	1156	190	600	641	460	460	1606	533	297	275	220	160	225	30	303	865	4-ϕ19
	4	1582	188	833	1288	201	645	641	460	460	1651	533	377	295	220	160	225	30	303	885	4-ϕ19
	5	1687	247	943	1370	152	670	641	460	460	1675	533	457	295	220	180	250	35	303	885	4-ϕ19
	6	1872	306	1035	1605	195	775	641	460	550	1781	533	537	305	220	200	275	35	303	895	4-ϕ19
	7	1952	306	1035	1605	195	775	641	460	550	1781	533	617	305	220	200	275	35	303	895	4-ϕ19
	8	2032	485	1183	1765	226	775	641	460	550	1781	533	697	305	220	200	275	35	303	895	4-ϕ19
XD-125	2	1646	162	927	1260	139	670	681	550	550	1736	573	288	325	270	180	250	35	303	915	4-ϕ19
	3	1851	307	1107	1538	181	775	681	550	550	1831	573	388	325	270	200	275	35	303	915	4-ϕ19
	4	1951	307	1107	1538	181	775	681	550	550	1831	573	488	325	270	200	275	35	303	915	4-ϕ19
	5	2091	417	1189	1665	236	815	681	550	550	1871	573	588	340	270	225	305	40	303	930	4-ϕ20
	6	2306	390	1239	1864	255	930	681	550	620	1986	573	688	365	270	250	325	40	303	955	6-ϕ24
	7	2476	663	1554	2138	284	1000	681	550	680	2056	573	788	398	270	280	360	40	303	988	6-ϕ24
XD-125A	3	1746	274	1000	1352	172	670	681	550	550	1766	573	388	330	270	180	250	35	303	920	4-ϕ19
	4	1951	307	1107	1637	181	775	681	550	550	1836	573	488	325	270	200	275	35	303	915	4-ϕ19
	5	2051	307	1107	1637	182	775	681	550	550	1801	573	588	325	270	200	275	35	303	920	4-ϕ19
	6	2191	472	1200	1710	255	815	681	550	550	1901	573	688	330	270	225	305	35	303	920	4-ϕ19
	7	2406	663	2098	2098	298	930	681	550	620	1986	573	788	398	270	250	325	35	303	920	6-ϕ24
XD-150	3	2119	272	1150	1630	240	930	825	600	600	2181	683	472	375	320	250	325	35	363	1025	4-ϕ23
	4	2304	545	1520	1984	264	1000	825	605	670	2251	683	587	398	320	280	360	40	363	1048	6-ϕ24
	5	2469	545	1520	1984	264	1050	825	605	670	2301	683	702	398	320	280	360	40	363	1048	6-ϕ24

2. XBD 系列卧式单级双吸消防水泵

XBD 系列卧式单级双吸消防水泵，同流量有不同的

扬程配置，满足消防给水的压力要求，便于设计选用。

XBD 系列卧式单级双吸消防水泵性能参数见表 9-25。

表 9-25　　　　　　　　　　　　　　XBD 系列卧式单级双吸消防水泵性能参数

型　号	流量（L/s）	出口压力（MPa）	转速（r/min）	功率（kW）	必需汽蚀余量（m）	外形与安装尺寸（mm）				质量（kg）
						L_1	L_2	H	B	
XBD8.3/35G-KQSN	35	0.83	2960	55	4	1665		645		158
XBD7.5/30G-KQSN	30	0.75	2960	45	3.6	1550	730	645	550	145
XBD5.0/30G-KQSN	30	0.50	2960	30	3.2	1510		625		138
XBD9.5/70G-KQSN	70	0.95	2960	132	5.9	2045		740		240
XBD9.2/60G-KQSN	60	0.92	2960	90	5.3	1785	730	740	620	235
XBD6.3/50G-KQSN	50	0.63	2960	53	4.7	1665				231
XBD6.4/70G-KQSN	70	0.64	2960	75	5.9	1735		751		187
XBD4.5/60G-KQSN	60	0.45	2960	45	5.3	1550	730	751	620	182
XBD6.0/60G-KQSN	60	0.6	2960	75	5.3	1735		725		184
XBD4.4/50G-KQSN	50	0.44	2960	37	4.7	1510		695		179
XBD11.5/120G-KQSN	120	1.15	1480	280	3.5	2652		1072	900	595
XBD11.0/100G-KQSN	100	1.10	1480	220	3.1	2652	1077	1072	900	595
XBD7.5/120G-KQSN	120	0.75	1480	185	3.5	2422		971	880	518
XBD7.5/100G-KQSN	100	0.75	1480	160	3.1	2422		971	880	515
XBD4.0/120G-KQSN	120	0.40	1480	75	3.4	1985	980	845	890	400
XBD3.8/100G-KQSN	100	0.38	1480	75	3.0	1985		845	890	395
XBD9.5/190G-KQSN	190	0.95	1480	315	4.6	2895	1320	1080	1046	840
XBD9.1/160G-KQSN	160	0.91	1480	250	4.2	2895		1080	1046	837
XBD6.0/200G-KQSN	200	0.60	1480	185	4.6	2422	1077	950	1070	599
XBD5.9/170G-KQSN	170	0.59	1480	160	4.2	2422		950	1070	598
XBD12.6/350G-KQSN	350	1.26	1480	710	6.3	3748	1541	1260	1210	1586
XBD12.1/295G-KQSN	295	1.21	1480	500	5.7	3598		1260	1210	1583
XBD7.7/350G-KQSN	350	0.77	1480	355	6.3	3245	1320	1315	1250	1208
XBD7.4/295G-KQSN	295	0.74	1480	315	5.7	2895		1315	1250	1207

注　外形与安装尺寸见图 9-3。

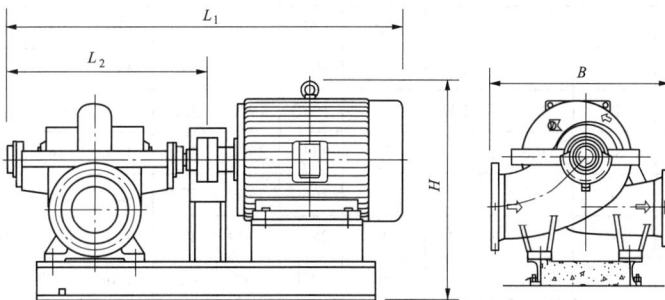

图 9-3　XBD 系列卧式单级双吸消防水泵外形与安装尺寸

3. XBC 系列柴油机消防水泵

XBC 系列柴油机消防水泵具有启动特性好、自动化程度高、性能可靠等特点，适用于没有消防电源或

电源不正常时的消防给水。XBC 系列柴油机消防水泵性能参数见表 9-26。

表 9-26 **XBC 系列柴油机消防水泵性能参数**

| 型号 | 额定转速（r/min） | 额定流量（L/s） | 额定压力（MPa） | 必需汽蚀余量（m） | 柴油机功率（kW） | 外形与安装尺寸（mm） | | | | | | | 质量（kg） |
						L	L_1	H_1	H_2	H_3	B	DN_1/DN_2	
XBC-WIS													
3/10	2000	10	0.3	2.5	26.5	1520	1500	460	710	1010	650	100/65	91
3/20	2000	20	0.3	3.0	26.5	1520	1500	460	710	1010	650	100/65	91
3/30	2000	30	0.3	3.8	36	1760	1700	460	740	1080	650	125/100	129
3/40	2000	40	0.3	4.8	36	1760	1700	460	740	1080	650	125/100	129
4/10	2000	10	0.4	2.5	26.5	1520	1500	460	710	1010	650	100/65	91
4/20	2000	20	0.4	3.0	26.5	1570	1500	460	710	1010	650	125/100	129
4/30	2000	30	0.4	3.6	30	1760	1700	460	775	1080	650	125/100	145
5/10	2000	10	0.5	4.2	26.5	1570	1500	460	740	1010	650	100/65	120
5/20	2000	20	0.5	4.5	36	1760	1700	460	740	1080	650	100/65	120
5/30	2000	30	0.5	4.5	48	1860	1800	480	795	1150	820	125/100	145
5/40	2000	40	0.5	4.9	48	1860	1800	480	795	1150	820	125/100	145
6/10	2000	10	0.6	2.5	36	1760	170	460	740	1080	650	100/65	120
6/20	2000	20	0.6	3.0	36	1760	1700	460	775	1080	650	125/100	145
6/30	2000	30	0.6	3.6	48	1860	1800	480	795	1150	820	125/100	145
XBC-WOS													
3/30	2000	30	0.3	4.5	36	1810	1800	320	320	1080	650	125/80	194
3/40	2000	40	0.3	4.5	36	1810	1800	330	330	1080	650	150/100	207
3/50	2000	50	0.3	6.8	36	1810	1800	330	330	1080	650	150/100	207
4/30	2000	30	0.4	4.5	36	1810	1800	320	320	1080	650	125/80	204
4/50	2000	50	0.4	6.8	48	2080	2000	350	350	1150	820	200/125	274
4/60	2000	50	0.4	6.8	48	1910	1900	330	330	1150	820	150/100	223
4/90	2000	90	0.4	8.4	72	2320	2600	350	350	1150	820	200/125	274
5/50	2000	50	0.5	6.8	72	2150	2100	330	330	1150	820	150/100	223
5/60	2000	60	0.5	7.1	72	2150	2100	330	330	1150	820	150/100	223
5/70	2000	70	0.5	7.2	72	2150	2100	330	330	1150	820	150/100	223
5/100	2000	100	0.5	8.9	72	2320	2300	350	350	1150	820	200/125	274
6/20	2000	20	0.6	6.3	72	1810	1800	330	330	1080	650	150/100	223
7/30	2000	30	0.7	6.3	72	1910	1900	330	330	1080	650	150/100	223
5/40	1500	40	0.5	3.1	58	1910	1900	330	330	1080	820	150/100	245
6/80	1500	80	0.6	2.7	75	2310	2300	350	350	1460	820	200/125	335
7/80	1500	80	0.7	2.7	110	2650	2600	420	420	1460	900	200/125	335
6/120	1500	120	0.6	3.4	110	2800	2700	420	420	1470	900	200/150	436
8/120	1500	120	0.8	4.2	161	2900	2900	420	420	1600	900	200/150	646
6/150	1500	150	0.6	3	161	2900	2900	470	470	1550	900	200/150	436
9/150	1500	150	0.9	4.2	223	3120	3000	470	470	1420	1100	200/150	646
12/150	1500	150	1.2	2.9	339	3320	3200	570	570	1550	1200	250/200	990

注　外形与安装尺寸见图 9-4、图 9-5。

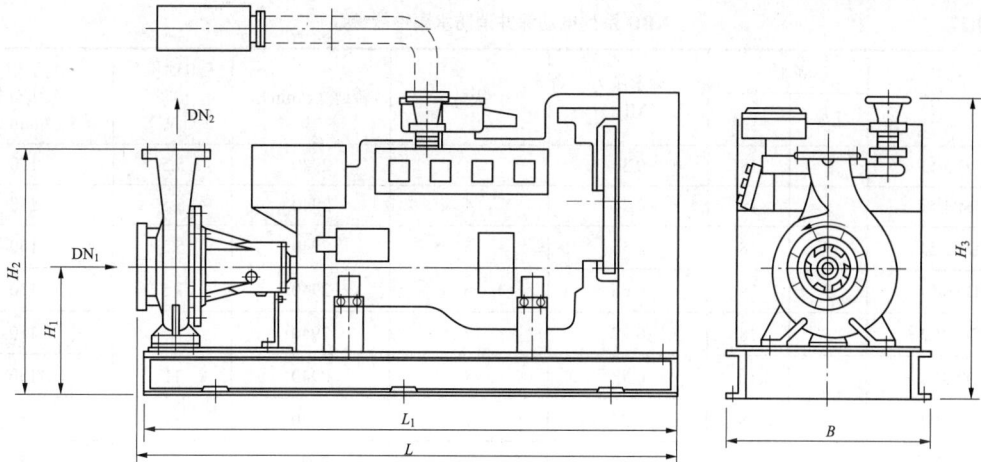

图 9-4　XBC-WIS 系列柴油机消防水泵外形与安装尺寸

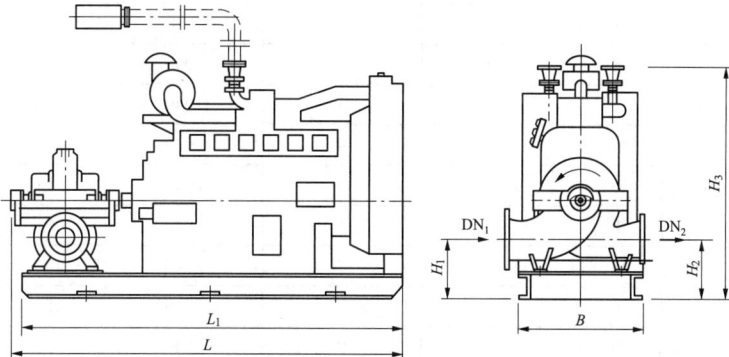

图 9-5　XBC-WOS 系列柴油机消防水泵外形与安装尺寸

4. XBD 系列电动深井消防水泵

电动深井消防水泵直接布置在水井或消防水池上，水泵叶轮淹没在最低消防水位以下，满足在任何水位直接启动消防水泵的要求，同时能够减小泵房的布置深度。XBD 系列电动深井消防水泵外形见图 9-6，性能参数见表 9-27。

5. XBC 系列柴油机深井消防水泵

柴油机深井消防水泵具有与电动机深井消防水泵同样的特点，同时还适用于没有消防电源、消防电源等级较低或消防要求高的场所。XBC 系列柴油机深井消防水泵性能参数见表 9-28，水泵外形见图 9-7。

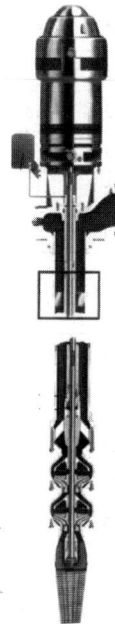

图 9-6　XBD 系列电动深井消防水泵外形

表 9-27   **XBD 系列电动深井消防水泵性能参数**

型 号	流量		额定压力（MPa）	级数	转速（r/min）	电动机功率（kW）	井下部分最大外径（mm）
	L/s	m³/h					
XBD3.3/5J	5	18	0.33	3	2940	5.5	150
XBD4.4/5J	5	18	0.44	4	2940	5.5	150
XBD5.5/5J	5	18	0.55	5	2940	5.5	150
XBD6.6/5J	5	18	0.66	6	2940	7.5	150
XBD7.7/5J	5	18	0.77	7	2940	7.5	150
XBD8.8/5J	5	18	0.88	8	2940	11	150
XBD9.9/5J	5	18	0.99	9	2940	11	150
XBD11.0/5J	5	18	1.10	10	2940	11	150
XBD12.1/5J	5	18	1.21	11	2940	15	150
XBD13.2/5J	5	18	1.32	12	2940	15	150
XBD14.3/5J	5	18	1.43	13	2940	15	150
XBD4.2/10J	10	36	0.42	3	2940	7.5	150
XBD5.6/10J	10	36	0.56	4	2940	11	150
XBD7.0/10J	10	36	0.70	5	2940	15	150
XBD8.4/10J	10	36	0.84	6	2940	15	150
XBD9.8/10J	10	36	0.98	7	2940	18.5	150
XBD11.2/10J	10	36	1.12	8	2940	18.5	150
XBD12.6/10J	10	36	1.26	9	2940	22	150
XBD14.0/10J	10	36	1.40	10	2940	30	150
XBD4.0/10J	15	54	0.40	2	2940	11	190
XBD6.0/10J	15	54	0.60	3	2940	18.5	190
XBD8.0/10J	15	54	0.80	4	2940	22	190
XBD10.0/10J	15	54	1.00	5	2940	30	190
XBD12.0/10J	15	54	1.20	6	2940	37	190
XBD14.0/10J	15	54	1.40	7	2940	37	190
XBD4.6/20J	20	72	0.46	2	2940	15	190
XBD6.9/20J	20	72	0.69	3	2940	22	190
XBD9.2/20J	20	72	0.92	4	2940	30	190
XBD11.5/20J	20	72	1.15	5	2940	37	190
XBD4.0/25J	25	90	0.40	2	2940	15	190
XBD6.0/25J	25	90	0.60	3	2940	22	190
XBD8.0/25J	25	90	0.80	4	2940	30	190
XBD10.0/25J	25	90	1.00	5	2940	37	190
XBD3.3/30J	30	108	0.33	3	2940	15	190
XBD4.4/30J	30	108	0.44	4	2940	22	190
XBD5.5/30J	30	108	0.55	5	2940	30	190
XBD6.6/30J	30	108	0.66	6	2940	30	190

续表

型 号	流量		额定压力（MPa）	级数	转速（r/min）	电动机功率（kW）	井下部分最大外径（mm）
	L/s	m³/h					
XBD7.7/30J	30	108	0.77	7	2940	37	190
XBD3.6/35J	35	126	0.36	2	2940	18.5	190
XBD5.4/35J	35	126	0.54	3	2940	30	190
XBD7.2/35J	35	126	0.72	4	2940	37	190
XBD3.4/40J	40	144	0.34	4	1475	22	250
XBD5.1/40J	40	144	0.51	6	1475	30	250
XBD6.8/40J	40	144	0.68	8	1475	45	250
XBD8.5/40J	40	144	0.85	10	1475	55	250
XBD3.3/45J	45	162	0.33	3	1475	22	295
XBD4.4/45J	45	162	0.44	4	1475	30	295
XBD5.5/45J	45	162	0.55	5	1475	37	295
XBD6.6/45J	45	162	0.66	6	1475	45	295
XBD7.7/45J	45	162	0.77	7	1475	55	295
XBD8.8/45J	45	162	0.88	8	1475	75	295
XBD9.9/45J	45	162	0.99	9	1475	75	295
XBD11.0/45J	45	162	1.10	10	1475	75	295
XBD12.1/45J	45	162	1.21	11	1475	90	295
XBD13.2/45J	45	162	1.32	12	1475	90	295
XBD3.6/50J	50	180	0.36	3	1475	30	295
XBD4.8/50J	50	180	0.48	4	1475	37	295
XBD6.0/50J	50	180	0.60	5	1475	45	295
XBD7.2/50J	50	180	072	6	1475	55	295
XBD8.4/50J	50	180	0.84	7	1475	75	295
XBD9.6/50J	50	180	0.96	8	1475	75	295
XBD10.8/50J	50	180	1.08	9	1475	90	295
XBD12.0/50J	50	180	1.20	10	1475	90	295
XBD2.7/60J	60	216	0.27	2	1475	22	295
XBD5.4/60J	60	216	0.54	4	1475	45	295
XBD8.1/60J	60	216	0.81	6	1475	75	295
XBD10.8/60J	60	216	1.08	8	1475	90	295
XBD3.0/80J	80	288	0.30	2	1475	37	346
XBD4.5/80J	80	288	0.45	3	1475	55	346
XBD6.0/80J	80	288	0.60	4	1475	75	346
XBD7.5/80J	80	288	0.75	5	1475	90	346
XBD9.0/80J	80	288	0.90	6	1475	110	346
XBD10.5/80J	80	288	1.05	7	1475	132	346
XBD3.2/100J	100	360	0.32	2	1475	55	346
XBD4.8/100J	100	360	0.48	3	1475	75	346

型　　　号	流量		额定压力（MPa）	级数	转速（r/min）	电动机功率（kW）	井下部分最大外径（mm）
	L/s	m³/h					
XBD6.4/100J	100	360	0.64	4	1475	90	346
XBD8.0/100J	100	360	0.80	5	1475	110	346
XBD9.6/100J	100	360	0.96	6	1475	132	346
XBD2.6/120J	120	432	0.26	1	1475	55	430
XBD5.2/120J	120	432	0.52	2	1475	110	430
XBD7.8/120J	120	432	0.78	3	1475	150	430
XBD10.4/120J	120	432	1.04	4	1475	200	430
XBD13.0/120J	120	432	1.30	5	1475	260	430
XBD2.8/140J	140	504	0.28	1	1475	55	430
XBD5.6/140J	140	504	0.56	2	1475	110	430
XBD8.4/140J	140	504	0.84	3	1475	185	430
XBD11.2/140J	140	504	1.12	4	1475	225	430
XBD14.0/140J	140	504	1.40	5	1475	280	430
XBD2.6/160J	160	576	0.26	1	1475	55	430
XBD5.2/160J	160	576	0.52	2	1475	110	430
XBD7.8/160J	160	576	0.78	3	1475	185	430
XBD10.4/160J	160	576	1.04	4	1475	225	430
XBD13.0/160J	160	576	1.30	5	1475	280	430
XBD3.0/180J	180	648	0.30	1	1475	90	520
XBD6.0/180J	180	648	0.60	2	1475	185	520
XBD9.0/180J	180	648	0.90	3	1475	260	520
XBD12.0/180J	180	648	1.20	4	1475	315	520
XBD3.2/200J	200	720	0.32	1	1475	110	520
XBD6.4/200J	200	720	0.64	2	1475	225	520
XBD9.6/200J	200	720	0.96	3	1475	315	520
XBD12.8/200J	200	720	1.28	4	1475	400	520
XBD3.0/250J	250	900	0.30	1	1475	110	520
XBD6.0/250J	250	900	0.60	2	1475	225	520
XBD9.0/250J	250	900	0.90	3	1475	315	520
XBD12.0/250J	250	900	1.20	4	1475	400	520
XBD2.4/300J	300	1080	0.24	1	1475	110	600
XBD4.8/300J	300	1080	0.48	2	1475	225	600
XBD7.2/300J	300	1080	0.72	3	1475	315	600
XBD9.6/300J	300	1080	0.96	4	1475	450	600
XBD2.5/350J	350	1260	0.25	1	1475	132	600
XBD5.0/350J	350	1260	0.50	2	1475	260	600
XBD7.5/350J	350	1260	0.75	3	1475	400	600
XBD9.0/350J	350	1260	0.90	4	1475	500	600

表 9-28 　　　　　　　　　　　　　XBC 系列柴油机深井消防水泵性能参数

型　　号	流量		额定压力（MPa）	级数	转速（r/min）	配套柴油机功率（kW）	井下部分最大外径（mm）
	L/s	m³/h					
XBC4.4/30J	30	108	0.44	4	2940	29	190
XBC5.5/30J	30	108	0.55	5	2940	36	190
XBC6.6/30J	30	108	0.66	6	2940	43	190
XBC7.7/30J	30	108	0.77	7	2940	50	190
XBC3.6/35J	35	126	0.36	2	2940	27	190
XBC5.4/35J	35	126	0.54	3	2940	40	190
XBC7.2/35J	35	126	0.72	4	2940	54	190
XBC3.4/40J	40	144	0.34	4	1475	30	250
XBC5.1/40J	40	144	0.51	6	1475	45	250
XBC6.8/40J	40	144	0.68	8	1475	60	250
XBC8.5/40J	40	144	0.85	10	1475	75	250
XBC3.3/45J	45	162	0.33	3	1475	31	295
XBC4.4/45J	45	162	0.44	4	1475	42	295
XBC5.5/45J	45	162	0.55	5	1475	52	295
XBC6.6/45J	45	162	0.66	6	1475	62	295
XBC7.7/45J	45	162	0.77	7	1475	72	295
XBC8.8/45J	45	162	0.88	8	1475	82	295
XBC9.9/45J	45	162	0.99	9	1475	92	295
XBC11.0/45J	45	162	1.10	10	1475	102	295
XBC12.1/45J	45	162	1.21	11	1475	112	295
XBC13.2/45J	45	162	1.32	12	1475	122	295
XBC3.6/50J	50	180	0.36	3	1475	38	295
XBC4.8/50J	50	180	0.48	4	1475	50	295
XBC6.0/50J	50	180	0.60	5	1475	63	295
XBC7.2/50J	50	180	0.72	6	1475	75	295
XBC8.4/50J	50	180	0.84	7	1475	88	295
XBC9.6/50J	50	180	0.96	8	1475	100	295
XBC10.8/50J	50	180	1.08	9	1475	113	295
XBC12.0/50J	50	180	1.20	10	1475	125	295
XBC2.7/60J	60	216	0.27	2	1475	34	295
XBC5.4/60J	60	216	0.54	4	1475	68	295
XBC8.1/60J	60	216	0.81	6	1475	102	295
XBC10.8/60J	60	216	1.08	8	1475	136	295
XBC3.0/80J	80	288	0.30	2	1475	50	346
XBC4.5/80J	80	288	0.45	3	1475	75	346

型　　号	流量		额定压力（MPa）	级数	转速（r/min）	配套柴油机功率（kW）	井下部分最大外径（mm）
	L/s	m³/h					
XBC6.0/80J	80	288	0.60	4	1475	100	346
XBC7.5/80J	80	288	0.75	5	1475	125	346
XBC9.0/80J	80	288	0.90	6	1475	150	346
XBC10.5/80J	80	288	1.05	7	1475	175	346
XBC3.2/100J	100	360	0.32	2	1475	67	346
XBC4.8/100J	100	360	0.48	3	1475	100	346
XBC6.4/100J	100	360	0.64	4	1475	134	346
XBC8.0/100J	100	360	0.80	5	1475	167	346
XBC9.6/100J	100	360	0.96	6	1475	200	346
XBC2.6/120J	120	452	0.26	1	1475	65	430
XBC5.2/120J	120	452	0.52	2	1475	131	430
XBC7.8/120J	120	452	0.78	3	1475	196	430
XBC10.4/120J	120	452	1.04	4	1475	261	430
XBC13.0/120J	120	452	1.30	5	1475	326	430
XBC2.8/140J	140	504	0.28	1	1475	82	430
XBC5.6/140J	140	504	0.56	2	1475	164	430
XBC8.4/140J	140	504	0.84	3	1475	246	430
XBC11.2/140J	140	504	1.12	4	1475	328	430
XBC14.0/140J	140	504	1.40	5	1475	410	430
XBC2.6/160J	160	576	0.26	1	1475	87	430
XBC5.2/160J	160	576	0.52	2	1475	174	430
XBC7.8/160J	160	576	0.78	3	1475	261	430
XBC10.4/160J	160	576	1.04	4	1475	348	430
XBC13.0/160J	160	576	1.30	5	1475	435	430
XBC3.0/180J	180	648	0.30	1	1475	113	520
XBC6.0/180J	180	648	0.60	2	1475	226	520
XBC9.0/180J	180	648	0.90	3	1475	339	520
XBC12.0/180J	180	648	1.20	4	1475	452	520
XBC3.2/200J	200	720	0.32	1	1475	134	520
XBC6.4/200J	200	720	0.64	2	1475	268	520
XBC9.6/200J	200	720	0.96	3	1475	402	520
XBC12.8/200J	200	720	1.28	4	1475	536	520
XBC3.0/250J	250	900	0.30	1	1475	157	520
XBC6.0/250J	250	900	0.60	2	1475	314	520
XBC9.0/250J	250	900	0.90	3	1475	471	520
XBC12.0/250J	250	900	1.20	4	1475	628	520
XBC2.4/300J	300	1080	0.24	1	1475	150	600
XBC4.8/300J	300	1080	0.48	2	1475	300	600

型　号	流量		额定压力 （MPa）	级数	转速 （r/min）	配套柴油机 功率 （kW）	井下部分 最大外径 （mm）
	L/s	m³/h					
XBC7.2/300J	300	1080	0.72	3	1475	450	600
XBC9.6/300J	300	1080	0.96	4	1475	600	600
XBC2.5/350J	350	1260	0.25	1	1475	182	600
XBC5.0/350J	350	1260	0.50	2	1475	364	600
XBC7.5/350J	350	1260	0.75	3	1475	546	600
XBC9.0/350J	350	1260	0.90	4	1475	728	600

图 9-7　XBC 系列柴油机深井消防水泵外形

（三）消防水泵的选择

（1）消防水泵的选择和应用应符合下列要求：

1）消防水泵的性能应满足消防给水系统所需流量和压力的要求。

2）消防水泵所配驱动器的功率应满足所选水泵流量—扬程性能曲线上任何一点运行所需功率的要求。

3）当采用电动机驱动的消防水泵时，应选择干式安装的电动机。

4）流量—扬程性能曲线应为无驼峰、无拐点的光滑曲线，零流量时的压力不应大于设计工作压力的 140%，且宜大于设计工作压力的 120%。

5）当出口流量为设计流量的 150%时，其出口压力不应低于设计工作压力的 65%。

6）泵轴的密封方式和材料应满足消防水泵在低流量时的运转要求。

（2）消防水泵的主要材质应符合下列要求：

1）水泵外壳宜为球墨铸铁。

2）叶轮宜为青铜或不锈钢。

（3）采用柴油机消防水泵时应符合下列要求：

1）柴油机消防水泵应采用压缩式点火型柴油机。

2）柴油机的额定功率应校核海拔和环境温度对柴油机功率的影响。

3）柴油机消防水泵应具备连续工作的性能，试验运行时间不应少于 24h。

4）柴油机消防水泵的蓄电池应满足消防水泵随时自动启动的要求。

5）柴油机消防水泵的供油箱容积应根据火灾延续时间确定，且油箱最小有效容积应按 1.5L/kW 配置。柴油机消防水泵油箱内储存的燃料不应小于 50%的储量。

二、消防气压稳压装置

1. 消防气压稳压装置的类型和结构特点

火力发电厂消防给水系统的供水对象包括室内外消火栓系统、自动喷水灭火系统、水喷雾灭火系统和泡沫灭火系统等，属于配置稳压装置的临时高压消防给水系统。对于自动喷水灭火系统或水喷雾灭火系统等，采用自动报警阀组或雨淋报警阀组。报警阀组平时是靠进水压力保持阀组的关闭状态，如果进水压力产生较大的波动，甚至压力为零又突然升压，会造成报警阀组误动作，对于开式雨淋喷水灭火系统和水喷雾灭火系统易造成误喷事故。因此，消防给水系统要保持供水压力在一定范围内基本稳定。通常，火力发电厂消防给水系统配置消防气压稳压装置，以保持平时消防给水压力。

消防气压稳压装置由气压水罐、稳压泵、控制柜、控制仪表和管道附件等组成。其基本原理是：当由于管路泄漏或设备出水，系统压力下降到设定的压力时，根据系统的压力信号，稳压泵自动启动向气压水罐补水；气压水罐进水后其空气的容积减小，压力增加并逐渐升高致系统压力达到设定值，稳压泵自动停泵，以此来保持系统压力在一定范围内。

气压水罐按气室和水室是否隔离又分为胶囊式和补气式。

胶囊式气压水罐内设置有一定弹性的胶囊分隔水室和气室。水罐内的水和空气没有接触，罐内的空气不容易泄漏，一般不设固定的补气装置，如果发现空气减少，可以通过一个气门向水罐的气室补气。胶囊式气压水罐的工作原理如图 9-8 所示。罐上部为气室，下部为水室，中间用胶囊分隔。当通过水泵向罐内水室补水时，水室体积增加，胶囊由图 9-8（a）中的 a 点逐渐向 b、c、d 点移动，气室中的空气被压缩。当补水完成后压力不足时，可通过专门的气门向气室补气增压；当泵停止运行，由水室向供水管网供水时，胶囊由图 9-8（b）中的 a 点逐渐向 b、c、d 点移动，同时气室体积增加，供水压力降低。

补气水泵向补气罐注水，将补气罐中的空气注入气压水罐；或者用补气水泵将补气罐的水抽走，补气罐压力降低而进气，补气水泵停止后空气自流进入气压水罐，如图 9-9 所示。具体补气方式见供货厂家的资料。补气式气压水罐在火力发电厂中应用较少，常用的是胶囊式气压水罐。

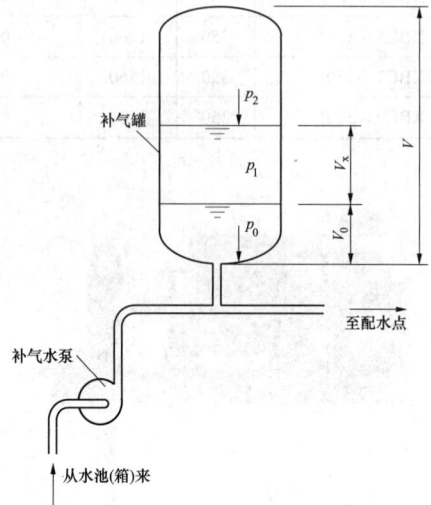

图 9-8　胶囊式气压水罐工作原理示意图

（a）由水泵向罐内水室补水；（b）由水室向供水管网供水

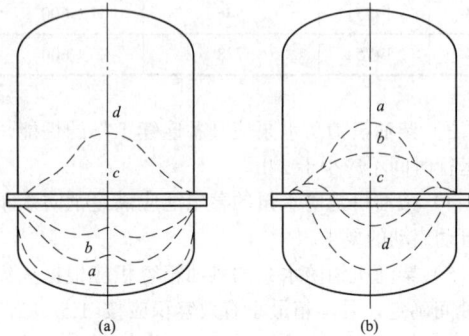

图 9-9　补气式气压水罐工作原理示意图

V_x—贮水容积；V_0—不动水容积；V—总容积；p_0—一起始压力；p_1—最低工作压力；p_2—最高工作压力

补气式气压水罐内水和空气是不隔离的，罐内的空气会有少量溶于水中，并随着气压水罐向外供水而被带走，因此气压水罐内的空气会逐渐减少，需要经常补气。

补气式气压水罐常用的补气方式是补气罐加补气水泵。不同的设备其补气方式有所不同，基本原理是：利用补气罐在大气压力下由进气管和止回阀进气，用

2. 消防气压稳压装置主要技术参数

消防气压稳压装置主要技术参数见表 9-29。

表 9-29　　　　　　　　　消防气压稳压装置主要技术参数

规格	气压水罐参数			补气水泵参数						
	有效容积（m³）	罐总容积（m³）	罐体规格 数量–直径×高度〔（个）– （mm×mm）〕	消防系统下限压力 p_1 与设备最高工作压力 p_4（MPa）						
				p_1	p_4	p_1	p_4	p_1	p_4	p_1	p_4
				0.1	0.3	0.3	0.6	0.6	1.0	1.0	1.5
XQ□–□/0.2	0.2	0.7	1–800×1600	LDW4–8×4		LDW4–8×8		LDW4–8×12		LDW4–8×19	
XQ□–□/0.4	0.4	1.6	1–1200×1600	LDW4–8×4		LDW4–8×8		LDW4–8×12		LDW4–8×19	
XQ□–□/0.6	0.6	2.3	1–1200×2200	LDW4–8×4		LDW4–8×8		LDW4–8×12		LDW4–8×19	
XQ□——□/1.2	1.2	3.9	1–1600×2200	LDW4–8×8		LDW4–8×8		LDW4–8×12		LDW4–8×19	
XQ□–□/3.2	3.2	9.6	1–2000×3400	LDW4–8×8		LDW4–8×8		LDW4–8×12		LDW4–8×19	
XQ□–□/6.0	6.0	19.2	2–2000×3400	LDW4–8×4		LDW4–8×8		LDW4–8×12		LDW4–8×19	
XQ□–□/9.0	9.0	32.6	2–2400×4000	LDW4–8×4		LDW4–8×8		LDW4–8×12		LDW4–8×19	
XQ□–□/12.0	12.0	48.9	3–2400×4000	LDW4–8×4		LDW4–8×8		LDW4–8×12		LDW4–8×19	
补水泵、补气泵电动机功率（kW）				1.1		2.2		3		5.5	

注　规格中的□–□数值为下限压力与设备最高工作压力，如 XQ0.1–0.3/0.2。

3. 消防气压水罐容积计算

消防气压水罐应设有消防贮水容积、稳压水容积、缓冲水容积，补气式气压水罐还应有不动水容积。上述各水容积相应的压力和水位如图 9-10 和图 9-11 所示。

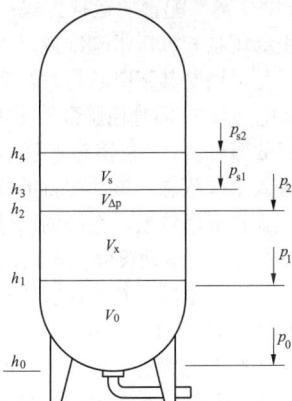

图 9-10　补气式气压水罐各水容积相应的压力和水位

V_x—消防贮水容积；V_s—稳压水容积；$V_{\Delta p}$—缓冲水容积；V_0—不动水容积；p_0—起始压力；p_1—最低工作压力；p_2—最高工作压力；p_{s1}—稳压水容积下限压力，稳压泵启动压力；p_{s2}—稳压水容积上限压力，稳压泵停止压力；h_0—起始水位；h_1—消防贮水容积下限水位；h_2—消防贮水容积上限水位；h_3—稳压水容积下限水位；h_4—稳压水容积上限水位

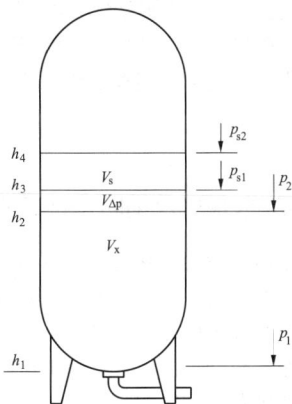

图 9-11　胶囊式气压水罐各水容积相应的压力和水位

V_x—消防贮水容积；V_s—稳压水容积；$V_{\Delta p}$—缓冲水容积；p_1—最低工作压力；p_2—最高工作压力；p_{s1}—稳压水容积下限压力，稳压泵启动压力；p_{s2}—稳压水容积上限压力，稳压泵停止压力；h_1—消防贮水容积下限水位；h_2—消防贮水容积上限水位；h_3—稳压水容积下限水位；h_4—稳压水容积上限水位

消防气压水罐总容积计算公式如下

$$V = \frac{\beta V_{xf}}{1 - \alpha_b} \tag{9-21}$$

其中

$$V_{xf} = V_x + V_s + V_{\Delta p} \tag{9-22}$$

$$\beta = \frac{p_1}{p_0} \tag{9-23}$$

$$\alpha_b = \frac{p_1}{p_2} \tag{9-24}$$

式中　V——消防气压水罐总容积，m^3；

V_{xf}——消防水总容积，等于消防贮水容积、稳压水容积、缓冲水容积之和，m^3；

β——气压水罐的容积系数，卧式水罐宜为 1.25，立式水罐宜为 1.10，胶囊式水罐宜为 1.05；

α_b——工作压力比，宜为 0.5～0.9。

4. 消防气压稳压装置的选择

火力发电厂消防给水系统的气压稳压装置应符合以下要求：

（1）系统由消防水泵、稳压装置、压力监测及控制装置等构成。

（2）宜采用稳压泵与胶囊式气压水罐组合的稳压装置。

（3）稳压泵的设计流量宜为消防给水系统设计流量的 1%～3%，启泵压力与消防水泵自动启泵的压力之差不应小于 0.02MPa，启泵压力与停泵压力之差宜为 0.05MPa。

（4）气压水罐的调节容积应按稳压泵启泵次数不大于 15 次/h 计算确定。气压水罐的最低工作压力应满足任意最不利点的消防设施的压力需求。

三、阀门

消防水泵房的阀门选择应符合下列要求：

（1）室内架空管道的阀门宜采用蝶阀、明杆闸阀或带启闭刻度的暗杆闸阀等。

（2）室内架空管道的阀门应采用球墨铸铁或不锈钢阀门。

四、排水泵

消防水泵房排水泵用于排除消防水泵房内的渗漏水，当消防水泵房设置柴油机消防水泵水自动灭火系统时，排水泵也用来排除灭火的消防水。排水泵的流量要满足消防水泵房的排水量要求。

排水泵可采用潜水泵或其他形式的泵。潜水泵应符合 GB/T 25409《小型潜水电泵》的规定。

五、消防水泵房起重设备

起重设备用于消防水泵房设备安装和检修时的起吊，其类型主要有电动桥式起重机、电动悬挂式起重机、电动或手动单轨吊等。起重设备的起重量应满足消防水泵房内最大件的起吊要求，起重量大于 0.5t 时宜采用电动起重设备。

起重设备应符合 GB/T 14405《通用桥式起重机》、JB/T 2603《电动悬挂起重机》的规定。

第六节　消防水泵房、消防水池的布置

一、消防水泵房及消防水池的布置形式

（1）消防水泵房根据消防水泵的型式、消防水池的类型及电厂总平面布置的要求，其布置形式有地面式、半地下式和深井式三种，见表 9-30。

表 9-30　消防水泵房布置形式分类

类型名称	适用条件及特点
地面式泵房	（1）当消防水池采用地面水池（水罐），且水位可满足消防水泵自灌式引水的要求时，可采用地面式泵房。 （2）泵房土建工程量较小，消防水泵一般采用安全性较高的卧式泵。 （3）消防水泵房水泵间与水池分开布置，水泵运行安全可靠，检修维护方便，但占地面积大
半地下式泵房	（1）当采用地面式泵房、消防水池水位不能满足消防水泵自灌式引水要求时，可降低水泵层标高，采用半地下式泵房。 （2）消防水泵可采用卧式泵或立式泵。 （3）消防水泵房水泵间与水池分开布置，水泵运行安全可靠，检修维护方便，但占地面积大
深井式泵房	（1）当总平面布置受限时，消防水泵可采用立式长轴深井泵，消防水泵房采用深井式泵房。 （2）泵房占地面积小，适合厂区面积较小的电厂，但检修维护不便

（2）消防水池根据补给水水压、防冻等外部条件，其布置形式有地面、半地下和地下三种，见表 9-31。

表 9-31　消防水池布置形式分类

类型名称	适用条件
地面水池（水罐）	补给水水压能够满足地面水池（水罐）的补水需求且满足防冻需求
半地下水池	受原水预处理工艺流程限制，采用重力自流补水且不能满足地面水池（水罐）的补水水位需求时，根据水力计算确定水池标高
地下水池	受防冻或其他外部条件限制，必须采用地下式布置形式时

（3）当电厂配置有柴油机消防水泵时，宜设置独立的消防水泵房。当需要节约厂区占地时，可与综合水泵房、生活水泵房和/或生产水泵房等合建，但应设置分隔墙，有独立的出入大门、检修场地和起吊设施。

（4）对于大中型火力发电厂，消防水泵的布置还

需要根据消防水泵的配置数量分为两种形式：一台运行的电动机消防水泵+一台备用的柴油机消防水泵（简称一电一柴）和两台运行的电动机消防水泵+一台备用的柴油机消防水泵（简称两电一柴）。

1）"一电一柴"配置的运行方式：准工作状态时管网压力由稳压泵和气压水罐维持，当管网压力下降且稳压泵不足以遏制其下降趋势时，启动电动机消防水泵（简称电动泵），同时稳压泵停止工作。当电动泵故障或电源故障时，柴油机消防水泵（简称柴油泵）迅速启动，进入工作状态。该种配置的优点是泵房占地面积较小，土建费用较低，系统的启停控制系统相对简单。其缺点是单台电动泵体积较大，运输、起吊、检修不便；对于大型电厂，其设计容量较大，电动机功率超过 200kW，需采用高压电动机。

2）"两电一柴"配置的运行方式：准工作状态时管网压力由稳压泵和气压水罐维持，当管网压力下降且稳压泵不足以遏制其下降趋势时，启动第一台电动泵，稳压泵同时停止工作；如第一台电动泵启动后管网压力不再下降，则不启动第二台电动泵，否则继续启动第二台电动泵。当任意一台电动泵故障或电源故障时，柴油泵迅速启动，进入工作状态。该种配置方式的优点是降低了配置所需单台电动泵的参数，如额定流量、额定功率，厂区小型火灾情况下只需较小的消防水量即可扑灭，不会使管网压力超压过大。另外，两台电动泵可配置低压电动机，从而降低电气配电柜及自动巡检柜甚至电缆的配置参数。其缺点是泵房占地面积较大，土建费用较高，并且电动泵的启停控制系统相对复杂。

二、消防水泵房及消防水池的组成

消防水泵房一般由水泵间、配电间和辅助房间三部分组成，大多数泵房这三部分可合并建造，并为独立建筑。泵房布置包括以下内容：

（1）水泵、电动机机组、柴油机机组及进出水管道和阀门配件等布置。

（2）柴油机油箱、排气管道、试验用排水管道、安全泄压管道、水自动灭火系统等布置。

（3）起重机械、泵房排水设备及排水管道布置。

（4）电气设备间及检修场地布置。

三、消防水泵房及消防水池的布置要求

1. 消防水泵房的布置要求

（1）消防水泵房的长度取决于水泵台数、水泵尺寸、泵组布置方式、起吊设施的极限尺寸等。泵房的跨度根据水泵尺寸、进出水管道上的阀门及配件等的尺寸而确定，但一般采取标准预制构件屋面梁，泵房跨度为 6、7.5、9、12m 等。

（2）消防水泵组一般由水泵、驱动设备和专用控制柜等组成；电厂一般设置两套消防水泵组，即工作泵和备用泵。消防水泵应设备用泵。机组容量为125MW以下的燃煤电厂，其备用泵的流量和扬程不应小于最大一台消防水泵的流量和扬程。机组容量为125MW及以上的燃煤电厂，宜设置柴油泵作为消防水泵的备用泵，其性能参数及泵的数量应满足最大消防水量、水压的需要。稳压泵应设备用泵。

（3）消防水泵及其驱动和控制柜应采取安全保护措施，防止因爆炸、火灾、洪水、地震、暴风、冰冻、啮齿动物、昆虫等影响而中断消防水泵的运行。

（4）当消防水泵房内设有集中检修场地时，其面积应根据水泵或电动机外形尺寸确定，并在周围留有宽度不小于0.7m的通道。对于装有深井水泵的湿式竖井泵房，还需考虑设堆放泵管的场地。

（5）为防止消防水泵房内给排水管道漏水而导致电气设备的停运，同时考虑便于运行的要求，消防水泵房内的架空水管道不应阻碍通道和跨越电气设备；

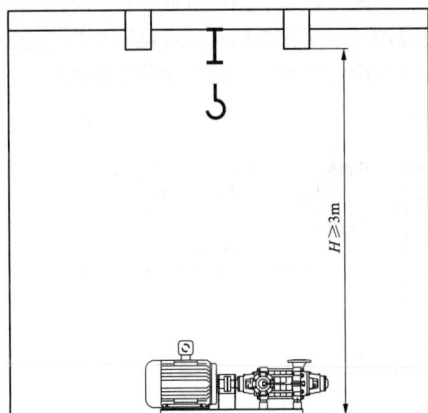

必须跨越时，应采取保证通道畅通和保护电气设备的措施。

（6）消防水泵房需设置起重设施，并应符合下列要求：

1）消防水泵的质量小于0.5t时，可设置固定吊钩或移动吊架。

2）消防水泵的质量为0.5~3t时，可设置手动起重设备。

3）消防水泵的质量大于3t时，宜设置电动起重设备。

（7）独立的消防水泵房地面层的净高应符合下列要求，并考虑通风采光等条件：

1）当采用固定吊钩或移动吊架时，净高不应小于3m。

2）当采用单轨起重机时，应保持吊起物底部与吊运所越过物体的顶部之间有0.5m以上的净距。

3）当采用桁架式起重机时，还应考虑起重机安装和检修空间的高度。

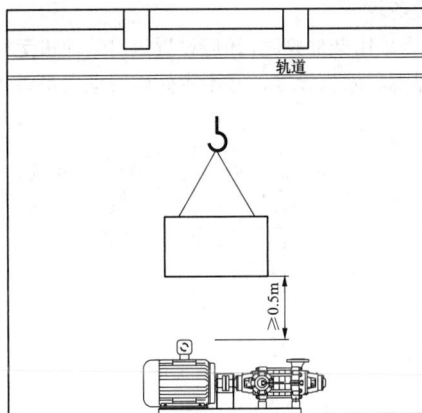

图9-12　消防水泵房净高示意图

（8）当采用立式（深井）水泵时，水泵房净高应按消防水泵吊装和维修的要求确定。当净高较大时，可根据水泵传动轴长度选择较短规格的产品。

（9）消防水泵房应设直通室外的安全出口。消防水泵房应至少有一个运输大门，其宽度、高度应满足最大件设备运输的要求。

（10）消防水泵房的设计应根据环境条件设计相应的采暖、通风和排水设施，并应符合下列要求：

1）严寒、寒冷等冬季结冰地区采暖温度不应低于10℃，无人值守时不应低于5℃。

2）消防水泵房的通风宜按6次/h设计。

3）消防水泵房内应设置带有坡度的排水沟，并设置可靠的排水设施，同时应采取防止水倒灌的技术措施，防止消防水泵房被淹没。

（11）消防水泵不宜设在有防震或有低噪声要求房间的上下层和毗邻位置；当必须时，应采取下列降噪减震措施：

1）消防水泵应采用低噪声水泵。

2）消防水泵机组应设隔震装置。

3）消防水泵吸水管和出水管上应设隔震装置。

4）消防水泵房内管道支架和管道穿墙及穿楼板处，应采取防止固体传声的措施。

5）消防水泵房内墙应采取隔声吸音的技术措施。

工程实施可按实际情况采用上述一种或多种降噪减震措施（见图9-13），达到减震降噪要求。

（12）消防水泵房的土建结构必须符合下列要求：

1）独立建造的消防水泵房耐火等级不应低于二级。

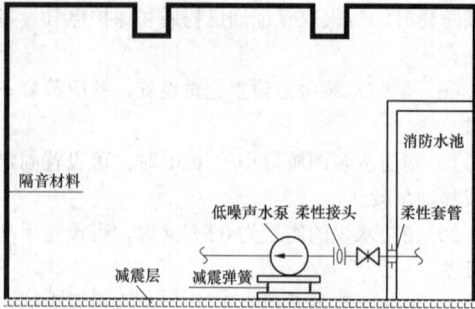

图 9-13　消防水泵房降噪减震措施示意图

2）附设在建筑物内的消防水泵房，不应设置在地下三层及以下，或室内地面与室外出入口地坪高差大于 10m 的地下楼层，以便消防人员及时到达。

3）附设在建筑物内的消防水泵房，应采用耐火极限不低于 2.00h 的隔墙和 1.50h 的楼板与其他部位隔开，其疏散门应直通安全出口，且开向疏散走道的门应采用甲级防火门。

（13）消防水泵房内应设置与消防控制室直接联络的通信设备。

（14）当采用柴油泵时，还应设置满足柴油机运行的通风、排烟和阻火设施，且不应妨碍管理人员进入消防水泵房。

（15）柴油储存箱可与柴油泵组集中布置在消防水泵房内，并在其周围设置隔墙。针对柴油箱及柴油泵组所在区域，应设置水喷雾或自动喷水灭火系统。

（16）消防水泵房的建筑设计应符合 GB 50016《建筑设计防火规范》的有关规定。

（17）地震期间往往伴随火灾，因此独立消防水泵房应满足当地抗震要求，且宜按本地区抗震设防烈度提高 1 度采取抗震措施，但不宜做提高 1 度抗震计算，并应符合 GB 50032《室外给水排水和燃气热力工程抗震设计规范》的有关规定。

2. 消防水池的布置要求

（1）消防水池的容积应能满足全厂同一时间火灾次数条件下、不同场所火灾延续时间内供水的需要。

消防水池总有效容积大于 500m³ 时，宜设两格能独立使用的消防水池；当大于 1000m³ 时，应设置两座能独立使用的消防水池，以便水池检修、清洗时仍能保证消防用水的供给。

每格（或座）消防水池设置独立的出水管，并应设置满足水泵在最低有效水位取水的连通管。独立使用的两座消防水池的吸水管道布置见图 9-14。

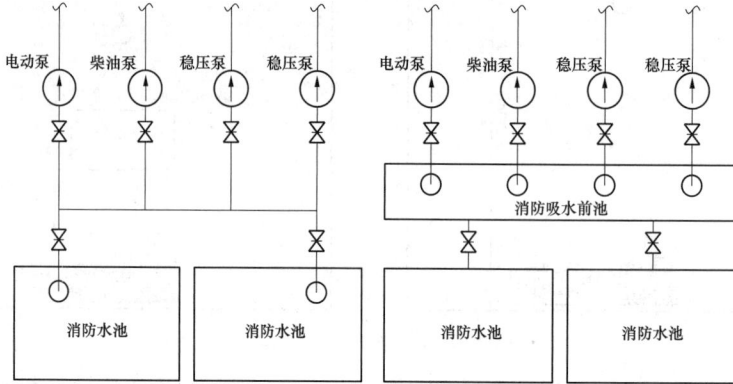

图 9-14　独立使用的两座消防水池的吸水管道布置示例

（2）消防用水与生产、生活用水共用的水池，应采取确保消防用水不作他用的技术措施。当生产、生活用水泵吸水管高于消防水位时，可在消防水位标高处开设通气孔；当生产、生活用水泵吸水管低于消防水位时，可设通气管至消防水位标高，相关示例可参考图 9-15。

（3）消防水池进水管应根据其有效容积和补水时间确定，补水时间不宜大于 48h；当消防水池总有效容积大于 2000m³ 时，补水时间不应大于 96h。消防水池进水管管径应根据水力计算确定，且不应小于 DN100。

（4）当消防水池采用两路消防给水且在火灾情况下连续补水能满足消防要求时，消防水池的有效容积应根据计算确定，但不应小于 100m³；当仅设有消火栓系统时，不应小于 50m³。

（5）消防水池的出水、排水和水位应符合下列要求：

1）消防水池的出水管应尽量保证消防水池的有效容积能被全部利用，提高消防水池的有效利用率。

消防水池的有效水深是设计最高水位至最低有效水位之间的距离。消防水池最低有效水位是消防水泵吸水管喇叭口或出水管喇叭口以上 0.6m 水位；当消防水泵吸水管或消防水箱出水管上设置防止旋流器时，最低有效水位为防止旋流器顶部以上 0.2m，如图 9-16 所示。

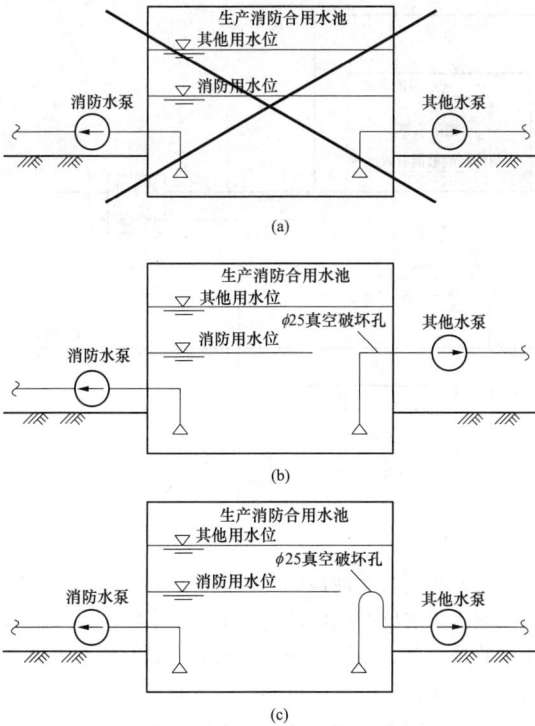

图 9-15　消防用水不作他用的措施

（a）消防用水作他用案例；（b）消防用水不作他用措施 1；
（c）消防用水不作他用措施 2

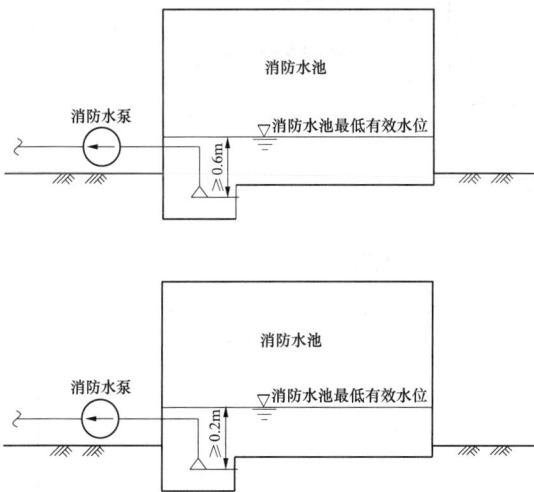

图 9-16　消防水池最低有效水位示意图

2）消防水池需设置就地水位显示装置，并在集控室或值班室等地点设置显示消防水池水位的装置，同时应有最高和最低报警水位，如图 9-17 所示。

3）消防水池需设置溢流水管和排水设施，并采用间接排水，以防止污水倒灌，污染消防水池内的水，如图 9-18 所示。

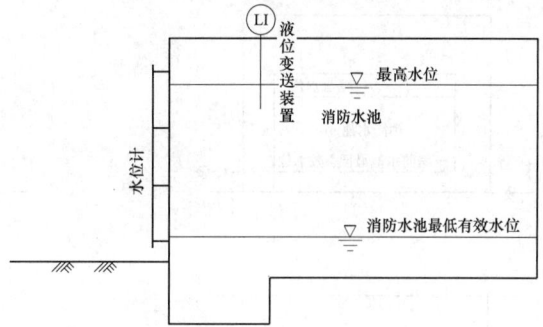

图 9-17　消防水池水位计和液位变送装置设置

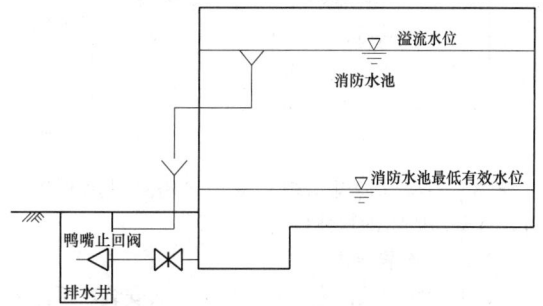

图 9-18　消防水池溢流管和泄水管设置

（6）消防水池需设置通气管或呼吸管，通气管、呼吸管和溢流水管等应有防止虫鼠等进入消防水池的技术措施，如图 9-19 所示。

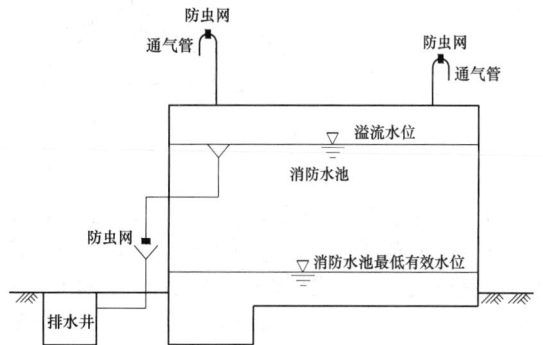

图 9-19　消防水池防虫鼠措施示意图

（7）储存室外消防用水的消防水池设有消防车专用取水口或取水井时，如图 9-20 所示，其有效容积不应小于一台消防车 3min 的出流量；冬季结冰地区取水口或取水井应采取防冻措施，并应符合下列要求：

1）取水口（井）的吸水高度不应大于 6.0m。

2）取水口（井）与建筑物（水泵房除外）的距离不宜小于 15m。

3）取水口（井）与甲、乙、丙类液体储罐等构筑物的距离不宜小于 40m。

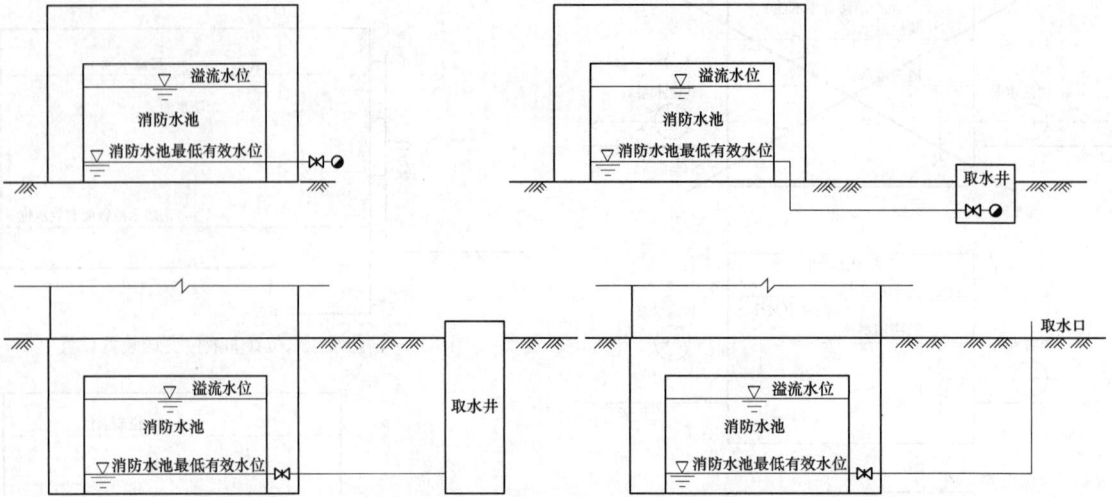

图 9-20　消防水池取水口设置示例

（8）当湿式冷却塔数量多于一座且供水有保证时，冷却塔贮水池可兼作消防水源。

3．机组布置要求

（1）消防水泵的电动机应采用干式安装，不能采用潜水泵直接放置在水池中吸水，如图 9-21 所示。

（2）当消防水池最低水位低于离心水泵出水管中心线或水源水位不能保证离心水泵吸水时，可采用轴流深井泵，并采用湿式深坑的安装方式安装于消防水池等消防水源上；电动机露天设置时应有防雨措施。轴流深井泵的淹没深度要符合下列要求：

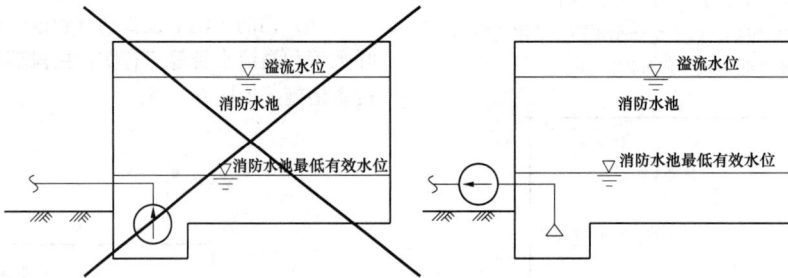

图 9-21　水泵干式安装示例

1）轴流深井泵安装于水井时，其淹没深度应满足其可靠运行的要求，在水泵出流量为 150%设计流量时，其最低淹没深度应是第一个水泵叶轮底部水位线以上不少于 3.2m，且海拔每增加 300m，深井泵的最低淹没深度应至少增加 0.3m。

2）轴流深井泵安装在消防水池等消防水源上时，其第一级叶轮底部应低于消防水池的最低有效水位线，如图 9-22 所示，且淹没深度应根据水力条件经计算确定，并应满足消防水池等消防水源有效储水量或有效水位能全部被利用的要求；当水泵设计流量大于 125L/s 时，应根据水泵性能确定淹没深度，并应满足水泵气蚀余量的要求。

（3）消防水泵机组的布置应符合下列要求：

1）相邻两个机组及机组至墙壁间的净距，当电动机容量小于 22kW 时，不宜小于 0.6m；当电动机容量不小于 22kW，且不大于 55kW 时，不宜小于 0.8m；

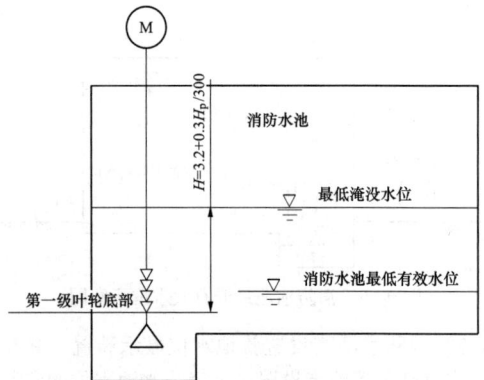

图 9-22　轴流深井泵淹没深度示意图

H_p—海拔，m

当电动机容量大于 55kW 且小于 255kW 时，不宜小于 1.2m；当电动机容量大于 255kW 时，不宜小于 1.5m。

2）当消防水泵就地检修时，应至少在每个机组一侧设消防水泵机组宽度加 0.5m 的通道,并应保证消防水泵轴和电动机转子在检修时能拆卸。

3)消防水泵房的主要通道宽度不应小于 1.2m。

(4)当采用柴油泵时,由于柴油机发热量比较大,机组间的净距宜在上述规定值的基础上增加 0.2m,并要求不小于 1.2m。

4. 管路布置要求

(1)消防水泵房应有不少于两条出水管与环状管网连接,当其中一条出水管检修时,其余的出水管应能满足全部用水量。试验回水管上应设检查用的放水阀门、水锤消除、安全泄压及压力、流量测量装置,如图 9-23 所示。

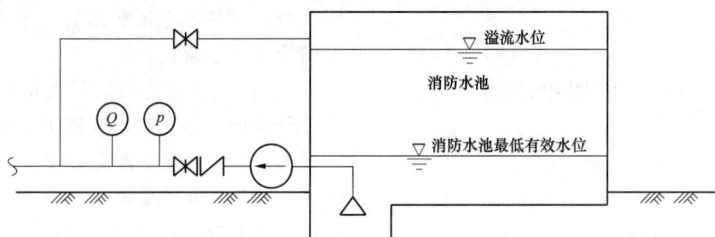

图 9-23 消防水泵流量和压力测试装置示意图

(2)消防水泵组在消防水泵房内设置流量和压力测试装置以及 DN65 的试验管时,需符合下列要求:

1)单台卧式消防给水泵的流量大于 20L/s、压力大于 0.50MPa 时,应设置流量和压力测试装置。

2)消防水泵流量检测装置的计量精度应为 0.5 级,最大量程的 75%不应低于最大一台消防给水泵额定流量的 175%。

3)消防水泵压力检测装置的计量精度应为 0.5 级,最大量程的 75%不应低于最大一台消防给水泵额定压力的 165%。

4)每台消防水泵应设置 DN65 的试水管,并采取排水措施。一组泵的试水排水管可共用一条,试验排水可排入消防水池回收循环利用。

(3)消防水泵应采取自灌式吸水,为保证消防水泵随时启动并可靠供水,消防水泵应充满水以保证及时启动供水。如图 9-24 所示,消防水池(箱)的最低有效水位应高于卧式泵的泵轴和立式泵的最下面一级叶轮。

(4)当消防水泵从消防水箱吸水时,因水箱无法设置吸水井,为减少吸水管的保护高度要求吸水管上设置防止旋流器,以提高消防水箱的储水有效量。

(5)消防水泵吸水口的淹没深度应满足消防水泵在最低水位运行安全的要求。吸水管喇叭口在消防水

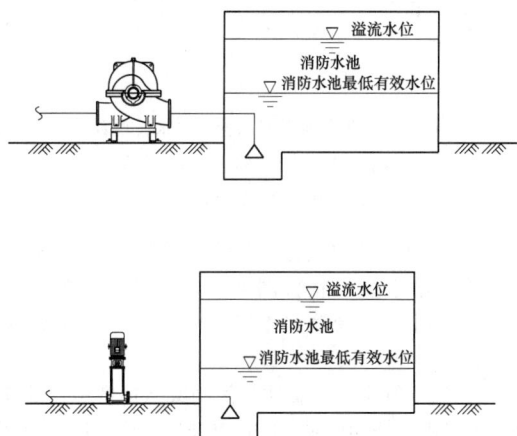

图 9-24 消防水泵吸水示意图

池最低有效水位下的淹没深度应根据吸水管喇叭口的水流速度和水力条件确定,但不应小于 600mm;当采用防止旋流器时,淹没深度不应小于 200mm。

(6)离心式消防水泵吸水管、出水管和阀门等配置应符合下列要求:

1)一组消防水泵,吸水管不应少于两条,当其中一条损坏或检修时,其余吸水管应仍能满足通过全部消防用水量;吸水管上应装设检修用阀门,如图 9-25 所示。

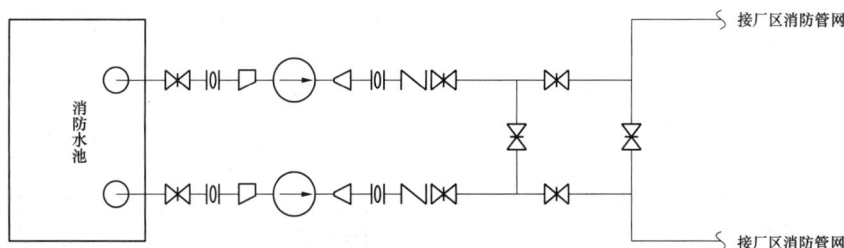

图 9-25 同组消防水泵吸水管、出水管示意图

2）吸水管布置应避免形成气囊，吸水口的淹没深度应满足消防水泵在最低有效水位运行的要求，如图 9-26 所示。

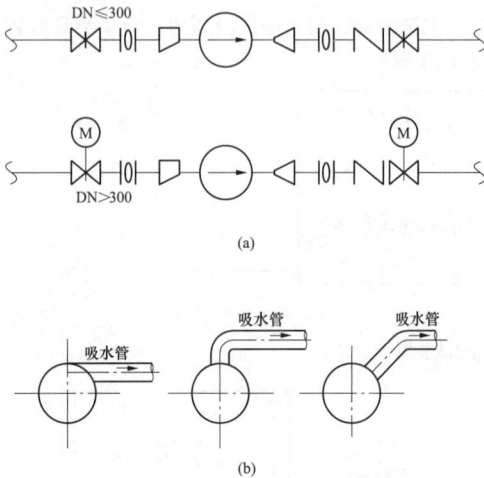

(a)

(b)

图 9-26 消防水泵吸水管、出水管设置
(a) 消防水泵进出水管阀门及大小头设置；
(b) 吸水管避免形成气囊

3）一组消防水泵应设不少于两条输水干管与消防给水系统环状管网连接，当其中一条输水干管检修时，其余输水干管应仍能供应全部消防用水量。

4）吸水管上应设置明杆闸阀或带自锁装置的蝶阀，当采用暗杆阀门时，应设有开启刻度和标志；当管径超过 DN300 时，宜设置电动阀门。

5）消防水泵的出水管上应设置止回阀、明杆闸阀，当采用蝶阀时，必须带有自锁装置；当管径超过 DN300 时，宜设置电动阀门。

6）消防水泵吸水管的直径小于 DN250 时，其流速宜为 1～1.2m/s；直径大于 DN250 时，宜为 1.2～1.6m/s。

7）消防水泵出水管的直径小于 DN250 时，其流速宜为 1.5～2.0m/s；直径大于 DN250 时，宜为 2.0～2.5m/s。

8）消防水泵的安装高度应满足不同工况下必需气蚀余量的要求。

9）吸水井的布置应满足井内水流顺畅，流速均匀，不产生漩涡，且便于施工安装的要求。

10）消防水泵的吸水管、出水管穿越外墙时，应采用防水套管；当穿越墙体和楼板时，套管长度不应小于墙体厚度，或应高出楼面或地面 50mm；套管与管道的间隙应采用不燃材料填塞，管道的接口不应位于套管内。

11）消防水泵吸水管穿越消防水池时，应采用柔

性套管；若采用刚性防水套管，则应在水泵吸水管上设置柔性接头，且管径不应大于 DN150。

（7）临时高压消防给水系统应采取防超压和水泵低流量空转过热的技术措施，可采取超压泄压阀、旁通管等。超压泄压阀的泄压值不应小于设计扬程的120%。

（8）消防水泵的吸水管、出水管需设置压力表，并符合下列要求：

1）出水管压力表的最大量程不应低于水泵额定工作压力的 2 倍，且不应低于 1.6MPa。

2）吸水管应设置真空表、压力表或者真空压力表。压力表的最大量程应根据工程具体情况确定，但不应低于 0.7MPa；真空表的最大量程宜为 0.10MPa。

3）消防水泵吸水管、出水管压力表的直径不应小于 100mm，应采用直径不小于 6mm 的管道与消防水泵吸水管、出水管相接，并应设置关断阀门。

4）稳压泵吸水管应设置阀门，稳压泵出水管应设置止回阀和隔离阀门。

（9）从冷却塔取水时，应设置消防水泵公用吸水井，吸水井中应设置平板滤网。

四、消防水泵房及消防水池布置示例

1. 地面式消防水泵房

合并布置的地面式消防水泵房，油箱间隔离（采用"一电一柴"配置方式，并设两台稳压泵、一个稳压罐）。消防水泵采用卧式离心泵，其消防水泵房平面布置图见图 9-27，剖面图见图 9-28。

2. 半地下式消防水泵房

（1）半地下式消防水泵房 A：独立设置的消防水泵房，采用"一电一柴"配置方式，并设两台稳压泵、一个稳压罐。消防水泵采用卧式离心泵，其消防水泵房平面布置图见图 9-29，剖面图见图 9-30。

（2）半地下式消防水泵房 B：独立设置的消防水泵房，采用"两电一柴"配置形式，并设两台稳压泵、两个稳压罐。电动泵采用立式离心泵，柴油泵采用卧式离心泵。其消防水泵房平面布置图见图 9-31，剖面图见图 9-32。该工程设置两个消防水池，吸水前池与消防水泵房共壁建设，将两个消防水池各接一根引水管至吸水前池。吸水前池处设置有闸门，以便每个消防水池的检修和清洗。

（3）半地下式消防水泵房 C：消防水泵房与综合水泵房合建，设置有分隔墙，有独立的大小门、检修场地和配电控制室。采用"两电一柴"配置形式，并设两台稳压泵、一个稳压罐。电动泵采用立式离心泵，柴油泵采用卧式离心泵。其消防水泵房平面布置图见图 9-33，剖面图见图 9-34。该工程设置两个消防水池，各消防水泵均设两根吸水管，分别从两座消防水池吸水。

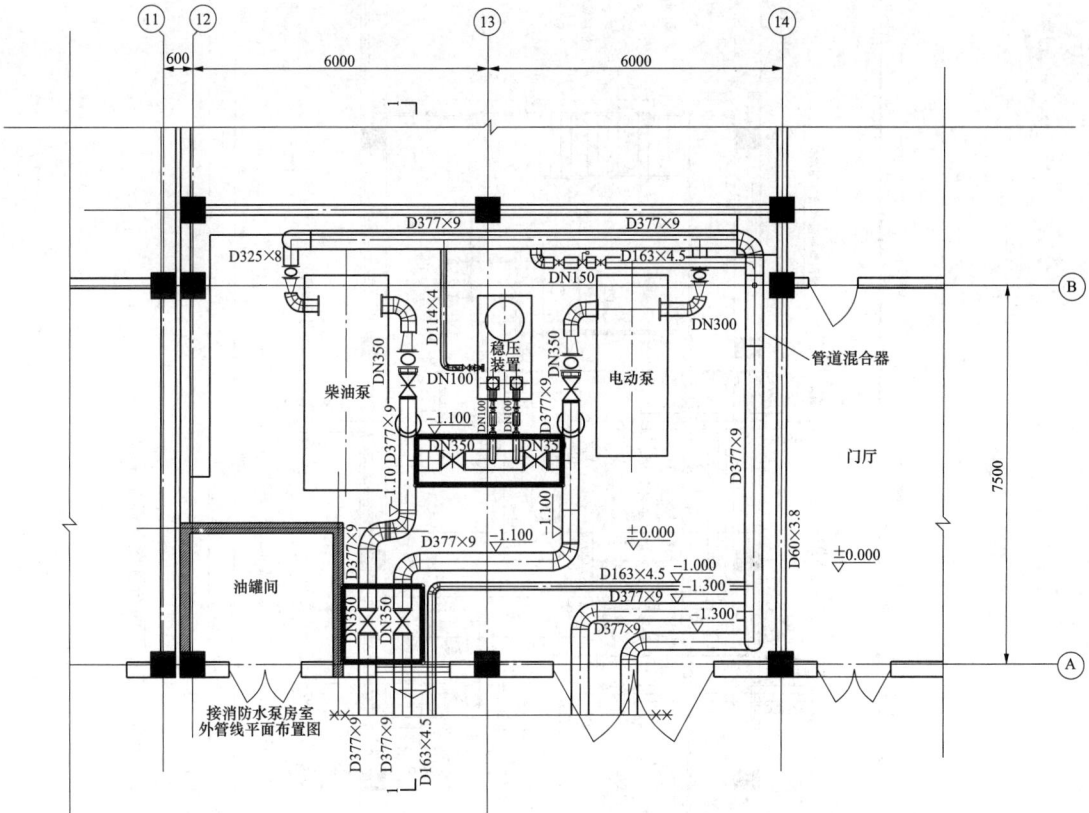

图 9-27 地面式消防水泵房平面布置图（高程单位：m）

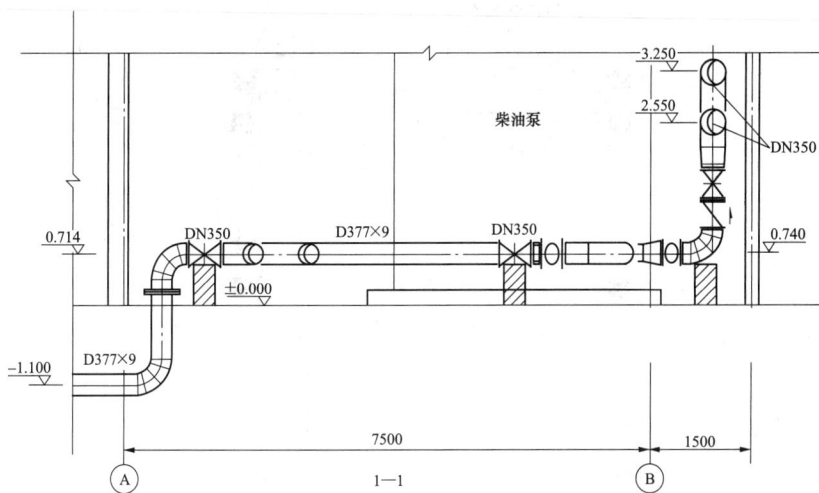

图 9-28 地面式消防水泵房剖面图（高程单位：m）

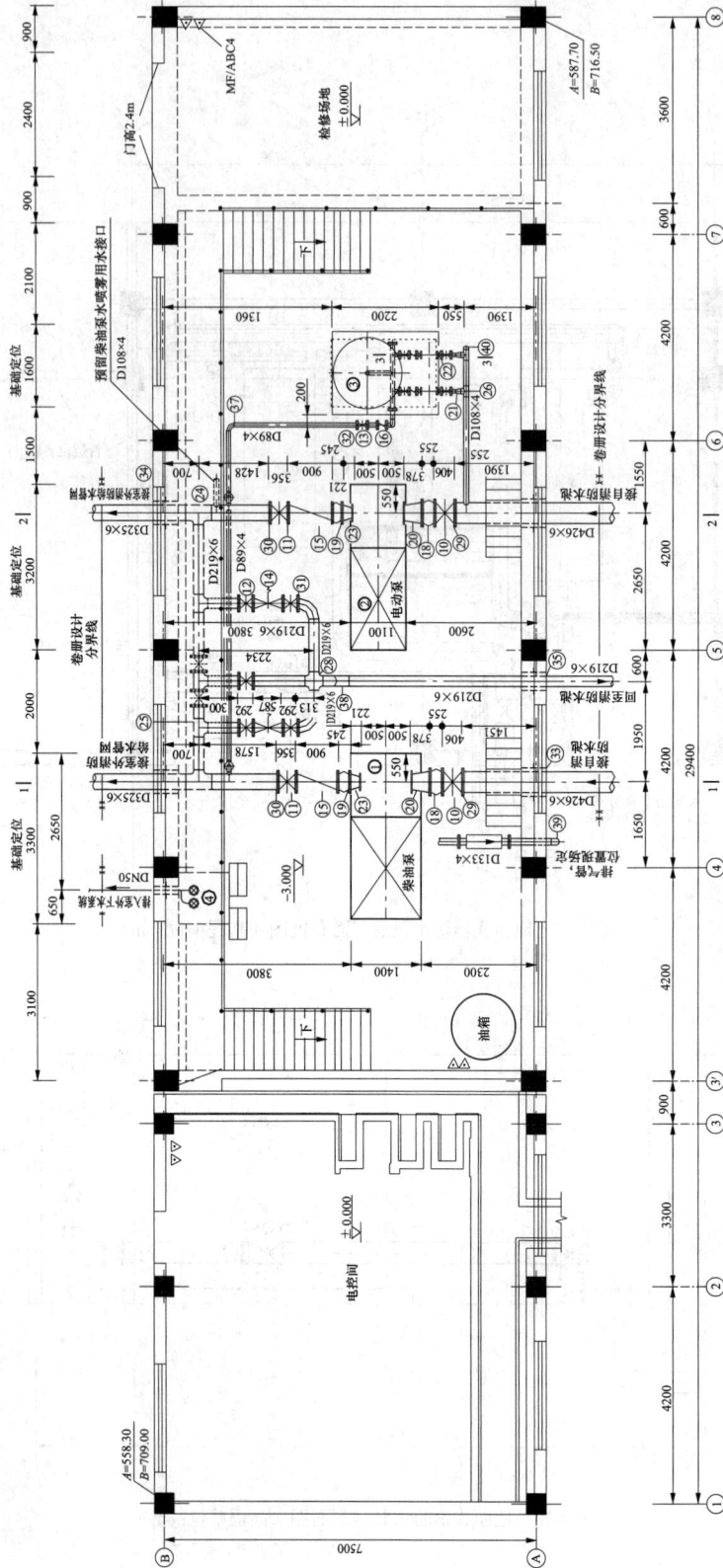

图 9-29　半地下式消防水泵房 A 平面布置图（高程单位：m）

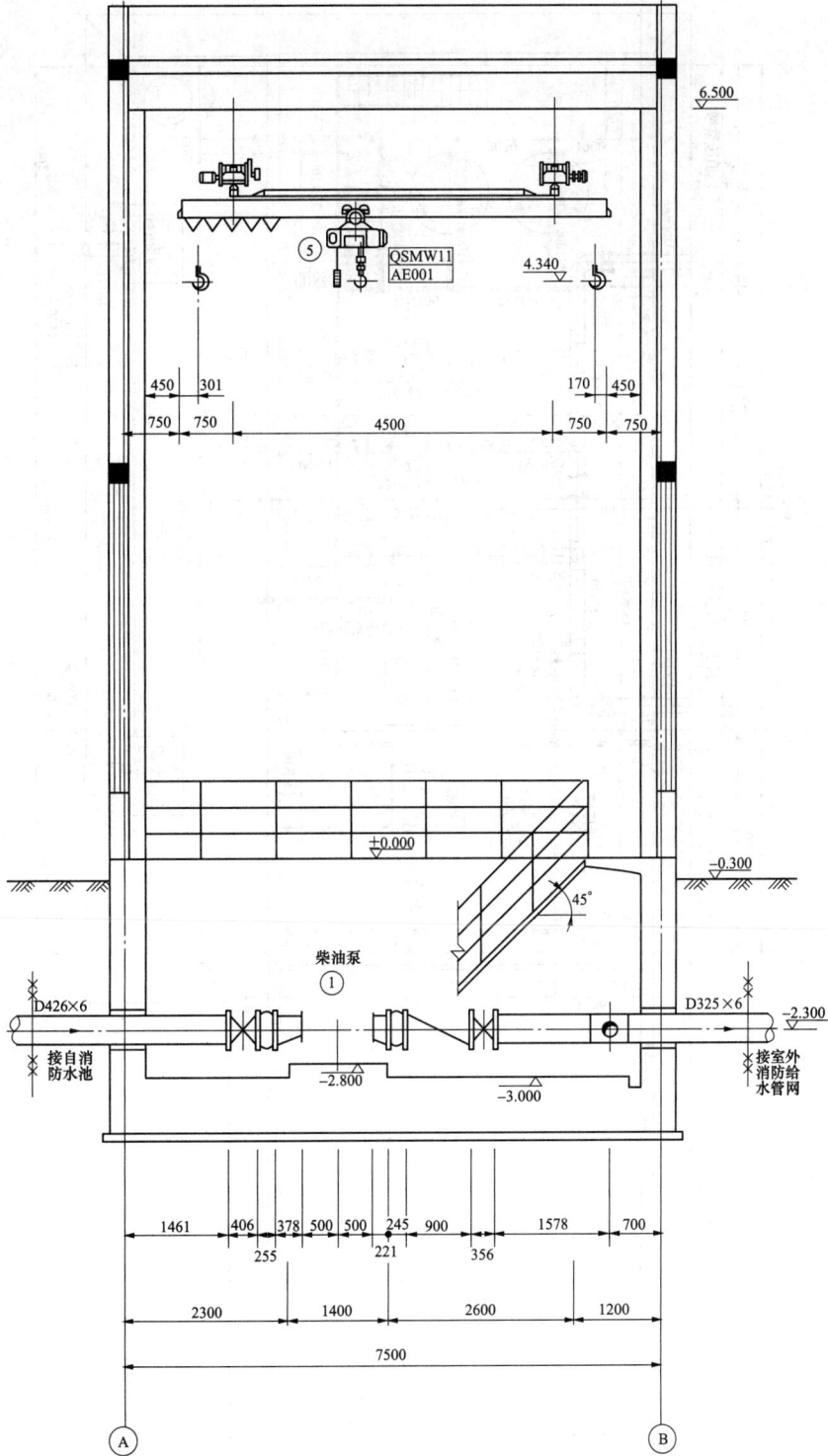

图 9-30 半地下式消防水泵房 A 剖面图（高程单位：m）

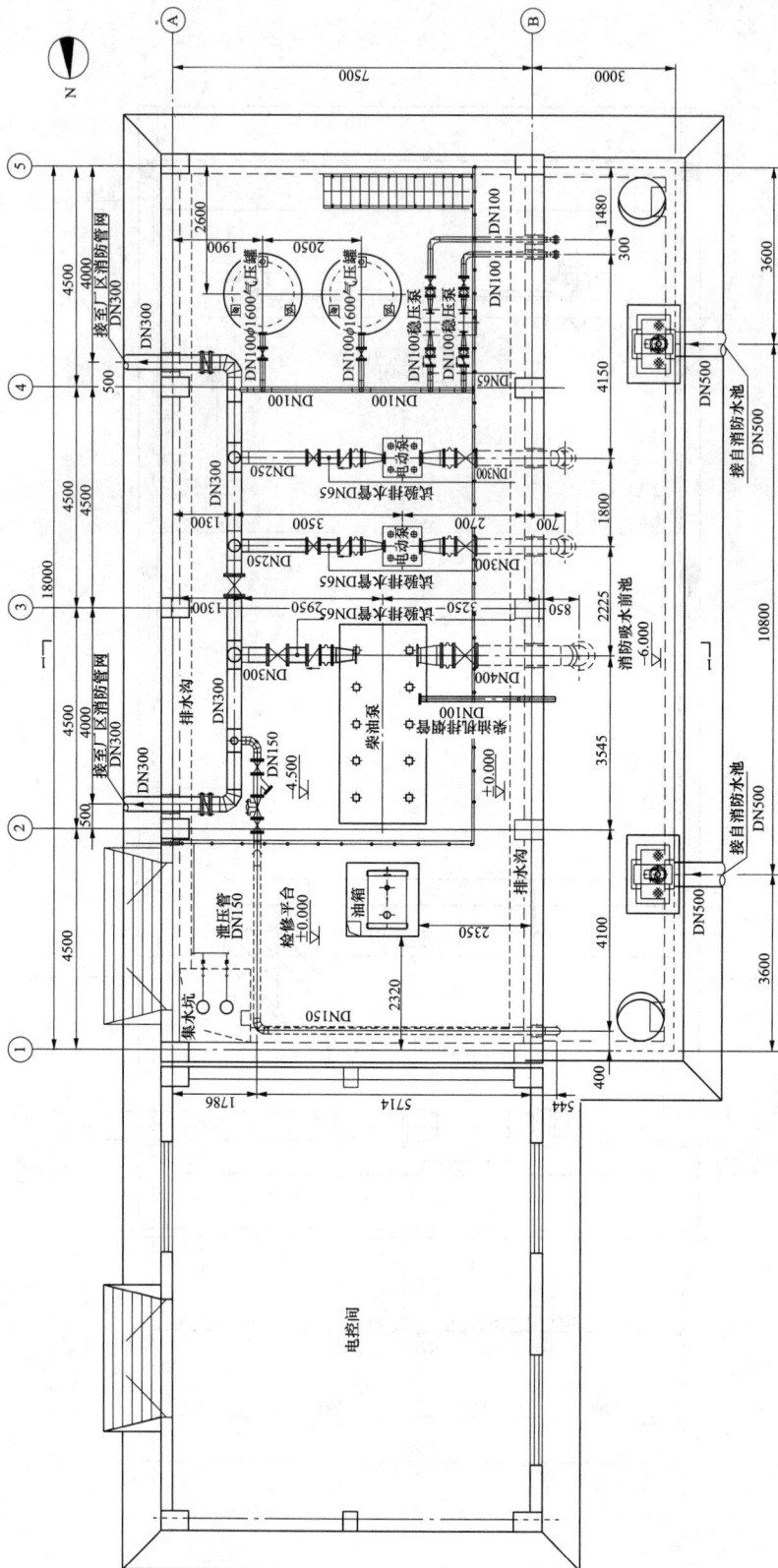

图 9-31　半地下式消防水泵房 B 平面布置图（高程单位：m）

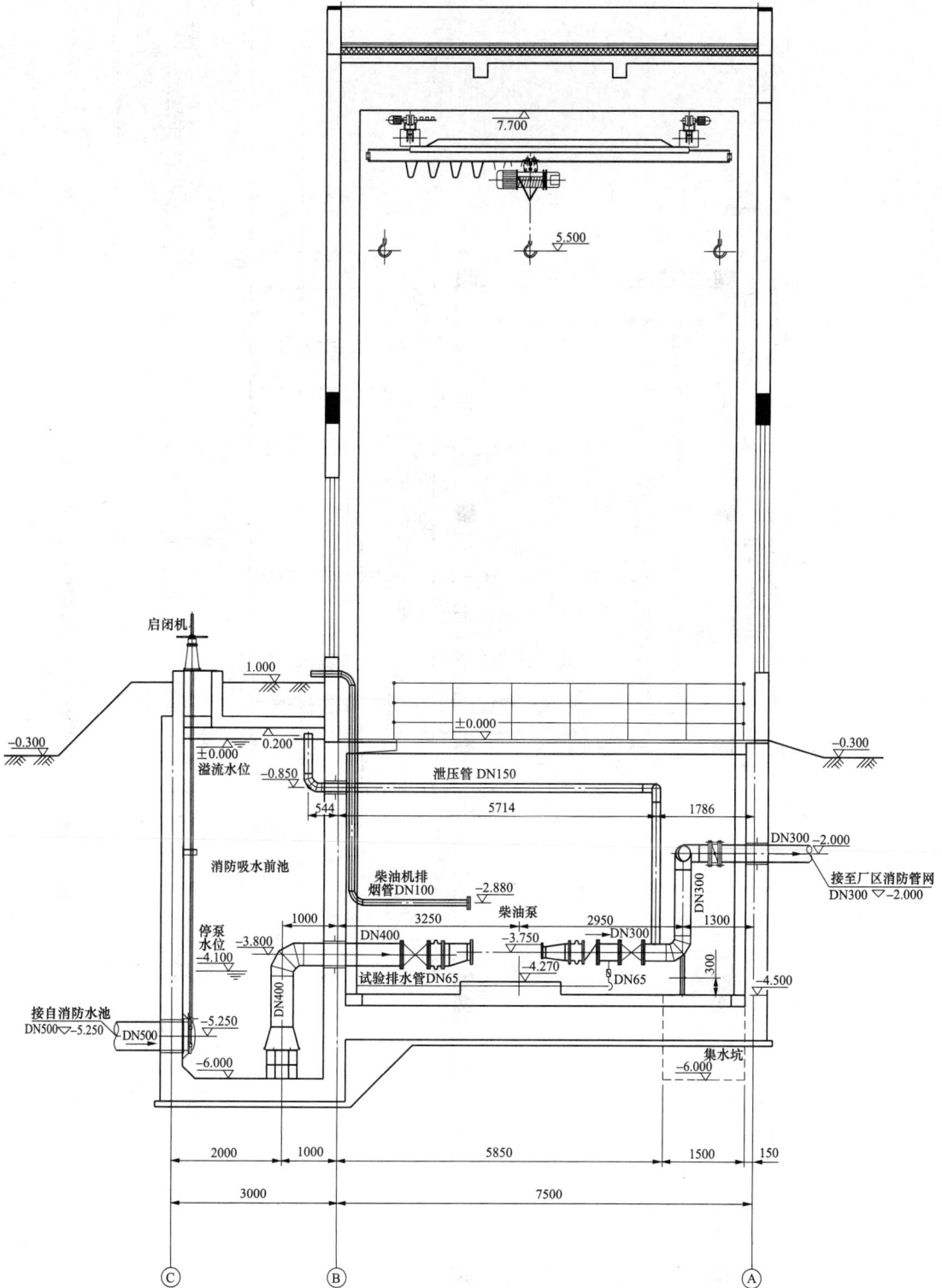

图 9-32 半地下式消防水泵房 B 剖面图（高程单位：m）

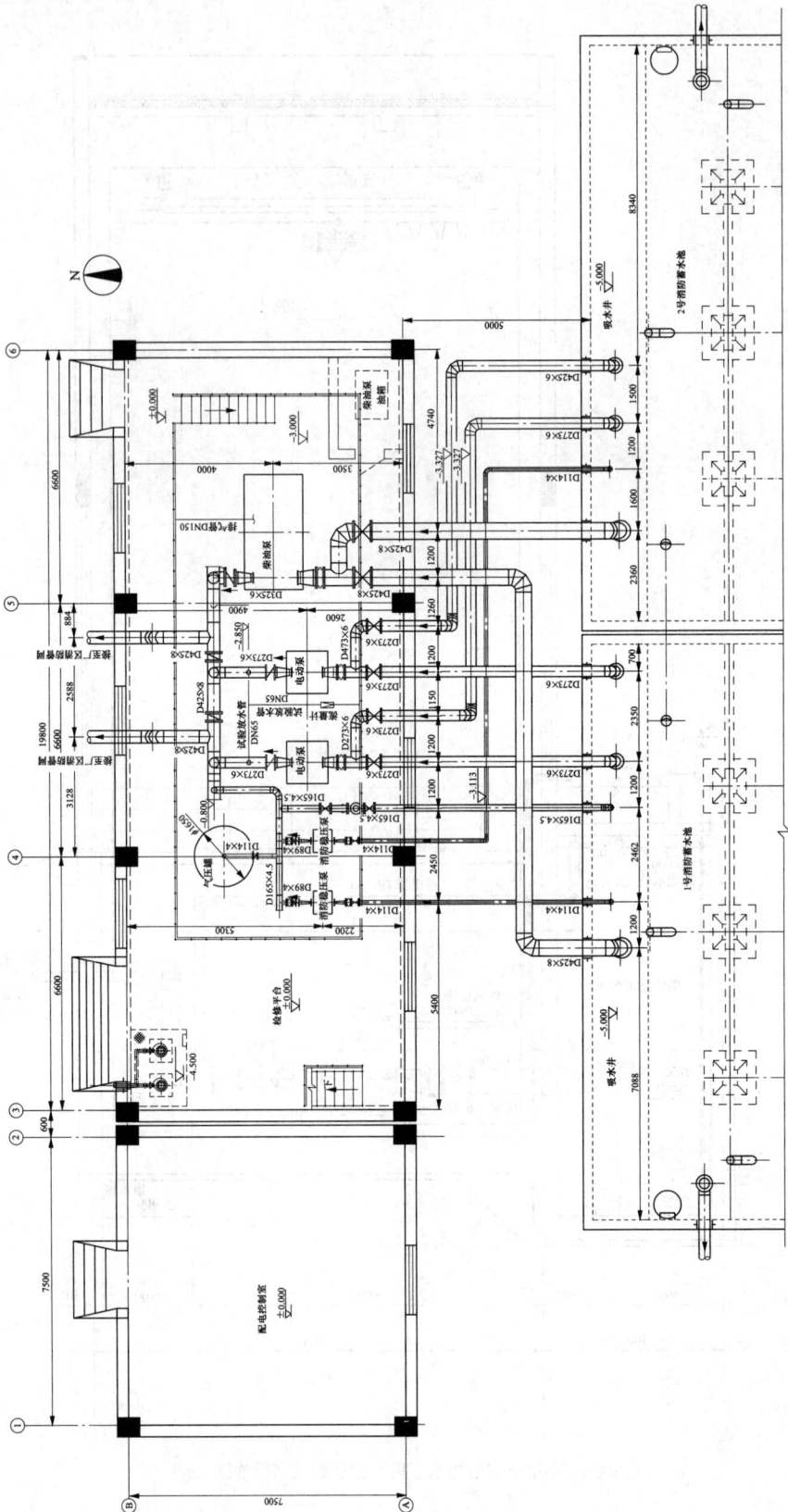

图 9-33 半地下式消防水泵房 C 平面布置图（高程单位：m）

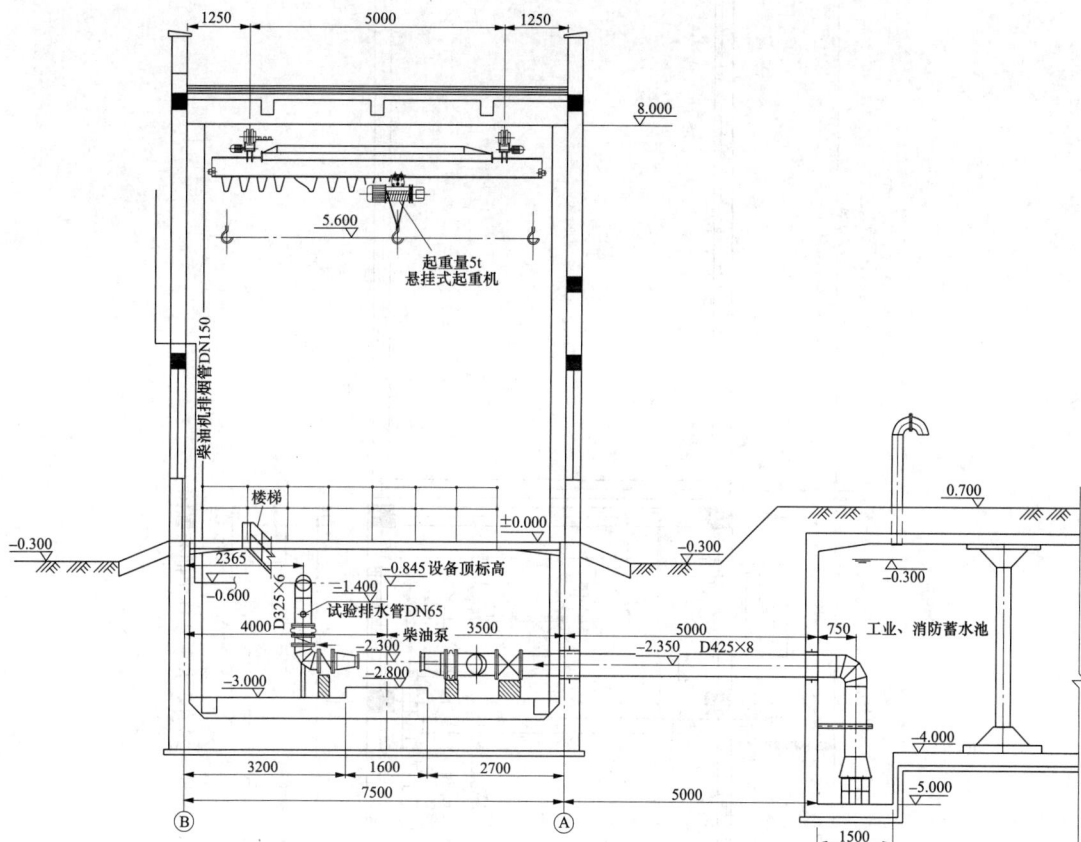

图 9-34　半地下式消防水泵房 C 剖面图（高程单位：m）

（4）半地下式消防水泵房 D：消防水泵房与综合水泵房合建，设置有分隔墙，有独立的检修场地、大小门和配电间。采用"两电一柴"配置形式，并设两台稳压泵、两个稳压罐。电动泵采用立式离心泵，柴油泵采用卧式离心泵。其消防水泵房平面布置图见图 9-35，剖面图见图 9-36。该工程设置两个消防水池，并在消防水泵房贴建吸水前池，将两个消防水池各接一根引水管至吸水前池；吸水池处设置有闸门，以方便每个消防水池的检修和清洗。

3. 深井式消防水泵房

（1）深井式消防水泵房 A：消防水泵房与综合水泵房合建，与其他水泵共用检修场地和配电间，消防水池布置在泵房的下面。采用"一电一柴"配置形式，

并设两台稳压泵、一个稳压罐。电动泵、稳压泵采用 XBD 型深井泵，电动机安装在水泵上部；柴油泵采用 XBC 型深井泵，电动机安装在水泵侧面。其消防水泵房平面布置图见图 9-37，剖面图见图 9-38。

（2）深井式消防水泵房 B：消防水泵房与综合水泵房合建，与其他水泵共用检修场地和配电间，消防水池布置在泵房的下面。采用"一电一柴"配置形式，并设一台稳压泵、一个稳压罐。电动泵、稳压泵采用 XBD 型深井泵，电动机安装在水泵上部；柴油泵采用 XBC 型深井泵，电动机安装在水泵侧面。其消防水泵房平面布置图见图 9-39，柴油深井消防水泵安装图见图 9-40，电动深井消防水泵安装图见图 9-41。

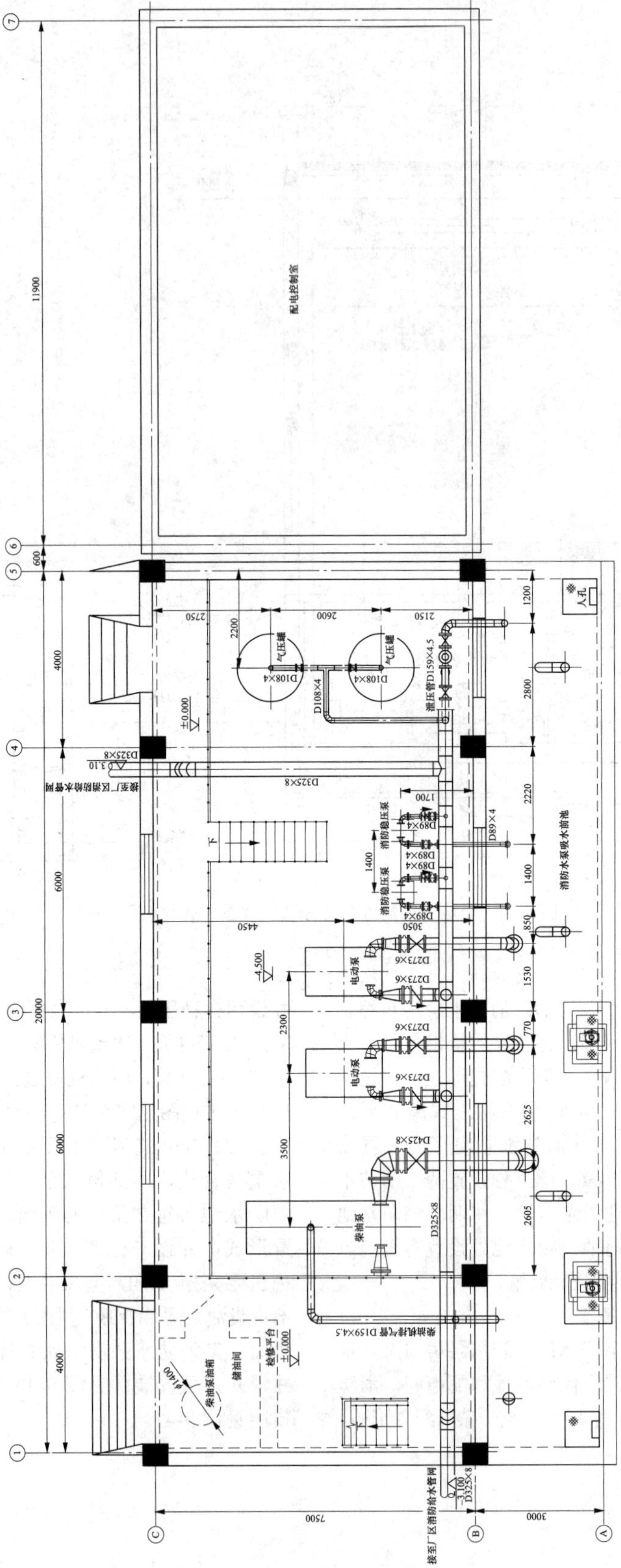

图 9-35　半地下式消防水泵房 D 平面布置图

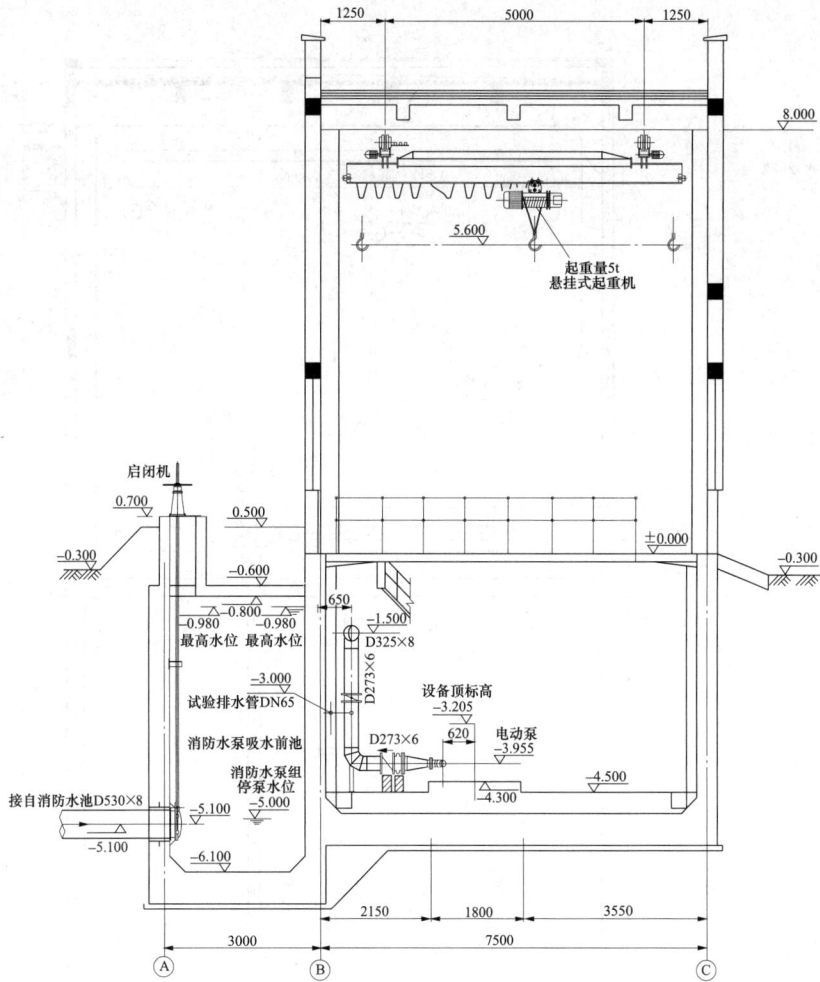

图 9-36　半地下式消防水泵房 D 剖面图（高程单位：m）

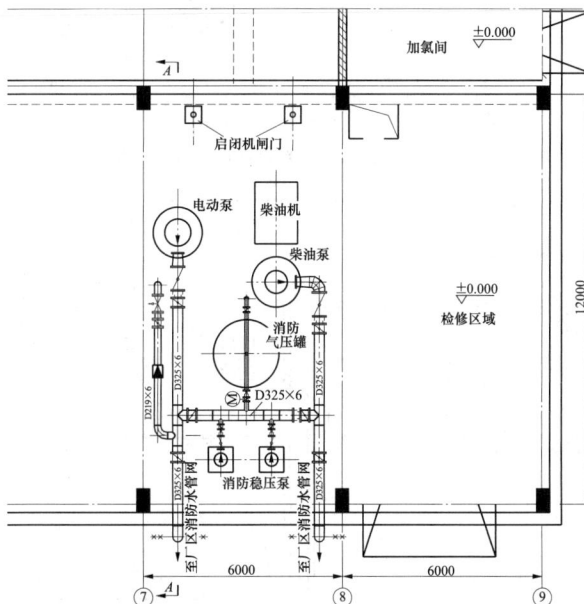

图 9-37　深井式消防水泵房 A 平面布置图（高程单位：m）

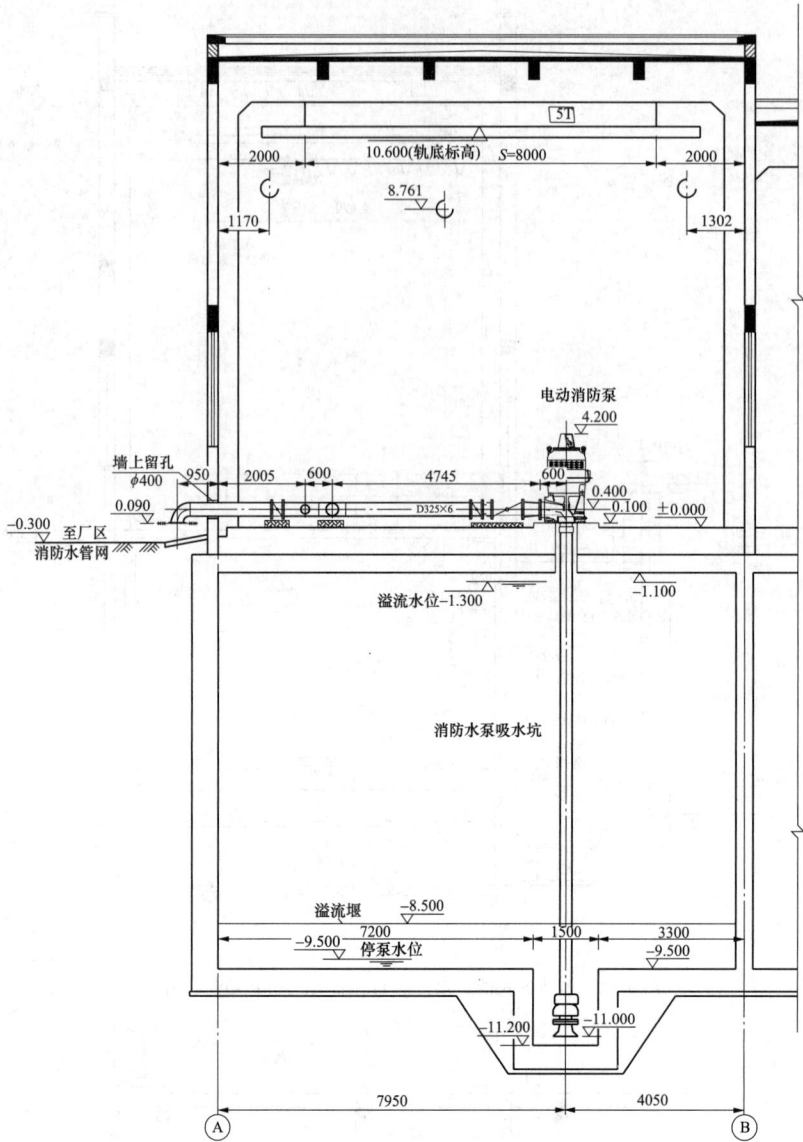

图 9-38　深井式消防水泵房 A 剖面图（高程单位：m）

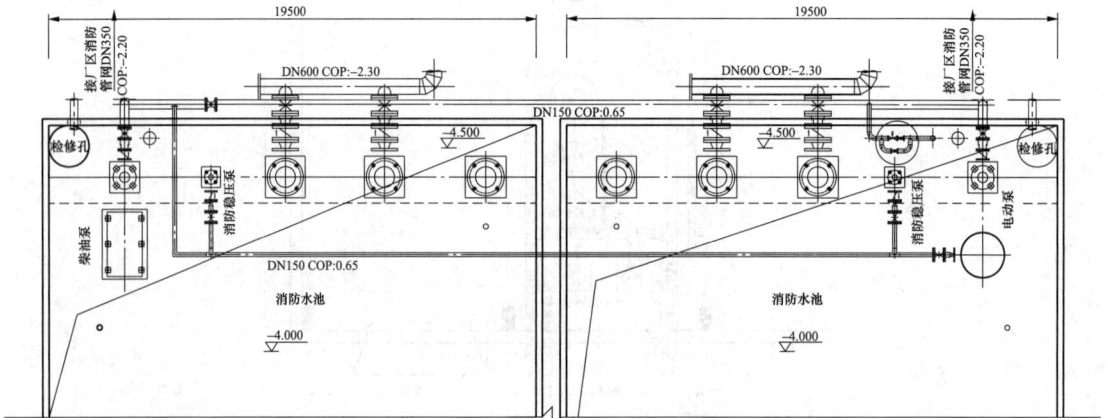

图 9-39　深井式消防水泵房 B 平面布置图（高程单位：m）

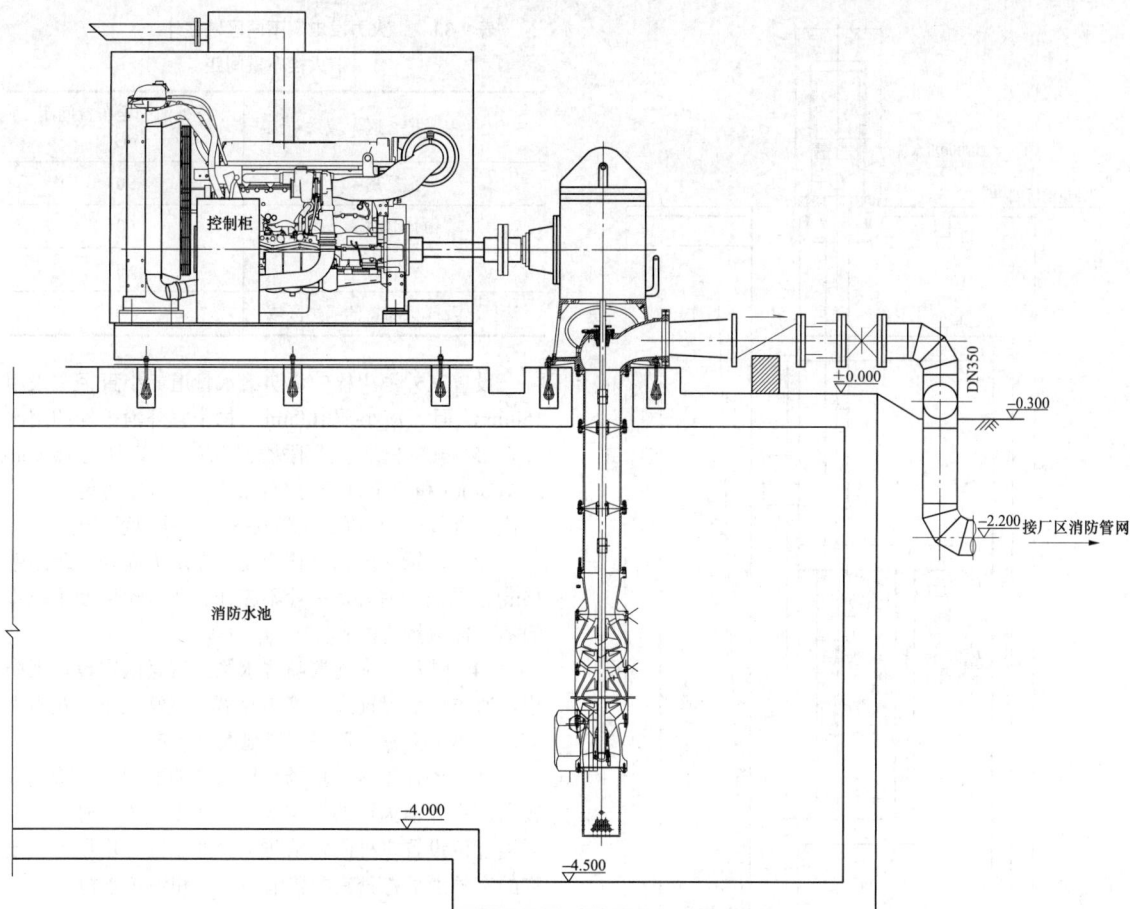

图 9-40　柴油深井消防水泵安装图（高程单位：m）

第七节　室外消防给水管网与
室外消火栓的布置

一、室外消防给水管网的布置原则

室外消防给水管网布置原则见表 9-32。

表 9-32　室外消防给水管网布置原则

项目	技术要求	说明
管网	（1）当电厂消防给水有下列供水情况时，应采用环状管网： 1）向两种及以上水灭火系统供水时； 2）采用设有高位消防水箱或稳压装置的临时高压消防给水系统时； 3）向两个及以上报警阀控制的自动水灭火系统供水时； 4）向室内环状消防管网供水时。 （2）电厂主厂房、煤场、点火油罐区、液氨区周围的消防给水管网应为环状	室外消防给水管网包括环状管网和枝状管网。在管径和水压相同条件下，环状管网的供水能力可比枝状管网提高 1.5～2.0 倍

续表

项目	技术要求	说明
输水干管	向环状消防给水管网供水的输水干管不应少于两条，当其中一条发生故障时，其余的输水干管应仍能满足消防给水设计流量	
工作压力	临时高压消防给水系统	（1）采用稳压泵稳压时，应取消防水泵零流量时的压力、消防水泵吸水口最大静压二者之和与稳压泵维持系统压力时两者其中的较大值。 （2）采用高位消防水箱稳压时，应为消防水泵零流量时的压力与水泵吸水口最大静压之和	系统组件的产品工作压力等级，应大于消防给水系统的系统工作压力，且应满足系统验收试验压力要求，保证系统在最大运行压力时安全可靠

二、室外消火栓系统的设计原则

（1）供水管网室外消火栓保护半径不宜超过 120m；距路边不应小于 0.5m，且不宜大于 2m；距房

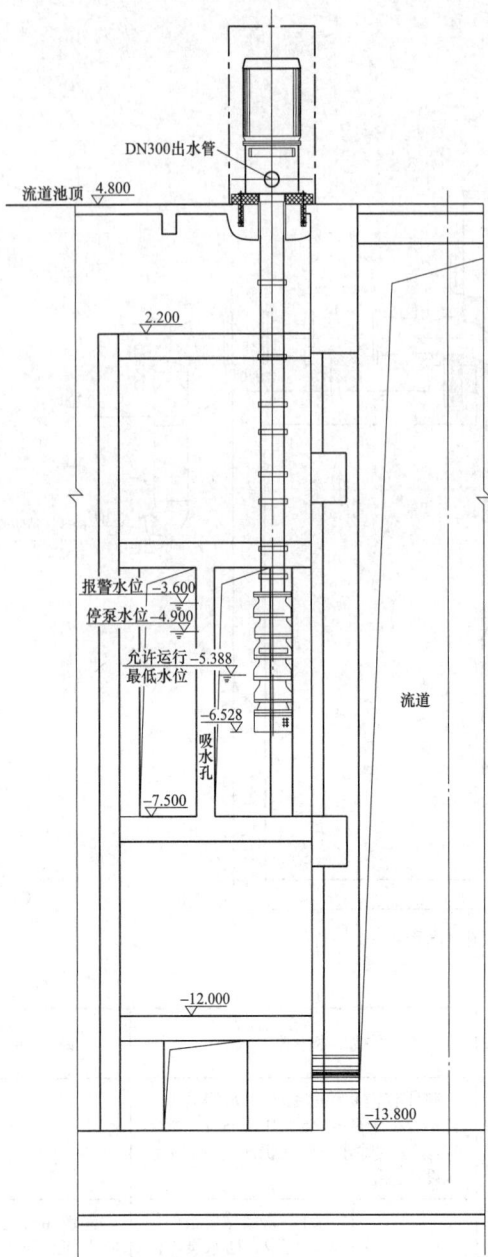

图 9-41　电动深井消防水泵安装图（高程单位：m）

屋外墙不小于 5m。地上式消火栓距外墙 5m 有困难时，可减为 1.5m。高层建筑室外消火栓距外墙不宜大于 40m。设在道路交叉或转弯处的室外地上式消火栓附近，宜设置防撞设施。

火力发电厂不同区域室外消火栓布置间距可参考表 9-33。

（2）在严寒、寒冷等冬季结冰地区宜采用干式地上式消火栓，地下消火栓井的直径不宜小于 1.5m，且当地下式消火栓的取水口在冰冻线以上时，应采取保温措施。

表 9-33　　火力发电厂不同区域室外消火栓布置间距

保 护 区 域	室外消火栓布置间距（m）
主厂房	90
封闭煤场	90
油区	80
液氨区及露天布置的锅炉区域	60

设置室外消火栓的消防给水管道最小直径宜采用 150mm，且不应小于 100mm。每个室外消火栓的用水量为 15L/s。室外地上式消火栓应有一个直径为 150mm 或 100mm 和两个直径为 65mm 的栓口，室外地下式消火栓应有直径为 100mm 和 65mm 的栓口各一个。

（3）油罐区的消火栓应设置在防火堤外，距罐壁 15m 范围内的室外消火栓不应计算在该罐可使用范围的消火栓数量之内。

（4）液氨区应配置喷雾水枪。液氨区宜设置消防炮，消防炮采用直流/喷雾两用式，能够上下、左右调节，位置和数量以覆盖可能泄漏点确定。

（5）当油罐区、堆场等构筑物的面积较大或高度较高，室外消火栓的充实水柱无法完全覆盖时，宜在适当部位设置室外固定消防炮。油罐区、堆场等构筑物的室外消火栓处宜配置消防水带和消防水枪。

（6）室内消防给水系统由消防与生活、生产给水系统合用管网直接供水时，应在引入管处设置倒流防止器。当消防给水系统采用有空气隔断的倒流防止器时，该倒流防止器应设置在清洁卫生的场所，其排水口应采取防止被水淹没的技术措施，应在该倒流防止器前设置一个室外消火栓。

三、管道设计

（1）消防给水系统中采用的设备、器材、管材管件、阀门和配件等系统组件的产品工作压力等级，应大于消防给水系统的系统工作压力，且应保证系统在可能最大运行压力时安全可靠。

（2）高压和临时高压消防给水系统的系统工作压力应根据系统在供水时可能的最大运行压力确定，并应符合下列规定：

1）高位消防水池供水的高压消防给水系统的系统工作压力，应为高位消防水池最大静压。

2）采用高位消防水箱稳压的临时高压消防给水系统的系统工作压力，应为消防水泵零流量时的压力与水泵吸水口最大静压之和。

3）采用稳压泵稳压的临时高压消防给水系统的系统工作压力，应取消防水泵零流量时的压力、消防水泵吸水口最大静压二者之和与稳压泵维持系统压力时两者其中的较大值。

（3）埋地管道宜采用球墨铸铁管、钢丝网骨架塑料复合管和加强防腐的钢管等管材，室内外架空管道应采用热浸锌镀锌钢管等金属管材，并应按下列因素对管道的综合影响选择管材和设计管道：

1）系统工作压力。

2）覆土深度。

3）土壤的性质。

4）管道的耐腐蚀能力。

5）土壤、建筑基础、机动车和铁路等其他附加荷载。

6）管道穿越伸缩缝和沉降缝。

（4）埋地管道当系统工作压力不大于 1.20MPa 时，宜采用球墨铸铁管或钢丝网骨架塑料复合管给水管道；当系统工作压力大于 1.20MPa 且小于 1.60MPa 时，宜采用钢丝网骨架塑料复合管、加厚钢管和无缝钢管；当系统工作压力大于 1.60MPa 时，宜采用无缝钢管。钢管连接宜采用沟槽连接件（卡箍）和法兰，当采用沟槽连接件连接时，公称直径小于或等于 DN250 的沟槽式管接头系统工作压力不应大于 2.50MPa，公称直径大于或等于 DN300 的沟槽式管接头系统工作压力不应大于 1.60MPa。

（5）埋地金属管道的管顶覆土应符合下列要求：

1）管道最小管顶覆土应按地面荷载、埋深荷载和冰冻线对管道的综合影响确定。

2）管道最小管顶覆土不应小于 0.70m，但当在机动车道下时管道最小管顶覆土应经计算确定，并不宜小于 0.90m。

3）管道最小管顶覆土应至少在冰冻线以下 0.30m。

（6）埋地管道采用钢丝网骨架塑料复合管时应符合下列规定：

1）钢丝网骨架塑料复合管的聚乙烯（PE）原材料不应低于 PE80。

2）钢丝网骨架塑料复合管的内环向应力不应低于 8.0MPa。

3）钢丝网骨架塑料复合管的复合层应满足静压稳定性和剥离强度的要求。

4）钢丝网骨架塑料复合管及配套管件的熔体质量流动速率（MFR）应按 GB/T 3682《热塑性塑料熔体质量流动速率和熔体体积流动速率的测定》规定的试验方法进行试验，加工前后 MFR 变化不应超过±20%。

5）管材及连接管件应采用同一品牌产品，连接方式应采用可靠的电熔连接或机械连接。

6）管材耐静压强度应符合 CJJ 101《埋地聚乙烯给水管道工程技术规程》的有关规定和设计要求。

7）钢丝网骨架塑料复合管道最小管顶覆土深度，在人行道下不宜小于 0.80m，在轻型车行道下不应小于 1.0m，且应在冰冻线下 0.30m；在重型汽车道路或铁路下应设置保护套管，套管与钢丝网骨架塑料复合管的净距不应小于 100mm。

8）钢丝网骨架塑料复合管道与热力管道间的距离，应在保证聚乙烯管道表面温度不超过 40℃的条件下计算确定，但最小净距不应小于 1.50m。

（7）架空管道当系统工作压力小于或等于 1.20MPa 时，可采用热浸锌镀锌钢管；当系统工作压力大于 1.20MPa 时，应采用热浸镀锌加厚钢管或热浸镀锌无缝钢管；当系统工作压力大于 1.60MPa 时，应采用热浸镀锌无缝钢管。

（8）架空管道的连接宜采用沟槽连接件（卡箍）、螺纹、法兰、卡压等方式，不宜采用焊接连接。当管径小于或等于 DN50 时，应采用螺纹和卡压连接，当管径大于 DN50 时，应采用沟槽连接件连接、法兰连接；当安装空间较小时，应采用沟槽连接件连接。

（9）架空充水管道应设置在环境温度不低于 5℃的区域，当环境温度低于 5℃时，应采取防冻措施；室外架空管道当温差变化较大时，应校核管道系统的膨胀和收缩，并应采取相应的技术措施。

（10）埋地管道的地基、基础、垫层、回填土压实密度等的要求，应根据刚性管或柔性管管材的性质，结合管道埋设处的具体情况，按 GB 50268《给水排水管道工程施工及验收规范》和 GB 50332《给水排水工程管道结构设计规范》的有关规定执行。当埋地管直径不小于 DN100 时，应在管道弯头、三通和堵头等位置设置钢筋混凝土支墩。

（11）消防给水管道不宜穿越建筑基础，当必须穿越时，应采取防护套管等保护措施。

（12）埋地钢管和铸铁管，应根据土壤和地下水腐蚀性等因素确定管外壁防腐措施；海边、空气潮湿等空气中含有腐蚀性介质的场所的架空管道外壁，应采取相应的防腐措施。

四、阀门及其他

（1）消防给水系统的阀门选择应符合下列要求：

1）埋地管道的阀门宜采用带启闭刻度的暗杆闸阀，当设置在阀门井内时，可采用耐腐蚀的明杆闸阀。

2）室内架空管道的阀门宜采用蝶阀、明杆闸阀或带启闭刻度的暗杆闸阀等。

3）室外架空管道宜采用带启闭刻度的暗杆闸阀或耐腐蚀的明杆闸阀。

4）埋地管道的阀门应采用球墨铸铁阀门，室内架空管道的阀门应采用球墨铸铁或不锈钢阀门，室外架空管道的阀门应采用球墨铸铁阀门或不锈钢阀门。

（2）消防给水系统管道的最高点处宜设置自动排气阀。

（3）消防水泵出水管上的止回阀宜采用水锤消除止回阀；当消防水泵供水高度超过24m时，应采用水锤消除器。当消防水泵出水管上设有囊式气压水罐时，可不设水锤消除设施。

（4）减压阀的设置应符合下列要求：

1）减压阀应设置在报警阀组入口前，当连接两个及以上报警阀组时，应设置备用减压阀。

2）减压阀的进口处应设置过滤器，过滤器的孔网大小不宜小于4~5目/cm²，过流面积不应小于管道截面面积的4倍。

3）过滤器和减压阀前后应设压力表，压力表的表盘直径不应小于100mm，最大量程宜为设计压力的2倍。

4）过滤器前和减压阀后应设置控制阀门。

5）减压阀后应设置压力试验排水阀。

6）减压阀应设置流量检测测试接口或流量计。

7）垂直安装的减压阀，水流方向宜向下。

8）比例式减压阀宜垂直安装，可调式减压阀宜水平安装。

9）减压阀和控制阀门宜有保护或锁定调节配件的装置。

10）接减压阀的管段不应有气堵、气阻。

（5）室内消防给水系统由生活、生产给水系统管网直接供水时，应在引入管处设置倒流防止器。当消防给水系统采用有空气隔断的倒流防止器时，该倒流防止器应设置在清洁卫生的场所，其排水口应采取防止被水淹没的技术措施。

（6）在寒冷、严寒地区，室外阀门井应采取防冻措施。

（7）消防给水系统的室内外消火栓、阀门等设置位置，应设置永久性固定标识。室外管网阀门布置如图9-42所示。

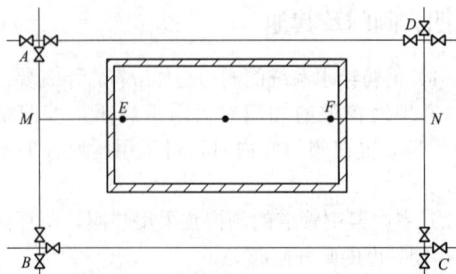

图9-42 室外管网阀门布置简图

A、B、C、D、M、N—室外环状管网节点；

EF—室内消防给水管入户节点；ME、FN—入户管

第八节 室内消防给水

一、室内消防给水系统分类

室内消防给水系统分类见表9-34。

表9-34　室内消防给水系统分类

序号	分类方式	名　称	备注
1	按系统分	消火栓消防给水系统	
		自动喷水灭火系统、水喷雾灭火系统	
		消火栓和自动喷水灭火、水喷雾共用系统	
2	按水压分	高压消防给水系统	
		临时高压消防给水系统	
3	按给水方式分	独立消防给水系统	
		合并消防给水系统	
4	按介质方式分	干式消火栓系统	室内温度低于4℃或高于70℃的场所
		湿式消火栓系统	

二、室内消防给水方式

室内消防给水方式见表9-35。

表9-35　室内消防给水方式

序号	给水方式	说　明	使用范围
1	单设水箱	（1）利用外部管网或电厂内部的消防水泵（管网）直接供水，同时在电厂主厂房内设置高位水箱以储存初期灭火水量。 （2）火灾发生时，由消防水泵供给的消防水不应进入消防水箱	高位水箱可短时间满足最不利处消火栓和喷头水压及流量要求，且主厂房有条件设置高位水箱时
2	单设消防水泵及稳压泵	消防水泵从消防水池吸水加压	无条件设置高位水箱或设置有困难时

电厂主要室内消防给水方式如图 9-43 所示。

三、室内消防给水管网的技术要求

室内消防给水管网由引入管、室内消防管道、阀门、室内消火栓及各种室内水灭火系统等组成。

电厂室内消防给水管道布置技术要求见表 9-36。

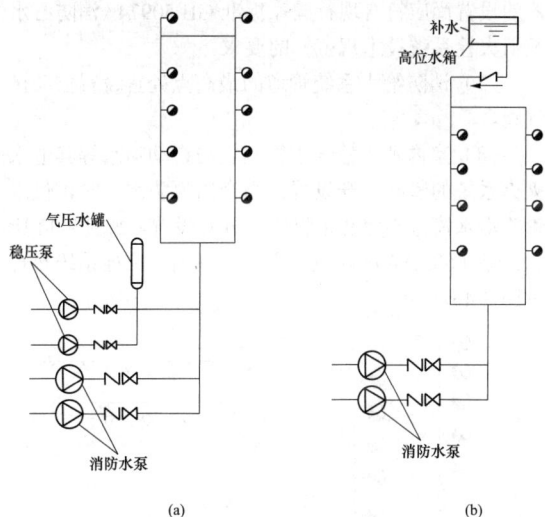

图 9-43　电厂主要室内消防给水方式

（a）消防水泵+稳压泵给水方式；

（b）消防水泵+高位水箱给水方式

表 9-36　电厂室内消防给水管道布置技术要求

序号	项目	技　术　要　求	
		主厂房或其他高层工业建筑	其他建筑
1	引入管数量	不少于两条	（1）当室内消防水系统具备以下条件时，采用两条： 1）向两种及以上水灭火系统供水时； 2）向两个及以上报警阀控制的自动水灭火系统供水时； 3）向环状室内消防水管网供水时。 （2）其他情况为一条
2	管道形状	环状	符合上述第（1）项时为环状管网，否则为枝状管网
3	竖管直径	按最不利点消防用水量确定，但直径不应小于100mm	
4	阀门设置	（1）用阀门分成若干独立段，单层厂房检修时可关闭不相邻的5个消火栓，非单层建筑可关闭不相邻的5根竖管。 （2）每根竖管与供水横干管相接处应设置阀门	
5	阀门启闭要求	阀门应经常开启，并应有明显的启闭标志	

四、室内消火栓系统技术要求

（一）分区供水技术要求

（1）分区供水形式应根据系统压力、建筑特征，经技术经济和安全可靠性等综合因素确定，可采用消防水泵并行或串联、减压水箱和减压阀减压的形式，但当系统的工作压力大于 2.40MPa 时，应采用消防水泵串联或减压水箱分区供水形式。

（2）采用减压阀减压分区供水时，应符合下列规定：

1）消防给水所采用的减压阀性能应安全可靠，并应满足消防给水的要求。

2）减压阀应根据消防给水设计流量和压力选择，且设计流量应在减压阀流量压力特性曲线的有效段内，并校核在 150% 设计流量时，减压阀的出口动压不应小于设计值的 65%。

3）每一供水分区应设不少于两组减压阀组，每组减压阀组宜设置备用减压阀。

4）减压阀仅应设置在单向流动的供水管上，不应设置在双向流动的输水干管上。

5）减压阀宜采用比例式减压阀，当工作压力超过 1.20MPa 时，宜采用先导式减压阀。

6）减压阀的阀前阀后压力比值不宜大于 3:1，当一级减压阀减压不能满足要求时，可采用减压阀串联减压，但串联减压不应大于两级，第二级减压阀宜采用先导式减压阀，阀前阀后压力差不宜超过 0.40MPa。

7）减压阀后应设置安全阀，安全阀的开启压力应能满足系统安全要求，且不应影响系统的供水安全性。

（二）室内消火栓的配置要求

（1）建筑室内消火栓栓口的安装高度应便于消防水龙带的连接和使用，其距地面高度宜为 1.1m；其出水方向应便于消防水带的敷设，并宜与设置消火栓的墙面成 90° 角或向下。

（2）电厂中的室内消火栓宜采用 DN65 的减压稳压型消火栓，每个消火栓箱内配备 30m 长 ϕ25mm 自救式消防水喉一个、20m 或 25m 长 DN65 有衬里水龙带一条、ϕ19mm 直流/喷雾水枪一支。

（3）室内消火栓栓口压力和消防水枪充实水柱，应符合下列要求：

1）高层建筑、厂房、库房和室内净空高度超过 8m 的民用建筑等场所，消火栓栓口动压不应小于 0.35MPa，且消防水枪充实水柱应按 13m 计算。

2）其他场所，消火栓栓口动压不应小于 0.25MPa，且消防水枪充实水柱应按 10m 计算。

3）应保证有两支水枪的充实水柱同时到达室内任何部位；建筑高度小于或等于 24m 且体积小于或等于 500m³ 的材料库，可采用一支水枪充实水柱到达室内任何部位。

（三）电厂中需设置室内消火栓的部位

（1）主厂房（包括汽机房和锅炉房的底层、运转层；煤仓间各层；除氧器层；锅炉燃烧器各层平台）。

（2）集中控制楼、主控制楼、网络控制楼、微波楼、屋内高压配电装置（有充油设备）、脱硫控制楼、吸收塔的检修维护平台。

（3）屋内卸煤装置、碎煤机室、转运站、筒仓运煤皮带层。

（4）柴油发电机房。

（5）一般材料库、特殊材料库。

（四）电厂中无需设置室内消火栓的建筑（或场所）

（1）各种泵房：供（卸）油泵房、循环水泵房、岸边水泵房、灰浆（灰渣）泵房、消防水泵房、综合水泵房、排水（污水）泵房。

（2）各种处理站：脱硫工艺楼、油处理室、化学水处理室、循环水处理室、污（废）水处理站、稳定剂室、加药设备室、进水（净水）构筑物、除尘构筑物。

（3）各种设备间：增压风机室、引风机室、屋内高压配电装置（无油）、空气压缩机室（有润滑油）、油浸变压器室、油浸变压器检修间。

（4）各种车库：推煤机库、消防车库、机车库。

（5）其他：热工、电气、金属实验室、室内贮煤场、运煤栈桥、运煤隧道、冷却塔、启动锅炉房、供氢站、贮氢罐、天桥、各分厂维护间、电缆隧道、材料库棚、警卫传达室。

（五）室内消火栓的布置要求

（1）室内消火栓应设置在楼梯间及其休息平台和前室、走道等明显、易于取用，以及便于火灾扑救的位置。

（2）同一楼梯间及其附近不同层设置的消火栓，其平面位置宜相同。

（3）汽车库内消火栓的设置不应影响汽车的通行和车位的设置，并应确保消火栓的开启。

（4）设有室内消火栓的建筑应设置带有压力表的试验消火栓，其设置位置应符合下列要求：

1）多层和高层建筑应在其屋顶设置，严寒、寒冷等冬季结冰地区可设置在顶层出口处或水箱间内等便于操作和防冻的位置。

2）单层建筑宜设置在水力最不利处，且应靠近出入口。

3）主厂房的消防水管网最高处。

（5）当设置的消火栓位于敞开建筑物内时，为防冻可采用干式消防竖管或保温措施，并应符合下列要求：

1）干式消防竖管宜设置在楼梯间休息平台，且

仅应配置消火栓栓口。

2）干式消防竖管应在首层便于消防车接近和安全的地点设置消防车供水接口。

3）竖管顶端应设置自动排气阀。

（6）消防水管网上应设置水泵接合器，水泵接合器的数量应通过室内消防用水量计算确定。水泵接合器的设置尚应符合现行国家标准 GB 50974《消防给水及消火栓系统技术规范》的要求。

（7）消防给水系统管道的最高点处宜设置自动排气阀。

（8）室内消火栓给水管网宜与自动喷水等其他水灭火系统的管网分开设置；当合用消防水泵时，供水管路沿水流方向应在报警阀前分开设置，如图 9-44 所示。某 660MW 燃煤电厂主厂房室内消火栓系统布置见图 9-45。

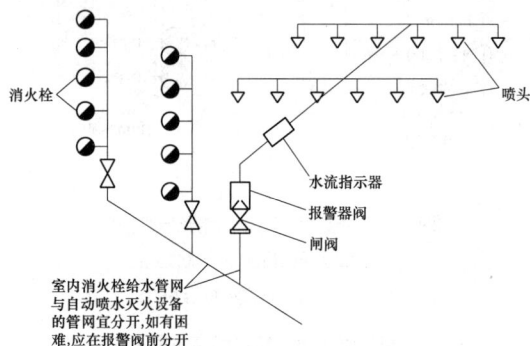

图 9-44　室内消火栓给水系统与自动喷水
灭火系统管网布置图

第九节　消防给水系统的控制

一、消防水泵房

（1）临时（稳）高压消防给水系统应在消防水泵房内设置控制柜或专用消防水泵控制室，消防水泵控制柜在准工作状态时消防水泵应处于自动启泵状态。

（2）消防给水系统中的消防水泵不应设置自动停泵的控制功能，一旦启动不应自动停止，应由具有管理权限的工作人员在控制室或消防水泵房根据火灾扑救情况确定关停。

（3）消防水泵应保证在火灾发生后规定的时间内正常工作，从接到启泵信号到水泵正常运转的时间自动启动时应在 1～2min 内。

（4）消防水泵应由水泵出水干管上设置的压力开关、自动喷水系统上的流量开关、报警阀的压力开关等信号直接自动启动，其中任一信号动作时均应能自动启动。

（5）消防水泵房应能就地手动启动消防水泵。

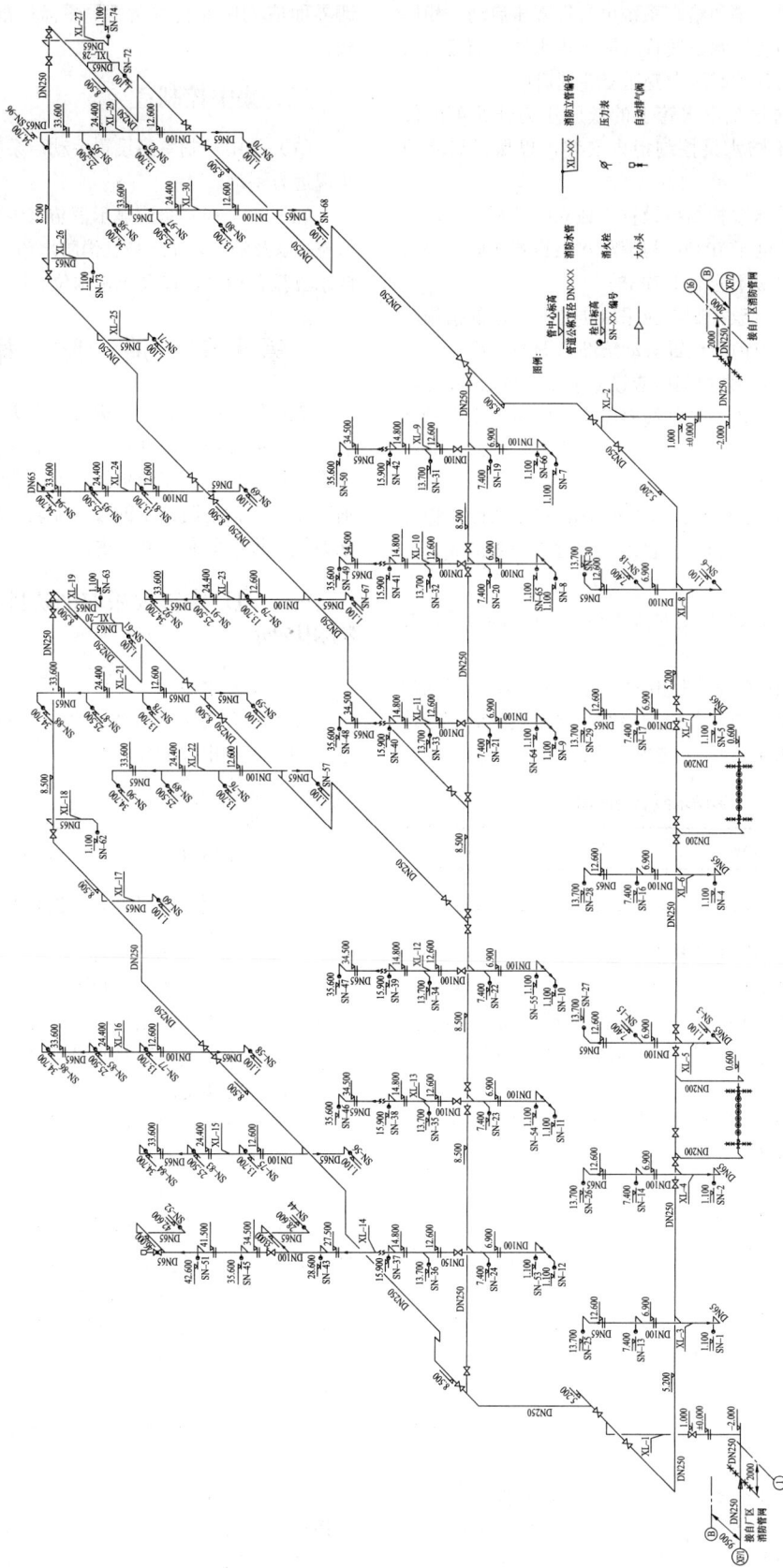

图 9-45　660MW 燃煤电厂主厂房室内消火栓布置示例

（6）稳高压消防给水系统可实行降压启动。稳压泵应由设在消防给水系统管网或气压水罐上的稳压泵自动启停压力开关或压力变送器控制启停。

（7）消防水泵出水管上的低压压力开关可由仪表弯管引入消防水泵控制柜内安装，以保证启动的可靠性。

（8）消防水泵控制柜设置在独立的控制室时，其防护等级不应低于 IP30；与消防水泵设置在同一房间时，其防护等级不应低于 IP55。

（9）消防水泵控制柜应采取防止水淹没的措施。消防水泵控制柜内应设置自动防潮除湿的装置。

（10）消防水泵控制柜应设置手动机械启泵功能，以保证在控制柜内的控制线路发生故障时，由有管理权限的人员在紧急时启动消防水泵。手动时，应在 5min 内正常工作。

（11）消防水泵控制柜前面板的明显部位应设置紧急时打开柜门的钥匙装置，由有管理权限的人员在紧急时使用。

（12）消防水泵应定时人工巡检，并应满负荷运行且出流。

（13）消防水泵控制柜应具有手动启动和自动启动消防水泵的功能，从接通电路到水泵达到额定转速的时间不应大于表 9-37 的规定值。

表 9-37　消防水泵启动时间

电动机功率（kW）	≤132	>132
消防水泵启动时间（s）	<30	<55

（14）电动泵的控制柜应设置手动巡检和自动巡检消防水泵的功能。自动巡检功能应符合下列要求：

1）巡检周期不宜大于 7d，但应能按需任意设定；

2）巡检时，每台消防水泵的转动时间不少于 2min；

3）巡检时，当遇消防信号时应立即退出巡检，进入消防运行状态；

4）巡检时，若发现故障，应有声、光报警，并应有记录和储存功能；

5）自动巡检时，应考虑双电源自动切换功能的检查。

（15）消防水泵双电源切换时应符合下列规定：

1）双回路电源自动切换时间不应大于 2s，手动切换时间不应大于 15s；

2）当一路电源与柴油机动力切换时，切换时间不应大于 20s。

（16）消防水泵控制柜应有显示消防水泵工作状态和故障状态的输出端子及远程控制消防水泵启动的输入端子。当设备具有人机对话功能时，对话界面应为中文简体界面，图标标准应便于识别和操作。

二、集中控制室

（1）集中控制室应设置手动启泵按钮（硬接线），实现远方手动。

（2）集中控制室应显示消防水泵和稳压泵的运行状态，以及消防水池、高位消防水箱等水源的高水位、低水位报警信号，以及正常水位。

第十节　消　防　排　水

火灾发生时，为扑救火灾，有大量消防水经墙面或地面流向低洼处，并在建筑内低洼处聚集，影响消防设施的正常运行和消防扑救工作的顺利进行。因此，消防排水作为消防给水的技术配套措施，宜在消防给水系统建设的同时一并考虑。

一、电厂中需要采取消防排水措施的建筑物和场所

（1）消防水泵房；

（2）设有消防给水系统的地下室；

（3）消防电梯的井底；

（4）仓库；

（5）油区；

（6）变压器区。

二、室内消防排水的设计要求

1. 电厂消防排水的去向

（1）室内消防排水可与生产生活排水统一设计。

（2）室内消防排水宜排入室外雨水管道。

（3）地下室的消防排水设施宜与地下室其他地面废水排水设施共用。

（4）当存有少量可燃液体时，排水管道应设置水封，并宜间接排入室外污水管道。

2. 消防排水设施

（1）消防电梯的井底排水设施：当消防电梯不到地下层时，有条件的情况下可将井底水直接自流排向室外；当不能直接将井底水外排时，在井底下部或旁边应设置有效容量不小于 2.00m³ 的排水泵集水井，排水泵的排水量不应小于 10L/s，将流入电梯井的排水升压排向室外。

（2）室内消防排水设施：应采取防止倒灌的技术措施。

（3）消防水泵房排水：消防水泵房应采取防水淹的措施。为避免水淹造成与水泵机组配套的电动机短路，影响消防水泵正常运行，地下或半地下消防水泵

房内应设置集水坑及排水泵。

（4）油区排水：

1）储罐区防火堤内的含油污水应采用管道排放。管道引出时，应在堤外采取防止泄漏的易燃和可燃液体流出罐区的切断措施。

2）含油污水管道应在储罐组防火堤处、其他建筑物含油污水管道出口处、支管与干管连接处、干管每隔300m处设置水封井。

3）水封井的水封高度不应小于0.25m。水封井应设沉泥段，沉泥段自最低的管底算起，其深度不应小于0.25m。

4）在防火堤外有易燃和可燃液体管道的地方，地面应就近坡向雨水收集系统。雨水管或雨水沟支线进入雨水主管或主沟处，应设置水封井。

（5）变压器区排水：火灾时，设有水喷雾消防系统的变压器，为避免变压器油随着消防排水流散，造成火灾蔓延，应在变压器区设置带有油水分离的变压器总事故油池，其容量不小于最大油箱容量的100%。措施包括设置排水泵及油水分离装置、水封等。

3. 测试排水

消防给水系统试验装置处应设置专用排水设施，排水管的技术要求如下：

（1）自动水灭火系统末端试水装置处的排水立管管径，应根据末端试水装置的泄流量确定，并不宜小于DN75。

（2）报警阀处的排水立管管径宜为DN100。

（3）减压阀处的压力试验排水管道直径应根据减压阀流量确定，但不应小于DN100。

试验排水可回收部分宜排入专用消防水池循环再利用。在消防水泵进行调试和定期检测时，其排水可通过消防水泵泄压、试验管道排至消防水池再利用。

第十一节 消防给水系统计算案例

一、工程概况

1. 工程简介

某工程为2×600MW超临界燃煤机组新建工程，设有封闭式主厂房、油区、变压器、室内封闭式煤场（1座）、封闭钢结构运煤栈桥。

2. 消防水系统介绍

采用独立的消防给水系统、半地下消防水泵房及消防水池。厂区消防水主干管采用D325×8钢管。

3. 设计依据的规程规范（见表9-38）

表9-38 设计依据的规程规范

标准号	标准名称
GB 50016—2014	建筑设计防火规范
GB 50229	火力发电厂与变电站设计防火规范
GB 50974—2014	消防给水及消火栓系统技术规范
GB 50219—2014	水喷雾灭火系统技术规范
GB 50084—2001（2005年版）	自动喷水灭火系统设计规范
GB 50338—2003	固定消防炮灭火系统设计规范
GB 50074—2014	石油库设计规范

二、消防水系统计算

（一）汽机房消防用水量计算

1. 设计条件

（1）汽机房：长172m、宽37m、高36m。

（2）煤仓间：顶高67m。

（3）封闭式锅炉房：高度约95m，建筑物体积大于50000m³。

（4）室内消火栓：室内采用DN65消火栓，配ϕ19mm水枪。根据表9-16查得，建筑室内同时使用的水枪支数为4支，当充实水柱为13m时，每支水枪的实际流量为5.4L/s，用水量为21.6L/s，每根竖管流量为16.2L/s。

（5）室外消火栓：查表9-7，室外消火栓用水量为20L/s。

2. 消防用水量计算

$$V = 3.6 \times (Q_i + Q_o) \times t_1 + 3.6 \times Q_t \times t_2$$

其中
$$Q = Q_i + Q_o + Q_t$$
$$Q_i = 21.6 \text{L/s}$$
$$Q_o = 20 \text{L/s}$$

$$Q_t = S \times q$$
$$= 220 \times 13$$
$$= 2860（\text{L/min}）$$
$$= 47.7（\text{L/s}）$$

故
$$Q = Q_i + Q_o + Q_t$$
$$= 21.6 + 20 + 47.7$$
$$= 89.3（\text{L/s}）$$

式中 V——消防用水量，m³；

Q——最大时消防流量，L/s；

Q_i——室内消火栓流量，L/s；

Q_o——室外消火栓流量，L/s；

Q_t——主厂房内最大油箱消防流量，L/s；

t_1——消火栓系统火灾延续时间，$t_1 = 2.0h$；

t_2——水喷雾系统火灾延续时间，$t_2 = 0.5h$；

S——油箱（非抗燃油）表面积，$S \approx 220m^2$；

q——水喷雾强度，油品闪点高于120℃，查表9-17得$q = 13L/(min \cdot m^2)$。

因此，消防用水量为

$$V = 3.6 \times (Q_i + Q_o) \times t_1 + 3.6 \times Q_t \times t_2$$
$$= 3.6 \times (21.6 + 20) \times 2 + 3.6 \times 47.7 \times 0.5$$
$$= 385.4 (m^3)$$

3. 汽机房消防水系统所需压力

根据主厂房建筑高度判断，汽机房消防用水点非本电厂消防水系统所需压力控制点。

（二）油罐冷却水及泡沫灭火系统计算

1. 设计条件

（1）油罐，参数见表9-39。

表9-39　　油罐参数

项　　目	原　始　数　据
油品	0号轻柴油，闪点60℃
数量	2个，一排布置，地上立式固定顶油罐，无保温
容量	$2 \times 2500m^3$
外形	油罐直径$d = 15.5m$、高$h = 15.22m$
油罐间距	小于$1.5d$

（2）设计参数：

1）着火罐冷却水供水强度i_1：$i_1 = 2.5L/(min \cdot m^2)$；

2）相邻罐冷却水供水强度i_2：$i_2 = 2.5L/(min \cdot m^2)$；

3）水成膜泡沫混合液供给强度I：$I = 5.0L/(min \cdot m^2)$。

（3）油区布置，见图9-46。

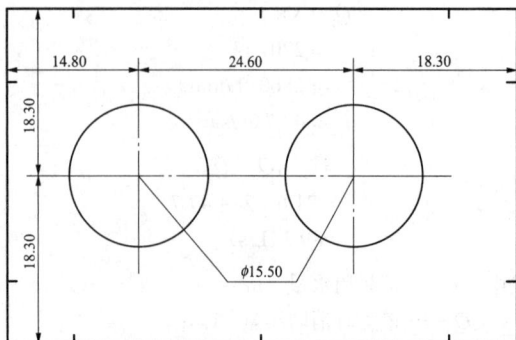

图9-46　油区布置示意图

2. 消防用水量及泡沫液量计算

（1）泡沫灭火系统泡沫液用量及用水量计算：

1）泡沫灭火系统泡沫混合液设计流量Q_t

$$Q_t = Q_d + Q_o$$

其中

$$Q_d = n_1 \times q_F$$
$$Q_o = n_2 \times q_0$$
$$n_1 = Q_F / q_F$$
$$Q_F = A \times I$$

式中　Q_t——泡沫混合液设计流量，L/min；

Q_d——着火罐泡沫混合液设计流量，L/min；

Q_o——流散火灾泡沫混合液设计流量，L/min；

n_1——泡沫产生器数量，支；

q_F——单个泡沫产生器的流量，L/min，当进口设计压力为0.40MPa时，PC4泡沫产生器流量为240L/min，PC8泡沫产生器流量为480L/min，PC16泡沫产生器流量为960L/min；

n_2——当油罐直径小于23m时，采用1套PQ8泡沫栓；

q_0——一支PQ8泡沫栓的混合液流量，为8L/s（480L/min）；

Q_F——油罐泡沫混合液计算流量，L/min；

A——油罐燃烧面积，m^2；

I——水成膜泡沫混合液供给强度，$I = 5.0L/(min \cdot m^2)$。

代入已知条件，得

$$Q_F = A \times I$$
$$= 1/4 \times \pi \times d^2 \times I$$
$$= 1/4 \times 3.14 \times 15.5^2 \times 5.0$$
$$= 943 (L/min)$$
$$n_1 = Q_F / q_F$$
$$= 943/480$$
$$= 1.61 \approx 2$$

每个油罐考虑设置两个PC8泡沫产生器。

$$Q_d = n_1 \times q_F$$
$$= 2 \times 480 = 960 (L/min) > 943L/min$$
$$Q_o = n_2 \times q_0 = 1 \times 480 = 480 (L/min)$$

故

$$Q_t = Q_d + Q_o = 960 + 480$$
$$= 1440 (L/min)$$

2）泡沫混合液总用量W

$$W = W_1 + W_2 + W_G$$

其中

$$W_1 = Q_d \times t_1 / 1000$$
$$W_2 = Q_o \times t_2 / 1000$$
$$W_G = 1/4 \times \pi \times (D^2 L + D_b^2 \times L_b)$$

式中　W——泡沫混合液总用量，m^3；

　　　W_1——着火罐泡沫混合液用量，m^3；

　　　W_2——流散火灾泡沫混合液用量，m^3；

　　　W_G——管道内泡沫混合液用量，m^3；

　　　t_1——着火罐泡沫液供给时间，30min；

　　　t_2——流散火灾泡沫混合液供给时间，20min；

　　　D——泡沫系统主干管道直径，$D \approx 150mm$；

　　　L——泡沫系统主干管道长度，$L \approx 250m$；

　　　D_b——泡沫系统支管直径，$D \approx 80mm$；

　　　L_b——泡沫系统支管长度，$L \approx 50m$。

代入已知条件，得

$$W_1 = Q_d \times t_1/1000$$
$$= 960 \times 30/1000$$
$$= 28.8（m^3）$$
$$W_2 = Q_o \times t_2/1000$$
$$= 480 \times 20/1000$$
$$= 9.6（m^3）$$
$$W_G = 1/4 \times \pi \times (D^2 L + D_b^2 \times L_b)$$
$$= 1/4 \times 3.14 \times (0.15^2 \times 250 + 0.08^2 \times 50)$$
$$= 4.7（m^3）$$

故
$$W = W_1 + W_2 + W_G$$
$$= 28.8 + 9.6 + 4.7$$
$$= 43.1（m^3）$$

3）泡沫液总储量 W_s。采用泡沫液含量 $\eta = 6\%$ 的泡沫混合液，即泡沫:水 = 6:94，有

$$W_s = W \times \eta$$
$$= 43.1 \times 6\%$$
$$= 2.6（m^3）$$

式中　W_s——泡沫液总储量，m^3。

4）配置泡沫混合液用水量 W_w

$$W_w = W \times (1 - \eta)$$
$$= 43.1 \times 94\%$$
$$= 40.5（m^3）$$

式中　W_w——配置泡沫混合液用水量，m^3。

（2）油区消防水流量 Q

$$Q = Q_c + Q_w$$

其中

$$Q_c = Q_1 + Q_2$$
$$Q_1 = S_1 \times i_1$$
$$Q_2 = 1/2 \times m \times S_2 \times i_2$$
$$Q_w = Q_t \times (1 - \eta)$$

式中　Q——油区消防用水流量，L/min；

　　　Q_c——冷却水流量，L/min；

　　　Q_w——泡沫混合液消防用水流量，L/min；

　　　Q_1——着火罐冷却水流量，L/min；

　　　Q_2——相邻罐冷却水流量，L/min；

　　　S_1——着火罐壁表面积，m^2；

　　　i_1——着火罐冷却水供给强度，$i_1 = 2.5$L/（min·m^2）；

　　　S_2——相邻壁表面积，m^2；

　　　m——相邻罐数量，$m = 1$；

　　　i_2——相邻罐冷却水供给强度，$i_2 = 2.5$L/（min·m^2）。

代入已知条件，得

$$Q_1 = S_1 \times i_1$$
$$= 3.14 \times 15.5 \times 15.22 \times 2.5$$
$$= 1851.9（L/min）$$
$$= 30.86（L/s）$$
$$Q_2 = 1/2 \times 1 \times S_2 \times i_2$$
$$= 1/2 \times 1 \times 1851.9$$
$$= 925.95（L/min）= 15.43（L/s）$$
$$Q_c = Q_1 + Q_2$$
$$= 1851.9 + 925.95$$
$$= 2777.85（L/min）$$
$$= 166.65（m^3/h）$$
$$Q_w = Q_t \times (1 - \eta)$$
$$= 1440 \times 0.94$$
$$= 1353.6（L/min）$$
$$= 81.2（m^3/h）$$

故
$$Q = Q_c + Q_w$$
$$= 166.65 + 81.2$$
$$= 247.85（m^3/h）= 68.85（L/s）$$

（3）油区所需消防水总储量 V

$$V = Q_c \times t + W_w$$
$$= 166.65 \times 4 + 40.5$$
$$= 707.16（m^3）$$

式中　V——油区所需消防水总储量，m^3；

　　　t——冷却水供给时间，根据表 9-2 查得，$t = 4h$。

3. 泡沫系统所需消防水压力计算

（1）系统断面，见图 9-47。

（2）系统所需最小压力 p

$$p = p_1 + p_2 + p_3 - p_4 + p_5$$

其中

$$p_2 = i \times L + i_1 \times L_1 + i_2 \times L_2$$
$$p_3 = 0.25 \times p_2$$

式中　p——消防水系统所需最小压力，MPa；

　　　p_1——泡沫产生器所需压力，取 $p_1 = 0.40$MPa；

　　　p_2——消防管道沿程水头损失，MPa；

　　　p_3——管道局部水头损失，MPa；

　　　p_4——消防水源最低水位，$p_4 \approx -0.03$MPa；

　　　p_5——油罐泡沫产生器高度，$p_5 \approx 0.15$MPa；

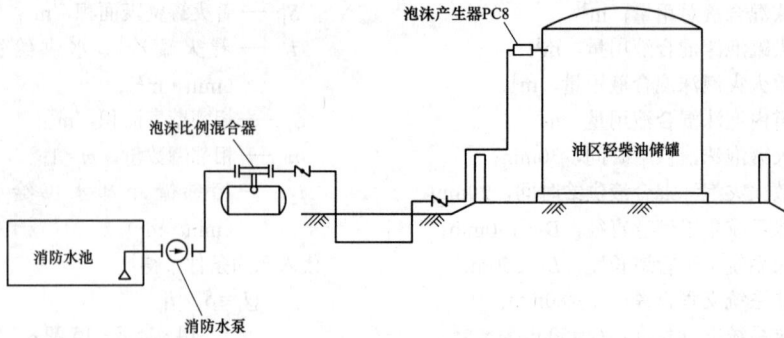

图 9-47　系统断面示意图

L——从消防水泵出口至泡沫比例混合器的 DN300 消防水管长度，$L \approx 900\text{m}$；

i——水力坡降，MPa/m，计算参照式（9-18）有

$$i = 100 \times 2.9660 \times 10^{-7} \times \frac{q^{1.852}}{C^{1.852} D_i^{4.87}}$$
$$= 0.000052\,（\text{MPa}）；$$

C——海澄-威廉系数，查表 9-20 取 $C = 100$；

L_1——从泡沫比例混合器到油罐 DN150 的泡沫支管的长度，$L_1 \approx 250\text{m}$；

i_1——水力坡降，MPa/m，计算参照式（9-18）有 $i_1 = 0.000217\text{MPa/m}$；

L_2——DN80 的泡沫支管至泡沫产生器的长度，$L \approx 50\text{m}$；

D_2——泡沫支管直径，$D_2 = 80\text{mm}$；

i_2——水力坡降，m/m，计算参照式（9-18）有 $i_2 = 0.000606\text{MPa/m}$；

0.25——水头损失系数，按沿程水头损失 25% 计。

代入已知条件，得

$$p_2 = i \times L + i_1 \times L_1 + i_2 \times L_2$$
$$= 0.000052 \times 900 + 0.000217 \times 250 + 0.000606 \times 50$$
$$= 0.131\,（\text{MPa}）$$

$$p_3 = 0.25 \times p_2 = 0.25 \times 0.131 = 0.033\,（\text{MPa}）$$

故

$$p = p_1 + p_2 + p_3 - p_4 + p_5$$
$$= 0.40 + 0.131 + 0.033 - (-0.03) + 0.15$$
$$= 0.744\,（\text{MPa}）$$

（三）输煤部分消防水系统计算

1. 设计条件

主厂房煤仓间：长 172m、宽 20m、顶标高 66m、最高层标高 59.0m。

2. 消防用水量计算

（1）最大时消防流量 Q

$$Q = Q_i + Q_o + Q_T + Q_C$$

其中

$$Q_T = S \times q_1$$

$$Q_C = B \times q_2$$

式中　Q——最大时消防流量，L/s；

Q_i——室内消火栓消防流量，$Q_i = 21.6\text{L/s}$；

Q_o——室外消火栓消防流量，$Q_o = 35\text{L/s}$；

Q_T——主厂房煤仓间自动喷水系统消防流量，L/s；

Q_C——主厂房煤仓间水幕系统消防流量，L/s；

S——煤仓间自动喷水灭火系统作用面积，$S = 160\text{m}^2$；

q_1——自动喷水系统喷水强度，$q_1 = 8\text{L/（min·m}^2\text{）}$；

B——同一时间水幕灭火系统保护长度，$B = 12\text{m}$；

q_2——水幕灭火系统设计强度，$q_2 = 2\text{L/（s·m}）$。

代入已知条件，得

$$Q_T = S \times q_1$$
$$= 160 \times 8 = 1280\,（\text{L/min}）（21.3\text{L/s，} 76.8\text{m}^3/\text{h}）$$

$$Q_C = B \times q_2$$
$$= 24\,（\text{L/s}）（86.4\text{m}^3/\text{h}）$$

故

$$Q = Q_i + Q_o + Q_T + Q_C$$
$$= 21.6 + 35 + 21.3 + 24$$
$$= 101.9\,（\text{L/s}）（366.84\text{m}^3/\text{h}）$$

（2）消防用水量 V

$$V = (Q_i + Q_o) \times t_1 + (Q_T + Q_C) \times t_2$$
$$= 3.6 \times 56.6 \times 2 + 3.6 \times 45.3 \times 1$$
$$= 570.6\,（\text{m}^3）$$

式中　V——消防用水量，m^3；

t_1——消火栓灭火系统火灾延续时间，$t_1 = 2\text{h}$；

t_2——自动喷水灭火系统火灾延续时间，$t_2 = 1\text{h}$。

3. 煤仓间消防水系统水压 p（MPa）：

$$p = p_1 + p_2 - p_3 - p_4 + p_5$$

其中

$$p_2 = i \times L + i_1 \times L_1 = 0.067\,（\text{MPa}）$$
$$p_3 = 0.25 \times p_2$$

式中　p——消防水系统所需最小压力，MPa；

p_1——室内消火栓栓口所需最小压力，取 $p_1 = 0.35\text{MPa}$；

p_2——消防管道沿程水头损失，MPa；

p_3——管道局部水头损失，MPa；

p_4——消防水源最低水位，$p_4 \approx -0.03$MPa；

p_5——厂房最不利点消火栓栓口高度，$p_5 \approx$ 0.59+0.011（消火栓栓口与地面高度）= 0.601（MPa）；

L——从消防水泵出口到主厂房消防管道入口的 DN300 消防主管道长度，$L \approx 400$m；

i——水力坡降，MPa/m，计算参照式（9-18），有 $i = 0.000108$MPa/m；

L_1——从主厂房室内消防水主干管入口水至最不利点消火栓 DN250 支管入口处的干管管道长度，$L_1 \approx 200$m；

i_1——水力坡降，MPa/m，计算参照式（9-18），有 $i_1 = 0.00012$MPa/m；

0.25——水头损失系数，按沿程水头损失 25% 计。

代入已知条件，得

$$p_2 = i \times L + i_1 \times L_1$$
$$= 0.000108 \times 400 + 0.00012 \times 200$$
$$= 0.067（MPa）$$
$$p_3 = 0.25 \times p_2$$
$$= 0.25 \times 0.067 = 0.0168（MPa）$$

故
$$p = p_1 + p_2 + p_3 - p_4 + p_5$$
$$= 0.35 + 0.067 + 0.0168 - (-0.03) + 0.601$$
$$= 1.065（MPa）$$

（四）变压器计算

1. 设计条件

（1）主变压器外形：长 10m、宽 8m、高 7.5m；变压器油坑平面外形：长×宽 = 12m×10m。

（2）设计参数：

1）变压器本体水喷雾强度 $q_1 = 20$L/（min·m²）；

2）变压器油坑水喷雾强度 $q_2 = 6$L/（min·m²）；

3）水喷雾灭火系统火灾延续时间 $t_1 = 0.4$h。

2. 消防水量计算

（1）最大时消防流量 Q
$$Q = S_1 \times q_1 + S_2 \times q_2 + Q_o$$

式中 Q——变压器消防流量，L/min；

S_1——变压器本体保护面积，$S_1 = 10 \times 8 + 2 \times 10 \times 7.5 + 2 \times 8 \times 7.5 = 350$m²；

q_1——变压器本体水喷雾强度，20L/（min·m²）；

S_2——变压器油坑保护面积，$S_2 = 12 \times 10^{-10} \times 8 = 40$m²；

q_2——变压器本体水喷雾强度，6L/（min·m²）；

Q_o——室外消火栓消防流量，$Q_o = 20$L/s。

代入已知条件，得
$$Q = S_1 \times q_1 + S_2 \times q_2 + Q_o$$
$$= 350 \times 20 + 40 \times 6 + 20 \times 60$$

$$= 8440（L/min）= 140.7（L/s）= 506.4（m³/h）$$

（2）消防用水量 V
$$V = (S_1 \times q_1 + S_2 \times q_2) \times t_1 + Q_o \times t_2$$
$$= 120.7 \times 3.6 \times 0.4 + 20 \times 3.6 \times 2$$
$$= 317.8（m³）$$

式中 V——消防用水量，m³；

t_1——火灾延续时间，$t_1 = 0.4$h；

t_2——室外消火栓灭火延续时间，$t_2 = 2$h。

3. 变压器水喷雾消防系统水压 p
$$p = p_1 + p_2 + p_3 - p_4 + p_5$$

其中
$$p_2 = i \times L$$
$$p_3 = 0.25 \times p_2$$

式中 p——消防水系统所需最小压力，MPa；

p_1——水雾喷头入口所需水压，取 $p_1 \approx 0.35$MPa；

p_2——消防管道沿程水头损失，MPa；

p_3——管道局部水头损失，MPa；

p_4——消防水源最低水位，$p_4 \approx -0.03$MPa；

p_5——变压器最不利点高度，$p_5 \approx 0.105$MPa；

L——从消防水泵出口至变压器附近 DN300 消防水主干管长度，$L \approx 700$m；

i——水力坡度，MPa/m，计算参照式（9-18），有 $i = 0.000196$MPa/m；

0.25——水头损失系数，按沿程水头损失 25% 计。

代入已知条件，得
$$p_2 = i \times L = 0.000196 \times 700 = 0.14（MPa）$$
$$p_3 = 0.25 \times p_2 = 0.25 \times 0.14 = 0.035（MPa）$$

故
$$p = p_1 + p_2 + p_3 - p_4 + p_5$$
$$= 0.35 + 0.14 + 0.035 - (-0.03) + 0.105 = 0.66（MPa）$$

（五）封闭式室内煤场

1. 设计条件

（1）封闭煤场：电厂设置封闭式室内煤场一座，长 290m、宽 100m、高 37m。室内采用自动消防炮灭火。

（2）设计参数：

1）室内消防炮消防流量 $Q_{i1} = 60$L/s。

2）室内消火栓消防流量 $Q_{i2} = 5 \times 5.4 = 27$L/s。

3）室外消防用流量 $Q_o = 20$L/s。

4）室内消防炮灭火系统火灾延续时间 $t_1 = 1$h。

5）室内外消火栓灭火系统火灾延续时间 $t_2 = 2$h。

2. 消防水量计算

（1）最大时消防流量 Q
$$Q = Q_i + Q_o = Q_{i1} + Q_{i2} + Q_o$$

式中 Q——消防流量，L/s；

Q_i——室内消火栓消防流量，L/s；

Q_o——室外消火栓消防流量，L/s。

代入各参数，得

$$Q=60+27+20=107（L/s）$$

（2）消防用水量 V

$$V=3.6\times Q_{i1}\times t_1+3.6\times(Q_{i1}+Q_o)\times t_2$$
$$=3.6\times60\times1+3.6\times47\times2$$
$$=554.4（m^3）$$

式中　V——消防贮水量，m^3；

Q_{i1}——室内消防炮用水量，$Q_{i1}=60L/s$；

Q_{i2}——室内消火栓用水量，$Q_{i2}=27L/s$；

Q_o——室外消火栓流量，$Q_o=20L/s$；

t_1——室内消防炮灭火延续时间，$t_1=1h$；

t_2——室内外消火栓灭火延续时间，$t_2=2h$。

3. 消防炮系统水压 p

$$p=p_1+p_2+p_3-p_4+p_5$$

其中

$$p_2=i\times L$$
$$p_3=0.25\times p_2$$

式中　p——消防水系统所需最小压力，MPa；

p_1——消防炮入口所需水压，p_1 应不小于 0.8MPa，取 $p_1=0.8MPa$；

p_2——消防管道沿程水头损失，MPa；

p_3——管道局部水头损失，MPa；

p_4——消防水源最低水位，$p_4\approx-0.03MPa$；

p_5——消防水泵出口中心线与消防炮进水口的高差，$p_5\approx0.15MPa$；

L——从消防水泵出口至厂房附近 DN300 消防水主干管的长度，$L\approx700m$；

i——水力坡度，MPa/m，计算参照式（9-18），有 $i=0.000118MPa/m$；

0.25——水头损失系数，按沿程水头损失 25% 计。

代入已知条件，得

$$p_2=i\times L=0.000118\times700=0.00826（MPa）$$
$$p_3=0.25\times p_2=0.25\times0.00826=0.0207（MPa）$$

故　　$p=p_1+p_2+p_3-p_4+p_5$
$$=0.8+0.0826+0.0207-(-0.03)+0.15$$
$$=1.0833（MPa）$$

（六）空气预热器自动喷水消防流量

1. 设计条件及参数

（1）根据空气预热器制造厂商提供的资料，空气预热器需要的自动喷水消防流量为 $Q_k=300m^3/h=83.4L/s$。

（2）所需压力：$h_1=0.5MPa$。

（3）消防水接口高度：$h_2=20m$。

2. 消防水量计算

（1）最大时消防流量 Q

$$Q=Q_i+Q_o+Q_k$$

$$=21.6+35+83.4$$
$$=140（L/s）=504（m^3/h）$$

式中　Q——消防流量，L/s；

Q_i——室内消火栓消防流量，$Q_i=4\times5.4=21.6$（L/s）；

Q_o——室外消火栓消防流量，$Q_o=35L/s$。

（2）消防用水量 V

$$V=3.6\times(Q_i+Q_o)\times t_1+3.6\times Q_k\times t_2$$
$$=707.76（m^3）$$

式中　V——消防贮水量，m^3；

t_1——室内外消火栓灭火系统火灾延续时间，$t_1=2h$；

t_2——空气预热器本体火灾延续时间，$t_2=1h$。

3. 系统水压

$$p=p_1+p_2+p_3-p_4+p_5$$

其中

$$p_2=i\times L+i_1\times L_1$$
$$p_3=0.25\times p_2$$

式中　p——消防水系统所需最小压力，MPa；

p_1——空气预热器入口所需压力，p_1 应不小于 0.5MPa，取 $p_1=0.5MPa$；

p_2——消防管道沿程水头损失，MPa；

p_3——管道局部水头损失，MPa；

p_4——消防水源最低水位，$p_4\approx-0.03MPa$；

p_5——空气预热器消防水入口高度，$p_5\approx0.25MPa$；

L——从消防水泵出口到主厂房消防管道入口的 DN300 消防主管道长度，$L\approx400m$；

i——水力坡降，MPa/m，计算参照式（9-18），有 $i=0.000195MPa/m$；

L_1——从主厂房消防水主干管入口到空气预热器 DN250 消防水支管入口长度，$L_1=200m$；

i_1——水力坡降，MPa/m，计算参照式（9-18），有 $i_1=0.000278MPa/m$；

0.25——水头损失系数按沿程水头损失 25% 计。

代入已知条件，得

$$p_2=i\times L+i_1\times L_1$$
$$=0.000195\times400+0.000278\times200$$
$$=0.1336（MPa）$$
$$p_3=0.25\times p_2$$
$$=0.25\times0.1336=0.0334（MPa）$$

故　　$p=p_1+p_2+p_3-p_4+p_5$
$$=0.5+0.1336+0.0334-(-0.03)+0.25$$
$$=0.947（MPa）$$

（七）液氨区水喷雾消防流量

1. 设计条件

（1）液氨区：

1）液氨储罐：2个，80t/台；每台外形约$\phi2.8m×9m$。

2）液氨储罐区保护区面积：$L×B=19×12=228$（m^2）。

3）蒸发器及管道保护面积：$L×B=11×9=99$（m^2）。

（2）设计参数：

1）水喷雾强度：$i=6L/(min \cdot m^2)$；

2）水喷雾灭火系统火灾延续时间：$t_1=6h$。

2. 消防水量计算

（1）最大时消防流量Q

$$Q=S×q+Q_0$$

式中　Q——消防流量，L/min；

S——保护面积，$S=228+99=327$（m^2）；

q——水喷雾强度，$6L/(min \cdot m^2)$；

Q_0——室外消火栓消防流量，查表9-10，得

$$Q_0=15L/s=900L/min。$$

故代入各参数值，得

$$\begin{aligned}Q&=S×q+Q_0\\&=327×6+900\\&=2862（L/min）=47.7（L/s）=172（m^3/h）\end{aligned}$$

（2）消防用水量V

$$V=S×q×T_1+Q_0×T_2$$

式中　V——消防用水量，m^3；

T_1——火灾延续时间，$T_1=6h$；

T_2——室外消火栓灭火延续时间，$T_2=6h$。

代入各参数值，得

$$V=1030（m^3）$$

3. 水喷雾消防系统水压p

$$p=p_1+p_2+p_3-p_4+p_5$$

其中

$$p_2=i×L$$
$$p_3=0.25×p_2$$

式中　p——消防水系统所需最小压力，MPa；

p_1——水雾喷头入口所需压力 p_1 应不小于0.35MPa，取$p_1=0.35MPa$；

p_2——沿程水头损失，MPa；

p_3——局部水头损失，MPa；

p_4——消防水源最低水位，$p_4≈-0.03MPa$；

p_5——最不利点高度，$p_5≈0.105MPa$；

L——从消防水泵出口至液氨储罐附近 DN200 消防水主干管的长度，$L≈700m$；

i——水力坡度，MPa/m，计算参照式（9-18），有$i=0.00019MPa/m$；

0.25——水头损失系数，按沿程水头损失25%计。

代入已知条件，得

$$p_2=i×L=0.00019×700=0.133（MPa）$$
$$p_3=0.25×p_2=0.25×0.1336=0.03325（MPa）$$

故

$$\begin{aligned}p&=p_1+p_2+p_3-p_4+p_5\\&=0.35+0.133+0.03325-(-0.03)+0.105\\&=0.651（MPa）\end{aligned}$$

三、消防水供水设备所需容量确定

电厂主要建筑物消防用水量见表9-40。

表9-40　　　　　　　　　　　　　　　　电厂主要建筑物消防用水量

消防对象及消防水供水设备		消防标准	消防用水量（L/s）	各消防用水量合计（L/s）	火灾延续时间（h）	火灾延续时间内消防用水总量（m³）	备注
主厂房	室外消火栓	同时使用水枪7支，每支水枪实际流量5.0L/s	35.0	140.0	2	707.76	
	室内消火栓	同时使用水枪4支，每支水枪实际流量5.4L/s	21.6		2		
	自动喷水	空气预热器消防水量83.4L/s	83.4		1		
变压器	水喷雾	本体设计喷雾强度 20L/（m²·min），油坑设计喷雾强度6L/（m²·min）	120.7	140.7	0.4	317.8	
	室外消火栓	同时使用水枪4支，每支水枪实际流量5.0L/s	20.0		2		
运煤系统	室外消火栓	同时使用水枪7支，每支水枪实际流量5.0L/s	35.0	101.9	2	570.6	

续表

消防对象及消防水供水设备		消防标准	消防用水量（L/s）	各消防用水量合计（L/s）	火灾延续时间（h）	火灾延续时间内消防用水总量（m³）	备注
运煤系统	室内消火栓	同时使用水枪4支，每支水枪实际流量5.4L/s	21.6	101.9	2	570.6	
	栈桥自动喷水	喷水强度8L/（m²·min）	21.3		1		
	水幕	喷水强度2L/（s·m）	24.0		1		
封闭煤场	室外消火栓	同时使用水枪4支，每支水枪实际流量5.0L/s	20.0	107.0	2	554.4	
	室内消火栓	同时使用水枪5支，每支水枪实际流量5.4L/s	27.0		2		
	室内消防炮	同时使用水炮2支，每支水枪实际流量30.0L/s	60.0		1		
液氨区	水喷雾	本体设计喷雾强度6L/（m²·min）	32.7	47.7	6	1030	
	室外消火栓	同时使用水枪3支，每支水枪实际流量5.0L/s	15.0				
点火油罐区	冷却系统		46.3	68.9	6	707.16	
	泡沫系统		22.6		0.5		
辅助建筑物	室外消火栓	同时使用水枪4支，每支水枪实际流量5.0L/s	20.0	36.2	2	260.64	
	室内消火栓	同时使用水枪3支，每支水枪实际流量5.4L/s	16.2		2		

电厂主要建筑物消防给水需要水头见表9-41。

表 9-41 　　　　　　　　　　　　　电厂主要建筑物消防给水需要水头

消防设施所需水头	主厂房区域					其他生产区域		辅助、附属建筑	
	主厂房室内	主厂房室外	空气预热器水喷淋	主厂房皮带层喷淋	变压器水喷雾	点火油罐	封闭煤场	室内	室外
建筑物最高处或室内最不利点灭火装置高度（m）	60.1	24	25	62（喷头高度）	10.5	15	15	20	20
消防水源最低水位（m）	−3	−3	−3	−3	−3	−3	−3	−3	−3
消火栓出口需要水头（×10⁻²MPa）	35	17						35	17
固定喷水需要水头（×10⁻²MPa）			35	10	35	40	80		
管网水头损失（×10⁻²MPa）	8.4	15	16.67	9.31	16.71	16.4	10.35	5	5
合计需要水头（×10⁻²MPa）	106.5	53.0	76.67	57.81	65.21	71.4	108.35	57	39

四、计算结果

1. 电厂最大消防流量 Q（m^3/h）

最大时消防流量为变压器消防流量，$Q=140.7L/s$（$506.5m^3/h$）。

2. 消防水系统所需最大压力 p（MPa）

消防水系统所需最大压力为封闭煤场，$p=1.08MPa$。

3. 消防贮水量（m^3）

消防水系统所需最大贮水量为液氨区消防贮水量，$V=1030m^3$。

考虑消防水泵需运行 2h，无消防补水条件下，消防水池有效容量为 $1100m^3$。

五、主厂房室内外消火栓系统水力计算

主厂房建筑体积 $800000m^3$，高度 80m。

室外消火栓的设计流量为 35L/s。按每支水枪流量 5.0L/s 考虑，主厂房周围至少需要 7 支消防水枪同时工作；计算时按管网中 7 支消防水枪同时工作考虑，每支出流量为 5.0L/s。

室外消防给水管管材采用热镀锌无缝钢管。

室外消火栓干管管径预设为 DN300，室内消火栓环管管径预设为 DN250，立管管径取为 DN100。计算满足最不利点消火栓栓口动压为 0.35MPa 的条件下，所需消防水泵的最小压力。

室内外消火栓系统平面布置见图 9-48。

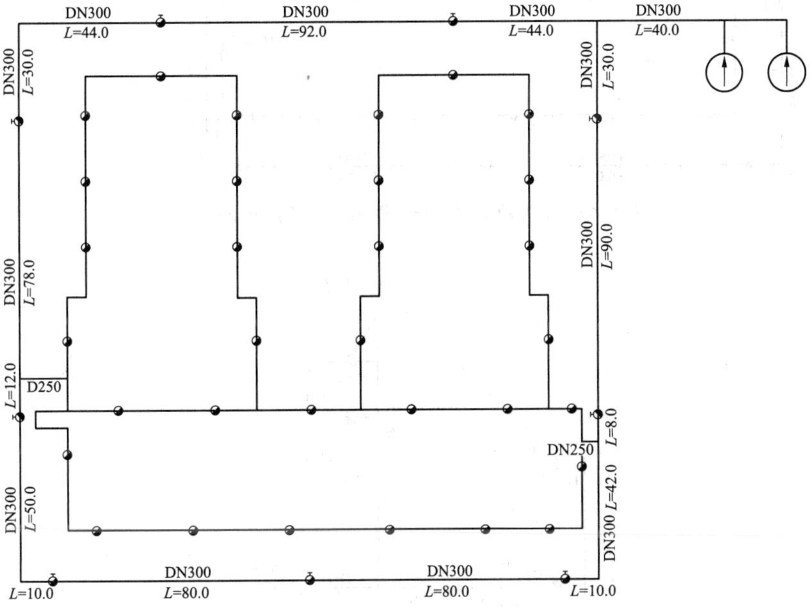

图 9-48 室内外消火栓系统平面布置示意图（长度 L 单位：m）

室内外消火栓系统的最不利点位于锅炉房的电梯停靠的最高层。本例中电梯停靠最高层为 59m，则最不利点消火栓栓口的标高为 60.10m。

室外消火栓系统管网应按枝状或事故状态下的环状管网进行水力计算。在最不利条件下，考虑主厂房周围的环网有一处断开，得到室外消火栓系统的计算图，见图 9-49。

在本例中，需要计算的最不利的一组竖管见图 9-50，其中锅炉房内的两根立管为最不利立管。室内消火栓系统最小设计流量为 30L/s，每根竖管的最小流量为 15L/s。同时使用的室内消火栓数量为 6 支，因而只考虑这两根竖管上的最高 6 支消火栓。每支消防水枪接管公称直径为 DN65，喷嘴直径 65mm，额定工作压力 0.35MPa，额定流量 5.4L/s。

在进行水力计算时，室内消火栓系统管网可简化为枝状管网。室内消火栓系统计算图见图 9-51。

工作的室外消火栓为位于节点 8 的室外消火栓，因其距离最不利点室内消火栓位置最近。

由最不利点室内消火栓（节点 1）计算至消防水泵（节点 12），计算表见表 9-42。

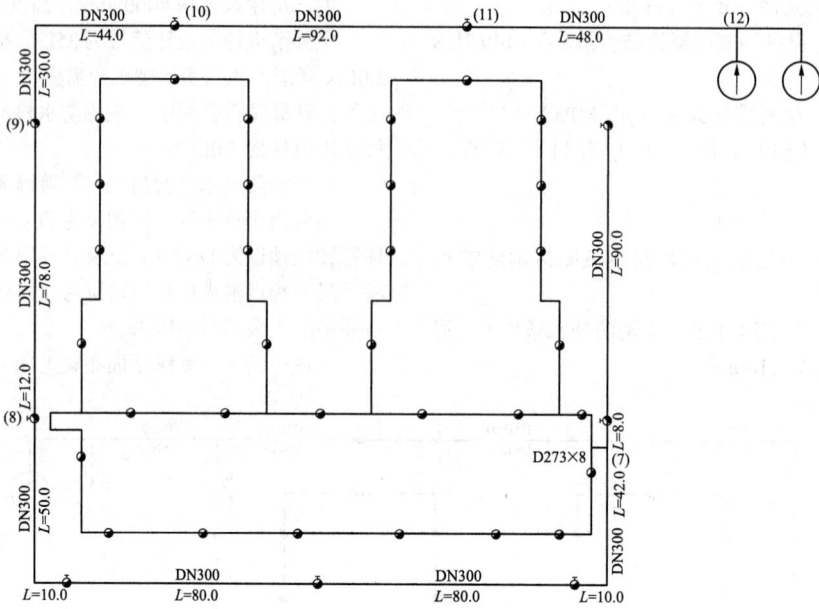

图 9-49　室外消火栓系统计算图（长度 L 单位：m）

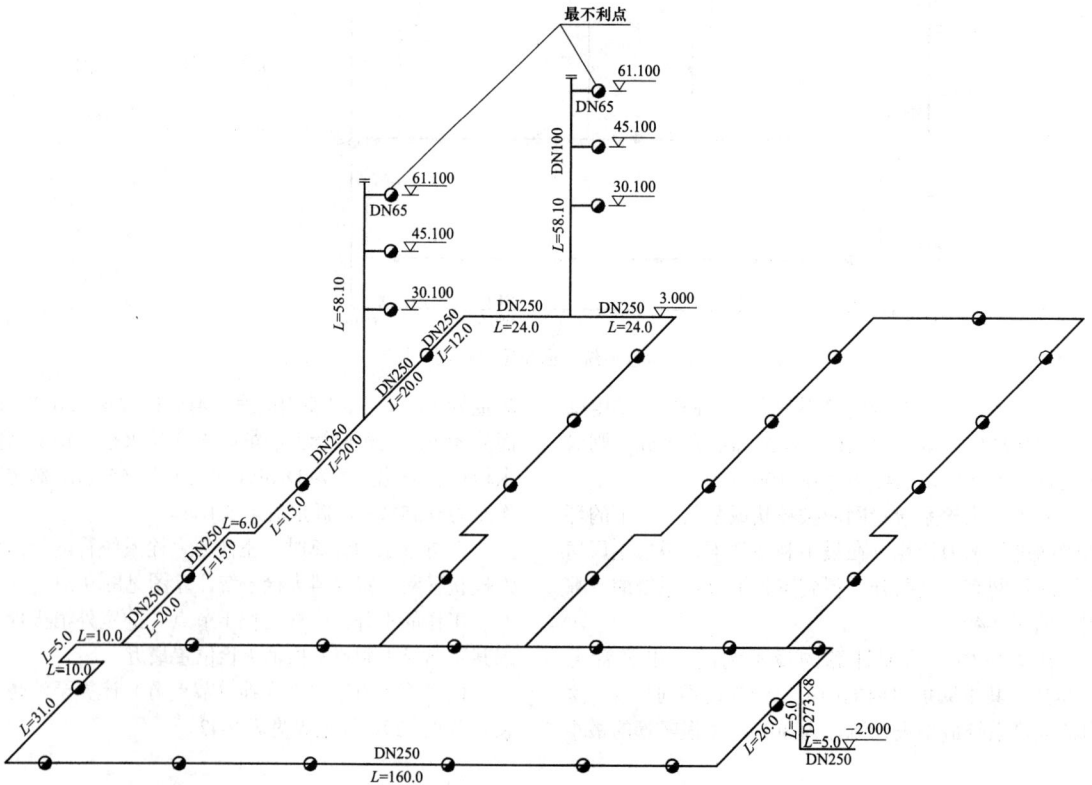

图 9-50　室内消火栓系统最不利点示意图（长度 L 单位：m）

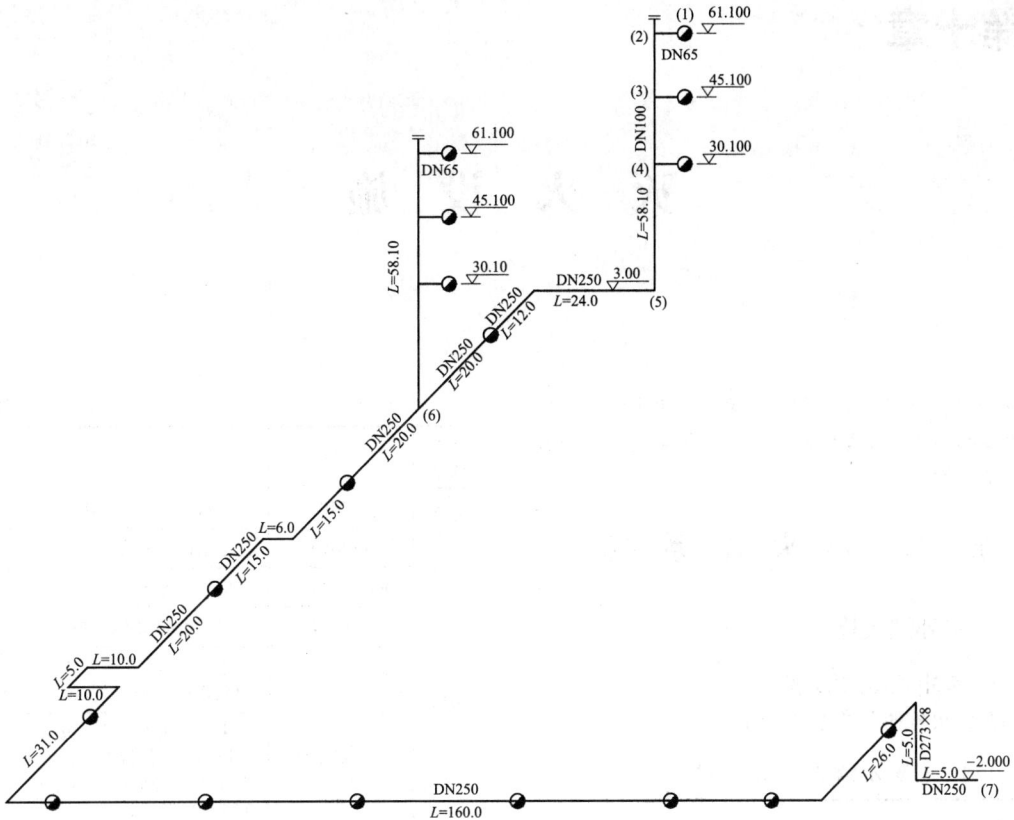

图 9-51　室内消火栓系统计算图（长度 L 单位：m）

表 9-42　　　　　　　　　　　　　　　　　　室内外消火栓系统水力计算表

节点	管段	管段公称直径（mm）	管段计算内径（mm）	管长（m）	管段流量（L/s）	水力坡降（MPa/m）	管段沿程水头损失（MPa）
1	1-2	65	67	1	5.4	0.000574	0.000574
2	2-3	100	105	16	10.8	0.000070	0.001127
3	3-4	100	105	15	16.2	0.000254	0.003815
4	4-5	100	105	27	16.2	0.000539	0.014606
5	5-6	250	252	56	32.4	0.000006	0.002039
6	6-7	250	252	328	5.0	0.000022	0.001650
7	7-8	300	305	272	10.0	0.000000	0.000026
8	8-9	300	305	78	42.4	0.000001	0.000008
9	9-10	300	305	74	47.4	0.000015	0.000790
10	10-11	300	305	92	67.4	0.000019	0.001682
11	11-12	300	305	48	5.4	0.000031	0.014842

注　1. 这里的水力坡降按式（9-17）计算。1～12 节点范围内为室内管网，管材为热镀锌无缝钢管，C 取 120。

2. 通过计算，室内外消火栓管网的沿程水头损失 $\Sigma p_f = 0.0412 MPa$，局部水头损失取沿程水头损失的 20%，则 $\Sigma p_p = 0.008 MPa$。

3. 消防水池的最低有效水位为 $-5.0m$，则管网的净扬程 $H = 59 + 1.1 - (-5.0) = 65.10$（m）。

4. 最不利消火栓所需的设计压力 $p_0 = 0.35 MPa$。

5. 根据式（9-20），取 $k_2 = 1.20$，得到消火栓系统的设计压力 $p = 1.20 \times (0.0412 + 0.008) + 0.01 \times 65.10 + 0.35 = 1.06$（MPa）。

6. 室内外消火栓的设计流量 $= 6 \times 5.4 + 7 \times 5 = 67.4$（L/s），火灾延续时间为 2.0h，则消火栓系统的设计用水量 $= 67.4 \times 3.6 \times 2 = 486$（m³）。

第十章

灭 火 设 施

灭火设施是指直接对保护对象进行灭火和冷却保护的设备和系统。本章将对电厂内各种常用灭火设施的设计要点加以阐述。

第一节　消 火 栓 系 统

一、室外消火栓

（一）室外消火栓的分类和型号

室外消火栓的分类见表 10-1。

表 10-1　　室 外 消 火 栓 的 分 类

分类依据	类型	备 注
安装场合	地上式（SS）	推荐采用
	地下式（SA）	一般用于严寒地区
	折叠式（SD）	平时折叠或以升缩形式安装于地下，使用时移升至地面上

续表

分类依据	类型	备 注
公称压力	1.0MPa	进水口法兰式连接
	1.6MPa	进水口承插式连接
用途	泡沫型（P）	用于油罐区
	防撞型（F）	用于可能发生机械撞击的地点
	调压型（T）	进水口压力为1.2MPa，出水口压力在0.3～1.0MPa 范围内可调
	减压稳压型（W）	进水口压力为某一范围时，出水口压力自动保持恒定。进水口压力为 0.4～1.2MPa，出水口压力为 0.25～0.35MPa
进水口公称直径	100mm	
	150mm	

室外消火栓的型号与规格见表 10-2。

表 10-2　　　　　　　室外消火栓的型号与规格

型号	公称压力（MPa）	进水口			出水口			用途
		口径（mm）	数量（个）	连接形式	口径（mm）	数量（个）	连接形式及尺寸	
室外地上式消火栓								
SS100/65-1.0	1.0	100	1	承插式	65	2	内扣式，KWS65	普通型
					100	1	螺纹式，M125×6	
SS150/65-1.0	1.0	150	1		65	2	内扣式，KWS65	
					150	1	螺纹式，M170×6	
SS150/80-1.0	1.0	150	1		80	2	内扣式，KWS80	
					150	1	螺纹式，M170×6	
SSF100/65-1.0	1.0	100	1		65	2	内扣式，KWS65	防撞型
					100	1	螺纹式，M125×6	
SSF150/65-1.0	1.0	150	1		65	2	内扣式，KWS65	
					150	1	螺纹式，M170×6	
SSF150/80-1.0	1.0	150	1		80	2	内扣式，KWS80	
					150	1	螺纹式，M170×6	
SS100/65-1.6	1.6	100	1	法兰式	65	2	内扣式，KWS65	普通型
					100	1	螺纹式，M125×6	
SS150/65-1.6	1.6	150	1		65	2	内扣式，KWS65	
					150	1	螺纹式，M170×6	

型号	公称压力（MPa）	进水口			出水口			用途
		口径（mm）	数量（个）	连接形式	口径（mm）	数量（个）	连接形式及尺寸	
SS150/80-1.6	1.6	150	1		80	2	内扣式，KWS80	普通型
					150	1	螺纹式，M170×6	
SSF100/65-1.6	1.6	100	1		65	2	内扣式，KWS65	防撞型
					100	1	螺纹式，M125×6	
SSF150/65-1.6	1.6	150	1		65	2	内扣式，KWS65	
					150	1	螺纹式，M170×6	
SSF150/80-1.6	1.6	150	1	法兰式	80	2	内扣式，KWS80	
					150	1	螺纹式，M170×6	
SSP100/65-1.6	1.6	100	1		65	2	内扣式，KWS65	泡沫型
					100	1	螺纹式，M125×6	
SSP150/65-1.6	1.6	150	1		65	2	内扣式，KWS65	
					150	1	螺纹式，M170×6	
SSP150/80-1.6	1.6	150	1		80	2	内扣式，KWS80	
					150	1	螺纹式，M170×6	
室外地下式消火栓								
SA100/65-1.0	1.0	100	1	承插式	65	1	内扣式，KWA65	普通型
					100	1	螺纹式，M125×6	
SA100/65-1.6	1.6	100	1	法兰式	65	1	内扣式，KWA65	
					100	1	螺纹式，M125×6	
SA100-1.0	1.0	100	1	承插式	100	1	连接器专用接口	只有一个 DN100 出水口，不建议采用
SA100-1.6	1.6	100	1	法兰式	100	1	连接器专用接口	

室外消火栓型号编制方法如下：

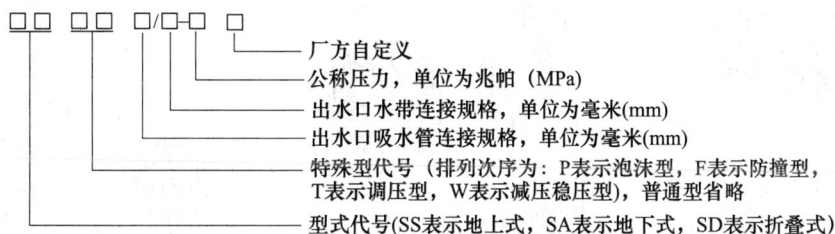

```
□□ □□ □/□-□ □
              └── 厂方自定义
            └──── 公称压力，单位为兆帕（MPa）
          └────── 出水口水带连接规格，单位为毫米(mm)
        └──────── 出水口吸水管连接规格，单位为毫米(mm)
    └──────────── 特殊型代号（排列次序为：P表示泡沫型，F表示防撞型，
                   T表示调压型，W表示减压稳压型），普通型省略
  └──────────────── 型式代号(SS表示地上式，SA表示地下式，SD表示折叠式)
```

（二）室外消火栓的结构

（1）消火栓一般由栓体、法兰接管、泄水装置、内置出水阀和弯管底座等组成。室外消火栓结构简图见图10-1。

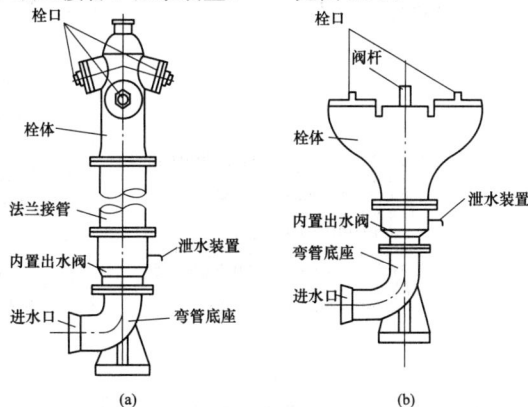

图 10-1 室外消火栓结构简图

（a）室外地上式消火栓；（b）室外地下式消火栓

注：本图摘自国家建筑标准设计图集 13S201《室外消火栓及消防水鹤安装》。

（2）普通型室外地上式消火栓，详图见图 10-2。

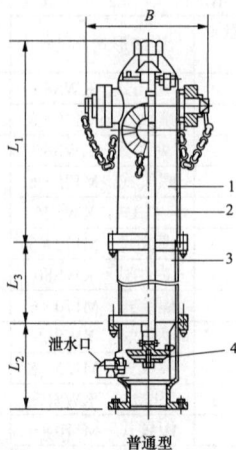

普通型

安装尺寸表　　　　　　　　　　　　　　　　　（mm）

DN	B	L_1	L_2	L_3
100	345	550	300	根据冻土深度及管道埋深的不同，可选用不同长度的法兰接管
150	355	650	310	

主要设备及材料表

编号	名称	规格型号	材料	单位	数量	备注
1	地上式消火栓	SS100/65−1.0(1.6)、SS150/65−1.0(1.6)、SS150/80−1.0(1.6)	铸铁	套	1	普通型
		SSP100/65−1.6、SSP150/65−1.6、SSP150/80−1.6	铸铁	套	1	泡沫型
2	导管	通用	不锈钢	个	1	—
3	法兰接管	—	—	个	1	根据冻土深度定法兰接管长度
4	密封皮碗	通用	食品级尼龙	个	1	—

(a)

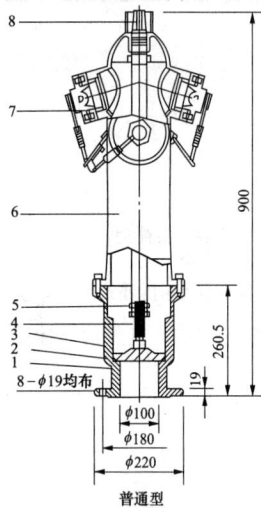

普通型

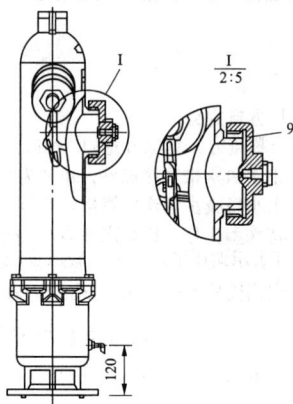

技术特性表

项目	指标
设计压力(MPa)	1.0/1.6
设计温度(℃)	0～65
适用介质	水
主体材料	球铁
强度试验压力(MPa)	2.4
密封试验压力(MPa)	1.76
涂层	内外表面环氧烤漆涂装

材料表

编号	名称	材料	单位	数量
1	栓体	球铁	个	1
2	阀座	铜合金	个	1
3	阀瓣	球铁＋橡胶	个	1
4	阀杆	不锈钢	个	1
5	驱动螺母	铜合金	个	1
6	栓身	球铁	个	1
7	水枪接口	铜合金	个	1
8	五角头	Q235−A	个	1
9	消防车取水口	铜合金	个	1

说明：
1. 地上消火栓装配完毕后阀门能启闭自如，不得有任何卡阻现象。
2. 消火栓内外表面均涂红色环氧漆，漆膜厚度不小于200μm。
3. 水枪接口的外表面喷红色漆。
4. 阀门从全关到全开的行程应不小于50mm。
5. 可根据消火栓的安装高度及冻土深度要求增加法兰接管。
6. 可根据要求增加承插或法兰弯头。

(b)

图 10-2　普通型室外地上式消火栓详图

（a）室外地上式消火栓详图（一）；（b）室外地上式消火栓详图（二）

注：本图摘自国家建筑标准设计图集 13S201《室外消火栓及消防水鹤安装》。

（3）防撞型室外地上式消火栓，详图见图10-3。防撞型室外地上式消火栓在受外力撞击发生断裂时，只会断裂某一部件，不会破坏栓体和阀体，阀座不会发生渗漏。

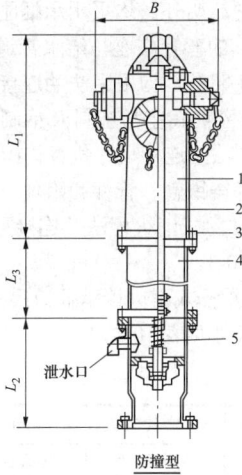

安装尺寸表 (mm)

DN	B	L_1	L_2	L_3
100	345	550	300	根据冻土深度及管道埋深的不同，
150	355	650	310	可选用不同长度的法兰接管

说明：防撞栓在受外力撞击断裂后，不应有渗漏现象，且断裂部位应为安全螺栓，本体和阀体应无损坏，替换安全螺栓后，消火栓即可重新恢复使用。

主要设备及材料表

编号	名称	规格型号	材料	单位	数量	备注
1	地上式消火栓	SSF100/65-1.0(1.6)、SSF150/65-1.0 (1.6)、SSF150/80-1.0(1.6)	球铁	套	1	防撞型
2	导管	通用	不锈钢	个	2	—
3	安全螺栓	通用	不锈钢	个	6	DN150产品中8个
4	法兰接管	—	—	个	1	根据冻土深度定法兰接管长度
5	弹簧	通用	不锈钢	个	1	

(a)

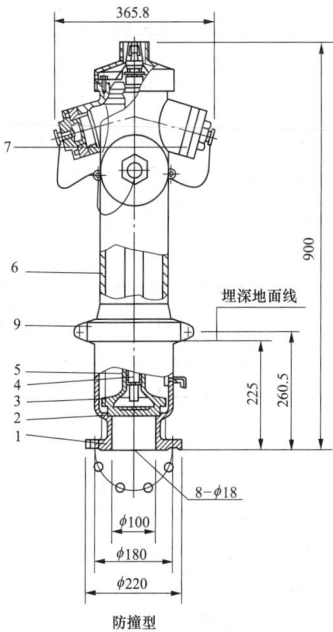

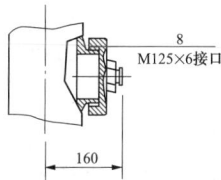

8
M125×6接口

说明：
1.消火栓装配时梯形螺纹部分涂适量润滑脂。
2.地上消火栓装配完毕后阀门能启闭自如，不得有任何卡阻现象。
3.消火栓内外表面均涂红色环氧漆，漆膜厚度不小于200μm。
4.阀门从全关到全开的行程应不小于50mm。
5.消火栓的强度试验，主阀密封试验每台必检。
6.可根据消火栓的安装高度及冻土深度要求增加法兰接管。
7.可根据要求增加承插或法兰弯头。

技术特性表

项目	指标
设计压力(MPa)	1.0/1.6
设计温度(℃)	0~80
适用介质	水、泡沫混合液
主体材料	QT450-10
强度试验压力(MPa)	1.5/2.4
密封试验压力(MPa)	1.1/1.76
涂层	内外表面环氧烤漆涂装

材料表

编号	名称	材料	单位	数量
1	栓体	球铁	个	1
2	阀座	铜合金	个	1
3	阀瓣	球铁+橡胶	个	1
4	阀杆	不锈钢	个	1
5	驱动螺母	铜合金	个	1
6	栓身	球铁	个	1
7	水枪接口	铜合金	个	1
8	消防取水口	铜合金	个	1
9	撞裂环	球铁	个	1

(b)

图10-3 防撞型室外地上式消火栓详图

（a）防撞型室外地上式消火栓详图（一）；（b）防撞型室外地上式消火栓详图（二）

注：本图摘自国家建筑标准设计图集13S201《室外消火栓及消防水鹤安装》。

（4）消火栓出水口与消防水带采用内扣式连接，与消防车吸水管采用螺纹连接。SA100-1.0 和 SA100-1.6 型消火栓与消火栓连接器采用快速接头方式连接。

（5）为适应冰冻深度的需要，在室外消火栓栓体中间、内置出水阀之上，可按挡加设法兰接管。接管长度 $L \geqslant 150mm$，每挡 $250mm$。法兰接管与消火栓配套供应，根据冻土深度由设计确定短管长度（订货时应说明法兰接管的长度），覆土深度不得大于 $4m$。

（6）室外消火栓设有自动泄水装置，当内置出水阀关闭时自动放空消火栓留存的积水，以防消火栓冻裂。

（7）室外消火栓泄水装置与弯管底座采用法兰连接。

（8）公称压力为 $1.0MPa$ 的弯管底座与给水管道之间除特别注明外，均采用承插刚性连接。公称压力为 $1.6MPa$ 的弯管底座与给水管道、给水管道相互之间除特别注明外，均采用法兰连接。公称压力为 1.0、$1.6MPa$ 的弯管底座与塑料及钢制给水管道之间采用法兰连接。法兰连接尺寸执行 GB/T 13295《水及燃气管道用球墨铸铁管、管件和附件》。

（9）法兰式消火栓法兰连接见图 10-4，相关连接尺寸见表 10-3。

（10）承插式消火栓承插口尺寸及连接见图 10-5，相关连接尺寸见表 10-4。

表 10-3　　　　　　　　　法兰式消火栓的法兰连接尺寸

进水口公称直径（mm）	法兰外径 D（mm）		螺栓孔中心直径 D_1（mm）		螺栓孔直径 d_0（mm）		螺栓数量（个）
	基本尺寸	极限偏差	基本尺寸	极限偏差	基本尺寸	极限偏差	
100	220	±2.80	180	±0.50	17.5	+0.43 0	8
150	285	±3.10	240	±0.80	22	+0.52 0	

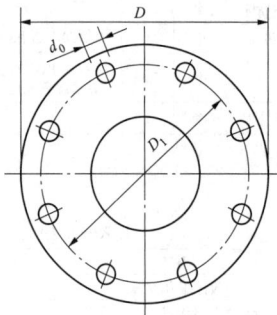

图 10-4　法兰式消火栓法兰连接图
注：本图摘自国家建筑标准设计图集 13S201
《室外消火栓及消防水鹤安装》。

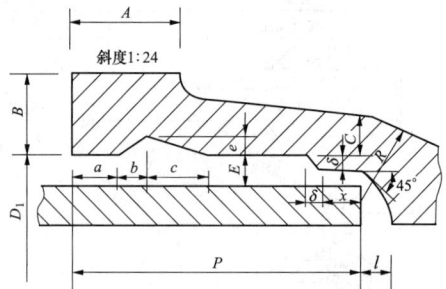

图 10-5　承插式消火栓承插口尺寸及连接图（刚性连接）
注：本图摘自国家建筑标准设计图集 13S201
《室外消火栓及消防水鹤安装》。

表 10-4　　　　　　承插式消火栓承插口尺寸及连接尺寸值　　　　　　　　（mm）

进水口公称直径	承插口直径	A	B	C	D_1	E	P	l	δ	x	R	a	b	c	e
100	138.0	36	26	12	180	10	90	9	5	13	32	15	10	20	6
150	189.0	36	26	12	240	10	95	10	5	13	32	15	10	20	6

（三）室外消火栓的安装

消火栓的安装形式分为支管安装和干管安装。支管安装又分为浅装和深装。室外地上式消火栓干管安装形式根据是否设有检修阀和阀门井室，分为无检修阀干管安装和有检修阀干管安装。

室外消火栓给水管道覆土深度的选择应考虑地面荷载等因素，并须使消火栓泄水口位于冰冻线以下。

1. 支管浅装

室外消火栓安装在支管上且管道覆土深度不大于 $1000mm$ 时，采用支管浅装。

（1）室外地上式消火栓下部直埋，检修闸阀设闸阀套筒。适用于冰冻深度不大于 $200mm$ 的场合。室外地上式消火栓闸阀套筒式支管浅装见图 10-6。

（2）室外地上式消火栓下部直埋，检修闸阀直埋。适用于冰冻深度不大于 $200mm$ 的场合。室外地上式消火栓闸阀直埋式支管浅装见图 10-7。

（3）室外地下式消火栓上部设砖砌井室，下部直埋，检修闸阀设闸阀套筒。适用于冰冻深度不大于 $400mm$ 的场合。室外地下式消火栓闸阀套筒式支管浅装见图 10-8。

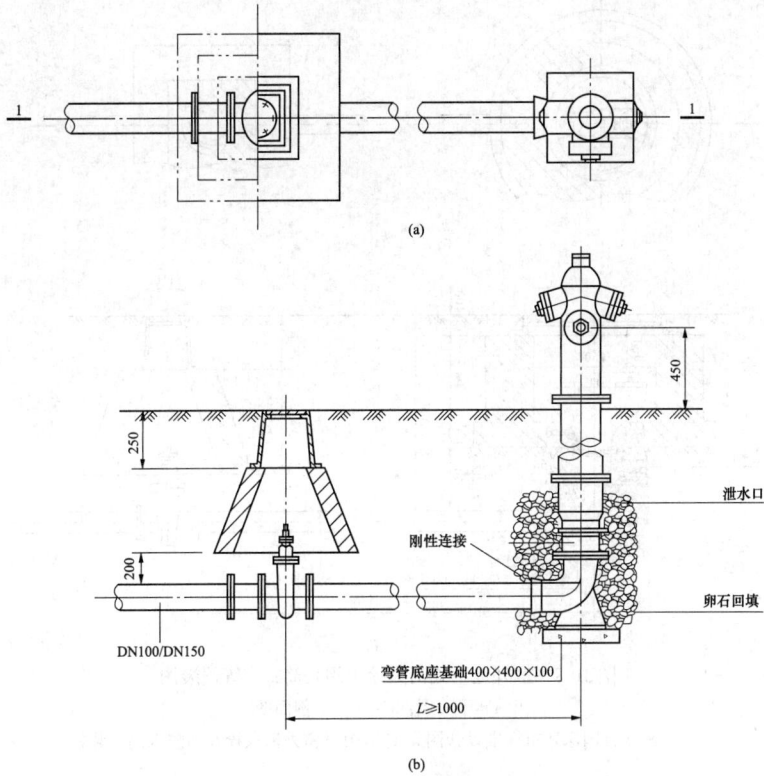

(a)

(b)

图 10-6 室外地上式消火栓闸阀套筒式支管浅装图

（a）平面图；（b）1—1 剖面图

注：本图摘自国家建筑标准设计图集 13S201《室外消火栓及消防水鹤安装》。

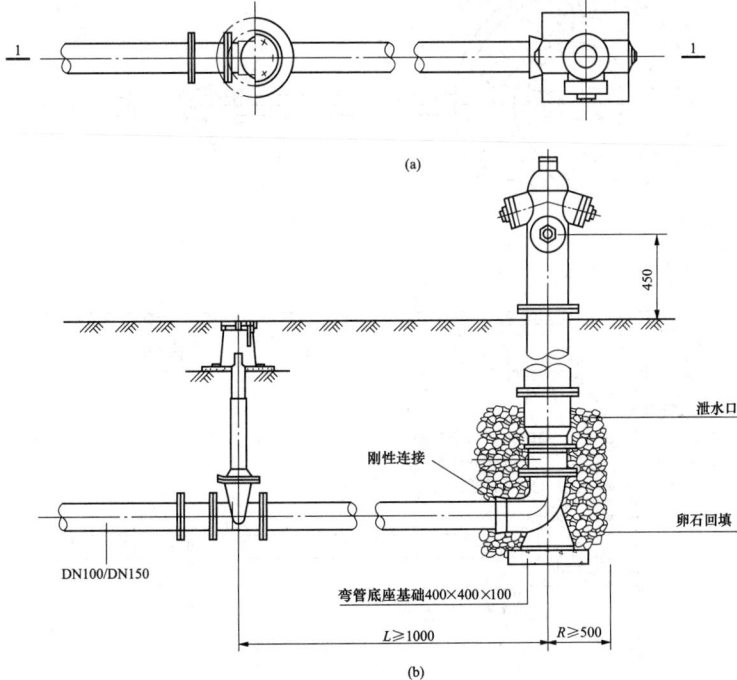

(a)

(b)

图 10-7 室外地上式消火栓闸阀直埋式支管浅装图

（a）平面图；（b）1—1 剖面图

注：本图摘自国家建筑标准设计图集 13S201《室外消火栓及消防水鹤安装》。

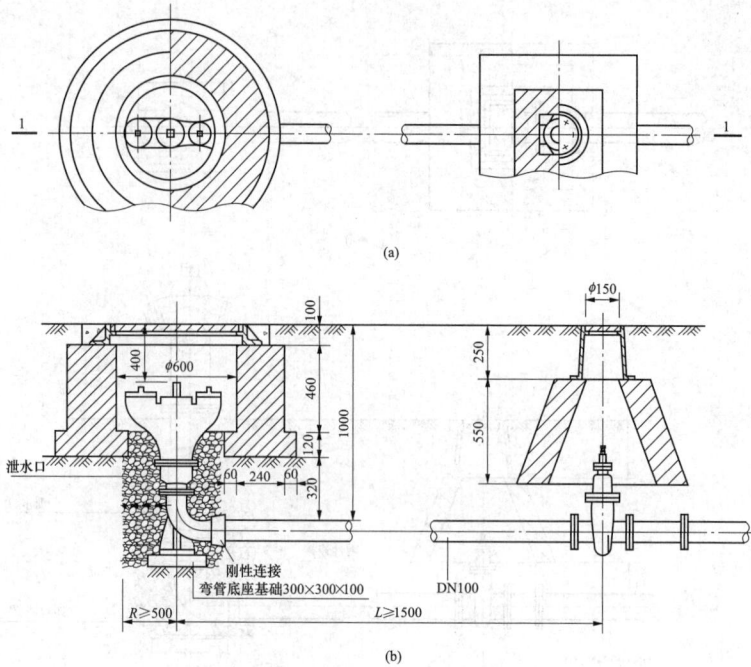

(a)

(b)

图 10-8　室外地下式消火栓闸阀套筒式支管浅装图

（a）平面图；（b）1—1 剖面图

注：本图摘自国家建筑标准设计图集 13S201《室外消火栓及消防水鹤安装》。

（4）室外地下式消火栓上部设砖砌井室，下部直埋，检修闸阀设闸阀套筒或闸阀直埋。适用于冰冻深度不大于 400mm 的场合。室外地下式消火栓闸阀直埋式支管浅装见图 10-9。

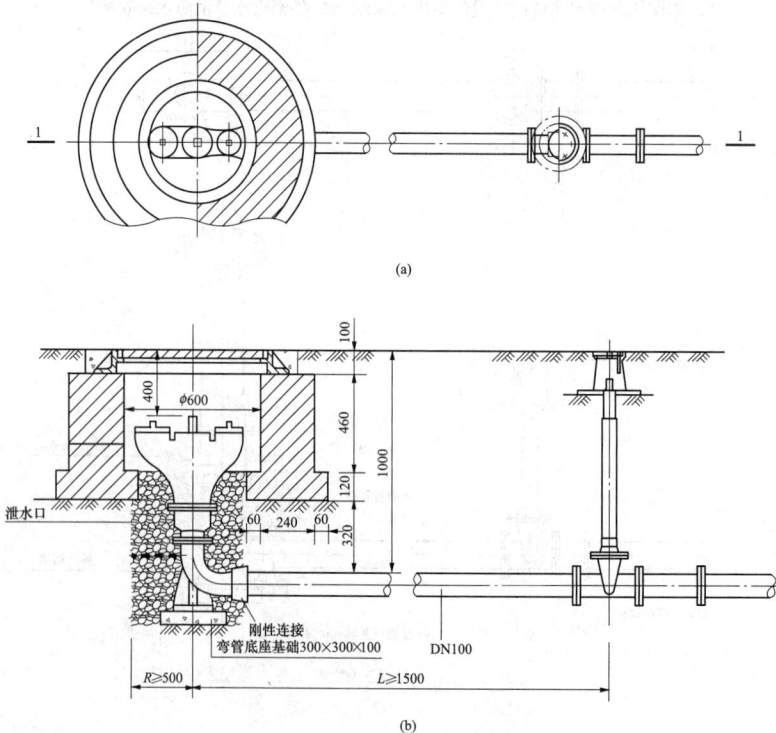

(a)

(b)

图 10-9　室外地下式消火栓闸阀直埋式支管浅装图

（a）平面图；（b）1—1 剖面图

注：本图摘自国家建筑标准设计图集 13S201《室外消火栓及消防水鹤安装》。

2. 支管深装

室外消火栓安装在支管上且支管覆土深度大于1000mm 时，采用支管深装。

（1）室外地上式消火栓下部直埋，检修闸阀设闸井。室外地上式消火栓阀门井式支管深装见图 10-10。

（2）室外地上式消火栓下部直埋，检修闸阀直埋。室外地上式消火栓闸阀直埋式支管深装见图 10-11。

（3）室外地下式消火栓位于井室内，在栓体下部设有检修阀。消火栓通过弯管底座与给水支管连接。室外地下式消火栓阀门井式支管深装见图 10-12。

3. 干管安装

室外消火栓安装在给水干管上的情况包括以下几种：

（1）消火栓下部直埋，通过消火栓三通与给水干管连接。室外地上式消火栓无检修阀干管安装见图 10-13。

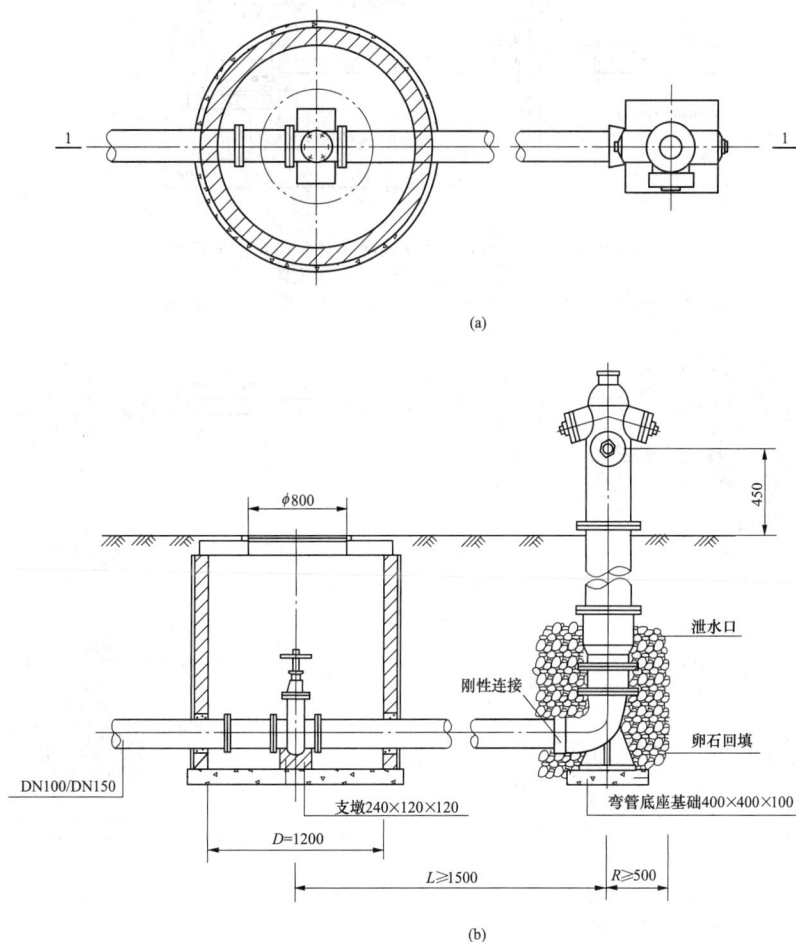

(a)

(b)

图 10-10　室外地上式消火栓阀门井式支管深装图

（a）平面图；（b）1—1 剖面图

注：本图摘自国家建筑标准设计图集 13S201《室外消火栓及消防水鹤安装》。

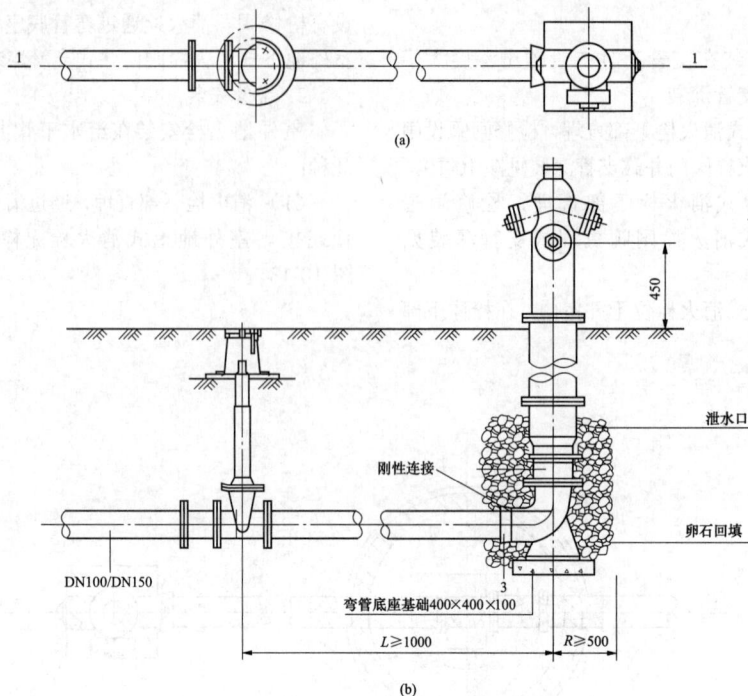

图 10-11　室外地上式消火栓闸阀直埋式支管深装图
（a）平面图；（b）1—1 剖面图
注：本图摘自国家建筑标准设计图集 13S201《室外消火栓及消防水鹤安装》。

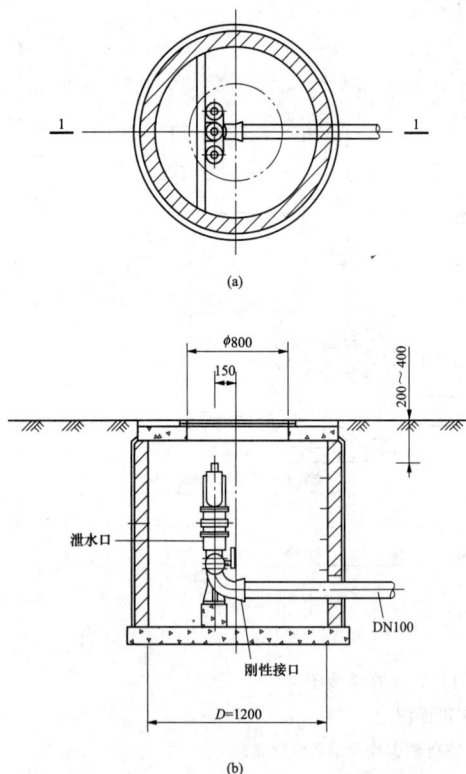

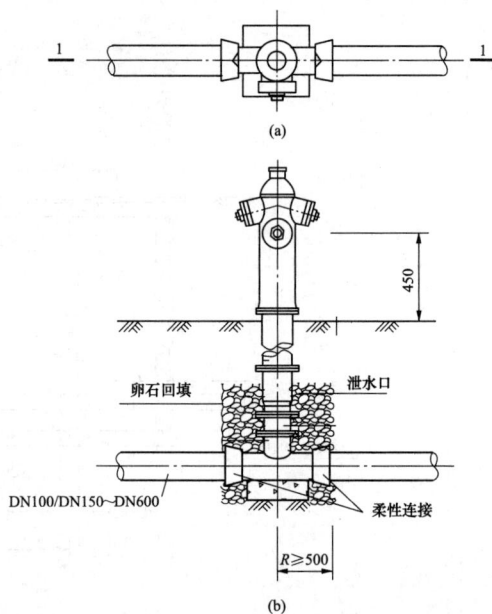

图 10-12　室外地下式消火栓阀门井式支管深装图
（a）平面图；（b）1—1 剖面图
注：本图摘自国家建筑标准设计图集 13S201
《室外消火栓及消防水鹤安装》。

图 10-13　室外地上式消火栓无检修阀干管安装图
（a）平面图；（b）1—1 剖面图
注：本图摘自国家建筑标准设计图集 13S201
《室外消火栓及消防水鹤安装》。

（2）消火栓下部直埋，设有检修阀和阀门井室，通过弯头和消火栓三通与给水干管连接，室外地上式消火栓有检修阀干管安装形式见图 10-14。

(a)

(b)

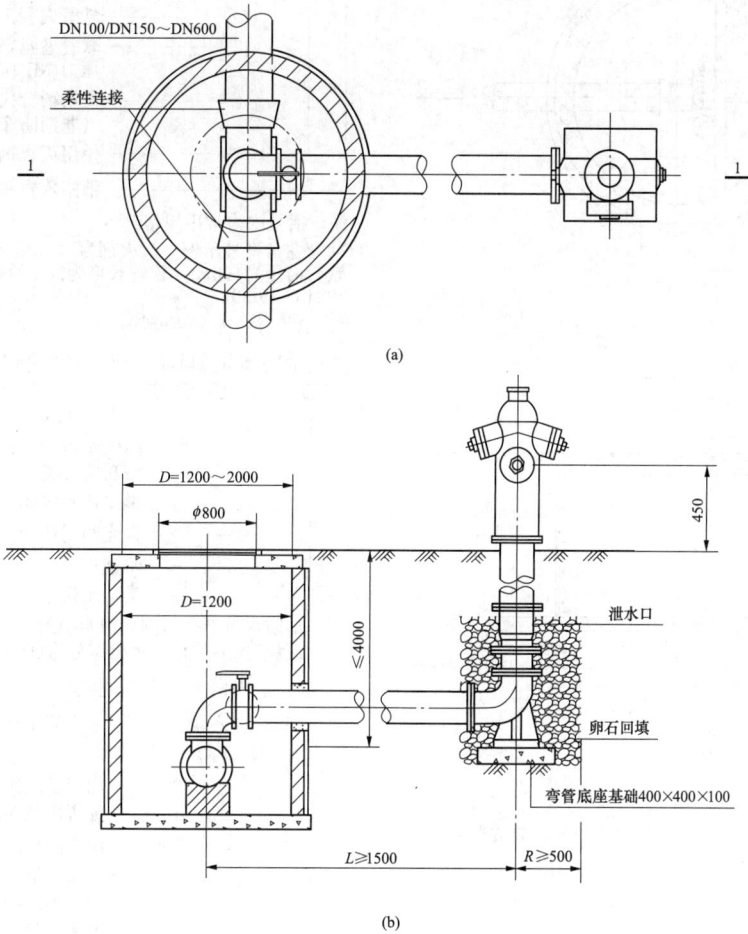

图 10-14　室外地上式消火栓有检修阀干管安装图

（a）平面图；（b）1—1 剖面图

注：本图摘自国家建筑标准设计图集 13S201《室外消火栓及消防水鹤安装》。

（3）地下式消火栓位于井室内，在栓体下部设有检修阀，通过消火栓三通与给水干管连接。室外地下式消火栓有检修阀干管安装见图 10-15。

二、室内消火栓

（一）室内消火栓的型号

1. 室内消火栓本体的型号

室内消火栓按栓阀数量分为单阀单栓、双阀双栓。

室内消火栓按栓口结构形式分为直角出口型、旋转型、减压型、异径三通式。

室内消火栓箱按内组件分为单（双）栓室内消火栓箱、带应急照明消火栓箱、带消防软管卷盘消火栓箱、带轻便消防水龙消火栓箱、带灭火器箱组合式消防柜。

室内消火栓箱的安装方式分为明装、半暗装、暗装。

室内消火栓型号按下列规定编制，消火栓型式代号见表 10-5，减压稳压类别见表 10-6。

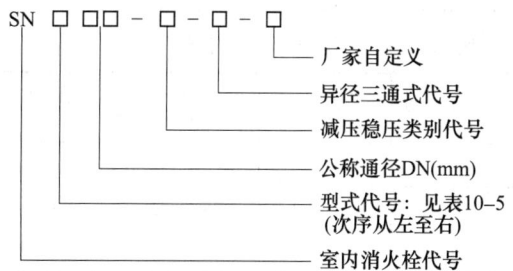

型号示例：公称通径为 65mm，稳压类别代号为Ⅲ的旋转减压稳压型室内消火栓型号可表示为 SNZW65-Ⅲ。

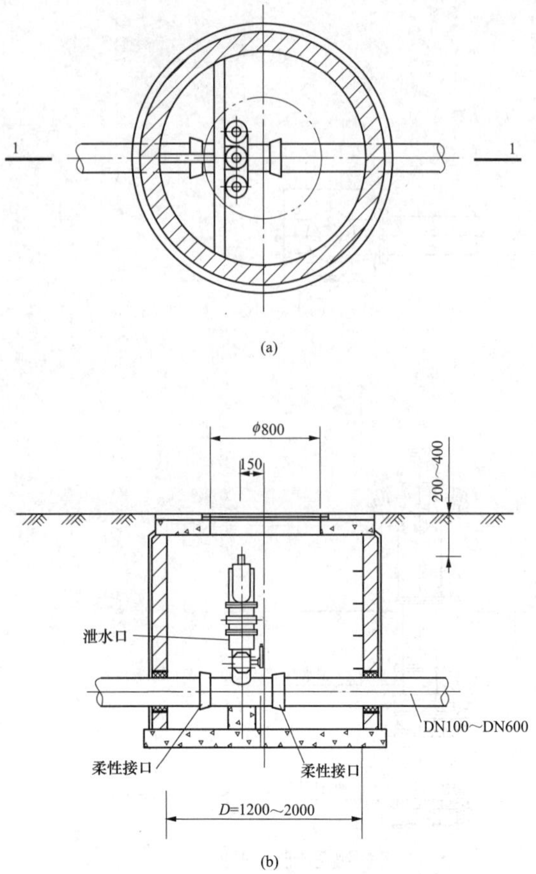

(a)

(b)

图 10-15　室外地下式消火栓有检修阀干管安装图
（a）平面图；（b）1—1 剖面图
注：本图摘自国家建筑标准设计图集 13S201
《室外消火栓及消防水鹤安装》。

表 10-5　　消 火 栓 型 式 代 号

型式	出口数量		栓阀数量		普通直角出口型
	单出口	双出口	单阀	双阀	
代号	不标注	S	不标注	S	不标注
型式	45°出口型	旋转型	减压型	减压稳压型	异径三通式
代号	A	Z	J	W	Y

表 10-6　　减 压 稳 压 类 别 代 号

减压稳压类别	进水口压力 p_1（MPa）	出水口压力 p_2（MPa）	流量 Q（L/s）
Ⅰ	0.4~0.8		
Ⅱ	0.4~1.2	0.25~0.35	≥5.0
Ⅲ	0.4~1.6		

2. 消防软管卷盘的型号

消防软管卷盘型号按下列规定编制：

注：括号内为常用规格。

软管卷盘型号示例：灭火剂为水、额定工作压力为 1.0MPa、软管内径为 19mm、软管长度为 30m 的软管卷盘，其型号为 JPS1.0–19/30。

3. 消防水枪的型号

消防水枪型号按下列规定编制：

消防水枪型号示例：额定喷射压力 0.35MPa，额定流量 7.5L/s 的直流水枪型号为 QZ3.5/7.5。

4. 室内消火栓箱的型号

（1）室内消火栓箱型号按下列规定编制：

消火栓箱的分类及型式代号见表 10-7。

表 10-7　　消火栓箱的分类及型式代号

	分　类	型式代号
配置消防软管卷盘	不配置消防软管、轻便消防水龙卷盘式	不标注代号
	配置消防软管、轻便消防水龙卷盘式	代号 Z
消防水带安装	盘卷式	代号 P
	卷置式	代号 J
配置的消防器材数量	单配置式	不标注代号
	双配置式	代号 S
配置应急照明灯	不配置应急照明灯式	不标注代号
	配置应急照明灯式	代号 Y
箱门型式	单开门式	不标注代号
	前后开门式	代号 H

注　双配置式栓箱内的室内消火栓可为两只单栓阀，也可为一只双栓阀。

消火栓箱的外形尺寸见表 10-8。

表 10-8　　消火栓箱的外形尺寸　　　　　（mm）

栓箱的长、短边尺寸和代号			厚　　度
代号	长边 *	短边	
A	800（950）	650	160，180，200，210，240，280，320
B	1000（1150）	700	160，180，200，240，280
C	1200（1350）	750	160，180，200，240，280
D	1600（1700）	700	240，280
E	1800（1900）	700（750）	160，180，200，240，280
F	2000	750	160，180，240

注　1. 括号内的尺寸为配置应急照明灯的栓箱尺寸。
　　2. 箱体厚度小于 200mm 的栓箱应配置旋转型室内消火栓。
　　3. 代号 D、E、F 为可配置灭火器的栓箱。

消火栓箱示例：栓箱内消防器材的数量为双配置，消防水带为盘卷式安置，箱门为前后开门式，内配消防软管卷盘，室内消火栓公称直径为 65mm，有应急照明灯，箱体外形尺寸为 1000mm×700mm×240mm，则此栓箱的型号表示为 SG24B65Z-PSYH。

（2）消火栓箱内消防报警按钮均为选配，消防按钮是否设置，由设计人员确定并注明。

（3）选用带应急照明的消火栓箱时，应由电气专业设置专用应急电源。

（4）带灭火器箱的组合式消防柜中可存放充装灭火剂量小于或等于 4kg 的灭火器 4 具。灭火器型号、规格、数量由设计人员确定。

（5）消火栓箱门材质、颜色可由设计人员根据消防工程的特点，并结合室内建筑装饰要求确定。消火栓箱门框采用铝合金时，门面有机玻璃的厚度应不小于 1.5mm。箱门的颜色应与箱门四周墙壁的装饰材料颜色有明显区别。箱门上应有符合产品标准要求的标识，消防按钮安装高度不宜超过 1.90m，以便于操作。

（二）室内消火栓的结构

三种常用室内消火栓箱的结构形式见图 10-16。

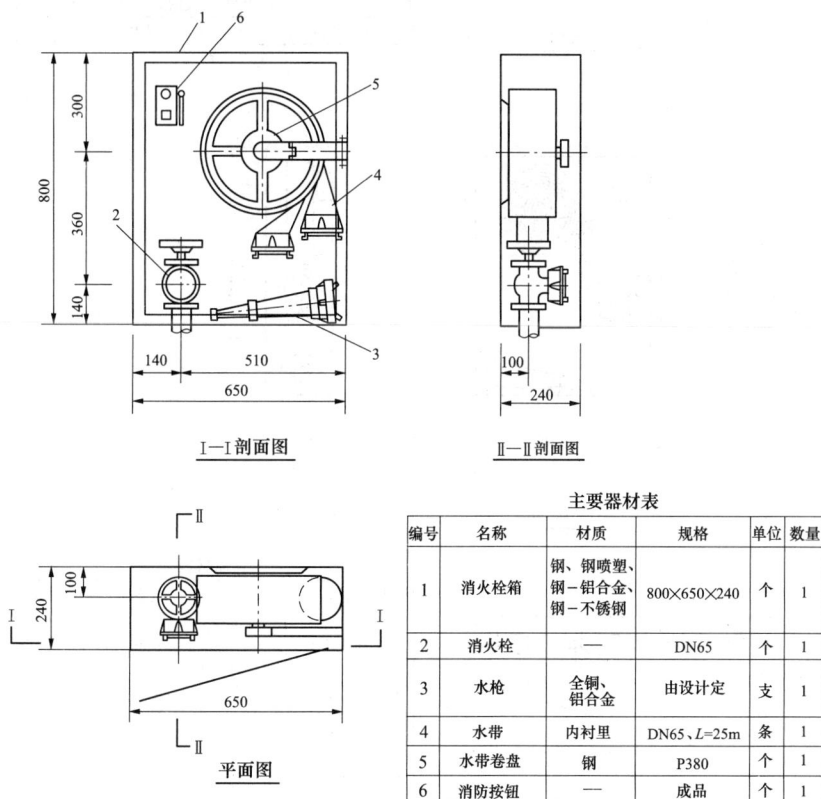

I—I 剖面图　　　　　　Ⅱ—Ⅱ 剖面图

平面图

主要器材表

编号	名称	材质	规格	单位	数量
1	消火栓箱	钢、钢喷塑、钢—铝合金、钢—不锈钢	800×650×240	个	1
2	消火栓	—	DN65	个	1
3	水枪	全铜、铝合金	由设计定	支	1
4	水带	内衬里	DN65、L=25m	条	1
5	水带卷盘	钢	P380	个	1
6	消防按钮	—	成品	个	1

（a）

图 10-16　三种常用室内消火栓箱结构（一）
（a）SG24A65-P 型

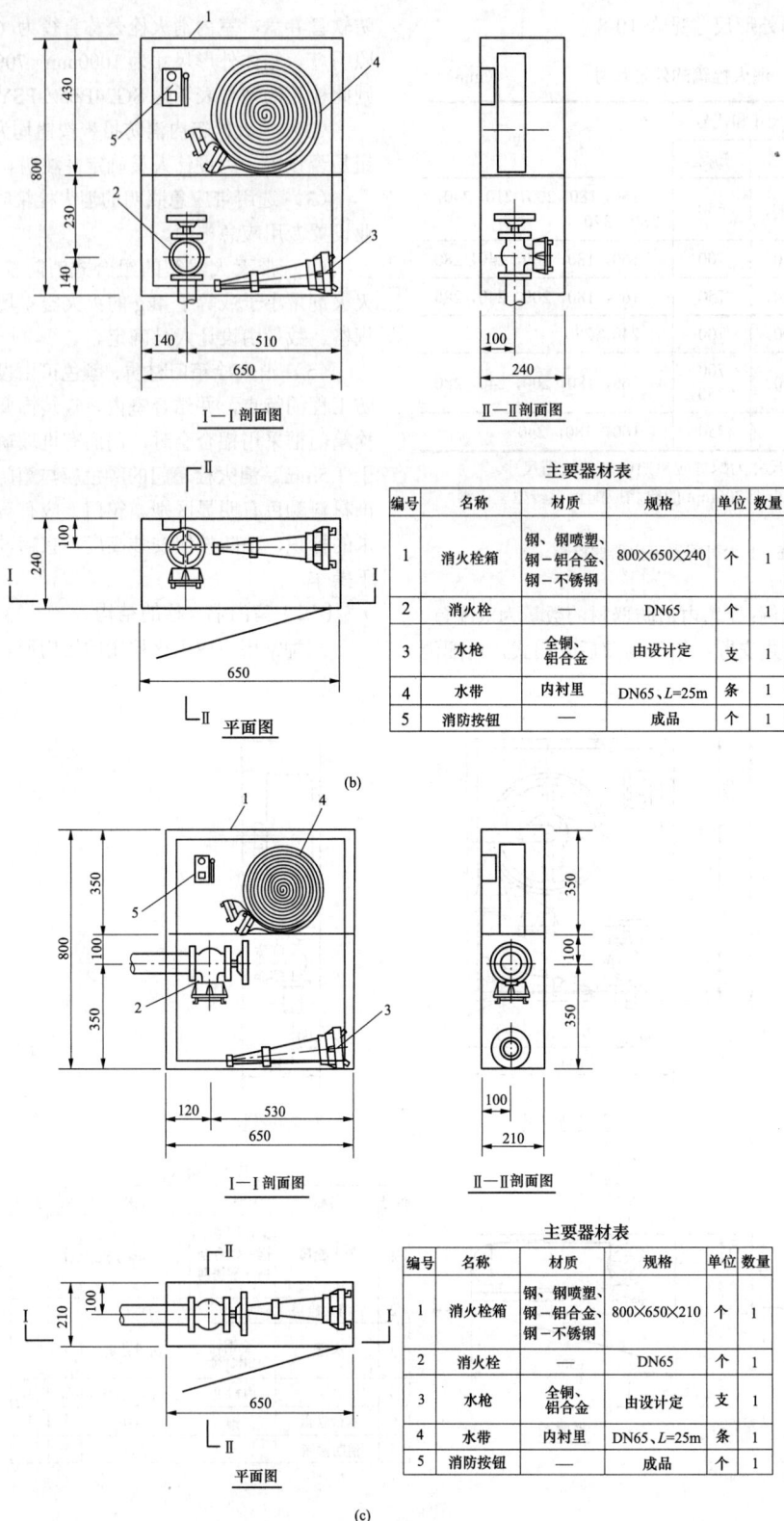

Ⅰ—Ⅰ剖面图　　Ⅱ—Ⅱ剖面图

平面图

主要器材表

编号	名称	材质	规格	单位	数量
1	消火栓箱	钢、钢喷塑、钢-铝合金、钢-不锈钢	800×650×240	个	1
2	消火栓	—	DN65	个	1
3	水枪	全铜、铝合金	由设计定	支	1
4	水带	内衬里	DN65、L=25m	条	1
5	消防按钮	—	成品	个	1

(b)

Ⅰ—Ⅰ剖面图　　Ⅱ—Ⅱ剖面图

平面图

主要器材表

编号	名称	材质	规格	单位	数量
1	消火栓箱	钢、钢喷塑、钢-铝合金、钢-不锈钢	800×650×210	个	1
2	消火栓	—	DN65	个	1
3	水枪	全铜、铝合金	由设计定	支	1
4	水带	内衬里	DN65、L=25m	条	1
5	消防按钮	—	成品	个	1

(c)

图 10-16　三种常用室内消火栓箱结构（二）

（b）SG24A65-J 型；（c）SG21A65-J 型

注：本图摘自国家建筑标准设计图集 15S202《室内消火栓安装》。

（三）消防水枪

1. 消防水枪结构

消防水枪按喷射的灭火水流形式可分为直流水枪、喷雾水枪、直流喷雾水枪和多用水枪。火力发电厂内宜采用接口公称直径 65mm、喷嘴口径不小于19mm 的消防水枪。在带电设施附件的消火栓应配备喷雾水枪。直流水枪结构如图 10-17 所示。

2. 水枪基本参数

接口公称直径 65mm 的直流水枪、喷雾水枪、直流喷雾水枪的额定流量和射程见表 10-9。

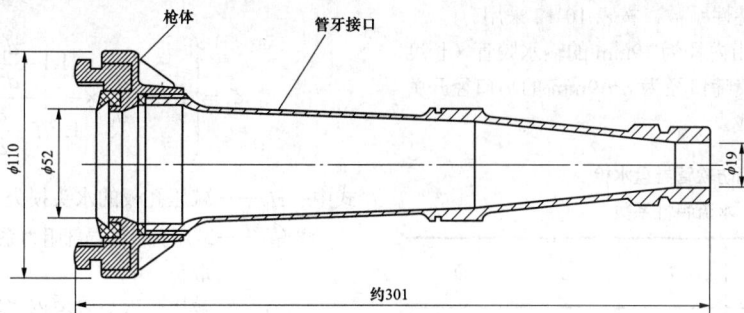

图 10-17 直流水枪结构图（水枪型号 QZ3.5/7.5,当量喷嘴直径 19mm）

注：本图摘自国家建筑标准设计图集 15S202《室内消火栓安装》。

表 10-9 接口公称直径 65mm 的水枪额定流量和射程

水枪类型		额定喷射压力（MPa）	额定流量（L/s）	射程（m）
直流水枪	$\phi19$	0.35	7.5	直流射程≥28.0
	$\phi22$	0.20	7.5	直流射程≥20.0
喷雾水枪		0.60	5	喷雾射程≥13.5
			6.5	喷雾射程≥15.0
			8	喷雾射程≥16.0
			10	喷雾射程≥17.0
			13	喷雾射程≥18.5
直流喷雾水枪		0.60	5	直流射程≥27.0
			6.5	直流射程≥30.0
			8	直流射程≥32.0
			10	直流射程≥34.0
			13	直流射程≥37.0

$$q_{xh} = \sqrt{\beta H_q} \qquad (10\text{-}1)$$

式中 q_{xh}——消防软管卷盘水枪灭火射流出水量，L/s；

β——水流特性系数，按表 10-10 采用；

H_q——水枪喷嘴前水压，kPa。

表 10-10 水枪水流特性系数 β 值

喷嘴直径（mm）	13	16	19	22	25
β	0.346	0.793	1.577	2.834	4.727

1. 轻便消防水龙结构

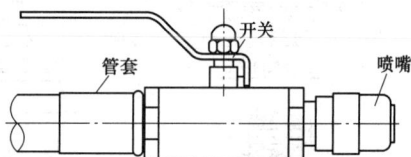

图 10-18 轻便消防水龙结构图

注：本图摘自国家建筑标准设计图集 15S202《室内消火栓安装》。

2. 轻便消防水龙基本参数

3. 水枪实际水量计算公式

水枪的实际水量计算公式如下

表 10-11 轻便消防水龙基本参数

水龙类型	设计工作压力（MPa）	喷射性能试验时水龙进口压力（MPa）	射程（m）		流量（L/min）		喷雾角
			直流	喷雾	直流	喷雾	
消防供水管路上使用	0.8	0.4	≥8	≥4.0	≥24	≥30.0	0°～90°连续可调
	1.0						
	1.6						
自来水管路上使用	0.25	0.25	≥6	≥3.5	≥15	≥17.5	0°～90°连续可调

3. 消防软管卷盘的实际用水量

消防软管卷盘实际用水量一般可忽略不计，如需

计算时，按式（10-2）计算，即

$$Q_j = q_j t_m = t_m \sqrt{H_j \beta} \qquad (10\text{-}2)$$

式中 Q_j——消防软管卷盘消防用水量，L；

q_j——消防软管卷盘水枪灭火射流出水量，L/s；

t_m——消防软管卷盘灭火时间，s，一般按 0.5h（1800s）考虑；

H_j——水枪喷嘴前水压，kPa；

β——水流特性系数，按表 10-12 采用。

消防软管卷盘由内径为 19mm 的输水胶管（长度为 20m 或 25m）、喷嘴口径为 6～9mm 的小口径开关水枪和转盘配套组成。

表 10-12 消防软管卷盘水枪
水流特性系数

喷嘴直径（mm）	6	7	8	9
β	0.0016	0.0029	0.0050	0.0079

（四）减压装置

当消火栓栓口动压大于 0.7MPa 时，须设置减压装置。减压装置可选择减压孔板、节流管、减压阀。

1. 减压孔板

减压孔板应设在直径不小于 50mm 的水平直管段上，前后管段的长度均不宜小于该管段直径的 5 倍；孔口直径不应小于设置管径直径的 30%，且不应小于 20mm。

减压孔板应采用不锈钢板材制作，用焊接或法兰

固定在管道上。

减压孔板的水头损失按式（10-3）、式（10-4）计算，即

$$H_k = 0.01\zeta_1 \frac{v_k^2}{2g} \qquad (10\text{-}3)$$

$$\zeta_1 = \left(1.75 \times \frac{d_i^2}{d_k^2} \times \frac{1.1 - \frac{d_i^2}{d_i^2}}{1.175 - \frac{d_k^2}{d_i^2}} - 1\right)^2 \qquad (10\text{-}4)$$

式中 H_k——减压孔板的水头损失，MPa；

ζ_1——减压孔板的局部阻力系数，也可按表 10-13 取值；

v_k——减压孔板后管道内水的平均流速，m/s；

g——重力加速度，m/s²；

d_k——减压孔板孔口的计算内径，m，取值应按减压孔板孔口直径减 1mm 确定；

d_i——管道的内径，m。

表 10-13 减压孔板的局部阻力系数 ζ_1

d_k/d_i	0.3	0.4	0.5	0.6	0.7	0.8
ζ_1	292	83.3	29.5	11.7	4.75	1.83

减压孔板的安装见图 10-19。

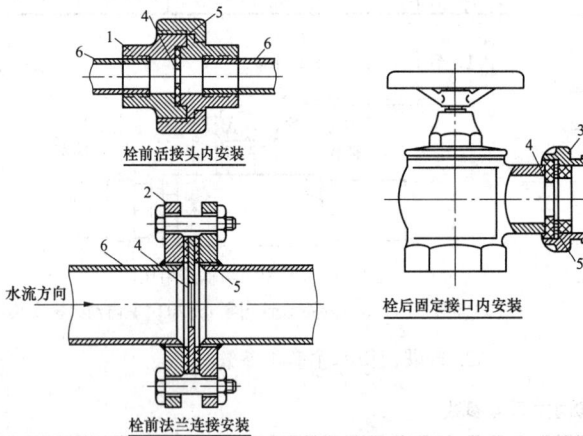

主要材料表

编号	名称	材料	规格	单位	数量	备注
1	活接头	可锻铸铁	DN65	个	1	—
2	法兰	钢	DN65	个	2	—
3	消火栓固定接口	铝	DN65	个	1	栓箱内已配置
4	减压孔板	不锈钢、黄铜	由设计确定d	个	1	—
5	密封垫	橡胶	DN65	个	1或2	—
6	消火栓支管	镀锌钢管	DN65	m	设计定	—

尺寸表

孔板类型	栓前活接头内安装	栓前法兰连接安装	栓后固定接口内安装
倒角扩口型	DN65,D_1=D_2=86	DN65,D_1=D_2=120	—
直口型			DN65,D_2=72

图 10-19 减压孔板安装图

注：本图摘自国家建筑标准设计图集 15S202《室内消火栓安装》。

2. 节流管

节流管直径宜按上游管段直径的 1/2 确定；长度不宜小于 1m；节流管内水的平均流速不应大于 20m/s。

节流管的水头损失应按式（10-5）计算，即

$$H_g = 0.01\zeta_2 \frac{v_g^2}{2g} + 0.0000107 \frac{v_g^2}{d_g^{1.3}} L_j \quad （10-5）$$

式中 H_g ——节流管的水头损失，MPa；

ζ_2 ——节流管中渐缩管与渐扩管的局部阻力系数之和，取值为 0.7；

v_g ——节流管内水的平均流速，m/s；

d_g ——节流管的计算内径，m，取值应按节流管内径减 1mm 确定；

L_j ——节流管的长度，m。

3. 减压阀

减压阀的水头损失应根据产品技术参数确定；当无资料时，减压阀阀前后静压与动压差应按不小于 0.10MPa 计算；减压阀串联减压时，应计算第一级减压阀的水头损失对第二级减压阀出水动压的影响。

Y 系列弹簧膜片式减压阀结构简图见图 10-20。

Y 系列减压阀流量特性曲线见图 10-21。

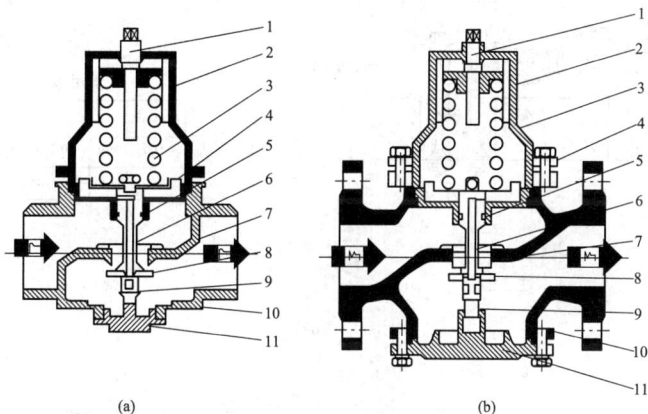

图 10-20　Y 系列弹簧膜片式减压阀结构简图

（a）Y 系列减压阀螺纹连接；（b）Y 系列减压阀法兰连接

1—调节杆；2—弹簧罩；3—弹簧；4—膜片；5—O 形圈；6—阀芯；7—阀座；8—阀瓣；9—限位螺母；10—阀体；11—底盖

注：本图摘自国家建筑标准设计图集 01SS105《常用小型仪表及特种阀门选用安装》。

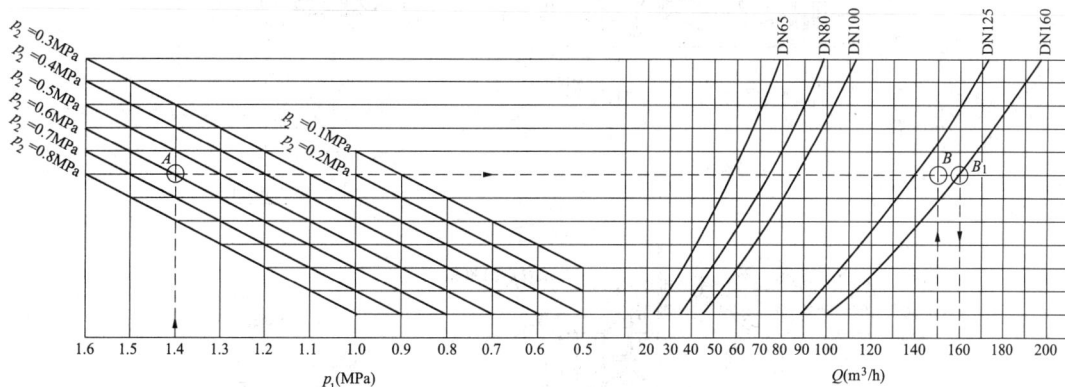

图 10-21　Y 系列减压阀流量特性曲线（DN65～DN150）

注：本图摘自国家建筑标准设计图集 01SS105《常用小型仪表及特种阀门选用安装》。

三、水泵接合器

电厂内生产生活与消防给水合并的管网上应设置消防水泵接合器。

几种水泵接合器的安装见图 10-22。

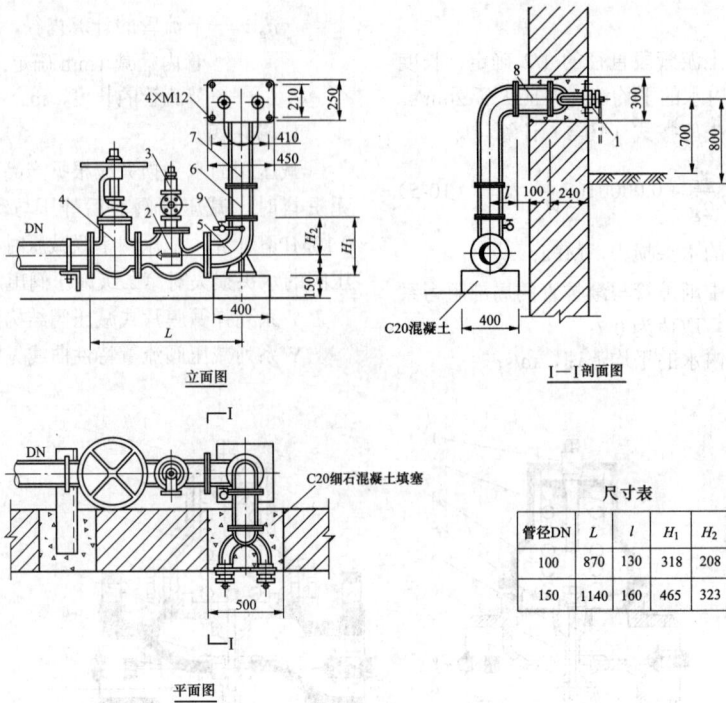

立面图

I—I 剖面图

C20混凝土

DN

4×M12

7
6
3
9
2
5
4

8
1

平面图

C20细石混凝土填塞

DN

500

尺寸表

管径DN	L	l	H_1	H_2
100	870	130	318	208
150	1140	160	465	323

(a)

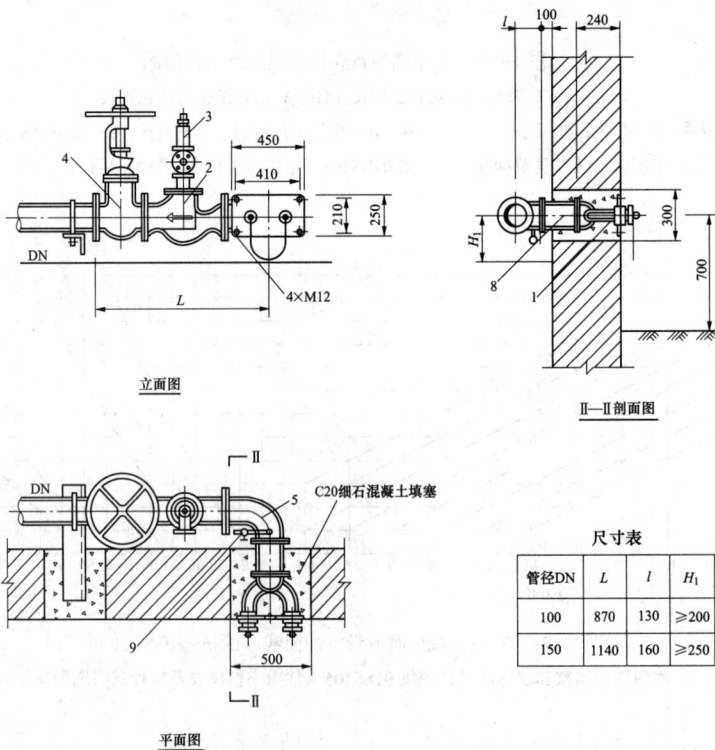

立面图

II—II 剖面图

DN

4×M12

3
2
4

8
1

平面图

C20细石混凝土填塞

DN

5

9

500

尺寸表

管径DN	L	l	H_1
100	870	130	≥200
150	1140	160	≥250

(b)

图 10-22 SQB100-A、SQB150-A 型墙壁式消防水泵接合器安装图（一）

（a）甲型安装；（b）乙型安装

材料表				
序号	名称	规格	单位	数量	备注
1	消防接口本体	DN100或DN150	个	1	
2	止回阀	DN100或DN150	个	1	
3	安全阀	DN32	个	1	
4	闸阀	DN100或DN150	个	1	
5	90°弯头	DN100或DN150	个	1	
6	法兰直管	DN100或DN150	根	1	管长自定
7	法兰弯头	DN100或DN150	个	1	
8	法兰直管	DN100或DN150	根	1	管长自定
9	截止阀	DN25	个	1	

(c)

图 10-22　SQB100-A、SQB150-A 型墙壁式消防水泵接合器安装图（二）
（c）材料表
注：本图摘自国家建筑标准设计图集 99S203《消防水泵接合器安装》。

第二节　自动喷水灭火系统

一、概述

自动喷水灭火系统由洒水喷头、报警阀组、水流报警装置（水流指示器或压力开关）以及管道、供水设施组成，能在发生火灾时自动喷水灭火。

电厂内采用的自动喷水灭火系统主要有以下几类。

1. 湿式系统

采用闭式洒水喷头，且在准工作状态时管道内充满用于启动系统的有压水的自动喷水灭火系统。

2. 雨淋系统

由火灾自动报警系统或传动管控制，自动开启雨淋报警阀和启动消防水泵后，向开式洒水喷头供水的自动喷水灭火系统，亦称开式系统。

3. 水幕系统

由开式洒水喷头或水幕喷头、雨淋报警阀组或感温雨淋阀，以及水流报警装置（水流指示器或压力开关）等组成，用于挡烟阻火和冷却分隔物的喷水系统。电厂内的水幕系统均为防火分隔水幕。

4. 预作用系统

采用闭式洒水喷头，且准工作状态时配水管道内不充水，由火灾自动报警系统自动开启雨淋报警阀后，转换为湿式系统的闭式系统。

下面将从系统工作方式和系统组成构件等方面对各个系统进行介绍。

二、湿式系统

1. 系统工作方式

湿式系统的组成和工作原理见图 10-23、图 10-24。

2. 闭式喷头

（1）电厂内采用湿式系统的场所，最大净空高度不应超过 8m。

（2）闭式喷头的公称动作温度宜高于环境最高温度 30℃。

（3）不作吊顶的场所，当配水支管布置在梁下时，应采用直立型喷头。

（4）当运煤系统建筑物设湿式系统时，宜采用快速响应喷头。

（5）吊顶下布置的喷头，应采用下垂型喷头或吊顶型喷头。

（6）几种直立/下垂型标准、快速响应喷头大样图见图 10-25。

（7）顶板为水平面的轻危险级、中危险级 I 级办公楼，可采用边墙型喷头。几种边墙型喷头大样图见图 10-26。

（8）易受碰撞的部位应采用带保护罩的喷头或吊顶型喷头。

（9）同一隔间内应采用相同热敏性能的喷头。

（10）自动喷水灭火系统应有备用喷头，其数量不应少于总数的 10%，且每种型号均不得少于 10 只。

3. 湿式报警阀组

（1）湿式系统应设湿式报警阀组。保护室内钢屋架等建筑构件的闭式系统，应设独立的湿式报警阀组。

（2）目前国产的湿式报警阀有导孔阀型和隔板座圈型两种形式。湿式报警阀原理见图 10-27。

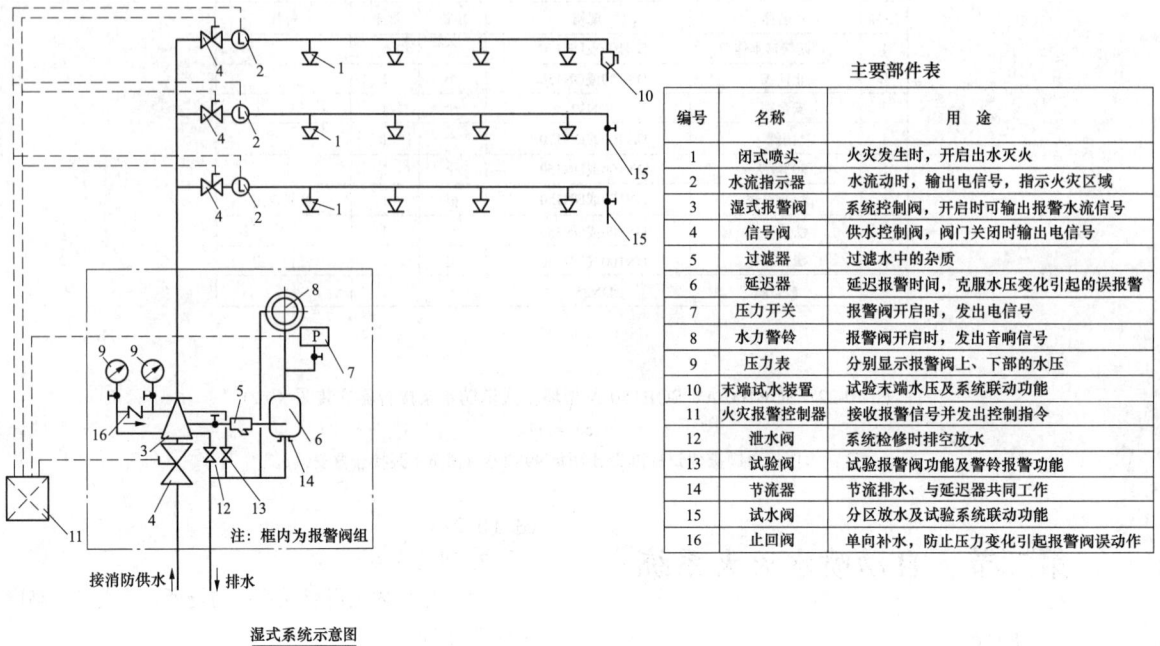

主要部件表

编号	名称	用　途
1	闭式喷头	火灾发生时，开启出水灭火
2	水流指示器	水流动时，输出电信号，指示火灾区域
3	湿式报警阀	系统控制阀，开启时可输出报警水流信号
4	信号阀	供水控制阀，阀门关闭时输出电信号
5	过滤器	过滤水中的杂质
6	延迟器	延迟报警时间，克服水压变化引起的误报警
7	压力开关	报警阀开启时，发出电信号
8	水力警铃	报警阀开启时，发出音响信号
9	压力表	分别显示报警阀上、下部的水压
10	末端试水装置	试验末端水压及系统联动功能
11	火灾报警控制器	接收报警信号并发出控制指令
12	泄水阀	系统检修时排空放水
13	试验阀	试验报警功能及警铃报警功能
14	节流器	节流排水、与延迟器共同工作
15	试水阀	分区放水及试验系统联动功能
16	止回阀	单向补水，防止压力变化引起报警阀误动作

注：框内为报警阀组

接消防供水　排水

湿式系统示意图

图 10-23　湿式系统组成示意图

注：本图摘自国家建筑标准设计图集 04S206《自动喷水与水喷雾灭火设施安装》。

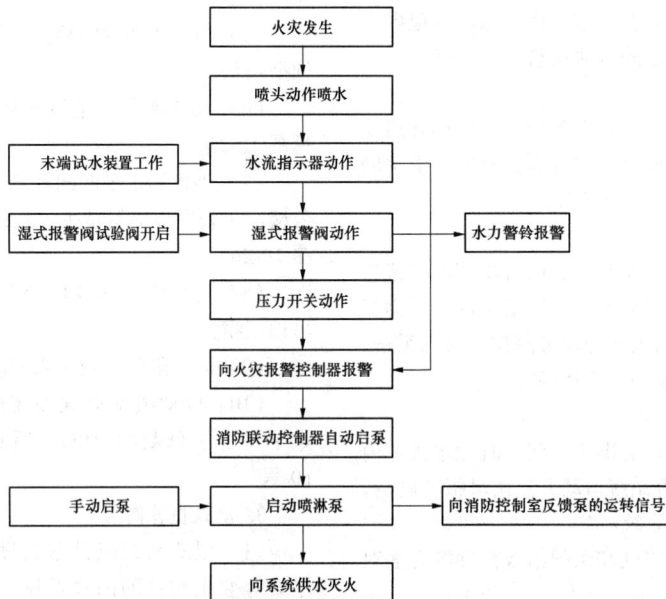

图 10-24　湿式系统工作原理示意图

ZST-15下垂型喷头大样图　　　ZST-15直立型喷头大样图　　　ZST-15普通型喷头大样图

ZST-15下垂型喷头布水曲线图　　ZST-15直立型喷头布水曲线图　　ZST-15普通型喷头布水曲线图

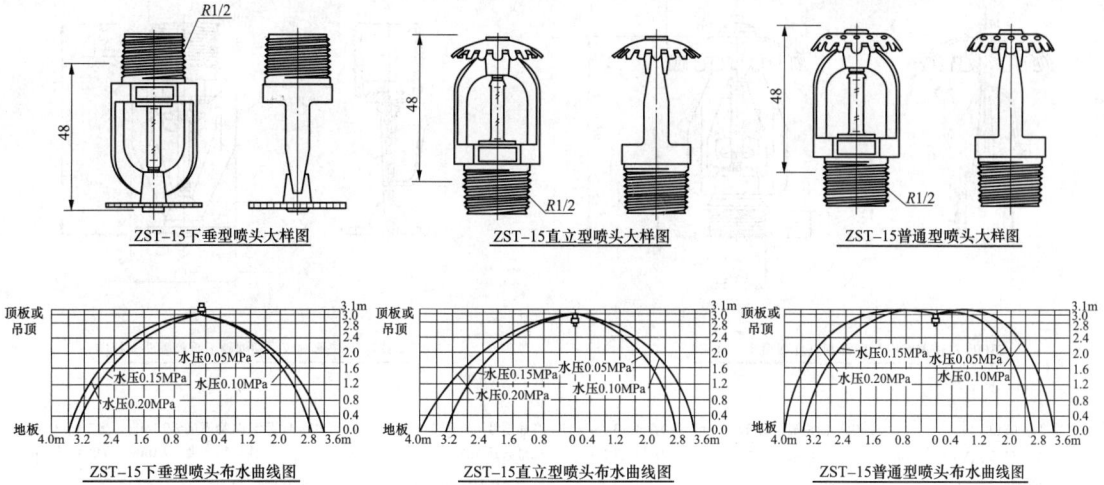

产品型号: ZSTX-15(下垂型)、ZSTZ-15(直立型)、ZSTP-15(普通型)、
　　　　　ZSTYX-15(下垂型)、ZSTYZ-15(直立型)、ZSTYP-15(普通型)
流量系数:80L·(MPa)$^{-1/2}$/min
反应灵敏性:RTI≥80 (m·s)$^{1/2}$(标准响应型)、RTI≤50 (m·s)$^{1/2}$(快速响应型)
公称动作温度:57、68、79、93℃

(a)

ZST-20下垂型喷头大样图　　　ZST-20直立型喷头大样图　　　ZST-20普通型喷头大样图

ZST-20下垂型喷头布水曲线图　　ZST-20直立型喷头布水曲线图　　ZST-20普通型喷头布水曲线图

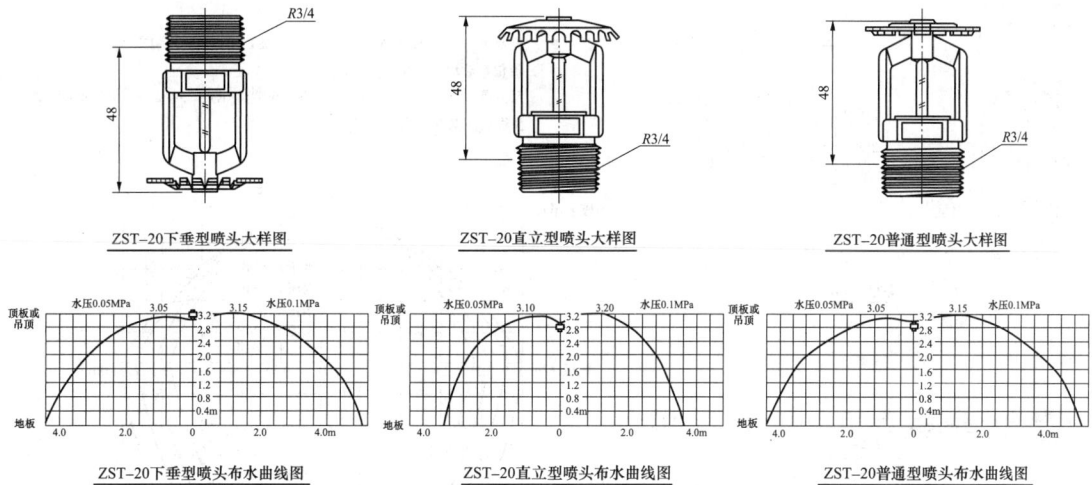

产品型号: 标准响应型:ZSTX-20(下垂型)、ZSTZ-20(直立型)、ZSTP-20(普通型)
　　　　　快速响应型:ZSTYX-20(下垂型)、ZSTYZ-20(直立型)、ZSTYP-20(普通型)
流量系数:115L·(MPa)$^{-1/2}$/min
反应灵敏性:RTI≥80 (m·s)$^{1/2}$(标准响应型)、RTI≤50 (m·s)$^{1/2}$(快速响应型)
公称动作温度:57、68、79、93℃

(b)

图 10-25　几种直立型/下垂型快速响应喷头大样图（一）

（a）ZST-15 系列标准、快速响应玻璃球洒水喷头大样图；（b）ZST-20 系列标准、快速响应玻璃球洒水喷头大样图

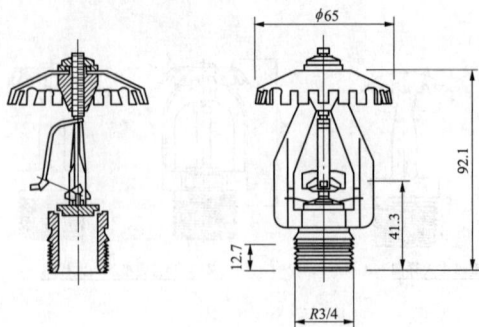

ESFR-17快速响应早期抑制直立型喷头大样图 ESFR-25快速响应早期抑制下垂型喷头大样图

产品型号:ESER-17
流量系数:242L·(MPa)^{-1/2}/min
反应灵敏性:RTI = 27
最大工作压力:1.2MPa
动作温度:74、101℃

喷头间距:建筑物高度≤9.1m时,为2.4~3.7m
　　　　　建筑物高度>9.1m时,为2.4~3.1m
安装高度:≤10.7m
喷头热敏元件中心线离天花板或屋面板的距离:
　　　　　0.102~0.330m
喷头保护面积:6~9.3m²

产品型号:ESFR-25
流量系数:363L·(MPa)^{-1/2}/min
反应灵敏性:RTI=27(m·s)^{1/2}
最大工作压力:1.2MPa
动作温度:74、101℃

喷头间距:建筑物高度≤9.1m时,为2.4~3.7m
　　　　　建筑物高度>9.1m时,为2.4~3.1m
安装高度:≤13.7m
喷头热敏元件中心线离天花板或屋面板的距离:
　　　　　0.102~0.457m
喷头保护面积:7.4~9.3m²

(c)

图 10-25　几种直立/下垂型快速响应喷头大样图（二）

（c）ESFR-17、ESFR-25 快速响应早期抑制喷头大样图

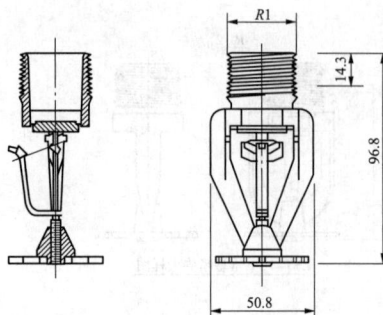

注：本图摘自国家建筑标准设计图集 04S206《自动喷水与水喷雾灭火设施安装》。

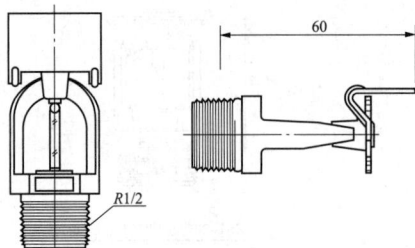

产品型号: ZSTB-15A(标准响应型)、ZSTYB-15(快速响应型)
流量系数: 80L·(MPa)^{-1/2}/min
反应灵敏性: RTI≤80(m·s)^{1/2}(标准响应型)、 RTI≤50(m·s)^{1/2}(快速响应型)
公称动作温度: 57、68、79、93℃

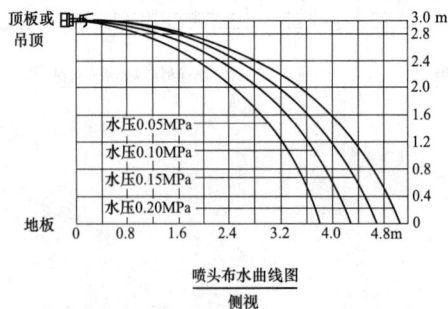

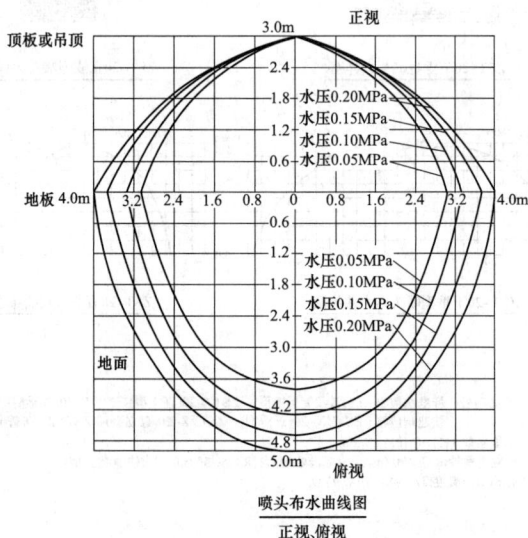

喷头大样图

喷头布水曲线图
侧视

喷头布水曲线图
正视、俯视

(a)

图 10-26　几种边墙型喷头大样图（一）

（a）ZSTB-15 系列边墙型标准、快速响应玻璃球洒水喷头大样图

R3/4

喷头大样图

顶板或吊顶

水压0.05MPa
水压0.10MPa
水压0.15MPa
水压0.20MPa

喷头布水曲线图
侧视

正视

水压0.05MPa
水压0.10MPa
水压0.15MPa
水压0.20MPa

地面

喷头布水曲线图
正视、俯视

俯视

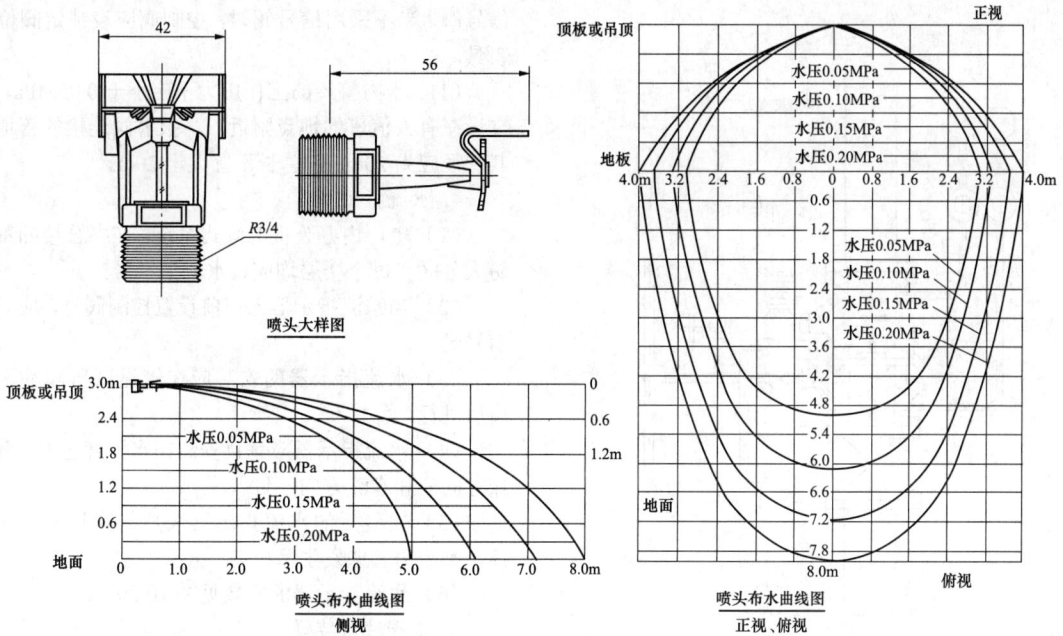

产品型号: ZSTB-20(标准响应型)、ZSTYB-20 (快速响应型)
流量系数: 115L·(MPa)$^{-1/2}$/min
反应灵敏性: RTI≥80(m·s)$^{1/2}$(标准响应型)、RTI≤50(m·s)$^{1/2}$(快速响应型)
公称动作温度: 57、68,79、93℃

(b)

R1/2

喷头大样图

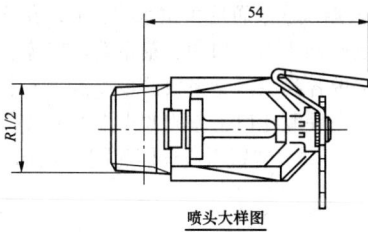

产品型号:WWH1/2×68℃-MXF
流量系数:80L·(MPa)$^{-1/2}$/min
反应灵敏性:RTI<50(m·s)$^{1/2}$
最小工作压力:喷头保护高度为2.8m
以下时为0.25MPa,喷
头保护高度2.8～4.1m
时为0.30MPa

保护高度:2.7～4.1m
喷头间距:3～4.5m
最大保护距离:6.5m(单排)、11m(双排对喷)
喷头与墙角的水平间距:>0.5m
喷头与房顶的垂直间距:0.1～0.25m
最大保护面积:21m^2

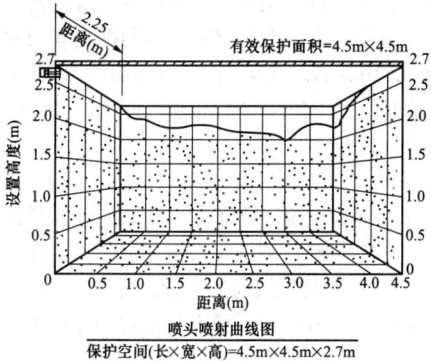

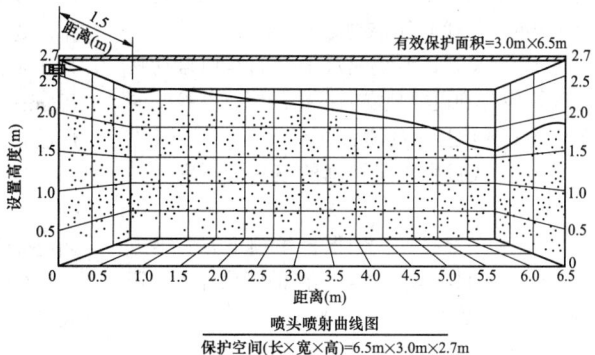

有效保护面积=4.5m×4.5m

喷头喷射曲线图
保护空间(长×宽×高)=4.5m×4.5m×2.7m

有效保护面积=3.0m×6.5m

喷头喷射曲线图
保护空间(长×宽×高)=6.5m×3.0m×2.7m

(c)

图10-26 几种边墙型喷头大样图（二）
（b）ZSTB-20 系列边墙型标准、快速响应玻璃球洒水喷头大样图；（c）WWH 型水平边墙喷头大样图
注：本图摘自国家建筑标准设计图集 04S206《自动喷水与水喷雾灭火设施安装》。

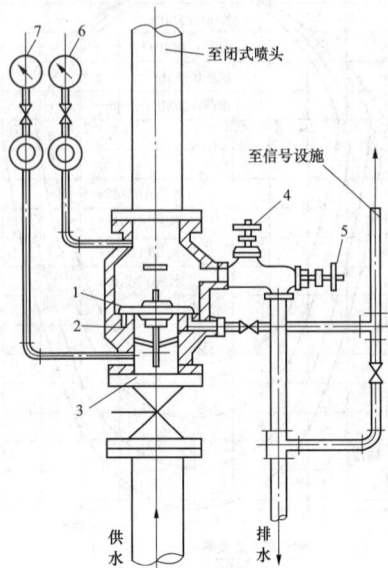

图 10-27　湿式报警阀原理示意图
1—报警阀及阀芯；2—阀座凹槽；3—信号阀；4—试铃阀；
5—排水阀；6—阀后压力表；7—阀前压力表

（3）湿式报警阀平时阀芯前后水压相等（通过导向管中的水压平衡小孔保持阀板前后水压平衡），由于阀芯的自重和阀芯前后所受水的总压力不同，阀芯处于关闭状态（阀芯上面的总压力大于阀芯下面的总压力）。发生火灾时，闭式喷头喷水，由于水压平衡小孔来不及补水，报警阀上面的水压下降，此时阀下水压大于阀上水压，于是阀板开启，向洒水管网及洒水喷头供水，同时水沿着报警阀的环形槽进入延迟器。这股水首先充满延迟器后才能流向压力继电器及水力警铃等设施，发出火警信号并启动消防水泵等设施。若水流较小，不足以补充从节流孔板排出的水，就不会引起报警。

（4）串联接入湿式系统配水干管的其他自动喷水灭火系统，应分别设置独立的报警阀组，其控制的喷头数计入湿式阀组控制的喷头总数。

（5）一个湿式报警阀组控制的喷头数不宜超过800 只。

（6）当配水支管同时安装保护吊顶下方和上方空间的喷头时，应只将数量较多一侧的喷头计入报警阀组控制的喷头总数。

（7）每个湿式报警阀组供水的最高与最低位置喷头，其高程差不宜大于 50m。

（8）湿式报警阀组宜设在安全及易于操作的地点，报警阀距地面的高度宜为 1.2m。安装报警阀的部位应设有排水设施。

（9）两种湿式报警阀的安装见图 10-28。

（10）连接湿式报警阀组进出口的控制阀宜采用

信号阀。当不采用信号阀时，控制阀应设锁定阀位的锁具。

（11）水力警铃的工作压力不应小于 0.05MPa，并宜设在有人值班的地点附近。与报警阀连接的管道，其管径应为 20mm，总长不宜大于 20m。

4. 水流指示器

（1）电厂内办公楼的湿式系统，在办公楼的每个防火分区、每个楼层均应设水流指示器。

（2）当水流指示器入口前设置控制阀时，应采用信号阀。

（3）水流指示器的安装应在管道试压和冲洗合格后进行。

（4）水流指示器应垂直安装在水平管道上，其动作方向应和水流方向一致。

（5）安装后的水流指示器浆片、膜片应动作灵活，不应与管壁发生摩擦。

（6）水流指示器的安装见图 10-29。

5. 末端试水装置

（1）每个湿式报警阀组控制的最不利点喷头处，应设末端试水装置；其他防火分区、楼层的最不利点喷头处，均应设直径为 25mm 的试水阀。末端试水装置和试水阀的安装位置应便于操作，且应有足够排水能力的排水设施。

（2）末端试水装置应由试水阀、压力表及试水接头组成。试水接头出水口的流量系数，应等于同楼层或防火分区内各喷头流量系数的最小值。末端试水装置的出水，应采取孔口出流的方式排入排水管道。

（3）末端试水装置组成详图见图 10-30，安装见图 10-31。

6. 过滤器

湿式报警阀前的管道应设置可冲洗的过滤器。过滤器滤网应采用耐腐蚀金属材料，其网孔基本尺寸应为 0.600～0.710mm。过滤器的孔网大小不宜小于 4～5目/cm²，过流面积不应小于管道截面面积的 4 倍。Y形过滤器大样图见图 10-32。

7. 减压阀

（1）减压阀应设置在报警阀组入口前；过滤器后，当连接两个及以上报警阀组时，应设置备用减压阀。

（2）过滤器和减压阀前后应设压力表。压力表的表盘直径不应小于 100mm，最大量程宜为设计压力的2 倍。

（3）过滤器前和减压阀后应设置控制阀门。

（4）减压阀后应设置压力试验排水阀。

（5）减压阀应设置流量检测测试接口或流量计。

（6）垂直安装的减压阀，水流方向宜向下。

（7）比例式减压阀宜垂直安装，可调式减压阀宜水平安装。

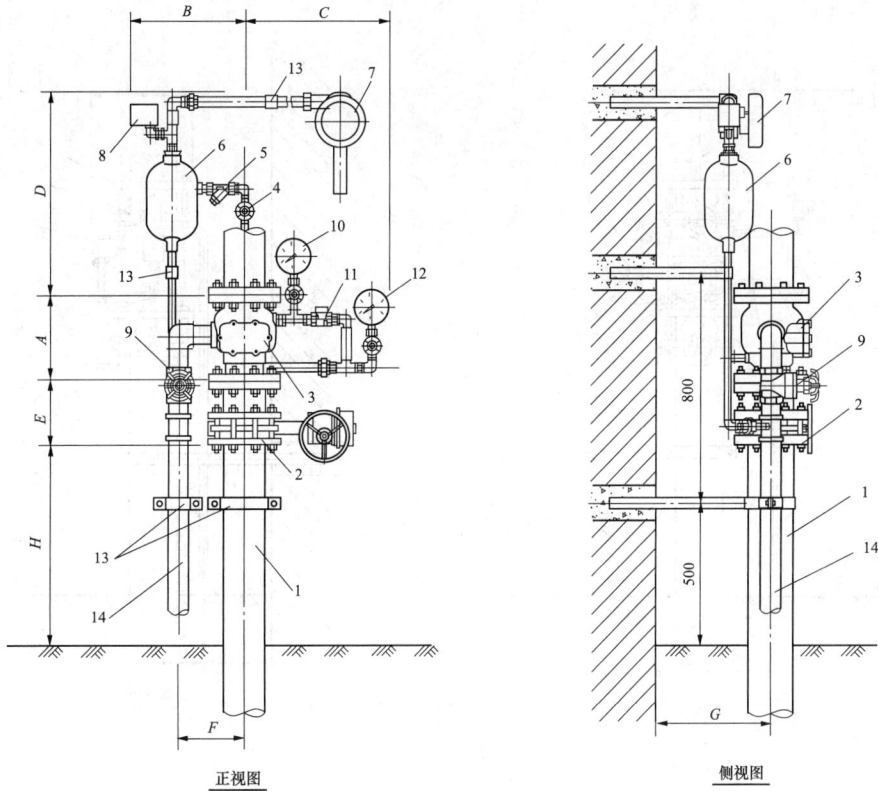

正视图　　　　　　　　　　　　　侧视图

ZSFZ系统自动喷水湿式报警阀组部件表

编号	名称	型号	公称直径		数量	单位	用途	工作状态	
								平时	失火时
1	消防给水管		100	150			供水	充满水	充满水
2	信号蝶阀	ZSFD-16Z	100	150	1	个	系统检修用	常开	开
3	湿式报警阀	ZSFZ	100	150	1	个	系统控制阀,开启时输出报警水流信号	常闭	自动开启
4	球阀	Q11f-16	20		1	个	控制水力警铃报警管路水流	常开	开
5	过滤器	ZSPL	20		1	个	过滤报警管水中杂质,防止警铃口和延迟器口堵塞	通流	通流
6	延迟器	ZSPY			1	个	防止水压变化引起误报	不充水	充满水
7	水力警铃	ZSJL			1	个	阀开启时机械音响报警	不动作	报警
8	压力开关	YL1.2			1	个	报警阀开启时输出电信号	不动作	输出信号
9	球阀	Q11f-16	50		1	个	报警阀功能试验及系统检修时泄放存水	常闭	常闭
10	出水口压力表	Y-100			1	个	显示水压		
11	止回阀		20		1	个	单向补水,防止压力变化引起报警阀误动作	单向开	单向开
12	进水口压力表	Y-100			1	个	显示水压		
13	管卡				3	个	固定管道		
14	排水管		50				排水		

ZSFZ系列自动喷水湿式报警阀组安装尺寸表

尺寸 型号	A	B	C	D	E	F	G	H	法兰连接尺寸			
									公称直径	外径	螺栓孔中心直径	螺栓尺寸及数量
ZSFZ100	247	300	400	375	235	200	300	840	DN100	$\phi215$	$\phi180$	M18×8
ZSFZ150	280	380	400	400	260	240	310	800	DN150	$\phi285$	$\phi240$	M20×8

ZSFZ系列湿式报警阀技术参数

工作压力	1.6MPa
最低使用环境温度	4℃
最高使用环境温度	70℃
水头损失	<0.02MPa
流量范围	15～60L/min

(a)

图 10-28　两种湿式报警阀的大样图（一）

（a）湿式报警阀安装图

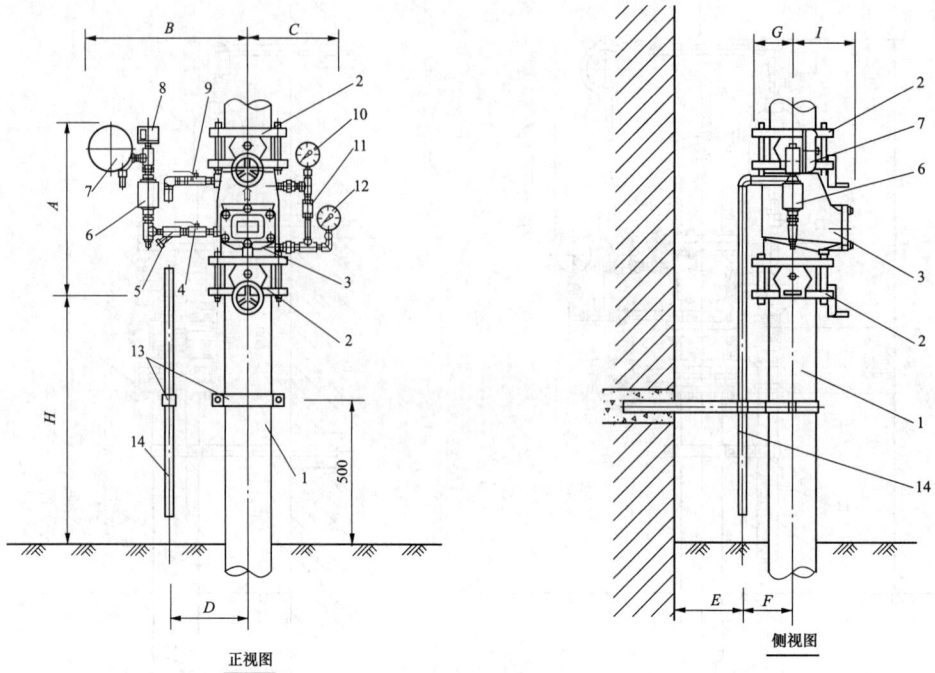

正视图

侧视图

ZSFZ系列自动喷水湿式报警阀组部件表

编号	名称	型号	公称直径			数量	单位	用途	工作状态	
									平时	失火时
1	消防给水管		100	150	200			供水	充满水	充满水
2	信号蝶阀	ZSFD-16Z	100	150	200	1	个	系统检修用	常开	开
3	湿式报警阀	ZSFZ	100	150	200	1	个	系统控制阀,开启时输出报警水流信号	常闭	自动开启
4	球阀	Q11f-16	20			1	个	控制水力警铃报警管路水流	常开	开
5	过滤器	ZSPL	20			1	个	过滤报警管水中杂质,防止警铃口和延迟器口堵塞	通流	通流
6	延迟器	ZSPY				1	个	防止水压变化引起误报	不充水	充满水
7	水力警铃	ZSJL				1	个	阀开启时机械音响报警	不动作	报警
8	压力开关	YL1.2				1	个	阀开启时输出电信号	不动作	输出信号
9	球阀	Q11f-16	25			1	个	泄放存水,检查水力警铃报警	常闭	常闭
10	出水口压力表	Y-100				1	个	显示水压		
11	止回阀		20			1	个	单向补水,防止压力变化引起报警阀误动作	单向常开	单向常开
12	进水口压力表	Y-100				1	个	显示水压		
13	立式管卡					2	个	固定管道		
14	排水管		25					排水		

ZSFZ系列自动喷水湿式报警阀组安装尺寸表

型号＼尺寸	A	B	C	D	E	F	G	H	I	法兰连接尺寸			
										公称直径	外径	螺栓孔中心直径	螺栓尺寸及数量
ZSFZ100	720	830	310	260	100	150	108	840	155	DN100	φ215	φ180	8×φ18
ZSFZ150	750	880	345	275	100	185	143	825	194	DN150	φ285	φ240	8×φ22
ZSFZ200	780	945	405	395	100	210	176	810	255	DN200	φ340	φ295	12×φ22

(b)

图 10-28　两种湿式报警阀的大样图（二）

（b）湿式报警阀安装图

注：本图摘自国家建筑标准设计图集 04S206《自动喷水与水喷雾灭火设施安装》。

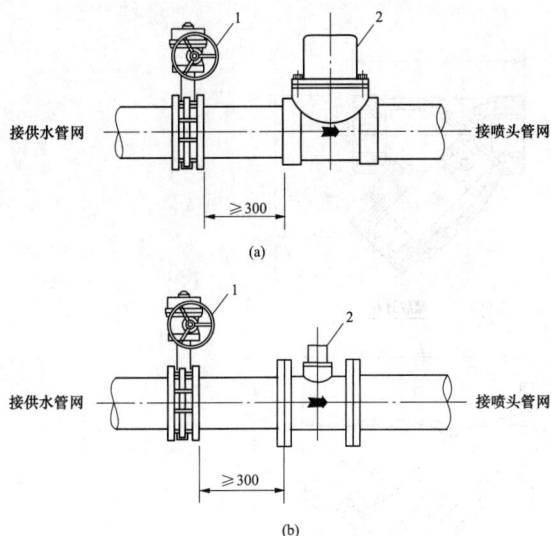

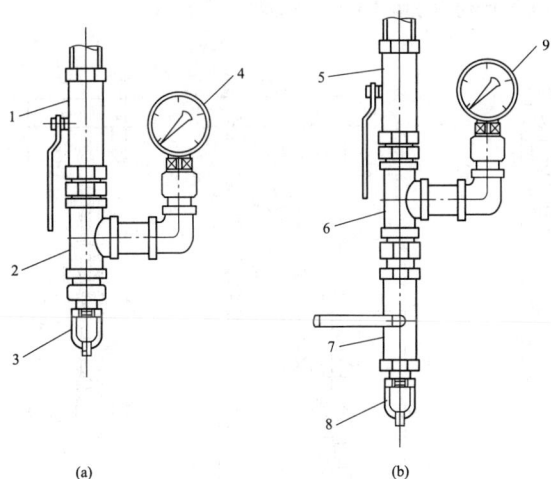

图 10-31 末端试水装置安装图

1—排水漏斗；2—末端试水装置；3—喷头；4—顶板

图 10-29 水流指示器安装图

（a）丝扣连接方式；（b）法兰连接方式

1—信号蝶阀；2—水流指示器

三、雨淋系统

1. 系统工作方式

雨淋系统按启动方式分为电动启动雨淋系统和传动管启动雨淋系统两类。电动启动雨淋系统组成见图 10-34，传动管启动雨淋系统组成见图 10-35，雨淋系统工作原理见图 10-36。

雨淋系统是采用开式洒水喷头的自动喷水灭火系统。传动管启动雨淋系统非火灾探测器联锁启动，而是需要在保护对象上方布置闭式喷头。根据 GB 50229《火力发电厂与变电站设计防火规范》，采用雨淋系统的保护对象必须设置火灾探测器，因此传动管启动的雨淋系统在电厂内不常用。

2. 开式喷头

雨淋系统的防护区内应采用相同的开式喷头。

开式喷头大样图见图 10-37。

3. 雨淋阀组

（1）雨淋阀组的安装：

1）雨淋阀是可以在瞬间开启，让水涌入阀腔进入配水管网的自动阀门。

2）雨淋阀组的电磁阀，其入口应设过滤器。并联设置雨淋阀组的雨淋系统，其雨淋阀控制腔的入口应设止回阀。

3）每个雨淋阀组供水的最高与最低位置喷头，其高程差不宜大于 50m。

4）雨淋阀组宜设在安全及易于操作的地点，雨淋阀组距地面的高度宜为 1.2m。安装雨淋阀组的部位应设有排水设施。

5）连接雨淋阀组进出口的控制阀宜采用信号阀；当不采用信号阀时，控制阀应设锁定阀位的锁具。

6）雨淋阀组的安装见图 10-38。

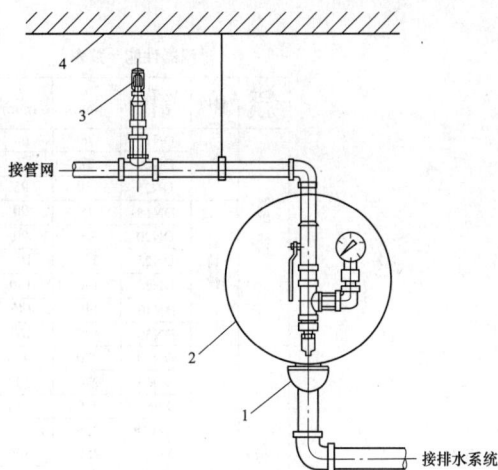

图 10-30 末端试水装置组成详图

（a）末端试水装置组成详图（一）；

（b）末端试水装置组成详图（二）

1、7—球阀（常闭）；2、6—三通（DN25）；3—喷头体

（试水接头）；4—压力表；5—球阀（常开）；8—喷头体

（试水接头）；9—压力表

（8）减压阀和控制阀门宜有保护或锁定调节配件的装置。

（9）接减压阀的管段不应有气堵、气阻。

（10）减压阀的水头损失应根据产品技术参数确定；当无资料时，减压阀前后静压与动压之差按不小于 0.10MPa 计算。

（11）减压阀的安装见图 10-33。

过滤器性能参数表

连接方式	材质	公称直径	L (mm)	H (mm)
螺纹连接	铸铜	DN15	76	65
		DN20	87	70
		DN25	110	95
	铸铁	DN15	95	90
		DN20	95	90
		DN25	105	105
		DN32	130	130
		DN40	140	145
		DN50	170	160
法兰连接	铸铁	DN50	220	210
		DN65	270	300
		DN80	250	330
		DN100	325	365
		DN125	350	390
		DN150	400	465
		DN200	480	540
		DN250	580	660
		DN300	650	750
		DN350	770	820
		DN400	1100	960
工作压力(MPa)			1.0	1.6	2.5
试验压力(MPa)			1.5	2.4	3.8

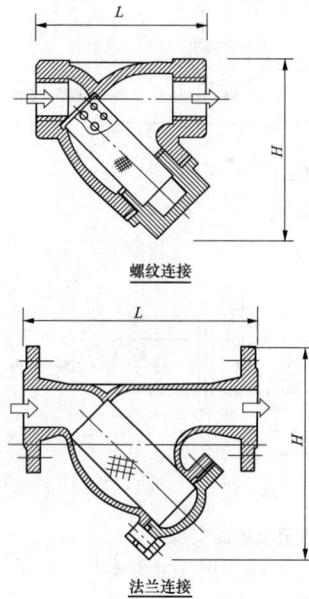

螺纹连接

法兰连接

图 10-32　Y 形过滤器大样图

注：本图摘自国家建筑标准设计图集 04S206《自动喷水与水喷雾灭火设施安装》。

安装尺寸　(mm)

尺寸／管径	a	b	d	e	f	L	m	i	j	k	L_1	h	p	q	L_2
DN50	300	45	220	220	105	1235	70	150	220	130	570	241	80	60	381
				216		1231	75				580	150	85		295
DN70	300	47	252	280	115	1341	80	150	200	150	760	310	140	60	510
				241		1302	83				765	155	95		310
DN80	300	49	280	310	135	1423	93	150	190	170	855	320	150	60	530
				283		1396	93				855	165	105		330
DN100	400	54	325	350	150	1733	103	200	200	200	955	375	170	60	605
				305		1688	103				955	185	115		360
DN125	500	58	350	520	165	2151	118	225	270	230	1040	535	245	60	840
				—		—	—				—	—	—		—
DN150	500	58	400	520	180	2216	130	250	270	250	1210	535	245	60	840
				403		2099	140				1230	260	145		465

注：安装尺寸表中减压阀尺寸对应的阀门依次为 Y 系列减压阀、KR200R 减压阀。

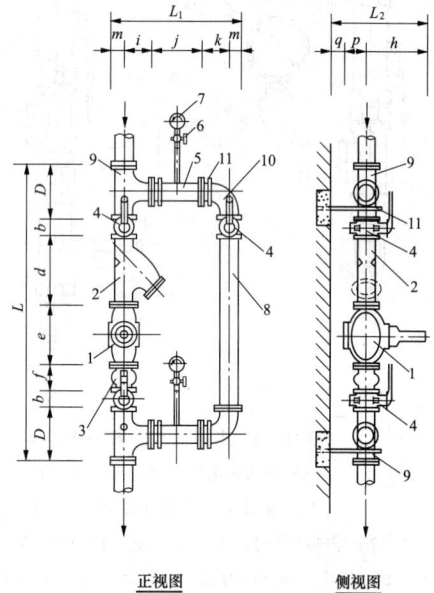

正视图　　　侧视图

主要设备及材料

编号	名称	规格	材料	单位	数量
1	减压阀	DN50～DN150	铸铁、钢、不锈钢	个	1
2	Y 形过滤器	DN50～DN150	铸铁、钢、不锈钢	个	1
3	橡胶挠性接头	DN50～DN150	橡胶	个	1
4	双夹蝶阀	DN50～DN150	铸铁、不锈钢	个	3
5	异径三通	DN50～DN150×DN15	锻钢	个	2
6	截止阀	DN15	铜	个	2
7	压力表	Y-100		个	2
8	短管	DN50～DN150	锻铁	个	
9	三通	DN50～DN150	锻钢	个	2
10	弯头	DN50～DN150	锻钢	个	2
11	单管托架	L40×4～L75×7	角钢	个	4

图 10-33　减压阀垂直安装图

注：本图摘自国家建筑标准设计图集 01SS105《常用小型仪表及特种阀门选用安装》。

主要部件表

编号	名 称	用 途
1	开式喷头	火灾发生时，出水灭火
2	电磁阀	探测器报警后，联动开启雨淋阀
3	雨淋报警器	火灾时自动开启供水，同时可输出报警水流信号
4	信号阀	供水控制阀，阀门关闭时有电信号输出
5	试验信号阀	平时常开，试验雨淋时关闭，关闭时有电信号输出
6	手动开启阀	火灾时，现场手动应急开启雨淋阀
7	压力开关	雨淋阀开启时，发出电信号
8	水力警铃	雨淋阀开启时，发出音响信号
9	压力表	显示水压
10	止回阀	控制水流方向
11	火灾报警控制器	接收报警信号并发出控制指令
12	泄水阀	系统检修时排空放水
13	试验放水阀	系统调试或功能试验时打开泄水
14	烟感火灾探测器	烟雾探测火灾，并发出报警信号
15	温感火灾探测器	温度探测火灾，并发出报警信号
16	过滤器	过滤水中杂质

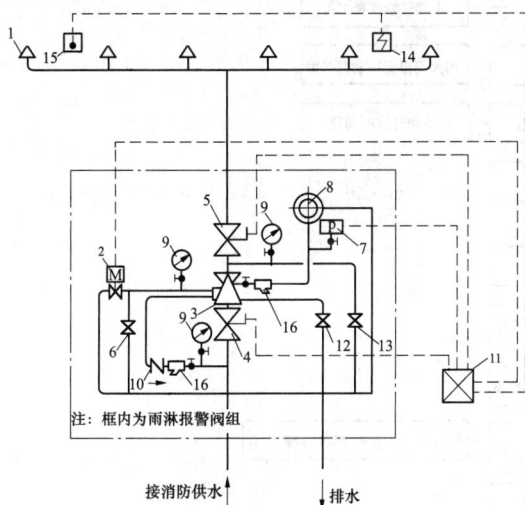

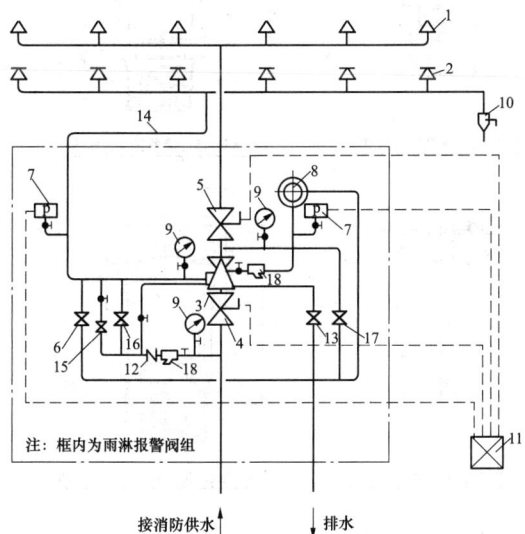

图 10-34 电动启动雨淋系统组成示意图

注：本图摘自国家建筑标准设计图集 04S206《自动喷水与水喷雾灭火设施安装》。

主要部件表

编号	名 称	用 途
1	开式喷头	火灾发生时，出水灭火
2	闭式喷头	探测火灾，控制传动管网动作
3	雨淋报警器	火灾时自动开启供水，同时可输出报警水流信号
4	信号阀	供水控制阀，阀门关闭时有电信号输出
5	试验信号阀	平时常开，试验雨淋阀时关闭，关闭时有电信号输出
6	手动开启阀	火灾时，现场手动应急开启雨淋阀
7	压力开关	雨淋阀开启或传动管网泄压时，发出电信号
8	水力警铃	雨淋阀开启时，发出音响信号
9	压力表	显示水压
10	末端试水装置	检测传动管网水压及系统联动功能试验用
11	火灾报警控制器	接收报警信号并发出控制指令
12	止回阀	控制水流方向
13	泄水阀	系统检修时排空放水
14	传动管网	闭式喷头开启，联动开启雨淋阀
15	小孔闸阀	传动管网补水
16	截止阀	传动管网进水
17	试验放水阀	系统调试或功能试验时打开放水
18	过滤器	过滤水中的杂质

图 10-35 传动管启动雨淋系统组成示意图

注：本图摘自国家建筑标准设计图集 04S206《自动喷水与水喷雾灭火设施安装》。

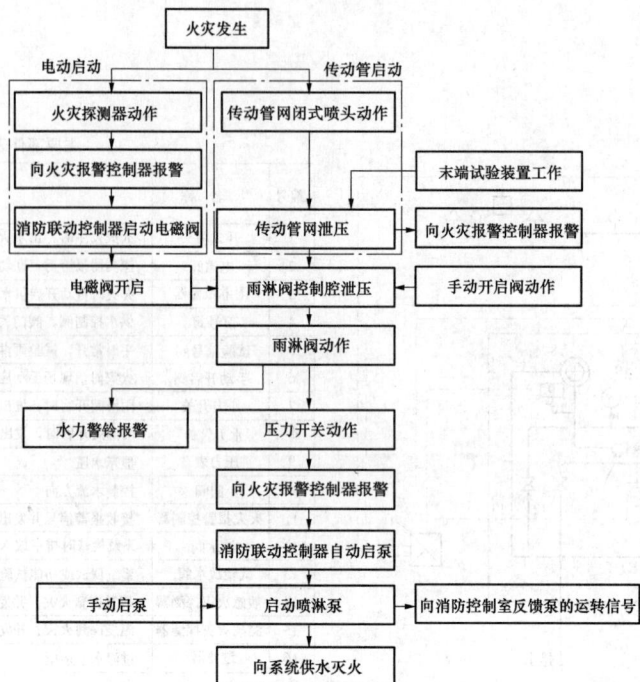

图 10-36　雨淋系统工作原理示意图

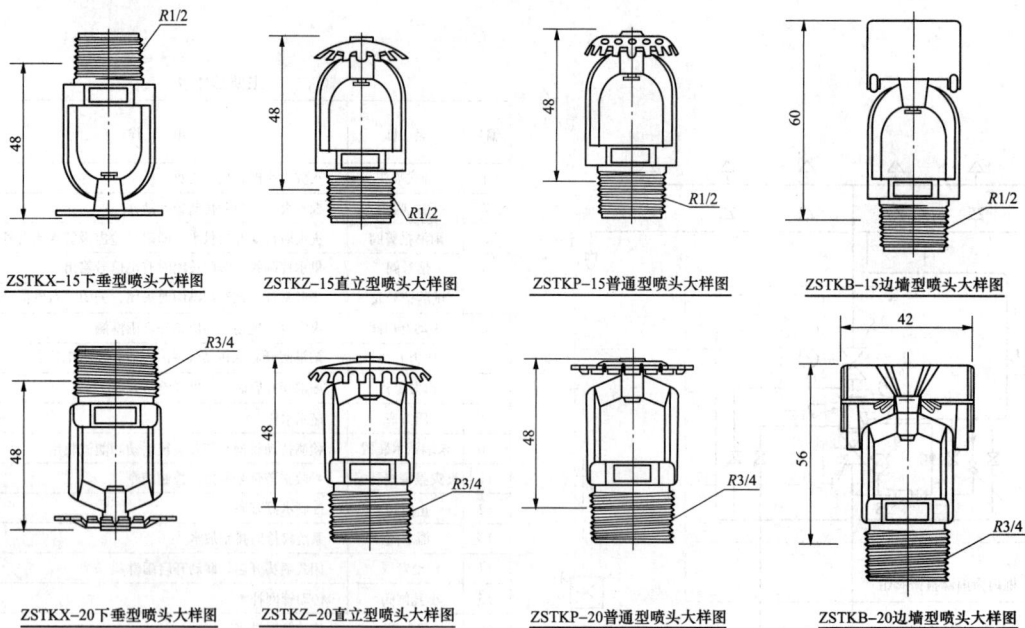

ZSTKX–15下垂型喷头大样图　　ZSTKZ–15直立型喷头大样图　　ZSTKP–15普通型喷头大样图　　ZSTKB–15边墙型喷头大样图

ZSTKX–20下垂型喷头大样图　　ZSTKZ–20直立型喷头大样图　　ZSTKP–20普通型喷头大样图　　ZSTKB–20边墙型喷头大样图

产品型号： ZSTKX–15(下垂型)、ZSTKZ–15（直立型）、ZSTKP–15（普通型）、ZSTKB–15（边墙型）、
　　　　　 ZSTKX–20(下垂型)、ZSTKZ–20（直立型）、ZSTKP–20（普通型）、ZSTKB–20（边墙型）
流量系数： 80、115L· (MPa)$^{-1/2}$/min
具体布水曲线参照闭式喷头

图 10-37　开式喷头大样图

注：本图摘自国家建筑标准设计图集 04S206《自动喷水与水喷雾灭火设施安装》。

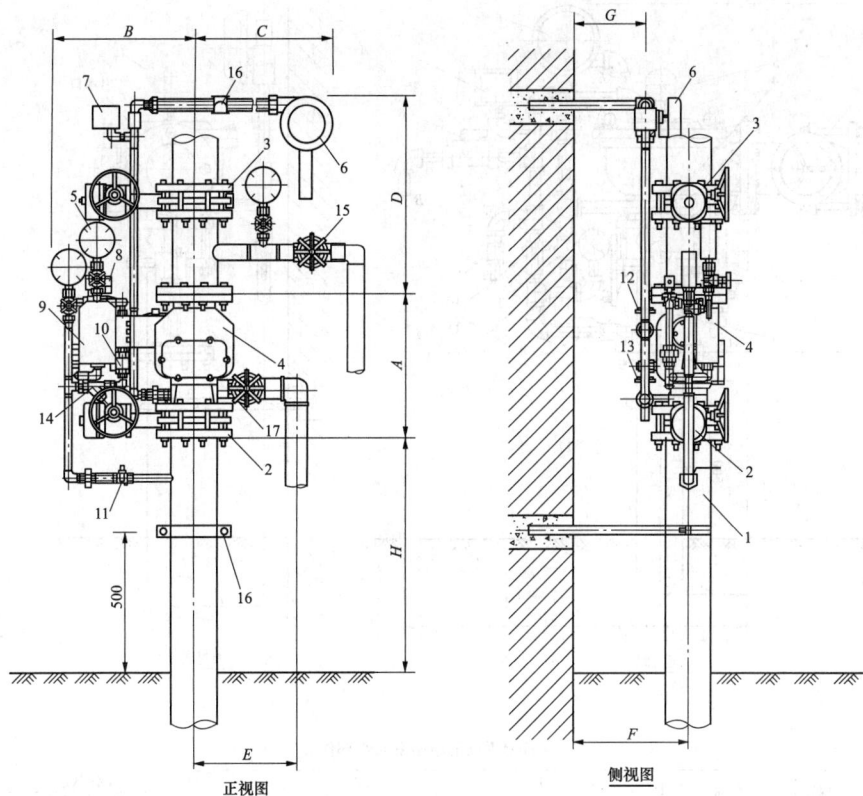

正视图

侧视图

雨淋阀组部件表

编号	名称	型号			用 途	工作状态	
						平时	失火时
1	消防给水管	100	150	200	供水	充满水	充满水
2	信号阀	100	150	200	供水控制阀，阀门关闭时有电信号输出	常开	开
3	试验信号阀	100	150	200	平时常开，试验雨淋阀时关闭，关闭时有电信号输出	常开	闭
4	雨淋报警阀	ZSFY			系统控制阀，开启时可输出报警水流信号	常闭	自动开启
5	压力表	Y-100			显示水压		
6	水力警铃	ZSJL			报警阀开启时，发出音响信号	不动作	报警
7	压力开关	ZSJF			雨淋阀开启时，发出电信号	不动作	输出电信号
8	电磁阀	20			探测器报警时，联动开启雨淋报警阀		常闭
9	手动开启阀	20			火灾时，现场手动应急开启雨淋报警阀	常闭	常闭
10	止回阀	20			单向补水，防止控制腔水压不稳产生误动作	常开	常开
11	控制管球阀	20			控制控制腔供水	常开	
12	报警管球阀	20			手动关闭后，可消除报警	常开	
13	试警铃球阀	20			手动打开后，可在主阀关闭状态下试警铃	常闭	
14	过滤器	20			过滤水中杂质，防止管路堵塞	通流	通流
15	试验放水阀	40			系统调试或功能试验时打开放水	常闭	
16	管卡				固定管道		
17	泄水阀	Q11f-16 50			系统检修时排空放水		

雨淋阀组安装尺寸表

型号 尺寸	A	B	C	D	E	F	G	H	法兰连接尺寸			
									公称直径	外径	螺栓孔中心直径	螺栓数量及尺寸
ZSFY100	420	500	400	500	400	300	100	990	DN100	φ220	φ18	16×M16×160
ZSFY150	480	580	400	500	400	370	100	960	DN150	φ280	φ23	16×M18×165
ZSFY200	690	680	500	500	480	470	150	855	DN200	φ340	φ23	32×M20×180

(a)

图 10-38　雨淋阀组安装及雨淋阀大样图（一）

（a）ZSFY 系列雨淋报警阀组安装图

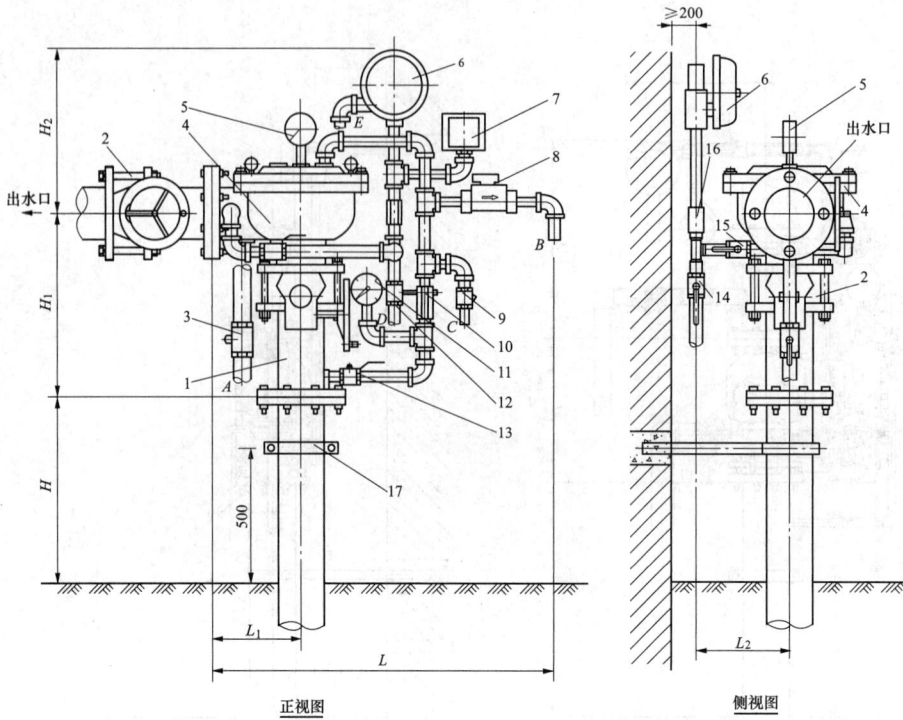

正视图　　　　　　　　　侧视图

ZSFM系列隔膜雨淋阀组部件表

编号	名称	型号	用途	工作状态 平时	工作状态 失火时
1	消防给水管		供水	充满水	充满水
2	信号阀	ZSFD–16Z	供水控制阀，阀门关闭时有电信号输出	常开	开
3	泄水阀	Q11f–16P	系统检修时排空放水	常闭	闭
4	隔膜雨淋报警阀	ZSFM	系统控制阀，开启时可输出报警水流信号	常闭	自动开启
5	压力表	Y–100	显示控制腔水压		
6	水力警铃	ZSJL	报警阀开启时，发出音响信号	不动作	报警
7	压力开关	YL1.2	雨淋阀开启时，发出电信号	不动作	输出电信号
8	电磁阀	ZSDF(自锁型)	探测器报警时，联动开启雨淋报警阀		常闭
9	手动开启阀	Q11f–16	火灾时，现场手动应急开启雨淋报警阀	常闭	常闭
10	止回阀		单向补水，防止控制腔水压不稳产生误动作	常开	常开
11	压力表	Y–100	显示供水压力		
12	试验放水阀	Q11f–16P	系统调试或功能试验时打开放水	常闭	
13	控制管球阀	Q11f–16P	控制控制腔供水	常开	
14	报警管球阀	Q11f–16P	手动关闭后，可消除报警	常开	
15	试警铃球阀	Q11f–16P	手动打开后，可在主阀关闭状态下试验警铃	常闭	
16	过滤器	ZSPL	过滤水中杂质，防止管路堵塞	通流	通流
17	管卡		固定管道		

ZSFM系列隔膜雨淋阀组安装尺寸表

尺寸 型号	L	L₁	L₂	H	H₁	H₂	D	法兰连接尺寸 公称直径	外径	螺栓孔中心直径	螺栓数量及尺寸	螺栓规格	泄水管管径 A	B	C	D	E
ZSFM50	550	164	360	860	340	260	125	DN50	φ160	φ125	8×φ18	M16	50	15	15	20	25
ZSFM100	735	223	400	760	440	410	180	DN100	φ220	φ180	16×φ18	M16	50	15	15	20	32
ZSFM150	807	260	470	670	530	450	240	DN150	φ285	φ240	16×φ22	M20	50	15	15	20	32
ZSFM200	887	300	550	620	580	570	295	DN200	φ340	φ295	24×φ22	M20	50	15	15	20	32

(b)

图10-38　雨淋阀组安装及雨淋阀大样图（二）

（b）ZSFM系列隔膜雨淋报警阀组安装图

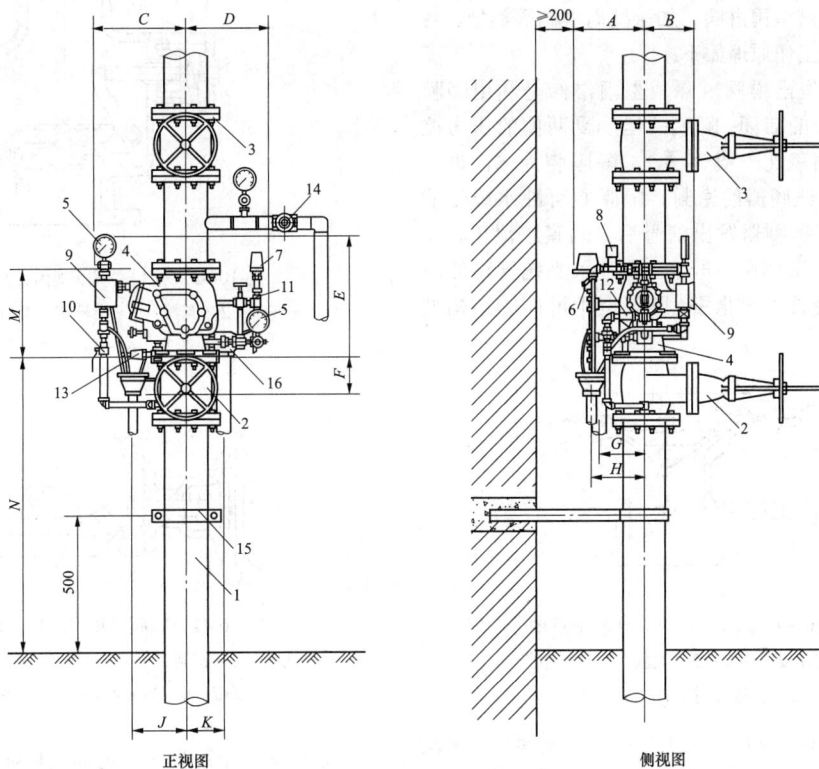

正视图 侧视图

DV-1系列雨淋阀组部件表

编号	名称	用途	工作状态	
			平时	失火时
1	消防给水管	供水	充满水	充满水
2	信号阀	供水控制阀,阀门关闭时有电信号输出	常开	开
3	试验信号阀	平时常开,试验雨淋阀时关闭,关闭时有电信号输出	常闭	闭
4	雨淋报警阀	系统控制阀,开启时可输出报警水流信号	常闭	自动开启
5	压力表	显示水压		
6	水力警铃接口	连接水力警铃,报警阀开启时,水力警铃发出音响信号	不动作	报警
7	压力开关	雨淋阀开启时,发出电信号	不动作	输出电信号
8	电磁阀	探测器报警后,联动开启雨淋报警阀		常闭
9	手动开启阀	火灾时,现场手动应急开启雨淋报警阀	常闭	常闭
10	控制腔供水阀	控制控制腔供水	常开	
11	报警试验阀	手动开启后,测试压力开关和水力警铃的报警功能	常闭	
12	过滤器	过滤水中杂质,防止管路堵塞	通流	通流
13	滴水球阀	排出系统微渗的水,接通大气密封雨淋阀阀瓣	常开	常闭
14	试验放水阀	系统调试或功能试验时打开放水	常闭	
15	管卡	固定管道		
16	泄水阀	系统检修时排空放水		

DV-1系列雨淋阀组安装尺寸表

型号 尺寸	A	B	C	D	E	F	G	H	J	K	M	N	法兰连接尺寸			
													公称直径	外径	螺栓孔中心直径	螺栓数量及尺寸
DV-1-100	305	221	362	348	483	138	170	222	197	160	337	1032	DN100	φ215	φ180	16×φ18
DV-1-150	305	221	384	368	508	140	194	226	217	160	362	1019	DN150	φ285	φ240	16×φ22

(c)

图 10-38 雨淋阀组安装及雨淋阀大样图(三)

(c)DV-1 系列隔膜雨淋报警阀组安装图

注:本图摘自国家建筑标准设计图集 04S206《自动喷水与水喷雾灭火设施安装》。

（2）雨淋阀的种类和工作原理：雨淋阀根据结构的不同，可分为隔膜型雨淋阀、活塞型雨淋阀、推杆型雨淋阀、蝶阀型雨淋阀、加压型雨淋阀等类型。各类型雨淋阀的工作原理如下：

1）隔膜型雨淋阀。隔膜型雨淋阀是利用隔膜运动实现阀瓣的启闭。隔膜的运动受两侧的压力控制，两侧的面积比一般为 5:1，隔膜腔为 5，进口侧为 1，以保证阀瓣的密封，隔膜腔可冲水或压缩空气。当火灾探测器发出信号后，隔膜腔泄压，阀瓣在进口侧水压作用下开启，水进入系统管路的同时进入水力警铃发出报警。隔膜型雨淋阀的结构见图 10-39。

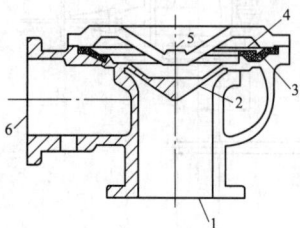

图 10-39　隔膜型雨淋阀结构示意图

1—进口；2—阀瓣；3—隔膜；4—隔膜腔；

5—隔膜腔进口；6—出口

2）活塞型雨淋阀。其工作原理与隔膜型雨淋阀相同，仅在结构上用活塞代替了隔膜。活塞型雨淋阀的结构见图 10-40。

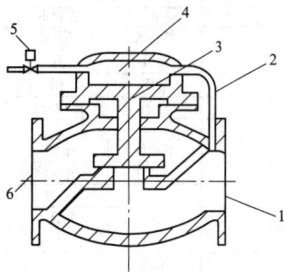

图 10-40　活塞型雨淋阀结构示意图

1—进口；2—活塞腔连通管；3—活塞；

4—活塞腔；5—电磁阀；6—出口》

3）推杆型雨淋阀。推杆室的作用与隔膜腔相同，利用推杆室的水压或气压锁紧阀瓣，缺点是开启后不能复位，需要手动复位。推杆型雨淋阀的结构见图 10-41。

4）蝶阀型雨淋阀。利用一个隔膜腔的水压或气压通过顶杆将阀瓣锁住。当隔膜腔泄压后，进口侧水压使阀瓣转动，水同时进入系统管路和水力警铃。这种阀具有体积小、流阻低、安装方便的优点，缺点是启动后需手动复位。蝶阀型雨淋阀的结构见图 10-42。

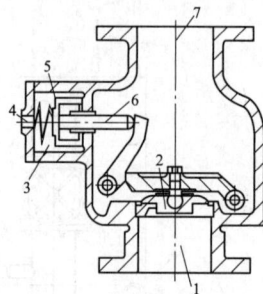

图 10-41　推杆型雨淋阀结构示意图

1—进口；2—阀瓣；3—推杆室；4—推杆室入口；

5—活塞；6—推杆；7—出口

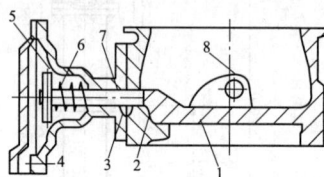

图 10-42　蝶阀型雨淋阀结构示意图

1—阀瓣；2—密封；3—密封膜片；4—隔膜室进口；

5—隔膜；6—弹簧；7—顶杆；8—回转轴

5）加压型雨淋阀。前面几种雨淋阀的活塞膜或隔膜腔平时是充压的，以保证雨淋阀的封闭。当要求雨淋阀打开时，通过电磁阀或手动阀使活塞腔或隔膜腔泄压，雨淋阀即被打开。这类阀称为减压型雨淋阀。加压型雨淋阀的动作原理恰好相反，活塞腔或隔膜腔平时不充压，阀瓣依靠弹簧和进口水压保持封闭，当要求雨淋阀打开时，打开电磁阀或手动阀使进口侧的压力水进入活塞腔或隔膜腔，由于活塞腔或隔膜腔承压面积大于进口侧的承压面积，阀瓣被打开。加压型雨淋阀的特点是不受水源压力波动的影响而产生误动作，工作性能稳定。加压型雨淋阀的结构见图 10-43。

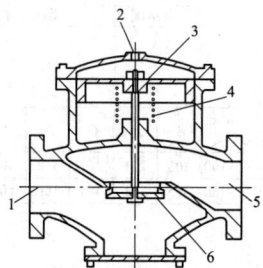

图 10-43　加压型雨淋阀结构示意图

1—进口；2—活塞入口；3—活塞；4—弹簧；

5—出口；6—阀瓣

4. 压力开关

雨淋系统的水流报警装置宜采用压力开关。应采用压力开关控制稳压泵，并应能调节启停压力。

5. 水力警铃

水力警铃的工作压力不应小于 0.05MPa，并应符合下列要求：

（1）宜设在有人值班的地点附近。

（2）与报警阀连接的管道，其管径应为 20mm，总长不宜大于 20m。

四、水幕系统

1. 系统工作方式

水幕系统的工作原理与雨淋系统相同。水幕系统的组成见图 10-44。

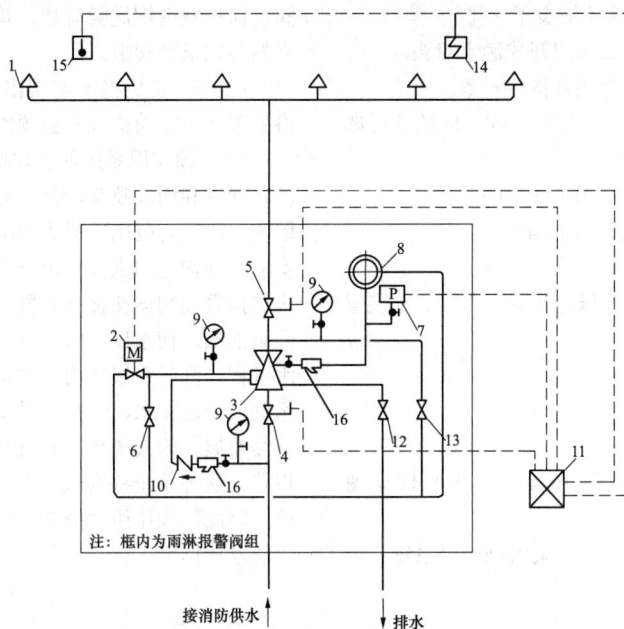

水幕系统示意图

主要部件表

编号	名称	用 途
1	开式喷头	火灾发生时，出水灭火
2	电磁阀	探测器报警后，联动开启雨淋阀
3	雨淋报警阀	火灾时自动开启供水，同时可输出报警水流信号
4	信号阀	供水控制阀，阀门关闭时有电信号输出
5	试验信号阀	平时常开，试验雨淋阀时关闭，关闭时有电信号输出
6	手动开启阀	火灾时，现场手动应急开启雨淋阀
7	压力开关	雨淋阀开启时，发出电信号
8	水力警铃	雨淋阀开启时，发出音响信号
9	压力表	显示水压
10	止回阀	控制水流方向
11	火灾报警控制器	接收报警信号并发出控制指令
12	泄水阀	系统检修时排空放水
13	试验放水阀	系统调试或功能试验时打开放水
14	烟感火灾探测器	烟雾探测火灾，并发出报警信号
15	温感火灾探测器	温度探测火灾，并发出报警信号
16	过滤器	过滤水中杂质

图 10-44 水幕系统组成示意图

注：本图摘自国家建筑标准设计图集 04S206《自动喷水与水喷雾灭火设施安装》。

2. 喷头

防火分隔水幕布置见图 10-45。

（1）图 10-45 中喷头间距 S 应根据水力条件计算确定，喷头最小工作压力为 0.10MPa。水幕带应均匀布水，沿直线分布不能出现空白点，喷水强度不应小于 2L/（s·m）。

（2）防火分隔水幕的喷头布置应保证水幕的宽度不小于 6m，采用水幕喷头时，喷头不应少于 3 排；采用开式洒水喷头时，喷头不应少于 2 排。

（3）防火分隔水幕建议采用开式洒水喷头。

（4）同一组水幕中，喷头规格应一致。

（5）防火分隔水幕，其上部和下部不应放置可燃构件和可燃物。

（6）开式洒水喷头大样图见图 10-37。

（7）水幕喷头大样图见图 10-46。

3. 其他

水幕系统的雨淋阀组、压力开关、末端试水装置要求与雨淋系统相同。

五、预作用系统

1. 系统工作方式

预作用系统的组成见图 10-47，工作原理见图 10-48。

具有下列要求之一的场所应采用预作用系统：

（1）系统处于准工作状态时，严禁管道漏水。

（2）严禁系统误喷。

（3）替代干式系统。

2. 闭式喷头

预作用系统的防护区内应采用相同的闭式喷头。闭式喷头大样图见图 10-25。

3. 预作用报警阀组

（1）预作用系统应设预作用报警阀组，常为雨淋阀。保护室内钢屋架等建筑构件的闭式系统，应设独立的湿式报警阀组。

（2）一般是将雨淋阀出水口上端接配一套同规格的湿式报警阀构成一套预作用系统。

（3）预作用系统的工作原理：未发生火灾时，为防止管道和闭式喷头渗漏，系统侧管路中充满低压压缩空气，压力范围一般为 10～25kPa；火灾发生时，安装在保护区的火灾探测器首先发出火灾报警信号，火灾报警控制器在接到报警信号后发出指令信号，打开雨淋阀，使水压入管内，并在很短的时间内完成充水过程，同时系统压力开关动作接通声光显示盒，显示管网中已充水，使系统转变为湿式系统。这时火灾继续发展，闭式喷头破碎就打开喷水，同时水力警铃报警。这种系统特别适用于不允许出现误喷的重要场所。因此，预作用系统必须有火灾探测系统与其配合才能发挥作用。

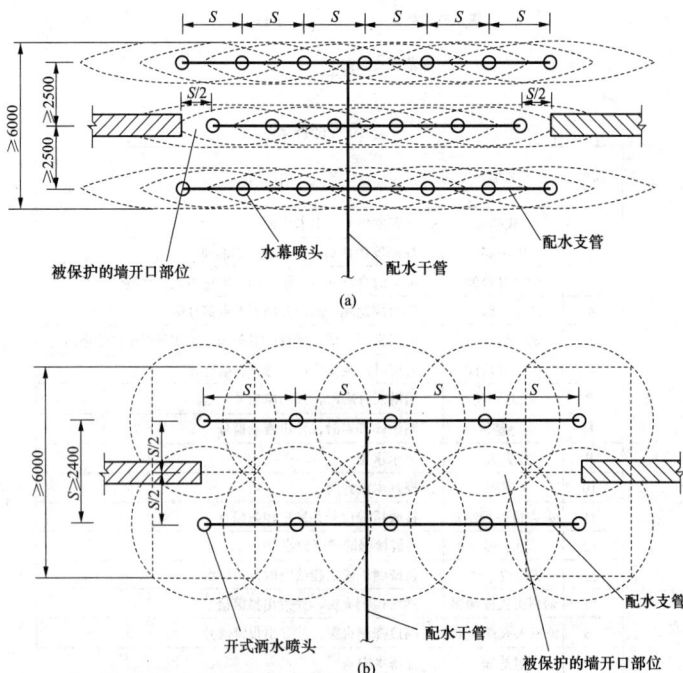

图 10-45　防火分隔水幕布置图

（a）防火分隔水幕三排布置；（b）防火分隔水幕两排布置

注：本图摘自国家建筑标准设计图集 04S206《自动喷水与水喷雾灭火设施安装》。

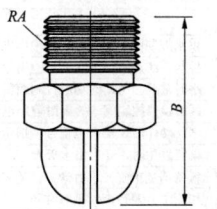

ZSTM-A型水幕喷头大样图

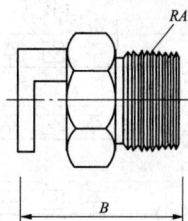

ZSTM-B型水幕喷头大样图

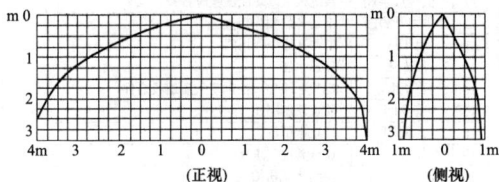

（正视）　（侧视）

ZSTM-A型喷头布水曲线图

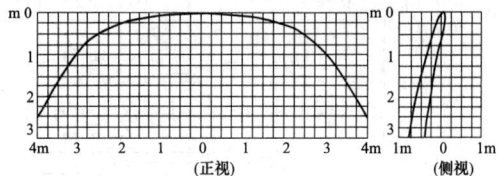

（正视）　（侧视）

ZSTM-B型喷头布水曲线图

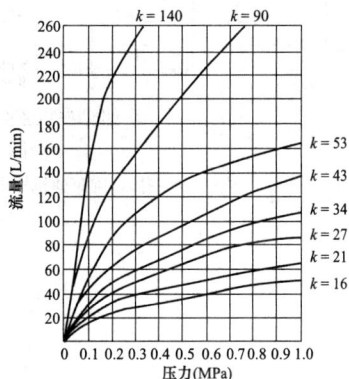

$k = 140$　$k = 90$

$k = 53$
$k = 43$
$k = 34$
$k = 27$
$k = 21$
$k = 16$

流量(L/min)

压力(MPa)

喷头特性曲线图

ZSTM-C型水幕喷头大样图

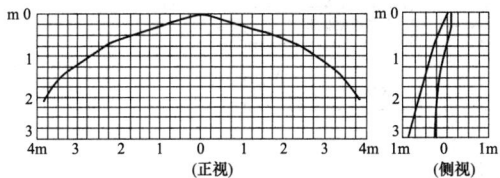

（正视）　（侧视）

ZSTM-C型喷头布水曲线图

ZSTM系列水幕喷头规格、性能参数

编号	型　号	B (mm)	RA (in)	流量特性系数 [L•(MPa)$^{-1/2}$/min]	喷水角度 (°)
1	ZSTM-15A	35	1/2	38	150±10
2	ZSTM-20A	44	3/4	60	160±10
3	ZSTM-15B6	32	1/2	18	180±10
4	ZSTM-15B8	32	1/2	28	180±10
5	ZSTM-15B10	32	1/2	45	180±10
6	ZSTM-20B15	35	3/4	90	180±10
7	ZSTM-20B20	35	3/4	140	180±10
8	ZSTM-15C	42	1/2	40	160±10
9	ZSTM-20C	55	3/4	45	160±10
10	ZSTM-25C	75	1	60	160±10

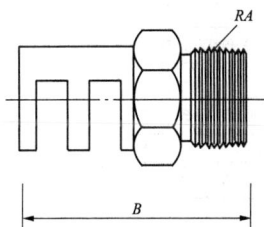

图 10-46　水幕喷头大样图

注：本图摘自国家建筑标准设计图集 04S206《自动喷水与水喷雾灭火设施安装》。

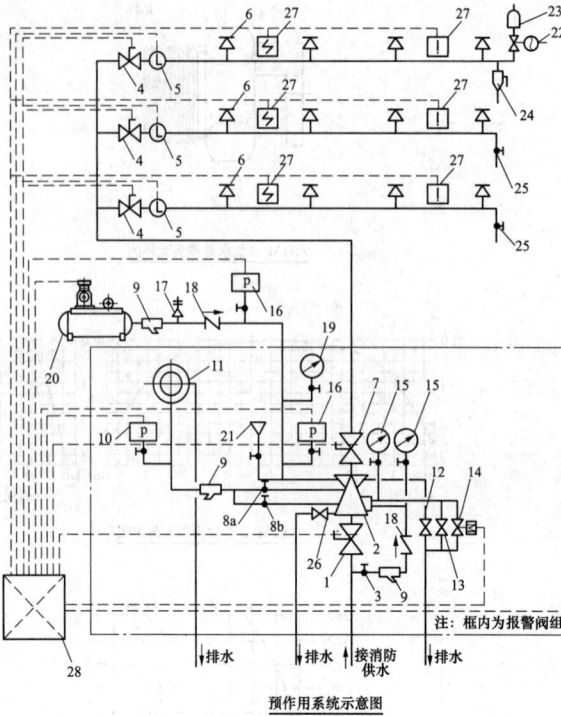

主要部件表

编号	名 称	用 途
1	信号阀	供水控制阀，阀门关闭时输出电信号
2	预作用报警阀	控制系统进水，开启时输出报警水流信号
3	控制腔供水阀	平时常开，关闭时切断控制腔供水
4	信号阀	区域检修控制阀，关闭时输出电信号
5	水流指示器	水流动作时，输出电信号，指示火灾区域
6	闭式喷头	火灾发生时，开启出水灭火
7	试验信号阀	检修调试用阀，平时常开，关闭时输出电信号
8a	水力警铃控制阀	切断水力警铃声，平时常开
8b	水力警铃测试阀	手动打开后，可在雨淋阀关闭状态下试验警铃
9	过滤器	过滤水中或气体中的杂质
10	压力开关	报警阀开启时，输出电信号
11	水力警铃	报警阀开启时，发出音响信号
12	试验放水阀	系统调试或功能试验时打开
13	手动开启阀	手动开启预作用阀
14	电磁阀	电动开启预作用阀
15	压力表	显示水压
16	压力开关	低气压报警，控制空气压缩机启停
17	安全阀	防止系统超压
18	止回阀	防止水倒流
19	压力表	显示系统气压
20	空气压缩机	供给系统压缩空气
21	注水口	向报警阀内注水以密封阀瓣
22	电动阀	电动控制开启排气阀
23	自动排气阀	快速排气功能
24	末端试水装置	试验水压及系统联动功能
25	试水阀	分区放水试验，试验系统联动功能
26	泄水阀	系统排空放水
27	火灾探测器	感知火灾，自动报警
28	火灾报警控制器	接收报警信号并发出控制指令

图 10-47 预作用系统组成示意图

注：本图摘自国家建筑标准设计图集 04S206《自动喷水与水喷雾灭火设施安装》。

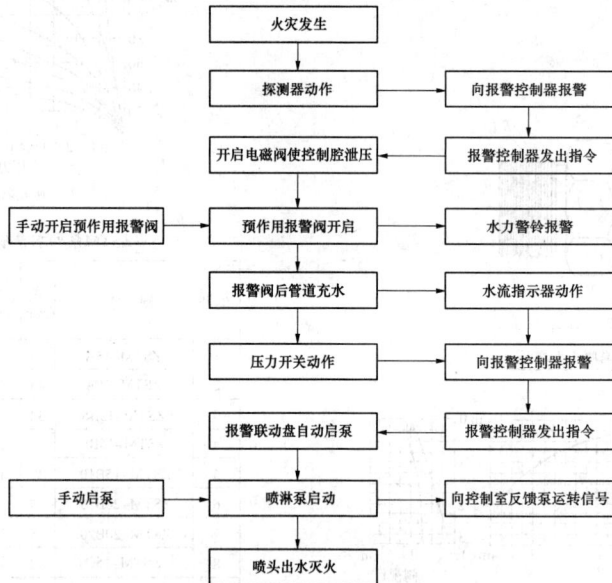

图 10-48 预作用系统工作原理图

（4）预作用喷水灭火系统管线的充水时间不宜超过 2min。

（5）一个预作用报警阀组控制的喷头数不宜超过 800 只。

（6）当配水支管同时安装保护吊顶下方和上方空间的喷头时，只将数量较多一侧的喷头计入报警阀组控制的喷头总数。

（7）每个预作用报警阀组供水的最高与最低位置喷头，其高程差不宜大于 50m。

（8）预作用报警阀组宜设在安全及易于操作的地点，报警阀距地面的高度宜为 1.2m。安装报警阀的部位应设有排水设施。

（9）两种湿式报警阀的安装见图 10-49。

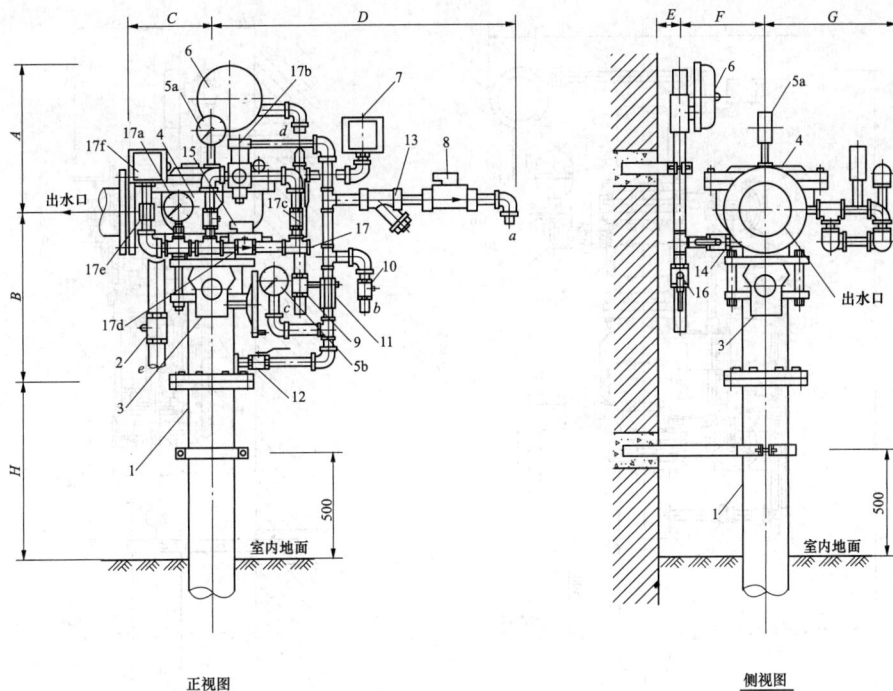

正视图

侧视图

ZSFY预作用报警装置尺寸表

型号 \ 尺寸	A	B	C	D	E	F	G	H	法兰连接尺寸					泄水管管径				
									通径	外径	螺栓孔中心直径	螺栓孔径	螺栓规格	a	b	c	d	e
ZSFY100	410	440	223	592	150	180	430	760	φ100	φ220	φ180	8×φ18	M16	15	15	20	25	32
ZSFY150	450	530	260	627	150	210	465	670	φ150	φ285	φ240	8×φ22	M20	15	15	20	25	32
ZSFY200	570	580	300	567	150	250	505	620	φ200	φ340	φ295	12×φ22	M20	15	15	20	25	32

ZSFY预作用报警装置部件表

编号	部件名称	型号	用　途	平时	失火时
1	消防给水管		供水	充满水	充满水
2	试验放水阀	Q11F-16P	调试、试验系统时打开，也可排放管网余水	常闭	闭
3	信号阀	ZSFD-16Z	供水控制阀，阀门关闭时输出电信号	常开	开
4	隔膜雨淋阀	ZSFM	系统控制阀，开启时可输出报警水流信号	常闭	自动开启
5a	压力表	Y-100	显示压力腔水压		
5b	压力表	Y-100	显示供水压力		
6	水力警铃	ZSJL	报警阀开启时，发出音响信号	不动作	报警
7	压力开关	YL1.2	输出电信号(报警、启动消防水泵)	不动作	输出电信号
8	电磁阀	ZSDF(自锁型)	接收信号，使控制腔泄压从而启动主阀		常闭
9	放水阀	Q11F-16P	手动打开，排放报警管内余水	常闭	常闭
10	手动快开阀	Q11F-16P	手动打开，可启动预作用雨淋阀	常闭	常闭
11	止回阀		单向补水，防止压力腔水压液动产生误动作	常开	常开
12	控制腔供水阀	Q11F-16P	平时常开，关闭时切断控制腔供水	常开	
13	过滤器	ZSPL	对水流进行过滤，防止杂物堵塞警铃喷口和电磁阀	通流	通流
14	警铃测试阀		打开后，可不启动预作用雨淋阀而试验警铃	常闭	
15	电磁阀	ZSDF-20(自锁型)	平时封闭监控气体，预作用雨淋阀动作时开启	常闭	
16	手动报警阀		手动启动预作用报警阀时接通水力警铃报警	常闭	
17	补压接口	ZSQW	接空气维持装置，给管网补压		
17a	压力表	Y-100	显示管网内室气压力		
17b	过滤减压阀	QE108-TZ	将气源压力调至设计压力	常开	常开
17c	空气补偿球阀	Q11F-16P	系统待应状态时通过补气空气	常开	常开
17d	主充气阀	Q11F-16P	系统管网开始充气时通过补压空气	常闭	常闭
17e	止回阀	ZSQW.1	防止系统喷水时水回流至供气管路	常开	常开
17f	低压监控开关	YL1.2	管网低气压时，输出报警电信号	常开	常开

(a)

图10-49　两种预作用报警阀组安装图（一）

（a）ZSFY系统预作用报警阀组安装图

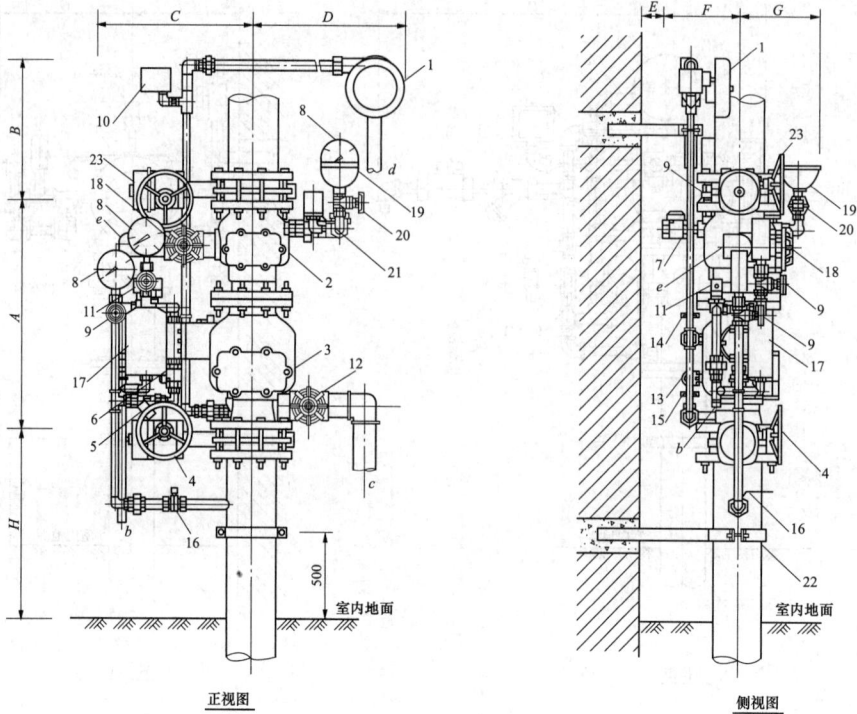

正视图   侧视图

ZSFU预作用报警阀组尺寸表

型号 尺寸	A	B	C	D	E	F	G	H	法兰连接尺寸				泄水管管径			
									公称直径	外径	螺栓孔中心直径	螺栓孔径	螺栓规格	b	c	d	e
ZSFU100	340	500	380	400	≥120	180	130	1030	DN100	φ220	φ180	8×φ18	M16	DN15	DN50	DN25	DN50
ZSFU150	392	500	460	400	≥170	240	140	1004	DN150	φ285	φ240	8×φ22	M20	DN15	DN50	DN25	DN50

ZSFU预作用报警阀组部件表

编号	部件名称	型号	用途	工作状态	
				平时	失火时
1	水力警铃	ZSJL	报警阀开启时，发出音响信号	不动作	报警
2	湿式报警阀	ZSFZ	系统中起止回阀作用，系统充气时防止气泄漏	常闭	开启
3	雨淋报警阀	ZSFY	系统控制阀，报警阀开启向管网供水并输出水流信号	常闭	自动开启
4	信号阀	ZSPXD	供水控制阀，阀门关闭时输出电信号	常开	常开
5	过滤器	DN15	对水流进行过滤，防止杂物堵塞管路	通流	通流
6	止回阀	DN15	防止控制腔水压不稳产生误动作	常开	常开
7	止回阀	DN20	防止系统动作后水流进充气系统	常开	常开
8	压力表		显示供水、供气压力		
9	表前阀	DN15	关闭后检修压力表	常开	常开
10	压力开关	ZSJY	阀开启时，输出电信号(报警，启动喷水泵)	不动作	输出电信号
11	电磁阀	DN15	接收信号，使控制腔泄压，从而启动雨淋阀	不动作	常开
12	泄水阀	DN50	系统调试后泄水	常闭	关闭
13	自动滴水阀	DN15	自动消除阀体内余水，排水后自动关闭	常开	常开
14	水力警铃控制阀	DN15	手动关闭后，可消除报警	常开	常开
15	水力警铃测试阀	DN15	手动打开后，可在雨淋阀关闭状态下试验警铃	常闭	常闭
16	控制腔供水阀	DN15	平时常开，关闭时切断控制腔供水	常开	常开
17	紧急启动手动阀	DN15	手动开启，使控制腔泄压，启动雨淋阀	常闭	常闭
18	阀瓣功能调试阀	DN50	测试雨淋阀时打开排水	常闭	常闭
19	注水漏斗		向湿式阀上腔注水，充气时起到密封作用		
20	充水控制阀	DN15	打开后向湿式阀内注水	常闭	常闭
21	低气压报警压力开关	ZSJY–A	管网低气压时，输出报警电信号	底气压动作	不动作
22	固定支架		固定管道		
23	试验信号阀	ZSPXD	平时常开，检修调试时关闭，关闭时输出电信号	常开	常开

(b)

图 10-49   两种预作用报警阀组安装图（二）

（b）ZSFU 系统预作用报警阀组安装图

注：本图摘自国家建筑标准设计图集 04S206《自动喷水与水喷雾灭火设施安装》。

（10）连接预作用报警阀组进出口的控制阀宜采用信号阀，当不采用信号阀时，控制阀应设锁定阀位的锁具。

（11）水力警铃的工作压力不应小于 0.05MPa，并应设在有人值班的地点附近。与报警阀连接的管道，其管径应为 20mm，总长不宜大于 20m。

4. 其他

水流指示器、末端试水装置、过滤器、减压阀的设置同湿式系统。

六、管道要求

（1）配水管道的工作压力不应大于 1.20MPa。

（2）配水管道应采用内外壁热镀锌钢管、铜管、不锈钢管或符合现行国家或行业标准，并经国家固定灭火系统质量监督检验测试中心检测合格的涂覆其他防腐材料的钢管。

（3）当报警阀入口前管道采用内壁不防腐的钢管时，应在该段管道的末端设过滤器。

（4）系统管道的连接，应采用沟槽式连接件（卡箍）或丝扣、法兰连接。

（5）铜管、不锈钢管应采用配套的支架、吊架。铜管安装见国家建筑标准设计图集 09S407《建筑给水铜管道安装》，不锈钢管安装见国家建筑标准设计图集 10S407《建筑给水薄壁不锈钢管道安装》。

（6）系统中直径等于或大于 100mm 的管道，应分段采用法兰或沟槽式连接件（长箍）连接。水平管道上法兰间的管道长度不宜大于 20m；立管上法兰间的距离，不应跨越 3 个及以上楼层。净空高度大于 8m 的场所内，立管上应有法兰。

（7）管道的直径应经水力计算确定配水管的布置，应使配水管入口的压力均衡。轻危险级、中危险级场所中各配水管入口的压力均不宜大于 0.40MPa。

（8）配水管两侧每根配水支管控制的标准喷头数，轻危险级、中危险级场所不应超过 8 只，同时在吊顶上下安装喷头的配水支管，上下侧均不应超过 8 只。严重危险级及仓库危险级场所均不应超过 6 只。

（9）轻危险级、中危险级场所中配水支管、配水管控制的标准喷头数，不应超过表 10-14 的规定值。

表 10-14　轻危险级、中危险级
场所中配水支管、配水管控制的标准喷头数

公称直径（mm）	控制的标准喷头数（只）	
	轻危险级	中危险级
25	1	1
32	3	3
40	5	4

续表

公称直径（mm）	控制的标准喷头数（只）	
	轻危险级	中危险级
50	10	8
65	18	12
80	48	32
100	—	64

（10）短立管及末端试水装置的连接管，其管径不应小于 25mm。

（11）水平安装的管道宜有坡度，并应坡向泄水阀。充水管道的坡度不宜小于 2‰，准工作状态不充水管道的坡度不宜小于 4‰。

（12）当自动喷水灭火系统中设有 2 个及以上报警阀组时，报警阀组前宜设环状供水管道。

七、喷头布置

（一）一般规定

（1）喷头应布置在顶板或吊顶下易于接触到火灾热气流并有利于均匀洒水的位置。

（2）直立型、下垂型喷头的布置，包括同一根配水支管上喷头的间距及相邻配水支管的间距，应根据系统的喷水强度、喷头的流量系数和工作压力确定，并不应大于表 10-15 的规定值，且不宜小于 2.4m。

表 10-15　同一根配水支管上喷头的
间距及相邻配水支管的间距

喷水强度 [L/（min·m²）]	正方形布置的边长（m）	矩形或平行四边形布置的长边边长（m）	一只喷头的最大保护面积（m²）	喷头与端墙的最大距离（m）
4	4.4	4.5	20.0	2.2
6	3.6	4.0	12.5	1.8
8	3.4	3.6	11.5	1.7
≥12	3.0	3.6	9.0	1.5

注　1. 仅在走道设置单排喷头的闭式系统，其喷头间距应按走道地面不留漏喷空白点确定。

　　2. 喷头强度大于 8L/（min·m²）时，宜采用流量系数 K>80 的喷头。

　　3. 货架内置喷头的间距均不应小于 2m，并不应大于 3m。

（3）吊顶型和吊顶下喷头布置见图 10-50。

（4）除吊顶型喷头及吊顶下安装的喷头外，直立型、下垂型标准喷头，其溅水盘与顶板的距离不应小于 75mm，且不应大于 150mm。直立型标准喷头布置见图 10-51。

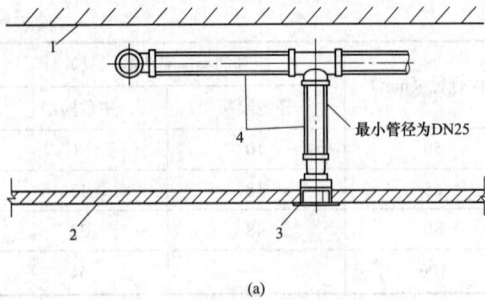

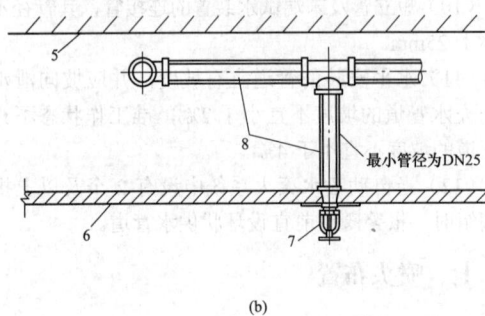

图 10-50　吊顶型、吊顶下喷头布置图
(a) 吊顶型喷头布置图；(b) 吊顶下喷头布置图
1、5—顶板；2、6—吊顶；3—隐蔽型喷头；
4、8—管道；7—下垂型喷头

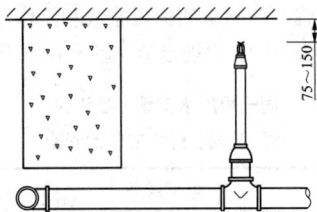

图 10-51　直立型标准喷头布置图

（5）当在梁或其他障碍物底面下方的平面上布置喷头时，溅水盘与顶板的距离不应大于 300mm，同时溅水盘与梁等障碍物底面的垂直距离不应小于 25mm，不应大于 100mm。

（6）当在梁间布置喷头时，溅水盘与顶板的距离不应大于 550mm。

（7）梁间布置的喷头，喷头溅水盘与顶板距离达到 550mm 仍不能符合规定时，应在梁底面下方增设喷头。

（8）密肋梁板下方的喷头，溅水盘与密肋梁板底面的垂直距离不应小于 25mm，且不应大于 100mm。

（9）净空高度不超过 8m 的场所中，间距不超过 4m×4m 布置的十字梁，可在梁间布置 1 只喷头，但喷水强度仍应符合有关规范的规定。

（10）早期抑制快速响应喷头应设置在运煤栈桥内，其溅水盘与顶板的距离，应符合表 10-16 的规定。

表 10-16　早期抑制快速响应喷头的溅水盘与顶板的距离

喷头安装方式	直立型		下垂型	
溅水盘与顶板的距离 L	$100 \leqslant L$	$\leqslant 150$	$150 \leqslant L$	$\leqslant 350$

（11）装设通透性吊顶的场所，喷头应布置在顶板下。

（12）顶板或吊顶为斜面时，喷头布置如图 10-52 所示。喷头应垂直于斜面，并应按斜面距离确定喷头间距 S。

（13）尖屋顶的屋脊处应设一排喷头。喷头溅水盘至屋脊的垂直距离 A，屋顶坡度大于 1/3 时，不应大于 0.8m；屋顶坡度小于 1/3 时，不应大于 0.6m。斜屋面下喷头布置见图 10-52。

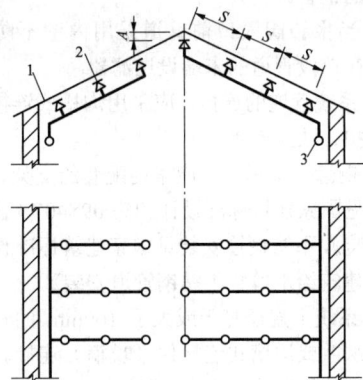

图 10-52　斜屋面下喷头布置示意图
1—斜屋面；2—喷头；3—配水干管

（14）边墙型标准喷头的最大保护跨度与间距，应符合表 10-17 的规定。

表 10-17　边墙型标准喷头的最大保护跨度与间距（m）

设置场所火灾危险等级	轻危险级	中危险 I 级
配水支管上喷头的最大间距	3.6	3.0
单排喷头的最大保护跨度	3.6	3.0
两排相对喷头的最大保护跨度	7.2	6.0

注　1. 两排相对喷头应交错布置。

　　2. 室内跨度大于两排相对喷头的最大保护跨度时，应在两排相对喷头中间增设一排喷头。

（15）边墙型扩展覆盖喷头的最大保护跨度、配水支管上的喷头间距、喷头与两侧端墙的距离，应按喷头工作压力下能够喷湿对面墙和邻近端墙距溅水盘 1.2m 高度以下的墙面确定，且保护面积内的喷水强度应符合有关规范的规定。

（16）直立式边墙型喷头，其溅水盘与顶板的距离不应小于100mm，且不宜大于150mm，与背墙的距离不应小于50mm，并不应大于100mm。

（17）水平式边墙型喷头溅水盘与顶板的距离不应小于150mm，且不应大于300mm。

（18）边墙型喷头与顶板背墙关系见图10-53。

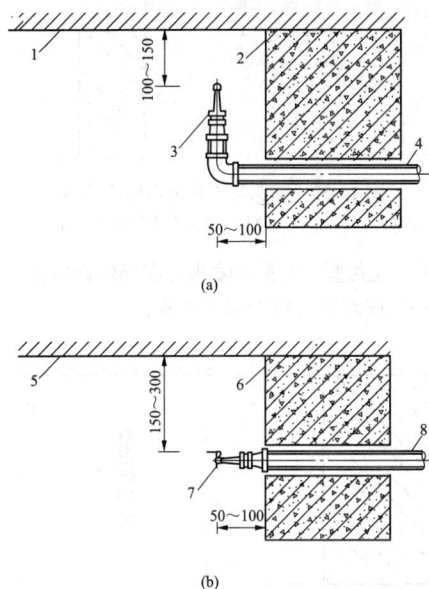

图 10-53　边墙型喷头与顶板背墙关系图

（a）直立式边墙型标准喷头溅水盘与顶板及背墙关系图；

（b）水平式边墙型标准喷头溅水盘与顶板及背墙关系图

1、5—顶板；2、6—背墙；3—直立式喷头；

4、8—管道；7—水平式喷头

（二）喷头与障碍物的距离

（1）直立型、下垂型喷头与梁、通风管道的距离宜符合表10-18的规定。直立型喷头与梁、通风管道的关系见图10-47。

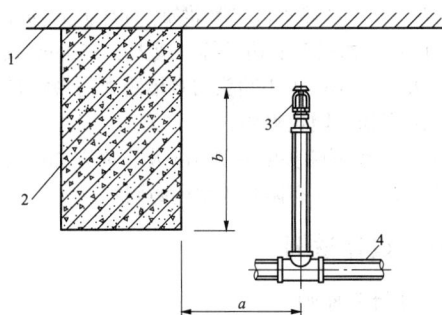

图 10-54　直立型喷头与梁、通风管道关系图

1—顶板；2—梁（或通风管道）；3—喷头；4—管道

表 10-18　喷头与梁、通风管道的距离

(m)

喷头与梁或通风管道底面的最大垂直距离 b		喷头与梁、通风管道的水平距离 a
标准喷头	其他喷头	
0	0	$a<0.3$
0.06	0.04	$0.3\leqslant a<0.6$
0.14	0.14	$0.6\leqslant a<0.9$
0.24	0.25	$0.9\leqslant a<1.2$
0.35	0.38	$1.2\leqslant a<1.5$
0.45	0.55	$1.5\leqslant a<1.8$
>0.45	>0.55	$a=1.8$

（2）直立型、下垂型标准喷头的溅水盘以下0.45m，其他直立型、下垂型喷头的溅水盘以下0.9m范围内，如有屋架等间断障碍物或管道（见图10-55），喷头与邻近障碍物的最小水平距离宜符合表10-19的规定。

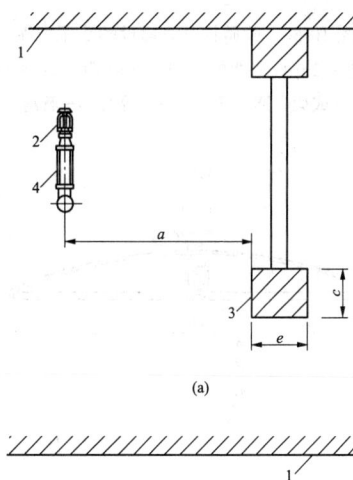

图 10-55　喷头与邻近障碍物关系图

（a）喷头与邻近障碍物关系图（一）；

（b）喷头与邻近障碍物关系图（二）

1—顶板；2—直立型喷头；3—屋架等间断障碍物；4—管道

表 10-19　喷头与邻近障碍物的
最小水平距离 *a*　　（m）

条件	c、e 或 d≤0.2	c、e 或 d>0.2
a 取值	$3c$ 或 $3e$（c 与 e 取最大值）或 $3d$	0.6

（3）当梁、通风管道、排管、桥架等障碍物的宽度大于 1.2m 时，其下方应增设喷头，见图 10-56。增设喷头的上方如有缝隙时应设集热板，集热板安装见图 10-57。

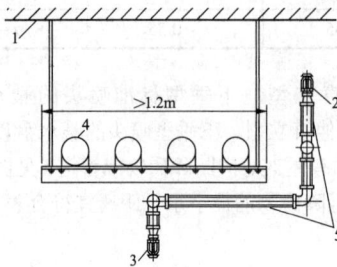

图 10-56　障碍物下方增设喷头示意图

1—顶板；2—直立型喷头；3—下垂型喷头；4—排管（或梁、通风管道、桥架等）；5—管道

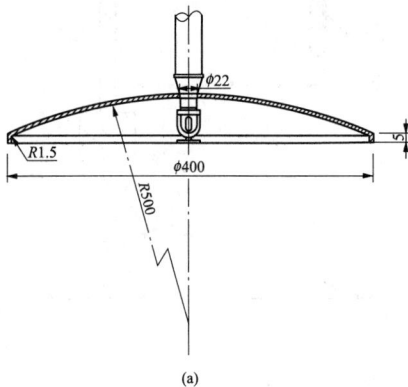

(a)

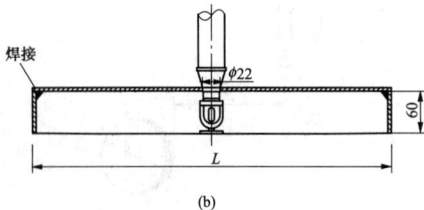

(b)

图 10-57　集热板安装图

（a）预制型；（b）现场制作型

（4）直立型、下垂型喷头与不到顶隔墙的水平距离 *a*，不得大于喷头溅水盘与不到顶隔墙顶面垂直距离 *b* 的 2 倍，即满足 a≤$2b$，见图 10-58。

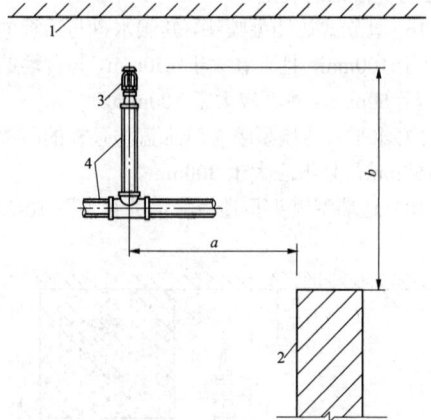

图 10-58　喷头与不到顶隔墙关系图

1—顶板；2—不到顶隔墙；3—直立型喷头；4—管道

（5）直立型、下垂型喷头与靠墙障碍物的距离见图 10-59。该距离应符合以下要求：

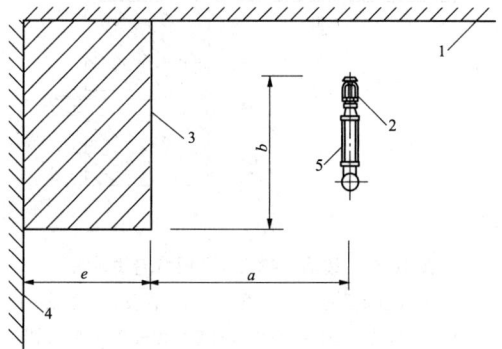

图 10-59　喷头与靠墙障碍物关系图

1—顶板；2—直立型喷头；3—靠墙障碍物；4—墙面；5—管道

1）障碍物横截面边长小于 750mm 时，喷头与障碍物的距离应按式（10-6）确定，即

$$a \geqslant (e-200) + b \qquad (10-6)$$

式中　*a*——喷头与障碍物的水平距离，mm；

　　　e——障碍物横截面的边长，mm，e<750；

　　　b——喷头溅水盘与障碍物底面的垂直距离，mm。

2）障碍物横截面边长等于或大于 750mm 或 *a* 的计算值大于表 10-18 中喷头与端墙距离的规定时，应在靠墙障碍物下增设喷头。

（6）边墙型喷头的两侧 1m 及正前方 2m 范围内顶板或吊顶下不应有阻挡喷水的障碍物。

八、设计举例

（一）计算原则

（1）喷头的流量应按式（10-7）计算，即

$$q = K\sqrt{10p} \qquad (10-7)$$

式中 q——喷头流量，L/min；

　　p——喷头工作压力，MPa；

　　K——喷头流量系数。

（2）系统最不利点处喷头的工作压力应经计算确定。

（3）水力计算选定的最不利点处作用面宜为矩形，其长边应平行于配水支管，其长度不宜小于作用面积平方根的 1.2 倍。

（4）对于火力发电厂而言，自动喷水灭火系统作用面积若为 $A=160\text{m}^2$，则 $1.2\sqrt{A}=15.2\text{m}$。当配水支管长度小于 15.2m 时，作用面积要扩展到该配水管邻近配水支管上的喷头。

（5）系统的设计流量应按最不利点处作用面积内喷头同时喷水的总流量确定，即

$$Q_s=\frac{1}{60}\sum_{i=1}^{n}q_i \qquad (10\text{-}8)$$

式中 Q_s——系统设计流量，L/s；

　　q_i——最不利点处作用面积内各喷头节点的流量，L/min；

　　n——最不利点处作用面积内的喷头数。

（6）系统设计流量的计算，应保证任意作用面积内的平均喷水强度不低于表 9-18 的规定值。最不利点处作用面积内任意 4 只喷头围合范围内的平均喷水强度，轻危险级、中危险级不应低于表 9-18 中规定值的 85%。

（7）建筑内设有不同类型的系统或有不同危险等级的场所时，系统的设计流量应按其设计流量的最大值确定。

（8）当建筑物内同时设有自动喷水灭火系统和水幕系统时，系统的设计流量应按同时启用的自动喷水灭火系统和水幕系统的用水量计算，并取二者之和中的最大值确定。

（9）雨淋系统和水幕系统的设计流量应按雨淋阀控制的喷头的流量之和确定。多个雨淋阀并联的雨淋系统，其系统设计流量应按同时启用雨淋阀的流量之和的最大值确定。

（10）当原有系统延伸管道扩展保护范围时，应对增设喷头后的系统重新进行水力计算。

（二）管道水力计算公式

（1）管道内的水流速度宜采用经济流速，必要时可超过 5m/s，但不应大于 7m/s。

（2）每米管道的水头损失应按式（10-9）计算，即

$$i=0.0000107\times\frac{v^2}{d_j^{1.3}} \qquad (10\text{-}9)$$

式中 i——管道的单位长度水头损失，MPa/m；

　　v——管道内的平均流速，m/s；

　　d_j——管道的计算内径，m，取值应按管道的内径减 1mm 确定。

（3）管道的局部水头损失宜采用当量长度法计算。管件的当量长度可参考表 9-21。

（4）系统入口的供给压力应按式（10-10）计算，即

$$H=\sum h+p_0+h_z \qquad (10\text{-}10)$$

式中 H——系统入口的供给压力，MPa；

　　$\sum h$——管道沿程和局部水头损失的累计值，MPa，湿式报警阀取值 0.04MPa 或按检测数据确定，水流指示器取值 0.02MPa，雨淋阀取值 0.07MPa；

　　p_0——最不利点喷头工作压力，MPa；

　　h_z——最不利点水雾喷头与系统水平供水引入管中心线之间的净压差，MPa。

（三）运煤栈桥自动喷水灭火系统设计计算

设有一长×宽为 30m×9m、顶板高 3m 的钢结构封闭式运煤栈桥，栈桥坡度为 5‰。按规范要求，在栈桥内设置自动喷水灭火系统，在其两端的转运站连接处设置防火分隔水幕。设计过程如下：

（1）运煤栈桥火灾危险等级为中危险Ⅱ级，查表 10-15 得，喷头呈矩形布置时，长边最大边长为 3.6m，一只喷头的最大保护面积为 11.5m²，喷头与端墙的最大距离为 1.7m，则根据栈桥宽度，布置单排喷头，如图 10-60 所示。

两排喷头的最大间距=11.5÷3.0=3.83（m），该值超过了矩形布置的最大边长，因此布置中取 3.5m。喷头的平面布置如图 10-61 所示。

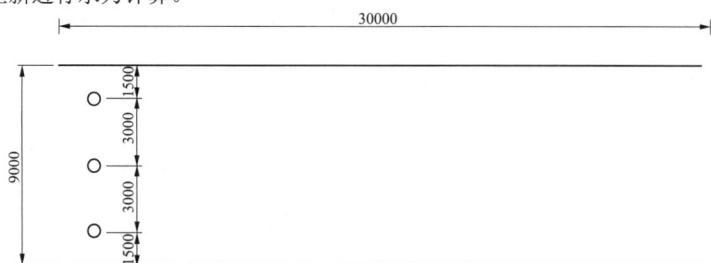

图 10-60　运煤栈桥单排喷头布置图

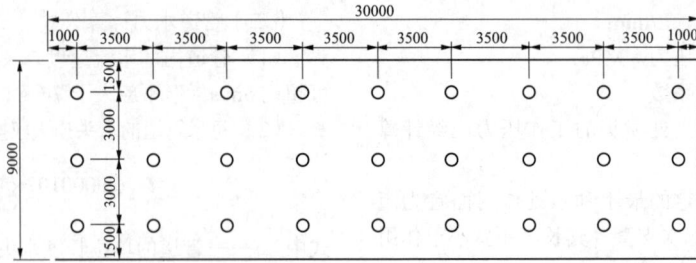

图 10-61　运煤栈桥喷头平面布置图

（2）运煤栈桥火灾危险等级为中危险Ⅱ级，查表 9-18 得，喷水强度为 8L/（min·m²），作用面积为 160m²。每只喷头的保护面积 $=3.0\times3.5=10.5$（m²），因而火灾中动作的喷头数 $=160\div10.5=15.2\approx16$（只）。

最不利点处作用面积宜为矩形，其长边应平行于配水支管，其长度不宜小于作用面积平方根的 1.2 倍，即 $1.2\times\sqrt{160}=15.2$（m）。在本例运煤栈桥中，配水支管的长度不会超过 9m，作用面积要扩展到邻近配水支管上的喷头，则火灾发生时最不利点发生动作的喷头如图 10-62 中虚线所示。

（3）参考表 10-14 中危险级配水管控制的标准喷头数，预估自动喷水管段的直径，如图 10-63 所示。

（4）确定喷头流量系数：

单只喷头最小流量 $=8\times160\div16=80$（L/min）

最不利点喷头的工作压力取最小值 0.05MPa，则喷头的最小流量系数

$$K=\frac{80}{\sqrt{10p}}=\frac{80}{\sqrt{10\times0.05}}=113.1[\mathrm{L\cdot(MPa)}^{-1/2}/\min]$$

选择快速响应玻璃球洒水喷头（下垂型），流量系数 $K=115\mathrm{L\cdot(MPa)}^{-1/2}/\min$，喷头大样参见图 10-25。

（5）根据表 10-16，下垂型快速响应喷头的溅水盘与顶板的距离不应小于 150mm，且不应大于 350mm，故取喷头安装位置距顶板的距离为 300mm。顶板高度为 3m，则喷头安装高度为 2.7m。喷头安装透视图见图 10-64。

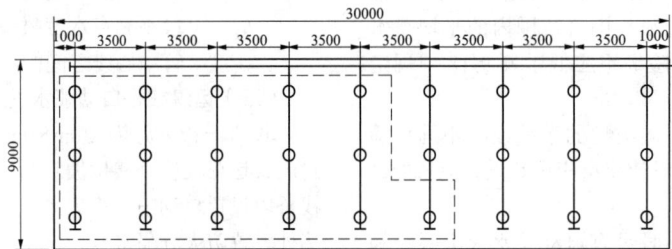

图 10-62　运煤栈桥自动喷水最不利点动作喷头示意（图中虚线）

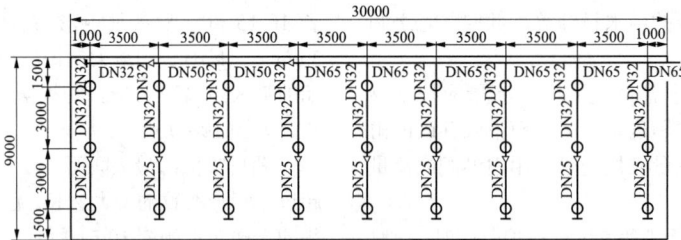

图 10-63　运煤栈桥自动喷水系统平面布置图

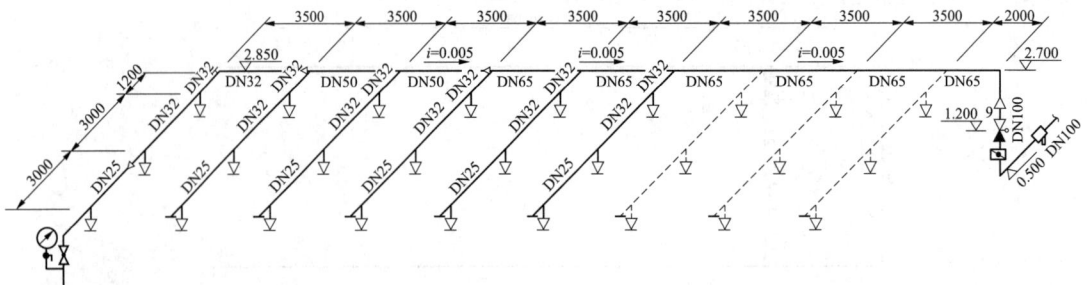

图 10-64　运煤栈桥湿式系统透视图（高程单位：m）

（6）对需要计算的节点进行编号，节点编号如图 10-65 所示。

（7）对节点 1、2、3 进行水力计算，结果见表 10-20。

（8）由表 10-20 可以看出，在预估所取的管径条件下，水头损失较大，使得三个节点的压力并不均衡。由此将管径重新赋值，见图 10-66。

（9）对湿式系统进行水力计算，见表 10-21。

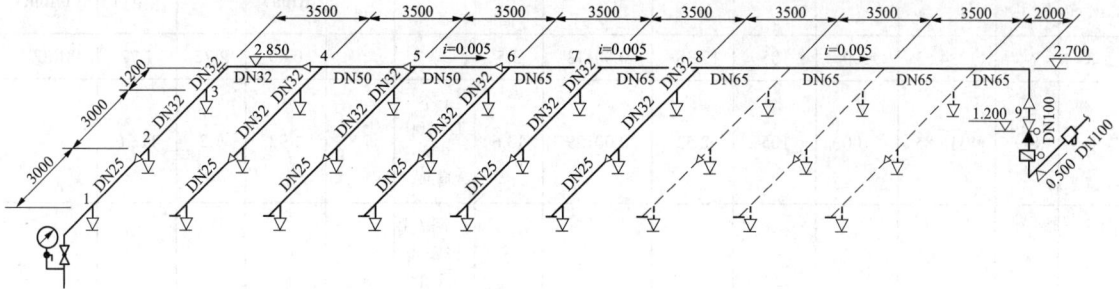

图 10-65　运煤栈桥湿式系统计算节点编号（高程单位：m）

表 10-20　　　　　　　　　　　　　　　湿式喷水系统节点 1、2、3 水力计算表

节点	管段	流量（L/min）	管道公称直径（mm）	管道计算内径（mm）	流速（m/s）	水力坡降 i（MPa/m）	管长（m）	水头损失（×10⁻²MPa）	节点压力（×10⁻²MPa）	节点所连喷头的流量（L/min）
1									5.00	81.32
2	1-2	81.32	25	26	2.55	0.00802	3.0	2.41	7.41	98.97
3	2-3	180.29	32	34.75	3.17	0.00848	3.0	2.54	9.95	114.71

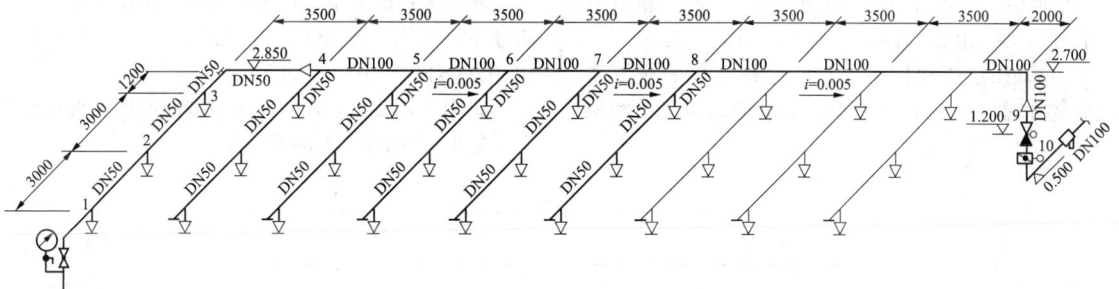

图 10-66　运煤系统湿式系统计算图（高程单位：m）

表 10-21　　　　　　　　　　　　　　　运煤栈桥湿式系统水力计算表

节点	管段	流量（L/min）	管道公称直径（mm）	管道计算内径（mm）	流速（m/s）	水力坡降 i（MPa/m）	管长（m）	管件	局部管件当量长度（m）	水头损失（×10⁻²MPa）	节点高度（m）	节点压力（×10⁻²MPa）	节点所连喷头的流量（L/min）
1											2.85	5	81.32
2	1-2	81.32	50	52	0.64	0.00020	3.0			0.06	2.85	5.06	81.81
3	2-3	163.13	50	52	1.28	0.00082	3.0			0.25	2.85	5.31	83.78
4	3-4	246.91	50	52	1.94	0.00188	4.7	1 个 DN50 三通	3.1	1.46	2.83	6.79	246.91
5	4-5	493.81	100	105	0.95	0.00018	3.5			0.06	2.82	6.87	246.91*
6	5-6	740.72	100	105	1.43	0.00041	3.5			0.14	2.80	7.03	246.91
7	6-7	987.62	100	105	1.90	0.00072	3.5			0.25	2.78	7.30	246.91

续表

节点	管段	流量 （L/min）	管道公称直径 （mm）	管道计算内径 （mm）	流速 （m/s）	水力坡降 i （MPa/m）	管长 （m）	管件	局部管件当量长度 （m）	水头损失 （×10^{-2}MPa）	节点高度 （m）	节点压力 （×10^{-2}MPa）	节点所连喷头的流量 （L/min）
8	7-8	1234.53	100	105	2.38	0.00113	3.5			0.40	2.76	7.72	81.32**
9	8-9	1315.85	100	105	2.53	0.00129	13.6	1个DN100 90°弯头	1.8	1.98	1.2	11.26	
10	9-10	1315.85	100	105	2.53	0.00129	2.0	1个湿式报警阀+1个DN100信号蝶阀+1个DN100 90°弯头	5.5	4.96	0.5	16.92	

注 湿式报警阀组的局部水头损失为 0.04MPa。

* 节点 5、6、7 所连支管的流量这里近似为 3-4 管段的流量。

** 节点 8 所连支管只有一个喷头在作用面积范围内，流量近似为 1-2 管段的流量。

（10）计算结果为信号蝶阀前所需的最小压力为 0.146MPa，由于计算中节点 5、6、7 所连支管的流量取了近似值，实际值略大于此近似值，故最终的计算结果取为 0.16MPa，流量为 1350L/min，即 22.5L/s。

（11）在运煤栈桥两端与转运站连接处布置防火分隔水幕，采用开式喷头，下垂型，流量系数取 80L·（MPa）$^{-1/2}$/min。

栈桥宽度为 9m，水幕系统的设计喷水强度为 2L/（s·m），则一侧防火分隔水幕的设计流量为 18L/s。

水幕系统的最小工作压力为 0.1MPa，则单个喷头的最小流量为 80L/min，即 1.33L/s。所需喷头数 = 18÷1.33=13.5≈14（个）。

采用开式喷头时，喷头应布置成两排。水幕系统开式喷头布置如图 10-67 所示。

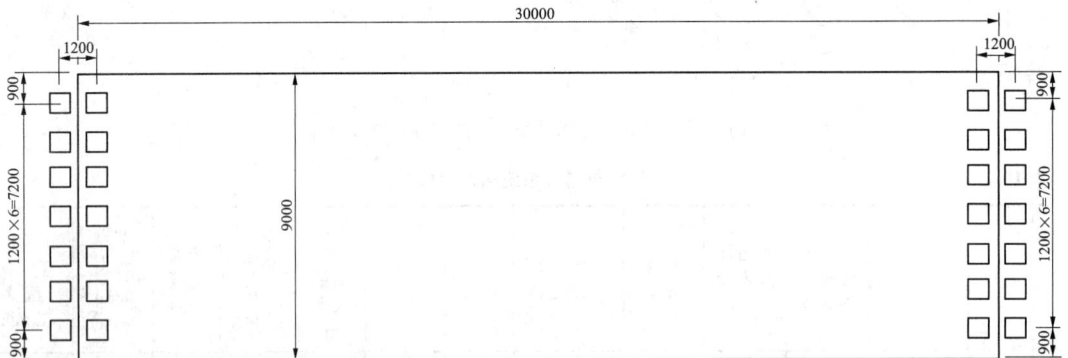

图 10-67　水幕系统开式喷头平面布置图

（12）开式喷头的安装位置与顶板的距离取 100mm，则高度为 2.9m。预估管径值，令来水位置同为右侧转运站，得水幕系统的透视图如图 10-68 所示。

（13）由栈桥左侧的水幕算起，水力计算见表 10-22。

（14）综合湿式系统和水幕系统的水力计算结果，

此段运煤栈桥在发生火灾时所需的流量 =1132.29+2448.14=3580.43（L/min），即 59.67L/s，所需的最小压力为 0.43MPa。

自动喷水系统的持续喷水时间为 1h，则自动喷水所需的水量 =59.67×3600÷1000=214.8（m³）。

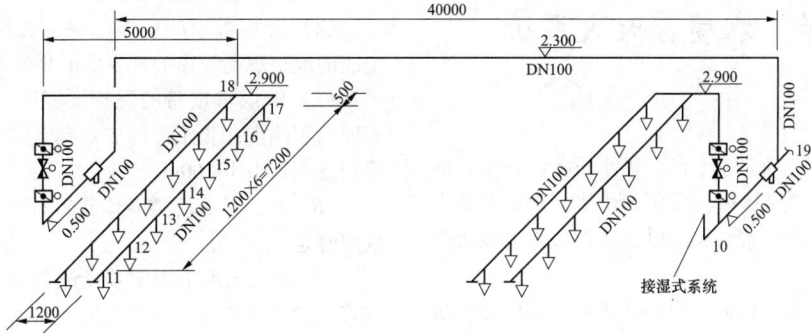

图 10-68　水幕系统透视图（高程单位：m）

表 10-22　　　　　　　　　　　　　水幕系统水力计算表

节点	管段	流量 （L/min）	管道公称直径 （mm）	管道计算内径 （mm）	流速 （m/s）	水力坡降 i （MPa/m）	管长 （m）	管件	局部管件当量长度 （m）	水头损失 （×10⁻²MPa）	节点压力 （×10⁻²MPa）	节点所连喷头的流量 （L/min）
11											10.00	80.00
12	11-12	80.00	50	52	0.63	0.00020	1.2			0.02	10.02	80.09
13	12-13	160.09	50	52	1.26	0.00079	1.2			0.09	10.12	80.47
14	13-14	240.57	50	52	1.89	0.00178	1.2			0.21	10.33	81.32
15	14-15	321.88	100	105	0.62	0.00008	1.2			0.01	10.34	81.35
16	15-16	403.24	100	105	0.78	0.00012	1.2			0.01	10.36	81.41
17	16-17	484.65	100	105	0.93	0.00017	1.2			0.02	10.38	81.49
18	17-18	566.14	100	105	1.09	0.00024	1.2	1 个 DN100 弯头	1.8	0.07	10.45	566.14*
19	18-19	1132.29	100	105	2.18	0.00095	52	5 个 DN100 弯头+1 个 DN100 三通+2 个 DN100 信号蝶阀+1 个 DN100 雨淋阀+1 个 DN100 Y 形过滤器	68.7	19.50	29.95	
10	10-19	2448.14**	100	105	4.71	0.00445	2	1 个 DN100Y 形过滤器	46.2	28.47	43.04***	

注　雨淋阀的局部水头损失为 0.07MPa。

*　水幕系统的两条配水支管流量近似相等。栈桥两侧的水幕系统流量取为相等，栈桥右侧的水幕系统工作压力等于左侧的水幕系统工作压力，右侧水幕管道在第一个信号蝶阀前应设置减压阀、减压孔板或节流管，减去的压力应等于两侧水幕系统管道的长度之差对应的水头损失。

**　10-19 管段的流量为湿式系统与右侧水幕系统的流量之和。

***　19 节点的压力 =10 节点压力 +10-19 管段的水头损失。

第三节　水喷雾灭火系统

一、概述

水喷雾灭火系统是由水源、供水设备、管道、雨淋报警阀（或电动控制阀、气动控制阀）、过滤器和水雾喷头等组成，向保护对象喷射水雾进行灭火或防护冷却的系统。

雨淋阀是可以在瞬间开启，让水涌入阀腔进入配水管网的自动阀门。

雨淋系统的特点是快速喷水灭火，在系统动作时，设计喷水区内的所有开式喷头同时喷水。雨淋阀控制的管道内平时是无水的。

响应时间不大于 120s 的水喷雾系统，应设置雨淋报警阀组。

二、水喷雾保护对象保护面积的确定

（1）油箱（包括汽机房、锅炉房内油箱，柴油发电机油箱、柴油泵油箱）、油管路的保护面积为其外表面积。

（2）锅炉本体燃烧器的保护面积为喷枪投影面积两侧外延 1m。

（3）变压器的保护面积包括：

1）扣除底面面积以外的变压器油箱外表面积；

2）散热器的外表面积；

3）油枕的投影面积；

4）集油坑的投影面积。

（4）分层敷设的电缆的保护面积应按整体包容电缆的最小规则形体的外表面面积确定。

（5）输煤机皮带的保护面积应按上行皮带的上表面面积确定；长距离的皮带宜实施分段保护，但每段长度不宜小于 100m。

（6）甲、乙、丙类液体储罐的保护面积应按下列规定确定：

1）着火的地上固定顶储罐及距着火罐罐壁 1.5 倍着火罐直径范围内的相邻地上储罐应同时冷却，当相邻地上储罐超过 3 座时，可按 3 座较大的相邻储罐计算消防冷却水用量。

2）着火罐的保护面积应按罐壁外表面面积计算，相邻罐的保护面积可按实际需要冷却部位的外表面面积计算，但不得小于罐壁外表面面积的 1/2。

（7）液氨储罐的保护面积应按下列原则确定：

1）着火罐及距着火罐罐壁 1.5 倍着火罐直径范围内的相邻罐应同时冷却；当相邻罐超过 3 座时，可按 3 座较大的相邻罐计算消防冷却水用量。

2）着火罐保护面积应按其罐体外表面面积计算，相邻罐保护面积应按其罐体外表面面积的 1/2 计算。

三、系统工作方式和系统组件样式

1. 系统工作方式

水喷雾系统的组成和工作原理分别如图 10-69、图 10-70 所示。

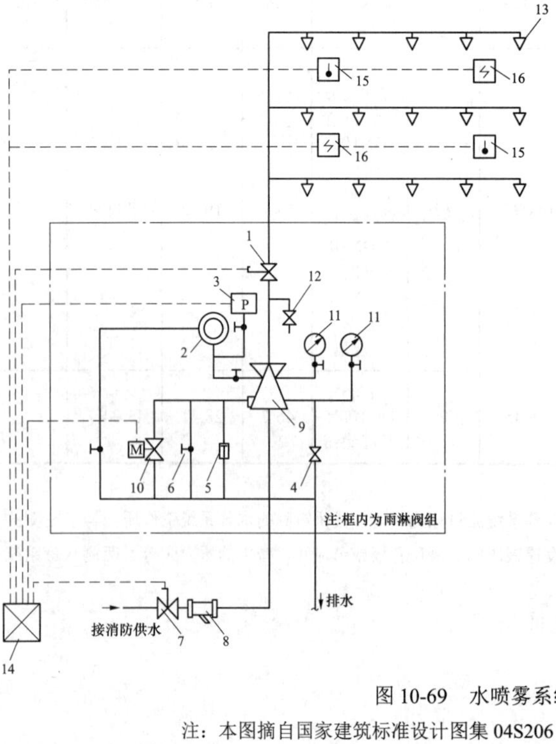

主要部件如表

序号	名称	功能及作用
1	试验信号阀	平时常开，检修时关闭，输出电信号
2	水力警铃	雨淋阀开启时，发出音响信号
3	压力开关	雨淋阀开启时，发出电信号
4	放水阀	系统排空放水
5	非电控远程手动装置	远程手动打开雨淋阀
6	现场手动装置	现场手动打开雨淋阀
7	进水信号阀	平时常开，阀门关闭时输出电信号
8	过滤器	过滤杂质，避免堵塞喷头及管道和设备
9	雨淋报警阀	平时关闭，灭火时开启并可输出报警水流信号
10	电磁阀	通过火灾报警系统联动控制打开雨淋阀
11	压力表	显示水压
12	试水阀	雨淋阀功能试验
13	水雾喷头	使水雾化灭火
14	火灾报警控制器	接收报警信号并发出控制指令
15	感温探测器	温度探测火灾，并发出报警信号
16	感烟探测器	烟雾探测火灾，并发出报警信号

图 10-69　水喷雾系统组成示意图

注：本图摘自国家建筑标准设计图集 04S206《自动喷水与水喷雾灭火设施安装》。

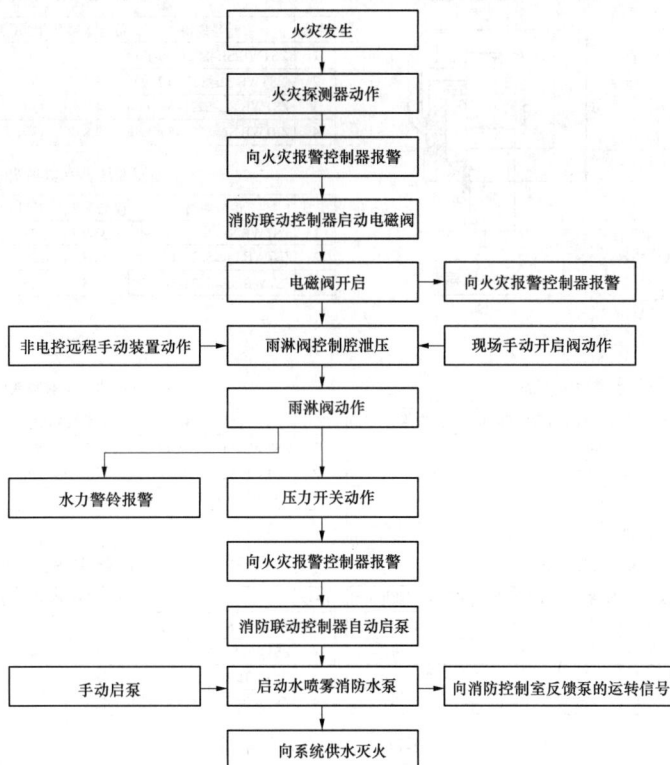

图 10-70　水喷雾系统工作原理图

2. 水雾喷头

水雾喷头是在一定压力作用下，在设定区域内能将水流分解为直径 1mm 以下的水滴，并按设计的洒水形状喷出的开式喷头。

扑救电气火灾，应采用离心雾化型水雾喷头，离心雾化型喷头应带柱状过滤网。

室内粉尘场所，如输煤皮带处所设置的水雾喷头应带防尘帽，室外设置的水雾喷头宜带防尘帽。水雾喷头大样图见图 10-71。

3. 雨淋阀组

水喷雾系统雨淋阀组应满足下列要求：

（1）接收电控信号的雨淋报警阀组应能电动开启，接收传动管信号的雨淋报警阀组应能液动或气动开启。

（2）应具有远程手动控制和现场应急机械启动功能。

（3）在控制盘上应能显示雨淋报警阀开、闭状态。

（4）宜驱动水力警铃报警。

（5）雨淋报警阀进出口应设置压力表。

（6）电磁阀前应设置可冲洗的过滤器。

（7）能显示阀门的开、闭状态。

（8）具备接收控制信号开、闭阀门的功能。

（9）阀门的开启时间不超过 45s。

（10）在阀门故障时报警，并显示故障原因。

（11）能现场应急机械启动。

水喷雾系统雨淋阀组的安装见图 10-72。

4. 过滤器

雨淋报警阀前的管道应设置可冲洗的过滤器，过滤器内容参见本章第二节自动喷水灭火系统。

5. 管道

（1）过滤器与雨淋报警阀之间及雨淋报警阀后的管道，应采用内外热浸镀锌钢管、不锈钢管或铜管；甲、乙、丙类液体储罐和液化烃储罐等设置的需要进行弯管加工的水喷雾管道，应采用无缝钢管。

（2）管道工作压力不应大于 1.6MPa。

（3）系统管道采用镀锌钢管时，公称直径不应小于 25mm；采用不锈钢管或铜管时，公称直径不应小于 20mm。

（4）系统管道应采用沟槽式管接件（卡箍）、法兰或丝扣连接。

（5）沟槽式管接件（卡箍），其外壳的材料应采用牌号不低于 QT450-12 的球墨铸铁。

（6）防护区内的沟槽式管接件（卡箍）密封圈、非金属法兰垫片应通过 GB 50219—2014《水喷雾灭火系统技术规范》中附录 A 规定的干烧试验。

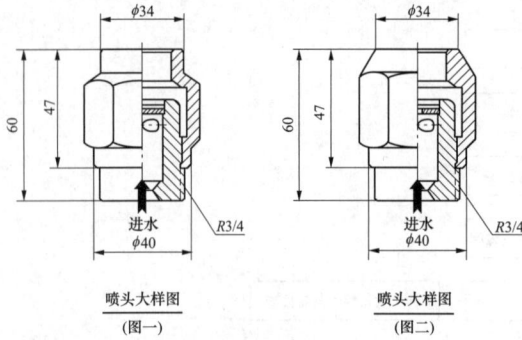

电缆隧道水雾喷头(见图一)

序号	型号规格	流量系数	喷射角(°)	有效距离(m)	工作压力范围(MPa)
1	ZSTWB/SL-S221-50-90	26.7	90	2.5	0.28~0.8
2	ZSTWB/SL-S221-63-90	33.7	90	2.5	0.28~0.8
3	ZSTWB/SL-S221-63-120	33.7	120	2.2	0.28~0.8
4	ZSTWB/SL-S221-80-120	42.8	120	2.2	0.28~0.8

油浸变压器水雾喷头(见图一)

序号	型号规格	流量系数	喷射角(°)	有效距离(m)	工作压力范围(MPa)
1	ZSTWB/SL-S223-63-90	33.7	90	2.5	0.28~0.8
2	ZSTWB/SL-S223-63-120	33.7	120	2.2	0.28~0.8
3	ZSTWB/SL-S223-80-120	42.8	120	2.2	0.28~0.8

动态传输皮带水雾喷头(见图一)

序号	型号规格	流量系数	喷射角(°)	有效距离(m)	工作压力范围(MPa)
1	ZSTWB/SL-S225-40-90	18.9	90	2.2	0.4~0.8
2	ZSTWB/SL-S225-50-120	23.5	120	2.2	0.4~0.8
3	ZSTWB/SL-S225-63-120	33.7	120	2.2	0.4~0.8
4	ZSTWB/SL-S225-80-120	42.8	120	2.2	0.4~0.8

高闪点油类水雾喷头(见图一)

序号	型号规格	流量系数	喷射角(°)	有效距离(m)	工作压力范围(MPa)
1	ZSTWB/SL-S222-63-90	33.7	90	2.6	0.2~0.8
2	ZSTWB/SL-S222-63-120	33.7	120	2.3	0.2~0.8
3	ZSTWB/SL-S222-80-120	42.8	120	2.3	0.2~0.8

防护冷却水雾喷头(见图一)

序号	型号规格	流量系数	喷射角(°)	有效距离(m)	工作压力范围(MPa)
1	ZSTWB/SL-S232-22-90	15.6	90	2.0	0.2~0.6
2	ZSTWB/SL-S232-40-90	18.9	90	1.8	0.2~0.6
3	ZSTWB/SL-S232-40-120	18.9	120	1.8	0.2~0.6
4	ZSTWB/SL-S232-50-120	23.5	120	1.8	0.2~0.6

水雾封堵喷头(见图二)

序号	型号规格	流量系数	喷射角(°)	有效距离(m)	工作压力范围(MPa)
1	ZSTWB/SL-S231-63-90	33.7	90	2.5	0.2~0.8
2	ZSTWB/SL-S231-63-120	33.7	120	2.4	0.2~0.8
3	ZSTWB/SL-S231-80-90	42.8	90	2.3	0.2~0.8
4	ZSTWB/SL-S231-80-120	42.8	120	2.2	0.2~0.8

图 10-71 水雾喷头大样图

注：本图摘自国家建筑标准设计图集 04S206《自动喷水与水喷雾灭火设施安装》。

（7）应在系统管道的低处设置放水阀或排污口。因雨淋阀组自带试水阀，当雨淋阀组位于系统管道的低处时，可不单独设放水阀或排污口。

四、系统布置

（一）喷头布置

1. 喷头布置的一般规定

喷头的布置应使水雾直接并均匀地喷向并完全覆盖保护对象。

水雾喷头、管道与电气设备带电（裸露）部分的安全净距宜符合有关规范的要求。

2. 所需喷头计算数量的确定

单个水雾喷头的流量按式（10-11）计算

$$q = K\sqrt{10p} \qquad (10-11)$$

式中　q——单个水雾喷头的流量，L/min；

p——水雾喷头的工作压力，MPa；

K——水雾喷头的流量系数，数值由喷头厂家提供。

保护对象所需的水雾喷头计算数量按式（10-12）确定，即

$$N = AW/q \qquad (10-12)$$

式中　N——保护对象所需的水雾喷头计算数量，只；

A——保护对象的保护面积，m²；

W——保护对象的设计供给强度，L/（min·m²）。

所需喷头的计算数量主要用于初设阶段对水喷雾系统设计参数的确定，施工图阶段最终确定的喷头数量不能少于所需的计算数量。

3. 喷头的保护范围

水雾喷头与保护对象之间的距离不得大于水雾喷头的有效射程。各个水雾形成的水雾锥底圆能完全覆盖保护对象，若计算所得的水雾喷头数量不能满足该要求时，应增设喷头。水雾锥底圆半径按式（10-13）计算，计算图见图 10-73。

$$R = B\tan\frac{\theta}{2} \qquad (10-13)$$

式中　R——水雾锥底圆半径，m；

B——水雾喷头的喷口与保护对象之间的距离，m；

θ——水雾喷头的雾化角，（°）。

4. 根据保护对象确定喷头的数量和定位

设保护对象为油箱，油箱尺寸为 5m×3m×2.2m。油箱顶部周围宜布置一圈设置水雾喷头的矩形环管，以保护油箱顶部，并兼顾油箱的侧壁。若不能完全覆盖油箱的侧壁，应在顶层环管下再设置一圈环管，以保护油箱侧壁。为了方便设计和施工，两层环管以及其上设置的喷头，在平面上的定位宜相同。

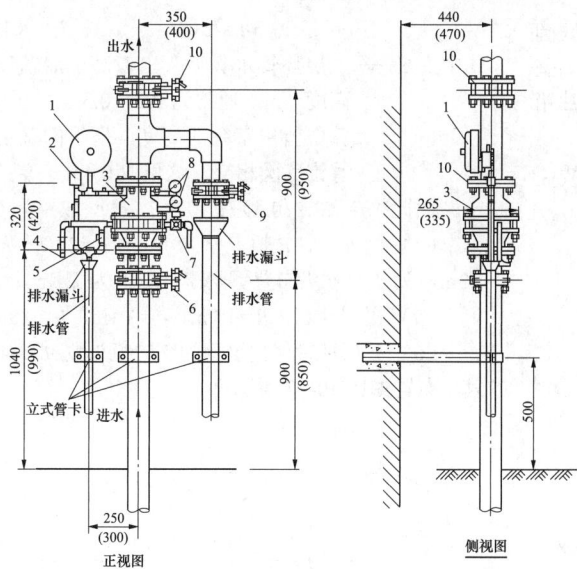

正视图

侧视图

ZSFY/SL–S360系列雨淋阀部件表

序号	名称	功用及作用
1	水力警铃	雨淋阀开启后发出音响信号
2	压力开关	雨淋阀开启后发出报警电信号
3	雨淋报警阀	平时关闭,灭火时开启
4	非电控远程手动装置	远程手动打开雨淋阀
5	现场手动装置	现场手动打开雨淋阀
6	进水信号阀	平时常开,维修雨淋阀时切断供水水源
7	电磁阀	电动打开雨淋阀
8	压力表	指示雨淋阀前后的供水压力
9	试水阀	调试雨淋阀本体时打开,平时常闭
10	试验信号阀	试验雨淋阀功能时关闭,平时常开

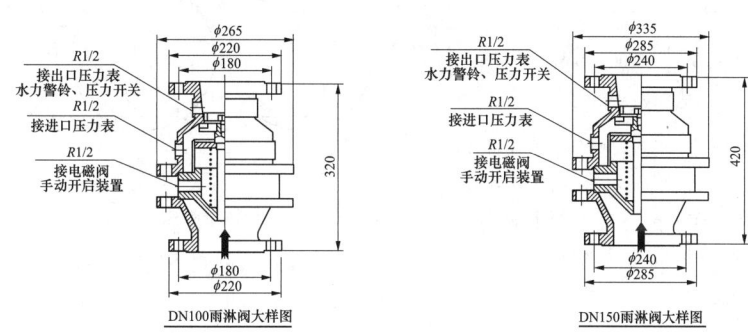

DN100雨淋阀大样图

DN150雨淋阀大样图

ZSFY/SL–S360型雨淋阀技术参数

序号	型号规格	水力摩阻(MPa)	质量(kg)	额定工作压力(MPa)	适应环境温度(℃)
1	ZSFY/SL–S360 DN150	0.035	70	2.0	0以上
2	ZSFY/SL–S360 DN100	0.04	40	2.0	0以上

说明:
1.雨淋阀具有三种启动方式:电磁阀启动、现场手动启动与非电控远程手动装置启动。
2.本雨淋阀的配管安装可根据实际情况予以调整。
3.排水系统(包括排水漏斗和排水管),设计人员可根据现场具体情况自行设计。
4.本图为DN100雨淋阀安装尺寸,括号内数字为DN150雨淋阀安装尺寸。

图 10-72　水喷雾系统雨淋阀组的安装（ZSFY/SL-360 型）

注：本图摘自国家建筑标准设计图集 04S206《自动喷水与水喷雾灭火设施安装》。

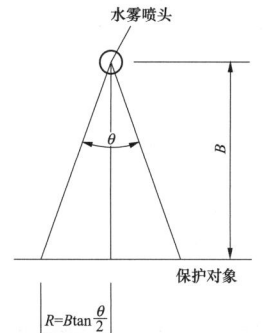

在布设两层环管的情况下,首先考虑对油箱的侧壁。底层环管上设置的喷头应正对油箱的侧壁,SW_1、SW_2 水雾喷头喷射在侧壁上形成水雾锥底圆,如图 10-74 所示。

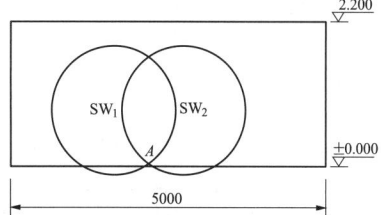

$$R=B\tan\frac{\theta}{2}$$

图 10-73　水雾锥底圆计算图

图 10-74　油箱侧壁 SW_1、SW_2 喷头水雾锥分布图
（高程单位：m）

（1）为保证水雾保护到油箱最下沿，水雾锥底圆的下交点 A 不应高于±0.000m。在图10-74油箱侧壁 SW_1、SW_2 喷头水雾锥分布图中，按 A 点恰好在油箱下沿的直线上考虑。

（2）考虑 SW_1、SW_2 喷头正上方环管上的 SW_3、SW_4，如图10-75所示。

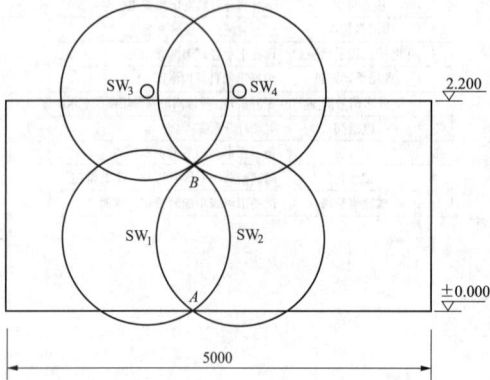

图10-75　油箱侧壁 SW_1、SW_2、SW_3、SW_4 喷头
水雾锥分布图（高程单位：m）

为保证油箱侧壁完全覆盖，SW_3、SW_4 喷头水雾锥的下交点应不低于 SW_1、SW_2 喷头水雾锥的交点 B，在图10-75中按恰好重合考虑。为保证油箱上表面的有水雾覆盖，SW_3、SW_4 喷头应高于2.200m。

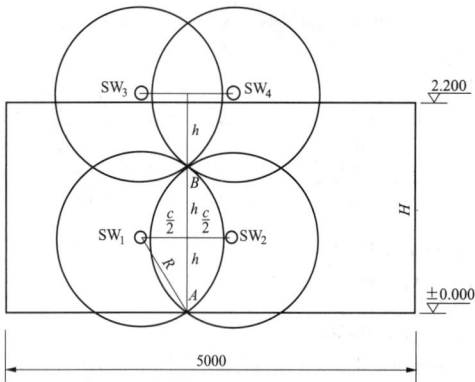

图10-76　油箱侧壁 SW_1、SW_2、SW_3、SW_4 喷头
水雾锥计算图（高程单位：m）

（3）设水雾锥底圆半径为 R，同一环管上的喷头间距为 c，h 为 AB 两点间距离的一半，如图10-76中所示，则有式（10-14）的关系

$$h^2 = R^2 - (c/2)^2 \quad (10\text{-}14)$$

由于 SW_3、SW_4 喷头标高应高于 H，$H=2.200$m，所以有

$$3h > H \quad (10\text{-}15)$$

为便于计算，令

$$3h = H + h' \quad (10\text{-}16)$$

式中　h'——上层环管水雾喷头出口高于油箱顶面的高度，m，通常为0.2～0.3m。为了在计算中留出富余的高度，便于侧壁上的水雾锥底圆相交，这里取0.4m。

由此，$h=(2.2+0.4)/3=0.867$（m），取整为0.8m。

（4）因 $R>h$，R 值取整为1.0m，$c=2\times(R^2-h^2)^{1/2}=1.2$m，为使得喷头布置更紧凑，取值为1.1m。

（5）根据计算，$R=1.0$m，$c=1.1$m，$h=0.8$m。

（6）单层环管保护该侧侧壁的喷头数为 $L/c=4.5\approx5$ 只，布置如图10-77所示。

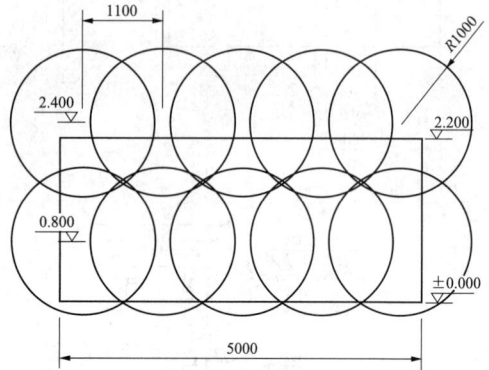

图10-77　油箱侧壁喷头水雾布置图（高程单位：m）

（7）计算该侧侧壁的所需的单个喷头流量，按式（10-17）确定，即

$$q = A_1 W / n \quad (10\text{-}17)$$

故

$$q = 5.0 \times 2.2 \times 20 \div 10$$
$$= 22 \text{（L/min）}$$

式中　q——单个喷头的流量，L/min；

A_1——侧壁的面积，m^2；

W——保护对象的设计供给强度，L/（min·m^2），这里按油箱内液体闪点在60～120℃考虑，取值20L/（min·m^2）；

n——该侧壁水雾喷头的数量，只。

选取型号为 ZSTWA-30-90 的水雾喷头，该喷头参数见表10-23。

表10-23　ZSTWA-30-90 型水雾喷头参数

型号	接管螺纹（mm）	额定工作压力（MPa）	流量（L/min）	雾化角 θ（°）	水平射程（m）	雾滴平均直径（mm）	流量系数 K
ZSTWA-30-90	15	0.35	30	90	4.5	0.472	15.75

（8）确定喷头距侧壁的距离 B，见式（10-18）

$$B = R\cot\frac{\theta}{2} \qquad (10-18)$$

故

$$B = 1 \times \cot45° = 1 \ (m)$$

（9）确定另一面 3m×2.2m 侧壁所需的喷头数量。单层环管保护该侧侧壁的喷头数 $= T/c = 2.7 \approx 3$（只），布置如图 10-78 所示。

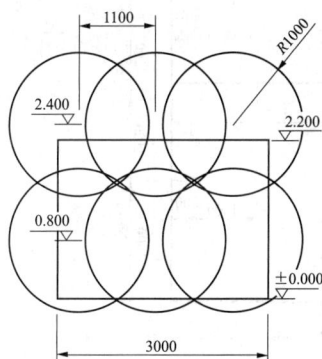

图 10-78　油箱另一侧侧壁喷头水雾布置图
（高程单位：m）

（10）核算油箱顶面的水雾供给强度。油箱顶面周围共有（3+5）×2=16 只水雾喷头。喷头的水平射程为 4.5m，因此水雾锥足够覆盖油箱顶面。按每只喷头的水雾有一半作用在油箱顶面计算，则油箱顶面的供给强度为

$$W = 16 \times 30 \times 50\% \div (5 \times 3) = 16 \ [L/(min \cdot m^2)]$$

该值小于油箱所需的水雾供给强度 20L/（min·m²），故还需增设水雾喷头。

油箱顶面需要的水雾流量 $= 20 \times 5 \times 3 = 300$（L/min）

16 只喷头作用在顶面上的流量 $= 16 \times 30 \times 50\% = 240$（L/min）

因此需增设的喷头数 $=(300-240)/30 = 2$（只），这两只喷头的流量按全部作用在油箱顶面考虑，设置在油箱顶面之上。

因此整个油箱共设置 16×2+2=34 只喷头。

（11）核算整个油箱的喷头数量：

整个油箱的外表面积 $A = 2LH + 2TH + LT = 2 \times 5 \times 2.2 + 2 \times 3 \times 2.2 + 5 \times 3 = 50.2$（m²）

所需最少水雾供给流量 $= 20 \times 50.2 = 1004$（L/min）

按喷头数核算供给流量 $= 34 \times 30 = 1020$（L/min），喷头数核算供给流量大于所需最少水雾供给流量，喷头数满足要求。

（12）油箱的喷头最终布置如图 10-79 所示。

（二）阀门、管道及其他附件布置

（1）当系统设置两个及以上雨淋报警阀时，雨淋报警阀前宜设置环状供水管道。

（2）雨淋阀组宜设置在温度不低于 4℃并有排水设施的室内。设置在室内的雨淋阀宜距地面 1.2m，两侧与墙的距离不应小于 0.5m，正面与墙的距离不应小于 1.2m，雨淋报警阀凸出部位之间的距离不应小于 0.5m。

（3）雨淋报警阀、电动控制阀、气动控制阀宜布置在靠近保护对象并便于人员安全操作的位置。

（4）在严寒与寒冷地区室外设置的雨淋报警阀、电动控制阀、气动控制阀，应采取伴热保温措施。

（5）设置水喷雾灭火系统的场所应设有排水设施。

（6）不能进行喷水试验的场所，雨淋报警阀之后的供水干管上应设置排放试验检测装置，且其过水能力应与系统过水能力一致。

（7）水力警铃应设置在公共通道或值班室附近的外墙上，且应设置检修、测试用的阀门。雨淋报警阀和水力警铃应采用热镀锌钢管进行连接，其公称直径不宜小于 20mm；当公称直径为 20mm 时，其长度不宜大于 20m。

五、设计举例

对尺寸为 5m×3m×2.2m 的油箱布置的水喷雾系统进行计算，布置见图 10-79。

（1）对系统各节点进行编号，如图 10-80 所示。

（2）以系统最高处的 3′点为最不利点，以该点工作压力为 0.35MPa 开始计算。如计算出的其他喷头节点的工作压力小于 0.35MPa，则应以计算出工作压力最小的喷头节点为最不利点，以其工作压力为 0.35MPa 重新计算。

（3）系统管道全部采用镀锌钢管。预设系统管道的管径如图 10-81 所示。

系统环管和干管的管径均预设为 DN50，直接连接喷头的支管管径预设为 DN25。选用管道的尺寸见表 10-24。

表 10-24　　油箱水喷雾系统选用
镀锌钢管的尺寸　　　　　　　　　（mm）

公称直径	外径	壁厚	内径
DN50	60.3	3.8	52.7
DN25	33.7	3.2	27.3

系统的最终计算结果需满足下列要求：

1）每段管道内水的平均流速不大于 5m/s；

2）系统响应时间不大于 120s。

根据上述原则对最终计算结果进行校核，调整预设管径的大小。

（4）首先计算顶层环管，预设管段的水流方向，如图 10-82 所示。

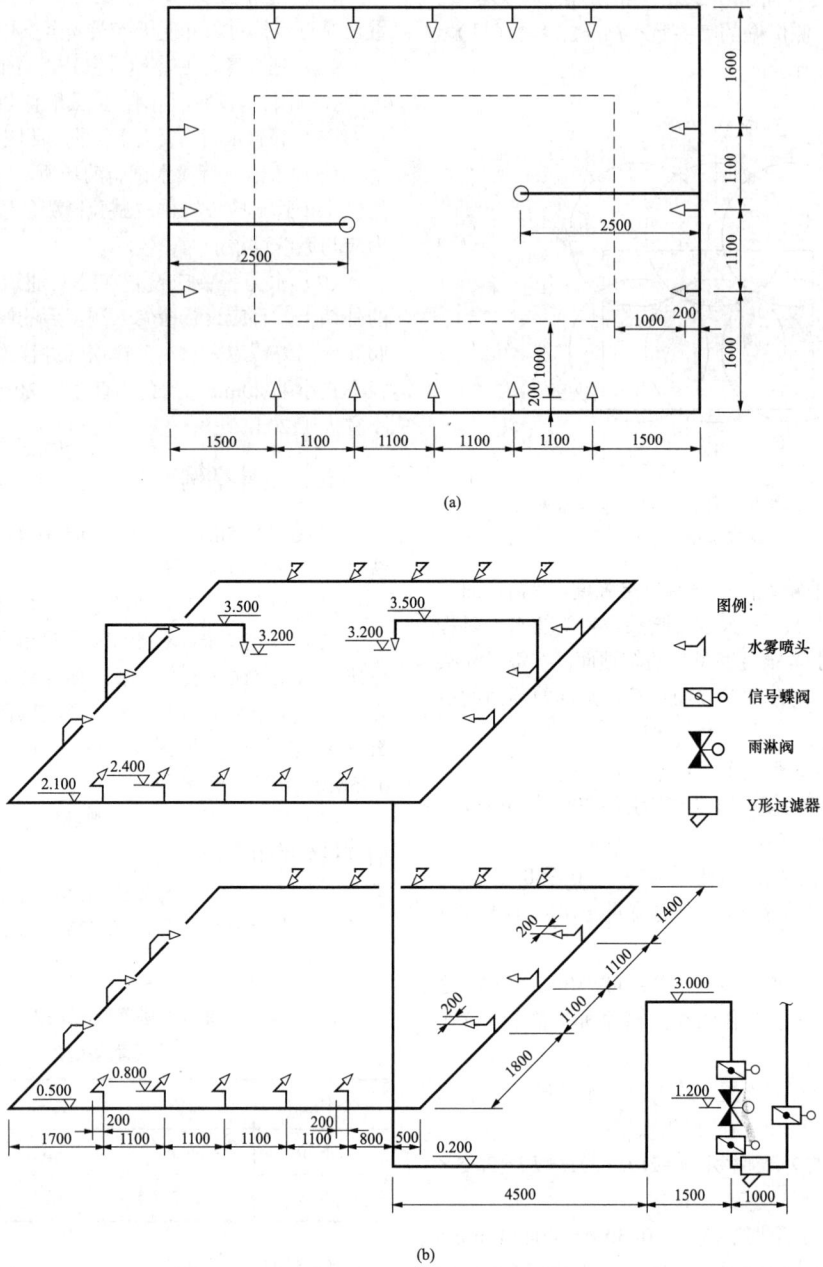

(a)

(b)

图 10-79 油箱水雾喷头最终布置图（高程单位：m）

（a）平面布置图；（b）透视图

图例：

水雾喷头

信号蝶阀

雨淋阀

Y形过滤器

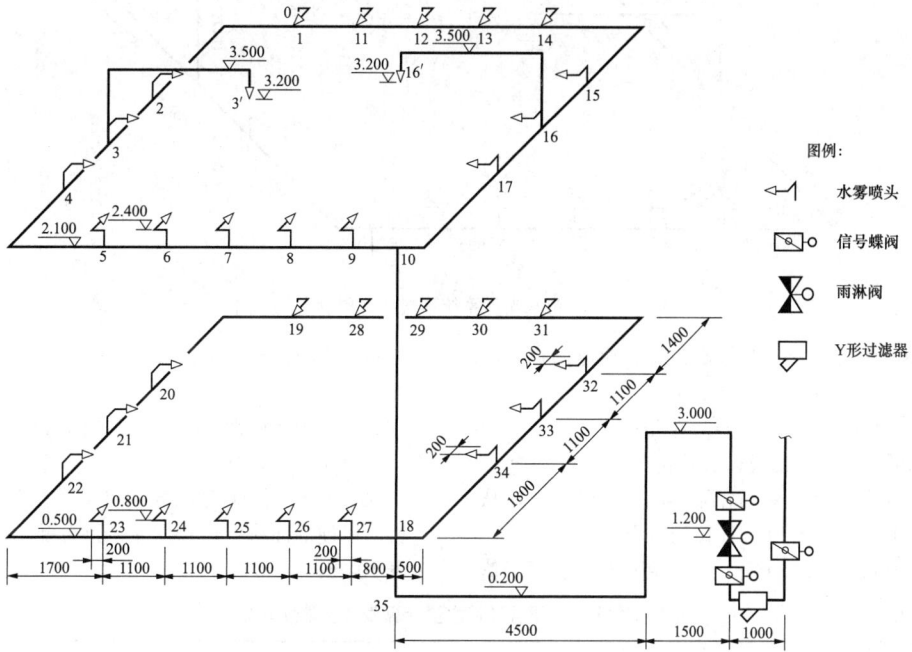

图 10-80 油箱水喷雾系统节点编号图（高程单位：m）

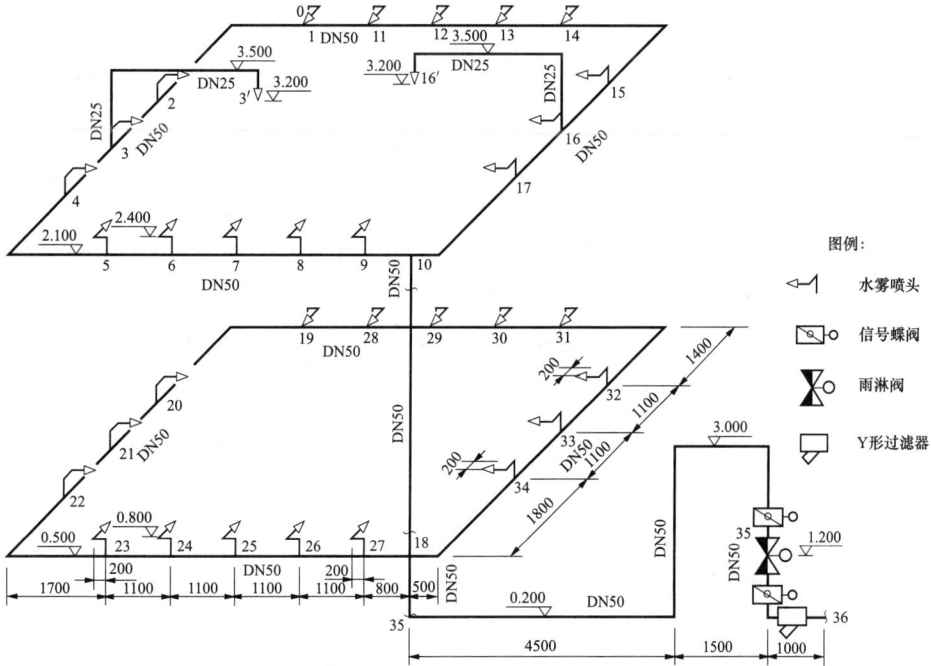

图 10-81 油箱水喷雾系统管径预设图（高程单位：m）

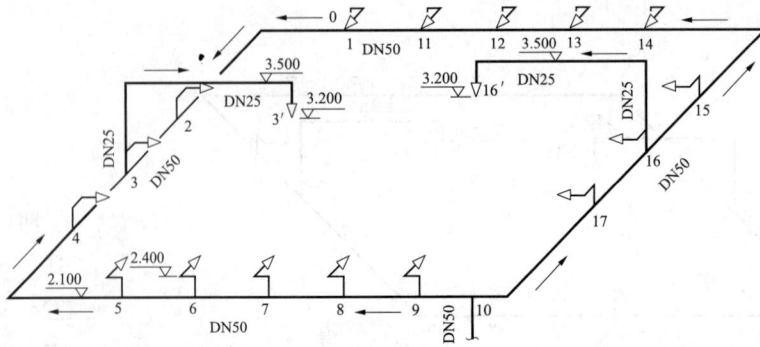

图 10-82　油箱水喷雾系统顶层环管预设水流方向

如最终计算结果——某管段的流量流速为负数，则该段的实际流向为预设的反方向。

（5）顶层环管的水力计算思路是：

1）从最不利点 3′出发，计算得节点 3 的流量。

2）将这段流量先预分配到 3-4、3-2 管段上，从节点 3 分别逆时针、顺时针计算到节点 10。

3）计算得节点 10 的压力会有两个值，这两个值

的差为水头闭合差。因节点 10 的压力为定值，所以闭合差应为 0。

4）改变分配到 3-4、3-2 管段上的流量，通过试算，使得闭合差为 0。

（6）进行顶层环管的水力计算。推荐采用 Excel 计算，以便后面进行试算。流量预分配后的水力计算见表 10-25。

表 10-25　　　　　　　　　　　油箱水喷雾系统顶层环管水量计算表（流量预分配）

节点		管段	流量（L/min）	管道公称直径（mm）	管道计算内径（mm）	流速（m/s）	水力坡降（MPa/m）	管长（m）	管件	局部管件当量长度（m）	水头损失（×10⁻²MPa）	节点压力（×10⁻²MPa）	节点所连喷头的流量（L/min）
			①	②	③	④	⑤	⑥	⑦	⑧	⑨	⑩	⑪	⑫
			n 行②=$n{-}1$ 行②$+$$n{-}1$ 行⑫							=⑥×(⑦+⑨)×100	n 行⑪=$n{-}1$ 行⑪+n 行⑩	=$K\sqrt{\dfrac{⑪}{10}}$
	3′											35	30
	3	3′-3	30.00	25	26	0.94	0.001093	4.1	2 个 DN25 90° 弯头	1.2	0.579	36.78	30.76
	4	3-4	30.00**	50	52	0.24	0.000028	1.1			0.003	36.78	30.76
逆时针计算	5	4-5	60.76	50	52	0.48	0.000114	3.1	1 个 DN50 90° 弯头	1.5	0.052	36.83	30.78
	6	5-6	91.55	50	52	0.72	0.000258	1.1			0.028	36.86	30.80
	7	6-7	122.34	50	52	0.96	0.000461	1.1			0.051	36.91	30.82
	8	7-8	153.16	50	52	1.20	0.000722	1.1			0.079	36.99	30.85
	9	8-9	184.01	50	52	1.44	0.001043	1.1			0.115	37.11	30.90
	10	9-10	214.91	50	52	1.69	0.001422	0.8	1 个 DN50 90° 三通	4.6	0.768	37.88	
	2	3-2	30.77***	50	52	0.24	0.000029	1.1			0.003	36.78	30.76
顺时针计算	1	2-1	61.53	50	52	0.48	0.000117	3.1	1 个 DN50 90° 弯头	1.5	0.054	36.84	30.79
	11	1-11	92.32	50	52	0.72	0.000262	1.1			0.029	36.86	30.80
	12	11-12	123.11	50	52	0.97	0.000467	1.1			0.051	36.92	30.82
	13	12-13	153.93	50	52	1.21	0.000730	1.1			0.080	37.00	30.85

续表

节点	管段	流量 (L/min)	管道公称直径 (mm)	管道计算内径 (mm)	流速 (m/s)	水力坡降 (MPa/m)	管长 (m)	管件	局部管件当量长度 (m)	水头损失 (×10⁻²MPa)	节点压力 (×10⁻²MPa)	节点所连喷头的流量 (L/min)
	14	13-14	184.78	50	52	1.45	0.001052	1.1			0.116	37.11	30.90
	15	14-15	215.69	50	52	1.69	0.001433	3.1	1个DN50 90°弯头	1.5	0.659	37.77	31.17
顺时针计算	16	15-16	246.86	50	52	1.94	0.001877	1.1			0.206	37.98	31.26
	16′	16′-16	30.76****	25	26	0.97	0.001148	4.1	2个DN25 90°弯头	1.2	0.608	36.78	30.76
	17	16-17	308.88	50	52	2.43	0.002938	1.1			0.323	38.30	31.39
	10	17-10	340.27	50	52	2.67	0.003566	3.1	1个DN50 90°弯头+ 1个DN50 90°三通	6.1	3.281	41.58	

注 1. 每段管段的流量＝上一管段的流量＋本段管段所连喷头的流量。

2. 水头闭合差＝逆时针计算所得节点10的压力–顺时针计算所得的节点10的压力＝–0.037MPa。

* 水雾喷头的流量公式，这里的 K 值为16.04，计算中忽略了节点和水雾喷头之间管段的微小水头损失和高差。

** 预分配3-4管段的流量，这里取30L/min，试算时要修改此值，使得闭合差为0。

*** 预分配3-2管段的流量，其值等于节点3′和3喷头的流量之和减去预分配的3-4管段的流量。

**** 节点16′的喷头流量为已知节点16的压力，逆推所得，逆推过程见式（10-19）。

$$p_{16} = p_{16'} + H + h$$
$$= \frac{10Q^2}{K^2} + 0.0000107\frac{v^2}{d_j^{1.3}}l + h$$
$$= \frac{10Q^2}{K^2} + 0.0000107\frac{16Q^2l}{\pi^2 d_j^{5.3}} + h \quad （10\text{-}19）$$
$$Q = \sqrt{\dfrac{p_{16} - h}{\dfrac{10}{K^2} + \dfrac{0.0000107 \times 16l}{\pi^2 d_j^{5.3}}}}$$

式中 Q——节点16′喷头的流量，L/min；

p_{16}——节点16的压力，×10⁻²MPa；

$p_{16'}$——节点16′的压力，×10⁻²MPa；

H——16′-16管段的水头损失，m；

h——节点16′与16的高差，m，本例中为1.2m；

l——16′-16管段的长度与管件当量长度之和。

（7）试算：更改3-4管段的流量，使得水头闭合差为零。以 Excel 的数据—假设分析—单变量求解功能完成试算步骤，试算结果见表10-26。

表 10-26　　　　　油箱水喷雾系统顶层环管水量计算表（试算结果）

节点	管段	流量 (L/min)	管道公称直径 (mm)	管道计算内径 (mm)	流速 (m/s)	水力坡降 (MPa/m)	管长 (m)	管件	局部管件当量长度 (m)	水头损失 (×10⁻²MPa)	节点压力 (×10⁻²MPa)	节点所连喷头的流量 (L/min)
	①	②	③	④	⑤	⑥	⑦	⑧	⑨	⑩	⑪	⑫
		n 行②＝ $n-1$ 行②＋ $n-1$ 行⑫								＝⑥×（⑦＋ ⑨）×100	n 行⑪＝$n-1$ 行⑪＋n 行⑩	＝$K\sqrt{\frac{⑪}{10}}$
	3′										35	30
逆时针计算	3	3′-3	30.01	25	26	0.94	0.001093	4.1	2个DN25 90°弯头	1.2	0.579	36.78	30.76
	4	3-4	111.46	50	52	0.88	0.000383	1.1			0.042	36.82	30.78
	5	4-5	142.24	50	52	1.12	0.000623	3.1	1个DN50 90°弯头	1.5	0.287	37.11	30.90
	6	5-6	173.14	50	52	1.36	0.000923	1.1			0.102	37.21	30.94

节点		流量(L/min)	管道公称直径(mm)	管道计算内径(mm)	流速(m/s)	水力坡降(MPa/m)	管长(m)	管件	局部管件当量长度(m)	水头损失(×10⁻²MPa)	节点压力(×10⁻²MPa)	节点所连喷头的流量(L/min)
逆时针计算 7	6-7	204.08	50	52	1.60	0.001283	1.1			0.141	37.35	31.00
8	7-8	235.08	50	52	1.85	0.001702	1.1			0.187	37.54	31.08
9	8-9	266.15	50	52	2.09	0.002182	1.1			0.240	37.78	31.18
10	9-10	297.33	50	52	2.33	0.002723	0.8	1个DN50 90°三通	4.6	1.470	39.25	
顺时针计算 2	3-2	−50.69	50	52	−0.40	0.000079	1.1			0.009	36.79	30.76
1	2-1	−19.92	50	52	−0.16	0.000012	3.1	1个DN50 90°弯头	1.5	0.006	36.79	30.77
11	1-11	10.84	50	52	0.09	0.000004	1.1			0.000	36.79	30.77
12	11-12	41.61	50	52	0.33	0.000053	1.1			0.006	36.80	30.77
13	12-13	72.38	50	52	0.57	0.000161	1.1			0.018	36.82	30.78
14	13-14	103.16	50	52	0.81	0.000328	1.1			0.036	36.85	30.79
15	14-15	133.95	50	52	1.05	0.000553	3.1	1个DN50 90°弯头	1.5	0.254	37.11	30.90
16	15-16	164.85	50	52	1.29	0.000837	1.1			0.092	37.20	30.94
16′	16′-16	30.43	25	26	0.96	0.001124	4.1	2个DN25 90°弯头	1.2	0.596	37.20	
17	16-17	226.22	50	52	1.78	0.001576	1.1			0.173	37.37	31.01
10	17-10	257.23	50	52	2.02	0.002038	3.1	1个DN50 90°弯头+1个DN50 90°三通	6.1	1.875	39.25	

注　水头闭合差＝逆时针计算所得节点10的压力−顺时针计算所得节点10的压力＝0.00MPa。

校核各节点的压力，都大于 0.35MPa，说明节点3′确实为最不利点。

校核各管段的流速，都不大于 5m/s，符合规范要求。

结果中为负值的项表示水流方向与预设方向相反。

由计算结果得，节点10的出流量＝297.33+257.23＝554.56（L/min），节点压力为 0.3925MPa。

（8）由节点 10 计算得节点 18 的水压，计算结果见表 10-27。

表 10-27　　　　油箱水喷雾系统 10-18 管段水力计算表

管段	流量(L/min)	管道公称直径(mm)	管道计算内径(mm)	流速(m/s)	水力坡降(MPa/m)	管长(m)	管件	局部管件当量长度(m)	水头损失(×10⁻²MPa)	18节点的压力(×10⁻²MPa)
10-18	554.56	50	52	4.35	0.009471	1.6			1.52	42.36

（9）计算底层环管。预设节点 19 为最不利点。预设管段的水流方向如图 10-83 所示。

如最终计算结果——某管段的流量流速为负数，则该段的实际流向为预设的反方向。

（10）底层环管的计算思路是：预分配 19-20、19-28 管段的流量；从节点 19 分别逆时针、顺时针计算至节点 18；试算节点 18 的压力，令逆时针、顺时针计算所得结果等于表 10-27 计算所得的节点 18 的压力。

（11）预分配 19-20、19-28 管段的流量，计算结果见表 10-28。

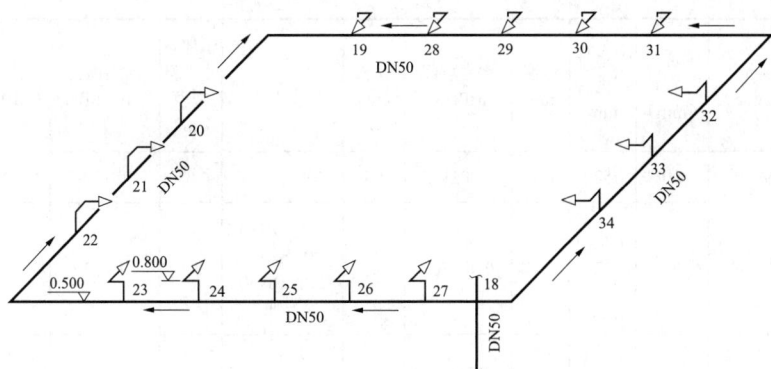

图 10-83 油箱水喷雾系统底层环管预设水流方向（高程单位：m）

表 10-28 　　　　　　油箱水喷雾系统底层环管水量计算表（流量预分配）

节点	管段	流量（L/min）	管道公称直径（mm）	管道计算内径（mm）	流速（m/s）	水力坡降（MPa/m）	管长（m）	管件	局部管件当量长度（m）	水头损失（×10⁻²MPa）	节点压力（×10⁻²MPa）	节点所连喷头的流量（L/min）
	①	②	③	④	⑤	⑥	⑦	⑧	⑨	⑩	⑪	⑫
		n 行②＝$n-1$ 行②＋$n-1$ 行⑫								＝⑥×（⑦＋⑨）×100	n 行⑪＝$n-1$ 行⑪＋n 行⑩	＝$K\sqrt{\dfrac{⑪}{10}}$
逆时针计算 19											34.98**	
20	19-20	15.00*	50	52	0.12	0.000007	3.1	1 个 DN50 90°弯头	1.5	0.003	34.98	30.00
21	20-21	45.00	50	52	0.35	0.000062	1.1			0.007	34.99	30.00
22	21-22	75.01	50	52	0.59	0.000173	1.1			0.019	35.01	30.01
23	22-23	105.02	50	52	0.82	0.000340	3.1	1 个 DN50 90°弯头	1.5	0.156	35.17	30.08
24	23-24	135.10	50	52	1.06	0.000562	1.1			0.062	35.23	30.11
25	24-25	165.20	50	52	1.30	0.000841	1.1			0.092	35.32	30.15
26	25-26	195.35	50	52	1.53	0.001175	1.1			0.129	35.45	30.20
27	26-27	225.55	50	52	1.77	0.001567	1.1			0.172	35.62	30.27
18	27-18	255.82	50	52	2.01	0.002016	0.8	1 个 DN50 三通	4.6	1.088	36.71	
											水头闭合差 5.65***	
顺时针计算 19											34.98**	
28	19-28	15.00*	50	52	0.12	0.000007	1.1			0.001	34.98	30.00
29	28-29	45.00	50	52	0.35	0.000062	1.1			0.007	34.99	30.00
30	29-30	75.00	50	52	0.59	0.000173	1.1			0.019	35.01	30.01
31	30-31	105.02	50	52	0.82	0.000340	1.1			0.037	35.05	30.03
32	31-32	135.04	50	52	1.06	0.000562	3.1	1 个 DN50 90°弯头	1.5	0.258	35.30	30.14
33	32-33	165.18	50	52	1.30	0.000840	1.1			0.092	35.40	30.18

节点	管段	流量 （L/min）	管道公称直径 （mm）	管道计算内径 （mm）	流速 （m/s）	水力坡降 （MPa/m）	管长 （m）	管件	局部管件当量长度 （m）	水头损失 （×10⁻²MPa）	节点压力 （×10⁻²MPa）	节点所连喷头的流量 （L/min）
顺时针计算 34	33-34	195.36	50	52	1.53	0.001175	1.1			0.129	35.53	30.23
18	34-18	225.59	50	52	1.77	0.001567	3.3	1 个 DN50 90°弯头+1 个 DN50 三通	6.1	1.473	37.00	
											水头闭合差 5.36***	

注 每段管段的流量＝上一段管段的流量＋本段管段所连喷头的流量。

* 预分配 19-20、19-28 管段的流量，均取为 15L/min。

** 节点 19 的压力＝（预分配 19-20、19-28 管段的流量之和/K）²×10。

*** 逆、顺时针水头闭合差＝表 10-27 计算得到的节点 18 的压力－逆、顺时针计算所得的节点 18 的压力。

（12）调整 19-20、19-28 管段的流量，使两个水头闭合差为零。试算结果见表 10-29。

表 10-29　　　　　　　　　油箱水喷雾系统底层环管水量计算表（试算结果）

节点	管段	流量 （L/min）	管道公称直径 （mm）	管道计算内径 （mm）	流速 （m/s）	水力坡降 （MPa/m）	管长 （m）	管件	局部管件当量长度 （m）	水头损失 （×10⁻²MPa）	节点压力 （×10⁻²MPa）	节点所连喷头的流量 （L/min）
		①	②	③	④	⑤	⑥	⑦	⑧	⑨	⑩	⑪
		n 行②＝$n-1$ 行②＋$n-1$ 行⑫								＝⑥×（⑦＋⑨）×100	n 行⑪＝$n-1$ 行⑪＋n 行⑩	＝$K\sqrt{\dfrac{⑪}{10}}$
19											40.22	
20	19-20	24.01	50	52	0.19	0.000018	3.1	1 个 DN50 90°弯头	1.5	0.01	40.23	32.55
21	20-21	56.18	50	52	0.44	0.000097	1.1			0.01	40.24	32.55
22	21-22	88.36	50	52	0.69	0.000240	1.1			0.03	40.26	32.57
逆时针计算 23	22-23	120.54	50	52	0.95	0.000448	3.1	1 个 DN50 90°弯头	1.5	0.21	40.47	32.67
24	23-24	152.81	50	52	1.20	0.000719	1.1			0.08	40.55	32.71
25	24-25	185.11	50	52	1.45	0.001055	1.1			0.12	40.67	32.76
26	25-26	217.46	50	52	1.71	0.001456	1.1			0.16	40.83	32.83
27	26-27	249.87	50	52	1.96	0.001923	1.1			0.21	41.04	32.93
18	27-18	282.36	50	52	2.22	0.002455	0.8	1 个 DN50 三通	4.6	1.33	42.36	
											水头闭合差 0.0001	

续表

节点		管段	流量（L/min）	管道公称直径（mm）	管道计算内径（mm）	流速（m/s）	水力坡降（MPa/m）	管长（m）	管件	局部管件当量长度（m）	水头损失（×10⁻²MPa）	节点压力（×10⁻²MPa）	节点所连喷头的流量（L/min）
顺时针计算	19											40.22	
	28	19-28	8.16	50	52	0.06	0.000002	1.1			0.00	40.22	32.54
	29	28-29	40.33	50	52	0.32	0.000050	1.1			0.01	40.22	32.54
	30	29-30	72.50	50	52	0.57	0.000162	1.1			0.02	40.24	32.55
	31	30-31	104.67	50	52	0.82	0.000337	1.1			0.04	40.28	32.56
	32	31-32	136.86	50	52	1.07	0.000577	3.1	1 个 DN50 90°弯头	1.5	0.27	40.55	32.65
	33	32-33	169.16	50	52	1.33	0.000881	1.1			0.10	40.64	32.68
	34	33-34	201.50	50	52	1.58	0.001250	1.1			0.14	40.78	32.73
	18	34-18	233.89	50	52	1.84	0.001685	3.3	1 个 DN50 90°弯头+1 个 DN50 三通	6.1	1.58	42.36	
												水头闭合差 −0.0001	

（13）计算雨淋阀前压力，结果见表 10-30。

表 10-30　　油箱水喷雾系统雨淋阀前压力计算表（干管管径 DN50）

管段	流量（L/min）	管道公称直径（mm）	管道内径（mm）	流速（m/s）	水力坡降（MPa/m）	管长（m）	管件	局部管件当量长度（m）	水头损失（×10⁻²MPa）	35 节点的压力（×10⁻²MPa）
18-35	1070.8	50	52	8.41	0.0353	6	一个 DN50 弯头+1 个 DN50 信号蝶阀+1 个雨淋阀	11.3	61.09	103.76

计算结果，18-35 管道流速大于 5m/s，不符合规范，该段管段管径应扩大。将管径扩大到 DN80，计算结果见表 10-31。

表 10-31　　油箱水喷雾系统雨淋阀前压力计算表（干管管径 DN80）

管段	流量（L/min）	管道公称直径（mm）	管道计算内径（mm）	流速（m/s）	水力坡降（MPa/m）	管长（m）	管件	局部管件当量长度（m）	水头损失（×10⁻²MPa）	节点 35 的压力（×10⁻²MPa）
18-35	1070.8	80	79.5	3.60	0.0037	6	一个 DN80 弯头+1 个 DN80 信号蝶阀+1 个雨淋阀	13.2	7.16	49.81

计算结果符合规范要求。

（14）校核响应时间，根据每段管段的流速和管长，计算出水流至最不利点所需的时间，结果为 31.6s，满足油箱水喷雾系统响应时间不超过 60s 的要求。

（15）得出最终计算结果，见图 10-84。在满足最不利喷头工作要求的条件下，油箱水喷雾系统雨淋阀前所需的最小压力为 0.498MPa（对应流量为 1070.8L/min）。

系统的设计流量 =1.05×1070.8/60=18.74（L/s）（1.05 为安全系数）。

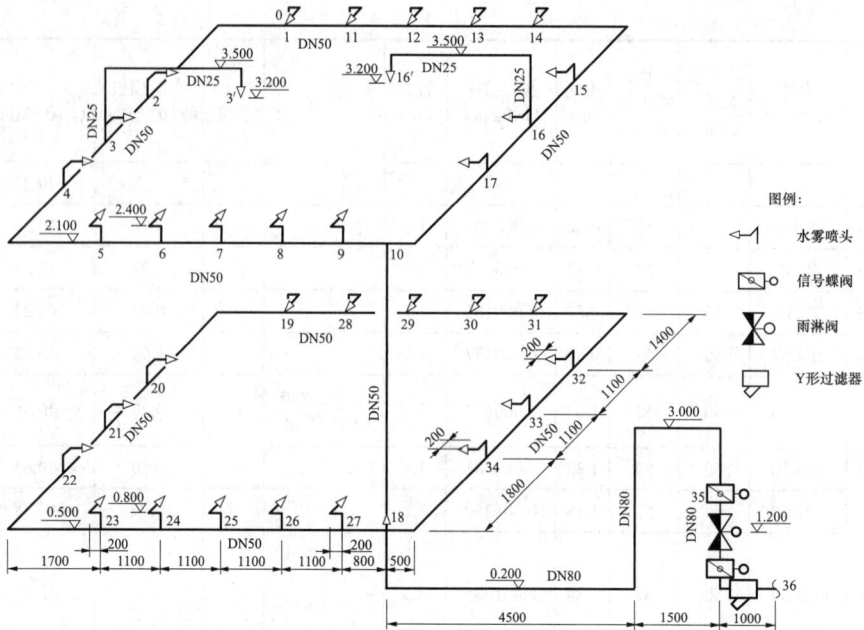

图 10-84　油箱水喷雾系统设计图（高程单位：m）

第四节　细水雾灭火系统

一、概述

细水雾灭火系统是由供水装置、过滤装置、控制阀、细水雾喷头等组件和供水管道组成的，能自动和人工启动并喷放细水雾进行灭火或控火的固定灭火系统。

细水雾是指水在系统最小设计工作压力下，经喷头喷出并在轴线下方 1.0m 处的平面上形成的直径 $D_{v0.50}$ 小于 200μm、$D_{v0.99}$ 小于 400μm 的水雾滴。细水雾雾滴的平均粒径远小于水喷雾。

细水雾灭火系统的分类见表 10-32。

表 10-32　细水雾灭火系统的分类

分类方式		细水雾系统类型
工作压力 p	1.21MPa＜p≤3.45MPa	中压系统
	p＞3.45MPa	高压系统
应用方式	向整个防护区内喷放细水雾，保护其内部所有保护对象	全淹没式系统
	向保护对象直接喷放细水雾，保护空间内某具体保护对象	局部应用系统
动作方式	由火灾自动报警系统或传动管控制，自动开启雨淋报警阀和启动供水泵后，向开式洒水喷头供水	开式系统
	采用闭式细水雾喷头	闭式系统（电厂鲜有应用）
供水方式	采用泵组（或稳压装置）作为供水装置	泵组系统
	采用储水容器（瓶）和储气容器（瓶）作为供水装置	瓶组系统

二、设计基本参数

（一）全淹没开式系统

全淹没开式系统在电厂内适用于电缆夹层和电缆隧道，喷头工作压力、安装高度、布置间距和系统最小喷雾强度见表 10-33。

表 10-33　电缆夹层和电缆隧道细水雾喷头的工作压力、安装高度、布置间距

喷头工作压力（MPa）	喷头安装高度（m）	系统的最小喷雾强度［L/（min·m²）］	喷头最大布置间距（m）	持续喷雾时间（min）
＞1.2 且 ≤3.5	≤5.0	2.0	2.5	
≥10	＞3.0 且 ≤5.0	2.0	3.0	30
	≤3.0	1.0	3.0	

系统响应时间不应大于 30s。当采用瓶组系统且在同一防护区内使用多组瓶组时，各瓶组应能同时启动，其动作响应时差不应大于 2s。

防护区数量不应大于 3 个。单个防护区的容积，对于泵组系统不宜超过 3000m³，对于瓶组系统不宜超过 260m³。当超过单个防护区最大容积时，宜将该防护区分成多个分区进行保护，并符合下列规定：

（1）各分区的容积，对于泵组系统不宜超过 3000m³，对于瓶组系统不宜超过 260m³。

（2）当各分区的火灾危险性相同或相近时，系统的设计参数可根据其中容积最大分区的参数确定。

（3）当各分区的火灾危险性存在较大差异时，系统的设计参数应分别按各自分区的参数确定。

（4）当设计参数与表 10-33 不相符时，应经实体火灾模拟试验确定。

（二）局部应用开式系统

局部应用开式系统的设计参数应根据产品认证检验时，国际授权的认证检验机构根据 GB/T 26785《细水雾灭火系统及部件通用技术条件》认证检验时获得的试验数据确定，且不应超出试验限定的条件。

喷头的最低设计工作压力不应小于 1.20MPa。

局部应用系统的保护面积按下列要求确定：

（1）对于外形规则的保护对象，应为该保护对象的外表面面积。

（2）对于外形不规则的保护对象，应为包容该保护对象的最小规则形体的外表面面积。

（3）对于可能发生可燃液体流淌火或喷射火的保护对象，除应符合上两条规定外，还应包括可燃液体流淌火或喷射火可能影响到的区域的水平投影面积。

响应时间不应大于 30s。

三、系统工作方式和系统组件样式

1. 泵组系统工作方式

泵组式高压、中压细水雾开式系统控制原理见图 10-85，系统组成参见图 10-86。

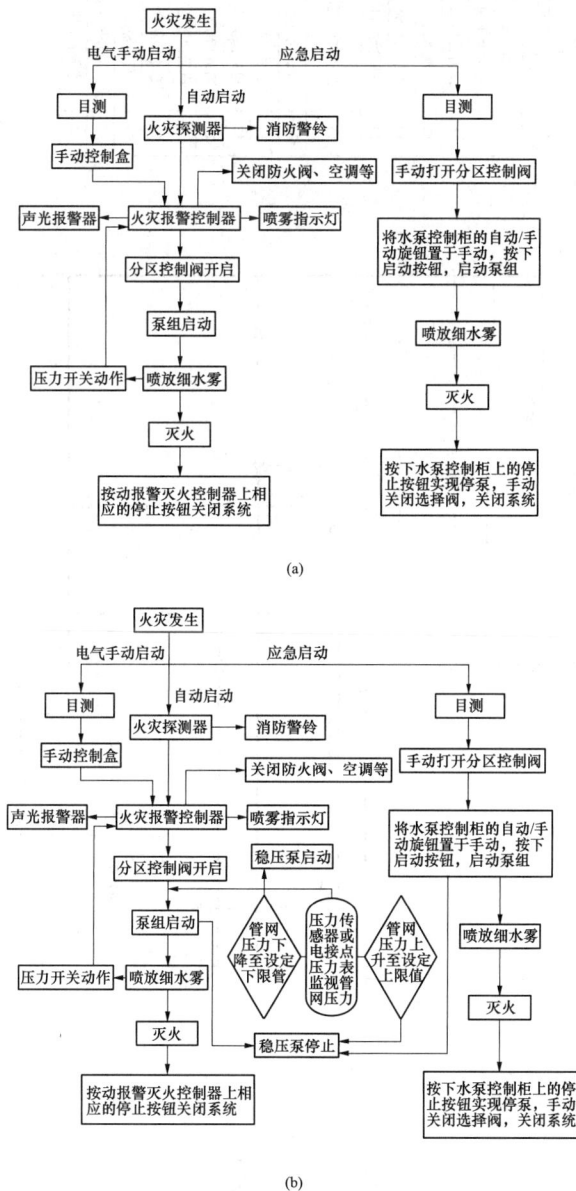

(a)

(b)

图 10-85 泵组式高压、中压细水雾开式系统控制原理图

（a）无稳压泵；（b）有稳压泵

主要部件表

编号	名称	用　途
1	闸阀	控制阀（常开）
2	过滤器	过滤水中杂质
3	浮球阀	控制向水箱自动补水
4	液位信号开关	检测水箱水位，并传输给水泵控制柜
5	储水箱	储存灭火系统用水
6	挠性接头	方便管网连接，减少振动
7	高压泵	向系统提供灭火用压力水
8	高压软管	方便管网连接，减少振动
9	止回阀	控制系统水的流向
10	安全泄压阀	系统压力过高时，释放压力至正常
11	压力传感器	将系统压力水流的压力变化转换为电信号
12	泄水阀	水箱或系统排水（常闭）
13	水泵巡检阀	用于手动系统的泵组启动，手动巡检
14	分区控制阀	对应各防护区的控制阀门，火灾时自动开启
15	泄放试验阀	常闭，系统维护或试验时打开，亦可用于排空管网
16	开式喷头	喷雾灭火
17	感温探测器	感知火灾温度信号，自动报警
18	感烟探测器	感知火灾烟雾信号，自动报警
19	喷放指示灯	提醒有关人员正在喷射细水雾
20	声光报警器	提示该区域有火情
21	手动控制盒	实现系统"现场"电气手动启动
22	消防警铃	一路探测器报警，启动警铃
23	火灾报警控制器	接收火灾信号并发出指令
24	水泵控制柜	接收控制信号，控制水泵的启停

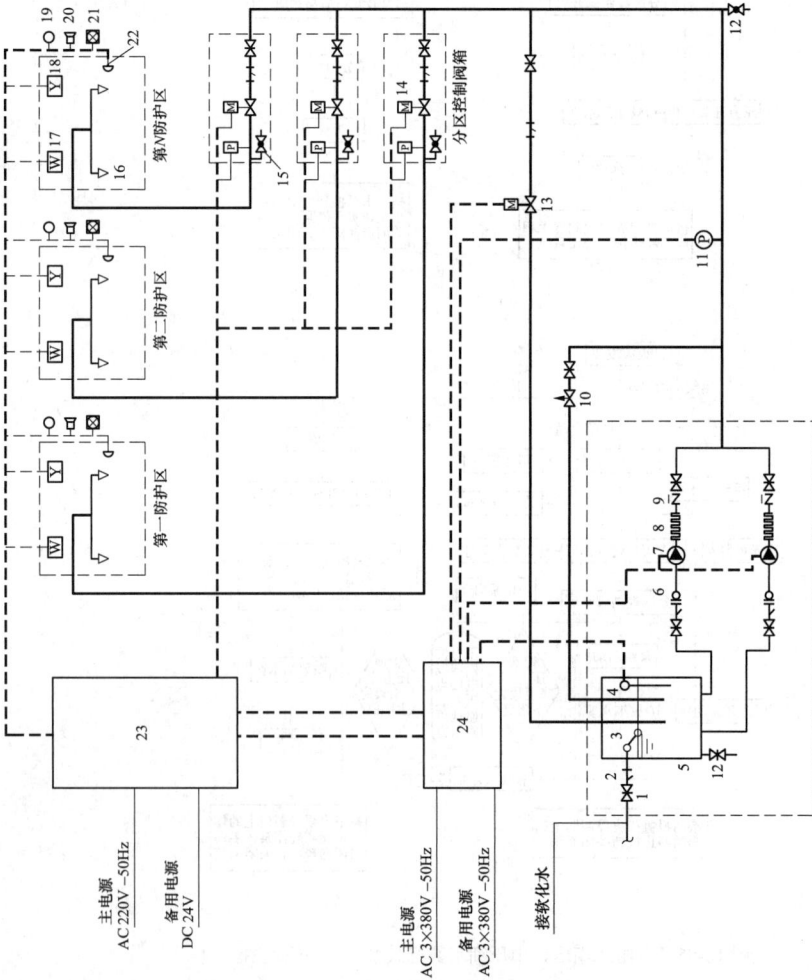

图 10-86　几种泵组式高压、中压细水雾开式系统的组成（一）

（a）泵组式（无稳压泵）高压细水雾开式系统的组成

主要部件表

编号	名称	用 途
1	闸阀	控制阀(常开)
2	过滤器	过滤水中杂质
3	电磁阀	控制水箱进水
4	液位信号开关	将水箱的水位变化转换为电信号
5	储水箱	储存灭火系统用水
6	泄水阀	水箱或系统排水(常闭)
7	橡胶软管	连接系统管道的软管
8	高压泵	为系统提供压力水
9	稳压泵	稳定系统日常压力
10	止回阀	控制系统水的流向
11	高压球阀	控制阀(常开)
12	安全泄压阀	系统压力过高时,释放压力至正常
13	测试阀	供系统测试时使用(常闭)
14	压力传感器	将系统水流的压力变化转换为电信号,常开阀(带信号开关)
15	主阀	系统控制阀
16	开式喷头	喷雾灭火
17	感温探测器	感知火灾温度信号,自动报警
18	感烟探测器	感知火灾烟雾信号,自动报警
19	喷放指示灯	提醒有关人员正在喷射细水雾
20	声光报警器	提示该区域有火情
21	手动控制盒	实现系统"现场"电气手动启动
22	消防警铃	一路探测器报警,启动警铃
23	压力开关	反馈出水信号
24	分区控制阀	对应各防护区的控制阀,火灾时自动开启
25	泄流试验阀	调试时,接调试验装置;系统泄水(常闭)
26	手动排气阀	初次充水时使用(常闭)
27	火灾报警控制器	接收火灾信号并发出指令
28	水泵控制柜	接收控制信号,控制水泵的启停

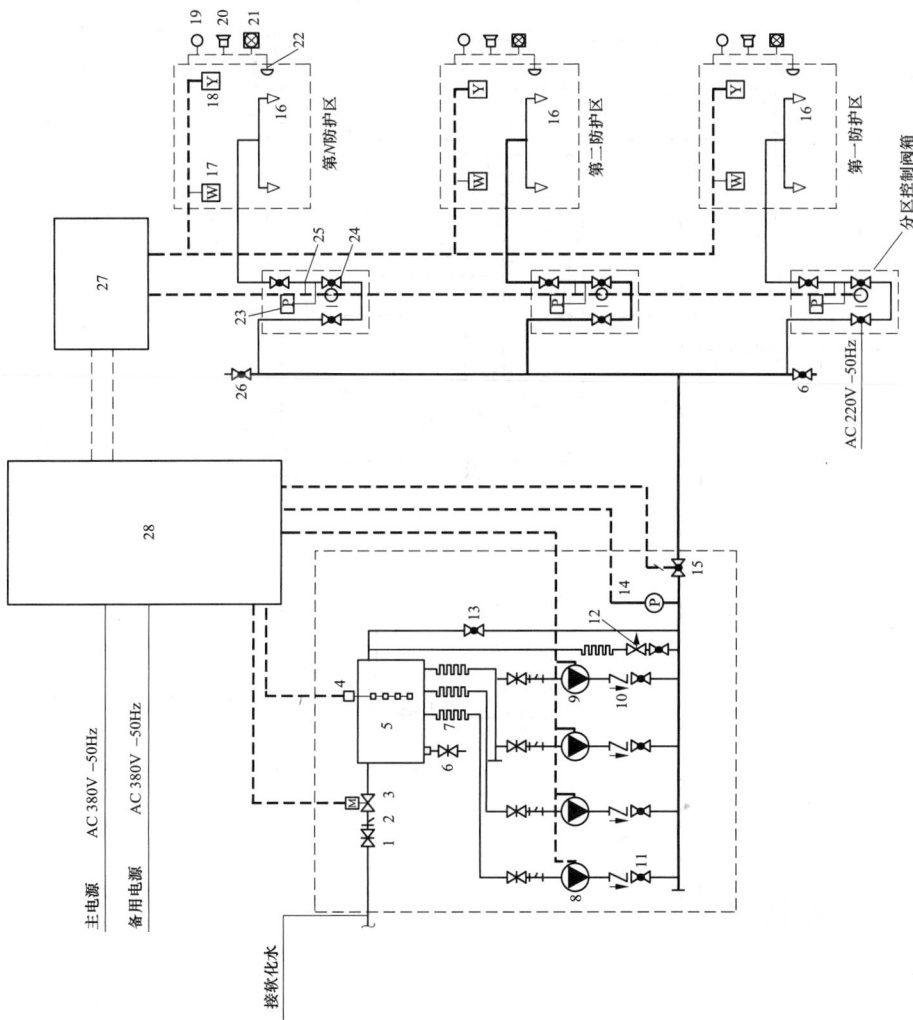

(b)

图10-86 几种泵组式高压、中压细水雾开式系统的组成 (二)

(b) 泵组式(有稳压泵)高压细水雾开式系统的组成

主要部件表

编号	名称	用途
1	闸阀	控制(常开)
2	过滤器	过滤水中杂质
3	浮球阀	控制向水箱自动补水
4	液位信号开关	检测水箱水位，并传输给水泵控制柜
5	储水箱	储存灭火系统用水
6	泄水阀	水箱或系统排水(常闭)
7	挠性接头	方便管网连接，减少振动
8	中压泵	向系统提供灭火用压力水
9	压力表	反馈水泵出水压力
10	安全溢流阀	系统流量过大时，部分回流
11	试泵阀	常闭，定期试泵时打开
12	旁通阀	常开，泵启动与停止时打开，实现水泵无负荷启动、停止
13	止回阀	控制系统水的流向
14	分区控制阀	对应各防护区的控制阀，火灾时自动开启；亦可用于排空管网
15	泄放试验阀	常闭，系统维护或试验时关闭
16	压力开关	反馈出水信号
17	开式喷头	常开，系统维护正在喷射细水雾
18	感温探测器	感知火灾温度信号，自动报警
19	感烟探测器	感知火灾烟雾信号，自动报警
20	喷放指示灯	提醒有关人员正在喷射细水雾
21	声光报警器	提示该区域有火情
22	手动控制盒	实现系统"现场"电气手动启动
23	消防警铃	一路探测器报警，自动警铃
24	火灾报警控制器	接收灭火信号并发出指令
25	装置控制器	接收控制信号，控制细水雾灭火装置
26	水泵控制柜	接收控制信号，控制水泵的启停

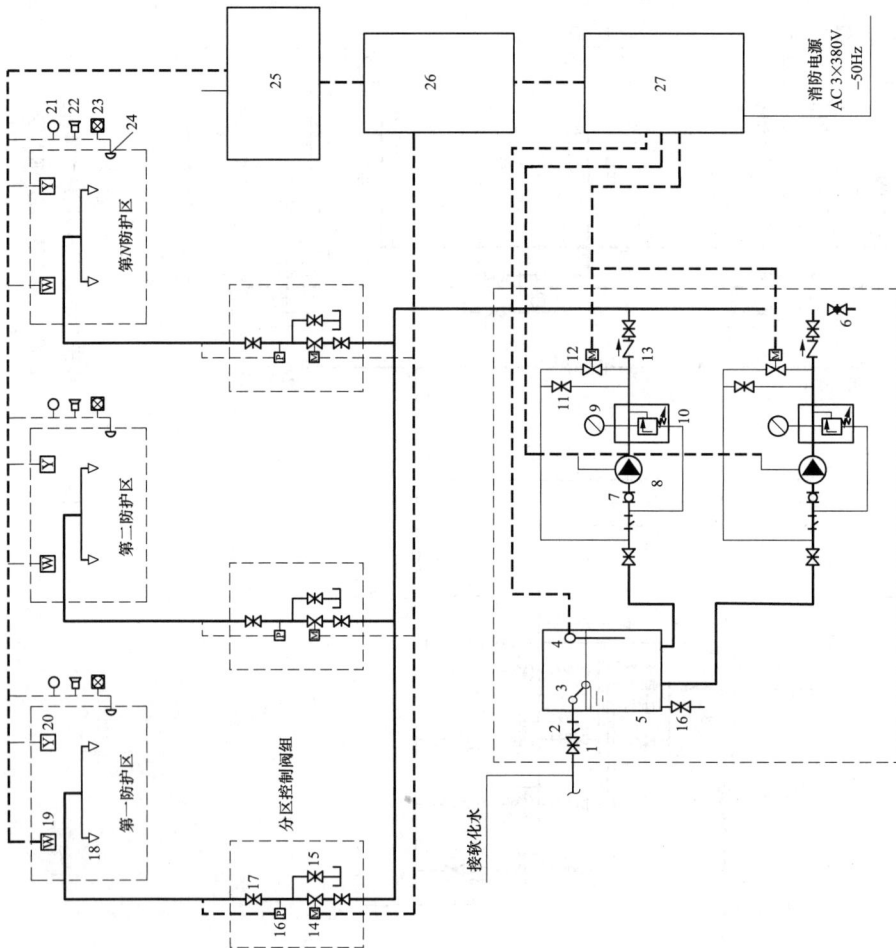

消防电源
AC 3×380V
~50Hz

(c)

图 10-86 几种泵组式高压、中压细水雾开式系统的组成（三）

(c) 泵组式（无稳压泵）中压细水雾开式系统的组成

主要部件表

编号	名称	用　途
1	闸阀	控制阀（常开）
2	过滤器	过滤水中杂质
3	浮球阀	控制向水箱自动补水
4	液位信号开关	检测水箱水位，并传输给水泵控制柜
5	储水箱	储存灭火系统用水
6	泄水阀	水箱或系统排水（常闭）
7	挠性接头	方便管网连接，减少振动
8	中压泵	向系统提供灭火用水压力
9	压力表	反馈水泵出水压力
10	安全溢流阀	系统流量过大时，部分回流
11	试泵阀	常闭，定期试验时打开
12	旁通阀	常闭，泵启动与停止时打开，实现水泵无负荷启动、停止
13	止回阀	控制系统日常水的流向
14	稳压泵	稳定系统日常的压力
15	分区控制阀	对应各防护区的控制阀，火灾时自动开启
16	泄放试验阀	常闭，系统维护或试验时打开；亦可用于排空管网
17	压力开关	反馈出水信号
18	控制阀	常开，系统维护或试验时关闭
19	开式喷头	喷雾灭火
20	感温探测器	感知火灾温度信号，自动报警
21	感烟探测器	感知火灾烟雾信号，自动报警
22	喷放指示灯	提醒有关人员正在喷射细水雾
23	声光报警器	提示该区域有火情
24	手动控制盒	实现该系统"现场"电气手动启动
25	消防警铃	一路探测器报警，启动警铃
26	火灾报警控制器	接收火灾信号并发出指令
27	装置控制柜	接收灭火指令并控制细水雾灭火装置
28	水泵控制柜	接收控制信号，控制稳压泵启停
29	电接点压力表	控制稳压泵启停
30	手动排气阀	初次充水时使用（常闭）

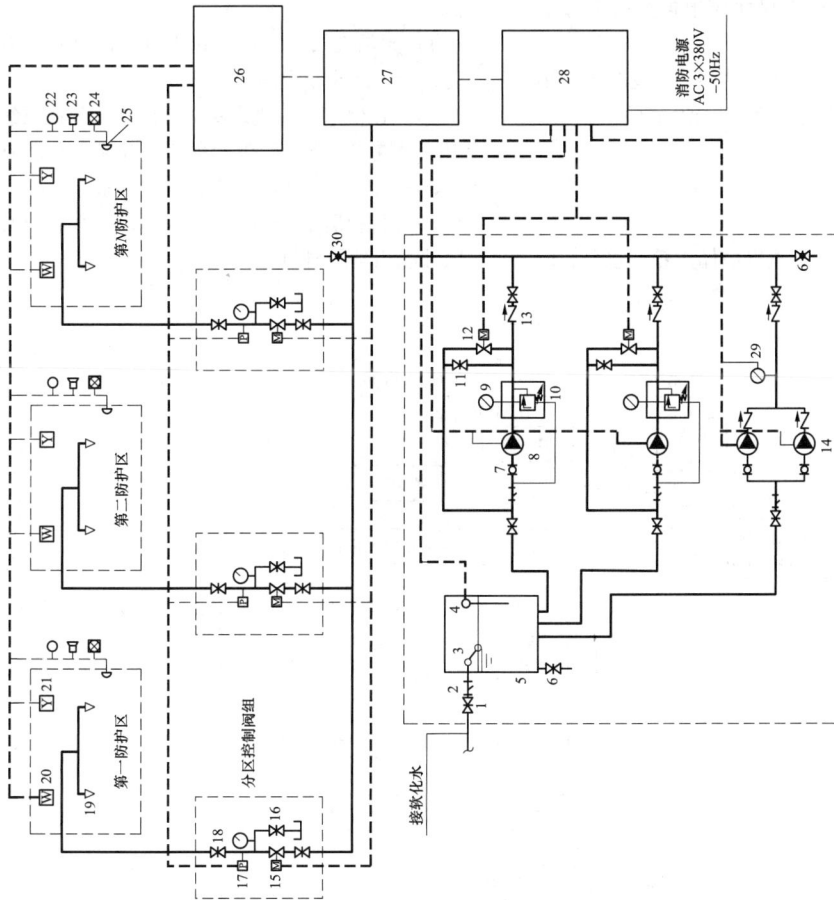

图 10-86　几种泵组式高压、中压细水雾开式系统的组成（四）

（d）泵组式（有稳压泵）中压细水雾开式系统的组成

注：本图摘自国家建筑标准设计图集 12SS209《细水雾灭火系统选用与安装》。

2. 瓶组系统工作方式

瓶组式高压细水雾开式系统控制原理见图 10-87，系统组成参见图 10-88。

3. 几种细水雾泵组安装图

几种细水雾泵组安装图见图 10-89。

4. 分区控制阀箱组件

分区控制阀箱组件布置图见图 10-90。

5. 开式喷头

细水雾开式喷头外形、安装图见图 10-91。

6. 过滤器

（1）分区控制阀前的管道应就近设过滤器；当细水雾喷头无滤网时，分区控制阀后应设过滤器；最大的过滤器过滤等级或目数应保证不大于喷头最小过流尺寸的 80%。

（2）在每一个细水雾喷头的供水侧应设一个喷头过滤网；对于喷口最小过流尺寸大于 1.2mm 的多喷嘴喷头或喷口最小过流尺寸大于 2mm 的单喷嘴喷头，可不设喷头过滤网。

（3）管道过滤器的最小尺寸应根据系统的最大过流流量和工作压力确定。

（4）管道过滤器应具有防锈功能，并设在便于维护、更换的位置，且应设旁通管，以便清洗。

四、系统布置

（一）泵组系统

（1）泵组系统的供水装置宜由储水箱、水泵、控制柜（盘）、安全阀等部件组成，并应满足：

1）储水箱采用密闭结构，并应采用不锈钢或其他能保证水质的材料制作。

2）储水箱底具有防尘、避光的技术措施。

3）储水箱应具有保证自动补水的装置，并应设置液位显示、高低液位报警装置和溢流、透气及放空装置。

4）储水箱的补水流量不应小于系统设计流量。

5）水泵应具有自动和手动启动功能以及巡检功能，当巡检中接到启动指令时，应能立即退出巡检，进入正常运行状态。

6）水泵或其他供电设备的工作状态及其供电状况，应能在消防值班室进行监视。

（2）泵组系统水泵的设置应满足：

1）水泵满足系统所需的流量和压力要求。

2）设置备用泵，备用泵的工作性能应与最大一台工作泵相同，主、备用泵应具有自动切换功能，并应能手动操作停泵。主、备用泵的自动切换时间不应大于 30s。

3）水泵采用自灌式吸水或其他可靠的引水方式。

4）泵组在布置时宜在其四周留有 0.8～1.0m 的安装、操作及检修空间。

（3）在储水箱的进水口处、出水口处或泵组吸水管上应设置过滤器，过滤器的设置位置应便于维护、更换、清洗等。过滤器应符合下列要求：

1）过滤器的材质应为不锈钢、铜合金或其他耐腐蚀性能相当的材料。

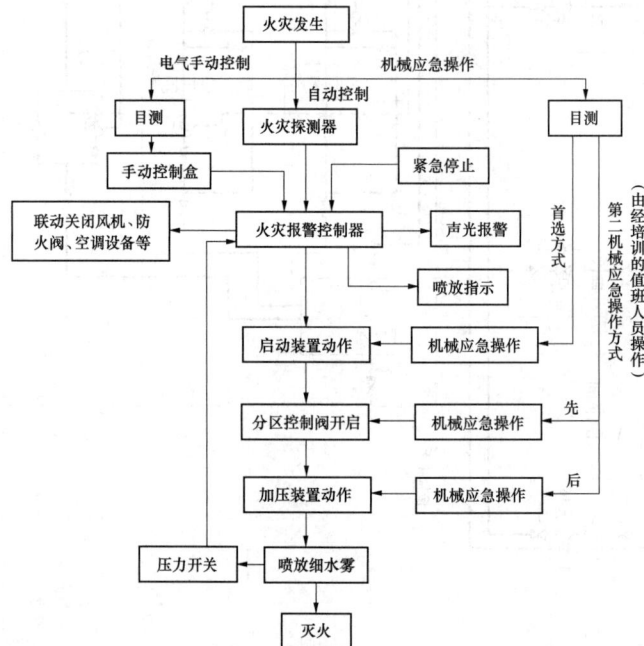

图 10-87 瓶组式高压细水雾开式系统控制原理图

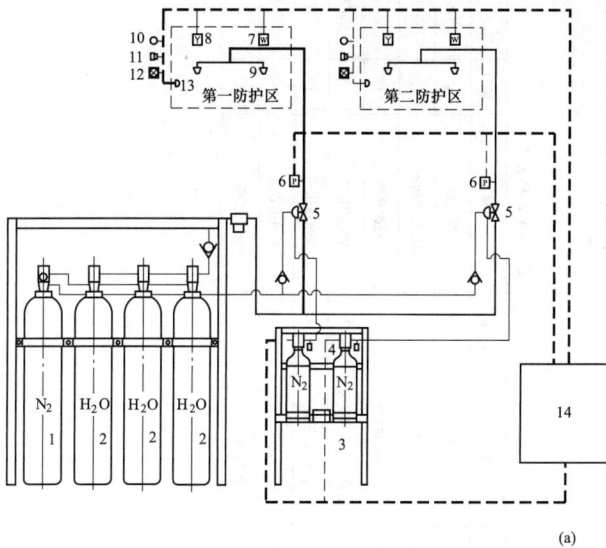

主要部件表

编号	名称	用 途
1	储气瓶组	储存驱动气体
2	储水瓶组	储存灭火系统用水
3	启动瓶组	储存启动气体
4	启动装置	接收灭火动作信号,打开相应防区控制阀,释放启动气体
5	分区控制阀	对应各防护区的控制阀(常闭,灭火时打开)
6	压力开关	将系统的水流压力变化转换为电信号
7	感温探测器	感知火灾温度信号,自动报警
8	感烟探测器	感知火灾烟雾信号,自动报警
9	开式喷头	喷雾灭火
10	喷放指示灯	系统喷雾时,提示该区域有火情
11	声光报警器	指示该区域正在喷雾灭火
12	手动控制盒	实现系统"现场"电气手动启动
13	消防警铃	一路探测器报警,启动警铃
14	火灾报警控制器	接收火警信号并发出指令

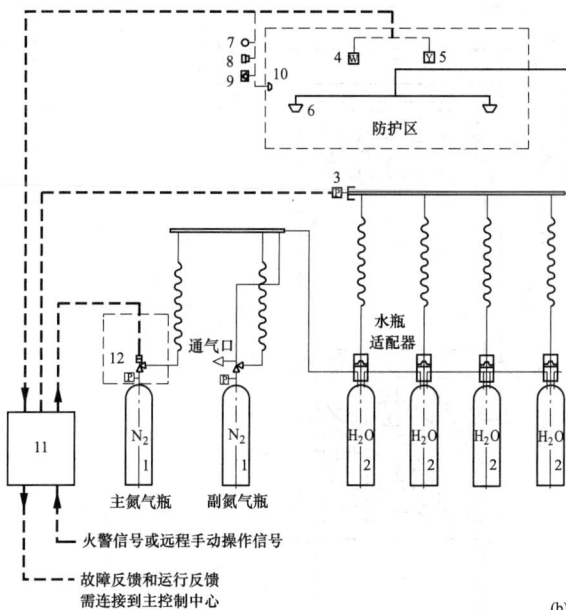

(a)

主要部件表

编号	名称	用 途
1	储气瓶组	储存驱动气体
2	储水瓶组	储存灭火系统用水
3	压力开关	将系统的水流压力变化转换为电信号
4	感温探测器	感知火灾温度信号,自动报警
5	感烟探测器	感知火灾烟雾信号,自动报警
6	开式喷头	喷雾灭火
7	喷放指示灯	系统喷雾时,提示该区域有火情
8	声光报警器	提示该区域正在喷雾灭火
9	手动控制盒	实现系统"现场"电气手动启动
10	消防警铃	一路探测器报警,启动警铃
11	火灾报警控制器	接收火警信号并发出指令
12	瓶头阀	接收灭火指令,释放驱动气体

(b)

图 10-88 几种瓶组式高压细水雾开式系统的组成

(a)瓶组式高压细水雾开式系统的组成(一);(b)瓶组式高压细水雾开式系统的组成(二)

注:本图摘自国家建筑标准设计图集 12SS209《细水雾灭火系统选用与安装》。

泵组主要部件表

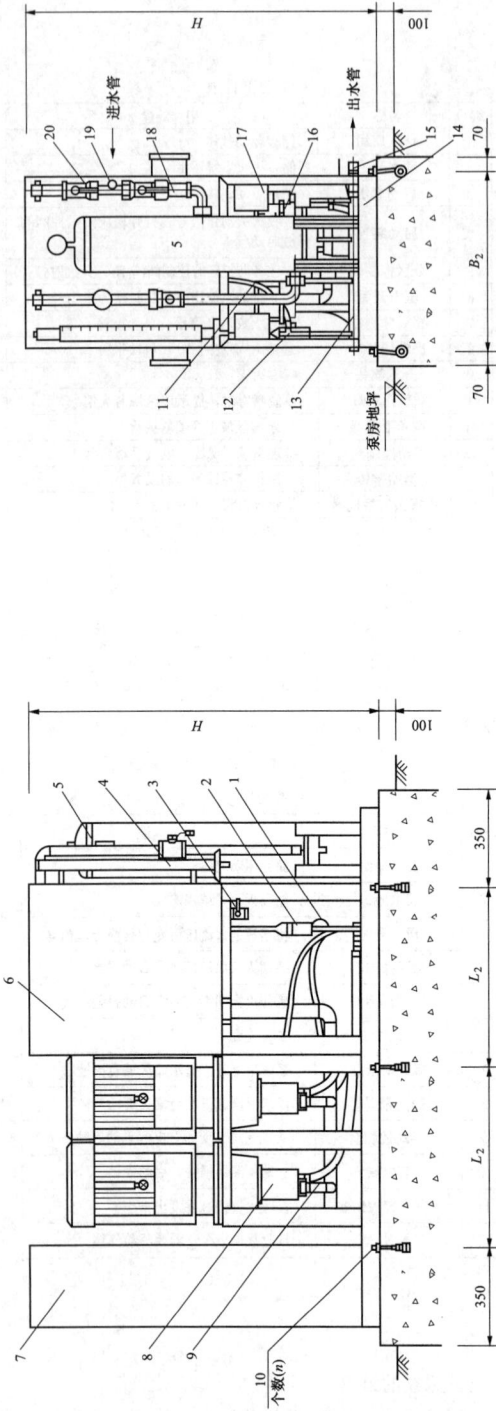

编号	名称	编号	名称	编号	名称
1	压力表	8	高压泵	15	出水管总阀(常开)
2	压力传感器	9	高压泵止回阀	16	稳压泵止回阀
3	排水阀(常闭)	10	地脚螺栓	17	稳压泵
4	液位计及信号开关	11	泵组回流阀	18	补水电磁阀(常闭)
5	柱形过滤器	12	安全溢压阀	19	泵组进水管
6	储水箱	13	泵组出水管	20	手动补水阀(常闭)
7	水泵控制柜	14	泵组底座	—	—

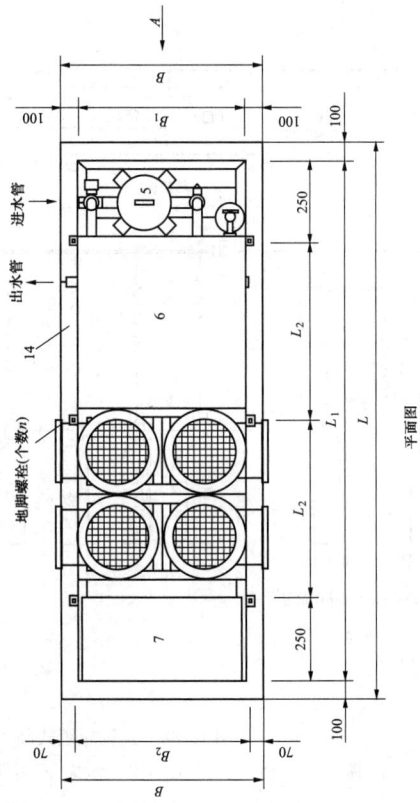

说明: 1. 本图按三主一备泵组编制。
2. 地脚螺栓规格为M16×400, 伸出基础顶面50。

图10-89 几种细水雾泵组的安装图 (一)

(a) 进口高压细水雾泵组安装布置图

(a)

进口高压细水雾泵组技术参数及安装尺寸表

序号	泵组型号	泵组系统流量 (L/min)	工作压力 (MPa)	泵组出水管公称尺寸	泵组总功率 (kW)	安装尺寸 (mm)							地脚螺栓个数 n(个)	设备质量 (kg)	备注
						L	L_1	L_2	B	B_1	B_2	H			
1	XSWBG 86/16	86	1.6	DN40	30	2700	2500	1000				1800	6	1020	一主一备
2	XSWBG 112/16	112			60									1290	两主一备
3	XSWBG 172/16	172			60										
4	XSWBG 224/16	224			90	3200	3000	1250	1200	1000	1060	2000		1570	三主一备
5	XSWBG 258/16	258			90										
6	XSWBG 336/16	336			120										
7	XSWBG 448/16	448		DN50	150	3700	3500	1000	1700	1500	1560	2300	8	1850	四主一备
8	XSWBG 560/16	560			180									2150	五主一备
9	XSWBG 672/16	672												2450	六主一备

说明：1.表中泵组总功率为工作泵总功率（不包括备用泵及稳压泵功率）。

2.表中设备质量不包括水箱储水质量，储水箱有效容积为0.7m³。

3.进口高压泵组稳压泵技术参数：$Q=4.4L/min$，$p=1.4MPa$，$P=0.37kW$。

(b)

泵组型号意义示例：

XSWBG　86　/　16
- 泵组工作压力(MPa)
- 泵组系统流量(L/min)
- 高压细水雾泵组

图10-89　几种细水雾泵组的安装图（二）

(b) 进口高压细水雾泵组技术参数和安装尺寸

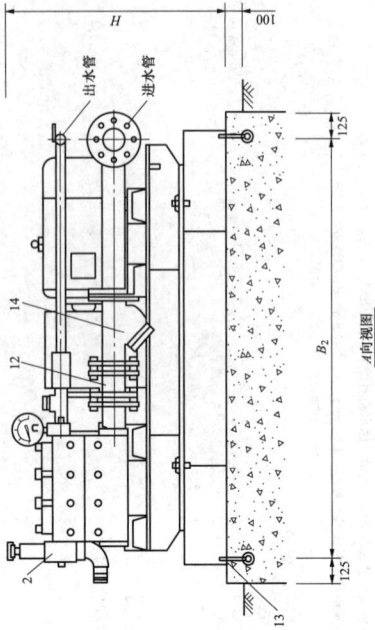

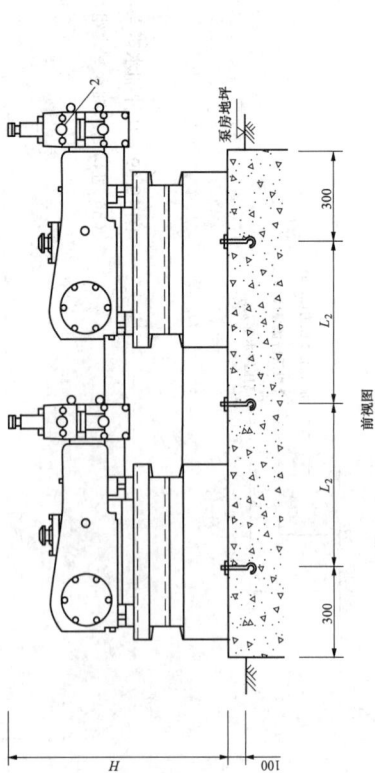

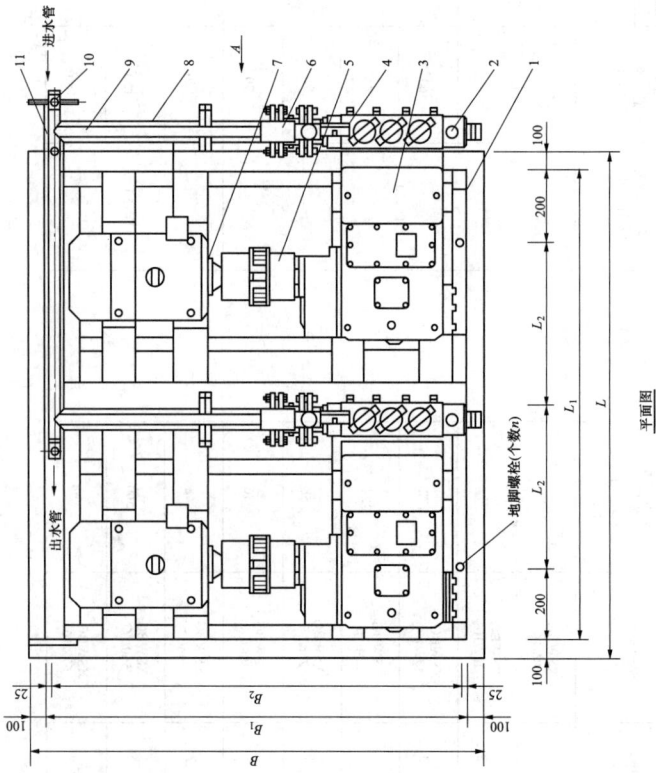

泵组主要部件表

编号	名称	编号	名称	编号	名称
1	泵组底座	6	水泵止回阀	11	压力变送器
2	安全溢压阀	7	水泵电动机	12	橡胶柔性接头
3	水泵	8	泵组进水管	13	地脚螺栓
4	压力表	9	泵组出水管	14	T形过滤器
5	水泵联轴器	10	出水管总阀	—	—

说明：1.本图按一主一备泵组编制。
2.地脚螺栓规格为M16×360，伸出基础顶面50。
3.泵组进出水口有两个方向，使用时可以选择其中一侧，出水总阀一边常开，另一边常闭。
4.储水箱、稳压泵在泵组外单独设置。

图10-89 几种细水雾泵组的安装图（三）

(c) 国产高压、中压细水雾泵组安装布置图

国产高压、中压细水雾泵组技术参数及安装尺寸表

序号	泵组型号	泵组系统流量(L/min)	工作压力(MPa)	泵组总功率(kW)	泵组出水管公称尺寸	安装尺寸(mm)							地脚螺栓数量n(个)	设备质量(kg)	备注
						L	L₁	L₂	B	B₁	B₂	H			
1	XSWBG 150/12	150	12	37	DN40	2200	2000	800	2000	1800	1750	800	6	870	一主一备
2	XSWBG 200/12	200		55	DN40	2600	2400	1000	2300	2100	2050	1100	6	1090	一主一备
3	XSWBG 300/12	300	12	74	DN50	3000	2800	800	2000	1800	1750	800	8	1810	两主一备
4	XSWBG 400/12	400		110	DN50	3800	3600	800	2300	2100	2050	1100	8	2130	两主一备
5	XSWBG 450/12	450		111	DN50	3800	3600	800	2000	1800	1750	800	10	2530	三主一备
6	XSWBG 600/12	600		165	DN50	5000	4800	880	2300	2100	2050	1100	12	3150	三主一备
7	XSWBZ 160/3.5	150	3.5	15	DN40	1900	1700	650	1800	1600	1550	800	6	590	一主一备
8	XSWBZ 200/3.5	200		15	DN40	2200	2000	650	2000	1800	1750	800	6	630	一主一备
9	XSWBZ 320/3.5	320		30	DN40	2600	2400	1000	1800	1600	1550	800	8	1190	两主一备
10	XSWBZ 400/3.5	400		30	DN50	3000	2800	800	2000	1800	1750	800	8	1240	两主一备
11	XSWBZ 480/3.5	480		45	DN50	3400	3200	933	1800	1600	1550	800	10	1690	三主一备
12	XSWBZ 600/3.5	600		45	DN50	3800	3600	800	2000	1800	1750	800	10	2200	三主一备

泵组型号意义示例：

$$\underline{XSWBG(Z)}\quad \underline{150}\ /\ \underline{12}$$

高压(中压)细水雾泵组 —— 泵组系统流量(L/min) —— 泵组工作压力(MPa)

说明：表中泵组总功率为工作泵总功率(不包括备用泵功率)。

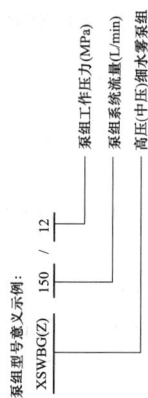

(d)

图 10-89　几种细水雾泵组的安装图（四）

（d）国产高压细水雾泵组技术参数和安装尺寸

注：本图摘自国家建筑标准设计图集 12SS209《细水雾灭火系统选用与安装》。

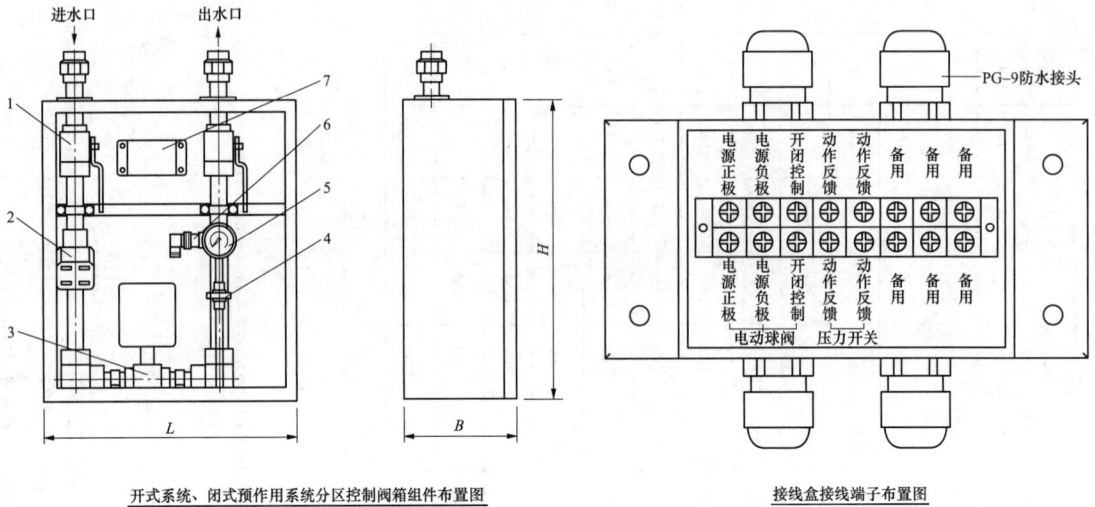

进水口　　出水口

PG-9防水接头

电源正极　电源负极　开闭控制　动作反馈　动作反馈　备用　备用　备用

电源正极　电源负极　开闭控制　动作反馈　动作反馈　备用　备用　备用

电动球阀　压力开关

开式系统、闭式预作用系统分区控制阀箱组件布置图　　　　　　接线盒接线端子布置图

开式系统、闭式预作用系统分区控制阀箱技术参数及外形尺寸表

序号	型号	公称尺寸	公称压力 (MPa)	接口螺纹 (Rc)	外形尺寸(mm)			适用系统
					L	B	H	
1	XSWFZ25/3.5(LA680)	DN25	3.5	1″	520	230	600	中压系统
2	XSWFZ32/3.5(LA681)	DN32	3.5	1¼″	520	230	600	
3	XSWFZ40/3.5(LA682)	DN40	3.5	1½″	590	350	650	
4	XSWFZ 20/12(LA684)	DN20	12	¾″	520	230	600	高压系统
5	XSWFZ 25/12(LA685)	DN25	12	1″	520	230	600	
6	XSWFZ 32/12(LA686)	DN32	12	1¼″	520	230	600	
7	XSWFZ 40/12(LA687)	DN40	12	1½″	590	350	650	

分区控制阀主要部件表

编号	名称
1	手动球阀(常开)
2	过滤器
3	电动球阀(常闭)
4	泄放试验阀(常闭)
5	压力表
6	压力开关
7	接线盒

说明：1.电源电压为DC 24V。
　　　2.平时接线盒电源正极与开闭控制断开，电动球阀关闭；火警时接线盒电源正极与开闭控制短接，电动球阀开启。

图 10-90　开式细水雾系统分区控制阀箱组件布置图
注：本图摘自国家建筑标准设计图集 12SS209《细水雾灭火系统选用与安装》。

2）过滤器的网孔孔径不应大于细水雾喷头最小喷孔孔径的 80%。

（4）泵组系统水泵控制装置应布置在干燥、通风的部位，并应便于操作和检修。

（二）瓶组系统

（1）瓶组系统的供水装置应由储水容器、储气容器和压力显示装置等部件组成，储水容器、储气容器均应设置安全阀。同一系统中的储水容器和储气容器，其规格、充装量和充装压力应分别一致。

（2）瓶组系统的储水量和驱动气体储量，应根据保护对象的重要性、维护恢复时间等经综合考虑设置备用量。对于恢复时间超过 48h 的瓶组系统，应按主用量的 100%设置备用量。

（3）瓶组系统储水容器组及其布置应便于检查、测试、重新灌装和维护，其操作面距墙或储水容器组操作面之间的距离不宜小于 0.8m。

（三）系统水质

系统水质应满足：

（1）泵组系统的水质不应低于 GB 5749《生活饮用水卫生标准》的规定。

（2）瓶组系统的水质不应低于 GB 19298《食品安全国家标准　包装饮用水》的规定。

（3）设备制造商的要求。

（4）系统补水水源的水质应与系统的水质要求一致。

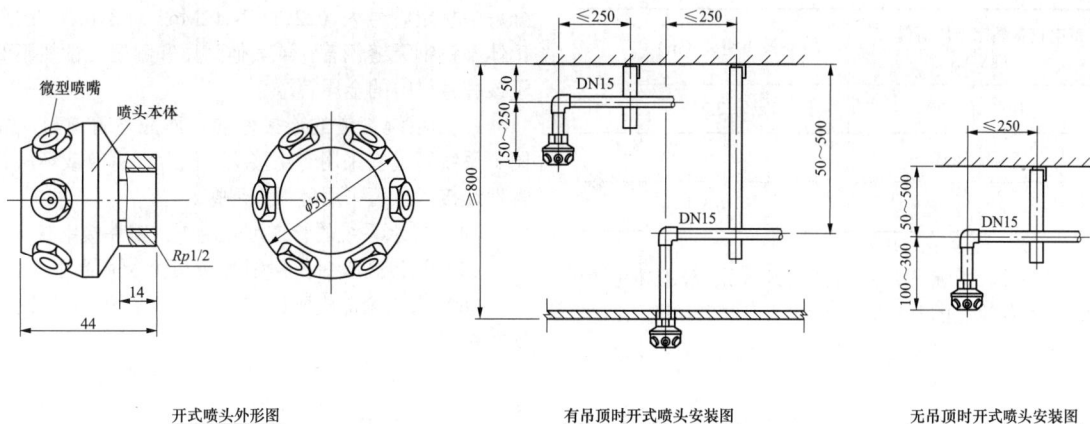

| | 开式喷头外形图 | | 有吊顶时开式喷头安装图 | | 无吊顶时开式喷头安装图 |

开式喷头技术性能参数表

序号	型号	流量系数K	额定流量 （L/min）	工作压力 （MPa）	接口螺纹	适用系统
1	XSWT3.5/1.5(LA600)	3.5	15.7～17.5			
2	XSWT3.0/1.5(LA601)	3.0	13.4～15.0	1.5～2.5		中压系统
3	XSWT2.5/1.5(LA602)	2.5	11.2～12.5			
4	XSWT1.2/8.0(LA610)	1.2	10.7～13.1		Rp1/2	
5	XSWT1.1/8.0(LA611)	1.1	9.8～12.0			
6	XSWT0.9/8.0(LA612)	0.9	8.0～9.9	8.0～12.0		高压系统
7	XSWT0.7/8.0(LA613)	0.7	6.3～7.7			
8	XSWT0.5/8.0(LA614)	0.5	4.5～5.5			

开式喷头型号意义示例：

XSWT 1.1/8.0 (LA611)
工艺代号
最低工作压力(MPa)
流量系数
细水雾喷头

图 10-91 细水雾开式喷头外形、安装图

注：本图摘自国家建筑标准设计图集 12SS209《细水雾灭火系统选用与安装》。

（四）阀门

（1）开式系统应按防护区设置分区控制阀，分区控制阀上或阀后临近位置宜设置泄放试验阀。

（2）分区控制阀宜靠近防护区设置，并应设置在防护区外便于操作、检查和维护的部位。

（3）分区控制阀上宜设置系统动作信号反馈装置。当分区控制阀上无系统动作信号反馈装置时，应在分区控制阀后的配水干管上设置系统动作信号反馈装置。

（4）开式系统分区控制阀应满足：

1）应具有接收控制信号实现启动、反馈阀门启闭或故障信号的功能。

2）应具有自动、手动和机械应急操作功能，关闭阀门应采用手动操作方式。

3）应在明显位置设置对应于防护区或防护对象的永久性标识，并应标明水流方向。

（5）泵组系统每台水泵的出水口均应设置止回阀，水泵出水总管上应设置压力显示装置、安全阀和泄放试验阀。

（6）系统管网的最低点处应设置泄水阀。

（7）泵组系统供水装置安全阀的动作压力应为系统最大工作压力的 1.15 倍。

（五）喷头

（1）控制室、计算机房的地板夹层宜选择适用于低矮空间的喷头。

（2）对于环境条件易使喷头喷孔堵塞的场所，应选用具有相应防护措施且不影响细水雾喷放效果的喷头。

（3）开式系统的喷头布置应满足：

1）喷头的布置能保证细水雾喷放均匀并完全覆盖保护区域。

2）喷头与墙壁的距离不大于喷头最大布置间距的 1/2。

3）喷头与其他遮挡物的距离保证遮挡物不影响喷头正常喷放细水雾。当无法避免时，应采取补偿措施。

4）对于电缆隧道、电缆夹层，喷头宜布置在电缆隧道、电缆夹层的上部，并能使细水雾完全覆盖整个电缆或电缆桥架。

（4）采用局部应用方式的开式系统，其喷头布置应能保证细水雾完全包络或覆盖保护对象或部位，喷头与保护对象的距离不宜小于 0.5m。

细水雾喷头与无绝缘带电设备的最小距离不应小于表 10-34 的要求。

表 10-34　　细水雾喷头与无绝缘带电
设备的最小距离

带电设备额定电压等级 U（kV）	最小距离（m）
$110 < U \leqslant 220$	2.2
$35 < U \leqslant 110$	1.1
$U \leqslant 35$	0.5

（5）采用全淹没应用方式的开式系统，防护区内影响灭火有效性的开口宜在系统动作时联动关闭；当这些开口不能在系统启动时自动关闭时，宜在该开口部位的上方增设喷头。

（6）系统应按喷头的型号规格储存备用喷头。备用喷头的数量不应少于相同型号规格喷头实际设计使用总数的1%，且分别不应少于5只。

（六）管道

（1）系统管道应采用冷拔法制造的奥氏体不锈钢管或其他耐酸和耐腐蚀性能相当的金属管道。管道的材质和性能应符合 GB/T 14976《流体输送用不锈钢无缝钢管》和 GB/T 12771《液体输送用不锈钢焊接钢管》的有关规定。细水雾灭火系统常用的不锈钢无缝钢管规格详见表 10-35。

表 10-35　　细水雾灭火系统常用的
不锈钢无缝钢管规格

管道外径		管道壁厚	
外径（mm）	允许偏差	壁厚（mm）	允许偏差
12	±0.2	1.0、1.2、1.5	+12.5%、−10%
16		1.0、1.5、2.0	
20		1.0、1.5、2.0	
24		1.0、2.0、2.5	
27		1.0、2.0、2.5、3.0	
32	±0.3	2.0、2.5、3.0	±10%
40		3.0、3.5、4.0	
48		3.5、4.0、5.0	
60		4.0、5.0	
76	±0.8%D（D 为公称外径）	4.0、5.0、5.5	
89		5.0、5.5、6.0	
102		6.0、7.0、8.0	

（2）系统最大工作压力不小于 3.5MPa 时，应采用符合 GB/T 20878《不锈钢和耐热钢　牌号及化学成分》中规定牌号为 022Cr17Ni12Mo2（S31603）的奥氏体不锈钢无缝钢管，或其他耐压和耐腐蚀性能不低于该牌号材料的金属管道。

（3）系统管道的连接件的材质应与管道材质相同。系统管道宜采用专用接头、法兰、螺纹或环压式管件连接，也可采用氩弧焊焊接。

（4）补水系统的管道可采用不锈钢焊接钢管。

（5）连接高压细水雾喷枪的管道可采用高压软管。

（6）采用全淹没应用方式的开式系统，其管网宜均衡布置。

（7）系统管道应采用防晃金属支吊架固定在建筑构件上，支吊架应能承受管道充满水时的重量及冲击。支吊架的间距不应大于表 10-36 的规定。

表 10-36　　细水雾系统管道支吊架的
最大间距

管道外径（mm）	≤16	20、22	24	28	32、34	40、42	48	60	≥76
最大间距（m）	1.5	1.8	2.0	2.2	2.5	2.8	2.8	3.2	3.8

（8）支吊架应进行防腐处理，并应采取防止管道发生电化学腐蚀的措施。

（9）设置在有爆炸危险环境中的系统，其管网和组件应采取可靠的静电导除措施。

五、系统控制

（1）泵组系统应具有自动、手动控制方式。瓶组系统应具有自动、手动和机械应急操作控制方式，且其机械应急操作应能在瓶组间内直接手动启动系统。

（2）开式系统的自动控制应能在接收到两个独立的火灾报警信号后自动启动。

（3）在集控室内和防护区入口处应设置系统手动启动装置。

（4）手动启动装置和机械应急操作装置应能在一处完成系统启动的全部操作，并应采取防止误操作的措施。不同操作方式在外观上应便于辨别，并应用于所保护场所相对应的明确标识。设置系统的场所以及系统的手动操作位置，应在明显位置设置系统操作说明。

（5）防护区或保护场所的入口处应设置声光报警装置和系统动作指示灯。

（6）火灾报警联动控制系统应能远程启动消防水泵或瓶组及开式系统分区控制阀，并应能接收水泵的工作状态、分区控制阀的启闭状态及细水雾喷放的反馈信号。

（7）系统应设置备用电源。系统的主、备用电源应能自动和手动切换。

（8）系统启动时，应联动切断带电保护对象的电源，切断或关闭防火区内或保护对象的可燃气体、液体或可燃粉体供给等影响灭火效果或因灭火可能带来更大危害的设备和设施。

（9）与细水雾灭火系统联动的火灾自动报警和控制系统的设计，应符合 GB 50116《火灾自动报警系统设计规范》和 GB 16806《消防联动控制系统》的有关规定。

（10）水泵控制柜的防护等级不应低于 IP54。

六、设计举例

某电厂集中控制楼±0.00m 层布置如图 10-92 所示，其中电缆夹层拟用细水雾灭火系统进行保护。电缆夹层尺寸为 17m×9m×6m（长×宽×高）。

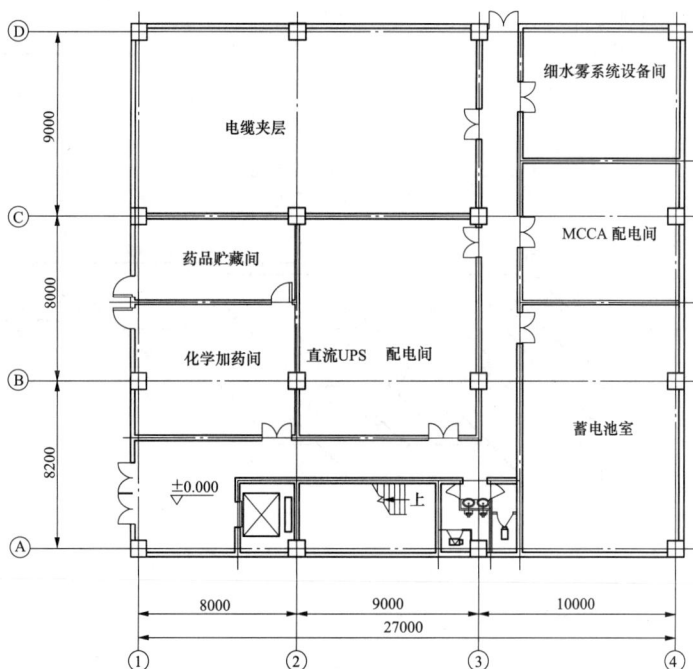

图 10-92 某电厂集中控制楼±0.00m 层布置图

1. 确定系统设计流量

选择工作压力范围在 1.2～3.5MPa 的喷头，根据表 10-33，系统最小喷雾强度为 2.0L/（min·m²），喷头最大布置间距 2.5m，则系统所需的最小流量 Q_{min} = 2.0×17×9=306（L/min）。

2. 布置喷头

应用于电缆夹层的细水雾系统应采用全淹没开式系统，管道宜均衡布置，故喷头数为 2^n 个（喷头数为 2、4、8、16、32 等）；又喷头间距不应超过 2.5m，故喷头及管道的布置如图 10-93 所示，喷头数为 32 个。

3. 确定每个喷头的设计流量

单个喷头所需的最小流量=306÷32=9.56（L/min）。

选择 XSWT2.5/1.5（LA602）型喷头，流量系数 K=2.5，额定流量为 11.2～12.5L/min，工作压力为 1.5～2.5MPa。

因喷头管道均衡布置，故每个喷头的工作压力均相同，令喷头压力为 1.5MPa，喷头流量 $q = K\sqrt{10p}$ = 2.5×$\sqrt{15}$ = 9.68（L/min），大于喷头所需的最小流量。

4. 管道管径初赋值

以某一个喷头作为起点，计算细水雾水泵所需的压力，管径初选值如图 10-94 所示。

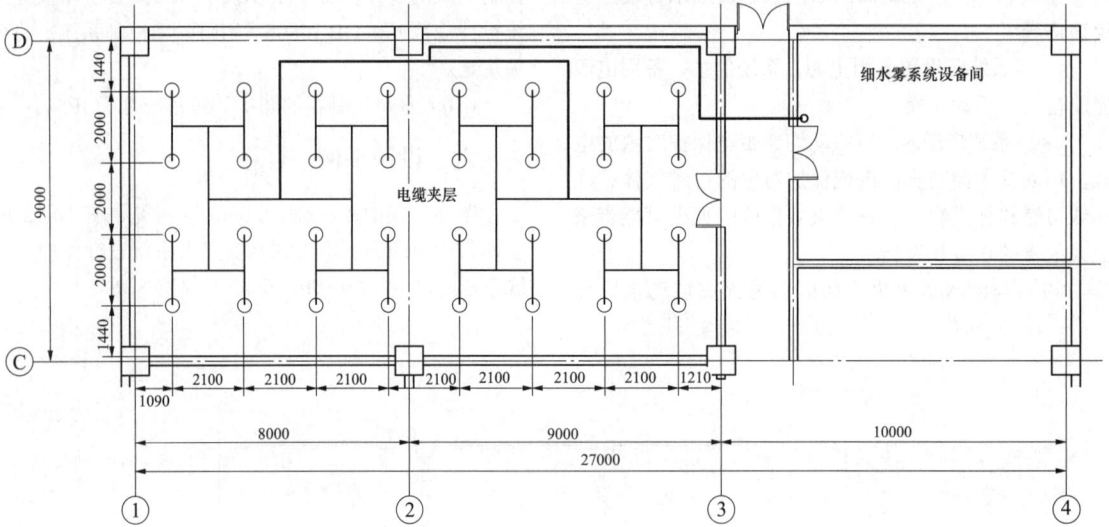

图 10-93　细水雾系统喷头管道布置图

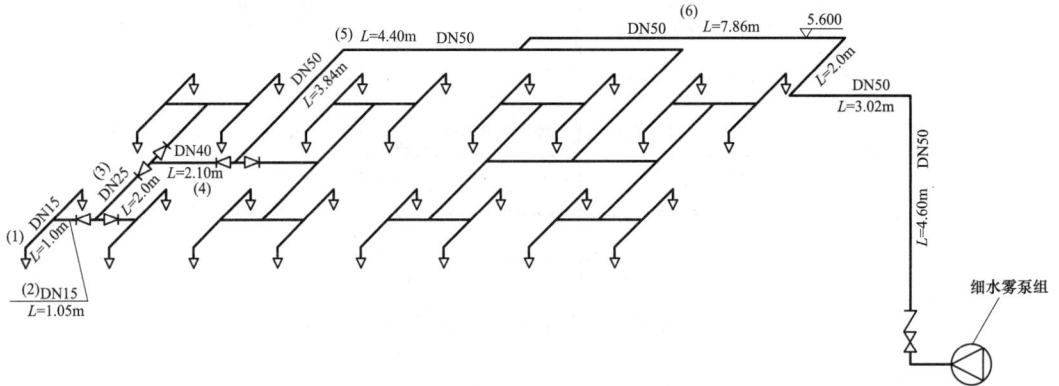

图 10-94　细水雾系统管道透视图

5. 水头损失计算

管道的水头损失应按式（10-20）计算，即

$$p_f = 0.2252 \frac{fL\rho Q^2}{d^5}$$

$$Re = 21.22 \frac{Q\rho}{d\mu}$$ 　　（10-20）

$$\Delta = \frac{\varepsilon}{d}$$

式中　p_f ——管道的水头损失，包括沿程水头损失和
　　　　　　局部水头损失，MPa；

　　　f ——摩阻系数，根据 Re 和 Δ 值按图 10-95

确定；

　　　L ——管道计算长度，包括管段的长度和该管
　　　　　　段内管接件、阀门等的当量长度，m；

　　　ρ ——流体密度，kg/m³，根据表 10-37 确定；

　　　Q ——管道的流量，L/min；

　　　d ——管道内径，mm；

　　　Re ——雷诺数；

　　　μ ——动力黏度，mPa·s，根据表 10-37 确定；

　　　Δ ——管道相对粗糙度；

　　　ε ——管道粗糙度，mm，对于不锈钢管，取
　　　　　　0.045mm。

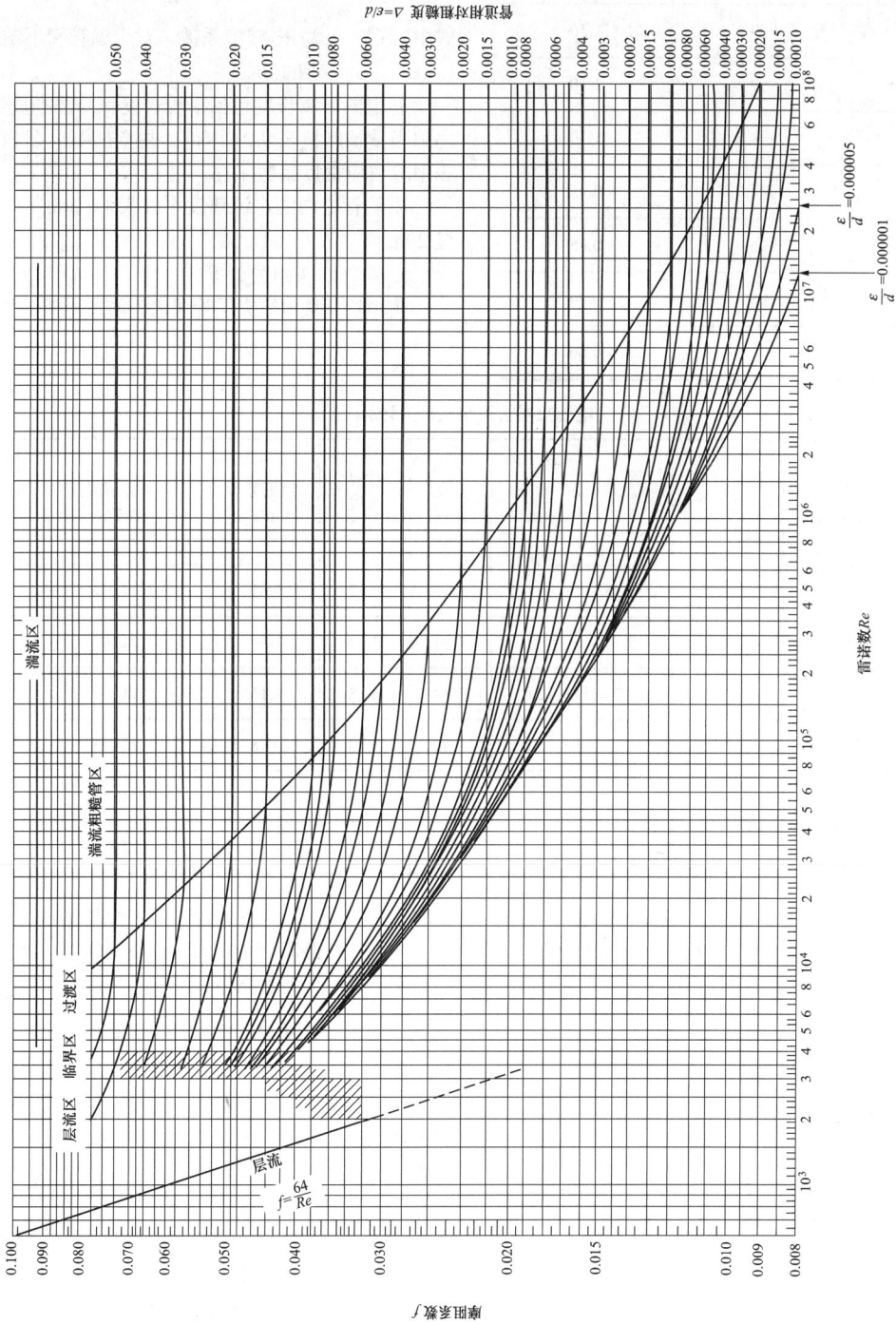

图 10-95 莫迪图

表 10-37　水的密度及其动力黏度

温度（℃）	水的密度（kg/m³）	水的动力黏度（mPa·s）
4.4	999.9	1.50
10.0	999.7	1.30
15.6	998.8	1.10
21.1	998.0	0.95
26.7	996.6	0.85
32.2	995.4	0.74
37.8	993.6	0.66

当系统的管径大于或等于 20mm 且流速小于 7.6m/s 时，其管道的水头损失也可按式（10-21）计算，即

$$p_f = 6.05 \frac{LQ^{1.85}}{C^{1.85}d^{4.87}} \times 10^4 \qquad (10\text{-}21)$$

式中　C ——海澄-威廉系数，对于铜管和不锈钢管，取 130。

管道的计算长度包括沿程长度和局部当量长度，局部当量长度按表 9-21 取值。注意：由于 C 值不同，表中取值应乘以系数 1.16。

系统管道内的水流速度不宜大于 10m/s，不应超过 20m/s。

6. 系统水头损失计算

集中控制楼电缆夹层管道水头损失计算如表 10-38 所示。

表 10-38　电缆夹层管道水头损失计算

管段编号	流量（L/min）	管道公称直径（mm）	管道内径（mm）	管长（m）	局部当量长度（m）	计算长度（m）	流速（m/s）	水头损失（MPa）	水流时间（s）
（1）	9.68	15	15.75	1.0	1.57	2.57	0.83	0.0016	1.21
（2）	19.36	15	15.75	1.05	1.04	2.09	1.66	0.0046	0.63
（3）	38.73	25	27	2.0	2.78	4.78	1.13	0.0033	1.77
（4）	77.46	40	41	2.1	3.60	5.70	0.98	0.0018	2.15
（5）	154.92	50	53	8.24	5.34	13.58	1.17	0.0046	7.04
（6）	309.84	50	53	18.18	13.0	31.17	2.34	0.0377	7.76

其中管段（1）、（2）的水头损失计算采用式（10-20），Re、Δ、f 取值见表 10-39，温度取 20℃。其他管段水头损失计算采用式（10-21）。

表 10-39　管道（1）、（2）Re、Δ、f 取值

管段编号	Re	Δ	f
（1）	13704	0.0029	0.028
（2）	27409	0.0029	0.025

响应时间 $= \sum t = 20.56s < 30s$，满足响应时间要求。计算得 $\sum p_f = 0.0377$MPa。

7. 系统设计供水压力

系统设计供水压力

$$p_t = \sum p_f + p_e + p_s$$

式中　p_t ——系统的设计供水压力，MPa；

p_e ——最不利点处喷头与储水箱或储水容器最

低水位的高程差，这里取 0.056MPa。

p_s ——最不利点处喷头的工作压力，MPa，这里是 1.5MPa。

故　　$p_t = 0.0377 + 0.046 + 1.5 = 1.61$（MPa）

8. 计算结果

计算得细水雾泵组的最小设计流量为 309.84L/min，最小扬程为 1.61MPa。选择泵组为 XSWBZ320/2.5，泵组额定流量 320L/min、扬程 2.5MPa。

系统储水箱或储水容器的设计所需有效容积 $V = Q_s t = 309.84 \times 30 = 9295.2$（L），其中 $t = 30$min 为细水雾系统保护电缆夹层的设计喷雾时间。

选择组合式不锈钢肋板给水箱，容积 9.6m³，长×宽×高 $= 2.4m \times 2.0m \times 2.0m$。

水箱的补水流量不应小于 309.84L/min。

第五节 泡沫灭火系统

一、系统分类及选择

泡沫灭火系统的分类见表10-40。

表10-40 泡沫灭火系统分类

分类方式	名称	分类说明	适用范围
根据灭火装置分	移动式	由消防车或机动消防水泵、泡沫比例混合器、移动式泡沫产（发）生装置，用水带连接组成	（1）单罐容量不大于200m³的固定顶非水溶性甲、乙、丙类液体储罐可仅采用移动式泡沫灭火系统。（2）在采用固定式泡沫灭火系统的同时，应同时配备移动式泡沫灭火系统
	固定式	由泡沫比例混合器、泡沫产（发）生装置和管道等组成	除了可以只采用移动式泡沫灭火以外的其他甲、乙、丙类液体储罐
根据发泡倍数分	低倍数	发泡倍数<20	电厂的点火油罐区，适用于所有类型的油罐
	中倍数	20≤发泡倍数≤200	电厂的点火油罐区，适用于：（1）丙类固定顶与内浮顶储罐。（2）单罐容积小于10000m³的甲、乙类固定顶与内浮顶储罐，且均应采用液上式喷射
	高倍数	发泡倍数>200	不适用于电厂

其中，固定式泡沫灭火系统根据泡沫喷入油罐的位置又分为液上式、液下式和半液下式三类，见表10-41。

表10-41 固定式泡沫灭火系统的分类

名称	分类说明	适用范围
液上式	泡沫从液面上喷入油罐	所有采用固定式泡沫灭火系统的油罐
液下式	泡沫从液面下喷入油罐	非水溶性甲、乙、丙类液体固定顶储罐
半液下式	泡沫从储罐底部注入，并通过软管浮升至液面	固定顶储罐

火力发电厂的油罐区宜采用低倍数泡沫灭火系统。

常用油罐的容量及外形尺寸见表10-42，油罐示意图见图10-75。

表10-42 常用油罐的容量及外形尺寸

序号	容积（m³）	油罐内径 D_1（mm）	高度（mm）壁高 h_1	高度（mm）总高 H	泡沫消防预留开孔直径（mm）
1	40	3600	4800	5188	95
2	60	4200	5256	5717	95
3	100	5200	5256	5822	95
4	200	6600	6357	7088	95
5	300	7750	7137	8012	150
6	400	8600	7937	8917	150
7	500	9000	8717	9717	150
8	700	10200	9517	10632	150
9	1000	11500	10707	11960	150
10	2000	15800	11107	12835	150
11	3000	18900	12287	14350	180
12	5000	23700	12700	15289	180
13	10000	31200	14283	17690	180

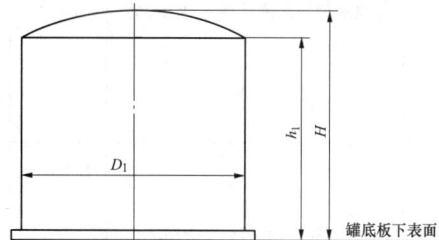

图10-96 油罐尺寸示意图

二、泡沫液的选择

泡沫液的选择见表10-43。

表10-43 泡沫液的选择

发泡倍数	保护对象	灭火装置		泡沫液类型
低倍数	非水溶性甲、乙、丙类液体储罐	固定式	液上式	蛋白、氟蛋白、成膜氟蛋白、水成膜
			液下式	氟蛋白、成膜氟蛋白、水成膜
		低倍数泡沫枪、泡沫炮	吸气式泡沫产生装置	蛋白、氟蛋白、成膜氟蛋白、水成膜
			非吸气式喷射装置	成膜氟蛋白、水成膜
	水溶性或对普通泡沫有破坏性的甲、乙、丙类液体储罐	固定式	液上式、半液下式	抗溶泡沫液
中倍数	丙类固定顶与内浮顶储罐，单罐容积小于10000m³的甲、乙类固定顶与内浮顶储罐	固定式	液上式	8%型膜氟蛋白

低倍数泡沫液的性能见表 10-44。

表 10-44 低倍数泡沫液性能表

类型	名 称	型号	混合比（%）	发泡倍数（倍）	储存温度（℃）	配置泡沫混合液的性质	适用范围	备注
蛋白泡沫液	6%植物蛋白泡沫液 6%动物蛋白泡沫液	YE6	6	7~9	0~40	淡水、海水	非水溶性甲、乙、丙类液体	用于液上喷射及喷淋
	3%动物蛋白泡沫液	YE3	3					
	氟蛋白泡沫液	YEF3	3	8.6	0~40	淡水、海水	非水溶性甲、乙、丙类液体	可用于液下、液上喷射及喷淋
		YEF6	6	8.5				
	水成膜泡沫液	AFFF FFFP	1、3、6 3、6	6~10 2~4	0~40	淡水、海水	非水溶性甲、乙、丙类液体	可用于液下、液上喷射及喷淋
抗溶性泡沫液	金属皂型抗溶泡沫液	KR-765	6~7	≥6	0~40	淡水	用于水溶性甲、乙、丙类液体。主要适用于扑救乙醇、甲醇、丙酮、乙酸乙酯，但不宜用于扑救低沸点的醛、醚及有机酸、胺类等液体的火灾	液上喷射，适用于环泵式比例混合器和有隔膜的压力比例混合器
	凝胶型抗溶泡沫液	YEKJ-6A	≥6		0~40	淡水	用于扑救醇、酯、酮、醛、醚、胺、有机酸等极性溶剂火灾，并可用来扑救非极性的烃类火灾	液上喷射，可配用环泵式、平衡式、管线式比例混合器，也能用带隔膜的压力比例混合器
	抗溶氟蛋白泡沫液	YEDF-6	6			淡水、海水	适用于非水溶性、水溶性的甲、乙、丙类液体	液上喷射（用于扑救非水溶性液体火灾时也可采用液上喷射），可配用各种比例混合器，若罐区内既有油罐又有醇类罐时选用它最合适

对于扑救柴油、重油油罐，宜采用液上喷射系统，应选用氟蛋白或水成膜泡沫液。

三、低倍数移动式泡沫灭火系统

1. 仅有移动式泡沫灭火系统作为灭火措施的情况

移动式泡沫灭火系统是使用泡沫枪或泡沫炮的泡沫灭火系统。

单罐容量小于或等于 200m³ 的固定顶非水溶性甲、乙、丙类液体储罐可仅采用移动式泡沫灭火系统进行保护。

移动式泡沫灭火系统的供给强度和连续供给时间见表 10-45。

表 10-45 移动式泡沫灭火系统的供给强度和连续供给时间

泡沫液种类	供给强度 [L/(min·m²)]	连续供给时间（min）	
		甲、乙类液体	丙类液体
蛋白、氟蛋白	8.0	60	45
水成膜、成膜氟蛋白	6.5	60	45

保护面积为储罐的横截面面积。

2. 采用固定式泡沫灭火系统时同时配套的移动式灭火系统

设置固定式泡沫灭火系统的储罐区，应配置用于扑救液体流散火灾的辅助泡沫枪，供给强度和连续供给时间见表10-46。每支泡沫枪的泡沫混合液流量不应小于240L/min。泡沫消火栓宜沿防火堤外均匀布置，间距不应大于60m。

表 10-46 泡沫枪的供给强度和连续供给时间

储罐直径 D（m）	配备泡沫枪数（支）	连续供给时间（min）
$D \leqslant 10$	1	10
$10 < D \leqslant 20$	1	20
$20 < D \leqslant 30$	2	20
$30 < D \leqslant 40$	2	30
$D > 40$	3	30

3. 泡沫枪

泡沫枪的性能参数见表10-47。

表 10-47 泡沫枪的性能参数

型号	性 能 参 数			
	工作压力（MPa）	混合液流量（L/s）	配用混合液类型（%）	射程（m）
PQ4	0.7	4	3 或 6	24
PQ8	0.7	8	3 或 6	28
PQ16	0.7	16	3 或 6	32
PQ8.C	0.3	8	3 或 6	15
PQ8A.C	0.5	8	3 或 6	22
PQB1.C	0.5	1	3	10
PQB8.C	0.5	8	3	22

注 选用时应以厂家样本为准。

4. 泡沫炮

以油品为主要燃料的电厂，宜在油码头及油罐区设置固定的泡沫炮。几种泡沫炮的外形尺寸图见图10-97。

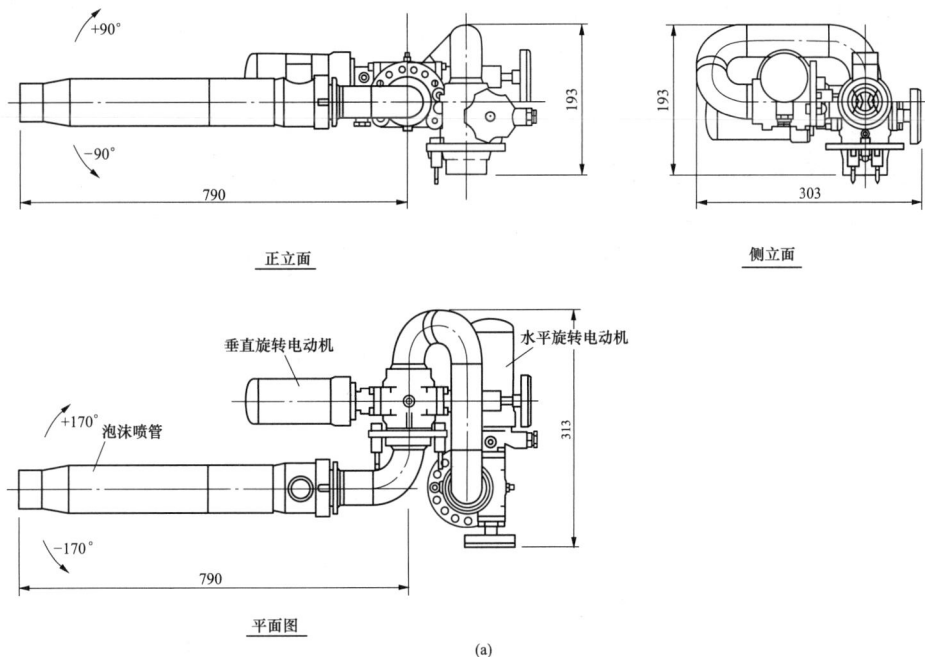

正立面

侧立面

平面图

(a)

图 10-97 泡沫炮外形尺寸图（一）

（a）斯纳克 1.5″ 消防泡沫炮外形尺寸图

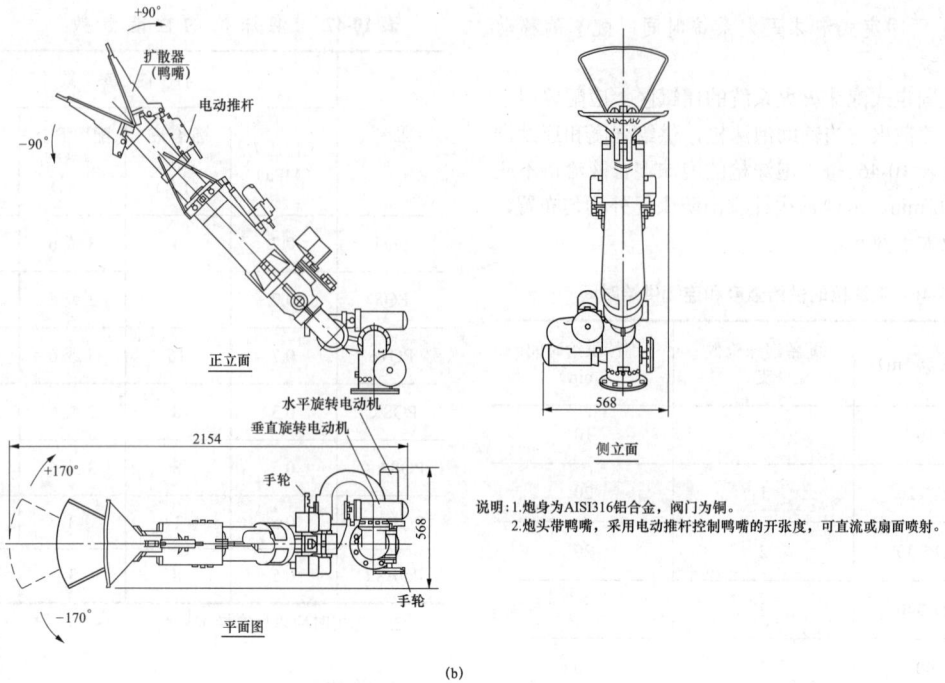

说明：1. 炮身为AISI316铝合金，阀门为铜。
2. 炮头带鸭嘴，采用电动推杆控制鸭嘴的开张度，可直流或扇面喷射。

图 10-97　泡沫炮外形尺寸图（二）

（b）斯纳克罗芙 5″ 泡沫/水两用炮外形尺寸图

注：本图摘自国家建筑标准设计图集 08S208《室内固定消防炮选用及安装》。

5. 移动式泡沫灭火系统泡沫混合液流量

按式（10-22）计算，即

$$Q = n \times q \times 60 \qquad (10\text{-}22)$$

式中　Q——辅助灭火泡沫混合液流量，L/min；

　　　n——配备的空气泡沫枪支数，常为 PQ8 型；

　　　q——每支泡沫枪或泡沫炮的泡沫混合液流量，L/s。

四、低倍数固定式泡沫灭火系统

燃煤电厂内的油罐区主要采用固定顶储罐，针对固定顶储罐的低倍数固定式泡沫灭火系统的设计内容如下。

（一）泡沫混合液的设计参数

固定顶储罐的保护面积按储罐的横截面面积确定。

对于电厂油罐，泡沫混合液的供给强度和供给时间见表 10-48。

表 10-48　固定式泡沫灭火系统的供给强度和连续供给时间

系统形式	泡沫液种类	供给强度 [L/(min·m²)]	连续供给时间（min） 甲、乙类液体	连续供给时间（min） 丙类液体
液上式	蛋白	6.0	40	30
液上式	氟蛋白、成膜氟蛋白、水成膜	5.0	45	30
液下式	氟蛋白、成膜氟蛋白、水成膜	5.0	40	40

液上式泡沫灭火系统示意图见图 10-98，液下式泡沫灭火系统示意图见图 10-99。

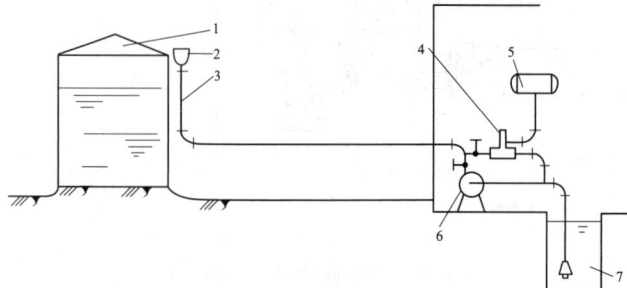

图 10-98　液上式泡沫灭火系统示意图

1—油罐；2—泡沫产生器；3—泡沫混合液管道；4—比例混合器；5—泡沫液罐；6—泡沫混合液泵；7—水池

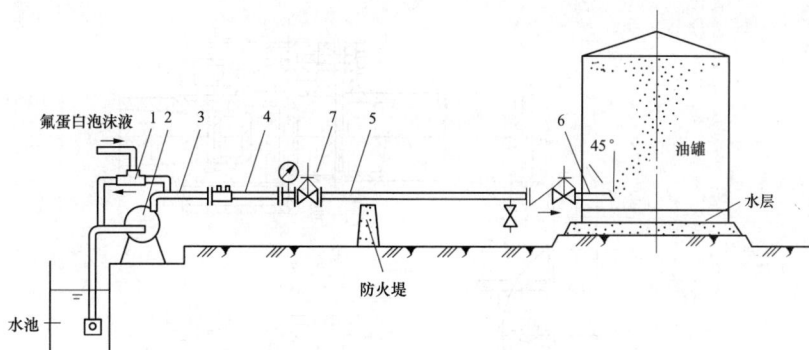

图 10-99　液下喷射泡沫灭火系统示意图

1—环泵式比例混合器；2—泡沫混合液泵；3—泡沫混合液管道；
4—液下喷射泡沫产生器；5—泡沫管道；6—泡沫注入管；7—背压调节阀

（二）系统组件

1. 液上式泡沫产生器

液上式泡沫产生器是一种液上喷射系统中固定安装在油罐上产生和喷射空气泡沫的灭火设备。

（1）油罐需要的泡沫产生器的设置数量按式（10-23）计算，即

$$n = Q / (q \times 60) \qquad (10\text{-}23)$$

式中　n——最大油罐需要的泡沫产生器的设置数量；

　　　q——每个泡沫产生器的流量，L/s，根据选用的实际产品参数确定，参见表 10-49。

表 10-49　PC 型、PS 型泡沫产生器主要性能参数表

型号	工作压力（MPa）	泡沫混合液流量（L/s）	发泡倍数（倍）
PC4 PS4	0.5	4	≥6
PC8 PS8	0.5	8	≥6
PC16 PS16	0.5	16	≥6
PC24 PS24	0.5	24	≥6
PS32	0.5	32	≥6

当设计的泡沫产生器工作压力为额定工作压力 0.5MPa（产品的压力范围为 0.3～0.6MPa）时，可以采用它的额定流量，否则应按式（10-24）计算，即

$$q = K\sqrt{p} \qquad (10\text{-}24)$$

式中　q——泡沫产生器的流量，L/s；

　　　K——泡沫产生器的流量特性系数，由厂家提供；

　　　p——泡沫产生器的进口压力，MPa。

（2）实际采用的泡沫产生器的数量不得少于表 10-50 的规定。

表 10-50　液上式泡沫产生器的设置数量

储罐直径 D（m）	泡沫产生器设置数量（个）
$D \leq 10$	1
$10 < D \leq 25$	2
$25 < D \leq 30$	3
$30 < D \leq 35$	4
$35 < D \leq 50$	横截面面积每增加 300m²，至少增加 1 个

（3）同一储罐上设置的泡沫产生器宜选用相同的规格，且沿罐周均匀布置。

（4）液上喷射泡沫产生器固定安装于油罐上部。根据安装方式的不同，有横式和立式两种。横式泡沫产生器由壳体组、泡沫喷管组和导板组组成，其结构及安装如图 10-100 所示。立式泡沫产生器由产生器、导板、泡沫室组成。它们的工作原理是：泡沫混合液通过喷嘴时造成负压，使大量空气被吸入产生器内，与混合液形成空气泡沫，带压的泡沫流将玻璃盖冲破脱落，进入油罐；油罐内装有导板，在出口处导板的作用下，沿罐壁流下，覆盖于燃烧体的表面上，达到灭火的目的。

（5）在实际应用中，因为具有体积小、结构简单、质量轻、安装方便等优点，一般多采用横式泡沫产生器。PC 型横式和 PS 型立式泡沫产生器的主要性能参数见表 10-49。

当泡沫产生器的工作压力不为 0.5MPa 时，它的流量应按公式 $Q = K\sqrt{p}$ 确定。其中 p 为工作压力，K 为流量特性系数，由厂家确定或根据额定压力流量推得。

（6）泡沫产生器在安装前，应先检查各部件是否齐全完好，如有短缺或损伤，应及时配齐或者更换。为了防止油罐内可燃液体的蒸气外漏，产生器壳体出口端必须安装易碎玻璃密封，以减少油气的挥发。该玻璃应朝出口方向一面安装并划痕，当混合液压力在 0.1～0.2MPa 时即能被冲碎。为确保空气泡沫的质量，产生器的工作压力必须保持在 0.3～0.5MPa 范围内。每年应对产生器刷防水涂料一次，并拆开泡沫室盖，清除内部杂物，检查玻璃盖、滤罩是否完整。

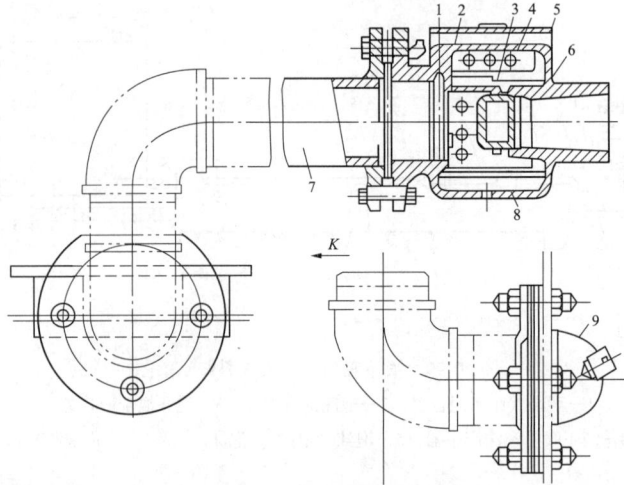

图 10-100　横式泡沫产生器的结构及安装

1—密封玻璃；2—玻璃压圈；3—喷嘴；4—滤网；5—罩板；6—壳体；7—泡沫喷管组；8—壳体组；9—导板组

2. 液下式泡沫产生器

液下式泡沫产生器用于液下喷射灭火系统，又称

高背压泡沫产生器。该产生器的结构如图10-101所示。

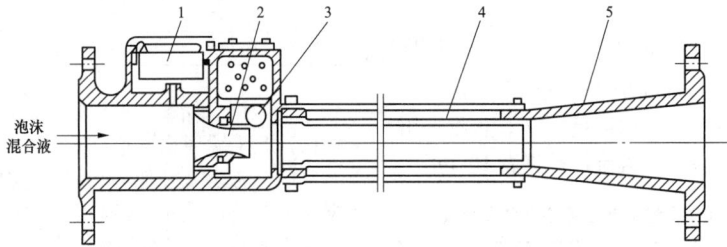

图 10-101　液下式泡沫产生器的结构

1—压力表；2—喷嘴；3—止回球；4—混合管；5—扩散管

液下式泡沫产生器的工作原理是：在具有一定压力的混合液以一定的流量从喷嘴射出时，混合器内的空气形成真空，空气由进气管进入，与混合液在混合管内混合形成微气泡；当它通过扩散板时，由于流速逐渐变小，一部分动能转化为势能，使其压力增大，形成一定的压力和一定的泡沫而进入油罐灭火。国内生产的PCY系列液下式泡沫产生器的主要性能参数见表10-51。

表 10-51　PCY 系列液下式泡沫产生器的主要性能参数

型号	泡沫混合液流量（L/s）	标定工作压力（MPa）	背压（MPa）	发泡倍数（倍）	泡沫 25% 析液时间（s）
PCY450	450				
PCY450G	450				
PCY900	900	0.7	0.175	2～4	>180
PCY900G	900				
PCY1350G	1350				
PCY1800G	1800				

液下式泡沫产生器的设置应满足：

（1）液下式泡沫产生器设置在防火堤外，设置数量及型号应按泡沫混合液用量经计算确定。

（2）当一个储罐所需的液下式泡沫产生器数量大于 1 个时，宜并联使用。

（3）在液下式泡沫产生器的进口侧应设置检测压力表接口，在其出口侧应设置压力表、背压调节阀和泡沫取样口。

（4）泡沫进入甲、乙类液体的速度不应大于 3m/s，泡沫进入丙类液体的速度不应大于 6m/s。

（5）泡沫喷射口宜采用向上斜的口型，其斜口角度宜为 45°，泡沫喷射管的长度不得小于喷射管直径的 20 倍。当设有 1 个喷射口时，喷射口宜设置在储罐中心；当设有 1 个以上喷射口时，应沿罐周均匀设置，且各喷射口的流量宜相等。

（6）泡沫喷射口应安装在高于储罐积水层 0.3m 的位置，泡沫喷射口的设置数量不应小于表 10-52 的规定。

表 10-52　液下式泡沫喷射口的设置数量

储罐直径 D （m）	喷射口数量 （个）
D≤23	1
23<D≤33	2
33<D≤40	3
D>40	横截面面积每增加 400m²， 应至少增加 1 个泡沫喷射口

3. 泡沫比例混合器

泡沫比例混合器是泡沫灭火系统的核心部件，其作用是将水与泡沫液按一定比例自动混合，形成泡沫混合液。目前，固定泡沫灭火系统常用的泡沫比例混合器有压力比例混合器、管线式比例混合器、平衡式比例混合器等几种。

（1）压力比例混合器。压力比例混合器是电厂中最常用的泡沫比例混合器，一般安装于泡沫液储罐上。该装置用水置换泡沫液的方式实现泡沫液与水混合，其泡沫混合液的混合比靠更换孔板来调整，构造示意图见图 10-102。

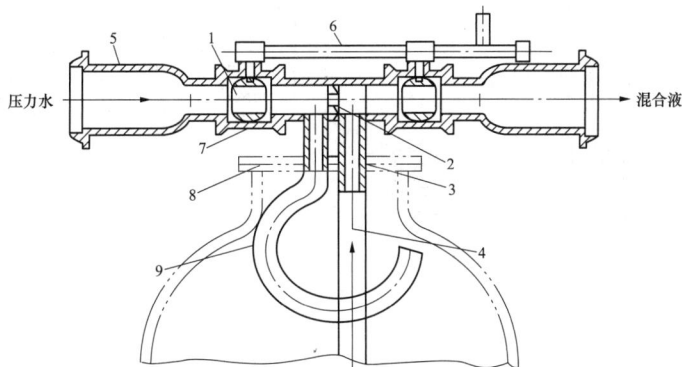

图 10-102　压力比例混合器构造示意图

1—球阀；2—压差孔板；3—节流孔板；4—泡沫液管；5—扩散管；
6—联动手柄；7—混合器本体；8—连接法兰；9—缓冲管

1）压力比例混合器产品有 PHY 系列及 PHJ 系列类型，PHY 系列压力比例混合器性能参数见表 10-53，PHJ 系列压力比例混合器性能参数见表 10-54。PHY 系列压力比例混合器储罐外形图见图 10-103。

表 10-53　PHY 系列储罐式压力比例混合器性能参数表

主要性能 参数	型　　号			
	PHY32C	PHY48/55	PHY64/76	PHY72/30.C
工作压力 范围	0.6～1.2	0.6～1.2	0.6～1.2	0.6～1.2
配用泡沫 液型号	3%	6%	6%	3%
混合液供 液量（L/s）	32	48	64	72
混合比（%）	3～3.5	6～7	6～7	3～3.5
储罐容积（L）	700	5500	7600	3000

续表

主要性能 参数	型　　号			
	PHY32C	PHY48/55	PHY64/76	PHY72/30.C
最大供液量 供应时间 （min）	12	30	30	23
总质量（包括 泡沫液，t）	0.5	9	11	6

表 10-54　PHJ 系列压力比例混合器性能参数表

型号	PHJ60/100	PHJ60/100A	PHJ120/150	PHJ120/150A
混合比 （%）	6	3	6	3
泡沫混合 液流量 （L/s）	13.3～10		20～200	
工作压力 （MPa）	0.6～1.2			
压力损失 （MPa）	≤1.2			

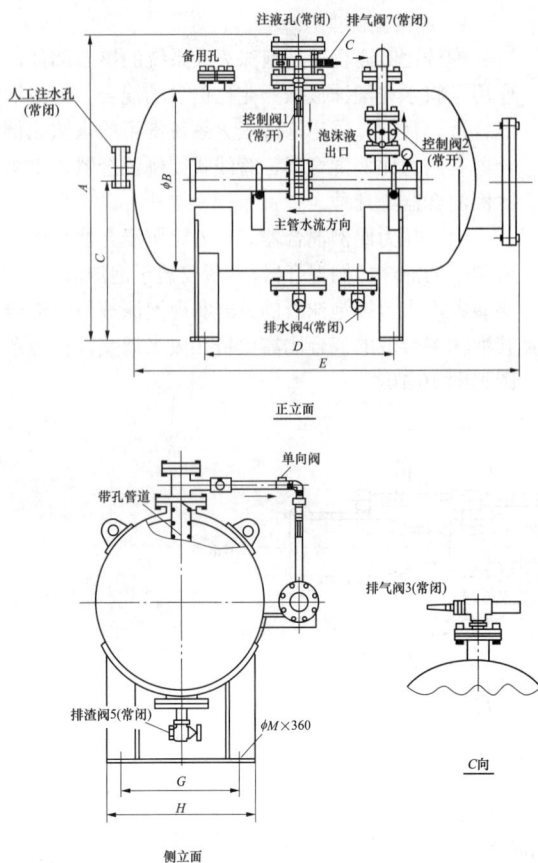

PHY压力式泡沫比例混合装置卧式储罐外形尺寸表 (mm)

序号	型号	容积(L)	A	φB	C	D	E	G	H	φM	质量(kg)
1	PHY/5M	500	1240	600	650	1260	2010	400	550	20	600
2	PHY/10M	1000	1550	900	810	970	2000	590	810	20	720
3	PHY/15M	1500	1650	1000	860	1100	2300	600	760	24	830
4	PHY/20M	2000	1750	1100	910	1440	2640	660	820	24	940
5	PHY/25M	2500	1850	1100	960	1440	2100	720	820	24	1100
6	PHY/30M	3000	1950	1300	1010	1840	2736	780	940	24	1310
7	PHY/40M	4000	2150	1500	1110	1440	2900	900	1060	24	1420
8	PHY/50M	5000	2250	1600	1160	1540	3090	960	1120	24	1450
9	PHY/55M	5500	2250	1600	1160	1650	3090	960	1120	24	1550
10	PHY/60M	6000	2250	1600	1160	1900	3490	960	1120	24	2000
11	PHY/70M	7000	2450	1800	1260	1600	3290	1120	1280	24	2150
12	PHY/80M	8000	2460	1800	1260	2000	3710	1120	1280	24	2600
13	PHY/90M	9000	2660	1800	1360	1700	3500	1260	1280	24	2700
14	PHY/100M	10000	2660	2000	1360	2000	3800	1260	1420	24	2800
15	PHY/120M	12000	2660	1360	2500	4338	1260	1420	24	3000	
16	PHY/150M	15000	2660	2000	1360	3500	5300	1260	1420	24	3000

图 10-103　PHY 系列压力比例混合器储罐外形图

注：本图摘自国家建筑标准设计图集 08S208《室内固定消防炮选用及安装》。

2）压力比例混合器用于低倍数泡沫灭火系统时应满足：

a. 进口压力范围为 0.5～1.0MPa。

b. 按照水流量选择规格型号。

c. 泡沫液进口压力应超过水进口压力，其超过数值最好为 0.1MPa。

d. 定选用 3%～6% 的混合比。

e. 压力比例混合器的单罐容积不宜大于 10m³；无囊式压力比例混合器，当单罐容积大于 5m³，且储罐内无分隔设施时，宜设置 1 台小容积压力比例混合器，其容积应大于 0.5m³，并能保证系统按最大设计流量连续提供 3min 的泡沫混合液。

f. 储罐式压力比例混合器的数量宜为 1 台。

g. 当选用的泡沫液密度低于 1.12g/mL 时，不应选择无囊式压力比例混合装置。

h. 泡沫液储罐宜采用耐腐蚀材料制作；当采用钢质材料时，其与泡沫液直接接触的内壁或衬里不应对泡沫液的性能产生不利影响。

3）常压泡沫液储罐应满足：

a. 储罐应留有泡沫液热膨胀空间和泡沫液沉降损失部分所占空间。

b. 储罐出液口的设置应保障泡沫液泵进口为正压，且应设置在沉降层之上。

c. 储罐上应设出液口、液位计、进料孔、排渣孔、人孔、取样口、呼吸阀或通气管。

d. 泡沫液储罐上应有标明泡沫液种类、型号、出厂与灌装日期及储量的标志。不同种类、不同牌号的泡沫液不得混存。

（2）管线式比例混合器（负压）。管线式比例混合器是利用文丘里管的原理在混合腔内形成负压，在大气压力的作用下将容器内的泡沫液吸到腔内与水混合，所以又称负压比例混合器。

1）管线式比例混合器直接装在主管线上，一般串联于消防管道或消防水带间，它是一种可以移动的便携式比例混合装置。管线式比例混合器的构造如图 10-104 所示。

2）管线式比例混合器具有结构简单、使用方便的优点，可在低、中、高倍数泡沫灭火系统中采用。管线式比例混合器的工作压力通常在 0.7～1.3MPa 范围内，压力损失在进口压力的 1/3 以上，混合比精度通常较差。为此，它主要用于移动式泡沫系统，且许多是与泡沫炮、泡沫枪、泡沫发生器装配一体使用的，在固定式泡沫系统中很少使用。

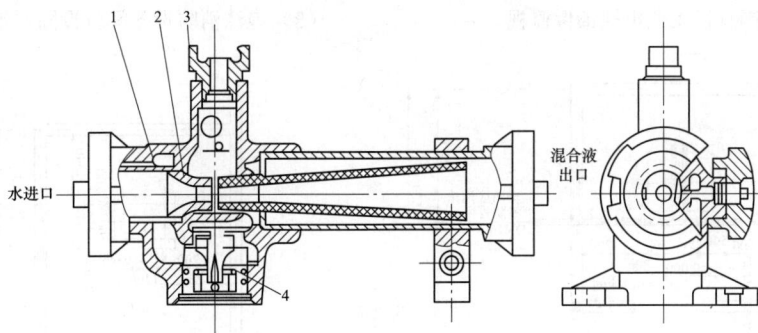

图 10-104 管线式比例混合器构造示意图
1—过滤网；2—喷嘴；3—吸液管接口；4—调节手柄

PHX 型管线式比例混合器性能参数见表 10-55。

表 10-55 PHX 型管线式比例混合器性能参数表

型号	混合流量 (L/s)	混合比 (%)	进口工作压力 (Pa)	压力损失 (MPa)
PHX2/50	200			
PHX4/50	400	3 或 6	0.8～1.2	≤0.5
PHX8/50	800			

3）管线式比例混合器（负压）的配制数量宜为 1 台。

4）当半固定式或移动式系统采用管线式比例混合器时，比例混合器的水进口压力应在 0.6～1.2MPa 的范围内，且出口压力应满足泡沫产生装置的进口压力要求。

5）比例混合器的压力损失可按水进口压力的 35%计算。

（3）平衡式比例混合器：

1）平衡阀的泡沫液进口压力应大于水进口压力，且其压差应满足产品的使用要求。

2）应选择特性曲线平缓的离心泵，且其工作压力和流量应满足系统设计要求。

（三）系统管道

（1）液上式泡沫混合液管道的设置应满足：

1）每个泡沫产生器应用独立的混合液管道引至防火堤外。

2）除立管外，其他泡沫混合液管道不得设置在罐壁上。

3）连接泡沫产生器的泡沫混合液立管应用管卡固定在罐壁上，管卡间距不宜大于 3m。

4）泡沫混合液的立管下端应设置锈渣清扫口。

（2）防火堤内泡沫混合液或泡沫管道的设置应满足：

1）地上泡沫混合液或泡沫水平管道应敷设在管墩或管架上，与罐壁上的泡沫混合液立管之间宜用金属软管连接。

2）埋地泡沫混合液管道或泡沫管道距离地面的深度应大于 0.3m，与罐壁上的泡沫混合液立管之间应用金属软管或金属转向接头连接。

3）泡沫混合液或泡沫管道应有 3‰的放空坡度。

4）在液下喷射系统靠近储罐的泡沫管线上，应设置用于系统试验的带可拆卸盲板的支管。

5）液下喷射系统的泡沫管道上应设置钢制控制阀和止回阀，并应设置不影响泡沫灭火系统正常运行的放油品渗漏设施。

（3）防火堤外泡沫混合液或泡沫管道的设置应满足：

1）固定式液上喷射系统，对每个泡沫产生器，应在防火堤外设置对立的控制阀。

2）半固定式液上喷射系统，对每个泡沫产生器，应在防火堤外地面 0.7m 处设置带闷盖的管牙接口；半固定式液下喷射系统的泡沫管道应引至防火堤外，并应设置相应的高背压泡沫产生器快速接口。

3）泡沫混合液管道或泡沫管道上应设置放空阀，且其管道应有 2‰的坡度坡向放空阀。

（4）管材要求：

1）低倍数泡沫灭火系统的水与泡沫混合液及泡沫管道应采用钢管，且管道外壁应进行防腐处理。

2）泡沫液管道应采用不锈钢管。

（四）泡沫消防设备间

泡沫消防设备间典型布置见图 10-105。

（1）泡沫消防设备间与油罐外壁的距离不应小于 20m。建筑物的耐火等级不得小于二级。严禁将泡沫消防设备间设置在防火堤内、围堰内。

（2）储罐式压力泡沫比例混合器应设有排空措施，如地漏等。

（3）管道口径大于 300mm 时，不宜采用手动阀门。

（4）当采用平衡式比例混合装置时，应满足：

1）比例混合器的泡沫液进口管道上应设单向阀；

2）泡沫液管道上应设冲洗及放空设施。

（5）固定式泡沫灭火系统应为远方操作，系统中的阀门宜为电动阀，且应有就地手动操作的条件。

（6）油罐区周围应设手动报警按钮。

（7）油罐区周围宜设工业电视摄像监视。　（8）泡沫消防设备间应设固定消防电话。

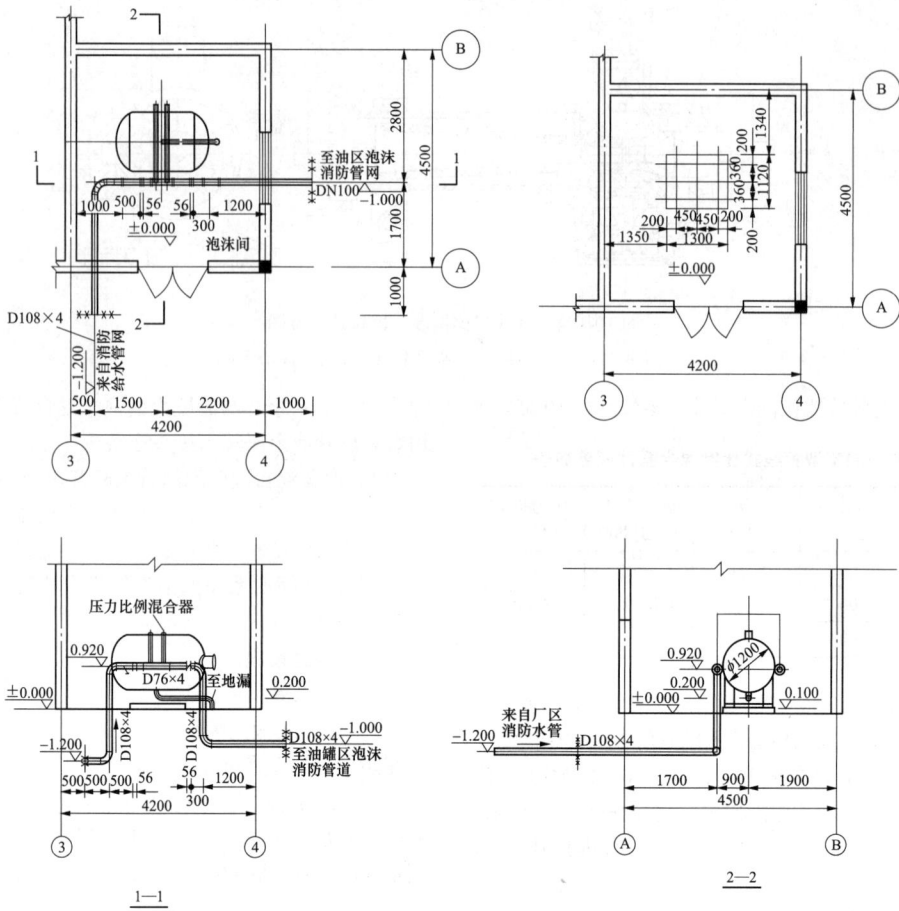

图 10-105　泡沫消防设备间典型布置图（高程单位：m）

五、设计举例

1. 计算原则

（1）油罐区泡沫灭火系统的泡沫混合液设计流量，应按储罐上设置的泡沫产生器或高背压泡沫产生器的流量+该储罐辅助泡沫枪的流量+管道剩余量计算，且应按流量之和最大的储罐确定。

（2）泡沫枪或泡沫炮系统的泡沫混合液设计流量，应按同时使用的泡沫枪或泡沫炮的流量之和确定。

（3）系统泡沫混合液与水的设计流量应有不小于5%的裕度。

（4）油罐区泡沫灭火系统水和泡沫混合液流速不宜大于3m/s。

（5）液下喷射泡沫喷射管前的泡沫管道内的泡沫流速宜为3～9m/s。

（6）泡沫液流速不宜大于5m/s。

2. 计算公式

（1）系统泡沫混合液与水管道采用普通钢管时，

其沿程水头损失应按式（10-25）计算；当采用不锈钢管或铜管时，应按式（10-26）计算，即

$$i = 0.0000107 \times \frac{v^2}{d_j^{1.3}} \qquad (10\text{-}25)$$

式中　i——管道的单位长度水头损失，MPa/m；

v——管道内的平均流速，m/s；

d_j——管道的计算内径，m，取值应按管道的内径减1mm确定。

$$i = 105C^{-1.85}d_j^{-4.87}q_g^{1.85} \qquad (10\text{-}26)$$

式中　i——管道的单位长度水头损失，kPa/m；

C——海澄-威廉系数，对于铜管、不锈钢管，取130；

q_g——管道内的水流速，m^3/s。

（2）泡沫混合液与水管道的局部水头损失宜采用当量长度法计算。

（3）系统入口的供给压力应按式（10-27）计算，即

$$H = \sum h + p_0 + h_z \qquad (10\text{-}27)$$

式中　H——系统入口的供给压力，MPa；

$\sum h$——管道沿程和局部水头损失的累计值，MPa；

p_0——最不利点泡沫产生装置或泡沫喷射装置
的工作压力，MPa；

h_z——最不利点泡沫产生装置或泡沫喷射装置
与系统水平供水引入管中心线之间的净
压差，MPa。

（4）液下喷射系统中泡沫管道的水力计算应符合
下列规定：

1）泡沫管道的压力损失按（10-28）计算，即

$$h = CQ_p^{1.72} \qquad (10\text{-}28)$$

式中 h——每 10m 泡沫管道的压力损失，Pa/10m；

C——管道压力损失系数，见表 10-56；

Q_p——泡沫流量，L/s。

表 10-56   管 道 压 力 损 失 系 数

管径（mm）	管道压力损失系数 C
100	12.920
150	2.140
200	0.555
250	0.210
300	0.111
350	0.071

2）发泡倍数按 3 计算。

3）泡沫管道上的阀门和部分管径的当量长度按
表 10-58 确定。

表 10-57   泡沫管道上阀门和部分

管件的当量长度   （m）

公称直径（mm）	150	200	250	300
闸阀	1.25	1.50	1.75	2.00
90°弯头	4.25	5.00	6.75	8.00
旋启式止回阀	12.00	15.25	20.50	24.50

（5）泡沫液管道的压力损失计算可按达西公式
（10-29）确定，即

$$\Delta p_m = 0.2252 \times \frac{fL\rho Q^2}{d^5} \qquad (10\text{-}29)$$

式中 Δp_m——摩擦阻力损失，MPa；

f——摩擦系数；

L——管道长度，m；

ρ——液体密度，kg/m³；

Q——流量，L/min；

d——管道直径，mm。

摩擦系数 f 需要根据雷诺数查莫迪图得到。雷诺
数按式（10-30）计算。莫迪图见图 10-106、图 10-107。

$$Re = 21.22 \times \frac{Q\rho}{d\mu} \qquad (10\text{-}30)$$

式中 Re——雷诺数；

μ——绝对动力黏度，mPa·s。

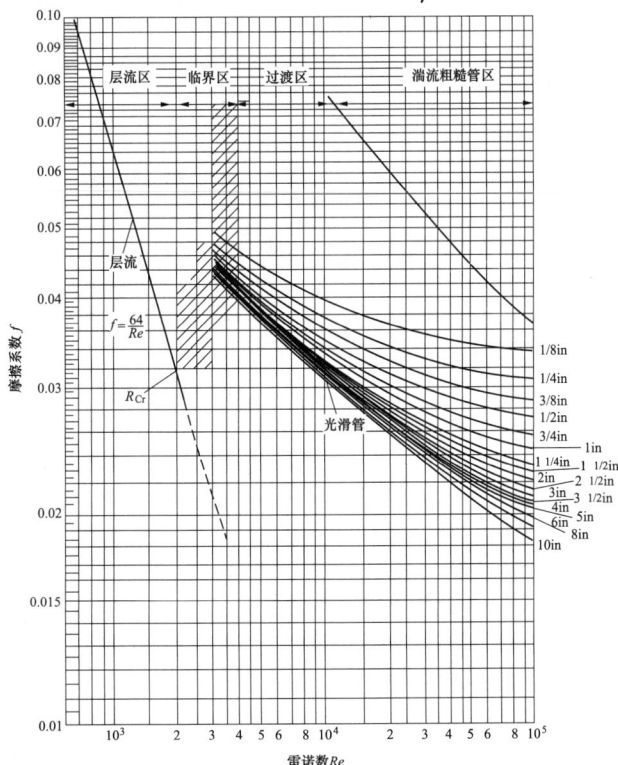

图 10-106 钢管莫迪图（$Re \leqslant 10^5$）

注：1in＝25.4mm。

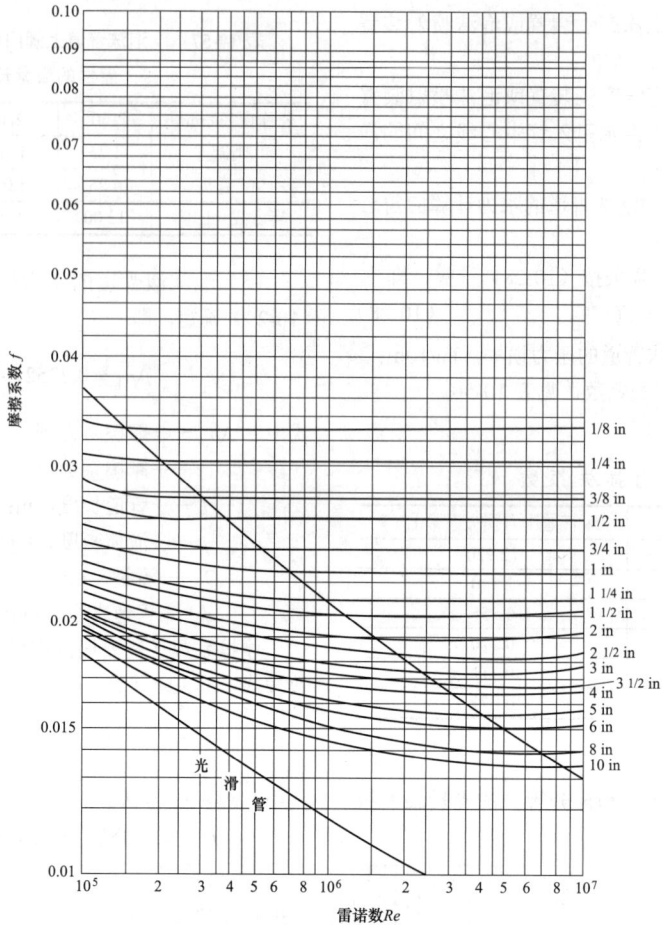

图 10-107　钢管莫迪图（$Re > 10^5$）

注：1in＝25.4mm。

3. 计算实例

对一座容积为 1000m³ 的固定顶甲类液体储罐，油罐内径 11.5m，壁高 10.707m，设计泡沫灭火系统。设计步骤如下：

（1）确定泡沫灭火的类型。容积大于 200m³ 的固定顶油罐需采用固定式泡沫灭火系统。这里采用液上式喷射，泡沫液采用氟蛋白。

（2）确定所需泡沫混合液的最小流量。根据表 10-48，液上式氟蛋白泡沫液的供给强度为 5.0L/（min·m²），甲类液体连续供给时间 45min，则该储罐的泡沫混合液最小供给流量＝3.14×11.5²÷4×5＝519.1（L/min），即 8.65L/s。

（3）确定泡沫产生器的数量。根据表 10-50，直径 11.5m 的储罐，需要设置不少于 2 个泡沫产生器。当设置 2 个泡沫产生器时，每个产生器的流量应不小于 8.65÷2＝4.33（L/s）。当设置 3 个泡沫产生器时，每个产生器的流量应不小于 8.65÷3＝2.88（L/s）。

查表 10-49，最终选择 3 只 PC4 型泡沫产生器，沿罐周均匀布置，则系统的泡沫产生器混合液设计流量＝4×3＝12（L/s）。

（4）确定泡沫枪的数量。查表 9-12，直径 11.5m 的储罐，至少需要 1 支泡沫枪，连续供给时间为 20min。为方便围堰内泡沫枪的取用，选择 PQ4 型泡沫枪 2 支，每支的混合液流量为 4L/s。

（5）泡沫混合液的总流量＝12+8＝20（L/s）。混合比选择 6%，则所需消防水流量＝20×（1–6%）＝18.8（L/s）。

（6）确定泡沫混合液管道的直径。泡沫产生器的数量为 3 支，每支额定流量 4L/s，又油罐区泡沫灭火系统水和泡沫混合液流速不宜大于 3m/s，则每支泡沫产生器所连管道的直径

$$d = \sqrt{\frac{4Q}{\pi v}} = 0.0412（m）= 41.2（mm）$$

选择 DN50 的普通钢管。

泡沫枪额定流量 4L/s，也选择 DN50 的普通钢管。

管线总长度 250m，管段内的泡沫混合液容量＝3.14×0.052²÷4×250＝0.53（m³）。

（7）泡沫灭火系统平面布置图见图 10-108，管道透视图见图 10-109。

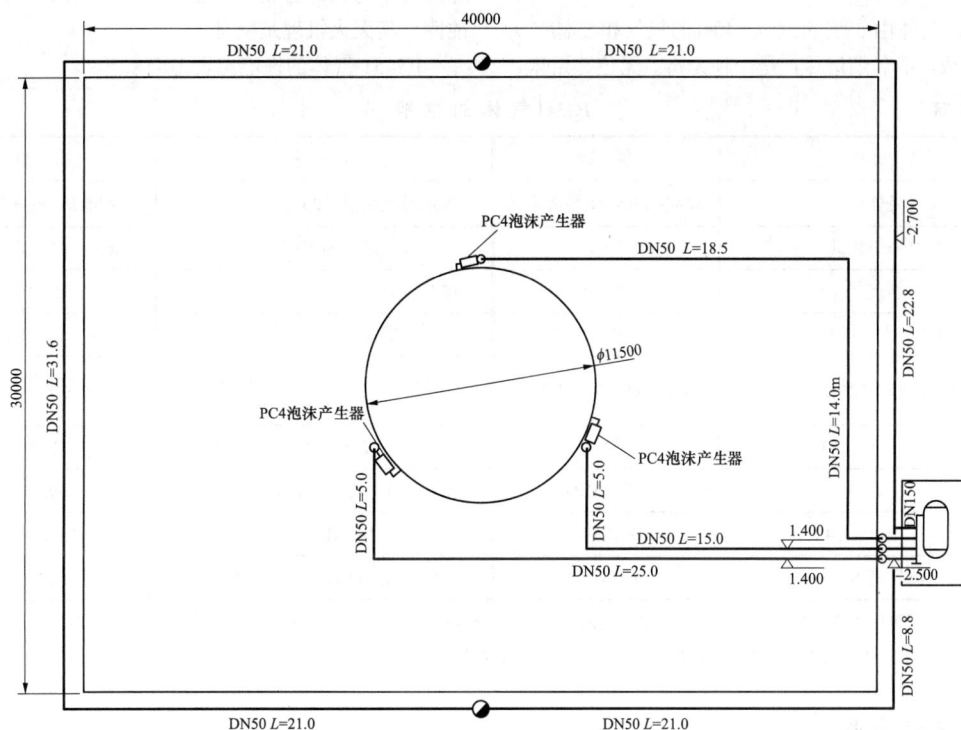

图 10-108 低倍数固定式泡沫灭火系统平面布置图（高程及长度 *L* 单位：m）

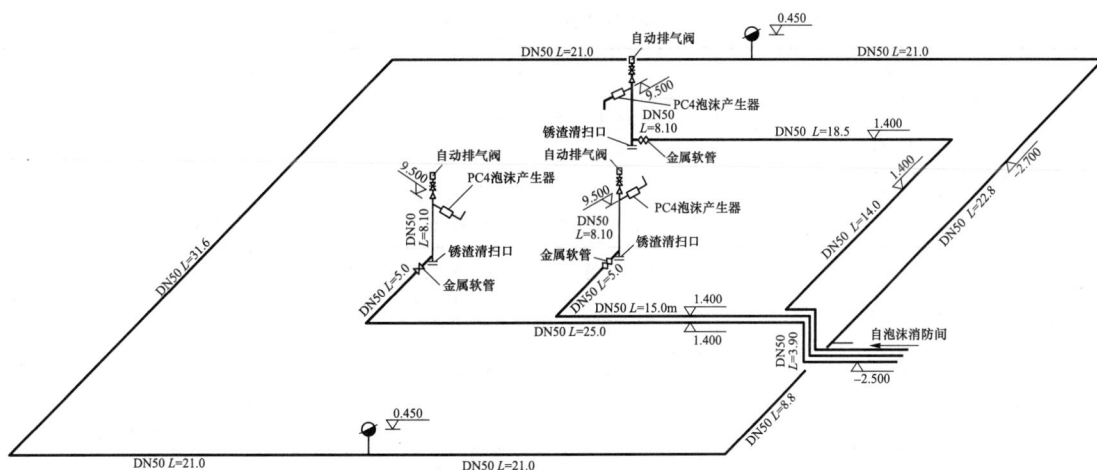

图 10-109 低倍数固定式泡沫灭火系统管道透视图（高程及长度 *L* 单位：m）

（8）计算结果：

所需的泡沫混合液总体积 = 12×45+8×20+0.53 = 42.53（m³）。

所需泡沫液的储量 = 42.53×6% = 2.55（m³）。

所需消防水体积 = 42.53×(1−6%) = 39.98（m³）。

选择 PHZY 型卧式隔膜型储罐压力式泡沫比例混合装置，储罐容积 3000L。

第六节 IG541 气体灭火系统

一、适用范围

IG541 气体灭火系统适用于机组容量 300MW 以上的电厂集中控制楼或网络控制楼内电子设备间、计算机房、继电器室、DCS 工程师室、电缆夹层、配电装置室。

二、IG541气体的特性

IG541气体由52%的氮气、40%的氩气和8%的二氧化碳组成，俗名烟烙尽，是一种无毒、无色、无味、惰性及不导电的纯"绿色"压缩气体。它既不支持燃烧，又不与大部分物质产生反应，且来源丰富，无腐蚀性，其灭火机理是窒息。

IG451气体的性能见表10-58。

表10-58　　　　　　　　　　　　　IG541气体的性能

名称	参数	名称	参数
组分	52%N_2、40%Ar和8%CO_2	沸点时气化热（25℃）	220kJ/（kg·℃）
相对分子质量	34.0	水在灭火剂中的溶解度（21℃）	150×10^{-6}（质量比）
冰点	−78.5℃	储存压力（20℃）	15MPa
沸点（大气压）	196.0℃	储存容器最小设计工作压力	15.5MPa
蒸气比热容（25℃）	0.574kJ/（kg·℃）	杯式法灭火浓度（灭正烷火，体积分数）	29.1%
蒸气压　0℃	13.53MPa	最小灭火设计浓度（体积分数）	35.0%
蒸气压　21℃	15.29MPa	惰化（爆）浓度（对丙烷体积分数）	49.0%
蒸气压　54℃	18.10MPa	毒性数据NOAEL（体积分数）	43.0%
蒸气密度	1.1kg/m³	毒性数据LOAEL（体积分数）	52.0%

注　NOAEL浓度为无毒性反应浓度，即观察不到由灭火剂毒性影响产生生理反应的灭火剂最大浓度。LOAEL浓度为有毒性反应浓度，即能观察到由灭火剂毒性影响产生生理反应的灭火剂最小浓度。

三、系统分类

IG541气体灭火系统的分类见表10-59。

表10-59　　　　　　　　　　　　　IG541气体灭火系统的分类

分类		主要特征	适用条件
按固定方式分	半固定式气体灭火装置（预制灭火系统）	无固定的输送气体管道，由药剂瓶、喷嘴和启动装置组成的成套装置	适用于保护面积不大于500m²、体积不大于1600m³的防护区
	固定式气体灭火系统（管网灭火系统）	由储存容器、各种组件、供气管道、喷嘴及控制部分组成的灭火系统	适用于保护面积大于100m²、体积大于300m³的防护区
按管网布置形式分	均衡管网系统	从储存容器到每个喷嘴的管道长度和等效长度应大于最长管道长度和等效长度的90%；每个喷头的平均质量流量相等	适用于储存压力低、灭火设计浓度小的系统
	非均衡管网系统	不具备均衡管网系统的条件	适用于能使灭火剂迅速均化，各部分空间能同时达到设计浓度的高压系统
按系统组成分	单元独立灭火系统	用一套灭火剂储存装置单独保护一个防护区或保护对象的灭火系统	适用于防护区少而又有条件设置多个钢瓶间的工程
	组合分配灭火系统	用一套灭火剂储存装置保护两个及两个以上防护区或保护对象的灭火系统	适用于防护区多而又没有条件设置多个瓶站，且每个防护区不同时着火的工程
按应用方式分	全淹没灭火系统	在规定的时间内，向防护区喷射一定浓度的灭火剂，并使其均匀地充满整个防护区的灭火系统	适用于开孔率不超过3%的封闭空间，保护区内除泄压口外，其余均能在灭火剂喷放前自动关闭
	局部应用灭火系统	向保护对象以设计喷射率直接喷射灭火剂，并持续一定时间的灭火系统	保护区在灭火过程中不能封闭，或虽能封闭但不符合全淹没系统所要求的条件。适宜扑灭表面火灾

四、设计基本参数

1. IG541 气体的灭火设计浓度

对于火力发电厂内的保护对象，IG541 气体的灭火设计浓度为 37.5%。有人工作的防护区的灭火设计浓度或实际使用浓度不应大于 52%。

2. 系统的喷放时间

当 IG541 混合气体灭火剂喷放至设计用量的 95%时，其喷放时间不应大于 60s，且不应小于 48s。

3. 灭火浸渍时间

通信机房、电子计算机房内的电气设备火灾，宜采用 10min。

4. 灭火设计用量和惰化设计用量及系统灭火剂储存量

灭火设计用量和惰化设计用量按式（10-31）计算，即

$$m = K \times \frac{V}{V_m} \times \ln\left(\frac{100}{100 - C_1}\right) \quad (10\text{-}31)$$

其中　　　　　$V_m = 0.6575 + 0.0024t$

式中　m——灭火设计用量或惰化设计用量，kg；

K——海拔修正系数，见表 10-60；

V——防护区净容积，m^3；

V_m——灭火剂气体在 101kPa 大气压和防护区最低环境温度下的质量体积，m^3/kg；

C_1——灭火设计浓度或惰化设计浓度，%；

t——灭火系统的设计温度，应采用 20℃。

表 10-60　　海 拔 修 正 系 数

海拔（m）	修 正 系 数
-1000	1.130
0	1.000
1000	0.885
1500	0.830
2000	0.785
2500	0.735
3000	0.690
3500	0.650
4000	0.610
4500	0.565

系统灭火剂储存量应为防护区灭火设计用量及系统灭火剂剩余量之和，系统灭火剂剩余量按式（10-32）计算，即

$$m_s \geq 2.7V_0 + 2.0V_p \quad (10\text{-}32)$$

式中　m_s——系统灭火剂剩余量，kg；

V_0——系统全部储存容器的总容积，m^3；

V_p——管网的管道内容积，m^3。

此外，还应满足以下要求：

（1）两个或两个以上的防护区采用组合分配系统时，一个组合分配系统所保护的防护区不应超过 8 个。

（2）组合分配系统的灭火剂储存量，应按储存量最大的防护区确定。

（3）电厂气体灭火剂储量宜设 100%备用量。

五、系统工作方式

1. 系统动作程序

IG541 气体灭火系统的动作程序见图 10-110。

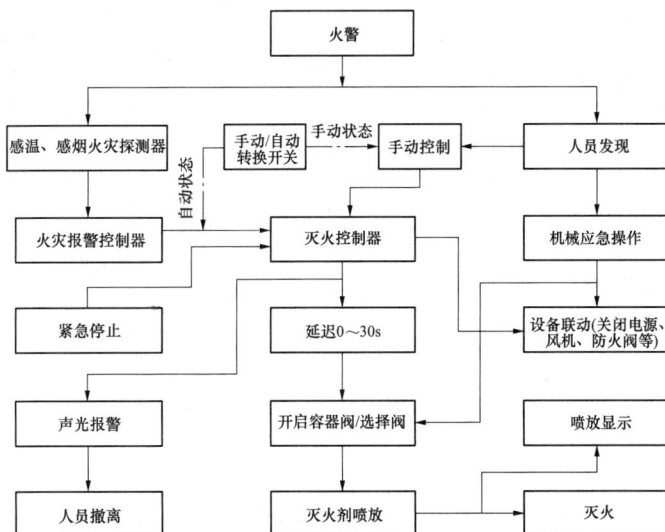

图 10-110　IG541 灭火系统动作程序图

（1）IG541 气体灭火系统设有自动控制、手动控制和机械应急操作三种启动方式。

（2）当防护区内有人工作时，应将设在防护区门外的"自动/手动转换开关"切换到手动控制状态。如有火警发生，控制器只发出报警信号，不输出动作指令，值班人员确认火警后，按下控制面板上或防护区门外的紧急启动按钮实施灭火。人员离开时，应将转换开关恢复为自动控制状态。在自动控制状态下，仍可优先实施系统手动控制。

（3）采用自动控制方式时，为确保防护区内人员安全撤离，应设置不大于 30s 的灭火剂喷放延迟；对于平时无人工作的防护区，则可设置为无延迟的灭火剂喷放。

（4）当系统发出火灾警报，在延迟时间内确认未发生火情，或虽有火情但已被扑灭，不需要启动灭火系统进行灭火时，可按下手动控制盒内火灾报警灭火控制器上的紧急停止按钮，即可阻止控制器灭火指令的发出，终止系统灭火程序。

（5）图 10-110 中的手动控制实际上是指当现场人员按下紧急启动按钮后，仍需通过电气方式才能启动系统的控制方式。

2. 电气控制原理

IG541 灭火系统的电气控制原理见图 10-111。

3. IG541 气体灭火系统工作原理

IG541 气体单元独立灭火系统原理见图 10-112，组合分配灭火系统原理见图 10-113。

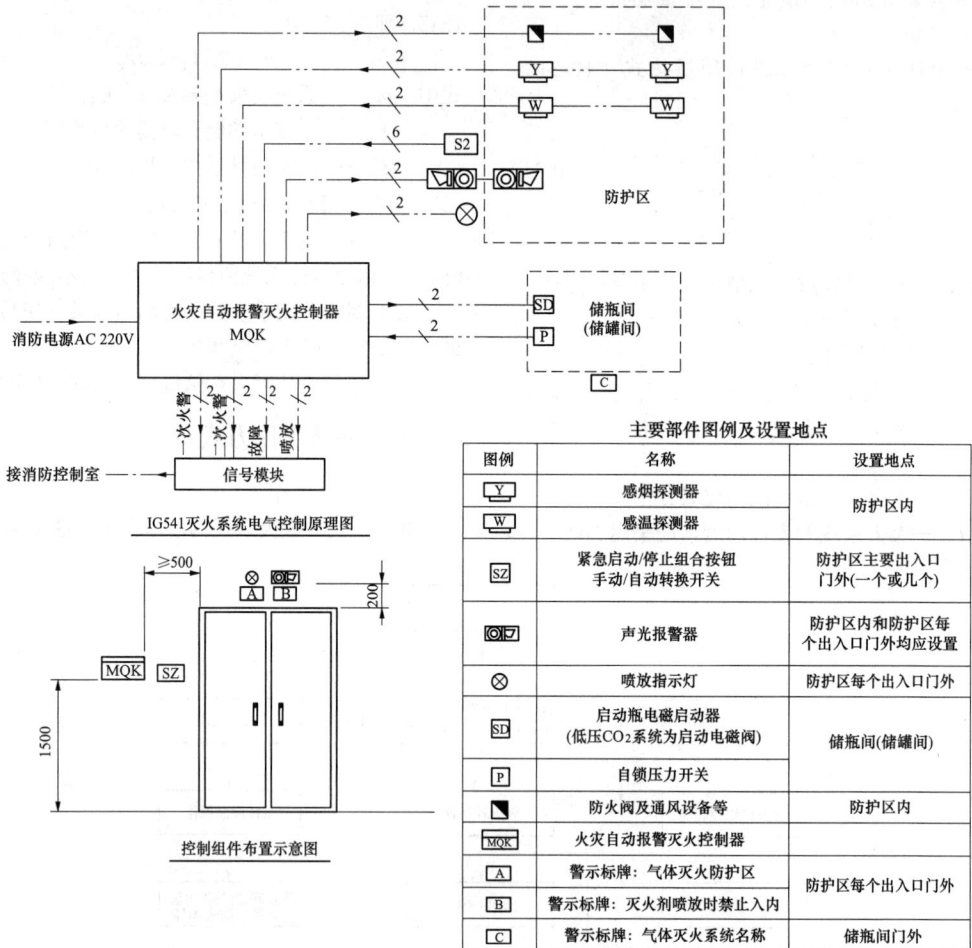

IG541灭火系统电气控制原理图

控制组件布置示意图

主要部件图例及设置地点

图例	名称	设置地点
Y	感烟探测器	防护区内
W	感温探测器	
SZ	紧急启动/停止组合按钮 手动/自动转换开关	防护区主要出入口门外（一个或几个）
◎	声光报警器	防护区内和防护区每个出入口门外均应设置
⊗	喷放指示灯	防护区每个出入口门外
SD	启动瓶电磁启动器 （低压CO₂系统为启动电磁阀）	储瓶间（储罐间）
P	自锁压力开关	
◣	防火阀及通风设备等	防护区内
MQK	火灾自动报警灭火控制器	
A	警示标牌：气体灭火防护区	防护区每个出入口门外
B	警示标牌：灭火剂喷放时禁止入内	
C	警示标牌：气体灭火系统名称	储瓶间门外

图 10-111 IG541 灭火系统电气控制图

注：本图摘自国家建筑标准设计图集 07S207《气体消防系统选用、安装与建筑灭火器配置》。

六、系统布置

1. 储瓶间布置

（1）IG541 气体储存装置宜设在专业储瓶间内。

储瓶间宜靠近防护区，并应符合建筑物不低于二级的有关规定及有关压力容器存放的规定，且应有直接通向室外或疏散走道的出口。储瓶间的环境温度应为 −10～50℃。储瓶间布置图见图 10-114。

七氟丙烷、IG541、高压CO₂、三氟甲烷、IG100灭火系统主要组件功能

序号	组件名称	主要功能
1	储存气瓶	储存灭火剂(内储压式七氟丙烷还要充装动力气体(N₂)
2	启动瓶	储存启动气体(N₂)，通过启动管路打开启动气瓶容器阀
3	电磁启动器	接收火灾自动报警灭火控制器输出信号，打开启动气瓶容器阀，释放启动气体
4	气启动器	在启动气体作用下打开储气容器阀，释放灭火剂
5	液体单向阀	使灭火剂只能在防护区内流动，防止倒流回储气瓶
6	气体单向阀	用于组合分配系统，使启动气体只能打开相应防护区的灭火储瓶
7	低压泄漏阀	释放平时缓慢泄漏出的启动气体，防止其积聚后引起系统误动作
8	安全阀	当集流管内灭火剂压过高时阀内安全膜片自动爆破泄压，保证系统安全
9	减压装置	对汇集流管内的高压灭火剂进行减压，控制灭火剂的输送压力
10	选择阀	用于组合分配系统，使灭火剂液向对应的防护区
11	自锁压力开关	灭火剂喷放时，将信号反馈到火灾自动报警灭火控制器。也称压力开关、压力信号发生器
12	火灾自动报警灭火控制器	实施火灾自动报警功能，并发出灭火指令
13	喷嘴	喷放灭火剂，实施灭火
14	火灾探测器	自动探测火灾信号，并反馈到自动报警灭火控制器
15	手动控制盒	实施系统手动控制和紧急停止操作
16	喷放指示灯	提示火灾现场外部人员灭火剂正在喷放，不得进入防护区
17	声光报警器	系统探测到火警后自动发出声、光报警信号
18	称重装置	用于高压CO₂、三氟甲烷灭火系统，检测灭火剂储瓶泄漏情况
19	失重报警显示器	用于高压CO₂、三氟甲烷灭火系统，接收称重装置检测信号并发灭时报警

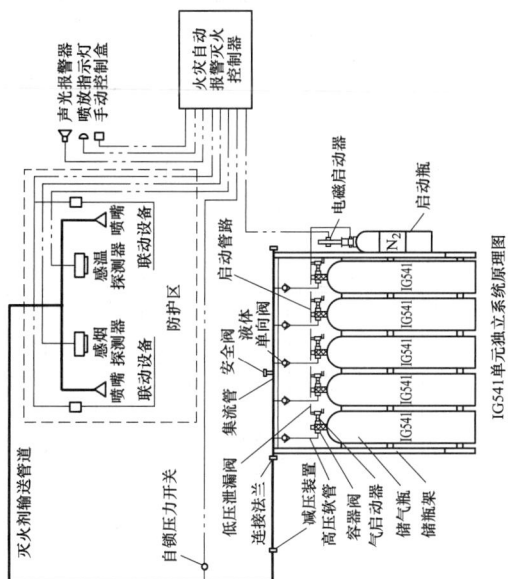

IG541单元独立系统原理图

IG541气体灭火系统主要技术参数

灭火剂储瓶容积(L)	70,80,90,100,120	
灭火剂储存压力(20℃时)	15MPa	20MPa
灭火剂储瓶单位容积最大充装量(L)	211.15kg/m³	281.06kg/m³
启动瓶容积(L)	3,4,5,7,8	
启动气体充装压力(20℃时)	6MPa	
系统适用环境条件	储瓶间：-10~50℃；防护区：不低于0℃	
工作电源	主电源：AC 220V；备用电源：DC 24V	
功率消耗	警戒时：≤15W；报警时：≤30W	
系统启动方式	自动控制、手动控制、机械应急操作	

图10-112 IG541 IG541气体单元独立灭火系统图

注：本图摘自国家建筑标准设计图集07S207《气体消防系统选用、安装与建筑灭火器配置》。

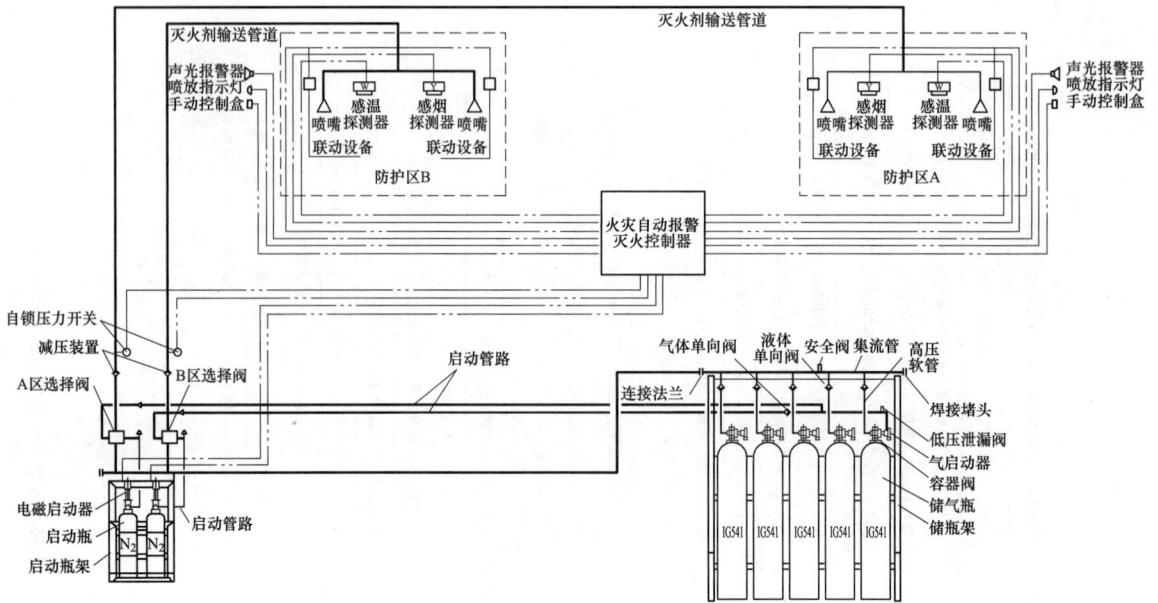

图 10-113　IG541 气体组合分配灭火系统图

注：本图摘自国家建筑标准设计图集 07S207《气体消防系统选用、安装与建筑灭火器配置》。

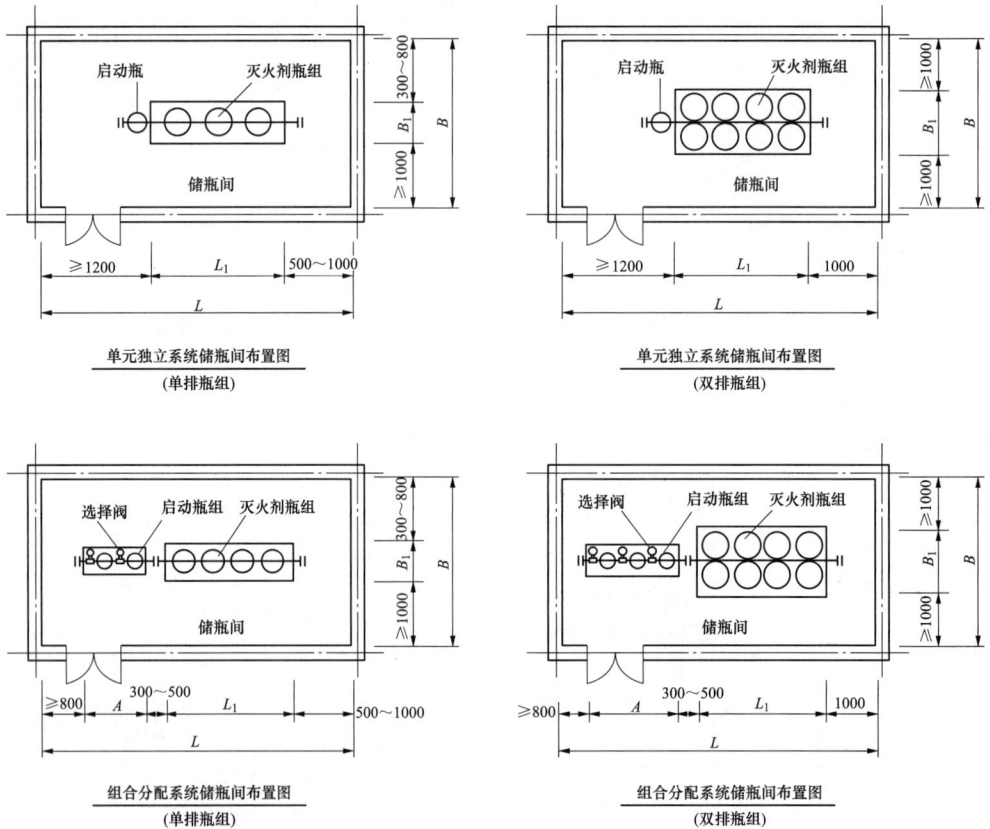

单元独立系统储瓶间布置图
(单排瓶组)

单元独立系统储瓶间布置图
(双排瓶组)

组合分配系统储瓶间布置图
(单排瓶组)

组合分配系统储瓶间布置图
(双排瓶组)

图 10-114　IG541 气体储瓶间布置图

注：本图摘自国家建筑标准设计图集 07S207《气体消防系统选用、安装与建筑灭火器配置》。

（2）储存装置的储存容器与其他组件的公称工作压力，不应小于在最高环境温度下所承受的工作压力。

（3）在储存容器或容器阀上，应设安全泄压装置和压力表。组合分配系统的集流管，应设安全泄压装置。安全泄压装置的动作压力，应符合相应气体灭火系统的设计规定。

（4）在通向每个防护区的灭火系统主管道上，应设压力信号器或流量信号器。

（5）组合分配系统中的每个防护区应设置控制灭火剂流向的选择阀，其公称直径应与该防护区灭火系统的主管道公称直径相等。

（6）系统组件与管道的公称工作压力，不应小于在最高环境温度下所承受的工作压力。

（7）储存容器或容器阀以及组合分配系统集流管上的安全泄压装置的动作压力，应满足：

1）一级充压（15.0MPa）系统，应为20.7MPa±1.0MPa（表压）；

2）二级充压（20.0MPa）系统，应为27.6MPa±1.4MPa（表压）。

电厂一般采用一级充压 IG541 系统。

（8）储存容器应采用无缝容器。

（9）启动瓶架长度尺寸，见图10-115；储存装置长度及宽度尺寸，见图10-116。

（10）储瓶间净高要求：有梁时梁底高度不宜低于 2.5m，无梁时板底高度不宜低于 2.8m。

（11）储瓶间地面承载力应满足灭火剂储存装置的荷载要求。

（12）如系统较大、灭火剂储瓶较多，可采用灭火剂储存装置两行布置方式，装置两操作面之间的距离不宜小于 1.0m，且不应小于储存容器外径的1.5 倍。

（13）同一集流管上的储存容器，其规格、充压压力和充装量应相同。

（14）同一防护区，当设计两套或三套管网时，集流管可分别设置，系统启动装置必须共用。各管网上喷头流量均应按同一灭火设计浓度、同一喷放时间进行设计。

2. 喷头布置

喷头的布置应满足喷放后气体灭火剂在防护区内均匀分布的要求，具体布置见图10-117。

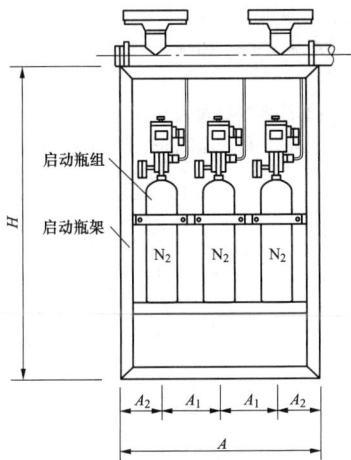

启动瓶组外形图

图 10-115 启动瓶组外形图

启动瓶组外形尺寸表

启动瓶容积(L)		3	4	7
A_1		200		
A_2		140		
装置外形尺寸 (mm)	2瓶	480		
	3瓶	680		
A 4瓶		880		
	5瓶	1080		
	6瓶	1280		
H		1100	1370	1770

3. 管道布置及管材选用

（1）输送气体灭火剂的管道应采用无缝钢管，其质量应符合 GB/T 8163《输送流体用无缝钢管》、GB/T 5310《高压锅炉用无缝钢管》等的规定。无缝钢管内外应进行防腐处理，防腐处理宜采用符合环保要求的方式。

（2）输送启动气体的管道宜采用铜管，其质量应符合 GB/T 1527《铜及铜合金拉制管》的规定。

（3）管道的连接，当公称直径小于或等于 80mm时，宜采用螺纹连接；大于 80mm 时，宜采用法兰连接。钢制管道附件应进行内外防腐处理，防腐处理宜采用符合环保要求的方式。

4. 安全要求

（1）防护区应有保证人员在 30s 内疏散完毕的通道和出口。

（2）防护区内的疏散通道及出口，应设应急照明与疏散指示标志。防护区内应设火灾声音报警器，必要时可增设闪光报警器。防护区的入口处应设火灾声、光报警器和灭火剂喷放指示灯，以及防护区采用的相应气体灭火系统的永久性标志牌。灭火剂喷放指示灯信号，应保持到防护区通风换气后，以手动方式解除。

（3）防护区的门应向疏散方向开启，并能自行关闭；用于疏散的门必须能从防护区内打开。

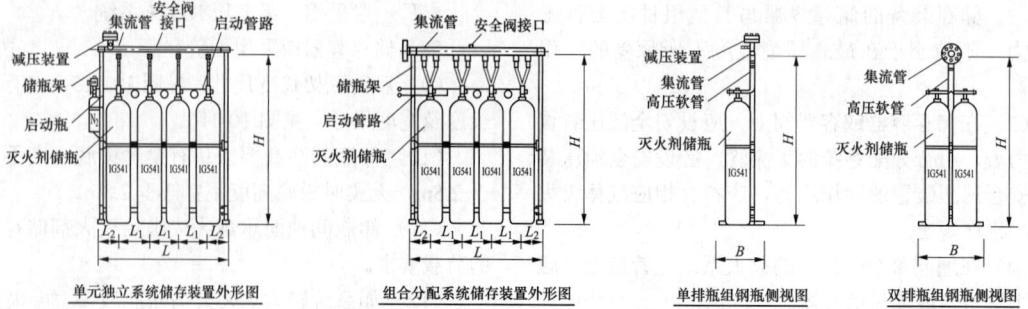

单元独立系统储存装置外形图　　组合分配系统储存装置外形图　　单排瓶组钢瓶侧视图　　双排瓶组钢瓶侧视图

IG541气体灭火系统储存装置技术参数及尺寸表

企业名称		广东平安			上海金盾	南消		杭州新纪元		浙江信达		广东胜捷					四川威龙		
灭火剂储瓶容积(L)		70	80	90	80	70	90	70	80	70	80	70	80	90	100	120	70	80	90
储瓶外形尺寸 $\phi \times H$(mm)		$\phi 279 \times 1460$	$\phi 279 \times 1640$	$\phi 325 \times 1440$	$\phi 279 \times 1640$	$\phi 267 \times 1500$	$\phi 325 \times 1420$	$\phi 267 \times 1460$	$\phi 267 \times 1640$	$\phi 279 \times 1520$	$\phi 279 \times 1630$	$\phi 279 \times 1460$	$\phi 279 \times 1640$	$\phi 325 \times 1440$	$\phi 325 \times 1575$	$\phi 325 \times 1850$	$\phi 279 \times 1460$	$\phi 279 \times 1640$	$\phi 325 \times 1420$
灭火剂储存压力(20℃时)		15MPa																	
灭火剂最大充装(kg/瓶)		14.7	16.8	18.8	16.9	14.7	19	14.8	16.9	14.8	16.9	14.7	16.8	18.9	21	25.3	14.7	16.8	18.9
灭火剂喷放剩余量		由设计人员按照GB 50370—2005《气体灭火系统设计规范》第3.4.7条第3款 计算式计算																	
储存装置外形尺寸(mm)	L_1	350	350	370	310	310	360	300		290		340		380			320	320	360
	L_2	230	230	250	215	230	255	200		180		285		295			210	210	260
	L	$(n-1)\times 350+460$	$(n-1)\times 370+500$	$(n-1)\times 310+430$	$(n-1)\times 310+460$	$(n-1)\times 360+510$		$(n-1)\times 300+400$		$(n-1)\times 290+360$		$(n-1)\times 340+570$		$(n-1)\times 380+590$			$(n-1)\times 320+420$		$(n-1)\times 360+520$
	B	单排瓶540 双排瓶750			单排445 双排660	单排400 双排650	单排400 双排750	单排瓶组500 双排瓶组800		单排瓶组360 双排瓶组640		单排瓶组500 双排瓶组700		单排瓶组500 双排瓶组740			单排瓶组400 双排瓶组630		单排420 双排730
	H	2050	2230	2030	2114	1900	1900	1200	1380	1810	1950	1850	2030	1785	1920	2195	1900	2100	1900
储瓶净重(kg/只)		95	105	144.2	103	84	132	85	95	85	103	95	106	130	142	165	99	109	134
充装灭火剂后质量 m(kg/瓶)		109.7	121.8	133	120	98.7	151	99.8	111.9	99.8	119.9	109.7	122.8	148.9	163	190.3	113.7	125.8	152.9
储存装置总质量(kg)		设计人员可按下式估算：单排瓶组钢瓶储存装置 $nm+50+8n$；　双排瓶组钢瓶储存装置 $2nm+70+12n$																	

注：表中n为装置中单排瓶组储瓶数量。

图 10-116　IG541 储存装置技术参数及尺寸表

注：本图摘自国家建筑标准设计图集07S207《气体消防系统选用、安装与建筑灭火器配置》。

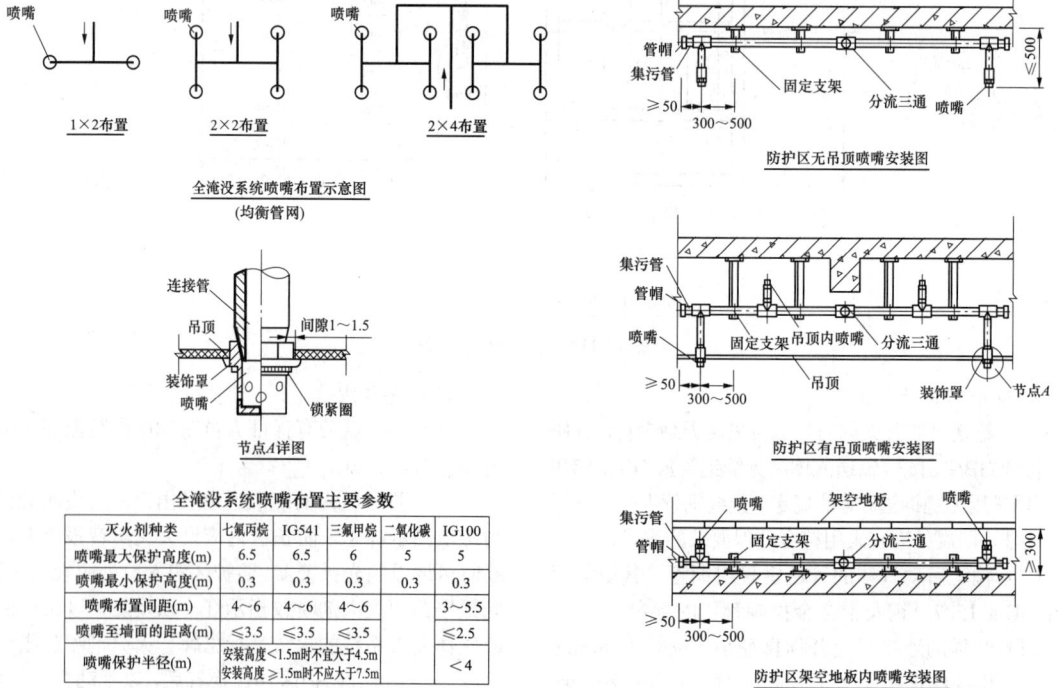

1×2布置　　2×2布置　　2×4布置

全淹没系统喷嘴布置示意图（均衡管网）

防护区无吊顶喷嘴安装图

节点A详图

防护区有吊顶喷嘴安装图

全淹没系统喷嘴布置主要参数

灭火剂种类	七氟丙烷	IG541	三氟甲烷	二氧化碳	IG100
喷嘴最大保护高度(m)	6.5	6.5	6	5	5
喷嘴最小保护高度(m)	0.3	0.3	0.3	0.3	0.3
喷嘴布置间距(m)	4~6	4~6	4~6		3~5.5
喷嘴至墙面的距离(m)	≤3.5	≤3.5	≤3.5		≤2.5
喷嘴保护半径(m)	安装高度<1.5m时不宜大于4.5m 安装高度≥1.5m时不应大于7.5m				<4

防护区架空地板内喷嘴安装图

图 10-117　IG541 气体灭火系统喷头布置图

注：本图摘自国家建筑标准设计图集07S207《气体消防系统选用、安装与建筑灭火器配置》。

（4）灭火后的防护区应通风换气，地下防护区和无窗或设固定窗扇的地上防护区，应设置机械排风装置，排风口宜设在防护区的下部并应直通室外。通信机房、电子计算机房等场所的通风换气次数应不少于 5 次/h。

（5）储瓶间的门应向外开启，储瓶间内应设应急照明；储瓶间应有良好的通风条件，地下储瓶间应设机械排风装置，排风口应设在下部，可通过排风管排出室外。

（6）经过有爆炸危险和变电、配电场所的管网，以及布设在以上场所的金属箱体等，应设防静电接地。

（7）有人工作防护区的灭火设计浓度或实际使用浓度，不应大于有毒性反应浓度（LOAEL 浓度52%）。

（8）灭火系统的手动控制与应急操作应有防止误操作的警示显示与措施。

（9）设有气体灭火系统的场所，宜配置空气呼吸器。

七、向其他专业提出的要求

1. 向建筑专业提出的要求

（1）可根据防护区的保护体积及选用的气体，估算出钢瓶间的面积并向建筑专业提出，初步配合可参照表 10-61 选用，也可按 2m²/钢瓶估算。

**表 10-61　IG541 气体灭火系统
钢瓶间面积估算表**

防护区体积（m³）	IG541 钢瓶间面积（m²）
0～150	3
150～300	6
300～550	11
550～800	17
800～900	18
900～1200	24
1200～1500	30
1500～1800	36
1800～2100	42

（2）钢瓶间应设在防护区外的一个独立的房间，围护结构的耐火等级不应低于二级，层高不宜小于 3m，净高不宜小于 2.2m，且尽量靠近防护区，并应有直接通向疏散走道的出口，门应为甲级防火门且向疏散通道开启。

（3）防护区围护结构的耐火极限不应低于 0.5h，吊顶的耐火极限不应低于 0.25h。围护结构的承受压强不宜低于 1200Pa。防护区的门应朝外开并能够自动关闭。

（4）防护区应设泄压口，泄压口宜设在外墙或屋顶上，并应位于防护区净高的 2/3 以上。泄压口的防护结构承受内压的允许压强必须低于 1200Pa。防护区的围护结构为一次结构时，施工图阶段应考虑预留泄压口；当防护区的围护结构为二次结构时，可由二次深化设计承包商提出泄压口的面积要求。

（5）泄压口应设在外墙上，而不应采用门、窗缝隙，其泄压压力应低于维护构件最低耐压强度的作用力，但不应在防护区墙上直接开设洞口作为泄压口，或在泄压口中设置百叶窗结构，因这些措施都属于泄压口处于常开状态，没有考虑到灭火时需要保证防护区内灭火剂浓度的要求。应在防护墙上设置能根据防护区内的压力自动打开的泄压阀。

（6）泄压阀的工作原理为：根据防护区的结构要求，设定泄压阀动作的压力值，测压装置实时检测防护区的压力，当发生火灾时，气体灭火系统启动，防护区内压力升高，当压力达到设定值时，测压装置发出动作信号给执行机构，执行机构带动叶片动作；叶片迅速从关闭状态到达开启位置，防护区内压力降低至预先设定值以下时，测压装置再次给执行机构发出信号，执行机构复位，同时带动叶片动作，叶片迅速从开启位置回复到关闭状态，以保证防护区内灭火剂的灭火浓度。

2. 对结构专业的要求

钢瓶间的楼面承载能力应满足储存容器和其他设备的储存要求。初步估算时，楼板荷载按 500kg/m² 考虑，钢瓶间的总荷载不超过 6000kg；施工图计算时应由生产厂家配合提出精确的荷载。

3. 向电气（含通信、照明、热控）专业提出的要求

（1）将气体灭火系统的防护区、钢瓶间的分布图提供给电气专业。

（2）钢瓶间应设置消防电话和应急照明灯。

（3）气体灭火系统的控制：

1）对灭火设备的控制：

a. 气体灭火系统控制盘设有手动/自动转换装置，可远程控制气体灭火设备的启停。控制盘还应设有备用电源，备电使用时间不小于 24h。

b. 气体喷放的延迟时间 0～30s 可调。

c. 表示系统状态的所有信号都可以传输到当地的气体灭火控制盘或传到中心控制室。

d. 系统喷放气体后，连接在管路系统上的喷气压力开关会传输放气信号返回到集控室。

2）对系统的控制：气体灭火系统的控制方式分为自动（气启动和电启动）、手动（人工启动和电气手动）、机械应急操作三种工况。有人工作或值班时，采用电气手动控制；无人值班的情况下，采用自动控制方式。自动、电气手动控制方式的转换，可在灭火控制盘上实现（在防护区的门外设置手动控制盒，手动控制盒内设有紧急停止和紧急启动按钮）。

a. 自动工况：自动探测报警，发出火警信号，自动启动灭火系统进行灭火。有两种自动控制方式可供选择：

（a）气启动。用安装在容器阀上的气动阀门启动

器来实现气启动。压力是由氮气小钢瓶来提供，由小钢瓶内的氮气压力启动器打开容器阀。单个或多个钢瓶系统需要一个气启动器和一个气动阀。其余的钢瓶将由启动钢瓶的压力来启动。

（b）电启动。用安装在容器间上的电磁阀启动器和一个控制系统来实现电启动。

每个防护区域内都设有双探测回路，当某一个回路报警时，系统进入报警状态，警铃鸣响；当两个回路都报警时，设在该防护区域内外的蜂鸣器及闪灯将动作，通知防护区内人员疏散，关闭空调系统、通风管道上的防火阀和防护区的门窗；经过 30s 延时或根据需要不延时，控制盘将启动气体钢瓶组上容器阀的电磁阀启动器和对应防护区的选择阀，或启动对应氮气小钢瓶的电磁瓶头阀和对应防护区的选择阀。气体释放后，设在管道上的压力开关将灭火剂已经释放的信号送回控制盘或集控室的火灾报警系统。保护区域门外的蜂鸣器及闪灯在灭火期间一直工作，警告所有人员不能进入防护区域，直至确认火灾已经扑灭。打开通风系统，向灭火作用区送入新鲜的空气，废气排除干净后，指示灯显示，才允许人员进入。

b. 手动工况：有两种手动控制方式可供选择。

（a）人工启动。当防护区内不需要探测系统时，可以在容器阀上部安装拉杆启动器，用人工直接拉动拉杆或远距离用人工手拉盒拉动缆绳来启动拉杆启动器，以实现钢瓶启动释放灭火剂的目的。多个钢瓶系统只需一个启动容器阀和一个人工启动器，其他钢瓶由集流管内的压力来启动。

（b）电气手动。自动探测报警，发出火警信号，经电气手动启动灭火系统执行灭火。不论灭火控制按钮处于哪一种工况，当人为发出火警时，都可以使用该火警区的手动控制盒，电气手动启动灭火系统进行灭火。手动控制盒的另一项功能是可以在灭火系统动作前，撤销灭火控制盘发出的本区域的指令，以防止不需要由灭火系统进行灭火时启动灭火系统。

c. 机械应急操作工况：在自动控制和电气手动控制均失灵，不能执行灭火指令的情况下，可通过操作设在钢瓶间中钢瓶容器阀上的手动启动器和区域选择阀上的手动启动器来开启整个气体灭火系统，执行灭火功能。但这务必在提前关闭影响灭火效果的设备，通知并确认人员已经撤离后方可实施。

3）对火灾自动报警系统的要求：气体灭火系统作为一个相对独立的系统，可以独立完成整个灭火过程。火灾时，火灾自动报警系统能接收每个防护区域的火警信号并发送给气体灭火系统控制盘，能接收气体释放后的动作信号，同时也能接收每个防护区的气体灭火系统控制盘送出的系统故障信号。火灾自动报警系统在每一个钢瓶间中设置能接收上述信号的模块。

在气体释放前，切断防护区内一切与消防电源无关的设备。

（4）向暖通专业提出的要求：

1）将气体灭火系统的防护区、钢瓶间的分布图提供给暖通专业。

2）所有防护区域中设置的送排风系统的风口、支管或总管上，应设有在接收到气体灭火系统送出的信号后可自动关闭防护区的防火阀，使防护区内外的送排风管路隔绝。同时，每个防护区设置的送排风系统的电气控制箱，也应具有在接收到气体灭火系统送出的信号后，能自动关闭送排风机的功能。在灭火以后，防护区和钢瓶间应通风换气，及时将气体及烟气排走，可以是自然通风，也可以采用机械通风，排风口设在离地面高度 460mm 以内，并应直通室外。

3）地下、半地下或无窗、固定窗扇的地上防护区和钢瓶间应设置机械排风装置，排风口设在下部，并应直通室外。

4）灭火后的机械排风装置和平时的机械排风装置宜为两套独立的系统。当设置专门的机械排风装置有困难时，可利用该防护区的消防排烟系统作为机械排风装置。

5）排风量应使防护区每小时换气 5 次以上。

6）钢瓶间和防护区的室内温度在 0～50℃内，并有良好的通风。

八、设计举例

IG541 气体灭火系统的设计通常由设备厂商配合，提供布置和计算，之后由设计人员进行校核。这里介绍的是 IG541 气体灭火系统计算的标准过程。

某电厂集中控制楼布置如图 10-118 所示，房间净高 6m，其中 4 个电气配电间需要设置 IG541 气体灭火系统进行保护，设计布置如下。

1. 确定气体储量

最大防护区体积为电气配电间厂用 PC 段，体积 765m³。

电气房间灭火设计浓度为 37.5%。

根据式（10-31），IG541 气体的灭火设计用量

$$m = K\frac{V}{V_m}\ln\left(\frac{100}{100-C_1}\right) = 1 \times \frac{785}{0.7055} \times \ln\left(\frac{100}{100-37.5}\right)$$
$$= 522.97\,(\text{kg})$$

其中 $V_m = 0.6575 + 0.0024 \times 20℃ = 0.7055$（m³/kg）。

选用 70L 15.0MPa 的储瓶，储瓶的灭火剂最大充装量为 14.7kg/瓶，则储瓶数 $n = 522.97 \div 14.7 = 35.6 \approx 36$（瓶）。

2. 确定气体管道管径

初步布置房间内的管道，平面布置图见图 10-119，透视图见图 10-120。

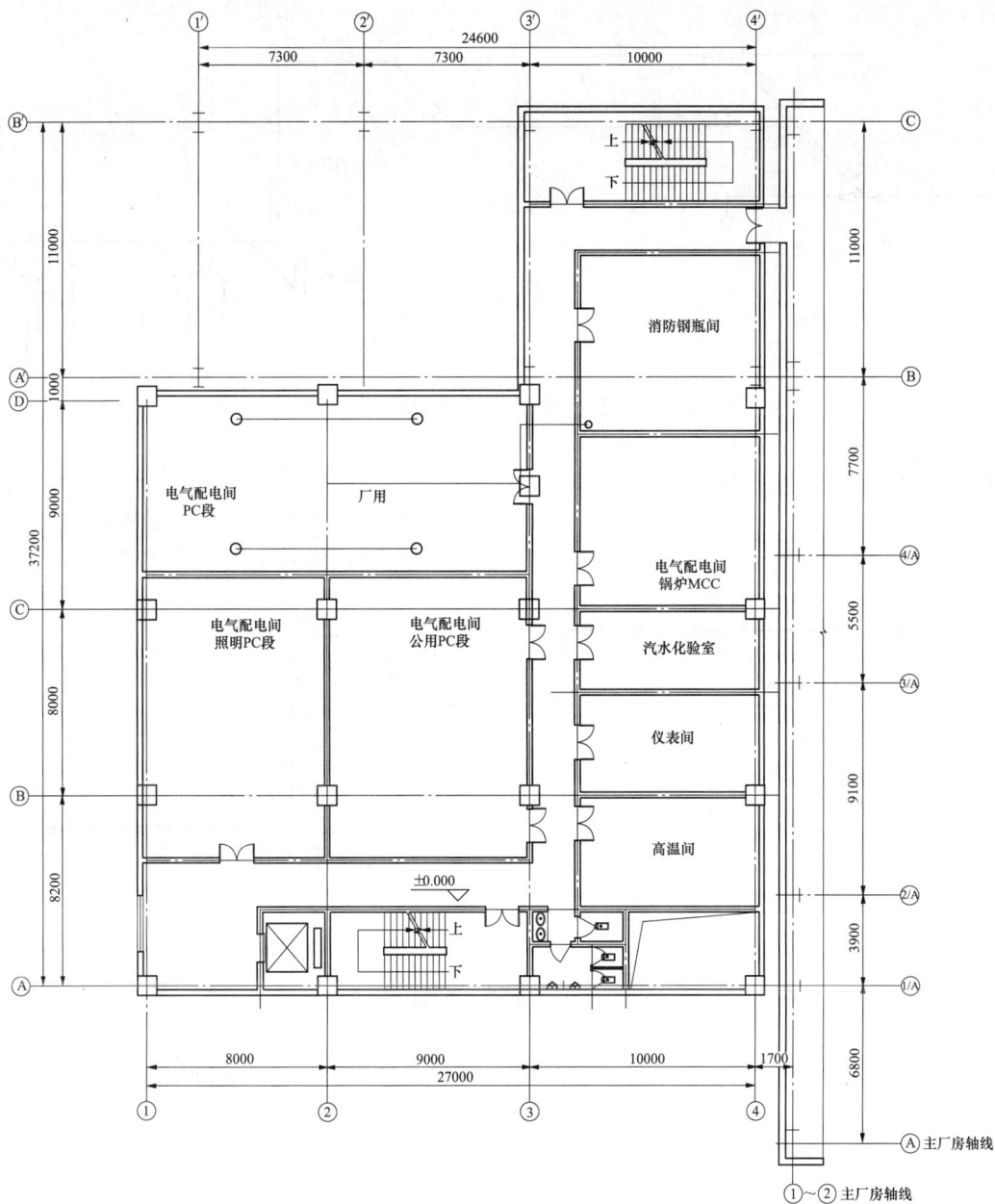

图 10-118 集中控制楼布置图

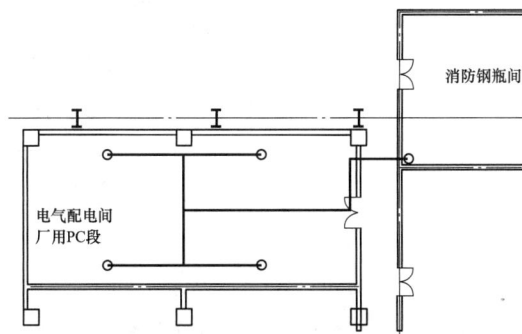

图 10-119 电厂配电间厂用 PC 段喷头及管道平面布置图

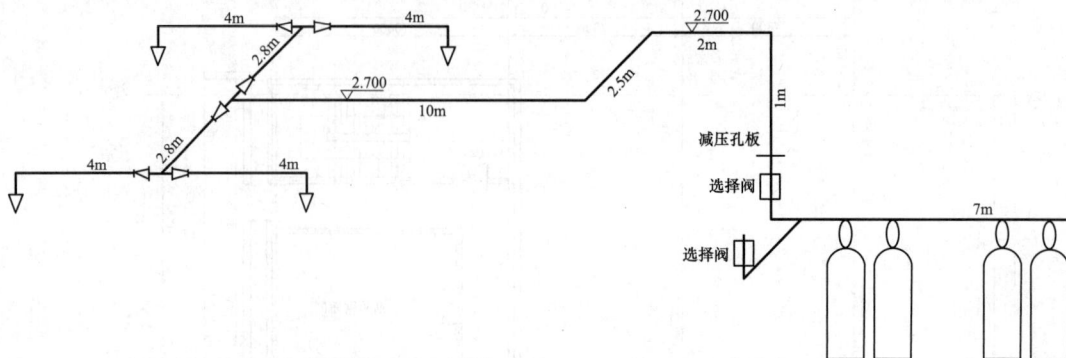

图 10-120 电厂配电间厂用 PC 段喷头及管道透视图（高程单位：m）

当 IG541 混合气体灭火剂喷放至设计用量的 95% 时，其喷放时间不应大于 60s，且不应小于 48s，本例中取 55s。

主干管的平均设计流量

$$Q_{\mathrm{w}} = \frac{0.95W}{t} = \frac{0.95 \times 522.97}{55} = 9.03\,(\mathrm{kg/s})$$

每根支管的流量为其相接上游管段流量的一半，则每段管段的平均设计流量见图 10-121。

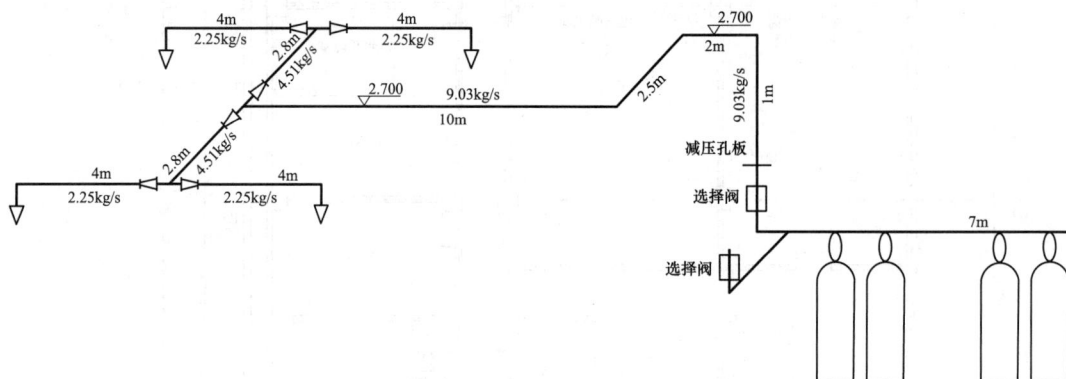

图 10-121 电厂配电间厂用 PC 段管道流量分配图（高程单位：m）

管段内径

$$D = (24\sim36) \times \sqrt{Q}$$

式中 D——管段内径，mm；

Q——管道设计流量，kg/s。

计算得管径如图 10-122 所示。

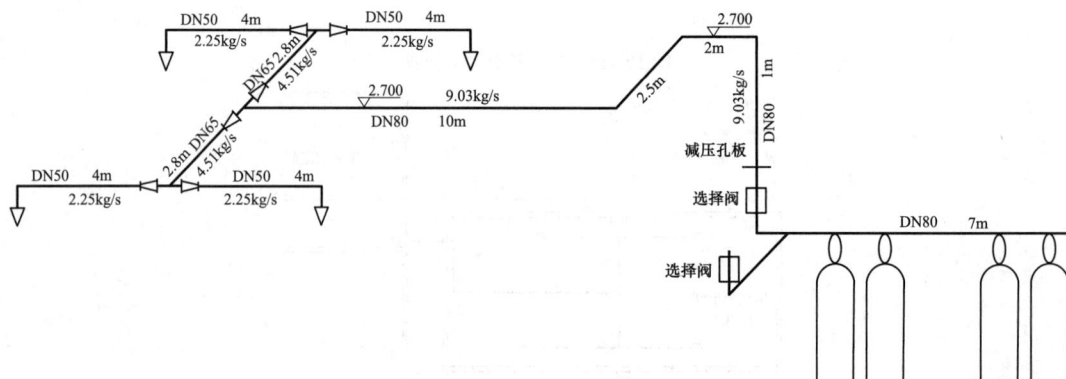

图 10-122 电厂配电间厂用 PC 段管道管径标注图

3. 计算系统剩余量及其增加的储瓶数量

系统剩余量

$$m_s \geqslant 2.7V_0 + 2.0V_p$$

式中　m_s——系统灭火剂剩余量，kg；

V_0——系统全部储存容器的总容积，m³，本例中为 $70 \times 36 = 2.52$（m³）；

V_p——管网的管道内容积，m³，本例中经计算为 0.14m³。

由此可知 $m_s \geqslant 7.08$kg。

计入剩余量后的储瓶数

$$n_1 \geqslant (522.97 + 7.08)/14.7 = 36.06 \approx 37（瓶）$$

4. 计算减压孔板前后压力及孔口

减压孔板前压力

$$p_1 = p_0 \left(\frac{0.525V_0}{V_0 + V_1 + 0.4V_2} \right)^{1.45}$$

故　$p_1 = 15 \times \left(\dfrac{0.525 \times 37 \times 0.07}{37 \times 0.07 + 0.036 + 0.4 \times 0.10} \right)^{1.45}$

$= 5.65$（MPa）

式中　p_1——减压孔板前的压力（绝对压力），MPa；

p_0——灭火剂储存容器充压压力（绝对压力），MPa，本例为15MPa；

V_0——系统全部储存容器的总容积，m³，本例中为70L/瓶×37瓶=2.59（m³）；

V_1——减压孔板前管网管道容积，m³，本例经计算为0.036m³；

V_2——减压孔板后管网管道容积，m³，本例经计算为0.10m³。

减压孔板后的压力

$$p_2 = \delta p_1 = 0.52 \times 5.65 = 2.94（MPa）$$

式中　p_2——减压孔板后的压力（绝对压力），MPa；

δ——落压比（临界落压比，δ=0.52）。一级充压（15.0MPa）的系统，δ可在0.52～0.60中选用；二级充压（20.0MPa）的系统，δ可在0.52～0.55中选用。这里选用δ=0.52。

减压板孔口面积

$$A_k = \frac{Q_k}{0.95\mu_k p_1 \sqrt{\delta^{1.38} - \delta^{1.69}}}$$

式中　A_k——减压孔板孔口面积，cm²；

Q_k——减压孔板设计流量，kg/s，本例中为 $37 \times 14.7/55s = 9.89$（kg/s）；

μ_k——减压孔板流量系数，这里初选0.62。

μ_k取值方法如下：

减压孔板按图10-123设计。其中，d为孔口直径，D为孔口前管道内径，本例中孔口前管道为DN80无缝钢管，内径80.5mm，d/D=0.25～0.55。

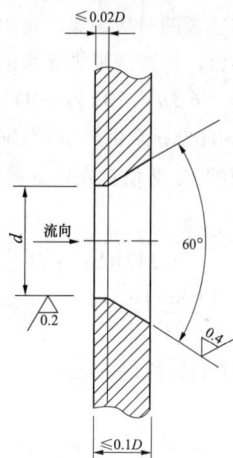

图 10-123　减压孔板

当 $d/D \leqslant 0.35$，$\mu_k = 0.6$；

$0.35 < d/D \leqslant 0.45$，$\mu_k = 0.61$；

$0.45 < d/D \leqslant 0.55$，$\mu_k = 0.62$；

计算得 $F_k = 10.89$cm²，则 $d = 37.25$mm，$d/D = 0.46$；说明 μ_k 选择正确。

5. 计算流程损失

IG541气体灭火系统管段上每点的压力 p、压力系数 Y、密度系数 Z 都有一定的对应关系。在一级充压（15.0MPa）的条件下，对应关系见表10-62。

表10-62　一级充压（15.0MPa）IG541混合气体灭火系统的管道压力系数和密度系数

压力 p（MPa，绝对压力）	压力系数 Y（10^{-1}MPa·kg/m³）	密度系数 Z
3.7	0	0
3.6	61	0.0366
3.5	120	0.0746
3.4	177	0.114
3.3	232	0.153
3.2	284	0.194
3.1	335	0.237
3.0	383	0.277
2.9	429	0.319
2.8	474	0.363
2.7	516	0.409
2.6	557	0.457
2.5	596	0.505
2.4	633	0.552
2.3	668	0.601
2.2	702	0.653
2.1	734	0.708
2.0	764	0.766

为便于确定三者的对应关系，对 $Y-p$、$Z-p$ 的关系进行了曲线拟合，得到两组供参考的对应关系

$$Y = -96.3p^2 + 102.9p + 943.3$$

$$Z = 0.055p^2 - 0.761p + 2.062$$

管段始末段的 Y、Z 值存在以下关系

$$Y_2 = Y_1 + \frac{LQ^2}{0.242 \times 10^{-8} \times D^{5.25}} + \frac{1.653 \times 10^7}{D^4}(Z_2 - Z_1)Q^2$$

式中　Q——管道设计流量，kg/s；

L——管道计算长度，m；

D——管道内径，m；

Y_1——计算管段始端压力系数，10^{-1}MPa·kg/m³；

Y_2——计算管段末端压力系数，10^{-1}MPa·kg/m³；

Z_1——计算管段始端密度系数；

Z_2——计算管段末端密度系数。

从减压阀后 $p_2 = 2.94$MPa 开始计算，该点的 $Y = 410$，$Z = 0.300$。

计算结果如图 10-124 所示。

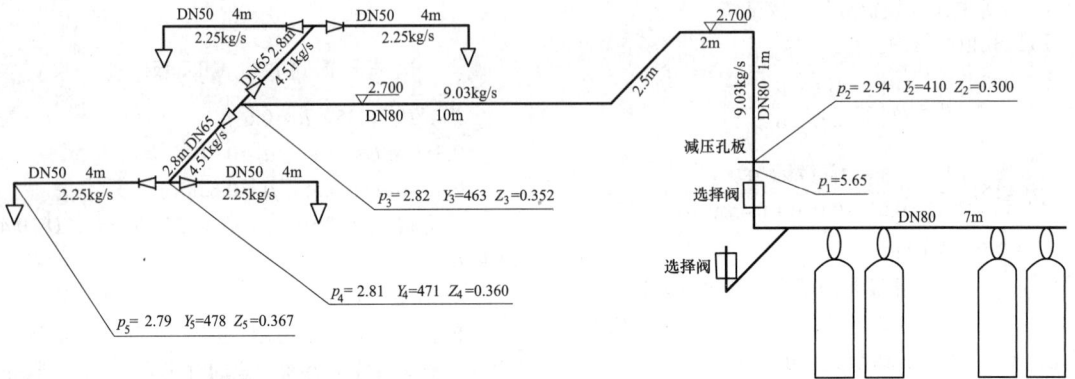

图 10-124　IG51 灭火系统各节点压力图

计算得到喷头工作压力为 2.79MPa。

一级充压（15.0MPa）系统，喷头工作压力应大于 2.0MPa。

二级充压（20.0MPa）系统，喷头工作压力应大于 2.1MPa。

6. 确定喷头型号

根据表 10-63 确定喷头的等效单位面积喷射率 $q_c = 0.7$kg/（s·cm²）。

表 10-63　　一级充压（15.0MPa）IG541 混合气体灭火系统喷头等效孔口单位面积喷射率

喷头入口压力（MPa，绝对压力）	喷射率 [kg/（s·cm²）]	喷头入口压力（MPa，绝对压力）	喷射率 [kg/（s·cm²）]	喷头入口压力（MPa，绝对压力）	喷射率 [kg/（s·cm²）]
3.7	0.97	3.1	0.79	2.5	0.62
3.6	0.94	3.0	0.76	2.4	0.59
3.5	0.91	2.9	0.73	2.3	0.56
3.4	0.88	2.8	0.7	2.2	0.53
3.3	0.85	2.7	0.67	2.1	0.51
3.2	0.82	2.6	0.64	2.0	0.48

喷头等效孔口面积

$$A_c = \frac{Q_c}{q_c} = \frac{2.25}{0.7} = 3.21 \text{（cm}^2\text{）}$$

根据图 10-125 确定喷头规格为 26 的带喷罩的普通喷嘴，共 4 个。

其他电气配电间的 IG541 混合气体灭火系统管径和喷嘴的计算过程同上。

本算例中，选择的储瓶为一级充压（15.0MPa）。当储瓶为二级充压（20.0MPa）时，管道压力系数和密度系数见表 10-64。

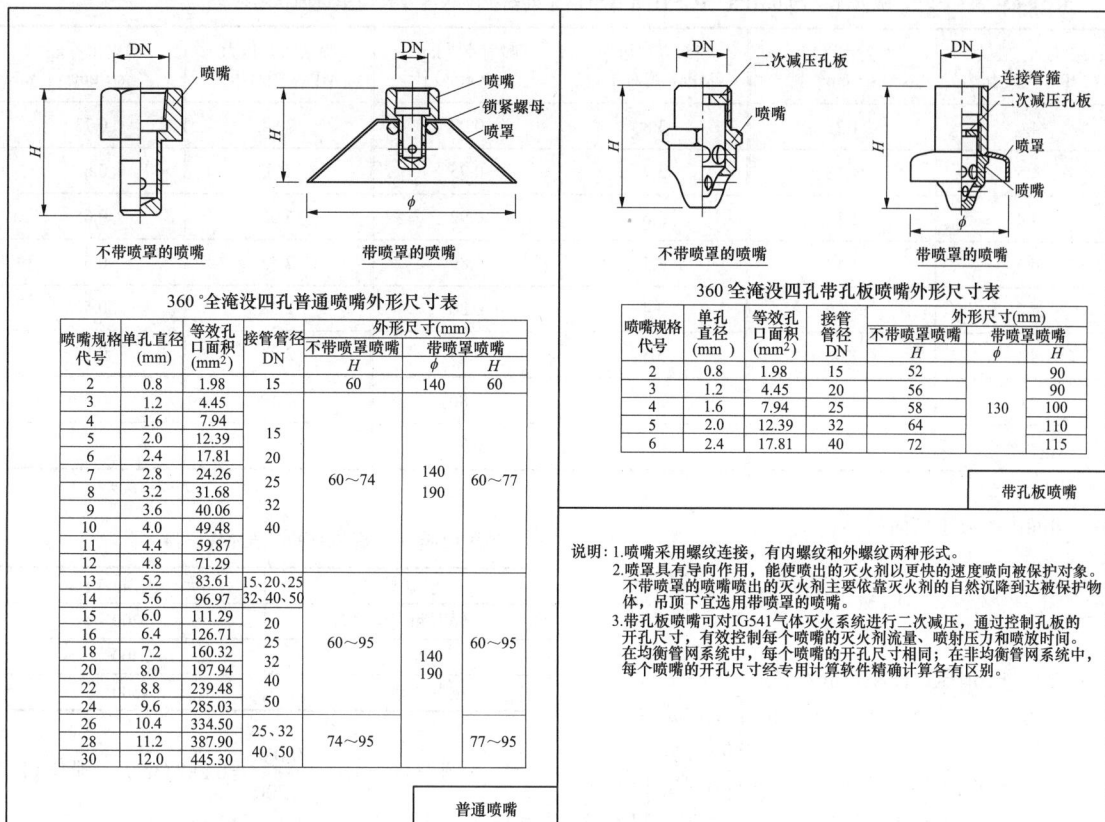

不带喷罩的喷嘴　　　　　带喷罩的喷嘴　　　　　　不带喷罩的喷嘴　　　　　带喷罩的喷嘴

360°全淹没四孔普通喷嘴外形尺寸表

喷嘴规格代号	单孔直径(mm)	等效孔口面积(mm²)	接管管径DN	外形尺寸(mm) 不带喷罩喷嘴 H	外形尺寸(mm) 带喷罩喷嘴 φ	外形尺寸(mm) 带喷罩喷嘴 H
2	0.8	1.98	15	60	140	60
3	1.2	4.45	15			
4	1.6	7.94				
5	2.0	12.39	20		140 190	60~77
6	2.4	17.81	25	60~74		
7	2.8	24.26	32			
8	3.2	31.68	40			
9	3.6	40.06				
10	4.0	49.48				
11	4.4	59.87				
12	4.8	71.29				
13	5.2	83.61	15、20、25			
14	5.6	96.97	32、40、50			
15	6.0	111.29	20		140 190	60~95
16	6.4	126.71	25	60~95		
18	7.2	160.32	32			
20	8.0	197.94	40			
22	8.8	239.48	50			
24	9.6	285.03				
26	10.4	334.50	25、32	74~95		77~95
28	11.2	387.90	40、50			
30	12.0	445.30				

普通喷嘴

360°全淹没四孔带孔板喷嘴外形尺寸表

喷嘴规格代号	单孔直径(mm)	等效孔口面积(mm²)	接管管径DN	外形尺寸(mm) 不带喷罩喷嘴 H	外形尺寸(mm) 带喷罩喷嘴 φ	外形尺寸(mm) 带喷罩喷嘴 H
2	0.8	1.98	15	52		90
3	1.2	4.45	20	56		90
4	1.6	7.94	25	58	130	100
5	2.0	12.39	32	64		110
6	2.4	17.81	40	72		115

带孔板喷嘴

说明：1.喷嘴采用螺纹连接，有内螺纹和外螺纹两种形式。
　　　2.喷罩具有导向作用，能使喷出的灭火剂以更快的速度喷向被保护对象。不带喷罩的喷嘴喷出的灭火剂主要依靠灭火剂的自然沉降到达被保护物体，吊顶下宜选用带喷罩的喷嘴。
　　　3.带孔板喷嘴可对IG541气体灭火系统进行二次减压，通过控制孔板的开孔尺寸，有效控制每个喷嘴的灭火剂流量、喷射压力和喷放时间。在均衡管网系统中，每个喷嘴的开孔尺寸相同；在非均衡管网系统中，每个喷嘴的开孔尺寸经专用计算软件精确计算各有区别。

图 10-125　IG541 气体灭火系统喷头规格

注：本图摘自国家建筑标准设计图集07S207《气体消防系统选用、安装与建筑灭火器配置》。

表 10-64　　　　　　二级充压（20.0MPa）IG541 混合气体灭火系统的管道压力系数和密度系数

压力 p（MPa，绝对压力）	压力系数 Y（10⁻¹MPa·kg/m³）	密度系数 Z	压力 p（MPa，绝对压力）	压力系数 Y（10⁻¹MPa·kg/m³）	密度系数 Z
4.6	0	0	3.4	770	0.370
4.5	75	0.0284	3.3	822	0.405
4.4	148	0.0561	3.2	872	0.439
4.3	219	0.0862	3.08	930	0.483
4.2	288	0.114	2.94	995	0.539
4.1	355	0.144	2.80	1056	0.595
4.0	420	0.174	2.66	1114	0.652
3.9	483	0.206	2.52	1169	0.713
3.8	544	0.236	2.38	1221	0.778
3.7	604	0.269	2.24	1269	0.847
3.6	661	0.301	2.10	1314	0.918
3.5	717	0.336			

本手册中对 $Y\!-\!p$、$Z\!-\!p$ 的关系进行了曲线拟合，得到两组供参考的对应关系如下

$$Y = -89.28 p^2 + 74.49 p + 1549$$

$$Z = 0.045 p^2 - 0.667 p + 2.108$$

当储瓶为二级充压（20.0MPa）时，IG541 混合气体灭火系统喷头等效孔口单位面积喷射率见表 10-65。

表 10-65　　二级充压（20.0MPa）IG541 混合气体灭火系统喷头等效孔口单位面积喷射率

喷头入口压力 （MPa，绝对压力）	喷射率［kg/ （s·cm²）］	喷头入口压力 （MPa，绝对压力）	喷射率［kg/ （s·cm²）］	喷头入口压力 （MPa，绝对压力）	喷射率［kg/ （s·cm²）］
4.6	1.21	3.8	0.97	2.94	0.73
4.5	1.18	3.7	0.95	2.8	0.69
4.4	1.15	3.6	0.92	2.66	0.65
4.3	1.12	3.5	0.89	2.52	0.62
4.2	1.09	3.4	0.86	2.38	0.58
4.1	1.06	3.3	0.83	2.24	0.54
4.0	1.03	3.2	0.80	2.10	0.50
3.9	1.00	3.08	0.77		

房间内的泄压口面积

$$A_x = 1.1 \frac{Q_x}{\sqrt{p_f}}$$

式中　A_x——泄压口面积，m²；

Q_x——灭火剂在防护区内的平均喷放速率，kg/s，本例中 $Q_x = Q_w = 9.03$ kg/s；

p_f——围护结构承受内压的允许压强，Pa，应由土建专业给出；当无资料时，可参考表 10-66，这里取 1200Pa。

表 10-66　　建筑物的内压允许压强

建筑物类型	允许压强（Pa）
轻型和高层建筑	1200
标准建筑	2400
重型和地下建筑	4800

本例中 $A_x = 1.1 \times \dfrac{9.03}{\sqrt{1200}} = 0.287$（m²），泄压口宜布置在外墙上。

机械泄压口的型号和安装形式见图 10-126。

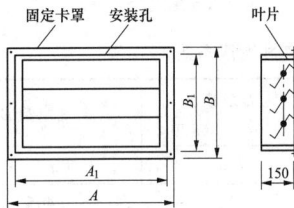

XYK系列机械式开启泄压阀外形图

主要技术性能参数

型号	泄压阀尺寸(mm)		泄压面板(m²)	安装洞口尺寸 L×H(mm×mm)	质量(kg)
XYK(A)	A	430	0～0.098 可调	410×310	15.0
	B	330			
	A₁	400			
	B₁	300			
XYK(B)	A	660	0～0.212 可调	640×430	16.5
	B	450			
	A₁	630			
	B₁	420			
开启应力			600～800Pa		
阀体材质			冷轧钢板、表面喷塑		

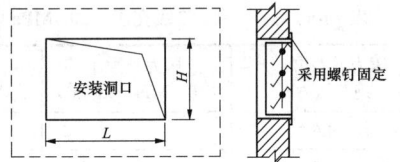

机械式开启泄压阀安装图
（以XYK系列为例）

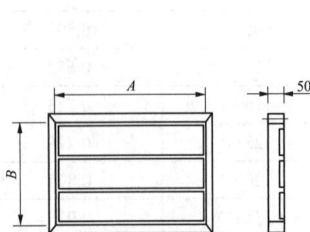

主要技术性能参数

型号	泄压阀尺寸(mm)		泄压面积(m²)	安装洞口尺寸L×H(mm×mm)	质量(kg)
	A	B			
C×545113	300	300	0.072	500×500	5.5
C×545107	400		0.098	600×500	6.5
C×545108	500		0.123	700×500	7.5
C×545109	600		0.148	800×500	8.5
C×545111	700		0.174	900×500	9.5
C×545114	800		0.199	1000×500	10.5
C×545116	300	400	0.096	500×600	6.0
C×545117	400		0.130	600×600	7.0
C×545118	500		0.164	700×600	8.0
C×545119	600		0.198	800×600	9.0
C×545120	700		0.232	900×600	10.0
C×545110	800		0.266	1000×600	11.0

阀体材质：不锈钢。

CX系列机械式开启泄压阀外形图

图 10-126　机械泄压口的型号和安装形式

注：本图摘自国家建筑标准设计图集 07S207《气体消防系统选用、安装与建筑灭火器配置》。

本例中可选用 2 个型号为 CX545109 的机械泄压口，单个泄压口泄压面积为 0.148m²。

自动泄压口的型号和安装形式见图 10-127。

本例中也可选用 2 个型号为 FXY-Ⅲ 的自动泄压口，单个泄压口泄压面积为 0.210m²。

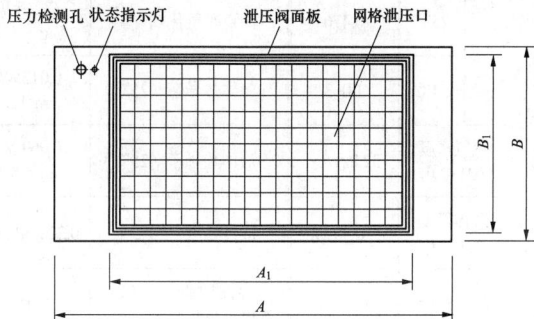

自动泄压阀前视图

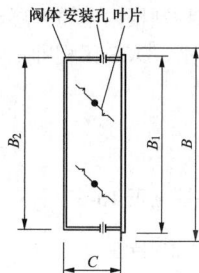

FXY-Ⅰ(Ⅱ)
WLZX-013(025) 型剖面

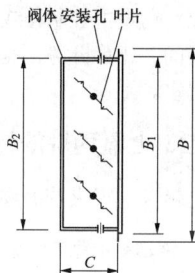

FXY-Ⅲ 型剖面

自动泄压阀技术性能参数

型号		外形尺寸(mm)						泄压面积(m²)	质量(kg)
		A	B	C	A₁	B₁	B₂		
北京实益	FXY-Ⅰ、Ⅱ	610	302	202	382	260	244	0.077	20.5
	FXY-Ⅲ	850	458	202	620	416	400	0.210	32.5
四川威龙	WLZX-013	700	340	190	470	290	280	0.130	15.0
	WLZX-025	820	480	190	600	420	400	0.250	20.0
供电电源		FXY-Ⅰ DC 24V 2.8A FXY-Ⅱ(Ⅲ) AC 220V 0.6A WLZX-013(025) DC 24V 1.5A							
动作压力		FXY-Ⅰ 1100Pa(出厂设定值) FXY-Ⅱ(Ⅲ)1000Pa WLZX-013(025) 900$_0^{+100}$ Pa							
动作精度		±50Pa							
阀体材料		冷轧钢板、表面喷塑							

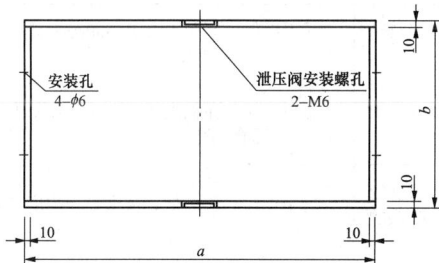

安装支架前视图

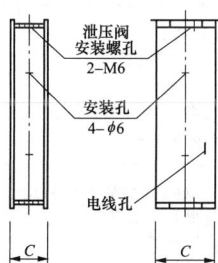

FXY-1(Ⅱ)
WLXZ-013(025) 型左视图 FXY-Ⅲ 型左视图

自动泄压阀安装尺寸表

泄压阀型号	安装支架外形尺寸(mm)			安装洞口尺寸(mm)	
	a	b	c	L	H
FXY-Ⅰ(Ⅱ)	574	270	50	580	280
FXY-Ⅱ	818	426	200	825	438
WLZX-013	660	315	80	670	325
WLZX-025	790	450	80	800	460

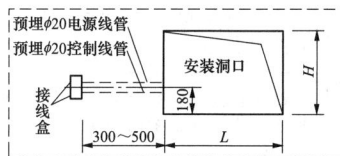

泄压阀安装墙上预留洞口、预埋穿线管图

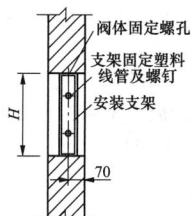

FXY-Ⅰ(Ⅱ)
WLZX-013(025) 型泄压阀支架安装图

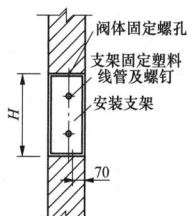

FXY-Ⅲ 型泄压阀支架安装图

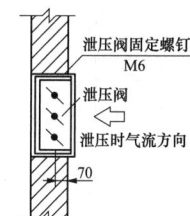

泄压阀安装图
(以FXY-Ⅲ型为例)

图 10-127 自动泄压口的型号和安装形式

注：本图摘自国家建筑标准设计图集 07S207《气体消防系统选用、安装与建筑灭火器配置》。

第七节 七氟丙烷灭火系统

一、适用范围

七氟丙烷灭火系统适用于机组容量 300MW 及以上的电厂内集中控制楼或网络控制楼内电缆夹层、电子设备间、计算机房、继电器室、DCS 工程师室、配电装置室。

二、七氟丙烷的特性

七氟丙烷灭火剂的物理特性见表 10-67。

表 10-67 七氟丙烷灭火剂的物理特性

分子式	CF$_3$CHFCF$_3$	毒性数据 LOAEL 浓度（体积分数）	10.5%
名称	七氟丙烷	临界密度	620.88kg/m^3
相对分子质量	170.03	临界压力	3.026
冰点	−131℃	临界体积	1.61L/kg
沸点（1 个标准大气压下）	16.36℃	饱和气体（1 个标准大气压下）比热容（25℃）	0.7260kJ/（kg·℃）

续表

蒸气压	4.4℃	0.236	饱和气体比热容（25℃）	0.7771kJ/（kg·℃）
	21℃	0.404	饱和液体比热容（25℃）	1.1024kJ/（kg·℃）
	25℃	0.476	沸点时气化热	132.7kJ/（kg·℃）
	54℃	1.063	气体热导率（25℃）	0.012W/（m·K）
蒸气密度（21℃）	32.2kg/m^3		液体热导率（25℃）	0.069W/（m·K）
液体密度（21℃）	1400kg/m^3		液体黏度（25℃）	0.226mPa·s
临界温度	101.72℃		毒性数据 NOAEL 浓度（体积分数）	9.0%

注 NOAEL 浓度为无毒性反应浓度，即观察不到由灭火剂毒性影响产生生理反应的灭火剂最大浓度。LOAEL 浓度为有毒性反应浓度，即能观察到由灭火剂毒性影响产生生理反应的灭火剂最小浓度。

三、系统分类

七氟丙烷灭火系统的分类见表 10-68。

表 10-68 七氟丙烷灭火系统的分类

分类		主要特征	适用条件
按固定方式分	半固定式气体灭火装置（预制灭火系统）	无固定的输送气体管道，由药剂瓶、喷嘴和启动装置组成的成套装置	适用于保护面积不大于 500m^2、体积不大于 1600m^3 的防护区
	固定式气体灭火系统（管网灭火系统）	由储存容器、各种组件、供气管道、喷嘴及控制部分组成的灭火系统	适用于保护面积大于 100m^2、体积大于 300m^3 的防护区
按管网布置形式分	均衡管网系统	从储存容器到每个喷嘴的管道长度和等效长度应大于最长管道长度和等效长度的 90%，每个喷头的平均质量流量相等	适用于储存压力低、灭火设计浓度小的系统
	非均衡管网系统	不具备均衡管网系统的条件	适用于能使灭火剂迅速均化，各部分空间能同时达到设计浓度的高压系统
按系统组成分	单元独立灭火系统	用一套灭火剂储存装置单独保护一个防护区或保护对象的灭火系统	适用于防护区少而又有条件设置多个钢瓶间的工程
	组合分配灭火系统	用一套灭火剂储存装置保护两个及两个以上防护区或保护对象的灭火系统	适用于防护区多而又没有条件设置多个瓶站，且每个防护区不同时着火的工程
按应用方式分	全淹没灭火系统	在规定的时间内，向防护区喷射一定浓度的灭火剂，并使其均匀地充满整个防护区的灭火系统	适用于开孔率不超过 3%的封闭空间，保护区内除泄压口外，其余均能在灭火剂喷放前自动关闭
	局部应用灭火系统	向保护对象以设计喷射率直接喷射灭火剂，并持续一定时间的灭火系统	保护区在灭火过程中不能封闭，或虽能封闭但不符合全淹没系统所要求的条件。适宜扑灭表面火灾

续表

分　类		主　要　特　征	适　用　条　件
按储存方式分	贮压式七氟丙烷灭火系统	对大气臭氧层损耗潜能值 ODP＝0，温室效应潜能值 GWP＝2050。灭火效率高、设计浓度低，灭火剂以液体储存，储存容器安全性好，药剂瓶占地面积小，灭火剂输送距离较短，驱动气体的氮气和灭火药剂储存在同一钢瓶内，综合价较高	适用于防护区相对集中、输送距离短、防护区内物品受酸性物质影响较小的工程
	备压式七氟丙烷灭火系统	与贮压式系统不同的是驱动气体的氮气和灭火药剂储存在不同的钢瓶内。在系统启动时，氮气经减压注入药剂瓶内推动药剂向喷嘴输送，使得灭火剂输送距离大大加长	适用于能用七氟丙烷灭火且防护区相对较多、输送距离较远的场所

四、设计基本参数

1. 七氟丙烷灭火设计浓度

对于火力发电厂内的保护对象，灭火设计浓度宜采用 8%。

防护区实际应用的浓度不应大于灭火设计浓度的 1.1 倍。

有人工作的防护区的灭火设计浓度或实际使用浓度，不应大于 10.5%。

2. 系统的喷放时间

在通信机房和电子计算机房等防护区，设计喷放时间不应大于 8s；在其他防护区，设计喷放时间不应大于 10s。

3. 灭火浸渍时间

通信机房、电子计算机房内的电气设备火灾，应采用 10min；其他固体表面火灾，宜采用 10min；气体和液体火灾，不应小于 1min。

4. 灭火设计用量和惰化设计用量及系统灭火剂储存量

七氟丙烷灭火系统应采用氮气增压输送。氮气的含水量不应大于 0.006%。

储存容器的增压压力宜分为三级，并应符合下列规定：①一级，2.5MPa＋0.1MPa（表压）；②二级，4.2MPa＋0.1MPa（表压）；③三级，5.6MPa＋0.1MPa（表压）。

七氟丙烷单位容积的充装量应符合下列规定：①一级增压储存容器，不应大于 1120kg/m³；②二级增压焊接结构储存容器，不应大于 950kg/m³；③二级增压无缝结构储存容器，不应大于 1120kg/m³；④三级增压储存容器，不应大于 1080kg/m³。

管网的管道内容积，不应大于流经该管网的七氟丙烷储存量体积的 80%。

管网布置宜设计为均衡系统，并应符合下列规定：①喷头设计流量应相等；②管网的第一分流点至各喷头的管道阻力损失，其相互间的最大差值不应大于 20%。

灭火设计用量和惰化设计用量按式（10-33）计算，即

$$m = K \times \frac{V}{V_m} \times \frac{C_1}{100 - C_1} \qquad (10\text{-}33)$$

其中　　　　$V_m = 0.1269 + 0.000513t$

式中　m ——灭火设计用量或惰化设计用量，kg；

　　　V ——防护区净容积，m³；

　　　V_m ——灭火剂气体在 101kPa 大气压和防护区最低环境温度下的质量体积，m³/kg；

　　　C_1 ——灭火设计浓度或惰化设计浓度，%；

　　　K ——海拔修正系数，见表 10-60；

　　　t ——灭火系统的设计温度，℃。

系统灭火剂储存量应按式（10-34）计算，即

$$m_0 = m + \Delta m_1 + \Delta m_2 \qquad (10\text{-}34)$$

式中　m_0 ——系统灭火剂储存量，kg；

　　　Δm_1 ——储存容器内的灭火剂剩余量，kg；

　　　Δm_2 ——管道内的灭火剂剩余量，kg。

储存容器内的灭火剂剩余量，可按储存容器内引升管管口以下的容器容积量换算。

均衡管网和只含一个封闭空间的非均衡管网，其管网内的灭火剂剩余量均可不计。

防护区中含两个或两个以上封闭空间的非均衡管网，其管网内的灭火剂剩余量，可按各支管与最短支管之间长度差值的容积量计算。

电厂气体灭火剂储量宜设 100% 备用量。

五、系统工作方式

七氟丙烷灭火系统的动作程序和电气控制原理同 IG541 气体灭火系统。

贮压式七氟丙烷单元独立系统原理图见图 10-128，组合分配系统原理图见图 10-129。

(a)

(b)

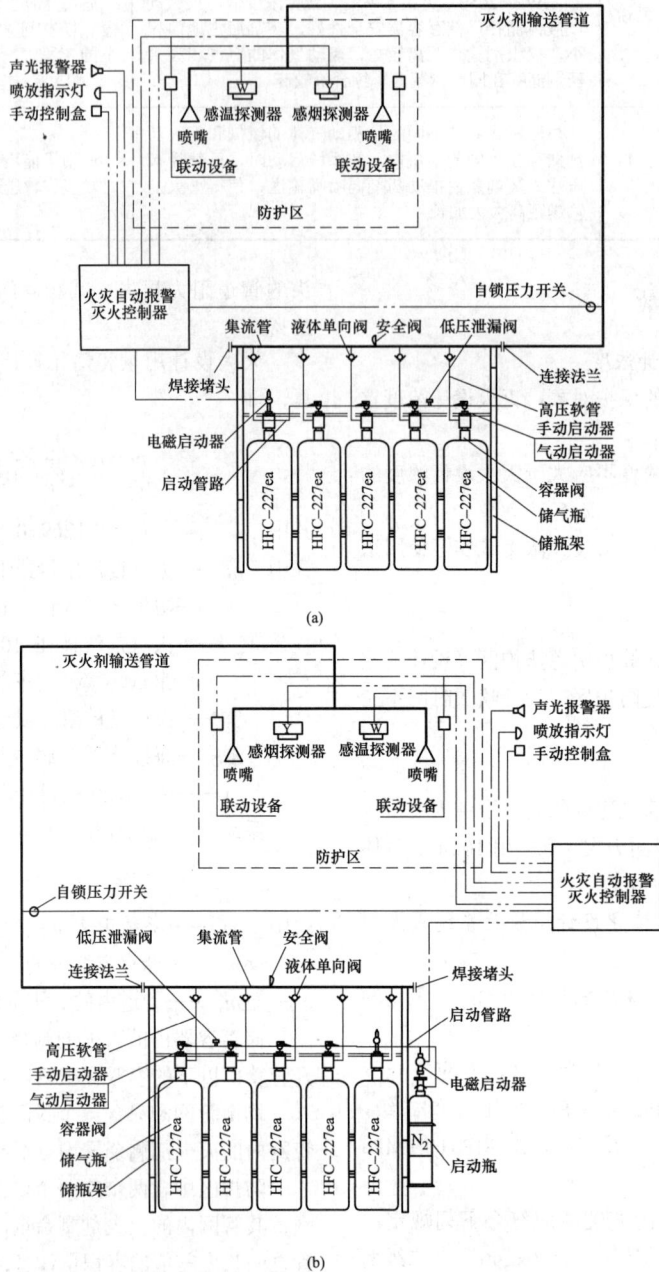

图 10-128　贮压式七氟丙烷单元独立系统原理图
（a）灭火剂自身驱动；（b）氮气驱动

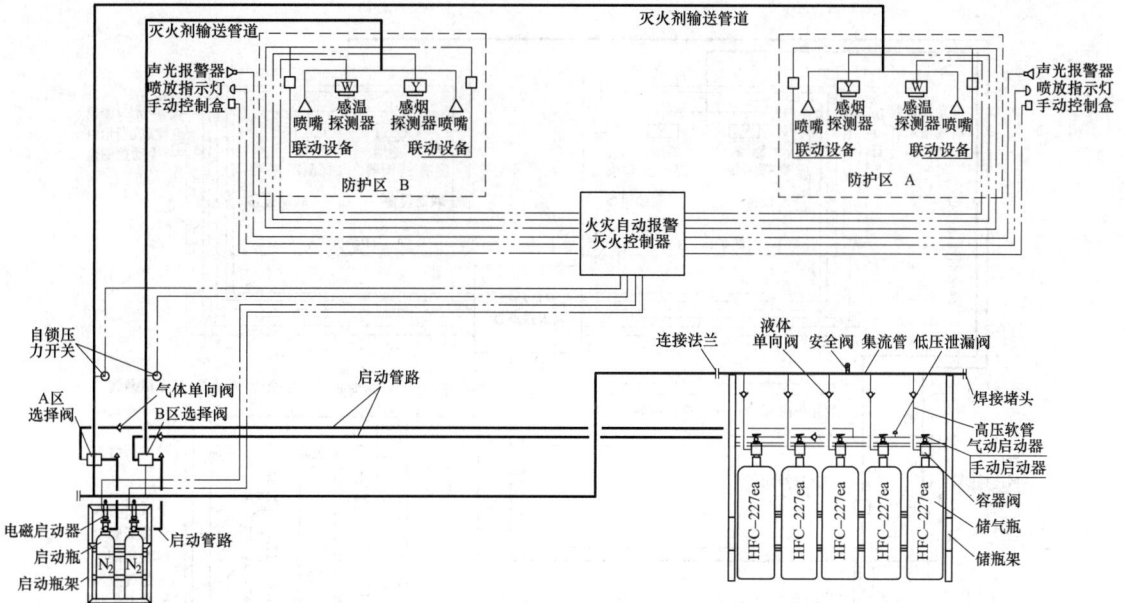

图 10-129 贮压式七氟丙烷组合分配系统原理图

备压式七氟丙烷单元独立系统原理图见图 10-130，备压式七氟丙烷组合分配系统原理图见图 10-131。

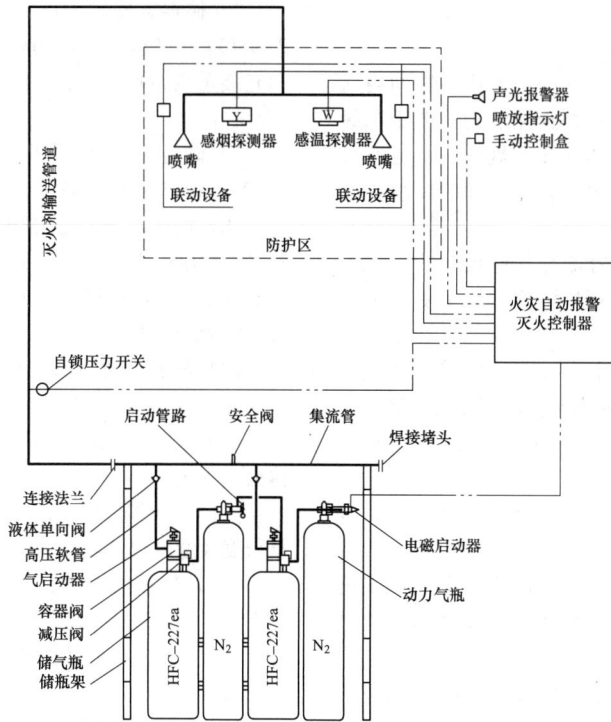

图 10-130 备压式七氟丙烷单元独立系统原理图

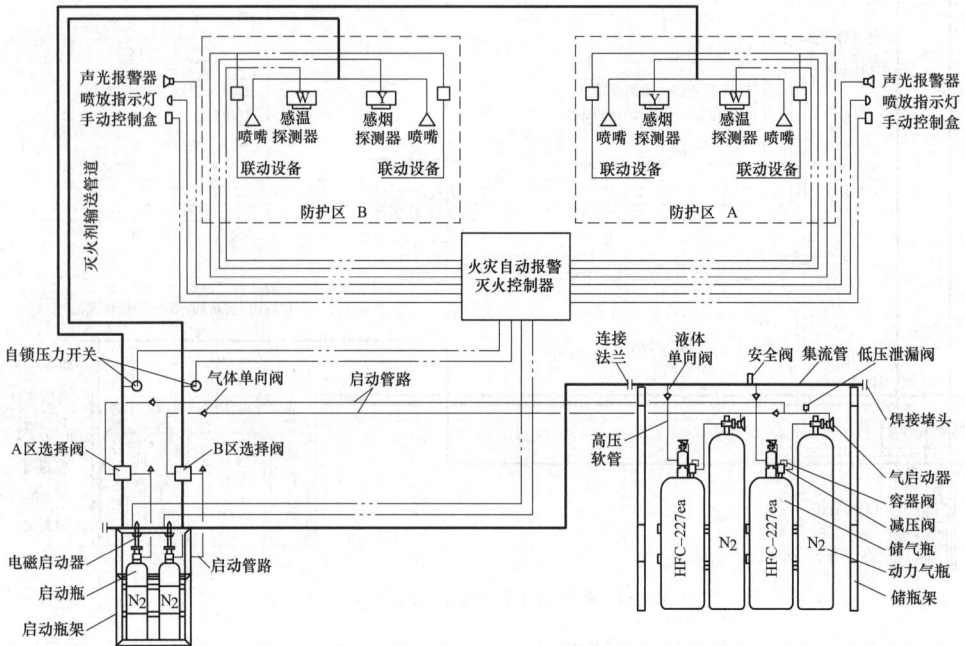

图 10-131　备压式七氟丙烷组合分配系统原理图

六、系统布置

1. 储瓶间布置

（1）七氟丙烷储存装置宜设在专业储瓶间内。储瓶间宜靠近防护区，并应符合建筑物不低于二级的有关规定及有关压力容器存放的规定，且应有直接通向室外或疏散走道的出口。储瓶间的环境温度应为 −10～50℃。

（2）储存装置的储存容器与其他组件的公称工作压力，不应小于在最高环境温度下所承受的工作压力。

（3）在储存容器或容器阀上，应设安全泄压装置和压力表。组合分配系统的集流管，应设安全泄压装置。安全泄压装置的动作压力，应符合相应气体灭火系统的设计规定。

（4）在通向每个防护区的灭火系统主管道上，应设压力信号器或流量信号器。

（5）组合分配系统中的每个防护区应设置控制灭火剂流向的选择阀，其公称直径应与该防护区灭火系统的主管道公称直径相等。

（6）系统组件与管道的公称工作压力，不应小于在最高环境温度下所承受的工作压力。

（7）储存容器或容器阀以及组合分配系统集流管上的安全泄压装置的动作压力，应满足：

1）储存容器增压压力为 2.5MPa 时，应为 5.0MPa±0.25MPa（表压）。

2）储存容器增压压力为 4.2MPa，最大充装量为 950kg/m³ 时，应为 7.0MPa±0.35MPa（表压）；最大充装量为 1120kg/m³ 时，应为 8.4MPa±0.42MPa（表压）。

3）储存容器增压压力为 5.6MPa 时，应为 10.0MPa±0.50MPa（表压）。

（8）增压压力为 2.5MPa 的储存容器宜采用焊接容器；增压压力为 4.2MPa 的储存容器，可采用焊接容器或无缝容器；增压压力为 5.6MPa 的储存容器，应采用无缝容器。

（9）在容器阀和集流管之间的管道上应设单向阀。

（10）七氟丙烷系统钢瓶间布置图参见 IG541 气体灭火系统。

（11）启动瓶架长度尺寸，见图 10-115；储存装置长度及宽度尺寸，见图 10-132 和图 10-133。

（12）储瓶间净高要求：有梁时梁底高度不宜低于 2.5m，无梁时板底高度不宜低于 2.8m。

（13）储瓶间地面承载力应满足灭火剂储存装置的荷载要求。

（14）如系统较大、灭火剂储瓶较多，可采用灭火剂储存装置两行布置方式，装置两操作面之间的距离不宜小于 1.0m，且不应小于储存容器外径的 1.5 倍。

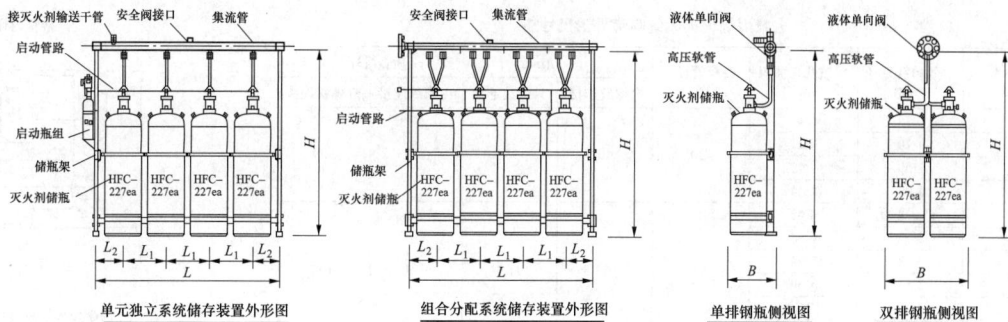

单元独立系统储存装置外形图　　组合分配系统储存装置外形图　　单排钢瓶侧视图　　双排钢瓶侧视图

七氟丙烷灭火系统储存装置外形尺寸表

企业名称		广东平安				上海金盾				南消				杭州新纪元				浙江信达				广东胜捷				四川威龙			
储瓶规格(L)	L	L_1	L_2	B	H	L_1	L_2	B	H	L_1	L_2	B	H	L_1	L_2	B	H	L_1	L_2	B	H	L_1	L_2	B	H	L_1	L_2	B	H
40		300	210		1740	260	190	单排445	1700	250	200		1800	360	210		1410	300	250		1500	—	—			260	190		1700
60								单排300双排500														380	315	单排470	1630				
70		430	270	单排500双排780	1650	400	270	双排660	1590	360	250	单排400双排750	1700	400	250	双排1000	1410	380	250	单排400	1500	380	315	双排740	1980	260	190	双排850	1590
90		430	270	单排1845	1845	400	270		1790	360	250		1980	400	250		1620	380	250		1500	380	315		1980	400	270		1790
100		430	270		1955			双排450												单排400		470	340	单排600	1780				
120		480	300		1870	400	270	单排500	2100	400	350	双排450	1920	400	250	双排600	2145	380	250		1800	470	340	双排900	2000	400	270		2100
150		480	300	单排540双排800	2100	450	410		2350	460	410	单排500	2120				2315	430	320	单排500双排950	1800	522	411	单排700双排1100	1980	450	330	单排445	2210
180		480	300	双排2240	2240	450	330			460	410	双排500		450	280							582	426	单排800	1880	450	330		2460
240																					680	475						
储存装置总质量(kg)		设计人员可按下式估算：								单排钢瓶储存装置 $nG+55+9n$											双排钢瓶储存装置 $2nG+75+12n$							

储存装置外形尺寸(mm) L=(n-1)L_1+2L_2

图 10-132 七氟丙烷储瓶组外形尺寸图

注：本图摘自国家建筑标准设计图集 07S207《气体消防系统选用、安装与建筑灭火器配置》。

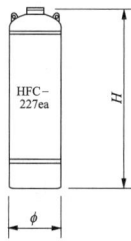

灭火剂储瓶外形图

七氟丙烷灭火剂储瓶技术性能表

企业名称	上海金盾						南消						四川威龙					
灭火剂储瓶容积(L)	40	70	90	120	150	180	40	70	90	120	150	180	40	70	90	120	150	180
储瓶外形尺寸(mm) ϕ	232	350	350	350	400	400	219	312	312	366	416	416	235	366	366	366	416	416
H	1390	1170	1340	1670	1650	1880	1345	1210	1490	1450	1390	1630	1010	960	1160	1470	1395	1630
灭火剂储存压力(20℃时)	2.5、4.2MPa						2.5、4.2、5.6MPa						4.2MPa					
灭火剂最大充装量(kg/瓶)	46	80.5	103.5	138	172.5	207	46	80.5	103.5	138	172.5	207	46	80.5	103.5	138	172.5	207
灭火剂喷放剩余量(kg/瓶)	≤2		≤3.5		<4	<5	<2.5	<3		<4.5	<5		≤2	≤3		≤4		<5
储瓶净重(kg/只)	60	79	94	115	146	198	58	65	76	120	140	152	59	78	94	115	138	153
充装灭火剂后质量(kg/瓶)	106	159.5	197.5	253	318.5	405	104	145.5	179.5	258	312.5	359	105	158.5	197.5	253	310.5	360

七氟丙烷灭火剂储瓶技术性能表

企业名称	杭州新纪元					浙江信达					广东平安						广东胜捷							
灭火剂储瓶容积(L)	40	70	90	120	180	40	70	90	120	150	40	70	90	100	120	150	180	60	70	90	100	120	150	180	240
储瓶外形尺寸(mm) ϕ	225	362	362	415	415	250	363	363	369	416	264	366	366	366	418	418	418	327	327	327	407	407	458	512	616
H	1200	930	1135	1485	1655	990	950	1150	1450	1390	1010	940	1140	1250	1160	1395	1635	920	1050	1280	1000	1125	1145	1140	1040
灭火剂储存压力(20℃时)	4.2、5.6MPa					4.2MPa					4.2MPa							2.5、4.2MPa							
灭火剂最大充装量(kg/瓶)	38	66.5	85.5	114	171	38	66.5	85.5	114	142.5	46	80.5	103.5	115	138	172.5	207	69	80.5	103.5	115	138	172.5	207	276
灭火剂喷放剩余量(kg/瓶)	2.5	3	3.5	4	4.5	≤2.5					≤2.5							<3			<3.5	<4.5	<5		<6
储瓶净重(kg/只)	55	72	84	107	136	41	72	86	107	128	63	78.5	89.5	103	105	124.5	155	41	45	70	80	98	105	135	176
充装灭火剂后质量(kg/瓶)	93	138.5	169.5	221	307	79	138.5	171.5	221	270.5	109	159	193	218	243	297	362	110	125.5	173.5	195	236	277.5	342	452

注：储瓶净重包括容器阀等组件质量。

图 10-133 七氟丙烷储瓶外形尺寸图

注：本图摘自国家建筑标准设计图集 07S207《气体消防系统选用、安装与建筑灭火器配置》。

（15）同一集流管上的储存容器，其规格、充压压力和充装量应相同。

（16）同一防护区，当设计两套或三套管网时，集流管可分别设置，系统启动装置必须共用。各管网上喷头流量均应按同一灭火设计浓度、同一喷放时间进行设计。

2. 喷头布置

喷头的布置应满足喷放后气体灭火剂在防护区内均匀分布的要求。当保护对象属可燃液体时，喷头射流方向不应朝向液体表面。七氟丙烷喷头布置图参见IG541气体灭火系统，七氟丙烷喷头外形图见图10-134。

3. 管道布置、管材要求和安全要求

参见IG541气体灭火系统。

七氟丙烷灭火系统喷嘴外形尺寸表

喷嘴规格代号	等效单孔直径 (mm)	等效孔口面积 (mm²)	接管管径 DN	H(mm)		质量(kg)	
				内螺纹连接	外螺纹连接	内螺纹连接	外螺纹连接
1	0.79	0.49	20	40.5	55.5	0.17	0.29
1.5	1.19	1.11					
2	1.59	1.98					
2.5	1.98	3.09					
3	2.38	4.45	25	53.5	71.5	0.36	0.57
3.5	2.78	6.06					
4	3.18	7.94					
4.5	3.57	10.00					
5	3.97	12.39					
5.5	4.37	14.97					
6	4.76	17.81	32	60	81	0.56	0.95
6.5	5.16	20.90					
7	5.56	24.26					
7.5	5.95	27.81					
8	6.35	31.68					
8.5	6.75	35.74					
9	7.14	40.06	40	66	87	0.65	0.99
9.5	7.54	44.65					
10	7.94	49.48					
11	8.73	59.87					
12	9.53	71.29					
13	10.32	83.61					
14	11.11	96.97	50	73	97	0.78	1.35
15	11.91	111.29					
16	12.70	126.71					
18	14.29	160.32					
20	15.88	197.94					
22	17.46	239.48					
24	19.05	285.03					
32	25.40	506.45					

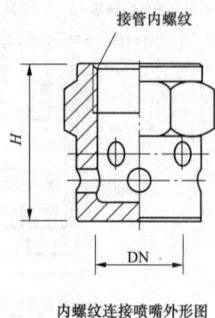

接管内螺纹

内螺纹连接喷嘴外形图

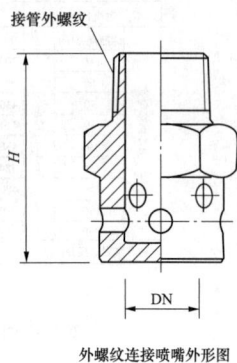

接管外螺纹

外螺纹连接喷嘴外形图

图 10-134　七氟丙烷喷头外形图

注：本图摘自国家建筑标准设计图集 07S207《气体消防系统选用、安装与建筑灭火器配置》。

七、向其他专业提出的要求

七氟丙烷灭火系统设计过程中向其他专业提出的配合要求基本与 IG541 气体灭火系统相同，可参考 IG541 气体灭火系统。

七氟丙烷系统的钢瓶间尺寸可参照表 10-69 选用，也可按 2m²/钢瓶估算。

表 10-69　　　七氟丙烷灭火系统钢瓶间面积估算表

防护区体积（m³）	七氟丙烷钢瓶间面积（m²）
0～150	3
150～550	4
550～900	6
900～1200	8
1200～1500	8.5
1500～1800	11
1800～2100	13

八、设计举例

七氟丙烷灭火系统的设计通常由设备厂商配合，

提供布置和计算，之后由设计人员进行校核。这里介绍的是七氟丙烷灭火系统计算的标准过程。

某电厂集中控制楼布置如图 10-135 所示，房间净高 6m。其中，4 个电气配电间需要设置七氟丙烷气体灭火系统进行保护，设计布置如下。

1. 确定气体储量

最大防护区体积为电气配电间厂用 PC 段，体积 765m³。

电气房间灭火设计浓度为 8%。电气配电间最低环境温度取为 20℃。

根据式（10-31），七氟丙烷气体的灭火设计用量

$$m = K \times \frac{V}{V_m} \times \frac{C_1}{100 - C_1} = 1 \times \frac{785}{0.13716} \times \frac{8}{100 - 8}$$
$$= 497.7（kg）$$

其中 $V_m = 0.1269 + 0.000513 \times 20 = 0.13716（m³/kg）$。

选用 120L 的储瓶，储瓶的灭火剂最大充装量为 138kg/瓶，则储瓶数 $n = 497.7 \div 138 = 3.6 \approx 4$（瓶）。为了满足过程中点压力要求，将储瓶数增加 1 个，为 5 瓶。

2. 确定气体管道管径

电厂配电间厂用 PC 段喷头及管道平面布置图及透视图分别见图 10-136、图 10-137。

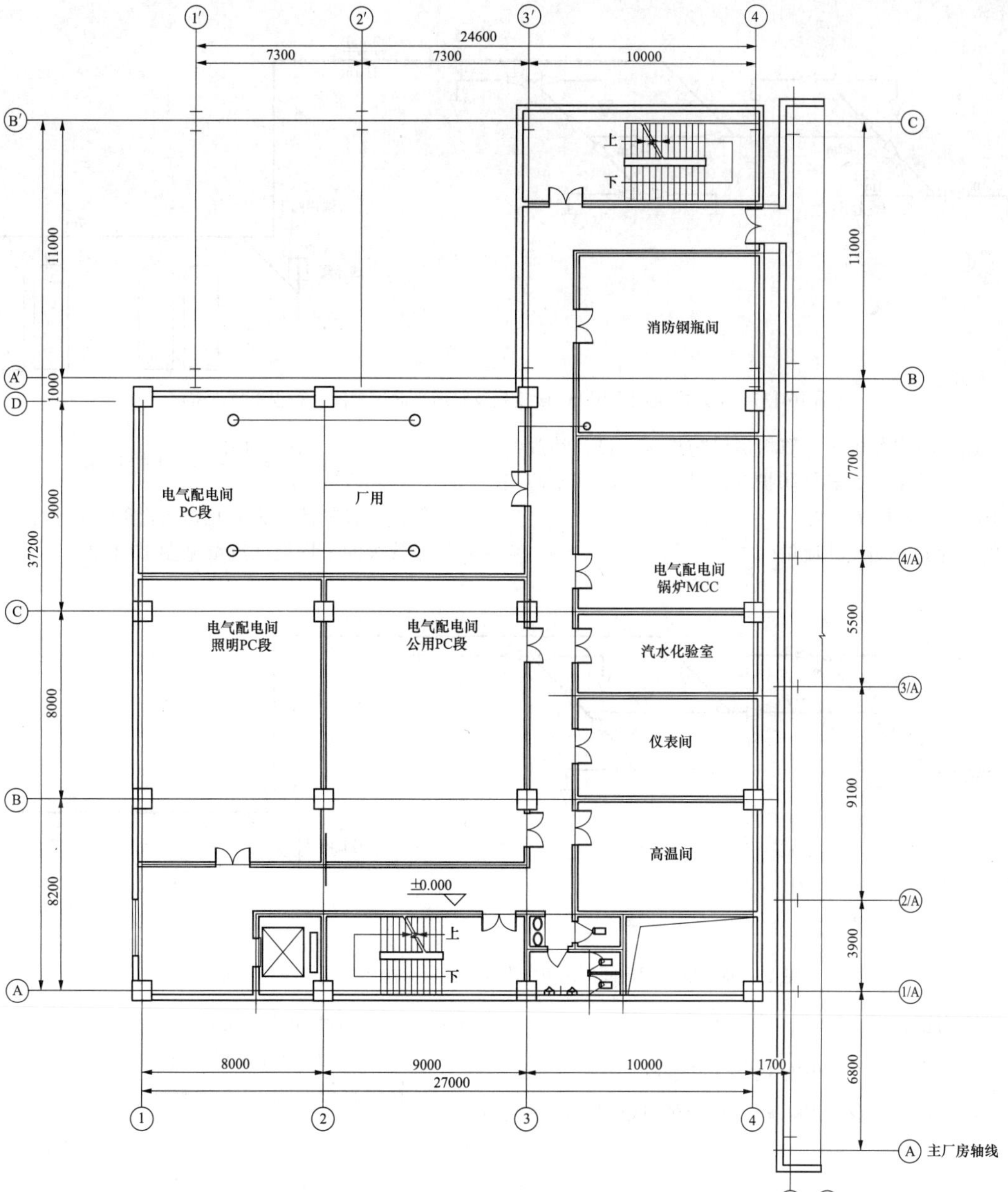

图 10-135　集中控制楼布置图

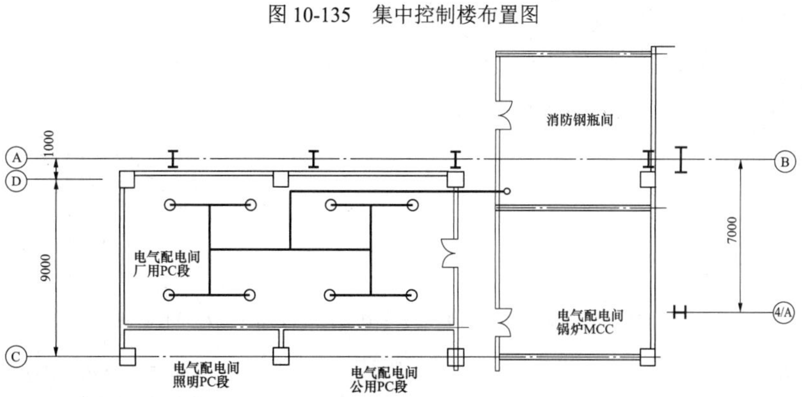

图 10-136　电厂配电间厂用 PC 段喷头及管道平面布置图

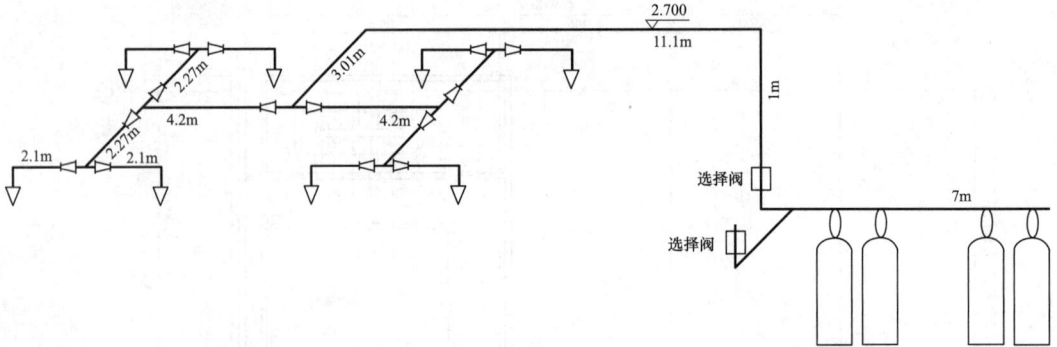

图 10-137　电厂配电间厂用 PC 段喷头及管道平面透视图（高程单位：m）

在通信机房和电子计算机房等防护区，设计喷放时间不应大于 8s；在其他防护区，设计喷放时间不应大于 10s。本例中取 $t=7s$。

主干管的平均设计流量

$$Q_w = \frac{W}{t} = \frac{497.7}{7} = 71.1（kg/s）$$

每根支管的流量为其相接上游管段流量的一半，则每段管段的平均设计流量见图 10-138。

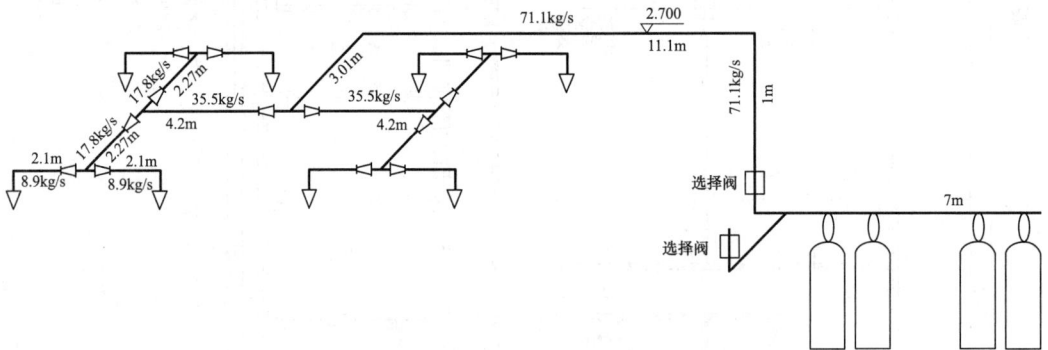

图 10-138　电厂配电间厂用 PC 段管道流量分配图（高程单位：m）

管段内径初选

$$D = (12 \sim 20)\sqrt{Q}　(Q \leqslant 6.0 kg/s)$$

$$D = (8 \sim 6)\sqrt{Q}　(6.0 kg/s < Q < 160.0 kg/s)$$

式中　D——管段内径，mm；

Q——管道设计流量，kg/s。

计算得管径如图 10-139 所示。

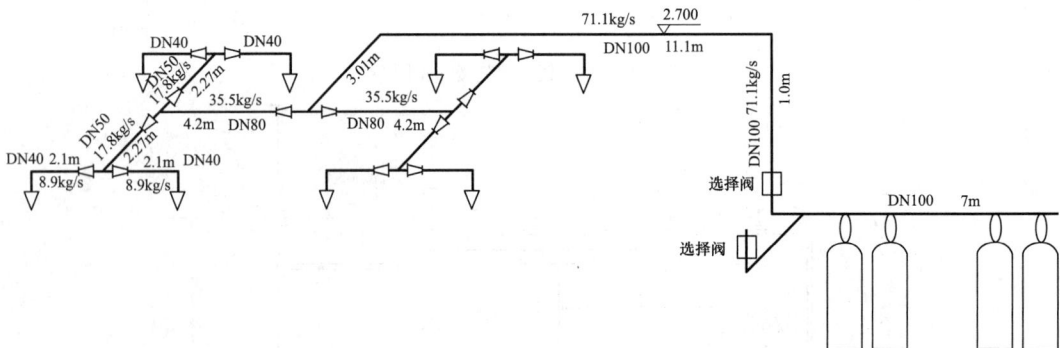

图 10-139　电厂配电间厂用 PC 段管道管径标注图（高程单位：m）

3. 计算充装率

系统储存量

$$m_0 = m + \Delta m_1 + \Delta m_2$$

式中　m_0——系统灭火剂储存量，kg；

Δm_1 ——储存容器内的灭火剂剩余量，kg，可按储存容器内引升管管口以下的容器容积量换算，查某厂家样本（图10-133）得，单瓶内灭火剂剩余量为2.5kg，5瓶剩余量为12.5kg；

Δm_2 ——管网内剩余量，均衡管网（喷头设计流量相等且从管网的第一分流点至各喷头的管道阻力损失，其相互间的最大差值不大于20%的管网）和只含一个封闭空间的非均衡管网，其管网内的灭火剂剩余量均可不计。

本例中的管网为均衡管网，则$\Delta m_2=0$。

因此 $m_0=m+\Delta m_1+\Delta m_2=497.7+12.5+0=510.2$（kg）。

当管网为其他形式的非均衡管网时，情况有所不同。

防护区中含两个或两个以上封闭空间的非均衡管网，其管网内的灭火剂剩余量，可按各支管之间长度差值的容积量计算。

非均衡管网内剩余量的计算过程为：从管网第一分流点计算各支管的长度，分别取长支管与最短支管长度的差值为计算剩余量的长度；各长支管在末段的该长度管道内容积量之和，等量于灭火剂在管网内剩余量的体积量，如图10-140所示。

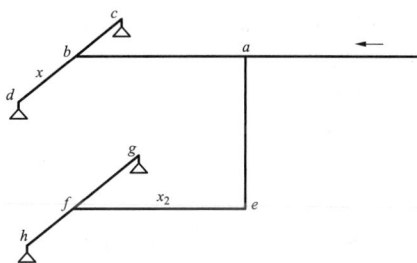

说明：其中$bc<bd,bx=bc$及$ab+bc=ae+ex_2$。

图10-140 非均衡管网举例

该系统管网内七氟丙烷的剩余量（容积量）$=xd$段、x_2f段、fg段与fh段的管道内容积之和。

回到本均衡管网的计算中来：

充装率$\eta=m_0/(n\times V_b)=510.2/(5\times0.12)=850.3$（kg/m³）。

储存容器的增压压力宜分为三级，并应符合下列规定：①一级，2.5MPa+0.1MPa（表压）；②二级，4.2MPa+0.1MPa（表压）；③三级，5.6MPa+0.1MPa（表压）。

七氟丙烷单位容积的充装量应符合下列规定：①一级增压储存容器，不应大于1120kg/m³；②二级增压焊接结构储存容器，不应大于950kg/m³；③二级增压无缝结构储存容器，不应大于1120kg/m³；④三级增压储存容器，不应大于1080kg/m³。

储罐充装率 850.3kg/m³<950kg/m³，选用二级增压，额定增压压力为4.3MPa。

4. 计算管网管道内容积

先按管道内径求出管道的内横截面面积，然后根据管网长度计算管道内容积，得

$V_p=0.0088\times22.11+0.0051\times8.4+0.0022\times9.08+0.0013\times16.8=0.280$（m³）

储瓶总容积的80%$=5\times120\times0.8=0.48$（m³）。

0.280m³<0.48m³，满足规范要求。

5. 计算全部储存容器气相总容积

$$V_0=nV_b\left(1-\frac{\eta}{\rho}\right)=5\times0.12\times\left(1-\frac{850.3}{1407}\right)=0.237\,（m³）$$

式中 V_0——喷放前全部储存容器内的气相总容积，m³；

n——储存容积的数量，个；

V_b——储存容器的容量，m³；

η——充装率，kg/m³；

ρ——七氟丙烷液体密度，kg/m³，20℃时为1407kg/m³。

6. 计算过程中点储存容器内压力

过程中点是指七氟丙烷喷放的流量等于平均流量的那一瞬时，是系统的七氟丙烷设计用量从喷头喷放出去50%的瞬时（准确地说，是非常接近50%的瞬时）。

$$p_m=\frac{p_0V_0}{V_0+\frac{m}{2\rho}+V_p}=\frac{4.3\times0.237}{0.237+\frac{497.7}{2\times1407}+0.280}$$

$$=1.47（MPa）（绝对压力）$$

式中 p_m——过程中点时储存容器内压力（绝对压力），MPa；

p_0——灭火剂储存容器增压压力（绝对压力），MPa；

V_0——喷放前，全部储存容器内的气相总容积，m³；

ρ——七氟丙烷液体密度，kg/m³，20℃时为1407kg/m³；

m——灭火设计用量，kg；

V_p——管网的管道内容积，m³。

7. 计算管路损失

管网的阻力损失应根据管道种类确定。本例中采用镀锌无缝钢管，其阻力损失满足

$$\frac{\Delta p}{L}=\frac{5.75\times10^5Q^2}{\left(1.74+2\times\lg\dfrac{D}{0.12}\right)^2D^5}$$

式中 Δp——计算管段阻力损失，MPa；

L——管道计算长度，m，为计算管段中沿程长度与局部损失当量长度之和，局部损失当量长度见表10-70；

Q——管道设计流量，kg/s；

D——管道内径。

表 10-70　　　　　　　　　　　**七氟丙烷系统镀锌钢管局部损失当量长度**

螺纹接口弯头局部损失当量长度								
规格（mm）	20	25	32	40	50	65	80	法兰100	法兰125
当量长度（m）	0.67	0.85	1.13	1.31	1.68	2.01	2.50	1.70	2.10

螺纹接口三通局部损失当量长度									
规格（mm）	20		25		32		40		50	
当量长度（m）	直路	支路	直路	支路	直路	支路	直路	支路	直路	支路
	0.27	0.85	0.34	1.07	0.46	1.4	0.52	1.65	0.67	2.1
规格（mm）	65		80		法兰100		法兰125			
当量长度（m）	直路	支路	直路	支路	直路	支路	直路	支路		
	0.82	2.5	1.01	3.11	1.40	4.1	1.76	5.1		

螺纹接口缩径接头局部损失当量长度					
规格（mm）	25×20	32×25	32×20	40×32	40×25
当量长度（m）	0.2	0.2	0.4	0.3	0.4
规格（mm）	50×40	50×32	65×50	65×40	80×65
当量长度（m）	0.3	0.5	0.4	0.6	0.5
规格（mm×mm）	80×50	法兰100×80	法兰100×65	法兰125×100	法兰125×80
当量长度（m）	0.7	0.6	0.9	0.8	1.1

本例中的阻力损失见表 10-71。

表 10-71　　管 道 阻 力 损 失

管径	$\dfrac{\Delta p}{L}$（MPa）	沿程长度（m）	局部当量长度（m）	计算长度（m）	管段阻力损失（MPa）
DN100	0.00373	22.11	6.5	28.61	0.1067
DN80	0.00393	4.2	4.7	8.9	0.0350
DN50	0.00879	2.27	3.81	6.08	0.0534
DN40	0.00846	2.1	2.4	4.5	0.0381

管路总损失 $\sum \Delta p = 0.23\text{MPa}$。

8. 计算高程压头

$p_h = 10^{-6} \times \rho Hg = 10^{-6} \times 1407 \times 1.7 \times 9.81 = 0.0235$（MPa）

式中　ρ——七氟丙烷液体密度，kg/m^3，20℃时为 1407kg/m^3；

　　　H——过程中点时，喷头高度相对储存容器内液面的位差。过程中点时，认为灭火剂喷放出 50%，储瓶内液面高度降为满瓶状态下的一半。储瓶净高 1.67m，这里取液面高度 0.8m，喷头高度 2.5m，则 $H=1.7\text{m}$。

9. 计算喷头工作压力

$p_c = p_m - \sum \Delta p - p_h = 1.47 - 0.23 - 0.0235 = 1.21$（MPa）

10. 验算设计计算结果

七氟丙烷气体灭火系统喷头工作压力的计算结果，应符合下列规定：

一级增压储存容器的系统 $p_c \geqslant 0.6\text{MPa}$（绝对压力），二级增压储存容器的系统 $p_c \geqslant 0.7\text{MPa}$（绝对压力），三级增压储存容器的系统 $p_c \geqslant 0.8\text{MPa}$（绝对压力），且 $p_c \geqslant p_m/2\text{MPa}$（绝对压力）。

本例计算结果：

$p_c \geqslant 0.7\text{MPa}$（二级增压），且 $p_c \geqslant p_m/2 = 0.735\text{MPa}$。条件皆满足，符合要求。

11. 计算喷头等效孔口面积及确定喷头规格

查表 10-72 得，喷头等效单位面积喷射率 $q_c = 2.50\text{kg/}(\text{s} \cdot \text{cm}^2)$。

表 10-72　　七氟丙烷灭火系统喷头
等效孔口单位面积喷射率

增压压力为2.5MPa（表压）时			
喷头入口压力（MPa，绝对压力）	喷射率[kg/(s·cm²)]	喷头入口压力（MPa，绝对压力）	喷射率[kg/(s·cm²)]
2.1	4.67	1.3	2.86
2.0	4.48	1.2	2.58
1.9	4.28	1.1	2.28
1.8	4.07	1.0	1.98
1.7	3.85	0.9	1.66
1.6	3.62	0.8	1.32
1.5	3.38	0.7	0.97
1.4	3.13	0.6	0.62

续表

增压压力为4.2MPa（表压）时

喷头入口压力 （MPa, 绝对压力）	喷射率 [kg/（s·cm²）]	喷头入口压力 （MPa, 绝对压力）	喷射率 [kg/（s·cm²）]
3.4	6.04	1.6	3.50
3.2	5.83	1.4	3.05
3.0	5.61	1.3	2.80
2.8	5.37	1.2	2.50
2.6	5.12	1.1	2.20
2.4	4.85	1.0	1.93
2.2	4.55	0.9	1.62
2.0	4.25	0.8	1.27
1.8	3.90	0.7	0.90

增压压力为5.6MPa（表压）时

喷头入口压力 （MPa, 绝对压力）	喷射率 [kg/（s·cm²）]	喷头入口压力 （MPa, 绝对压力）	喷射率 [kg/（s·cm²）]
4.5	6.49	4.2	6.39

续表

增压压力为5.6MPa（表压）时

喷头入口压力 （MPa, 绝对压力）	喷射率 [kg/（s·cm²）]	喷头入口压力 （MPa, 绝对压力）	喷射率 [kg/（s·cm²）]
3.9	6.25	1.8	3.78
3.6	6.10	1.6	3.34
3.3	5.89	1.4	2.81
3.0	5.59	1.3	2.50
2.8	5.36	1.2	2.15
2.6	5.10	1.1	1.78
2.4	4.81	1.0	1.35
2.2	4.50	0.9	0.88
2.0	4.16	0.8	0.40

又，喷头平均设计流量 $Q_c = m/8 = 8.9$（kg/s）。

从而求得喷头等效孔口面积

$$A_c = \frac{Q_c}{q_c} = \frac{8.9}{2.50} = 3.55（cm^2）$$

从表 10-73 中选用与该值相等（偏差 为-3%～9%）、性能跟设计一致的喷头型号为 ZQJT26-2。

表 10-73 　　　　　　　　　　　　**七 氟 丙 烷 喷 头 型 号**

代　号	当量面积（mm²）	流量系数μ_c	应用高度（m）	最大喷洒范围（m²）	连接尺寸（mm）
ZQJT4.5	10.00	0.344	0.2～3.0	20	
ZQJT5-1	12.39	0.344	0.2～3.0	20	
ZQJT5-2	14.97	0.344	0.2～3.0	20	
ZQJT6-1	17.81	0.344	0.2～3.0	20	
ZQJT6-2	19.01	0.346	0.2～3.0	20	
ZQJT6-3	19.13	0.346	0.2～3.0	20	
ZQJT6-4	22.81	0.346	0.2～3.0	20	
ZQJT7-1	24.26	0.346	0.2～3.0	20	
ZQJT7-2	26.61	0.346	0.2～3.0	20	
ZQJT7-3	27.81	0.346	0.4～3.5	27	15、20
ZQJT7-4	30.79	0.346	0.4～3.5	27	
ZQJT8-1	31.68	0.346	0.4～3.5	27	
ZQJT8-2	34.36	0.347	0.4～3.5	27	
ZQJT8-3	36.95	0.347	0.4～3.5	27	
ZQJT8-4	38.48	0.347	0.4～3.5	27	
ZQJT9-1	40.06	0.349	0.4～5.0	50	
ZQJT9-2	42.41	0.349	0.4～5.0	50	
ZQJT9-3	45.40	0.349	0.4～5.0	50	
ZQJT9-4	48.11	0.349	0.4～5.0	50	

续表

代 号	当量面积（mm²）	流量系数μ_c	应用高度（m）	最大喷洒范围（m²）	连接尺寸（mm）
ZQJT10-1	49.48	0.349	0.7～5.0	50	15、20
ZQJT10-2	53.79	0.349	0.7～5.0	50	
ZQJT10-3	57.73	0.352	0.7～5.0	50	
ZQJT11-1	59.87	0.352	0.7～5.0	50	
ZQJT11-2	61.07	0.352	0.7～5.0	50	
ZQJT11-3	62.83	0.352	0.7～5.0	50	
ZQJT11-4	64.51	0.352	0.7～5.0	50	
ZQJT11-5	67.35	0.354	0.7～5.0	50	
ZQJT12-1	71.29	0.354	0.7～5.0	50	
ZQJT12-2	75.40	0.354	0.7～5.0	50	
ZQJT12-3	79.22	0.354	0.7～5.0	50	
ZQJT13-1	83.61	0.354	0.7～5.0	50	
ZQJT13-2	87.96	0.354	0.7～5.0	50	20
ZQJT13-3	91.23	0.354	0.7～5.0	50	
ZQJT13-4	95.43	0.354	0.7～5.0	50	
ZQJT14-1	96.57	0.357	0.7～5.0	50	
ZQJT14-2	100.53	0.357	0.7～5.0	50	
ZQJT14-3	106.18	0.357	0.7～5.0	50	
ZQJT15-1	111.29	0.362	0.7～5.0	50	
ZQJT15-2	117.81	0.362	0.7～5.0	50	
ZQJT15-3	121.64	0.362	0.7～5.0	50	
ZQJT16-1	126.71	0.362	0.7～5.0	50	25
ZQJT16-2	132.95	0.362	0.7～5.0	50	
ZQJT16-3	137.45	0.362	0.7～5.0	50	
ZQJT16-4	144.76	0.362	0.7～5.0	50	
ZQJT16-5	150.86	0.362	0.7～5.0	50	
ZQJT16-6	157.08	0.362	0.7～5.0	50	
ZQJT18-1	160.32	0.368	0.7～5.0	50	
ZQJT18-2	169.89	0.368	0.7～5.0	50	
ZQJT18-3	176.50	0.368	0.7～5.0	50	
ZQJT18-4	183.22	0.368	0.7～5.0	50	
ZQJT18-5	190.07	0.368	0.7～5.0	50	
ZQJT20-1	197.94	0.368	0.7～5.0	50	
ZQJT20-2	204.14	0.368	0.7～5.0	50	
ZQJT20-3	211.37	0.368	0.7～5.0	50	
ZQJT20-4	218.72	0.368	0.7～5.0	50	
ZQJT20-5	226.20	0.368	0.7～5.0	50	

代 号	当量面积（mm²）	流量系数μ_c	应用高度（m）	最大喷洒范围（m²）	连接尺寸（mm）
ZQJT20-6	233.80	0.368	0.7～5.0	50	
ZQJT22-1	239.48	0.368	0.7～5.0	50	
ZQJT22-2	249.38	0.368	0.7～5.0	50	
ZQJT22-3	257.36	0.368	0.7～5.0	50	
ZQJT22-4	265.46	0.368	0.7～5.0	50	32
ZQJT22-5	273.70	0.368	0.7～5.0	50	
ZQJT24-1	285.03	0.368	0.7～5.0	50	
ZQJT24-2	299.14	0.368	0.7～5.0	50	
ZQJT24-3	316.74	0.368	0.7～5.0	50	
ZQJT26-1	334.07	0.372	0.7～5.0	50	
ZQJT26-2	353.43	0.372	0.7～5.0	50	
ZQJT28-1	382.27	0.372	0.7～5.0	50	40
ZQJT28-2	402.12	0.372	0.7～5.0	50	
ZQJT28-3	422.48	0.372	0.7～5.0	50	
ZQJT30-1	443.34	0.372	0.7～5.0	50	
ZQJT30-2	464.71	0.372	0.7～5.0	50	
ZQJT30-3	486.57	0.372	0.7～5.0	50	
ZQJT32-1	506.45	0.372	0.7～5.0	50	
ZQJT32-2	531.81	0.372	0.7～5.0	50	
ZQJT32-3	567.06	0.372	0.7～5.0	50	
ZQJT32-4	591.18	0.372	0.7～5.0	50	50
ZQJT32-5	615.82	0.372	0.7～5.0	50	
ZQJT36-1	640.95	0.372	0.7～5.0	50	
ZQJT36-2	679.59	0.372	0.7～5.0	50	
ZQJT36-3	705.98	0.372	0.7～5.0	50	
ZQJT36-4	732.87	0.372	0.7～5.0	50	
ZQJT36-5	760.26	0.372	0.7～5.0	50	
ZQJT36-6	816.56	0.372	0.7～5.0	50	

12. 泄压口计算

房间内的泄压口面积

$$A_x = 0.15 \times \frac{Q_x}{\sqrt{p_f}}$$

式中　A_x——泄压口面积，m²；

　　　Q_x——灭火剂在防护区内的平均喷放速率，kg/s，本例中$Q_x = Q_w = 71.1$kg/s；

　　　p_f——围护结构承受内压的允许压强，Pa，应由土建专业给出；当无资料时，可参考

表 10-66，这里取 1200Pa。

本例中 $A_x = 0.15 \times \dfrac{71.1}{\sqrt{1200}} = 0.308$（m²）。

泄压口宜布置在外墙上，且安装高度在防护区净高的 2/3 以上。本例中设在高度为 4.2m 的位置上。

机械泄压口的型号和安装形式见图 10-126。自动泄压口的型号和安装形式见图 10-127。

本例中可选用两个型号为 CX545118 的机械泄压口，单个泄压口泄压面积为 0.164m²。也可选用两个型

号为 FXY-Ⅲ 的自动泄压口，单个泄压口泄压面积为 $0.210m^2$。

第八节 二氧化碳惰化及灭火系统

一、适用范围

二氧化碳惰化系统适用于火力发电厂锅炉房内的煤斗惰化，二氧化碳灭火系统适用于平时无人的配电间等。

二氧化碳灭火系统按应用方式可分为全淹没灭火系统和局部应用灭火系统。全淹没灭火系统应用于扑救封闭空间的火灾，是指在规定的时间内，向防护区喷射一定浓度的二氧化碳，并使其均匀地充满整个防护区的灭火系统。局部应用灭火系统应用于扑救不需封闭空间条件的具体保护对象的非深位火灾，是指向保护对象以设计喷射率直接喷射二氧化碳，并持续一定时间的灭火系统。

二氧化碳灭火系统按储存压力分为高压系统和低压系统。高压系统储存压力为 5.7MPa，低压系统储存压力为 2.1MPa。

电厂内的二氧化碳灭火系统多为储罐式低压二氧化碳全淹没灭火系统，本节即以低压二氧化碳灭火系统为主要描述对象。

电厂气体灭火剂储量宜设 100%备用量。

二、二氧化碳灭火剂的特性

二氧化碳灭火剂的特性见表 10-74。

表 10-74 二氧化碳灭火剂的特性

项 目 名 称	主要技术指标
纯度（体积分数）	≥99.5%
水分含量（质量分数）	≤0.015%
油含量	无
醇类含量（以乙醇计）	≤30mg/L
总硫化物含量	≤5mg/L
液态密度（0℃，3.4MPa）	0.914kg/L
NOAEL 浓度	<5%
LOAEL 浓度	10%

注 NOAEL 浓度为无毒性反应浓度，即观察不到由灭火剂毒性影响产生生理反应的灭火剂最大浓度。LOAEL 浓度为有毒性反应浓度，即能观察到由灭火剂毒性影响产生生理反应的灭火剂最小浓度。

三、设计基本参数

1. 煤斗惰化系统

（1）惰化设计气化器的气化量按照能满足一个煤斗惰化用量考虑。

（2）惰化保护的二氧化碳药剂量按式（10-35）计算，即

$$m_d = (1+K) \times V_d/c \qquad (10\text{-}35)$$

式中 m_d ——二氧化碳用量，kg；

　　　K ——损失系数，取 2；

　　　V_d ——煤斗/煤仓容积，m^3；

　　　c ——常温常压下二氧化碳的比热容，取 $0.5434m^3/kg$。

（3）惰化保护喷放有别于灭火系统的喷放，由于煤粉加工过程不稳定，易引起爆炸，应采取长时间、持续缓慢喷放，喷放时间宜采用 8h。

2. 配电间、电子设备间等电气房间的灭火

（1）二氧化碳的设计用量按下列公式计算，即

$$m = K_b(K_1 A + K_2 V) \qquad (10\text{-}36)$$

$$A = A_V + 30A_0 \qquad (10\text{-}37)$$

$$V_V = V_g \qquad (10\text{-}38)$$

式中 m ——二氧化碳设计用量，kg；

　　　K_b ——物质系数，电子计算机房取 1.50，电器开关和配电室取 1.20；

　　　K_1 ——面积系数，取 $0.2kg/m^2$；

　　　K_2 ——体积系数，取 $0.7kg/m^3$；

　　　A ——折算面积，m^2；

　　　A_V ——防护区的内侧面、底面、顶面（包括其中的开口）的总面积，m^2；

　　　A_0 ——开口总面积，m^2；

　　　V ——防护区的净容积，m^3；

　　　V_V ——防护区容积，m^3；

　　　V_g ——防护区内不燃烧体和难燃烧体的总体积，m^3。

（2）灭火设计浓度和抑制时间。电子计算机房、电缆沟和电缆夹层的灭火设计浓度为 47%，电器开关和配电间的灭火设计浓度为 40%。抑制时间均为 10min。

（3）二氧化碳惰化及灭火系统的设计通常由设备厂商配合，提供布置和计算，之后由设计人员进行校核。

四、系统工作方式

1. 低压二氧化碳装置平时伺服运行

（1）平时，储罐中液态 CO_2 灭火剂的储存温度为

$-20\sim18℃$，对应储存压力为 $1.9\sim2.1MPa$。装置控制柜面板显示储罐灭火剂储存压力、液位，并可通过安装在储罐上的压力表和液位仪读出储罐中 CO_2 灭火剂的压力和质量。

（2）当储罐液位处于上限或下限时，装置控制柜会发出声、光报警信号。下限时应及时补充灭火剂。当储罐压力上升到 $2.2MPa$ 或下降到 $1.8MPa$ 时，装置控制柜会发出声、光报警信号。

（3）储罐压力上升到 $2.1MPa$ 时，制冷机组启动；压力下降至 $1.9MPa$ 时，制冷机组停止。

（4）当储罐压力上升到 $2.38MPa$ 时，储罐上的安全阀自动开启，排除部分 CO_2 气体；压力下降至 $2.15MPa$ 时，安全阀自动关闭。

2. 系统控制方式

储罐式低压二氧化碳灭火系统和整体式低压二氧化碳灭火系统均设有自动控制、手动控制、机械应急操作三种控制方式。

（1）自动控制：将火灾自动报警灭火控制器和装置控制柜上的控制方式均切换到"自动"挡时，系统即处于自动控制状态。如有火警发生，火灾自动报警灭火控制器发出声、光报警信号，并发出联动指令关闭防火阀等联动设备，经过不大于 30s 的喷放延迟，向装置控制柜发出灭火指令，开启电磁阀释放启动气体，打开失火防护区对应的选择阀；再发出指令，打开主控阀喷放灭火剂，实施灭火。喷放至预先设定的 CO_2 灭火剂用量时，主控间自动关闭选择阀复位，停止喷放。

（2）手动控制：将火灾自动报警控制器上的控制方式选择键切换到"手动"挡，而装置控制柜上的控制方式选择键仍在"自动"挡时，系统处于手动控制状态。如有火警发生，灭火控制器只发出报警信号，不输出动作指令。可按下手动控制盒或灭火控制器的启动按钮，即可按设定程序启动系统喷放灭火剂，实施灭火。在系统"自动控制"状态下仍可优先实施系统手动控制。

（3）机械应急操作：如发生火警而采取"自动"或"手动"方式均不能启动系统时，应迅速组织人员疏散撤离，关闭相关联动设备，在储存容器设备间内打开控制相应防护区的选择间及主控阀的电磁阀，喷放灭火剂，实施灭火。

如火灾自动报警灭火控制器发出火警信号，但在喷放延迟时间内未发现火情，或虽有火情但已用灭火器扑灭，可按下手动控制盒或火灾报警灭火控制器上的紧急停止按钮阻止灭火指令的发出，中止系统灭火程序。即使在灭火剂喷放过程中，也可按下装置控制柜上的主控阀停止键和主控阀关闭键，再按选择阀复位键，即可关闭主控阀和选择阀，停止灭火剂的喷放。

低压二氧化碳惰化及灭火系统的动作程序见图 10-141。

储罐式低压二氧化碳惰化及灭火系统工作原理图见图 10-142。

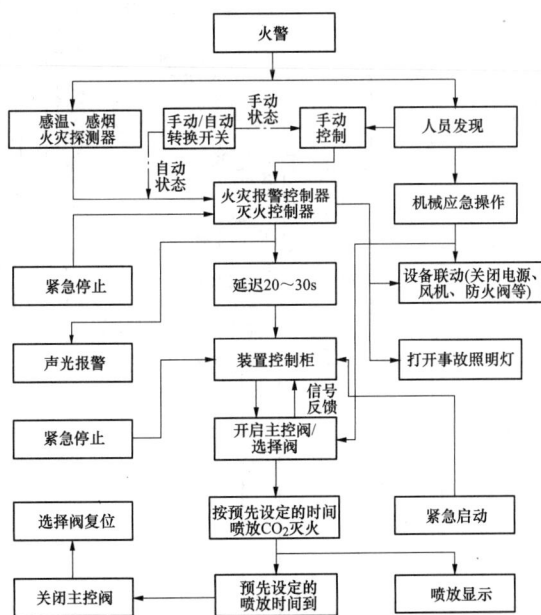

图 10-141　低压二氧化碳惰化及灭火系统动作程序

低压二氧化碳灭火系统主要组件功能

序号	组件名称	主要功能
1	制冷机组	确保储罐中的液态CO₂灭火剂长期处于干低温低压状态
2	储罐	储存低温低压液态CO₂灭火剂
3	维修阀	平时常开，检修主控阀时关闭
4	启动管维修阀	平时常开，检修启动管路时关闭
5	主控阀	平时常闭，灭火时自动开启释放CO₂灭火剂
6	电磁阀	控制主控阀、选择阀的启闭
7	安全阀	当储罐或系统管道中压力过高时，膜片自动爆破泄压
8	选择阀	在组合分配系统中控制CO₂灭火剂的流动方向
9	选择阀压力开关	将选择阀的开关信号反馈到自动报警灭火控制器
10	自控压力开关	CO₂灭火剂喷放时，将信号反馈到控制柜
11	储罐压力开关	将储罐中压力反馈到自动报警灭火控制器，控制制冷机组启停
12	电接点压力表	显示储罐中压力并反馈状态监控柜实施高、低压报警
13	装置控制柜	对储罐装置实施状态监控并发出灭火指令
14	火灾自动报警灭火控制器	实施火灾报警功能并发出灭火指令
15	喷嘴	喷放CO₂灭火剂，实施灭火
16	火灾探测器	自动探测火灾信号并反馈到火灾自动报警灭火控制器
17	手动控制盒	实施系统手动控制和紧急停止操作
18	喷放指示灯	提示火灾现场外部人员CO₂灭火剂正在喷放，禁止进入
19	声光报警器	系统探测到火警后发出声、光报警信号
20	测满阀	灭火剂充装时打开，显示储罐是否充满，平时常闭
21	充装口	充装CO₂灭火剂入口，平时常闭
22	气相平衡口	充装灭火剂时打开阀门，回流CO₂气体，平衡压力

储罐式低压二氧化碳灭火系统主要技术参数

系统设计工作压力	2.5MPa
CO₂灭火剂储存压力	-20~-18℃
灭火剂最大装置系数	≤0.95
储罐间环境温度	-23~49℃
供电电源	AC 380/220V
系统启动方式	自动控制、手动控制、机械应急操作

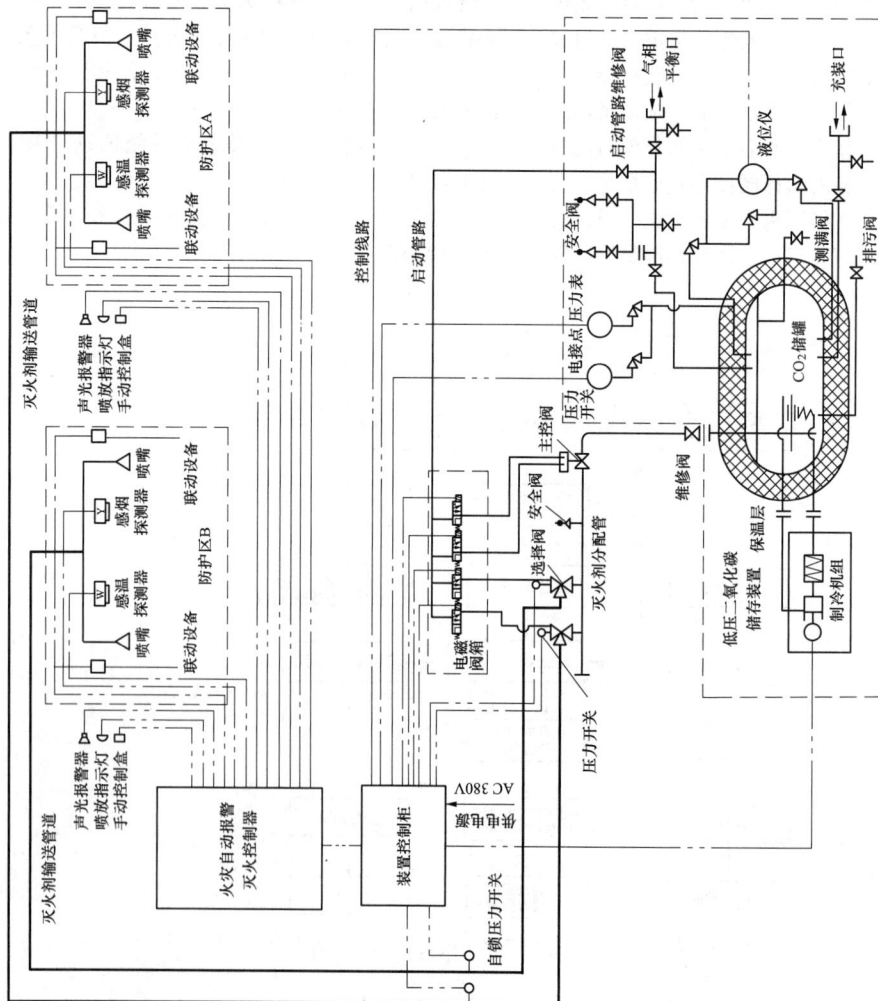

图 10-142 储罐式低压二氧化碳灭火系统原理图

注：本图摘自国家建筑标准设计图集 07S207《气体消防系统选用、安装与建筑灭火器配置》。

煤斗惰化过程的喷放顺序宜首先在上部喷放，待稳定后再进行下部喷放。

控制方式为自动/手动两种，当采用低压二氧化碳惰化系统时，任何一个原煤仓中煤的氧化温度上升时，其上方布置的感温电缆报警或仓内 CO 浓度检测超标信号，控制盘将自动打开汽化器前面的总阀，然后开启相应原煤仓的二氧化碳管路上的控制阀，同时根据火情，手动控制二氧化碳管路上的流量控制阀，调节二氧化碳气体流量，进行有效的惰化。也可完全手动开启上述各阀，按需要时间、用气量进行惰化。系统上其他需要的控制要求与气体灭火部分相同。

五、系统布置

低压二氧化碳灭火系统主要包括储存装置、制冷机组、主阀、选择阀、汽化器、管路、喷头及附件、控制盘等。

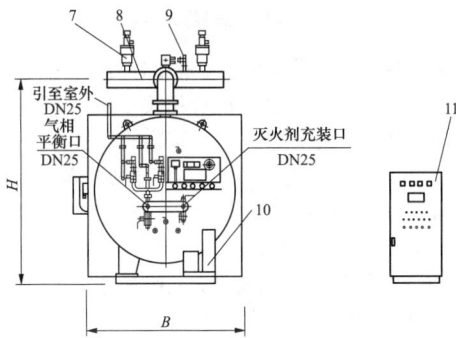

1. 储存装置

（1）低压二氧化碳灭火系统储存装置包括灭火剂储存容器、容器阀（主控阀）、维修阀、安全泄压阀、压力表、压力报警装置和制冷机组。储存容器的设计工作压力不应小于2.5MPa，并应采取良好的绝热措施。安全泄压阀的泄压动作压力应为2.38MPa±0.12MPa。

（2）储存装置高压报警压力设定值应为2.2MPa，低压报警压力设定值应为1.8MPa。

（3）储存装置宜设置在专门的储存装置设备间内，并应远离热源，避免阳光直射；其位置应便于再充装，环境温度宜为 −23～49℃。

（4）储存装置应具有灭火剂泄漏检测功能，当储存容器中充装的二氧化碳损失量达到其初始充装量的10%时，应能发出声光报警信号并及时补充。

（5）容器阀（主控阀）应能在喷出要求的二氧化碳灭火用量后自动关闭。

（6）储罐式低压二氧化碳装置外形图见图10-143。

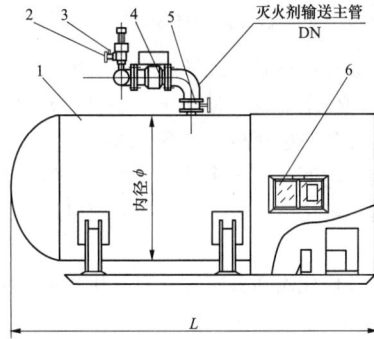

储罐式低压二氧化碳灭火装置外形图

装置主要组件名称、技术性能参数表

序号	组件名称	主要技术性能参数表	备注
1	CO₂储罐	工作压力2.5MPa，充装液态CO₂灭火剂	外形尺寸详见右表
2	灭火剂输送管接口	—	—
3	压力开关	动作压力0.20MPa，触点容量DC 24V、1A	—
4	主控阀	工作压力2.5MPa，DN65～DN200	—
5	维修阀	工作压力2.5MPa，DN65～DN200	—
6	电磁阀箱	含2个23EB−4B电磁阀和n个EK−4B电磁阀	n为保护区个数
7	选择阀	工作压力2.5MPa，DN25～DN150	—
8	灭火剂分配管	工作压力2.5MPa，热浸镀锌无缝钢管	—
9	安全阀	工作压力2.5MPa，动作压力2.38MPa±0.12MPa	—
10	制冷机组	供电电源AC 380V，自动控制	功率详见右表
11	装置控制柜	电源AC 380/220V，600×600×1600	装置外独立安装

装置外形尺寸及相关技术参数表

储罐规格(t)	装置外形尺寸(mm)					含灭火剂总质量(kg)	制冷机组功率(kW)	储罐间最小尺寸(mm) 长度×宽度×净高	储罐间地面荷载
	φ	L	B	H	DN				
1	900	4000	1450	1900	65	3000	2	6500×4000×4000	不小于2000kg/m²
2	1200	3960	1750	2070	80	4500	3	6500×4000×4000	不小于2200kg/m²
3	1200	4850	1750	2120	100	6000	3	7500×4500×4000	
4	1200	5740	1800	2160	125	7000	4.5	8500×4500×4200	
5	1600	5630	2200	2730	150	9000	4.5	8500×5000×5000	不小于2500kg/m²
6	1600	6350	2200	2670	150	11000	4.5	9000×5000×5000	
8	1600	6315	2400	2920	200	13500	5.5	9000×5000×5000	
10	1800	6000	2600	3190	200	16000	5.5	9000×5500×5500	不小于3000kg/m²
12	1800	7000	2600	3190	200	19000	5.5	10000×5500×5500	

图 10-143 储罐式低压二氧化碳装置外形图

注：本图摘自国家建筑标准设计图集07S207《气体消防系统选用、安装与建筑灭火器配置》。

（7）储罐式低压二氧化碳设备间布置图见图10-144。

（8）当二氧化碳装置设备间需要布置1台以上的储罐式低压二氧化碳灭火装置时，装置之间的间距不宜小于1.0m。

2. 选择阀与喷头

（1）在组合分配系统中，每个防护区或保护对象应设一个选择阀。选择阀应设置在储存容器内，并应便于手动操作，方便检查维护。选择阀上应设有标明防护区的铭牌。

（2）选择阀可采用电动、气动或机械操作方式。选择阀的工作压力，低压系统不应小于2.5MPa。选择阀的结构见图10-145。

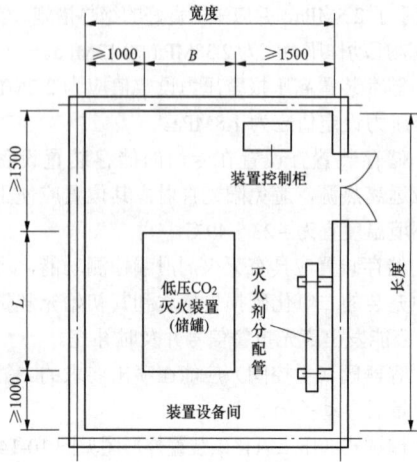

图 10-144　储罐式低压二氧化碳设备间布置图

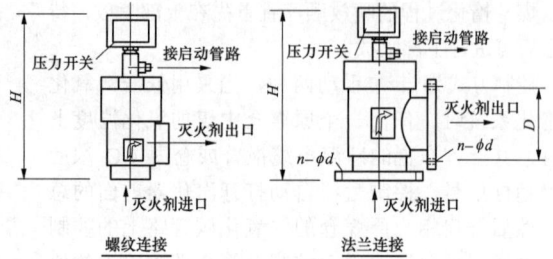

外形尺寸表

型号	外形尺寸(mm)				质量 (kg)
	H	L	D	螺纹或$n-\phi d$	
ZX25/25	288	50	—	1″	4
ZX32/25	300	56	—	$1\frac{1}{4}$″	6
ZX40/25	308	60	—	$1\frac{1}{2}$″	8
ZX50/25	348	71	—	2″	12
ZX65/25	360	81	—	$2\frac{1}{2}$″	15
ZX80/25	410	93	—	3″	19
ZX100/25	500	155	190	$8-\phi 23$	25
ZX125/25	540	170	220	$8-\phi 25$	40
ZX150/25	580	195	250	$8-\phi 25$	60

说明：选择阀安装在灭火剂分配管上，平时关闭。
　　　用于组合分配系统，工作压力2.5MPa。

图 10-145　选择阀结构图

（3）系统在启动时，选择阀应在二氧化碳储存容器的容器阀动作之前或同时打开；采用灭火剂自身作为启动气源打开的选择阀，可不受此限。

（4）电气房间内的全淹没灭火系统的喷头布置应使防护区内二氧化碳分布均匀，喷头应接近天花板或屋顶安装。

（5）煤斗惰化用喷头应为专用惰化喷头，常用的有 ZETF 型喷嘴等。

（6）惰化喷头宜分层布置，喷头至少分上下两层布置，使惰化均匀、稳定。上层喷头宜布置在被保护的煤层 100mm 以上，下层喷头宜布置在被保护煤斗锥体的 1/2 处或便于安装固定的锥体处。

（7）煤斗的开孔（配合相关专业）需与热机、土建专业配合，根据建（构）筑物的尺寸及运行条件，经综合分析确定其开口形式，将详细的煤斗开口尺寸、标高、位置提供给土建专业。

3. 管道及其附件

（1）低压二氧化碳灭火系统管道及其附件应能承受 4.0MPa 的压力，并应满足：

1）管道应符合 GB/T 8163《输送流体用无缝钢管》的规定，并应进行内外镀锌防腐处理。管道规格见表 10-75。

表 10-75　　　　　　　低压二氧化碳灭火系统管道规格

公　称　直　径		低压系统		公　称　直　径		低压系统	
		封闭段管道	开口端管道			封闭段管道	开口端管道
(mm)	(in)	外径×壁厚（mm×mm）		(mm)	(in)	外径×壁厚（mm×mm）	
15	1/2	22×4	22×3	65	$2\frac{1}{2}$	76×7	76×5
20	3/4	27×4	27×3	80	3	89×7.5	89×5.5
25	1	34×4.5	34×3.5	90	$3\frac{1}{2}$	102×8	102×6
32	$1\frac{1}{4}$	42×5	42×3.5	100	4	114×8.5	114×6
40	$1\frac{1}{2}$	48×5	48×3.5	125	5	140×9.5	140×6.5
50	2	60×5.5	60×4	150	6	168×11	168×7

2）镀锌层有腐蚀的环境，管道可采用不锈钢管、铜管或其他抗腐蚀的材料。

3）挠性连接的软管应能承受系统的工作压力和温度，并宜采用不锈钢软管。

（2）低压二氧化碳灭火系统的灭火剂输送管网应采取防膨胀收缩措施。管网中阀门之间的封闭管段应设置泄压装置，其泄压动作压力应为 2.38MPa±0.12MPa。

（3）公称直径不大于 80mm 的管道，宜采用螺纹连接；公称直径大于 80mm 的管道，宜采用法兰连接。当采用不锈钢管和铜管时，可焊接连接。

（4）二氧化碳灭火剂输送管网不应采用四通管件分流。

4. 原煤仓的惰化与其他气体灭火系统的关系

（1）如果原煤仓的惰化与其他气体灭火系统均采用二氧化碳，则二者的区别在于一种是以惰化形式来消除火情，另一种则是以灭火原理来实现对防护区的气体灭火系统的保护。

（2）原煤仓的惰化与其他气体灭火系统宜统一考虑，既经济又便于维护管理。

（3）如果两个系统统一考虑，储存容器的药剂容量应按煤斗惰化系统的用量与组合分配灭火系统各防护区用量中最大的用量计算。

第九节　固定式消防炮灭火系统

一、适用范围及分类

消防炮系统按喷射介质可分为水炮系统、泡沫炮系统和干粉炮系统。

以水为灭火介质的固定式消防炮灭火系统适用于电厂内室内贮煤场、氨区的灭火保护。

消防炮按控制方式可分为 4 类，见表 10-76。

表 10-76　　　　　消防炮按控制方式分类

消防炮分类	应　用　说　明	消防炮分类	应　用　说　明
手动消防炮	由人工操纵炮口对准着火点，有手轮式和手柄式等，用于人工现场灭火	自动消防炮	自动进行火灾探测、报警、瞄准火源及喷射灭火剂。用于扑灭火灾危险性大的早期火灾，特别适用于无人值守的灭火场所
远控消防炮	由人工判定并远距离操纵消防炮对准着火点。其动力控制方式可分为电动、液动、气动，电动又有无线远控及有线远控之分。用于火灾发展迅速、人员难以靠近的场所	数码编程炮	在无人值守的情况下，消防控制室接到报警信号后，根据计算机数码编程设置，自动启动相应区域的消防炮，并按预先设定的喷射方式（如自摆角度、自摆速度、自摆顺序等）进行喷射

二、系统布置

（1）室内贮煤场内消防炮的布置高度应保证消防炮的射流不受上部建筑构件的影响，且至少一门水炮的水柱到达煤场内任意点，每门水炮的流量不宜小于 30L/s，并具有直流和水雾两种喷射方式，宜采用就地手动控制。

（2）室内贮煤场内消防炮应采用湿式给水系统，消防炮位处应设置消防水泵启动按钮。消防炮系统示意图见图 10-146。

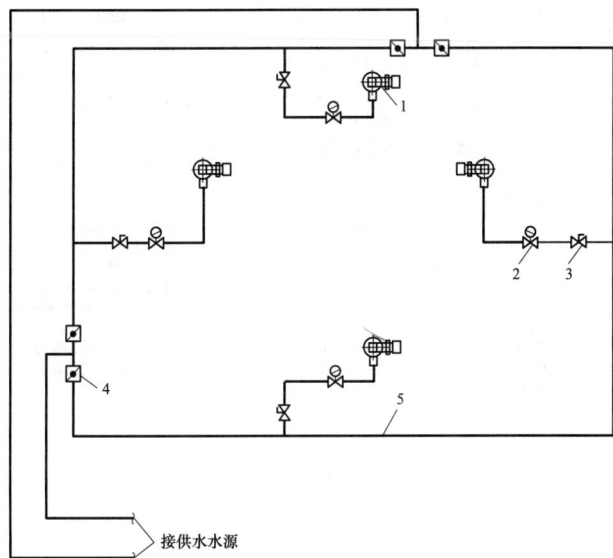

名称表

编号	名称	用　途
1	消防炮	将高压水喷向着火点灭火或用于设备冷却
2	电动阀	用于远控、手动及自动控制时，开启供水管。平时常闭
3	信号阀	用于关闭管道检修电动阀或消防炮，平时常开，有开闭信号传至消防值班室
4	蝶阀或闸阀	用于远控及自动控制时，开启供水管，平时常开。当用于自动炮时，此阀为信号阀
5	供水管	接至供水水源，供消防炮高压水

图 10-146　消防炮系统示意图

（3）设置消防炮平台时，其结构强度应能满足消防炮喷射反力的要求，结构设计应能满足消防炮正常使用的要求。

（4）消防炮的周围应留有供设备维修用的通道。

（5）远控消防炮应同时具有手动功能。

（6）室内消防炮宜具有直流—喷雾的无级转换功能。

（7）消防炮安装应在供水管线系统试压、冲洗合格后进行。

（8）消防炮可根据炮的种类、作用力及灭火场所不同，在地面安装或在墙、柱、梁、板上安装，也可设置在消防炮平台上，其布置高度应保证消防炮的射流不受上部建筑构件的影响及地面设施的遮挡。

（9）远控炮及自动炮可直接用支架安装在墙柱上，当考虑人工操作及上人检修时，应设置消防炮平台。

（10）安装固定要牢靠，并不得妨碍消防炮转动。平台、支架等结构设计除满足消防炮正常使用要求外，其强度还应能承受消防炮喷射反力的要求及检修人员设备的重量。

（11）供水管网应为环状管网，管材可采用内外壁热浸镀锌钢管、内衬不锈钢管或外壁进行防腐处理的无缝钢管。管道连接可采用沟槽式连接，或丝扣、法兰连接。

（12）管网安装完毕后，应对其进行水压试验、严密性试验和冲洗。

（13）当系统工作压力不大于 1.0MPa 时，水压试验应为设计工作压力的 1.5 倍，并不应低于 1.4MPa；当系统工作压力大于 1.0MPa 时，水压试验应为工作压力加 0.4MPa，水压试验的测试点宜设在管网最低点。对管网注水时，应将管网内的空气排净，并缓慢升压达到试验压力后，稳压 10min，目测管网无泄漏和无变形，且压力降不应大于 0.05MPa。

（14）水压严密性试验应在水压强度试验和管网冲洗合格后进行。试验压力应不小于设计工作压力，稳压 30min，无泄漏。

（15）管网冲洗的水流速度、流量不应小于系统设计的水流流速、流量；管网冲洗宜分区、分段进行；冲洗前，应对管道支架、串架进行检查，必要时应采取加固措施；水平管冲洗时，其排水管位置应设在管网最低处。

三、系统控制方式

几种消防炮的控制方式见图 10-147，自动消防炮控制流程见图 10-148。

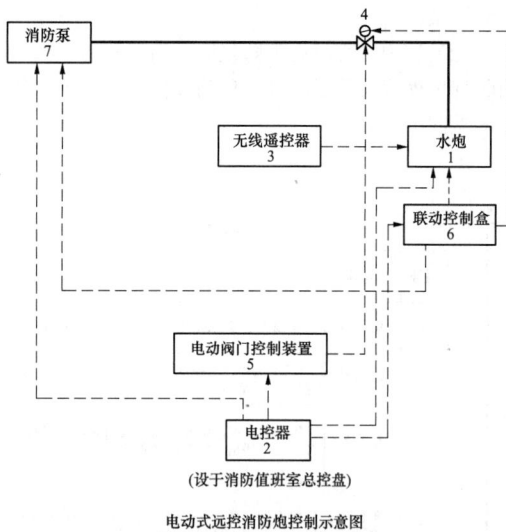

主要设备功能

编号	名称	功能
1	水炮	由电动机控制工作姿态的消防炮
2	电控器	消防炮控制台上设操纵杆控制消防炮的工作姿态；该设备设于消防值班室内
3	无线遥控器	通过无线遥控器上的操纵杆或按钮控制消防炮的工作姿态；可在火灾现场远距离无线遥控消防炮
4	电动阀	用于控制消防炮的高压水供应，平时常闭，消防炮工作时开启
5	电动阀门控制装置	用于电动阀4供电与启闭控制。一般设于消防炮现场，也可设于消防值班室
6	联动控制盒	用于现场紧急开启消防炮，具有联锁启动电动阀4及消防泵的功能
7	消防泵	用于供给消防炮系统灭火用水

控制方式：

(1)远程控制：发生火灾后，火灾探测系统报警，由消防控制中心手动启动消防炮控制阀及消防泵，供水灭火。通过设于消防值班室的消防炮电控器对消防炮的水平、垂直转动及俯仰角进行远程控制。

(2)遥控控制：发生火灾后，火灾探测系统报警，由消防控制中心手动启动消防炮控制阀及消防泵，供水灭火。通过遥控盒对消防炮的水平、垂直转动及俯仰角进行遥控控制。

(3)就地控制：发生火灾后，在火灾现场，通过联动控制盒启动消防炮控制阀及其他相关设备，供水灭火。消防炮可通过现场人员手动就地控制。(4)现场手动控制具有优先控制功能。

（a）

图 10-147　几种消防炮的控制方式（一）

（a）电动式远控消防炮控制原理示意图

名称功能表

编号	名称	用　途
1	消防炮	带有水平机构和垂直机构找水装置，自动锁定着火点喷水灭火，喷嘴可喷柱状或雾状
2	水流指示器	消防炮工作时，水流信号传至消防控制中心
3	电动信号阀	平时关闭，火灾时接收指令自动打开
4	红外探测装置	主动接收红外线辐射，探测火灾发生并向信息处理主机发出报警信号，启动相应位置的消防炮
5	摄像机	自动进行全程实时录像，可通过控制中心的显示屏进行监控
6	现场控制箱	包括控制模块和手动控制盒，提供远距离操纵的供电、控制功能及现场手动操纵功能

图例：

→——— 电源线

-→----- 控制线

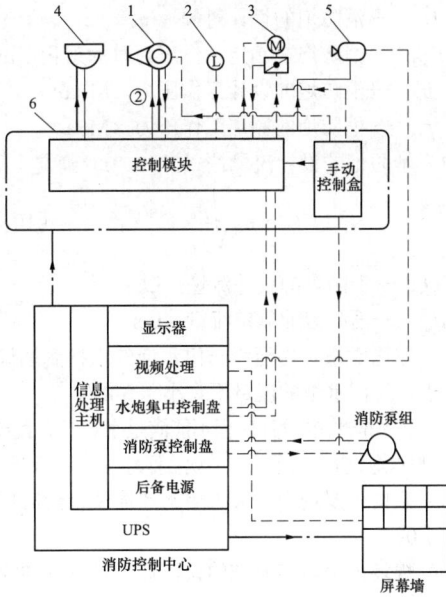

消防炮控制原理示意图

(b)

名称功能表

序号	名称	功能
1	线性光束图像感烟发射器	该两部分组成线性光束图像感烟火灾探测器，可对保护空间实施任意曲面式覆盖，有效探测早期火灾烟气
2	线性光束图像感烟接收器	
3	双波段火灾探测器	由红外CCD和彩色CCD组成，具有火焰探测功能
4	自动消防炮	可喷水或泡沫灭火，喷嘴可喷柱状或雾状水流
5	消防炮解码器	根据信息处理主机和现场控制盘的信号驱动消防炮
6	电动阀	平时处于关闭状态，火灾时接收指令自动打开
7	现场手动控制盘	可在现场对消防炮、电动阀、消防泵进行操作
8	水流指示器	向报警系统传递信息，表明消防炮已喷水
9	信号阀	用于系统检修，常开

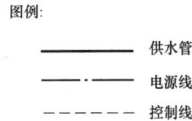

图例：

——— 供水管

——— 电源线

-→----- 控制线

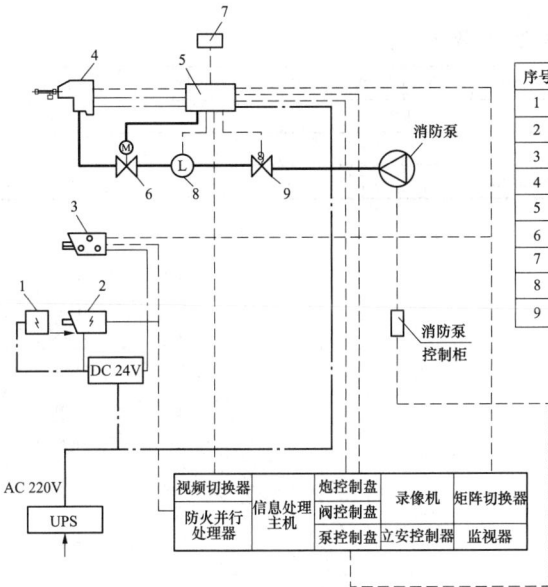

自动消防水炮灭火系统控制示意图

(c)

图 10-147　几种消防炮的控制方式（二）

（b）自动寻的消防炮控制原理示意图；（c）自动消防炮控制示意图

注：本图摘自国家建筑标准设计图集 08S208《室内固定消防炮选用及安装》。

四、设计基本参数

（1）消防炮的设计射程按式（10-39）确定，即

$$D_s = D_{s0} \sqrt{\frac{p_e}{p_0}} \qquad (10\text{-}39)$$

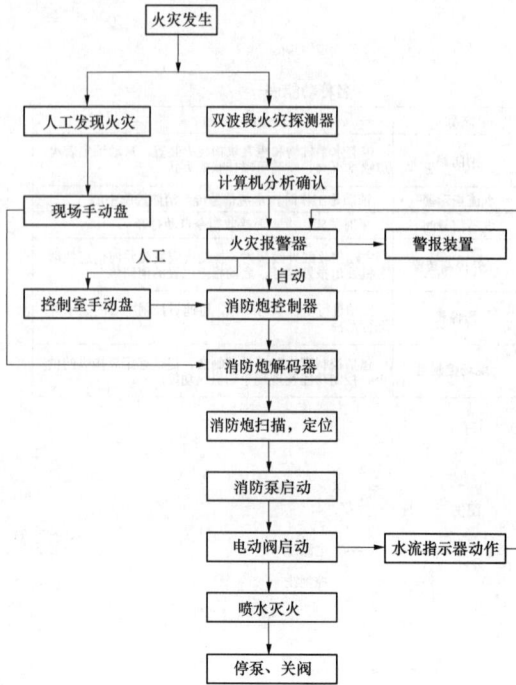

图 10-148 自动消防炮灭火系统控制流程图

式中 D_s ——消防炮的设计射程，m；

D_{s0} ——消防炮在额定工作压力时的射程，m；

p_e ——消防炮的设计工作压力，MPa；

p_0 ——消防炮的额定工作压力，MPa。

（2）消防炮的设计流量按式（10-40）确定，即

$$Q_s = q_{s0}\sqrt{\frac{p_e}{p_0}} \qquad (10-40)$$

式中 Q_s ——消防炮的设计流量，L/s；

q_{s0} ——消防炮的额定流量，L/s。

（3）室内贮煤场内至少一门水炮的水柱到达煤场内任意点，每门水炮的流量不宜小于 30L/s。

（4）当消防炮的设计射程不能满足水炮的布置要求时，应调整水炮数量、布置位置或规格型号，直到达到要求。

（5）室内贮煤场内的灭火用水的连续供给时间不应小于 1.0h。

（6）煤场内消防炮系统的设计计算过程可参见消火栓灭火系统。

五、消防炮性能参数和外形尺寸

（1）消防炮性能参数见表 10-77。

表 10-77　　　　　　　　　消 防 炮 性 能 参 数 表

流量规格（L/s）	20	25	30	40	50	60	70	80	100	120	150	180	200
额定工作压力（MPa）	0.8						1.0			1.2		1.4	
工作压力上限（MPa）	1.2									1.4		1.6	
额定射程（m）	≥48	≥50	≥55	≥60	≥65	≥70	≥73	≥77	≥82	≥90	≥100	≥110	≥120

（2）消防炮压力—流量曲线见图 10-149，压力—射程曲线见图 10-150。

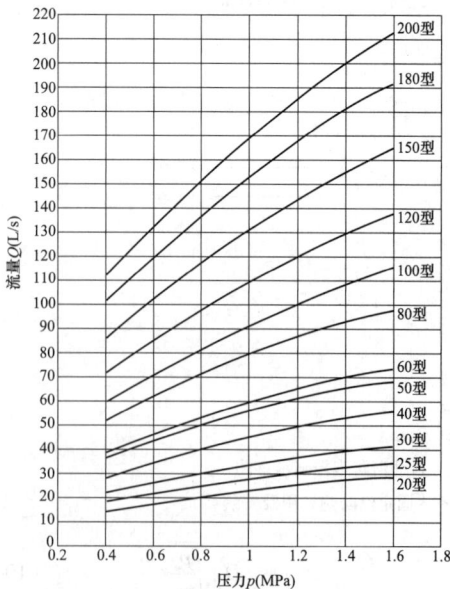

图 10-149 消防炮压力—流量曲线

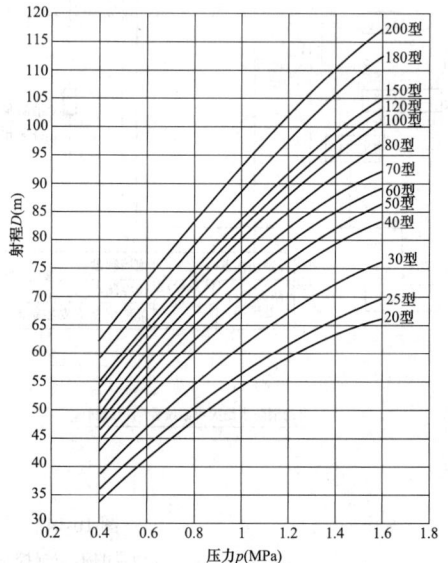

图 10-150 消防炮压力—射程曲线

（3）消防炮喷水仰角—最大喷射高度曲线见图 10-151。

（4）消防炮压力—反力曲线见图 10-152。

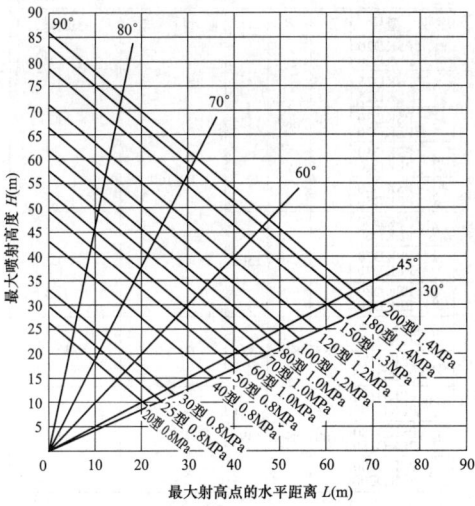

图 10-151 消防炮喷射仰角—最大喷射高度曲线

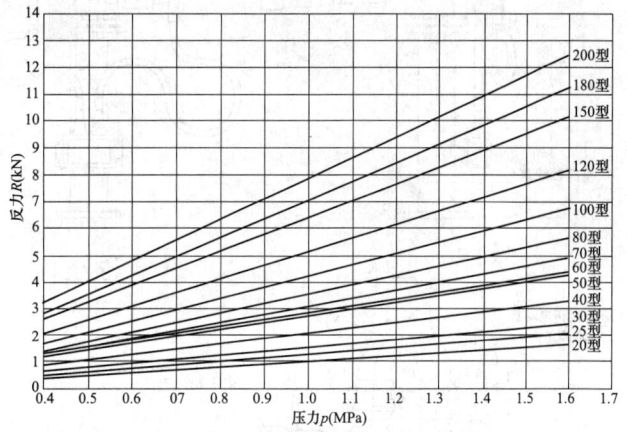

图 10-152 消防炮压力—反力曲线

（5）手动、电动消防炮外形尺寸见图 10-153。

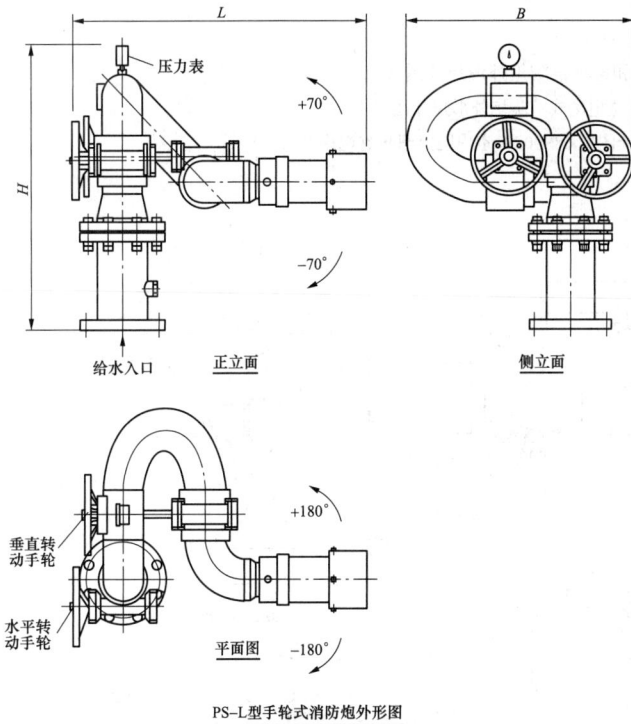

PS-L型手轮式消防炮外形图

序号	型号	L	B	H	进口法兰	毛重(kg)
1	PS-L20					
2	PS-L25					
3	PS-L30	750	585	770		≤70
4	PS-L40				DN100	
5	PS-L50					
6	PS-L60					
7	PS-L70	845	675	860		≤90
8	PS-L80					
9	PS-L100	960	715	885	DN150	≤105
10	PS-L120					
11	PS-L150					
12	PS-L180	985	855	990	DN200	≤165
13	PS-L200					

PS-L型手轮式消防炮外形尺寸表 (mm)

(a)

图 10-153 手动和电动消防炮外形尺寸图（一）

（a）PS-L型手轮式手动消防炮外形尺寸图

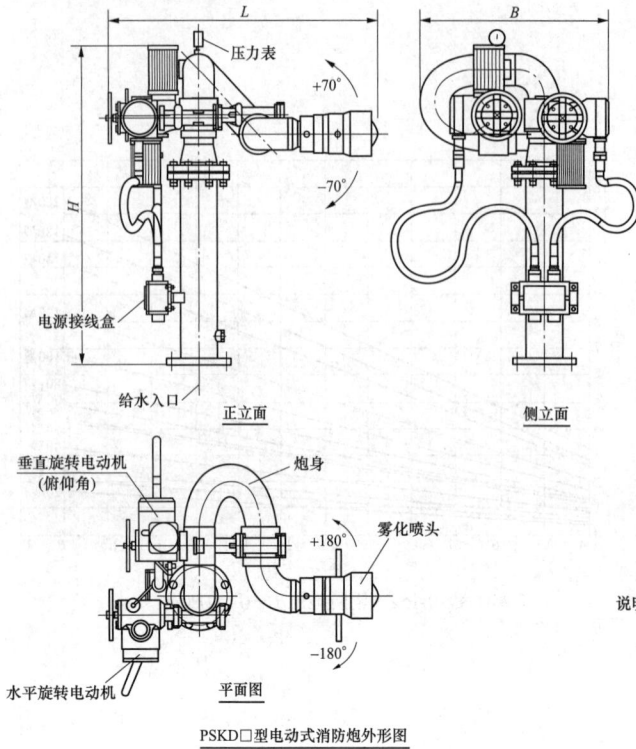

PSKD□型电动式消防炮外形尺寸表　　　　(mm)

序号	型号	L	B	H	进口法兰	毛重(kg)
1	PSKD20 PLKD20					
2	PSKD25 PLKD25					
3	PSKD30 PLKD30	980	680	1325		≤200
4	PSKD40 PLKD40				DN100	
5	PSKD50 PLKD50					
6	PSKD60 PLKD60					
7	PSKD70 PLKD70	1075	770	1365		≤205
8	PSKD80 PLKD80					
9	PSKD100 PLKD100	1185	810	1385	DN150	≤215
10	PSKD120 PLKD120					
11	PSKD150 PLKD150					
12	PSKD180 PLKD180	1200	890	1490	DN200	≤315
13	PSKD200 PLKD200					

说明：1.可用于水成膜泡沫液的泡沫/水两用炮。
2.消防炮座材质为不锈钢制，每台电动机功率为370W、电压380V,每门炮设有两台电动机。

PSKD□型电动式消防炮外形图

(b)

图 10-153　手动和电动消防炮外形尺寸图（二）

（b）PSKD 型电动式消防炮外形尺寸图

注：本图摘自国家建筑标准设计图集08S208《室内固定消防炮选用及安装》。

（6）自动消防炮安装示意图见图 10-154。

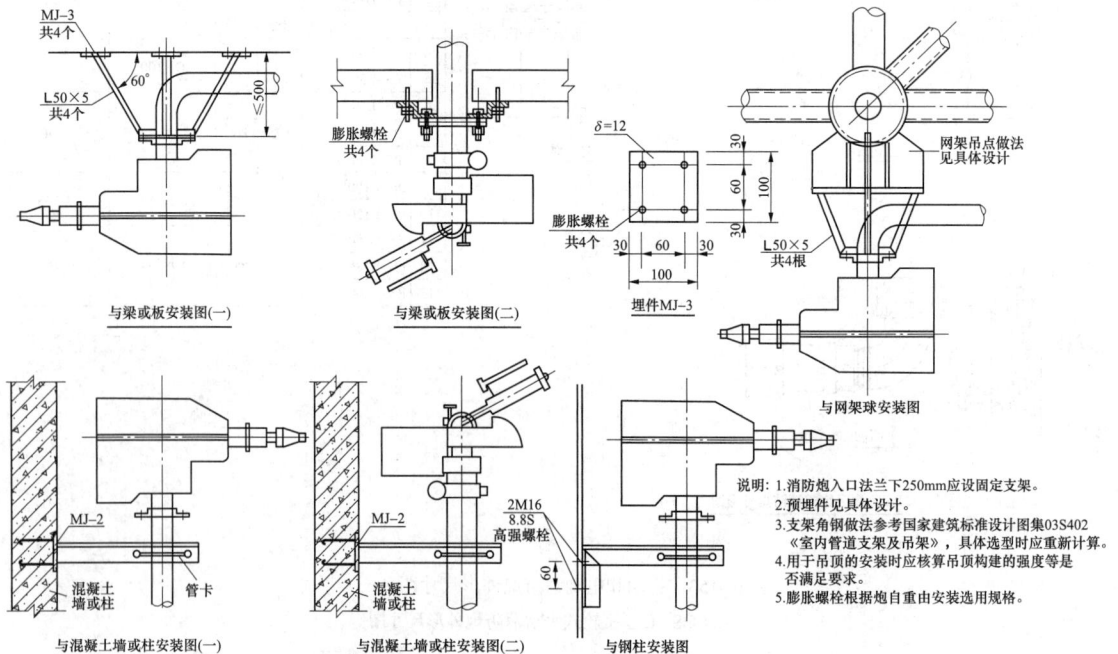

说明：1.消防炮入口法兰下250mm应设固定支架。
2.预埋件见具体设计。
3.支架角钢做法参考国家建筑标准设计图集03S402《室内管道支架及吊架》，具体选型时应重新计算。
4.用于吊顶的安装时应核算吊顶构件的强度等是否满足要求。
5.膨胀螺栓根据炮自重由安装选用规格。

图 10-154　自动消防炮安装示意图

注：本图摘自国家建筑标准设计图集08S208《室内固定消防炮选用及安装》。

第十节 超细干粉灭火装置

一、适用范围

超细干粉灭火装置系通过加压、喷射，产生具有灭火性能气溶胶的平均粒径不大于 5μm 的固体粉末实施灭火。超细干粉灭火剂是一种"非高温气溶胶"，也称"冷气溶胶"，灭火机理以化学灭火为主、物理降温灭火为辅。

超细干粉灭火系统可用于扑救下列火灾：

（1）灭火前可切断气源的气体火灾。

（2）易燃、可燃液体和可熔化固体火灾。

（3）可燃固体表面火灾。

（4）带电设备火灾。

在机组容量 300MW 及以上的电厂内，超细干粉灭火装置主要以悬挂方式应用在电缆隧道、电缆竖井，以及电缆交叉、密集及中间接头部位。

二、系统工作方式

1. 超细干粉灭火剂性能

超细干粉灭火剂为 90%粒径小于或等于 20μm 的固体粉末灭火剂。

超细干粉灭火剂按其灭火性能分为 BC 类超细干粉灭火剂和 ABC 类超细干粉灭火剂两类。BC 超细干粉灭火剂是指能扑灭 B 类、C 类火灾的超细干粉灭火剂，ABC 超细干粉灭火剂是指能扑灭 A 类、B 类、C 类火灾的超细干粉灭火剂。超细干粉灭火剂的性能见表 10-78。

表 10-78　　超细干粉灭火剂性能

项目名称	技术要求	
	BC 类超细干粉灭火剂	ABC 类超细干粉灭火剂
松密度（g/mL）	厂方公布值 ±30%	厂方公布值 ±30%
含水率（%）	≤0.25	≤0.25
吸湿率（%）	≤3.00	≤3.00
斥水性	无明显吸水，不结块	无明显吸水，不结块
抗结块性(针入度)(mm)	≥16.0	≥16.0
耐低温性（s）	≤5.0	≤5.0
90%粒径（μm）	≤20	≤20
电绝缘性（kV）	≥4.00	≥4.00
灭 B 类、C 类火效能（g/m³）	≤150	≤150
灭 A 类火效能	木垛火（g/m³）	—	≤150
	聚丙烯火（g/m³）	—	≤150

电厂内应用悬挂式超细干粉灭火装置的场所如为电缆桥架和电缆竖井，应选用 ABC 类超细干粉灭火剂。

2. 装置构成

超细干粉灭火装置是装有灭火剂和驱动气体的容器、吊环或箱体、阀体、压力表、启动器及喷头等组成的超细干粉灭火装置整体，可悬挂或卧、立安装，发生火灾时能自动动作、喷射灭火剂灭火。

超细干粉灭火装置可应用于全淹没灭火系统和局部应用灭火系统。

3. 系统工作原理

超细干粉灭火装置固定安装在保护区域，当火灾发生时火灾信号传递到灭火装置内的启动器，启动器中的产气剂瞬间产生大量气体，迅速膨胀的气体压力将底部密封的铝箔冲破，并将超细干粉高速送入火场，淹没保护对象，火焰在超细干粉的化学抑制作用下被扑灭。

超细干粉自动灭火装置的启动方式一般分为：感温元件启动、热引发器启动和电引发器启动。

当两具及以上超细干粉自动灭火装置组成联动启动时，联动方式应符合下述规定：

（1）采用电引发器联动时，应与消防报警系统进行联动并设有自动控制和手动控制两种启动方式，且可根据需要进行切换。每个防护区至少设置一个手动紧急启停按钮和声光报警器及释放指示门灯。

（2）采用热引发器进行联动时，联动应采用环状布线方式，即每具超细干粉自动灭火装置应最少有两条不同方向的超导线与之相连。

（3）采用电引发器启动时，每具超细干粉自动灭火装置需配置 DC 24V、1A 的稳压电源；在设计多具联动时，应考虑启动电源的容量配置。

设有火灾自动报警系统时，超细干粉自动灭火装置的自动控制应在收到两个独立火灾报警信号后才能自动启动，并应启动延迟，延迟时间不宜大于 30s。手动启动装置应设在保护对象附近的安全位置。

在紧靠手动启动装置的部位应设置手动紧急停止装置，其安装高度应与手动启动装置相同。手动紧急停止装置应确保超细干粉自动灭火装置能在启动后和喷放灭火剂前的延迟阶段中止。在使用手动紧急停止装置后，应保证手动启动装置可以再次启动。

4. 系统安装

电缆竖井中灭火装置沿电缆排平行布置，喷口朝下，安装应牢固，不得松动。在电缆竖井侧壁安装的灭火装置需要在竖井侧壁安装膨胀螺栓固定。

电缆桥架上方灭火装置沿电缆走向布置，喷口朝下，安装应牢固，不得松动。如遇特殊地方不好安装时，可适当调整安装间距。

反馈信号线用镀锌钢管保护，用固定卡固定，敷设至火灾报警控制器处，与火灾报警控制器相连。

悬挂式超细干粉灭火装置安装图见图10-155。

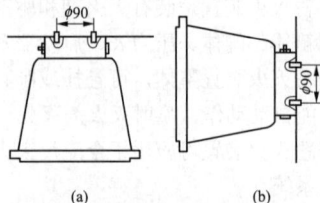

图 10-155　悬挂式超细干粉灭火装置安装图
(a) 吊顶固定方式；(b) 墙面固定方式

三、设计基本参数

电缆隧道、电缆竖井内采用全淹没灭火系统，超细干粉灭火剂的设计用量按式（10-41）确定，即

$$M \geqslant 1.05VCK_1K_2 \qquad (10-41)$$

式中　V——防护区容积，m^3；

　　　C——灭火剂设计浓度，不小于 $0.12kg/m^3$；

　　　K_1——配置场所危险等级补偿系数，对于中危险级的电缆隧道、电缆竖井，$K_1=1.5$；

　　　K_2——防护区不密封度补偿系数，取值见表10-79。

表 10-79　防护区不密封度补偿系数

防护区不密封度 δ（%）	补偿系数 K_2
$\delta \leqslant 5$	1.1
$5 < \delta \leqslant 10$	1.3
$10 < \delta \leqslant 15$	1.5

电缆交叉、密集及中间接头部位采用局部应用灭火系统，超细干粉灭火剂的设计用量按式（10-42）确定，即

$$M = VCK_1 \qquad (10-42)$$

式中　V——保护对象的计算体积，m^3，保护对象的计算体积应采用假定的封闭罩的体积，封闭罩的底应是实际底面，封闭罩的侧面及顶部当无实际围护结构时，它们至保护对象外缘的距离不应小于1.5m；

　　　C——灭火剂设计浓度，不小于 $0.12kg/m^3$；

　　　K_1——配置场所危险等级补偿系数，对于中危险级的电缆桥架，$K_1=1.5$。

四、产品举例

常用的超细干粉自动灭火装置性能参数见表 10-80 和表 10-81。

表 10-80　　　　　悬挂式全淹没自动灭火装置性能参数

规　格　型　号	ZFCX（XB）－0.4A	ZFCX（XB）－3A	ZFCX（XB）－4A	ZFCX（XB）－5A
灭火剂量（kg）	0.4 ± 0.010	3 ± 0.015	4 ± 0.020	5 ± 0.020
保护空间（m^3）	4.8	36	48	60
喷射剩余率（%）	$\leqslant 5$			
有效喷射时间（s）	$\leqslant 10$			
20℃氮气充装压力（MPa）	1.2			
水压试验压力（MPa）	2.1			
适用温度范围（℃）	玻璃球喷头：$-10 \sim +50$；易熔元件喷头：$-45 \sim +55$			

表 10-81　　　　　悬挂式局部应用自动灭火装置性能参数

规　格　型　号	ZFCX－2B	ZFCX－3B	ZFCX－4B	ZFCX－5B
灭火剂量（kg）	2 ± 0.010	3 ± 0.015	4 ± 0.020	5 ± 0.025
有效喷射时间（s）	$\leqslant 5$	$\leqslant 5$	$\leqslant 7$	$\leqslant 7$
喷射剩余率（%）	$\leqslant 5$			
喷射滞后时间（s）	$\leqslant 20$			
20℃氮气充装压力（MPa）	1.2			
水压试验压力（MPa）	2.1			
适用温度范围（℃）	玻璃球喷头：$-10 \sim +50$；易熔元件喷头：$-45 \sim +55$			

规　格　型　号		ZFCX-2B	ZFCX-3B	ZFCX-4B	ZFCX-5B
B类火	灭火级别	≥8B	≥10B	≥12B	≥14B
	灭火时间（s）	≤3	≤3	≤4	≤4
	单个喷头圆形保护半径（m）	0.71	0.80	0.87	0.91
	单个喷头正方形保护范围（m×m）	1.00×1.00	1.13×1.13	1.23×1.23	1.29×1.29
A类火	灭火级别	≥2A	≥3A	≥4A	≥4A
	灭火时间（s）	≤3	≤3	≤4	≤4
	单个喷头圆形保护半径（m）	0.45	0.52	0.57	0.57
	单个喷头正方形保护范围（m×m）	0.64×0.64	0.74×0.74	0.81×0.81	0.81×0.81

五、设计举例

1. 保护对象为电缆隧道

某电厂电缆隧道设置全淹没超细干粉灭火装置，电缆沟尺寸为 20m×1.5m×2m（长×宽×高）。不密封度 $\delta \leq 5\%$。

根据式（10-41），超细干粉灭火剂的设计用量 $\geq 1.05 \times 20 \times 1.5 \times 2 \times 0.12 \times 1.5 \times 1.1 = 12.474$（kg）。采用 ZFCX（XB）-3A 型超细干粉灭火装置，单台装置灭火剂量 3kg，故灭火装置数量=12.474/3=4.158≈5（台）。电缆隧道内超细干粉灭火装置的布置如图 10-156 所示。

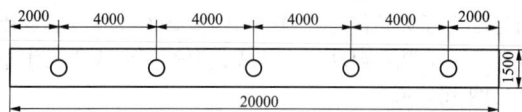

图 10-156　电缆隧道内超细干粉灭火装置布置图

2. 保护对象为电缆桥架

某电厂汽机房内一处电缆桥架密集处布置如图 10-157 所示，应设置局部应用超细干粉灭火装置。

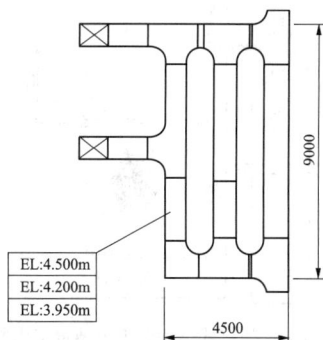

图 10-157　电缆桥架密集处布置图

（1）超细干粉的保护范围体积应采用假定的封闭罩的体积。封闭罩的底应是实际底面；封闭罩的侧面及顶部当无实际围护结构时，它们至保护对象外缘的距离不应小于 1.5m，故保护体积 $V = (4.5+3) \times (9+3) \times (4.5-3.95+1.5) = 184.5$（$m^3$）。

（2）根据式（10-42），超细干粉设计用量 $M = 184.5 \times 0.12 \times 1.5 = 33.21$（kg）。

（3）选用 ZFCX-5B 超细干粉灭火装置，单台装置灭火剂量为 5kg，故灭火装置数量=33.21/5=6.64≈7（台），对称布置选为 8 台。电缆桥架密集处超细干粉装置的布置如图 10-158 所示。

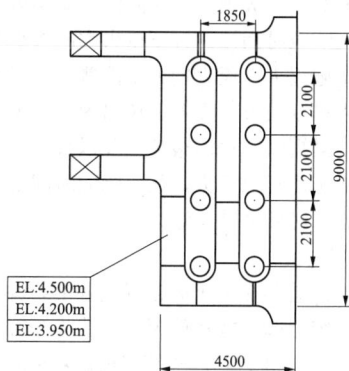

图 10-158　电缆桥架密集处超细干粉灭火装置布置图

第十一节　火探管灭火装置

一、适用范围

火探管灭火装置是指通过与固定的灭火剂储存容器相连且直接布置在易发生火灾部位的火探管自动探测火灾，用火探管或释放管向防护区内喷射一定浓度的灭火剂，使其均匀地充满整个防护区扑灭火灾的自动探火灭火装置。

该装置根据灭火剂释放的方式又分为直接式和间接式两种。

根据灭火剂类型可分为二氧化碳、七氟丙烷、干粉装置三种。

火探管灭火装置主要应用于电厂内汽机房电子设备间等，针对电气盘柜进行灭火。一般选用的类型为直接式二氧化碳型。

二、系统工作方式

1. 设备概述

火探管式自动探火灭火装置是一种新型的灭火设备，无需任何电源、烟/温感探测器，利用自身储压的火探管及一套火探瓶组，集报警和灭火于一体即可将火患扑灭在最初阶段。可由原来传统对较大封闭空间的房间保护，改为直接对各种较小封闭空间的贵重设备进行保护。

火探管式自动探火灭火装置采用柔性可弯曲的火探管作为火灾的探测报警部件，同时这种探火还可以兼做灭火剂的输送及释放管道。柔性的火探管可以很方便地布置到每一个潜在的着火点的最近处，一旦发生火灾，火探管受热破裂，立即释放灭火剂灭火。

火探管式感温自启动灭火装置的最大特点是：①不需要电源以及传统的火灾报警控制部件，降低了成本和安装难度，也同时避免了由电控报警部件的误动作所引起的灭火剂误喷，大大提高了灭火装置的可靠性。②传统固定灭火系统对防护空间整体进行火灾探测，探测响应时间慢，且不论火灾的大小都对整个防火空间实施灭火，灭火剂大量浪费，对环境也不友好。火探管可以敷设到设备、仪器内部火灾危险性大的部位，以最短时间探测火情，并以最快速度对只着火的部位实施点对点灭火，从而响应时间更快，灭火剂用量更省，对环境更友好。

2. 装置组成

火探管式自动探火灭火装置主要由装有灭火剂的压力容器、容器阀及能释放灭火剂的火探管（高科技非金属合成品）和/或释放管等组成。着火时，火探管在受热温度最高处被软化并爆破，将灭火介质通过火探管本身（直接系统）或喷嘴（间接系统）释放到被保护区域。

3. 工作原理

（1）直接式灭火装置工作原理。火探管通过容器阀连接到灭火剂容器上，固定在火灾最可能发生处上方，进行火灾探测。遇火时，火探管在受热温度最高处被软化并爆破，利用火探管中的压力下降，启动容

器阀，灭火剂由火探管爆破孔释放灭火；同时压力开关动作，反馈给消防控制中心或启动警铃报警，提示用火灭火装置启动。直接式火探管灭火装置工作原理见图10-159。

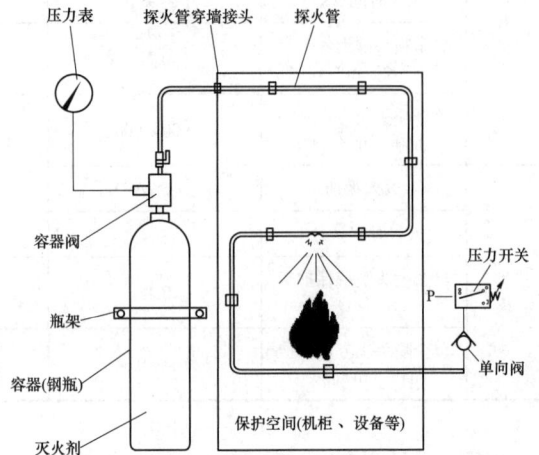

图 10-159　直接式火探管灭火装置工作原理图

直接式七氟丙烷火探管灭火装置保护的防护区最大单体容积不应大于 $6m^3$，直接式二氧化碳火探管灭火装置保护的防护区最大单体容积不应大于 $3m^3$。

（2）间接式灭火装置工作原理。火探管通过容器阀连接到灭火剂容器上，固定在火源最可能发生处的上方，进行火灾探测。遇火时，火探管在受热温度最高处被软化并爆破，利用火探管中的压力下降，启动容器阀，通过释放管至喷嘴把灭火剂释放出来灭火；同时压力开关动作，反馈给消防控制中心或启动警铃报警，灭火装置启动。直接式火探管灭火装置工作原理见图10-160。

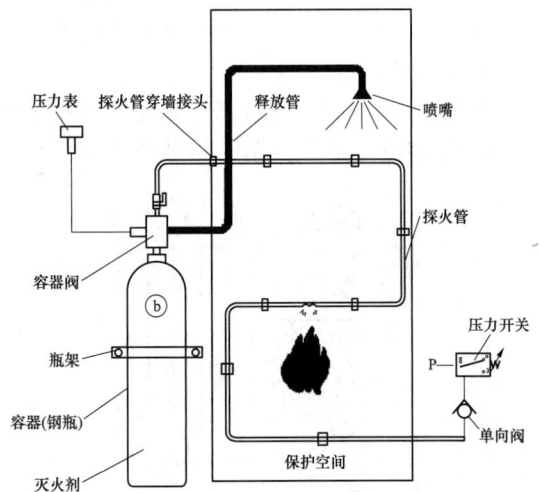

图 10-160　间接式火探管灭火装置工作原理

间接式火探管灭火装置保护的防护区最大单体容积不应大于 $60m^3$。

三、系统布置

（1）火探管直接布置在易于发生火灾的电子、电气设备内。

（2）火探管的布置位置距离被保护处不应超过 1.0m。

（3）火探管式自动探火灭火装置不需设置专门的储瓶间，无需电源和复杂的电控设备及管线，无需专门的烟、温感探测器。

（4）火探管自动灭火装置的工作温度在 0～50℃。

四、火探管灭火装置的参数和型号

火探管自动灭火装置的技术参数见表 10-82，火探管的参数见表 10-83。

表 10-82　　　火探管自动灭火装置技术参数

火探管式自动探火灭火装置类型	最大工作压力（MPa）	工作温度范围（℃）	单位体积所需灭火剂最小量（kg/m³）	火探管的最大长度（m）	φ8 释放管最大长度（m）
二氧化碳直/间接式	15	0～50	1.5	50	12
七氟丙烷直/间接式	4.2	0～50	0.7	30	12

表 10-83　　　火探管主要技术参数

内径（mm）	壁厚（mm）	密度（g/cm³）	融化点温度（℃）
4.0±0.04	1.0±0.1	1.05±0.1	160±2

火探管自动灭火装置的规格和型号见表 10-84，容器的规格见表 10-85。

表 10-84　　　　　　　　　　　　　火探管自动灭火装置的规格和型号

装置类型	型号	灭火剂充装量（kg）	有效保护范围（m³）	公称压力（MPa）	最大工作压力（MPa）	火探管最大长度（m）	释放管最大长度（m）	系统类型
二氧化碳（CO₂）火探灭火装置	FD-I-C6	6×（1±5%）	4.0	5.17	15	50	—	直接式
	FD-I-C45	45×（1±5%）	30			100	12	间接式
七氟丙烷（HFC227ea）火探灭火装置	FD-D-F3	3×（1±5%）	4.2	2.5	4.2	30	—	直接式
	FD-D-F6	6×（1±5%）	8.5				12	间接式

表 10-85　　火探管自动灭火装置容器规格

名　　　称	容器高度 H（mm）	容器外径 D（mm）
二氧化碳直接式火探管式自动探火灭火装置（6kg）	820	170
二氧化碳直接式火探管式自动探火灭火装置（45kg）	1650	268
七氟丙烷间接式火探管式自动探火灭火装置（3kg）	700	145
七氟丙烷间接式火探管式自动探火灭火装置（6kg）	700	145

五、设计举例

汽机房配电间内的 4 套电气盘柜，拟用二氧化碳火探管式灭火装置进行保护。每套盘柜的尺寸为 0.5m×0.4m×2m（长×宽×高），开孔面积为 0.04m²。灭火剂用量根据式（10-36）计算，即

$$A = A_V + 30A_0 = 2 + 30×0.04 = 3.2（m^2）$$

$$m = K_b(K_1A + K_2V) = 1.2×(0.2×3.2 + 0.7×0.4)$$
$$= 1.104（kg）$$

选择二氧化碳直接式火探管(灭火装置型号 FD-I-C6)一套，灭火剂充装量 6kg，系统布置见图 10-161。

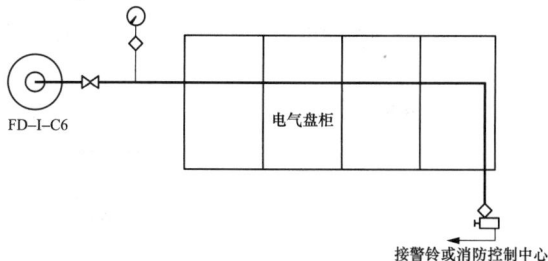

FD-I-C6

电气盘柜

接警铃或消防控制中心

图 10-161　火探管灭火装置布置图

第十二节　热气溶胶灭火装置

一、适用范围

热气溶胶是由固体化学混合物（热气溶胶发生剂）经化学反应生成的具有灭火性质的气溶胶，包括S型热气溶胶、K型热气溶胶和其他型热气溶胶。

热气溶胶预制灭火装置是一种无管网的预制型灭火装置，可用于电厂内通信机房、计算机房、配电间、电缆隧道、电缆夹层、电缆竖井等场所的灭火保护。

热气溶胶预制灭火装置系气溶胶发生剂通过燃烧反应产生气溶胶灭火剂的装置，通常由引发器、气溶胶发生剂和发生器、冷却装置（剂）、反馈元件、外壳及与之配套的火灾探测装置和控制装置组成。热气溶胶灭火系统是按一定的应用条件，将气溶胶灭火剂储存装置和喷放组件等预先设计、组装成套且具有联动控制功能的灭火系统。热气溶胶预制灭火是一种全新方式，集物理、化学、水雾三者的灭火原理于一体，固态灭火剂直接转化为气态，气态产物95%以上为洁净的惰性气体，并从惰性气体发生器出气口喷出灭火，可常温常压储存运输，低压（<1.6MPa）下工作，灭火速度快。

通信机房、计算机房等电气设备火灾宜采用S型热气溶胶灭火装置。

在人员密集的场所应慎重采用热气溶胶灭火装置。

二、设计基本参数

1. 布置要求

（1）一个防护区设置的热气溶胶灭火装置数量不宜超过10台。

（2）同一防护区设置的热气溶胶灭火装置数量多于1台时，必须能同时启动，其动作响应时差不得大于2s。

（3）单台热气溶胶灭火装置的保护容积不应大于160m³；设置多台装置时，其相互间的距离不得大于10m。

（4）采用热气溶胶灭火装置的防护区，其高度不宜大于6.0m。

（5）热气溶胶灭火系统装置的喷口宜高于防护区地面2.0m。

（6）热气溶胶灭火系统装置的喷口前1.0m内，装置的背面、侧面、顶部0.2m内不应设置或存放设备、器具等。

（7）采用热气溶胶灭火系统的防护区，应设手动与自动控制的转换装置。当人员进入防护区时，应能将灭火系统转换为手动控制方式；当人员离开时，应能恢复为自动控制方式。防护区内外应设手动、自动控制状态的显示装置。

2. 设计灭火浓度

热气溶胶灭火系统的灭火设计浓度不应小于灭火浓度的1.3倍。热气溶胶灭火系统的灭火浓度见表10-86。

表10-86　　　　　　　　　　　　热气溶胶灭火系统的灭火密度

灭火对象	适用的热气溶胶类型	灭火浓度（g/cm³）	最小设计灭火浓度（g/cm³）	灭火剂最长喷放时间（s）	最高喷口温度（℃）
固体表面火灾	S型	100	130	120	180
	K型	100	130	120	180
通信机房、计算机房、配电间火灾	S型	130	169	90	150
电缆隧道、电缆夹层、电缆竖井火灾	S型	140	182	120	180
	K型	140	182	120	180

3. 灭火浸渍时间

木材、纸张、织物等固体表面火灾，应采用20min。

通信机房、计算机房等防护区火灾及其他固体表面火灾，应采用10min。

4. 灭火设计用量计算

$$m = C_2 K_V V \qquad (10-43)$$

式中　m——灭火设计用量，kg；
　　　C_2——灭火设计密度，kg/m³；

V——防护区净容积，m³；
K_V——容积修正系数，见表10-87。

表10-87　　　热气溶胶灭火系统
容积修正系数

防护区净容积 V（m³）	容积修正系数 K_V
$V < 500$	1.0
$500 \leqslant V < 1000$	1.1
$V \geqslant 1000$	1.2

第十三节 灭 火 器

一、火灾类别和危险等级

1. 火灾类别

灭火器配置场所的火灾应根据该场所内的物质及其燃烧特性进行分类。

灭火器配置场所的火灾类别可划分为以下五类：

（1）A 类火灾：固体物质火灾。

（2）B 类火灾：液体火灾或可熔化固体物质火灾。

（3）C 类火灾：气体火灾。

（4）D 类火灾：金属火灾。

（5）E 类火灾：物体带电燃烧的火灾。

2. 火灾危险等级

工业建筑灭火器配置场所的火灾危险等级根据其生产、使用、储存物品的火灾危险性、可燃物的数量、火灾蔓延速度、扑救难易程度等因素，划分为以下三级：

（1）严重危险级：火灾危险性大、可燃物多、起火后蔓延迅速、扑救困难、容易造成重大财产损失的场所。

（2）中危险级：火灾危险性较大、可燃物较多、起火后蔓延较迅速、扑救较难的场所。

（3）轻危险级：火灾危险性较小、可燃物较少、起火后蔓延较缓慢、扑救较易的场所。

火力发电厂建（构）筑物与设备火灾类别和危险等级见表 10-88。

表 10-88　　　　　　　　火力发电厂建（构）筑物与设备火灾类别及危险等级

配 置 场 所	火灾类别	危险等级	配 置 场 所	火灾类别	危险等级
电缆夹层	E	中	脱硫控制楼	E	中
高、低压配电装置室	E	中	增压风机室	A	轻
电子设备间	E	中	吸风机室	A	轻
控制室	E	严重	除尘构筑物	A	轻
工程师室、DCS 工程师室、SIS 机房、远动工程师室	E	中	转运站及筒仓带式输送机层	A	中
继电器室	E	中	碎煤机室	A	中
蓄电池室	C	中	运煤隧道	A	中
汽轮机油箱	B	严重	屋内卸煤装置	A	中
汽轮机调节油系统	B	中	堆取料机、装卸桥	A	轻
氢密封油装置	B	中	贮煤场、干煤棚的装卸设备	A	中
汽轮机轴承	B	中	室内贮煤场的堆取料机	A	中
汽轮机运转层下及中间层油管道	B	严重	柴油发电机室及油箱	B	中
汽动给水泵油箱	B	严重	点火油罐	B	严重
汽轮机贮油箱	B	严重	油处理室	B	中
主厂房内主蒸汽管道与油管道交叉处	B	严重	供、卸油泵房、栈台	B	中
汽机房架空电缆	E	中	化学水处理室、循环水处理室	A	轻
电缆交叉、密集及中间接头部位	E	中	启动锅炉房	B	中
汽机房运转层	A、B	中	供氢站、制氢站	C	严重
锅炉本体燃烧器区	B	中	空气压缩机室（有润滑油）	B	中
磨煤机润滑油箱	B	中	热工、电气、金属实验室	A	中
磨煤机	A	严重	变压器检修间	B	中
回转式空气预热器	A	中	检修车间	A、B	轻
煤仓间带式输送机层	A	中	生活、消防水泵房（有柴油发动机）	A、B	中
锅炉房零米以上架空电缆	E	中	生活、消防水泵房（无柴油发动机）及其他水泵房	A	轻
微波楼	E	中	一般材料库	A	中
屋内配电装置楼（内有充油设备）	E	中	特种材料库	A、B	严重
直接空冷平台	E、A	轻	汽车库、推煤机库	B	中
室外变压器	B	中	消防车库	B	中
脱硫工艺楼	A	轻	储氢区	A	轻

注　1. 柴油发电机房如采用了闪点低于 60℃的柴油，则应按严重危险级考虑。
　　2. 严重危险级的场所宜设推车式灭火器。

二、灭火器的类型

灭火器按充装的灭火剂类型划分，可分为水型灭火器、泡沫灭火器、干粉灭火器、二氧化碳灭火器。

灭火器按移动方式划分，可分为手提式灭火器和推车式灭火器。手提式灭火器类型、规格和灭火级别见表 10-89，推车式灭火器类型、规格和灭火级别见表 10-90。

表 10-89　　　　　　　　　　　　　　手提式灭火器类型、规格和灭火级别

灭火器类型	灭火剂充装量		灭火器型号	灭火级别	
	L	kg		A 类	B 类
水型	3	—	MS/Q3	1A	—
		—	MS/T3		55B
	6	—	MS/Q6	1A	—
		—	MS/T6		55B
	9	—	MS/Q6	2A	—
		—	MS/T6		89B
泡沫	3	—	MP3、MP/AR3	1A	55B
	4	—	MP4、MP/AR4	1A	55B
	6	—	MP6、MP/AR6	1A	55B
	9	—	MP9、MP/AR9	2A	89B
干粉（碳酸氢钠）	—	1	MF1	—	21B
	—	2	MF2	—	21B
	—	3	MF3	—	34B
	—	4	MF4	—	55B
	—	5	MF5	—	89B
	—	6	MF6	—	89B
	—	8	MF8	—	144B
	—	10	MF10	—	144B
干粉（磷酸铵盐）	—	1	MF/ABC1	1A	21B
	—	2	MF/ABC2	1A	21B
	—	3	MF/ABC3	2A	34B
	—	4	MF/ABC4	2A	55B
干粉（磷酸铵盐）	—	5	MF/ABC5	3A	89B
	—	6	MF/ABC6	3A	89B
	—	8	MF/ABC8	4A	144B
	—	10	MF/ABC10	6A	144B
	—	6	MY6	1A	55B

灭火器类型	灭火剂充装量		灭火器型号	灭火级别	
	L	kg		A 类	B 类
二氧化碳	—	2	MT2	—	21B
	—	3	MT3	—	21B
	—	5	MT5	—	34B
	—	7	MT7	—	55B

表 10-90   **推车式灭火器类型、规格和灭火级别**

灭火器类型	灭火剂充装量		灭火器型号	灭火级别	
	L	kg		A 类	B 类
水型	20	—	MST20	4A	—
	45	—	MST40	4A	—
	60	—	MST60	4A	—
	125	—	MST125	6A	—
泡沫	20	—	MPT20、MPT/AR20	4A	113B
	45	—	MPT40、MPT/AR40	4A	144B
	60	—	MPT60、MPT/AR60	4A	233B
	125	—	MPT125、MPT/AR125	6A	297B
干粉 （碳酸氢钠）	—	20	MFT20	—	183B
	—	50	MFT50	—	297B
	—	100	MFT100	—	297B
	—	125	MFT125	—	297B
干粉 （磷酸铵盐）	—	20	MFT/ABC20	6A	183B
	—	50	MFT/ABC50	8A	297B
	—	100	MFT/ABC100	10A	297B
	—	125	MFT/ABC125	10A	297B
	—	50	MYT50	—	297B
二氧化碳	—	10	MTT10	—	55B
	—	20	MTT20	—	70B
	—	30	MTT30	—	113B
	—	50	MTT50	—	183B

手提贮压式灭火器外形图见图 10-162，推车贮压式灭火器外形图见图 10-163。

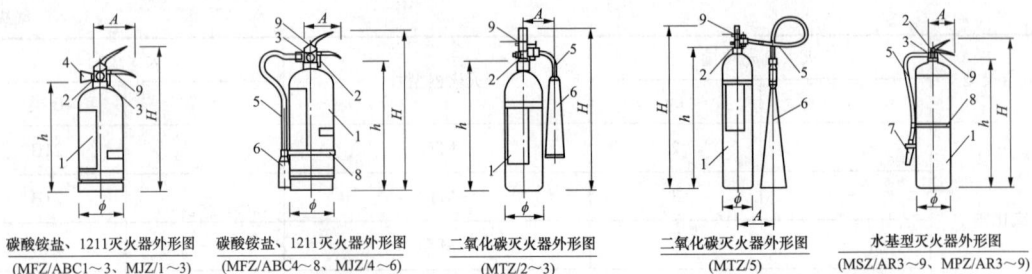

碳酸铵盐、1211灭火器外形图　碳酸铵盐、1211灭火器外形图　二氧化碳灭火器外形图　二氧化碳灭火器外形图　水基型灭火器外形图
（MFZ/ABC1～3、MJZ/1～3）（MFZ/ABC4～8、MJZ/4～6）（MTZ/2～3）（MTZ/5）（MSZ/AR3～9、MPZ/AR3～9）

手提贮压式磷酸铵盐干粉灭火器外形尺寸表

型号		灭火剂充装量(kg)	外形尺寸(mm)				质量(kg/具)
			ϕ	A	H	h	
MFZ/ABC1	浙江杭消	1	93.6	88	300	250	1.8
	广东胜捷		99	100	293	216	1.9
	广东平安		90	100	318	234	1.8
MFZ/ABC2	浙江杭消	2	111.6	105	370	300	3.3
	广东胜捷		99	100	429	352	3.3
	广东平安		115	109	372	288	3.3
MFZ/ABC3	浙江杭消	3	131.6	105	410	343	4.8
	广东胜捷		131	120	423	338	4.9
	广东平安		132	124	415	327	4.8
MFZ/ABC4	浙江杭消	4	131.6	120	480	405	6.3
	广东胜捷		131	120	484	400	6.3
	广东平安		138	124	470	382	6.2
MFZ/ABC5	浙江杭消	5	147	120	490	410	7.8
	广东胜捷		131	120	574	490	7.7
	广东平安		145	124	520	432	7.9
MFZ/ABC6	广东胜捷	6	165	120	477	392	9.3
MFZ/ABC8	浙江杭消	8	165	120	580	512	11.7
	广东胜捷		165	120	592	507	11.9
	广东平安		165	124	610	522	11.5

手提贮压式二氧化碳、1211、泡沫灭火器外形尺寸表

型号	灭火剂充装量	外形尺寸(mm)				质量(kg/具)
		ϕ	A	H	h	
二氧化碳灭火器						
MTZ/2	2kg	116	110	495	400	6.4
MTZ/3	3kg	116	110	645	550	8.5
MTZ/5	5kg	154	130	615	520	14.3
1211灭火器						
MJZ/1	1kg	81.6	88	310	255	1.7
MJZ/2	2kg	111.6	105	340	270	3.0
MJZ/4	4kg	131.6	120	450	380	5.0
MJZ/6	6kg	142	120	500	430	8.8
水型及泡沫灭火器						
MSZ/AR3 MPZ/AR3	3L	131.6 (138)	109	480 (470)	388	6.5 (5.3)
MSZ/AR6 MPZ/AR6	6L	165	120	503 (610)	407	(9.85)
MSZ/AR9 MPZ/AR9	9L	165	120	688	592	13.2

各部名称：1—钢瓶；2—阀体总成；3—压力表；4—喷嘴；5—喷管；
6—喷筒；7—喷枪；8—卡管带；9—保险扎带

图 10-162　手提贮压式灭火器外形图
注：本图摘自国家建筑标准设计图集 07S207《气体消防系统选用、安装与建筑灭火器配置》。

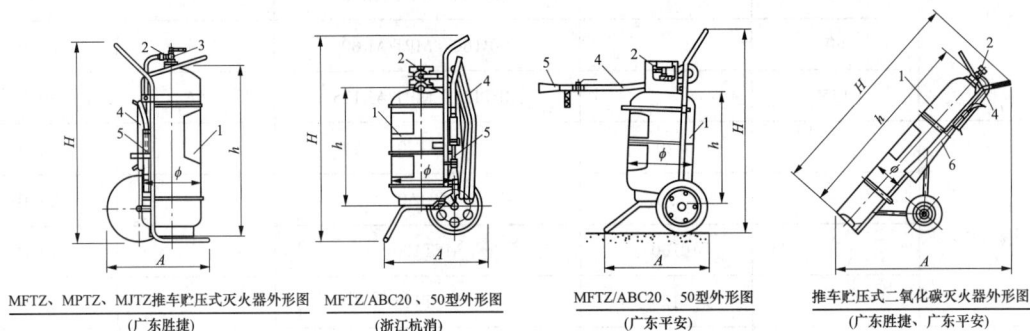

MFTZ、MPTZ、MJTZ推车贮压式灭火器外形图　MFTZ/ABC20、50型外形图　MFTZ/ABC20、50型外形图　推车贮压式二氧化碳灭火器外形图
（广东胜捷）（浙江杭消）（广东平安）（广东胜捷、广东平安）

1—钢瓶；2—阀体总成；3—压力表；4—喷管；5—喷枪；6—喷筒

推车贮压式灭火器外形尺寸表

型号		灭火剂充装量		外形尺寸(mm)				质量(kg/台)	型号		灭火剂充装量		外形尺寸(mm)				质量(kg/台)
		kg	L	ϕ	A	H	h				kg	L	ϕ	A	H	h	
磷酸铵盐	MFTZ/ABC20 广东平安	20	—	320	520	990	567	48.5	水基型	MPTZ/20		20	320	470	970	560	53.0
	MFTZ/ABC30 广东胜捷	30	—	320	470	970	560	57.5		MPTZ/45 广东胜捷		45	320	554	1050	914	93.0
	MFTZ/ABC35 浙江杭消	35	—	320	500	990	630	63.0		MPTZ/65		65	406	654	1090	860	116.0
	MFTZ/ABC50 浙江杭消	50		320	500	1170	830	84.0		MPTZ/100		100	406	654	1160	1100	155.0
	广东胜捷			320	554	1050	914	95.5	1211	MJTZ/25 广东胜捷	25		320	470	970	560	52.5
	广东平安			320	550	1060	800	95.0	CO₂	MTT/24 广东胜捷	24		219	1234	1486	1330	95.0
	MFTZ/ABC100 广东胜捷	100	—	406	650	1160	1100	155.0		广东平安			219	770	1390	1330	97.5

图 10-163　推车贮压式灭火器外形图
注：本图摘自国家建筑标准设计图集 07S207《气体消防系统选用、安装与建筑灭火器配置》。

三、灭火器的选择

1. 一般要求

（1）灭火器的选择应考虑下列因素：

1）灭火器配置场所的火灾类别；

2）灭火器配置场所的危险等级；

3）灭火器的灭火效能和通用性；

4）灭火剂对保护物品的污损程度；

5）灭火器设置点的环境温度；

6）使用灭火器人员的体能。

（2）在同一灭火器配置场所，宜选用相同类型和操作方法的灭火器。当同一灭火器配置场所存在不同火灾种类时，应选用通用型灭火器。

（3）在同一灭火器配置场所，当选用两种或两种以上类型灭火器时，应采用灭火剂相容的灭火器。不相容灭火剂举例见表10-91。

表10-91　不相容灭火剂举例

灭火剂类型	不相容的灭火剂	
干粉与干粉	磷酸铵盐	碳酸氢钠、碳酸氢钾
干粉与泡沫	碳酸氢钠、碳酸氢钾	蛋白泡沫
泡沫与泡沫	蛋白泡沫、氟蛋白泡沫	水成膜泡沫

2. 灭火器的类型选择

（1）A类火灾场所应选择水型灭火器、磷酸铵盐干粉灭火器、泡沫灭火器。

（2）B类火灾场所应选择泡沫灭火器、碳酸氢钠干粉灭火器、磷酸铵盐干粉灭火器、二氧化碳灭火器、灭B类火灾的水型灭火器或卤代烷灭火器。极性溶剂的B类火灾场所应选择灭B类火灾的抗溶性灭火器。

（3）C类火灾场所应选择磷酸铵盐干粉灭火器、碳酸氢钠干粉灭火器、二氧化碳灭火器。

（4）E类火灾场所应选择磷酸铵盐干粉灭火器、碳酸氢钠干粉灭火器。

四、灭火器的设置

（1）灭火器应设置在位置明显和便于取用的地点，且不得影响安全疏散。

（2）对有视线障碍的灭火器设置点，应设置指示其位置的发光标志。

（3）灭火器的摆放应稳固，其铭牌应朝外。手提式灭火器宜设置在灭火器箱内或挂钩、托架上，其顶部离地面的高度不应大于1.50m；底部离地面的高度不宜小于0.08m。灭火器箱不得上锁。

（4）灭火器不宜设置在潮湿或强腐蚀性的地点。当必须设置时，应有相应的保护措施。

（5）灭火器设置在室外时，应有相应的保护措施。

（6）灭火器不得设置在超出其使用温度范围的地点。灭火器的使用温度范围见表10-92。

表10-92　灭火器的使用温度范围

灭火器类型		使用温度范围（℃）
水型灭火器	不加防冻剂	+5～+55
	添加防冻剂	-10～+55
泡沫灭火器	不加防冻剂	+5～+55
	添加防冻剂	-10～+55
干粉灭火器	二氧化碳驱动	-10～+55
	氮气驱动	-20～+55
二氧化碳灭火器		-10～+55

（7）设置在A、B、C类火灾场所的灭火器，其最大保护距离应符合表10-93的规定。

表10-93　灭火器的最大保护距离　（m）

灭火器型式	手提式灭火器		推车式灭火器	
火灾类别	A类火灾场所	B、C类火灾场所	A类火灾场所	B、C类火灾场所
严重危险级	15	9	30	18
中危险级	20	12	40	24
轻危险级	25	15	50	30

D类火灾场所的灭火器，其最大保护距离应根据具体情况研究确定。

E类火灾场所的灭火器，其最大保护距离不应低于该场所内A类或B类火灾的规定。

五、灭火器的配置

（1）一个计算单元内配置的灭火器数量不得少于2具。

（2）每个设置点的灭火器数量不宜多于5具。

（3）点火油罐区防火堤内每400m²面积应配置1具8kg手提式干粉灭火器，当计算数量超过6具时，可采用6具。

（4）露天设置的灭火器应设置遮阳棚。

A、B、C类火灾场所灭火器的最低配置基准应符合表10-94的要求。

E类火灾场所的灭火器最低配置基准不应低于该场所内A类（或B类）火灾的规定。

表10-94　A、B、C类火灾场所灭火器的最低配置基准

危险等级	严重危险级		中危险级		轻危险级	
火灾类别	A类	B、C类	A类	B、C类	A类	B、C类
单具灭火器最小配置灭火级别	3A	89B	2A	55B	1A	21B
单位灭火级别最大保护面积（m²）	50/A	0.5/B	75/A	1.0/B	100/A	1.5/B

六、灭火器箱

1. 灭火器箱的分类（见表 10-95）

表 10-95　　灭火器箱的分类

分类方式	灭火器箱型号		代号
按结构类型分	单体类		D（单）
	组合类	自救呼吸器组合类	H（呼）
		消火栓组合类	S（栓）
按放置方式分	置地型		D（地）
	嵌墙型		Q（墙）
按开启方式分	翻盖式		G（盖）
	开门式	单开门式	D（单）
		双开门式	S（双）

2. 灭火器箱的型号

灭火器箱的型号由"基本型号"和"补充型号"两部分组成，具体如下：

基本型号 – 补充型号

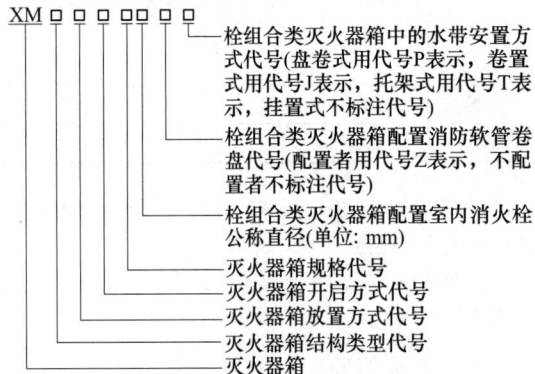

XM□ □□□□ □□

- 栓组合类灭火器箱中的水带安置方式代号(盘卷式用代号P表示，卷置式用代号J表示，托架式用代号T表示，挂置式不标注代号)
- 栓组合类灭火器箱配置消防软管卷盘代号(配置者用代号Z表示，不配置者不标注代号)
- 栓组合类灭火器箱配置室内消火栓公称直径(单位: mm)
- 灭火器箱规格代号
- 灭火器箱开启方式代号
- 灭火器箱放置方式代号
- 灭火器箱结构类型代号
- 灭火器箱

示例：单开门式嵌墙型栓组合类灭火器箱的宽度 l_1=750mm，深度 l_2=320mm，高度 l_4=600mm，水带为盘卷式安置，内配消防软管卷盘及公称直径为 65mm 的室内消火栓，标记为 XMSQD29-65ZP。

3. 灭火器箱的外形

灭火器箱外形图见图 10-164～图 10-173。

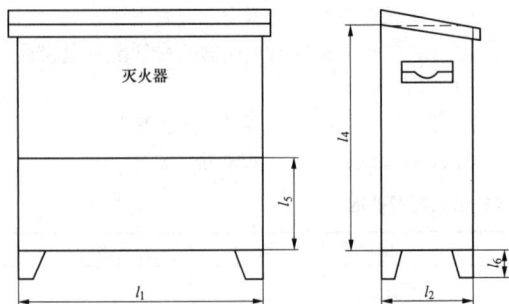

图 10-164　单体类翻盖式置地型灭火器箱外形尺寸图

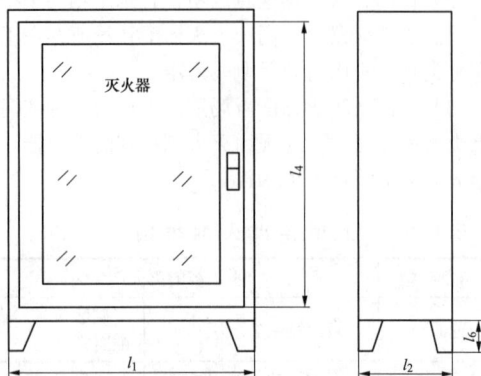

图 10-165　单体类单开门式置地型灭火器箱外形尺寸图

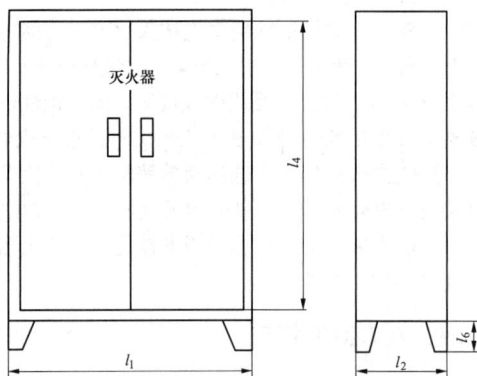

图 10-166　单体类双开门式置地型灭火器箱外形尺寸图

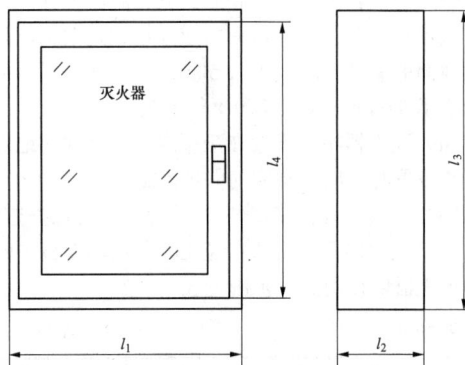

图 10-167　单体类单开门式嵌墙型灭火器箱外形尺寸图

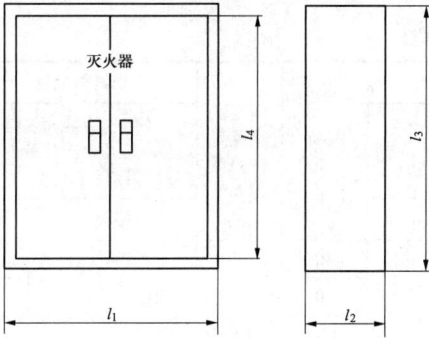

图 10-168 单体类双开门式嵌墙型灭火器箱外形尺寸图

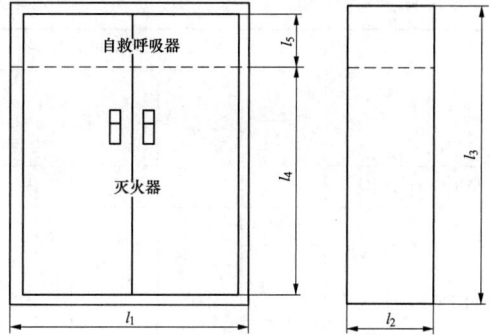

图 10-169 自救呼吸器组合类单开门式置
地型灭火器箱外形尺寸图

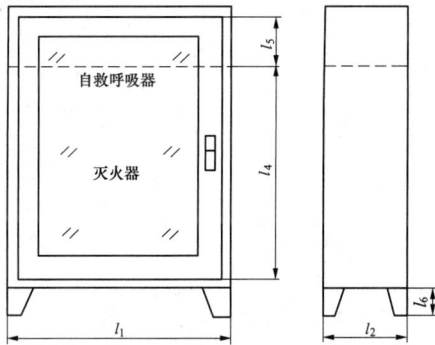

图 10-170 自救呼吸器组合类双开门式置
地型灭火器箱外形尺寸图

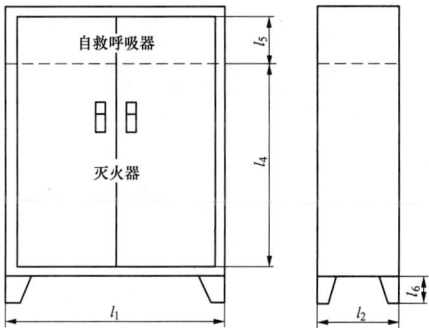

图 10-171 自救呼吸器组合类单开门式
嵌墙型灭火器箱外形尺寸图

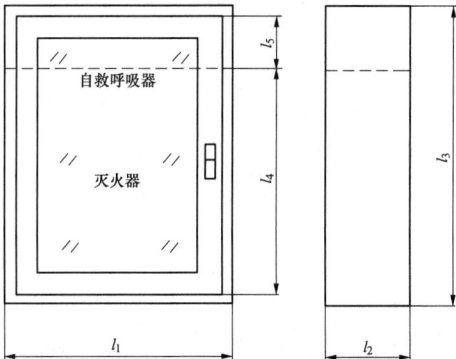

图 10-172 自救呼吸器组合类双开门式
嵌墙型灭火器箱外形尺寸图

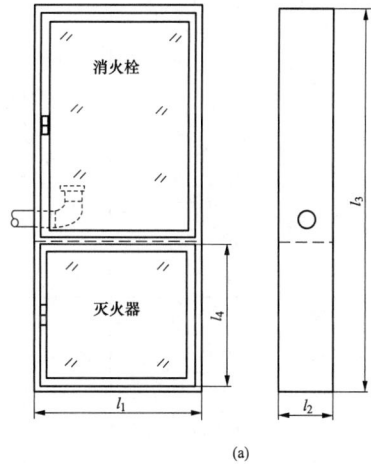

(a)

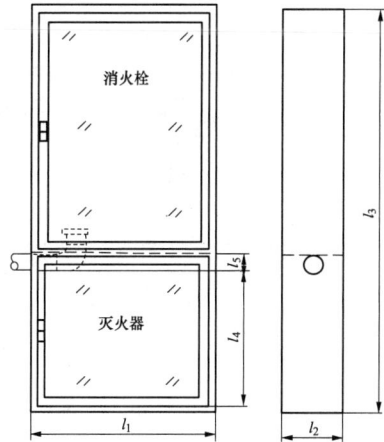

(b)

图 10-173 消火栓组合类单开门式
嵌墙型灭火器箱外形尺寸图
（a）消火栓进水管在灭火器箱外；
（b）消火栓进水管在灭火器箱内

单体类灭火器箱外形尺寸见表 10-96。

火力发电厂消防设计

表 10-96　　　　　　　　　　　　　　　单体类灭火器箱外形尺寸

基本型号		外形尺寸（mm）						载荷（N）	刚度试验用筒体的直径（mm）	器材配置 宜存放的最大规格类型手提式灭火器及最少可存放的具数	
		宽度 l_1	深度 l_2	高度							
				l_3	l_4	l_5	l_6				
类型	规格*									规格类型	具数
XMDDG	11	180	160	480	450	225		40	120	2L 水基型或 2kg 干粉或 2kg 洁净气体等手提式灭火器	1
	12	330						80			2
	13	480						120			3
	14	630						160			4
	15	780						200			5
XMDDD XMDDS	21	220	200	650	600	300	≥80	70	140	2kg 二氧化碳或 3L 水基型或 4kg 干粉或 4kg 洁净气体等手提式灭火器	1
	22	410						140			2
	23	600						210			3
	24	790						280			4
	25	980						350			5
XMDQD XMDQS	31	250	240	800	750	375		100	170	3kg 二氧化碳或 6L 水基型或 6kg 干粉或 6kg 洁净气体等灭火器	1
	32	470						200			2
	33	690						300			3
	34	910						400			4
	35	1130						500			5
XMDDD XMDDS	41	280	320	950	900	—		200	190	7kg 二氧化碳或 9L 水基型或 12kg 干粉等手提式灭火器	1
	42	520						400			2
	43	760						600			3
XMDQD XMDQS	44	1000						800			4
	45	1240						1000			5

注　1. XMDDG 类型的灭火器箱外形尺寸中无 l_3 尺寸。

　　2. XMDDD、XMDDS 类型的灭火器箱外形尺寸中无 l_3 和 l_5 尺寸。

　　3. XMDQD、XMDQS 类型的灭火器箱外形尺寸中无 l_5 和 l_6 尺寸。

*　规格为 11、21、31、41 的置地型灭火器箱不应使用。

自救呼吸器组合类灭火器箱外形尺寸见表 10-97。

表 10-97　　　　　　　　　　　　自救呼吸器组合类灭火器箱外形尺寸

基本型号		外形尺寸（mm）						载荷（N）	刚度试验用筒体的直径（承重试验用压块的长×宽×高，mm）	器材配置 宜存放的最大规格类型手提式灭火器及最少可存放的手提式灭火器和自救呼吸器的具数	
		宽度 l_1	深度 l_2	高度							
				l_3	l_4	l_5	l_6				
类型	规格*									手提式灭火器规格类型	具数
XMHDD XMHDS	11	180	160	780	450	300	≥80	40	120 （160×140×230）	2L 水基型或 2kg 干粉或 2kg 洁净气体等手提式灭火器	1
	12	330						80			2
	13	480						120			3
	14	630						160			4
	15	780						200			5

基本型号		外形尺寸（mm）						载荷（N）	刚度试验用筒体的直径（承重试验用压块的长×宽×高，mm）	器材配置 宜存放的最大规格类型手提式灭火器及最少可存放的手提式灭火器和自救呼吸器的具数	
类型	规格*	宽度 l_1	深度 l_2	高度						手提式灭火器规格类型	具数
				l_3	l_4	l_5	l_6				
XMHDD XMHDS	21	220	200	950	600			70	140（160×140×230）	2kg 二氧化碳或 3L 水基型或4kg干粉或4kg洁净气体等手提式灭火器	1
	22	410						140			2
	23	600						210			3
	24	790						280			4
	25	980						350			5
XMHQD XMHQS	31	250	240	1100	750	300	≥80	100	170（160×140×230）	3kg 二氧化碳或 6L 水基型或6kg干粉或6kg洁净气体等手提式灭火器	1
	32	470						200			2
	33	690						300			3
	34	910						400			4
	35	1130						500			5
	41	280	320	1250	900			200	190（160×140×230）	7kg 二氧化碳或 9L 水基型或 12kg 干粉等手提式灭火器	1
	42	520						400			2
	43	760						600			3
	44	1000						800			4
	45	1240						1000			5

注　1. XMHDD、XMHDS 类型的灭火器箱外形尺寸中无 l_3 尺寸。

　　2. XMHQD、XMHQS 类型的灭火器箱外形尺寸中无 l_6 尺寸。

*　规格为 11、21、31、41 的置地型灭火器箱不应使用。

消火栓组合类灭火器箱外形尺寸见表 10-98。

表 10-98　　　　　　　　　消火栓组合类灭火器箱外形尺寸

基本型号		外形尺寸（mm）						器材配置 宜存放的最大规格类型手提式灭火器及最少可存放的具数（栓组合类灭火器箱的消火栓箱体内配置消防器材时，其配置情况应符合 GB 14561—2003 中 5.1 的规定）	
类型	规格	宽度 l_1	深度 l_2	高度		l_4	l_5		
				l_3					
				基本值 1	基本值 2			规格类型	具数
XMSQD XMSQS	11	650	200	1300	1450	450	170	2L 水基型或 2kg 干粉或 2kg 洁净气体等手提式灭火器	4
	12	700		500	1650				4
	13	750		1700	1850				4
	14	650	240	1300	1450				4
	15	700		1500	1650				4
	16	750		1700	1850				4
	17	650	320	1300	1450				4
	18	700		1500	1650				4
	19	750		1700	1850				4

基本型号		外形尺寸（mm）						器材配置	
		宽度 l_1	深度 l_2	高度				宜存放的最大规格类型手提式灭火器及最少可存放的具数（栓组合类灭火器箱的消火栓箱体内配置消防器材时，其配置情况应符合 GB 14561—2003 中 5.1 的规定）	
类型	规格			l_3		l_4	l_5		
				基本值 1	基本值 2			规格类型	具数
XMSQD XMSQS	21	650	200	1450	1600	600	170	2kg 二氧化碳或 3L 水基型或 4kg 干粉或 4kg 洁净气体等手提式灭火器	3
	22	700		1650	1800				3
	23	750		1850	2000				3
	24	650	240	1450	1600				3
	25	700		1650	1800				3
	26	750		1850	2000				3
	27	650	320	1450	1600				3
	28	700		1650	1800				3
	29	750		1850	2000				3
	31	650	240	1600	1750	750		3kg 二氧化碳或 6L 水基型或 6kg 干粉或 6kg 洁净气体等手提式灭火器	2
	32	700		1800	1950				3
	33	780		2000	—				3
	34	650	320	1600	1750				2
	35	700		1800	1950				3
	36	750		2000	—				3
	41	650	320	1750	1900	900		7kg 二氧化碳或 9L 水基型或 12kg 干粉等手提式灭火器	2
	42	700		1950	—				2

注 栓组合类灭火器箱的进水管道从其中的消火栓箱体通过，则 l_3 取基本值 1，且外形尺寸中无 l_5 尺寸；栓组合类灭火器箱的进水管道从其中存放灭火器的箱体部分通过，则 l_3 取基本值 2。

七、设计举例

1. 计算原则

（1）灭火器配置的设计与计算应按计算单元进行。灭火器最小需配灭火级别和最少需配数量的计算值应进位取整。

（2）每个灭火器设置点实配灭火器的灭火级别和数量不得小于最小需配灭火级别和数量的计算值。

（3）灭火器设置点的位置和数量应根据灭火器的最大保护距离确定，并应保证最不利点至少在 1 具灭火器的保护范围内。

（4）灭火器配置设计的计算单元应按下列原则划分：

1）当一个楼层或一个水平防火分区内各场所的危险等级和火灾种类相同时，可将其作为一个计算单元。

2）当一个楼层或一个水平防火分区内各场所的危险等级和火灾种类不相同时，应将其分别作为不同的计算单元。

3）同一计算单元不得跨越防火分区和楼层。

（5）计算单元保护面积的确定应满足：

1）建筑物应按其建筑面积确定；

2）可燃物露天堆场，甲、乙、丙类液体储罐区，可燃气体储罐区应按堆垛、储罐的占地面积确定。

2. 计算公式

（1）计算单元的最小需配灭火级别应按式（10-44）计算，即

$$Q = K \frac{S}{U} \tag{10-44}$$

式中 Q——计算单元的最小需配灭火级别（A 或 B）；

S——计算单元的保护面积，m^2；

U——A 类或 B 类火灾场所单位灭火级别最大保护面积，m^2/A 或 m^2/B，见表 10-94；

K——修正系数，见表 10-99。

表 10-99　　修 正 系 数 K 值

计 算 单 元	K
未设室内消火栓系统和灭火系统	1.0
设有室内消火栓系统	0.9
设有灭火系统	0.7
设有室内消火栓系统和灭火系统	0.5
露天煤场 甲、乙、丙类液体储罐区 可燃气体储罐区	0.3

（2）计算单元中每个灭火器设置点的最小需配灭火级别应按式（10-45）计算，即

$$Q_e = \frac{Q}{N} \qquad (10\text{-}45)$$

式中　Q_e——计算单元中每个灭火器设置点的最小需配灭火级别（A 或 B）；

　　　N——计算单元中的灭火器设置点数，个。

3. 设计示例

某柴油发电机房尺寸如图 10-174 所示，其中所用柴油的闪点高于 60℃。

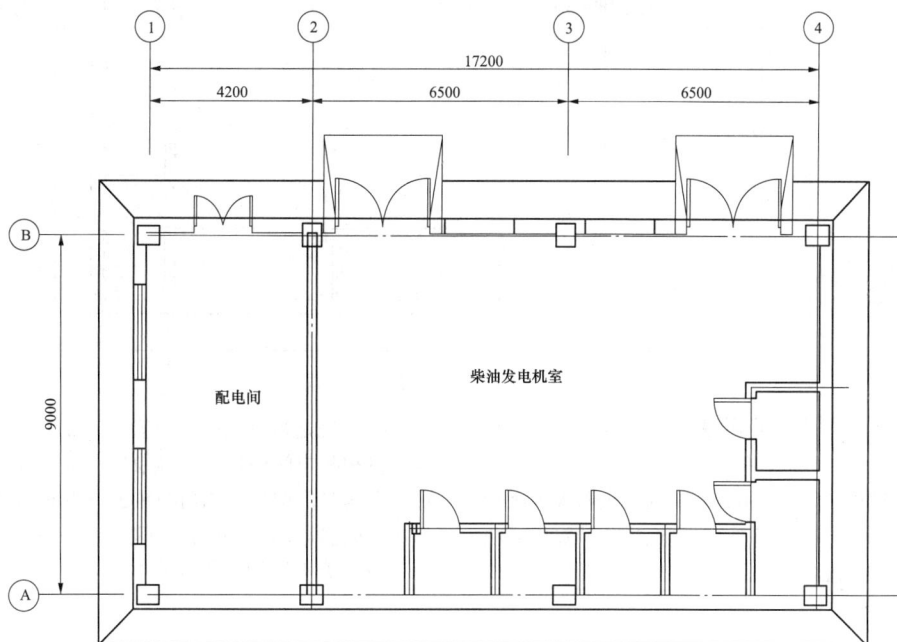

图 10-174　柴油发动机室平面图

（1）确定灭火器配置场所的火灾种类和危险等级。根据表 10-88，柴油发电机室火灾类别为 B 类，危险等级为中级（如柴油发电机室采用了闪点低于 60℃ 的柴油，则应按严重危险级考虑）。

配电间火灾类别为 E（A）类，危险等级为中级，计算过程按 A 类火灾取值。

（2）划分计算单元，计算各计算单元的保护面积。建筑物内的柴油发电机室和配电间火灾种类不同，故分为 2 个计算单元。柴油发电机室面积 $A_1 = 13 \times 9 = 117$（m²），配电间面积 $A_2 = 4.2 \times 9 = 37.8$（m²）。

（3）计算各计算单元的最小需配灭火级别：

柴油发电机室最小需配灭火级别 $Q_1 = K_1 S_1 / U_1$

按照 GB 50229《火力发电厂与变电站设计防火规范》，柴油发电机室应设置水喷雾、细水雾或其他固定式灭火系统以及室内消火栓系统。因此，根据表 10-99，$K_1 = 0.5$。

根据表 10-95，$U_1 = 1.0$ m²/B，故 $Q_1 = 0.5 \times 117 \div$

1.0 = 58.5B。

配电间无消火栓和固定灭火系统，因此 $K_2 = 1.0$。根据表 10-94，$U_2 = 75$ m²/A，故 $Q_2 = 1.0 \times 37.8 \div 75 = 0.504$A。

（4）确定各计算单元中的灭火器设置点的位置和数量。在柴油发电机室和配电间的门口分别设置 1 个灭火器设置点，每个设置点配置 2 具手提式灭火器。根据表 10-93，中危险级 B 类场所手提式灭火器的保护距离为 12m，中危险级 A 类场所手提式灭火器的保护距离为 20m。灭火器设置点如图 10-175 所示。灭火器的保护距离能够覆盖整个保护区域。

（5）计算每个灭火器设置点的最小需配灭火级别

$Q_{e1} = Q_1/1$（个设置点）= 58.5B

$Q_{e2} = Q_2/1$（个设置点）= 0.504A

（6）确定每个设置点灭火器的类型、规格与数量。根据表 10-90，选择同时能够扑救 A 类、B 类火灾的磷酸铵盐干粉灭火器。根据表 10-94，中危险级 B 类火灾场所单具灭火器最小配置灭火级别为 55B，中危

险 A 类火灾场所单具灭火器最小配置灭火级别为 2A，　　　所以选择 MF/ABC4 型灭火器。

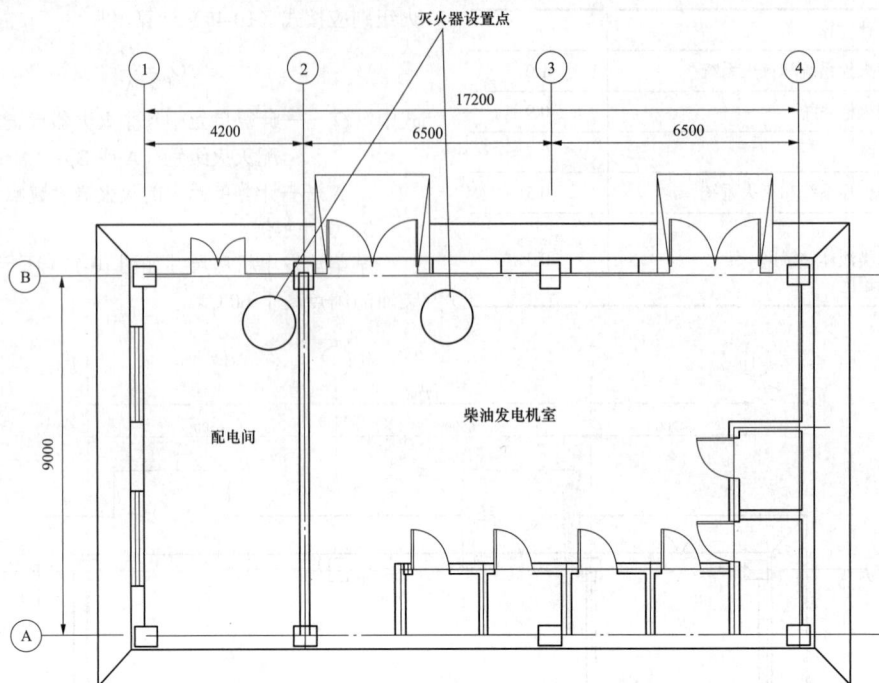

图 10-175　柴油发电机房灭火器设置点位置

柴油发电机室设置点的灭火器数量=Q_{e1}/55B=1.06≈2 具。

配电间设置点 Q_{e2}=0.504A，单具灭火器灭火级别 2A 能满足最小配置灭火级别要求，但每个计算单元应至少配置 2 具灭火器，故配电间设置点灭火器 2 具。

（7）确定每具灭火的设置方式和要求。在柴油发电机室和配电间门口利于疏散的灭火器设置点分别配置灭火器箱，型号为 XMDDD22（单体类置地型单开门式灭火器箱，能容纳 4kg 磷酸铵盐干粉灭火器 2 具）。

（8）灭火器的设置见图 10-176。

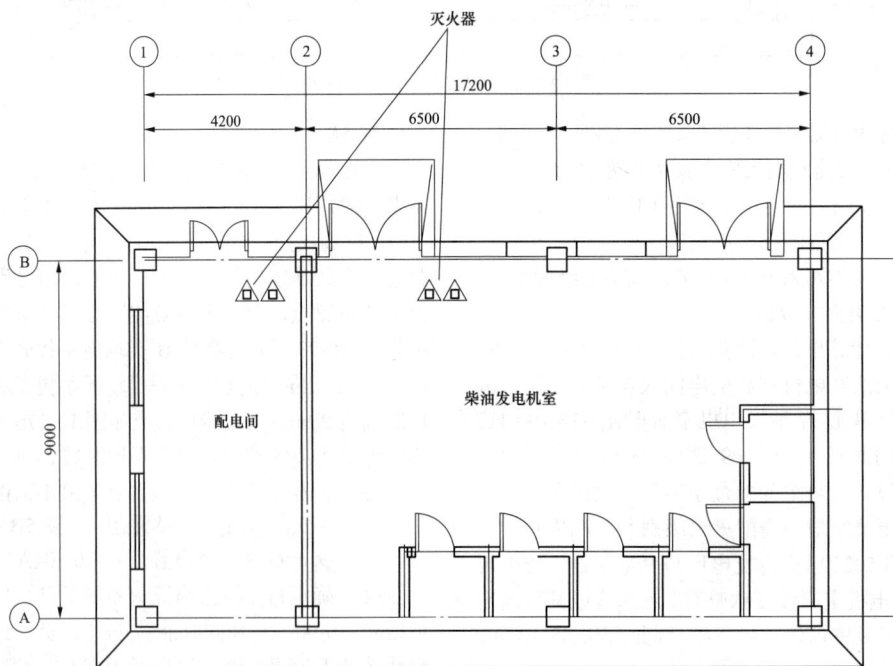

图 10-176　柴油发电机房灭火器设置图

第十一章

火灾自动报警系统

根据物质燃烧的规律，除易燃易爆物质遇火立即爆炸起火外，一般物质火灾都要经过初始、阴燃、起火引燃、高温发展、熄灭五个阶段。通过设置火灾自动报警系统，能及早发现火灾，有利于火灾的补救，减少火灾的损失。因此，火灾自动报警系统在消防系统中尤其重要。

第一节　火灾自动报警系统的组成

一、系统组成及基本要求

火灾自动报警系统是由火灾探测器、手动报警按钮、火灾报警控制器、火灾警报器以及具有其他辅助功能的装置组成，用于探测火灾早期特征、发出火灾报警信号，为人员疏散、防止火灾蔓延和启动自动灭火设备提供控制与指示的消防系统。常用系统一般可分为区域报警系统、集中报警系统、控制中心报警系统。

火灾自动报警系统设计应遵守如下要求：

（1）火灾自动报警系统应设置自动和手动两种触发装置。

（2）火灾自动报警系统设备应选择符合国家有关标准和有关市场准入制度的产品。

（3）系统中各类设备之间的接口和通信协议的兼容性应符合 GB 22134《火灾自动报警系统组件兼容性要求》的有关规定。

（4）任一台火灾报警控制器所连接的火灾探测器、手动火灾报警按钮和模块等设备总数和地址总数，均不应超过 3200 点，其中每一总线回路连接设备的总数不宜超过 200 点，且应留有不少于额定容量 10% 的余量；任一台消防联动控制器地址总数或火灾报警控制器（联动型）所控制的各类模块总数不应超过 1600 点，每一联动总线回路连接设备总数不宜超过 100 点，且应留有不少于额定容量 10% 的余量。

（5）系统总线上应设置总线短路隔离器，每只总线短路隔离器保护的火灾探测器、手动火灾报警按钮和模块等消防设备的总数不应超过 32 点；总线穿越防火分区时，应在穿越处设置总线短路隔离器。

（6）水泵控制柜、风机控制柜等消防电气控制装置不应采用变频启动方式。

二、系统的基本形式

（一）区域火灾报警系统

区域火灾报警系统由火灾探测器、手动火灾报警按钮、火灾声光警报器及火灾报警控制器等组成，系统中可包括消防控制室图形显示装置和指示楼层的区域显示器。区域火灾报警系统主要应用于仅需要报警，不需要联动自动消防设备的保护对象。区域火灾报警系统示意图如图 11-1 所示。火灾报警系统图例如图 11-2～图 11-4 所示。

（二）集中火灾报警系统

集中火灾报警系统由火灾探测器、手动火灾报警按钮、火灾声光警报器、消防应急广播、消防专用电话、消防控制室图形显示装置、火灾报警控制器、消防联动控制器等组成。集中火灾报警系统主要应用于即要报警，又要联动自动消防设备，且只设置一台具有集中控制功能的火灾报警控制器和消防联动控制器的保护区域。集中火灾报警系统示意图（报警与控制合用总线布置）如图 11-5 所示，集中火灾报警系统示意图（报警与控制总线分开布置）如图 11-6 所示。

（三）控制中心火灾报警系统

控制中心火灾报警系统由火灾探测器、手动火灾报警按钮、火灾声光警报器、消防应急广播、消防专用电话、消防控制室图形显示装置、火灾报警控制器、消防联动控制器等组成。

控制中心火灾报警系统主要应用于设置两个及以上消防控制室的保护对象，或已经设置两个及以上集中报警系统的保护对象。对于设有多个消防控制室的保护对象，应确定一个主消防控制室，对其他消防控制室进行管理。根据建筑的实际使用情况界定消防控制室的级别。主消防控制室内应能集中显示保护对象内所有的火灾报警部位信号和联动控制状态信号，并能显示设置在各分消防控制室内的消防设备的状态信息。为了便于消防控制室之间的信息沟通和信息共享，各分消防控制室内的消防设备之间可以互相传输、显示状态信息；同时，为了防止各个消防控制室的消防设备之间的指令冲突，要求分消防控制室的消防设备之间不应互相控制。一般情况下，整个系统中共同使用的水泵等重要的消防设备可根据消防安全的管理需求及实际情况，由最高级别的消防控制室统一控制。

控制中心火灾报警系统示意图（区域集中两级报警）如图 11-7 所示，控制中心火灾报警系统示意图（分布式联网型）如图 11-8 所示。

备注：图 11-1～图 11-8 均摘自国家建筑标准设计图集 04X501《火灾报警及消防控制》。

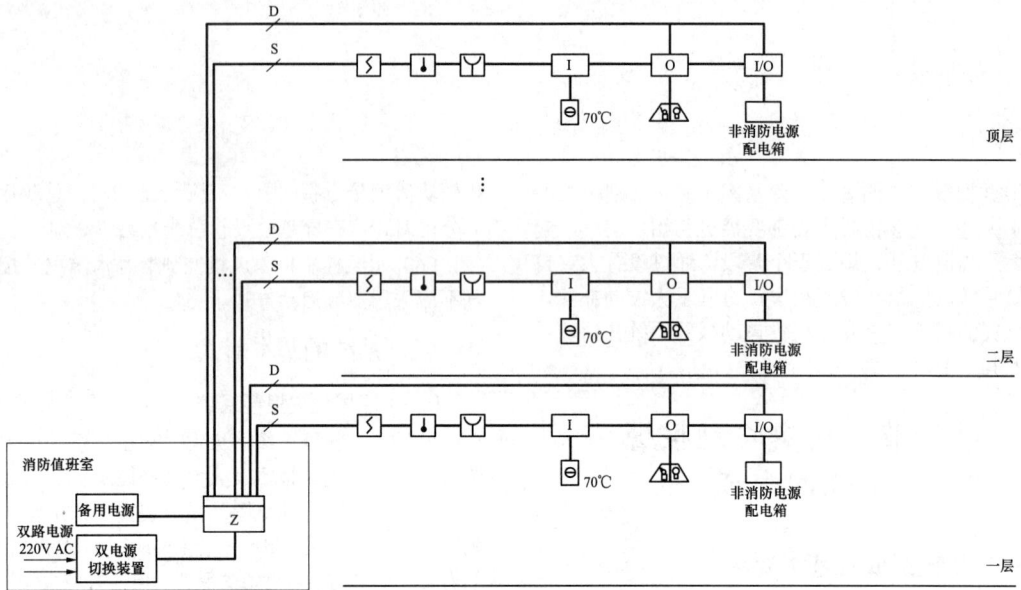

图 11-1　区域火灾报警系统示意图

序号	图形和文字符号	名　称	序号	图形和文字符号	名　称
1		火灾报警控制器	16	FI	楼层显示盘
2	c	集中型火灾报警控制器	17	CRT	火灾计算机图形显示系统
3	z	区域型火灾报警控制器	18	FPA	火警广播系统
4	s	可燃气体报警控制器	19	MT	对讲电话主机
5	RS	防火卷帘门控制器	20	AC	控制箱
6	RD	防火门磁释放器	21	AD	直流电源箱
7	I/O	输入/输出模块	22	AT	电源自动切换箱
8	I	输入模块	23	CT	缆式线型定温探测器
9	O	输出模块	24	↓	感温探测器
10	P	电源模块	25	↓N	感温探测器(非地址码型)
11	T	电信模块	26	感烟探测器	感烟探测器
12	SI	短路隔离器	27	N	感烟探测器(非地址码型)
13	M	模块箱	28	EX	感烟探测器(防爆型)
14	SB	安全栅	29		感光火灾探测器
15	D	火灾显示盘	30		气体火灾探测器(点式)

图 11-2　火灾报警系统图例一

序号	图形和文字符号	名 称	序号	图形和文字符号	名 称
1		复合式感烟感温火灾探测器	16	280℃	防烟防火阀(控制开启， 280℃熔断关闭)
2		复合式感光感烟火灾探测器	17		增压送风口(控制打开)
3		点型复合式感光感温火灾探测器	18	SE	排烟口(控制打开)
4		线型差定温火灾探测器	19		火灾报警电话机
5		线型光束感烟火灾探测器(发射部分)	20		火灾电话插孔
6		线型光束感烟火灾探测器(接受部分)	21		带手动报警按钮的火灾电话插孔
7		手动火灾报警按钮	22		火警电铃
8		消火栓启泵按钮	23		警报发声器
9		水流指示器	24		火灾光警报器
10	P	压力开关	25		火灾声光报警器
11		带监视信号的检修阀	26		火灾警报扬声器
12		报警阀	27	IC	消防联动控制装置
13	70℃	常开防火阀(70℃熔断关闭)	28	AFE	自动消防设备控制装置
14	E 70℃	常开防火阀(控制关闭， 70℃熔断关闭)	29	EEL	应急疏散指示标志灯
15	280℃	常开防火阀(280℃熔断关闭)	30	EEL	应急疏散指示标志灯(向右)

图 11-3 火灾报警系统图例二

序号	图形和文字符号	名 称	序号	图形和文字符号	名 称
1	EEL	应急疏散指示标志灯(向右)	14	B	紧急停止按钮
2	EL	应急疏散照明灯	15		放气指示灯
3		消火栓	16		钢瓶
4		水泵	17	M	电磁阀
5		正压送风机	18	ASD	空气采样早期烟雾探测器
6		排烟风机	19	EX	感温探测器(防爆型)
7	F	火灾报警接线端子箱	20	S	报警二总线
8	B	应急广播接线端子箱	21	D	24V电源线
9	E	接地端子箱	22	F	电话线
10	C	吸顶式安装型扬声器	23	B	广播线
11	R	嵌入式安装型扬声器	24	N	网络线
12	W	壁挂式安装型扬声器	25	K	控制线 RS-485 或 CAN网
13	O	紧急启动按钮	26	n	n芯控制线

图 11-4 火灾报警系统图例三

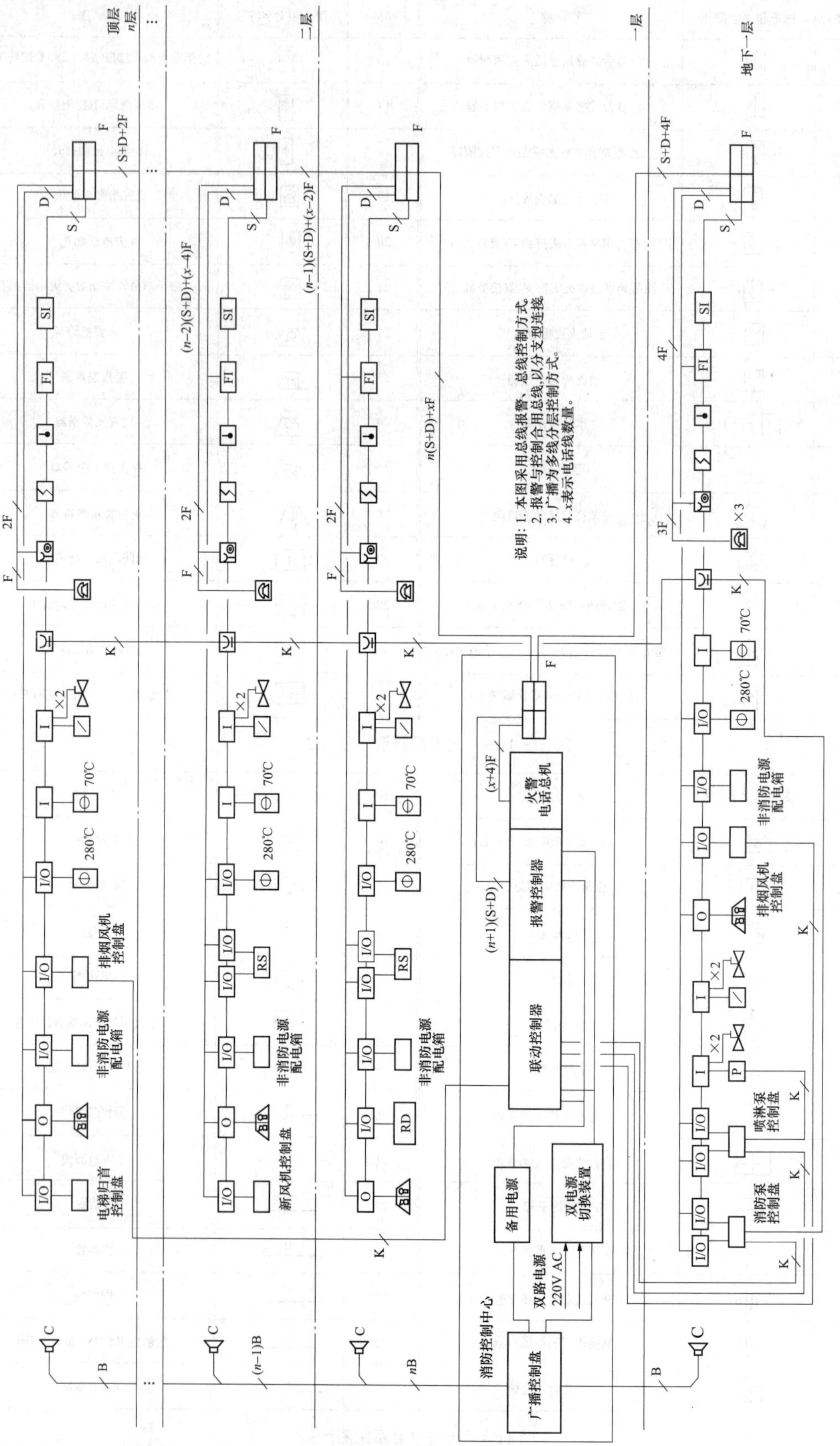

图 11-5 集中火灾报警系统示意图（报警与控制合用总线布置）

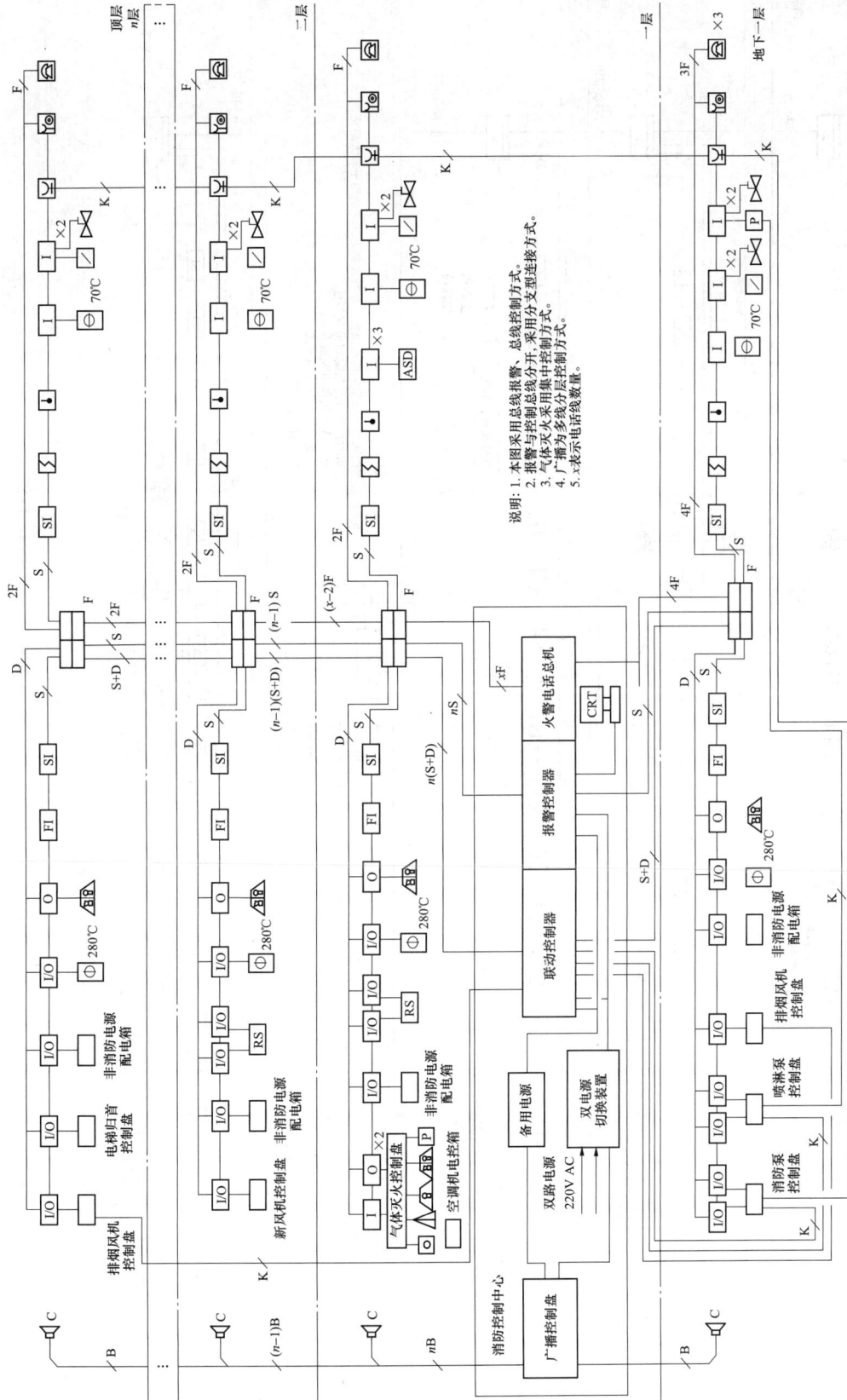

图 11-6 集中火灾报警系统示意图（报警与控制总线分开布置）

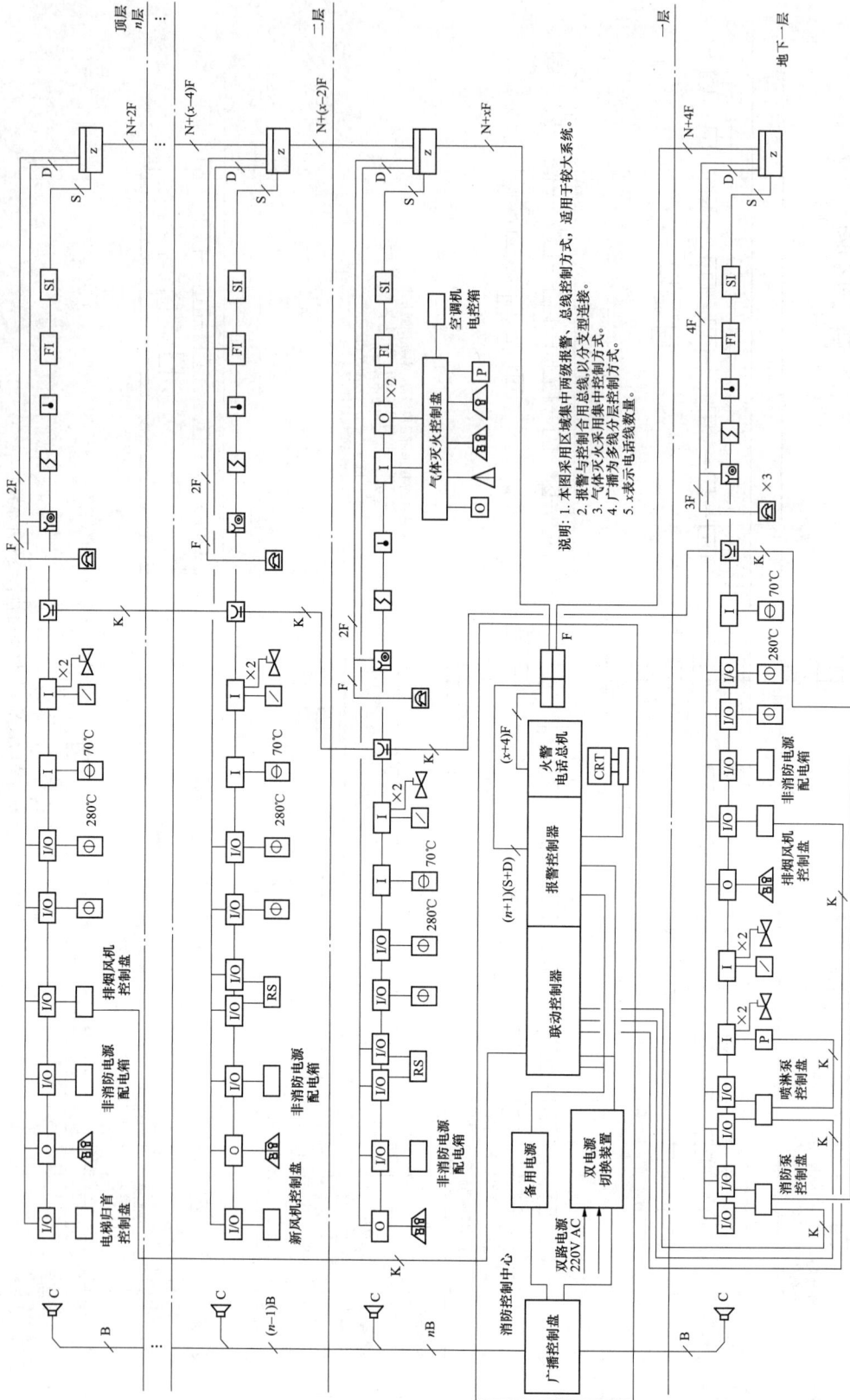

图 11-7　控制中心火灾报警系统示意图（区域集中两级报警）

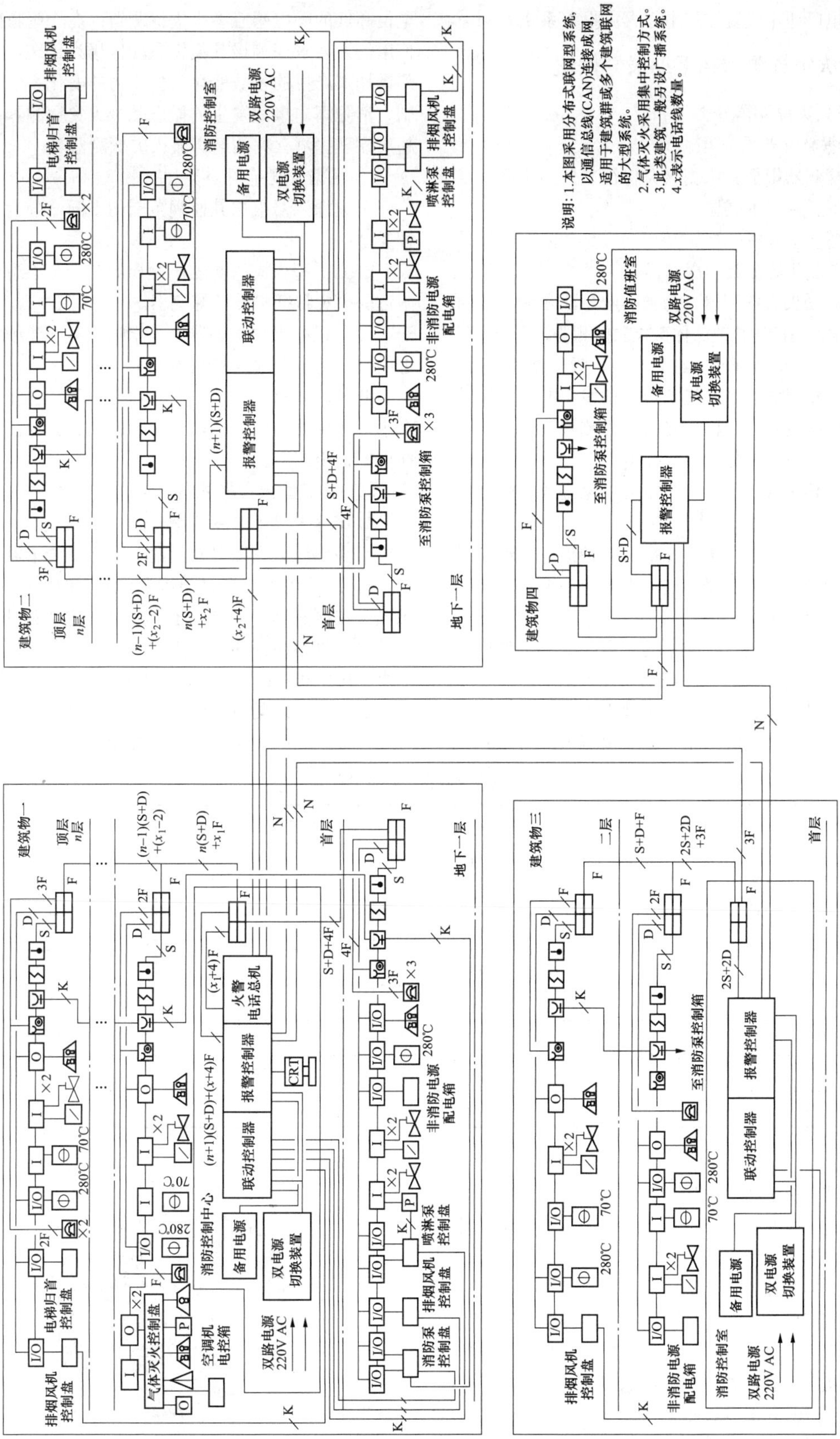

图 11-8 控制中心火灾报警系统示意图（分布式联网型）

说明：1.本图采用分布式联网型系统，以通信总线(CAN)连接成网，适用于建筑群或多个建筑联网的大型系统。

2.气体灭火采用集中控制方式。

3.此类建筑一般另设广播系统。

4.x表示电话线数量。

大型电厂通常设置控制中心火灾报警系统。

三、火灾探测器和手动报警按钮

（一）火灾探测器分类

1. 根据特征参数分类

火灾探测器根据其探测火灾特征参数的不同，可以分为以下五种基本类型：

（1）感温火灾探测器。是指响应异常温度、温升速率和温差变化等参数的探测器。

（2）感烟火灾探测器。是指响应悬浮在大气中的燃烧或热解产生的固体或液体微粒的探测器。进一步可分为离子感烟、光电感烟、红外光束、吸气型等种类。

（3）火焰探测器。是指响应火焰发出的特定波段电磁辐射的探测器，又称感光火灾探测器。进一步可分为紫外、红外及其复合式等种类。

（4）气体火灾探测器。是指响应燃烧或热解产生的气体的火灾探测器。

（5）复合火灾探测器。是指将多种探测原理应用在同一探测器中的探测器，进一步可分为烟温复合、红外紫外复合等种类。

此外，还有一些特殊类型的火灾探测器，包括使用摄像机、红外热成像器件等视频设备获取监控现场视频信息，进行火灾探测的图像型火灾探测器；探测泄漏电流大小的漏电流感应型火灾探测器；探测静电

电位高低的静电感应型火灾探测器；在一些特殊场合使用的，要求探测极其灵敏、动作极为迅速，通过探测爆炸声产生的参数变化（如压力的变化）信号来抑制、消除爆炸事故发生的微压差型火灾探测器；利用超声原理探测火灾的超声波火灾探测器等。

2. 根据监视范围分类

火灾探测器根据其监视范围的不同，分为以下两种类型：

（1）点型火灾探测器。是指响应一个小型传感器附近的火灾特征参数的探测器。

（2）线型火灾探测器。是指响应某一连续路线附近的火灾特征参数的探测器。

此外，还有一种多点型火灾探测器，它能响应多个小型传感器（例如热电偶）附近的火灾特征参数，在电厂极少应用。

（二）点型火灾探测器

1. 点型感温火灾探测器

点型感温火灾探测器是对一个小型传感器附近的异常温度、升温速率以及温度变化响应的火灾探测器。感温火灾探测器是世界上出现最早、使用面最广、品种最多、价格最低的一种火灾探测器。它结构简单，很少配用电子电路，与感烟型等其他火灾探测器相比，其可靠性高，但灵敏度略低。

点型感温火灾探测器的分类详见表 11-1。

表 11-1	点型感温火灾探测器的分类			℃
探测器类别	典型应用温度	最高应用温度	动作温度下限值	动作温度上限值
A1	25	50	54	65
A2	25	50	54	70
B	40	65	69	85
C	55	80	84	100
D	70	95	99	115
E	85	110	114	130
F	100	125	129	145
G	115	140	144	160

注　摘自 GB 50116—2013《火灾自动报警系统设计规范》附录 C。

点型感温火灾探测器按动作原理分为定温式、差温式、差定温式三种。点型感温火灾探测器使用的敏感元件比较多，例如水银、双金属、易熔合金、膜盒、热敏电阻、半导体 P-N 结等。目前，随着电子元件的小型化和微型化以及微处理器的引入，新型智能感温探测器能将火灾产生的热量以温度模拟量形式报告给控制盘，从而得到比普通型系统更多的信息。某厂家智能感温探测器外形图如图 11-9 所示。某厂家非编址防爆型金属棒状感温探测器外形图如图 11-10 所示。

图 11-9　智能感温探测器外形图

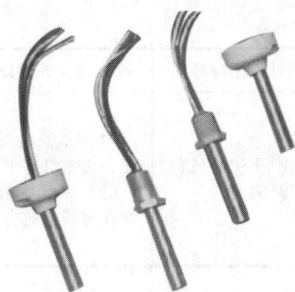

图11-10　非编址防爆型金属棒状感温探测器外形图

图11-11　智能光电感烟火灾探测器外形图

2. 点型感烟火灾探测器

点型感烟火灾探测器是一种响应燃烧或热解产生的固体或液体微粒的火灾探测器。

点型感烟火灾探测器是用于探测火灾初期的烟雾，并发出火灾报警信号的火灾探测器。它具有能早期发现火灾、响应速度较快、使用面较广等特点，有利于火灾的扑救，有利于减少火灾损失。点型感烟火灾探测器是目前世界上在该领域内应用数量最多（可探测到70%以上物质燃烧初期生成物）、最普遍的一种探测器。

点型感烟探测器主要分为离子点型感烟火灾探测器和光电点型感烟火灾探测器。离子感烟火灾探测器是一种应用烟雾粒子改变电离室电离电流原理的感烟火灾探测器。

光电点型感烟火灾探测器是利用火灾烟雾对光产生吸收和散射作用来探测火灾的一种火灾探测器。光电点型感烟火灾探测器没有放射性污染问题，易生产，成本低，是目前应用最广泛的感烟火灾探测器。目前，智能光电感烟火灾探测器能感知探测器探测室中的烟雾浓度，并可设置不同的灵敏度适应不同的环境。离子点型感烟火灾探测器正在逐步被光电点型感烟火灾探测器取代。

某厂家智能光电感烟火灾探测器外形图如图11-11所示，非编址防爆型感烟火灾探测器外形图如图11-12所示。

近几年，国外开发出高灵敏度激光感烟探测器，采用亮度极高的激光二极管，结合特殊的透镜和镜面光学技术，使感烟火灾探测器灵敏度比当前光电技术高10～50倍。因此，其可以对阴燃火灾提早报警。

图11-12　非编址防爆型感烟火灾探测器外形图

某厂家智能高灵敏度激光感烟火灾探测器外形图如图11-13所示。

图11-13　智能高灵敏度激光感烟火灾探测器

3. 火焰探测器

火焰探测器或称感光火灾探测器，是一种响应火灾发出的电磁辐射（红外、可见和紫外波段）的火灾探测器（以下简称火焰探测器）。响应波长低于400nm波段电磁辐射的火灾探测器称作紫外火焰探测器，响应波长高于700nm波段电磁辐射的探测器称作红外火焰探测器。因为电磁辐射的传播速度极快，所以这种探测器对快速发生、发展的火灾（尤其是液体火灾）或爆炸能够及时响应，是此类火灾早期探测的理想探测器。

火焰探测器分为单波段红外火焰探测器、双波段红外及紫外/红外复合火焰探测器、多波段红外火焰探测器。常用火焰探测器选型对照表详见表11-2。某厂家火焰探测器外形图如图11-14所示。

表11-2　　　　　　　　　　　　　　常用火焰探测器选型对照表

型号	双波长红外火焰探测器	紫外火焰探测器	三波长红外火焰探测器	双波长红外紫外复合探测器
探测原理	双红外+频率	紫外+频率	三红外+频率	红外+紫外+频率
适用范围	（1）碳氢化合物火焰； （2）室内和室外	（1）碳氢化合物火焰； （2）氢气及金属火焰； （3）室内	（1）碳氢化合物火焰； （2）室内和室外	（1）碳氢化合物火焰； （2）氢气及金属火焰； （3）室内和室外
优点	（1）中等速度； （2）中等敏感度； （3）不受日光的影响； （4）误报率低	（1）高等速度； （2）中等敏感度； （3）受日光的影响较弱； （4）不受热物体影响； （5）价格低	（1）中等速度； （2）高敏感度； （3）不受日光的影响； （4）误报率低	（1）中等速度； （2）中等敏感度； （3）不受日光的影响； （4）误报率低

型号	双波长红外火焰探测器	紫外火焰探测器	三波长红外火焰探测器	双波长红外紫外复合探测器
缺点	少数情况下受特殊红外光谱源影响	（1）易受电弧焊接、电火花、卤素灯等干扰源影响； （2）浓烟、蒸汽、油脂沉淀在透镜上时会失去判断力	少数情况下受特殊红外光谱源影响	（1）易受电弧焊接、电火花、卤素灯等干扰源影响； （2）浓烟、蒸汽、油脂沉淀在透镜上时会失去判断力

图 11-14　火焰探测器外形图

4. 点型可燃气体探测器

可燃气体探测报警设备是用于易燃易爆场所可燃气体探测和报警的一种安全产品。

点型可燃气体探测器由气敏传感器、电路、外壳和紧固件等部分组成。气敏传感器是点型可燃气体探测器的核心部件，用于将探测到的气体浓度信息转换为电信号。目前使用的气敏传感器主要有半导体气敏传感器、催化燃烧式气敏传感器、电化学气敏传感器、光学式气敏传感器四种。点型可燃气体探测器利用了可燃性气体对探测器气敏传感器发生某种作用而引起其特性改变的原理，主要用于易燃易爆场合的可燃性气体探测，把现场可能泄漏的可燃气体的浓度控制在报警设定值以下，例如爆炸下限（LEL）的 50%（高限报警设定值）以下，当超过这一浓度时，发出报警信号，以便采取应急措施。

测量范围为 0～100%LEL 的点型可燃气体探测器，要与可燃气体报警控制器配接使用，探测器安装在被监视场所，控制器安装在安全区的值班室，两者用通用电缆连接，通常使用直流 24V 电源供电。

某厂家可燃气体探测器外形图如图 11-15 所示。

（三）线型火灾探测器

1. 线型感温火灾探测器

线型感温火灾探测器是对被保护区域内某一连续线路周围的温度参数响应的火灾探测器。

根据动作性能可分为线型定温探测器、线型差温探测器、线型差定温探测器；根据工作原理可分为缆式线型感温火灾探测器（包括定温、差温、差定温）、

图 11-15　可燃气体探测器外形图

备注：%LEL 浓度是可燃气体常用的浓度单位，将气体爆炸下限的体积浓度一百等分，每一份对应的就是 1%LEL。例如甲烷的爆炸下限为 5%VOL（气体体积百分比），那么甲烷 100%LEL= 5%VOL，当甲烷浓度显示值为 "25%LEL" 时，相当于此时甲烷含量为 1.25%VOL。此外，不同气体的爆炸下限不同，例如氢气的爆炸下限为 4%VOL，则氢气 100%LEL=4%VOL。

空气管式线型感温火灾探测器（包括差温、差定温）；根据工作方式可分为可恢复式线型感温火灾探测器、不可恢复式线型感温火灾探测器。

（1）缆式线型感温火灾探测器。其是以感温电缆为敏感元件的线型感温火灾探测器，这种探测器敏感元件一般采用 2 根或多根涂有热敏绝缘材料的导线绞合在一起，或是同芯电缆结构形式，电缆中的导线用热敏绝缘材料隔离开来。缆式线型感温火灾探测器敏感元件的结构主要有绞合结构（2-4 线绞合）、同轴结构和平行结构三种。某厂家缆式线型感温火灾探测器外形图如图 11-16 所示。

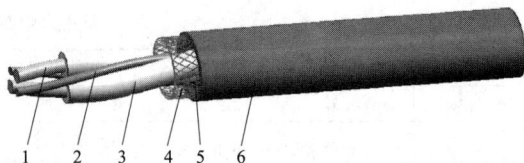

图 11-16　缆式线型感温火灾探测器外形图

1—导体；2—漆包线；3—负温度系数（negative temperature coefficient，NTC）材料（芯线）；4—1 级屏蔽；

5—2 级屏蔽；6—外护套

早期的缆式线型感温火灾探测器为开关量输出、定温报警、不可恢复式的产品。随着火灾探测报警技术的发展，业界研发出了模拟量输出、差温或差定温报警、可恢复式的缆式线型感温火灾探测器，并在工程中大量应用。

目前，随着科学技术的发展，已经开发出全新数字技术线型感温火灾探测器，利用多条件探测技术（短路探测模式及热电偶探测模式）确定温度触发。该探测器可以精确定位，并精确显示报警点实时温度，有利于过热及火灾原因分析，避免由于机械损坏导致的误报。该系统一个控制模块最大可监控1220m线型感温电缆。某厂家全数字技术线型感温火灾探测器外形图如图11-17所示。

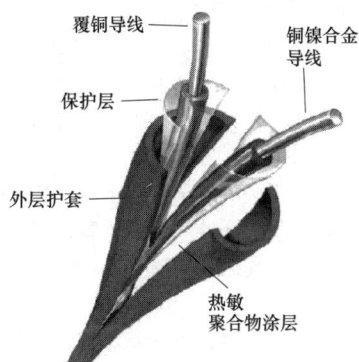

图 11-17　全数字技术线型感温火灾探测器外形图

（2）空气管式线型感温火灾探测器。其是以空气管为敏感元件的线型感温火灾探测器。

某厂家空气管式线型感温火灾探测器外形图如图11-18所示。

图 11-18　空气管式线型感温火灾探测器外形图

早期的空气管式线型感温火灾探测器为开关量输出、差温报警的产品。随着火灾探测报警技术的发展，已研发出了模拟量输出、差定温报警的空气管式线型感温火灾探测器，并在工程中大量应用。

2. 线型光纤感温火灾探测器

线型光纤感温火灾探测器是一种应用光纤（光缆）作为温度传感器和信号传输通道的线型感温火灾探测器，适用于地下建筑及大空间建筑，如地下隧道、油罐、大型变压器等易燃、易爆或有强电磁干扰的场所。

（1）分布式线型光纤感温火灾探测器。其主要由线型光纤感温火灾探测主机、感温光纤、监测软件以及光纤连接器件构成。主机用于光电信号处理及数据显示等，主要功能是实现信号的发射、接收、滤波、放大和信息处理、数据分析、软件处理及数据显示等。某厂家分布式光纤系统结构如图11-19所示。

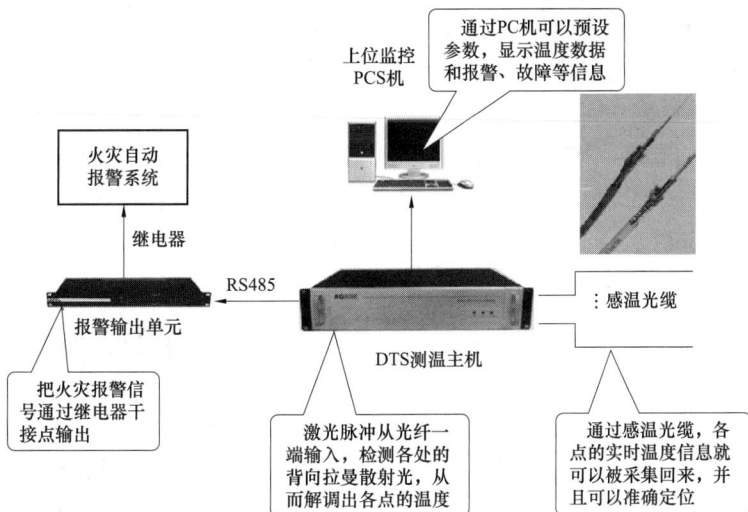

图 11-19　分布式光纤系统结构
注：DTS—distributed temperature sensing，分布式
光纤测温系统，也称为光纤测温。

（2）光纤光栅感温火灾探测器。其主要由光纤光栅探头、连接光缆、信号处理器以及控制计算机组成。光纤光栅感温火灾探测器只是针对沿线的几个或几十个点做温度的监测，每通道最多可测量25个点。目前，光纤光栅感温火灾探测器主要应用于电厂高压开关柜、电缆接头、变压器等高压电力设备因绝缘老化或

接触不良所引发的故障和火灾的早期预测。

3. 线型光束感烟火灾探测器

线型光束感烟火灾探测器是应用烟雾对光束的吸收、散射和遮挡作用使接收光强度发生变化的原理探测火灾的一种线型火灾探测器。线型光束感烟火灾探测器常用的光源有红外发光管和半导体激光管。探测器通常由发射器和接收器两部分组成。发射器和接收器分别位于被保护区域相对两侧的称为对射式。发射器和接收器容纳在一个外壳内、通过反射板反射光束的称为反射式。此外，还有一种光截面图像感烟火灾探测器，按探测原理也属于线型光束感烟火灾探测器。光截面图像感烟火灾探测器由发射器和图像感烟接收器组成。每个接收器可与多个发射器配合使用，属智能感烟火灾探测器。这种火灾探测器运用多光束组成光截面，可对被保护空间实施任意曲面式覆盖，具有一个接收器对应多个发射器的特点，能分辨发射光源与干扰光源，保护面积比一对一的对射式或反射式线型光束感烟火灾探测器大。

某厂家线型光束感烟火灾探测器外形图如图 11-20 所示。

图 11-20 线型光束感烟火灾探测器外形图

4. 线型可燃气体探测器

线型可燃气体探测器一般由发射器、接收器和报警中继器三部分组成，主要用于检测可燃性气体和二氧化碳。由于价格较高，应用不及点型催化燃烧式气体探测器广泛。某厂家线型可燃气体探测器外形图如图 11-21 所示。

线型可燃气体探测器主要用于石油、石化企业的原油、成品油、石油液化气和天然气的储存、输送及加工场所。由于该探测器对于大气介质的能见度和露天环境具有较强的适应性，所以特别适合于室外开放空间场所的可燃气体探测报警。

线型可燃气体探测器在工程设计中，应保证发射器与接收器处于同一轴线布置，并牢固安装，保证其相对位置不发生变化，同时，发射器与接收器两者之间应避免发生频繁或长时间遮挡。

图 11-21 线型可燃气体探测器外形图

（四）吸气式感烟火灾探测器

高灵敏度吸气式感烟火灾探测器也称激光式高灵敏线型感烟火灾探测器。该探测器能够通过测试空气样品了解烟雾浓度，并根据预先设定的响应阈值给出相应的报警信号。

吸气式感烟火灾探测器主要由用于抽取空气样品的管道网络、抽气所需的气泵或风扇、管道空气流速控制电路、烟粒子探测器、信号处理电路和报警信号显示电路等组成。

吸气式感烟火灾探测器以激光原理分析空气样品中的烟雾浓度，即烟浓度的大小，能分辨出是灰尘还是水气，不易发生误报信号。它的探测灵敏度比常规的点型感烟探测器高出 500 倍，保护范围为 200～2000m², 安装高度大于 8m。

吸气式感烟火灾探测器不适宜用在有大量烟雾污染的区域以及其他不能有效控制烟雾产生的环境。该系统在肮脏多尘的环境中，或者抽气管道无法适当设置的场所，其应用都将受到一定的限制。某厂家吸气式感烟火灾探测器外形图如图 11-22 所示。

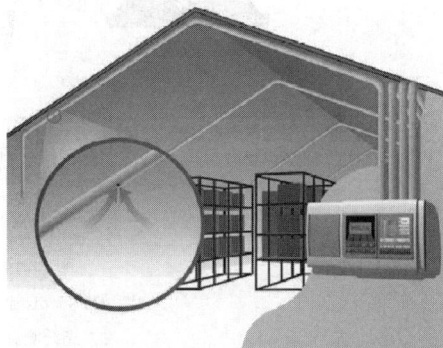

图 11-22 吸气式感烟火灾探测器外形图

（五）其他火灾探测器

其他火灾探测器主要有无线火灾探测器、图像火灾探测器、热点探测器等。

1. 无线火灾探测器

无线火灾探测器是一种采用无线方式与火灾报警控制器进行通信的火灾探测器。无线火灾探测器主要由传感单元、处理单元、无线收发单元和供电电池组成。传感单元检测烟雾浓度或温度信号，处理单元完成数据处理、A/D 转换以及网络组织，无线收发单元完成无线数据传输，接收控制器发送来的数据，传送探测器状态信息。由于采用无线传输技术，省去了大量布线安装工程，系统简单，维护方便。在一些古建筑中，由于文物保护的需要以及一些建筑物对美观有特殊要求，宜采用无线火灾探测器。无线探测网络系统组网方便，易于扩展，具有一定的发展潜力。

当无线火灾探测器监视区域发生火灾，其参数达到报警条件时，无线火灾探测器发出火灾报警信号，通过无线收发单元发出短波无线电信号，在很短的时间之内将所得数据传送到火灾报警控制器，火灾报警控制器发出声光报警信号。

2. 图像火灾探测器

图像火灾探测器是指使用摄像机、红外热成像器件等视频设备（单独或组合方式）获取监控现场视频信息，进行火灾探测的火灾探测器。

图像火灾探测器可分为感烟型、感火焰型两种。

图像火灾探测器由摄像机、视频采集并行处理器、信息处理主机（高性能计算机）组成。图像火灾探测器将火灾燃烧产生的烟、火焰等现象以视频图像信号的形式通过视频采集并行处理器传送至信息处理主机，信息处理主机采用先进的图像处理技术、广角探测和特殊的抗干扰算法，利用火灾时燃烧过程中的光谱特性、色度特性、纹理特性、运动特性以及频谱特性，使其模型化、工程化，形成计算机可识别的火灾模式，从而识别火灾信息，完成火灾探测和报警的功能。

某厂家图像火灾探测器外形图如图 11-23 所示。

图 11-23　图像火灾探测器外形图

3. 热点探测器

热点探测器是美国近三十年来线状温度传感器技术发展取得的主要成果，完全不同于世界上现有的其他温度传感器，它利用热电效应原理，能够连续产生与其长度（任意一点）所及范围内之最高温度点温度相对应的毫伏信号。可用来连续探测监控区域的最高温度，对温度的变化进行实时监控，不仅能测定温度

异变的幅度，而且能确定温度异变的区域。目前，热点探测器最大应用长度为 500m。

热点探测预警系统是以热点探测器作为系统的主要检测元件，用来测量监控区域的温度以保证安全防火预警方面的要求。所有数据可汇集到监测中心的主控机上，以便实时显示及记录，同时在温度超出正常范围时提供报警。系统构成可选择温度显示报警单元或温度变送器方式，某厂家热点探测器系统架构如图 11-24 所示。

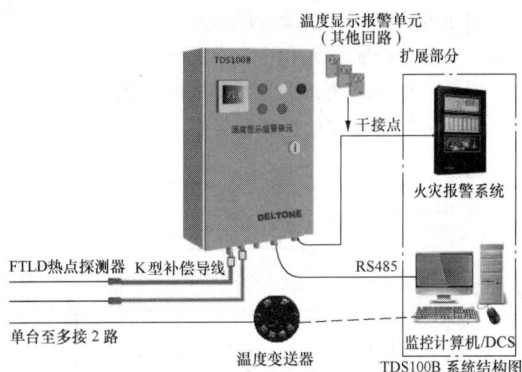

图 11-24　热点探测器系统架构

除此以外，还有以下几种探测器：探测泄漏电流大小的漏电流感应型火灾探测器，探测静电电位高低的静电感应型火灾探测器；还有在一些特殊场合使用的，要求探测极其灵敏、动作极为迅速，以至要求探测爆炸声产生的某些参数的变化信号，以便来抑制、消灭爆炸事故发生的微差压型火灾探测器；利用超声原理探测火灾的超声波火灾探测器等。

（六）手动火灾报警按钮

手动火灾报警按钮是火灾自动报警系统中不可缺少的一种手动触发器件，它通过手动操作报警按钮的启动机构向火灾报警控制器发出火灾报警信号。手动火灾报警按钮一般由外壳、启动机构（易碎型或重复使用型等）、报警确认灯及触点等部件组成。对于可编址的手动火灾报警按钮，还包括地址编码部分。

某厂家手动火灾报警按钮外形图如图 11-25 所示。

图 11-25　手动火灾报警按钮外形图

四、火灾报警控制器和火灾警报器

（一）火灾报警控制器

火灾报警控制器是火灾自动报警系统的核心组件之一，是系统中火灾报警与警报的监控管理枢纽和人机交互平台。

目前，常将火灾报警控制器和消防联动控制器的双重功能集成在一个机体内的设备称为火灾报警控制器（联动型）。

火灾报警控制器一般包括主控单元、回路控制单元、显示操作单元、报警控制输出单元、直接联动控制单元、通信控制单元和电源单元等多个功能单元，火灾报警控制器组成和工作原理框图如图11-26所示。某厂家火灾报警及联动控制器如图11-27所示。

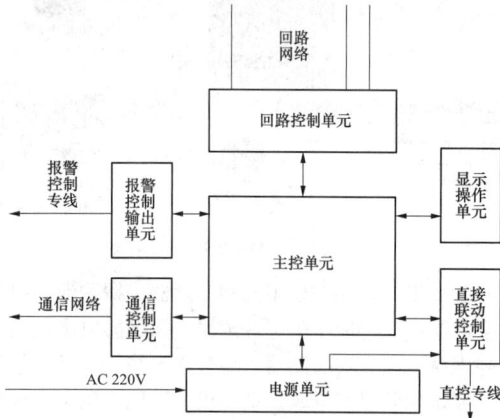

图11-26 火灾报警控制器组成和工作原理框图

图11-27 火灾报警及联动控制器

火灾报警控制器应具有以下基本功能：火灾报警功能、报警控制功能、故障报警功能、自检功能、电源与供电功能。

（二）火灾显示盘

火灾显示盘通常也称为区域显示器，是火灾自动报警系统的基本组件之一，用于显示所辖区域内现场报警触发器件的报警信息，发布报警信号。

火灾显示盘的设置应以满足现场信息通报指示和便于管理为原则，通常每一防火分区或楼层设置一台火灾显示盘。火灾显示盘通常设置在防火分区或楼层的入口处等明显位置。某厂家火灾显示盘如图11-28所示。

图11-28 火灾显示盘

（三）报警输入模块和总线模块

1. 报警输入模块

报警输入模块（又称报警接口模块、监视模块等）是将不能直接挂接在火灾报警控制器探测回路上的各类相关报警触发器件配接到探测回路上，实现火灾报警控制器对触发器件的正常监视、故障报警和火灾报警等信号接收的一种器件。

在工程应用中，报警输入模块连接的相关报警触发器件通常有水流指示器、压力开关以及火灾报警控制器监管的其他报警触发器件。在总线制火灾报警控制器配接别的制造商的非编址火灾探测器时，通常也需要相应的编址报警输入模块。编址报警输入模块也常用于扩展连接非编址的点型感烟、感温火灾探测器，适用于一个防火分区内不需要指示出某一具体的报警点，而仅需要指示出由若干探测器共同监视的同一部位（如一个较大的房间）的场所。

某厂家报警输入模块外形图如图11-29所示。

图11-29 报警输入模块外形图

2. 总线模块

（1）总线隔离模块。总线隔离模块也称总线隔离器、短路隔离器，是用于总线短路保护和短路点隔离的器件。

在总线制系统中，所有现场火灾报警触发器件均并联于探测总线回路网络上。当总线局部发生短路故障时，将导致整个总线系统瘫痪和控制器总线接口过载，如不加保护控制，严重时可导致控制器回路通道接口功率器件过热损坏。为此，通常在回路总线的适当位置设置总线隔离模块，以保障网络传输安全。

总线隔离模块均为无源模块，使用时将总线隔离模块串接在总线中即可，无须再连线供电；总线隔离模块总线输入与总线输出端口不能互换反接。通常情况下，该设备安装在总线的分支处，每一隔离段的设备容量不应超过 32 个编址点。

（2）总线中继模块。总线中继模块也称总线中继器、总线驱动器，是总线制探测网络中，实现总线信号的双向再生与驱动，改善信号传输质量，扩展总线拓扑结构并有效延长总线长度的信号中继器件，是总线系统中常用的一种重要模块。

总线中继模块为有源中继器件，需外接于总线外部的 DC 24V 工作电源。总线中继模块通常用于总线长度超过 1km 而需要延长的场合。

（四）火灾警报器

火灾警报器是一种最基本的火灾警报信号通报装置，通常以声、光方式向报警区域发出火灾警报信号，以警示人们采取安全疏散、灭火救援等应对火灾的措施。

火灾警报器可按以下方式分类：

（1）按警报信号形式可分为火灾声警报器（包括警铃）、火灾光警报器和火灾声光警报器。

（2）按供电方式可分为交流供电警报器和直流供电警报器。

通常情况下，对于火灾警报器的设置要求是每个防火分区应至少设有一个火灾警报器，其位置宜设在出、入口处。火灾警报器的启动宜采用手动或自动控制方式。在环境噪声大于 60dB 的场所设置火灾警报装置时，其声警报器的声压级应高于背景噪声 15dB。

交流供电型警报器在与火灾报警控制器连接时，一般需配接控制切换模块；直流供电警报器通常可由火灾报警控制器供电（DC 24V），还需配接报警输出模块。

某厂家火灾警报器如图 11-30 所示。

图 11-30　火灾警报器

（a）声光报警器；（b）警铃；（c）光报警器

五、消防联动控制设备

（一）消防联动控制设备的联动控制方式

目前，消防联动控制设备常用的联动控制方式主要有以下几种：

1. 自动控制和手动控制

为了提高消防联动控制系统的工作可靠性，在对每个受控消防设备设置自动控制方式的同时，还设置了手动控制方式。在自动控制状态下，可以插入手动操作，控制受控设备的启动或停止。

2. 直接控制和间接控制

直接控制是控制信号通过消防联动控制设备本身的输出接点或模块直接作用到连接的消防电动装置，进而实现对受控消防设备的控制。间接控制是控制信号通过消防电气控制装置间接作用到连接的消防电动装置，进而实现对受控消防设备的控制。

3. 总线控制和专线控制

（1）总线控制：在总线上配接消防联动模块。当消防联动控制设备接收到火灾报警信号，并满足预设的逻辑时，发出启动信号，通过总线上所配接的消防联动模块完成消防联动控制功能。当前主要采用两总线、三总线和四总线三种总线控制方式。

（2）专线控制：一般采用多线控制。即采用独立的手动控制开关，每组开关对应一个控制输出，属于点对点控制方式。这种方式的特点是设计简单，功能操作方便，控制直接，可靠性强，但布线复杂。

（二）消防联动控制设备组成

消防联动控制设备是火灾自动报警系统中的一个重要组成部分。通常包括消防联动控制器、消防控制室图形显示装置、消防电气控制装置（防火卷帘控制器、气体灭火控制器等）、消防联动模块、消火栓按钮、消防应急广播设备、消防电话等设备和组件。

1. 消防联动控制器

消防联动控制器是消防联动控制设备的核心组件。它通过接收火灾报警控制器发出的火灾报警信息，按预设逻辑对自动消防设备实现联动控制和状态监视。消防联动控制器可直接发出控制信号，通过驱动装置控制现场的受控设备。对于控制逻辑复杂，在消防联动控制器上不便实现直接控制的情况，通过消防电气控制装置（如防火卷帘控制器、气体灭火控制器等）间接控制受控设备。某厂家16点总线手动控制器如图11-31所示，8组多线联动控制器如图11-32所示。

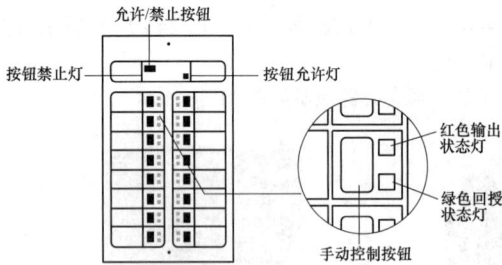

图 11-31　16 点总线手动控制器

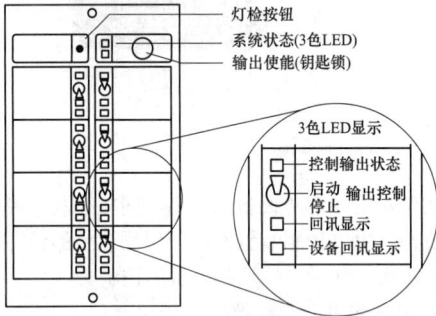

图 11-32　8 组多线联动控制器

2. 消防控制室图形显示装置

消防控制室图形显示装置是消防联动控制设备的一个重要组件。该装置安装在消防控制中心（电厂为集中控制室），用于接收消防系统中的设备火警信号、联动信号和故障信号，并通过图形终端把火警信息、故障信息和联动信息直观地显示在建筑平面图上，从而使消防管理人员能够方便及时地识别火灾位置并处理火灾事故。

消防控制室图形显示装置具有下述功能：

（1）通信功能。

（2）状态显示功能。

（3）通信故障报警功能。

（4）信息记录功能。

（5）信息传输功能。

消防控制室图形显示装置由计算机主机、图形终端、通信模块、软件、电源单元组成。

某厂家消防控制室图形显示装置如图11-33所示。

图 11-33　消防控制室图形显示装置

3. 消防电气控制装置

消防电气控制装置用于对消防给水设备、自动灭火设备、室内消火栓设备、防排烟设备、防火门窗、防火卷帘等各类自动消防设施的控制，具有控制受控设备执行预定动作、接收受控设备的反馈信号、监视受控设备状态、与上级监控设备进行信息通信、向使用人员发出声光提示信息等功能。消防电气控制装置可根据工程和消防设备情况，考虑与消防联动控制器合并设置或独立设置。

消防电气控制装置按受控设备的不同。可分为以下几类：

（1）风机控制装置。

（2）电动防火门控制装置。

（3）电动防火窗控制装置。

（4）电动阀控制装置。

（5）自动灭火设备控制装置。

（6）电动消防给水设备控制装置。

（7）防火卷帘控制器。

（8）消防应急照明指示控制装置。

4. 消防联动模块

消防联动模块是用于消防联动控制器与其所连接的受控设备之间信号传输、转换的一种器件，包括消防联动中继模块、消防联动输入模块、消防联动输出模块和消防联动输入/输出模块，它是消防联动控制设备完成对受控消防设备联动控制功能所需的一种辅助器件。

某厂家消防联动模块外形图如图 11-34 所示。

图 11-34 消防联动模块外形图

5. 消火栓按钮

消火栓按钮是用于向消防联动控制器或消火栓水泵控制器发送动作信号并启动消防水泵的器件，也是消防联动控制设备的一种辅助器件。

消火栓按钮一般由前面板、底座、启动零件、启动确认灯、回答确认灯、接点等组成。对于可编址的消火栓按钮，还包括地址编码部分。

某厂家消火栓按钮外形图如图 11-35 所示。

6. 消防应急广播设备

消防应急广播设备是火灾情况下用于通告火灾报警信息、发出人员疏散语音指示及灾害事项信息的广播设备，也是消防联动控制设备的相关设备之一。

图 11-35 消火栓按钮外形图

消防应急广播设备一般由声频功率放大器、预设广播信息单元、前置放大器、广播分区控制单元、显示操作单元、传声器、录音装置、扬声器、广播模块和电源等组成。

消防应急广播设备是火灾情况下的专用广播设备。当有火警或其他灾害与突发性事件发生时，通过中心指挥系统将有关指令或事先准备播放的内容，及时、准确地广播出去。

消防应急广播设备也可与公共广播设备合用；在有火警发生时，不但能手动操作进入应急广播状态，而且能根据接收到的控制信号，通过逻辑编程自动进

入应急广播状态。

某厂家消防应急广播系统控制柜内部、外部常用设备外形图如图 11-36、图 11-37 所示。

图 11-36 消防应急广播系统控制柜内部常用设备外形图

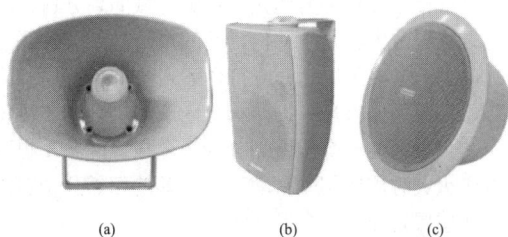

图 11-37 消防应急广播系统控制柜外部常用设备外形图
（a）号角；（b）壁挂式扬声器；（c）天花扬声器

7. 消防电话

消防电话是火灾自动报警系统中专用于各保护区域的重要部位与消防控制室之间传递火灾等突发事件有关语音信息的电话设备，也是消防联动控制设备的相关设备之一。某厂家总线型消防电话设备外形图如图 11-38 所示。

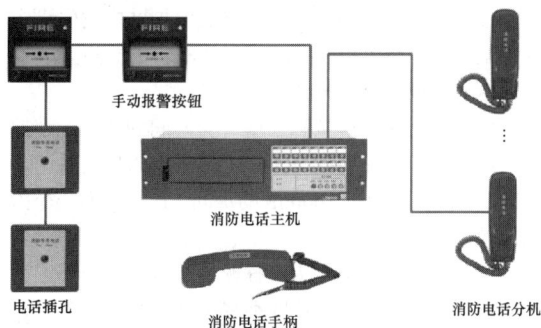

图 11-38 总线型消防电话设备外形图

消防电话由电话总机、电话分机和传输介质组成。

消防电话总机部分一般由主控板、录音装置、显示操作单元和电源部分组成。

消防电话总机通过总线接口与分布于现场的电话分机进行通信（多线制消防电话主机一般直接与分机连接），线路信号电平一般采用双音多频（double tone multi frequency，DTMF）方式。现场分机呼叫主机时，总机即有振铃声，同时显示分机号；当总机处于通话状态时，自动启动内部电子数字录音。数字录音断电时不丢失，可实现每次通话自动录音。消防电话总机可通过面板按键直接呼叫分机。消防电话总机可外接一条市内电话线，通过操作 119 键对外呼叫火警电话119。消防电话可与广播设备配合使用，将总机与分机通话内容进行现场广播。

第二节　报警和探测区域的划分

一、报警区域的划分

报警区域是将火灾自动报警系统的警戒范围按防火分区或楼层等划分的单元。报警区域的划分旨在迅速确定报警及火灾发生部位，并解决消防系统的联动设计问题。报警区域划分应符合下列要求：

（1）报警区域应根据防火分区或楼层划分。可将一个防火分区或一个楼层划分为一个报警区域，也可将发生火灾时需要同时联动消防设备的相邻几个防火分区或楼层划分为一个报警区域。

（2）电缆隧道的一个报警区域宜由一个封闭长度区间组成，一个报警区域不应超过相连的 3 个封闭长度区间；隧道的报警区域应根据排烟系统或灭火系统的联动需要确定，且不宜超过 150m。

（3）甲、乙、丙类液体储罐区的报警区域应由一个储罐区组成。

二、探测区域的划分

探测区域是将报警区域按探测火灾的部位划分的单元。为了迅速而准确地探测出被保护区内发生火灾的部位，需将被保护区按顺序划分成若干探测区域。

探测区域划分应符合下列要求：

（1）探测区域应按独立房（套）间划分。一个探测区域的面积不宜超过 500m²；从主要入口能看清其内部，且面积不超过 1000m² 的房间，也可划为一个探测区域。

（2）红外光束感烟火灾探测器和缆式线型感温火灾探测器的探测区域的长度不宜超过 100m；空气管差温火灾探测器的探测区域长度宜在 20～100m 之间。

（3）下列场所应单独划分探测区域：

1）敞开或封闭楼梯间、防烟楼梯间。

2）防烟楼梯间前室、消防电梯前室、消防电梯与防烟楼梯间合用的前室、走道、坡道。

3）电气管道井、通信管道井、电缆隧道。

4）建筑物闷顶、夹层。

第三节　电厂火灾自动报警系统的设计

一、系统选择及设计

（一）燃煤电厂火灾自动报警系统

燃煤电厂火灾自动报警系统应符合如下要求：

（1）单机容量为 50～150MW 的燃煤电厂，应设置集中报警系统。

（2）单机容量为 200MW 及以上的燃煤电厂，应设置控制中心报警系统。

（3）200MW 级机组及以上容量的燃煤电厂，宜按以下要求划分火灾报警区域：

1）集中控制楼区域；

2）主厂房区域（每台机组为一个火灾报警区域，包括汽机房、锅炉房、煤仓间以及主变压器、启动变压器、联络变压器、厂用变压器、机组柴油发电机、空冷控制楼）；

3）网络控制楼、微波楼和通信楼火灾报警区域（包括控制室、电子计算机房及电缆夹层）；

4）运煤系统火灾报警区域（包括控制室与配电间、转运站、碎煤机室、运煤栈桥、隧道、室内储煤场或筒仓）；

5）脱硫系统火灾报警区域；

6）液氨区火灾报警区域；

7）油罐区火灾报警区域；

8）厂前建筑火灾报警区域；

9）其他附属辅助建筑火灾报警区域。

（4）消防控制室应与单元控制室或集中控制室合并设置。

（5）集中火灾报警控制器应设置在值长所在的集中控制室内；区域报警控制器应设置在对应的火灾报警区域内。集中火灾报警控制器宜采用落地柜式或琴台式结构，应便于操作人员运行监控。

（6）可燃气体探测器、储氨区的氨气泄漏报警的信号应接入火灾自动报警系统。

（7）点火油罐区的火灾探测器及相关连接件应为防爆型。

（8）运煤系统内的火灾探测器及相关连接件应为防水型。

（9）室内储煤场应设置防爆型火灾探测器。

（10）火灾自动报警系统的警报音响应区别于其他系统的音响。

（11）当火灾确认后，火灾自动报警系统应能将生产广播切换到消防应急广播。

（12）消防设施的就地启动、停止控制设备应具有明显标志，并应有防误操作保护措施。消防水泵的停运应为手动控制。消防水泵宜采用自动巡检方式设计。

（13）火灾自动报警系统的所有设计，应符合 GB 50116—2013《火灾自动报警系统设计规范》的有关规定。

（二）燃机电厂火灾探测报警系统

燃机电厂火灾自动报警系统应符合如下要求：

（1）联合循环燃机电厂的燃气轮发电机组设在主厂房外时，燃机电厂的火灾自动报警装置，应按汽轮发电机组容量对应上述（一）的要求设计；燃气轮发电机组设在主厂房内时，应按单套机组容量对应上述（一）的要求设计。

（2）燃气轮发电机组及其附属设备的灭火及火灾自动报警系统宜随主机设备成套供货，其火灾报警控制器可布置在燃机控制间并应将火灾报警信号上传至集中报警控制器。

（3）室内天然气调压站，燃气轮机与联合循环发电机组厂房应设可燃气体泄漏探测装置，其报警信号应引至集中火灾报警控制器。

二、消防控制室设计要求

消防控制室内设置的消防设备应包括火灾报警控制器、消防联动控制器、消防控制室图形显示装置、消防专用电话总机、消防应急广播控制装置、消防应急照明和疏散指示系统控制装置、消防电源监控器等设备或具有相应功能的组合设备。消防控制室内设置的消防控制室图形显示装置应能显示表 11-3 要求的建筑物内设置的全部消防系统及相关设备的动态信息和表 11-4 要求的消防安全管理信息，并应为远程监控系统预留接口，同时应具有向远程监控系统传输表 11-3 和表 11-4 要求的有关信息的功能。

表 11-3　　　　　　　　　　　　电厂消防控制室火灾报警、消防设施运行状态信息

设施名称		内容
火灾探测报警系统		火灾报警信息、可燃气体探测报警信息、电气火灾监控报警信息、屏蔽信息、故障信息
消防联动控制系统	消防联动控制器	动作状态、屏蔽信息、故障信息
	消火栓系统	消防水泵电源的工作状态，消防水泵的启、停状态和故障状态、消防水箱（池）水位、管网压力报警信息及消火栓按钮的报警信息
	自动喷水灭火系统、水喷雾（细水雾）灭火系统（泵供水方式）	高压泵电源工作状态，启、停状态和故障状态，水流指示器、信号阀、报警阀、压力开关的正常工作状态和动作状态
	气体灭火系统、细水雾灭火系统（压力容器供水方式）	系统的手动、自动工作状态及故障状态，阀驱动装置的正常工作状态和动作状态，防护区域中的防火门（窗）、防火阀、通风空调等设备的正常工作状态和动作状态，系统的启、停信息紧急停止信号和管网压力信号
	泡沫灭火系统	消防水泵电源的工作状态，系统的手动、自动工作状态及故障状态，消防水泵的正常工作状态和动作状态
	干粉灭火装置	系统的手动、自动工作状态及故障状态，阀驱动装置的正常工作状态和动作状态，系统的启、停信息，紧急停止信号和管网压力信号
	防烟排烟系统	系统的手动、自动工作状态，防烟排烟风机电源的工作状态，风机、电动防火阀、电动排烟防火阀、常闭送风口、排烟阀（口）、电动排烟窗、电动挡烟垂壁的正常工作状态和动作状态
	防火门及卷帘系统	防火卷帘控制器、防火门监控器的工作状态和故障状态；卷帘门的工作状态，具有反馈信号的各类防火门、疏散门的工作状态和故障状态等动态信息
	消防用电梯	消防用电梯的停用和故障状态
	消防应急广播	消防应急广播的启动、停止和故障状态
	消防应急照明和疏散指示系统	消防应急照明和疏散指示系统的故障状态和应急工作状态信息
	消防电源	系统内各消防用电设备的供电电源和备用电源工作状态和欠压报警信息

表 11-4 消防安全管理信息

序号	名称		内容
1	基本情况		单位名称、编号、类别、地址、联系电话、邮政编码、消防控制室电话；单位职工人数、成立时间、上级主管（或管辖）单位名称、占地面积、总建筑面积、单位总平面图（含消防车道、毗邻建筑等）；单位法人代表、消防安全责任人、消防安全管理人及专兼职消防管理人的姓名、身份证号码、电话
2	主要建（构）筑物等信息	建（构）筑物	建筑物名称、编号、使用性质、耐火等级、结构类型、建筑高度、地上层数及建筑面积、地下层数及建筑面积、隧道高度及长度等、建造日期、主要储存物名称及数量、建筑物内最大容纳人数、建筑立面图及消防设施平面布置图；消防控制室位置，安全出口的数量、位置及形式（指疏散楼梯）；毗邻建筑的使用性质、结构类型、建筑高度、与本建筑的间距
		堆场	堆场名称、主要堆放物品名称、总储量、最大堆高、堆场平面图（含消防车道、防火间距）
		储罐	储罐区名称，储罐类型（指地上、地下、立式、卧式、浮顶、固定顶等）、总容积、最大单罐容积及高度、储存物名称、性质和形态、储罐区平面图（含消防车道、防火间距）
		装置	装置区名称、占地面积、最大高度、设计日产量、主要原料、主要产品、装置区平面图（含消防车道、防火间距）
3	单位（场所）内消防安全重点部位信息		重点部位名称、所在位置、使用性质、建筑面积、耐火等级、有无消防设施、责任人姓名、身份证号码及电话
4	室内外消防设施信息	火灾自动报警系统	设置部位、系统形式、维保单位名称、联系电话；控制器（含火灾报警控制器、消防联动控制器、可燃气体报警控制器、电气火灾监控控制器等）、探测器（含火灾探测器、可燃气体探测器、电气火灾探测器等）、手动火灾报警按钮、消防电气控制装置等的类型、型号、数量、制造商；火灾自动报警系统图
		消防水源	市政给水管网形式（指环状、支状）及管径、市政管网向建（构）筑物供水的进水管数量及管径、消防水池位置及容量、其他水源形式及供水量、消防泵房设置位置及水泵数量、消防给水系统平面布置图
		室外消火栓	室外消火栓管网形式（指环状、支状）及管径、消火栓数量、室外消火栓平面布置图
		室内消火栓系统	室内消火栓管网形式（指环状、支状）及管径、消火栓数量、水泵接合器位置及数量、有无与本系统相连的屋顶消防水箱
		自动喷水灭火系统（含雨淋、水幕）	设置部位、系统形式（指湿式、干式、预作用、开式、闭式等）、报警阀位置及数量、水泵接合器位置及数量、有无与本系统相连的屋顶消防水箱、自动喷水灭火系统图
		水喷雾（细水雾）灭火系统	设置部位、报警阀位置及数量、水喷雾（细水雾）灭火系统图
		气体灭火系统	系统形式（指有管网、无管网，组合分配、独立式，高压、低压等）、系统保护的防护区数量及位置、手动控制装置的位置、钢瓶间的位置、灭火剂类型、气体灭火系统图
		泡沫灭火系统	设置部位、泡沫种类（指低倍、中倍、高倍，抗溶、氟蛋白等）、系统形式（指液上、液下，固定、半固定等）、泡沫灭火系统图
		干粉灭火系统	设置部位、干粉储罐位置、干粉灭火系统图
		防烟排烟系统	设置部位、风机安装位置、风机数量、风机类型、防烟排烟系统图
		防火门及卷帘	设置部位、数量
		消防应急广播	设置部位、数量、消防应急广播系统图
		应急照明及疏散指示系统	设置部位、数量、应急照明及疏散指示系统图

序号	名　　称		内　　容
4	室内外消防设施信息	消防电源	设置部位、消防主电源在配电室是否由独立配电柜供电、备用电源形式［市电、发电机、消防应急电源（emergency power supply，EPS）等］
		灭火器	设置部位、配置类型（指手提式、推车式等）、数量、生产日期、更换药剂日期
5	消防设施定期检查及维护保养信息		检查人姓名、检查日期、检查类别（指日检、月检、季检、年检等）、检查内容（指各类消防设施相关技术规范规定的内容）及处理结果，维护保养日期、内容
6	日常防火巡查记录	基本信息	值班人员姓名、每日巡查次数、巡查时间、巡查部位
		用火用电	用火、用电、用气有无违章情况
		疏散通道	安全出口、疏散通道、疏散楼梯是否畅通，是否堆放可燃物；疏散走道、疏散楼梯、顶棚装修材料是否合格
		防火门、防火卷帘	常闭防火门是否处于正常工作状态，是否被锁闭；防火卷帘是否处于正常工作状态，防火卷帘下方是否堆放物品影响使用
		消防设施	疏散指示标志、应急照明是否处于正常完好状态；火灾自动报警系统探测器是否处于正常完好状态；自动喷水灭火系统喷头、末端放（试）水装置、报警阀是否处于正常完好状态；室内、室外消火栓系统是否处于正常完好状态；灭火器是否处于正常完好状态
7	火灾信息		起火时间、起火部位、起火原因、报警方式（自动、人工等）、灭火方式（指气体、喷水、水喷雾、泡沫、干粉灭火系统、灭火器、消防队等）

注　表 11-3、表 11-4 分别摘自 GB 50116—2013《火灾自动报警系统设计规范》附录 A、附录 B。

消防控制室应设有用于火灾报警的外线电话。

消防控制室应有相应的竣工图纸、各分系统控制逻辑关系说明、设备使用说明书、系统操作规程、应急预案、值班制度、维护保养制度及值班记录等文件资料。

消防控制室内设备的布置应符合下列要求：

（1）设备面盘前的操作距离，单列布置时不应小于 1.5m，双列布置时不应小于 2m。

（2）在值班人员经常工作的一面，设备面盘至墙的距离不应小于 3m。

（3）设备面盘后的维修距离不宜小于 1m。

（4）设备面盘的排列长度大于 4m 时，其两端应设置宽度不小于 1m 的通道。

（5）消防控制设备应集中设置，并应与其他设备有明显间隔。

第四节　消防联动控制

一、一般要求

（1）消防联动控制器应能按设定的控制逻辑向各相关的受控设备发出联动控制信号，并接收相关设备的联动反馈信号。

（2）消防联动控制器的电压控制输出应采用直流 24V，其电源容量应满足受控消防设备同时启动且维持工作的控制容量要求。

（3）各受控设备接口的特性参数应与消防联动控制器发出的联动控制信号相匹配。

（4）消防水泵、防烟和排烟风机的控制设备除采用联动控制方式外，还应在消防控制室设置手动直接控制装置。消防水泵、防烟和排烟风机等消防设备的手动直接控制应通过火灾报警控制器（联动型）或消防联动控制器的手动控制盘实现，盘上的启停按钮应与消防水泵、防烟和排烟风机的控制箱（柜）直接用控制线或控制电缆连接。带有自动巡检功能的消防水泵组，远方控制室的火灾报警控制器硬接线直接接至消防水泵就地控制柜，自动巡检功能不在远方控制室体现。消防水泵就地巡检控制柜具有在巡检运行时遇消防信号立即自动退出巡检运行的功能，保证火灾时消防水泵正常运行。

（5）启动电流较大的消防设备宜分时启动。

（6）需要火灾自动报警系统联动控制的消防设备，其联动触发信号应采用两个报警触发装置报警信号的"与"逻辑组合。

二、自动喷水灭火系统的联动控制

（一）湿式系统和干式系统的联动控制

设计要求如下：

（1）联动控制方式。湿式报警阀压力开关的动作信号作为触发信号，直接控制启动消防泵，不受消防联动控制器处于自动或手动状态影响。

（2）手动控制方式。将消防泵控制箱（柜）的启动、停止按钮用专用线路直接连接至设置在消防控制室内的消防联动控制器的手动控制盘，直接手动控制消防泵的启动、停止。

（3）水流指示器、信号阀、压力开关、消防泵的启动和停止的动作信号应反馈至消防联动控制器。

自动喷水灭火系统的联动控制接口示意图如图 11-39 所示。

（二）预作用系统的联动控制

设计要求如下：

（1）联动控制方式。由同一报警区域内两只及以上独立的火灾探测器或一只火灾探测器与一只手动火灾报警按钮的报警信号，作为预作用阀组开启的联动触发信号。由消防联动控制器控制预作用阀组的开启，使系统转变为湿式系统；当系统设有快速排气装置时，应联动控制排气阀前的电动阀的开启。联动控制设计符合湿式系统的要求。

（2）手动控制方式。将消防泵控制箱（柜）的启动和停止按钮、预作用阀组和快速排气阀入口前的电动阀的启动和停止按钮，用专用线路直接连接至设置在消防控制室内的消防联动控制器的手动控制盘，直接手动控制消防泵的启动、停止及预作用阀组和电动阀的开启。

（3）水流指示器、信号阀、压力开关、消防泵的启动和停止的动作信号，有压气体管道气压状态信号和快速排气阀入口前电动阀的动作信号应反馈至消防联动控制器。

预作用自动喷水灭火系统的联动控制接口示意图如图 11-40 所示。

（三）雨淋/水喷雾/水幕灭火系统的联动控制

设计要求如下：

（1）联动控制方式。由同一报警区域内两只及以上独立的火灾探测器或一只火灾探测器与一只手动火灾报警按钮的报警信号，作为雨淋阀组开启的联动触发信号。由消防联动控制器控制雨淋阀组的开启。

（2）手动控制方式。将消防泵控制箱（柜）的启动和停止按钮、雨淋阀组的启动和停止按钮，用专用线路直接连接至设置在消防控制室内的消防联动控制器的手动控制盘，直接手动控制消防泵的启动、停止及雨淋阀组的开启。

（3）水流指示器、压力开关、雨淋阀组、消防泵的启动和停止的动作信号应反馈至消防联动控制器。

对于联动控制方式，当自动控制的水幕系统用于防火卷帘的保护时，应由防火卷帘下落到楼板面的动作信号与本报警区域内任一火灾探测器或手动火灾报警按钮的报警信号作为水幕阀组启动的联动触发信号，由消防联动控制器联动控制水幕系统相关控制阀组的启动；仅用水幕系统作为防火分隔时，应由该报警区域内两只独立的火灾探测器的火灾报警信号作为水幕阀组启动的联动触发信号，由消防联动控制器联动控制水幕系统相关控制阀组的启动。

雨淋/水喷雾/水幕灭火系统的联动控制接口示意图如图 11-41 所示。

三、消火栓系统的联动控制

（1）联动控制方式。消火栓系统出水干管上设置的低压压力开关、高位消防水箱出水管上设置的流量开关或报警阀压力开关等信号作为触发信号，直接控制启动消防泵，不受消防联动控制器处于自动或手动状态影响。当设置消火栓按钮时，消火栓按钮的动作信号作为报警信号及启动消防泵的联动触发信号，由消防联动控制器联动控制消防泵的启动。消防泵的动作信号作为系统的联动反馈信号应反馈至消防控制室，并在消防联动控制器上显示。

消火栓按钮经联动控制器启动消防泵的优点是减少布线量和线缆使用量，提高整个消火栓系统的可靠性。消火栓按钮与手动火灾报警按钮的使用目的不同，不能互相替代。稳高压系统中，虽然不需要消火栓按钮启动消防泵，但消火栓按钮给出的使用消火栓位置的报警信息是十分必要的，因此稳高压系统中，消火栓按钮也是不能省略的。当建筑物内无火灾自动报警系统时，消火栓按钮用导线直接引至消防泵控制箱（柜），启动消防泵。

（2）手动控制方式。应将消防泵控制箱（柜）的启动、停止按钮用专用线路直接连接至设置在消防控制室内的消防联动控制器的手动控制盘，直接手动控制消防泵的启动、停止。

消火栓系统的联动控制接口示意图如图 11-42 所示。

四、气体灭火系统、泡沫灭火系统的联动控制

（一）自动控制方式

1. 气体（泡沫）灭火控制器直接连接火灾探测器

（1）应由同一防护区域内两只独立的火灾探测器的报警信号、一只火灾探测器与一只手动火灾报警按钮的报警信号或防护区外的紧急启动信号，作为系统的联动触发信号，探测器的组合宜采用感烟火灾探测器和感温火灾探测器。

（2）气体灭火控制器、泡沫灭火控制器在接收到满足联动逻辑关系的首个联动触发信号（任一防护区

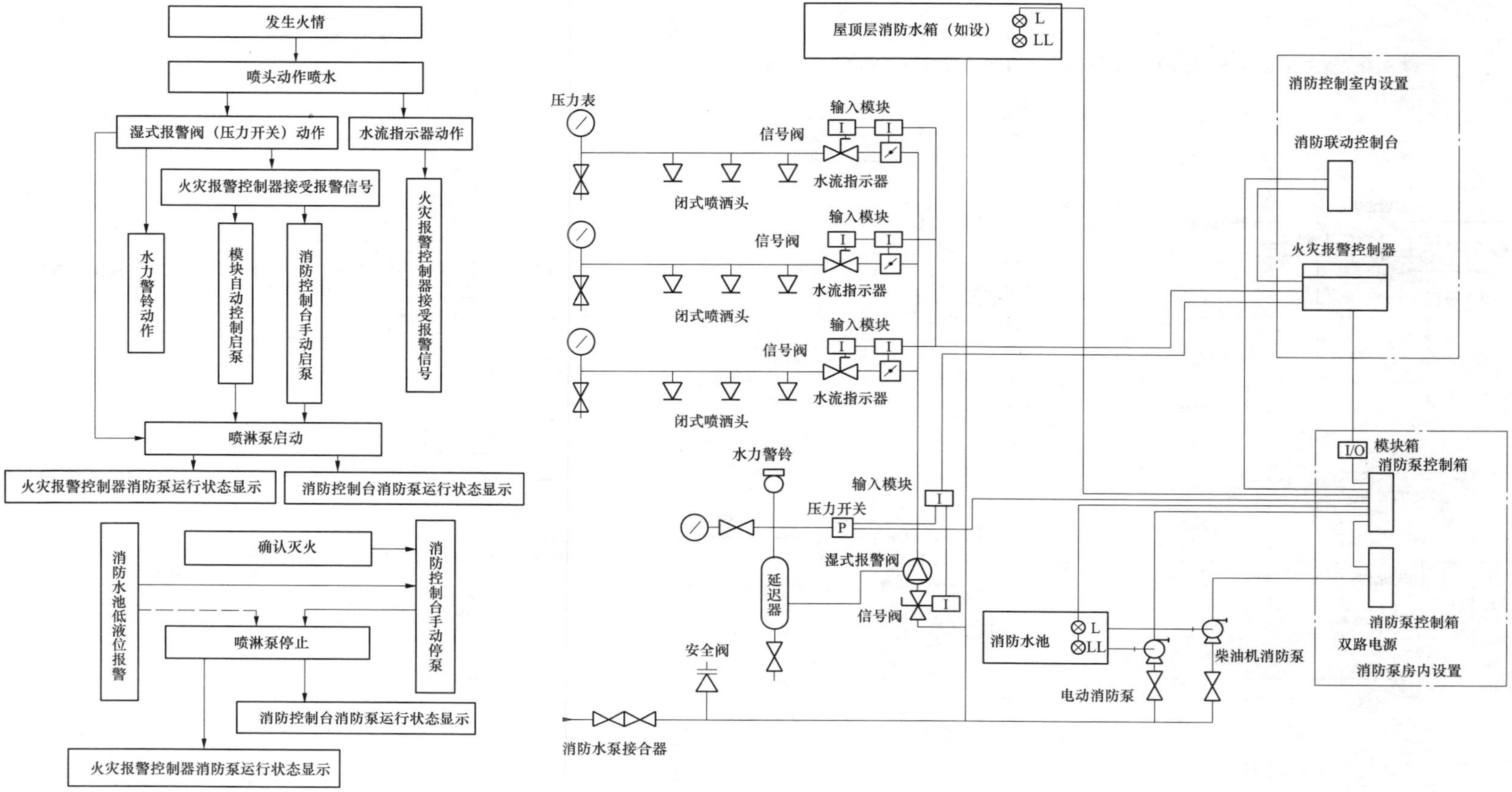

图 11-39　自动喷水灭火系统的联动控制接口示意图

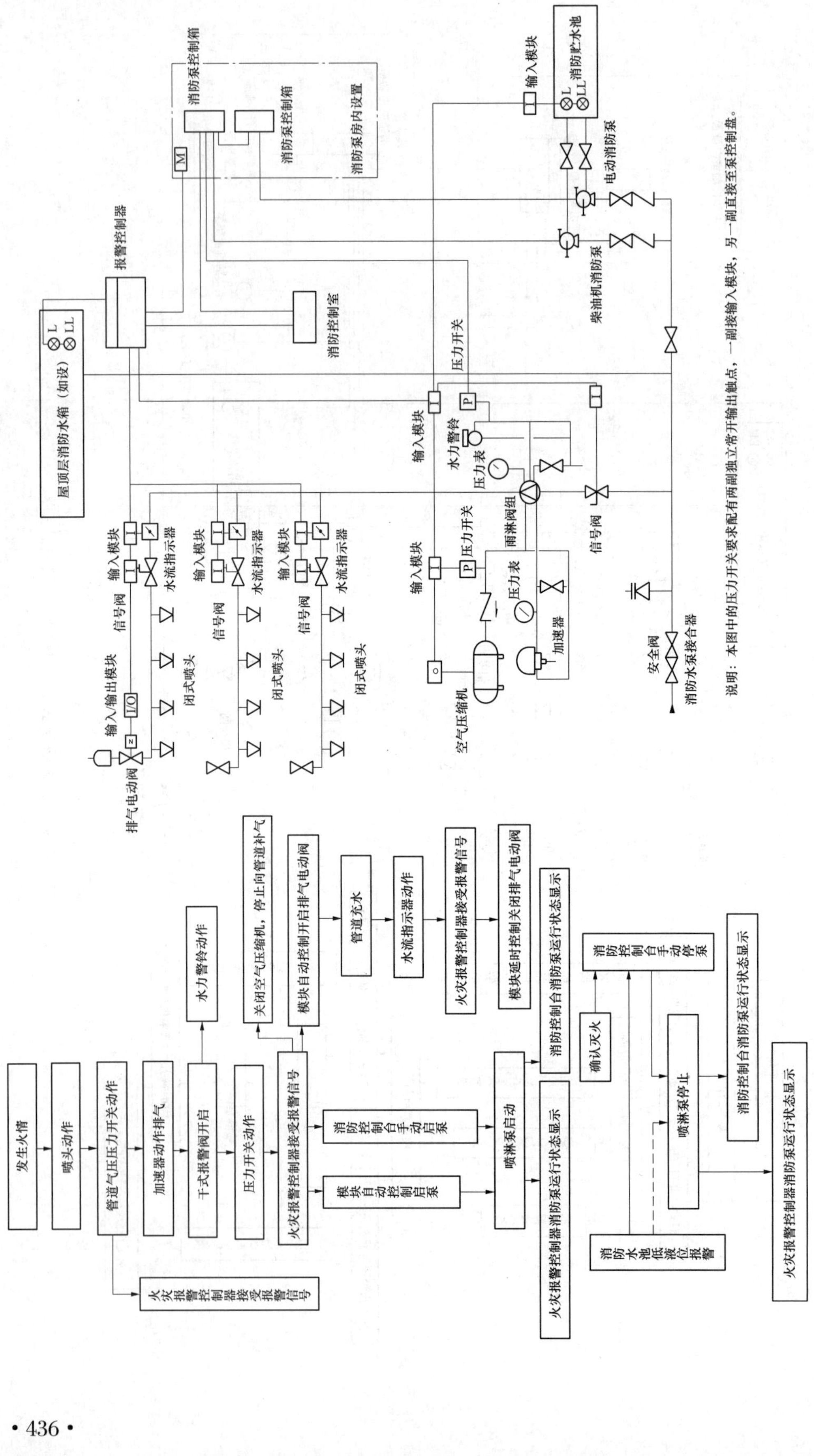

说明：本图中的压力开关要求配有两副独立常开输出触点，一副接输入模块，另一副直接至泵控制盘。

图 11-40 预作用自动喷水灭火系统的联动控制接口示意图

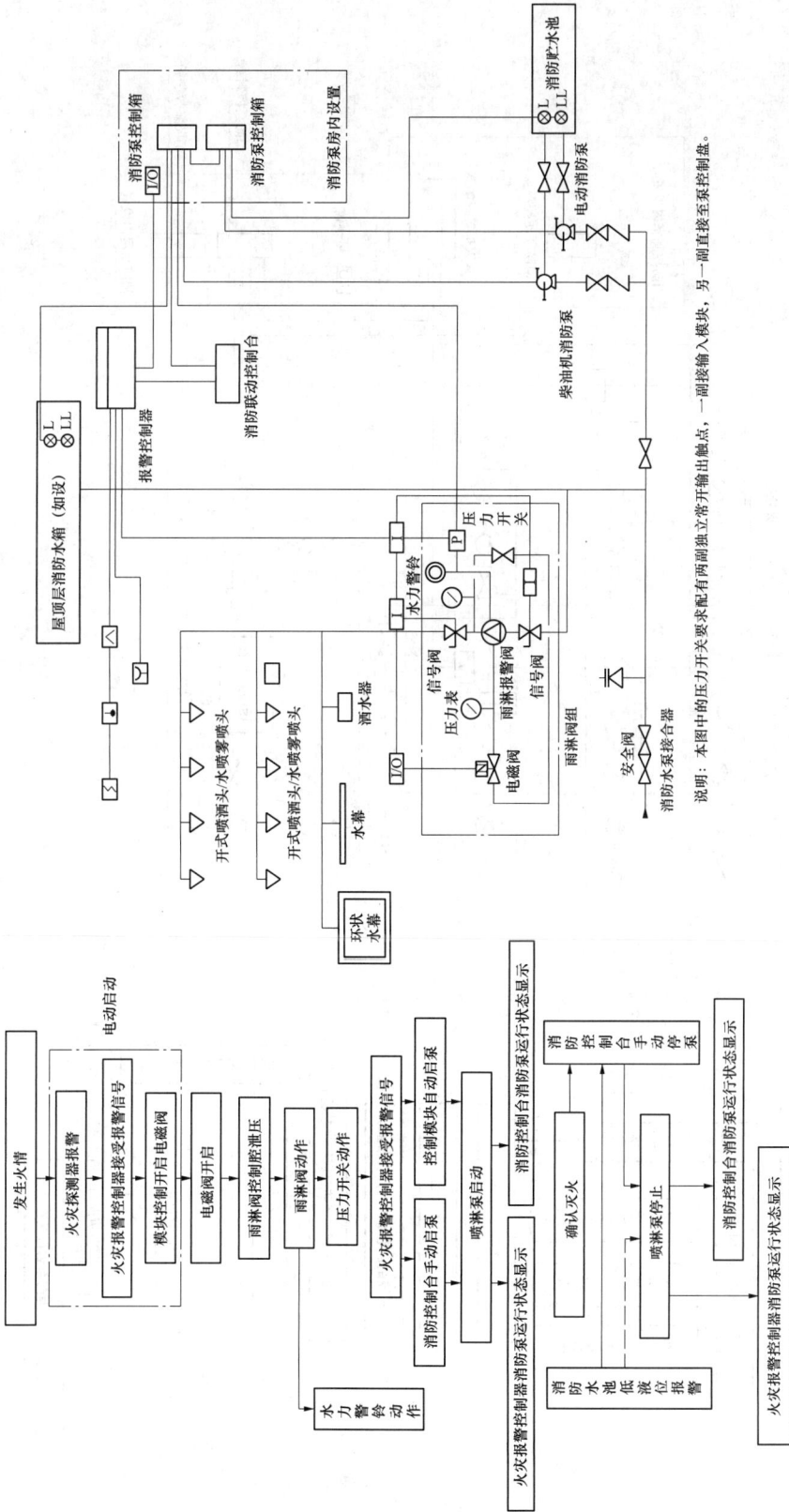

图 11-41　雨淋/水喷雾/水幕灭火系统的联动控制接口示意图

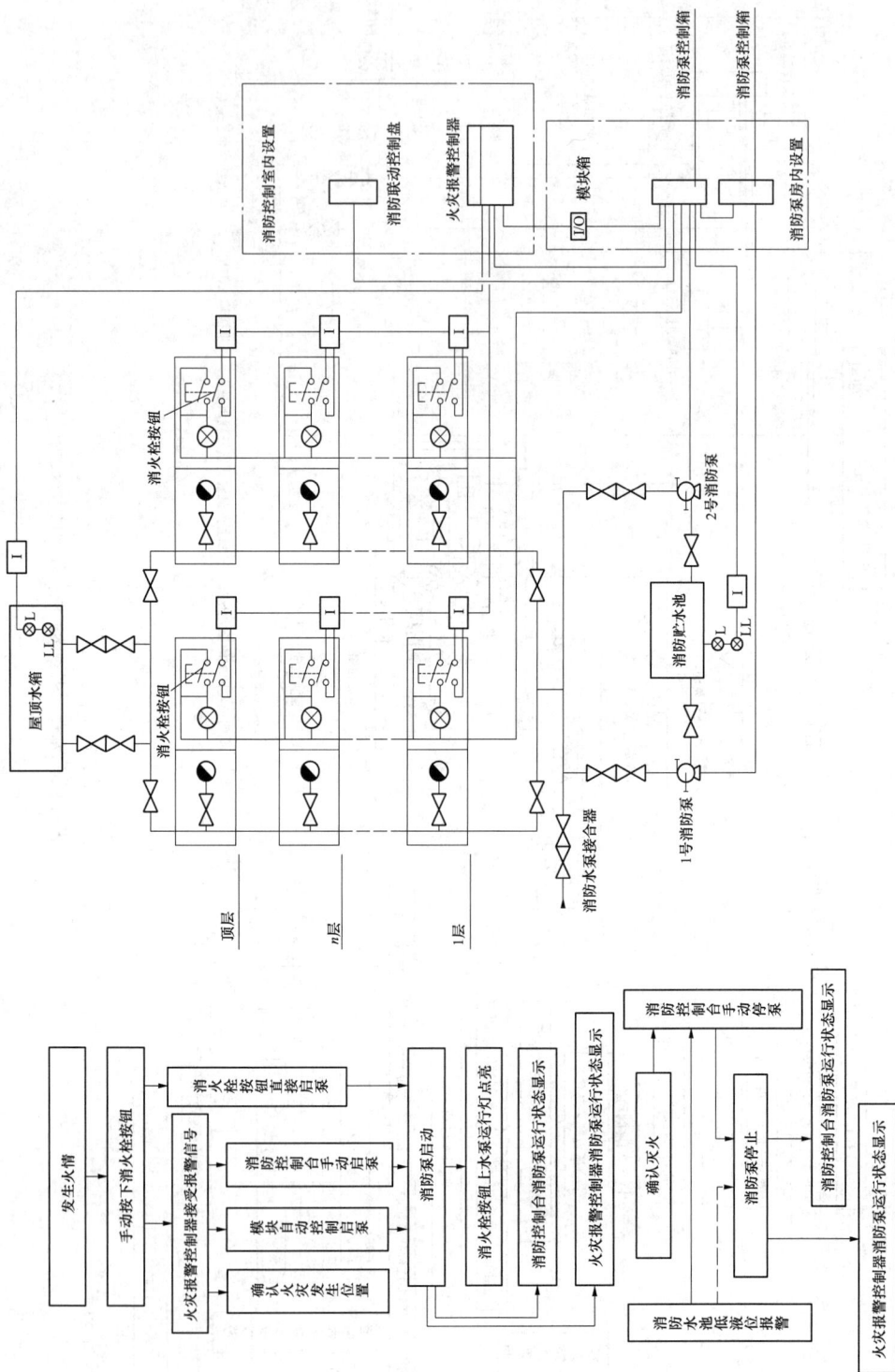

图 11-42 消火栓系统的联动控制接口示意图

域内设置的感烟火灾探测器、其他类型火灾探测器或手动火灾报警按钮的首次报警信号）后，首先启动设置在该防护区内的火灾声光警报器；在接收到第二个联动触发信号（联动触发信号应为同一防护区域内与首次报警的火灾探测器或手动火灾报警按钮相邻的感温火灾探测器、火焰探测器或手动火灾报警按钮的报警信号）后，再发出联动控制信号。

（3）联动控制信号应包括下列内容：

1）关闭防护区域的送（排）风机及送（排）风阀门；

2）停止通风和空气调节系统及关闭设置在该防护区域的电动防火阀；

3）联动控制防护区域开口封闭装置的启动，包括关闭防护区域的门、窗；

4）启动气体灭火装置、泡沫灭火装置，气体灭火控制器、泡沫灭火控制器可设定不大于30s的延迟喷射时间。平时无人工作的防护区可设置为无延迟的喷射。

通风和空气调节系统联动控制接口示意图如图11-43所示。

（4）气体灭火防护区出口外上方应设置表示气体喷洒的火灾声光警报器，指示气体释放的声信号应与该保护对象中设置的火灾声警报器的声信号有明显区别。启动气体灭火装置、泡沫灭火装置的同时，应启动设置在防护区入口处表示气体喷洒的火灾声光警报器；组合分配系统应首先开启相应防护区域的选择阀，然后启动气体灭火装置、泡沫灭火装置。

气体灭火控制器联动控制接口示意图（就地控制）如图11-44所示。

2. 气体灭火控制器、泡沫灭火控制器不直接连接火灾探测器

（1）气体灭火系统、泡沫灭火系统的联动触发信号应由火灾报警控制器或消防联动控制器发出。

（2）气体灭火系统、泡沫灭火系统的联动触发信号和联动控制均同气体（泡沫）灭火控制器直接连接火灾探测器的要求。

气体灭火控制器联动控制接口示意图（集中控制）如图11-45所示。

（二）手动控制方式

气体灭火系统、泡沫灭火系统的手动控制方式设计要求：

（1）在防护区疏散口的门外应设置气体灭火装置、泡沫灭火装置的手动启动和停止按钮，手动启动按钮按下时，气体灭火控制器、泡沫灭火控制器应执行自动控制方式要求的联动操作；手动停止按钮按下时，气体灭火控制器、泡沫灭火控制器应停止正在执行的联动操作。

（2）气体灭火控制器、泡沫灭火控制器上应设置对应于不同防护区的手动启动和停止按钮。

（3）现场工作人员确认火灾探测器报警信号后，也可通过机械应急操作开关开启选择阀和瓶头阀喷放灭火剂实施灭火。

（三）联动反馈信号

气体灭火装置、泡沫灭火装置启动及喷放各阶段的联动控制及系统的反馈信号应反馈至消防联动控制器。系统的联动反馈信号应包括下列内容：

1）气体灭火控制器、泡沫灭火控制器直接连接的火灾探测器的报警信号。

2）选择阀的动作信号。

3）压力开关的动作信号。

在防护区域内设有手动与自动控制转换装置的系统，其手动或自动控制方式的工作状态应在防护区内、外的手动、自动控制状态显示装置上显示，该状态信号应反馈至消防联动控制器。

五、防烟排烟系统的联动控制

（1）防烟系统的联动控制方式设计要求：

1）由加压送风口所在防火分区内的两只独立的火灾探测器或一只火灾探测器与一只手动火灾报警按钮的报警信号作为送风口开启和加压送风机启动的联动触发信号，由消防联动控制器联动控制火灾层和相关层前室等需要加压送风场所的加压送风口开启和加压送风机启动。

2）由同一防烟分区内且位于电动挡烟垂壁附近的两只独立的感烟火灾探测器的报警信号作为电动挡烟垂壁降落的联动触发信号，由消防联动控制器联动控制电动挡烟垂壁的降落。

（2）排烟系统的联动控制方式设计要求：

1）由同一防烟分区内的两只独立的火灾探测器作为排烟口、排烟窗或排烟阀开启的联动触发信号，由消防联动控制器联动控制排烟口、排烟窗或排烟阀的开启，同时停止该防烟分区的空气调节系统；

2）排烟口、排烟窗或排烟阀开启的动作信号作为排烟风机启动的联动触发信号，由消防联动控制器联动控制排烟风机的启动。

（3）防烟系统、排烟系统的手动控制方式：在消防控制室内的消防联动控制器上手动控制送风口、电动挡烟垂壁、排烟口、排烟窗、排烟阀的开启或关闭及防烟风机、排烟风机等设备的启动或停止。防烟、排烟风机的启动、停止按钮应采用专用线路直接连接至设置在消防控制室内的消防联动控制器的手动控制盘，直接手动控制防烟、排烟风机的启动、停止。

（4）送风口、排烟口、排烟窗或排烟阀开启和关闭的动作信号，防烟、排烟风机启动和停止及电动防火阀关闭的动作信号均应反馈至消防联动控制器。

（5）排烟风机入口处的总管上设置的280℃排烟防火阀在关闭后直接联动控制风机停止，排烟防火阀及风机的动作信号应反馈至消防联动控制器。

防烟排烟联动控制接口示意图如图11-46所示。常用防火阀、排烟阀控制关系表如表11-5所示。

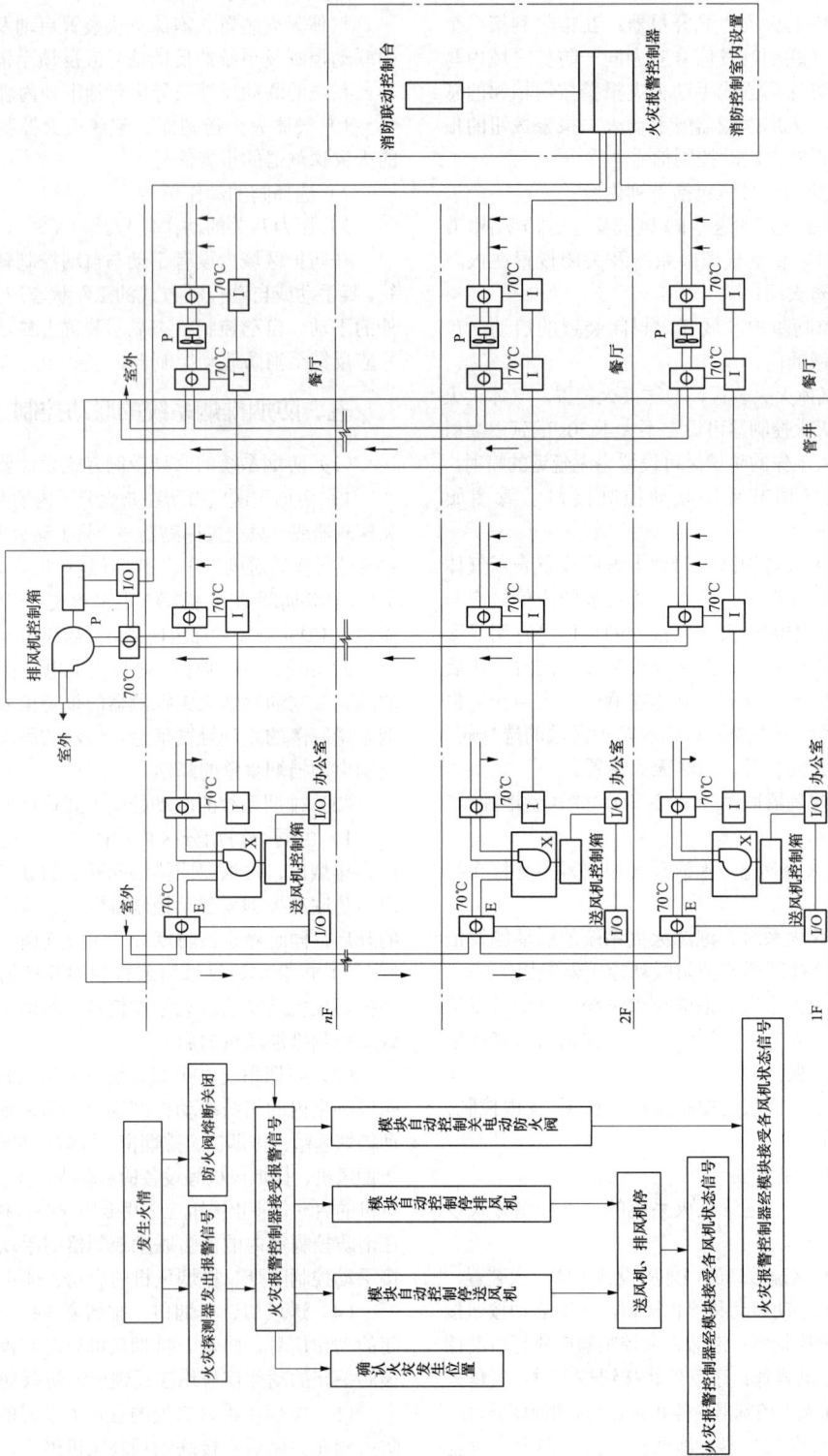

图 11-43 通风和空气调节系统联动控制接口示意图

图11-44 气体灭火控制器联动控制接口示意图（就地控制）

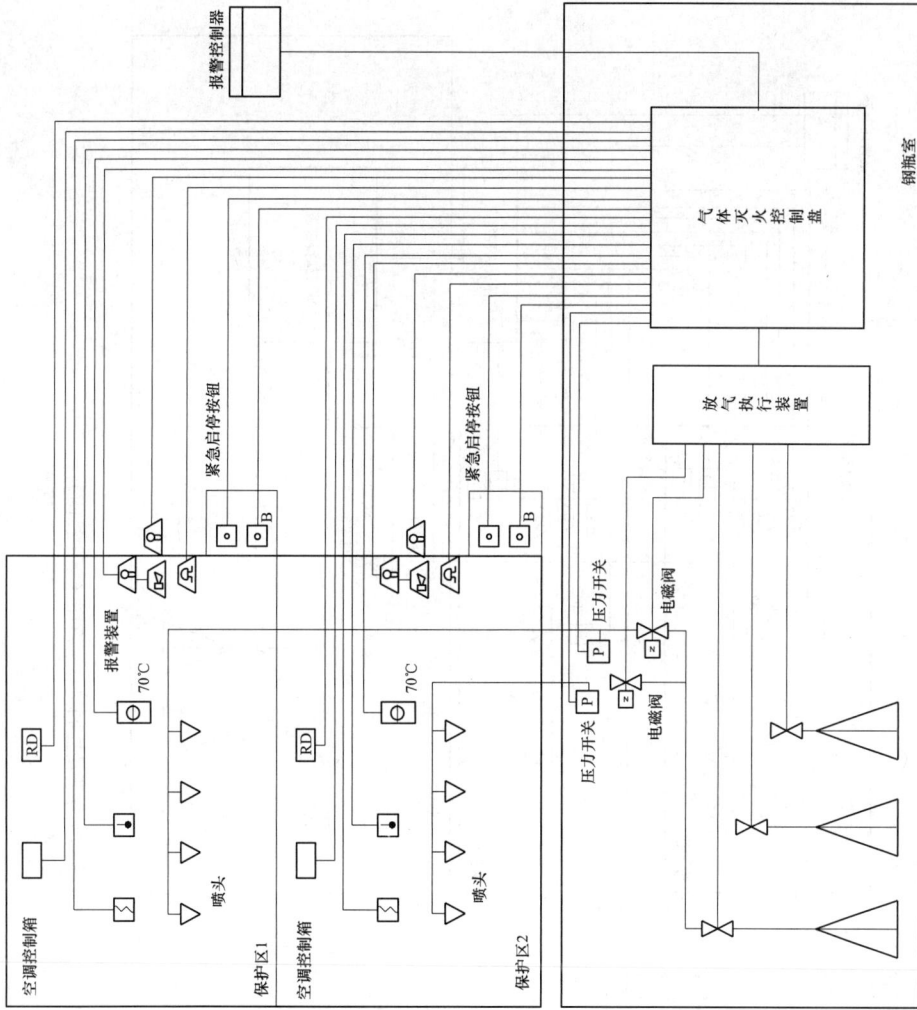

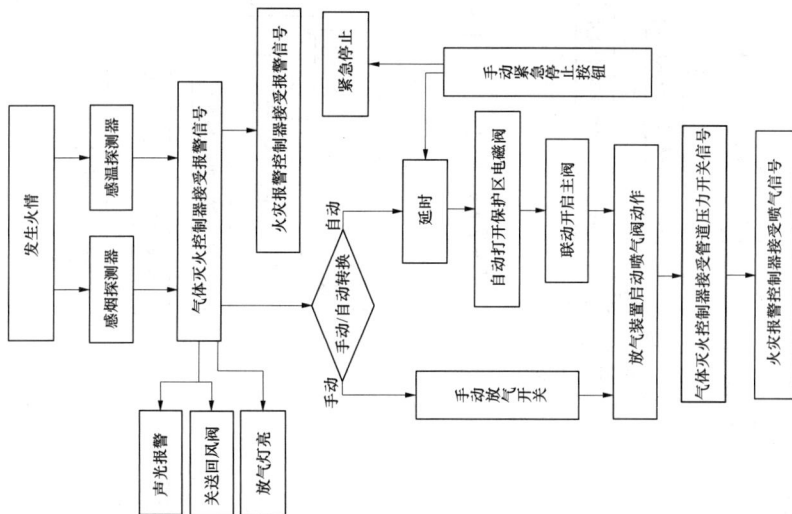

说明：本气体灭火系统采用就地探测报警方式。

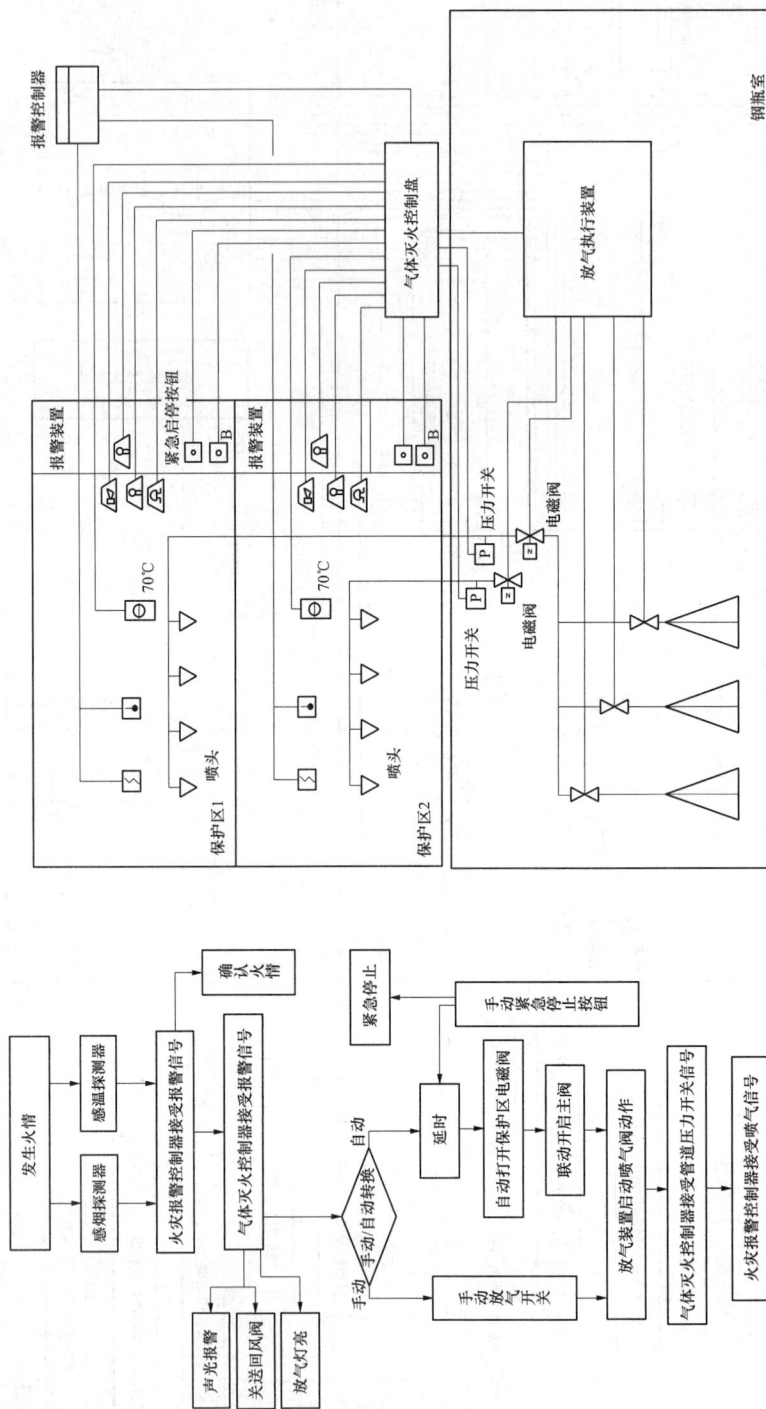

图 11-45 气体灭火控制器联动控制接口示意图（集中控制）

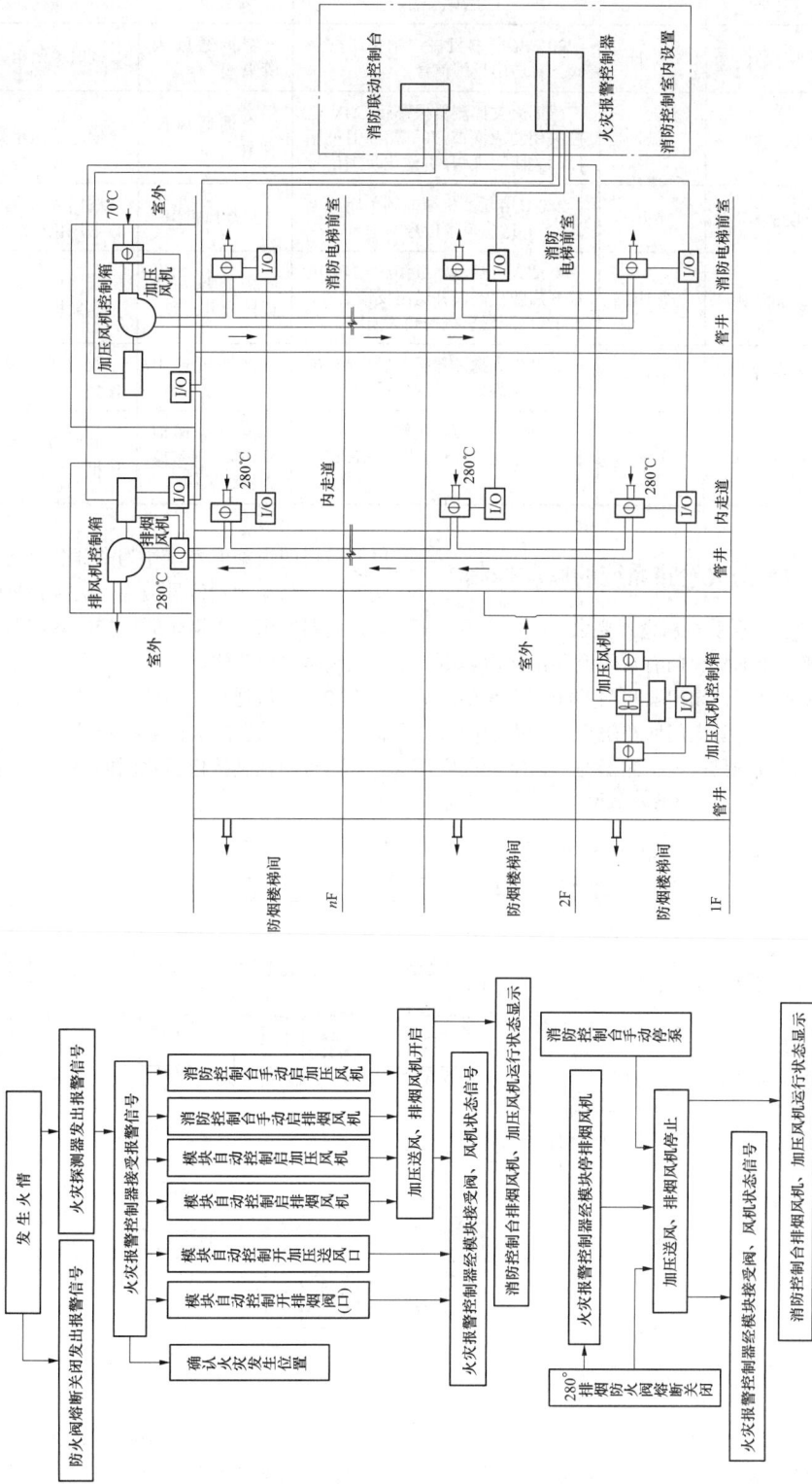

图 11-46 防烟排烟联动控制接口示意图

表 11-5   常用防火阀、排烟阀控制关系

图例	名称	平时状态	控制方式	安装位置	联动控制关系
⊟70℃	防火阀	常开	70℃熔断器机械控制关闭防火阀，并送出反馈信号	空调通风风管中	同时关闭相关空调、通风机
⊟E 70℃	防火阀	常开	感烟火灾探测器报警后，24V电控关闭防火阀或 70℃熔断器机械控制关闭防火阀，并送出反馈信号	空调通风风管中	同时关闭相关空调、通风机
⊟280℃	防火阀	常开	280℃熔断器机械控制关闭防火阀，并送出反馈信号	排烟风机房	阀门关闭后，控制关闭相关排烟风机
⊡280℃	防烟防火阀	常闭	感烟火灾探测器报警后，24V电控开启防火阀，并送出反馈信号，280℃熔断器机械控制关闭防火阀	排烟竖井旁或排烟风口旁	阀门打开的同时，开启相关排烟风机
⊡SE	排烟口	常闭	感烟火灾探测器报警后，24V电控开启排烟口，并送出反馈信号	排烟风管中或风口旁	阀门打开的同时，开启相关排烟风机
⊡	增压送风口	常闭	感烟火灾探测器报警后，24V电控开启增压送风口，并送出反馈信号	消防电梯前室、楼梯前室或正压送风口	同时开启相关前室正压送风机

六、防火门及防火卷帘系统的联动控制

1. 防火门系统的联动控制设计要求

（1）疏散通道上的防火门有常闭型和常开型。常闭型防火门有人通过后，闭门器将门关闭，不需要联动，仅监控状态。常开防火门所在防火分区内的两只独立的火灾探测器或一只火灾探测器与一只手动火灾报警按钮的报警信号，作为常开防火门关闭的联动触发信号，联动触发信号应由火灾报警控制器或消防联动控制器发出，由消防联动控制器或防火门监控器联动控制防火门关闭。

（2）疏散通道上各防火门的开启、关闭及故障状态信号应反馈至防火门监控器。

防火门控制接口示意图如图 11-47 所示。

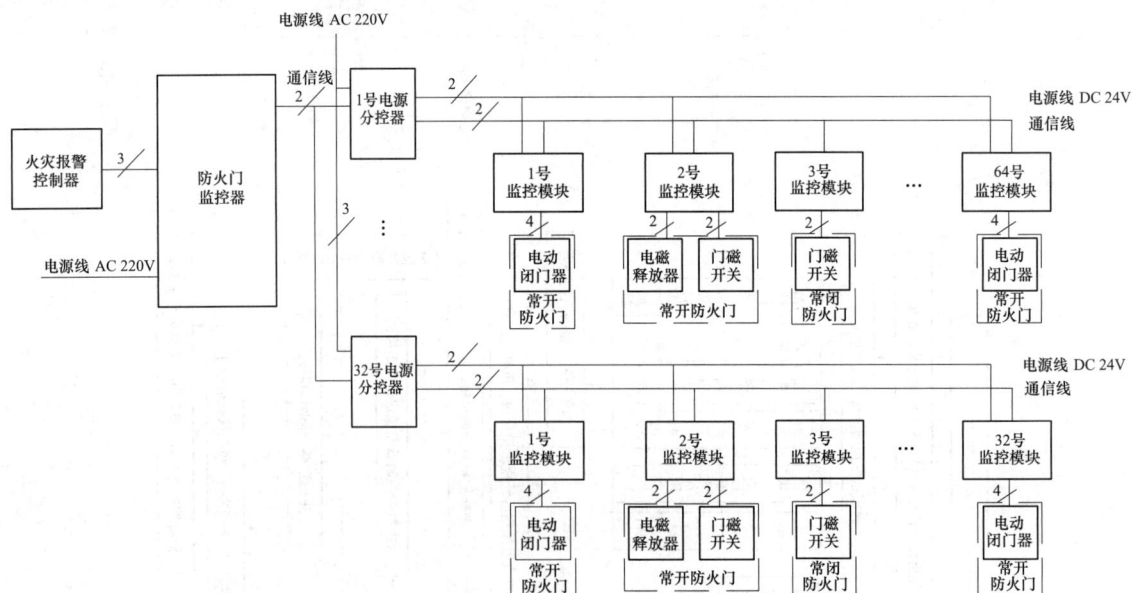

图 11-47　防火门控制接口示意图

2. 防火卷帘的联动控制设计要求

（1）设置在疏散通道上的防火卷帘主要用于防烟、人员疏散和防火分隔，因此需要两步降落方式。防火卷帘的升降由防火卷帘控制器控制。联动控制方式：第一步，防火分区内任两只独立的感烟火灾探测器或任一只专门用于联动防火卷帘的感烟火灾探测器的报警信号联动控制防火卷帘下降至距楼板面 1.8m 处。第二步，任一只专门用于联动防火卷帘的感温火灾探测器

的报警信号联动控制防火卷帘下降到楼板面。

在卷帘的任一侧距卷帘纵深 0.5～5m 内应设置不少于 2 只专门用于联动防火卷帘的感温火灾探测器。

联动触发信号可以由火灾报警控制器连接的火灾探测器的报警信号组成，也可以由防火卷帘控制器直接连接的火灾探测器的报警信号组成。防火卷帘控制器直接连接火灾探测器时，防火卷帘可由防火卷帘控制器按上述要求的控制逻辑和时序联动控制防火卷帘的下降。防火卷帘控制器不直接连接火灾探测器时，应由消防联动控制器按上述要求的控制逻辑和时序向防火卷帘控制器发出联动控制信号，由防火卷帘控制器控制防火卷帘的下降。

（2）非疏散通道上设置的防火卷帘大多仅用于建筑的防火分隔作用，建筑共享大厅回廊楼层间等处设置

的防火卷帘不具有疏散功能，仅用作防火分隔。防火卷帘的升降由防火卷帘控制器控制。联动控制方式，由防火卷帘所在防火分区内任两只独立的火灾探测器的报警信号，作为防火卷帘下降的联动触发信号，由防火卷帘控制器联动控制防火卷帘直接下降到楼板面。

（3）手动控制方式，由防火卷帘两侧设置的手动控制按钮控制防火卷帘的升降，并应能在消防控制室内的消防联动控制器上手动控制防火卷帘的降落。

（4）防火卷帘下降至距楼板面 1.8m 处、下降到楼板面的动作信号和防火卷帘控制器直接连接的感烟、感温火灾探测器的报警信号应反馈至消防联动控制器。

防火卷帘控制接口示意图（疏散通道）如图 11-48 所示，防火卷帘控制接口示意图（非疏散通道）图 11-49 所示。

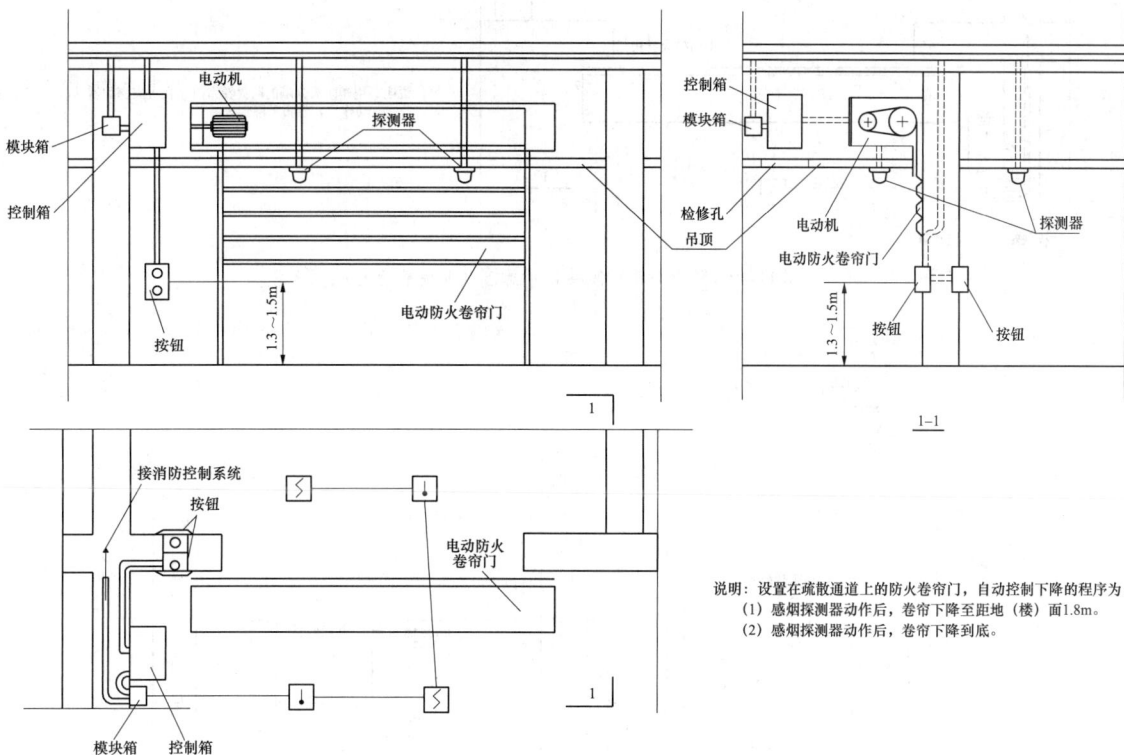

说明：设置在疏散通道上的防火卷帘门，自动控制下降的程序为：
（1）感烟探测器动作后，卷帘下降至距地（楼）面1.8m。
（2）感温探测器动作后，卷帘下降到底。

图 11-48　防火卷帘控制接口示意图（疏散通道）

七、电梯的联动控制

（1）对于非消防电梯不能一发生火灾就立即切断电源，如果电梯无自动平层功能，会将电梯里的人关在电梯轿厢内，这是相当危险的，因此电梯应具备降至首层或电梯转换层的功能，以便有关人员全部撤出电梯。消防联动控制器应具有发出联动控制信号强制所有电梯停于首层或电梯转换层的功能。但并不是一发生火灾就使所有的电梯均回到首层或转换层，如果

是办公楼设置了多部电梯，设计人员应根据建筑特点，先使发生火灾及相关危险部位的电梯回到首层或转换层，在没有危险部位的电梯，应先保持使用。为防止电梯供电电源被火烧断，电梯宜增加 EPS 备用电源。

（2）电梯运行状态信息和停于首层或转换层的反馈信号应传送给消防控制室显示，轿箱内应设置能直接与消防控制室通话的专用电话。

切非消防电源及电梯归首层控制接口示意图如图 11-50 所示。

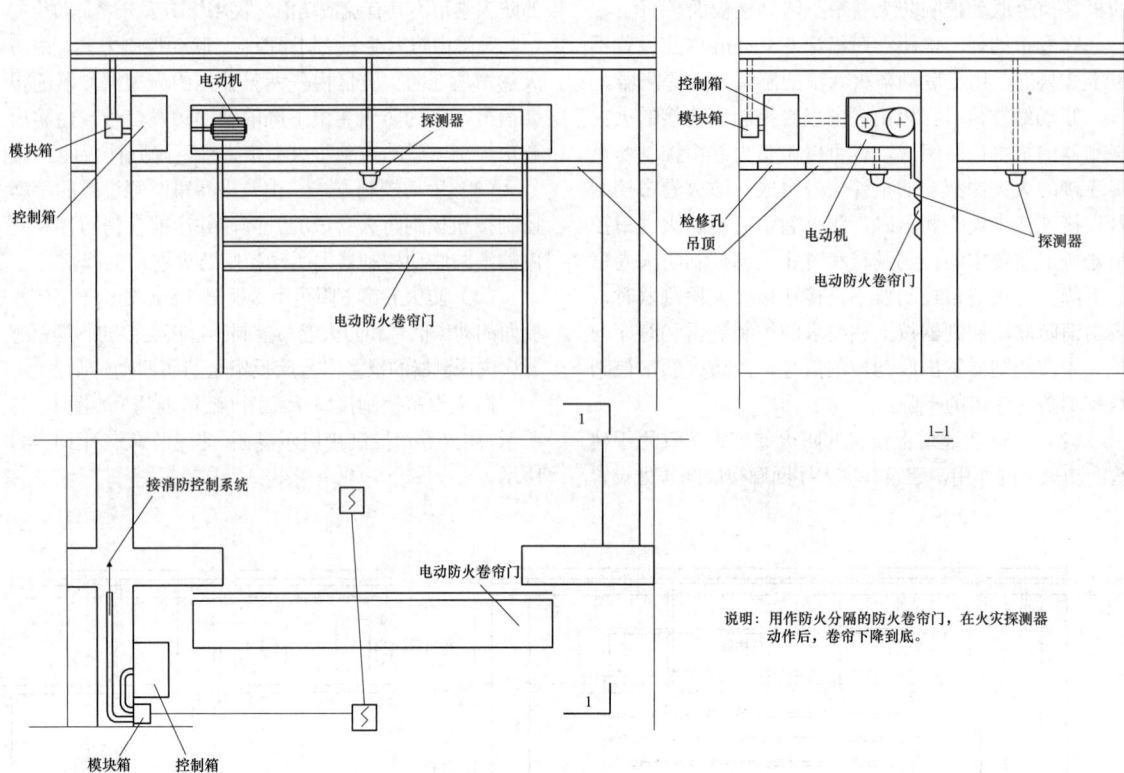

图 11-49　防火卷帘控制接口示意图（非疏散通道）

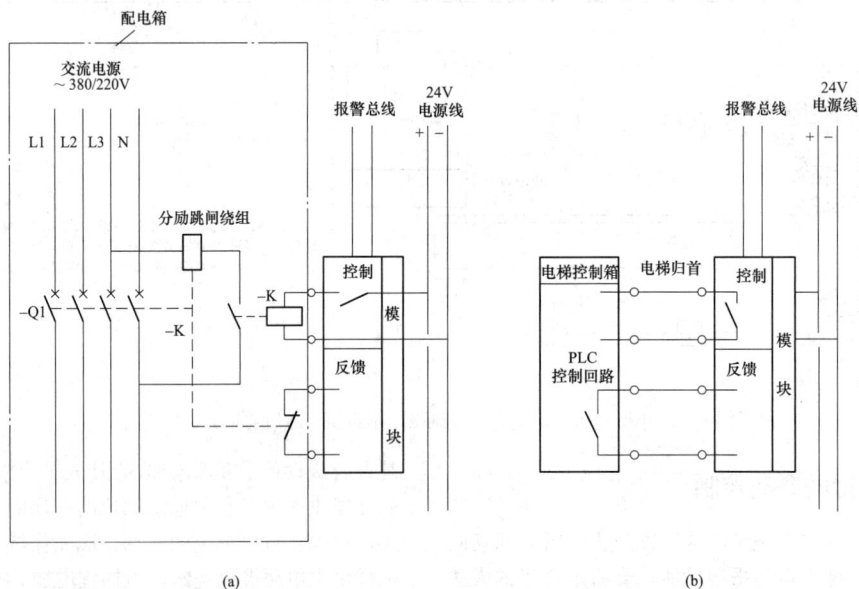

说明：用作防火分隔的防火卷帘门，在火灾探测器动作后，卷帘下降到底。

图 11-50　切非消防电源及电梯归首层控制接口示意图

（a）火灾切非消防电源；（b）火灾时电梯归首层

说明：1. 非消防电源回路开关采用带分励脱扣绕组的断路器。火灾时消防模块多采用送直流24V脉冲切非消防电源的方式。在配电箱内经直流24V中间继电器K转换接通动断路器脱扣器绕组。
2. 电梯控制箱由电梯厂家配套供货。

八、火灾报警和消防应急广播系统的联动控制

（1）联动控制设计要求如下：

1）火灾自动报警系统应设置火灾声光警报器，并在确认火灾后启动建筑内的所有火灾声光警报器。

2）未设置消防联动控制器的火灾自动报警系统，火灾声光警报器应由火灾报警控制器控制；设置消防联动控制器的火灾自动报警系统，火灾声光警报器应由火灾报警控制器或消防联动控制器控制。

3）公共场所宜设置具有同一种火灾变调声的火灾声警报器；具有多个报警区域的保护对象，宜选用带有语音提示的火灾声警报器；日常使用电铃的场所，不应使用警铃作为火灾声警报器。

4）火灾声警报器设置带有语音提示功能时，应同时设置语音同步器。

5）同一建筑内设置多个火灾声警报器时，火灾自动报警系统应能同时启动和停止所有火灾声警报器工作。

6）火灾声警报器单次发出火灾警报时间宜在8～20s之间，同时设有消防应急广播时，火灾声警报应与消防应急广播交替循环播放。

7）集中报警系统和控制中心报警系统应设置消防应急广播。

8）消防应急广播系统的联动控制信号应由消防联动控制器发出。当确认火灾后，应同时向全楼进行广播。

9）消防应急广播的单次语音播放时间宜在10～30s之间，应与火灾声警报器分时交替工作，可采取1次声警报器播放，1或2次消防应急广播播放的交替工作方式循环播放。

10）在消防控制室应能手动或按照预设控制逻辑联动控制选择广播分区，启动或停止应急广播系统，并能监听消防应急广播。在通过传声器进行应急广播时，自动对广播内容进行录音。

11）消防控制室内应能显示消防应急广播的广播分区的工作状态。

12）消防应急广播与普通广播合用时，应具有强制切入消防应急广播的功能。

（2）火灾时，将日常广播扩音机强制转入火灾事故广播状态的控制切换方式一般有两种：

1）消防应急广播系统仅利用日常广播系统的扬声器和馈电线路，而消防应急广播系统的扩音机等装置是专用的。当火灾发生时，在消防控制室切换输出线路，使消防应急广播系统按照要求播放应急广播。

2）消防应急广播系统全部利用日常广播的扩音机、馈电线路和扬声器等装置，在消防控制室只设紧急播送装置，当发生火灾时可遥控日常广播紧急开启，强制投入消防应急广播。

以上两种控制方式，都应该注意使扬声器不论处于关闭还是播放状态时，都应能紧急开启消防应急广播。特别应注意在扬声器设有开关或音量调节器的日常广播系统中的应急广播方式，应将扬声器用继电器强制切换到消防应急广播线路上，且合用广播的各设备应符合消防产品3C认证的要求。

火灾应急广播系统控制接口示意图（独立应急广播和集中控制切换方式）如图11-51所示，火灾应急广播系统控制接口示意图（模块分层控制方式）如图11-52所示。

九、消防应急照明和疏散指示系统的联动控制

目前，电厂应急照明和疏散指示系统设计与现行火灾自动报警系统设计规范做法相比，照明灯具电压和控制方式有较大的区别，具体电厂应急照明和疏散指示系统设计说明详见第十二章第二节。本部分仅说明其与火灾探测报警系统联动关系。

消防应急照明和疏散指示系统的联动控制设计，应符合下列要求：

（1）集中控制型消防应急照明和疏散指示系统，应通过火灾报警控制器或消防联动控制器启动应急照明控制器实现。

（2）集中电源非集中控制型消防应急照明和疏散指示系统，应通过消防联动控制器联动应急照明集中电源和应急照明分配电装置实现。

（3）自带电源非集中控制型消防应急照明和疏散指示系统应通过消防联动控制器联动应急照明配电箱实现。

十、相关联动控制设计

（1）消防联动控制器应具有切断火灾区域及相关区域的非消防电源的功能，当需要切断正常照明时，宜在自动喷水灭火系统、消火栓系统动作前切断。正常照明、生活水泵供电等非消防电源只要在水系统动作前切断，就不会引起触电事故及二次灾害；其他在发生火灾时没必要继续工作的电源，或切断后也不会带来损失的非消防电源，可以在确认火灾后立即切断。火灾时，应切断的非消防电源用电设备和不应切断的非消防电源用电设备如下：

1）火灾时可立即切断的非消防电源有普通动力负荷、排污泵、空调用电、厨房设施等。

2）火灾时不应立即切掉的非消防电源有正常照明、生活给水泵、安全防范系统设施、地下室排水泵、客梯和Ⅰ～Ⅲ类汽车库作为车辆疏散口的提升机。

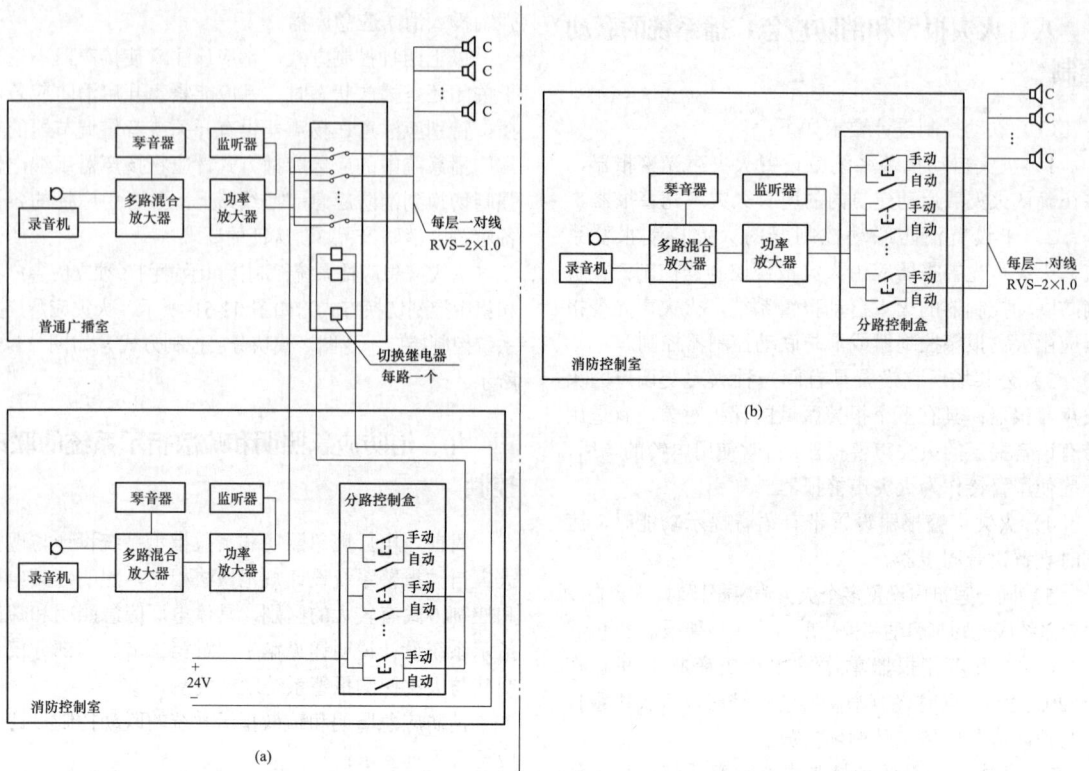

图 11-51　火灾应急广播系统控制接口示意图（独立应急广播和集中控制切换方式）
（a）集中控制切换方式；（b）独立应急广播

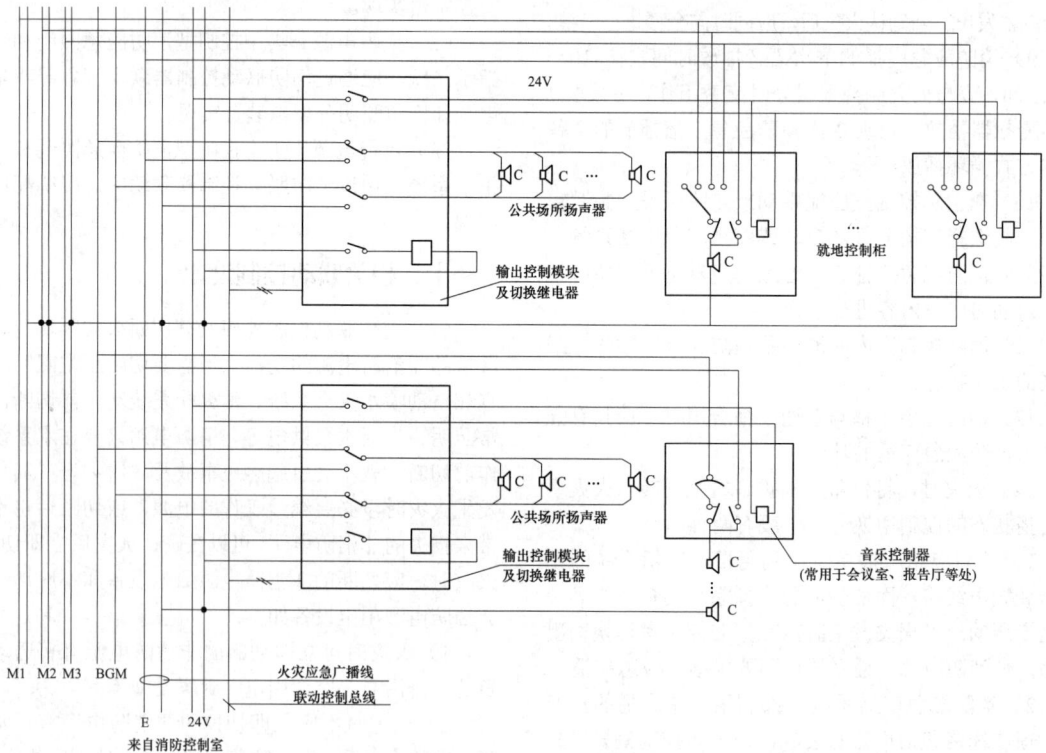

图 11-52　火灾应急广播系统控制接口示意图
（模块分层控制方式）

（2）消防联动控制器应具有自动打开涉及疏散的电动栅杆等的功能，宜开启相关区域安全技术防范系统的摄像机监视火灾现场。

（3）消防联动控制器应具有打开疏散通道上由门禁系统控制的门的功能，并打开停车场出入口的挡杆。

备注：本节图11-39～图11-52、表11-5均摘自国家建筑标准设计图集04X501《火灾报警及消防控制》，局部根据电厂实际情况有修改。

第五节 电厂火灾自动报警系统设备的设置

一、火灾报警控制器和消防联动控制器的设置

（1）火灾报警控制器和消防联动控制器应设置在集中控制室内。

（2）火灾报警集中报警系统或控制中心报警系统的火灾报警控制器和消防联动控制器等采用落地柜式或琴台式结构的布置，应符合本章第三节消防控制室设计的要求。

（3）火灾报警区域报警系统的火灾报警控制器和消防联动控制器采用壁挂式安装在墙上时，其主显示屏高度宜为1.5～1.8m，其靠近门轴的侧面距墙不应小于0.5m，正面操作距离不应小于1.2m。

（4）集中报警系统和控制中心报警系统中的区域火灾报警控制器在满足下列条件时，可设置在无人值班的场所：

1）本区域内无需要手动控制的消防联动设备。

2）本火灾报警控制器的所有信息在集中火灾报警控制器上均有显示，且能接收集中火灾报警控制器的联动控制信号，并自动启动相应的消防设备。

3）设置的场所只有值班人员可以进入。

二、火灾探测器的设置

（一）点型火灾探测器的设置

（1）探测区域的每个房间应至少设置一只火灾探测器。

（2）感烟火灾探测器和 A1、A2、B 型感温火灾探测器的保护面积和保护半径，应按表11-6确定；C、D、E、F、G 型感温火灾探测器的保护面积和保护半径应根据设备生产厂家设计说明书确定，但不应超过表11-6的要求。

表11-6 感烟火灾探测器和感温火灾探测器的保护面积和保护半径

火灾探测器的种类	地面面积 S（m²）	房间高度 H（m）	一只探测器的保护面积 A 和保护半径 R					
			屋顶坡度 θ					
			$\theta \leqslant 15°$		$15° < \theta \leqslant 30°$		$\theta > 30°$	
			A（m²）	R（m）	A（m²）	R（m）	A（m²）	R（m）
感烟火灾探测器	$S \leqslant 80$	$H \leqslant 12$	80	6.7	80	7.2	80	8.0
	$S > 80$	$6 < H \leqslant 12$	80	6.7	100	8.0	120	9.9
		$H \leqslant 6$	60	5.8	80	7.2	100	9.0
感温火灾探测器	$S \leqslant 30$	$H \leqslant 8$	30	4.4	30	4.9	30	5.5
	$S > 30$	$H \leqslant 8$	20	3.6	30	4.9	40	6.3

注 建筑高度不超过14m的封闭探测空间，且火灾初期会产生大量的烟时，可设置点型感烟火灾探测器。

（3）感烟火灾探测器、感温火灾探测器的安装间距，应根据探测器的保护面积 A 和保护半径 R 确定，并不应超过图11-53探测器安装间距的极限曲线 D_1～D_{11}（含 D_9'）要求的范围。

极限曲线 D_1～D_4 和 D_6 适宜于保护面积 A 等于 20、30m² 和 40m² 及其保护半径 R 等于 3.6、4.4、4.9、5.5、6.3m 的感温火灾探测器；极限曲线 D_5 和 D_7～D_{11}

（含 D_9'）适宜于保护面积 A 等于 60、80、100、120m² 及其保护半径等于 5.8、6.7、7.2、8.0、9.0、9.9m 的感烟火灾探测器。

举例说明：感烟火灾探测器、感温火灾探测器要求的安装间距 a、b 是指探测器布置示例图11-54中 1 号探测器和 2～5 号相邻探测器之间的距离，不是 1 号探测器与6～9 号探测器之间的距离。

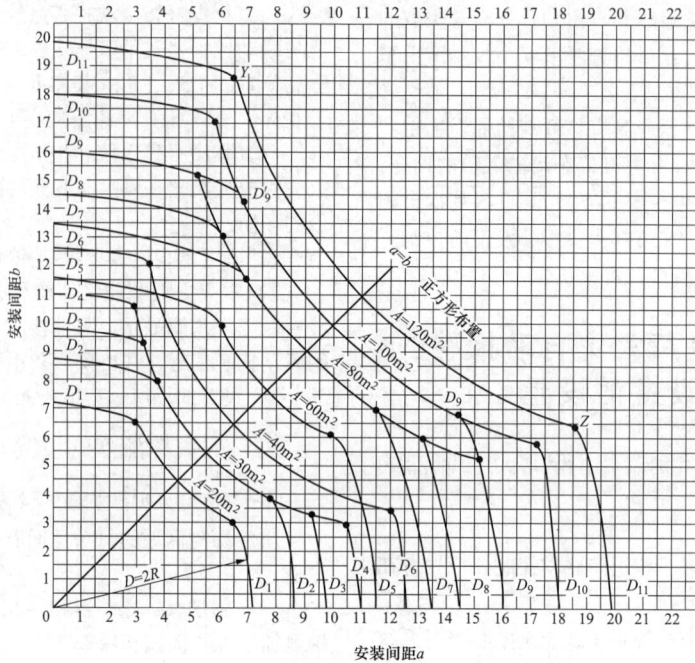

图 11-53　探测器安装间距的极限曲线

A—探测器的保护面积，m²；

a、b—探测器的安装间距，m；

$D_1 \sim D_{11}$（含 D_9'）—在不同保护面积 A 和保护半径 R 下确定探测器安装间距的极限曲线；

Y、Z—极限曲线的端点（在 Y 和 Z 两点间的曲线范围内，保护面积可得到充分利用）

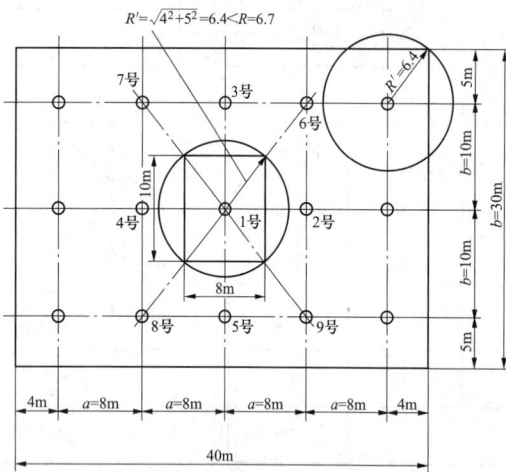

图 11-54　探测器布置示例

（4）一只探测区域内所需设置的探测器数量，不应小于式（11-1）的计算值，即

$$N = \frac{S}{K \cdot A}　　　（11-1）$$

式中　N——探测器数量（应取整数），只；

　　　S——探测区域面积，m²；

　　　K——修正系数，容纳人数为 2000～10000 人

的公共场所宜取 0.8～0.9，容纳人数为 500～2000 人的公共场所宜取 0.9～1.0，其他场所可取 1.0；

　　　A——探测器的保护面积，m²。

为说明表 11-6、图 11-53 及式（11-1）在工程中的应用，举例如下：

[例 11-1] 一个地面面积为 30m×40m 的车间，其屋顶坡度为 15°，房间高度为 8m，使用点型感烟火灾探测器保护。应设多少只感烟火灾探测器？应如何布置这些探测器？

解：

1）确定感烟火灾探测器的保护面积 A 和保护半径 R。查表 11-6，得感烟火灾探测器保护面积为 $A = 80$m²，保护半径 $R = 6.7$m。

2）计算所需探测器设置数量。选取 $K = 1.0$，按式（11-1）得

$$N = \frac{S}{K \cdot A} = \frac{1200}{1.0 \times 80} = 15 （只）$$

3）确定探测器的安装间距 a、b。由保护半径 R，确定保护直径 $D = 2R = 2 \times 6.7 ≈ 13.4$（m），由图 11-53 可确定 $D_1 = D_7$，应利用 D_7 极限曲线确定 a 和 b 值。根据现场实际，选取 $a = 8$m（极限曲线两端点间值），

得 $b=10\text{m}$，其布置方式如图 11-54 所示。

4）校核按安装间距 $a=8\text{m}$、$b=10\text{m}$ 布置后，探测器到最远点水平距离 R' 是否符合保护半径要求，按式（11-2）计算，即

$$R'=\sqrt{\left(\frac{a}{2}\right)^2+\left(\frac{b}{2}\right)^2}=\sqrt{\left(\frac{8}{2}\right)^2+\left(\frac{10}{2}\right)^2}=6.4\ (\text{m})$$

$$\text{（11-2）}$$

则 $R'<R$，在保护半径之内，满足要求。

（5）在有梁的顶棚上设置点型感烟火灾探测器、感温火灾探测器时，应符合下列要求：

1）当梁突出顶棚的高度小于 200mm 时，可不计梁对探测器保护面积的影响。

2）当梁突出顶棚的高度为 200～600mm 时，应按图 11-55、表 11-7 确定梁对探测器保护面积的影响和一只探测器能够保护的梁间区域的数量。

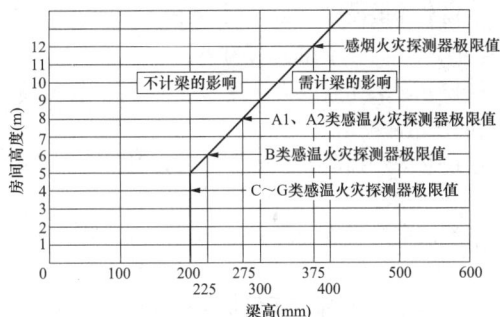

图 11-55　不同高度的房间梁对探测器设置的影响

表 11-7　按梁间区域面积确定一只
探测器保护的梁间区域的个数

探测器的保护面积 A（m^2）	梁隔断的梁间区域面积 A_Q（m^2）	一只探测器保护的梁间区域的个数（个）
感温探测器 20	$A_Q>12$	1
	$8<A_Q<12$	2
	$6<A_Q<8$	3
	$4<A_Q<6$	4
	$A_Q<4$	5
感温探测器 30	$A_Q>18$	1
	$12<A_Q<18$	2
	$9<A_Q<12$	3
	$6<A_Q<9$	4
	$A_Q<6$	5
感烟探测器 60	$A_Q>36$	1
	$24<A_Q<36$	2
	$18<A_Q<24$	3

续表

探测器的保护面积 A（m^2）	梁隔断的梁间区域面积 A_Q（m^2）	一只探测器保护的梁间区域的个数（个）
感烟探测器 60	$12<A_Q<18$	4
	$A_Q<12$	5
感烟探测器 80	$A_Q>48$	1
	$32<A_Q<48$	2
	$24<A_Q<32$	3
	$16<A_Q<24$	4
	$A_Q<16$	5

由图 11-55 可以看出，房间高度在 5m 以上、梁高大于 200mm 时，探测器的保护面积受梁高的影响按房间高度与梁高之间的线性关系考虑。还可看出，C、D、E、F、G 型感温火灾探测器房高极限值为 4m，梁高限度为 200mm；B 型感温火灾探测器房高极限值为 6m，梁高限度为 225mm；A1、A2 型感温火灾探测器房高极限值为 8m，梁高限度为 275mm；感烟火灾探测器房高极限值为 12m，梁高限度为 375mm。若梁高超过上述限度，即线性曲线右边部分，均需考虑梁的影响。

3）当梁突出顶棚的高度超过 600mm 时，被梁隔断的每个梁间区域应至少设置一只探测器。

4）当被梁隔断的区域面积超过一只探测器的保护面积时，被隔断的区域应按式（11-1）要求计算探测器的设置数量。

5）当梁间净距小于 1m 时，可不计梁对探测器保护面积的影响。

（6）在宽度小于 3m 的内走道顶棚上设置点型探测器时，宜居中布置。感温火灾探测器的安装间距不应超过 10m；感烟火灾探测器的安装间距不应超过 15m；探测器至端墙的距离不应大于探测器安装间距的 1/2。

（7）点型探测器至墙壁、梁边的水平距离不应小于 0.5m。

（8）点型探测器周围 0.5m 内，不应有遮挡物。

（9）房间被书架、设备或隔断等分隔，其顶部至顶棚或梁的距离小于房间净高的 5% 时，每个被隔开的部分应至少安装一只点型探测器。

（10）点型探测器至空调送风口边的水平距离不应小于 1.5m，并宜接近回风口安装。探测器至多孔送风顶棚孔口的水平距离不应小于 0.5m。

（11）当屋顶有热屏障时，点型感烟火灾探测器下表面至顶棚或屋顶的距离应符合表 11-8 的要求。屋顶受辐射热作用或因其他因素影响，在顶棚附近可能产生空气滞留层，从而形成热屏障。火灾时，该热屏障

将在烟雾和气流通向探测器的道路上形成障碍作用，影响探测器探测烟雾。同样，带有金属屋顶的仓库，夏天屋顶下边的空气可能被加热而形成热屏障，使得烟在热屏障下边不能到达顶部，而冬天降温作用也会妨碍烟的扩散。这些都将影响探测器的有效探测，而这些影响通常还与顶棚或屋顶形状以及安装高度有关。因此，需按表 11-8 要求的感烟火灾探测器下表面至顶棚或屋顶的有效距离安装探测器，以减少上述影响。

表 11-8   **点型感烟火灾探测器下表面至棚顶或屋顶的距离**

探测器的安装高度 h（m）	点型感烟火灾探测器下表面至顶棚或屋顶的距离 d（mm）					
	顶棚或屋顶坡度 θ					
	$\theta \leqslant 15°$		$15° < \theta \leqslant 30°$		$\theta > 30°$	
	最小	最大	最小	最大	最小	最大
$h \leqslant 6$	30	200	200	300	300	500
$6 < h \leqslant 8$	70	250	250	400	400	600
$8 < h \leqslant 10$	100	300	300	500	500	700
$10 < h \leqslant 12$	150	350	350	600	600	800

在人字形屋顶和锯齿形屋顶情况下，热屏障的作用特别明显。图 11-56 给出探测器在不同形状顶棚或屋顶下，其下表面至顶棚或屋顶的距离 d 的示意图。

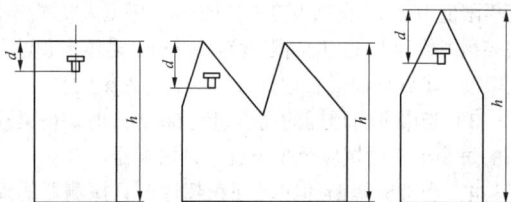

图 11-56 感烟探测器在不同形状顶棚或屋顶下其下表面至顶棚或屋顶的距离 d

因为感温火灾探测器通常受这种热屏障的影响较小，所以感温探测器总是直接安装在顶棚上（吸顶安装）。

（12）锯齿形屋顶和坡度大于 15°的人字形屋顶，应在每个屋脊处设置一排点型探测器，探测器下表面至屋顶最高处的距离应符合（11）的要求。

（13）点型探测器宜水平安装。当倾斜安装时，倾斜角 θ 不应大于 45°；当倾斜角 $\theta > 45°$时，应加木台以安装探测器，如图 11-57 所示。

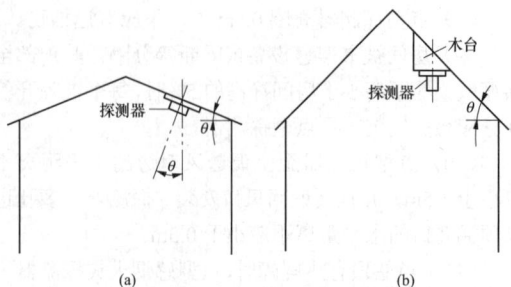

图 11-57 探测器的安装角度

（a）$\theta \leqslant 45°$时；（b）$\theta > 45°$时

θ 一屋顶的法线与垂直方向的交角。

（14）在电梯井、升降机井设置点型探测器时，其位置宜在井道上方的机房顶棚上。

（15）一氧化碳火灾探测器可设置在气体能够扩散到的任何部位。

（16）火焰探测器和图像型火灾探测器的设置应符合下列要求：

1）应同时考虑探测器的探测视角及最大探测距离，可通过选择探测距离长、火灾报警响应时间短的火焰探测器，提高保护面积要求和报警时间要求。

2）探测器的探测视角内不应存在遮挡物。

3）应避免光源直接照射在探测器的探测窗口。

4）单波段的火焰探测器不应设置在平时有阳光等光源直接或间接照射的场所。

（17）线型光束感烟火灾探测器的设置应符合下列要求：

1）探测器的光束轴线至顶棚的垂直距离宜为 0.3～1.0m，距地高度不宜超过 20m。

2）相邻两组探测器的水平距离不应大于 14m，探测器至侧墙水平距离不应大于 7m，且不应小于 0.5m，探测器的发射器和接收器之间的距离不宜超过 100m。安装平面示意如图 11-58 所示。

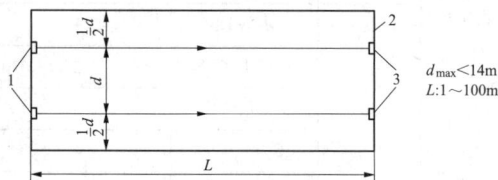

$d_{max} < 14m$
$L:1\sim100m$

图 11-58 线型光束感烟火灾探测器在相对两面墙壁上安装平面示意图

1—发射器；2—墙壁；3—接收器

3）探测器应设置在固定结构上。

4）探测器的设置应保证其接收端避开日光和人工光源直接照射。

5）选择反射式探测器时，应保证在反射板与探测器间任何部位进行模拟试验时，探测器均能正确响应。

（18）感烟火灾探测器在格栅吊顶场所的设置应符合下列要求：

1）镂空面积与总面积的比例不大于 15%时，探测器应设置在吊顶下方。

2）镂空面积与总面积的比例大于 30%时，探测器应设置在吊顶上方。

3）镂空面积与总面积的比例为15%～30%时，探测器的设置部位应根据实际试验结果确定。

4）探测器设置在吊顶上方且火警确认灯无法观察时，应在吊顶下方设置火警确认灯。

（二）线型感温火灾探测器的设置

线型感温火灾探测器的设置应符合下列要求：

（1）探测器在保护电缆、堆垛等类似保护对象时，应采用接触式布置；在各种皮带输送装置上设置时，宜设置在装置的过热点附近。线型感温火灾探测器在电缆桥架或支架上设置时，应采用接触式敷设方式，即敷设于被保护电缆（表层电缆）外护套上面，如图 11-59 所示，图中固定卡具宜选用阻燃塑料卡具。在皮带输送装置上设置时，宜将探测器设置在装置的过热点附近，如图 11-60 所示。

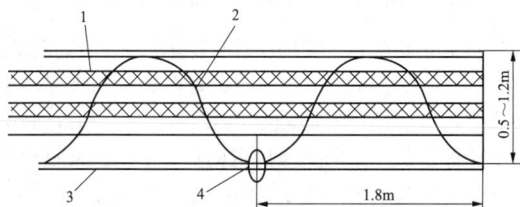

图 11-59 缆式线型感温火灾探测器在电缆桥架或
支架上接触式布置示意图
1—动力电缆；2—探测器热敏电缆；
3—电缆桥架；4—固定卡具

（2）设置在顶棚下方的线型感温火灾探测器，至顶棚的距离宜为 0.1m。探测器的保护半径应符合点型感温火灾探测器的保护半径要求；探测器至墙壁的距离宜为1～1.5m。线型感温火灾探测器在顶棚下方的设置如图 11-61 所示。

（3）光栅光纤感温火灾探测器每个光栅的保护面积和保护半径应符合点型感温火灾探测器的保护面积和保护半径要求。

（4）设置线型感温火灾探测器的场所有联动要求时，宜采用两只不同火灾探测器的报警信号组合。一般情况下，当设置线型感温火灾探测器的场所有联动

要求时，即该场所要求实现自动报警、自动灭火时，应采用同类型或者不同类型探测器的组合，因此建议采用双回路组合探测。在电缆隧道顶部设置的线型感温火灾探测器的报警信号和该区域内电气火灾监控探测器报警信号的组合，可作为自动灭火设施启动的联动触发信号；在电缆层上表面设置的线型感温火灾探测器的报警信号，大多是由于探测器监测到其保护的动力电缆因发生电气故障造成温度异常所发出的报警信号，这种报警信号应作为一种预警信号，警示管理人员快速查找电气故障原因，不宜作为联动触发信号。

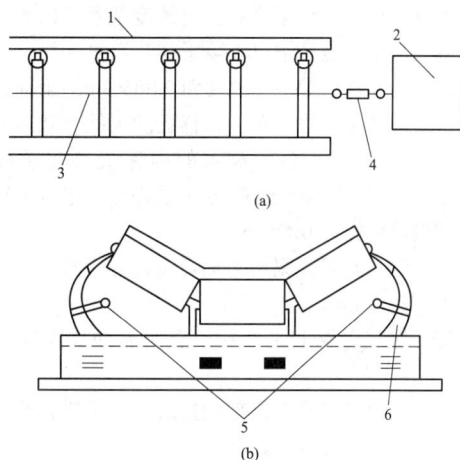

(a)

(b)

图 11-60 缆式线型感温火灾探测器在皮带
输送装置上设置示意图
（a）侧视图；（b）正视图
1—传送带；2—探测器终端；3、5—探测器热敏电缆；
4—拉线螺旋；6—电缆支撑架

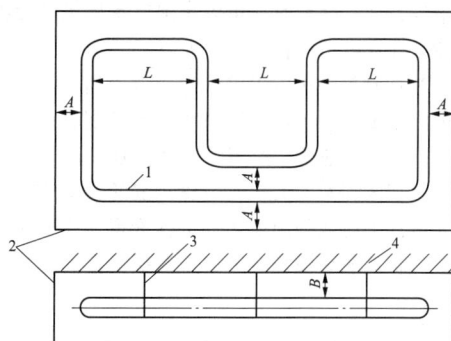

图 11-61 线型感温火灾探测器在顶棚下方设置示意图
1—探测器；2—山壁；3—固定点；4—顶棚

（5）与线型感温火灾探测器连接的模块不宜设置在长期潮湿或温度变化较大的场所，宜设置在防水模块箱内。

（三）管路采样式吸气感烟火灾探测器的设置

（1）非高灵敏型探测器的采样管网安装高度不应超过 16m；高灵敏型探测器的采样管网安装高度可超过 16m；采样管网安装高度超过 16m 时，灵敏度可调的探测器应设置为高灵敏度，且应减小采样管长度和采样孔数量。

（2）探测器的每个采样孔的保护面积、保护半径应符合点型感烟火灾探测器的保护面积、保护半径的要求。

（3）一个探测单元的采样管总长不宜超过 200m，单管长度不宜超过 100m，同一根采样管不应穿越防火分区。采样孔总数不宜超过 100 个，单管上的采样孔数量不宜超过 25 个。采样孔的灵敏度基本可以按探测器标称的最小灵敏度乘以实际采样孔数量计算。例如一台探测器标称的最小灵敏度为 0.005%/m，采样管网上开了 100 个采样孔，单一采样孔的灵敏度就近似为 0.5%/m。另外，一台探测器的标称最小灵敏度为 0.02%/m，采样管网上开了 20 个采样孔，单一采样孔的灵敏度就近似为 0.4%/m。

（4）当采样管道采用毛细管布置方式时，毛细管长度不宜超过 4m。

（5）吸气管路和采样孔应有明显的火灾探测器标识。

（6）有过梁、空间支架的建筑中，采样管路应固定在过梁、空间支架上。

（7）当采样管道布置形式为垂直采样时，每 2℃ 温差间隔或 3m 间隔（取最小者）应设置一个采样孔，采样孔不应背对气流方向。

（8）采样管网应按经过确认的设计软件或方法进行设计。通常情况下，采样孔孔径在 2~5mm 之间，各厂家的产品特性不同，可以参照产品使用说明书和检验报告设计。必要时，可以采用厂家提供的模拟计算软件来计算出采样孔的孔径大小。

（9）探测器的火灾报警信号、故障信号等信息应传给火灾报警控制器，涉及消防联动控制时，探测器的火灾报警信号还应传给消防联动控制器。

本手册未涉及的其他火灾探测器的设置应按厂家提供的设计手册或使用说明书进行设置，必要时可通过模拟保护对象火灾场景等方式对探测器的设置情况进行验证。

三、手动火灾报警按钮的设置

（1）每个防火分区应至少设置一只手动火灾报警按钮。从一个防火分区内的任何位置到最邻近的手动火灾报警按钮的步行距离不应大于 30m。手动火灾报警按钮宜设置在疏散通道或出入口处。

（2）手动火灾报警按钮应设置在明显和便于操作的部位。当采用壁挂方式安装时，其底边距地高度宜为 1.3~1.5m，且应有明显的标志。

（3）输煤系统应采用防水型的手动火灾报警按钮，油区、氨区等危险场所应采用防爆型的手动火灾报警按钮。

四、区域显示器的设置

（1）每个报警区域宜设置一台区域显示器（火灾显示盘）；当一个报警区域包括多个楼层时，宜在每个楼层设置一台仅显示本楼层的区域显示器。

（2）区域显示器应设置在出入口等明显和便于操作的部位。当采用壁挂方式安装时，其底边距地高度宜为 1.3~1.5m。

五、火灾警报器的设置

（1）火灾光警报器应设置在每个楼层的楼梯口、消防用电梯前室、建筑内部拐角等处的明显部位，且不宜与安全出口指示标志灯具设置在同一面墙上。

（2）每个报警区域内应均匀设置火灾警报器，其声压级不应小于 60dB；在环境噪声大于 60dB 的场所，其声压级应高于背景噪声 15dB。

（3）当火灾警报器采用壁挂方式安装时，其底边距地面高度应大于 2.2m。

六、消防应急广播扬声器的设置

（1）消防应急广播扬声器的设置应符合下列要求：

1）民用建筑内扬声器应设置在走道和大厅等公共场所。每个扬声器的额定功率不应小于 3W，其数量应能保证从一个防火分区内的任何部位到最近一个扬声器的直线距离不大于 25m，走道末端距最近的扬声器距离不应大于 12.5m。

2）在环境噪声大于 60dB 的场所设置的扬声器，在其播放范围内最远点的播放声压级应高于背景噪声 15dB。主厂房、输煤系统等噪声较大的工业建筑场所应选用号角。

（2）壁挂扬声器的底边距地面高度应大于 2.2m。

七、消防专用电话的设置

（1）消防专用电话网络应为独立的消防通信系统。

（2）集中控制室应设置消防专用电话总机。

（3）多线制消防专用电话系统中的每个电话分机应与总机单独连接。

（4）电话分机或电话插孔的设置应符合下列要求：

1）消防水泵房、柴油发电机房、配变电室、计算机房、主要通风和空调机房、防排烟机房、灭火控制系统操作装置处或控制室、企业消防站、消防值班室及其他与消防联动控制有关的且经常有人值班的机房应设置消防专用电话分机。消防专用电话分机应固定安装在明显且便于使用的部位，并应有别于普通电话的标识。

2）设有手动火灾报警按钮或消火栓按钮等处，宜设置电话插孔，并宜选择带有电话插孔的手动火灾报警按钮。

3）电话插孔在墙上安装时，其底边距地面高度宜为1.3～1.5m。

（5）集中控制室、消防值班室或企业消防站等处应设置可直接报警的外线电话。

八、模块的设置

（1）每个报警区域内的模块宜相对集中设置在本报警区域内的金属模块箱中。模块箱宜采用防水结构。模块箱中心距地安装高度为1.5m。

（2）模块严禁设置在配电（控制）柜（箱）内。

（3）本报警区域内的模块不应控制其他报警区域的设备。

（4）未集中设置的模块附近应有尺寸不小于100mm×100mm的标识。

九、消防控制室图形显示装置的设置

（1）消防控制室图形显示装置应设置在消防控制室内，并应符合火灾报警控制器的安装设置要求。

（2）消防控制室图形显示装置与火灾报警控制器、消防联动控制器、电气火灾监控器、可燃气体报警控制器等消防设备之间应采用专用线路连接。

十、可燃气体探测报警系统的设置

（一）一般要求

（1）可燃气体探测报警系统应由可燃气体报警控制器、可燃气体探测器和火灾声光警报器等组成，能够在保护区域内泄漏可燃气体的浓度低于爆炸下限的条件下提前报警，从而预防由于可燃气体泄漏引发的火灾和爆炸事故的发生。

（2）可燃气体探测报警系统应独立组成，可燃气体探测器不应接入火灾报警控制器的探测器回路；基于以下原因，当可燃气体的报警信号需接入火灾自动报警系统时，应由可燃气体报警控制器接入。

1）目前应用的可燃气体探测器功耗都很大，一般在几十毫安，接入总线后对总线的稳定工作十分不利。

2）现在使用可燃气体探测器的使用寿命一般只有3、4年，到寿命后对同一总线配接的火灾探测器的正常工作也会产生不利影响。

3）现在使用可燃气体探测器每年都需要标定，标定期间对同一总线配接的火灾探测器的正常工作也会产生影响。

4）可燃气体报警信号与火灾报警信号的时间与含义均不相同，需要采取的处理方式也不同。

可燃气体探测报警系统需要有自己的独立电源供电，电源可由系统独立供给，也可根据工程的实际情况就地获取，但就地获取的电源，其供电的可靠性应与该系统一致。

（3）可燃气体报警控制器的报警信息和故障信息，应在消防控制室图形显示装置或起集中控制功能的火灾报警控制器上显示，但该类信息与火灾报警信息的显示应有区别。

（4）可燃气体报警控制器发出报警信号时，应能启动保护区域的火灾声光警报器。

（5）可燃气体探测报警系统保护区域内有联动和警报要求时，应由可燃气体报警控制器或消防联动控制器联动实现。

（6）可燃气体探测报警系统设置在有防爆要求的场所时，尚应符合有关防爆要求。

（二）可燃气体探测器的设置

（1）探测气体密度小于空气密度的可燃气体探测器应设置在被保护空间的顶部；探测气体密度大于空气密度的可燃气体探测器应设置在被保护空间的下部；探测气体密度与空气密度相当时，可燃气体探测器可设置在被保护空间的中间部位或顶部。

（2）可燃气体探测器宜设置在可能产生可燃气体部位附近。

（3）点型可燃气体探测器的保护半径，应符合GB 50493《石油化工可燃气体和有毒气体检测报警设计规范》的有关规定。

（4）线型可燃气体探测器的保护区域长度不宜大于60m。

（三）可燃气体报警控制器的设置

（1）当有消防控制室时，可燃气体报警控制器可设置在保护区域附近；当无消防控制室时，可燃气体报警控制器应设置在有人值班的场所。

（2）可燃气体报警控制器的设置应符合火灾报警控制器的安装设置要求。

十一、电气火灾监控系统的设置

（一）一般要求

（1）电气火灾监控系统可用于具有电气火灾危险的场所。

根据我国近几年的火灾统计，电气火灾年均发生次数占火灾年均总发生次数的27%，占重特大火灾总发生次数的80%，居各火灾原因之首位，且损失占火灾总损失的53%。

电气火灾发生的原因是多方面的，主要包括电缆老化、施工的不规范、电气设备故障等。通过合理设置电气火灾监控系统，可以有效探测供电线路及供电设备故障，以便及时处理，避免电气火灾发生。电气火灾一般初起于电气柜、电缆隧道等内部，当火蔓延到设备及电缆表面时，已形成较大火势，此时火势往往不容易被控制，扑灭电气火灾的最好时机已经错过了。电气火灾监控系统能在发生电气故障、产生一定电气火灾隐患的条件下发出报警，提醒专业人员排除电气火灾隐患，实现电气火灾的早期预防，避免电气火灾的发生，因此具有很强的电气防火预警功能。

（2）电气火灾监控系统应由下列部分或全部设备组成。

1）电气火灾监控器。其设备是集监测、报警及控制于一体的电气火灾监控设备。

2）剩余电流式电气火灾监控探测器。其作为电气火灾监控系统信号处理的中继部分，能通过内置电路及软件对下级终端电流互感器传递过来的信号进行智能分析处理，由此可判断出下级终端每一只电流互感器的状态（即故障状态、火灾报警状态、正常工作状态），并通过 RS485 通信总线将下级终端每一只电流互感器的故障、报警等信息发送给上级电气火灾监控设备，完成监测、报警的综合处理。

3）测温式电气火灾监控探测器。其作为电气火灾监控系统信号处理的中继部分，能通过内置电路及软件对下级终端温度探头传递过来的信号进行智能分析处理，由此可判断出下级终端每一只温度探头的状态（即故障状态、火灾报警状态、正常工作状态），并通过 RS485 通信网络将本机（即多台温度探测器的一台）下级终端每一只温度探头的故障、报警等信息发送给上级电气火灾监控设备，完成监测、报警的综合处理。

上述为目前广泛使用且已成熟的用于电气保护的电气火灾监控产品。电气火灾监控系统就是利用电流磁场效应和温度效应，将工作线路的电流变化和温度变化传送到监控设备中，当发生电流或温度突变时，探测器对变化幅值进行分析并与报警设定值比较，发出声光报警信号，并向监控设备发送报警信号和报警地址。监控设备在接收到报警信号后能显示报警部位、报警值和报警数量等信息，提醒值班人员迅速处理工作线路并可将报警信息发送到集中控制台，消除电气火灾发生前存在的隐患。

（3）电气火灾监控系统应根据建筑物的性质及电气火灾危险性设置，并应根据电气线路敷设和用电设备的具体情况，确定电气火灾监控探测器的形式与安装位置。在无消防控制室且电气火灾监控探测器设置数量不超过 8 只时，可采用独立式电气火灾监控探测器。

（4）非独立式电气火灾监控探测器不应接入火灾报警控制器的探测器回路，应接入电气火灾监控器。

（5）在设置消防控制室的场所，电气火灾监控器的报警信息和故障信息应在消防控制室图形显示装置或起集中控制功能的火灾报警控制器上显示，但该类信息与火灾报警信息的显示应有区别。

（6）电气火灾监控系统的设置不应影响供电系统的正常工作，不宜自动切断供电电源。电气火灾监控探测器一旦报警，表示其监视的保护对象发生了异常，产生了一定的电气火灾隐患，容易引发电气火灾，但是并不能表示已经发生了火灾，因此报警后没有必要自动切断保护对象的供电电源，只要提醒维护人员及时查看电气线路和设备，排除电气火灾隐患即可。

（7）当线型感温火灾探测器用于电气火灾监控时，可接入电气火灾监控器。

（二）剩余电流式电气火灾监控探测器的设置

（1）剩余电流式电气火灾监控探测器应以设置在低压配电系统首端为基本原则，宜设置在第一级配电柜（箱）的出线端。在供电线路泄漏电流大于 500mA 时，宜在其下一级配电柜（箱）设置。

（2）剩余电流式电气火灾监控探测器不宜设置在无地线的配电线路和消防配电线路中。

（3）选择剩余电流式电气火灾监控探测器时，应考虑供电系统自然泄漏电流的影响，并应选择参数合适的探测器；探测器报警值宜为 300~500mA。

（4）具有探测线路故障电弧功能的电气火灾监控探测器，其保护线路的长度不宜大于 100m。

剩余电流式电气火灾监控系统接线示意图如图11-62 所示，电气火灾监控系统原理示意图如图 11-63 所示。

（三）测温式电气火灾监控探测器的设置

（1）测温式电气火灾监控探测器应设置在电缆接头、端子、重点发热部件等部位。

（2）保护对象为1000V 及以下的配电线路，测温式电气火灾监控探测器应采用接触式布置，采用热电偶探测器等。

（3）保护对象为1000V 以上的供电线路，测温式电气火灾监控探测器宜选择光栅光纤测温式或红外测温式电气火灾监控探测器，光栅光纤测温式电气火灾监控探测器应直接设置在保护对象的表面。

若采用线型感温火灾探测器，为便于统一管理，宜将其报警信号接入电气火灾监控器。

光纤光栅测温式电气火灾监控探测器电力开关柜监控示意图如图 11-64 所示。

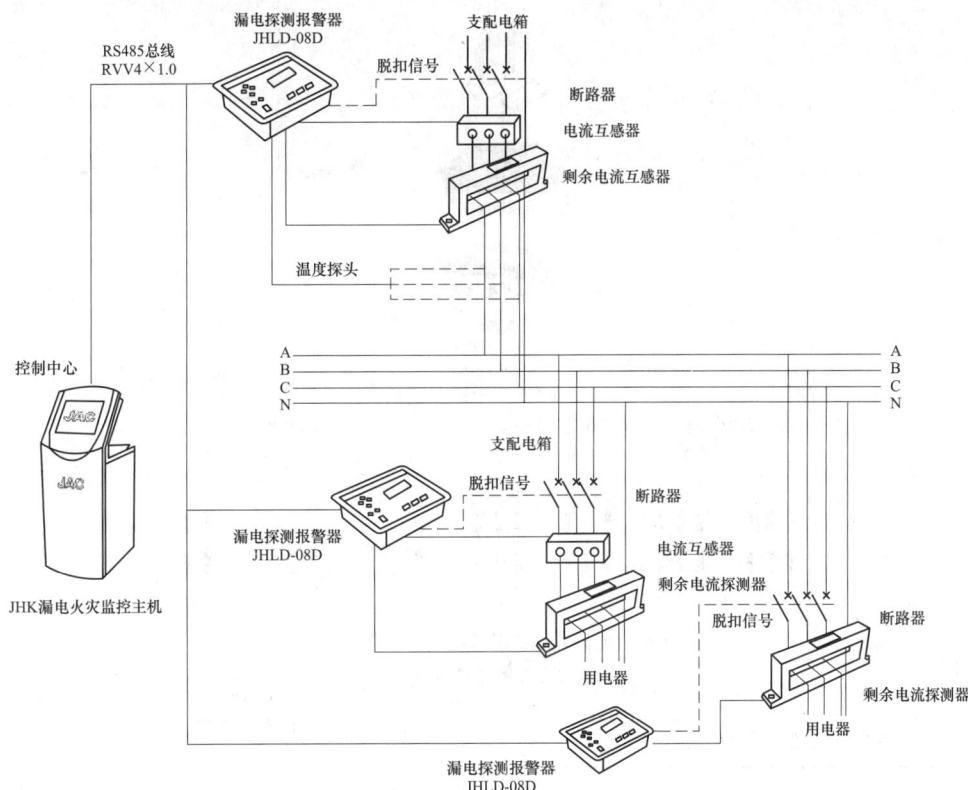

图 11-62 电气火灾监控系统接线示意图

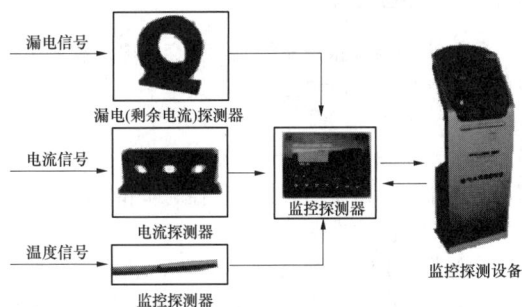

图 11-63 电气火灾监控系统原理示意图

（四）独立式电气火灾监控探测器的设置

（1）独立式电气火灾监控探测器的设置应符合本节十一（二）、（三）的要求。

（2）设有火灾自动报警系统时，独立式电气火灾监控探测器的报警信息和故障信息应在消防控制室图形显示装置或集中火灾报警控制器上显示；但该类信息与火灾报警信息的显示应有区别。

（3）未设火灾自动报警系统时，独立式电气火灾监控探测器应将报警信号传至有人值班的场所。

（五）电气火灾监控器的设置

（1）设有消防控制室时，电气火灾监控器应设置在消防控制室内或保护区域附近；设置在保护区域附近时，应将报警信息和故障信息传入消防控制室。

（2）未设消防控制室时，电气火灾监控器应设置在有人值班的场所。

（六）电厂设置范围设计举例

某工程建设 2×1000MW 超超临界燃煤发电机组，电气火灾监控系统采用剩余电流式电气火灾监控系统。电气火灾监控系统控制器的容量和每一条总线回路所连接的火灾探测器及控制模块（或信号模块）的地址编码总数均留有 20% 的余量。

电气火灾监控系统应由表 11-9 中部分或全部设备组成。

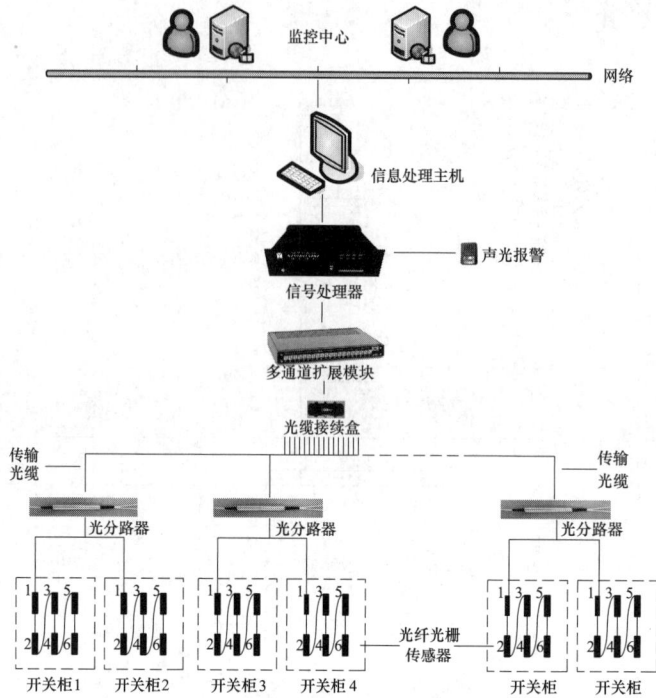

图 11-64　光纤光栅测温式电气火灾监控探测器
电力开关柜监控示意图

表 11-9　电气火灾监控系统组成

序号	设　备
1	电气火灾监控设备主机
2	剩余电流式电气火灾监控探测器（探测报警器）
3	剩余电流式探测器（电流互感器）

电气火灾监控系统主机可显示电气系统的火灾情况、设备状态和故障信息，同时将相关的电气火灾信息通过通信的方式在全厂火灾报警系统中显示。

根据电厂电气的布置情况，电气火灾监控系统包含若干个区域，具体如下：

（1）1号机汽轮机 PC A、B 段。
（2）1号机锅炉 PC A、B 段。
（3）1号机汽轮机事故保安 A、B 段。
（4）1号机锅炉事故保安 A、B 段。
（5）1号机照明段。
（6）2号机汽轮机 PC A、B 段。
（7）2号机锅炉 PC A、B 段。
（8）2号机汽轮机事故保安 A、B 段。
（9）2号机锅炉事故保安 A、B 段。
（10）2号机照明段。

（11）公用 PC A、B 段。

第六节　系　统　供　电

一、供电电源

（1）火灾自动报警系统应设置交流电源和蓄电池备用电源。电厂交流电源描述详见本手册第十二章第一节。

（2）火灾自动报警系统的交流电源应采用消防电源，备用电源一般采用火灾报警控制器和消防联动控制器自带的蓄电池电源。

（3）消防控制室图形显示装置、消防通信设备等的电源，宜由 UPS 电源装置或消防设备应急电源供电。

（4）火灾自动报警系统主电源不应设置剩余电流动作保护和过负荷保护装置。

（5）消防设备应急电源输出功率应大于火灾自动报警及联动控制系统全负荷功率的120%，蓄电池组的容量应保证火灾自动报警及联动控制系统在火灾状态同时工作负荷条件下连续工作 3h 以上。

（6）消防用电设备应采用专用的供电回路，其配电设备应设有明显标志。其配电线路和控制回路宜按防火分区划分。

二、系统接地

（1）火灾自动报警系统接地装置的接地电阻值应符合下列要求：

1）采用共用接地装置时，接地电阻值不应大于1Ω。

2）采用专用接地装置时，接地电阻值不应大于4Ω。

（2）消防控制室内的电气和电子设备的金属外壳、机柜、机架和金属管、槽等，应采用等电位连接。

（3）由消防控制室接地板引至各消防电子设备的专用接地线应选用铜芯绝缘导线，其线芯截面面积不应小于4mm²。

（4）消防控制室接地板与建筑接地体之间应采用线芯截面面积不小于25mm²的铜芯绝缘导线连接。

第七节 系 统 布 线

一、电缆选择

（一）电缆类型

防火阻燃电缆主要包括两大类：一类是阻燃电缆，其主要特点是不易燃烧或被外火烧着之后，在极小范围内延燃，另一类是防火耐火电缆，其中又分为防火电缆和耐火电缆两种，防火电缆在一定温度的火焰中，在一定的时间内被火烧期间和火烧之后能正常地通电运行而无任何损坏；耐火电缆在一定温度的火焰中，在一定的时间内被火烧期间和被火烧之后，虽然护套层被烧毁，但由于其耐火层和绝缘层尚完好，因而还可以继续通电运行。

1. 防火电缆

防火电缆以电工紫铜棒作为线芯，以无缝铜管作为护套，用无机矿物质氧化镁粉作为绝缘材料加工制作而成，因此具有许多独特的性能。

（1）良好的防火性能。作为护套和线芯的铜，其熔点为1083℃，作为绝缘材料的氧化镁粉在温度为2200℃的高温中也不熔化，因此整个电缆既不燃烧，又不延燃，这个突出特点是以有机高分子聚合物作为绝缘层或护套的普通电缆无法比拟的。因为有机绝缘和护套的电缆在380～430℃的温度中就会发生自燃，而且燃烧时放出大量热量，会使温度升高，有助于火势的扩大，绝缘材料几乎完全失去了应有的机械强度和绝缘性能，不能保护线芯继续通电运行。

（2）耐高温。防火电缆的绝缘材料氧化镁在铜护套的保护下，能在短时间内在1000℃的火焰中确保电缆正常通电运行而完好无损。

（3）无烟无毒。氧化镁绝缘防火电缆在火焰中不发烟，也不产生任何有害气体。

（4）防爆。氧化镁绝缘材料被紧密地压在铜线芯和铜护套之间，完全可以防止可燃气体及易烧液体蒸汽和火焰进入电缆。

（5）耐腐蚀。铜护套具有良好的耐腐蚀性能，一般不需要附加防护措施，若在严重的化学腐蚀性场所可选用塑料护层保护铜护套。

（6）防水。铜护套由无缝铜管制成，即使被浸泡在水中，也可以长期通电运行。

（7）载流量大。与芯线截面相同的其他类型电缆相比，氧化镁防火电缆长期连续通电运行，允许载流量大，过载能力强。

（8）机械强度高。由于外护套为铜护套，坚固耐用，即使受到一般的机械撞击和外力影响，也不会损坏其结构。

（9）使用寿命长。组成防火电缆的材料，无论铜芯、铜套还是氧化镁粉，都是化学稳定性很好的无机材料，因此不存在绝缘老化的问题，几乎都能起到永久性的保护作用。

（10）安全可靠。防火电缆的铜护套本身就是良好的接地导线，不需另设接地导线，能够保障人员安全地工作。

由于防火电缆具有上述特点，在国内外应用十分广泛。

2. 耐火电缆

耐火电缆的特点是在一定温度的火焰中（如50～800℃），在一定时间内（如1.5h或2h），在被火烧期间和火烧之后，耐火层和被其保护区处于最里层的绝缘层依然完好，能正常通电运行。当火灾发生时，给报警、人员疏散、物资抢救及火灾扑救工作的紧急照明和动力用电提供时间上的保证。它适合于发电厂、核电站以及供电负荷要求高的企业。

3. 阻燃电缆

阻燃电缆的特点是在保持普通绝缘电缆电气性能、理化性能的同时，还具有自熄性，因此阻燃电缆不易燃烧，或者当线路由于自身短路故障而着火或因外部火源烧至线路时，在短路电弧熄灭后或外部火源熄灭后，阻燃电缆不再继续燃烧，或延燃的时间和长度很短，可以阻止火灾的蔓延，适用于高阻燃场合。

（二）线缆选择

火灾自动报警系统的传输线路和50V以下供电的控制线路应采用电压等级不低于交流 300/500V 的铜

芯绝缘导线或铜芯电缆。采用交流 220/380V 的供电和控制线路应采用电压等级不低于交流 450/750V 的铜芯绝缘导线或铜芯电缆。

火灾自动报警系统传输线路的线芯截面选择,除应满足自动报警装置技术条件的要求外,还应满足机械强度的要求。铜芯绝缘导线和铜芯电缆线芯的最小截面面积不应小于表 11-10 的要求。

表 11-10　铜芯绝缘导线和铜芯电缆线芯的最小截面面积

序号	类　别	线芯的最小截面面积（mm²）
1	穿管敷设的绝缘导线	1.00
2	线槽内敷设的绝缘导线	0.75

续表

序号	类　别	线芯的最小截面面积（mm²）
3	多芯电缆	0.50

注　摘自 GB 50116—2013《火灾自动报警系统设计规范》。

电厂火灾自动报警系统的电源电缆、消防联动控制电缆、报警总线、连接电缆、消防应急广播和消防专用电话电缆建议采用耐火屏蔽铜芯绝缘电缆。

电源电缆线芯截面面积建议采用 2.5mm²,其他线缆线芯截面面积建议采用 1.0mm² 以上。

区域火灾报警控制盘与中央报警控制盘之间干线采用多模光纤(四芯)通信。

电厂火灾探测报警系统常用电缆选择见表 11-11。

表 11-11　电缆选型方案

电缆类型	功　能	线型	电缆形式	电缆规格(芯数×截面)	备注
通信总线	由控制器到智能探测器和智能模块的总线;控制器到显示器的总线	耐火屏蔽双绞线	NH-RVSP	2×1.5mm²	最远距离根据供货商要求确定
电源线	由控制器到智能控制模块、探测器接口模块、楼层显示器及其他设备的电源线	耐火电源电缆	NH-KVV	2×2.5mm²	最远距离根据供货商要求确定
控制线	智能控制模块、智能监视模块、探测器接口模块与后端设备的连线	耐火控制电缆	NH-KVVP	1×1.0mm² 或 1×1.5mm²	最远距离根据供货商要求确定
消防专用电话线	电话总机到智能模块、电话机、电话插座的电话线	耐火通信电缆	NH-RVSP	2×1.5mm²	最远距离根据供货商要求确定
多模光纤	区域火灾报警控制盘与中央报警控制盘之间干线	多模室外光缆			

二、电缆敷设

(一)一般要求

(1)屋内线路的布线设计,应做到路线短捷、安全可靠,尽量减少与其他管线交叉跨越,避开环境条件恶劣场所,且便于施工维护。

(2)系统布线应注意避开火灾时有可能形成"烟囱效应"的部位。

(二)系统传输线路的敷设方式及技术要求

(1)火灾自动报警系统的传输线路应采用金属管、可挠(金属)电气导管、B1 级以上的刚性塑料管或封闭式线槽保护。敷设方式分为暗敷或明敷。

(2)线路暗敷设时,应采用金属管、可挠(金属)电气导管或 B1 级以上的刚性塑料管保护,并应敷设在不燃烧体的结构层内,且保护层厚度不宜小于 30mm;线路明敷设时,应采用金属管、可挠(金属)电气导管或金属封闭线槽保护。矿物绝缘类不燃性电缆可直接明敷。

(3)火灾自动报警系统用的电缆竖井,宜与电力、照明用的低压配电线路电缆竖井分别设置。受条件限制必须合用时,应将火灾自动报警系统用的电缆和电力、照明用的低压配电线路电缆分别布置在竖井的两侧。

(4)不同电压等级的线缆不应穿入同一根保护管内,当合用同一线槽时,线槽内应由隔板分隔。

(5)采用穿管水平敷设时,除报警总线外,不同防火分区的线路不应穿入同一根管内。

(6)从接线盒、线槽等处引到探测器底座盒、控制设备盒、扬声器箱的线路均应加金属保护管保护。

(7)火灾探测器的传输线路,宜选择不同颜色的绝缘导线或电缆。正极"+"线应为红色,负极"-"线应为蓝色或黑色。同一工程中相同用途导线的颜色应一致，接线端子应有标号。

（8）建筑物内消防系统的线路宜按楼层或防火分区分别设置配线箱。当同一系统不同电流类别或不同电压的线路在同一配线箱内时，应将不同电流类别和不同电压等级的导线分别接至不同的端子上，且各种端子应做明确的标志和隔离。

（9）对管内导线的根数不作具体要求。暗敷时以管径的大小不影响混凝土楼板的强度为准（横向不宜大于$\phi25$，墙内为$\phi40$）。穿管绝缘导线或电缆的总截面积不应超过管内截面积的 40%。敷设在封闭式金属线槽内的导线或电缆的总面积不应大于线槽净截面积的 50%。

（10）布线使用的非金属管材、线槽及其附件，应采用不燃或非延性材料制成并经国家有关产品质量监督检测单位检验合格的产品。

（11）消防系统的传输网络不应与其他系统的传输网络合用。

（12）电缆在电缆沟敷设时，电缆及接线处做好防水处理。

（13）为避免信号干扰，火灾自动报警系统的信号电缆在厂房内经由电缆桥架时，宜走通信层；电缆经过电缆竖井时，应与高、低压配电线路分开布置。

（14）采用无线通信方式的系统设计应符合下列要求：

1）无线通信模块的设置间距不应大于额定通信距离的 75%。

2）无线通信模块应设置在明显部位，且应有明显标识。

第八节　典型电厂火灾自动报警系统方案设计举例

一、设计范围

本卷册是"××发电有限公司一期工程火灾探测报警系统"的施工图设计，设计范围包括 1 号机组汽机房、2 号机组汽机房、1 号机组锅炉房、2 号机组锅炉房、煤仓间、集中控制楼、A 排外变压器、输煤栈桥、输煤转运站、筒仓、网络继电器室、循环水泵房、综合水泵房、空气压缩机房、排水泵房空冷配电间、灰库气化风机库等区域。

二、设计说明

1. 系统配置说明

全厂火灾探测报警系统采用集中/区域二级总线制系统，系统设置集中报警控制盘和区域报警控制盘。

全厂共设置三套火灾报警控制盘，主厂房区域设置一台集中报警控制盘，输煤区域、网络继电器楼区域各设置一台区域报警控制盘。

集中报警控制盘由三面落地式机柜组成，分别是火灾报警控制盘、上位机操作员站/消防联动控制盘和光纤测温主机盘，布置在集中控制楼单元控制室内。机柜外形尺寸为 2200mm×800mm×600mm（高×宽×厚），机柜色标为 RAL7032。消防联动控制盘集成消防紧急疏散广播系统、消防电源系统、消防通信电话系统及消防联动控制系统功能。

输煤区域火灾报警控制盘采用落地式机柜安装，布置在输煤集中控制楼的程控室内，机柜外形尺寸为 2200mm×800mm×600mm（高×宽×厚），区域报警控制盘集成 DC 24V 30A 消防联动电源盘、AC 220V 双电源互投装置及备用电源。

网络继电器楼区域报警控制盘采用壁挂式结构，布置在网络继电器室内，外形尺寸为 727mm×613mm×133mm（高×宽×厚），该区域报警控制盘处设置 DC 24V 30A 壁挂式消防联动控制电源一台。

集中火灾报警控制盘处设置上位机操作员站，由工作站计算机、液晶显示器、激光打印机和专用工程软件等组成，采用落地式机柜安装，机柜外形尺寸为 2200mm×800mm×600mm（高×宽×厚），通过上位机操作员站对全厂以图形方式直观高效监控。

集中火灾报警控制盘、区域火灾报警控制盘、上位机操作员站采用环形网络进行连接，网络通信介质为光纤。可在集中报警控制盘处对全厂进行监控。

脱硫、脱硝区域火灾探测报警系统由脱硫、脱硝总承包厂家设计和供货，全厂火灾探测报警系统预留脱硫、脱硝系统的联网接口，接口位置在集中报警控制盘。

2. 火灾探测器的设置

本工程主要选用的火灾探测器包括点型感烟火灾探测器、点型感温火灾探测器、吸气式空气采样感烟探测器、线型模拟量定温火灾探测器、分布式光纤感温火灾探测器、多波段火焰探测器等。

（1）设置 IG541、低压 CO_2、气溶胶气体自动灭火系统（装置）的防护区：集中控制楼 13.70m 电子设备间、集中控制楼 13.70m DCS 工程师室、集中控制楼 6.90m 电气电除尘配电间、集中控制楼 6.90m 电气房间、汽机房 0.00m（1、2 号）电气房间、汽机房 6.90m（1、2、3 号）电气房间、汽机房 6.90m 汽轮机电子设备间除了设置点型智能感烟探测器，还设置吸气式空气采样感烟探测器进行早期火灾报警。各防护区两组不同类型的火灾探测器组合"与"门自动启动气体灭火系统。

（2）集中控制楼内设置 IG541、低压 CO_2 气体自动灭火的防护区：13.70m ECS 工程师站、6.90m 等离子设备间、6.90m 直流及 UPS 配电间、6.90m 电气配电间、6.90m 凝结水精处理电子设备间、6.90m 热控配电间、0.00m 暖通电子设备间、0.00m 电气设备间，设置智能型感烟探测器和智能型感温探测器，两种不同类型的火灾探测器组合"与"门自动启动气体灭火系统。

（3）集中控制楼柴油发电机室、油箱间设置低压 CO_2 气体自动灭火系统，该防护区内设置防爆型感烟探测器和防爆型感温探测器，两种不同类型的火灾探测器组合"与"门自动启动 LP-CO2 自动灭火系统。

（4）其他办公用房、走道、一般电气用房、空调机房等房间设置点型感烟火灾探测器；蓄电池室设置防爆型感烟火灾探测器，选用本安型防爆探测器时应设置安全栅。

（5）集中控制楼电缆夹层设置低压 CO_2 气体自动灭火的保护区内，分别设置点型智能感烟探测器和线型模拟量定温火灾探测器，两组不同类型的火灾探测器组合"与"门自动启动气体灭火系统。线型模拟量定温火灾探测器不允许跨防护区敷设，避免气体灭火误动作和误喷。

（6）设置自动水喷雾灭火系统的区域：给水泵汽轮机润滑油液压站、控制油储存油箱、发电机密封油装置、汽轮机油净化装置、油系统集装油箱、磨煤机油站、锅炉燃烧器、A 排外变压器和储油箱等，设置线型模拟量定温火灾探测器，以上被水喷雾灭火保护的装置分别设置两条不同报警温度的线型模拟量定温火灾探测器，报警温度分别设定为 85℃ 和 105℃。

（7）输煤皮带机上设置线型模拟量定温火灾探测器，每条皮带机设置两条线型模拟量定温火灾探测器，安装在皮带机托辊下面，敷设时先用直径 3mm 钢丝绳固定拉紧，线型模拟量定温火灾探测器附在钢丝绳上固定牢靠。

（8）汽机房、锅炉房范围内电缆桥架选用线型模拟量定温火灾探测器。

（9）各建筑的主要出、入口处设置手动报警按钮，从一个防火分区的任意位置到邻近一个手动报警按钮的距离不大于 30m。

（10）主厂房内主要通道的室内消防栓均设置消防栓按钮。

（11）消防联动控制盘处设置消防专用电话主机 1 台，各区域报警控制盘处、主要配电间、综合水泵房等重要场所设置壁挂固定式电话分机，手动报警按钮处设消防电话插孔。

（12）消防联动控制盘处设置火灾应急广播装置，包括功率放大器、区域分配控制盘（容量为 40 区）、扬声器等。汽机房、锅炉房、输煤栈桥区域选用 30W 高音号角，其他区域选用 6W 型壁挂式扬声器。

（13）消防联动控制与接口。

1）通风空调系统的联动控制。相应区域的火警信号联动自动停止轴流风机、空调机组，停止信号和反馈信号均为开关量干接点。接口位置在轴流风机就地控制箱、空调机组控制柜，用于联动控制和信号反馈用接口模块安装在空调机房消防模块箱内。

70℃ 防烟防火阀具有 DC 24V 电动和 70℃ 熔丝熔断自动关闭功能，相应区域的火警信号联动自动关闭防烟防火阀，关闭防烟防火阀的信号是 DC 24V、反馈信号均为开关量干接点，联动关闭 DC 24V 电源由火灾报警系统提供。接口位置在各防烟防火阀，用于联动控制模块和信号反馈模块安装在防火阀就近位置模块箱内。

2）消防排烟系统的联动控制。相应区域的火警信号联动自动打开 280℃ 排烟防火阀、开启消防高温排烟风机。当烟气温度达 280℃ 时排烟风机前端排烟防火阀的熔丝熔断，关闭，同时关闭消防高温排烟风机。

a. 高温排烟风机：相应区域的火警信号联动自动开启高温排烟风机，开启信号和反馈信号均为开关量干接点，接口位置在消防高温排烟风机就地控制箱，用于联动控制和信号反馈的接口模块安装在消防联动控制盘处。消防联动控制盘为手动直接控制的"硬接线"功能多线控制盘。

b. 排烟防火阀：用于联动控制 280℃ 排烟防火阀开启的信号是 DC 24V、反馈信号均为开关量干接点，联动开启用 DC 24V 电源由火灾报警系统提供。接口位置在各排烟防火阀，用于联动控制和信号反馈的接口模块安装在排烟防火阀就近位置模块箱。

3）消防电梯的联动控制。锅炉房设电梯 2 台，相应锅炉房火警信号自动联动控制电梯回 0.00m 层供消防专职人员灭火使用，控制电梯归首层的控制信号和反馈信号为开关量干接点，控制模块和信号反馈接口模块均安装在电梯机房现场模块箱内。

4）自动喷水灭火系统的联动控制。

a. 水喷雾灭火系统：给水泵汽轮机润滑油液压站（2 套）、控制油储存油箱（2 套）、给水泵汽轮机润滑油液压站 A（2 套）、密封油系统（2 套）、高压厂用变压器（4 套）、主变压器（2 套）、油系统集装油箱（2 套）、储油箱（2 套）、汽轮机油净化装置（2 套）、备用变压器（2 套）、锅炉燃烧器（8 套）、磨煤机润滑油站（12 套）。

雨淋阀及其配套的阀组就地控制箱由自动喷水灭火设备厂家配套供货,本火灾探测报警系统预留与其联动控制接口,接口形式为总线制连接,雨淋阀就地控制箱 DC 24V 电源由火灾报警系统提供。上述装置的自动探测属于火灾探测报警系统范围,以上装置分别设置 2 条线型模拟量定温火灾探测器,报警温度分别设定为 85℃和 105℃,2 条不同报警温度的线型模拟量定温火灾探测器火警信号满足"与"门条件,经集中/区域报警控制器确认后,输出信号至雨淋阀就地控制箱开启雨淋阀实施灭火。火灾报警系统接收雨淋阀压力开关、前后端信号蝶阀的动作信号。雨淋阀的开启可以通过自动、雨淋阀就地控制箱电动手动、阀组就地机械应急启动 3 种方式开启。

b. 水喷淋及水幕系统:煤仓间 41.50m 层(湿式报警系统 1 套)、C-5A/B 输煤栈桥(湿式报警系统 1 套)、C-1A/B 输煤栈桥(预作用系统 5 套)。T-3 转运站 48.70m 层(水幕 1 套)、T-2 转运站 0.00m 层(水幕 2 套)、T-1 转运站 53.00m 层(水幕 1 套)。

雨淋阀、湿式报警阀和预作用阀及其配套的阀组就地控制箱由自动喷水灭火设备厂家配套供货,本火灾探测报警系统预留与其联动控制接口,接口形式为总线制连接,阀组就地控制箱 DC 24V 电源由火灾报警系统提供。输煤皮带机上设置模拟量定温火灾探测器,每条皮带机设置 2 条,安装位置在托辊下面。相应区域的火警信号联动启动相应的水幕雨淋阀。火灾报警系统接收雨淋阀压力开关、前后端信号蝶阀的动作信号。

5)IG541、低压 CO_2 气体灭火系统的联动控制。

a. IG541 气体灭火系统的防火区(3 个):13.70m 电子设备间、13.70m ECS 工程师站、13.70m DCS 工程师站。

b. 低压 CO_2 气体灭火保护区(13 个):10.70m 电缆夹层(1)、10.70m 电缆夹层(2)、6.90m 等离子设备间、6.90m 直流及 UPS 配电间、6.90m 电气配电间、6.90m 凝结水精处理电子设备间、6.90m 热控配电间、6.90m 电气电除尘配电间、6.90m 电气房间、0.00m 暖通电子设备间、0.00m 电气设备间(1)、0.00m 电气设备间(2)、6.90m 汽轮机电子设备间。

气体灭火保护区门口设置气体灭火就地控制器、维护开关、紧急启停按钮、声光报警器及气体释放指示灯,上述设备由气体灭火设备厂家配套供货,本火灾探测报警系统预留与气体灭火系统接口,向气体灭火系统提供启动控制信号 1 个、反馈信号 2 个。控制启动、手动/自动状态转换信号在气体灭火就地控制器上,气体释放压力开关信号在相应低压 CO_2/IG541 消防间内,信号形式均为开关量干接点。用于安装控制

启动和信号反馈接口模块安装在相应灭火保护区和消防间内的消防模块箱。

6)气溶胶灭火系统的联动控制。设置气溶胶灭火系统的防护区(8 个):1 号机组汽机房 0.00m、2 号电气房间、汽机房 6.90m 1/2/3 号电气房间、汽机房 6.90m 1/2 号变频器小间、汽机房 6.90m 1/2 号励磁小间。

气溶胶灭火装置及其相应电气控制设备由气溶胶厂家配套供货,施工图参见气溶胶灭火系统相关卷册。气溶胶保护区内的火灾探测属于火灾探测报警系统范围,火灾报警系统预留气溶胶灭火系统接口,接口信号 2 个,1 个为控制气溶胶启动信号,1 个为气溶胶喷放后的压力开关信号。控制信号和喷放后反馈信号均为开关量干接点,接口的位置在气溶胶就地控制器,用于控制启动和信号反馈接口模块安装在相应气溶胶灭火保护区内的消防模块箱。

7)火探管灭火装置的接口。火探管灭火装置具备自动探测和自动喷放灭火功能。该火灾报警系统预留火探管灭火装置喷放信号接口,每套火探探火与灭火装置预留喷放信号 1 个,共计 70 个。接口为开关量干接点,用于信号反馈的接口模块安装在火探探火与灭火装置所在防护区内就近消防模块箱。

8)与空气预热器的联动接口。空气预热器厂家自带温度监控系统,该火灾报警系统预留空气预热器的联动接口,接口的形式为干接点形式,每台机组预留 2 个。

9)与消防泵的联动控制。该工程在综合水泵房内设 1 套消防给水系统设备(常规水消防系统和自动喷水灭火系统共用),配 1 套电动消防泵组、1 套柴油机消防泵组(备用)和 1 套消防稳压装置。火灾时先启动电动消防泵,如电动消防泵启动失败,柴油机驱动的消防水泵能在 5~10s 内联锁启动、自动投入运行。

火灾报警系统对消防泵的控制设置自动和手动两种控制方式。消防联动控制盘上设置消防泵多线控制盘,硬接线方式控制消防泵的启动、停止,同时显示消防水泵的运行、故障状态,电动泵和柴油泵的主备切换在消防水泵控制柜上完成,消防联动控制盘可以远方控制电动消防泵和备用柴油消防泵的启停。消防栓按钮和雨淋阀(湿式报警阀、预作用阀)压力开关动作信号经火灾报警系统确认后,可联动自动启动消防水泵。

10)与光纤测温系统的接口。火灾报警系统在集中火灾报警控制盘处预留光纤测温系统干接点形式输入接口。接口为开关量干接点。

(14)系统的供电。集中控制室内的消防联动控制

盘、输煤程控室内的区域火灾报警控制盘、网络继电器室内的区域火灾报警控制器提供双路 AC 220V 消防电源，容量分别为 30、15、10A。火灾报警系统配双电源互投装置。

低压 CO_2 气体灭火系统储罐间储存装置控制器电源为 AC 380V，功率为 8kW。

厂外不供暖输煤栈桥自动喷水消防每台预作用阀空气压缩机（共计 5 台）电源为 AC 220V，功率为 2.5kW。

（15）接地。消防报警系统采用共用接地，接地电阻不大于 1Ω。

3. 施工安装要求

（1）火灾探测报警系统的施工应按照 GB 50166—2007《火灾自动报警系统施工及验收规范》及相应的标准规范执行。

（2）火灾报警控制系统、消防通信系统及火灾紧急疏散广播系统采用的电线、电缆均选用耐火型，其线径不小于 1.0mm²，穿镀锌钢管敷设，耐火电缆可沿桥架敷设。

火灾报警信号线、消防通信线、消防广播线穿管敷设时采用 NH-RVS-2×1.5mm² 耐火型双绞线；在电缆桥架上敷设时采用 NH-RVSP-2×1.5mm² 耐火型双绞屏蔽电缆。

消防联动 DC 24V 电源线穿管敷设时采用 NH-BV-2.5mm² 耐火导线；在电缆桥架上敷设时采用 NH-KVV-2×2.5mm² 耐火控制电缆。

用于联动控制设备的控制电缆根据控制功能需要选用 NH-KVV-5×1.5mm²、NH-KVV-9×1.0mm²、NH-KVV-12×1.0mm²。

（3）用于集中报警控制盘至区域报警控制器之间的网络连接选用 62.5μm 多模光纤。

（4）不同系统、不同电压等级、不同电流级别的线路不穿在同一管内，导线在管内不能有接头，接头在接线盒内焊接或用端子连接。

（5）所有管与各种箱、盒的连接必须内外加锁母固定。穿线前必须修口、倒圆并加装塑料防护，防止穿线时划破点线绝缘层。

（6）穿线后应校通并测试其绝缘性，要求线对地及线间电阻大于 20MΩ。在完成上述测试前所有导线不准接到设备上。

（7）所有导线校通后接到设备端子前必须加装号码标记，导线颜色应按用途区分明确。

（8）设备安装方式及安装高度。

1）区域报警控制器：壁挂安装，中心距地 1.20m。

2）消防模块箱：壁挂安装，中心距地 1.50m。

3）手动报警按钮：壁挂安装，中心距地 1.50m。

4）声光报警器：壁挂安装，中心距地 2.00m。

5）感烟/感温火灾探测器：吸顶安装。

6）感温电缆：在电缆桥架上敷设时采用"正弦波"方式逐层敷设，用专用塑料绑扎带固定。

7）感温电缆：在变压器、油装置等处与被保护装置采用接触式安装，专用 U 形磁卡固定。在输煤皮带机上安装时安装在两侧托辊下方，将线型感温探测器用专用塑料绑扎带固定于拉紧钢丝绳上。

（9）穿线管选用镀锌水煤气管，刷防火涂料或防火漆。

（10）施工中如与其他设备、管道发生碰撞，可根据现场情况适当调整位置。

4. 部分火灾探测报警图纸

（1）集中控制楼火灾探测报警系统图如图 11-65 所示（见文后插页）。

（2）1 号机组汽机房火灾探测报警系统图如图 11-66 所示（见文后插页）。

（3）1 号/2 号机组锅炉房火灾探测报警系统图如图 11-67 所示。

（4）网络继电器楼区域火灾探测报警系统图如图 11-68 所示。

（5）输煤区域火灾探测报警系统图如图 11-69 所示（见文后插页）。

（6）集中控制楼±0.000m 布置平面图如图 11-70 所示。

（7）集中控制楼±0.000m 气体灭火控制设备平面布置图如图 11-71 所示。

（8）集中控制楼±0.000m 感温电缆敷设平面布置图如图 11-72 所示。

（9）集中控制楼 13.700m 吸气式感烟火灾探测器平面布置图如图 11-73 所示。

（10）集中控制楼 13.700m 平面布置图如图 11-74 所示。

（11）1 号机组 A 排外火灾探测报警系统平面布置图如图 11-75 所示。

（12）T2 转运站±0.000m 平面布置图如图 11-76 所示。

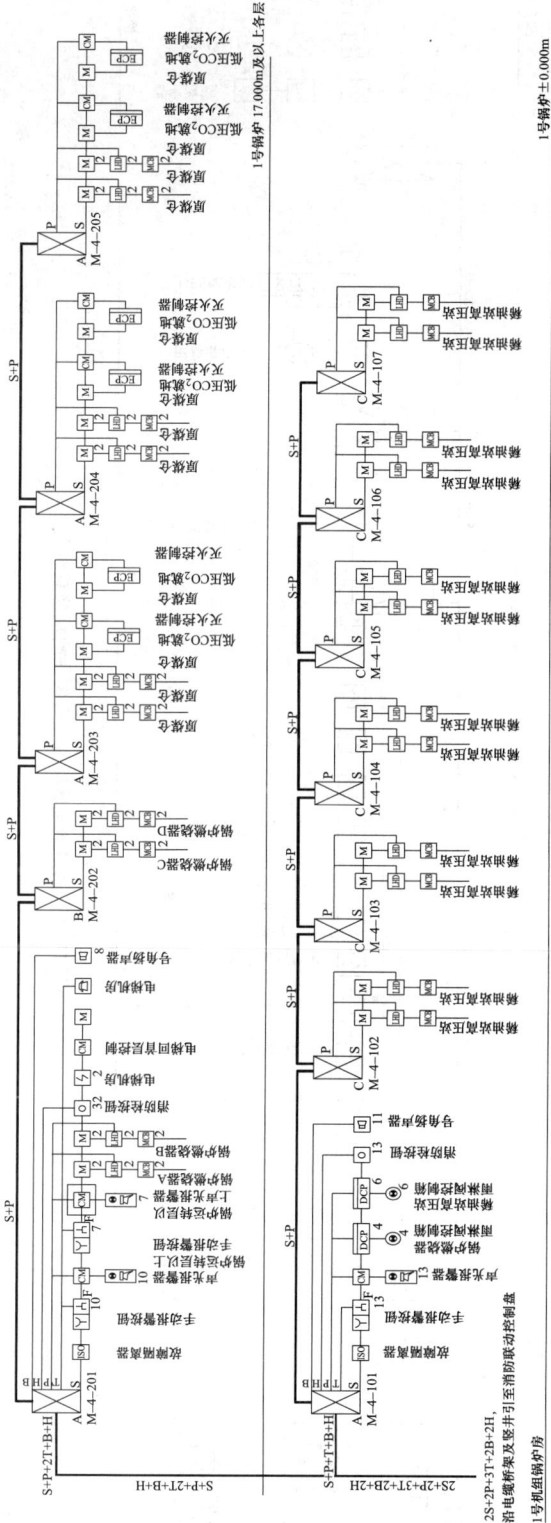

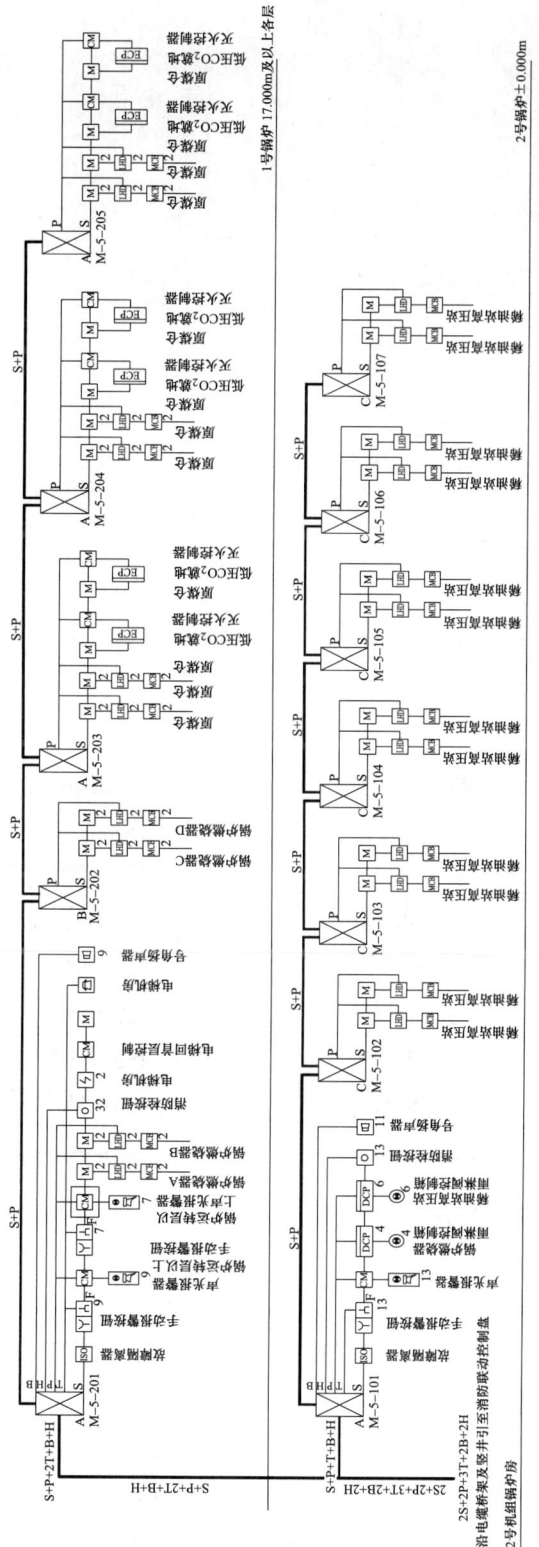

图 11-67 1 号/2 号机组锅炉房火灾探测报警系统图

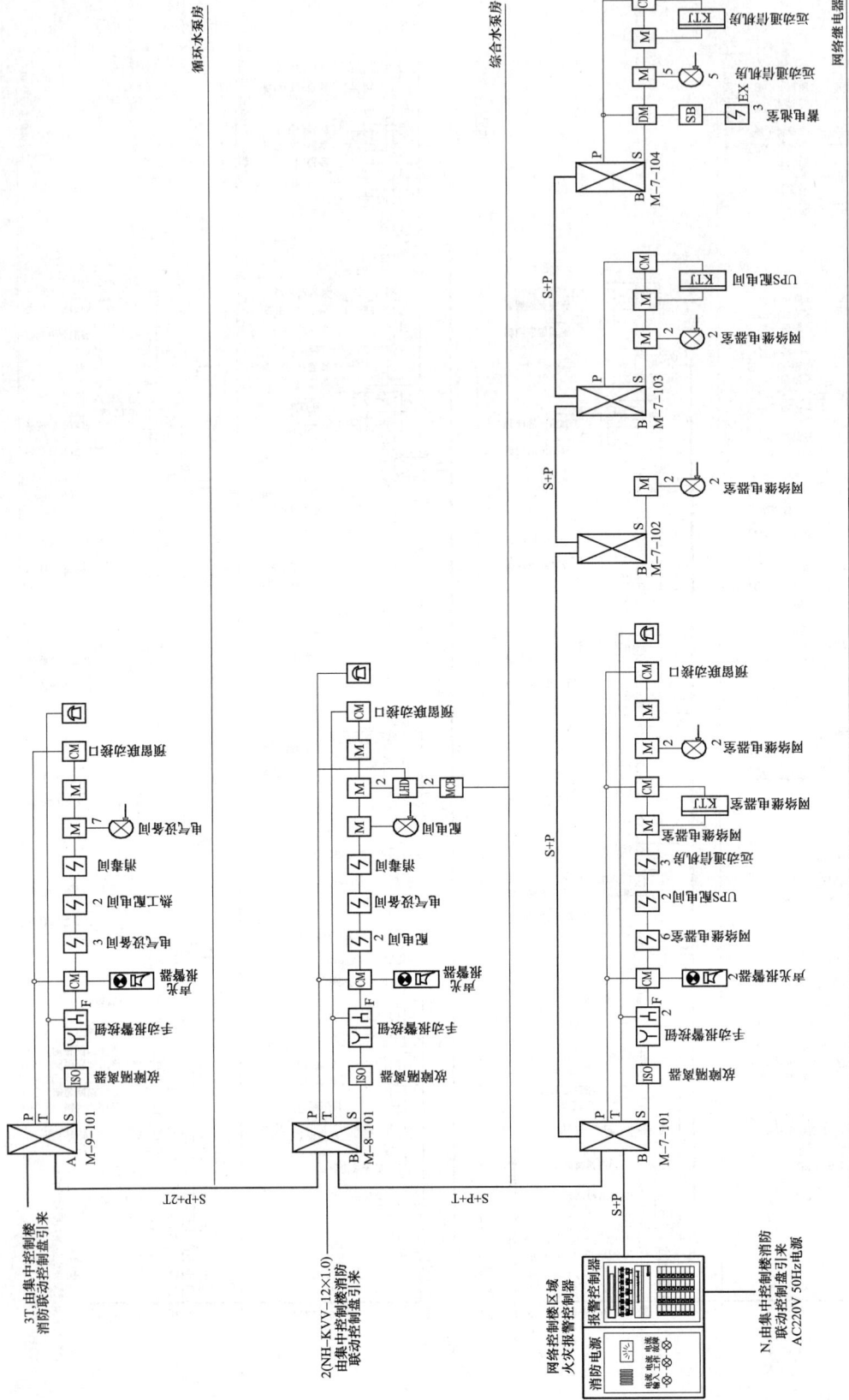

图 11-68 网络继电器楼区域火灾探测报警系统图

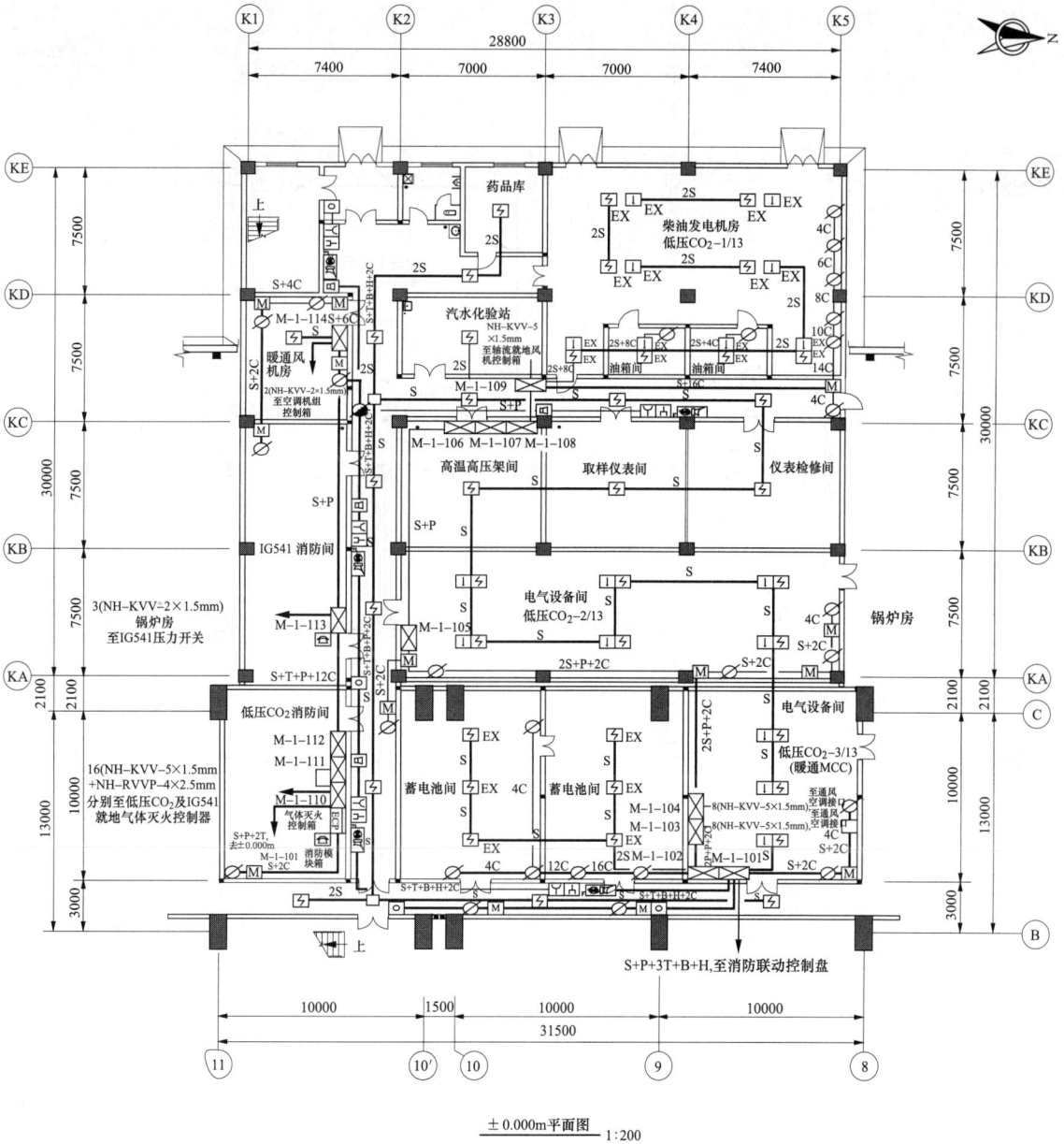

±0.000m平面图 1:200

图 11-70 集中控制楼±0.000m 布置平面图

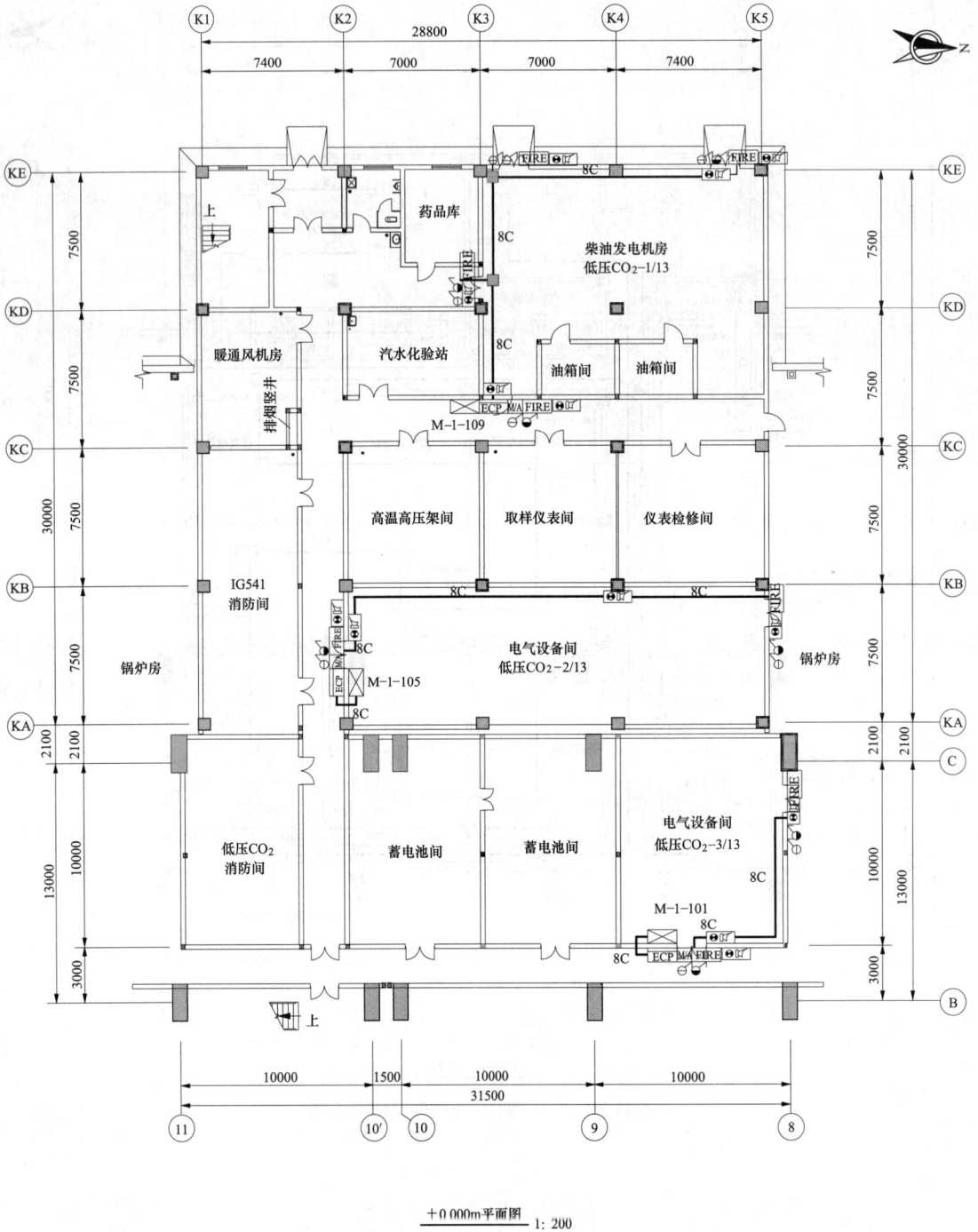

图 11-71　集中控制楼±0.000m 气体灭火控制设备平面布置图

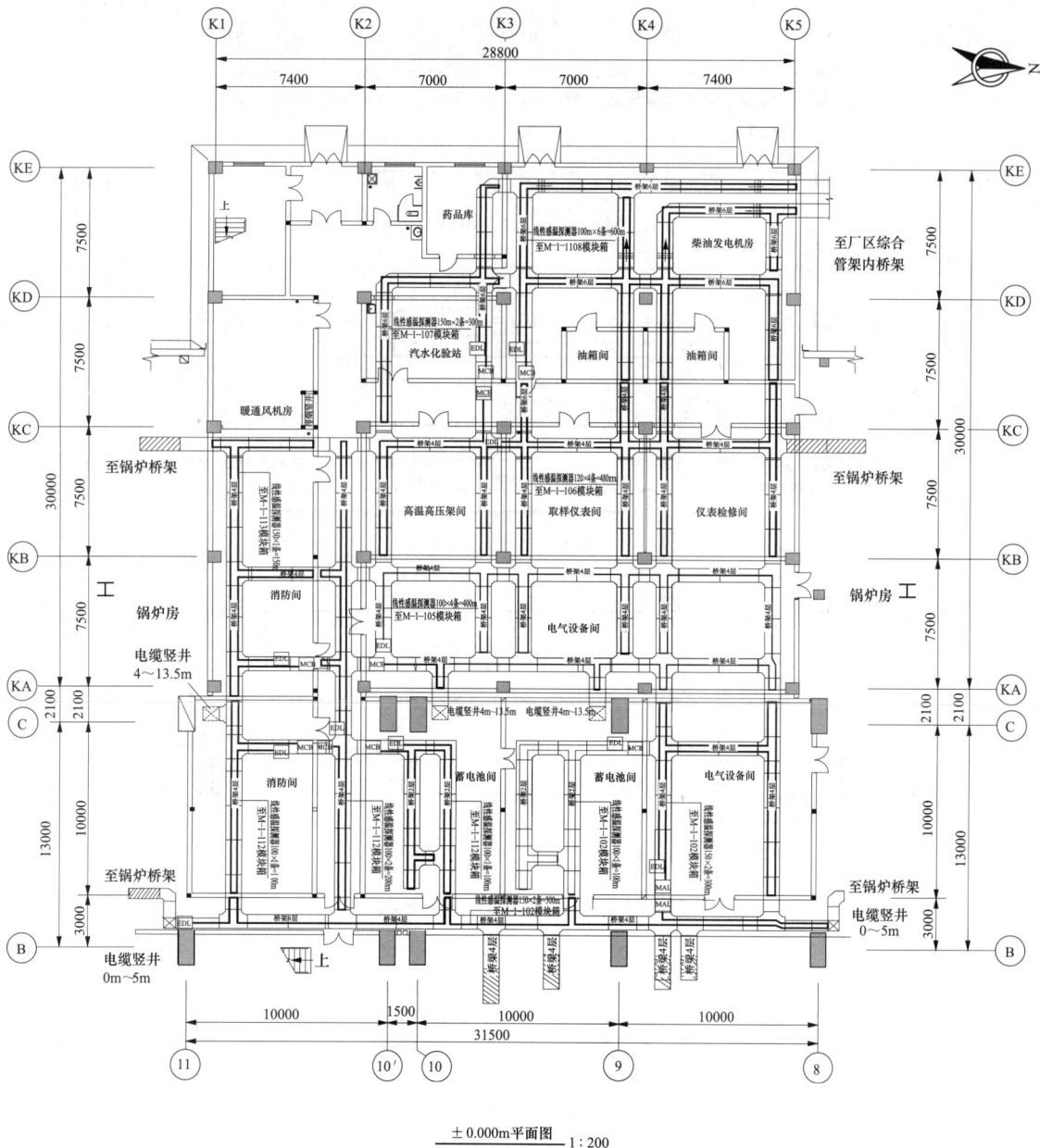

图 11-72　集中控制楼±0.000m感温电缆敷设平面布置图

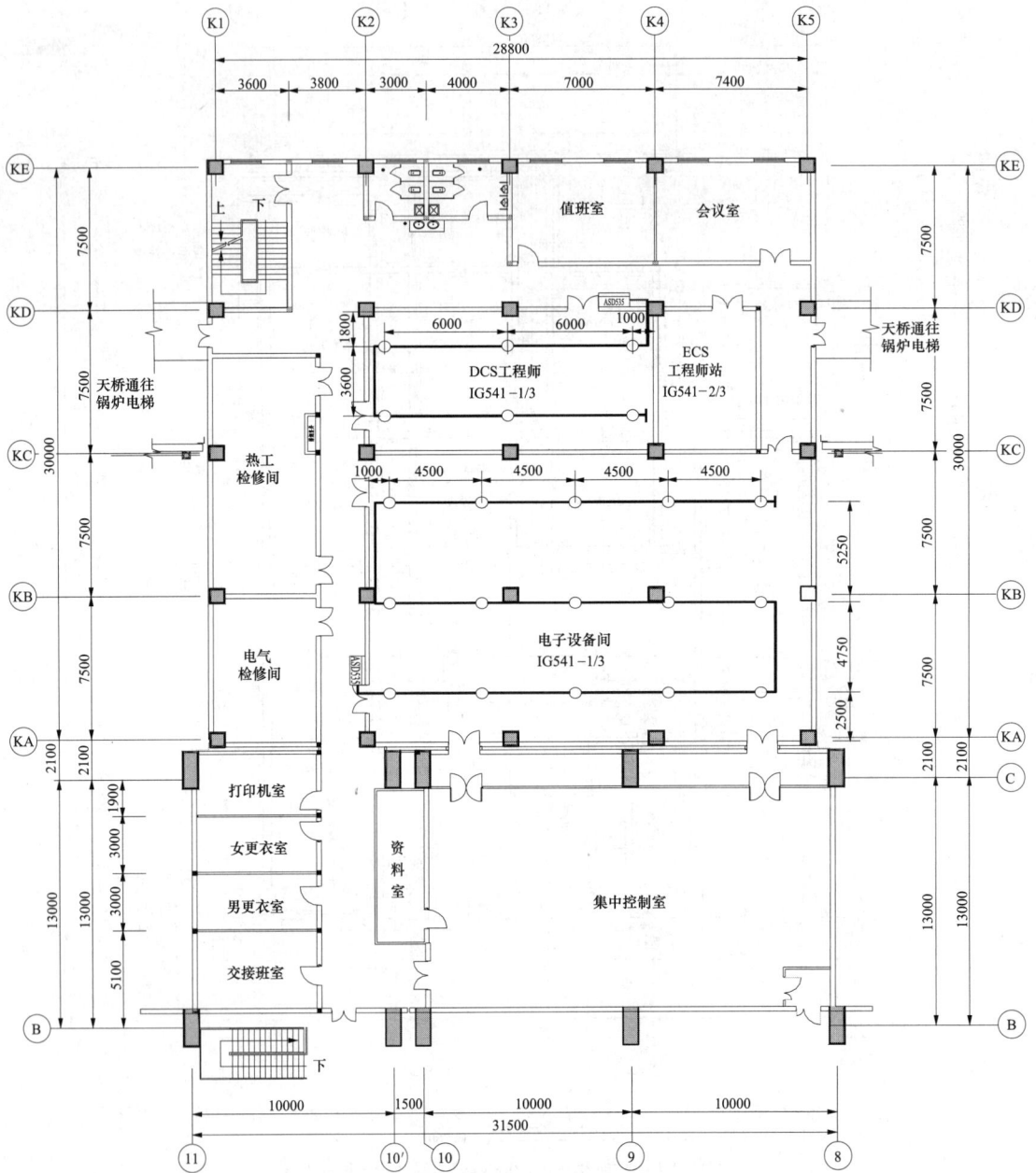

图 11-73　集中控制楼 13.700m 吸气式感烟火灾探测器平面布置图

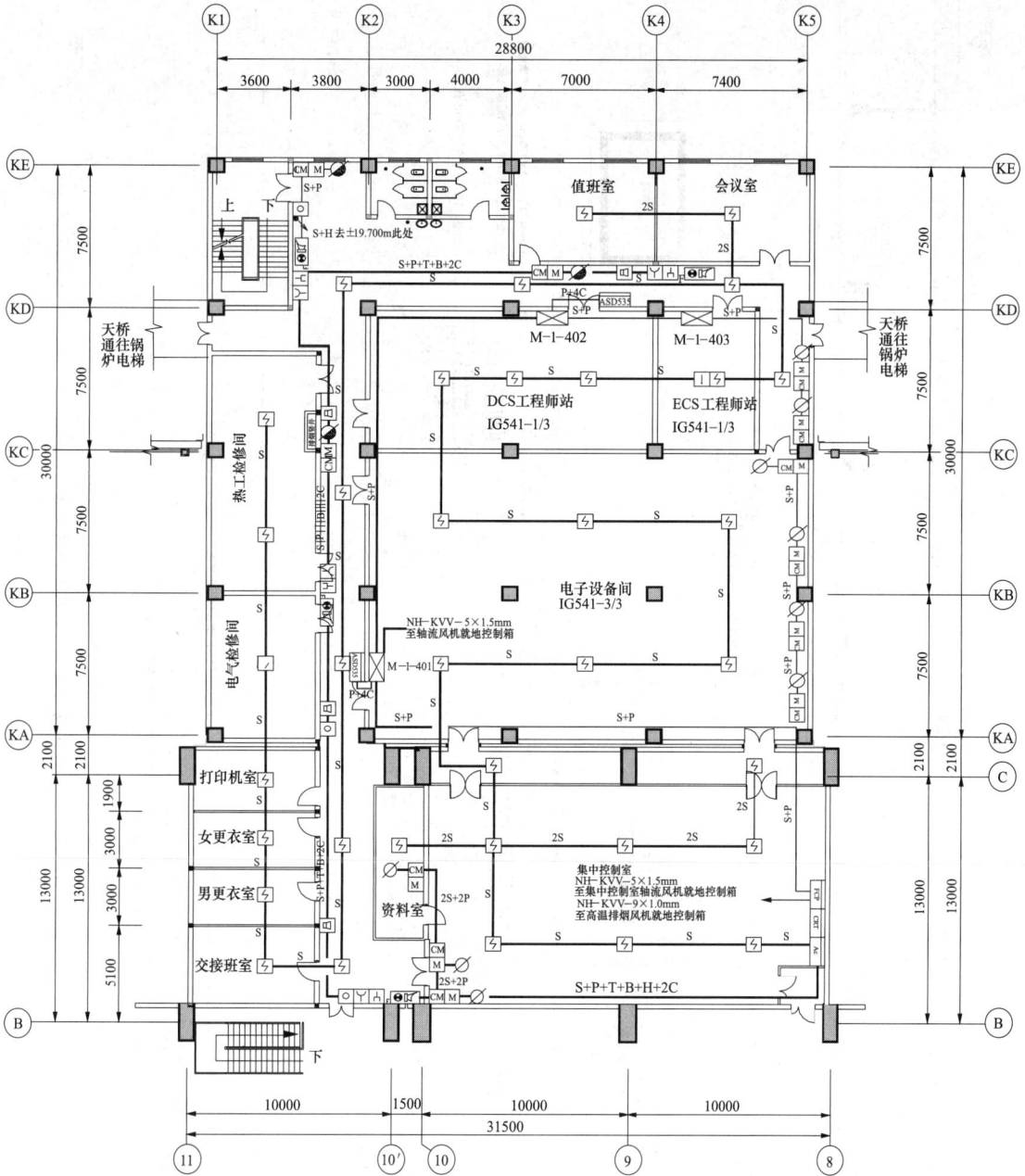

$$\underline{13.700\text{m平面图}}_{\ 1:200}$$

图 11-74 集中控制楼 13.700m 平面布置图

图 11-75 1 号机组 A 排外火灾探测报警系统平面布置图

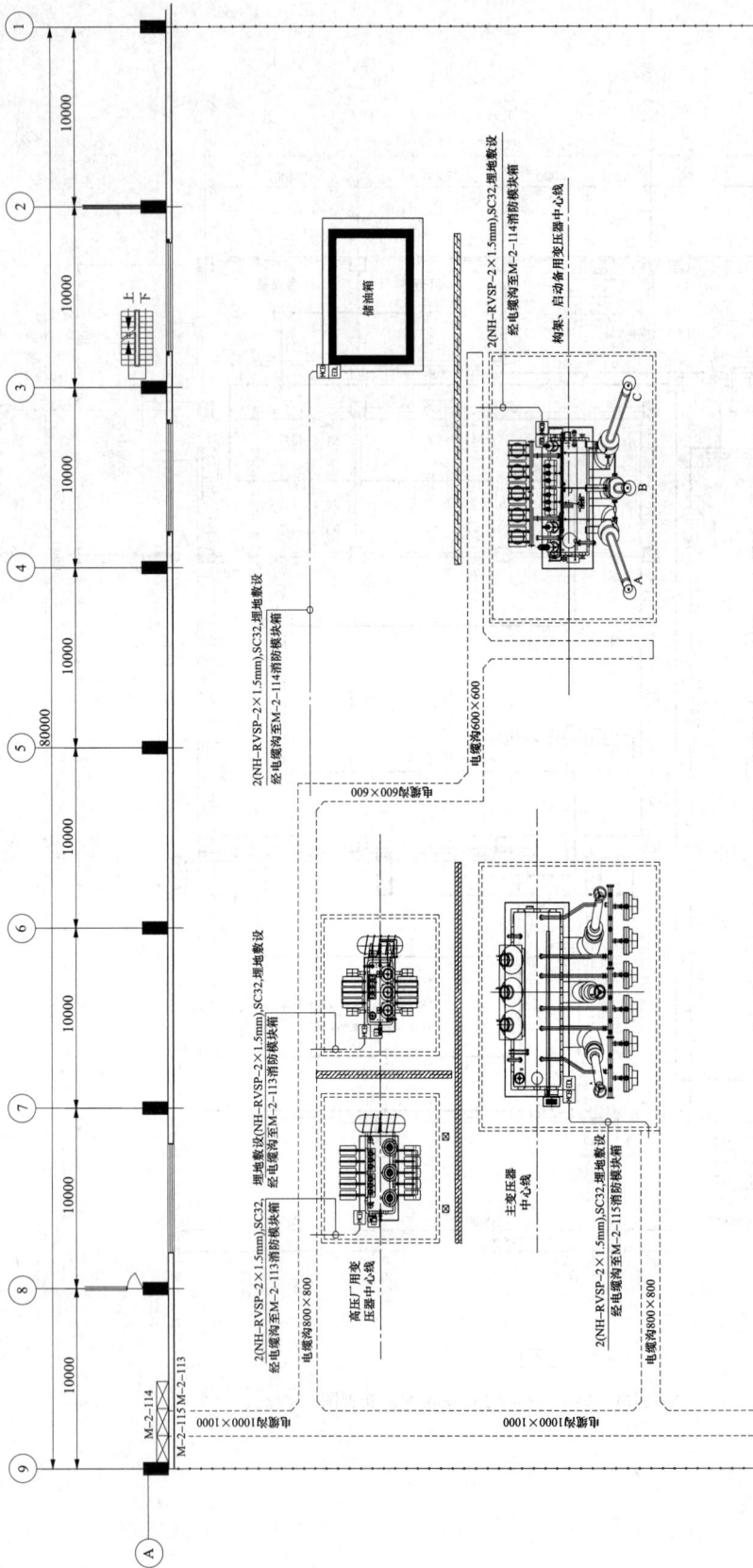

说明：
1. 感温电缆在高压厂用变压器、主变压器、储油箱上分别设置两条感温电缆，报警温度分别设定在85℃和105℃，两条感温电缆与门3条件火灾报警时，联动启动水喷雾灭火系统。
2. 感温电缆接触式安装在变压器本体上，安装方式用U形磁卡固定。
3. 感温电缆在储油箱槽上安装时，采用接触式安装方式，安装方式用U形磁卡固定。
4. 为方便检修和试验，感温电缆终端盒和中间接线盒安装在距地面0.50m位置，终端盒与感温电缆2～3m。
5. 感温电缆计算机控制器安装在计算机房±0.000m相应的1号/2号电气用房的消防模块箱内，中间接线箱和防模块箱间用NH-RVSP-2×1.5mm连接。
6. 所有进、出防爆区的线路应做好隔离处理，防爆设备及防爆区域内的导线的安装后应的安装后做好防爆密封。

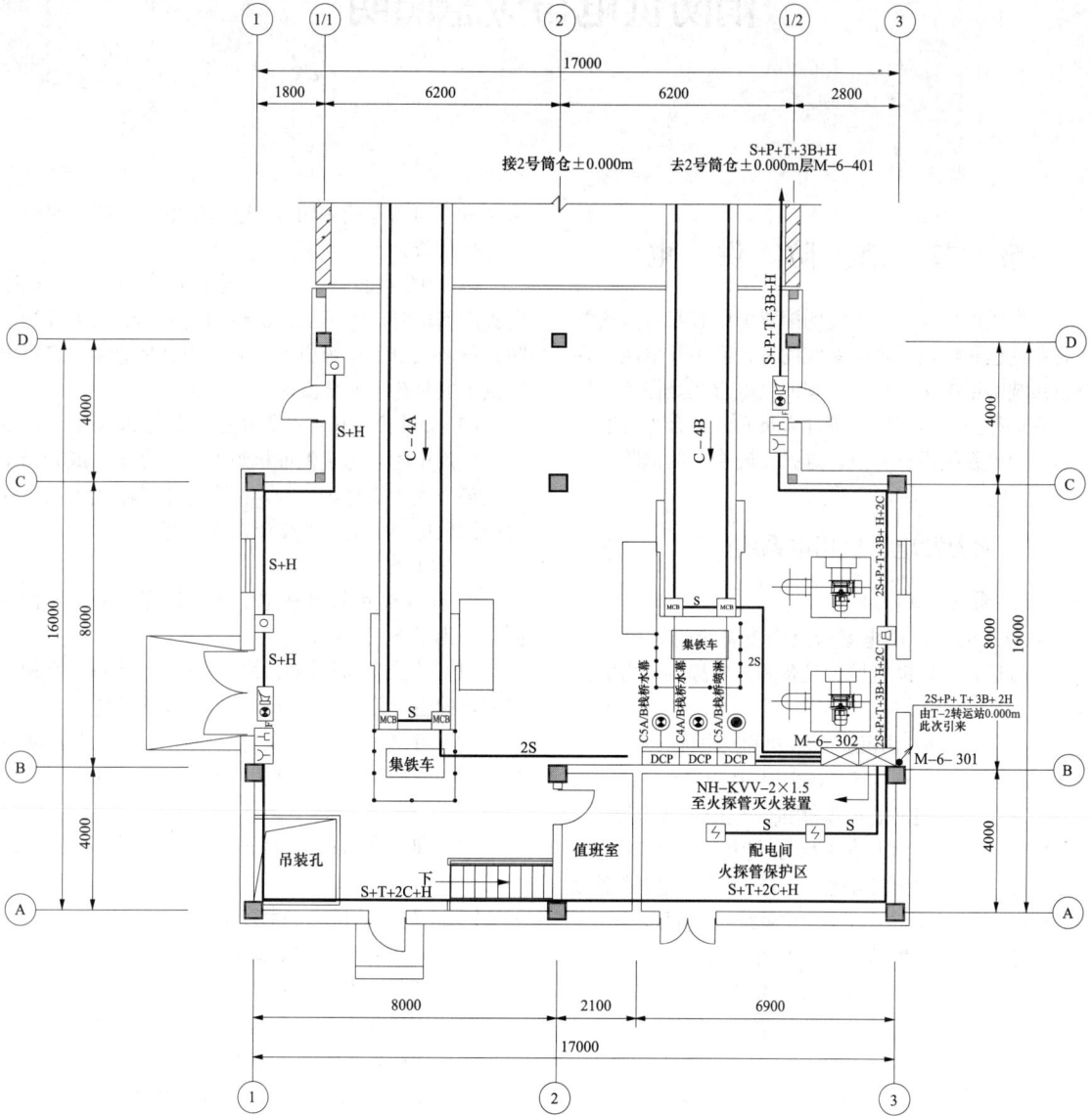

图 11-76 T2 转运站±0.000m 平面布置图

第十二章

消防供电与应急照明

第一节　消　防　供　电

火力发电厂厂用电系统的配置原则有其自身的发展演变过程和特点。消防系统的运行离不开电能，为消防系统的用电负荷选择合理的供电方式是保证其安全可靠运行的基本保障。设计人员必须结合火力发电厂的厂用电系统设计特点，选择正确合理的消防供电方式。

一、火力发电厂厂用电系统

（一）概述

火力发电厂厂用电系统是为支持火力发电厂正常、可靠运行的辅助机械、设备和装置提供电力的配电系统。

火力发电厂通常由锅炉、汽轮机和发电机三大主机组成，为了维持三大主机的运行，发电厂还设有燃料、化学、灰渣、除尘、采暖通风、水务和控制等系统，各系统在三大主机运行中起到的作用各不相同，运行的周期和状态以及对三大主机可靠性的影响也不一样。因此，根据各种设备的运行特性差异，形成了对供电系统的不同要求。

由于社会生产生活对电力的依赖性日益增加，社会对生产安全的逐步重视，与民用供配电相比，火力发电厂的厂用电系统经过长期的发展，已经具有了很高的可靠性和安全性。

（二）厂用电负荷分类

火力发电厂的厂用电负荷按其对人员安全和设备安全的重要性，分为0类负荷和非0类负荷。厂用电负荷的重要性由其所属的工艺系统确定。停电将直接影响人员安全或重大设备安全的厂用电负荷，称为0类负荷，除此之外的其他负荷均可视为非0类负荷。

1. 0类负荷

0类负荷按其重要程度和对电源的不同要求可分为以下三类：

（1）0Ⅰ类负荷：在机组运行期间以及停机（含事故停机）过程中，甚至在停机后的一段时间内，应由交流不间断电源（UPS）连续供电的负荷，即交流不停电负荷。

（2）0Ⅱ类负荷：在发生全厂停电或在单元机组失去厂用电时，为了保证机组的安全停运，或者为了防止危及人身安全等原因，应在停电时继续由直流电源供电的负荷，即直流保安负荷。

（3）0Ⅲ类负荷：在发生全厂停电或在单元机组失去厂用电时，为了保证机组的安全停运，或者为了防止危及人身安全等原因，应在停电时继续由交流保安电源供电的负荷，即交流保安负荷。

2. 非0类负荷

非0类负荷按其在电能生产过程中的重要性不同，分为以下三类：

（1）Ⅰ类负荷：短时停电可能影响设备正常使用寿命，使生产停顿或发电量大量下降的负荷。

（2）Ⅱ类负荷：允许短时停电，但停电时间过长，有可能影响设备正常使用寿命或影响正常生产的负荷。

（3）Ⅲ类负荷：长时间停电不会直接影响生产的负荷。

（三）厂用负荷的供电方式

（1）对于接有Ⅰ类负荷的高低压厂用母线，宜设置备用电源，备用电源采用自动切换。

（2）对于接有Ⅱ类负荷的高低压厂用母线，可设置备用电源，备用电源采用手动切换。

（3）对于仅接有Ⅲ类负荷的厂用母线，可不设置备用电源。

（4）0Ⅰ类负荷应由UPS供电。

（5）0Ⅱ类负荷应由直流电源供电。

（6）0Ⅲ类负荷应由交流保安电源供电。

（7）单元机组的UPS电源装置宜由一路交流主电源、一路交流旁路电源和一路直流电源供电。交流主电源和交流旁路电源应由不同的厂用母线段引接。对于设有交流保安电源的机组，交流主电源宜从保安电源引接。直流电源可由机组的直流动力电源引接或独立设置蓄电池组供电。

（8）200MW 级及以上的机组应设置交流保安电源，交流保安电源应采用快速启动的柴油发电机组。保安段母线应由本机的动力中心供电，当确认动力中心真正失电后应能切换至交流保安电源供电。

（四）火力发电厂常用接线形式

1. 高压厂用电系统

火力发电厂的高压厂用电系统电压一般为6kV或10kV，为发电厂的高压电动机以及低压厂用变压器供电。通常采用单母线接线，如图12-1所示，母线的工作电源来自高压厂用工作变压器，备用电源来自备用变压器，可以实现备用电源的快速自动切换，满足Ⅰ类负荷的供电要求。

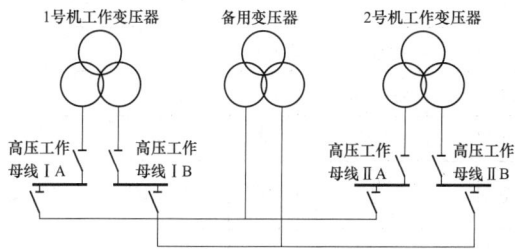

图 12-1　高压厂用电示意图

2. 低压厂用电系统

低压厂用电系统一般采用动力中心（PC）和电动机控制中心（MCC）的供电方式，简称 PC-MCC 接线。根据备用形式的不同，还可以分为明备用 PC-MCC 接线（如图12-2所示）和暗备用 PC-MCC（如图12-3所示）接线。

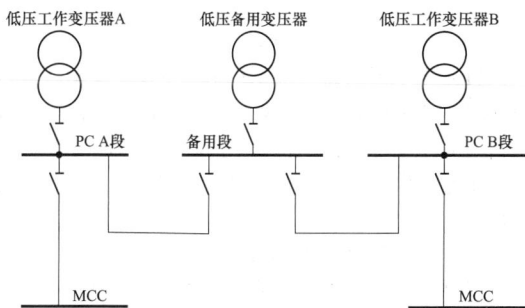

图 12-2　明备用 PC-MCC 接线

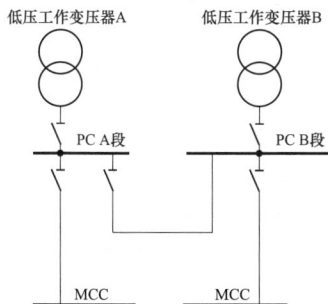

图 12-3　暗备用 PC-MCC 接线

（1）明备用 PC-MCC 接线。当采用明备用 PC-MCC 接线时，应采用以下供电方式：

1）Ⅰ类电动机和容量为 75kW 及以上的Ⅱ、Ⅲ类电动机宜由动力 PC 直接供电。

2）容量为 75kW 以下的Ⅱ、Ⅲ类电动机宜由 MCC 供电。

3）容量为 5.5kW 及以下的Ⅰ类电动机，如果有 2 台，且互为备用时，可由 PC 不同母线段上供电的 MCC 供电。

4）MCC 上接有Ⅱ类负荷时，应采用双电源供电，手动切换；当仅接有Ⅲ类负荷时，可采用单电源供电。

（2）暗备用 PC-MCC 接线。当采用暗备用 PC-MCC 接线时，应采用以下供电方式：

1）低压厂用变压器、PC 和 MCC 宜成对设置，建立双路电源通道。2 台低压厂用变压器间互为备用，应采用手动切换。

2）成对的 MCC 应由对应的 PC 单电源供电。成对的电动机应分别由对应的 PC 和 MCC 供电。

3）容量为 75kW 及以上的电动机宜由 PC 供电，容量为 75kW 以下的电动机宜由 MCC 供电。

4）单台的Ⅰ、Ⅱ类电动机，应单设一个双电源 MCC，双电源应从不同的 PC 引接；对接有Ⅰ类负荷的双电源 MCC，其两路电源应自动切换，仅接有Ⅱ类负荷的双电源 MCC，其两路电源可手动切换。

（3）交流保安电源。交流保安电源是为保障机组在事故状态下能安全停机所需的必要负荷提供电源的。交流保安电源应采用快速启动的柴油发电机组。保安段母线应由本机的动力中心供电，当确认动力中心真正失电后应能切换至交流保安电源供电。接线图参见图12-4。

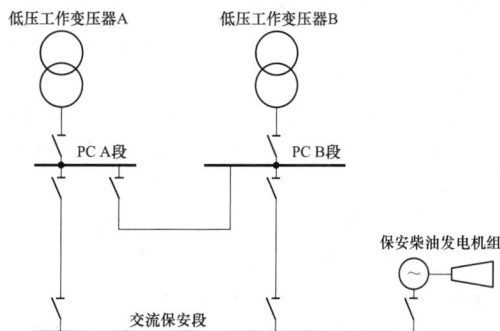

图 12-4　交流保安段接线

由于交流保安电源装有柴油发电机组，即便是全厂停机，电网解列的情况下，只要柴油机能够正常运转，仍能保障保安段的供电，可满足消防系统在生产生活用电被切断时仍能继续工作的要求。

（4）交流不间断电源（UPS）和直流电源。火力发电厂中的交流不间断电源通常与直流系统合用一组蓄电池，以交流保安电源为工作电源，以常规交流电源为旁路电源，形成一套可靠的交流供电系统。常见交流不间断电源和直流电源接线可参考图12-5。

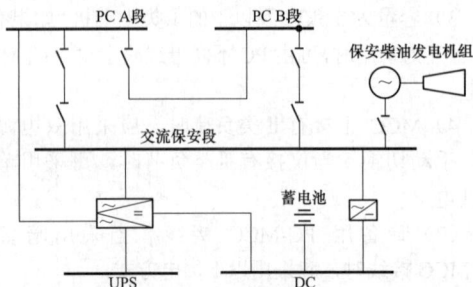

图 12-5　直流和 UPS 接线

二、消防系统的供电

（一）消防系统的供电要求

（1）自动灭火系统、与消防有关的电动阀门及交流控制负荷，应按 0Ⅲ类交流保安负荷供电。当机组无保安电源时，应按Ⅰ类负荷供电。

（2）单机容量为 25MW 以上的发电厂，消防水泵及主厂房电梯应按Ⅰ类负荷供电。单机容量为 25MW 及以下的发电厂，消防水泵及主厂房电梯应按不低于Ⅱ类负荷供电。单台发电机容量为 200MW 及以上时主厂房电梯应按 0Ⅲ类交流保安负荷供电。

（3）发电厂内的火灾自动报警系统，当自带不间断电源装置时，应由厂用电源供电；否则，应由厂内不间断电源装置供电。

（4）单机容量为 200MW 及以上燃煤电厂的主控室或集中控制室及柴油发电机房的应急照明，应采用蓄电池直流系统供电。当难以从蓄电池或保安电源取得应急照明电源时，主厂房出入口、通道、楼梯间及远离主厂房的重要工作场所的应急照明，应采用自带电源的应急灯；其他场所的应急照明，应按 0Ⅲ类交流保安负荷供电。

（5）单机容量为 200MW 以下燃煤电厂的应急照明，应采用蓄电池直流系统供电。应急照明与正常照明可同时运行，正常时由厂用电源供电，事故时应能自动切换到蓄电池直流母线供电；主控制室的应急照明，正常时可不运行。远离主厂房的重要工作场所的应急照明，可采用应急灯。

（6）当消防用电设备采用双电源供电时，应在最末一级配电装置或配电箱处切换。

（7）低压保护电器的过负荷动作电流应不大于其保护导体的允许持续载流量。

（8）消防供电回路应采用耐火电缆。

（二）常见消防负荷及供电方式

1. 火力发电厂常见的消防负荷

火力发电厂与消防相关的负荷主要有消防负荷以及辅助消防相关的负荷。常见负荷可参见表12-1。

表 12-1　火力发电厂消防相关负荷

序号	负荷名称	负荷分类	供电方式	备注
1	电动消防泵	Ⅰ	6kV 或 PC 供电	柴油泵作为备用
2	消防稳压泵	Ⅰ	MCC 或双电源段	通常设置 2 台，1 台运行、1 台备用
3	火灾报警控制器	0Ⅰ	UPS	
4	区域控制盘	0Ⅰ	UPS	
5	水炮控制器	Ⅱ	MCC	
6	低压 CO_2 灭火系统	0Ⅲ	保安电源	双路电源
7	电梯	0Ⅲ	保安电源/动力中心	
8	消防通道电动卷帘门	0Ⅲ	保安电源	
9	事故应急照明	0Ⅲ	保安电源/EPS	
10	消防联锁的排风机	0Ⅲ	保安电源	主厂房

2. 消防负荷的供电方式

（1）电动消防泵。根据机组容量，电动消防泵可由 6kV 或 380V 电动机驱动，当电动消防泵为 6kV 时，由厂用 6kV 段提供电源。厂用 6kV 段通常由启动/备用变压器提供备用电流且可以自动切换，其满足Ⅰ类负荷的供电要求。

当电动消防泵为 380V 时，应从 PC 段供电。

另外，为保证消防设施可靠，通常会设置 1 台与电动泵组等容量的柴油消防泵作为备用。

（2）消防稳压泵。其是为维护厂区消防管网内的消防水压而设置的，自动地间歇运行以维持管网水压。一旦需要消防用水，则需要启动电动消防泵。消防稳压泵通常设置 2 台，1 台运行、1 台备用。可分别从成对的 MCC 上获得电源。

（3）低压 CO_2 灭火系统。其用于煤斗惰化以及电缆夹层等无人场所的灭火，汽化器功率较大，且通常为公用负荷。可用交流保安电源供电，两台机各供一路电源。

由于低压 CO_2 灭火系统在失去电源后，气罐仍能短时保持压力，故功率较大的汽化器可以作为延时启动的保安负荷。

（4）火灾报警控制器。作为火灾自动报警设施，火灾报警控制器及区域控制器应设置交流电源和蓄电池备用电源。因此，应为火灾报警控制器提供一路交流保安电源和一路 UPS 电源。当火灾报警控制器自带蓄电池和 UPS 时，可以只供一路交流保安电源。

由于火灾控制器通常自带蓄电池或从 UPS 供电，可以在失去电源后持续工作一段时间。故可作为延时启动的保安负荷进行供电。

（5）电梯。锅炉及主厂房电梯应从交流保安电源供电，当机组不设交流保安电源时，应按Ⅰ类负荷供电。

由于电梯功率相对较小，在容量允许的情况下作为首批加载负荷，可以让受困人员尽快脱困。

（6）水炮。水炮控制器为消防辅助设施。自动水炮控制器可以让操作人员在远端操作水炮，对起火点进行消防。为满足消防用电的要求，宜按Ⅱ类负荷供电，从不同的 MCC 提供两路可切换的电源。

（7）事故应急照明。当发电厂发生火情时，可能导致设备失去工作电源，此时事故应急照明应能继续工作，为指示和疏散提供照明。事故应急照明按 0Ⅲ类负荷提供交流保安电源。如事故应急照明距离交流保安电源较远，不适合从保安段供电时，应在就地设置 EPS（应急电源）。

（8）排风机。当火灾自动报警系统发出报警信号时，消防联动信号会将消防联锁的排风机关停，切断房间的空气供应。当灭火完成后，开启排风机对房间进行换气，将烟和消防气体排出室外。消防联锁排烟风机可按 0Ⅲ类负荷供电，提供交流保安段电源。主厂房以外的辅助车间，如难以取得保安电源时，也可从就地 MCC 获得电源。

消防联锁排烟风机的控制接线参考图 12-6。

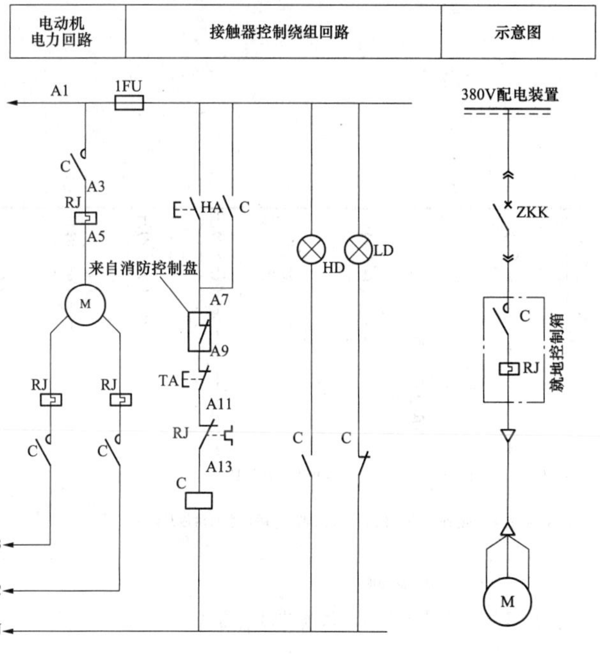

设备表

符号	名称	技术特性
就地控制箱		
HA TA	按钮	AC 220V
HD LD	指示灯	AC 220V
C	接触器	线圈电压 AC 220V
RJ	热继电器	
1FU	小型熔断器	
380V配电装置		
ZKK	断路器	

图 12-6　就地控制的消防连锁控制接线

第二节　应　急　照　明

随着火灾爆炸事故的增多，国家对各类建（构）筑物的防火防爆设计要求日趋严格，火力发电厂也不例外。当发生事故时，为保障电厂内的人员生命安全、设施安全以及消防和救援工作的顺利进行，必须设置应急照明。

应急照明是在正常照明因电源失效而熄灭的情况下，供人员疏散、保障安全或继续工作用的电气照明，是火力发电厂消防及安全保障的设计内容之一，它同人身安全、生产安全、设备安全密切相关。当火力发电厂故障停机、正常电源被迫切断以及发生火灾或其他灾害时，均会导致正常工作照明电源失效，从而要求瞬时启动应急照明。应急照明对人员疏散、消防、救援工作、保障人身和设备安全，以及事故状态下应急预案的及时实施或继续维持生产、工作发挥重要作用。

一、应急照明的种类

应急照明按照功能可分为三类：即疏散照明、安全照明和备用照明。

1. 疏散照明

疏散照明是指在正常照明因电源失效或因灾害熄灭时，为了在紧急状况下，确保疏散通道和消防设施被有效地辨认和使用而设置的应急照明，且该照明必须保证在其持续时间内人员能够安全撤离危险区域。疏散照明不仅仅包括用于明确指示通向安全区域及其路径的疏散标志指示灯，而且还包括用于照亮疏散通道的照明灯具。

2. 安全照明

安全照明是指在正常照明因电源失效而熄灭的情况下，用于确保处于潜在危险之中的人员安全而设置的应急照明，火力发电厂无须设置安全照明。

3. 备用照明

备用照明是指在正常照明因电源失效而熄灭的情况下，用于确保正常活动继续进行而设置的应急照明，该照明注重于当正常照明因故障熄灭后，启动的备用照明应能满足继续工作的照度水平。

二、应急照明网络供电方式

火力发电厂的应急照明网络分为交流应急照明系统和直流应急照明系统。

（1）单机容量为 200MW 及以上的火力发电厂，设有交流事故保安电源，因此当发生交流厂用电停电事故时，不仅有蓄电池组可以为照明负荷供电，还有条件利用交流事故保安电源供电。但为了尽量减少应急照明负荷对直流系统的影响，减少故障率，保证大机组的控制、保护、自动装置等回路安全可靠的运行，因此，对于 200MW 及以上机组的应急照明，可根据生产场所的重要性和供电的经济合理性，采用保安电源的供电方式，如图 12-7 所示。

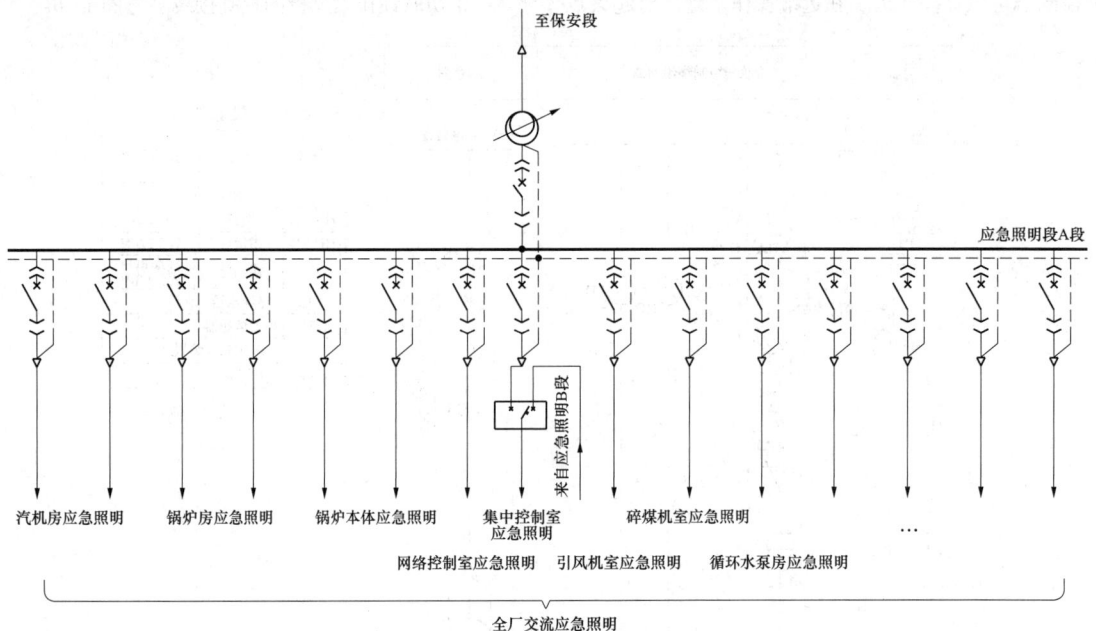

图 12-7　应急照明专用盘以保安电源供电的接线方式

（2）单机容量为 200MW 及以上火力发电厂的交流应急照明，其供电应满足以下要求：

1）交流应急照明电源应由保安段供电；

2）当两台机组合用一个集中控制室时，集中控制室的交流应急照明应由两台机组的交流应急照明电源分别向集中控制室供电；

3）重要辅助车间的交流应急照明宜由保安段供电。

（3）单机容量为 200MW 及以上火力发电厂的单元控制室、网络控制室、集中控制室和柴油机房应设置交流应急照明和直流应急照明，当正常照明故障失效时，应急照明应满足及时处理故障以及继续工作的照度要求。

（4）火力发电厂的单元控制室、主控制室、集中控制室、网络控制室的主环内应设置长明灯，其电源应来自蓄电池 220V 直流屏。

（5）交流应急照明变压器容量、台数选择的原则：

1）火力发电厂主厂房集中交流照明变压器的容量可按单台正常集中照明变压器容量的 20% 选取；

2）单台容量为 200MW 及以上火力发电厂机组每台机可设 1 台交流应急照明变压器，交流应急照明变压器可不设备用变压器。

3）当火力发电厂主厂房及重要的辅助车间采用分散交流应急照明变压器时，单台容量宜为 5～15kV·A。

（6）单机容量为 200MW 以下的火力发电厂，一般不设保安电源，当全厂发生停电事故时，只有蓄电池组可以继续为照明负荷提供电源，因此应急照明应采用正常交流/应急直流的供电方式，即主厂房、集中控制室、网络控制室和重要的辅助车间的应急照明电源正常时由低压 380/220V 厂用电供电，事故时自动切换蓄电池直流母线供电，应急照明可与正常照明同时点燃。应急照明切换装置应布置在直流屏配电室、电气继电器室或方便操作的地方。

单机容量为 200MW 以下火力发电厂的应急照明供电接线方式如图 12-8 所示。

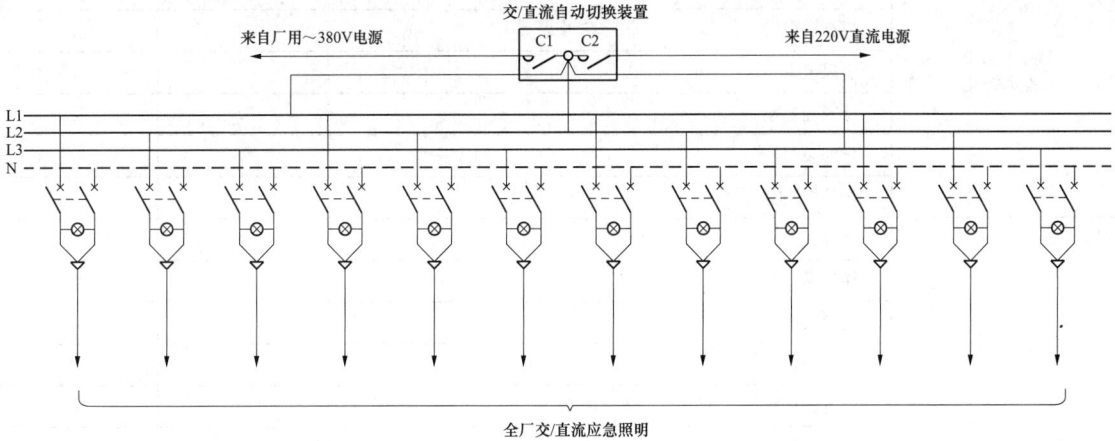

图 12-8　应急照明交/直流电源自动切换屏供电的接线方式

（7）无论机组容量大小，对于远离主厂房的重要辅助车间的应急照明，电源不论取自保安段还是直流屏，都会因为供电距离远，导致供电电压偏差很大，同时会增加电缆的费用，不经济。故远离主厂房的重要辅助车间的应急照明宜采用就地设置 EPS 电源或自带蓄电池的应急灯。

三、应急照明设置要求

（一）应急照明的设置场所

火力发电厂装设应急照明的工作场所见表 12-2。

表 12-2　　　　　　　　　　　　　　　火力发电厂装设应急照明的工作场所

工作场所		应急照明	
		备用照明	疏散照明
燃机、汽机房及其辅助车间	汽机房底层的凝汽器、凝结水泵、给水泵、循环水泵、备用励磁机等处	√	
	汽机房运转层	√	√
	除氧器层	√	√
	除氧间、管道层	√	√
	加热器平台	√	
	发电机出线小室	√	√
	励磁设备间	√	√
	直接空冷风机处	√	
	直接空冷平台楼梯		√
锅炉房及其辅助车间	锅炉房底层的磨煤机、送风机处	√	
	回转式预热器处	√	
	锅炉房运转层	√	√
	锅炉本体楼梯		√
	司水平台	√	

续表

工 作 场 所		应急照明	
		备用照明	疏散照明
锅炉房及其辅助车间	给煤机处	√	
	给粉机平台	√	
	煤仓胶带层	√	√
	引风机室	√	√
	除灰控制室	√	√
	燃油泵房	√	√
	燃油控制室	√	√
运煤系统	碎煤机室	√	√
	转运站		√
	运煤栈桥		√
	运煤隧道		√
	运煤控制室	√	√
	翻车机室	√	√
供水系统	循环水泵房	√	√
	消防水泵房	√	√
化学水处理室	化学水处理控制室	√	√
	供氢站，制氢站	√	√
电气车间	主控制室	√	√
	网络控制室	√	√
	集中控制室	√	√
	单元控制室	√	√
	继电器室及电子设备间	√	√
	屋内配电装置	√	√
	厂用配电装置（动力中心）	√	√
	蓄电池室	√	
	工程师站室	√	√
	通信机房	√	√
	保安电源、不停电电源、直流配电室	√	√
	柴油发电机房	√	√
脱硫脱硝系统	吸收塔	√	
	脱硫装置	√	
通道、楼道及其他	主要通道、主要出入口		√
	楼梯间、钢梯		√
	控制楼至主厂房天桥		√
	生产办公楼至主厂房天桥		√
	气体灭火储瓶间	√	√
	汽车库、消防车库	√	√

注　√表示该工作场所应设置应急照明。

（二）疏散照明的设置要求

火力发电厂的主要工艺建筑包括主厂房、集中控制楼、化学水厂房、运煤厂房、除灰厂房、水工厂房、电气厂房、脱硫脱硝厂房以及辅助附属厂房。发电厂的工作环境复杂多样，设备与管道纵横交错，具有高温、有蒸汽、多灰尘、潮湿、有腐蚀、有爆炸危险、振动和摆动大等特点。在发电厂发生事故期间，正常工作照明电源失效，各工艺系统厂房内的疏散通道会骤然变暗，为了保证疏散通道上有足够的应急照明，以抑制人员内心的惊慌和保障疏散的安全，应在疏散通道上设置疏散照明灯和疏散指示标志灯。疏散指示标志灯是指有明显的文字和标识指明疏散方向和安全出口的照明设施。疏散指示标志灯应能保证在电厂各厂房内的人员在任何位置都能发现并依照其指示迅速撤离危险区域。

1. 疏散指示标志灯的设置及安装要求

（1）疏散指示标志灯的设置部位。在火力发电厂中凡是需要设置应急照明的场所，均需设置疏散指示标志灯，它包括安全出口指示灯（简称出口指示灯）和疏散方向指示灯（简称方向指示灯）两种。

1）出口指示灯的设置部位。

a. 建筑物内通向室外的每一个正常出口和紧急出口。

b. 多层、高层建筑物中各楼层通向疏散楼梯间或防烟楼梯间前室的疏散门口。

c. 大面积厅、堂、场、馆等通向疏散通道的出口。

d. 楼梯间内应设置显示楼层层数的标志灯。

2）方向指示灯的设置部位。

a. 疏散通道上的方向指示灯应按通往出口位置最短的线路上布置，其箭头指向出口方向。

b. 疏散通道直线段的任何位置距最近一个疏散指示灯的距离应小于20m。

c. 疏散通道因拐弯使某些位置看不到疏散标志的，应在拐弯处设置方向指示灯。

建筑楼层应急疏散指示标志灯设置示意图如图12-9所示，主厂房运转层应急疏散指示标志灯设置示意图如图12-10所示。

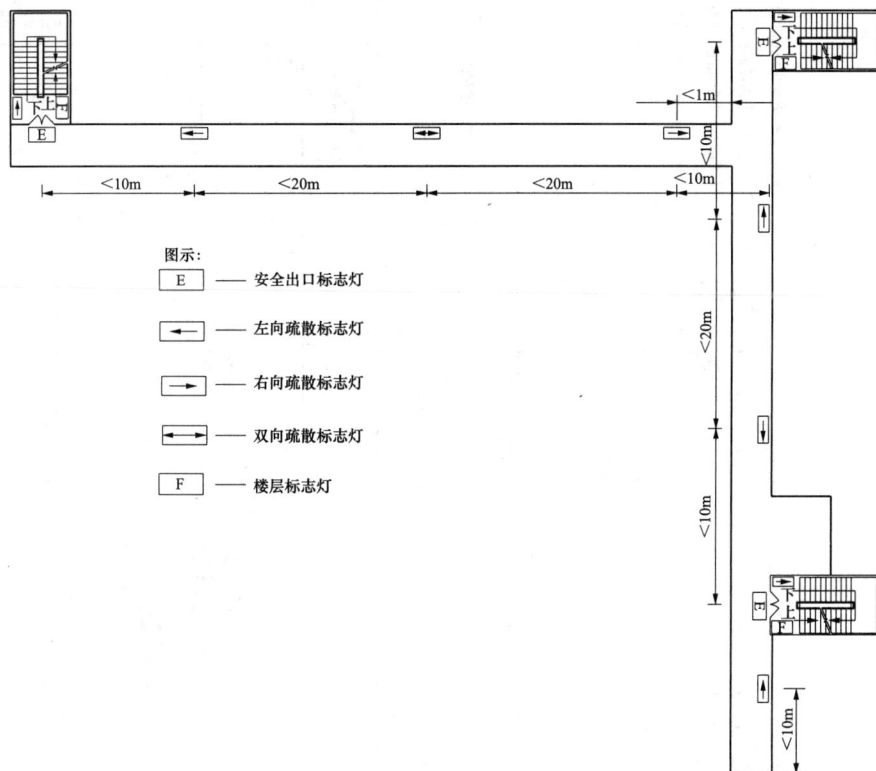

图12-9 建筑楼层应急疏散指示标志灯设置示意图

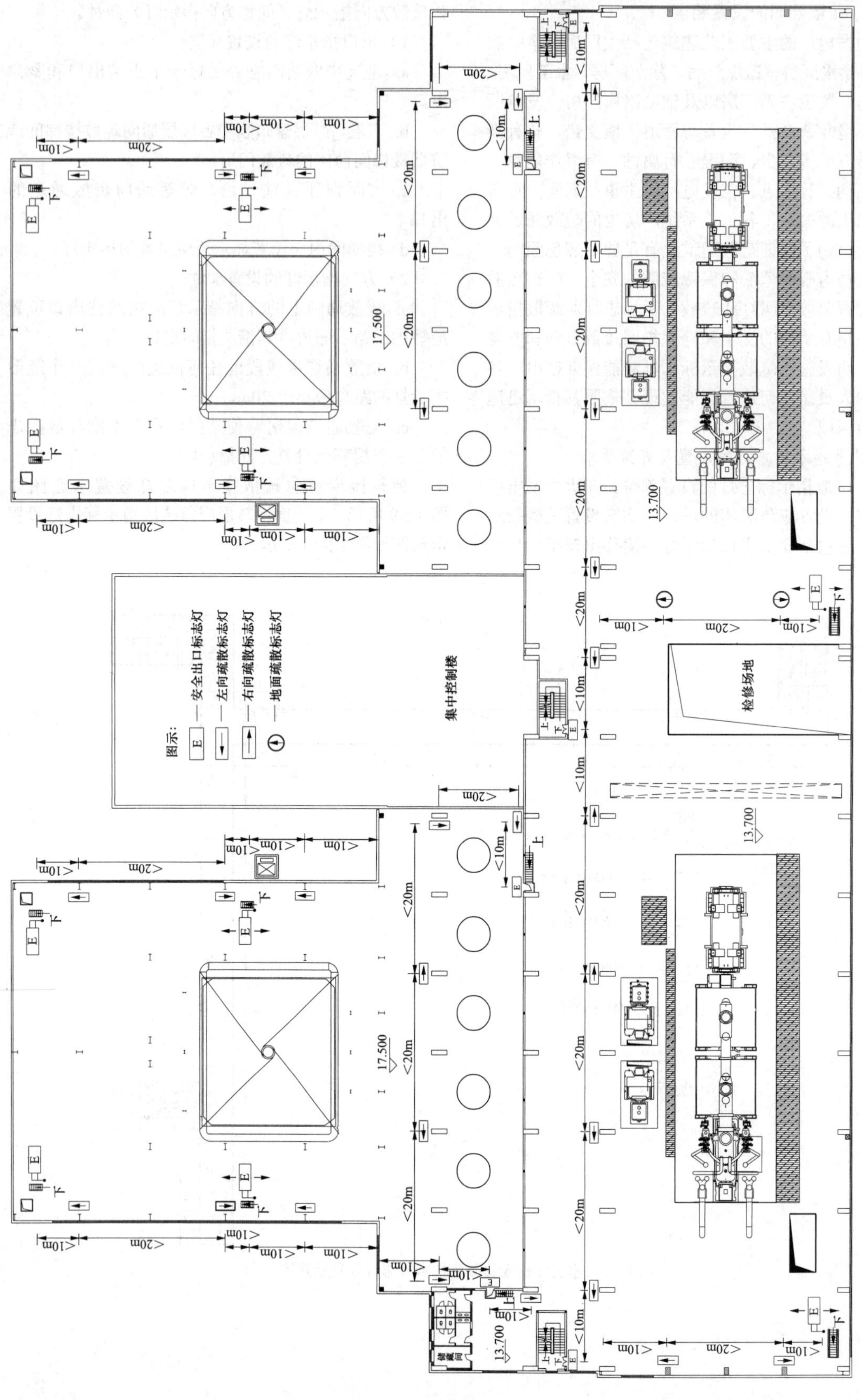

图示：
E —— 安全出口标志灯
—— 左向疏散标志灯
—— 右向疏散标志灯
—— 地面疏散标志灯

集中控制楼

检修场地

图 12-10　主厂房运转层应急疏散指示标志灯设置示意图

（2）出口指示灯的安装要求。

1）出口指示灯应安装在疏散通道出口门的内侧上方居中位置，其标志面应朝向建筑物内的疏散通道。

2）出口指示灯安装高度应不小于 2.0m，其面板底边离门框距离不大于 200mm，面板顶边离顶棚距离不小于 500mm。

3）当顶棚高度较低时，出口指示灯应安装在门的两侧，但不能被门遮挡，面板的侧边离门框距离不大于 200mm，其面板中心距离地面高度在 1.3~1.5m 为宜。

安全出口处疏散指示标志灯的设置示意图如图 12-11 所示。

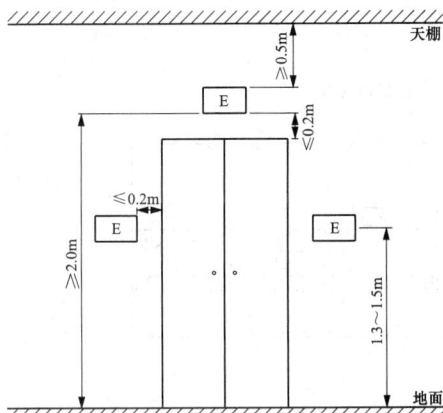

图 12-11　安全出口处疏散指示标志灯的设置示意图

（3）方向指示灯的安装要求。

1）方向指示灯一般设置在疏散通道两侧的墙上及拐角处墙上，距地面的高度小于 1m，可采用壁挂式和嵌入式两种安装方式。当采用嵌墙暗装时，方向指示灯突出墙面部分不宜超过 30mm，突出墙面的各部分都应有平滑的表面和圆角，不得有尖锐的棱角和伸出的固定件，其材料应能承受机械损伤而不致破碎。

2）方向指示灯也可以直接安装在地面上，采用地面安装时，其表面应与地面平齐，不应有凸出和凹进，表面无棱角，能承受较强重压及机械冲击并具有防水和耐磨性。室内安装的方向指示灯防护等级不应低于 IP65，安装在室外地面的方向指示灯防护等级不低于 IP67。

方向指示灯墙面和地面安装示意图如图 12-12 所示。

2. 疏散照明灯的设计

（1）疏散照明灯的照度要求。

1）建筑物内疏散通道地面的最低水平照度应不低于 1.0lx。

2）疏散楼梯竖向疏散区域的最低水平照度应不低于 5.0lx。

3）人员密集流动疏散区域及地下疏散区域的最低水平照度应不低于 5.0lx。

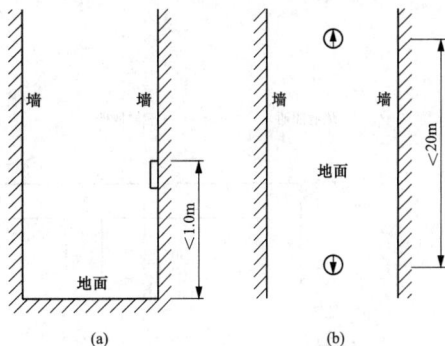

图 12-12　方向指示灯墙面和地面安装示意图
（a）墙面安装；（b）地面安装

4）楼梯间、前室或合用前室、避难走道的水平照度不应低于 5.0lx。

（2）疏散照明灯的设置部位。

1）公共建筑物内的疏散通道，特别是通道的交叉口、转角处，每一个出口的内外侧［详见图 12-13（a）~图 12-13（c）］。

2）疏散楼梯间、防烟楼梯间及其前室、消防用电梯的前室或合用室［详见图 12-13（d）］。

3）避难走道、避难层（间）［详见图 12-13（e）］。

4）观众厅、展览厅、多功能厅和建筑面积大于 200m² 的营业厅、餐厅、演播室等人员密集的场所［详见图图 12-13（f）］。

5）建筑面积大于 100m² 的地下或半地下公共活动场所［详见图 12-13（g）］。

6）地面高低变化处。

7）地下停车场。

8）人员密集的厂房内的生产场所及疏散走道。

综上所述，疏散照明的设置部位可详见图 12-13。

（3）疏散照明灯的设置要求。

1）为了提高疏散通道的照度均匀度，宜适当减小灯距、设小功率光源，增加灯具数量，并沿通道设置纵向宽配光的灯具。

2）疏散通道的照明灯宜设置在顶棚上，也可设置在墙上，疏散照明灯应与正常照明统一布置，通常可利用正常照明灯的一部分作为疏散照明灯用。

3）也可以利用疏散照明标志灯和自带蓄电池的双头应急灯。

（三）备用照明的设置要求

1. 备用照明的设置位置及要求

火力发电厂应急照明设计的重点侧重于备用照明，由于电厂内的设备和系统比较复杂，有许多高温、高压的危险场所以及重要或贵重的设备，当正常工作照明消失时，需向现场操作人员提供必要的能够正常处理危机的照度，备用照明主要在主厂房、集中控制楼、

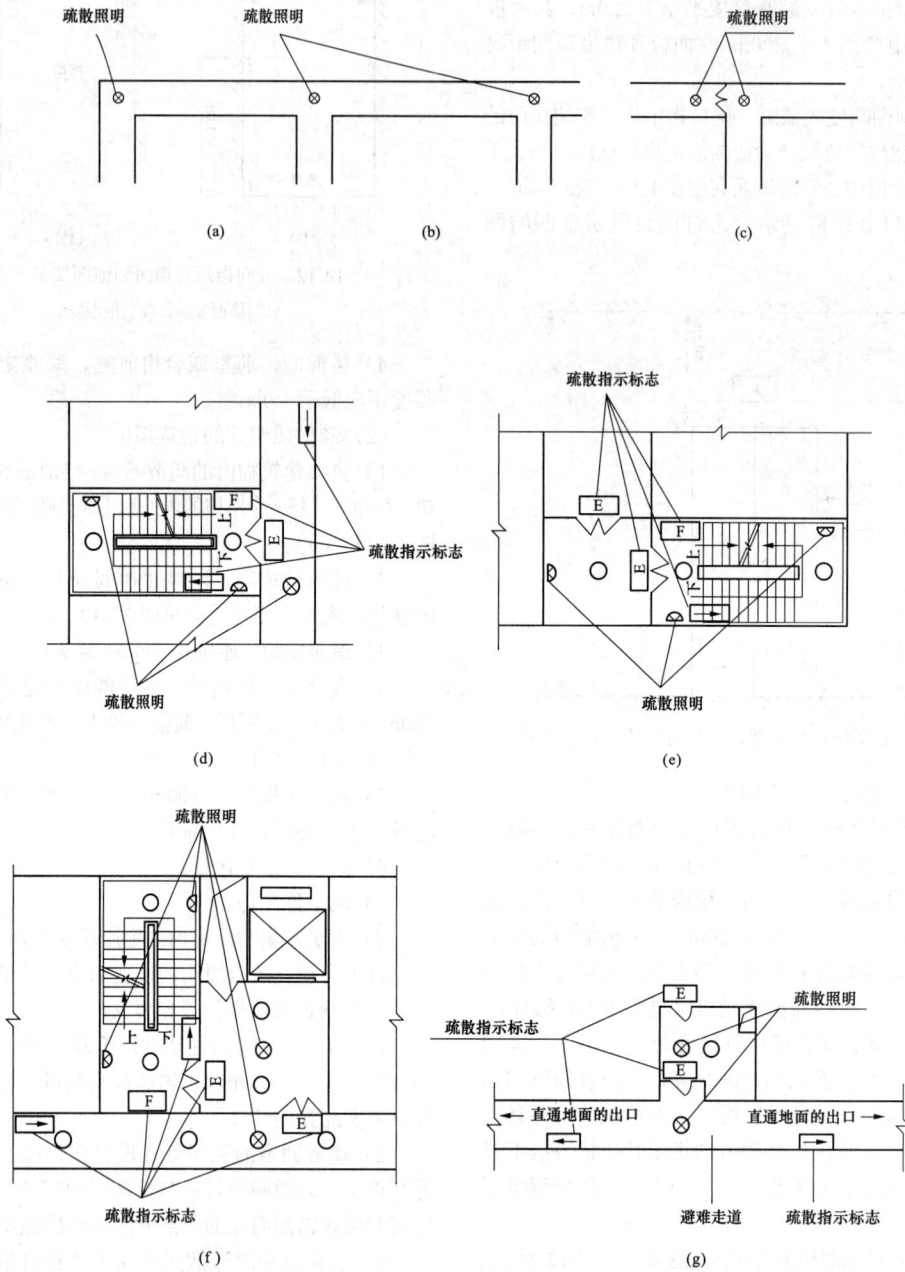

图 12-13　疏散照明的设置部位示意图（一）

（a）所有拐弯处附近；（b）每一个交叉口附近；（c）每一个出口的内外侧；（d）封闭楼梯间；（e）防烟楼梯间及合用前室；

（f）消防电梯前室或合用室；（g）避难走道、避难层（间）

(h)

(i)

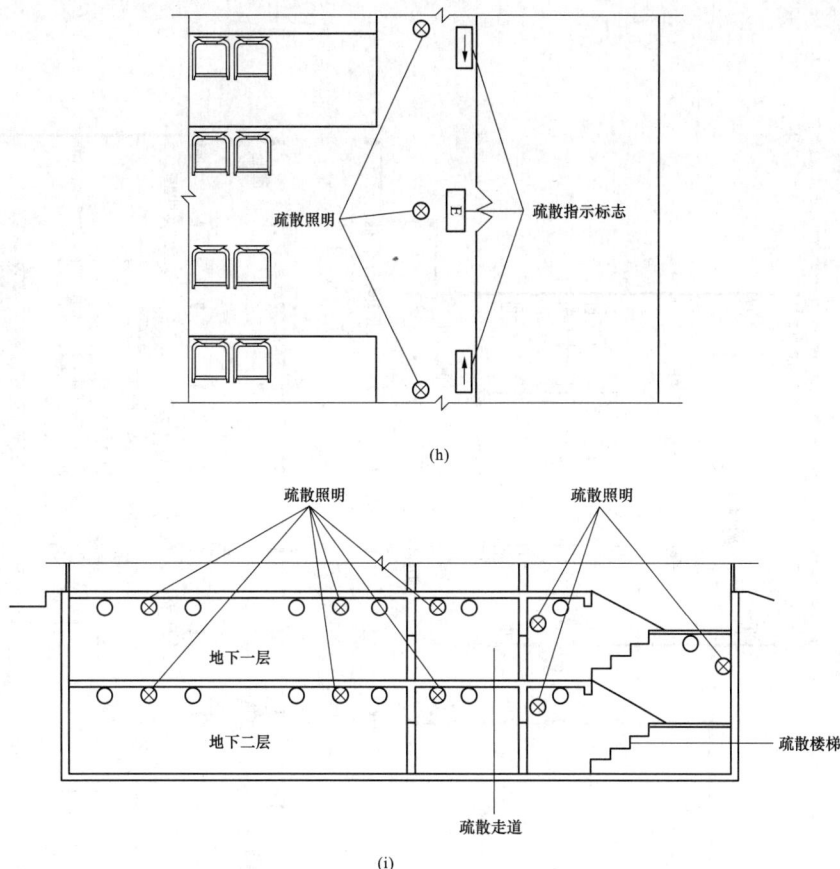

图 12-13　疏散照明的设置部位示意图（二）

（h）大面积、人员密集场所；（i）地下或半地下公共活动场所

运煤系统、脱硫脱硝系统、各电气车间、供水系统、化水系统厂房中设置，具体可依据表 12-2，其要求如下：

（1）备用照明应与正常照明统一布置，以保证布置整体合理和协调。

（2）对于断电后必须坚持继续工作和进行必要操作或处置的生产场所，备用照明灯具应布置在所需的主要部位。

（3）对于正常照明熄灭后，需要继续工作和活动的场所，应利用正常照明灯具的一部分作为备用照明。

（4）对于要求备用照明与正常照明有相同照度要求的重要场所，应利用正常照明的全部灯具作为备用照明，故障时只需进行电源转换。

主厂房运转层应急备用照明设置示意图如图 12-14 所示。

2. 备用照明的照度要求

根据 DL/T 5390—2014《发电厂和变电站照明设计技术规定》中第 6.0.4 规定：火电厂一般场所的应急备用照明的照度值应按照正常照度值的 10%～15%选取；集中控制室、主控室、网络控制室的应急备用照明的照度值应按照正常照度值的 30%选取。

根据 GB 50016—2014《建筑设计防火规范》中第 10.3.3 规定：消防控制室、消防水泵房、柴油发电机房、配电间、防排烟机房、消防广播及通信室以及发生火灾时仍需正常工作的消防设备房，其作业面的应急备用照明的最低照度不应低于正常照明的照度。该条款为强制性条文，必须严格执行。

对于上述场所应急照明的照度值，GB 50016—2014《建筑设计防火规范》和 DL/T 5390—2014《发电厂和变电站照明设计技术规定》提出的规定差异很大，在火力发电厂内的柴油发电机房、消防配电间、消防控制室（如果有）、消防水泵房、消防设备房、防排烟机房、消防广播及通信室的备用照明的照度以遵循 GB 50016—2014《建筑设计防火规范》为宜，保证正常照明的照度，除此之外的其他场所的备用照明照度值仍遵循 DL/T 5390—2014《发电厂和变电站照明设计技术规定》为宜，其照度值详见表 12-3。

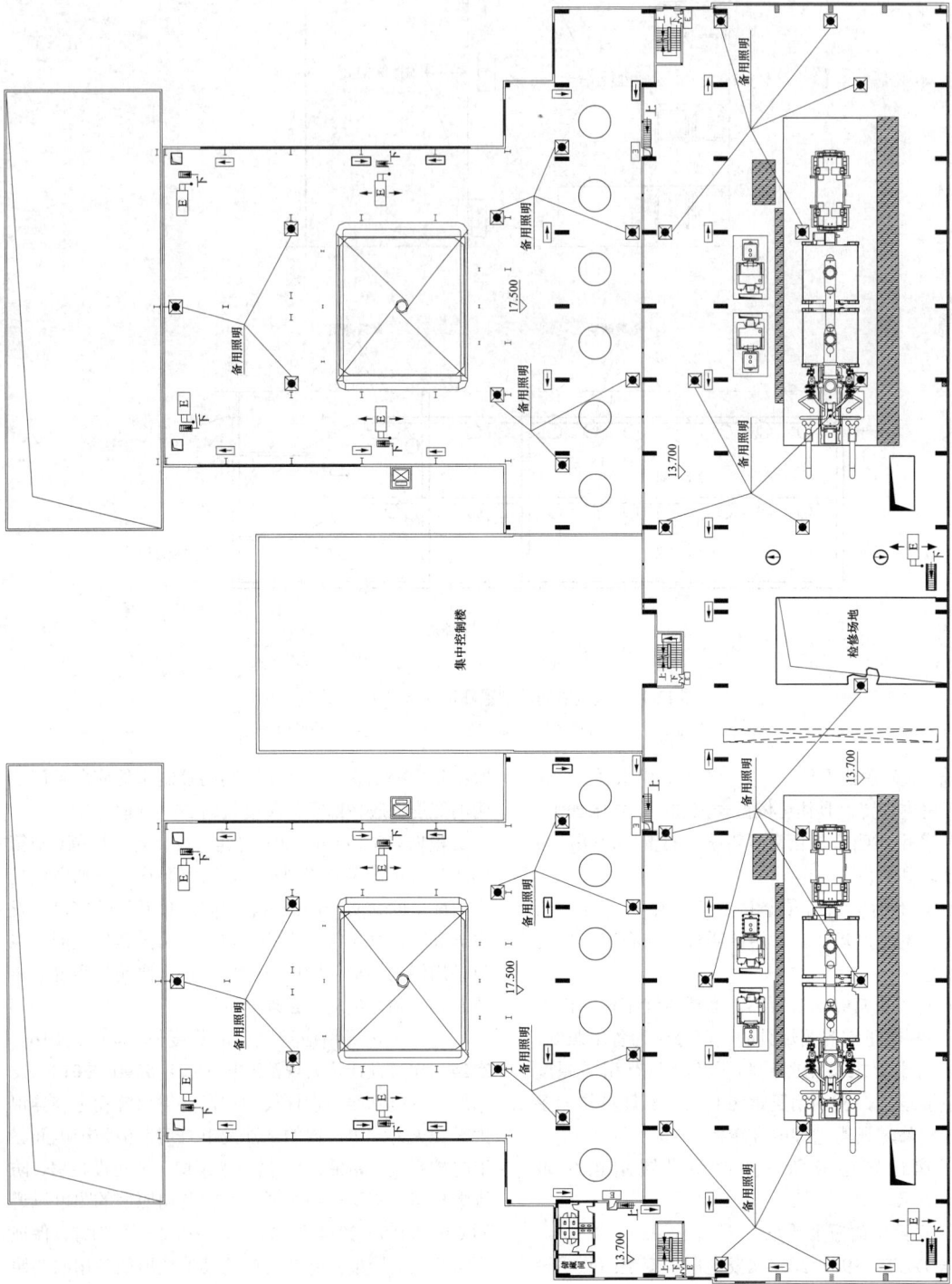

图 12-14 主厂房运转层应急备用照明设置示意图

表 12-3　　　　　　　　　　　火电厂各工作场所工作面上的照度标准值

工作场所		照度（lx）		工作场所		照度（lx）	
		正常照明	应急备用照明			正常照明	应急备用照明
燃机、汽机房及其辅助车间	汽机房底层的凝汽器、凝结水泵、给水泵、循环水泵、备用励磁机等处	100	10～15	运煤系统	翻车机室	100	10～15
	汽机房运转层	200	20～30	供水系统	循环水泵房	100	10～15
	除氧层	100	10～15		消防水泵房	100	100
	除氧间管道层	100	10～15	化水系统	化学水处理控制室	200	75
	加热器平台	100	10～15		制氢站	100	10～15
	发电机出线小室	100	10～15	电气车间	主控制室	500	150
	励磁设备间	100	10～15		网络控制室	500	150
	直接空冷风机处	30	3～5		集中控制室	500	150
锅炉房及其辅助车间	锅炉房底层的磨煤机、送风机处	100	10～15		单元控制室	500	150
	回转式空气预热器处	100	10～15		继电器室及电子设备间	300	30～50
	锅炉房运转层	100	10～15		屋内配电装置	200	20～30
	司水平台	100	10～15		厂用配电装置（动力中心）	200	20～30
	给煤机处	100	10～15		蓄电池室	100	10～15
	给粉机平台	100	10～15		工程师站室	300	30～50
	煤仓胶带层	100	10～15		通信机房	300	30～50
	引风机室	100	10～15		保安电源、不停电电源、直流配电室	200	20～30
	除灰控制室	300	100		柴油发电机房	200	200
	燃油泵房	100	10～15	脱硫脱硝系统	吸收塔	30	3～5
	燃油控制室	300	100		脱硫装置	100	10～15
运煤系统	碎煤机室	100	10～15	其他	气体灭火储瓶间	50	50
	运煤控制室	300	100		消防车库	100	100

备用照明通常要保证必要的操作和工作部位所需要的照度，不要求整个房间或场所的照度均匀度达到规定值。

3. 备用照明的光源选择

（1）备用照明通常作为正常照明的一部分经常连续点燃时，应选用高效节能光源，并应符合下列要求：

1）通常情况下，宜选用荧光灯、节能灯、LED灯、无极灯。

2）在高大建筑物内，也可选用高强气体放电灯，但应满足正常电源故障时，不需要转换电源，气体放电灯能够继续保持点燃。

3）采用自带蓄电池的应急灯时，其光源宜选用荧光灯、节能灯、LED灯、无极灯。

（2）对于非持续运行的备用照明宜选用荧光灯、

也可选用节能灯、LED灯、无极灯，但不能选用高强气体放电灯。

四、应急照明电气设计

火力发电厂的应急照明电气部分设计，主要包括应急电源选择、电源线路控制、灯具控制以及线路敷设等。

（一）应急照明电源种类及投入方式

火力发电厂用于应急照明的应急电源有两种：柴油发电机组、蓄电池组（包括自带蓄电池组、集中设置的蓄电池组、分区集中设置的蓄电池组）。

（1）柴油发电机组作为应急照明电源时，应与发电厂的生产、消防等电力设备的应急电源统一考虑，应急照明应与动力负荷分开并由单独配电回路供给，发电机组应具有自启动功能，启动和转换的全部时间不应大于 15s；供电负荷的启动和运行，不应导致应急照明的熄灭和长时间（15s 以上）电压下降。因此，柴油发电机组作为消防应急照明投入方式适宜于全部投入方式。

（2）自带蓄电池式应急灯：断电即亮，控制简单、灵活，适用于各种投入方式。

（3）分区集中设置的蓄电池组（EPS）一般由本区域内正常电源控制，本区照明电源切断时，只启动本区范围的应急照明，适宜于分区投入方式及全部投入方式。

（二）应急电源的控制

1. 蓄电池组的控制

蓄电池组的控制包括自带电源型及分区（集中）设置型。在正常电源下处于浮充电和等候状态。正常电源切断，则自动转换到蓄电池组供电；正常电源恢复，则蓄电池组自动回位充电和处于等候状态。

2. 柴油发电机组与蓄电池组组合供电的控制

正常电源断电，应急照明自动转换到蓄电池组供电，待柴油发电机组启动，其电压达到额定电压后，应急照明由蓄电池组供电自动转入柴油发电机组供电。

（三）应急照明灯具的选用

1. 电源形式的选用

应急照明灯的电源形式可分为两种，一种是内置电源型（自带蓄电池型），另一种是电源别置型（集中蓄电池型），它可以采用全部集中和区域集中两种方式。两种电源形式主要性能差异比较详见表 12-4。

表 12-4　　两种电源形式主要性能差异比较

序号	项目	自带蓄电池型	（区域）集中蓄电池供电型	性 能 分 析
1	适用场所	适用于数量少且分散布置的场所	适用于数量多且较集中布置的场所	自带蓄电池型应急灯的设置比较灵活、方便，不受线路、跨越防火区域的限制。集中供电型应急灯在分散布置时，线路跨越防火区域时需特殊处理，当数量过少时，电源投资额相对变大，故不宜采用
2	灯具故障率	高	低	在正常供电情况下，自带蓄电池型的应急灯中大部分元器件均参与工作，而集中供电型应急灯仅交流正常照明元件及转换触点参与工作，其他部分均无工作状态。集中供电型应急灯出现故障的概率低于自带蓄电池型应急灯
3	电源失效影响	小	大	自带蓄电池型应急灯属于独立工作状态，单灯电源及故障与其他灯具无关，影响较小。而集中供电型应急灯一旦电源出现故障，该区域的应急系统就会全部瘫痪，影响较大
4	电池寿命	短	长	由于蓄电池的寿命除受循环次数和浮充影响外，温度对其影响也大，工作环境温度越高，蓄电池的寿命就越短。当正常照明时，自带蓄电池型应急灯的电器附件箱受发热元件影响，温度较高，对电池寿命有影响。相对而言，集中供电型的蓄电池工作环境内本身无过热元件工作，一般设置在通风良好的地方，电池寿命相对较长
5	投资	高	低	在达到相同应急照明效果的前提下，集中供电型应急灯比自带蓄电池型应急灯节省电能及材料，综合价格比较低
6	电源检查测试	困难	容易	由于自带蓄电池应急灯的电池与灯具成为一体，一般会安装在高处，所以对其进行检查测试困难。而集中供电型应急灯的电源作为专门电源，带有各种检查仪表及控制系统，对其检查测试极为方便
7	电源更换	困难	容易	由于应急灯的电池属于常年工作状态，一般寿命为 4 年，所以每当电池寿命结束时，就需要更换新的。对自带蓄电池的应急灯而言，由于分散布置且成一体，更换的工作量较大，而集中供电型则较为方便
8	系统扩展	方便	不方便	集中供电型应急灯受电源容量以及线路敷设通道影响，系统扩展不便而自带蓄电池型相对较方便
9	管理和控制	不方便	方便	自带蓄电池型应急灯在交流正常照明及应急照明时均不宜控制，对日夜间管理的安全、节能不利。相对而言，集中型应急灯比较方便管理

2. 应急照明灯的选用

（1）应急照明灯具的形式。应急照明灯具选择的形式根据建筑环境及设计要求而定，通常情况下，自带电源型应急灯由于配置灯具附件、控制部件、检测设备、转换逆变装置、充放电部件及蓄电池等原因，体积一般较大，对灯具形式选择余地不大。集中供电型应急灯由于电源及其附属电路集中设置，故可用各种形式的灯具作为应急灯具，只要与建筑环境协调统一即可。

（2）应急照明灯使用的光源应能快速点亮，如白炽灯、荧光灯、LED 灯、无极灯等，高强气体放电灯因工作特性，启动和再启动时间较长不能作为应急照明光源。

（3）应急标志灯具应选用标志颜色为绿色或白色与绿色相组合的颜色形式，其标志灯的表面亮度应满足下列要求：

1）仅用绿色图形构成标志的标志灯，其标志表面最小亮度不应小于 50cd/m²，最大亮度不应大于 300cd/m²。

2）用白色与绿色组合构成图形作为标志的标志灯表面最小亮度不应小于 5cd/m²，最大亮度不应大于 300cd/m²，白色或绿色本身最大亮度与最小亮度比值不应大于 10。白色与相邻绿色交界两边对应点的亮度比不应小于 5 且不大于 15。

（4）随着技术的发展，大量灯光型应急标志采用 LED 作为光源已成趋势，频闪型 LED 应急标志灯的推广和使用也日益广泛。该种应急标志灯在正常时为恒光，当事故发生后，通过信号控制发出频率不低于 1Hz 的闪烁光，极大地提高了应急标志的醒目程度。

（5）疏散指示标志还可以选用蓄能型发光疏散指示标志牌，该标志牌可以在太阳光或灯光等可见光照射下吸收并存储光能，然后在黑暗时将吸收的能量再以可见光的形式缓慢地释放出来，发光时间持续 10h 以上。这种蓄能型发光疏散指示标志牌具有不需供电、节能环保、瞬时自动发光、在烟雾中透光性好、长余辉、高亮度、发光时间长、无辐射等优点，可在火力发电厂疏散照明系统中推广使用。

（四）应急照明灯的控制

（1）无论采用何种电源供电方式，以及灯具是属于持续性或非持续性运行状态，其应急照明灯具附近不得装设闭锁应急灯断电启动的装置和就地通断应急照明状态的任何开关。

（2）集中（区域）供电型应急灯不论持续性或非持续性运行还是组合式运行，均应与正常照明供电分开，分别控制和保护。

（3）自带电源型应急灯的接线方式。

1）非持续型应急灯的接线详见图 12-15。接入交流 220V 电源，应急灯即进入自动充电和等待状态，此时灯不亮，断电后，应急灯在 5s 之内点亮。恢复来电，则应急灯恢复原状态。

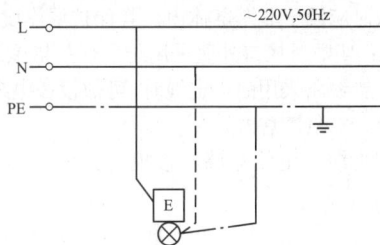

图 12-15 非持续型应急灯接线图

2）持续型应急灯的接线。如不需要控制其正常电源下灯的亮、灭，即可采用图 12-15 的接线方式。此时，输入交流 220V 电源后，应急灯正常点燃，同时应急电源进入充电等待状态。一旦断电，应急灯在 5s 之内点亮，恢复来电，则恢复原状态。

如若需要控制其正常电源下灯的亮、灭，则可采用就地开关控制，其接线详见图 12-16。

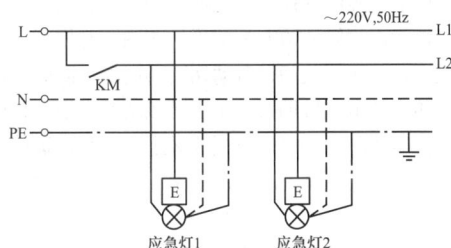

图 12-16 持续型应急灯接线图

1）开关 KM 的开闭不影响应急灯的充电和等候状态，仅控制其正常电源灯的亮灭。

2）无论 KM 在何种位置，只要 L1 失电（即电源失电），则应急灯自动点亮。此时，开关 KM 失控，不起控制作用。恢复电源，则应急灯自动回到开关 KM 所控制状态。

如需集中控制多个应急灯在正常电源下的亮灭，可将各个应急灯的 L2 线引于同一开关控制下，但 L1、L2 必须处于同一电源相位。

（五）应急照明线路敷设

（1）正常照明线路故障时，不应影响消防应急照明的使用，其装置应符合以下要求：

1）应急照明线路与正常照明线路分别单独敷设，不应在同一管内穿线。

2）应急照明线路不应与正常照明线路共用中性线。当采用的配电系统为保护地线（PE）不与中性线

（N）合为一根线时，其保护地线（PE）可合用。

（2）照明分支线应按防火区域划分，不宜跨越，确需跨越时，应采取隔热和防火措施。

（3）线路不应穿过易燃场所敷设。

（4）线路应采用耐火导线或电缆，应穿金属管保护。暗敷时应设于非燃烧体内，其保护层厚度不应小于30mm；明敷时应有外壁采用防火保护措施。

（5）当线路采用耐火电缆时，可敷设在电缆竖井、电缆隧道、电缆槽盒内。

（6）电缆、电线穿墙、楼板时，应采用金属管保护。

（7）应急配电箱应与正常配电箱分开设置，安装在无火灾危险的场所。

五、消防应急照明和疏散指示系统与消防联动控制

依照 GB 50116—2013《火灾自动报警系统设计规范》关于消防联动控制设计的要求，在火灾事故中，其紧急联动操作一般可包括如下部分（或全部）的监控程序：自动或人工投入相应的消防泵；自动或人工开启防火阀、排烟机、消防应急照明灯、疏散指示灯；切断有关部位的非消防电源；消防电梯自动直下首层、放客、关门、停运，等候消防人员使用；普通客梯停靠在首层或最近层，放客、关门、自动切断其电源；防火门、防火窗、防火卷帘、排烟口、正压送风疏散通道、正压送风楼梯间等按防火分区、防烟分区进行综合性运作；自动或人工启动水喷淋、泡沫、干粉、卤代烷等固定灭火系统；自动或人工切换事故广播及消防电话；显示全部监控设备的状态信号；实现其他监控要求等。

消防应急照明是联动型火灾报警控制系统的一个分支系统，目前的实际设计情况是：在火力发电厂内与生产工艺相关联的建（构）筑物厂房的应急照明尚未纳入消防联动控制设计中，其主要原因是火力发电厂的应急照明更注重的是备用照明，一旦正常工作照明消失时，电厂的工作人员并不是尽快疏散，而是需要在事故现场进行必要的操作，此时的备用照明应确保正常工作继续进行。且火力发电厂中不仅仅是在发生火灾的情况下，只要是正常工作电源失电，正常照明熄灭，应急照明灯（备用照明灯、疏散照明灯、疏散指示灯）就应全部点燃，而 GB 50116—2013《火灾自动报警系统设计规范》中需要与消防联动的仅仅是应急疏散照明系统（消防应急照明和疏散指示系统）。可见在这一点上，GB 50116—2013《火灾自动报警系统设计规范》更适用于民用建筑（特别是人员密集的大型场馆），而不很适用于火力发电厂的建（构）筑物。火力发电厂的厂前区有一些建筑与电厂的生产无关

联，属于民用建筑，这些厂前建筑内的消防应急照明设计中宜采用消防应急照明和疏散指示系统与消防联动控制设计，满足 GB 50116—2013《火灾自动报警系统设计规范》的要求。

本章仅涉厂前建筑内消防应急照明和疏散指示系统与消防联动控制的相关内容。

（一）消防应急照明和疏散指示系统的组成

消防应急照明和疏散指示系统组成如图 12-17 所示，按控制方式分为两种类型：集中控制型和非集中控制型。

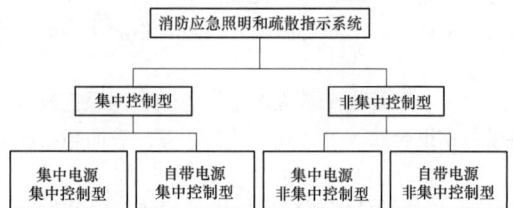

图 12-17　消防应急照明和疏散指示系统组成

（二）消防应急照明和疏散指示系统的联动控制设计要求

（1）集中控制型消防应急照明和疏散指示设备又可分为自带电源集中控制型和集中电源集中控制型。

自带电源集中控制型由应急照明控制器、应急照明配电箱、消防应急灯具和配电线路等组成。消防应急灯具由应急照明配电箱供电，其工作状态受应急照明控制器控制。

集中电源集中控制型由应急照明控制器、应急照明集中电源、应急照明分配电箱、消防应急灯具和配电线路等组成。应急照明集中电源通过应急照明分配电箱为消防应急灯具供电，应急照明集中电源和消防应急灯具的工作状态受应急照明控制器控制。

根据工作方式消防应急灯具可分为持续型或非持续型。持续型消防应急灯具是指无论在正常供电状态，还是在应急工作状态下，其光源都始终保持与电源接通的灯具；非持续型消防应急灯具是指其光源仅在应急工作状态下才被点亮的灯具。

发生火灾时，集中控制型消防应急照明和疏散指示系统，应由火灾报警控制器或消防联动控制器联动应急照明控制器实现，其特点是所有消防应急灯具的工作状态都受应急照明集中控制器控制。

消防应急照明自带电源集中控制型消防联动控制示意图详见图 12-18，集中电源集中控制型消防联动控制示意图详见图 12-19。

厂前建筑的消防应急照明和疏散指示多采用集中电源集中控制型设计方案。

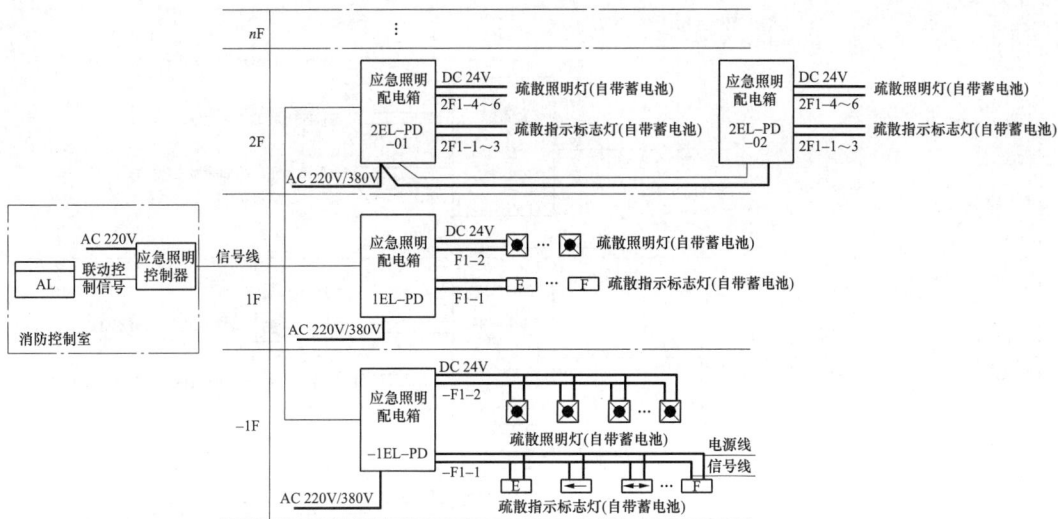

图 12-18 自带电源集中控制型消防联动控制示意图

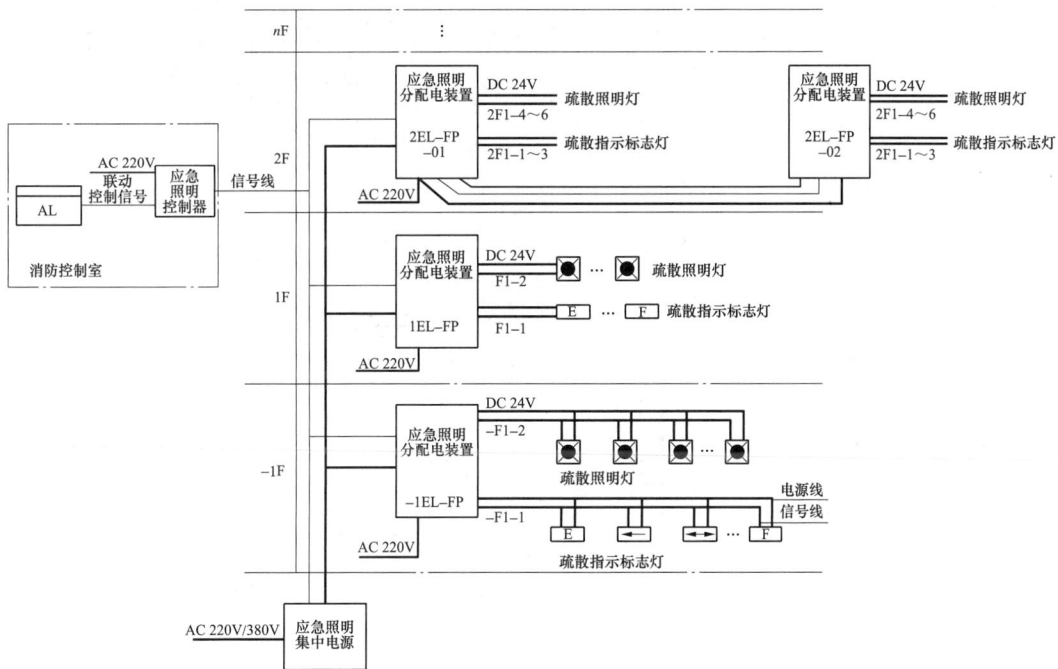

图 12-19 集中电源集中控制型消防联动控制示意图

（2）自带电源非集中控制型系统主要由应急照明配电箱、消防应急灯具和配电线路等组成。自带电源非集中控制型消防应急照明和疏散指示系统，应由消防联动控制器联动消防应急照明配电箱实现。

消防应急照明自带电源非集中控制型消防联动控制示意图详见图 12-20。

（3）集中电源非集中控制型系统主要由应急照明集中电源、应急照明分配电装置、消防应急灯具和配电线路等组成，消防应急灯具可为持续型或非持续型。发生火灾时，集中电源非集中控制型消防应急照明

和疏散指示系统，应由消防联动控制器联动应急照明集中电源和应急照明分配电装置实现。集中电源型消防应急灯具是指灯具内部无电源而由集中电源供电的灯具。

消防应急照明集中电源非集中控制型消防联动控制示意图详见图 12-21 所示。

（4）当确认火灾后，由发生火灾的报警区域开始，顺序启动全楼疏散通道的消防应急照明和疏散指示系统，系统全部投入应急状态的启动时间不应大于 5s。

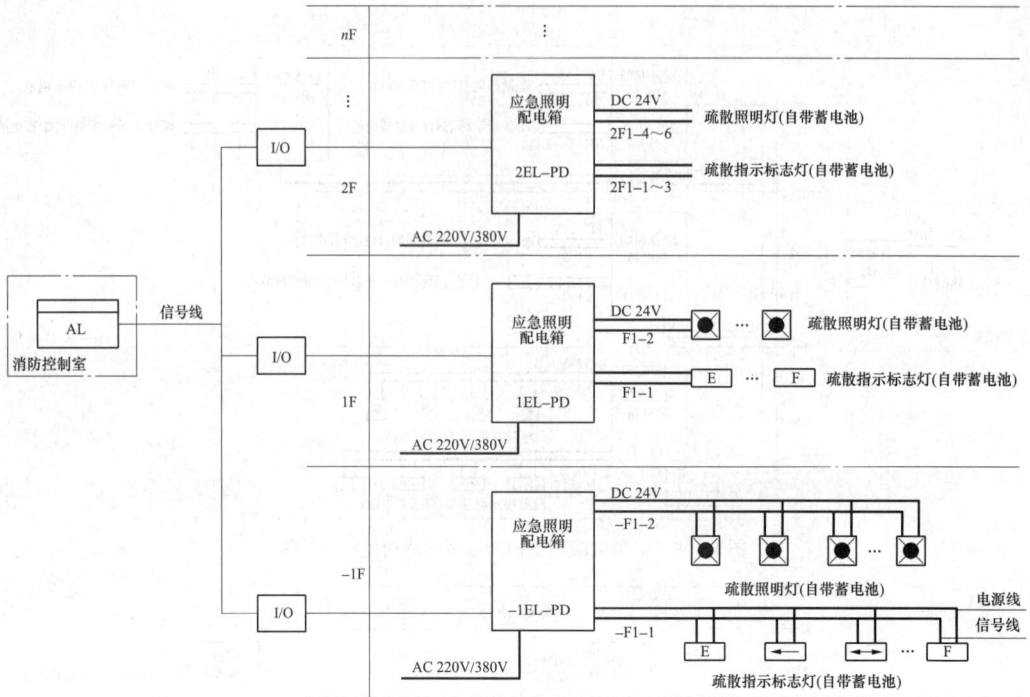

图 12-20　自带电源非集中控制型消防联动控制示意图

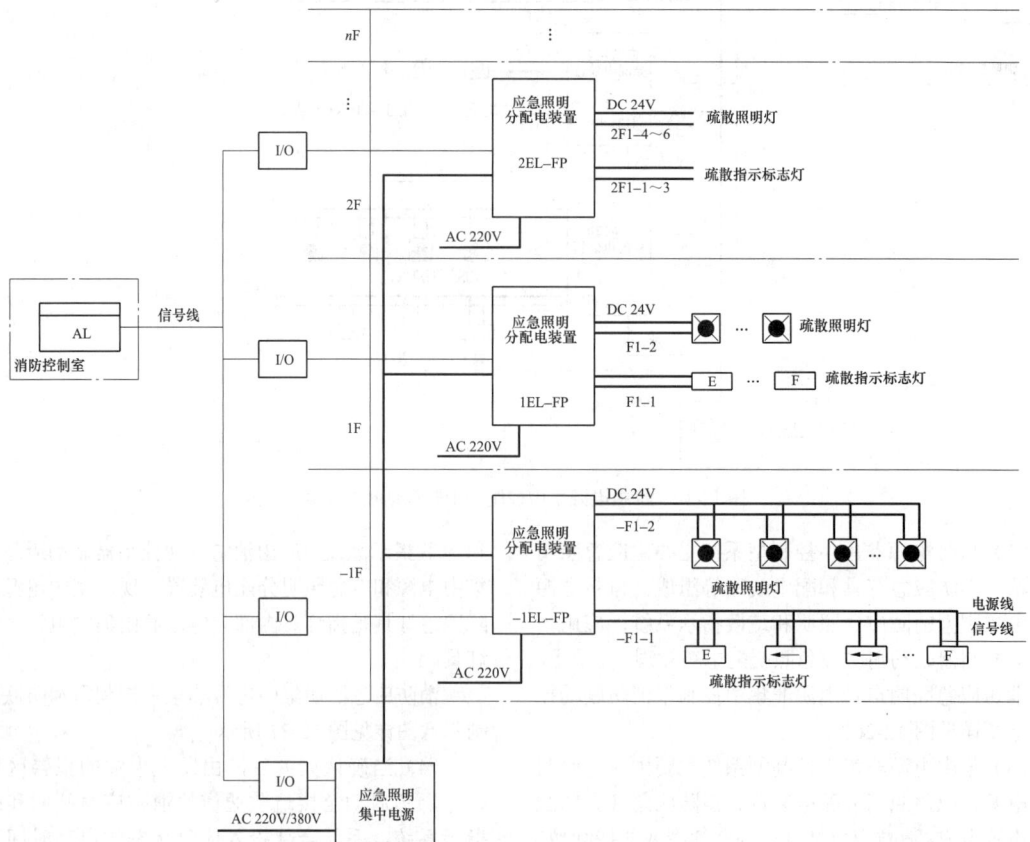

图 12-21　集中电源非集中控制型消防联动控制示意图

第十三章

消 防 站

第一节 消防站的设置原则

（1）根据《中华人民共和国消防法》规定，大型发电厂应建设企业消防站。设计阶段，应按照大型发电厂火灾的危险性特点，配套消防站基础硬件设施、消防车辆、器材装备，配备专业人员，应对大型发电厂发生的各类火灾事故。

（2）单台机组容量为 300MW 及以上的大型火力发电厂应设置企业消防站。企业消防站应设置由消防人员组成的专职消防队，负责全厂消防安全保卫工作，昼夜执勤，具备灭火救援作战能力。

专职消防队必须贯彻"预防为主，防消结合"的方针，切实做好本单位的防火、灭火工作。需要时，应协同公安消防扑救外单位的火灾。专职消防队由厂长、经理等单位负责人领导，日常工作由本单位公安、保卫或安全技术部门管理，在业务上接受当地公安消防监督部门的指导。

在设计阶段，目前除部分地方标准外，国内尚无企业专职消防队的国家标准、行业标准，设计者多参考城镇二级消防站标准。实际工程中对消防站的设置还有如下几种方式：

1）对于集中建设的电站群或建在工业园区的电厂，采用联合建设原则集中设置 1 座消防站。

2）有条件的 300MW 供热机组，采用与当地消防队联建消防站的方式。

3）临近区域已设有消防站的电厂，与消防站主管部门协商，由现有消防站承担电厂消防救援和火灾扑救任务。

（3）消防站一般不应与其他建筑物合建。特殊情况下，设在合建的建筑物中的消防站应有独立的功能分区。

（4）消防站应设置在交通方便、利于消防车迅速出动的地点，以保证消防车迅速通往主厂房区和油罐区，并避开主要人流道路，且应位于危险品车间的常年主导风向的上风或侧上风处；消防站边界距离危险品车间不宜小于 200m，距离危险源及其管道不得小于 35m。

（5）消防车库门应朝向道路，门前至道路边线距离不得小于 15m。

（6）火力发电厂消防站宜纳入当地公安消防部门的统一管理。

（7）消防站宜配套下列设施：

1）消防车库应有车辆充气、充电和废气排除的设施；车库地面和墙面应便于清洗，且地面应有排水设施；库内（外）应有供消防车上水用的消火栓。

2）包括训练塔室外训练场，其面积不宜小于 1000m²。车库正面宜设有长度不小于 35m 的跑道。训练塔一般不少于四层，层高为 3.5m，每层均应有净宽不小于 0.7m 的内楼梯。

第二节 消防站配置

（1）火力发电厂消防车辆的配备可参考表 13-1 确定。

表 13-1 火力发电厂消防车辆配置表

单机容量（MW）	300	600	1000
配置消防车数量	不少于2辆	不少于2辆	不少于3辆

机组总容量达 600MW 及以上的，应至少配置 1 台水罐（泵浦/泡沫消防车）。

（2）消防站建筑面积宜根据配置的消防车数量及对应的专职消防站级别确定，且符合下列规定：

1）配备消防车 4～6 辆（对应一级消防站）：2300m² 以上。

2）配备消防车 2～3 辆（对应二级消防站）：1600m² 以上。

消防站的参考平面设计如图 13-1 所示。

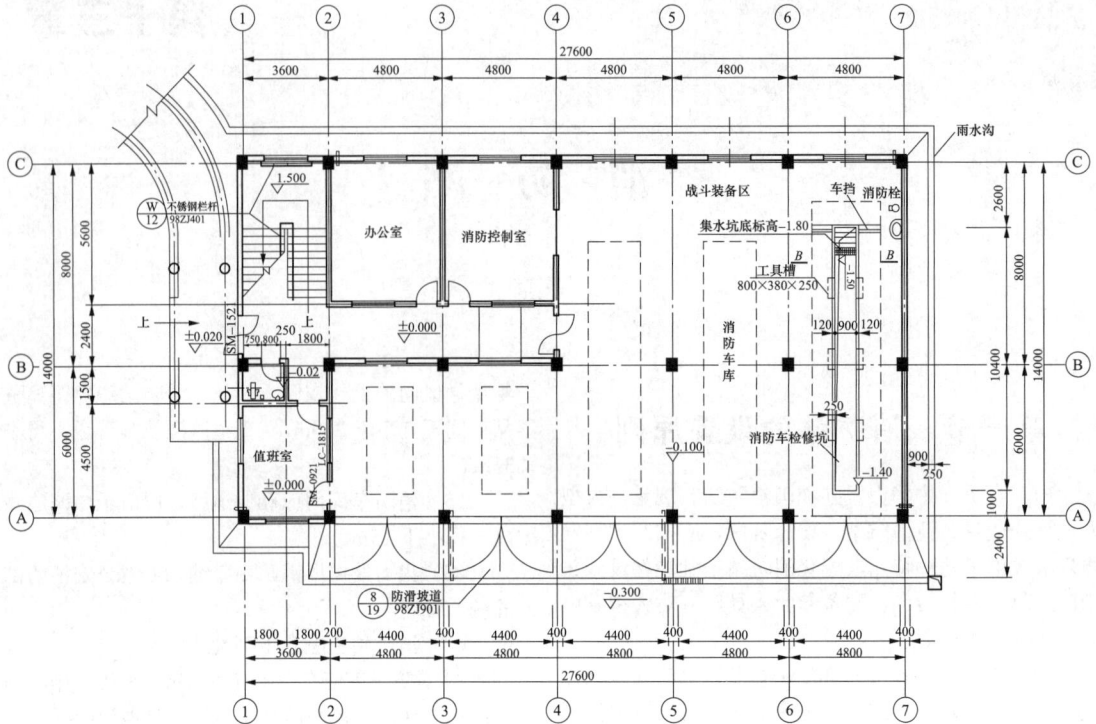

(a)

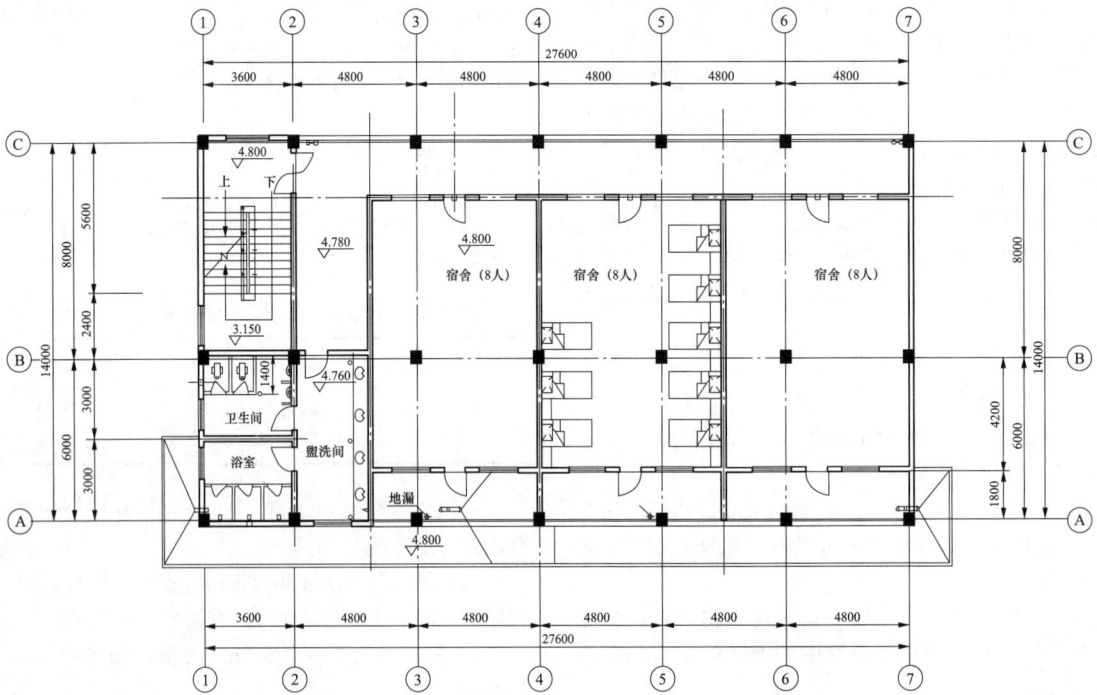

(b)

图 13-1　消防站平面布置图（一）

（a）某电厂消防站底层平面图；（b）某电厂消防站二层平面图

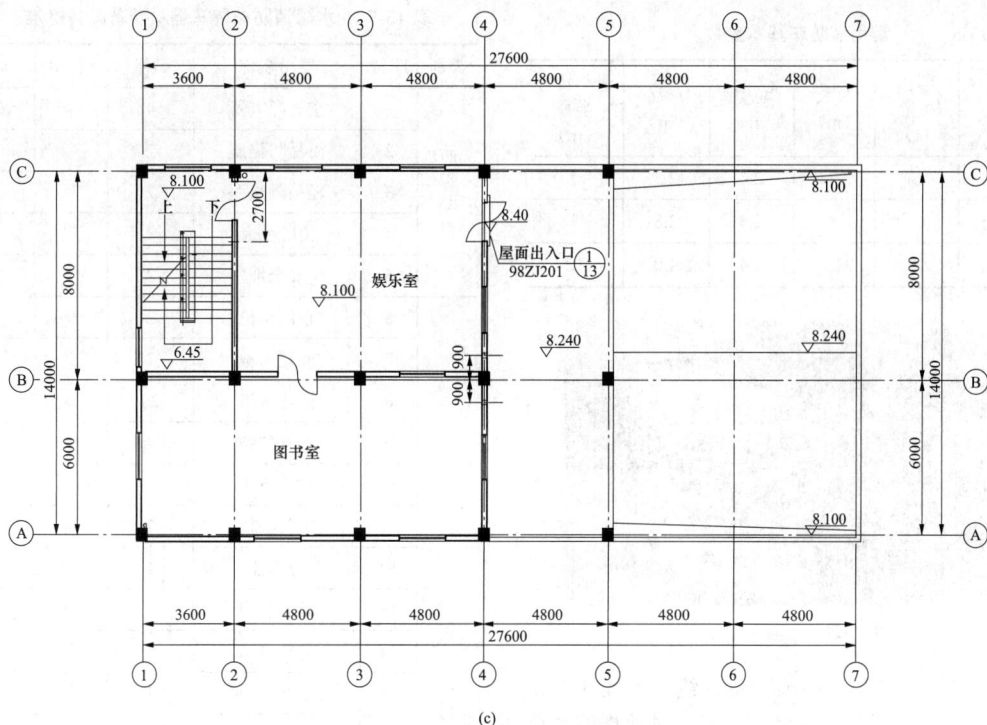

图 13-1 消防站平面布置图（二）

（c）某电厂消防站三层平面图

（3）人员配备。

1）消防站一般按 2 班运转、24h 值班轮休，平均定员按每台消防车 6 人确定。人员配备不应低于表 13-2 的规定。

表 13-2 　消 防 站 的 人 员 配 备

消防车（辆）	1	2	3	4
人数	≥9	≥10	≥15	≥20

2）消防站一个班次值勤人员配置：指挥员不少于 1～2 人/班；战斗员宜按主战消防车 4～6 人/车、辅战消防车 1～2 人/车确定；电话员按 2 人/班，司机宜按 1:1.25/车的比例配备。

（4）主要消防车辆的技术参数应符合表 13-3 的规定。

表 13-3 　主要消防车辆的技术性能表

项 目	参数
发动机功率（kW）	≥132
水罐消防车出水性能	出口压力（MPa）	1.8
	流量（L/s）	20
比功率（kW/t）	≥8
消防车出泡沫性能（类）	B

中型水罐车或重型水罐车技术参数可参见表 13-4，常用消防车基本参数见表 13-5，水罐消防车如图 13-2 所示。

表 13-4 　　　　　　中型水罐车或重型水罐车技术参数（参考）

车 辆 型 号	底盘类型	成员数（人）	功率（kW）	最高车速（km/h）	消防装备
SXF5140GXFSG50P 中型水罐车	东风 EQ1141G7 D	7	132	90	常压泵或中低压消防泵，载水 5.5t，水炮流量为 40L/s
SZX5260GXFSG120 重型水罐车	斯太尔 1491	6	206	85	常压泵或中低压消防泵，载水 12t，水炮流量为 50L/s

表 13-5　　常用消防车基本参数

参数　　车辆类别	车总质量（t）	总长（m）	总宽（m）	总高（m）	最小转弯半径（m）
轻系列	6	6	2.5	2.3	7
中系列	11	8	2.5	2.8	9
重系列	30	15	2.4	4.0	12

图 13-2　水罐消防车

（5）通信。消防站必须配备有线和无线通信设备，以满足全厂消防安全保卫和灭火时救援的通信要求；消防站通信装备的配备，应符合 GB 50313—2013《消防通信指挥系统设计规范》的规定。通信室必须至少配备基地台 1 部、接警电话（计算机）1 部、办公桌椅 1 套。

通信室是消防站火灾报警指挥中心，一般设有火警调度机、有线通信系统、无线移动通信系统、有线广播系统、计算机指挥系统等；为便于指挥员、通信员迅速登车坐在驾驶室旁，通信室宜设置在车库的右侧前部；同时，应考虑防电磁干扰、防静电、防尘隔声等措施。

专职消防队必须配备 1 台能与当地消防局消防指挥中心联通的无线电台、2 只以上内部联系的手持电台。有条件的，每辆执勤消防车应当配备 1 台能同所属的公安消防中队联通的无线电台。

（6）机动消防泵、移动泡沫炮、泡沫液（桶）、空气泡沫枪及其他器材的配备基本标准应符合表 13-6～表 13-11 的要求。

表 13-6　　机动消防泵、移动泡沫炮等配备基本标准表

类　别	消防车 3～4 辆	消防车 1～2 辆
机动消防泵	2 台（选配）	1 台（选配）
移动式消防炮	1～2 门	1 门（选配）
泡沫液（桶）100kg、空气泡沫枪	1 套	1 套

表 13-7　　水罐消防车随车器材装备配备标准

类别	序号	器材名称	数量	单位	备份比
防护器材	1	空气呼吸器	4	个	2:1
	2	简易防化服	2	套	2:1
	3	轻型隔热服	2	套	4:1
	4	消防手套	2	双	
	5	安全绳	2	个	
灭火器材	6	直流水枪	2	支	2:1
	7	开花水枪	2	支	2:1
	8	消防水带	20	盘	2:1
	9	水带挂钩	4	个	2:1
	10	水带包布	4	个	2:1
	11	水带护桥	2	套	1:1
	12	分水器	1	个	1:1
	13	异型接口	2	个	2:1
	14	异径接口	2	个	2:1
	15	移动消防泵	1	台	1:1
	16	吸水管扳手	2	个	2:1
	17	消火栓扳手	2	个	2:1
	18	火钩	1	把	1:1
	19	强光照明灯	2	盏	2:1
	20	消防斧	1	把	1:1
	21	单杠梯	1	把	1:1
	22	两节拉梯	1	把	1:1
	23	万能铁锨	1	把	1:1

注　备份比为消防人员防护装备配备投入使用数量与备用数量之比，余同。

表 13-8　　泡沫水罐消防车随车器材装备配备参考

类别	序号	器材名称	数量	单位	备份比
防护器材	1	空气呼吸器	4	个	2:1
	2	简易防化服	2	套	2:1
	3	轻型隔热服	2	套	4:1
	4	消防手套	2	双	
	5	安全钩	2	个	
灭火器材	6	直流水枪	2	支	2:1
	7	开花水枪	2	支	2:1
	8	泡沫枪	2	支	2:1
	9	消防水带	20	盘	2:1
	10	水带挂钩	4	个	2:1
	11	水带包布	4	个	2:1

续表

类别	序号	器材名称	数量	单位	备份比
灭火器材	12	水带护桥	2	套	1:1
	13	分水器	1	个	1:1
	14	异型接口	2	个	2:1
	15	异径接口	4	个	2:1
	16	移动消防泵	1	台	1:1
	17	吸水管扳手	2	个	2:1
	18	消火栓扳手	2	个	2:1
	19	火钩	1	把	1:1
	20	强光照明灯	2	盏	2:1
	21	消防斧	1	把	1:1
	22	单杠梯	1	把	1:1
	23	两节拉梯	1	把	1:1
	24	万能铁铤	1	把	1:1

表 13-9　个人防护装备配备标准

类别	序号	器材名称	数量	单位	备份比
基本防护	1	消防头盔	1顶/人	顶	4:1
	2	消防员灭火防护服	1套/人	套	4:1
	3	消防手套	1副/人	副	1:1
	4	消防安全腰带	1根/人	根	4:1
	5	消防员灭火防护靴	1双/人	双	4:1
	6	消防轻型安全绳	1根/人	根	4:1
	7	消防腰斧	1把/人	把	5:1
特种防护装备	8	消防避火服	2套/队	套	
	9	防蜂服	2套/队	套	
	10	消防护目镜	6副/队	副	
	11	移动供气源	1套/队	套	
	12	手提式强光照明灯	1具/班	具	2:1

表 13-10　特种装备配备参考

序号	器材名称	数量	单位	备份
1	各类警示牌	1	套	
2	闪光警示灯	2	个	
3	隔离警示带	5	盘	2盘
4	液压破拆工具组	1	套	

续表

序号	器材名称	数量	单位	备份
5	无齿锯	1	具	
6	机动链锯	1	具	
7	手动破拆工具组	1	套	
8	缓降器	2	套	1套
9	起重气垫	1	套	
10	逃生面罩	10	个	5个
11	多功能担架	1	个	
12	移动式照明灯组	1	组	
13	手持扬声器	1	个	
14	三节拉梯	1	把	

表 13-11　通信摄影器材配备参考

类别	序号	器材名称	数量	单位	备注
通信器材	1	基地台	1台/队	台	
	2	车载台	1台/车	台	
	3	手持对讲机	2台/班	台	
			1台/人	台	指挥员
摄影器材	4	数码照相机	1台/队	台	
	5	摄影机	1台/队	台	选配

（7）消防站的供电负荷等级不宜低于二级；消防站内应设电视、网络和广播系统，宿舍、车库、通信室、训练室、会议室、公共通道等，应设应急照明。

（8）位于采暖地区的消防站应按国家有关规定设置采暖设施，炎热地区消防站的业务用房、宿舍、通信室、训练室等宜设空调等降温设施。

第三节 建 筑 设 计

一、建筑面积标准

消防站的房屋建筑包括业务用房、业务附属用房和辅助用房。业务用房包括消防车库、值班室（兼通信室）、训练室和器材（器材修理）室等；业务附属用房包括学习室（图书阅览）和会议室、备勤（宿舍）室；辅助用房包括盥洗室、卫生间、餐厅、厨房和油料库等。

消防站的建筑面积宜根据消防车数量及对应的专职消防站级别确定。使用面积系数可按 0.65 计算。消防站各种用房的使用面积指标参照表 13-12 确定。

表 13-12   消防站各种用房的使用面积指标   m²

车辆数（辆）	消防车库	人数	器材室	训练室	学习室	值班室（通信室）	备勤室（宿舍）	盥洗室与厕所	餐厅厨房	合计
2	180	15	40	40	30	30	70	20	60	485
3	270	25	40	40	30	30	120	30	60	645
4	360	30	50	50	40	30	150	40	90	840

注 1. 以建标 152—2011《城市消防站建设标准》和 GB 51054《城市消防站设计规范》为参考，未考虑备用库，值班室按通信室考虑，宿舍按备勤室考虑。

2. 消防车库面积也可按实际配置的车型计算。

3. 表中指标应根据使用地区的经济条件合理确定。

4. 建筑用房的使用面积均不包括走道面积。

二、基本要求

（1）消防站建筑物的耐火等级不应低于二级。位于抗震设防烈度为 6～9 度地区的消防站建筑，应按乙类建筑进行抗震设计，并按本地区设防烈度提高 1 度采取抗震构造措施。其中，位于抗震设防烈度 8～9 度地区的消防站建筑的框架、门框、大门等影响消防车出动的重点部位应按 GB 50011《建筑抗震设计规范》的有关规定进行抗震变形验算。

（2）消防站不宜设置在综合性建筑中，一般不应与其他建筑物合建。特殊情况下，设在合建的建筑物中的消防站应有独立的功能分区，并应有专用出入口，不得与其他功能区出入口共用。

（3）消防站业务用房和业务附属用房的门和通道设置应有利于快速出动。

（4）辅助用房中功能相近的用房宜集中设置；辅助用房中有噪声、异味、辐射和易燃易爆危险等的用房，设置时宜远离备勤室等居住人员房间。

（5）建筑节能设计应符合 GB 50189《公共建筑节能设计标准》的有关规定。

三、建筑标准

1. 消防车库

（1）消防车库应布置在建筑物正面一层便于车辆迅速出动的部位。车库内每个车位的面积可按 90m² 设置。

（2）消防车库的基本尺寸。

1）考虑相邻消防车在消防员打开车门和器材厢门取放消防装备器材时，有足够的空间，不互相干涉，车库内消防车外缘之间的净距不应小于 2.0m。

2）考虑在消防车侧面要留出消防员快速出入、日常检查的行走通道要求，消防车外缘至边墙、柱子表面的距离不应小于 1.0m。

3）考虑消防车尾板打开所需的空间，以及消防车后方需留出衣帽架位置和消防员接警出动时着装、通过所需的空间，消防车外缘至后墙表面的距离不应小于 2.5m。

4）消防车外缘至前门垛的距离不应小于 1.0m。

5）消防车库的高度应保证举高类消防车的进出和其他种类消防车的车顶检查空间，举高消防车高度为 4m 左右，故车库的净高一般应不小于 4.5m，并且不应小于所配最大车高加 0.3m；净高为地面至顶板突出部分的距离。

（3）消防车库应设置 1 个修理间和 1 个检修地沟。修理间应采用防火隔墙、防火门，与其他部位隔开，且不宜靠近通信室。检修地沟上必须设置可移动的防护盖板，盖板应能承受 500kg／m² 载重，地沟内应设置排水和照明措施，地沟尺寸应能满足日常检修车辆的要求，其长度不宜小于 7m，宽度不宜小于 0.9m，深度不宜小于 1.2m。室内未设检修地沟时，应在室外适宜位置设置检修槽。

（4）消防车库门应按每个车位独立设置，并宜设自动开启装置，设自动开启装置的应有应急手动功能，宜与火警受理终端台联动；门的宽度不应小于 3.0m，高度不应小于 4.3m。严寒及寒冷地区的车库门的设置应考虑保暖性要求。

（5）消防车库内外地面及沟、管盖板的承载能力，应按最大吨位消防车的满载轮压进行设计，最小荷载不应小于 35t。对于 60m 以上的举高消防车和 18t 以上的重型水罐消防车，由于其总重已超过 40t，对于配备这类特种规格的消防车，进行消防车库地面的承载能力设计时应专门考虑。

（6）消防车库的设计应有车辆充气、充电和排除发动机废气的设施。

（7）车库地面和墙面应便于清洗，且地面应有排水设施。门前地面材料宜采用硬质材料铺筑。为避免门前积水，满足雨天向外快速散水的需要，直接临街的车库门前地面应向城市道路边线做 1%～2% 的坡度。

（8）由于消防车车身较大，库内倒车环境和条件不佳，为避免在倒车过程中发生事故，所以应设置倒车定位装置，以保障消防员人身安全。

（9）车库内滑杆。滑杆的直径应为 0.08～0.10m；数量宜按一个值勤战斗班设一根布置；滑杆的底部应设置直径不小于 0.8m 的弹性垫；滑杆人孔直径宜为 0.9～1.0m，其周围应设置防护栏等安全防护设施；滑杆应位于使滑降消防员到达车辆时间最短的地方；应安装在消防车库墙壁的附近或嵌入凹室；滑杆上方及降落处应设置照明设施；在滑杆整个长度范围内，滑杆中心与最近的障碍物（墙壁、管道、停车隔间门通道）的距离不应小于 0.75m；当滑杆设置至三层及以上楼层时，应设置交替滑杆，不应直接滑至一层。

（10）消防员进入消防车库的侧门宜双向开启。宽度不宜小于 1.4m，门上应设有观察窗；通道口不宜设台阶。

2. 值班室（通信室）

电厂消防站的值班室可与通信室合并建设，应符合下列规定：

（1）值班室（通信室）宜设在车库旁边，通信室的门应直通车库开并靠近车库正门一侧，向室内开启。为便于观察车库内情况和向由滑杆直接进入车库的消防员传递通信设备及出车单等信息，通信室与车库之间的墙上宜设有可开启窗户。

（2）值班室（通信室）内宜设置卫生间。

（3）为放置网络设备、标准机柜等设备通信，室内应设置设备间或设备区。

（4）值班室（通信室）应设置在 1 楼，为满足防水防潮要求，地面应设置防水层，并应铺设防静电地板。

（5）值班室（通信室）的火警受理终端台应设在便于值班员（通信员）从可开启窗户观察车辆出动情况的地方。

（6）值班室（通信室）的墙面上，应设置不少于 5 个电源插座，且不宜设置在同一面墙上；火警受理终端台下地面，应设置不少于 2 个电源插座；设备间或设备区的墙面上也设置不少于 3 个电源插座。

（7）值班室（通信室）的布线应包括有线通信、无线通信、计算机网络、联动控制装置（警灯、警铃、火警广播、车库门）、视频监控、应急警报等有关线路。

（8）值班室（通信室）及其设备间的供电、防雷与接地、综合布线、防静电、照度、室内温、湿度等应符合 GB 50313《消防通信指挥系统设计规范》的有关规定。

（9）值班室（通信室）及其设备间不应设置在电磁场干扰或其他可能影响通信设备工作的用房附近。

3. 器材库

（1）为了便于搬运，器材库宜设置在一楼。

（2）应根据器材的种类设置必要的存储分区，各存储分区间的通道和间隔应合理设置；器材库内应根据需要设置必要的储物架，并应合理布置。

（3）器材库门直接面向室外时，室内地坪标高应高出室外场地地面设计标高，且不宜小于 0.30m。门前应做 10%～20%的坡道。

（4）器材库地面应采用耐磨、不起灰砂、强度较高的面层材料，并应采取防潮措施。门窗应开关灵活、密封性好，窗的大小、高度应按通风、采光、建筑立面、管道安装以及节能等因素综合确定。内墙及顶棚应具有防霉、防潮性能，且应不易积灰，方便清洁。

4. 备勤室（宿舍）

（1）备勤室（宿舍）应有良好的朝向，宜靠近卫生间；为了保证消防员能在接警后快速出动，应有通往车库的直接通道，通道净宽不应小于 2.0m。

（2）为了保证多人同时出动时能快速抵达车库，以尽量满足 1min 接警出动的时间要求，备勤室（宿舍）设置在二层时，两侧应有楼梯进入车库，且滑杆不应设置在备勤室内。备勤室（宿舍）的设置受客观条件限制必须设在三层时，应在通往车库的楼梯宽度、数量和滑杆等方面提高等级，以满足 1min 快速出动的要求；但不得设置在四层及四层以上。

（3）消防员备勤室（宿舍）单个房间床位数不宜超过 8 个，条件许可的情况下，宜在消防员备勤室设置独立的卫生间。床位的布置尺寸为：两个单床长边之间的距离不应小于 0.6m，两床床头之间的距离不应小于 0.1m，两排床或床与墙之间的走道宽度不应小于 1.2m。

5. 餐厅和厨房

（1）为了便于出警，厨房和餐厅宜设置在首层，即地面一层。

（2）餐厅的门宽、高应满足紧急情况下快速出动的要求，并应向外开启，地面应采取一定的防滑措施。

6. 油料库

当消防站设置有油料库时，宜单独设置，当与其他用房共用一栋建筑时，则应设独立的防火分区。储存量不超过 0.4t 的油料库，当作为车库服务的附属建筑时，可与车库贴邻建造，也应采用防火墙隔开，并应设置直通室外的安全出口。油料库内地面宜采用不产生火花的面层，需要时宜设防水层。油料库应有良好的通风，宜设置相应的防晒、防火、防爆、防潮、防雷、防静电、防腐以及防泄漏等安全设施，并应设置明显的标志。油料库的耐火等级、防火间距以乃灭火器设置等应符合 GB 50016《建筑设计防火规范》和 GB 50140《建筑灭火器配置设计规范》的有关规定。

7. 台阶、坡道和栏杆

台阶、坡道和防护栏杆的设置、设计原则，应符合 GB 50352《民用建筑设计通则》和 JGJ 100《汽车库建筑设计规范》的规定。

8. 走道和楼梯

消防站内的走道、楼梯等供迅速出动用的通道的净宽，单面布房时不应小于 1.4m，双面布房时不应小于 2.0m，楼梯不应小于 1.4m。通道两侧的墙面应平整、无突出物；地面应采用防滑材料；楼梯踏步应平缓，高度宜为 150～160mm，宽度宜为 280～300mm。楼梯倾角不应大于 30°。楼梯平台上部及下部过道处的净高不应小于 2.0m，梯段净高不宜小于 2.4m。

9. 建筑造型与装修

消防站的内装修应适应消防员生活和业务训练的需要，并宜采用色彩明快和容易清洗的装修材料。建筑外观应主题鲜明，造型庄重、简洁，具有明确的标识性和可识别性，并应与周边环境及全厂其他建筑相协调。消防站的车库大门颜色宜采用 R25。

附　录

附录A　火力发电厂初步设计消防篇

1　概述

1.1　工程概况

1.1.1　建设地点

本项目位于××城区的北侧，在经济开发区内。

1.1.2　机组情况

本项目规划装机容量为 4×1000MW 超超临界二次再热燃煤湿冷机组，本期工程建设规模为 2×1000MW 超超临界二次再热燃煤湿冷机组，同步建设烟气脱硫及脱硝设施，并留有再扩建的条件。

1.2　设计原则及依据

1.2.1　设计原则

本工程消防设计将认真执行《中华人民共和国消防法》及有关消防设计规范规定，贯彻"预防为主，防消结合"的方针。

1.2.2　规程规范

GB 50016—2014 建筑设计防火规范

GB 50229—2006 火力发电厂与变电站设计防火规范

GB 50222—1995（2001 年版）建筑内部装修设计防火规范

GB 50084—2001（2005 年版）自动喷水灭火系统设计规范

GB 50219—2014 水喷雾灭火系统技术规范

GB 50116—2013 火灾自动报警系统设计规范

GB 50193—1993（2010 年版）二氧化碳灭火系统设计规范

GB 50370—2005 气体灭火系统设计规范

GB 50140—2005 建筑灭火器配置设计规范

GB 50151—2010 泡沫灭火系统设计规范

GB 50974—2014 消防给水及消火栓系统技术规范

GB 50736—2012 民用建筑供暖通风与空气调节设计规范

2　项目总体概况

2.1　总平面

电厂场地东侧是城市景观带，场地西侧是建设用地，场地南侧是建设用地，场地北侧景观带，主入口布置在××路，次入口布置在××路和××路。

场地东西长为 332.59～432.30m，南北长为 628m，占地 21.78hm²。

2.2　厂内建筑一览表

厂内建筑一览表见表 2.2-1。

表 2.2-1　厂　内　建　筑　一　览　表

分类	建筑物名称	火灾危险性分类	耐火等级
主厂房区	汽机房	丁	二级
	除氧间	丁	二级
	煤仓间	丁	二级
	锅炉房	丁	二级
	集中控制楼	丁	二级
	电除尘配电间（2 座）	丁	二级
脱硫建筑	脱硫工艺楼	戊	二级
	脱硫控制楼	丁	二级
	吸收塔	戊	二级
运煤除灰建筑	翻车机室	丙	二级
	碎煤机室	丙	二级
	T-1 转运站	丙	二级
	T-2 转运站	丙	二级
	T-3 转运站	丙	二级
	输煤栈桥	丙	二级
	输煤地道	丙	二级
	室内储煤场	丙	二级
	输煤综合楼	丁	二级
	灰库	丁	二级

续表

分类	建筑物名称	火灾危险性分类	耐火等级
电气建筑	屋内配电装置	丁	二级
	网络继电器室	丁	二级
化学建筑	化学水处理室、海水淡化间	戊	二级
	循环水处理室	戊	二级
	废水处理站	戊	二级
	含煤废水处理室建筑	戊	二级
	供氢站	甲	二级
水工建筑	生活消防水泵房	戊	二级
	排水泵房	戊	二级
	循环水泵房	戊	二级
辅助建筑	检修间	戊	二级
	材料库	丁	二级
	空气压缩机室	丁	二级
	柴油发电机房	丙	二级
附属建筑	综合楼		二级
	警卫传达室		二级

3 总平面布置及交通运输

3.1 总平面布置

3.1.1 厂区入口

电厂主入口设置在厂区东北侧，入厂道路从厂区东侧的××路引接，电厂人流通过××路进入电厂。

电厂设置两个次入口，一个在厂区东侧，一个在厂区西北侧。厂区东侧次入口为电厂物流出入口，入厂道路从厂区东侧的××路引接，该出入口主要负责电厂综合利用的灰渣、石膏等的运出及电厂运行所需石灰石、液氨、轻柴油、酸碱等物品的运进。厂区西北侧次入口为电厂灰渣、石膏等在无法综合利用情况下运至厂区西部灰场的专用出口，入厂道路从厂区北侧的××路引接。两个入口均满足消防车出入。

3.1.2 厂区消防分区及消防道路

电厂内根据生产功能布置了主厂房区、配电装置区、储煤设施区、储氢站区、消防水泵房、材料库区以及厂前区。

厂内道路布置以总平面中各功能分区和消防要求形成厂区道路网，厂内主要道路宽为7.0m，次要道路宽为4.0m，转弯半径根据道路的使用要求一般为9~12m。电厂重点防火区：主厂房区、500kV屋外气体绝缘全封闭组合电器（gas insulated switchgear，GIS）、

储氢站区、煤场及氨液储罐区均设有环行消防道路，消防车道的宽度不小于4.0m。为防止交通事故、车辆伤害，厂内道路限速15km/h。当平面转弯处视距不符合规定时，横净距以内的障碍物，除对视线妨碍不大的稀疏树木或单个管线支架、电杆、灯柱等可保留外，应予以清除。当受场地条件限制、采用会车视距困难时，可采用停车视距，但必须设置分道行驶的设施或其他设施（如反光镜、限制速度标志、鸣喇叭标志等）。

厂区消防水管沿道路铺设，形成环路，并按一定间距设置室外消火栓，其中主厂房周围不超过80m，其他建筑物周围不超过120m。各架空管架跨越道路及消防通道处均保持净空不小于5.0m，以利于消防车通行。

3.2 消防车库

本工程消防车库利用电厂附近消防站。

3.3 重要建（构）筑物的防火间距

重要建（构）筑物的防火间距见表3.3-1。

表3.3-1 重要建（构）筑物的防火间距一览表

主要建（构）筑物	邻近建（构）筑物	实际间距（m）	最小安全间距（m）	备注
储氢站	材料库	27.60	12.0	
	封闭煤场	41.80	12.0	
	脱硫综合楼	37.20	12.0	
	储氢站周围道路	13.60	5.0	
氨液储罐区	氨液储罐区周围道路	13.50	5.0	
	材料库	26.45	12.0	
	封闭煤场	32.50	12.0	
	启动锅炉	35.00	12.0	

4 建筑物防火设计

4.1 建筑物的安全疏散

4.1.1 主厂房的安全疏散

4.1.1.1 主厂房的防火分区

按照GB 50229—2006《火力发电厂与变电站设计防火规范》中的3.0.3条规定，主厂房内的地上部分不大于6台机组可作为一个防火分区，又按此规范中表3.0.1规定的主厂房包括汽机房、除氧间、煤仓间、锅炉房和集中控制楼，本工程为两台机组，即整个主厂房可看作一个防火分区。

4.1.1.2 水平交通

主厂房零米层的主要纵向通道设在除氧间 B~C 跨靠 B 轴侧，通道两侧设出口。汽机房零米 10~11

轴之间设有 10m 宽的检修场地。煤仓间零米设有纵向磨煤机检修通道，锅炉房在锅炉本体四周留有环形检修通道。锅炉房、煤仓间与汽机房及除氧间通过 B 排墙上的疏散门相互联通。煤仓间在 37.500m 皮带层每台机组分别设有通往锅炉本体平台的水平通道。

整个厂房水平交通路线清晰、明确，厂房各个车间均满足两个安全出口的要求。

4.1.1.3　垂直交通

在除氧间固定端、中间部位、扩建端的外侧，各设一部楼梯通至主厂房各层。固定端及扩建端楼梯可到达主厂房屋面。皮带层通向锅炉房联络平台作为其第二安全出口。每台锅炉设一台 2.0t 的客货两用电梯，可到达锅炉各层主要检修平台。汽机房每台机在靠近 A 轴处设有从±0.000～16.500m 运转层的检修钢梯。

4.1.1.4　入口及安全疏散

在主厂房零米主要通道两侧均设有通至室外的大门。检修场地设有通至室外的检修大门及人员通行的小门。

在每座楼梯和电梯处还设置了通道疏散和导向标志，标志色彩醒目、位置突出。

主厂房内部交通组织顺畅，安全疏散楼梯、通道、安全出口均符合规范要求。

4.1.2　集中控制楼的安全疏散

集中控制楼各层均有两个安全出口：一个是集中控制楼内的一部封闭楼梯间，可以到达集中控制楼各层并通至室外；另一个是利用汽机房内的中间楼梯，可到达集中控制楼各层。空调机房除有一个直接对楼梯间的安全出口外，另有一个通向室外屋面的疏散出口。

集中控制室、电子设备间、配电间均设置两个疏散出口。

4.1.3　其他厂房的安全疏散

4.1.3.1　碎煤机室、转运站至少应设一个安全出口，安全出口可采用敞开式钢梯，其净宽不小于 0.8m、坡度不应大于 45°。当栈桥长度超过 200m 时，应加设中间安全出口。

4.1.3.2　网络控制楼安全出口不应少于 2 个，其中一个安全出口为室外钢梯。

4.1.3.3　其他厂房的安全疏散应按照 GB 50229—2006《火力发电厂与变电站设计防火规范》相关条文的规定。

4.2　建筑构造

4.2.1　主厂房建筑

4.2.1.1　主厂房的汽轮机头部主油箱及油管道阀门外缘水平 5m 范围内的钢梁、钢柱应采取防火隔热措施进行全保护，其耐火极限不应低于 1h。主油箱上方楼面开孔水平外缘 5m 范围所对应的屋面钢结构承重构

件耐火极限不应小于 0.5h。

4.2.1.2　电缆夹层内的承重钢结构构件涂刷耐火极限不小于 1h 的防火涂料。

4.2.1.3　主厂房内隔墙上的门均为乙级防火门，配电装置室、电缆夹层、电缆竖井等室内疏散门应为乙级防火门。

4.2.1.4　汽机房、除氧间与煤仓间、锅炉房之间隔墙的耐火极限不小于 1h。

4.2.2　运煤建筑

4.2.2.1　运煤栈桥为露天布置。

4.2.2.2　室内储煤场钢结构底部构件 5m（一个节点）范围涂刷防火涂料，耐火极限不小于 1h。

4.3　建筑装修

4.3.1　外装修

4.3.1.1　金属墙板部分

主厂房外墙 1.2m 以上采用金属复合墙板，其耐火极限不小于 0.5h，内填充保温材料的燃烧性能应为 A 级。本工程金属保温墙板采用工厂复合夹芯板，芯板材料采用燃烧等级为 A 级的玻璃丝棉板或岩棉板。

4.3.1.2　厂前区建筑外装修部分

外墙做法是围护砌体+保温材料+外墙饰面，砌体和外饰面详见个体设计。保温材料均采用 80mm 厚阻燃型聚苯乙烯板，燃烧性能不应低于 B1 级，施工方法按照国家和地区的节能构造做法施工。

4.3.1.3　其他建筑外装修部分

其他辅助生产建筑的外装修采用丙烯酸外墙涂料。

4.3.2　内装修

火力发电厂内各类建筑物的室内装修应按 GB 50222《建筑内部装修设计防火规范》执行。

5　消防给水及灭火设施

5.1　总的部分

5.1.1　本工程厂区同一时间内的火灾次数按一次设计。

5.1.2　本工程设置了水消防系统、气体灭火系统、水炮灭火系统、火灾自动报警系统、灭火器等。

5.1.3　消防给水系统由消防水池、消防水泵、供水管网、室内外消火栓及自动水消防系统组成。消防给水来自电厂生活水系统。

5.1.4　全厂总的消防用水量为 630m³/h，消防给水所需最大水头为 110m。

5.1.5　本工程在综合水泵房内设置了两台消防泵（一台电动、一台柴油机驱动）及 2 台电动稳压泵，主要参数分别为：

（1）消防水泵：流量 $Q=630\text{m}^3/\text{h}$，压力 $p=1.1\text{MPa}$。

（2）稳压泵：流量 $Q=18\text{m}^3/\text{h}$，压力 $p=1.2\text{MPa}$。

5.1.6 本工程新建 1200m^3 消防水池一座，分2格储存。

5.1.7 气体灭火系统采用洁净气体 IG541（或七氟丙烷）、气溶胶及低压二氧化碳惰化系统。

5.2 消防给水系统

5.2.1 概述

本工程采用独立的稳高压消防给水系统，将消火栓给水系统和自动水消防系统合为 1 套管网，主要负责本工程室内外消火栓给水系统和主厂房、集中控制楼、运煤建筑物和屋外变压器的自动喷水和水喷雾系统的给水。

5.2.2 消防水量及水压计算

电厂主要建筑物消防用水量见表 5.2-1。

电厂主要建筑物消防给水需要水头见表 5.2-2。

火灾延续时间确定：自动喷水灭火按 1h 计算，变压器水喷雾灭火按 0.4h 计算，其他消火栓灭火按 2h 计算，脱硝液氨区消防按 4h 计算。

表 5.2-1　　　　　　　　　　　　　　　　电厂主要建筑物消防用水量

消防对象		消 防 标 准	消防用水量 (L/s)	各消防用水量合计 (L/s)	火灾延续时间 (h)	火灾延续时间内消防用水总量 (m³)
主厂房	室外消火栓	同时使用 7 支水枪，每支水枪实际流量为 5.2L/s	36.4	146.2	2	739
	室内消火栓	同时使用 4 支水枪，每支水枪实际流量为 5.7L/s	22.8		2	
	自动喷水	空气预热器消防用水量为 87L/s	87		1	
变压器	水喷雾	本体设计喷雾强度为 20L/（m²·min），油坑设计喷雾强度为 6L/（m²·min）	150	160.4	0.4	291
	室外消火栓	同时使用 2 支水枪，每支水枪实际流量为 5.2L/s	10.4		2	
运煤系统	室外消火栓	同时使用 4 支水枪，每支水枪实际流量为 5.2L/s	20.8	89.2	2	458
	室内消火栓	同时使用 3 支水枪，每支水枪实际流量为 5.7L/s	17.1		2	
	栈桥自动喷水	喷水强度为 8L/（m²·min）	21.3		1	
	水幕	喷水强度为 2L/（s·m）	30		1	
辅助建筑物	室外消火栓	同时使用 4 支水枪，每支水枪实际流量为 5.2L/s	20.8	37.9	2	273
	室内消火栓	同时使用 3 支水枪，每支水枪实际流量为 5.7L/s	17.1		2	
条形封闭煤场	消防水炮	同时使用 2 支水炮，每支水炮实际流量为 50L/s	100	120.8	2	870
	室外消火栓	同时使用 4 支水枪，每支水枪实际流量为 5.2L/s	20.8		2	
氨区储罐	水喷雾冷却	水喷雾喷水强度为 6L/（m²·min）	38	53.6	6	1158
	室外消火栓	同时使用 3 支水枪，每支水枪实际流量为 5.2L/s	15.6		6	

表 5.2-2　　　　　　　　　　　　　　　　电厂主要建筑物消防给水需要水头

| 项目 | 主厂房区域 | | | | | 输煤系统 | | | 辅助、附属建筑 | |
	主厂房燃烧器层	主厂房室外	空气预热器水喷淋	煤仓间皮带层自动喷水	变压器水喷雾	条形封闭煤场消防	室内	自动喷水	室内	室外
建筑物最高处或室内最不利点灭火装置高度（m）	38	24	20	45.7	10	10	46.8	45.7	20	24
消防水源最低水位（m）	−2.5	−2.5	−2.5	−2.5	−2.5	−2.5	−2.5	−2.5	−2.5	−2.5
消火栓出口需要水头（mH₂O）	20.5	17					20.5		20.5	17
水龙带水头损失（mH₂O）	1.4	5.8					1.4		1.4	5.8

消防设施所需水头	主厂房区域					输煤系统			辅助、附属建筑	
	主厂房燃烧器层	主厂房室外	空气预热器水喷淋	煤仓间皮带层自动喷水	变压器水喷雾	条形封闭煤场消防	室内	自动喷水	室内	室外
固定喷水需要水头（mH₂O）			45	10	45	70		10		
管网水头损失（mH₂O）	30	25	40	30	50	25	20	30	20	10
合计需要水头（mH₂O）	92.4	74.3	107.5	88.2	107.5	107.5	91.2	88.2	64.4	59.3

注　$1mH_2O=0.1MPa$。

5.2.3　消防水池

根据上述计算结果，本工程火灾延续时间内消防用水总量为 1158m³，故新建一座 1200m³ 消防水池，分成两格。消防水池的补水来自市政自来水，进水管径为 DN150，管道上设置浮球控制阀与水池液位联锁。

5.2.4　消防水泵

本工程在综合水泵房内设置两台消防水泵（一台电动，一台柴油机驱动，其中电动消防水泵作为主泵，柴油机消防水泵为备用泵）及 2 台电动稳压泵（互为备用），主要参数分别为：

（1）电动消防水泵：流量 Q=630m³/h，压力 p=1.1MPa，电动机功率 P=315kW；

（2）柴油机消防水泵：流量 Q=630m³/h，压力 p=1.1MPa；

（3）稳压泵：流量 Q=18m³/h，压力 p=1.2MPa。

5.2.5　消火栓给水系统

室外消火栓系统的保护对象主要为主厂房、运煤系统和辅助生产区。在主厂房、煤场及脱硝氨区储罐周围，消防给水管布置成环状，室外消火栓布置在厂区道路一侧，消火栓的保护半径不大于 150m，其间距不大于 120m，消火栓上有直径 100mm 和 65mm 的栓口各 1 个。在主厂房周围环状布置的消防给水管网干管管径为 DN300，在辅助生产区的给水管网干管管径为 DN200～DN250，其他区域管道一般为 DN150。

主厂房的体积大于 50000m³，建筑高度大于 50m，室内消火栓用水量为 22.8L/s，室外消火栓用水量为 36.4L/s。

室内消火栓的布置间距、充实水柱、安装高度满足规范规定，室内消火栓的设置场所：

（1）主厂房（包括汽机房和锅炉房的底层、运转层，煤仓间各层，除氧器层，锅炉燃烧器各层平台）。

（2）集中控制楼、主控制楼、网络控制楼、屋内高压配电装置（有充油设备）、脱硫控制楼。

（3）屋内卸煤装置、碎煤机室、转运站、筒仓皮带层。

（4）柴油发电机房。

（5）生产、行政办公楼，一般材料库，特殊材料库，汽车库。

全厂室内消火栓箱采用统一规格型号，并配有自救式消防水喉。带电设施附近的消火栓配备水雾喷枪。为避免部分消火栓出口压力过高，采用减压稳压型消火栓。

5.2.6　自动水消防系统

在本工程的下列区域（设备）设置自动水喷雾灭火系统：

（1）汽轮机油箱、氢密封油装置、汽轮机运转层下及中间层油管道、给水泵油箱。

（2）锅炉本体燃烧器、磨煤机润滑油箱。

（3）主变压器、厂用变压器、启动/备用变压器。

（4）柴油发电机房等。

在本工程的运煤系统设置自动喷水灭火系统，其中，运煤栈桥及主厂房运煤皮带层采用预作用喷淋灭火系统，在转运站和碎煤机室与运煤栈桥连接处设置水幕系统。

室内储煤场采用自动消防炮灭火系统。

5.3　气体灭火系统

本工程在集中控制楼和网络继电保护室及主厂房内的配电间等处设置气体灭火系统，依据 GB 50370—2005《气体灭火系统设计规范》、GB 50193—1993（2010 年版）《二氧化碳灭火系统设计规范》进行设计。其中，集中控制楼内经常有人的房间采用 IG541 气体，经常无人的电缆夹层等采用低压二氧化碳气体；煤斗采用低压二氧化碳进行惰化；汽机房配电间等采用气溶胶灭火装置；网络继电保护室采用火探管灭火装置。

5.3.1　IG541 气体灭火系统

集中控制楼经常有人的电气、热工设备间均采用全淹没系统的组合分配保护形式，共有 9 个保护区。9

个保护区分别是 17.00m 层的热控电子间、1 号电子设备间、2 号电子设备间、3 号电子设备间、1 号工程师室、2 号工程师室、13.50m 层的电缆夹层、8.60m 层的 1 号机电气继电保护室和 2 号机电气继电保护室。最大气体灭火用量发生在 13.50m 层的电缆夹层，净容积约为 2398m³，需要单瓶容积 90L 的 IG541 气体瓶组 100 个，考虑 100%备用，则钢瓶总数为 200 个。IG541 气体钢瓶设在集中控制楼 0.000m 层的消防钢瓶间内。

5.3.2 低压二氧化碳气体灭火系统及煤斗惰化系统

集中控制楼内经常无人的房间/区域为 8.60m 层 1 号电气配电间、2 号电气配电间、1 号机直流配电室、2 号机直流配电室，5.00m 层电缆夹层，0.00m 层 1 号电气配电间、2 号电气配电间、3 号电气配电间，共 8 个气体灭火保护区。上述保护区采用组合分配式全淹没二氧化碳灭火系统，取上述最大空间区域为 5.00m 层电缆夹层，容积约为 4104m³，得出二氧化碳的设计用量为 4812kg。根据 GB 50193—1993（2010 年版）《二氧化碳灭火系统设计规范》要求，保护区在 5 个及以上时，二氧化碳应有 100%备用量。

主厂房原煤斗采用低压二氧化碳气体惰化系统，共 12 个惰化保护区。每个原煤斗净容积约为 875m³，用气量为 4830kg。

结合上述低压二氧化碳气体灭火系统及煤斗惰化系统，考虑管道内蒸发量、储罐二氧化碳剩余量等相关因素，本工程将设一套容量为 12000kg 二氧化碳储罐，罐内备用。二氧化碳储罐设置在主厂房零米的储罐间内。

5.3.3 气溶胶灭火装置

对于比较分散布置的汽机房、锅炉房配电间等采用气溶胶灭火装置，合计用量约为 1800kg。

5.3.4 火探管灭火装置

网络继电保护室内相关设备间采用火探管灭火装置。

5.4 建筑物灭火器配置

建筑物内将根据火灾类别及危险等级配置灭火器。

在主厂房和其他建筑物的主要设备处，均配置移动式灭火器（包括手提式、推车式）；并根据有无设置消火栓、自动喷水或其他自动灭火设备的实际情况来选择和布置移动灭火器，以便在火灾初期可及时灭火。

5.5 消防车

由于电厂附近设有城市消防站，消防部门的消防车可在 5min 内达到火场，电厂仅设置一辆 5t 干粉–泡沫联用消防车及一辆 8m³ 水罐消防车及车库，电厂不再独立设置消防站。

6 火灾报警及控制系统

6.1 系统概述

6.1.1 本期工程的电厂火灾探测报警控制系统采用智能模拟系统。该系统采用控制中心报警系统，由下列主要设备组成：集中火灾报警控制器、光纤测温主机、消防联动控制器、区域火灾报警控制器、火灾应急广播设备及消防通信设备、CRT 显示装置、探测器、手动报警按钮、声光报警器、各类模块等。

6.1.2 集中火灾报警控制器、光纤测温主机、消防联动控制设备、CRT 显示装置、火灾应急广播设备及消防通信设备主机设置在集中控制楼控制室内，以此作为本期工程的消防控制中心，在本期工程运煤系统、氨区、脱硫岛区域分别设置区域火灾报警控制器。

6.1.3 集中火灾报警控制器与区域火灾报警控制器采用网络连接，总线制。火灾报警控制器采用先进的微计算机技术和模拟量传输技术，采用多重传输方式对探测器发出的报警信息、各种设备的动作和控制信息进行传输及控制。所有信息均能在控制器的大型中文液晶显示屏显示。该控制器通过与智能模拟点式感温/感烟探测器（内设微处理器）连接，可根据环境情况设定不同级别灵敏度，也可以在不同的时间自动调节探测器的灵敏度，能对外界非火灾因素如温度、湿度、灰尘积累引起的灵敏度漂移进行自动补偿；也可以通过智能探测器自身的判断结果进行报警。集中火灾报警控制器具有故障报警、火警优先、自动巡检、时间显示、历史事件自动记录、打印功能，还具有火灾信息经确认后发出火灾警报，按程序控制各有关消防设备进行灭火的功能。

6.1.4 与该系统配套的微机如 CRT 装置，能够显示火灾报警、故障报警部位及消防设备所在位置的平面图，还可以通过预先编制的程序，将火灾应急计划和行动方案输入到计算机中，一旦发生火灾能够自动显示或广播有关信息，以便电厂的运行人员能及时高效地组织扑灭火灾和及时进行操作。

6.1.5 气体灭火系统在接收两路独立的火灾报警信号后可以自动启动，也可以在设置在气体保护区域的气体灭火控制盘上手动直接启动。系统开始喷射灭火剂后，管道上的压力开关向就地盘和消防主盘发出信号以便确认已喷射灭火剂的防护区是否与发生火灾的防护区一致，同时这个信号传至防护区入口处，发出正在喷射灭火剂的光字提示信号，该信号一直持续到确认火灾已经扑灭。

6.2 火灾报警探测设置区域

本工程火灾探测报警系统共设置 6 个区域，分别为集中控制楼及主厂房火灾探测报警区域、运煤系统火灾探测报警区域、网络继电器楼区域、脱硫岛火灾探测报警区域、氨区火灾探测报警区域、厂前区综合办公楼火灾探测报警区域。其中，集中控制楼及主厂房火灾探测报警信号直接接入单元控制室报警主盘，运煤系统区域控制盘设置在运煤综合楼控制室，网络继电器楼区域控制盘设置在一楼走廊，脱硫岛区域报警控制盘设置在脱硫控制室，氨区区域报警控制盘设置在消防水泵房零米，厂前区综合办公楼区域报警控制盘设置在零米值班室。

主要建（构）筑物和设备火灾探测报警与灭火系统配置见表6.2-1。

表 6.2-1　　　　　　　主要建（构）筑物和设备火灾探测报警与灭火系统配置表

编号	建（构）筑物名称	火灾探测器类型	报警控制方式	灭火介质及系统形式
一	集中控制楼（单元控制室）			
1	控制室	吸气式感烟	自动报警	灭火器
2	电子设备间	吸气式感烟和点型感烟组合	自动报警，自动灭火或人工确认后手动灭火	IG541 灭火系统
3	工程师室	吸气式感烟和点型感烟组合	自动报警，自动灭火或人工确认后手动灭火	IG541 灭火系统
4	13.50m 电缆夹层	吸气式感烟和点型感烟组合	自动报警，自动灭火或人工确认后手动灭火	IG541 灭火系统
5	继电器室	吸气式感烟和点型感烟组合	自动报警，自动灭火或人工确认后手动灭火	IG541 灭火系统
6	配电装置室	点型感烟和点型感烟组合	自动报警，自动灭火或人工确认后手动灭火	二氧化碳灭火系统
7	5.00m 电缆夹层	点型感烟和点型感烟组合	自动报警，自动灭火或人工确认后手动灭火	二氧化碳灭火系统
8	蓄电池室	防爆感烟	自动报警	灭火器
二	汽机房			
1	汽轮机油箱	缆式线型感温和感温光纤组合	自动报警，自动灭火或人工确认后手动灭火	水喷雾
2	氢密封油装置	缆式线型感温和感温光纤组合	自动报警，自动灭火或人工确认后手动灭火	水喷雾
3	汽轮机轴承	感温或火焰	自动报警	—
4	汽轮机运转层下及中间层油管道	缆式线型感温和感温光纤组合	自动报警，自动灭火或人工确认后手动灭火	水喷雾
5	给水泵油箱	缆式线型感温和感温光纤组合	自动报警，自动灭火或人工确认后手动灭火	水喷雾
6	配电装置室	点型感烟和点型感烟组合	自动报警	气溶胶
7	汽机房架空电缆处	缆式线型感温	自动报警	—
三	锅炉房			
1	锅炉本体燃烧器	缆式线型感温和感温光纤组合	自动报警，自动灭火或人工确认后手动灭火	水喷雾
2	磨煤机润滑油箱	缆式线型感温和感温光纤组合	自动报警，自动灭火或人工确认后手动灭火	水喷雾
3	回转式空气预热器	感温（设备温度自检）		提供设备内消防水源
4	原煤仓	煤斗热点线型探测器	自动报警，自动灭火或人工确认后手动灭火	低压二氧化碳
5	锅炉房零米以上架空电缆处	缆式线型感温	自动报警	—
6	电子设备间室	点型感烟和点型感烟组合	自动报警	气溶胶

续表

编号	建（构）筑物名称	火灾探测器类型	报警控制方式	灭火介质及系统形式
四	变压器			
1	主变压器	缆式线型感温和感温光纤组合	自动报警，自动灭火或人工确认后手动灭火	水喷雾
2	厂用变压器	缆式线型感温和感温光纤组合	自动报警，自动灭火或人工确认后手动灭火	水喷雾
3	启动/备用变压器	缆式线型感温和感温光纤组合	自动报警，自动灭火或人工确认后手动灭火	水喷雾
五	脱硫系统			
1	脱硫控制楼控制室	感烟	自动报警	—
2	脱硫控制楼配电装置室	感烟	自动报警	—
3	脱硫控制楼电缆夹层	感烟	自动报警	—
六	运煤系统			
1	输煤综合楼控制室及配电间	感烟	自动报警	—
2	转运站配电装置室	感烟	自动报警	—
3	电缆夹层	感烟	自动报警	—
4	封闭式运煤栈桥	缆式线型感温和感温光纤组合	自动报警，自动灭火或人工确认后手动灭火	自动喷水
5	转运站	感温光纤	自动报警，自动灭火或人工确认后手动灭火	水幕
6	碎煤机室	感温光纤	自动报警，自动灭火或人工确认后手动灭火	水幕
7	主厂房煤仓间	缆式线型感温和感温光纤组合	自动报警，自动灭火或人工确认后手动灭火	自动喷水及水幕
8	室内储煤场	大空间图像探测器	自动报警，自动灭火或人工确认后手动灭火·	自动消防炮
七	网络控制电气继电器室			
1	电气配电间	感烟	自动报警，自动灭火或人工确认后手动灭火	火探管灭火装置
2	电气继电器室	感烟	自动报警，自动灭火或人工确认后手动灭火	火探管灭火装置
八	其他			
1	柴油发电机室	缆式线型感温	自动报警，自动灭火或人工确认后手动灭火	水喷雾
2	汽机房至主控制楼电缆通道	缆式线型感温	自动报警	—
3	电缆竖井、电缆交叉、密集及中间接头部位	缆式线型感温	自动报警，自动灭火或人工确认后手动灭火	超细干粉灭火装置
4	主厂房内主蒸汽管道与油管道（在蒸汽管道上方）交叉处	感温	自动报警，自动灭火或人工确认后手动灭火	超细干粉灭火装置
5	除尘配电间	感烟	自动报警	—
6	供氢站	可燃气体	自动报警	—

续表

编号	建（构）筑物名称	火灾探测器类型	报警控制方式	灭火介质及系统形式
7	消防水泵房的柴油机驱动消防泵泵间	缆式线型感温	自动报警，自动灭火或人工确认后手动灭火	水喷雾
8	氨区	缆式线型感温（+防爆氨浓度探测器）	自动报警，自动灭火或人工确认后手动灭火	水喷雾
9	空气压缩机室配电间	感烟	自动报警	—
10	启动锅炉房配电间	感烟	自动报警	—
11	材料库	感烟	自动报警	—
12	厂前区综合办公楼	感烟	自动报警	—

6.3 火灾报警及消防系统联锁项目

6.3.1 消防联动控制器能够对主要消防灭火设施进行操作和监控，如消防水泵、控制楼送回风机、排烟风机、自动灭火设施等。此外，在主厂房灭火区域、运煤系统、集中控制楼等处，均设置了就地控制盘，手动控制灭火设备的启动。

6.3.2 火灾应急广播设备及消防通信设备由主机、扬声器、固定电话和电话插孔组成。该设施主要设置在主厂房和运煤系统内。建立广播通信系统的目的是发生火灾时，便于人员疏散，统一指挥以及进行通信联系；试验测试时进行通信联系。

6.4 火灾报警及消防系统设备及材料的选型要求

6.4.1 根据电厂受保护设备/区域的环境特点和火灾特性来配备相应的火灾探测器，以便探测器能够有效地工作并将维护量降到最低。在控制室、继电器室、电子设备间等处采用感烟型和吸气式感烟组合火灾探测器；在汽机房、锅炉房的一些区域采用感温型火灾探测器；在电缆桥架、电缆隧道、电缆夹层、屋外变压器及运煤皮带等处采用缆式线型感温探测器，配微机调制器，最大环境温度为65.6℃，报警温度为85～140℃可调。主厂房内的缆式线型感温探测器选用金属层结构，氨区的火灾探测器及相关连接件选用防爆型，运煤系统内的火灾探测器及连接件为防水型。

6.4.2 探测器的具体类型及保护的建（构）筑物和设备详见表 6.2-1。

6.4.3 除此之外，还应在探测区域内配备足够的手动报警按钮。

7 工艺系统

7.1 运煤系统的消防措施

7.1.1 本工程燃煤采用神华集团神府东胜煤的烟煤，属于易自燃煤种，为保证原煤仓安全运行，原煤仓内设有监测可燃气体浓度、烟雾、温度及料位的安全监测系统、原煤仓惰化保护系统和安全防爆装置等。

7.1.2 运煤系统各转运站、皮带机尾部设置喷水除尘系统，防止扬尘及降低火灾危险性。

7.1.3 运煤系统多尘区域电气设备防护等级为 IP54。

7.1.4 带式输送机设计有一定的安全余量，实际运行中应避免装料过满，超负荷运行，产生撒煤、积煤现象，避免增加火灾隐患。

7.1.5 本工程以高挥发分煤为燃料，运煤皮带采用阻燃型。

7.1.6 运煤栈桥、转运站、煤仓间等部位分别设置线型感温探测报警装置，发生火灾后信号输送至火灾报警控制器，触发联动装置，进行手动或自动灭火。

7.1.7 本工程设有一座条形封闭储煤场，其跨度约为129m，高度超过 24m。根据 GB 50229—2006《火力发电厂与变电所设计防火规范》第 7.3.1 条的规定，应设置室内消火栓。因为消防水龙带的长度一般为 25m，充实水柱长度为 13m，所以每个消火栓的保护半径一般为 40m 左右，对本工程的储煤场来说不能进行全面保护，故采用射程为 65m 以上的消防炮进行保护，考虑便于操控，采用与火灾探测器联动的数控消防炮灭火系统，其主要特点是在火灾自动报警并进行着火点空间定位（火源坐标）后，系统可以自动控制智能数控消防炮进行定点扑救灭火。考虑到煤场防尘较大和火灾的性质，采用人工遥控水炮定位灭火方式。

7.2 燃烧制粉系统的消防措施

7.2.1 燃烧制粉系统主要消防范围是锅炉燃烧器区及空气预热器等。

7.2.2 锅炉燃烧器区设置水喷雾灭火系统，在锅炉燃烧器平台设移动式灭火器，并在锅炉运行平台设置室内消火栓人工灭火。空气预热器内采用水灭火（感温装置、灭火装置由设备生产厂商提供），灭火用水引自主厂房室内消防给水环管。

7.2.3 锅炉燃烧器区域设置线型感温火灾探测装置，火灾信号输送至集中报警控制器。

7.3 点火及助燃油系统

7.3.1 油系统的主要消防范围包括汽机房主油箱、氢密封油箱、给水泵汽轮机油箱、油管道、磨煤机润滑油、电动给水泵润滑油、柴油发电机、柴油机消防水泵组。

7.3.2 润滑油系统包括主油箱、主油泵、交流润滑油泵、直流事故油泵、顶轴油泵、盘车装置、冷油器、阀门、管道、仪表、回油管上的窥视孔、温度表及全部附件。

7.3.3 汽轮机的润滑油及其净化系统分别为汽轮发电机的支持轴承、推力轴承和盘车装置等设备提供润滑油。

7.3.4 润滑油及其净化系统提供维持部件正常运行所必需的润滑油的油量、压头、温度和合格油品。系统设有储存油箱，以便机组停运时存放系统内的润滑油，并为系统提供补充油源。在机组有必要检修时，润滑油箱的油可以自流排油至转送油泵入口，然后送入储存油箱。汽轮机主油箱、润滑油储油箱、润滑油净化装置分别设有事故放油管道，排油至主厂房外的事故放油池。汽轮机润滑油闪点约为225℃。

7.3.5 在上述区域设置线型感温火灾探测装置，火灾信号输送至集中报警控制器。油系统设备的消防采用水喷雾灭火系统。

7.4 汽轮发电机

发电机的排氢阀和气体控制站（氢置换设施）布置在能使氢气直接排往厂房外部的安全处。

7.5 变压器及其他带油电气设备

主变压器、高压厂用变压器、启动/备用变压器布置在本期主厂房 A 排前；主变压器、启动/备用变压器、高压厂用变压器均布置在同一中心线上，中心线距主厂房 A 排 15m。启动/备用变压器布置在两台机组的中间，靠近 2 号机组位置。每台机组主变压器与高压厂用变压器中间设置防火墙。每台变压器的基础设有20%变压器油量的储油池，并设一个100%主变压器油量的总事故油池，事故油池设有油水分离装置。主变压器、高压厂用变压器及启动/备用变压器四周均布置有火灾检测装置。

发电机励磁变压器采用无火灾危险的干式变压器。

发电机中性点接地变压器采用无火灾危险的干式变压器。

全厂低压变压器采用干式变压器，无漏油及火灾危险，干式变压器设有绕组温度检测装置。

7.6 电缆及电缆敷设

7.6.1 电缆选型

主厂房内、输煤系统动力电缆和控制电缆均采用 C 级阻燃型交联聚乙烯绝缘、聚乙烯护套电缆，重要的消防系统的供电、控制、通信和火灾报警系统使用的动力电缆和控制电缆采用耐火电缆。

7.6.2 电缆构筑物及通道的防火

（1）每台机组尽可能为独立通道，电缆分开或分隔敷设。

（2）各台机组之间、主厂房及各建筑物通向外部的电缆通道出口处设置防火封堵。

（3）电缆主通道分支处设置防火隔板。电缆和电缆托架分段使用防火涂料、阻燃槽盒、防火隔板或防火包等，对易受积灰易受油喷的桥架采用加盖等措施。

（4）电缆敷设完成后，所有的孔洞均使用防火堵料进行封堵。

（5）在控制室设置必要的火灾报警装置及自动灭火装置。

7.6.3 防止电缆自燃、引燃的措施

（1）电缆截面的选择全面考虑电缆在短路、过载等各种工况下的耐热承受能力，确保电缆允许热容量大于开关装置的电缆短路热稳定值，充分考虑采取阻燃措施后对电缆载流量的影响。

（2）避免电缆出现中间接头，若出现接头，则在接头两侧各 3m 的区段和该范围并列的其他电缆上缠绕自黏性防火包带。

（3）电缆通过易燃、易爆、高温及其他有火灾危险的地区，电缆较多时采用耐火槽盒保护，电缆较少时，采用难燃保护管保护。

7.7 其他电气设施的消防

全厂屋内电气设施全部实现无油化，中压开关采用真空断路器的形式，低压变压器采用干式变压器，无火灾危险。输煤系统就地电气盘柜采用高防护等级的设备，避免煤粉进入后堆积引烧。危险场所采用防爆设备。

7.8 脱硫脱硝

7.8.1 脱硫系统消防采用消火栓与移动灭火器相结合的消防措施。脱硫控制室、配电间等设置火灾探测报警装置。

7.8.2 氨区（液氨蒸发设备、液氨储罐）消防采用水喷雾灭火系统，同时氨罐另外设置 1 套夏季喷淋降温系统。氨区四周设置室外消火栓，消防管网为环状。氨区设置氨泄漏报警及相关火灾探测报警装置。

8 燃煤电厂供暖、通风和空气调节

8.1 供暖

主厂房、输煤系统、生产辅助建筑供暖热媒为110℃/70℃的热水。供暖设备选用光滑易清扫的钢管柱形散热器，散热器表面温度不超160℃。

蓄电池室的供暖管道连接一律采用焊接，不

设法兰、丝扣及阀门，供暖管道不宜穿过蓄电池室楼板。

供暖管道不宜穿过配电装置等电气设备间。

室内供暖管道、保温材料采用不燃烧材料。

8.2　空气调节

集中控制楼组合式空调机组布置在单独的机房内，避免与电缆布置在一起。空调机组的电加热器应与送风机联锁，并应设置超温断电保护信号。当空调机组或空调机房发生火灾时，空调机组也必须停止运行，防止火源经过空调风道蔓延。空调系统的新风口应远离废气口和其他火灾的烟气排气口。

采用气体灭火消防系统的电子设备间、集中控制室、继电器室等房间设置灭火后排风机。采用非气体灭火消防且外窗面积满足排风要求时，可采用自然排烟方式。

当送风管及回风管穿过空调机房的隔墙和楼板、重要设备或火灾危险性大的房间隔壁和楼板、变形缝处以及水平与垂直风道交接处的水平管道上时，均应设置防火阀。当火灾探测器有火灾信号时，及时关闭空调机组与相应区域的防火阀，切断空调机组与空调房间的联系，避免火种和烟气的传播。当火被扑灭且不能复燃时，开启灭火后排风机排除消防气体，再重新启动空调系统。

空调风道及附件应采用不燃烧材料制作。空调系统的风道、水管道的保温材料、消声材料及其黏结剂，应采用不燃烧材料或难燃烧材料。

蓄电池室房间的空调机选用防爆型。

8.3　通风

8.3.1　汽机房

汽机房采用自然进风、机械排风的方式。汽机房屋面设置屋顶风机。

对于氢冷发电机组，为消除汽机房屋面下聚集的氢气，发电机正上方区域须单独设置排氢风帽。屋顶风机的电动机均为防爆型，设备结构需满足防结露、防雨功能。

8.3.2　电气设备间

厂用配电装置室通风采用机械通风系统，火灾时切断通风机电源。

蓄电池室采用循环降温的方式，通风空调设备与氢气浓度检测装置联锁。设备采用防爆型。

采用机械通风的电缆隧道和电缆夹层，当发生火灾时应能立即切断通风机的电源。风机与火灾报警信号联锁。

8.3.3　气体灭火房间

主厂房和集中控制楼内的电气设备间等房间设有气体灭火消防设施时，房间内的进、排风设施需为电动型，配防火阀，并与消防信号联锁。发生火灾时，

在气体灭火系统启动以前，气体灭火区域内的通风设施需自动关闭，保证房间的密闭性，以防造成泄压。当火被扑灭后，自动开启通风设施，排除气体，恢复正常运行工况。

8.3.4　化学房间

联氨间应设置机械排风装置，通风机采用防爆型，风机与电动机直连。

制氢站的电解间、储氢罐间、电解制氯间等设置排氢筒形风帽，并设事故排风机，风机为防爆型，风机与电动机直连。

8.3.5　柴油发电机房

柴油发电机房应设置机械排风装置，通风机采用防爆型，风机与电动机直连。

8.4　除尘

各转运站、碎煤机室、煤仓间等设有机械通风除尘装置，除尘器风机与电动机均采用防爆型，除尘系统的风道及部件均用非燃材料制成。室内除尘器配套电气设施的防护等级应达到 IP54 级。

翻车机室地下部分、地道、地下转运站设置机械排风装置。排风机与电动机均采用防爆型。

9　消防供电及照明

9.1　消防供电

9.1.1　本工程的自动灭火系统以及与消防有关的电动阀门及交流控制负荷由保安电源供电。

9.1.2　本工程电动消防泵按 I 类负荷供电，由 10kV 母线提供电源。

9.1.3　火灾自动报警系统，由厂内 220V 交流 UPS 电源供电。

9.1.4　全厂的应急照明网络分为交流应急照明系统和直流应急照明系统。

9.1.5　主厂房、集中控制楼及重要辅助车间交流应急照明由保安段供电，其电压为交流 380/220V。保安段正常工作电源为交流电源，应急时由柴油发电机提供电源。

9.1.6　集中控制室、网络控制室及柴油发电机房的直流应急照明，设置事故照明切换屏，其电压为 220V。事故照明切换屏可在正常的交流电源与蓄电池提供的直流电源之间自动切换。集中控制室长明灯由 220V 直流屏供电。

9.1.7　厂房的出入口、通道、楼梯间及远离主厂房的重要工作场所的应急照明，拟采用自带蓄电池的应急灯或就地设置 EPS 供电，蓄电池的应急时间为 1h。

9.1.8　应急照明包括备用照明和疏散照明，备用照明应由应急保安段母线供电，疏散照明应采用自带蓄电池的应急灯。

9.1.9 应急备用照明的照度值应按一般正常工作照明照度值的 10%～15%选取，网络控制室、集中控制室的应急照明照度，按正常照明照度值的 30%选取。

9.1.10 人员疏散用的应急照明，在主要通道地面上的疏散照明的最低照度值，不应低于 1lx。

9.1.11 应急照明网络均应采用耐火电缆和耐火导线。

9.2 应急照明

9.2.1 主厂房应急照明

汽机房、锅炉房（包括配电间）内有应急交流照明系统，由保安段供电，同时在厂房内的主要通道、出入口及楼梯间设置带有疏散标志的应急灯。

在汽机房的发电机氢气冷却装置处、密封油箱、控制油箱、油泵等有爆炸危险处，应设置防爆灯具。

9.2.2 集中控制楼应急照明

集中控制楼内的集中控制室、电子设备间、柴油发电机房、配电间、蓄电池室、消防瓶间等场所应设置应急备用照明和应急疏散照明。

集中控制室是重要场所，对发电设备的监控是不允许中断的，控制室的照明应有很高的可靠性、稳定性和不间断性。其供电方式分为：

（1）正常照明由照明段供电。

（2）应急交流照明由保安段供电。

（3）应急直流照明由蓄电池直流系统供电。

（4）长明灯由 220V 直流屏供电。

蓄电池室设有应急交流照明，由保安段供电，同时在出入口设置带有疏散标志的应急灯。该处属于爆炸危险场所，应设置防爆灯具。

集中控制楼内的主要通道、出入口及楼梯间设置应急交流照明及带有疏散标志的应急灯。

9.2.3 烟囱障碍照明

根据民航有关规定，应装设航空障碍标志灯，由单独的保安电源回路供电，不允许"T"接其他用电负荷。

在烟囱最上层设置高光强闪光障碍灯，在下面三层分别设置中光强闪光障碍灯。

烟囱内筒有多层平台，由楼梯和直爬梯至烟囱顶部，应设置正常照明和应急交流照明供电的灯具，烟囱底部的出入口应设置带有疏散标志的应急灯。确保飞行安全及电厂运行人员检修维护中的安全。

9.2.4 制氢站应急照明

制氢站、储氢罐区域是有爆炸危险的场所，室内电解间、室外储氢罐区域照明均采用防爆灯具。同时生产过程不能中断，电解间有应急照明，并在出入口设置带有疏散标志的应急灯。

9.2.5 运煤系统应急照明

运煤系统的碎煤机室、运煤集中控制室、楼梯间及电梯前室，均应设置应急交流备用照明及带有疏散标志的应急灯，翻车机室各层或卸煤沟距离主厂房较远，宜采用 EPS 应急电源供电或采用带有蓄电池的应急灯，运煤转运站、运煤栈桥、地下运煤装置等其他建筑厂房应按照技术规定要求，设置带有疏散标志的应急灯，保证生产人员在事故时安全撤离。

9.2.6 其他辅助生产厂房及附属建筑应急照明

其他辅助生产厂房及附属建筑应按照 GB 50229—2006《火力发电厂与变电站设计防火规范》的要求，设计中应考虑应急交流照明系统，由保安段供电，或采用自带蓄电池的应急灯。同时，在这些建筑厂房的主要通道、出入口及楼梯间设置带有疏散标志的应急灯。

附录B　施工图消防说明书

1　概述

1.1　工程概况

　　××地区煤炭储量丰富，××能源开发有限责任公司决定在××能源开发有限公司所属的一矿附近，建设大型坑口电厂，该项目的开发建设可以实现资源优化配置，有利于"变输煤为输电"，满足能源运输多元化的需要。

　　本工程规划容量4×660MW超临界空冷机组。本期建设2×660MW超临界空冷机组，同步建设石灰石-石膏湿法脱硫及SCR工艺脱硝设施，并预留2×660MW机组扩建条件。

　　厂址位于××境内，北距××约30km，东北距××市约60km。厂址坐落在×××上，地势平坦开阔，厂址可利用场地东西长2000m，南北长约1200m，可利用面积约240hm²，地面标高550～556m（1956年黄海高程系统），厂址地貌单元属××。

1.2　设计依据

1.2.1　××电力设计院编制的《××电厂一期（2×660MW）工程》的施工图设计计划。

1.2.2　政府部门对本项目的其他审查和审批文件。

1.2.3　国家和行业管理部门有关的法规和标准、规范和规定。

1.2.4　现行的国家和电力行业颁发的有关规程、规范和标准。

　　（1）中华人民共和国有关消防条例。

　　（2）GB 50660—2011《大中型火力发电厂设计规范》。

　　（3）GB 50016—2014《建筑设计防火规范》。

　　（4）GB 50229—2006《火力发电厂与变电站设计防火规范》。

　　（5）GB 50084—2001（2005年版）《自动喷水灭火系统设计规范》。

　　（6）GB 50219—2014《水喷雾灭火系统技术规范》。

　　（7）GB 50116—2013《火灾自动报警系统设计规范》。

　　（8）GB 50193—1993（2010年版）《二氧化碳灭火系统设计规范》。

　　（9）GB 50370—2005《气体灭火系统设计规范》。

　　（10）GB 50140—2005《建筑灭火器配置设计规范》。

　　（11）GB 50736—2012《民用建筑供暖通风与空气调节设计规范》。

　　（12）GB 50151—2010《泡沫灭火系统设计规范》。

1.3　消防设计主要原则

1.3.1　本工程消防设计将认真执行有关消防设计规范规定，贯彻"预防为主，防消结合"的方针。

1.3.2　消防给水系统采用独立的稳高压给水系统，消火栓和自动喷水合一管网。主厂房、贮煤场根据各部位的特点分别采用消火栓、水喷雾、自动喷水、固定式气体等消防设施。

1.3.3　本期消防泵组设在综合水泵房内，1000m³消防水池一座，分2格储存，消防水补水水源来自老厂生活水。

1.3.4　对于有人值守的电气设备房间，采用组合分配式洁净气体灭火系统；煤斗采用低压二氧化碳惰化，集中控制楼电缆夹层及部分无人值守的配电间采用低压二氧化碳气体灭火系统。

1.3.5　容量大于90000kVA的油浸变压器的消防采用水喷雾灭火系统。

1.3.6　电厂各建（构）筑物，视情况辅以不同类型移动式灭火器。根据各部位的特点分别采用不同类型的火灾探测器及报警控制方式。对容易发生火灾的部位除上述措施外，还考虑分隔、封堵等阻燃措施，防止火灾向邻近蔓延。电厂全厂按同一时间内火灾次数为一次设计。

1.3.7　因为工业场地内设有消防站，本工程仅计列两台消防车及车库的费用。

1.4　消防系统的设计范围

　　本工程消防系统主要由以下部分组成：

　　（1）消防供水系统。

　　（2）室内外消火栓系统。

　　（3）自动喷水、水喷雾灭火系统。

　　（4）水幕隔断消防系统。

　　（5）柜式无管网火灾探测气体自动灭火系统。

　　（6）移动式灭火器。

　　（7）二氧化碳有管网自动灭火系统。

2　总平面布置及交通要求

2.1　总平面布置

　　根据功能主要分为主厂房区、间冷塔区、配电装置区和辅助附属设施区。

　　厂区北侧、东侧和西侧三面临矿区规划道路，主厂房A排朝东，固定端朝北，向南扩建。厂区从东向西依次为500kV屋外配电装置区、间接冷却塔区、主厂房区、储煤设施区，化学水区和附属设施区位于厂区固定端侧。

主厂房区位于厂区南侧，自东向西依次为汽机房、煤仓间、锅炉房、电除尘器、引风机室、烟囱及烟道、脱硫设施，变压器布置在主厂房A排前，采用三相变压器。利用脱硫设施西侧空地布置脱硫工艺楼及氨区。

两座间冷塔布置在主厂房区东侧，呈"一"字形平行于汽机房A排布置，两塔共用一座循环水泵房，布置在两塔之间，利用两座间接冷却塔之间空地布置综合水泵房、综合水池、锅炉酸洗水池及泵房。

500kV屋外配电装置位于电厂东侧规划道路以东，独立成区。变压器至配电装置的进线走廊从两塔之间通过，满足带电距离要求。2回500kV出线向东送出，场地开阔，出线顺畅。

化学水区位于汽机房北侧的固定端，包括锅炉补给水处理、废水处理、中水预处理等。

辅助附属设施区域位于厂区北侧，呈两列布置。中水处理、化学水处理、综合废水处理设施、辅机空冷岛、灰库及两座筒仓位于主厂房北侧；生产行政综合楼、材料库及检修间、氢站和启动锅炉房布置在厂区最北侧。

厂区主入口朝北，次入口朝西，进厂道路分别从北、西两侧矿区规划道路引接。

2.2 建（构）筑物的防火间距

2.2.1 一般要求

建（构）筑物的防火间距严格按照 GB 50660—2011《大中型火力发电厂设计规范》、DL/T 5032—2005《火力发电厂总图运输设计技术规程》、GB 50229—2006《火力发电厂与变电站设计防火规范》、GB 50016—2014《建筑设计防火规范》等执行。

各主要建筑物的防火间距见表2.2.1-1。

表 2.2.1-1　　　　　　　　　　主要建筑物的防火间距　　　　　　　　　　（m）

序号	建筑物名称	丙、丁、戊类建筑耐火等级一、二、三级	屋外配电装置	间接空冷塔	辅机空冷平台	变压器	氢站	氨区
1	丙、丁、戊类建筑耐火等级一、二、三级	10~14 (10~14)	>12 (10~12)	>24 (20)	>20 (30①)	>11 (10~20)	>23.3 (12~14)	>31 (20~25)
2	主厂房	>10 (10~14)	322.9 (10)	>75.80 (50)	56.50 (50)	8.5~10 (10~14)	142.80 (12)	>31 (20~25)
3	屋外配电装置	>12 (10~12)	—	79.30 (60)	436.60 (60)	—	492.60 (25)	587.00 (40)
4	变压器	>11 (10~20)	—	44.00 (25)	155.40 (30①)	—	239.70 (25)	275.40 (40)
5	间接空冷塔	>24 (20)	79.30 (60)	91.60 (85.2)	>189.60 (40~50)	44.00 (25)	>247.20 (20)	>232.00 (20)
6	辅机空冷平台	>20 (30①)	436.60 (60)	>189.60 (40~50)	—	155.40 (30①)	38.10 (30①)	197.00 (30①)
7	氢站	>23.3 (12~14)	492.60 (25)	>247.20 (20)	38.10 (30①)	239.70 (25)	—	264.00 (25)
8	氨区	>31 (20~25)	587.00 (40)	>232.00 (20)	197.0 (30①)	275.40 (40)	264.00 (25)	—

注　括号内为规范限值。

① 辅机空冷平台进风口侧。

2.2.2　重点区域的防火

变压器区设置 1.5m 高围栅，500kV 屋外配电装置区设置 2.2m 高实体砖墙，防止无关人员接近。变压器间设置防火墙，500kV 屋外配电装置区内设有消防车道。

制氢站周围设置 2.5m 高实体砖墙，周围设有环形消防车道。

其他重点防火区域，如主厂房区、办公楼区、燃料设施区设有环形消防车道或消防通道，以方便消防车辆的通过或停靠，一旦发生火灾时能够有效地控制火灾区域。

2.3　消防车道

2.3.1　厂区主要出入口

厂区设一个主入口和一个次入口，分别从电厂北侧和西侧的矿区道路引接，交通条件便利。

2.3.2　消防车道

主厂房区、配电装置区、制氢站区、氨区和燃料设施区等重点防火区域，设有环形消防车道或消防通道。所有建筑均有道路相通，道路路宽为 3.5、4.0、6.0m 和 7.0m。跨越道路的架空设施等障碍物与道路路面净空为 5.0m。

3　建（构）筑物防火设计要求

本工程建筑设计执行的规范、规程如下：

（1）GB 50229—2006《火力发电厂与变电站设计防火规范》。

（2）GB 50016—2014《建筑设计防火规范》。

（3）GB 50177—2005《氢气站设计规范》。

3.1　主要建（构）筑物的火灾危险性及耐火等级

根据 GB 50229—2006《火力发电厂与变电站设计防火规范》中 3.0.1 规定，主要建（构）筑物生产过程中的火灾危险性及耐火等级见表 3.1-1。

表 3.1-1　主要建（构）筑物生产过程中的火灾危险性及耐火等级

序号	建（构）筑物名称	生产过程中的火灾危险性	最低耐火等级	备注
1	主厂房（汽机房、煤仓间、锅炉房、集中控制楼）	丁	二级	
2	引风机室	丁	二级	
3	除尘建（构）筑物	丁	二级	
4	烟囱	丁	二级	
5	脱硫工艺楼	戊	二级	
6	脱硫控制楼	丁	二级	
7	转运站	丙	二级	
8	封闭式输煤栈桥、地道	丙	二级	
9	筒仓、室内储煤场	丙	二级	
10	网络继电器室	丁	二级	
11	生活、消防水泵房、综合水泵房	戊	二级	
12	排水泵房及空冷配电间	丁	二级	
13	冷却塔	戊	二级	
14	化学水处理室、循环水泵房	戊	三级	
15	制氢站	甲	二级	
16	储氢罐	甲	二级	
17	启动锅炉房	丁	二级	
18	柴油发电机房	丙	二级	
19	空气压缩机室	丁	二级	
20	检修车间	戊	二级	
21	一般材料库	戊	二级	

3.2　建（构）筑物特性

建（构）筑物特性一览表见表 3.2-1。

表 3.2-1　建（构）筑物特性一览表

单体建筑名称		结构类型	火灾危险性类别及耐火等级	层数		建筑高度（m）	占地面积（m²）	建筑面积（m²）	
				地上	地下			地上	地下
主厂房	汽轮机除氧间	钢筋混凝土结构	丁类二级	3	0	34.1	6866.2	20319.6	0
	煤仓间	钢筋混凝土结构	丁类二级	3	0	50.65	1877.8	9629.6	0
	炉前通道（2座）	钢结构	丁类二级	2	0	33.5	921.4	1842.8	0
	锅炉房（2座）	钢结构	丁类二级	2	0	97.1	8320.4	14750	0
集中控制楼		钢筋混凝土框架	丁类二级	5	0	27.2	1369.7	4796.3	0
引风机房（2座）		钢筋混凝土框架	丁类二级	1	0	22.2	1416.7/每座	1416.7/每座	0

续表

单体建筑名称		结构类型	火灾危险性类别及耐火等级	层数		建筑高度（m）	占地面积（m²）	建筑面积（m²）	
				地上	地下			地上	地下
电除尘封闭间（2座）		钢结构	丁类二级	2	0	14.25/每座	2472.4/每座	2472.4/每座	0
灰库		钢筋混凝土筒形	丁类二级	2	0	30.3	618.0	662.2	0
空气压缩机室		钢筋混凝土排架	丁类二级	1	0	11.1	536.5	536.5	0
气化风机房		钢筋混凝土框架	丁类二级	1	0	10.6	263.0	263.0	0
网络继电器室		钢筋混凝土框架	戊类二级	1	0	5.8	358.0	358.0	0
T-1 转运站		钢筋混凝土框架	丙类二级	13	0	64.5	250.5	2461.1	0
T-2 转运站		钢筋混凝土框架	丙类二级	1	1	7.2	230.0	292.0	226.1
C-5AB 输煤地道		钢筋混凝土箱型	丙类二级	0	1	3	112.3	0	112.3
C-5AB 栈桥		钢桁架混凝土楼板	丙类二级	1	0	5.1～49.0	0	1607.5	0
拉紧小间		钢筋混凝土框架	丙类二级	1	0	4.9	41.3	41.3	0
C-1AB 栈桥（A 段）		钢桁架	丙类二级	1	0	3.3～10.8	10636.8	12903.2	0
C-1AB 栈桥（B 段）		钢桁架	丙类二级	1	0	3.5～6.9	609.2	879.1	0
C-1AB 栈桥（C 段）		钢桁架	丙类二级	1	0	18.4～57.8	0	1707.5	0
厂外除铁间建筑		钢筋混凝土框架	丙类二级	1	0	6.0	215.2	215.2	0
厂外驱动间及取样间建筑		钢筋混凝土框架	丙类二级	4	0	24.2	611	915.2	0
厂外雨淋阀间（2座）		钢筋混凝土框架	戊类二级	1	0	3.6	27.3×2 =54.6	54.6	0
化学水处理室建筑	除盐间	钢筋混凝土框架	戊类二级	1	0	8.5	806.1	806.1	0
	废水处理室		戊类二级	1		10.6	1246	1246	
	综合楼	钢筋混凝土框架	戊类二级	3		13.5	339	1017	
滤池间建筑		钢筋混凝土框架	戊类二级	1	1	13.7	1545.5	1545.5	973.5
含煤废水处理室建筑		钢筋混凝土框架	戊类二级	1	1	8.8	362.3	362.3	362.3
制氢站建筑		钢筋混凝土框架	甲类二级	1	0	8.55	253.5	253.5	0
石灰石及脱水间建筑		钢筋混凝土框架	戊类二级	3	0	17.5	1078	2154.3	0
锅炉酸洗泵房建筑		钢筋混凝土框架	戊类二级	1	0	5.4	43.8	43.8	0
排水泵房及空冷配电间建筑		钢筋混凝土框架	丁类二级	1	1	14.4	260.3	561.1	121
综合水泵房建筑		钢筋混凝土框架	戊类二级	1	1	10	390	257.7	241.6
启动锅炉房		钢筋混凝土框架	丁类二级	4	0	27	762	1589.4	0
材料库与检修间建筑		钢筋混凝土框架	戊类二级	3	0	21	1200	2946	0
循环水泵房		地上部分钢筋混凝土框架，地下部分钢筋混凝土箱型	戊类二级	1	1	16.1	1025.8	1025.8	809
警卫室建筑		钢筋混凝土框架	二级	1	0	3.6	25.1	25.1	0

本工程无油区建筑。

3.3　主要建（构）筑物的安全疏散

3.3.1　主厂房安全疏散通道布置

3.3.1.1　水平交通

主厂房内共有三条纵向通道，汽机房（A～B轴）靠B轴有一条2.0m宽的纵向通道；炉前通道处有一条3.5m纵向通道；B～C轴间设有3.0m宽纵向磨煤机检修通道。结合汽轮发电机机头、机尾及两台机之间的检修场地布置了三条2.0m宽的横向通道；每台锅炉房在靠近外墙两侧分别设置了两条2.0m的横向通道。机炉之间横向通道通过设在B轴墙上的防火门联系，在煤仓间输煤皮带层（标高41.500m）设置与锅炉房联系的室外水平通道。主厂房内交通路线清晰、明确，每条通道均能直接通向室外或安全出口。

3.3.1.2　垂直交通

在主厂房煤仓间内的固定端和扩建端分别布置两部钢筋混凝土楼梯间，均可到达主厂房的各层，其中扩建端楼梯可到达煤仓间的屋面，两部楼梯均可直接通向室外。汽机房中间布置一部开敞式钢楼梯，可通至汽机房各层。每部楼梯间距小于100m。

汽机房内每台机设一部从底层至运转层的疏散兼巡回检修钢梯，在运转层靠近A轴每台机设一部上汽机房吊车的钢梯。每个锅炉房各设一部1.5t的电梯（兼消防作用），可到达锅炉房各层主要平台，每台炉各设钢梯一部，通至各层平台及锅炉屋面。

楼梯布置满足GB 50229—2006《火力发电厂与变电站设计防火规范》中的5.1.1和5.1.2的规定。

3.3.1.3　入口及安全疏散

在汽机房的固定端及扩建端以及A排，均设有可通至室外的大门。煤仓间及炉前通道的两端也设有可通至室外的大门，煤仓间两端的楼梯间各自均有直接对外的疏散门，每个锅炉房两侧的外墙上也开设对外的小门，在每座楼梯和电梯处还设置了通道疏散和导向标志，标志色彩醒目、位置突出。

疏散门之间的间距均不大于50m，符合GB 50229—2006《火力发电厂与变电站设计防火规范》中5.1.1规定。

3.3.1.4　主厂房内防火分区

按照GB 50229—2006《火力发电厂与变电站设计防火规范》中3.0.3的规定，主厂房内的地上部分不大于6台机组可作为一个防火分区；又按GB 50229—2006《火力发电厂与变电站设计防火规范》中表3.0.1的规定，主厂房包括汽机房、除氧间、煤仓间、锅炉房和集中控制楼，本工程为两台机组，即整个主厂房可看作一个防火分区。

在实际设计当中，是将主厂房作为三个防火分区设计的，即在B轴砌筑一道砖墙，将汽机房与煤仓间、锅炉房隔开，又从防火角度讲，集中控制楼自成一体，则实现三个防火分区的分隔。

3.3.1.5　主厂房内的防火防爆

主厂房防火按丁类二级考虑，疏散及防火严格按照GB 50229—2006《火力发电厂与变电站设计防火规范》执行，主厂房无特殊防爆要求。

（1）汽机房与锅炉房、煤仓间之间的隔墙（B排墙体）采用240mm厚的煤矸石空心砖墙体分开，其耐火极限大于3.0h，满足GB 50229—2006《火力发电厂与变电站设计防火规范》中3.0.6规定。

（2）汽轮机头部主油箱及油管道阀门外缘水平5m范围内的钢梁刷耐火极限不小于1h的防火涂料，汽机房2轴、3轴及11轴、12轴的钢屋架刷耐火极限不小于0.5h的防火涂料，且配电间内的钢梁刷耐火极限不小于1.5h的防火涂料。符合GB 50229—2006《火力发电厂与变电站设计防火规范》中3.0.7的规定。

（3）主厂房各车间隔墙上的门和楼梯间的门均采用耐火极限不小于0.9h的乙级防火门。满足GB 50229—2006《火力发电厂与变电站设计防火规范》中5.3.4的规定。

（4）控制室的内部装修为了满足防火要求，其装修材料全部采用A级非燃烧材料装修，满足规程规范的要求。

（5）主厂房所有穿防火隔墙的管道及孔洞均以不燃烧材料填塞管道与防火墙之间的缝隙。

综上所述，主厂房的建筑设计满足相关规范的防火防爆要求。

3.3.2　集中控制楼安全疏散通道布置

3.3.2.1　总体布置

集中控制楼自成一个防火分区，其主体为四层，局部五层，主体为中廊式布置，局部五层（空调机房）为大厅式布置。

集中控制楼位于主厂房B排墙上的门均为甲级防火门，电缆夹层、电气及控制室的门均为耐火极限不低于0.9h的乙级防火门。

3.3.2.2　交通疏散

集中控制楼各层有两个安全出口，一个是通过本楼内的一部封闭楼梯间到达各层，另一个是利用汽机房内的中间钢梯可达各楼层。同时在±0.000m和13.700m靠近汽机房侧设置联络出口（安全出口），方便与汽机房的交通联系。空调机房除有一个直接对楼梯间的安全出口外，另有一个通向室外屋面的安全出口，经此出口，人员可到达主厂房内19.700m的控制室内屋面，并由此疏散。

3.3.2.3　其他

集中控制楼的墙体及楼板工艺的开孔均采用不燃材料封堵，本工程采用的是防火胶泥封堵。

综上所述，集中控制楼的建筑设计满足相关规范的防火防爆要求。

3.3.3 T-1 转运站建筑

T-1 转运站为民用与工业合为一体的高层建筑，结构形式为钢筋混凝土框架结构，本建筑无特殊防爆要求。

3.3.3.1 T-1 转运站建筑布置

本建筑高度为 64.5m，建筑面积为 2461.1m²。

3.3.3.2 防火疏散

T-1 转运站火灾危险性属丙类三级，按照 GB 50229—2006《火力发电厂与变电站设计防火规定》执行。

3.3.4 制氢站建筑

3.3.4.1 制氢站的布置

制氢站的防火类别为甲类二级、钢筋混凝土框架结构，内部房间包括电解间、冷却水泵间、配电间、控制室和化验室、卫生间。

本建筑为一字型偏廊式单层建筑，电解间布置在建筑物的端部，然后依次是配电间、控制室、化验室、卫生间。氢站建筑外围护墙体采用 370mm 厚的煤矸石空心砖，但电解间外围护材料为金属复合墙板，内墙采用 240mm 厚的煤矸石空心砖和实心砖。

3.3.4.2 防火防爆

（1）电解间泄压。电解间为生产氢气的场所，有爆炸危险，为此，该房间的三面外墙采用轻钢龙骨保温金属墙板封闭，并以此泄压。复合金属板与轻钢龙骨构成的墙架荷载为 35kg/m²，小于 60kg/m²，满足 GB 50016—2014《建筑设计防火规范》中 3.6.4 关于泄压轻质墙体的规定。

电解间平面轴线尺寸为 7.5m（宽）×7.8m（长），室内净高为 7.5m，大于 5m，室内顶板为钢筋混凝土现浇无缝、无凹凸的平板，三面泄压外墙的面积之和为 168.3 ㎡，根据 GB 50016—2014《建筑设计防火规范》中 3.6.4，泄压面积为

$$A = 10CV^{2/3}$$
$$= 10 \times 0.25 \times (7.5 \times 7.8 \times 7.5)^{2/3}$$
$$= 144.4m^2$$

式中　A——泄压面积，m²；

　　　C——泄压比，0.25m²/m³；

　　　V——厂房的容积，m³。

则实际泄压面积 168.3m² 大于最小泄压面积 144.4m²，满足防爆要求。

（2）电解间的其他防爆措施。电解间与仅邻的冷却水泵间之间的隔墙为内配钢筋带的实芯砖墙，其墙内沿竖向@600 配有 3 根直径 6mm 的钢筋拉接带，因此该墙可作为防爆墙，该墙上开门为甲级防火门。电解间通往走廊的门斗轴线长 5m，根据 GB 50177—2005《氢气站设计规范》中 A.0.2 的第 3 条，氢气排

放半径为 4.5m，门斗属于 2 区，门斗长 5m，大于 4.5m，满足防爆要求。电解间和门斗的地面为不发火的细石混凝土地面。

（3）安全出口和门窗。电解间有两个安全出口，其中一个单独对外，单独对外的门为木质双扇平开门，通向走廊的门斗开设的门为甲级木质防火门，配电间和控制室的门均为乙级防火门。本建筑采用的窗均为不发火的平开塑钢窗，其中电解间和门斗的窗向外开。

在本建筑主入口处的室外台阶顶面设有消除静电的镀锌钢板，在该入口处 1.5m 高的室内墙面上也放置了消除静电的镀锌钢板。

综上所述，制氢站的建筑设计满足相关规范的防火防爆要求。

3.3.5 其他辅助建筑物

3.3.5.1 化学水处理室

化学水处理室包括除盐间、生产废水及生活废水处理室、化学综合楼三部分。化学水处理室火灾危险性为戊类二级。

（1）除盐间。除盐间及为除盐服务的毗屋水泵间为单层钢筋混凝土框架建筑，且各自均有两个直接对外的安全出口，室内无可燃物品和易爆物品，符合 GB 50016—2014《建筑设计防火规范》的防火疏散规定。

（2）生产废水及生活废水处理室。生产废水及生活废水处理室为单层建筑、钢筋混凝土框架结构，建筑内部附设有酸碱库和综合加药间（建筑设计图中将酸碱库写成"药品储存库"）以及精处理再生间，其中无可燃可爆物品，且每部分均设有不少于两个直接对外的安全出口，符合 GB 50016—2014《建筑设计防火规范》的防火疏散规定。

（3）化学综合楼。化学综合楼为三层钢筋混凝土框架建筑，每层建筑面积为 339.0m²，根据 GB 50016—2014《建筑设计防火规范》中表 5.5.8 可知，建筑物不超过三层且每层建筑面积不大于 200m² 时，可设两个安全出口或疏散楼梯，本建筑在 ±0.000m 层设有一个直接对外的安全出口，并布置了两部钢筋混凝土楼梯通达二层和三层，二层和三层的袋形走廊长度不超过 22m，因此，本建筑符合 GB 50016—2014《建筑设计防火规范》的防火疏散规定。

3.3.5.2 材料库与检修间

（1）材料库与检修间为三层钢筋混凝土框架建筑，材料库部分存放普通物品，内无存放特殊物品，也没有危险品库房。材料库与检修间火灾危险性为戊类二级。

（2）材料库、检修间于平面上组合成一体，在材料库和检修间之间设立了一道防火隔墙。

（3）该建筑底层的材料库和检修间各自均有不少于两个直接对外的安全出口，且布置了两部钢筋混凝土疏散楼梯通达各层。

（4）本建筑符合 GB 50016—2014《建筑设计防火规范》的防火疏散规定。

其他辅助建筑不再赘述。

3.4 主要建筑物室内装修

建筑物室内装修见表 3.4-1。

表 3.4-1　　　　　　　　　　　　　　　　主要建筑物室内装修一览表

房间名称		楼、地面	墙面	墙裙	天棚
主厂房					
汽机房					
±0.000m	设备区域	混凝土地面	乳胶漆（乳白色）	优质瓷砖（乳白色）	乳胶漆（乳白色）
	其他区域	混凝土地面	乳胶漆（乳白色）		乳胶漆（乳白色）
±0.000m	配电间	地砖地面	无机涂料（乳白色 A 级）	无	无机涂料（乳白色 A 级）
	卫生间	防滑地砖加防水层	优质瓷砖（乳白色）		乳胶漆（乳白色）
6.900m	设备区域	水泥砂浆地面	乳胶漆（乳白色）	优质瓷砖（乳白色）	乳胶漆（乳白色）
	配电间	地砖地面	无机涂料（乳白色 A 级）	无	无机涂料（乳白色 A 级）
	电子设备间	地砖地面	乳胶漆（乳白色）		石膏板吊天棚
	其他区域	水泥砂浆地面	乳胶漆（乳白色）		乳胶漆（乳白色）
13.700m	汽轮机基座	中级地砖（浅蓝灰色）（800mm×800mm）	乳胶漆（乳白色）/金属墙板	无	乳胶漆（乳白色）
	其他区域	中级地砖（业主指定）（800mm×800mm）	乳胶漆（乳白色）/金属墙板		乳胶漆（乳白色）
	卫生间	防滑地砖加防水层	优质瓷砖（乳白色）		扣板吊顶（业主决定）
±0.000～13.700m	楼梯间	防滑地砖（彩色）	乳胶漆（乳白色）		乳胶漆（乳白色）
煤仓间					
±0.000m	底层	混凝土	乳胶漆（乳白色）/金属墙板	无	乳胶漆（乳白色）
17.000m	给煤机层	防滑地砖	乳胶漆（乳白色）		乳胶漆（乳白色）
36.500m	皮带拉紧	水泥砂浆	乳胶漆（乳白色）/金属墙板	优质瓷砖（浅乳白色）	乳胶漆（乳白色）
41.500m/48.700m	输煤皮带层及头部	水泥砂浆楼面	金属墙板	优质瓷砖（浅乳白色）	乳胶漆（乳白色）
±0.000～48.700m	设备基础	同地（楼）面	—	—	—
锅炉房					
±0.000m	底层	混凝土地面	乳胶漆（乳白色）/金属墙板	无	乳胶漆（乳白色）
17.000m	二层	防滑地砖	金属墙板		乳胶漆（乳白色）
集中控制楼					
±0.000m	电气房间	地砖地面	无机涂料（乳白色 A 级）	无	无机涂料（乳白色 A 级）
	药品库/蓄电池	耐酸瓷板地面			
	柴油发电机房	混凝土地面			
6.900m	整个楼层	地砖楼面			

续表

房间名称		楼、地面	墙面	墙裙	天棚
10.700m	电缆夹层	水泥砂浆楼面	无机涂料（乳白色A级）		无机涂料（乳白色A级）
13.700m	整个楼层	地砖楼面	乳胶漆局部为铝塑板		石膏板吊顶
19.700m	空调机房	水泥砂浆楼面（带防水层）	无机涂料（乳白色A级）	无	无机涂料（乳白色A级）
±0.000~19.700m	走廊	普通地砖	乳胶漆（乳白色）		石膏板吊顶
±0.000~19.700m	楼梯间	普通地砖	无机涂料（乳白色A级）		无机涂料（乳白色A级）
输煤建筑（转运站等）					
T-1 转运站					
±0.000m	整个楼层	地砖地面	乳胶漆（乳白色）		乳胶漆（乳白色）
4.800~32.200m	整个楼层	地砖楼面	乳胶漆（乳白色）	无	石膏/矿棉板吊天棚
36.500~53.000m	整个楼层	水泥砂浆楼面	乳胶漆（乳白色）		乳胶漆（乳白色）
T-2 转运站					
−5.500m	整个楼层	水泥砂浆地面	浅灰色防水涂料	无	浅灰色防水涂料
±0.000m	整个楼层	水泥砂浆楼面	浅灰色防水涂料		浅灰色防水涂料
驱动间及煤取样间					
5.500m	整个楼层	水泥砂浆	浅灰色内墙涂料		浅灰色内墙涂料
11.089m	整个楼层	水泥砂浆	浅灰色内墙涂料	无	浅灰色内墙涂料
16.000m	整个楼层	水泥砂浆	浅灰色内墙涂料		浅灰色内墙涂料
−1.500m	整个楼层	细石混凝土	浅灰色防水涂料		浅灰色防水涂料
除铁间					
−3.500m	整个楼层	细石混凝土	单层金属板		水泥砂浆
±0.000~53.000	输煤栈桥	水泥砂浆	玻璃丝棉金属保温墙板	无	玻璃丝棉金属保温屋面板
−3.500m	输煤地道	混凝土地面	水泥砂浆	水泥砂浆	混凝土
化学建筑					
化学水处理室					
±0.000m	化学房间	耐酸瓷板地面	乳胶漆（乳白色）	无	乳胶漆（乳白色）
	除盐间/水泵间	混凝土地面			
	生产废水及生活废水处理室	混凝土地面			
	控制室	地砖地面			矿棉板吊顶
	其他房间	地砖地面			乳胶漆（乳白色）
4.200m	整个楼层	地砖楼面	乳胶漆（乳白色）		乳胶漆（乳白色）
8.100m	整个楼层				
±0.000~8.100m	门厅、走廊	地砖地（楼）面	乳胶漆（乳白色）		矿棉板吊顶
含煤废水处理站					
±0.000m	整个楼层	水泥砂浆楼面	乳胶漆（乳白色）	无	水泥白灰抹灰天棚
−4.500m	整个楼层	水泥砂浆地面	水泥砂浆		水泥砂浆

房间名称		楼、地面	墙面	墙裙	天棚
锅炉酸洗泵房					
±0.000m	整个楼层	水泥砂浆/混凝土	乳胶漆（乳白色）	无	水泥白灰抹灰天棚
滤池间					
±0.000m	配电间	地砖	无机涂料（乳白色 A 级）	无	无机涂料（乳白色 A 级）
	其他房间	水泥砂浆	乳胶漆（乳白色）		白色涂料
−4.500m	整个楼层	水泥砂浆	乳胶漆（乳白色）		白色涂料
石灰处理室及脱水间					
±0.000m	整个楼层	水泥砂浆	白色防水涂料	蓝色油漆 1.2m 高	白色防水涂料
6.500m	整个楼层	水泥砂浆	白色防水涂料	蓝色油漆 1.2m 高	白色防水涂料
10.500m	整个楼层	水泥砂浆	白色防水涂料	蓝色油漆 1.2m 高	白色防水涂料
水工建筑					
厂外雨淋阀间					
±0.000m	整个楼层	混凝土	乳胶漆（乳白色）	无	水泥白灰抹灰天棚
排水泵房及空冷配电间					
±0.000m	配电间	地砖	无机涂料（乳白色 A 级）	无	无机涂料（乳白色 A 级）
	其他房间	水泥砂浆	乳胶漆（乳白色）		水泥白灰抹灰天棚
4.500m		地砖	乳胶漆（乳白色）		水泥白灰抹灰天棚
8.700m	热控房间	抗静电活动地板	乳胶漆（乳白色）		水泥白灰抹灰天棚
	MCC 配电间		无机涂料（乳白色 A 级）		无机涂料（乳白色 A 级）
	楼梯/走廊	地砖	乳胶漆（乳白色）		矿棉板吊天棚
综合水泵房					
±0.000m	电气房间	地砖	无机涂料（乳白色 A 级）	无	无机涂料（乳白色 A 级）
	消毒间	地砖	乳胶漆（乳白色）		水泥白灰抹灰天棚
	其他房间	水泥砂浆/混凝土	乳胶漆（乳白色）		白色涂料
循环水泵房					
±0.000m	整个楼层	水泥砂浆	乳胶漆（乳白色）	无	白色涂料
除灰建筑					
灰库					
±0.000m	整个楼层	钢筋混凝土	水泥砂浆	无	水泥砂浆
6.000m	整个楼层	水泥砂浆	乳胶漆（乳白色）		乳胶漆（乳白色）
气化风机房					
±0.000m	电控室	地砖	乳胶漆（乳白色）	无	水泥白灰抹灰天棚
	汽车衡控制室		乳胶漆（乳白色）		矿棉板吊天棚

续表

房间名称		楼、地面	墙面	墙裙	天棚
±0.000m	走廊	地砖	乳胶漆（乳白色）	无	矿棉板吊天棚
	卫生间		墙壁砖到顶		铝合金吊天棚
	风机房	水泥砂浆	无机涂料（乳白色A级）		无机涂料（乳白色A级）

电气建筑

网络继电器室

房间名称		楼、地面	墙面	墙裙	天棚
±0.000m	远动通信机房	防静电活动地板	白色涂料	无	矿棉板吊天棚
	继电器室				
	蓄电池/配电间	地砖	无机涂料（乳白色A级）		无机涂料（乳白色A级）

辅助建筑

启动锅炉房

房间名称		楼、地面	墙面	墙裙	天棚
±0.000m	配电间	混凝土地面	无机涂料（乳白色A级）	无	无机涂料（乳白色A级）
	启动锅炉房	混凝土地面	白色乳胶漆/金属墙板		白色乳胶漆
4.200m	电缆夹层	水泥砂浆	白色乳胶漆		白色乳胶漆
6.000m	斗提机房	混凝土面层	白色乳胶漆/金属墙板		乳胶漆（乳白色）
	控制室	地砖	乳胶漆（乳白色）		矿棉板吊天棚
	其他房间	地砖			乳胶漆（乳白色）
11.000m	斗提机房	混凝土面层	乳胶漆（乳白色）		乳胶漆（乳白色）
	加药间			无	
19.000m	斗提机房	混凝土面层	乳胶漆（乳白色）		乳胶漆（乳白色）
	输煤层				
±0.000～19.000m	卫生间	地砖	白瓷砖到顶		PVC吊顶
	楼梯间	地砖	无机涂料（乳白色A级）		无机涂料（乳白色A级）
引风机房		混凝土地面	乳胶漆（乳白色）		白色涂料
空压机室		混凝土地面	乳胶漆（乳白色）		白色涂料

材料库与检修间

房间名称		楼、地面	墙面	墙裙	天棚
±0.000m	材料库、检修间	混凝土地面	乳胶漆（乳白色）	无	白色涂料
	办公室、走廊	地砖地面			矿棉板吊天棚
	其他房间	地砖地面			白色涂料
6.600m	材料库、备品库	混凝土面层	乳胶漆（乳白色）		白色涂料
	办公室、走廊	地砖地面			矿棉板吊天棚
	其他房间	地砖楼面			白色涂料
13.200m	材料库、备品库	混凝土面层	乳胶漆（乳白色）		白色涂料

续表

房间名称		楼、地面	墙面	墙裙	天棚
13.200m	办公室、走廊	地砖地面	乳胶漆（乳白色）	无	矿棉板吊天棚
	其他房间	地砖楼面			白色涂料
	楼梯	地砖	无机涂料（乳白色A级）		无机涂料（乳白色A级）
	卫生间	地砖	白瓷砖到顶		PVC吊顶

4　电厂各系统的消防措施

4.1　运煤系统的消防措施

电厂总平面布置为储煤筒仓与主厂房呈平行布置，由于矿区内已设置有4座1.8万t的筒仓，本电厂内只设置2座筒仓，布置在电厂西北角。电厂在BMCR工况下的日耗煤量为16503.6t，日均来煤量与此相同，厂内储煤采用2座直径22m、高41m的筒仓，储量为1×10^4t，可供全厂机组燃用1.2天。

本工程燃煤采用大南湖矿区国投××能源开发有限公司一矿提供的劣质长焰煤，属于易自燃煤种，为保证筒仓安全运行，筒仓内设有监测可燃气体浓度、烟雾、温度及料位的安全监测系统、筒仓惰化保护系统和安全防爆装置等。

输煤系统各转运站、皮带机尾部设置喷水除尘系统，防止扬尘和降低火灾危险性。

输煤系统多尘区域电气设备防护等级为IP54。

带式输送机设计有一定的安全余量，实际运行中应避免装料过满，超负荷运行，产生撒煤、积煤现象，避免增加火灾隐患。

本工程以高挥发分煤为燃料，输煤皮带采用阻燃型。

输煤栈桥、转运站、煤仓间等部位分别设置线型感温探测报警装置，发生火灾后信号输送至火灾报警控制器，触发联动装置，进行手动或自动灭火。

4.2　燃烧制粉系统的消防措施

燃烧制粉系统主要消防范围是锅炉燃烧器区及空气预热器等。

锅炉燃烧器区设置水喷雾灭火系统，在锅炉燃烧器平台设移动式灭火器，并在锅炉运行平台设置室内消火栓人工灭火。空气预热器内采用水灭火（灭火装置由生产厂商提供），灭火用水引自主厂房室内消防给水环管。

在上述区域设置线型感温火灾探测装置，火灾信号输送至集中报警控制器。

4.3　油系统的消防措施

油系统的主要消防范围包括汽机房主油箱、氢密封油箱、给水泵汽轮机油箱、油管道、磨煤机润滑油、电动给水泵润滑油、柴油发电机、柴油机消防水泵组。

润滑油系统包括主油箱、主油泵、交流润滑油泵、直流事故油泵、顶轴油泵、盘车装置、2台100%容量的冷油器、阀门、管道、仪表、回油管上的窥视孔、温度表等，满足每台汽轮发电机组所需的全部附件。

汽轮机的润滑油及其净化系统分别为汽轮发电机的支持轴承、推力轴承和盘车装置等设备提供润滑油。

润滑油及其净化系统提供维持部件正常运行所必需的润滑油的油量、压头、温度和合格油品。系统设有储存油箱，以便机组停运时存放系统内的润滑油，并为系统提供补充油源。在机组检修有必要时，润滑油箱的油可以自流排油至转送油泵入口，然后送入储存油箱。汽轮机主油箱、润滑油储油箱、润滑油净化装置分别设有事故放油管道，排油至主厂房外的事故放油池。汽轮机润滑油系统参数见表4.3-1。

表4.3-1　汽轮机润滑油系统参数

序号	名　称		单位	数值
1	采用的油牌号、油质标准			46号透平油，ISO VG46
2	润滑油闪点		℃	225
3	油系统需油量		kg	23000
4	轴承油循环率		%	8
5	轴承油压		MPa	0.15～0.18
	主油箱			
6	形式			卧式，HS25HD
	容量		m³	25
	尺寸		mm×mm×mm	6300×2700×4350
	设计压力		MPa	0.5
	油箱质量	无油	kg	18000
		满油		43000
	润滑油组合储油箱			
7	形式			卧式
	容量		m³	90

续表

序号	名 称	单位	数值
7	尺寸	mm×mm×mm	7200×5000×3200
	设计压力	MPa	0.5
	油箱质量（满油）	kg	105000

在上述区域设置线型感温火灾探测装置，火灾信号输送至集中报警控制器。

油系统设备的消防采用自动水喷雾灭火系统，柴油发电机室采用 CO_2 气体消防。

4.4 电气设施的消防措施
4.4.1 变压器消防

本工程共设置油浸式变压器 7 台，其中两台主变压器 780MVA，两台高压厂用变压器 50/28MVA，1 台启动/备用变压器 28/28MVA，其余室内变压器均为干式。

变压器设有事故储油池和排油设施，火灾事故放油时，变压器油先排入下部储油池，再经事故排油管排入事故油坑中。

主变压器、高压厂用变压器、启动/备用变压器均设置线型感温电缆火灾探测系统和自动水喷雾灭火系统。

4.4.2 电缆防火

为了防止电缆火灾蔓延，本工程控制电缆及动力电缆选用阻燃电缆，对所有电缆穿过的孔洞均采用阻燃材料进行严密封堵。重要回路如消防系统、报警、不停电电源等动力电缆和控制电缆采用耐火电缆，并在电缆沟、道、竖井及贯穿楼板、墙孔及配电屏的电缆孔洞，采用电缆防火涂料、堵料封堵等措施。各建筑物电缆出口处设置封堵隔墙。电缆的选择和敷设按 GB 50217—2007《电力工程电缆设计规范》和 GB 50229—2006《火力发电厂与变电站设计防火规范》等的要求设计。

4.4.3 其他电气设施的防火

对于集中控制楼和网络控制楼内的电子设备间、计算机房、继电器室、DCS 工程师室、配电装置室等经常有人活动的重要场所，分别设置组合型感烟火灾探测器，并采用组合分配式洁净气体灭火系统。对于汽机房、锅炉房内的电子设备间、配电装置室等场所，分别设置组合型感烟火灾探测器，并采用气溶胶或火探管灭火装置灭火，对于电缆竖井及电缆交叉密集处采用超细干粉灭火系统。

4.5 全厂火灾自动报警系统与固定灭火系统

本工程除按照相关规程、规范的规定设置室内外消火栓给水系统外，针对全厂的主要建（构）筑物和设备设置火灾探测系统和固定灭火系统，具体配置情况见表 4.5-1。

表 4.5-1　主要建（构）筑物和设备火灾探测报警与灭火系统配置表

编号	建（构）筑物名称	火灾探测器类型	报警控制方式	灭火介质及系统形式
一	集中控制楼			
1	0.000m 电气设备间	点型感温和点型感烟探测器	自动报警，自动灭火	二氧化碳
2	6.900m 电气电除尘配电间、电气配电间、热控配电间、直流及 UPS 配电间等	吸气式空气采样和感烟型组合	自动报警，自动灭火	二氧化碳
3	10.700m 电缆夹层	缆式线型感温和点型感烟探测器	自动报警，自动灭火	二氧化碳
4	13.700m 控制室	缆式线型感温和点型感烟探测器	自动报警	灭火器
5	13.700m 电子设备间、DCS 工程师站、ECMS 工程师站	吸气式空气采样和感烟型组合	自动报警，自动灭火或人工确认后手动灭火	洁净气体
6	柴油发电机室	点型防爆感温和点型防爆感烟探测器	自动报警，自动灭火或人工确认后手动灭火	二氧化碳
二	汽机房			
1	汽轮机主油箱	线型感温探测器	自动报警，自动灭火或人工确认后手动灭火	水喷雾
2	润滑油储存油箱	线型感温探测器	自动报警，自动灭火或人工确认后手动灭火	水喷雾

续表

编号	建（构）筑物名称	火灾探测器类型	报警控制方式	灭火介质及系统形式
3	给水泵润滑油箱	线型感温探测器	自动报警，自动灭火或人工确认后手动灭火	水喷雾
4	氢密封油装置	线型感温探测器	自动报警，自动灭火或人工确认后手动灭火	水喷雾
5	汽机房架空电缆处	线型感温	自动报警	—
6	0.000m 层 2 号配电间	吸气式感烟和点型感烟探测器	自动报警，自动灭火或人工确认后手动灭火	气溶胶灭火装置
7	6.90m 层配电间	吸气式感烟和点型感烟探测器	自动报警，自动灭火或人工确认后手动灭火	气溶胶灭火装置
8	6.90m 层热控房间	感烟型和感烟型组合	自动报警，自动灭火或人工确认后手动灭火	二氧化碳
9	6.90m 层励磁小间、变频器小间	感烟型和感烟型组合	自动报警，自动灭火或人工确认后手动灭火	气溶胶灭火装置
10	0.000m 层 1 号配电间	吸气式感烟和点型感烟探测器	自动报警，自动灭火	二氧化碳自动探火及灭火装置
三	锅炉房			
1	锅炉本体燃烧区	线型感温探测器	自动报警，人工确认后手动灭火	水喷雾
2	磨煤机润滑油箱	线型感温探测器	自动报警，人工确认后手动灭火	水喷雾
3	锅炉房架空电缆处	线型感温	自动报警	—
4	煤斗	线型感温探测器	自动报警，人工确认后手动灭火	二氧化碳惰化
四	变压器			
1	变压器	线型感温探测器	自动报警，自动灭火或人工确认后手动灭火	水喷雾
五	输煤系统			
1	输煤栈桥（地道）	线型感温探测器	自动报警，自动灭火或人工确认后手动灭火	湿式喷水
2	转运站	线型感温探测器	自动报警，人工确认后手动灭火	水幕
3	碎煤机室	线型感温探测器	自动报警，人工确认后手动灭火	水幕
4	主厂房煤仓间	线型感温探测器	自动报警，自动灭火或人工确认后手动灭火	湿式喷水、水幕
5	输煤配电间	感烟型和感烟型组合	自动报警，自动灭火	二氧化碳自动探火及灭火装置
6	厂外输煤栈桥	线型感温探测器	自动报警，自动灭火或人工确认后手动灭火	预作用自动喷水
六	网络继电器室	感烟型和感烟型组合	自动报警，自动灭火	二氧化碳自动探火及灭火装置
七	屋内配电装置室等（辅机空冷岛）	感烟型和感烟型组合	自动报警，自动灭火	二氧化碳自动探火及灭火装置

4.6 全厂防雷接地设计系统

4.6.1 防雷设计

全厂过电压保护按 GB 50064—2014《交流电气装置的过电压保护和绝缘配合》及全厂接地按 GB 50065—2011《交流电气装置的接地》的有关要求进行设计。

4.6.1.1 直击雷过电压保护

厂前区间冷塔顶部，500kV 配电装置构架及主厂房煤仓间输煤转运站顶柱设置避雷针，500kV 配电装置区域设置独立避雷针。这些避雷针联合对 500kV 配电装置、主厂房 A 排外变压器场地和 500kV 配电装置的主变压器架空进线进行直击雷保护。烟囱和制氢站设置独立避雷针，实现对易燃易爆区域及管路的直击雷保护。避雷针引下线与主接地网连接，并在连接处设置集中接地装置。

4.6.1.2 雷电侵入波过电压保护

为防止雷电过电压损坏变压器及 500kV 电气设备，500kV 配电装置每组进出线上设置 1 组避雷器，变压器出线处也设置 1 组避雷器。

为了保护发电机绝缘，每台发电机出口均设置 1 组氧化锌避雷器。

6kV 真空及 F-C 回路开关柜内装设三相组合式氧化锌避雷器作为操作过电压保护装置。

4.6.1.3 感应雷过电压保护

为了防止感应雷过电压和静电感应产生火花，在易燃易爆车间屋顶和周边设置屏蔽带，并每隔 25m 引下接地。露天储油罐四周设置闭合环形接地体，并每隔 25m 引下接地。输油架空管道，每隔 25m 接地一次。

4.6.2 接地设计

对所有电气设备外壳、开关装置和开关柜接地母线、金属架构、电缆桥架、金属箱罐和其他可能事故带电的金属物的接地系统进行设计。

电厂主接地网由水平接地体和垂直接地极组成，以水平接地体为主。

4.6.2.1 主厂房接地装置

（1）建筑物钢结构。每一个主金属结构立柱用 360mm² 的镀锌扁钢与电厂接地网相连。

（2）电气设备接地。所有固定的电气设备都根据有关规程的要求直接与接地网连接。高压电动机有两个接地体与接地网相连。每个中压或低压配电装置有至少两个 360mm² 的接地扁钢与接地网相连。

（3）电缆通道。所有电缆托架的布置在电气上是连续的。同时大约每隔 20m 经扁钢接地。所有电缆穿管的电气上也是连续的且至少一点接地。

4.6.2.2 500kV 配电装置接地装置

（1）主接地网和设备的接地导线采用镀锌扁钢。

（2）主接地网导体截面为 360mm²。

（3）电缆通道。所有电缆托架的布置在电气上是连续的，同时大约每隔 20m 经扁钢接地。所有电缆穿管在电气上也是连续的且至少一点接地。

4.6.2.3 厂区接地装置

厂区接地网水平接地体采用 60mm×6mm 截面的镀锌扁钢。

4.6.2.4 辅助生产车间接地装置

主接地网采用 60mm×6mm 镀锌扁钢，设备接地分支线为 50mm×6mm 镀锌扁钢。

4.6.2.5 电子设备接地装置

能量损耗低和易于受到电磁干扰的电子设备将被接到仪表接地母线上进行接地。该接地母线用最小截面 120mm² 的绝缘导线直接接到接地网上。仪表接地系统是一个放射型的设计（即不构成回路）。

4.6.2.6 防静电接地

火力发电厂燃料油（气）、易（可）燃油、氢气、液氨等危险化学品的卸储设备设施等应设置防静电接地，其接地电阻不应大于 30Ω。接地线、接地极的布置应符合 GB 50065—2011《交流电气装置的接地》的要求。

火力发电厂有爆炸危险且爆炸后可能波及火力发电厂内主设备或严重影响供电的建筑物，设置防感应过电压措施，其接地电阻不应大于 30Ω。接地线、接地极的布置应符合 GB 50064—2014《交流电气装置的过电压保护和绝缘配合》的要求。

4.7 应急照明

（1）全厂的应急照明为应急交流照明系统和应急直流照明系统。

（2）主厂房、集中控制楼及重要辅助车间应急交流照明由保安段供电，其电压为 380/220V。

（3）集中控制室、柴油发电机房的应急直流照明，采用蓄电池直流系统供电，其电压为 220V。集中控制室长明灯由 220V 直流屏供电。

（4）主厂房出入口、通道、楼梯间及远离主厂房的重要工作场所的应急照明，采用自带蓄电池的应急灯。

（5）应急疏散灯具、防爆灯具应符合国家现行标准的有关规定。

4.7.1 主厂房应急照明

主厂房包括汽机房、锅炉房，其生产设备和管路的布置十分复杂，占据较大的空间，土建结构也相应地比较复杂。照明设计中根据工艺设备布置、土建结构及运行人员生产活动特点来确定照明方式和选择相应的灯具。由于厂房空间大，生产人员的检修、巡视及疏散安全显得更为重要。应急照明设计是否合理，对安全生产有很大的影响。

设计中在汽机房、锅炉房（包括配电间）内有应急交流照明系统,由保安段供电,同时在厂房内的主要通道、出入口及楼梯间设置带有疏散标志的应急灯。

在汽机房的发电机漏氢处、密封油箱、控制油箱等有爆炸危险处,设置防爆灯具。

4.7.2 集中控制楼应急照明

集中控制楼内有集中控制室、电子设备间、柴油发电机房、配电间、汽水化验站、蓄电池间及电缆夹层等。

由于集中控制室是重要场所,对发电设备的监控是不允许中断的,控制室的照明应有很高的可靠性、稳定性和不间断性。其供电方式分为:

(1)正常照明由照明段供电。

(2)应急交流照明由保安段供电。

(3)应急直流照明由蓄电池直流系统供电。

(4)长明灯由220V直流屏供电。

蓄电池间内有应急交流照明,由保安段供电,同时在出入口设置带有疏散标志的应急灯。由于有爆炸危险,设置了防爆灯具。

在集中控制楼内的主要通道、出入口及楼梯间设置应急交流照明及带有疏散标志的应急灯。

4.7.3 烟囱障碍照明

本工程烟囱高度210m,根据民航有关规定,装设航空障碍标志灯,由保安电源供电。在烟囱203m处设置高光强闪光障碍灯,在下面三层分别设置中光强闪光障碍灯。烟囱内筒有多层平台,有楼梯和直爬梯至烟囱顶部,同时有正常照明和应急交流照明供电的灯具,烟囱底部的出入口设置带有疏散标志的应急灯。确保飞行安全及电厂运行人员检修维护中的安全。

4.7.4 制氢站应急照明

制氢站、储氢罐区域是有爆炸危险的场所,室内电解间、室外储氢罐区域照明均采用防爆灯具。同时生产过程不能中断,电解间有应急照明,并在出入口设置带有疏散标志的应急灯。

4.7.5 输煤系统应急照明

输煤系统包括T-1转运站、T-2转运站、厂外驱动间及煤取样间、筒仓及输煤栈桥等建筑物,其中T-1转运站的高度为63m,属于高层建筑,转运站各层、楼梯间及电梯前室,均设应急交流照明及带有疏散标志的应急灯。其他建筑物按规程要求,设置带有疏散标志的应急灯,保证生产人员在事故时安全撤离。

4.7.6 其他辅助生产及附属建筑应急照明

网络继电器室、排水泵房及空冷配电间、化学水处理室及综合楼、滤池间、引风机室、电除尘器室、空气压缩机室、灰库、含煤废水处理室、材料库及检修间、灰场管理站区域等建筑物按规程规定,设计中考虑应急交流照明系统,由保安段供电,或自带蓄电池的应急灯。同时,在这些建筑物内的主要通道、出入口及楼梯间设置带有疏散标志的应急灯。

5 消防给水和灭火设施

5.1 消防给水系统

本工程厂区同一时间内的火灾次数按一次设计,为确保电厂消防供水系统的安全可靠及便于管理,保证消防水不作他用,在消防时不因其他用水及用水点泄漏而影响消防水量和水压,采用独立的高压消防给水系统。

本期工程建设1套稳高压给水系统,将消火栓给水系统和自动喷水消防系统合为1套管网系统,主要负责本期工程室内外消火栓给水系统和主厂房、集中控制楼、输煤建筑物和屋外变压器的自动喷水和水喷雾系统的给水。

本工程设有:1座1000m³消防水池,分两格;1座综合水泵房,内安装1台电动消防水泵、1台柴油驱动消防水泵、1套消防稳压给水设备;室外消火栓、室内消火栓和消防给水管网。

室外消火栓系统的保护对象主要为主厂房、输煤系统和辅助生产区。在主厂房、输煤系统周围,消防给水管布置成环状,室外消火栓布置在厂区道路一侧,消火栓的保护半径不大于150m,其间距不大于120m,消火栓上有直径100mm和65mm的栓口各1个。在主厂房周围环状布置的消防给水管网干管管径为DN300,在辅助生产区的给水管网干管管径为DN200~DN250,其他区域一般为DN150管道。

室内消火栓的设置场所主要包括主厂房、集中控制楼、输煤建筑等。室内消火栓的布置间距、充实水柱、安装高度满足规范规定。全厂室内消火栓箱将尽量统一规格型号,并配有自救式消防水喉。带电设施附近的消火栓配备水雾喷枪。同时,为避免部分消火栓出口压力过高,消火栓将采用减压稳压型消火栓。

5.2 自动喷水消防系统

本工程自动喷水系统配置见表4.5-1。

5.3 消防水量及水压计算

电厂主要建筑物消防用水量见表5.3-1。电厂主要建筑物消防给水需要水头见表5.3-2。

表 5.3-1 电厂主要建筑物消防用水量

消防对象		消防标准	消防流量（L/s）	消防流量小计（L/s）	火灾延续时间（h）	火灾延续时间内消防用水总量（m³）	备注
主厂房	室外消火栓	同时使用 7 支水枪，每支水枪实际流量为 5.2L/s	36.4	143.2	2	729	
	室内消火栓	同时使用 4 支水枪，每支水枪实际流量为 5.7L/s	22.8		2		
	自动喷水	空气预热器消防用水量为 84L/s	84		1		
变压器	水喷雾	本体设计喷雾强度为 20L/（m²·min），油坑设计喷雾强度为 6L/（m²·min）	100	110.4	0.4	219	
	室外消火栓	同时使用 2 支水枪，每支水枪实际流量为 5.2L/s	10.4		2		
运煤系统	室外消火栓	同时使用 4 支水枪，每支水枪实际流量为 5.2L/s	20.8	110.8	2	474	
	栈桥自动喷水	喷水强度为 8L/（m²·min）	50		1		
	水幕	喷水强度为 2L/（s·m）	40		1		
辅助建筑物	室外消火栓	同时使用 4 支水枪，每支水枪实际流量为 5.2L/s	20.8	37.9	2	273	
	室内消火栓	同时使用 3 支水枪，每支水枪实际流量为 5.7L/s	17.1		2		

表 5.3-2 电厂主要建筑物消防给水需要水头

项目		主厂房区域					运煤系统		辅助、附属建筑		备注
		主厂房室内	主厂房室外	空气预热器水喷淋	皮带层自动喷水	变压器水喷雾	室内	自动喷水	室内	室外	
建筑物最高处或室内最不利点灭火装置高度（m）		75	24	19.0	46.5	7.8	54.1	45.9	20	20	
消防水源最低水位（m）		−0.7	−0.7	−0.7	−0.7	−0.7	−0.7	−0.7	−0.7	−0.7	
水枪	出口需要水头（mH₂O）	20.5	17				20.5		20.5	17	
水龙带	水头损失（mH₂O）	1.4	5.8				1.4		1.4	5.8	
固定喷水需要水头（mH₂O）				50	10	35		10			
管网水头损失（mH₂O）		20	15	30	40	40	15	55	5	5	
合计需要水头（mH₂O）		117.6	62.5	99.7	97.2	83.5	91.7	111.6	47.6	48.5	

注 1mH₂O=0.1MPa。

主厂房的体积大于 50000m³，建筑高度大于 50m，室内消火栓用水量为 22.8L/s，室外消火栓用水量为 36.4L/s。由表 5.3-1 和表 5.3-2 可知：消防最大用水量为 143.2L/s，消防给水所需最大水头为 117.67m，火灾发生时所需最大一次消防用水总量为729m³。

5.4　消防水泵及消防水池

根据表5.3-1，本期高压消防给水系统的高压消防水泵采用两台，分别为1台电动消防水泵和1台柴油机消防水泵。

（1）电动消防水泵的参数：流量$Q=540m³/h$，压力$p=1.2MPa$，电动机功率$P=250kW$。

（2）柴油机消防水泵参数：流量$Q=540m³/h$，压力$p=1.2MPa$。

其中电动消防水泵作为主运行泵，柴油机消防水泵为备用泵；采用1套稳压装置及控制系统，用于稳定高压消防管网的流量和压力。

稳压泵采用2台电动给水泵，互为备用，其流量$Q=18m³/h$，压力$p=1.2MPa$。平时高压消防管网的流量和压力由稳压装置维持。发生火灾、消防用水设施开启时（如自动喷水灭火系统、水喷雾灭火系统或消火栓灭火系统），稳压装置不能维持高压消防管网的压力，高压消防管网的压力将急剧下降，高压消防水泵则自动启动，以满足高压消防管网的压力要求。当一台电动消防水泵因故停运时，备用消防水泵能在规定的时间内自动投入运行；消防水泵既可就地操作，也可在集中控制楼控制室控制启停。

根据规范规定，电厂同一时间内的火灾次数按一次设计，消防蓄水池的容量应满足在火灾延续时间内室内外消防用水总量的要求。火灾延续时间确定：自动喷水灭火按1h计算，变压器水喷雾灭火按0.4h计算，其他消火栓灭火按2h计算。经计算，消防蓄水量为729m³，消防蓄水池的容量选用1000m³，分2格储存在消防水池内，通过液位控制保证消防水不作他用。

本期消防水补水为生活水。

5.5　气体消防系统

依据GB 50370—2005《气体灭火系统设计规范》、GB 50229—2006《火力发电厂与变电站设计防火规范》和相关设计导则等要求，无人值班场所需要采用气体灭火系统时，采用二氧化碳灭火系统；有人场所需要采用气体灭火系统时，采用洁净气体灭火系统。气体灭火剂的设计用量按需要提供保护的最大防护区的体积经计算确定，灭火剂按100%备用。

在集中控制楼设置IG541全淹没系统，采用全淹没系统组合分配保护形式。最大用气量发生在电子设备间，电子设备间净容积为1974m³，IG541气体用量为85个瓶组，单瓶容积$V=80L$。该系统保护3个防护区，分别为集中控制楼13.700m层电子设备间、分布式控制系统（distributed control system，DCS）工程师站和电气控制系统（electrical control system，ECS）工程师站。IG541设备装置设在集中控制楼零米标高层的消防用房间，灭火剂按100%备用。

在煤斗处设置低压二氧化碳惰化系统，集中控制楼电缆夹层、配电间等处设置低压二氧化碳灭火系统。本工程选用1套10000kg低压二氧化碳气体灭火装置，罐内备用。低压二氧化碳灭火系统储罐布置在集中控制楼零米层。

主厂房配电间等采用气溶胶消防。

网络控制继电器室、输煤综合楼配电间等采用火探管灭火装置消防。火探管灭火装置采用局部全淹没式灭火方式，要求所保护的设备相对封闭或空间相对封闭。火探管灭火装置的工作原理是当火患发生时，距离火源上部1m范围内经充压的火探管最薄弱处在一定温度下爆破，从而引发火探管灭火装置启动并释放灭火介质到保护区域，达到自动探火/灭火的目的。灭火控制方式为自动。火探灭火装置由容器阀、小球阀、火探管、释放管（间接式有）、终端压力表、终端压力止回阀、喷嘴（间接式有）和各种专用零配件组成。灭火剂容器须用瓶架妥善固定，尽可能靠近保护对象并直立安装，安装处温度在0～50℃范围内；所有火探管、释放管及主要组件的连接应采用专用的接头等零配件，以保证其密封性，当需穿过墙壁或箱体时应安装专用接头或保护件以防磨损；火探管、释放管需用固定夹固定，火探管固定夹间距不大于0.5m，释放管固定夹间距不大于1.5m；火探管的安装离保护对象不应超过1m，不应紧贴在超过80℃的表面；火探管终端的压力表应安装在被保护区域的外部或便于检查的部位；火探管最小弯曲半径不应小于30mm。

气体灭火系统依据GB 50370—2005《气体灭火系统设计规范》进行设计。

5.6　灭火器的配置

建筑物内根据火灾类别及危险等级配置灭火器。

在主厂房和其他被保护对象及建筑物的主要设备处，均配置移动式灭火器（包括手提式、推车式）；并根据有无设置消火栓、自动喷水或其他自动灭火设备的实际情况，选择和布置移动灭火器，以便在火灾初期可及时灭火。

5.7　消防车

根据GB 50229—2006《火力发电厂与变电站设计防火规范》的规定，电厂配置消防车，电厂消防立足于自救，当地消防站支援。因为工业场地内设有消防站，故电厂仅配置2辆消防车及车库。

6　消防供电

6.1　变压器消防

主变压器、高压厂用变压器、启动/备用变压器布置在主厂房A排前，主变压器，启动/备用变压器在同一中心线上，中心线距主厂房A排25.5m，高压厂用变压器中心线距离 A 排 15m。启动/备用变压器布置在两台机组的固定端。主变压器和高压厂用变压器之间设有防火墙。每台变压器的基础设有 20%变压器油量的储油池，并设一个 100%主变压器油量的总事故油池，事故油池设有油水分离装置。主变压器、高压厂用变压器及启动/备用变压器四周均布置火灾检测装置。

发电机励磁变压器采用无火灾危险的干式变压器。

发电机中性点接地变压器采用无火灾危险的干式变压器。

全厂低压变压器采用干式变压器，无漏油及火灾危险。干式变压器设有绕组温度检测装置。

6.2 电缆防火

6.2.1 电缆选型

（1）全厂的动力电缆和控制电缆采用 C 级阻燃型电缆。

（2）重要的消防系统、火灾报警系统、不停电电源、直流跳闸回路和事故保安电源等使用的动力电缆和控制电缆采用耐火电缆。

6.2.2 电缆构筑物及通道的防火

（1）每台机组尽可能为独立通道，电缆分开或分隔敷设。

（2）各台机组之间、主厂房及各建筑物通向外部的电缆通道出口处设置防火墙。

（3）电缆主通道分支处设置防火隔板。电缆和电缆托架分段使用防火涂料、阻燃槽盒、防火隔板或防火包等。对易积灰、易受油喷的桥架采用加盖等措施。

（4）电缆敷设完成后，所有的孔洞均使用防火堵料进行封堵。

（5）在单元控制室设置必要的火灾报警装置及自动灭火装置。

6.2.3 防止电缆自燃、引燃的措施

电缆截面的选择全面考虑电缆在短路、过载等各种工况下的耐热承受能力，确保电缆允许热容量大于开关装置的 I^2t 动作值。充分考虑采取阻燃措施后对电缆载流量的影响。

避免电缆出现中间接头，若出现接头，则在接头两侧各 3m 的区段和该范围并列的其他电缆上缠绕自黏性防火包带。

电缆通过易燃、易爆、高温及其他有火灾危险的地区，电缆较多时采用耐火槽盒保护，电缆较少时采用难燃保护管保护。

6.3 其他电气设施的消防

全厂屋内电气设施全部实现无油化，中压开关采用真空断路器的形式，低压变压器采用干式变压器，无火灾危险。控制楼内的电缆夹层按照防火分区设置防火隔墙。

输煤系统就地电气盘柜采用高防护等级的设备，避免煤粉进入后堆积引燃。危险场所采用防爆设备。

6.4 消防供电

6.4.1 消防供电的负荷等级、数量及其可靠性

本期新增一台消防泵功率为 250kW，采用 6kV 系统供电，在全厂停电时可采用系统侧电源供电也可采用就地柴油机拖动消防泵以满足消防的需要。

自动灭火系统、电动卷帘门、与消防有关的电动阀门及交流控制负荷，由保安电源供电。

本工程设一套二氧化碳气体灭火系统、洁净气体灭火系统、火灾报警盘自动灭火系统，采用 380V/220V 系统供电，正常情况下均由厂用 PC 段供电，当 PC 段停电时可采用保安段柴油机供电，同时，配备快切装置以满足消防负荷的需要，消防部分低压负荷均采用耐火电缆。

火灾自动报警系统由厂内 220V 交流不停电源供电。

6.4.2 事故照明

单元控制室、网络继电器室及柴油机房的应急照明，采用 220V 直流蓄电池系统供电，主厂房出入口、通道、楼梯间及远离主厂房的重要工作场所的应急照明，采用应急灯。其他场所的事故照明，由保安电源供电。

7 供暖通风及空气调节部分

7.1 供暖系统

主厂房、输煤建筑、生产辅助建筑与附属建筑均采用热水供暖，热水来自主厂内的供暖换热站。

供暖设备选用光滑易清扫的钢管柱型散热器，散热器表面温度不超过 160℃。

蓄电池室、供氢站严禁采用明火供暖。蓄电池室采用钢排管散热器，室内不设法兰、丝扣接头及阀门，供暖管道不穿过蓄电池室楼板。

供暖管道敷设不穿过配电装置等电气设备间。

室内供暖管道、管件及保温材料采用不燃烧材料。

7.2 通风空调系统的统一要求

7.2.1 通风空调系统的风管在穿越各防火区域的隔墙、空调机房的隔墙、重要设备或火灾危险性大的房间的隔墙、楼板、变形缝处以及水平与垂直风道交接处的水平管道上时，均设置 70℃防烟防火阀，并与空气处理机、风机等设备联锁。

7.2.2 当室内设有火灾探测报警系统时，相应的通风空气调节系统中的空气处理机组、风机和防烟防火阀等由消防控制中心根据火灾探测报警信号联动控制。当房间发生火灾时，消防控制系统发出火灾探测报警信号，关闭通风空气调节系统中的防烟防火阀，联锁空气处理机、空气调节机和风机等停止运行，并反馈电信号至消防中心。

7.2.3 室内设有全淹没气体灭火消防设施的电气设备室,房间内的进排风设施需为电动型,配电动防烟防火阀,并与消防信号联锁。发生火灾时,在气体灭火系统启动以前,气体灭火区域内的通风设施需自动关闭,保证房间的密闭性以防造成泄压。当火被扑灭后,自动开启通风设施排除气体,房间无下部可开启外窗时,排风口布置在房间下部,恢复至正常运行工况。

7.2.4 通风、空调系统的电加热器应与送风机联锁,并设置超温断电保护信号。

7.2.5 通风、空气调节系统的风管及其附件采用钢板制作,满足不燃材料的要求。穿过防火墙两侧各 2m 范围内的风管应采用不燃烧材料保温,穿过处的空隙应采用防火材料封堵。

7.2.6 通风、空气调节系统风管的保温材料、消声材料及其黏结剂,均采用不燃烧材料或难燃烧材料。

7.3 通风系统

7.3.1 主厂房通风

汽机房采用自然进风机械排风的通风方式。汽机房屋面设置防爆屋顶风机。对于氢冷发电机组,为消除汽机房屋面下聚集的氢气,发电机正上方区域汽机房屋面上设置排氢风帽。

煤仓间利用可开启的建筑外窗,采用自然通风方式。

锅炉房采用自然通风的通风方式。锅炉房屋面设置屋顶通风器。

如果发生火灾,关闭屋顶通风器。当确定火灾已扑灭的情况下,进入排烟状态,由于厂房高大、各层楼板上都有通风专用格栅,进排风温差大,厂房内的烟气靠热压的作用能及时被排走。

7.3.2 电气设备间通风

厂用配电装置室、配电间等通风采用机械通风系统,火灾时切断通风机电源。设置换气次数不少于每小时 6 次的灭火后排风装置。用于排除室内设备散热的排风机可兼作灭火后通风换气用。通风系统的电源开关装在门口便于操作的地点。

蓄电池室采用机械降温通风,室内空气不再循环,室内保持负压。经常使用的正常通风量按换气次数不少于每小时 3 次计算,蓄电池室设备故障时,通风量按换气次数不少于每小时 6 次计算。蓄电池室的设备故障排风机兼做正常通风机。排风系统在每个梁分隔内设有吸风口,吸风口上缘距顶棚平面或屋顶的距离不大于 0.1m,排风系统排出的气体接至室外。排风机与电动机均采用防爆型,电动机为直接连接。

集中控制楼的电缆夹层利用建筑外窗自然通风。

7.3.3 柴油发电机房通风

柴油发电机房设置机械排风装置,室内空气不再

循环,其通风量按换气次数不少于每小时 10 次计算,排风机及电动机采用防爆型,风机与电动机直连。电源接入保安电源系统。

每个油箱间单独设置排风系统,其排风量应按换气次数每小时不少于 5 次计算。通风机采用防爆型,风机与电动机直连。

7.3.4 化学房间通风

氨、联氨加药间及药品库分别布置在主厂房和集中控制楼内,设置换气次数不少于每小时 15 次的机械排风装置,通风机及电动机采用防爆型,风机与电动机直连。排风系统排出的气体接至室外。

制氢站的电解间设置排氢筒形风帽的自然排风,并设事故排风机,风机为防爆型,风机与电动机直连。正常通风换气次数按每小时 3 次计算,事故通风换气次数按每小时 12 次计算。位于爆炸危险区域内,且开有门窗的冷却水泵间和走廊设置事故通风系统,事故通风换气次数按每小时 12 次计算。

化验室设置机械排风装置,其通风量按换气次数不少于每小时 6 次计算,排风机及电动机采用防爆型,风机与电动机直连。

油分析室、煤分析室和水分析室的通风柜上设置排风机,风机及电动机采用防爆型,风机与电动机直连。

精处理再生间的药品储存库和综合加药间含有酸碱等药品,设置机械排风装置,室内保持负压,室内空气不再循环,药品储存的通风量按换气次数不少于每小时 10 次计算,综合加药间的通风量按换气次数不少于每小时 15 次计算,排风机及电动机采用防爆型,风机与电动机直连。

生产废水及生活废水处理室设置机械排风装置,室内保持负压,室内空气不再循环,其通风量按换气次数不少于每小时 15 次计算。

滤池间设置机械排风装置,室内保持负压,室内空气不再循环,其通风量按换气次数不少于每小时 6 次计算。

石灰筒仓间和污泥浓缩间设置机械排风装置,室内保持负压,室内空气不再循环,石灰筒仓间的通风量按换气次数不少于每小时 10 次计算,污泥浓缩间的通风量按换气次数不少于每小时 6 次计算,排风机及电动机采用防爆型,风机与电动机直连。

7.3.5 输煤建筑通风

煤仓间和筒仓上设置布袋除尘。煤仓间原煤斗和筒仓卸煤时,为防止煤斗内粉尘四溢,工艺设备加强密封措施后,每个原煤斗上设一台除尘器,每个筒仓上设两台除尘器,以使煤斗和筒仓产生的煤尘或使煤仓和筒仓存放的煤发出的可能引起爆炸的甲烷气体变得稀薄,并将其抽除干净。还可造成煤斗和筒仓内

的负压，以控制煤斗内煤尘的外溢。电动机采用防爆型，除尘风机与电动机直连。机组大修期间或煤斗长期不上煤时，为防止甲烷等气体在原煤斗聚集发生爆炸，定期开启除尘器以排除原煤斗和筒仓内可燃气体。运行人员可根据需要来调整间断运行的间隔时间，运行时间不宜少于1h。

7.4 空气调节系统

电子设备间、集中控制室等房间设置独立的排风机。

组合式空调机组布置在单独的机房内，避免与电缆布置在一起。

当空调房间发生火灾时，及时关闭空气调节系统，切断空调机组与空调房间的联系，避免火种和烟气的传播。经专业人员仪器检测确定房间内火已被扑灭且不能复燃的情况下，开启排风机排烟。确认房间内的烟气已被排尽时，再重新启动空气调节系统。

7.5 防排烟

有外窗的房间利用可开启的外窗进行自然排烟。

防烟楼梯间利用可开启的建筑外窗排烟。

集中控制楼的走廊设有机械排烟系统，各层走廊设有280℃排烟口，最大的排烟区域的面积为194m²，单位排烟量为120m³/（h·m²），设置消防高温排烟风机1台，风量为26000m³/h，排烟风机入口设280℃防烟防火阀。

8 火灾报警及控制系统

8.1 系统概述

本期工程的电厂火灾探测报警控制系统采用智能模拟系统。该系统采用控制中心报警系统，由下列主要设备组成：集中火灾报警控制器、消防联动控制器、区域火灾报警控制器、火灾应急广播设备及消防通信设备、CRT显示装置、探测器、手动报警按钮、声光报警器、各类模块等。

集中火灾报警控制器、消防联动控制设备、CRT显示装置、火灾应急广播设备及消防通信设备主机设置在集中控制楼控制室内，以此作为本期工程的消防控制中心，在本期工程的主厂房、输煤系统、脱硫岛区域分别设置区域火灾报警控制器。

集中火灾报警控制器与区域火灾报警控制器采用网络连接，总线制。火灾报警控制器采用先进的计算机技术和模拟量传输技术，采用多重传输方式对探测器发出的报警信息、各种设备的动作和控制信息进行传输及控制。所有信息均能在控制器大型中文液晶显示屏显示。该控制器通过与智能模拟点式感温/感烟探测器（内设微处理器）连接，可根据环境情况设定不同级别灵敏度，也可以在不同的时间自动调节探测器的灵敏度，能对外界非火灾因素如温度、湿度、灰尘积累引起的灵敏度漂移进行自动补偿；也可以通过智

能探测器自身的判断结果进行报警。集中火灾报警控制器具有故障报警、火警优先、自动巡检、时间显示、历史事件自动记录、打印功能，还具有火灾信息经确认后发出火灾警报，按程序控制各有关消防设备进行灭火的功能。

另外，与该系统配套的计算机显示装置，能够显示火灾报警、故障报警部位及消防设备所在位置的平面图，还可以通过预先编制的程序，将火灾应急计划和行动方案输入到计算机中，一旦发生火灾能够自动显示或广播有关信息，以便电厂的运行人员能及时高效地扑灭火灾和进行应急运行操作。

集中控制楼控制室是24h有人值班的场所，及早发现火情，对于全厂的生产运行至关重要，为此，在集中控制楼的控制室、电子设备间、电气继电器室、电气工程师站、热控工程师站及UPS室直流配电间，专门设置了"极早期报警装置"，可以较常规探测系统提前1～2h发现火灾隐患，从而将火灾消除于未燃，避免引起重大损失。

气体灭火系统在接收两路独立的火灾报警信号后可以自动启动，也可以在设置在气体保护区域的气体灭火控制盘上手动直接启动。系统开始喷射灭火剂后，管道上的压力开关向就地盘和消防主盘发出信号以便确认已喷射灭火剂的防护区是否与发生火灾的防护区一致，同时这个信号传至防护区入口处，发出正在喷射灭火剂的光字提示信号，该信号一直持续到确认火灾已经扑灭。

8.2 火灾报警探测设置区域

本工程火灾探测报警系统主要分4个区域，分别为集中控制楼、主厂房、输煤系统及脱硫岛。主控盘设在集中控制室，输煤控制室、脱硫岛区域分别设置区域火灾报警控制器。

各探测区域的火灾探测形式见表4.5-1。

8.3 火灾报警及消防系统联锁项目

消防联动控制器能够对主要消防灭火设施进行操作和监控，如消防水泵、控制楼送回风机、排烟风机、自动灭火设施等。此外，在主厂房灭火区域、输煤系统、集中控制楼等处，均设置了就地控制盘，手动控制灭火设备的启动。

火灾应急广播设备及消防通信设备由主机、扬声器、固定电话和电话插孔组成。该设施主要设置在主厂房和输煤系统内。建立广播通信系统的目的是：火灾时，便于人员疏散，统一指挥以及通信联系；试验测试时，便于通信联系。

8.4 火灾报警及消防系统设备及材料的选型要求

根据电厂受保护设备/区域的环境特点和火灾特性来配备相应的火灾探测器，以便探测器能够最有效地工作并将维护量降到最低。在集中控制楼控制室、

继电器室、电子设备间等处采用感烟型和极早期组合火灾探测器；在汽机房、锅炉房的一些区域采用感温型火灾探测器；在电缆桥架、电缆隧道、电缆夹层、屋外变压器及输煤皮带等处采用缆式线型感温探测器。主厂房内的缆式线型感温探测器选用金属层结构，运煤系统内的火灾探测器及连接件为防水型。

探测器的具体类型及保护的建（构）筑物和设备详见表 4.5-1。

此外，在探测区域内配备足够的手动报警按钮。

9　氢站部分

9.1　系统及布置

本期工程装设 1 套 ZHDQ-32/10 水电解制氢装置［10m³/h（标准状态），p=3.2MPa］，设 4 台氢气储罐（13.9m³，p=3.2MPa）。

电解制氢设备布置在单独的建筑物内，氢储罐布置在室外。

制氢站是一个独立的建筑物，氢储罐和压缩空气储罐布置在室外（半封闭）。

制氢站内有爆炸危险房间，为 1 区爆炸危险环境。制氢站设计严格按 GB 50177—2005《氢气站设计规范》执行。

9.2　消防

水电解制氢设备上的电气、仪器仪表等均应参照有爆炸危险的场所选用，且不应低于氢气爆炸混合物的级别和组别（ⅡCT1）。

根据 GB 50177—2005《氢气站设计规范》9.0.4，管道法兰、阀门等连接处，应采用金属线跨接。

电解间设 4 个氢气检漏报警探头并与事故排风机联锁，当室内氢气浓度达到 0.4%（体积比）时，事故排风机能自动开启，同时自动将制氢装置切断。

电解间内控制仪表、部件和电气设备应选用防爆、防腐性能的仪表和电器设备；对不具备防爆性能的仪表和电器设备，都安装在跟现场相隔离的控制室内；对不具备防腐性能的仪表都采取隔离措施；对跟氧气接触的仪表采取禁油措施。

储罐间设 4 个氢气检漏报警探头并与事故排风机联锁，当室内氢气浓度达到 0.4%（体积比）时，事故排风机能自动开启。

10　脱硫部分

本工程采用石灰石-石膏湿法脱硫装置，按一炉一塔配置，烟气 100% 进行脱硫处理，设计脱硫效率不小于 95%。

脱硫装置入口不单独设置增压风机，锅炉排烟经引风机后进入脱硫塔进行脱硫反应；脱硫装置烟气系统不设置旁路。

石灰石浆液采用外购石灰石块制粉后再制浆，应严格控制石灰石块的粒度，粒度应控制在小于或等于 20mm。设两套湿式球磨机磨制系统，每套系统容量相当于两台锅炉 BMCR 工况燃用设计煤种运行时 FGD 装置石灰石耗量的 75% 容量设计。

成品浆液储存在石灰石浆液箱中，然后用石灰石供浆泵送入吸收塔。

本工程每台炉设置 1 套吸收塔系统。烟气从吸收塔下侧进入，与吸收浆液逆流接触，在塔内进行吸收反应。经吸收剂洗涤脱硫后的净烟气，通过除雾器除去雾滴后排出吸收塔。脱硫塔石膏浆液排浆泵将吸收塔浆池内的石膏浆液排出吸收塔，送入石膏脱水系统。

石膏脱水设备主要由石膏旋流器和真空皮带脱水机组成，石膏浆液经过石膏旋流器旋流处理后其底流浓缩成含固量 50% 的石膏浆液并自流到真空皮带脱水机脱水，经真空皮带机脱水后的石膏（含水≤10%）运至石膏堆料间储存。脱硫产生的副产品石膏，按全部综合利用考虑。

本工程设一个事故浆液箱，事故浆液箱的容量可以满足吸收塔停运的排空需要。脱硫系统停运检修时石膏浆液由石膏浆液排出泵送至事故浆液箱。检修结束，石膏浆液由事故浆液返回泵送回吸收塔，从而缩短系统投运所需时间。

11　氨区

11.1　建（构）筑物火灾危险性及耐火等级

建（构）筑物的生产火灾危险类别、耐火等级和建筑面积见表 11.1-1。

表 11.1-1　建（构）筑物的生产火灾危险类别、耐火等级和建筑面积

序号	建（构）筑物名称	火灾危险类别	耐火等级	建筑面积（m²）
1	氨区控制室建筑	丙	二	67.17
2	氨制备间建筑	乙	二	185.44
3	液氨储罐棚建筑	乙	二	198.00

以上各建筑耐火等级和占地面积均符合 GB 50016—2014《建筑设计防火规范》中 3.3.1 要求。

其中氨制备间的轴线轮廓尺寸为 16.5m（长）×10m（宽）×5m（净高），实际泄压面积为 33m²，根据 GB 50016—2014《建筑设计防火规范》中 3.6.4，泄压面积为

$$A =10CV^{2/3}$$
$$=10×0.25×(16.5×10×5)^{2/3}$$
$$=27m^2$$

则泄压面积满足防爆要求。氨制备间室内屋面底板设计成平顶的钢筋混凝土板。

11.2 建筑各部位设计说明

11.2.1 屋面

氨区控制室屋面采用新型卷材防水屋面（有隔热层），屋面最顶部为 30mm 厚钢筋混凝土板保护层。液氨储罐棚屋面采用单层压型钢板，承重钢梁刷耐火极限不小于 1h 的防火涂料。

11.2.2 门窗

采用塑钢窗（双层，带纱扇）、钢制门，其中防火墙上的门窗为甲级防火门窗。

11.2.3 地面

地基土的夯实处理及检验标准遵守 GB 50209—2010《建筑地面工程施工及验收规范》。

11.2.4 地基

建筑物所有附属部分（坡道、散水、台阶等）均做软地基处理，防止其与建筑物不均匀沉降，产生裂缝。

11.2.5 室外地坪

根据当地气候特点及实际使用情况，所有室外地坪面层均采用素混凝土,6m×6m 分格处理,厚度为 150mm。

11.3 氨区结构设计

氨区控制室建筑、氨制备间建筑和液氨储罐棚建筑均为钢筋混凝土框架结构。

11.3.1 氨区控制室建筑

控制室设有直接对外的安全出口，控制室建筑内同时设有消防用的雨淋阀间。

11.3.2 储罐区

储罐区两罐之间的间距为 3m，单罐储量为 110m³，储罐双排布置，符合 GB 50016—2014《建筑设计防火规范》中 4.2.2 关于储罐区间距不小于 0.8m 要求和 4.2.3 中单罐储量及间距要求；储罐区外围设置 1m 高不燃烧防火堤，防火堤内侧基脚线距卧式储罐的水平距离为 3m,并设有灭火时便于消防队员进出防火堤的踏步。符合 GB 50016—2014《建筑设计防火规范》4.2.5 中关于防火堤规定。

液氨储罐棚为钢筋混凝土框架体系，其屋面梁采用实腹式 H 形钢。氨棚屋面钢梁构件按 GB 50016—2014《建筑设计防火规范》中 3.2.1 规定涂刷耐火极限不小于 1h 的防火涂料。

附录 C　中国及一些国家的消防标准

C.1　中国常用消防法规与标准

表 C-1　　中国常用消防法规与标准

序号	标准号	标准名称
1	GB 50016—2014	建筑设计防火规范
2	GB 50222—1995	建筑内部装修设计防火规范
3	GB 50229—2006	火力发电厂与变电站设计防火规范
4	GB 50084—2001	自动喷水灭火系统设计规范
5	GB 50974—2014	消防给水及消火栓系统技术规范
6	GB 50219—2014	水喷雾灭火系统技术规范
7	GB 50370—2005	气体灭火系统设计规范
8	GB 50193—1993	二氧化碳灭火系统设计规范
9	GB 50116—2013	火灾自动报警系统设计规范
10	GB 50151—2010	泡沫灭火系统设计规范
11	GB 50140—2005	建筑灭火器配置设计规范
12	GB 50338—2003	固定消防炮灭火系统设计规范
13	GB 50347—2004	干粉灭火系统设计规范
14	GB 50074—2014	石油库设计规范
15	GB 50898—2013	细水雾灭火系统技术规范

C.2　美国 NFPA 标准

表 C-2　　美国 NFPA 标准

序号	标准号	标准名称
1	NFPA 850-2015	Recommended Practice for Fire Protection for Electric Generating Plants and High Voltage Direct Current Converter Stations 电厂和高压直流换流站消防推荐标准
2	NFPA 10-2013	Standard for Portable Fire Extinguishers 便携式灭火器标准
3	NFPA11-2010	Standard for Low-, Medium-, and High-Expansion Foam 低、中、高倍泡沫标准

续表

序号	标准号	标准名称
4	NFPA 12- 2011	Standard on Carbon Dioxide Extinguishing Systems 二氧化碳灭火系统标准
5	NFPA 13-2013	Standard for the Installation of Sprinkler Systems 自动喷水灭火系统安装设计规范
6	NFPA14-2013	Standard for the installation of stand pipe and hose systems 消防立管及软管系统安装标准
7	NFPA 15-2012	Standard for water spray fixed systems for fire protection 固定式水喷雾消防系统规范
8	NFPA20 -2013	Standard for the Installation of Stationary Pumps for Fire Protection 消防水泵安装规范
9	NFPA 24-2013	Standard for the Installation of Private Fire Service Mains and Their Appurtenances 专用消防水管及附件的安装标准
10	NFPA 2001-2012	Standard on Clean Agent Fire Extinguishing Systems 洁净气体灭火系统标准
11	NFPA72-2013	National Fire Alarm and Signaling Code 美国国家火灾报警与信令规程
12	NFPA750-2015	Standard on Water Mist Fire Protection Systems 细水雾消防系统标准

C.3　俄罗斯消防标准

表 C-3　　俄罗斯消防标准

序号	标准号	名　　称
1	НПБ101-95	消防队工程项目设计标准
2	НПБ88-2001	灭火和报警装置设计标准和规范
3	СП1.13130.2009	消防系统疏散道路和出口
4	СП2.13130.2009	消防系统保护目标的防火性能保证
5	НПБ104-03	厂房和构筑物火灾时广播和人员疏散管理系统
6	НПБ105-03	房间、厂房和外部装置爆炸火灾危险和火灾危险等级划分
7	СП3.13130.2009	火灾报警和人员疏散管理系统消防安全要求

续表

序号	标准号	名　称
8	СП4.13130.2009	消防保护系统限制火灾立体–平面蔓延的保护装置要求
9	СП5.13130.2009	消防系统消防信号装置和自动灭火装置设计标准和规范
10	СП6.13130.2009	消防保护系统、电气设备消防安全要求
11	СП7.13130.2009	供暖、通风和空气调节系统消防要求
12	СП8.13130.2009	消防保护系统外部消防供水水源消防安全要求
13	СП9.13130.2009	消防技术灭火器对使用（操作）的要求
14	СП10.13130.2009	消防保护系统内部消防管线消防安全要求
15	СП11.13130.2009	消防保卫部门的分布位置划分的程序和办法
16	СП12.13130.2009	房间、建筑物和外部装置爆炸和火灾危险等级划分
17	НПБ110-2003	应配置自动灭火装置和自动火灾报警的厂房、构筑物、房间和设备

C.4　印度标准

表 C-4　　　印　度　标　准

序号	名　称
1	Building Regulation 建筑防火导则
2	Electrical Regulation 电气设计导则
3	Rules For Fire Alarm System 火灾报警系统设计导则
4	Fire Protection Manual 消防设计手册
5	Rules For Water Spray Systems 水喷雾灭火系统设计导则
6	Sprinkler Regulations 自动喷水灭火系统设计导则

注　印度的消防系统设计主要遵循费率咨询委员会（tariff advisory committee，TAC）导则。

附录 D　各类建筑构件的燃烧性能和耐火极限

序号	构件名称		构件厚度或截面最小尺寸（mm）	耐火极限（h）	燃烧性能
一	承重墙				
1	普通黏土砖、硅酸盐砖，混凝土、钢筋混凝土实体墙		120	2.50	不燃性
			180	3.50	不燃性
			240	5.50	不燃性
			370	10.50	不燃性
2	加气混凝土砌块墙		100	2.00	不燃性
3	轻质混凝土砌块墙		120	1.50	不燃性
			240	3.50	不燃性
			370	5.50	不燃性
二	非承重墙				
1	普通黏土砖墙	（1）不包括双面抹灰	60	1.50	不燃性
			120	3.00	不燃性
		（2）包括双面抹灰（15mm 厚）	150	4.50	不燃性
			180	5.00	不燃性
			240	8.00	不燃性
2	七孔黏土砖墙（不包括墙中空 120mm）	（1）不包括双面抹灰厚	120	8.00	不燃性
		（2）包括双面抹灰厚	140	9.00	不燃性
3	粉煤灰硅酸盐砌块墙		200	4.00	不燃性
4	轻质混凝土墙	（1）加气混凝土砌块墙	75	2.50	不燃性
			100	6.00	不燃性
			200	8.00	不燃性
		（2）钢筋加气混凝土垂直墙板墙	150	3.00	不燃性
		（3）粉煤灰加气混凝土砌块墙	100	3.40	不燃性
		（4）充气混凝土砌块墙	150	7.50	不燃性
5	空心条板隔墙	（1）菱苦土珍珠岩圆孔	80	1.30	不燃性
		（2）炭化石灰圆孔	90	1.75	不燃性
6	钢筋混凝土大板墙（C20）		60	1.00	不燃性
			120	2.60	不燃性
7	轻质复合隔墙	（1）菱苦土板夹纸蜂窝隔墙，构造：2.5mm＋50mm（纸蜂窝）＋25mm	77.5	0.33	难燃性

续表

序号	构件名称	构件名称	构件厚度或截面最小尺寸（mm）	耐火极限（h）	燃烧性能
7	轻质复合隔墙	（2）水泥刨花复合板隔墙（内空层60mm）	80	0.75	难燃性
		（3）水泥刨花板龙骨水泥板隔墙，构造：12mm+86mm（空）+12mm	110	0.50	难燃性
		（4）石棉水泥龙骨石棉水泥板隔墙，构造：5mm+80mm（空）+60mm	145	0.45	不燃性
8	石膏空心条板隔墙	（1）石膏珍珠岩空心条板，膨胀珍珠岩的容量为50～80kg/m³	60	1.50	不燃性
		（2）石膏珍珠岩空心条板，膨胀珍珠岩的容量为60～120kg/m³	60	1.20	不燃性
		（3）石膏珍珠岩塑料网空心条板，膨胀珍珠岩的容量为60～120kg/m³	60	1.30	不燃性
		（4）石膏珍珠岩双层空心条板，构造：60mm+50mm（空）+60mm	170	3.75	不燃性
		（5）膨胀珍珠岩容量50～80kg/m³	170	3.75	不燃性
		（6）膨胀珍珠岩容量60～1200kg/m³	60	1.50	不燃性
		（7）石膏硅酸盐空心条板	90	2.25	不燃性
		（8）石膏粉煤灰空心条板	60	1.28	不燃性
		（9）增强石膏空心墙板	90	2.50	不燃性
9	石膏龙骨两面钉表右侧材料的隔墙	（1）纤维石膏板，构造			
		1）10mm+64mm（空）+60mm	84	1.35	不燃性
		2）8.5mm+103mm（填矿棉，容重100kg/m³）+8.5mm	120	1.00	不燃性
		3）10mm+90mm（填矿棉，容重100kg/m³）+10mm	110	1.00	不燃性
		（2）纸面石膏板，构造			
		11mm+68mm（填矿棉，容重100kg/m³）+11mm	90	0.75	不燃性
		12mm+80mm（空）+12mm	104	0.33	不燃性
		11mm+28mm（空）+11mm+65mm（空）+11mm+28mm（空）+11mm	165	1.50	不燃性
		9mm+12mm+128mm（空）+12mm+9mm	170	1.20	不燃性
		25mm+134mm（空）+12mm+9mm	180	1.50	不燃性
		12mm+80mm（空）+12mm+12mm+80mm（空）+120mm	208	1.00	不燃性
10	木龙骨两面钉表右侧材料的隔墙	（1）石膏板，构造：12mm+50mm（空）+12mm	74	0.30	难燃性
		（2）纸面玻璃纤维石膏板，构造：10mm+55mm（空）+10mm	75	0.60	难燃性
		（3）纸面纤维石膏板，构造：10mm+55mm（空）+10mm	75	0.60	难燃性
		（4）钢丝网（板）抹灰，构造：15mm+50mm（空）+15mm	80	0.85	难燃性

序号	构件名称		构件厚度或截面最小尺寸（mm）	耐火极限（h）	燃烧性能
10	木龙骨两面钉表右侧材料的隔墙	（5）板条抹灰，构造：15mm＋50mm（空）＋15mm	80	0.85	难燃性
		（6）水泥刨花板，构造：15mm＋50mm（空）＋15mm	80	0.30	难燃性
		（7）板条抹 1:4 石棉水泥隔热灰浆，构造：20mm＋50mm（空）＋20mm	90	1.25	难燃性
		（8）苇箔抹灰：15mm＋70mm＋15mm	100	0.85	难燃性
11	钢龙骨两面钉表右侧材料的隔墙	（1）纸面石膏板构造			
		20mm＋46mm（空）＋12mm	78	0.33	不燃性
		2×12mm＋75mm（空）＋2×12mm	118	1.20	不燃性
		2×12mm＋75mm（空）＋3×12mm	130	1.25	不燃性
		2×12mm＋75mm（填岩棉，容重100kg/m³）＋2×12mm	123	1.50	不燃性
		12mm＋75mm（填 50 玻璃棉）＋12mm	99	0.50	不燃性
		2×12mm＋75mm（填 50 玻璃棉）＋2×12mm	123	1.00	不燃性
		3×12mm＋75mm（填 50 玻璃棉）＋3×12mm	147	1.50	不燃性
		12mm＋75mm（空）＋12mm	99	0.52	不燃性
		12mm＋75mm（其中 5%厚岩棉）＋12mm	99	0.90	不燃性
		15mm＋9.5mm＋75mm＋15mm	123	1.50	不燃性
		（2）复合纸面石膏板构造			
		10mm＋55mm（空）＋10mm	75	0.60	不燃性
		15mm＋75mm（空）＋1.5mm＋9.5mm（双层板受火）	101	1.10	不燃性
		（3）耐火纸面石膏板构造			
		12＋75mm（其中 5%厚岩棉）＋12mm	99	1.05	不燃性
		2×12mm＋75mm＋2×12mm	123	1.10	不燃性
		2×15mm＋100mm（其中 8%厚岩棉）＋15mm	145	1.50	不燃性
		（4）双层石膏板，板内掺纤维构造			
		2×12mm＋75mm（空）＋2×12mm	123	1.10	不燃性
		（5）单层石膏板构造			
		12mm＋75mm（空）＋12mm	99	0.50	不燃性
		12mm＋75mm（填岩棉，容重 100kg/m³）＋12mm	99	1.20	不燃性
		（6）双层石膏板构造			
		18mm＋70mm（空）＋18mm	106	1.35	不燃性
		2×12mm＋75mm（空）＋2×12mm	123	1.35	不燃性
		2×12mm＋75mm（填岩棉，容重 100kg/m³）＋2×12mm	123	2.10	不燃性
		（7）防火石膏板，板内掺玻璃纤维，岩棉容重为60kg/m³ 构造			
		2×12mm＋75mm（空）＋2×12mm	123	1.35	不燃性

序号	构件名称		构件厚度或截面最小尺寸（mm）	耐火极限（h）	燃烧性能
11	钢龙骨两面钉表右侧材料的隔墙	2×12mm+75mm（填40mm厚岩棉）+2×12mm	123	1.60	不燃性
		12mm+75mm（填50mm厚岩棉）+12mm	99	1.20	不燃性
		3×12mm+75mm（填50mm厚岩棉）+3×12mm	147	2.00	不燃性
		4×12mm+75mm（填50mm厚岩棉）+4×12mm	171	3.00	不燃性
		（8）单层玻镁砂光防火板，硅酸铝纤维棉容重为180kg/m³构造			
		8mm+75mm（填硅酸铝纤维棉）+8mm	91	1.50	不燃性
		10mm+75mm（填硅酸铝纤维棉）+10mm	95	2.00	不燃性
		（9）布面石膏板构造			
		12mm+75mm（空）+2×12mm	99	0.40	难燃性
		12mm+75mm（填玻璃棉）+12mm	99	0.50	难燃性
		2×12mm+75mm（空）+2×12mm	123	1.00	难燃性
		2×12mm+75mm（填玻璃棉）+2×12mm	123	1.20	难燃性
		（10）硅酸钙板（氧化镁板）填岩棉，岩棉容重为180kg/m³构造			
		8mm+75mm+8mm	91	1.50	不燃性
		10mm+75mm+10mm	95	2.00	不燃性
		（11）硅酸钙板填岩棉，岩棉容重为100kg/m³构造			
		8mm+75mm+8mm	91	1.00	不燃性
		2×8mm+75mm+2×8mm	107	2.00	不燃性
		9mm+100mm+9mm	118	1.75	不燃性
		10mm+100mm+10mm	120	2.00	不燃性
12	轻钢龙骨两面钉表右侧材料的隔墙	（1）耐火纸面石膏板构造			
		3×12mm+100mm（岩棉）+2×12mm	160	2.00	不燃性
		3×15mm+100mm（50mm厚岩棉）+2×15mm	169	2.95	不燃性
		3×15mm+100mm（80mm厚岩棉）+2×15mm	175	2.82	不燃性
		3×15mm+150mm（100mm厚岩棉）+3×15mm	240	4.00	不燃性
		9.5mm+3×12mm+100mm（空）+100mm（80mm厚岩棉）+2×12mm+9.5mm+12mm	291	3.00	不燃性
		（2）水泥纤维复合硅酸钙板构造			
		4mm（水泥纤维板）+52mm（水泥聚苯乙烯粒）+4mm（水泥纤维板）	60	1.20	不燃性
		20mm（水泥纤维板）+60mm（岩棉）+20mm（水泥纤维板）	100	2.10	不燃性
		4mm（水泥纤维板）+92mm（岩棉）+4mm（水泥纤维板）	100	2.00	不燃性
		（3）单层双面夹矿棉硅酸盐钙板	100	1.50	不燃性
			90	1.00	不燃性
			140	2.00	不燃性

序号	构 件 名 称		构件厚度或截面最小尺寸（mm）	耐火极限（h）	燃烧性能
12	轻钢龙骨两面钉表右侧材料的隔墙	（4）双层双面夹矿棉硅酸盐钙板钢龙骨水泥刨花板构造			
		12mm+76mm（空）+12mm	100	0.45	难燃性
		（5）钢龙骨石棉水泥板构造			
		12mm+75mm（空）+6mm	93	0.30	难燃性
13	两面用强度等级 32.5 号硅酸盐水泥，1:3 水泥砂浆的抹面的隔墙	（1）钢丝网架矿棉或聚苯乙烯夹芯板隔墙构造			
		25mm（砂浆）+50mm（矿棉）+25mm（砂浆）	100	2.00	不燃性
		25mm（砂浆）+50mm（聚苯乙烯）+25mm（砂浆）	100	1.07	难燃性
		（2）钢丝网聚苯乙烯泡沫塑料复合板隔墙构造			
		23mm（砂浆）+54mm（聚苯乙烯）+23mm（砂浆）	100	1.30	难燃性
		（3）钢丝网塑夹芯板（内填自熄性聚苯泡沫）隔墙	76	1.20	难燃性
		（4）钢丝网架石膏复合墙板构造			
		15mm（石膏板）+50mm（硅酸盐水泥）+50mm（岩棉）+50mm（硅酸盐水泥）+15mm（石膏板）	180	4.00	不燃性
		（5）钢丝网岩棉夹芯复合板	110	2.00	不燃性
		（6）钢丝网架水泥聚苯乙烯夹芯板隔墙构造			
		35mm（砂浆）+50mm（聚苯乙烯）+35mm（砂浆）	120	1.00	难燃性
14	（1）增强石膏轻质板墙		60	1.28	不燃性
	（2）增强石膏轻质内墙板（带孔）		90	2.50	不燃性
15	空心轻质隔板墙	（1）62mm 厚孔空心板拼装，两侧抹灰 19mm 厚（砂:碳:水泥比为 5:1:1）	100	2.00	不燃性
		（2）孔径 38mm，表面为 10mm 厚水泥沙浆	100	2.00	不燃性
16	混凝土砌块墙	（1）轻集料小型空心砌块	330×14	1.98	不燃性
			330×19	1.25	不燃性
		（2）轻集料（陶粒）混凝土砌块	330×240	2.92	不燃性
			330×290	4.00	不燃性
		（3）轻集料小型空心砌块（实心墙体）	330×190	4.00	不燃性
		（4）普通混凝土承重空心砌块	330×14	1.65	不燃性
			330×19	1.93	不燃性
			330×290	4.00	不燃性

序号	构件名称		构件厚度或截面最小尺寸（mm）	耐火极限（h）	燃烧性能
17	纤维增强硅酸钙板轻质复合隔墙		50～100	2.00	不燃性
18	纤维增强水泥加压平板		50～100	2.00	不燃性
19	（1）水泥聚苯乙烯粒子复合板（纤维复合）墙		60	1.20	不燃性
	（2）水泥纤维加压板墙		100	2.00	不燃性
20	采用纤维水泥加轻质粗细填充骨料混合浇注，振动滚压成型玻璃纤维增强水泥空心板隔墙		60	1.50	不燃性
21	金属岩棉夹芯板隔墙，构造：双面单层彩钢板，中间填充岩棉（容重为100kg/m³）		50	0.30	不燃性
			80	0.50	不燃性
			100	0.80	不燃性
			120	1.00	不燃性
			150	1.50	不燃性
			200	2.00	不燃性
22	轻质条板隔墙，构造：双面单层4厚硅钙板，中间填充聚苯混凝土		90	1.00	不燃性
			100	1.20	不燃性
			120	1.50	不燃性
23	轻集料混凝土条板隔墙		90	1.50	不燃性
			120	2.00	不燃性
24	灌浆水泥板隔墙构造	6mm＋7mm（中灌聚苯混凝土）＋6mm	87	2.00	不燃性
		9mm＋75mm（中灌聚苯混凝土）＋9mm	93	2.50	不燃性
		9mm＋100mm（中灌聚苯混凝土）＋9mm	118	3.00	不燃性
		12mm＋150mm（中灌聚苯混凝土）＋12mm	174	4.00	不燃性
25	双面单层彩钢面玻镁板芯板隔墙	（1）内衬一层5mm厚玻镁板，中空	50	0.30	不燃性
		（2）内衬一层10mm厚玻镁板，中空	50	0.50	不燃性
		（3）内衬一层12mm厚玻镁板，中空	50	0.60	不燃性
		（4）内衬一层5mm厚玻镁板，中填容重为100kg/m³的岩棉	50	0.90	不燃性
		（5）内衬一层10mm厚玻镁板，中填铝蜂窝	50	0.60	不燃性
		（6）内衬一层12mm厚玻镁板，中填铝蜂窝	50	0.70	不燃性
26	双面单层彩钢面石膏复合板隔墙	（1）内衬一层12mm厚石膏板，中填纸蜂窝	50	0.70	难燃性
		（2）内衬一层12mm厚石膏板，中填岩棉（120kg/m³）	50	1.00	不燃性
			100	1.50	不燃性
		（3）内衬一层12mm厚石膏板，中空	75	0.70	不燃性
			100	0.90	不燃性

序号	构　件　名　称		构件厚度或截面最小尺寸（mm）	耐火极限（h）	燃烧性能
27	钢框架间填充墙、混凝土墙，当框架	（1）用金属网抹灰保护，其厚度为25mm	—	0.75	不燃性
		（2）用砖砌面或混凝土保护，其厚度			
		60mm	—	2.00	不燃性
		120mm	—	4.00	不燃性
三	柱				
1	钢筋混凝土柱		180×240	1.20	不燃性
			200×200	1.40	不燃性
			200×300	2.50	不燃性
			240×240	2.00	不燃性
			300×300	3.00	不燃性
			200×400	2.70	不燃性
			200×500	3.00	不燃性
			300×500	3.50	不燃性
			370×370	5.00	不燃性
2	普通黏土砖柱		370×370	5.00	不燃性
3	钢筋混凝土圆柱		直径300	3.00	不燃性
			直径450	4.00	不燃性
4	有保护层的钢柱，保护层	（1）金属网抹M5砂浆保护，厚度			
		25mm	—	0.80	不燃性
		50mm	—	1.30	不燃性
		（2）加气混凝土，厚度			
		40mm	—	1.00	不燃性
		50mm	—	1.40	不燃性
		70mm	—	2.00	不燃性
		80mm	—	2.33	不燃性
		（3）C20混凝土，厚度			
		25mm	—	0.80	不燃性
		50mm	—	2.00	不燃性
		100mm	—	2.85	不燃性

序号		构 件 名 称	构件厚度或截面最小尺寸（mm）	耐火极限（h）	燃烧性能
		（4）普通黏土砖，厚度为120mm	—	2.85	不燃性
		（5）陶粒混凝土，厚度为80mm	—	3.00	不燃性
		（6）薄涂型钢结构防火涂料，厚度			
		5.5mm	—	1.00	不燃性
		7.0mm	—	1.50	不燃性
4	有保护层的钢柱，保护层	（7）厚涂型钢结构防火涂料，厚度			
		15mm	—	1.00	不燃性
		20mm	—	1.50	不燃性
		30mm	—	2.00	不燃性
		40mm	—	2.50	不燃性
		50mm	—	3.00	不燃性
5	有保护层的钢管混凝土圆柱（$\lambda \leqslant 60$），保护层	（1）金属网抹M5砂浆，厚度			
		25mm	$D=200$	1.00	不燃性
		35mm		1.50	不燃性
		45mm		2.00	不燃性
		60mm		2.50	不燃性
		70mm		3.00	不燃性
		（2）金属网抹M5砂浆，厚度			
		20mm	$D=600$	1.00	不燃性
		30mm		1.50	不燃性
		35mm		2.00	不燃性
		45mm		2.50	不燃性
		50mm		3.00	不燃性
		（3）金属网抹M5砂浆，厚度			
		18mm	$D=1000$	1.00	不燃性
		26mm		1.50	不燃性
		32mm		2.00	不燃性
		40mm		2.50	不燃性
		45mm		3.00	不燃性
		（4）金属网抹M5砂浆，厚度			
		15mm	$D \geqslant 1400$	1.00	不燃性
		25mm		1.50	不燃性

序号	构 件 名 称		构件厚度或截面最小尺寸（mm）	耐火极限（h）	燃烧性能
5	有保护层的钢管混凝土圆柱（λ≤60），保护层	30mm		2.00	不燃性
		36mm	D≥1400	2.50	不燃性
		40mm		3.00	不燃性
		（5）厚涂型钢结构防火涂料，厚度			
		8mm		1.00	不燃性
		10mm		1.50	不燃性
		14mm	D=200	2.00	不燃性
		16mm		2.50	不燃性
		20mm		3.00	不燃性
		（6）厚涂型钢结构防火涂料，厚度			
		7mm		1.00	不燃性
		9mm		1.50	不燃性
		12mm	D=600	2.00	不燃性
		14mm		2.50	不燃性
		16mm		3.00	不燃性
		（7）厚涂型钢结构防火涂料，厚度			
		6mm		1.00	不燃性
		8mm		1.50	不燃性
		10mm	D=1000	2.00	不燃性
		12mm		2.50	不燃性
		14mm		3.00	不燃性
		（8）厚涂型钢结构防火涂料，厚度			
		5mm		1.00	不燃性
		7mm		1.50	不燃性
		9mm	D≥1400	2.00	不燃性
		10mm		2.50	不燃性
		12mm		3.00	不燃性
6	有保护层的钢管混凝土方柱、矩形柱（λ≤60），保护层	（1）金属网抹 M5 砂浆，厚度			
		40mm		1.00	不燃性
		55mm		1.50	不燃性
		70mm	B=200	2.00	不燃性
		80mm		2.50	不燃性
		90mm		3.00	不燃性
		（2）金属网抹 M5 砂浆，厚度			
		30mm	B=600	1.00	不燃性
		40mm		1.50	不燃性

序号		构 件 名 称	构件厚度或截面最小尺寸（mm）	耐火极限（h）	燃烧性能
		55mm		2.00	不燃性
		65mm	B=600	2.50	不燃性
		70mm		3.00	不燃性
		（3）金属网抹 M5 砂浆，厚度			
		25mm		1.00	不燃性
		35mm		1.50	不燃性
		45mm	B=1000	2.00	不燃性
		55mm		2.50	不燃性
		65mm		3.00	不燃性
		（4）金属网抹 M5 砂浆，厚度			
		20mm		1.00	不燃性
		30mm		1.50	不燃性
		40mm	B≥1400	2.00	不燃性
		45mm		2.50	不燃性
		55mm		3.00	不燃性
		（5）厚涂型钢结构防火涂料，厚度			
6	有保护层的钢管混凝土方柱、矩形柱（λ≤60），保护层	8mm		1.00	不燃性
		10mm		1.50	不燃性
		14mm	B=200	2.00	不燃性
		18mm		2.50	不燃性
		25mm		3.00	不燃性
		（6）厚涂型钢结构防火涂料，厚度			
		6mm		1.00	不燃性
		8mm		1.50	不燃性
		10mm	B=600	2.00	不燃性
		12mm		2.50	不燃性
		15mm		3.00	不燃性
		（7）厚涂型钢结构防火涂料，厚度			
		5mm		1.00	不燃性
		6mm		1.50	不燃性
		8mm	B=1000	2.00	不燃性
		10mm		2.50	不燃性
		12mm		3.00	不燃性
		（8）厚涂型钢结构防火涂料，厚度			
		4mm	B=1400	1.00	不燃性
		5mm		1.50	不燃性

序号	构件名称		构件厚度或截面最小尺寸（mm）	耐火极限（h）	燃烧性能
6	有保护层的钢管混凝土方柱、矩形柱（λ≤60），保护层	6mm		2.00	不燃性
		8mm	B=1400	2.50	不燃性
		10mm		3.00	不燃性
四	简支的钢筋混凝土梁				
1	（1）非预应力钢筋，保护层厚度				
		10mm	—	1.20	不燃性
		20mm	—	1.75	不燃性
		25mm	—	2.00	不燃性
		30mm	—	2.30	不燃性
		40mm	—	2.90	不燃性
		50mm	—	3.50	不燃性
	（2）预应力钢筋或高强度钢丝，保护层厚度				
		25mm	—	1.00	不燃性
		30mm	—	1.20	不燃性
		40mm	—	1.50	不燃性
		50mm	—	2.00	不燃性
	有保护层的钢梁				
	15mm 厚 LG 防火隔热涂料保护层		—	1.50	不燃性
	20mm 厚 LG 防火隔热涂料保护层		—	2.30	不燃性
五	楼板和屋顶承重构件				
1	非预应力简支钢筋混凝土圆孔空心楼板，保护层厚度				
		10mm	—	0.90	不燃性
		20mm	—	1.25	不燃性
		30mm	—	1.50	不燃性
2	预应力简支钢筋混凝土圆孔空心楼板，保护层厚度				
		10mm	—	0.40	不燃性
		20mm	—	0.70	不燃性
		30mm	—	0.85	不燃性
3	四边简支的钢筋混凝土楼板，保护层厚度				
		10mm	70	1.40	不燃性
		15mm	80	1.45	不燃性
		20mm	80	1.50	不燃性
		30mm	90	1.85	不燃性
4	（1）现浇的整体式梁板，保护层厚度				
		10mm	80	1.40	不燃性

续表

序号	构件名称		构件厚度或截面最小尺寸（mm）	耐火极限（h）	燃烧性能
	15mm		80	1.45	不燃性
	20mm		80	1.50	不燃性
	（2）现浇的整体式梁板，保护层厚度				
	10mm		90	1.75	不燃性
	20mm		90	1.85	不燃性
	（3）现浇的整体式梁板，保护层厚度				
	10mm		100	2.00	不燃性
	15mm		100	2.00	不燃性
	20mm		100	2.10	不燃性
4	30mm		100	2.15	不燃性
	（4）现浇的整体式梁板，保护层厚度				
	10mm		110	2.25	不燃性
	15mm		110	2.30	不燃性
	20mm		110	2.30	不燃性
	30mm		110	2.40	不燃性
	（5）现浇的整体式梁板，保护层厚度				
	10mm		120	2.50	不燃性
	20mm		120	2.65	不燃性
	钢丝网抹灰粉刷的钢梁，保护层厚度				
5	10mm		—	0.50	不燃性
	20mm		—	1.00	不燃性
	30mm		—	1.25	不燃性
6	屋面板	（1）钢筋加气混凝土屋面板，保护层厚度为10mm	—	1.25	不燃性
		（2）钢筋充气混凝土屋面板，保护层厚度为10mm	—	1.60	不燃性
		（3）钢筋混凝土方孔屋面板，保护层厚度为10mm	—	1.20	不燃性
		（4）预应力钢筋混凝土槽形屋面板，保护层厚度为10mm	—	0.50	不燃性
		（5）预应力钢筋混凝土槽瓦，保护层厚度为10mm	—	0.50	不燃性
		（6）轻型纤维石膏板屋面板	—	0.60	不燃性
六	吊顶				
1	木吊顶搁栅	（1）钢丝网抹灰	15	0.25	难燃性
		（2）板条抹灰	15	0.25	难燃性
		（3）1:4 水泥石棉浆钢丝网抹灰	20	0.50	难燃性

序号	构件名称		构件厚度或截面最小尺寸（mm）	耐火极限（h）	燃烧性能
1	木吊顶搁栅	（4）1:4 水泥石棉浆板条抹灰	20	0.50	难燃性
		（5）钉氧化镁锯末复合板	13	0.25	难燃性
		（6）钉石膏装饰板	10	0.25	难燃性
		（7）钉平面石膏板	12	0.30	难燃性
		（8）钉纸面石膏板	9.5	0.25	难燃性
		（9）钉双层石膏板（各厚 8mm）	16	0.45	难燃性
		（10）钉珍珠岩复合石膏板（穿孔板和吸音板各厚 15mm）	30	0.30	难燃性
		（11）钉矿棉吸声板	—	0.15	难燃性
		（12）钉硬质木屑板（厚 10mm）	10	0.20	难燃性
2	钢吊顶搁栅	（1）钢丝网（板）抹灰	15	0.25	不燃性
		（2）钉石棉板	10	0.85	不燃性
		（3）钉双层石膏板	10	0.30	不燃性
		（4）挂石棉型硅酸钙板	10	0.30	不燃性
		（5）两侧挂 0.5mm 厚薄钢板，内填容重为 100kg/m³ 的陶瓷棉复合板	40	0.40	不燃性
3	双面单层彩钢面岩棉夹芯板吊顶，中间填容重为 120kg/m³ 的岩棉		50	0.30	不燃性
			100	0.50	不燃性
4	钢龙骨单面钉表右侧材料	（1）防火板，填容重为 120kg/m³ 的岩棉构造			
		9mm（防火板）+75mm（岩棉）	84	0.50	不燃性
		12mm（防火板）+100mm（岩棉）	112	0.75	不燃性
		2×9mm（防火板）+100mm（岩棉）	118	0.90	不燃性
		（2）纸面石膏板构造			
		12mm（石膏板）+2mm（填缝料）+60mm（空）	74	0.10	不燃性
		12mm（石膏板）+1mm（填缝料）+12mm（石膏板）+1mm（填缝料）+60mm（空）	76	0.40	不燃性
		（3）防火纸面石膏板构造			
		12mm（石膏板）+50mm（填 60kg/m³ 的岩棉）	62	0.20	不燃性
		15mm（石膏板）+1mm（填缝料）+15mm（石膏板）+1mm（填缝料）+60mm（空）	92	0.50	不燃性
七	防火门				
1	木质防火门：木质面板或木质面板内设防火板	（1）门扇内填充岩棉。（2）门扇内填充氯化镁、氧化镁			
		丙级	40～50	0.50	难燃性
		乙级	45～50	1.00	难燃性
		甲级	50～90	1.50	难燃性

续表

序号	构 件 名 称		构件厚度或截面最小尺寸（mm）	耐火极限（h）	燃烧性能
2	钢木质防火门	木质面板：木质或钢木质复合门框、木质骨架，迎/背火面一面或两面设防火板，或不设防火板。门扇内填充珍珠岩或氯化镁、氧化镁			
		丙级	40～50	0.50	难燃性
		乙级	45～50	1.00	难燃性
		甲级	50～90	1.50	难燃性
3	钢质防火门	钢质门框、钢质面板、钢质骨架。迎/背火面一面或两面设防火板，或不设防火板。门扇内填充珍珠岩或氯化镁、氧化镁			
		丙级	40～50	0.50	不燃性
		乙级	45～50	1.00	不燃性
		甲级	50～90	1.50	不燃性
八	防火窗				
1	钢质防火窗	窗框钢质，窗扇钢质，窗框填充水泥砂浆，窗扇内填充水泥珍珠岩或氧化镁、氯化镁、防火板。玻璃为复合防火玻璃	25～30	1.00	不燃性
			30～38	1.50	不燃性
2	木质防火窗	钢框、窗扇均为木质，或均为防火板和木质复合。窗框无填充材料，窗扇迎/背火面外设防火板和木质面板，或为阻燃实木。玻璃为复合防火玻璃	25～30	1.00	难燃性
			30～38	1.50	难燃性
3	钢木复合防火窗	窗框钢质，窗扇木质，窗框填充水泥砂浆，窗扇迎背火面外设防火板和木质面板，或为阻燃实木。玻璃为复合防火玻璃	25～30	1.00	难燃性
			30～38	1.50	难燃性
九	防火卷帘				
1	钢质普通型防火卷帘（帘板为单层）			1.50～3.00	不燃性
2	钢质复合型防火卷帘（帘板为双层）			2.00～4.00	不燃性
3	无机复合防火卷帘（采用多种无机材料复合而成）			3.00～4.00	不燃性

注 1. λ 为钢管混凝土构件长细比，对于圆钢管混凝土，$\lambda = 4L/D$；对于方、矩形钢管混凝土，$\lambda = 2\sqrt{3}L/B$；L 为构件的计算长度，D 为构件的直径。

2. 对于矩形钢管混凝土柱，B 为截面短边边长。

3. 钢管混凝土柱的耐火极限为福州大学土木建筑工程学院提供的理论计算值，未经逐个试验验证。

4. 确定墙的耐火极限不考虑墙上有无洞孔。

5. 墙的总厚度包括抹灰粉刷层。

6. 中间尺寸的构件，其耐火极限建议经试验确定，也可按插入法计算。

7. 计算保护层时，应包括抹灰粉刷层在内。

8. 现浇的无梁楼板按简支板的数据采用。

9. 无防火保护层的钢梁、钢柱、钢楼板和钢屋架，其耐火极限可按 0.20h 确定。

10. 人孔盖板的耐火极限可参照防火门确定。

11. 防火门和防火窗中的"木质"均为经阻燃处理。

12. 本表摘自 GB 50016—2014《建筑设计防火规范》。

附录 E　爆炸性气体环境危险区域范围典型示例

爆炸性气体环境危险区域范围,应结合具体情况,充分分析影响区域的等级和各项因素。包括可燃物质的释放量、释放速度、沸点、温度、闪点、相对密度、爆炸下限、障碍及生产条件,运用实践经验加以分析判断。

E.1　可燃气体环境爆炸危险区域划分原则

一般地,符合下列条件之一时,可将有可燃物质的区域划分为非爆炸危险区域:

(1)没有释放源且不可能有可燃物质侵入的区域。

(2)可燃物质可能出现的最高浓度不超过爆炸下限值的10%。

(3)在生产过程中使用明火的设备附近或炽热部件的表面温度超过区域内可燃物质引燃温度的附近。

(4)在生产装置区外,露天或开敞设置的输送可燃物质的架空管道地带,但其阀门处按具体情况确定。

E.2　爆炸性气体环境危险区域划分示例

为了更直观地了解爆炸危险区域范围大小及形状,根据实际经验,总结部分爆炸性气体环境危险区域划分示例如下:

(1)对于可燃物质重于空气、通风良好且为第二级释放源的生产装置区,爆炸危险区域的范围可按下列要求:

1)爆炸危险区域内,地坪下的坑、沟可视为1区。

2)与释放源的距离为 7.5m 的范围内可视为2区。

3)以释放源为中心,总半径为 30m,地坪上的高度为 0.6m,且在 2 区以外的范围内可划为附加2区。

释放源重于空气、通风良好的生产装置区危险区域划分参见图 E-1。

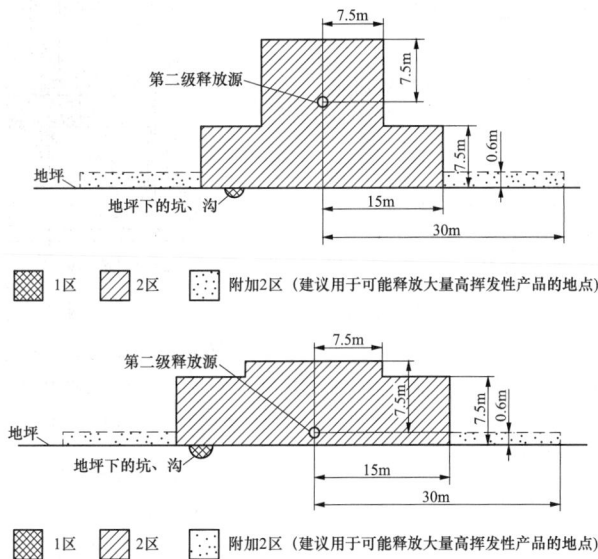

图 E-1　释放源重于空气、通风良好的生产装置区危险区域划分

(2)对于可燃物质重于空气、释放源在封闭建筑物内、通风不良且为第二级释放源的主要生产装置区,爆炸危险区域的范围可按下列要求:

1)封闭建筑物内和在爆炸危险区域内地坪下的坑、沟可划为1区。

2)以释放源为中心,半径为 15m,高度为 7.5m 的范围内可划为 2 区,但封闭建筑物的外墙和顶部距2 区的界限不得小于 3m,如为无孔洞实体墙,则墙外为非危险区。

3)以释放源为中心,总半径为 30m,地坪上的高度为 0.6m,且在 2 区以外的范围内可划为附加2 区。

释放源重于空气、封闭空间通风不良的生产装置区危险区域划分参见图 E-2。

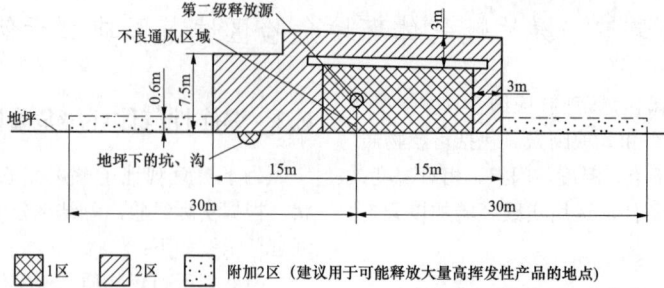

图 E-2　释放源重于空气、封闭空间通风不良的生产装置区危险区域划分

需要注意的是，用于距释放源在水平方向15m的距离或在建筑物周边3m范围，取两者中较大者。

（3）对于可燃物质重于空气的储罐，爆炸危险区域的范围划分可按下列要求：

1）固定式储罐，在罐体内部未充惰性气体的液体表面以上的空间可划为 0 区，浮顶式储罐在浮顶移动范围内的空间可划为 1 区。

2）以放空口为中心，半径为 1.5m 的空间和爆炸危险区域内地坪下的坑、沟可划为 1 区。

3）距离储罐的外壁和顶部 3m 的范围内可划为 2 区。

4）当储罐周围设围堤时，出罐外壁至围堤，其高度为堤顶高度的范围内可划为 2 区。

可燃物质重于空气、设在户外地坪上的储罐区危险区域划分参见图 E-3。

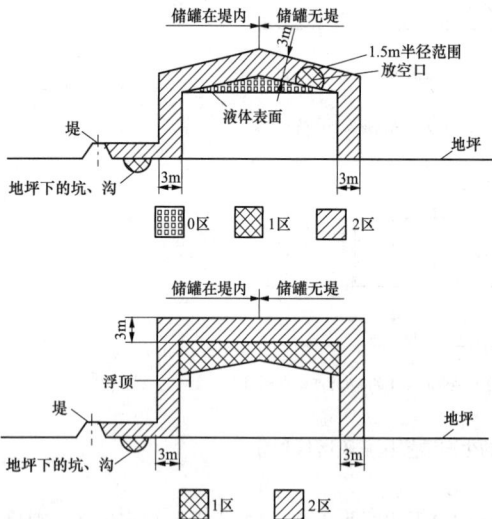

图 E-3　可燃物质重于空气、设在户外
地坪上的储罐区危险区域划分

（4）可燃液体、液化气、压缩空气、低温度液体装载槽车及槽车注送口处，爆炸危险区域的范围可按下列要求：

1）以槽车密闭式注送口为中心，半径为 1.5m 的空间或以非密闭式注送口为中心，半径为 3m 的空间和爆炸危险区域内地坪下的坑、沟可划为 1 区。

2）以槽车密闭式注送口为中心，半径为 4.5m 的空间或以非密闭式注送口为中心，半径为 7.5m 的空间以及至地坪以上的范围内可划为 2 区。

可燃液体、液化气、压缩气体等密闭注送系统的槽车危险区域划分参见图 E-4。

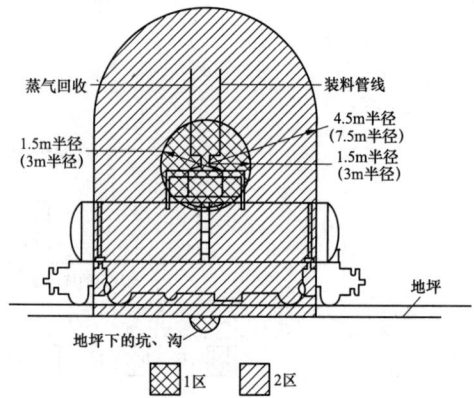

图 E-4　可燃液体、液化气、压缩气体等密闭注
送系统的槽车危险区域划分

注：括号内的值为非密闭注送时的值。

（5）对于可燃物质轻于空气，通风良好且为第二级释放源的主要生产装置区，当释放源距地坪的高度不超过 4.5m 时，以释放源为中心，半径为 4.5m，顶部与释放源的距离为 4.5m，释放源指地坪以上的范围内可划为 2 区。可燃物质轻于空气、通风良好的生产装置区危险区域划分参见图 E-5。

（6）对于可燃物质轻于空气，下部无侧墙，通风良好且为第二级释放源的空气压缩机厂房，爆炸危险区域的范围划分可按下列要求：

1）当释放源距地坪高度不超过 4.5m 时，以释放源为中心，半径为 4.5m，地坪以上至封闭区域底部的空间和封闭区域内部的范围内可划为 2 区。

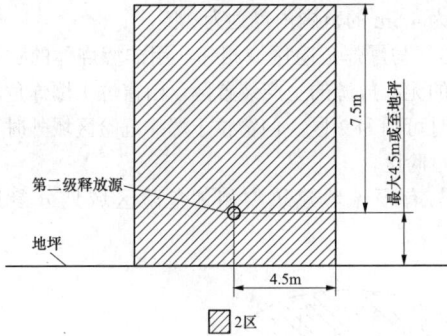

图 E-5　可燃物质轻于空气、通风良好的
生产装置区危险区域划分

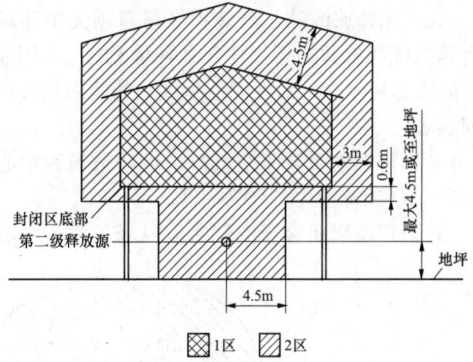

2）屋顶上方百叶窗外，半径为 4.5m，百叶窗顶部上的高度为 7.5m 的范围内可划为 2 区。

可燃物质轻于空气、通风良好的空气压缩机厂房危险区域划分参见图 E-6。

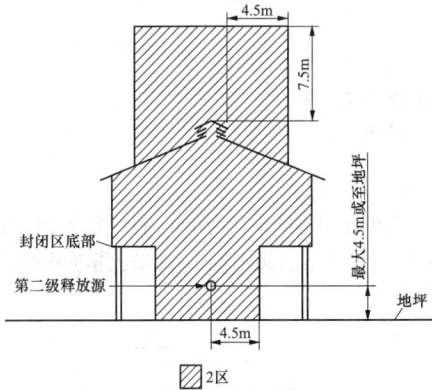

图 E-6　可燃物质轻于空气、通风良好的空气压缩机
厂房危险区域划分

（7）对于可燃物质轻于空气，通风不良且为第二级释放源的空气压缩机厂房，爆炸危险区域的范围划分可按下列要求：

1）封闭区内部可划为 1 区。

2）以释放源为中心，半径为 4.5m 地坪上至封闭区底部的空间和距离封闭区外壁 3m，顶部的垂直高度为 4.5m 的范围内可划为 2 区。

可燃物质轻于空气、通风不良的空气压缩机厂房危险区域划分参见图 E-7。

（8）对于在通风良好区域内的带有通风管的盖封地下油槽或油水分离器，当液体表面为连续级释放源时，爆炸危险区域范围划分可按下列要求：

1）液体表面至盖底及以通风管管口为中心、半径为 1m 的范围内可划为 1 区。

2）槽壁外水平距离 1.5m 内，盖子上部高度 1.5m 以下，及以通风管管口为中心、半径为 1.5m 的范围可划为 2 区。

图 E-7　可燃物质轻于空气、通风不良的
空气压缩机厂房危险区域划分

通风良好区域内的带有通风管的盖封地下油槽或油水分离器危险区域划分参见图 E-8。

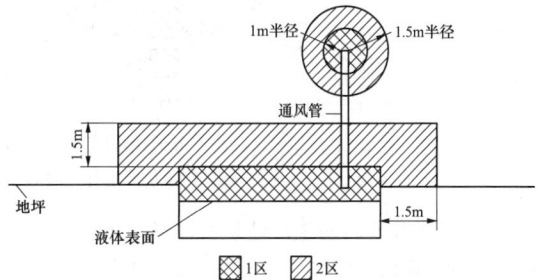

图 E-8　通风良好区域内的带有通风管的盖封地下
油槽或油水分离器危险区域划分

（9）无释放源的生产装置区与通风不良的，且有第二级释放源的爆炸性气体环境相邻，并用非燃体的实体墙隔开，其爆炸危险区域的范围划分可按下列要求：

1）通风不良的，有第二级释放源的房间范围内可划为 1 区。

2）当可燃物质重于空气时，以释放源为中心、半径为 15m 的范围内可划为 2 区。

3）当可燃物质轻于空气时，以释放源为中心、半径为 4.5m 的范围内可划为 2 区。

与通风不良的房间相邻危险区域划分参见图 E-9。

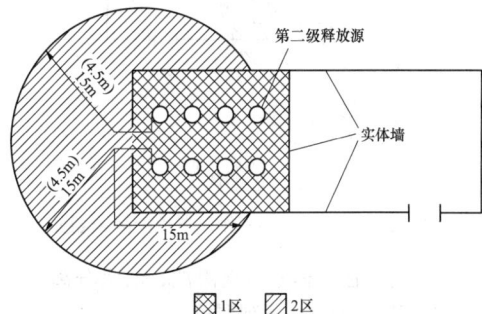

图 E-9　与通风不良的房间相邻危险区域划分

（10）无释放源的生产装置区与有顶无墙建筑物且有第二级释放源的爆炸性气体环境相邻，并用非燃烧体的实体墙隔开，其保证危险区域的范围划分可按下列要求：

1）当可燃物质重于空气时，以释放源为中心、半径为15m的范围内可划为2区。

2）当可燃物质轻于空气时，以释放源为中心、半径为4.5m的范围内可划为2区。

3）与爆炸危险区域相邻，用非燃烧体的实体墙隔开的无释放源的生产装置，门窗位于爆炸危险区域内时可划为2区，门窗位于爆炸危险区域外时可划为非危险区。

与有顶无墙建筑物相邻危险区域划分参见图E-10。

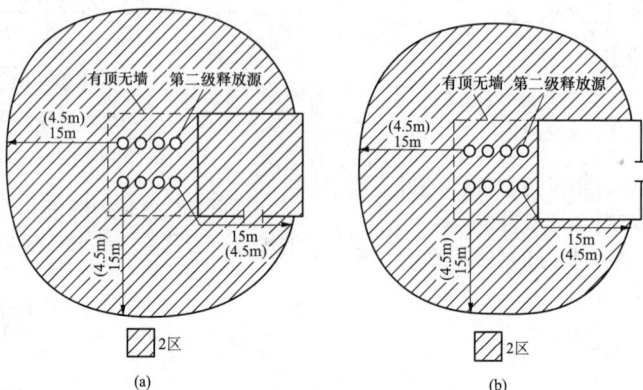

图 E-10　与有顶无墙建筑物相邻危险区域划分
（a）门窗位于爆炸危险区域内；（b）门窗位于爆炸危险区域外

（11）无释放源的生产装置区与通风不良的且有第一级释放源的爆炸性气体环境相邻，并用非燃烧体的实体墙隔开，其爆炸危险区域划分可按下列要求：

1）第一级释放源上方排风罩内的范围可划为1区。

2）当可燃物质重于空气时，1区外半径为15m的范围内可划为2区。

3）当可燃物质轻于空气时，1区外半径为4.5m的范围内可划为2区。

释放源上面有排风罩危险区域划分参见图E-11。

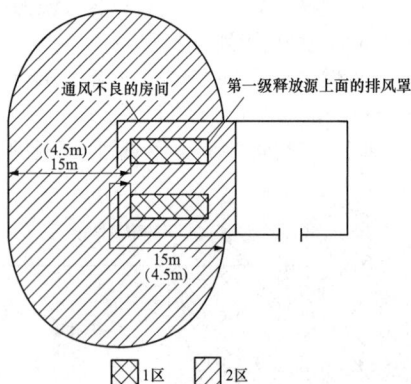

图 E-11　释放源上面有排风罩危险区域划分

（12）可燃性液体紧急集液池、油水分离池的危险区域的范围划分可按下列要求：

1）集液池或分离池内液面至池顶部或地坪部分的区域可划为1区。

2）池壁水平方向半径为4.5m的范围内可划为2区。

可燃性液体紧急集液池、油水分离池危险区域划分参见图E-12。

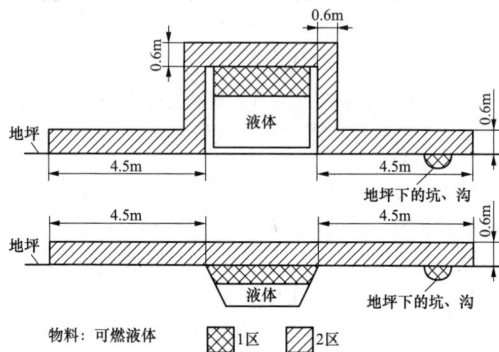

物料：可燃液体

图 E-12　可燃性液体紧急集液池、
油水分离池危险区域划分

（13）液氢储存装置位于通风良好的户内或户外的危险区域划分可按下列要求：

1）释放源高于地面7.5m以上时以释放源为中心、半径为1m的范围内可划为1区，以释放源为中心、半径为7.5m的范围内可划为2区。

2）释放源与地坪的距离小于7.5m时，以释放源为中心、半径为7.5m的范围内可划为2区。

通风良好的户内或户外液氢存储装置危险区域划分参见图E-13。

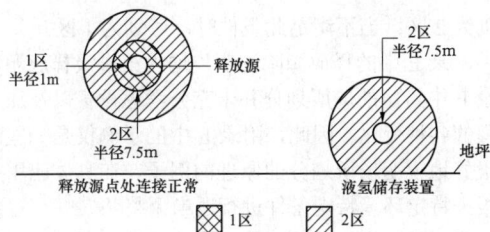

图 E-13　通风良好的户内或户外液氢存储装置危险区域划分

（14）气态氢气储存装置位于通风良好的户内或户外的危险区域划分可按下列要求：

1）户外情况时，以释放源为中心、半径为 7.5m 的范围内可划为 2 区。

2）户内情况时，以释放源为中心、半径为 4.5m 的范围内可划为 2 区。

通风良好的户内或户外气态氢存储装置危险区域划分参见图 E-14。

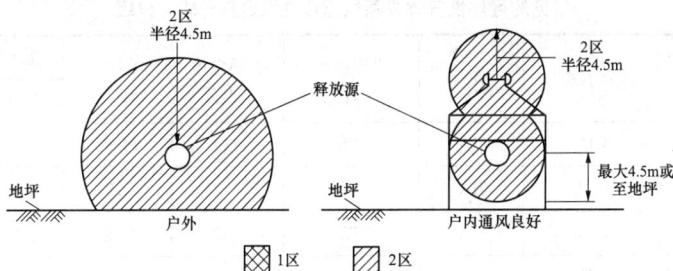

图 E-14　通风良好的户内或户外气态氢存储装置危险区域划分

（15）低温液化气储罐的危险区域划分可按下列要求：

1）以释放阀为中心、半径为 1.5m 的范围内可划为 1 区。

2）储罐外壁 4.5m 半径的范围可划为 2 区。

低温液化气体储罐危险区域划分参见图 E-15。

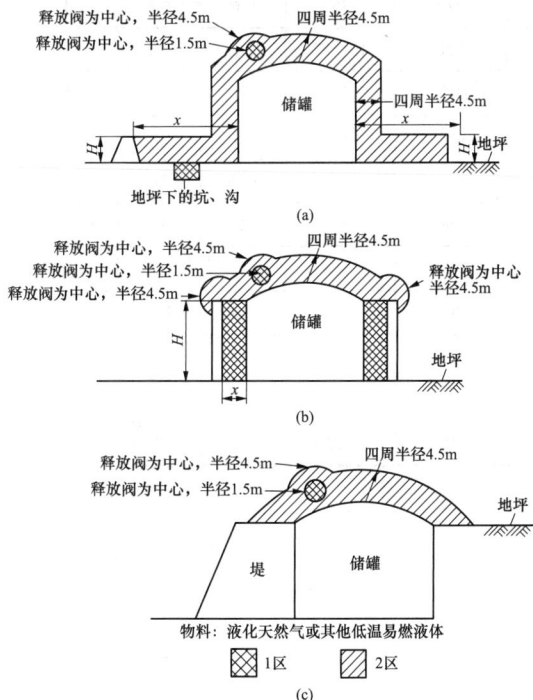

图 E-15　低温液化气体储罐危险区域划分

（a）堤高小于储罐到堤的距离（H<x）；（b）堤高大于储罐到堤的距离（H>x）；（c）地下储罐

（16）对工艺设备容积不大于 95m³、压力不大于 3MPa、流量不大于 38L/s 的生产装置，且为第二级释放源，按照生产的实践经验，爆炸危险区域的范围划分以释放源为中心、半径为 4.5m 的范围内可划为 2 区。

（17）对于阀门危险区域的划分，一般可按下列要求：

1）位于通风良好而未封闭的区域内的截止阀和止回阀周围的区域可不分类。

2）位于通风良好的封闭区域内的截止阀和止回阀周围的区域，在封闭的范围内可划为 2 区。

3）位于通风不良的封闭区域内的截止阀和止回阀周围的区域，在封闭的范围内可划为 1 区。

4）位于通风良好而未封闭的区域内的工艺流程控制阀周围的区域，在阀杆密封或类似密封周围的 0.5m 的范围内可划为 2 区。

5）位于通风良好的封闭区域内的工艺流程控制阀周围的区域，在封闭的范围内可划为 2 区。

（18）对于蓄电池的危险区域划分，一般可按下列要求：

1）蓄电池可按 IIC 级考虑。

2）当含有镍-镉或镍-氢且无排气孔的蓄电池封闭区域，其总体积小于该封闭区域容积的 1%，并在 1h 放电率下蓄电池的容量小于 1.5Ah 等条件时，可按非爆炸危险区域考虑。

3）当含有除上条之外的其他蓄电池的封闭区域具备蓄电池无通气口，其总体积小于该封闭区域容积的 1%或蓄电池的充电系统的额定输出小于或等于 200W 并采取了防止不适当过充电的措施等条件时，可按非爆炸危险区域考虑。

4）含有可充电蓄电池的非封闭区域，通风良好，该区域可划为非爆炸危险区域。

5）当所有的蓄电池都能直接或者间接地向封闭区域的外部排气时，该区域可划为非爆炸危险区域。

6）当配有蓄电池、通风较差的封闭区域具备至少能保证该区域的通风情况不低于满足通风良好条件的 25%及蓄电池的充电系统有防止过充电的设计时，

可划为 2 区；当不满足此条件时，可划为 1 区。

附录 E 中的释放源除注明外均为第二级释放源，附录 E 中给出的场所划分并未充分考虑设备以及加工过程的各种变化。因此，附录 E 中的示例仅是一些能够很好地说明场所划分的原理的例子，在具体应用中可根据特定环境特定条件进行适当调整。

常见的可燃性气体或蒸气爆炸性混合物分级、分组见表 E-1。

表 E-1　　常见的可燃性气体或蒸气爆炸性混合物分级、分组

序号	物质名称	分子式	级别	引燃温度组别	引燃温度（℃）	闪点（℃）	爆炸极限（%）		相对密度
							下限	上限	
1	甲烷	CH_4	IIA	T1	537	气态	5	15	0.6
2	乙烷	C_2H_6	IIA	T1	472	气态	3	12.5	1
3	丙烷	C_3H_8	IIA	T2	432	气态	2	11.1	1.5
4	丁烷	C_4H_{10}	IIA	T2	365	−60	1.9	8.5	2
5	戊烷	C_5H_{12}	IIA	T3	260	<−40	1.5	7.8	2.5
6	己烷	C_6H_{14}	IIA	T3	225	−22	1.1	7.5	3
7	庚烷	C_7H_{16}	IIA	T3	204	−4	1.05	6.7	3.5
8	石油（汽油）		IIA	T3	288	<−18	1.1	5.9	2.5
9	燃料油		IIA	T3	220～300	>55	0.7	50	<1
10	煤油		IIA	T3	210	38	0.6	6.5	4.5
11	柴油		IIA	T3	220	43～87	0.6	6.5	7
12	乙醇	C_2H_5OH	IIA	T2	363	13	3.3	19	1.6
13	氨	NH_3	IIA	T1	651	气态	15	28	0.6
14	一氧化碳	CO	IIA	T1	—	气态	12.5	74	1
15	焦炉煤气		IIB	T1	560	气态	4	40	0.4～0.5
16	氢	H_2	IIC	T1	500	气态	4	75	0.1
17	乙炔	C_2H_2	IIC	T2	305	气态	2.5	100	0.9
18	水煤气	—	IIC	T1	1	—	—	—	—
19	25 号变压器油	—	IIA	T2	350	135	—	—	—
20	重柴油		IIA	T3	300	>120	0.5	5	

附录 F　爆炸性粉尘环境危险区域范围典型示例

F.1　爆炸性粉尘环境危险区域划分原则

一般情况下，爆炸危险区域的范围应通过评价涉及该环境的释放源的级别引起爆炸性粉尘环境的可能来规定。当含有可燃性粉尘的环境符合下列条件之一时，可划为非爆炸危险区域：

（1）装有良好除尘效果的除尘装置，当该除尘装置停止运行时，工艺机组能联锁停止运行。

（2）设有为爆炸性粉尘环境服务，并用墙隔绝的送风机室，其通向爆炸性粉尘环境的风道设有能防止爆炸性粉尘混合物侵入的安全装置。

（3）区域内使用爆炸性粉尘的量不大，且在排风柜内或风罩下进行操作。

对于爆炸性粉尘环境，20 区范围主要包括粉尘云连续生成的管道、生产和处理设备的内部区域。当粉尘容器外部持续存在爆炸性粉尘环境时，可划为20 区；21 区的范围应满足一级释放源的要求，一般含有一级释放源的粉尘处理设备的内部可划为 21 区，外部场所的区域范围应根据粉尘量、释放速率、颗粒大小和物料湿度等粉尘参数确定，对于受气候影响的建筑物外部场所可减小 21 区范围，一般 21 区的范围应为释放源周围 1m 的空间。当有实体结构限制时，实体结构的表面可作为危险区域的边界；22 区一般是由第二级释放源形成的场所，其区域的范围应根据粉尘量、释放速率、颗粒大小和物料湿度等粉尘参数确定，对于受气候影响的建筑物外部场所可减小 22 区范围，一般 22 区的范围应为超出 21 区 3m 及第二级释放源周围 3m 的空间。当有实体结构限制时，实体结构的表面可作为危险区域的边界。

F.2　爆炸性粉尘环境危险区域划分示例

为了更直观地了解爆炸危险区域范围大小及形状，根据实际经验，总结部分爆炸性粉尘环境危险区域划分示例如下：

（1）建筑物内无抽气通风设施的倒袋站，袋子经常性地用手工排空到料斗中，从该料斗靠气动排出的物料输送到工程的其他部分，料斗部分总是装满物料的情况下爆炸危险区域划分参见图 F-1。

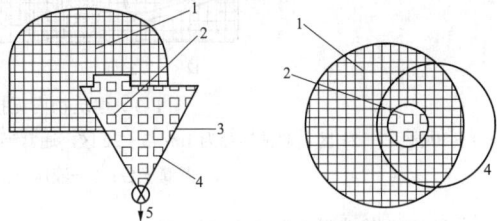

图 F-1　建筑物内无抽气通风设施的倒袋站区域划分
1—21 区，通常半径为 1m；2—20 区；3—地板；
4—袋子排料斗；5—到后续处理

（2）建筑物内部配置抽气通风设施的倒袋站，工艺系统与（1）中要求一致，其爆炸危险区域划分参见图 F-2。

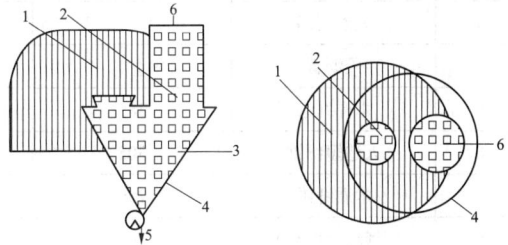

图 F-2　建筑物内有抽气通风设施的倒袋站区域划分
1—22 区，通常半径为 3m；2—20 区；3—地板；4—袋子排料斗；
5—到后续处理；6—在容器内部抽吸

（3）建筑物内无抽气排风设施的圆筒翻斗装置，其圆筒内部料粉被倒入料斗并通过螺旋输送机运至相邻车间。一个装满粉料的圆筒被放置于平台上，打开筒盖，并用液压气缸将圆筒与一个关闭的隔膜阀夹紧。打开料斗盖，圆筒搬运器将圆筒翻转使隔膜阀位于料斗顶部，打开隔膜阀，螺旋输送机将料粉走，经过一段时间后直至圆筒排空。当圆筒要卸料时，关闭隔膜阀，圆筒搬运器将其翻转至原来位置，关闭料斗盖，液压气缸放下原来的圆筒，更换圆筒盖后移走原圆筒。该爆炸危险区域划分参见图 F-3。

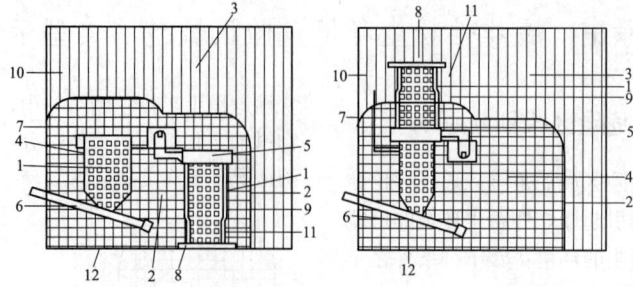

图 F-3　建筑物内无抽气排风设施的圆筒翻斗装置

1—20 区；2—21 区，通常半径为 1m；3—22 区，通常半径为 3m；4—料斗；5—隔膜阀；6—螺旋输送装置；7—料斗盖；8—圆筒平台；9—液压气缸；10—墙壁；11—圆筒；12—地面

常见的可燃性粉尘特性举例见表 F-1。

表 F-1　　　　　　　　　　常见的可燃性粉尘特性举例

序号	粉尘名称	高温表面堆积粉尘层（5mm）的引燃温度（℃）	粉尘云的引燃温度（℃）	爆炸下限（g/m³）	粉尘平均粒径（μm）	危险性质	粉尘分级
1	聚乙烯	—	410	26～35	30～50	非	IIIB
2	聚氯乙烯	—	595	63～86	4～5	非	IIIB
3	天然树脂	—	370	38～52	20～30	非	IIIB
4	硬沥青	—	620	—	50～150	非	IIIB
5	木棉纤维	385	—	—	—	非	IIIA
6	人造短纤维	305	—	—	—	非	IIIA
7	木质纤维	250	445	—	40～80	非	IIIA
8	泥煤粉（堆积）	260	450	—	60～90	导	IIIC
9	褐煤粉	230	185	—	3～7	导	IIIC
10	有烟煤粉	235	595	41～57	5～11	导	IIIC
11	瓦斯煤粉	225	580	35～48	5～10	导	IIIC
12	焦炭用煤粉	280	610	33～45	5～10	导	IIIC
13	贫煤粉	285	680	34～45	5～7	导	IIIC
14	无烟煤粉	>430	>600	—	100～130	导	IIIC
15	泥煤焦炭粉	360	615	40～54	1～2	导	IIIC
16	褐煤焦炭粉	235	—	—	4～5	导	IIIC
17	煤焦炭粉	430	>750	37～50	4～5	导	IIIC

主要量的符号及其计量单位

量 的 名 称	符号	计量单位	量 的 名 称	符号	计量单位
长度	$L\,(l)$	m	设计流量（分）	q	L/s
宽度	$B\,(b)$	m	海澄-威廉系数	C	
高度	$H\,(h)$	m	雷诺数	Re	
直径	$D\,(d)$	m	运动黏度	v	m^2/s
半径	R	m	动力黏度	μ	Pa · s
面积	A	m^2	当量粗糙度	ε	m
体积、容量、用水量	V	m^3	管道粗糙系数	n_g	
时间	t	s, min, h, d	沿程水头损失	p_f	MPa
流速	v	m/s	局部水头损失	p_p	MPa
重力加速度	g	m/s^2	沿程阻力系数	λ	
质量	m	kg	局部阻力系数	ζ	
密度	ρ	kg/m^3	摄氏温度	$t,\ \theta$	℃
压力	p	Pa	喷头流量系数	K	
设计流量（总）	Q	L/s			

参 考 文 献

[1] 中华人民共和国公安部消防局. 中国消防手册. 上海：上海科学技术出版社，2007.

[2] 时守仁. 电业火灾与防火防爆. 北京：中国电力出版社，2000.

[3] 公安部消防局. 消防灭火救援. 北京：中国人民公安大学出版社，2002.

[4] 刘汝义. 发电厂与变电所消防设计实用手册. 北京：中国计划出版社，1999.

[5] 中国核电工程有限公司. 建筑给水排水. 北京：中国建筑工业出版社，2012.

[6] 《消防设备全书》编委会. 消防设备全书. 西安：陕西科学技术出版社，1990.

[7] 姜文源. 建筑灭火设计手册. 北京：中国建筑工业出版社，1997.

[8] 喻健良. 易燃易爆介质防爆抑爆技术研究进展. 大连：大连理工大学学报，2001.

[9] 黄晓家. 自动喷水灭火系统设计手册. 北京：中国建筑工业出版社，2002.

[10] 标准编制组. 建筑照明设计标准实施指南. 北京：中国建筑工业出版社，2014.

[11] 蒋永琨. 中国消防工程手册. 北京：中国建筑工业出版社，1998.

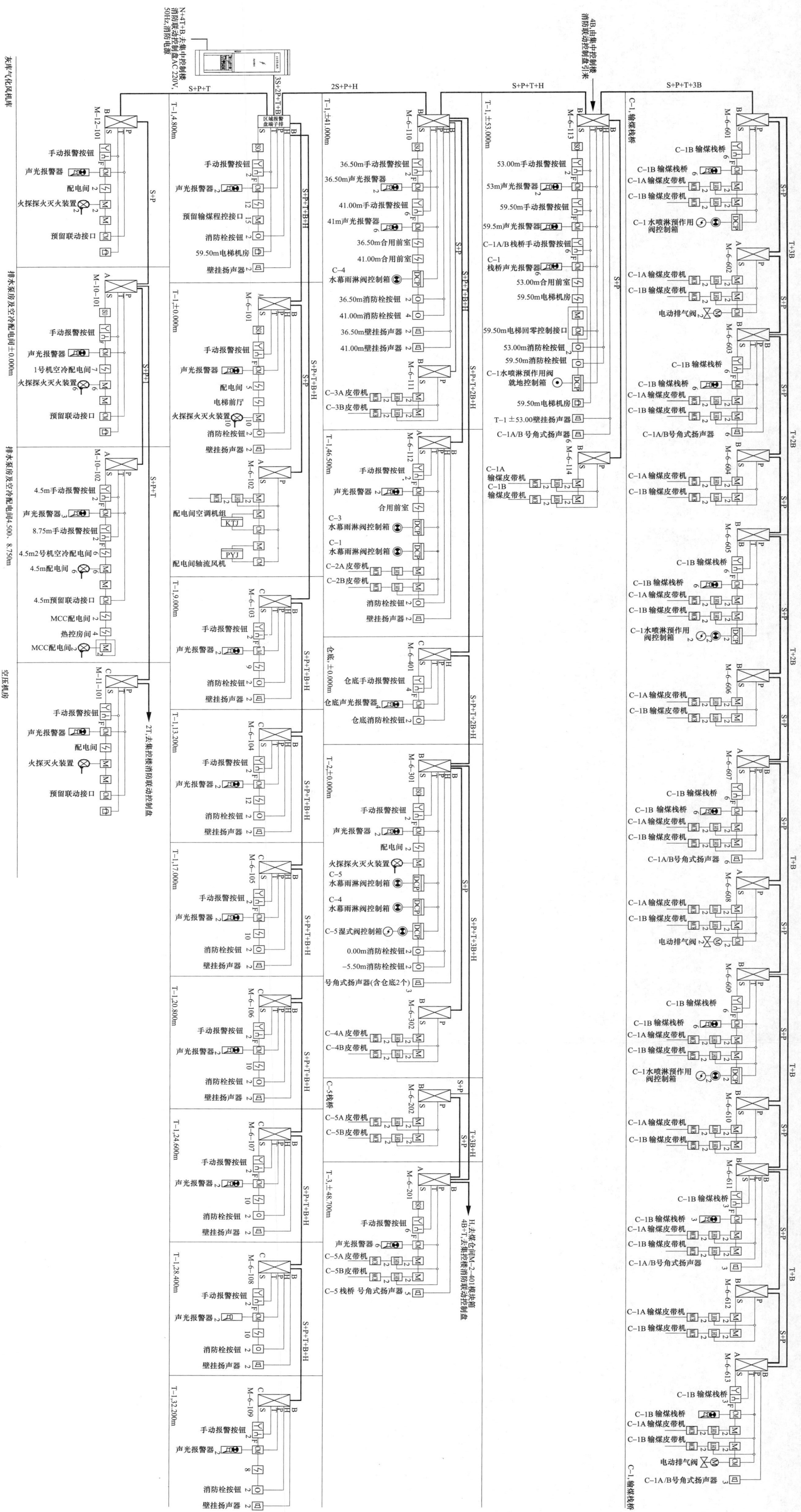

图 11-69 输煤区域火灾探测报警系统图

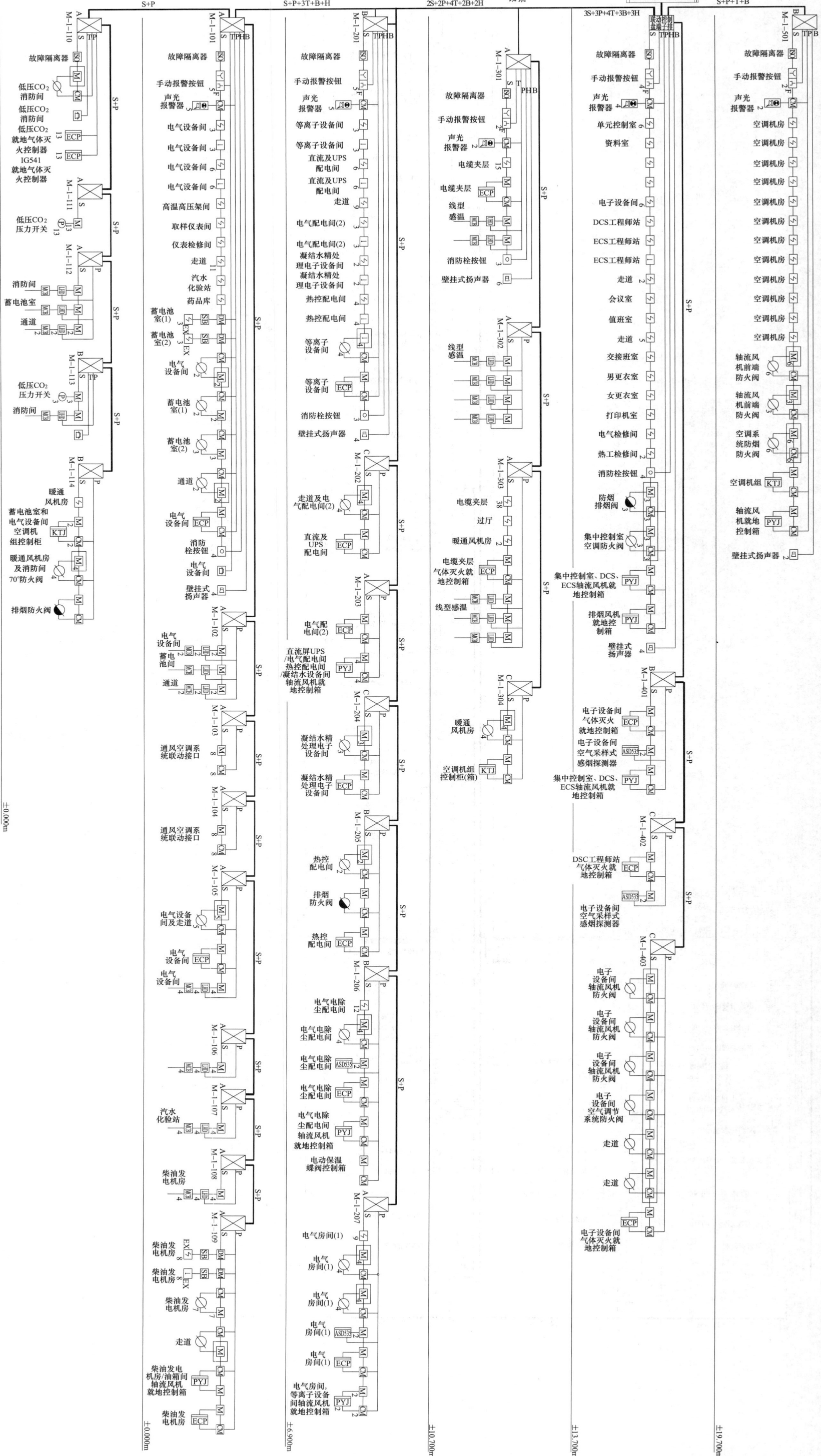

图 11-65 集中控制楼火灾探测报警系统图

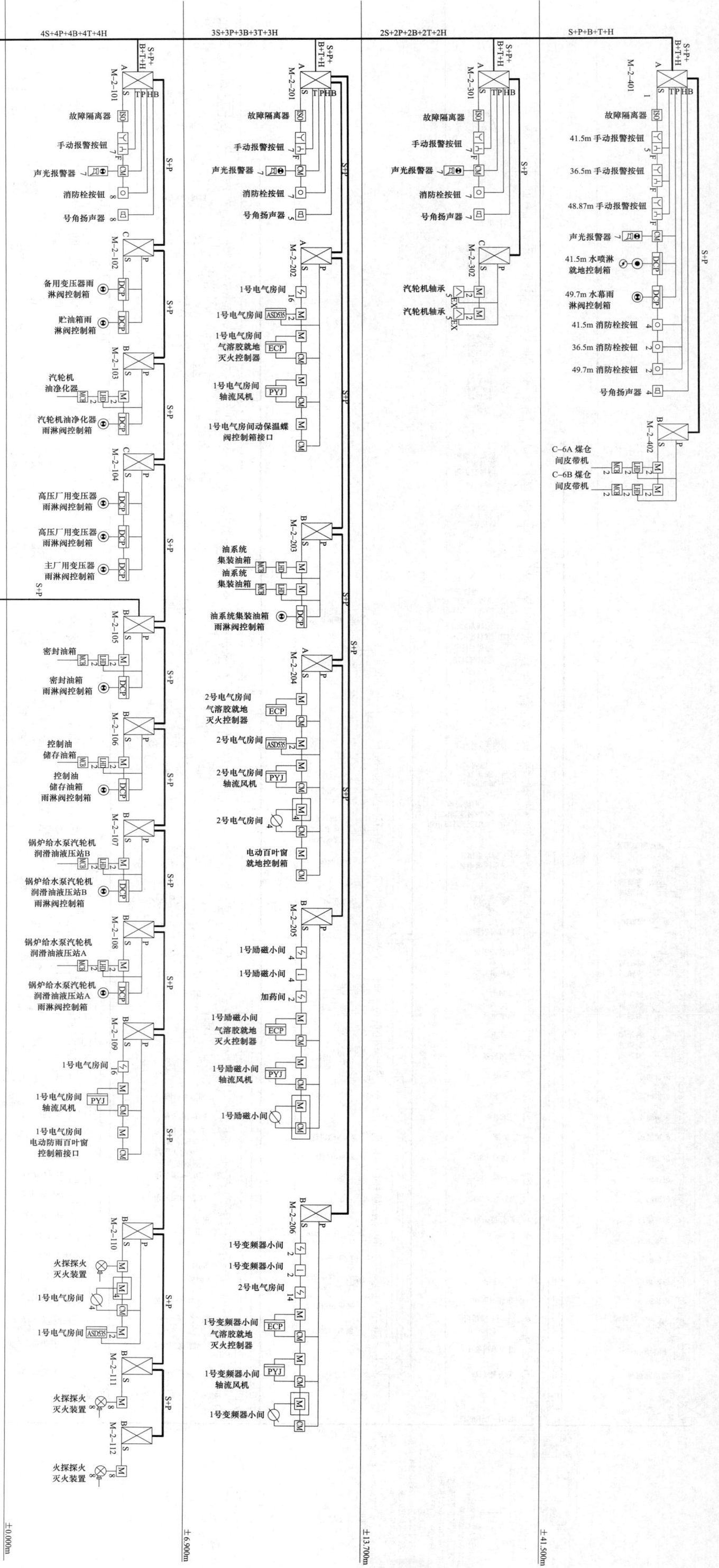

图 11-66　1 号机组汽机房火灾探测报警系统图